云南高黎贡山综合科学研究

周杰 李嵘 蒋学龙 曹敏 阳杰华 何洪鸣 费杰等 著

科学出版社

北京

内 容 简 介

本书全面系统地介绍了云南高黎贡山综合科学考察成果。全书共分 8 章，包括概述、自然地理环境、地质地貌、植物多样性与植被、陆生脊椎动物多样性、生态系统、生态环境脆弱性评价、历史与民族文化。其中，植物部分附有高黎贡山维管植物名录和珍稀濒危特有植物名录，动物部分附有两栖动物、爬行动物、鸟类和哺乳动物名录。本书展示了高黎贡山大量第一手基础调查资料，对全面评价高黎贡山地区的生物资源和生态环境演变具有重要参考价值，对开展国家公园和生态文明建设、自然保护区管理和规划具有推动作用和实践指导意义。

本书可供生态学、生物学、地理学、地质学相关专业的科研人员、教学人员和研究生参考，也可供政府有关部门和自然保护区管理机构的工作人员，以及对生态环境感兴趣的社会公众阅读。

审图号：云S（2023）8号

图书在版编目（CIP）数据

云南高黎贡山综合科学研究/周杰等著. —北京：科学出版社，2023.8
ISBN 978-7-03-075035-8

Ⅰ.①云⋯ Ⅱ.①周⋯ Ⅲ. ①科学考察–研究报告–云南 Ⅳ.①N82

中国国家版本馆 CIP 数据核字（2023）第 039128 号

责任编辑：王海光 薛 丽 / 责任校对：郑金红
责任印制：肖 兴 / 封面设计：北京图阅盛世文化传媒有限公司

科学出版社 出版
北京东黄城根北街 16 号
邮政编码：100717
http://www.sciencep.com
北京中科印刷有限公司 印刷
科学出版社发行 各地新华书店经销
*
2023 年 8 月第 一 版 开本：889×1194 1/16
2023 年 8 月第一次印刷 印张：46 插页：23
字数：1 534 000
定价：698.00 元
(如有印装质量问题，我社负责调换)

《云南高黎贡山综合科学研究》
著者名单

前　言　周　杰

第1章　周　杰

第2章　何洪鸣　吴嘉成　卢俊港　李怡洁　叶　泉　刘颖莹　胡洋洋

第3章　阳杰华　毛　伟　陈晓翠　胡　迁

第4章　李　嵘　梁　沁　杨入瑄　周韩洁　王梦雨　王智友　曹　敏　李文庆

第5章　5.1　宋文宇　高建云　吴云鹤　蒋学龙
　　　　5.2　侯绍兵　吴云鹤　车　静
　　　　5.3　侯绍兵　吴云鹤　车　静
　　　　5.4　高建云　吴　飞　岩　道　杨晓君
　　　　5.5　李　权　李学友　胡文强　宋文宇　何水旺　王洪娇　普昌哲　蒋学龙

第6章　曹　敏　杨　洁　徐国瑞　胡跃华　宋晓阳　李　嵘　李文庆

第7章　何洪鸣　吴嘉成　卢俊港　李怡洁　叶　泉　刘颖莹　胡洋洋

第8章　费　杰

前　言

自古以来，高黎贡山就是探险、科考和追梦的天堂，是地球上备受关注的热点地区。

高黎贡山在地理学家眼里，是连接青藏高原和中南半岛的"巨型桥梁"，是蜿蜒于中缅边界的"绿色长城"；在生物学家眼中，是保藏珍稀野生动植物的"诺亚方舟"；对于历史学家，它是被称为"雄关漫道"的南方丝绸之路；它也是地质学家称颂的"大地缝合线"和"天然地质博物馆"。

一、回溯历史

有关高黎贡山较为确切的历史文献记载可追溯到唐代樊绰所著的《蛮书》，其中记载了 9 世纪人们对高黎贡山地形地貌、气候环境和常见疾病的认知："高黎其山在永昌西，下临怒江。左右平川，谓之穹赕，汤浪加萌所居也。草木不枯，有瘴气。自永昌之越赕，途经此山，一驿在山之半，一驿在山之巅。朝济怒江登山，暮方到山顶。冬中山上积雪苦寒，夏秋又苦穹赕，汤浪毒暑酷热。"这段文字末尾还附了一段民谣，通称《高黎贡山谣》："冬时欲归来，高黎其上雪。秋夏欲归来，无梆穹赕热。春时欲归来，平中络赂绝。"这段史料，既表达了商贾跨境商贸之旅的艰辛和思乡之情，也反映出早在唐代中国就与东南亚人文相通、商贸不断，高黎贡山在当时即为我国通向东南亚地区的商贸经济走廊。

13 世纪末，意大利探险家马可·波罗在中华大地游历了 17 年，他曾穿越云南西部，从大理经保山、腾冲进入缅甸，在其著作《马可·波罗游记》中留下了对高黎贡山南部的记载。这是外国人首次关注高黎贡山。

1417 年，明代医药学家兰茂开始编著医药学著作——《滇南本草》，他花了近 20 年时间，于 1436 年完成。在此期间，兰茂几乎踏遍了云南全境，东至滇黔川边界，南达中老边界，西临中缅边界，北至金沙江两岸。他对云南药用植物开展了广泛调查，其中包括高黎贡山的许多药用植物，从那时起，高黎贡山的野生药用植物引起了民间的重视。

1639 年，明代地理学家徐霞客从保山经蒲缥西渡怒江，经分水关翻越高黎贡山，开启了他的滇西之旅，随后撰写了《越高黎贡山日记》，这是有关高黎贡山最早的地理学考察记录。他在日记中写道："盖高黎贡俗名昆仑冈，故又称高仑山。其发脉自昆仑，南下至姊妹山；西南行者，滇滩关南高山；东南行者，绕小田，大塘，东至马面关，乃穹然南耸，横架天半，为雪山，为山心，为分水关；又南而抵芒市，始降而稍散，其南北之高穹者，几五百里云；由芒市达木邦，下为平坡，直达缅甸而尽于海；则信为昆仑正南之支也。"寥寥数笔将高黎贡山的地理概貌描述得一目了然。另有记述："其上甚峻，曲折盘崖，八里而上凌峰头，则所谓磨盘石也。百家倚峰头而居，东临绝壑，下嵌甚深，而其壑东南为大田，禾芃芃焉。其夜倚峰而栖，月色当空，此即高黎贡山之东峰。"其中提到的磨盘石位于高黎贡山东侧的古道上，其地势险峻、景色秀丽。徐霞客曾在这里停留，并写下这段文字向世人展示了从高黎贡山磨盘石日可远眺潞江坝田野、俯瞰怒江大峡谷，夜可仰望幽远星空、静观宇宙浩瀚的绝美景象。从保山到腾冲，徐霞客渡怒江，翻越高黎贡山，过龙川江，他详细记述了沿途地貌、气候、动植物、生态环境及土地利用状况。在腾冲地区，他重点考察了硫磺塘、热水塘的温泉，宝峰山的花岗岩峰峦，石房洞喀斯特峰林和崖穴，以及铁矿、泥炭等矿产资源。《越高黎贡山日记》对于高黎贡山的地形地貌、气候、动植物、矿产及民族的记述，为后人研究高黎贡山的沧桑变迁留下了珍贵的资料。

18 世纪初，为了绘制《康熙皇舆全览图》，传教士山遥瞻（Guillaume Fabre Bonjour）、费隐（Xavier Ehrenbert Fridelli）曾到云南西部和西北部开展测绘工作，首开高黎贡山地区科学测绘的先河。

云南的银矿和铜矿等资源在全国具有举足轻重的地位。明清时期，高黎贡山南部的保山和腾冲就发现了银矿、铜矿和铅矿等，《滇南矿厂图略》、《铜政便览》和《云南铜志》等清代矿业著作，详细记载了高黎贡山附近的矿产资源。

第二次鸦片战争后，西方人开始自由地在中国各地考察、传教、游历。19 世纪后半叶，英国在占领缅甸后，开始觊觎云南，高黎贡山这片美丽神奇的大地便失去了往日的平静。

19 世纪 60 年代，英国派出以斯莱登（Sladen）为首的所谓斯莱登使团（Sladen Mission）进入腾冲等地进行考察，获取大量自然、人文信息，并完成了《寻求通过八莫至中国贸易路径的考察报告》(*Official Narrative of the Expedition to Explore the Trade Routes to China via Bhamo*）等一系列报告。亚历山大·鲍尔斯（Alexander Bowers）作为斯莱登使团的成员之一，著有《八莫探险：关于重开缅甸与中国西部商路可行性的报告》(*Bhamo Expedition*: *Report on the Practicability of Re-open the Trade Route, Between Burma and Western China*），内容包括滇缅边境地区的地理、气候、民俗、贸易、农业、制造业等情况及使团的旅行过程。1874 年，英国派出以柏郎上校为首的柏郎使团（Brown Mission）探查通过缅甸、越南进入云南的陆路交通。"马嘉理事件"的主角马嘉理从保山翻越高黎贡山，经腾冲去往缅甸八莫，接应柏郎使团，途中调查了高黎贡山地区自然和人文状况，并留下了相关记述。1894～1900 年，英国又派出以戴维斯（Davis）为首的铁路勘测队，勘测滇缅铁路。他们从腾越开始，行进于滇西、滇西南、滇中和滇东北的广大地区，最远到达宣威、东川一带。初步确定了从缅甸经云南到四川的路线方案。勘测队在云南翻山越岭，走村串寨，行程达 5500 英里（1 英里=1609.344m），戴维斯详细记录了所经之处的地形地貌、气候、物产、民族、风俗习惯等情况，撰写了《云南：连接印度和扬子江的纽带》(*Yun-nan*: *the Link Between India and the Yangtze*）。

1897 年，英国和清政府签订了《续议缅甸条约附款》，英国获得在腾冲设立领事馆的特权，1902 年英国正式在高黎贡山驻军。从此，腾冲成为英国在高黎贡山和附近地区获取情报及渗透、侵略的基地。他们还在腾冲开展气象观测，系统收集云南气象数据。

这个阶段也成为国外学者考察采集高黎贡山珍贵资源最为密集的时期。

当时，生物资源备受关注。1868 年和 1875 年，英属印度皇家博物馆博物学家安德森（Anderson）随斯莱登使团进入高黎贡山地区开展考察，获取鸟类、两栖类、鱼类及植物标本千余号。考察历时最长、收获最丰、影响最大的当属英国植物学家乔治·福瑞斯特（George Forrest）。1904～1931 年，他受英国爱丁堡皇家植物园派遣，先后 7 次来到云南西部和西北部，将 6000 多种、3 万号珍稀植物标本搬到了遥远的爱丁堡皇家植物园，他还采集了 1000 多种活体植物，在爱丁堡皇家植物园进行栽培繁殖，其中有 250 多种杜鹃，使爱丁堡皇家植物园成为收藏高黎贡山植物标本最多、最全的地方。福瑞斯特就此撰写了多部专著和多篇论文。1918 年福瑞斯特在高黎贡山发现了大树杜鹃这一全球珍稀物种，为了运输方便，他竟然将这棵高达 25 m、树龄近 300 年的古树砍倒锯成圆盘运至英国。时至今日，这株"杜鹃花王"的巨大树盘依然陈列在大英博物馆中。福瑞斯特在云南最后一次采集标本时，再也没能走出这片给予他无上荣光的神秘大地。

在此期间，还有许多外国学者毫无顾忌地往返于横断山区采集动植物标本。英国植物学家金敦·沃德（Kingdon Ward）在 1911～1923 年多次从缅甸进入云南西北部地区，进行动植物学考察，发表了大量论文。奥地利植物学家韩马迪（Handel-Mazzetti）于 1913～1919 年多次进入云南和西藏东南部等地区进行考察，带走植物标本和小型脊椎动物标本 13 000 余号。1916 年，美国探险家罗伊·查普曼·安德鲁斯（Roy Chapman Andrews）率领亚洲动物考察团（Asiatic Zoological Expedition）从缅甸进入中国，先对云南进行了详细的考察，然后继续向东北进发，穿越整个中国，历时 3 年，沿途采集动物标本 3000 余号。1920 年，他提出了一个更加狂妄的计划——考察中国全境，并因此成立了中亚考察团（Central Asiatic Expedition），断断续续在中国活动了 10 年之久，直到 1930 年才结束，收获极其丰硕。考察团在云南收集哺乳动物标本 2100 号、鸟类标本 800 号、爬行动物和两栖动物标本 200 号，还有用于解剖学研究的

200 副浸泡在福尔马林液中的动物骨架。考察团还拍摄了 150 幅照片和 10 000 英尺（1 英尺=30.48cm）的电影胶片。他们回到美国的时候，带回了大量哺乳动物化石、恐龙骨骼化石，还有一窝保存完好的恐龙蛋化石，震惊了整个古生物界。1922～1933 年，美国植物学家洛克（Rock）先后 4 次来到云南、西藏东南部和四川西南部进行动植物资源考察，采集到植物标本 60 000 号，动物标本 1000 多号。

外国学者也不断进入高黎贡山地区进行地质方面的研究。1907～1911 年，印度地质学家布朗（Brown）多次进入云南，对腾冲火山群、怒江流域地质和滇西矿产资源进行了较为系统的地质学调查。于 1913～1923 年发表了《中国西部云南省对地质的贡献》（*Contributions to the Geology of the Province of Yunnan in Western China*）系列成果。1922 年英国地质学家约翰·瓦尔特·格利高里（John Walter Gregory）从缅甸经腾冲进入怒江-澜沧江-金沙江三江并流区考察，重点开展冰川和岩石地层学研究，并完成了著作《中国西藏的阿尔卑斯》（*To the Alps of Chinese Tibet*）。

20 世纪初，清政府试图加强对高黎贡山地区地理情况的了解，以巩固边防，便派遣官员进行实地考察。云南省丽江府官员夏瑚，于 1908 年 8 月 4 日至 12 月 17 日受遣考察今怒江傈僳族自治州大部分地区，包括独龙江流域，最北抵达西藏察隅，完成了《怒俅边隘详情》。李根源奉命进入英国侵占的片马、古浪、岗房等地考察，并绘著了《滇西兵要界务图注》（含附图 126 幅，图目 1 卷），详细介绍了今中国怒江傈僳族自治州、保山市高黎贡山西麓的山川地理形势。

到了 20 世纪 30 年代，面对西方国家对我国珍贵动植物资源的肆意掠夺，蔡希陶、王启无、俞德浚等科学前辈，与其说是为了揭开"植物王国"的奥秘，不如说是捍卫国家主权，他们在科学救国情怀的驱使下，越过崇山峻岭，克服难以想象的艰难险阻，开启了我国在云南自主科学考察的时代。

蔡希陶、王启无、俞德浚是静生生物调查所研究人员，受时任所长、著名植物学家胡先骕先生的委派，分别于 1932 年、1935 年和 1937 年，率领"云南生物采集团"到云南开展科学考察。他们无疑是我国系统开展高黎贡山科学考察和标本采集的先行者与开拓者。5 年中，他们先后在乌蒙山、碧罗雪山、高黎贡山、大围山、老君山、金平分水老岭、芒市、龙陵等地做了大规模采集调查，共采集标本 12 000 余号。

1937 年"七七事变"后，抗日战争全面爆发，国内许多科教机构迁往西南。静生生物调查所所长胡先骕和云南省教育厅龚自知高瞻远瞩，商定在昆明成立云南农林植物研究所（中国科学院昆明植物研究所的前身），为后来系统开展生物科学研究奠定了重要基础。胡先骕和郑万钧率先开展了云南植物分类学的研究，《中国植物小志》《中国西南部植物之新分布》便是早期的代表性文献。他们对木兰科、卫矛科、胡桃科研究甚多。蔡希陶对豆科，俞德浚对蔷薇科、秋海棠科、山茶属开展了专门的研究。这些工作主要得益于蔡希陶、王启无、俞德浚前期的科学考察成果和采集的标本。俞德浚后期专注于栽培植物学和园艺学研究，完成了《云南经济植物概论》《中国果树分类学》等重要著作。1945 年，经利彬、吴征镒、匡可任和蔡德惠在兰茂所著《滇南本草》的基础上，经进一步科学考证，编著完成了《滇南本草图谱》。

新中国成立以后，高黎贡山的科学考察进入一个建制化、系统化的崭新阶段。刘慎谔、秦仁昌、毛品一、冯国楣等科学家先后对高黎贡山进行了植物地理考察和植物标本采集。较大规模的考察有：1960 年，中国科学院昆明动物研究所、云南大学、武汉大学、北京自然博物馆共同组织的高黎贡山动物资源调查，以及中国科学院南水北调综合考察队滇西北分队的植被考察；1965 年，中国科学院动物研究所和昆明动物研究所对相关地区组织的联合考察；1981 年，中国科学院自然资源综合考察队组织的横断山地区考察；1989～1991 年，西南林学院和云南省林业调查规划院主持开展的高黎贡山多学科综合考察；1993 年，云南省林业调查规划设计院组织的怒江自然保护区的综合科学考察。还有许多科学家在生物、生态、地质、气候、文化等诸多领域朝着不同的方向深入探索，获得了大量一手资料，逐渐拓展了科学视野，深化了对高黎贡山的科学认知，本书的相关章节将会做出阐述，这里将不再赘述。但有一位科学家不能不提及——著名植物学家、中国科学院昆明植物研究所李恒研究员。她穷其一生，投身于高黎贡山植物学研究，她是系统研究高黎贡山植物种类、区系地理和多样性分布格局的第一人。在本次科考实施之前，她的著作《高黎贡山植物》（2000 年出版）和《高黎贡山植物资源与区系地理》（2020 年出版），为我们提供了难得的参考资料和科学基础。这是我们的幸运，更是高黎贡山的幸运！

回顾这段历史，既是对高黎贡山世界影响力、国家代表性、生态重要性的展示和回望，也是对大众生物生态安全的历史警示和现实教育，更是从千年的时间跨度中，对人类文明的追问和反思。

二、科学认知

高黎贡山国家级自然保护区是目前云南省最大的国家级自然保护区。1992 年，世界野生生物基金会（World Wildlife Fund International，WWF）把高黎贡山自然保护区列为具有国际重要意义的 A 级自然保护区。1997 年，《中国生物多样性国情研究报告》确定了 17 个中国生物多样性保护具有全球意义的关键区域，其中高黎贡山是首要区域——横断山南段的重要组成部分。2000 年经联合国教育、科学及文化组织（United Nations Educational，Scientific and Cultural Organization，UNESCO，简称联合国教科文组织）批准，高黎贡山加入世界"人与生物圈"保护区网络。

2021 年，云南省林业和草原局设立专项，由中国科学院昆明分院牵头，组织中国科学院昆明植物研究所、中国科学院昆明动物研究所、中国科学院西双版纳热带植物园、中国科学院地球化学研究所、华东师范大学、复旦大学、云南省社会科学院开展涉及地理环境、植物、动物、生态系统、地质、生态评价、历史文化、社会经济等多领域综合系统的科学考察和研究，为设立国家公园提供科学基础。

本项研究在前辈科学家丰富积累的基础上，更加注重高黎贡山地质演化与动植物多区系交融、气候多样性与生物多样性形成、陆表过程与生物地理格局变迁、人地关系与生态系统变化、民族历史文化与经济社会发展等多要素、多尺度和多维度的综合交叉研究。

本书在编排上，体现从陆表到地质、生物到生态系统、自然到人文相互贯通这一逻辑关系。在时间维度上强调自然要素的形成、演化及过程，空间维度上突出生物物种、群落、生态系统及其结构、格局和功能，并从大的空间尺度进行生态景观变化研究及脆弱性评价，为未来的保护重点提供方向和目标。本书研究内容主要如下。

（1）自然地理环境：阐明高黎贡山地表气候、水文、土壤等自然要素及土地利用与土地覆被情况。

（2）地质地貌：研究高黎贡山自元古宙以来不同地质时期地层及岩石类型、特征、重要矿产资源；揭示岩浆岩的基本类型、分布规律和形成时代；阐明高黎贡山的形成演化过程及地貌的基本类型、形态特征、成因与分布规律。

（3）植物多样性与植被：查明高黎贡山植物种类、植物区系、植被类型，确定珍稀濒危植物、特有植物及药用植物，阐明高黎贡山地区植物多样性在中国乃至世界的地位及保护对策。

（4）陆生脊椎动物多样性：查明高黎贡山地区哺乳类、鸟类、爬行类、两栖类野生动物种类。揭示动物区系从属、珍稀濒危物种、地理分布格局。阐明高黎贡山地区动物多样性在中国乃至世界的地位，提出保护对策。

（5）生态系统：查明高黎贡山地区生态系统本底、主要类型与分布规律。研究生态服务功能和服务价值。

（6）生态环境脆弱性评价：对生态环境的重要因子，包括干旱、水土流失、地质灾害、生境 4 个方面进行敏感性评估。在此基础上，通过空间叠加，并结合限定因子，实现对生态环境脆弱性的综合评估。

（7）历史与民族文化：查明高黎贡山地区历史沿革、历史文化遗迹和人文景观。研究民族历史、民族文化的形成和演进过程。

从 20 世纪初到今天，经过几代科学家的不懈探索，我们可以客观地认知高黎贡山的自然价值、科学价值和文化价值。

高黎贡山是印度板块和欧亚板块的"大地缝合线"。它位于深大断裂纵谷区，其形成过程经历了两大板块碰撞及复杂的地质演变过程。多样的岩石类型、众多的古生物化石、复杂的地质构造、丰富的矿产资源造就了天然的"地质博物馆"。复杂的构造和环境演变过程，造就了高黎贡山极为特殊的地形地貌，高山峡谷地貌、蛇曲地貌、喀斯特（岩溶）地貌、冰川地貌以及高山湿地和跌水（瀑布）构成了壮美的自然景观。

高黎贡山是具有世界影响力的陆地生物多样性关键地区。它拥有全球同纬度地区最丰富的生物多样性，被国际公认为"地球上热带地区以外，生物多样性最丰富的地区之一"，被誉为"世界物种基因库""东亚植物区系的摇篮""重要模式标本产地""生命的避难所""野生动物的乐园""雉鹑类的乐园""哺乳类动物祖先的发源地"。

高黎贡山是地球上罕见的珍稀濒危物种和特有物种保藏基地。这里有野生维管植物 6711 种，其中云南特有种 885 种，占中国特有种总数的 40.6%，高黎贡山特有种 380 种，占云南特有种总数的 42.9%。国家重点保护野生动物 240 种，灵长类动物达 10 种之多。它拥有世界上最大的杜鹃树种——大树杜鹃、我国特有的第三纪孑遗植物——台湾杉、被公认为生物多样性保护伞和指示种的高黎贡山特有种——高黎贡白眉长臂猿、被誉为"黑色精灵"的高黎贡山特有种——怒江金丝猴等众多珍稀濒危物种。

高黎贡山拥有我国乃至全球代表意义的自然生态系统。它孕育了我国西南部类型最为丰富的植被垂直带谱；它从东南亚热带雨林向青藏高原寒温性针叶林连续过渡，展示了全球典型森林植被的原真性和完整性；它是地球上保存最为完好的生态学关键地带之一，同时也是我国西南生物生态安全的第一道屏障。

高黎贡山是多民族迁徙和融合的走廊，是我国独特民族文化和人文景观的集中展示区。这里不仅是滇西最早的人类栖息地，同时也是氐羌、百濮、三苗族群，以及中亚民族和中原汉族迁徙定居的聚集地，呈现出罕见的多民族分布格局，成为多民族融合发展的家园。这里还拥有世界上最古老的通向南亚次大陆及中南半岛的民间"贸易通道"，保存有近代滇西各族人民抗击外侵的历史遗存。其民族历史文化丰富多彩，人文景观独具特色。

高黎贡山科学研究已长达一个多世纪，但高黎贡山仍有新物种、新记录和新的自然现象被不断发现。在其高耸入云的层层山峦间，在人迹罕至的丛林秘境中，在隐蔽深邃的地层深处，依然蕴藏着自然和生命的奇迹，等待着我们去探索和发现。

值此书稿付梓之际，我们向为高黎贡山科学研究付出艰辛劳动的几代科学家致以崇高的敬意！

本书由云南省林业和草原局资助出版。赵娜、徐娴、胡红、杨大新等同志在项目的组织、协调和管理中作出了重要贡献，在此一并致谢。

由于相关研究还有待深入，且时间仓促，书中难免有不妥之处，恳请同行专家和读者不吝指出。

周　杰

2022 年 12 月于昆明

目　　录

图版

第1章 概 述

高黎贡山作为喜马拉雅造山带中极其重要的地质构造单元，伴随着印度板块和欧亚板块碰撞、特提斯洋的消减和青藏高原的隆升，从深深的海底崛起，横亘于云南西部，其最北端连接青藏高原，向南一直延伸至中南半岛。它在漫长的地质演化和环境变迁过程中，为地球生物区系的交流和融合搭建了不可多得的桥梁与舞台，形成了动植物"区系复杂、联系广泛、新老兼备、南北过渡、东西交汇"的特殊格局。高黎贡山位处全球3个生物多样性热点地区（喜马拉雅、印度-缅甸及中国西南山地）的交汇区，孕育了极为丰富的生物物种和遗传资源，造就了中国面积最大的常绿阔叶林、完整的生物气候垂直带谱、多样的山地立体生态系统、丰富的生物多样性和特有谱系。它集地质、植物、动物、生态系统、民族历史文化和自然景观的独有性、原真性和代表性为一体，成为我国乃至世界极其重要的生物多样性宝库及无可替代的生态安全屏障和自然科学研究基地。其生态价值、资源价值、科学价值和文化价值，为全世界所瞩目。

1.1 地 理 位 置

高黎贡山位于中国云南西部，北接青藏高原，南连中南半岛，东临怒江，西靠独龙江（缅甸境内称恩梅开江）。处在24°56′N～26°09′N。最北到西藏自治区林芝市察隅县，最南抵保山市龙陵县。本研究涉及的行政区域见图1-1，总面积约6571 km²。

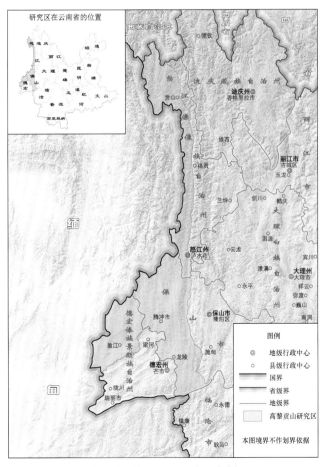

图1-1 高黎贡山研究区范围

1.2　自然地理环境

高黎贡山在自然地理上，属于青藏高原唐古拉山脉的南延部分，是横断山脉最西端的山峰体系。山体呈南北走向，有着典型的高山峡谷自然地理垂直景观，以及由西向东、从南到北逐渐过渡的地理特征。高黎贡山全长约 600 km，平均宽度约 50 km，山体平均海拔约 3500 m，最高点为云南省贡山独龙族怒族自治县境内的嘎娃嘎普峰，海拔为 5128 m，最低点位于盈江县的中缅界河交汇处，海拔仅为 210 m，南北最大相对高差 4918 m。

高黎贡山在气候上，属我国西南部亚热带高原季风气候区，同时具有典型的高山立体气候特征。它包括了纬度地带性的热带、南亚热带、中亚热带、北亚热带，以及高山垂直地带性的暖温带、温带和寒温带 7 个气候带。全年平均气温 15℃，全年平均降水量 3000 mm。降水量东西两坡差异明显，迎风面降水较多，随海拔的升高而递增，山顶降水量最多可达 3600 mm。5～10 月受印度洋西南季风的影响，气候湿热，具有高温多雨特征。山谷因焚风作用形成干热气候。11 月到翌年 4 月受东北季风和南支西风的影响，东北季风从高海拔的青藏高原上南下，在高黎贡山地区形成焚风效应。同时，伴随着行星风系的季节性位移，北半球高空的西风受青藏高原阻挡分为南北两支，其南支西风绕道低纬度的南亚次大陆后增温，使高黎贡山变得温暖湿润。

高黎贡山是怒江（缅甸境内称萨尔温江）和独龙江（缅甸境内称恩梅开江）的分水岭，水资源总量丰富，有百余条河流分布于山脉东西两坡。以山脊为界，东坡主要为怒江流域，巨大的河流落差（大多超过 2000 m）形成众多独特的多叠瀑布。西坡分为南北两个流域，北部起始于独龙江，进入缅甸境内称恩梅开江，最后汇入伊洛瓦底江。南部为龙川江流域。

高黎贡山土壤具有明显的垂直分带，从山谷到山顶发育了从亚热带到寒温带的所有土壤类型。其东坡从怒江河谷到山顶，在不同海拔分布有稀树灌木草丛-燥红土；云南松林、稀疏灌丛-褐红壤；季风常绿阔叶林-红壤；半湿润常绿阔叶林、尼泊尔桤木林、中山湿性常绿阔叶林-黄红壤、棕红壤；中山湿性常绿阔叶林-黄棕壤；山顶苔藓矮林、云南铁杉林-棕壤；寒温性竹林、苍山冷杉林-暗棕壤；寒温性灌丛、草甸-亚高山草甸土。其西坡从龙川江河谷到山顶，分别发育了季风常绿阔叶林-黄红壤；尼泊尔桤木林、云南松林、中山湿性常绿阔叶林-黄壤；中山湿性常绿阔叶林-黄棕壤；山顶苔藓矮林、云南铁杉林-棕壤；寒温性竹林-暗棕壤；寒温性灌丛、草甸-亚高山草甸土。成土母岩主要由花岗岩、片岩、片麻岩、板岩、千枚岩等火成岩和变质岩系及其坡积物或残积物所组成。

1.3　地　质　地　貌

高黎贡山是印度板块和欧亚板块相互作用的"大地缝合线"，伴随着青藏高原和横断山系隆升过程不断演化，系统地记录了从古生代到新生代的重大地质事件及其演化历史。其地质区位重要，岩石类型多样、古生物化石众多，构造复杂，矿产丰富，地貌景观独特，是当之无愧的"天然地质博物馆"。

在距今 2.5 亿～1.5 亿年的中生代，现今高黎贡山所在的区域，以及孕育它的青藏高原和横断山系所在的大陆，被"古地中海"或"特提斯洋"所覆盖。当时这片大洋占据着今天欧亚大陆的南部和南美大陆-非洲大陆的北部，从加勒比海越过大西洋、从西欧经阿尔卑斯山、土耳其-伊朗高原、喜马拉雅山直至东南亚的广大地域相互贯通。

至三叠纪，冈瓦纳古陆开始解体。侏罗纪早期（大约距今 200 Ma），从冈瓦纳古陆裂解出来的印度板块开始缓缓向北漂移，"特提斯洋"逐渐退缩，到距今 60 Ma 前后，印度板块与欧亚板块产生碰撞，导致喜马拉雅山脉开始快速隆升。地处青藏高原东侧的横断山脉地区，发生了强烈而广泛的陆内造山作用，从而形成一系列近南北向剪切断裂组成的剪切带。

高黎贡山是这一剪切带最重要的造山系，作为印度板块和欧亚板块碰撞形成的"大地缝合线"，从深深的海底崛起。伴随着多次喜马拉雅构造运动，以其巨大山体，纵贯南北，横亘于中国西南部，最北端连接青藏高原，向南一直延伸至中南半岛。与此同时，它的东面形成了怒江（缅甸境内称萨尔温江）大峡谷，西面发育印缅山地和独龙江（缅甸境内称恩梅开江）。

由于其特殊的大地构造位置，在漫长的地质演化过程中，发生了多期构造运动、岩浆活动，经历了不断的古地理环境演变、古生物进化等，保存了较完整的地层、岩石、化石、矿床、构造形迹、地貌景观。岩浆活动频繁，断裂构造十分发育，成矿环境多种多样，矿产资源十分丰富，主要发育有锡、钨、稀土、铅、锌、铁、铜等，同时还分布着比较丰富的地热资源。

高黎贡山从世界屋脊——青藏高原逶迤南下，进入云南后，沿怒江西岸从北向南，绵亘数百里，跨越了近 4 个纬度，成为一个连接青藏高原和中印半岛的巨大走廊。同时，也造就了巨大的垂直落差，最大高差达到 4918 m，形成了极其雄伟而独特的地貌景观。山脉两侧不仅有许多壮观的瀑布群，在山顶古陆残留面还分布有冰渍湖或季节性沼泽，许多地方还发育有温泉地热。独特的高山峡谷地貌、蛇曲群河流地貌、喀斯特地貌、冰川地貌、原始森林、火山、温泉、溪流、瀑布构成了壮丽的自然景观。

1.4　植物多样性

高黎贡山现代植物区系是伴随着青藏高原的隆升及"特提斯洋"退却的地质历史过程，在古南大陆热带亚洲植物区系的基础上，由古南大陆成分、古北大陆成分及古地中海成分融合发展而来，其植物种类丰富，区系成分复杂、联系广泛、起源古老、特有化程度极高，堪称"东亚植物区系的摇篮"。

南北古大陆在高黎贡山及其附近地区的缝合，为高黎贡山植物区系奠定了多起源的基础，促进了高黎贡山热带植物区系向温带植物区系的蜕变和演化。喜马拉雅造山运动引起的山体抬升及河谷下切，形成了南北走向物种交流的自然通道，为高黎贡山的物种多样性和特有化提供了不可多得的自然条件。

高黎贡山计有野生维管植物 268 科 1566 属 6711 种（含变种和亚种）。其中，石松类和蕨类植物 34 科 108 属 501 种及变种，裸子植物 9 科 18 属 32 种及变种，被子植物 225 科 1440 属 6178 种及变种或亚种。

高黎贡山处于中国植物区系三大特有现象中心之一的川西-滇西北中心、中国种子植物特有属八大分布多度中心之一的横断山南段中心及云南两大中国种子植物特有属多样性中心之一的滇西北中心，是地球上非常稀有的物种分化活跃或保留部分孑遗成分的地区之一。因此，高黎贡山种子植物区系的特有现象十分丰富，计有东亚特有科 12 科（包括 1 个中国特有科）；中国特有属 24 属，占全部属数的 1.6%；中国特有种 2178 种，占全部种数的 35.1%，其中云南特有种 885 种，占中国特有种数的 40.6%，高黎贡山特有种 380 种，占云南特有种数的 42.9%。

高黎贡山计有各类保护植物 166 科 486 属 1113 种及变种或亚种。国家重点保护野生植物 172 种，其中国家一级保护植物 10 种。省级重点保护植物 63 种。如大树杜鹃 *Rhododendron protistum* var. *giganteum*、台湾杉 *Taiwania cryptomerioides*、长蕊木兰 *Alcimandra cathcartii*、珙桐 *Davidia involucrata*、须弥红豆杉 *Taxus wallichiana*、贡山三尖杉 *Cephalotaxus lanceolata* 等。

高黎贡山拥有 500 多年树龄、在地球上绝无仅有的世界最大的杜鹃树种——大树杜鹃和树龄 500 年以上被誉为林中"活化石"的台湾杉。兰科植物也独树一帜，其种类占中国兰科物种的 1/4。

1.5　动物多样性

高黎贡山是南北动物交流的走廊，动物多样性居全国单一自然地理单元之首，物种特有性高，区域分布特征明显，是多个类群物种集中分布地或分化中心。

高黎贡山既是古北界、印马界两大世界生物地理区界的过渡带，也是中国青藏高原区和东部季风区两大自然地理单元的交会处，处于横断山脉、喜马拉雅山脉及东南亚野生动物的汇集区。同时由于它南北跨越了近4个纬度，北高南低的地形地貌和多样的气候环境为动物的自由迁徙、交流和生存提供了得天独厚的自然条件，在地球发生剧烈地质运动和极端气候条件中，许多古老濒危的物种得以在高黎贡山的庇护下保存下来，众多在地球其他地方已经消失的物种在这里栖息繁衍，成为"生命的避难所""野生动物的乐园"。

高黎贡山是云南乃至全国哺乳动物最为丰富的地区。目前已知陆生脊椎动物1065种。其中哺乳动物204种（国家一级保护动物23种，国家二级保护动物25种，中国特有种32种，高黎贡山特有种6种）。

现有记录表明，高黎贡山是全国鸟类多样性最高的地区。鸟类计753种，约占云南鸟类总种数的79.3%，中国鸟类总种数的52.1%。其中含有28个中国特有种、81个非中国特有但在中国仅见于云南的种类，以及19个仅见于高黎贡山地区的种类，187种为珍稀濒危物种。国家重点保护物种173种（其中一级27种，二级146种）。

高黎贡山爬行动物多样性在全国森林型和野生动物型自然保护区中位居前列。记录到爬行类动物56种（国家二级保护动物4种）。占全国爬行动物种类的10.96%，占云南省爬行动物种类的34.57%。爬行动物特有性比较高，其中含高黎贡山特有种9个，另外还有1种为云南特有种。

另外，高黎贡山记录两栖动物52种（国家二级保护动物3种，云南特有种20种，高黎贡山特有种16种）。

最值得关注的是，高黎贡白眉长臂猿 *Hoolock tianxing*、怒江金丝猴 *Rhinopithecus strykeri*、肖氏乌叶猴 *Trachypithecus shortridgei*、喜马拉雅扭角羚 *Budorcas taxicolor*、白尾梢虹雉 *Lophophorus sclateri*、伊江巨蜥 *Varanus irrawadicus*、中华小熊猫 *Ailurus styani* 等240种国家重点保护野生动物齐聚一地，实属罕见。而且灵长类动物达10种之多，占全国灵长类动物种类的35.71%，是全国灵长类动物多样性最为丰富的地区。且高黎贡白眉长臂猿 *Hoolock tianxing*、怒江金丝猴 *Rhinopithecus strykeri*、肖氏乌叶猴 *Trachypithecus shortridgei* 在国内仅见于高黎贡山地区，被认为是健康原始森林的象征和标志，但种群极小，如高黎贡白眉长臂猿仅约150只。

1.6 生态系统

高黎贡山涵盖热带北缘、南亚热带、中亚热带、北亚热带、暖温带、温带和寒温带7个气候带，孕育了独特的立体生态系统和自然景观，保存着从热带雨林、亚热带常绿阔叶林，一直到温性针叶林最为完整和面积最大的森林生态系统，拥有我国面积最大的中山湿性常绿阔叶林。其生态系统的原真性、完整性和多样性在全球十分罕见。

由于南北地理跨度巨大，以及怒江和独龙江垂直切割造就的高山峡谷立体地形和显著的落差，造就了高黎贡山拥有除荒漠外的所有陆地自然生态系统。其生态系统一级分类单元8个，占全国一级生态系统类型总数的88.9%，主要的自然类型有森林、灌丛、草地、湿地、冰川/永久积雪生态系统。森林覆盖率高达93.67%。

显然，森林生态系统是高黎贡山最为核心和最具代表性的生态系统，其分布范围广泛，覆盖整个高黎贡山的东西坡，纵贯300~4100 m海拔。包含了雨林、季雨林、常绿阔叶林、硬叶常绿阔叶林、落叶阔叶林、暖性针叶林、温性针叶林、竹林8种类型。具有植物种类丰富、群落类型多样、垂直带谱完整、跨国界等特征。

高黎贡山区域提供的生态系统服务年总价值达1721.86亿元，占云南省国家级、省级自然保护区2016年提供的森林生态服务总价值2129.35亿元的80.86%。

1.7　历史与民族文化

　　高黎贡山是多民族文化交流和融合的走廊，是"南方丝绸之路"的重要通道，是民族历史文化和人文景观的荟萃之地。

　　高黎贡山曾是原始人类活动和繁衍之地。塘子沟遗址、龙陵大花石遗址的存在，标志着新旧石器时期高黎贡山的台地上就已有人类定居。先民们除开展农耕、畜牧、狩猎等生产生活活动外，绘画、雕刻和制陶等古老文化也已达到较高水平，大量青铜器的出土也显示这里曾出现过灿烂的青铜文化。

　　高黎贡山也是多民族迁徙和融合的走廊。目前的原住居民包括汉族、傣族、傈僳族、怒族、回族、白族、苗族、纳西族、独龙族、彝族、壮族、阿昌族、景颇族、佤族、德昂族、藏族 16 个民族。他们有形的物质文化，如饮食、服饰、建筑、生产工具、生活用具、民族工艺品、美术作品等，以及无形的精神性的传统文化，如各种民风习俗、宗教、祭祀活动、歌舞、社会道德、价值观念、民族节庆、民族文学、民族体育等都是宝贵的文化遗产。这里同时也是多种宗教，如佛教、基督教、伊斯兰教、道教及其他原始宗教的荟萃之地。

　　高黎贡山不仅是大自然的宝藏，还是中国历史的见证者。作为"南方丝绸之路"的必经之地和历代兵家争夺的战略要地，山上山下仍保存有不少历史遗迹。古代从四川成都经云南通往缅甸、印度的商贸通道，西汉史学家司马迁在《史记》中将其命名为"蜀身毒道"，现在的学者称之为"南方丝绸之路"。其中，从今天的大理经保山至腾冲到缅甸的道路，东汉以后称为永昌道。永昌道始于澜沧江上的兰津古渡和霁虹桥，与博南古道相连。从保山西行渡过怒江后，古道分三个方向翻越高黎贡山进入腾冲，分别是：北斋公房古道、南斋公房古道和大蒿坪古道。另有保山经惠通桥过怒江，经龙陵、芒市、瑞丽畹町至缅甸的通道。20 世纪 30 年代，沿这一线路建成滇缅公路，成为滇缅交通主通道。

　　沿南方丝绸古道散布着无数的古城遗址、古关隘、古桥梁、驿站、古代军事通信设施、战场遗址、村落遗址，如"磨盘山战役"古战场、分水岭哨卡、太平铺烽火台等，这些都为高黎贡山注入了博大深邃的文化内涵。

　　19 世纪末至 20 世纪初，高黎贡山地区各族人民为反抗英国渗透、侵略，进行了英勇斗争，留下了马嘉理事件发生地、片马抗英遗址等大量遗存。抗日战争遗存也非常丰富，是滇西抗战的历史见证。

　　高黎贡山丰富的生物多样性、自然景观多样性、民族风俗多样性、宗教多样性和丰厚的历史文化沉淀，为环境教育和生态旅游提供了不可多得的基础。

1.8　生　态　安　全

　　高黎贡山是我国西南生物生态安全的第一道屏障，同时也是怒江（缅甸境内称萨尔温江）和独龙江（缅甸境内称恩梅开江）两条国际河流的重要水源地和分水岭，是维护国家乃至国际生态安全的战略要地。

　　高黎贡山不仅是中国生物多样性关键性地区和世界生物多样性热点地区之一，也是全球十大濒危森林生物多样性地区之一。同时还连接着世界 36 个生物多样性热点地区中的喜马拉雅、印度-缅甸及中国西南山地 3 个地区，其地理位置极其重要，生物资源极为丰富，生态服务价值极高。2000 年，高黎贡山已被联合国教科文组织批准纳入世界生物圈保护区。2003 年，作为"三江并流"区的重要组成部分被列入《世界自然遗产名录》。

　　同时，高黎贡山地处中缅边境，是怒江、独龙江两大水系的分水岭，它对滇西地区和缅东地区涵养水源、调节气候、保持水土、固碳释氧、生物多样性保育，以及保障中缅两国人民生产生活具有极其重要的生态服务功能。高黎贡山是无可替代的保障国家生态安全的重要区域，承担着维护区域、国家乃至全球生态安全的战略任务。

研究显示,对高黎贡山生态安全产生重大影响的因素主要表现在以下 5 个方面。

第一,全球变暖和极端气候事件增加。高黎贡山海拔高,气候变化特别是极端干旱事件的增加,导致植被生产力呈现较高的波动性,影响到水资源的安全和区域生产生活。

第二,水土流失。水土流失敏感性整体上呈现南北低、中间高的分布趋势,高敏感区主要分布在怒江河谷地区,呈线状分布格局。

第三,滑坡和泥石流等地质灾害。高地质灾害风险区与河流分布基本重合,怒江、独龙江沿岸具有很高的地质灾害敏感性,其中贡山、福贡、泸水因处于川河河谷深切地貌上,地形破碎、坡度大,降水充足,其地质灾害风险高,对生态安全的影响尤为突出。

第四,人类活动。由于人口增长,工程建设、农业开发等人为活动的加剧,正在对孕育动物多样性的栖息地产生巨大影响,导致栖息地的破碎化。高敏感性区域主要伴随道路呈线状分布在怒江河谷区域,将大块的优质生境切割成小块。这种分布格局不仅与道路对生境的切割有关,还与人类居住和活动沿道路分布有关。

第五,外来物种入侵。高黎贡山的外来入侵植物计有 39 种,其中原产热带美洲的种类 26 种,原产北美洲 10 种,原产亚洲西南部 1 种,原产非洲 1 种,原产缅甸和泰国 1 种。目前发现对高黎贡山生态安全造成危害的重点入侵物种有凤眼莲、飞机草、紫茎泽兰、马缨丹、含羞草 5 种。从区域分布来看,高黎贡山南部入侵植物多于北部,东坡多于西坡。植物的入侵途径显然与人类社会活动相关,有些是引种栽培的结果,有些是风、流水、人类和动物携带而来。入侵植物对高黎贡山湖泊生态系统、热带植被、土壤和农田生态系统,以及动物和人类健康都将产生潜在威胁。

第2章 自然地理环境

高黎贡山（98°34′E～98°50′E，24°56′N～26°09′N）位于横断山脉西部（包括伯舒拉岭-高黎贡山、他念他翁山-怒山、芒康山-云岭、沙鲁里山、大雪山、邛崃山、岷山七大山脉），是中国和缅甸的国界山。高黎贡山呈南北走向，东与横断山、云贵高原相接，西达印度半岛，北通青藏高原，南入中南半岛，是地理位置上重要的"十字路口"。高黎贡山地势北高南低，平均海拔3500 m，最高峰为5128 m的嘎娃嘎普峰，夹在怒江和独龙江之间，两边是大峡谷，地势险要。高黎贡山与喜马拉雅山一起成为阻挡印度洋西南季风的第一道屏障，大量水汽在此被拦截，横跨热带、亚热带、高山温带和高山寒温带等多个气候区，使得高黎贡山区降水充沛、植被茂盛。高黎贡山地形复杂、高差悬殊，其南北走向的高耸山脉和深切河谷对地表主要自然物质和能量输送表现出明显的南北向通道作用和扩散效应、东西向阻隔作用和屏障效应。

2.1 气候特征

高黎贡山位于我国西南横断山西侧，走向同孟加拉湾暖湿气流近于正交，坡地陡峻、气候独特。高海拔、高陡峭度等特殊的地质条件和地理位置，使高黎贡山的气候不仅具有高山气候特征，与一般山地相比又有其独特之处。这种独特的气候特征表现在气温、地表温度、降水、气流运动与风向上，兼具大陆性和海洋性气候特点，全年盛行西南偏风。高黎贡山地形高差较大，海拔高，北段的平均海拔可达3500～4000 m，最高峰（嘎娃嘎普峰）海拔甚至超过5000 m，山顶覆盖着积雪或冰川，山形崎岖嶙峋，南段平均海拔降至2500～3500 m，山顶已经难见积雪，取而代之的是茂盛的植被。

高黎贡山是印度洋暖流向云南东进的第一道屏障，年降水量由北向南，由山顶向下逐渐降低；东西坡气温都随海拔升高而呈现递减趋势，干季年平均气温、雨季年平均气温都表现出一定的垂直递减率。高黎贡山高海拔和峡谷的巨大落差，使气流运动在山脉两侧形成环流，气候和风向也因局地环流而表现出差异。高黎贡山气候兼具大陆性和海洋性气候特点，全年盛行西偏南风。南部干湿季显著，雨季降水量占全年的74%～84%。而北部具有双雨季特点，全年降水均匀分配，雨季长达9个月，其中独龙江流域年降水量超过4700 mm，其平均值亦达4000 mm，为我国降水较多的地区之一。中山湿性常绿阔叶林分布区海拔2200～2800 m，属于暖性湿润型气候，年平均气温9～13℃，最热月平均气温14～18℃，最冷月平均气温2～7℃，年均降水量为1700～2900 mm。

高黎贡山气候受季风控制，气候要素的变化具有显著的季节性干湿特征。在行星风系的季节性位移影响下，北半球高空的西风受青藏高原阻挡分为南北两支，其南支西风绕道低纬度的南亚次大陆后增温，气候深受印度洋西南季风和西风环流交替的影响，同时包括了纬度地带性的热带、南亚热带、中亚热带、北亚热带，以及高山垂直地带性的暖温带、温带和寒温带7个气候带。全年平均气温15℃，全年平均降水量3000 mm，干湿季节特征显著（表2-1）。降水量东西两坡差异明显，南部大于北部，迎风面降水较多，随海拔升高降水量递增，山顶年降水量最多可达3600 mm。每年5～10月受印度洋西南季风的影响，气候湿热，具有高温多雨特征。11月到翌年4月受东北季风和南支西风的影响，东北季风从高海拔的青藏高原上南下，在高黎贡山地区形成焚风效应。年平均温度随海拔的升高而降低，太阳辐射量在海拔1750 m以下随海拔的升高而增大，在海拔1750 m处达到最大，之后太阳辐射量随海拔的升高而减小。

表 2-1 高黎贡山南北段雨季和干季气象特征

气象特征		北段		南段	
		25°52′N	25°59′N	25°17′N	25°18′N
5~10 月 （雨季）	降水量比重（%）	87	79	80	75
	日照时数比重（%）	41	39	39	36
	相对湿度（%）	79	82	91	88
11 月到翌年 4 月 （干季）	降水量比重（%）	13	21	20	25
	日照时数比重（%）	59	61	61	64
	相对湿度（%）	56	79	75	60

高黎贡山脉的东坡与西坡气候差异明显。东坡是背风坡，太阳辐射和大气环流在南北部具有相似性，但由于纬度的不同，造成南北段气候存在明显的差异（图 2-1）。随着海拔升高，东坡气温均高于西坡气温，降水量季节变化东坡大于西坡。太阳总辐射量在海拔 1500 m 以下，西坡大于东坡；在海拔 1500~2500 m，东坡大于西坡；2500 m 以上，西坡大于东坡。东坡自河谷至山顶依次出现干热河谷带、中北亚热带、暖温带、温带和寒温带气候，西坡河谷位置相对较高，自河谷至山顶依次只出现中北亚热带、暖温带、温带和寒温带气候。高黎贡山北段和南段同海拔的气象监测数据表明（表 2-2），相同坡向的年均日照时数和太阳总辐射量北段大于南段，年均降水量南段大于北段，年均温南段略大于北段。

高黎贡山南北段气候亦有显著差异。北段年降水量多于中段和南段地区，其热量分配的变化为由北向南逐渐增加。南段干湿季显著，雨季降水量占全年的 74%~84%。而北段具有双雨季特点，全年降水均匀分配，雨季长达 9 个月，其中西坡（独龙江）的年均降水量为 3672.8 mm，一年之内甚至出现三次降水高峰（4 月、6 月、9 月），全年无干、湿季之分。此外，北段西坡（独龙江）的最热月均温（19.3℃）、最冷月均温（9.1℃）、年均温（15.7℃）及≥10℃的积温（4885.0℃）均显著低于南段西坡（分别为 19.7℃、11.1℃、17.6℃、6445.7℃）。

2.1.1 降水

高黎贡山降水随海拔升高表现出明显的梯度变化。高黎贡山纬度较低，邻近孟加拉湾，暖湿气流经逐步抬升能越过山脊，从而出现最大年降水的海拔较高（傅绍铭和黄大华，1985）。高黎贡山对降水的影响主要是通过地形的动力抬升作用和地形的热力作用所产生的山谷风活动影响的，地形抬升作用在暖湿气流较强时尤为显著。在干季，东坡（背风坡）冷空气活动频繁，因而比西坡（迎风坡）降水多。山谷风在山两侧也有显著差异，东坡更显著，因而年降水日数及小雨日数也较西坡多。河谷多夜雨、山上多昼雨的特点较典型。雨季降水量占全年的 70%~85%，其分布和年降水量相同，即最大降水高度在山脊，同一高度上迎风坡的降水量较多，而背风坡的降水递增率略大。

高黎贡山在高空气流运动和地形条件的综合影响下，在不同季节和不同区域范围内，呈现出明显不同的降水强度和频率的分异特征。高黎贡山最大降水高度在东坡 2700 m 处，同一海拔以东坡降水较多。在干季，高空盛行偏西气流，南支槽频繁活动，常引导高原上的冷空气沿着高黎贡山东侧的怒江峡谷南下，频率明显比雨季增多；而在山脉的西侧，由于其北部群山阻挡，冷空气活动减弱。统计两侧相对高度 800 m 以下各监测点的偏北风（NE-NW）频率，西坡雨季不到 10%，干季略有增加但不超过 15%，均非盛行风向；而东坡雨季不到 15%，干季则跃增为 40% 以上，且转变为盛行风向。虽然冷空气路径与山脉走向相同，地形抬升不显著，但是由于怒江河谷北高南低，冷空气下楔作用仍可产生一定的动力抬升，有利于东坡降水。西坡及山脊上干季降水量占年降水量的百分率在 13% 左右，而东坡除河谷外，均高达 26%。全年降水日数（日降水量大于等于 0.1 mm）最多的在东坡 2400 m 处，约为 220 d，约占全年天数的 60%。海拔 1800 m 以下，西坡的降水日数只比东坡多 2~4 d；而 1800 m 以上却是东坡比西坡多，

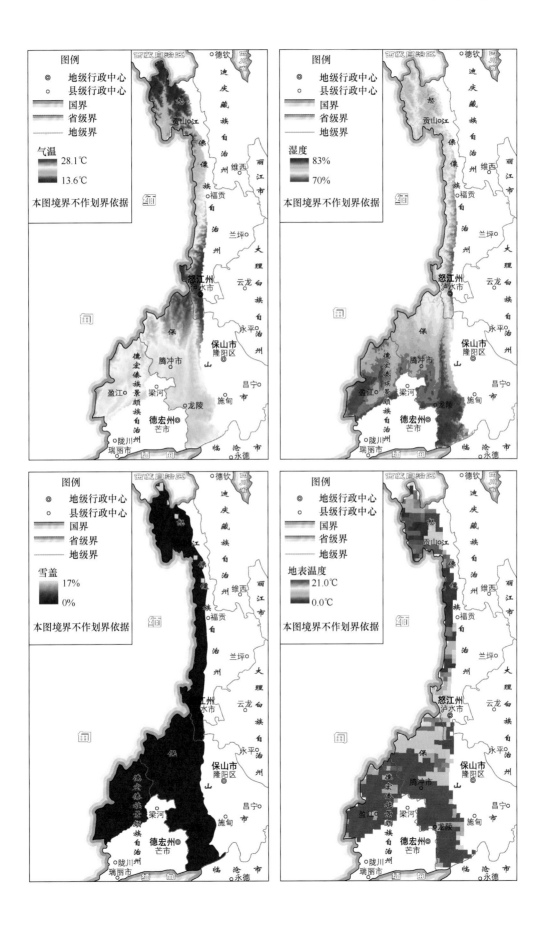

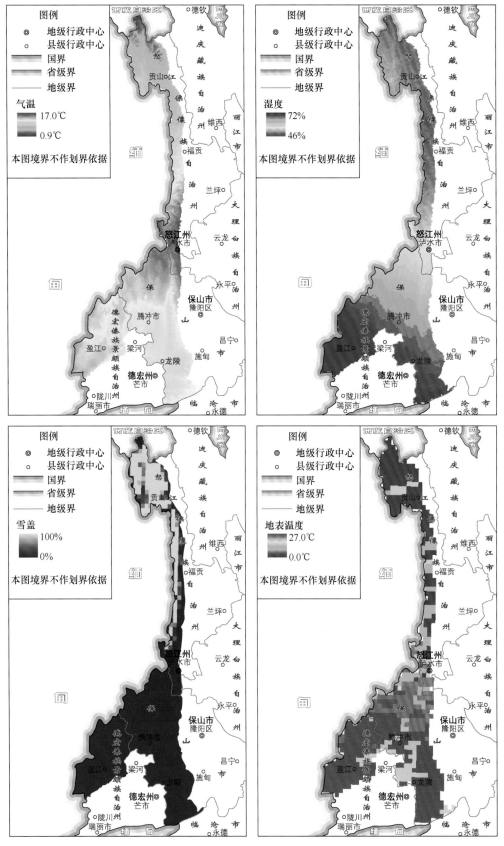

图 2-1 高黎贡山气温、湿度、冰雪覆盖度及地表温度分布图
前 4 幅图是雨季，后 4 幅图是干季

表 2-2　高黎贡山南北段同海拔（1800 m）处气象特征

气象特征	北段	南段
年均日照时数（h）	2050	1827
年均太阳总辐射量（MJ/m²）	5326	4899
年均温（℃）	15.1	15.5
干季（1月）均温（℃）	9.1	9.2
雨季（7月）均温（℃）	19.3	19.7
≥0℃积温（℃）	5503	5658
年均降水量（mm）	1204	1650

差别最大的在 2400 m（多 18 d）。小雨（日降水量 0.1～10 mm）日数最多的在东坡 2000 m 处，在此高度上下均迅速递减。而在西坡小雨日数随海拔升高差别不大，仅山脊和河谷略少。同一海拔东坡比西坡小雨日数多，差别最大的在 2000 m 处（差 35 d 左右），这个特征在雨季明显，干季不明显。由于小雨日数约占年降水日数的 2/3，因而年降水日数的分布特征主要体现了小雨日数的分布特征，而这种反常的分布又体现了高黎贡山两侧山谷风的差异。对同一山体而言，地形动力作用对降水的影响，一般和暖湿气流的强度（风速、水汽通量等）成正比。当西南暖湿气流较弱时，地形的动力作用不明显，山谷风却趋于活跃，常常造成小雨天气。由于东坡（背风坡）比西坡（迎风坡）山谷风显著，雨季尤其如此，而且雨季水汽条件好，因而东坡小雨的日数比西坡显著偏多。中雨（日降水量大于等于 10 mm）以上的年降水总量约占年降水总量的 82%，其降水日数的分布特征类似年降水量，最多在山脊，为 95 d 左右，约占全年天数的 1/4，同一高度上以西坡较多。中雨以上降水过程一般发生在西南暖湿气流较强的天气形势下，此时山谷风被掩没，而山地抬升作用非常显著，成为上述降水过程形成的主要原因。中雨以上的降水日数在雨季、干季的分布也同降水量一样，反映了冷空气活动及高黎贡山的地形影响。暴雨（日降水量 50～100 mm）日数随坡向分布差别不大，在山两侧都随高度递增。1500 m 以下只有 1 d，在 2300 m 以上较大，为 7～9 d。山上、山下的暴雨日数相差 6～8 d 之多，可见山地抬升对暴雨形成的重要作用。日最大降水量的年极值，最大的在东坡的 2660 m 处（86 mm），其次在西坡 2520 m 处（82 mm），第三在山脊 3210 m 处（76 mm）。各测点的日最大降水量的年极值，都出现在西南暖湿气流最强盛的 6～8 月。高黎贡山的降水分布同一般山地相比，有其独特之处，最大年降水量的海拔较高（但相对高度不高），在干季，东坡（背风坡）降水量比西坡（迎风坡）多，夜雨率的极值在山两侧的分布恰好相反。

分析 1970～2020 年气象站数据，可得高黎贡山降水量并没有大幅减少，但总体呈减少的趋势，21 世纪以前年降水量大于 1500 mm，2003 年以后年降水量很少超过 1500 mm。降水量较多的年份有 1980 年、1983 年、2002 年和 2020 年，其中，1980 年的年降水量达到 2787.7 mm，高出平均值 1206.7 mm。而 1999 年、2006 年、2009 年、2011 年和 2019 年是降水量较少的年份。基于气象站点日观测数据的逐年降水量空间插值数据集，得到 1999 年（降水量较少年份）和 1980 年（降水量较多年份）的降水量空间分布图（图 2-2）。可知 1980 年降水量高值区分布在西缘和北端，最高降水量 2331 mm，而在北纬 24°～27° 的东缘是降水量的低值区，最低降水量为 996 mm；1999 年降水量较低的地区分布在高黎贡山北端，特别是直立山脉东缘，全年降水量为全区域最低，降水量为 905 mm；降水量较高地区基本分布在高黎贡山南端（北纬 24°～25°），最高降水量 2066 mm。

怒江中游地处横断山纵谷区，距水汽源地渐近，降水量逐渐增大，贡山至嘉玉桥年降水量一般在 600～1600 mm，其中左贡一带由于伯舒拉岭对水汽的阻挡作用，形成了降水的低值区，据资料统计，左贡年降水量为 447 mm。由于地形、地势及大气环流影响，怒江流域从贡山开始进入暴雨区，贡山至六库年降水量一般在 2000 mm 以上。由于区内高黎贡山、怒山（碧罗雪山）等山脉险峻高大及其对水汽输送的阻挡、

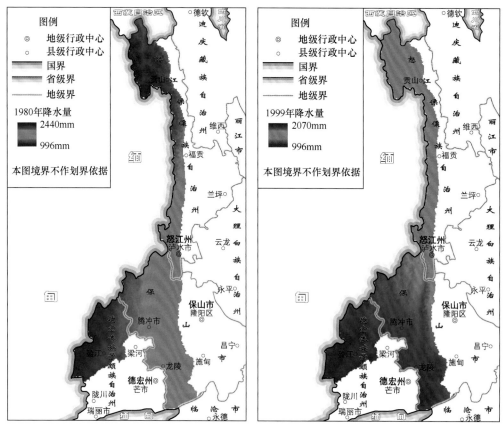

图 2-2 高黎贡山极端气候事件影响下的降水量分布图
1980 年降水量高于正常；1999 年降水量低于正常

动力抬升等作用，造成降水的空间分布极其复杂，总体表现为水平方向上西多东少、迎风坡大、背风坡小，垂直方向上河谷小、山顶大，局地性暴雨多，立体型气候突出等特点。例如，贡山附近的河谷降水量只有 400～500 mm，而两岸山坡降水量在 600～1000 mm，贡山平均降水量达 1638 mm。贡山-泸水两岸较高的山顶为 3000～4000 mm 的降水高值区。怒江下游进入云贵高原区，两侧山势渐低，水汽充足，主要受西南季风和东南季风影响，是流域降水集中地区，年降水量一般在 800～1200 mm，其中龙陵多年平均降水量达 2095 mm，是著名的雨区。南汀河一带由于距离水汽源地较近，地势开阔，降水也较丰富，降水量一般为 1400～2000 mm。由于山高谷深，气候呈明显的垂直型变化，高山积雪、寒冷，山腰温凉，河谷炎热。受南支槽和特殊地形的综合影响，怒江中游地区贡山、福贡一带明显存在两个雨季，即 1～4 月和 5～10 月。贡山水文监测站 2～4 月和 6～9 月降水量分别占全年的 32.2% 与 43.3%。泸水水文监测站降水也有类似的特点，但不如贡山集中。怒江中游地区年最大日降水量几乎在全年每个月都有发生，其中以 4 月、10 月发生次数较多。

受西南海洋季风和东南季风影响，怒江下游降水集中在汛期（5～10 月），降水量约占全年的 82.1%，其中 6～9 月占全年的 59.1% 左右。降水量年内变化较大，但年际变化并不大。从年降水量变异系数（CV）的变化范围来看，一般在 0.15～0.20。年降水量 CV 值的地区分布，大致为年降水量大的地区较小，反之有增大的趋势。年降水量最大值与最小值之比一般在 1.6～3.5。高黎贡山全年降水的最大概率出现在 3 月中旬至 11 月末及 12 月中下旬至 12 月末。高黎贡山的月降水量季节性变化明显。一年的多雨阶段持续 8 个月，从 3 月中旬到 11 月初，其连续 31 d 的降水量至少为 13 mm。在以 7 月底为中心的 31 d 期间降水量最多，平均总累计降水量为 113 mm。一年中降水较少的阶段持续 4 个月，从 11 月初到翌年 3 月初。最少雨的时期在 1 月初，平均总累计降水量为 1 mm。怒江干流区碧江以上的河谷区年蒸发量（φ=20 cm，下同）在 1220～1250 mm，属于蒸发低值区；怒江干流区中游附近的勐波罗河流域年蒸发量在 1400～

1600 mm，属于蒸发中值区。勐波罗河流域南部蒸发量较大，如永德县气象站年均蒸发量 1900 mm。

2.1.2　气温

高黎贡山的东、西坡气温都随海拔升高而呈递减趋势。西坡干季平均气温、雨季平均气温、年平均气温垂直递减率分别为 0.500℃/100 m、0.620℃/100 m、0.590℃/100 m，雨季>年平均>干季。东坡干季、雨季、年平均气温垂直递减率分别为 0.560℃/100 m、0.630℃/100 m、0.620℃/100 m，雨季>年平均>干季。干季、雨季、年平均气温东坡略高于西坡，且气温垂直递减率均是东坡大于西坡。气温随海拔的升高而递减的趋势已接近大气温度垂直递减率（黄大华和傅绍铭，1985）。高黎贡山东、西坡气温均随海拔升高而降低（图 2-3）。东坡最冷月均温垂直递减率和最热月均温垂直递减率相等。西坡最冷月均温垂直递减率小于最热月均温垂直递减率。最冷月均温递减率东坡大于西坡，最热月均温递减率西坡大于东坡。东坡气温垂直递减率的年较差随海拔升高而增大，西坡随海拔的升高而递减，垂直变化率东、西坡分别是 –0.001℃/100 m、0.080℃/100 m，东坡小于西坡，但垂直变化都不明显。高黎贡山在怒江流域上游主要受西北冷空气侵袭，气候严寒、冰雪期较长；中游受南暖、北冷气流夹击，气候变化更复杂；下游地势较低，主要受西南海洋季风影响，炎热多雨；暖和季节持续 4 个月，从 5 月中旬到 9 月下旬，日平均温度超过 18℃。

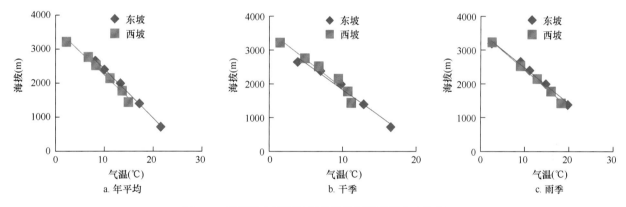

图 2-3　高黎贡山不同时间尺度的气温垂直分布特征

高黎贡山东坡干季平均地表温度、雨季平均地表温度与年平均地表温度略高于西坡，但没有显著差异，均随海拔的升高而呈现出递减趋势。西坡的干季、雨季、年平均地表温度垂直递减率分别为 0.580℃/100 m、0.680℃/100 m、0.630℃/100 m，雨季>年平均>干季。东坡的干季、雨季、年平均地表温度垂直递减率分别为 0.610℃/100 m、0.670℃/100 m、0.640℃/100 m，雨季>年平均>干季。地表温度的年平均垂直递减率是东坡>西坡，干季为东坡>西坡，雨季则是东坡<西坡。高黎贡山东、西坡最冷月平均地表温度、最热月平均地表温度都随海拔升高而降低，东坡最冷月均温、最热月均温随海拔升高的垂直递减率分别为 0.570℃/100 m、0.640℃/100 m，最热月>最冷月。西坡最冷月均温、最热月均温垂直递减率分别为 0.550℃/100 m、0.710℃/100 m，最热月>最冷月。最冷月均温垂直递减率是东坡>西坡，最热月均温垂直递减率则是西坡>东坡。地表温度年较差东、西坡均随海拔升高而降低，东坡递减率小于西坡。

高黎贡山地处低纬度，受青藏高原和东亚季风、西南季风等影响显著，由全球和地区人类活动引起的全球气候变化是影响该区域气候变化的重要因素。近几十年，以腾冲气象站数据为代表的高黎贡山出现了与全球气候变化一致的变暖趋势（图 2-4），20 世纪 80 年代后期气温开始上升，特别是 90 年代后增暖趋势更为明显，气温最高年份出现在 1999 年、2005 年和 2009 年。这些年份年平均气温均在 16.5℃。2013 年至 2020 年高黎贡山气温有回落的趋势，年平均气温在 15.5℃波动。

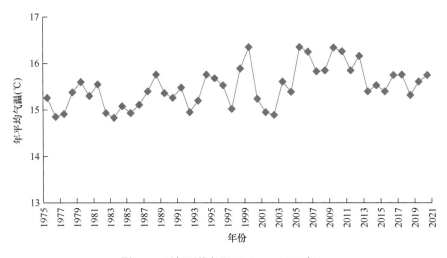

图 2-4　历年平均气温（1975～2020 年）

图 2-5 为高黎贡山 MODIS 数据的地表温度反演结果，左图成像时间为雨季（9 月），右图成像时间为干季（3 月）。可以看到温度相对较高的区域都在高黎贡山南段海拔较低的区域，地表温度随着海拔升高而降低，虽然干季、雨季都遵循地表温度的垂直递减特性，但仍然可以看出干季地表温度高于雨季。高黎贡山北依亚欧大陆，南临辽阔的印度洋及太平洋，处于西南季风和东南季风的控制下，山脉对季风的阻挡，使得东坡地表温度、气温高于西坡；同一山体的高差较大，地表温度、气温基本随海拔的升高呈现出递减的趋势。垂直递减率从季节上说，一般是雨季较高，年次之，干季最低；从坡向来说一般是

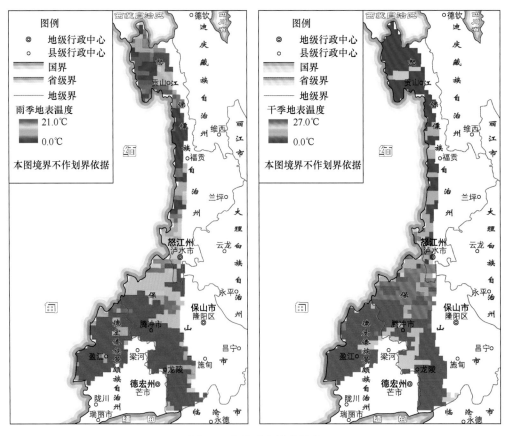

图 2-5　高黎贡山地表温度

左图为雨季，右图为干季

东坡高于西坡（表 2-3）。地表温度最高值出现在东坡研究区界线处怒江流域附近，主要由于高黎贡山在怒江流域上游受西北冷空气侵袭，气候严寒，冰雪期较长；中游受南暖、北冷气流夹击，气候变化更复杂；下游地势较低，主要受西南海洋季风影响，炎热多雨。

表 2-3　高黎贡山地表温度垂直递减率　　　　　　　　（单位：℃/100m）

坡向	年均温	干季均温	雨季均温	最冷月均温	最热月均温	温度年较差
西坡	0.63	0.58	0.68	0.55	0.71	0.16
东坡	0.64	0.61	0.67	0.57	0.64	0.07

2.1.3　气流运动与风向

高黎贡山高海拔和峡谷的巨大落差，使气流过山时在山脉两侧形成次级环流，被山阻挡的气流在迎风坡下沉。当近地面层气流触及山脚时，流线被山体抬升，使得近地面气流减速，切应力变化。当气流越过迎风坡中部时，流线密集又会使气流加速，切应力扰动随之增强。气流越过山顶流向背风坡时，流线辐散又使气流逐渐减速。迎风坡流场加速导致静压力降低，到山顶最低，越过山以后静压力恢复正常，迎风坡和背风坡产生了气压梯度，因而背风坡流场处于逆压流动状态形成半永久性的二次涡旋，涡旋下部保持逆向流动，存在较高湍流区。

高黎贡山干季东侧峡谷的西风过山以后形成了小的空腔区和逆向气流。西侧山谷低层有被高黎贡山阻挡的折返气流，高黎贡山东坡山势曲折，山风风向并不完全一致，东侧区域内风向几乎都偏南。每天日出以后，对流边界层开始发展，到近地面仍然是西风控制。在高黎贡山西侧山谷地面以上 1 km 出现东风气流，西侧怒江大峡谷内的逆向气流也更加旺盛。由于东侧碧罗雪山的阻挡，峡谷内下层位温较低，上层背风坡升温快，高黎贡山两侧等位温线东高西低。下午谷风环流开始发展，在西侧山谷内气流上升往两侧下沉形成小涡旋。高黎贡山东侧大峡谷内西风气流逆转下沉，碧罗雪山西坡出现下坡风，傍晚后地面长波辐射冷却，西侧山谷大气层结还未完全稳定，谷风减弱而山风逐渐发展，晚上碧罗雪山以西出现东风气流，东西风交汇，湍流混合层较弱。峡谷内东风下沉，西侧山谷内气流保留部分小涡旋。

高黎贡山在西南季风的影响下，局地环流以山谷风环流为主，白天多为偏南风，山顶气流辐合，山谷气流辐散；夜间相反，风向主要为偏北风和偏西风。白天风速比夜间大。西南风背景下高黎贡山山顶为偏西风，背风坡的山风较强。当冷空气南下云南被东北风控制时，高黎贡山山顶为东北风。白天山顶辐合和山谷辐散并不明显，全境主要为东北风。在高黎贡山迎风坡和背风坡，山谷风风向与背景风风向相反时，山谷风环流就会减弱，即在东北风影响下，东坡山风和西坡谷风会减弱。从垂直方向看，干季对流层低层为平直的西风气流控制，在山谷内形成与背景风相反的气流，高黎贡山西侧气流扰动形成涡旋。当东风气流入境时，东、西风在高空交汇，5 km 以下为东风气流。白天东、西风交汇的高度降低，可见冷空气南下又爬上云贵高原，强度和范围都已经很小，高层主要还是西风气流，近地面局地则会受到东北气流影响。湿季受孟加拉湾西南季风的影响，夜间与白天都主要是偏南风。与干季类似，高黎贡山山顶附近风向反映了背景风的风向，高黎贡山南段地区主要是西风气流，较强的西风遇到高黎贡山，下沉并形成涡旋，西侧湍流混合充分。当台风登陆其外围气流影响到高黎贡山地区时，低层也将被东风主导，高黎贡山山顶为东风气流，但没有西风强盛。局地的山谷风环流也受其影响，东侧谷风和西侧山风加强。湿季在峡谷内日出和日落时也会出现局地小范围的由于温度梯度形成的相反气流。

高黎贡山平均风速存在较大的季节性变化。一年中较多风的阶段持续近 5 个月（从 1 月初到 5 月底），平均风速超过每小时 10 km。一年中风速最大的时候是 3 月初，平均风速每小时为 13.5 km。一年中较平静的阶段持续 7 个月左右（从 5 月底到翌年 1 月初）。一年中风速最小的时候是 8 月中旬，平均风速每小时为 7 km。高黎贡山占主导的风向以南向为主，平均持续 2.4 个月（从 7 月中到 9 月底），峰值百分比为

60%，在 8 月下旬，风经常来自西面，持续近 10 个月（从 9 月底到翌年 7 月中旬），峰值百分比为 85%。

2.1.4 干旱

干旱主要是降水减少或温度升高，导致水分支出大于水分收入而造成的水分亏缺，所以降水、温度是造成干旱的主要因素。高黎贡山所处的西南地区是我国干旱灾害频发的地区之一。在全球变暖背景下，干旱等极端天气气候事件发生概率明显增加。高黎贡山的干旱气候不仅导致水资源的短缺、物种的减少，还会增加山火等灾害的发生概率。高黎贡山处于青藏高原的东南侧，冬季因受来自印度、巴基斯坦北部的干暖气流控制，天气晴朗、干燥、风速大、蒸发量大，春季和夏初的水面蒸发量是同期降水量的 10 倍以上，不同年份冬、夏季风进退时间、强度和影响范围不同，致使降水量在年内和年际时空分布产生差异，这是造成高黎贡山旱灾发生的根本原因。高黎贡山全年平均气温 15℃ 左右，全年平均降水量 3000 mm以上，西侧为迎风面，多年平均径流深高达 3000 mm 以上，最大降水高度在东坡 2700 m 处，降水随海拔升高表现出明显的梯度变化，温度随海拔升高而降低。所以相对于高黎贡山东面，西面的干旱发生概率较小，相对于北段，南段发生干旱可能性较高。据统计，云南平均每 2.3 年会发生一次大的旱灾。云南干旱以春旱为主，其次是夏旱。夏季风爆发晚，雨季开始期推迟，则会出现春夏连旱，云南 80% 的重旱年均属于春夏连旱（程建刚和解明恩，2008）。降水量与干旱有较好对应关系，降水偏少年对应干旱发生年，降水越少旱情越重，20 世纪 80 年代以来，全球气候上升速度显著加快，云南降水量呈降低趋势，由于高黎贡山地理位置、地势等优势，高黎贡山降水量并没有大幅减少，但也有减少的趋势，21 世纪以前年降水量大于 1500 mm，2003 年以后年降水量很少超过 1500 mm。高黎贡山区域近些年的降水量减少和气温升高加剧了干旱发展速度和频次。对 1975～2021 年高黎贡山南段腾冲气象站的逐年降水数据进行分析，结果表明，1982 年、1994 年、1998 年、1999 年、2003 年、2005 年、2006 年、2009 年、2019 年降水量明显偏少，特别是 1999 年，全年降水量仅 356.9 mm。20 世纪 80 年代以来高黎贡山在全球气候变暖的大背景下也呈现增温趋势，1980 年至 2021 年增温 0.5～1.5℃。1994 年、1999 年、2003 年、2005 年、2006 年、2012 年均是高黎贡山高温干旱年份。且据资料统计，2005 年云南省全省的春夏连旱、2006 年云南省的春旱，分别是近 50 年和 20 年来最严重的旱灾（程建刚和解明恩，2008）。

地形是造成高黎贡山旱灾频发的另一主要因素。高黎贡山北高南低，地形垂直变化也十分突出，普遍是山区大、河谷坝区小，迎风坡大、背风坡小，随地形起伏呈交错重叠高低相间分布，巨大的高差与低纬度低海拔、高纬度高海拔相结合，扩大了气候变幅，这种气候带加上高黎贡山东西两大不同地形的影响，再叠加山地的垂直变化，导致部分地区受地形地貌影响旱灾频发。由于自然地理和气候条件的复杂性，水土资源分布不平衡，水资源总量多，地区水资源分布差异较大。滇西高黎贡山西侧迎风面多年平均年径流深高达 3000 mm 以上，而金沙江河谷的局部区域多年平均年径流深不足 50 mm。此外，还常出现连续丰水年和连续枯水年，从而加剧了水资源供需矛盾。

2.2 河流水系与水资源

2.2.1 河流水系

高黎贡山水资源总量丰富，有百余条河流分布于山脉东西两坡。高黎贡山东坡溪流注入怒江，西坡溪流注入独龙江（缅甸境内称恩梅开江）。怒江发源于唐古拉山中部，流经本区，流入缅甸称萨尔温江，注入印度洋缅甸海。怒江之水源远流长，水量丰富，落差巨大，河道坡陡流急，水力资源丰富。巨大的河流落差（大多超过 2000 m），形成众多独特的多叠瀑布。怒江从河源至河口全长 3240 km²，中国部分 2013 km²，整体上多年平均降水量为 896 mm。怒江流域总地势西北高、东南低，高原、高山、峡谷、盆地交错，地形多变复杂。上游地处青藏高原东南部，除海拔 5500～6000 m 的高大雪峰外山势平缓、河谷平浅、湖沼广布，属于高原地貌；中游处于青藏高原向云贵高原过渡的横断山区，地势海拔在 3000 m 以上，山高谷深、河道纵比降大、水流湍急；下游怒江傈僳族自治州泸水市六库镇以南为云贵高原区，地势多为山丘、盆谷、坝子，海拔在 1700～2000 m。怒江流域狭长，支流众多，两岸支流大多垂直入江，干支流构成羽状水系。上游河流补给以冰雪融水为主，进入云南境内，水量以雨水补给为主，大部分集中在夏季，干、湿两季分明，时空分布不均，水力资源较为丰富。流域气候类型多样且复杂多变，气温总体上由北向南递增。怒江上游属于高原气候区，气温较低，常年降水较少；怒江中游立体气候突出，降水量增加；怒江下游地区主要受西南海洋季风气候和东南季风气候影响，气温上升，多雨，流域中下游区属于季风气候区。怒江流域独特的峡谷地形和气候条件形成我国西南与东南亚重要的生态廊道。

高黎贡山西坡分为南、北两个流域，北部起始于独龙江，进入缅甸境内称恩梅开江，最后汇入伊洛瓦底江。独龙江发源于西藏自治区东南部，是伊洛瓦底江的一级支流，横跨中国和缅甸，流经云南省，在贡山县边境进入缅甸，在缅甸境内汇入伊洛瓦底江。独龙江全长 250 km，流域面积 1947 km²，水量丰沛，河流落差极大，水流湍急。西坡南部为龙江流域，发源于高黎贡山西南支脉尖高山南侧，由北向南折向西南流经腾冲市、龙陵县、梁河县、瑞丽市、芒市 5 个县（市），龙江流域长约 200 km，在遮放盆地汇入来自东北方向的芒市大河后改称瑞丽江，该流域面积约 7762 km²（占瑞丽江流域面积的 91.6%），流域以中山宽谷地貌为主。龙江流域的基本格局是东西两侧山脉夹持着龙江干流，由东北向西南延伸，地势不断降低，形态呈哑铃形。龙江流域南北跨度约 2 个纬度，主要属中、北亚热带气候区，流域降水受孟加拉湾暖湿气流影响，降水成因一致，龙江流域上游段和下游段支流发育，分布有较多的山间盆地，也是人口聚集的区域（图 2-6）。

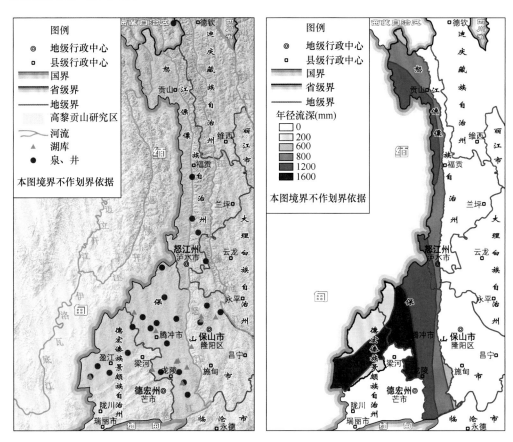

图 2-6　高黎贡山区域主要河流湖泊与年径流深

2.2.2 水资源与水力资源

高黎贡山河川径流的雨水补给量占 60%左右，区内雨水补给量自北向南逐渐增加，地下水补给量自北向南逐渐减少。冰雪融水补给量除北部高原占有一定比例外，中部与南部地区很少有高山冰雪融水补给。

高黎贡山的径流量年内分配过程与降水过程基本对应，径流量年内分配较为集中，主要在汛期（5~10 月），以 6~9 月最大，占年径流量的 70%左右，怒江干流径流量年际变化较小，根据嘉玉桥水文站、贡山水文站、道街坝水文站 3 站 1956~2000 年时间序列分析，年平均流量极值比分别为 2.21、1.96、1.73。径流量年际变化随着流域面积的增大而趋于相对稳定，变差系数从嘉玉桥水文站的 0.21、贡山水文站的 0.16 递减至道街坝水文站的 0.14。怒江流域按照全国统一的水资源分区标准，划分为两个水资源三级区，即缅甸勐古以上区（中上游区）、缅甸勐古以下区（下游区），缅甸勐古以上流域面积占总面积的 82.0%，地表水资源量占总量的 74.7%，是流域水量的主要来源（表 2-4）；勐古以下流域面积占总面积的 18.0%，地表水资源量占总量的 25.3%（刘冬英等，2008）。由于地表水和地下水联系密切而又可互相转化，地表水资源量中包括一部分地下水补给量，地下水补给量中又有一部分来源于地表水体的入渗，因此不能简单地将地表水资源量和地下水资源量直接相加作为水资源总量，而应该扣除相互转化的重复水量。怒江流域系单一的山丘区，河床切割较深，河川基流量既近似等于地下水资源量，又是地表和地下水资源量的重复量。因此，怒江流域水资源总量近似等于地表水资源量，约 709.2 亿 m³。独龙江流域的水资源总量约为 66 亿 m³，其中地下水资源总量约为 25.1 亿 m³。

表 2-4 怒江流域分区水资源量

分区名称	计算面积		地下水资源量		地表水资源量		降水量	
	(km²)	(%)	(×10⁸m³)	(%)	(×10⁸m³)	(%)	(×10⁸m³)	(%)
缅甸勐古以上	111 545	82.0	162.8	71.5	529.8	74.7	859.8	70.0
缅甸勐古以下	24 505	18.0	64.9	28.5	179.4	25.3	369.1	30.0
合计	136 050	100	227.7	100	709.2	100	1228.9	100

高黎贡山的水资源随着气候要素及高程发生明显的垂直变化。同一区域内，年径流深随高程增加的变化规律十分明显，如高黎贡山径流深从河谷的 200 mm 增加至山顶的 3500 mm。区内多年平均水资源量为 234 亿 m³，其中独龙江占 39.0%，怒江占 61.0%。多年平均产水模数独龙江为 266 万 m³/km²，怒江为 162 万 m³/km²。海拔 3200 m 以上高山、极高山上形成了镶嵌于怒江河谷之上的终年负温区，为山岳冰川发育提供了必需的低温条件和地形，包括分布于滇西北横断山脉中北段的高黎贡山的嘎娃嘎普峰、沙鲁里山、错角莫西山等地的冰川，冰川储水量巨大。区内水资源的地带分布呈现出明显的高低相间的特点，主要表现为河谷小、山顶大。碧罗雪山以西、独龙江和怒江的西部多水区（800 mm 以上），区域内最大的年径流深达 3000 mm。怒江干流贡山水文站以上径流受融雪水补给影响较显著，下游主要为降雨补给。怒江流经西藏境内的总产水量为 455 亿 m³，云南境内总产水量为 204 亿 m³，怒江干流区产水量为 119 亿 m³。高黎贡山地区怒江径流呈河谷小、山顶大的特点，其径流深可从河谷的 200 mm 增加至山顶的 3500 mm。怒江中游径流深逐渐加大，贡山以上至嘉玉桥一般为 400~800 mm，其中右岸八宿一带，以及干流下卡林一带达 800 mm 以上。贡山以下径流深明显增大，贡山-六库区间大部分地区径流深 800~1600 mm。两岸山坡存在 3000 m 的高值区。独龙江流域在云南境内天然落差大于 1200 余 m，干流长大于 15 km，流域面积大于 40 km²的支流有 8 条（赵维城和万晔，1993），平均坡降 57.7‰~171‰，落差集中，多为峡谷河段，汛期长，水量大。独龙江流域多年平均降水深为 4000 mm，径流深为 3390 mm，平均地下径流深占总径流深的比重约为 37%，且其流域森林茂密，季节性融水补给量大，综上，其地下径流深约为 1288 mm，原始林区可达径流深的 38%以上（表 2-5）。独龙江流域河川径流补给类型属雨水补

给为主的雨水、融水和地下水混合补给类型。由于流域降水丰沛，雨期长而汛期早，其河川径流年内变化更接近于雨水补给类，是全国该类河流中径流年内变幅最小的代表（河川径流变异系数为 0.13）。河谷两岸 3000 m 以下主要是雨水补给，3000 m 以上季节性冰雪融水补给量大。龙元村以上喀斯特地貌发育，有深层地下水补给。通过对道街坝水文站流量与输沙率之间的分析（段琪彩，2007），1964～2004 年的 41 年中，年平均流量和年平均输沙率均呈增加的变化趋势，其中年平均输沙率增加的趋势较年平均流量显著，即输沙率增大除流量增加引起以外还存在其他影响因素。20 世纪 80 年代以来，流域内经济社会快速发展、土地经营方式变更、人类活动频繁、生态环境逐年遭到破坏等，是该流域水土资源流失加剧的主要原因。

表 2-5　独龙江流域分区水资源量

河名	面积（km²）	总径流		地表径流		地下径流		年径流模数[m³/(s·km²)]
		径流深（mm）	径流量（亿 m³）	径流深（mm）	径流量（亿 m³）	径流深（mm）	径流量（亿 m³）	
特拉王河	223	3610	8.05	2238	4.99	1372	3.06	114.5
戛木赖河	74.1	3750	2.78	2325	1.72	1425	1.06	119.0
莫切旺河	188	3790	7.13	2350	4.42	1440	2.71	120.3
王无名河	40	3680	1.47	2282	0.91	1398	0.56	116.5
麻必洛河	268	3230	8.66	2003	5.57	1227	3.29	102.5
龙尤旺河	47.3	3260	1.54	2021	0.95	1239	0.59	103.2
打钢莫洛	79	3320	2.62	2058	1.62	1262	1.00	105.2
担当王河	279	3540	9.88	2195	6.12	1345	3.76	1122.3
达塞王河	50	3700	1.85	2294	1.15	1406	0.7	117.3

高黎贡山水力资源 80%分布在干流上，因流域狭窄，两岸支流不甚发育，水力资源更为集中。区内支流水力资源虽仅占 20%，但其绝对量却相当可观。区内水力资源分布状况有利于集中开发大型水电站，可与中小型水电站开发相结合。水力资源主要特点是水量丰、落差大、水能集中。河流平均比降为千分之二，最大比降为千分之十。中小河流落差也很集中，这种落差集中的特点为修造高水头引水式水电站提供了有利条件。此外区内不少地区还具有跨河引水和截弯取直引水的条件。

2.3　土壤类型与分布

高黎贡山在成土母岩、气候、植被的共同作用下，土壤的厚度、土壤的颜色、土壤水分及理化性质等特征发生了垂直变化，从山谷到山顶发育了包括亚热带到寒温带的所有土壤类型。高黎贡山的森林土壤类型划分为高山土、淋溶土、富铝土、半淋溶土、岩成土 5 个土纲；亚高山草甸土、暗棕壤、棕壤、黄棕壤、黄壤、红壤、燥红土、石灰土及紫色土 9 个土类及 15 个亚类。主要发育有褐红壤（1300 m 以下）、红壤（1300～1600 m）、黄红壤（1600～2200 m）、黄棕壤（2100～2600 m）和亚高山草甸土（2100～2640 m）（王金亮，1993）。

高黎贡山东坡从怒江河谷到山顶，在不同海拔分布有稀树灌木草丛-燥红土；云南松林、稀树灌草丛-褐红壤；季风常绿阔叶林-红壤；半湿润常绿阔叶林、尼泊尔桤木林、中山湿性常绿阔叶林-黄红壤、红棕壤；中山湿性常绿阔叶林-黄棕壤；山顶苔藓矮林、云南铁杉林-棕壤；寒温性竹林、苍山冷杉林-暗棕壤；寒温性灌丛、草甸-亚高山草甸土。其西坡从龙江河谷到山顶，分别发育有季风常绿阔叶林-黄红壤；尼泊尔桤木林、云南松林、中山湿性常绿阔叶林-黄壤；中山湿性常绿阔叶林-黄棕壤；山顶苔藓矮林、云南铁杉林-棕壤；寒温性竹林-暗棕壤；寒温性灌丛、草甸-亚高山草甸土。成土母岩主要由花岗岩、片岩、片麻岩、板岩、千枚岩等变质岩系及其坡积物或残积物所组成（王金亮，1993）。

高黎贡山北段因受地形因素的影响，其土壤类型表现出明显的垂直分布规律。东坡怒江河谷海拔 1800 m 以下，原生植被为半湿润常绿阔叶林，主要是红壤，成土母岩多为花岗岩、泥质岩类，坡积母质，西坡独龙江河谷 1700 m 以下是黄壤，原生植被为湿润常绿阔叶林，成土母岩以花岗岩、混合岩居多，极少量石灰岩，母质多为坡积。黄棕壤分布于海拔 2300 m 以下，植被以中山湿性常绿阔叶林为主，成土母岩以混合岩、花岗岩、片麻岩为主，多坡积母质。棕壤分布于海拔 2300～2700 m 的针阔叶混交林下，成土母岩以花岗岩、片麻岩为主，多坡积母质。暗棕壤形成于海拔 2700～3100 m 的针叶林下，成土母岩以花岗岩、片麻岩、混合岩为主，多坡积、残积母质。棕色针叶林土发育于海拔 3100～3700 m 的高山寒温带湿润地区的暗针叶林下，成土母岩为花岗岩、石英岩、片麻岩形成的坡积、残积母质。亚高山草甸土分布于海拔 3700 m 以上的亚寒带灌丛草甸植被下，地表植被多为苔藓、地衣，成土母岩多为花岗岩、片麻岩，残积母质。

高黎贡山南段由下往上土壤分异明显，依次分布有燥红土（<1000 m）、褐红壤（1000～1300 m）、黄红壤（东坡 1550～2000 m，西坡 1400～1800 m）、黄壤（西坡 1800～2200 m）、黄棕壤（2200～2700 m）、棕壤（2700～3000 m）、暗棕壤（3000～3200 m）、亚高山草甸土（3200～3600 m）及裸岩地（3600 m 以上）。此外，还有石灰土零星分布于东坡 1000～2000 m 和西坡 1400～1800 m 的石灰岩地区，紫色土分布于东坡 1400～2300 m 的紫色砂页岩地区（刘经伦，2014）。高黎贡山国家公园潜在建设区土壤类型分布表现为由南至北，由红壤向棕壤、亚高山草甸土、寒冻土过渡（图 2-7，图 2-8）。

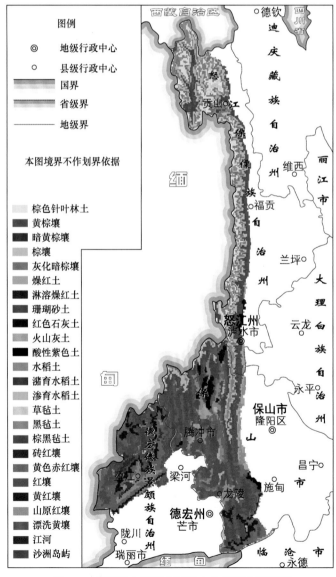

图 2-7　高黎贡山国家公园潜在建设区土壤类型

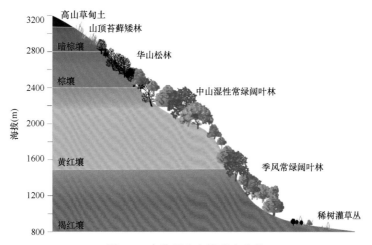

图 2-8　高黎贡山土壤垂直分带

2.4　土地利用类型变化

2.4.1　土地利用类型动态变化

高黎贡山研究区土地利用以林地和耕地为主，2020 年数据显示，两者分别占研究区面积的 69.3% 和 15.7%，建筑用地只占 1.0%，草地和灌木地分别占 8.3% 与 2.9%。林地贯穿分布在高黎贡山研究区的北部、中部和南部。耕地主要分布在怒江和大盈江峡谷及冲积平原，在研究区西南部和东南部集中呈带状分布。建筑用地及建筑物主要分布在盈江县、腾冲市与龙陵县。上述耕地和建筑用地分布区是高黎贡山研究区人类活动集中地区，也是地表侵蚀和人与自然相互作用的主要地区（图 2-9）。2000～2020 年，高黎贡山研究区，建筑用地、裸地面积明显增加，两者分别增长了 120 km² 和 100 km²，增长倍数分别达到 1.45 倍和 2.63 倍（表 2-6，图 2-10）。

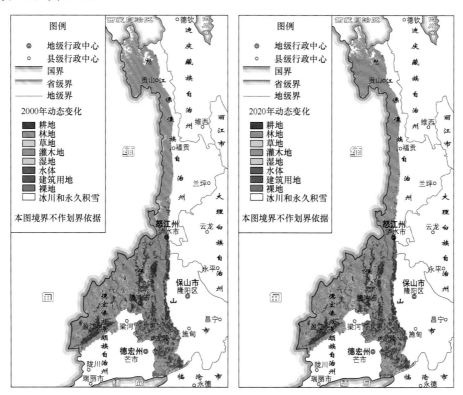

图 2-9　高黎贡山土地利用类型分布格局动态变化

表 2-6　高黎贡山各土地利用类型面积及占比

	2000 年各类土地利用类型面积（km²）	2020 年各类土地利用类型面积（km²）	2020 年各类土地利用类型占比（%）
耕地	3 293	3 187	15.66
林地	14 183	14 104	69.30
草地	1 874	1 690	8.30
灌木地	488	595	2.92
湿地	2	1	0.00
水体	83	117	0.58
建筑用地	83	203	1.00
裸地	38	138	0.68
冰川和永久积雪	302	316	1.55

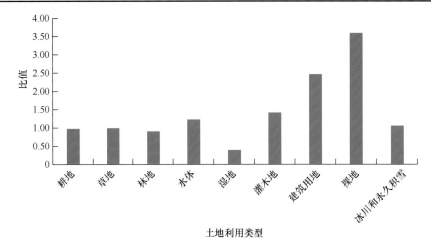

图 2-10　2020 年和 2000 年各类土地利用类型的面积比值

比值>1：面积扩大；比值<1：面积缩小

　　土地利用类型转移矩阵分析表明（表 2-7），2020 年冰雪覆盖面积的增加，主要来源于高山草甸、林地、裸地被冰雪覆盖的转化。这主要由于恩索（El Niño-Southern Oscillation，ENSO）活动的周期性影响，2020 年出现寒冷的冬天，高黎贡山北部，靠近青藏高原南部地区冰雪覆盖面积增加。发生土地利用类型转化的土地中转化为耕地的区域集中在南部，为人口和城市较为密集的地区。在北部海拔较高地区，

表 2-7　高黎贡山土地利用类型转移矩阵　　　　　　　　　　　　（单位：km²）

2020 年土地利用类型	2000 年土地利用类型									
	耕地	林地	草地	灌木地	湿地	水体	建筑用地	裸地	冰川和永久积雪	总计
耕地	2 805	250	114	10	0	15	100	0	0	3 294
林地	273	13 074	429	295	0	29	19	40	27	14 186
草地	76	530	1 076	40	0	13	19	85	37	1 876
灌木地	11	178	48	247	0	3	1	0	0	488
湿地	0	0	0	0	0	1	0	0	0	1
水体	8	10	10	1	0	53	0	0	0	82
建筑用地	12	3	3	0	0	1	64	0	0	83
裸地	1	2	7	0	0	3	0	7	17	37
冰川和永久积雪	/	56	3	2	0	0	0	0	6	235	302
总计	3 186	14 103	1 690	595	0	118	203	138	316	20 349

　　注：本表显示 2000 年和 2020 年不同土地利用类型之间的转化关系，如第三列"林地"中第一个数据 250 表示有 250 km² 的林地在 2000～2020 年转化为耕地。

更多的用地类型转化是林地、裸地、草地、灌木地、冰川和永久积雪之间的转化。在贡山独龙族怒族自治县、福贡县土地利用类型转化的面积较少，其余地区的土地利用类型转化较为显著，尤其是南部地区耕地和林地及草地之间的转化很显著。从建筑用地、耕地和裸地转化为其他用地类型的情况来看，高黎贡山南部，耕地显著转化为其他用地类型，结合表 2-7 分析可知，耕地类型转化为建筑用地的可能性很大。高黎贡山北部地区，裸地显著转化为其他用地类型，与 2020 年 ENSO 活动导致的高山冰川积雪覆盖增加有密切的联系。建筑用地和耕地是人类活动的印记，裸地有很大一部分是人类活动导致的植被退化所致，这三种用地类型一定程度上反映了当地人口改造地表的情况。

新增建筑用地主要分布在研究区南部地区，尤其是盈江县和腾冲市，新增耕地主要分布在南部的峡谷等水源较为丰富且离人类居住区较近的地区。新增林地主要分布在中部和北部的人员稀少地区，这里山高林密，自然环境受人类活动干扰少，适宜的条件下植被恢复较好。新增裸地主要分布在北部高山雪原，这与气候变化和 ENSO 活动可能存在一定关系，主要是草地转化而来，很可能是 2020 年相对气温较低，积雪覆盖所致。研究区中部减少的草地转化为林地，南部有部分地区的耕地减少，转化为其他用地类型（图 2-11）。

2.4.2　土地利用类型变化的驱动因素

影响高黎贡山研究区土地利用类型变化的因素主要是人文因素。人文因素包括人口、政策、市场需求等，这是由于该地区土地利用变化主要是人类活动造成的（张蓉，2008）。总体来说，该区域聚落分布演变主要受地形及开发条件限制。高黎贡山西坡虽然整体海拔较东坡高，但其地形起伏度较小，河流阶地面积较大，随着社会经济发展，交通线的逐步完善将使聚落向规模化方向发展。目前以聚集型单核心聚落为主的格局将有可能发展成连片的小型城镇（陈文华等，2015）。

1983 年云南省人民政府批准建立高黎贡山自然保护区，并在保山地区和怒江傈僳族自治州的林业部门成立了相应的管理机构，1986 年国务院批准将高黎贡山自然保护区列入国家级自然保护区。高黎贡山以它特殊的自然地理环境，丰富的动植物种类，独特的垂直带景观，得到了人们的重视。研究区外围居住有傈僳族、怒族等少数民族，他们人数不多，但生产方式相对落后，不少地区还存在着陡坡开荒、“刀耕火种”的生产活动。随着人口的增加和生活水平的不断提高，如果还沿用古老的生产方式则难以维持生计，必然要向保护区“进军”。这反映在土地利用类型变化趋势上也就是耕地和建筑用地的不断增加。因此，做好周围群众的工作对保护区至关重要，从长远意义上讲也是促进人与自然和谐发展。总体来看，研究区内各地类的面积变化幅度均不大，变化基本缓和。通过分析，可以看出保护区内的林地得到了较好的保护，而保护区外的林地面积则有所减少，说明保护区实施的保护措施是有效的，但值得注意的是，保护区与外界过渡地区是难以管理的地区，保护区的管理不能只重视管辖范围内，也应该注意周边区域的保护，这样才有利于长久发展（张蓉，2008）。

土地资源作为不可再生的稀缺资源，是人类生存和发展的物质基础。土地利用/覆被变化不仅改变地表景观结构及其物质循环、能量流动，而且对区域生物多样性和重要生态过程产生深刻的影响。农业是典型的资源型产业，其发展往往取决于农业自然资源的数量和质量性状。农业的未来，本质上在于更好地维护它所依赖的自然资源。农业土地资源可持续利用是实现农业可持续发展的基本条件和核心内容。资源可持续利用是一种技术可能、经济可行、社会可接受且无生态负效应的资源利用方式。农业土地资源可持续利用，要选择适宜的土地利用方式，调整和优化土地资源配置，挖掘土地生产潜力，加强土地资源生态可持续性保护，以及土地生产力的维持与发展。滇西北纵向岭谷区地理环境复杂、生物资源丰富，是我国重要的生态功能区，同时生态环境脆弱，促进农业土地资源可持续利用，对生物多样性保护和实现区域可持续发展具有重要意义（杨旺舟等，2010）。土地利用和气候变化对研究区森林地上生物量有显著影响。其中，建设用地扩张、林地采伐在综合影响中占据主导作用，是综合模拟过程中的主要

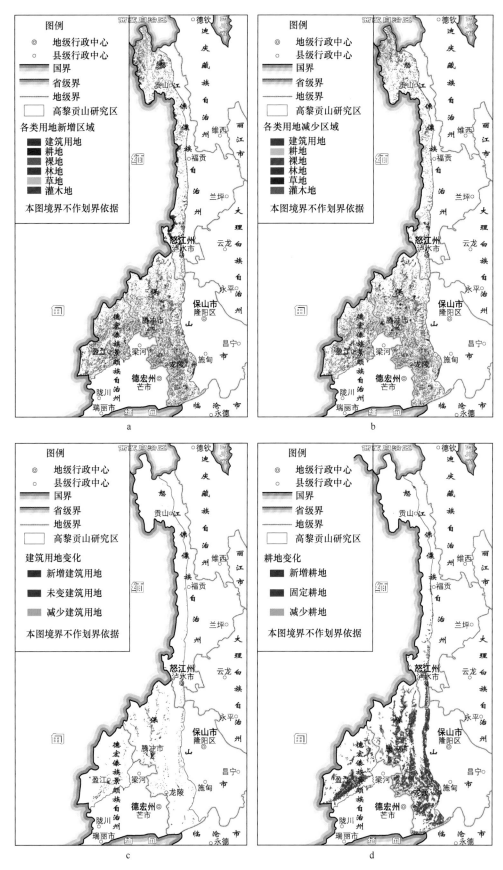

图 2-11　高黎贡山研究区主要土地利用类型变化（2000～2020 年）

a. 各类用地新增区域；b. 各类用地减少区域；c. 建筑用地变化；d. 耕地变化

影响因子。土地、气候和森林之间存在着相互影响、相互制约的复杂关系，这种关系涉及土地系统、气候系统及森林生态系统多系统相互交叉的信息、能量与物质传递。由人类活动引起的土地系统的变化会通过林地迁移、森林采伐以及林地保护与恢复等方式改变森林景观结构。气候系统的变化也与人类活动密切相关，同时，气候变化与森林景观之间也存在着相互影响、相互反馈的作用机制。受土地利用类型和气候变化的影响，森林生态系统的空间相互作用及森林生态系统演替、干扰、迁移和转换过程同时作用于个体、种群、群落及生态系统的多个尺度中。因此，土地利用和气候变化对森林景观尺度上的综合影响及其长期响应必然存在着一些不确定性（吴卓等，2017）。土地利用不仅对人类赖以生存的地球环境有重要影响，同时与人类福祉密切联系。人类活动对气候的影响不仅包括温室气体排放导致的气候变暖，还通过直接改变地表物理性状以及间接改变其他生物地球物理过程和生物地球化学过程等对气候系统产生深刻影响。土地利用类型对区域气候影响显著，而对全球气候影响不明显。土地利用类型对区域气候的影响取决于反照率、蒸散发效率和地表粗糙率等变化的综合效应，在热带地区引起温度升高，在高纬度地区使温度下降。在全球尺度上土地利用导致气候的变暖，首先通过减少蒸散发量和潜热通量引起陆表水循环的改变，其次通过改变地表反照率导致辐射强迫改变（吴卓等，2017）。

高黎贡山研究区中部和北部属于怒江傈僳族自治州范围内。云南省怒江傈僳族自治州地处滇西北纵向岭谷区和"三江并流"世界自然遗产地，西接缅甸，北连西藏，国境线长 449.67 km，州府驻地六库镇距省会昆明 635 km。境内担当力卡山、高黎贡山、云岭山脉、碧罗雪山和独龙江、怒江、澜沧江相间并列，形成了相对高差达 4408 m 的高山峡谷地貌。山高坡陡，平地极少，山地占土地总面积的 97%，山间槽地、坝区平地、冲积扇及阶地不到土地总面积的 2%。因深居横断山腹而受第四纪冰期影响较小以及生境多样等原因，动植物资源丰富，拥有高黎贡山国家级自然保护区。怒江傈僳族自治州是一个集边疆地区、少数民族地区、生态脆弱区为一体的特殊地域。由于生态环境脆弱，加上陡坡垦殖、毁林开荒等人为因素影响，植被退化和生态环境破坏严重，造成脆弱生态环境在地理空间上的非良性耦合，农业土地资源可持续利用以及农业可持续发展面临巨大的挑战（杨旺舟等，2010）。高黎贡山国家级自然保护区建立 30 余年来保护区与周边社区的关系发生了根本转变。20 世纪 90 年代实施美国麦克阿瑟基金资助的"高黎贡山森林资源管理与生物多样性保护"项目时周边社区对自然保护区的生物资源有着高度依赖，采伐、采集和狩猎是其重要的经济收入来源，加强执法是保护区管理机构的工作重点（靳莉等，2016）。目前，周边社区对自然保护区的压力已得到缓解，这不仅得益于外部经济环境的改善，还得益于国际组织和国际合作项目对周边社区的关注与支持为当地的生物多样性保护及社区经济持续发展作出了积极的贡献（李品德，2006），通过实施国际合作项目，当地的保护管理策略也实现了"从以执法为主向以社区为基础的自然保护"的转变（杨文忠等，2011），实现了自然保护区和周边社区的和谐发展。

参 考 文 献

陈文华, 汪建云, 刘经伦, 等. 2015. 高黎贡山中部民族聚落分布及演变特征. 保山学院学报, 34(2): 15-20.

程建刚, 解明恩. 2008. 近 50 年云南区域气候变化特征分析. 地理科学进展, (5): 19-26.

段琪彩. 2007. 怒江道街坝站站径流量特征及变化趋势. 云南地理环境研究, (3): 23-27.

傅绍铭, 黄大华. 1985. 高黎贡山降水分布及其成因分析. 气象, (3): 14-17.

黄大华, 傅绍铭. 1985. 高黎贡山地气温的分布特征. 气象, (11): 18-21.

靳莉, 段宗亮, 杨文忠. 2016. 基于 GIS 和 PRA 的高黎贡山自然保护区周边社区发展研究. 西部林业科学, 45(6): 121-126.

李品德. 2006. 论云南自然保护区社区共管机制的建立. 林业调查规划, 31(增刊): 237-240.

刘冬英, 沈燕舟, 王政祥. 2008. 怒江流域水资源特性分析. 人民长江, (17): 64-66.

刘经伦. 2014. 高黎贡山南段种子植物区系. 昆明: 云南大学出版社.

刘晓娜, 刘春兰, 张丛林, 等. 2020. 色林错-普若岗日国家公园潜在建设区生态环境脆弱性格局评估. 生态学杂志, 39(3): 944-955.

刘正佳, 于兴修, 李蕾, 等. 2011. 基于 SRP 概念模型的沂蒙山区生态环境脆弱性评价. 应用生态学报, 22(8): 2084-2090.

欧晓昆, 高吉喜. 2010. 纵向岭谷区生态系统多样性变化与生态安全评价. 北京: 科学出版社.

谭玮颐, 周忠发, 朱昌丽, 等. 2019. 喀斯特山区地形起伏度及其对水土流失敏感性的影响: 以贵州省荔波县为例. 水土保持通报, 39(6): 77-83.

王金亮. 1993. 高黎贡山自然保护区北段森林土壤垂直分异规律初探. 云南师范大学学报(自然科学版), 13(1): 8.

吴卓, 戴尔阜, 葛全胜, 等. 2017. 土地利用和气候变化对森林地上生物量的影响模拟: 以江西省泰和县为例. 地理学报, 72(9): 1539-1554.

杨旺舟, 宋婧瑜, 武友德, 等. 2010. 滇西北纵向岭谷区农业土地资源特征与可持续利用对策: 以云南怒江州为例. 农业现代化研究, 31(6): 720-723.

杨文忠. 袁瑞玲, 欧晓昆, 等. 2011. 基于社区活动的自然保护项目优先度确定. 资源科学, 33(11): 2150-2156.

张蓉. 2008. 面向对象的遥感图像分类方法在土地利用土地覆盖中的应用研究. 昆明: 西南林学院硕士学位论文.

赵维城, 万晔. 1993. "云南大理冰期"之再研究的迫切性及必要性. 云南地理环境研究, (2): 84-85.

周贵尧, 周灵燕, 邵钧炯, 等. 2020. 极端干旱对陆地生态系统的影响: 进展与展望. 植物生态学报, 44(5): 515-525.

Battipaglia G, Rigling A, Micco V D, et al. 2020. Editorial: multiscale approach to assess forest vulnerability. Frontiers in Plant Science, 11: 744.

Beier C, Beierkuhnlein C, Wohlgemuth T, et al. 2012. Precipitation manipulation experiments-challenges and recommendations for the future. Ecology Letters, 15(8): 899-911.

Frazier T G, Thompson C M, Dezzani R J, et al. 2014. A framework for the development of the SERV model: a Spatially Explicit Resilience-Vulnerability model. Applied Geography, 51: 158-172.

第3章 地 质 地 貌

云南高黎贡山是青藏高原向东南缘的延伸。大地构造上，云南高黎贡山是特提斯构造域的重要组成部分，位于特提斯构造域的东段，其形成与特提斯洋的俯冲消减及多陆块的碰撞拼接密切相关。根据地层分布、岩浆岩性质及活动时限、古地理等，高黎贡山及其邻区区域被划分为拉萨、羌塘、腾冲、保山、思茅等地块，而云南高黎贡山主要处在腾冲-拉萨地块上（图3-1）。

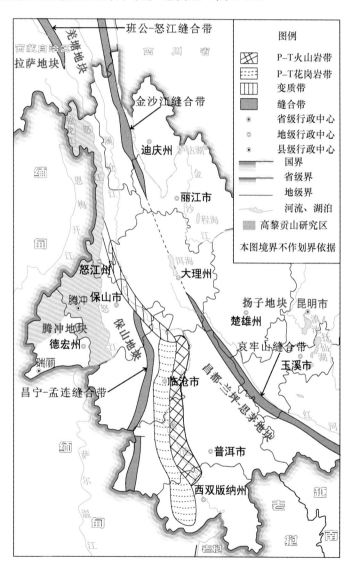

图 3-1　云南高黎贡山大地构造位置图（改自陈福坤等，2006；潘桂棠等，2009）

高黎贡山的形成经历了复杂的演变历史，其构造隆升对区域地貌、水系格局、气候环境产生了关键影响，该区域保留了较为完整的原始森林，生物多样性丰富。显然，高黎贡山独一无二的地质背景造就了与这种环境相适应的生物多样性，因此，查明高黎贡山的地质特征及其演化历史，可以为生物多样性保护实施方案提供重要支撑。

3.1 区域地层及岩性

根据 1∶20 万地质图和地质报告，云南高黎贡山从北向南分布在德钦幅（H-47-XXXIII）、贡山幅（G-47-III）、福贡幅（G-47-IX）、碧江幅（G-47-XV）、泸水幅（G-47-XXI）、腾冲幅（G-47-XXVII）、盈江幅（G-47-XXVI）、瑞丽幅（G-47-XXXII）、潞西幅（G-47-XXXIII）和凤庆幅（G-47-XXXIV）中。根据云南省岩石地层研究成果（云南省地质矿产局，1990），云南高黎贡山属于滇藏地层大区（VII），腾冲地层分区（VII-4）。腾冲地层分区内主要出露元古界高黎贡山群变质岩，泥盆系狮子山组和关上组，石炭系勐洪群和空树河组，二叠系大东厂组和大坝组，新近系南林组和芒棒组以及第四系，具体如附图 1（见折页）和图 3-2 所示。高黎贡山主要由花岗岩体组成，在西坡和东坡出露有石炭系、二叠系和高黎贡山群变质岩等地层（图 3-3，图 3-4）。

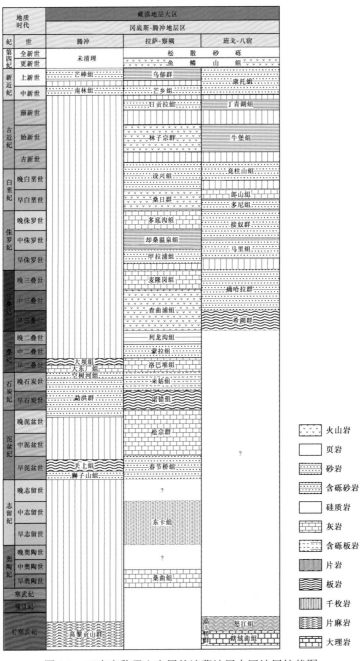

图 3-2 云南高黎贡山隶属的滇藏地层大区地层柱状图

图 3-3　云南高黎贡山北段地质剖面图

剖面线位置见附图 1 A-A′（见折页）

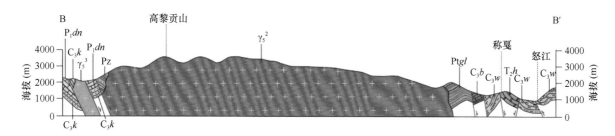

图 3-4　云南高黎贡山中段地质剖面图

剖面线位置见附图 1 B-B′（见折页）

结合以往文献、资料和实地考察结果，对上述岩石地层单位及岩性特征分述如下。

3.1.1　元古界高黎贡山群及岩性特征

高黎贡山群是腾冲地块的结晶基底，在怒江以西的区域广泛分布，出露面积约 5000 km²，向西延伸进入缅甸境内称为摩谷系。潞西地区的高黎贡山群以片麻岩、变粒岩和角闪质岩石为主，并以出现较多的角闪质岩类为特点，岩石普遍混合岩化。原岩建造可能为一套夹基性火山岩的砂泥质复理石建造，可能是高黎贡山群的下部层位。腾冲地区的高黎贡山群主要是片岩与变粒岩类岩石，角闪质岩类很少出现，同时混合岩化程度较前者明显减弱，其原岩可能为一套缺乏基性火山岩的以砂泥质岩为主的复理石建造，属于高黎贡山群上部层位。

云南高黎贡山范围内，高黎贡山群主要出露于贡山独龙族怒族自治县西南部的中缅边界和泸水市以南的高黎贡山主脉（附图 1，见折页）。泸水市至贡山独龙族怒族自治县之间局部出露高黎贡山群，此外，贡山独龙族怒族自治县西北部零星出露高黎贡山群。

高黎贡山群进一步可划分为上亚群和下亚群。

高黎贡山群下亚群（$Ptgl^1$）：条痕状、眼球状混合岩化花岗岩夹变粒岩、角闪岩（图 3-5）。

图 3-5　福贡地区高黎贡山群下亚群（$Ptgl^1$）混合岩化花岗岩

高黎贡山群上亚群（Ptgl²）：绢云微晶片岩、千枚岩、石英片岩夹大理岩、条带状灰岩及混合质变质粉砂岩、混合岩化变粒岩（图3-6）。

图3-6　腾冲地区高黎贡山群上亚群（Ptgl²）片麻岩

3.1.2　泥盆系及岩性特征

狮子山组（D₁s）：主要分布于高黎贡山的盈江县狮子山一带，整合于下伏关上组白云岩、灰岩之上，为一套具轻微变质的碎屑岩层。岩性为浅灰色薄层含岩屑石英砂岩，顶部含砾长石岩屑杂砂岩夹粉砂岩。含腕足类、鱼类、介形类、轮藻等化石，系一套海陆混合相碎屑沉积。海陆生物化石同层相混出现，保存较差。

关上组（D₁g）：在云南高黎贡山范围内，为一套深色、碳质板岩为主，与深灰、灰色薄层砂质细晶灰岩、泥质条带灰岩、粉晶白云岩不等厚相间组成的地层。含竹节石及植物化石。岩性以灰黑色含碳质、黄铁矿及条带状构造为特征，反映当时沉积处于滨海-浅海的还原环境。

关上组下段（D₁g¹）：碳质粉砂岩、板岩夹少量泥质条带灰岩。

关上组上段（D₁g²）：泥质条带灰岩为主，夹粉砂岩。

3.1.3　石炭系及岩性特征

石炭系主要分布于腾冲市北部和西部边界、独龙江西岸以及贡山独龙族怒族自治县东北部（附图1，见折页）。主要包括勐洪群丝瓜坪组（C₂s）和空树河组（C₃k）。

勐洪群（Cmn）：平行不整合于空树河组之下，内部构造复杂，层序连续性差，含砾碎屑岩普遍发生浅变质、角岩化。该地层主要由紫灰色中厚层、厚层云母角岩、石英角岩、角岩化石英岩屑杂砂岩等角岩类岩石及灰黑、深灰色含砾不等粒长石石英杂砂岩、细-粉砂岩、泥板岩等岩石类型组成，下部为厚层块状硅化灰岩与硅质岩互层，未见底。勐洪群自下而上划分为下石炭统帮读组，中石炭统罗埂地组、丝瓜坪组，上石炭统大木场组、岩子坡组。各组间均为整合接触。古生物化石有腕足类、腹足类等，属陆缘浅海相沉积，沉积厚度最大达2721 m。

丝瓜坪组（C₂s）：变质含砾杂砂岩、砂岩。

空树河组（C₃k）：平行不整合于大东厂组灰岩、白云质灰岩之下，勐洪群之上，下部为砂砾岩、含砾不等粒砂岩、岩屑石英砂岩、粉砂岩、页（泥）岩（图3-7）；上部为生物结晶灰岩，局部含燧石团块。区域岩性比较稳定，为滨海-浅海相砂泥质-碳酸盐岩沉积。局部见冰碛岩，为滨海相沉积（图3-8）。古生物化石丰富。明光镇空树河村一带，沉积厚度达485.4 m左右。

空树河组下段（C₃k¹）：砂砾岩、含砾粗砂岩、砂页岩。

空树河组上段（C_3k^2）：灰岩、生物碎屑灰岩。

图 3-7 石炭系空树河组砂页岩（左）和砂岩（右）

图 3-8 石炭系空树河组冰碛岩

3.1.4 二叠系及岩性特征

云南高黎贡山范围内的二叠系包括上二叠统大东厂组（P_1dn），分布于腾冲市北部边界；上二叠统日东组（P_1r），分布于贡山独龙族怒族自治县丙中洛镇和独龙江乡北部（附图 1，见折页）。高黎贡山外围还分布有上二叠统大坝组（P_1db）。

大东厂组（P_1dn）：主要为浅灰-深灰色中厚层块状灰岩、白云质灰岩，含硅质条带，产腕足类、珊瑚、蜓等化石。该地层下部以肉红色生物结晶灰岩的出现为特征，与空树河组分界，呈平行不整合接触；上部与大坝组板岩呈整合接触。浅海台地相碳酸盐岩沉积，生物化石有腕足类、蜓、珊瑚、苔藓虫、有孔虫及藻类等。

大坝组（P_1db）：在高黎贡山邻区广泛出露，由灰、深灰、黄色绢云母板岩、粉砂质板岩夹砂岩、含砾砂岩等岩石组成，岩石普遍轻度变质，最厚处达 245.4 m。生物化石有植物、腕足类、螺类化石等，为滨海-浅海相沉积，可能与冈瓦纳超大陆有着密切联系。

日东组（P_1r）：与分布于西藏的交嘎组（P_1j）相当。为一套细碎屑岩、灰岩夹少量凝灰岩，含蜓、珊瑚、腕足类、头足类化石。

日东组第一段（P_1r^1）：灰、深灰色白云岩、结晶灰岩夹粉砂质板岩。

日东组第二段（P_1r^2）：灰褐色含砾杂砂岩、含砾石英砂质板岩，底部灰黑色炭质板岩。

日东组第三段（P_1r^3）：深灰色板岩，灰、灰白色砂岩。

日东组第四段（P_1r^4）：灰色结晶灰岩夹灰色板岩、砂岩。

3.1.5 新近系及岩性特征

新近系（E）：在云南高黎贡山最北端局部分布，岩性为紫红、灰色砾岩，深灰、灰色粉砂质泥岩。

新近系南林组（N_1n）：为一套灰白-深灰色砾岩、砂砾岩、砂岩、泥质粉砂岩为主，夹碳质泥岩及褐煤层，由粗-细多个沉积旋回的地层序列组成。多在山间或断陷小盆地零星散布，底部普遍有底砾岩。

新近系芒棒组（N_2m）：主要为一套碎屑岩夹基性火山岩及薄煤层的地层序列。上下部均为砂砾岩、细砂岩、黏土质粉砂岩及薄煤层组成由粗到细的多个沉积旋回，中部为玄武岩。岩性主要以碎屑岩夹基性火山岩为特征。

3.1.6 第四系及岩性特征

第四系发育，零星散布于整个区域，其沉积、堆积类型众多，有湖盆、冰川、河流、洞穴、火山、残坡积、冲积、洪积、泥石流及钙华等。保山市北部边界、泸水市片马镇和贡山独龙族怒族自治县丙中洛镇西部分布相对集中（附图1，见折页）。

中更新统（Q_2）：分布于保山市北部边界，由冲积、洪积、湖积形成的砾砂层、黏土层夹泥煤、草煤组成。

全新统（Q_4^2）：由冲积、洪积、残坡积形成的砂、砾、黏土组成，在片马镇地区广泛出露。

3.2 岩 浆 岩

云南高黎贡山及其邻区存在多个地块和缝合带，地质构造复杂，发育多期次的构造-变质-热事件，岩浆活动强烈，以花岗岩类为主，分布广。在云南高黎贡山范围内，南起龙陵北界，向北经腾冲-泸水-福贡-贡山，直至独龙江地区大面积出露（附图1，见折页）。向北延伸到波密-察隅一带之后，向西北呈弧状延伸，位于喜马拉雅东构造结的东南侧，是东构造结北东部构造大转弯的南延部分。在大区域尺度上，花岗岩的产出与喜马拉雅东构造结东北侧的构造线展布一致，被认为是冈底斯花岗岩的东延部分；小的尺度上与高黎贡山构造带的主干断裂展布方向一致，呈近南北向展布，构成了高黎贡山的主体。

近年来，随着高精度锆石 U-Pb 同位素定年数据的积累，云南高黎贡山范围内花岗岩的时空格架基本明确（严城民等，2002；李向东等，2005；Xu et al.，2012；Chen et al.，2015；邓军等，2020），从北东到南西依次为独龙江地区花岗岩（151～158 Ma）→贡山以南-泸水-福贡地区花岗岩（118～124 Ma）→贡山以北地区花岗岩（65～76 Ma）→腾冲-龙陵地区花岗岩（45～58 Ma），岩石形成年龄依次变年轻，体现由老到新的逐步过渡趋势（图3-9）。根据花岗岩的时空分布特征，将云南高黎贡山范围内的花岗岩分为下列4个带。

（1）晚侏罗世花岗岩带（151～158 Ma）：主要沿着独龙江以东地区分布。独龙江地区的各个花岗质侵入体均呈长轴近南北向的岩基、岩株状产出（附图1，见折页），整体构成一规模巨大的近南北向复合岩基。其中，晚侏罗世花岗岩带位于岩基的中心部位，岩性为中细粒、似斑状黑云母花岗闪长岩（图3-10），主要矿物组成为黑云母约20%，斜长石约40%，石英约22%，角闪石约15%，钾长石少许，副矿物有磷灰石和锆石等。岩石类型上属于Ⅰ型花岗岩，形成于火山弧环境（严城民等，2002；李向东等，2005），被认为与班公-怒江洋（又称中特提斯洋）的俯冲消减有关。班公-怒江洋是南羌塘-保山-泰缅马苏地块与南方冈瓦纳大陆之间的古海洋。晚三叠世开始，拉萨-腾冲地块从冈瓦纳大陆裂解出来并不断向北漂移，班公-怒江洋的俯冲作用开始，且一直持续到了晚白垩世，随着班公-怒江洋逐渐消亡，形成班公-怒江缝合带。独龙江地区晚侏罗世花岗岩被认为是班公-怒江洋俯冲过程的浅部岩石响应。

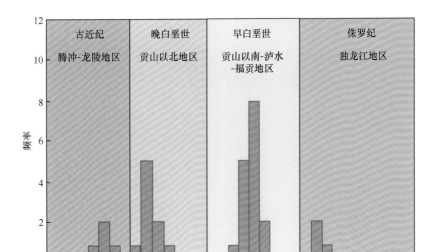

图 3-9 云南高黎贡山范围内花岗质岩石形成时代直方图
（数据引自 Chen et al.，2015；邓军等，2020；Xu et al.，2012）

图 3-10 独龙江边的花岗岩露头（a）及似斑状花岗闪长岩中的斜长石斑晶（b）

（2）早白垩世花岗岩带（118～124 Ma）：早白垩世花岗岩在云南高黎贡山范围内分布最广，在独龙江-贡山-福贡-泸水-腾冲北部等地区均有分布，总体呈近南北向展布。岩性主要有片麻状花岗闪长岩、二长花岗岩或黑云母二长花岗岩（图 3-11a）。呈中粗粒、斑状、似斑状结构，块状构造，主要矿物为钾长石（20%～35%）、斜长石（25%～38%）、石英（20%～30%）、黑云母（2%～10%）、角闪石（2%～15%），副矿物有锆石、磷灰石、榍石等。此外，在贡山地区产出的片麻状花岗闪长岩中含有丰富的暗色闪长质包体（图 3-11b），矿物组成主要为黑云母（20%）、角闪石（50%）和斜长石（30%）。暗色包体与花岗岩的界线清楚，没有烘烤边，在界线附近，常常可以看到靠花岗岩一侧有大颗粒角闪石自形晶生长。地球化学特征显示，这些早白垩世花岗岩属于过铝-强过铝 S 型花岗岩，形成于同（后）碰撞环境（严城民等，2002；Xu et al.，2012）。

前人研究表明，随着班公-怒江洋不断消亡，其于晚白垩世完成闭合，使腾冲地块与保山地块拼合，随后进入陆陆碰撞造山阶段，早白垩世同（后）碰撞 S 型花岗岩被认为是拉萨-腾冲陆块与羌塘-保山陆块碰撞造山的地质记录（Zhu et al.，2011）。

图 3-11　贡山地区产出的片麻状花岗闪长岩露头（a）及产在其中的暗色包体（b）

（3）晚白垩世花岗岩带（65～76 Ma）：主要分布在贡山以北地区，呈近南北向产出。岩性主要为一套中粗粒-细粒黑云母花岗岩。主要矿物有：斜长石（22%～25%）、钾长石（25%～28%）、石英（23%～30%）、黑云母（3%～6%）。副矿物主要有锆石、磷灰石、磁铁矿、独居石及少量榍石、锡石等。黑云母为主要的暗色矿物。晚白垩世花岗岩的形成被认为与雅鲁藏布江洋的俯冲作用有关。雅鲁藏布江洋（又称新特提斯洋）是拉萨-腾冲地块与南方冈瓦纳大陆之间的古海洋。雅鲁藏布江洋在晚三叠世打开，其俯冲作用已于早白垩世开始，直至古新世闭合（Zhu et al.，2011，2013）。该区晚白垩世花岗岩被认为是雅鲁藏布江洋俯冲过程的浅部岩石响应。

（4）古近纪花岗岩带（45～58 Ma）：在云南高黎贡山南端零星分布，是区内最年轻的花岗岩。主要岩性为片麻状花岗闪长岩、黑云母花岗岩、似斑状黑云母二长花岗岩及中粗粒黑云母二长花岗岩。主要矿物为斜长石（20%～38%）、钾长石（15%～30%）、石英（20%～28%）、黑云母（2%～10%）。副矿物主要有锆石、磁铁矿、榍石、磷灰石等。地球化学特征显示，这些花岗岩主要为高分异过铝质同碰撞 S 型花岗岩（Xu et al.，2012）。研究表明，雅鲁藏布江洋于晚白垩世（距今 65 Ma 左右）闭合，印度板块与欧亚板块发生陆陆碰撞，使得整个青藏高原地壳增厚，并诱发大规模的岩浆活动（Hou et al.，2007；Zhu et al.，2013）。该区古近纪花岗岩的形成被认为与印度-欧亚大陆的碰撞有关。

此外，在云南高黎贡山范围内的贡山和碧江地区零星分布着少量的基性岩脉，主要岩性为辉长岩，大致形成时代为燕山期和印支期，其可能是岩石圈地幔超基性岩（二辉橄榄岩、辉石岩等）部分熔融的结果（步小飞，2014）。

3.3　地质特色资源

3.3.1　矿产资源

滇西地区位于印度板块与欧亚板块碰撞俯冲带前缘，岩浆活动和断裂构造十分发育，大地构造位置和区域地质背景特殊，成矿环境多种多样，矿产资源相对丰富。在云南高黎贡山范围内，现发现有锡、钨、稀土、铅、锌、铁、铜、铍、锂等矿化（云南省地质矿产局，1990；曹华文，2015），如锡多金属矿床（福贡巴基、腾冲冻水河、腾冲宝华山、腾冲灯草坝、盈江大东华山、盈江芦山-地瓜山等）、铁多金属矿床（腾冲叫鸡冠）、铅锌矿床（腾冲老波厂）和锂多金属矿床（腾冲宝华山），矿化点较多但规模较小，主要分布于贡山以北、福贡和腾冲地区（附图 2，见折页）。产出最多的是锡矿床，属于近年来国际上高度关注的战略性关键矿产，其研究和开发具有重要战略意义。

3.3.2 其他资源

在高黎贡山地区，由于其特殊的大地构造位置，漫长的地质演化过程中，发生了多期构造运动、岩浆活动、古地理环境演变、古生物进化等，产出了较丰富的地层、岩石、化石、构造形迹、地貌景观等，具有观赏、科学研究与普及教育价值。因此，在云南高黎贡山范围内，除了矿产资源外，还包含其他丰富的地质特色资源。

（1）地热资源：在云南高黎贡山范围内，分布着比较丰富的地热资源，主要集中在南段，目前已发现多处火山口和构造裂隙温泉与热泉，如百花岭阴阳谷温泉、金场河温泉、摆洛塘变色温泉等（图 3-12a）。热泉水主要为低矿化、碱性、Na-HCO$_3$型水；为大气降水起源，循环效率较高，水岩作用不充分，径流环境多处于相对开放的氧化环境中。热泉热储温度为 100～200℃，循环深度在 2000～4000 m。

（2）神奇的地貌景观：在漫长的地质演化过程中，高黎贡山逐步形成了现今山高谷深、坡陡流急的高深切割型地貌。例如，雄伟的怒江大峡谷河流"V"形谷地貌（图 3-12b），由于河流的垂直侵蚀与溯源侵蚀形成的诸多高山飞瀑地貌景观（图 3-12c），由冰川作用形成的冰川地质遗迹"U"形谷（图 3-12d）以及冰碛湖等。

图 3-12　高黎贡山地区典型的地貌景观

a. 百花岭温泉；b. 怒江"V"形谷；c. 福贡县亚坪村跌水瀑布；d. 贡山独龙族怒族自治县高山地区"U"形谷

（3）古生物遗迹：在龙陵地区发现晚上新世化石木标本和竹类植物化石、腾冲团田盆地上新统芒棒组地层中发现松柏类化石、腾冲高黎贡山西坡浅变质岩系中发现微古植物化石、滇西北高黎贡山发现新近纪孑遗植物台湾杉、怒江中下游发现第四纪哺乳动物化石等（赵成峰，1995；宸铁梅，2002；贺隆元，2015；安鹏程，2018），古生物化石丰富，这些发现对探究当地古生物分布及其谱系演化、古环境变化等方面均有重要的意义。

3.4 地貌景观与成因

云南高黎贡山夹在怒江（缅甸境内称萨尔温江）和独龙江（缅甸境内称恩梅开江）之间，两边是大峡谷，相对高差大，地势险要，最高峰嘎娃嘎普蜂，海拔为5128 m。总体上，云南高黎贡山范围内北高南低，山体狭长，北部呈线性山脉，南部呈面状山脉，由南北走向的岭谷排列而成。古生代以来，由于古、中、新特提斯洋的形成与消减，多个地块从冈瓦纳超大陆裂解出来并向北漂移发生碰撞拼接，高黎贡山的形成经历了复杂的演变历史，造就了极为特殊的地形地貌。

3.4.1 山地地貌

山地地貌在云南高黎贡山范围极为发育，主要是该范围内经历了多期碰撞拼接及后期的构造地质作用，导致山脉隆升和河流深切，断层非常发育，形成了大量的高山峡谷地貌（图3-13）及断崖地貌。

图3-13 贡山独龙族怒族自治县北侧高山峡谷地貌

洪积扇在高黎贡山范围内也常有出现（图3-14），主要分布在较陡峭的斜坡上。由于暴雨或者大量积雪融化以后，可以形成暂时性的洪流，洪流携带碎屑物质进入山前或者山间平原时，成为漫溢的面状径流，最终在平面上形成一个扇形的堆积物，即洪积扇。

图3-14 贡山独龙族怒族自治县附近的洪积扇地貌

3.4.2 河流地貌

在云南高黎贡山范围内及邻区，河流地貌最为显著，有东西向横切山脉的"横谷"，也有南北向平行山脉走向的"纵谷"。南北走向的河流主要由于印度-欧亚板块碰撞时，在滇西地区产生了一系列南北走向的走滑断裂而形成了诸如"三江并流"的自然奇观。东西向的河流则可能主要是山脉隆升时产生的逆断层所致。

"V"形谷是该区域最典型的河谷横剖面形态（图3-15）。由于河流的下蚀作用，深切基岩，形成的河身直，河床坡度陡，在河流两侧常见崩坍现象，由此在谷底常发育有岩滩和砂砾滩。

图 3-15　怒江典型"V"形谷

蛇曲群地貌是高黎贡山及邻近地区非常发育的河流平面形态（图3-16）。由于河流的侧蚀和地球的科里奥利力的共同作用，河流的平面形态发生改变，形成蛇曲，如丙中洛地区怒江第一湾就是典型的蛇曲地貌。如果蛇曲发生截弯取直，将会进一步形成牛轭湖，牛轭湖在高黎贡山也偶有发现。

图 3-16　丙中洛镇附近怒江蛇曲群地貌

跌水（瀑布）在高黎贡山范围随处可见（图3-17）。怒江大峡谷东、西两岸的碧罗雪山和高黎贡山与河谷的高差大、坡度陡，两岸支流发育，从陡峻的山谷汇入怒江中。在这些支流上，由于坡度陡、河流的垂直侵蚀与溯源侵蚀能力较强，又发育有多级跌水（瀑布），形成了多处高山飞瀑的地貌景观（图3-17）。其中腊乌岩瀑布是福贡县境内的飞瀑流泉之一，位于县城东南方，直距2.75 km处，瓦贡公路东侧。

图 3-17　云南高黎贡山典型跌水瀑布
从左至右依次为贡山怒江滴水岩瀑布、福贡腊乌岩瀑布和亚坪瀑布

3.4.3　喀斯特（岩溶）地貌

喀斯特（岩溶）地貌在云南高黎贡山也有发育（图 3-18），在石炭系和二叠系大理岩地层中出现比较多，主要分布在北边的贡山和南边的腾冲地区，石钟乳和石笋在岩溶地区非常发育。岩溶地貌的形成主要是由于大理岩逐渐被二氧化碳和水溶解，随着时间的推移，逐渐发育而成的。

图 3-18　泸水市石炭系中发育的岩溶地貌

3.4.4　地质灾害地貌

高黎贡山范围内断层非常发育，常形成有断崖，而且该区水量非常充裕，导致滑坡和崩塌等地质灾害地貌出现频率较高。崩坍在高黎贡山常见，主要是由于松散的岩石在断崖处崩落。而滑坡地貌主要发育在石炭系和二叠系中，花岗岩分布的地区相对较弱。由于沉积地层中裂陷发育，雨水冲刷以后导致地层岩石不稳定，从而形成滑坡，滑坡在贡山地区最为严重。

3.4.5 冰川地貌

根据冰川的温度，将其划分为暖型冰川和冷型冰川，高黎贡山上的冰川属于前者。由于该地区气温较高（相对于极地地区），而且高黎贡山又是西南季风进入中国遇到的第一道"屏障"，大量的水汽在此被拦截，使得高黎贡山的夏秋季节云雾缭绕，降水补给充分，冰川温度在0℃左右，补给快，消融快，冰舌下伸可达林区，冰川破坏力大，冰碛物发育。

冰斗、刃脊、角峰、槽谷和岩盆等冰川侵蚀地貌在高黎贡山内都有发育。在亚高山上，由于流水和冰川的共同作用，除冰斗、刃脊、角峰、"U"形谷等冰川侵蚀地貌外，还能看到由于冰川沉积作用形成的终碛丘、中碛丘和侧碛丘等堆积地貌，以及以听命湖为代表的由残余冰川侵蚀而成的冰碛湖。

高黎贡山北段去往独龙江的垭口附近的高山湿地，是高黎贡山一处地标性景观，被称作"神田"，这些"神田"就是冰碛湖，在高黎贡山海拔3000 m以上的区域分布很广泛，它们主要出现在冰川"U"形谷的平坦谷底之上（图3-19）。

图 3-19　高山"神田"——冰碛湖

3.5　区域构造发展史

3.5.1 高黎贡山群的形成与演化

高黎贡山群是高黎贡山范围内古老结晶基底，混合岩化强烈，对其成因研究能揭示高黎贡山的演化过程。潞西地区的高黎贡山群原岩建造可能为一套夹基性火山岩的砂泥质复理石建造。腾冲地区的高黎贡山群原岩可能为一套缺乏基性火山岩的以砂泥质岩为主的复理石建造。龙陵地区的高黎贡山群混合岩原岩可能源自中元古代花岗闪长岩-花岗质地壳岩石，于晚中生代发生重熔再造，并可能经历过后期混合岩化。对于高黎贡山群原岩形成时代及变质时代的研究仍存在较大的争议。例如，前人认为盈江县的高黎贡山群混合岩Rb-Sr等时线年龄约为806 Ma，为变质年龄，推断这些变质岩群的地层年代至少应属于元古代。也有研究认为腾冲地块东南缘的高黎贡山群变质作用形成于早古生代，高黎贡山群不是传统意义上的前寒武纪结晶基底，而是在新元古代沉积，在古生代、中生代、新生代造山过程中经历了多期变质和再造作用形成的变质杂岩体（李再会等，2012）。

3.5.2 特提斯洋演化与高黎贡山的形成

1893年，奥地利地质学家爱德华·修斯（Eduard Suess）通过对阿尔卑斯和非洲地区化石的研究，提出地质历史上在北方劳亚大陆和南方冈瓦纳大陆之间曾经存在一片古海洋。现在这片古海洋的痕迹被封存于阿尔卑斯和喜马拉雅一带的巨大褶皱中，形成了西至阿尔卑斯，东至东南亚的一系列山脉。希腊神话中特提斯（Tethys）是一位从不露真容的女神，因此被爱德华·修斯用来命名这片消失的古海洋，称为特提斯洋。

古生代以来，一系列微陆块由南方冈瓦纳大陆的北缘不断裂解，在特提斯洋及相关的弧后盆地逐步闭合的过程中拼接而形成现今的特提斯构造域。云南高黎贡山及其邻区是东特提斯构造域的重要组成部分，由多个地块和地块间的构造带组成，如拉萨-腾冲地块、保山地块、兰坪-思茅地块及它们之间的班公-怒江缝合带和龙木措-双湖-澜沧江缝合带等（图3-1）。云南高黎贡山属于腾冲-拉萨地块，高黎贡山的形成是古生代以来特提斯构造域演化过程中，腾冲地块-拉萨地块与周缘地块之间相互作用的产物。经受晚古生代-中生代-新生代一系列特提斯造山作用的影响，滇西地区经历了复杂的变质变形，其中对高黎贡山形成具有重要影响的构造运动包括班公-怒江洋消亡时腾冲地块与保山地块的碰撞拼合和雅鲁藏布江洋消亡时印度板块与欧亚板块的碰撞拼合。

1）晚石炭世-晚三叠世

晚石炭世-早二叠世，冈瓦纳大陆高纬度地区被冰川覆盖。当时分布于冈瓦纳大陆北缘的拉萨-腾冲、南羌塘-保山-泰缅马苏等地块之上沉积形成了一套典型的冰海相杂砾岩（冰碛岩，图3-8），并发育冷水生物群（如圆舌羊齿等）。随后，早二叠世南羌塘-保山-泰缅马苏地块由冈瓦纳大陆北缘裂解出来，在其向北漂移的过程中，古特提斯洋不断消亡。最终于晚三叠世与北羌塘-兰坪-思茅地块拼合，形成龙木措-双湖-澜沧江缝合带，古特提斯洋消亡。

2）晚三叠世-早白垩世

位于南羌塘-保山-泰缅马苏地块与南方冈瓦纳大陆之间的古海洋被称为班公-怒江洋（又称中特提斯洋）。晚三叠世，拉萨-腾冲地块由冈瓦纳大陆北缘裂解出来，在其不断向北漂移的过程中，班公-怒江洋逐渐消亡，最终导致腾冲地块与保山地块的碰撞拼合，形成班公-怒江缝合带。早期研究认为，班公-怒江洋于早侏罗世发生闭合。近年来，通过古地磁学、岩石地球化学和年代学研究逐渐证实，拉萨-腾冲地块与南羌塘-保山-泰缅马苏地块的碰撞经历了穿时碰撞过程。最早的碰撞发生于东段，碰撞时限约为晚侏罗世至早白垩世。随后拉萨-腾冲地块发生顺时针旋转，班公-怒江洋向西不断消亡，并于晚白垩世完成闭合（图3-20）。腾冲地块与保山地块拼合后进入陆陆碰撞造山阶段，进而导致高黎贡山第一阶段的隆升。

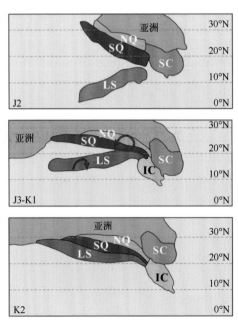

图3-20 拉萨-腾冲地块与南羌塘地块碰撞及旋转演化示意图（Yan et al.，2016）

NQ：北羌塘地块；SQ：南羌塘地块；SC：华南地块；IC：印支地块；LS：拉萨-腾冲地块

3）晚白亚世至今

位于拉萨-腾冲地块与南方冈瓦纳大陆之间的古海洋被称为雅鲁藏布江洋（又称新特提斯洋）。晚侏罗世，印度板块由冈瓦纳大陆北缘裂解出来，在其向北漂移的过程中，雅鲁藏布江洋不断消亡，最终于古新世闭合，形成雅鲁藏布缝合带。印度板块与亚洲板块的碰撞是新生代地球上最为壮观的重大地质事件，随着碰撞的发生和发展，青藏高原及其邻区发生了巨大的变形，进而导致地貌和环境的急剧变化。

随着雅鲁藏布江洋的消减和闭合，在 65～50 Ma 前发生了印度-欧亚板块碰撞。碰撞后板块汇聚仍未终止，印度板块继续以 4～5 cm 每年的速度向北推进，导致约有 1500 km 的南北向缩短，一方面使得青藏高原地壳增厚至正常地壳厚度的 2 倍（平均厚度 70 km），青藏高原周缘发生了强烈的造山运动，地壳遭受强烈缩短，来自中下地壳的变质基底（高黎贡山群）直接裸露地表。另一方面，大量物质向北东、东和南东方向逃逸，形成了大规模的走滑断层。新生代逆冲/拉伸/转换构造样式发育，应变集中、地震活跃、侧向挤出作用强烈。研究表明，高黎贡山剪切带右行走滑起始于～50 Ma 前，主要有 29～27 Ma 前、18～17 Ma 前和～14 Ma 前 3 个活动阶段。与高黎贡断裂相连的嘉黎断裂形成于 22～11 Ma 前。

高黎贡山剪切带整体呈南北向的右行走滑特征，然而在其南段，发育有大量左行走滑的构造形迹，叠加于早期右行走滑形迹之上。研究认为，高黎贡山断裂带曾经与缅甸的实皆断裂带为同一条断裂带，自 11 Ma 之后，因腾冲地块的旋转运动被搓断，在高黎贡山剪切带南段（瑞丽剪切带）以左行走滑为表现特征（图 3-21）。现今高黎贡山分布的山谷、水系大都与这些断裂带和古缝合带密切相关，为高黎贡山地貌奠定了基本格架。

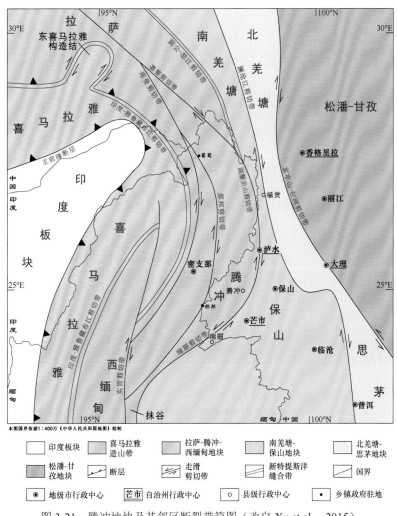

图 3-21　腾冲地块及其邻区断裂带简图（改自 Xu et al.，2015）

　　高黎贡山地区位于青藏高原东段的转换挤压构造中，其新生代以来的演化经历了由挤压碰撞到纯剪切为主导的转换挤压再到由简单剪切为主导的转换挤压（图3-22）。在挤压碰撞和转换挤压构造背景的控制之下，保山地块沿高黎贡山剪切带和澜沧江剪切带向南东方向逃逸，腾冲地块与兰坪-思茅地块在高黎贡山地区不断聚拢，导致高黎贡山的快速隆升，形成现今的地质地貌特征。

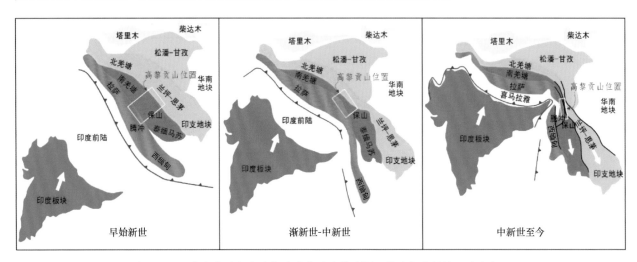

图3-22　云南高黎贡山大地构造演化重建模式图（箭头代表板块运动方向）

（改自Replumaz and Tapponnier，2003；Royden et al.，2008；Huang et al.，2015）

参 考 文 献

安鹏程. 2018. 云南腾冲上新世松柏类化石与古生物地理意义. 兰州: 兰州大学硕士学位论文.

步小飞. 2014. 滇西北怒江地区花岗岩类地球化学、年代学与时空演化. 北京: 中国地质大学(北京)硕士学位论文.

曹华文. 2015. 滇西腾-梁锡矿带中-新生代岩浆岩演化与成矿关系研究. 北京: 中国地质大学(北京)博士学位论文.

陈福坤, 李秋立, 王秀丽, 等. 2006. 滇西地区腾冲地块东侧混合岩锆石年龄和Sr-Nd-Hf同位素组成. 岩石学报, 22: 439-448.

邓军, 王庆飞, 陈福川, 等. 2020. 再论三江特提斯复合成矿系统. 地学前缘, 27(2): 106-135.

贺隆元. 2015. 中国滇西北高黎贡山第三纪孑遗植物台湾杉群落结构、动态及其种群维持机制. 昆明: 云南大学博士学位论文.

李向东, 李俊, 严城民. 2005. 滇西北独龙江花岗岩中浆混包体特征. 云南地质, 24(4): 427-433.

李再会, 林仕良, 丛峰, 等. 2012. 滇西高黎贡山群变质岩的锆石年龄及其构造意义. 岩石学报, 24(5): 1529-1541.

潘桂棠, 肖庆辉, 陆松年, 等. 2009. 中国大地构造单元划分. 中国地质, 36: 1-28.

严城民, 夏贵光, 邓仁宏. 2002. 滇西北独龙江花岗岩及岩浆作用特征. 云南地质, 21(1): 21-33.

宸铁梅. 2002. 云南晚第三纪化石木研究及其古气候意义. 昆明: 中国科学院研究生院(植物研究所)博士学位论文.

云南省地质矿产局. 1990. 云南省岩石地层. 武汉: 中国地质大学出版社: 1-366.

赵成峰. 1995. 云南高黎贡山西坡浅变质岩系中发现微古植物化石. 中国区域地质, 2: 63.

Chen X C, Hu R Z, Bi X W, et al. 2015. Petrogenesis of metaluminous A-type granitoids in the Tengchong-Lianghe tin belt of southwestern China: Evidences from zircon U-Pb ages and Hf-O isotopes, and whole-rock Sr-Nd isotopes. Lithos, 212-215: 93-110.

Hou Z Q, Zaw K, Pan G T, et al. 2007. Sanjiang Tethyan metallogenesis in SW China: tectonic setting, metallogenic epochs and deposit types. Ore Geology Reviews, 31: 48-87.

Huang X, Xu Z, Li H, et al. 2015. Tectonic amalgamation of the Gaoligong shear zone and Lancangjiang shear zone, southeast of Eastern Himalayan Syntaxis. Journal of Asian Earth Sciences, 106: 64-78.

Replumaz A, Tapponnier P. 2003. Reconstruction of the deformed collision zone between India and Asia by backward motion of lithospheric blocks. Journal of Geophysical Research: Solid Earth, 108(B6): 2285.

Royden L H, Burchfiel B C, Hilst R D. 2008. The geological evolution of the Tibetan Plateau. Science, 231: 1054-1058.

Xu Y G, Yang Q J, Lan J B, et al. 2012. Temporal-spatial distribution and tectonic implications of the batholiths in the Gaoligong-Tengliang-Yingjiang area, western Yunnan: constraints from zircon U-Pb ages and Hf isotopes. Journal of Asian Earth Sciences, 53: 151-175.

Xu Z, Wang Q, Cai Z, et al. 2015. Kinematics of the Tengchong Terrane in SE Tibet from the late Eocene to early Miocene: insights from coeval mid-crustal detachments and strike-slip shear zones. Tectonophysics, 665: 127-148.

Yan M, Zhang D, Fang X, et al. 2016. Paleomagnetic data bearing on the Mesozoic deformation of the Qiangtang Block: implications for the evolution of the Paleo- and Meso-Tethys. Gondwana Research, 39: 292-316.

Zhu D C, Zhao Z D, Niu Y L, et al. 2011. The Lhasa Terrane: record of a microcontinent and its histories of drift and growth. Earth and Planetary Science Letters, 301: 241-255.

Zhu D C, Zhao Z D, Niu Y L, et al. 2013. The origin and pre-Cenozoic evolution of the Tibetan Plateau. Gondwana Research, 23: 1429-1454.

第4章 植物多样性与植被

4.1 植物多样性概况

根据 PPG I 系统（2016）、郑万钧系统（1978）、哈钦松系统（1973）及《中国植物志（英文修订版）》（*Flora of China*）对石松类和蕨类植物、裸子植物及被子植物科、属范畴的界定和划分。迄今为止，高黎贡山计有野生维管植物 268 科 1566 属 6711 种及变种或亚种（表4-1）。其中，石松类和蕨类植物 34 科 108 属 501 种（含变种、亚种）、裸子植物 9 科 18 属 32 种及变种、被子植物 225 科 1440 属 6178 种及变种或亚种。

表 4-1　高黎贡山野生维管植物种类组成

类群	科数	属数	种及变种或亚种数
石松类和蕨类植物	34	108	501
裸子植物	9	18	32
被子植物	225	1440	6178
合计	268	1566	6711

4.2　植　物　区　系

4.2.1　石松类和蕨类植物区系分析

4.2.1.1　科的统计和分析

1）科的数量结构分析

高黎贡山石松类和蕨类植物计有 34 科，占我国 41 科的 82.9%。所含属数最多的是水龙骨科 Polypodiaceae（19 属），其次为金星蕨科 Thelypteridaceae（13 属）和凤尾蕨科 Pteridaceae（11 属）。种类最为丰富的 6 个科依次为鳞毛蕨科 Dryopteridaceae（105 种）、水龙骨科（95 种）、蹄盖蕨科 Athyriaceae（65 种）、凤尾蕨科（56 种）、金星蕨科（35 种）和铁角蕨科 Aspleniaceae（30 种）。它们所含种类占高黎贡山蕨类植物的 77%（表4-2）。

表 4-2　高黎贡山石松类和蕨类植物科的组成

科名	属数	种数	科名	属数	种数
鳞毛蕨科 Dryopteridaceae	6	105	肿足蕨科 Hypodematiaceae	2	3
水龙骨科 Polypodiaceae	19	95	合囊蕨科 Marattiaceae	1	3
蹄盖蕨科 Athyriaceae	4	65	三叉蕨科 Tectariaceae	1	3
凤尾蕨科 Pteridaceae	11	56	双扇蕨科 Dipteridaceae	1	2
金星蕨科 Thelypteridaceae	13	35	鳞始蕨科 Lindsaeaceae	2	2
铁角蕨科 Aspleniaceae	2	30	海金沙科 Lygodiaceae	1	2
碗蕨科 Dennstaedtiaceae	6	16	球子蕨科 Onocleaceae	2	2
石松科 Lycopodiaceae	6	15	紫萁科 Osmundaceae	2	2
卷柏科 Selaginellaceae	1	14	瘤足蕨科 Plagiogyriaceae	1	2

科名	属数	种数	科名	属数	种数
膜蕨科 Hymenophyllaceae	3	10	槐叶苹科 Salviniaceae	2	2
里白科 Gleicheniaceae	2	6	金毛狗蕨科 Cibotiaceae	1	1
瓶尔小草科 Ophioglossaceae	2	6	肠蕨科 Diplaziopsidaceae	1	1
骨碎补科 Davalliaceae	3	5	苹科 Marsileaceae	1	1
乌毛蕨科 Blechnaceae	3	4	肾蕨科 Nephrolepidaceae	1	1
桫椤科 Cyatheaceae	2	3	条蕨科 Oleandraceae	1	1
冷蕨科 Cystopteridaceae	2	3	松叶蕨科 Psilotaceae	1	1
木贼科 Equisetaceae	1	3	轴果蕨科 Rhachidosoraceae	1	1

根据蕨类植物 Smith 系统（2006）和 PPG I 系统（2016），组成高黎贡山石松类和蕨类植物的 34 科中，有属于维管植物基部类群的石松类 lycophytes，包含石松科 Lycopodiaceae、卷柏科 Selaginellaceae，也有真蕨类 ferns 中较为古老的单系类群，如木贼科 Equisetaceae、松叶蕨科 Psilotaceae 等；有属于水龙骨 polypodiidae 基部类群的紫萁科 Osmundaceae、膜蕨科 Hymenophyllaceae 等，也有较为进化的鳞毛蕨科、水龙骨科等。由此说明了高黎贡山石松类和蕨类植物区系的古老性和残遗性，也反映了该区域蕨类植物系统发育的完整性。

2）科的地理成分分析

高黎贡山石松类和蕨类植物的 34 科中，世界广布的有铁角蕨科、石松科等 16 科，占全部科数的 47.1%（表 4-3）。泛热带分布的有里白科 Gleicheniaceae、海金沙科 Lygodiaceae、三叉蕨科 Tectariaceae 等 9 科，占全部科数的 26.5%。热带亚洲至热带美洲间断分布的有金毛狗蕨科 Cibotiaceae 和瘤足蕨科 Plagiogyriaceae，两科均为单属科，其中瘤足蕨科以亚洲为分布中心，仅有 1 种分布于热带美洲。旧世界热带分布的仅有骨碎补科 Davalliaceae。热带亚洲至热带非洲分布的仅有肿足蕨科 Hypodematiaceae。热带亚洲分布的科为双扇蕨科 Dipteridaceae 和单属科轴果蕨科 Rhachidosoraceae。北温带分布的科为冷蕨科 Cystopteridaceae 和球子蕨科 Onocleaceae。东亚和北美间断分布的为肠蕨科 Diplaziopsidaceae，该科包含仅分布于亚洲的肠蕨属 *Diplaziopsis* 和仅分布于北美东部的同囊蕨属 *Homalosorus*。从科的统计可以看出，高黎贡山石松类和蕨类植物区系具有明显的热带渊源，温带性质较弱。

表 4-3　高黎贡山石松类和蕨类植物科的分布区类型

分布区类型	科数	占全部科的比例（%）
1 世界广布	16	47.1
2 泛热带分布	9	26.5
3 热带亚洲至热带美洲间断分布	2	5.9
4 旧世界热带分布	1	2.9
6 热带亚洲至热带非洲分布	1	2.9
7 热带亚洲分布	2	5.9
8 北温带分布	2	5.9
9 东亚和北美间断分布	1	2.9
合计	34	100

注：凡是该区未出现的科的分布区类型，均未列入表中。

4.2.1.2　属的统计和分析

1）属的数量结构分析

高黎贡山石松类和蕨类植物计有 108 属，占我国石松类和蕨类植物属数的 60.7%。种类最为丰富的 3 个属是鳞毛蕨科的鳞毛蕨属 *Dryopteris*（49 种）、耳蕨属 *Polystichum*（42 种）及蹄盖蕨科的蹄盖蕨属 *Athyrium*（31 种），它们占该区石松类和蕨类植物种数的 24.4%。此外，种数超过 20 种的属有铁角蕨属 *Asplenium*（27 种）、瓦韦属 *Lepisorus*（22 种），种数超过 10 种的属有双盖蕨属 *Diplazium*（19 种）、凤尾蕨属 *Pteris*（17 种）、修蕨属 *Selliguea*（16 种）、石韦属 *Pyrrosia*（15 种）、卷柏属 *Selaginella*（14 种）、对囊蕨属 *Deparia*（12 种）。种数超过 10 种的 11 个属计有 264 种，占该区石松类和蕨类植物种数的 52.7%。仅含 1 种的属有 41 个，如亮毛蕨属 *Acystopteris*、金毛狗蕨属 *Cibotium*、满江红属 *Azolla* 等，仅含 2 种的属有 22 个，如车前蕨属 *Antrophyum*、冷蕨属 *Cystopteris*、狗脊属 *Woodwardia* 等。不超过 2 个种的属占该区总属数的 58.3%，但这些属的种数仅占该区石松类和蕨类植物种数的 16.9%。

  2）属的地理成分分析

  高黎贡山石松类和蕨类植物 108 属可划分为 12 个分布区类型（表 4-4）。

表 4-4   高黎贡山石松类和蕨类植物属的分布区类型

分布区类型	属数	占全部属的比例（%）
1 世界广布	18	17.6
2 泛热带分布	24	22.2
3 热带亚洲至热带美洲间断分布	2	1.9
4 旧世界热带分布	17	15.7
5 热带亚洲至热带大洋洲分布	2	1.9
6 热带亚洲至热带非洲分布	7	6.5
7 热带亚洲分布	15	13.9
8 北温带分布	8	7.4
9 东亚和北美间断分布	1	0.9
10 旧世界温带分布	1	0.9
14 东亚分布		
14-1 东亚广布	6	5.6
14-2 中国-喜马拉雅	7	6.4

注：凡是该区未出现的属的分布区类型，均未列入表中。

  世界广布的属有铁角蕨属、鳞毛蕨属等 19 属，占该区全部属数的 17.6%。其中耳蕨属、鳞毛蕨属、蹄盖蕨属等是以我国西南地区为演化中心，它们的种类明显多于其他属。

  热带性质的属有 67 个，占全部属数的 62.0%（世界广布属除外）。其中泛热带分布的属最多，占全部属数的 22.2%，包括双盖蕨属 *Diplazium*、肋毛蕨属 *Ctenitis*、叉蕨属 *Tectaria* 等 24 属。旧世界热带分布的属有 17 属，占全部属数的 15.7%，如车前蕨属、对囊蕨属、石韦属等；热带亚洲至热带非洲分布的属包括贯众属 *Cyrtomium*、凤了蕨属 *Coniogramme*、金粉蕨属 *Onychium* 等 7 属，占全部属数的 6.5%；热带亚洲至热带大洋洲分布的属有裂禾蕨属 *Tomophyllum* 和亮毛蕨属 2 属；热带亚洲分布的有肠蕨属、轴果蕨属 *Rhachidosorus* 等 15 属，占该区全部属数的 13.9%；热带亚洲至热带美洲间断分布的属有 2 属，分别为瘤足蕨属 *Plagiogyria* 和金毛狗蕨属。

  温带性质的属有 23 个，占该区全部属数的 21.3%。其中，旧世界温带分布的属仅有金毛裸蕨属 *Paragymnopteris*；北温带分布的属有 8 属，占全部属数的 7.4%；东亚分布的属有 13 属，占全部属数的 12.0%。东亚分布属中，东亚广布的有 6 属，中国-喜马拉雅分布的有 7 属。

  由属级统计看出，高黎贡山石松类和蕨类植物热带性质的属贡献最多，温带性质的属贡献较少。各分布类型中，泛热带分布的属最多，世界广布次之，旧世界热带分布、热带亚洲分布和东亚分布、热带亚洲至热带非洲分布的属也占一定比例，表明高黎贡山石松类和蕨类植物区系与旧世界热带亚热带地区、东亚及喜马拉雅地区联系紧密。

4.2.1.3 种的统计和分析

高黎贡山石松类和蕨类植物 501 种可划分为 12 个分布区类型（表 4-5）。

表 4-5 高黎贡山石松类和蕨类植物种的分布区类型

分布区类型	种数	占全部种的比例（%）
1 世界广布	3	0.6
2 泛热带分布	11	2.2
3 热带亚洲至热带美洲间断分布	2	0.4
4 旧世界热带分布	10	2.0
5 热带亚洲至热带大洋洲分布	8	1.6
6 热带亚洲至热带非洲分布	11	2.2
7 热带亚洲分布	85	17.0
8 北温带分布	8	1.6
9 东亚和北美间断分布	2	0.4
11 温带亚洲分布	2	0.4
14 东亚分布		
14-1 东亚广布	44	8.8
14-2 中国-喜马拉雅	196	39.1
14-3 中国-日本	19	3.8
15 中国分布		
15-1 中国特有	52	10.4
15-2 云南特有	32	6.4
15-3 高黎贡山特有	16	3.2

注：凡是该区未出现的种的分布区类型，均未列入表中。

世界广布的种类有铁线蕨 *Adiantum capillus-veneris*、铁角蕨 *Asplenium trichomanes*、扁枝石松 *Diphasiastrum complanatum* 3 种。

热带性质的种类有 127 种，占该区全部种的 25.3%（世界广布种除外）。其中，泛热带分布的有栗蕨 *Histiopteris incisa*、姬蕨 *Hypolepis punctata*、星蕨 *Microsorum punctatum* 等 11 种，占该区全部种数的 2.2%；热带亚洲至热带美洲间断分布的有狭眼凤尾蕨 *Pteris biaurita* 和垂穗石松 *Palhinhaea cernua* 2 种；旧世界热带分布的有倒挂铁角蕨 *Asplenium normale*、蜈蚣草 *Pteris vittata* 和槐叶苹 *Salvinia natans* 等 10 种；热带亚洲至热带大洋洲分布的有毛轴铁角蕨 *Asplenium crinicaule*、毛柄双盖蕨 *Diplazium dilatatum*、海金沙 *Lygodium japonicum* 等 8 种；热带亚洲至热带非洲分布的有细茎铁角蕨 *Asplenium tenuicaule*、对囊蕨 *Deparia boryana*、乌蕨 *Odontosoria chinensis* 等 11 种；热带亚洲分布的种类有剑叶铁角蕨 *Asplenium ensiforme*、阔羽肠蕨 *Diplaziopsis brunoniana*、黑顶卷柏 *Selaginella picta* 等 85 种，占全部种数的 17.0%。由此看出，该区蕨类植物区系多起源于亚洲热带和亚热带地区，受大洋洲、非洲蕨类植物区系的影响较小。

温带性质的种有 271 种，占该区全部种数的 54.1%。其中，东亚分布类型种类最多，有 259 种，占该区全部种数的 51.7%。东亚分布中，中国-喜马拉雅分布的种类最多，有水鳖蕨 *Asplenium delavayi*、翅轴蹄盖蕨 *Athyrium delavayi*、稀子蕨 *Monachosorum henryi* 等 196 种；东亚广布的有大叶假冷蕨 *Athyrium atkinsonii*、丝带蕨 *Lepisorus miyoshianus*、方秆蕨 *Glaphyropteridopsis erubescens* 等 44 种；中国-日本分布的有渐尖毛蕨 *Cyclosorus acuminatus*、单叉对囊蕨 *Deparia unifurcata*、桫椤鳞毛蕨 *Dryopteris cycadina* 等 19 种。北温

带分布的有问荆 *Equisetum arvense*、荚果蕨 *Matteuccia struthiopteris*、卵果蕨 *Phegopteris connectilis* 等 8 种；温带亚洲分布的有北京铁角蕨 *Asplenium pekinense* 和粗壮阴地蕨 *Botrychium robustum*；东亚和北美间断分布的有绒紫萁 *Claytosmunda claytoniana* 和掌叶铁线蕨 *Adiantum pedatum*。

中国分布种计有 100 种，占该区全部种数的 20.0%。其中，高黎贡山特有种分布有贯众叶节肢蕨 *Arthromeris cyrtomioides*、红茎石杉 *Huperzia wusugongii*、毛叶卷柏 *Selaginella trichophylla* 等 16 种；云南特有（不包括高黎贡山特有）的有高大复叶耳蕨 *Arachniodes gigantea*、俅江苍山蕨 *Asplenium qiujiangense*、反折耳蕨 *Polystichum deflexum* 等 32 种；中国特有（不包括高黎贡山特有和云南特有）的有食用莲座蕨 *Angiopteris esculenta*、滇西旱蕨 *Cheilanthes brausei*、对生耳蕨 *Polystichum deltodon* 等 52 种。特有成分中以鳞毛蕨科的种类最为丰富，有云南贯众 *Cyrtomium yunnanense*、红褐鳞毛蕨 *Dryopteris rubrobrunnea*、尖顶耳蕨 *Polystichum excellens* 等 29 种。

由种级分析可以看出，高黎贡山石松类与蕨类植物区系为温带性质。该区虽具有热带性质的种类，但真正的热带种类很少，多以亚热带为分布中心。高黎贡山位于喜马拉雅东部，蕨类植物区系深受东亚和喜马拉雅周边地区的影响，温带性质的种类构成了蕨类植物区系的主体。温带性质的类型中，东亚分布的种类优势明显，其中中国-喜马拉雅分布为高黎贡山蕨类植物区系的主要成分。典型温带分布（包括北温带分布、温带亚洲分布以及东亚和北美间断分布）的种类并不多，仅 12 种。特有成分是高黎贡山石松类与蕨类植物区系的重要组成部分，特有种类的数量仅次于东亚分布的种数，位居第二。

4.2.2 种子植物区系分析

高黎贡山计有野生种子植物 234 科 1458 属 6210 种及变种或亚种。其中，裸子植物 9 科 18 属 32 种及变种或亚种、双子叶植物 187 科 1092 属 4859 种及变种或亚种、单子叶植物 38 科 348 属 1319 种及变种或亚种。

4.2.2.1 科的统计和分析

1）科的数量结构分析

高黎贡山种子植物科一级的组成中，含 100 种以上的科的排列顺序如表 4-6 所示。从中可知，含 100 种以上的科计有 15 科，占该区域全部科数的 6.4%；它们共计含有 625 属，占该区域全部属数的 42.9%；

表 4-6 高黎贡山种子植物科的大小顺序排列（含 100 种以上的科）

序号	科名	属数	种及变种或亚种数
1	兰科 Orchidaceae	108	426
2	菊科 Compositae	76	325
3	蔷薇科 Rosaceae	33	269
4	禾本科 Gramineae	105	264
5	蝶形花科 Papilionaceae	59	216
6	杜鹃花科 Ericaceae	9	204
7	茜草科 Rubiaceae	50	169
8	莎草科 Cyperaceae	17	153
9	唇形科 Labiatae	43	145
10	玄参科 Scrophulariaceae	29	129
11	荨麻科 Urticaceae	19	127
12	毛茛科 Ranunculaceae	21	122
13	伞形科 Umbelliferae	27	115
14	樟科 Lauraceae	16	105
15	龙胆科 Gentianaceae	13	100
	合计	625	2869

含有 2869 种和变种或亚种，占该区域全部种数的 46.2%。其中，含有 200 种以上的科有兰科 Orchidaceae
（108 属/426 种）、菊科 Compositae（76 属/325 种）、蔷薇科 Rosaceae（33 属/269 种）、禾本科 Gramineae
（105 属/264 种）、蝶形花科 Papilionaceae（59 属/216 种）、杜鹃花科 Ericaceae（9 属/204 种）。由此表明，
这 6 个科在高黎贡山得到较为充分的发展，成为该地区种子植物区系多样性的主体成分。

从科内属一级的分析来看（表 4-7），在该地区仅出现 1 属的科有 95 科，占全部科数的 40.6%，共计
95 属，占全部属数的 6.5%；出现 2~5 属的科有 78 科，占全部科数的 33.3%，共计 222 属，占全部属数
的 15.2%；出现 6~20 属的科有 47 科，占全部科数的 20.1%，共计 484 属，占全部属数的 33.2%；出现
属数多于 20 属的科有 14 科，占全部科数的 6.0%，共计 657 属，占全部属数的 45.1%。

表 4-7　高黎贡山种子植物科内属水平的数量结构分析

类型	科数	占全部科数的比例（%）	含有的属数	占全部属数的比例（%）
仅出现 1 属的科	95	40.6	95	6.5
出现 2~5 属的科	78	33.3	222	15.2
出现 6~20 属的科	47	20.1	484	33.2
出现多于 20 属的科	14	6.0	657	45.1

从科内种一级的分析来看（表 4-8），在该地区仅出现 1 种的科有 42 科，占全部科数的 17.9%，共计
42 种，占全部种数的 0.7%；出现 2~10 种的科有 92 科，占全部科数的 39.4%，共计 446 种，占全部种
数的 7.2%；出现 11~50 种的科有 67 科，占全部科数的 28.6%，共计 1649 种，占全部种数的 26.5%；出
现种数多于 50 种的科有 33 科，占全部科数的 14.1%，共计 4073 种，占全部种数的 65.6%。

表 4-8　高黎贡山种子植物科内种水平的数量结构分析

类型	科数	占全部科数的比例（%）	含有的种数	占全部种数的比例（%）
仅出现 1 种的科	42	17.9	42	0.7
出现 2~10 种的科	92	39.4	446	7.2
出现 11~50 种的科	67	28.6	1649	26.5
出现多于 50 种的科	33	14.1	4073	65.6

有些科虽然所含的属数和种数不多，但往往是该地区的植被建群种，甚至还有可能是该地植物区系
的先驱者，如壳斗科 Fagaceae、木兰科 Magnoliaceae、松科 Pinaceae、杉科 Taxodiaceae 等的种类，它们
对当地植物区系的形成和发展具有重要意义。此外，有些单种或寡种科，如水青树科 Tetracentraceae、珙
桐科 Davidiaceae、领春木科 Eupteleaceae、青荚叶科 Helwingiaceae 等，往往是东亚特有科，它们是该区
与东亚植物区系联系的重要标志。

2）植物群落区系特征科的分析

壳斗科 Fagaceae、木兰科 Magnoliaceae、樟科 Lauraceae、山茶科 Theaceae 和杜鹃花科 Ericaceae 等是
高黎贡山植物区系和植物群落中的重要组成成分，它们对该地植物区系形成具有特殊的意义。

壳斗科 Fagaceae 是中国亚热带植物区系的典型表征科，不少种类是高黎贡山常绿阔叶林中的优势种
和伴生种，如青冈属 Cyclobalanopsis 和柯属 Lithocarpus 的诸多种类与山茶科、木兰科、樟科等亚热带典
型代表科的一些属、种构成当地中山湿性常绿阔叶林的主体。

木兰科 Magnoliaceae 分布于北美、南美南回归线以北和亚洲东南部、南部热带、亚热带及温带地区，
集中分布在亚洲的东南部。木兰科木莲属的红花木莲 Manglietia insignis 是高黎贡山常绿阔叶林中的优势
树种。

樟科 Lauraceae 为泛热带分布的大科，是热带和亚热带常绿阔叶林的主要成分之一。樟属 Cinnamomum、
润楠属 Machilus 常与其他树种构成高黎贡山常绿阔叶林的主体，润楠属、木姜子属 Litsea、山胡椒属 Lindera

是常绿阔叶林下的主要伴生树种。

山茶科 Theaceae 是典型亚热带常绿阔叶林的优势种，该科的属、种多集中分布于我国西南部和南部。木荷属 Schima、柃木属 Eurya 是高黎贡山常绿阔叶林中的优势或伴生树种。

杜鹃花科 Ericaceae 为北温带分布的大科，在中国集中分布于横断山区。杜鹃花属 Rhododendron 为高黎贡山山顶苔藓矮林的优势种或建群种，也是常绿阔叶林中的重要伴生种。

3）裸子植物科在高黎贡山的特点

高黎贡山计有裸子植物 9 科 18 属 32 种及变种。虽然属、种在高黎贡山所占比重不大，但多数是古近纪的孑遗属、种及其后裔，不论是在植物区系的组成还是在植物群落的构建中，均起着至关重要的作用，如其期、念瓦洛河、双拉河一带分布的以台湾杉 Taiwania cryptomerioides 为建群种的暖温性针阔叶混交林，以及云南仅在独龙江流域有分布的不丹松 Pinus bhutanica 林。云南铁杉 Tsuga dumosa 在海拔 2600～3100 m 的地带与壳斗科 Fagaceae、槭树科 Aceraceae、桦木科 Betulaceae 等的种类共同形成温凉性针阔叶混交林带。苍山冷杉 Abies delavayi 在丹珠、东哨房、西哨房 3000 m 以上地带成为亚高山针叶林的单优建群种；大果红杉 Larix potaninii var. australis 和怒江红杉 Larix speciosa 仅散见于铁杉和冷杉林中，不形成红杉纯林。高黎贡山与紧邻的横断山脉不同，高黎贡山没有云杉林带，只有散生植株。

4）科的地理成分分析

根据吴征镒等（2003，2006）对科分布区类型的划分，高黎贡山种子植物 234 科可划分为 12 个分布区类型（表 4-9），分述如下。

表 4-9　高黎贡山种子植物科的分布区类型

分布区类型	科数	占全部科的比例（%）
1 世界广布	52	22.2
2 泛热带分布	86	36.8
3 热带亚洲至热带美洲间断分布	12	5.1
4 旧世界热带分布	4	1.7
5 热带亚洲至热带大洋洲分布	5	2.1
6 热带亚洲至热带非洲分布	2	0.9
7 热带亚洲分布	9	3.8
8 北温带分布	35	15.0
9 东亚和北美间断分布	14	6.0
10 旧世界温带分布	3	1.3
14 东亚分布	11	4.7
15 中国特有分布	1	0.4

注：凡是该区未出现的科的分布区类型，均未列入表中。

世界广布科，指遍布于世界各大洲，没有明显分布中心的科。高黎贡山计有该类型 52 科，占全部科数的 22.2%。其中种类比较多的有兰科 Orchidaceae（108 属/426 种）、菊科 Compositae（76 属/325 种）、蔷薇科 Rosaceae（33 属/269 种）、禾本科 Gramineae（105 属/264 种）、莎草科 Cyperaceae（17 属/153 种）、玄参科 Scrophulariaceae（29 属/129 种）、唇形科 Labiatae（43 属/145 种）。此外，水生或湿生植物的科在世界广布型中，也占有一席之地，如眼子菜科 Potamogetonaceae、浮萍科 Lemnaceae 为典型的水生类型，泽泻科 Alismataceae、灯心草科 Juncaceae、莎草科 Cyperaceae 等大多为依赖水湿环境的科。

泛热带分布科，指普遍分布于东、西两半球热带地区的科，有些泛热带分布科也分布到亚热带直至温带，但其分布中心仍处在热带地区。高黎贡山计有该类型 86 科，占全部科数的 36.8%，位居各分布区类型之首。种类比较丰富的科有蝶形花科 Papilionaceae（59 属/216 种）、荨麻科 Urticaceae（19 属/127 种）、樟科 Lauraceae（16 属/105 种）等。其中部分科的一些属分布到亚热带直至温带地区，如大戟科 Euphorbiaceae、苦苣苔科 Gesneriaceae、桑科 Moraceae、萝藦科 Asclepiadaceae、天南星科 Araceae、无患子科 Sapindaceae 等。有些科是高黎贡山常绿阔叶林的重要组成成分，如山茶科 Theaceae、樟科 Lauraceae 等。泛热带分布类型的科表明当地植物区系和植物群落的发生、发展具有比较广泛的泛热带历史背景。

热带亚洲至热带美洲间断分布的科，指间断分布于热带亚洲和热带美洲地区的科。高黎贡山属此类型的有椴树科 Tiliaceae、水东哥科 Saurauiaceae、省沽油科 Staphyleaceae、桤叶树科 Clethraceae 等 12 科，占全部科数的 5.1%。

旧世界热带分布科，指分布于热带亚洲、非洲及大洋洲地区的科。高黎贡山仅有海桐花科 Pittosporaceae、露兜树科 Pandanaceae、紫金牛科 Myrsinaceae 和芭蕉科 Musaceae 属此类型。热带亚洲至热带美洲间断分布型与旧世界热带分布型表明，高黎贡山虽与美洲、非洲或大洋洲远隔千山万水，但这些科的洲际分布表明，该地区仍然与热带各洲存在一定的历史渊源。

热带亚洲至热带大洋洲分布，指旧世界热带分布区的东翼，其西端有时可达马达加斯加，但一般不到非洲大陆。高黎贡山属此类型的有苏铁科 Cycadaceae、四数木科 Tetramelaceae、拟兰科 Apostasiaceae 等 5 科，占全部科数的 2.1%。

热带亚洲至热带非洲分布，指旧世界热带分布区的西翼，即从热带非洲至印度-马来西亚（特别是其西部），有的科也分布到斐济岛等南太平洋岛屿，但不见于澳大利亚大陆。高黎贡山属此类型的仅有海桑科 Sonneratiaceae 和菱科 Trapaceae。

热带亚洲分布科，指分布于旧世界热带地区中心部分的科，其分布范围包括印度次大陆、中南半岛、东南亚。高黎贡山属于此类型的有龙脑香科 Dipterocarpaceae、隐翼科 Crypteroniaceae、清风藤科 Sabiaceae、赤苍藤科 Erythropalaceae 等 9 科，占全部科数的 3.8%。该区在历史上原属热带亚洲，但这一分布型的科数较少，是因为板块位移，引起气候变迁，诸多热带亚洲分布的科未能在该地区繁衍它们的后代。

北温带分布科，指分布于北半球温带地区的科，部分科沿山脉南移至热带山地或南半球温带，但其分布中心仍在北温带。高黎贡山属于此类型的科有 35 科，占全部科数的 15.0%，仅次于泛热带分布和世界广布。种类比较丰富的科有杜鹃花科 Ericaceae（9 属/204 种）、伞形科 Umbelliferae（27 属/115 种）、百合科 Liliaceae（28 属/98 种）、杨柳科 Salicaceae（2 属/55 种）、忍冬科 Caprifoliaceae（7 属/46 种）等。部分科也是当地群落中的优势植物，如杜鹃花科、桦木科 Betulaceae、松科 Pinaceae、柏科 Cupressaceae 等。北温带分布是继泛热带分布之后，对高黎贡山植物区系组成和群落构建起重要作用的又一分布类型。

东亚和北美间断分布科，指间断分布于东亚和北美温带及亚热带地区的科。高黎贡山属此类型的有八角科 Illiciaceae、杉科 Taxodiaceae、蓝果树科 Nyssaceae、延龄草科 Trilliaceae 等 14 科，占全部科数的 6.0%。杉科是当地植物群落中的优势植物之一。

旧世界温带分布科，指分布于欧洲、亚洲中高纬度的温带、寒温带地区的科。高黎贡山仅天门冬科 Asparagaceae、柽柳科 Tamaricaceae 和川续断科 Dipsacaceae 属此类型。

东亚分布科，指从东喜马拉雅分布至日本或不到日本的科。高黎贡山属此类型的科有三尖杉科 Cephalotaxaceae、领春木科 Eupteleaceae、星叶草科 Circaeasteraceae、猕猴桃科 Actinidiaceae、旌节花科 Stachyuraceae、桃叶珊瑚科 Aucubaceae、青荚叶科 Helwingiaceae、水青树科 Tetracentraceae、十齿花科 Dipentodontaceae、九子母科 Podoaceae、鞘柄木科 Toricelliaceae，占全部科数的 4.7%，它们在该区域所占的比重尽管不大，但对高黎贡山植物区系性质的界定起着至关重要的作用。

关于中国特有分布，高黎贡山仅有珙桐科 Davidiaceae 属此类型，该科含 1 属 1 种 1 变种，仅其变种光叶珙桐 *Davidia involucrata* var. *vilmoriniana* 产于高黎贡山海拔 1600～2500 m 的沟边杂木林中。

综上所述，部分科虽然所含的属数、种数不多，但往往是当地植被的建群种，如壳斗科 Fagaceae、木兰科 Magnoliaceae 等。裸子植物的科在高黎贡山所占的比重不大，但多数是地史早期的古老孑遗属种或中国特有成分，它们在植物区系的组成和植物群落的构建中起着至关重要的作用；高黎贡山 234 科种子植物可划分为 12 个分布区类型，显示出该地区科级水平上的地理成分比较复杂，联系广泛；此外，该地区计有热带性质的科 118 科（不计世界广布科），占全部科数的 50.4%，有温带性质的科计 64 科，占全部科数的 27.4%，热带性质的科多于温带性质的科，显示了该区植物区系与世界各洲热带植物区系的历史联系；根据王荷生（1992）的观点，当某一地区具有一组特有科时，该地区就可做为一个植物区（Kingdom），高黎贡山计有东亚特有科 12 科（包括 1 个中国特有科），占全部东亚特有科（32 科）的 37.5%，这就为高黎贡山属于东亚植物区的一部分提供了事实依据。

4.2.2.2 属的统计和分析

1）属的数量结构分析

高黎贡山计有野生种子植物 1458 属，属的数量结构如表 4-10 所述。在该地区仅出现 1 种的属有 643 属，占全部属数的 44.1%，所含种数为 643 种，占全部种数的 10.4%；出现 2～5 种的属有 532 属，占全部属数的 36.5%，所含种数为 1540 种，占全部种数的 24.8%；出现 6～20 种的属有 243 属，占全部属数的 16.7%，所含种数为 2527 种，占全部种数的 40.6%；出现种数多于 20 种的属有 40 属，占全部属数的 2.7%，所含种数为 1500 种，占全部种数的 24.2%。虽然出现 6 种以上的属的数量仅为全部属数的 19.4%，但其所含种数却为全区种数的一半以上，说明 19.4% 的属构成了高黎贡山植物区系多样性的主体成分。

表 4-10 高黎贡山种子植物属的数量结构分析

类型	属数	占全部属数的比例（%）	含有的种数	占全部种数的比例（%）
仅出现 1 种的属	643	44.1	643	10.4
出现 2～5 种的属	532	36.5	1540	24.8
出现 6～20 种的属	243	16.7	2527	40.6
出现多于 20 种的属	40	2.7	1500	24.2

2）属的地理成分分析

根据吴征镒等（2006）对属分布区类型的划分，高黎贡山种子植物 1458 属可划分为 15 个分布区类型和 2 个变型（表 4-11），分述如下。

表 4-11 高黎贡山种子植物属的分布区类型

分布区类型	属数	占全部属的比例（%）
1 世界广布	71	4.9
2 泛热带分布	225	15.4
3 热带亚洲至热带美洲间断分布	27	1.9
4 旧世界热带分布	119	8.2
5 热带亚洲至热带大洋洲分布	122	8.4
6 热带亚洲至热带非洲分布	72	4.9
7 热带亚洲分布	304	20.9
8 北温带分布	170	11.7
9 东亚和北美间断分布	66	4.5
10 旧世界温带分布	71	4.9
11 温带亚洲分布	9	0.6
12 地中海、西亚、中亚分布	4	0.3
13 中亚分布	3	0.2
14 东亚分布	56	3.8
14-1 中国-喜马拉雅	94	6.4
14-2 中国-日本	21	1.4
15 中国特有分布	24	1.6

世界广布属，指遍布世界各大洲而没有特殊分布中心的属，或虽有一个或数个分布中心但包含世界广布种的属。高黎贡山属于此类型的有 71 属，占全部属数的 4.9%。所含种类比较多的有薹草属 *Carex*（73 种）、悬钩子属 *Rubus*（68 种）、龙胆属 *Gentiana*（57 种）、铁线莲属 *Clematis*（36 种）等。这类属的植物大多数是草本或半灌木，如毛茛属 *Ranunculus*、老鹳草属 *Geranium*、千里光属 *Senecio*、龙胆属、珍珠菜属 *Lysimachia*、薹草属等，它们是当地草丛和亚高山草甸的主要组成成分。木本或藤本植物的属有铁线莲属、悬钩子属、拉拉藤属 *Galium* 等。这一分布类型中，不乏水生和沼生的植物属，如浮萍属 *Lemna*、水葱属 *Schoenoplectus*、眼子菜属 *Potamogeton*、灯心草属 *Juncus*、藨草属 *Scirpus* 等，它们是当地湖沼中的重要水生植物资源。

泛热带分布属，指普遍分布于东、西两半球热带，或在全世界热带范围内有一个或数个分布中心，但在其他地区也有一些种类分布的热带属。高黎贡山属此类型的有 225 属，占全部属数 15.4%，是仅次于热带亚洲分布类型的第二大类型。所含种类较多的属有凤仙花属 *Impatiens*（54 种）、榕属 *Ficus*（54 种）、冬青属 *Ilex*（46 种）、石豆兰属 *Bulbophyllum*（34 种）、菝葜属 *Smilax*（32 种）、冷水花属 *Pilea*（30 种）等。此类型中，有分布到亚热带的常绿乔木、灌木或藤本种类，如黄檀属 *Dalbergia*、树参属 *Dendropanax*、紫金牛属 *Ardisia*、安息香属 *Styrax*、山矾属 *Symplocos*、厚皮香属 *Ternstroemia*、钩藤属 *Uncaria* 等；分布到温带的种类多为草本，如牛膝属 *Achyranthes*、鸭跖草属 *Commelina* 等，灌木类型有黄杨属 *Buxus*、醉鱼草属 *Buddleja*、花椒属 *Zanthoxylum* 等；藤本类型有薯蓣属 *Dioscorea*、南蛇藤属 *Celastrus* 等；乔木类较少，如鹅掌柴属 *Schefflera*、榕属 *Ficus*、朴属 *Celtis* 等。如此多样的泛热带分布属在高黎贡山的出现表明该地区植物区系与泛热带各地区系在历史上的广泛联系。

热带亚洲至热带美洲间断分布属，指间断分布于美洲和亚洲温暖地区的热带属，在东半球从亚洲可能延伸到澳大利亚东北部或西南太平洋岛屿。高黎贡山属于此类型的有 27 属，占全部属数的 1.9%。常见的乔木或灌木属有木姜子属 *Litsea*、柃木属 *Eurya*、白珠树属 *Gaultheria*、泡花树属 *Meliosma* 等，它们常是当地植物群落乔灌层的主要组成成分。高黎贡山与热带美洲共有的属不多，这是由于热带美洲或南美洲本来位于古南大陆西部，最早于侏罗纪末期就和非洲开始分裂，至白垩纪末期则和非洲完全分离，现在两地植物区系的微弱联系，表明在第三纪以前它们的植物区系成分与非洲曾有过共同的渊源。

旧世界热带分布属，指分布于亚洲、非洲和大洋洲热带地区及其邻近岛屿的属。高黎贡山属于此类型的有 119 属，占全部属数的 8.2%。所含种类比较多的属有楼梯草属 *Elatostema*（51 种）、蒲桃属 *Syzygium*（16 种）。常见的有海桐花属 *Pittosporum*、玉叶金花属 *Mussaenda*、香茶菜属 *Rabdosia*、血桐属 *Macaranga*、合欢属 *Albizia*、岩芋属 *Remusatia*、黄金茅属 *Eulalia*、金锦香属 *Osbeckia*、吴茱萸属 *Evodia*、鸢尾兰属 *Oberonia*、杜茎山属 *Maesa*、山姜属 *Alpinia*、水筛属 *Blyxa*、八角枫属 *Alangium*、千金藤属 *Stephania*、芭蕉属 *Musa*、省藤属 *Calamus* 等，这些属比较集中地分布于热带和亚热带地区，延伸到温带的不多，表明这类属具有更强的热带性质并富有古老或保守的成分。

热带亚洲至热带大洋洲分布，指旧世界热带分布区的东翼，其西端有时可达马达加斯加，但一般不到非洲大陆。高黎贡山属于此类型的有 122 属，占全部属数的 8.4%。所含种类比较多的属有石斛属 *Dendrobium*（23 种）、兰属 *Cymbidium*（19 种）、杜英属 *Elaeocarpus*（18 种）等。见于该区的樟属 *Cinnamomum*、水锦树属 *Wendlandia*、毛兰属 *Eria*、蛇菰属 *Balanophora* 等常分布到亚热带，而香椿属 *Toona*、栝楼属 *Trichosanthes*、通泉草属 *Mazus*、崖爬藤属 *Tetrastigma* 等常分布至温带地区。该类型是一个古老的洲际分布类型，亚洲和大洋洲共同属的存在，通常标志着两大洲在地质史上曾有过陆块的连接，使两地的物种得以交流。白垩纪以后，新生代古新世时期，澳大利亚-新几内亚板块与南极分离，迅速漂移到现在的位置并成为大洋洲的主体部分。这一过程给澳大利亚东北部植物区系与东亚、东南亚植物区系的直接交流提供了可能性。

热带亚洲至热带非洲分布，指旧世界热带分布区的西翼，即从热带非洲至印度-马来西亚（特别是其西部），有的属也分布到斐济岛等南太平洋岛屿，但不见于澳大利亚大陆。高黎贡山属于此类型的有 72 属，占全部属数的 4.9%。此类型中，分布到亚热带的属有藤黄属 *Garcinia*、铁仔属 *Myrsine*、山黑豆属 *Dumasia*、糙果芹属 *Trachyspermum*、莠竹属 *Microstegium*、常春藤属 *Hedera* 等，分布到温带地区的属有荩草属 *Arthraxon*、菅属 *Themeda* 等。

热带亚洲（印度-马来西亚）分布，是旧世界热带的中心部分，这一类型分布区的范围包括印度、斯里兰卡、中南半岛、印度尼西亚、加里曼丹、菲律宾及新几内亚等，东面可到斐济岛等南太平洋岛屿，但不到澳大利亚大陆，其分布区的北部边缘，到达中国西南、华南及台湾，甚至更北地区。自从古近纪或更早时期以来，高黎贡山的生物气候条件未经巨大的动荡，处于相对稳定的湿热状态，地区内部的生境变化又多样复杂，有利于植物种系的发生和分化。而且该地区处于古南大陆和古北大陆的接触地带，是南、北两古陆植物区系相互渗透交汇的地区，集中了许多古老或原始科、属的代表。因此，该地区是世界上植物区系最丰富的地区之一，并且保存了大量第三纪古热带植物区系的后裔或残遗，此类型的植物区系主要起源于古南大陆和古北大陆的南部（李恒等，2000）。高黎贡山属于此类型的有 304 属，占全部属数的 20.9%，为各分布区类型之首。所含种类比较多的属有芒毛苣苔属 *Aeschynanthus*（18 种）、球兰属 *Hoya*（17 种）、树萝卜属 *Agapetes*（16 种）、贝母兰属 *Coelogyne*（16 种）、润楠属 *Machilus*（15 种）、山茶属 *Camellia*（14 种）。在当地大面积的亚热带常绿阔叶林中，具有显著群落学意义的代表乔木类型有木莲属 *Manglietia*、含笑属 *Michelia*、柯属 *Lithocarpus*、虎皮楠属 *Daphniphyllum*、新木姜子属 *Neolitsea*、青冈属 *Cyclobalanopsis*、山茶属 *Camellia*、罗伞属 *Brassaiopsis*、木瓜红属 *Rehderodendron*、构属 *Broussonetia*、木荷属 *Schima*、金叶子属 *Craibiodendron*、马蹄荷属 *Exbucklandia*、山胡椒属等；草本类型有蜂斗草属 *Sonerila*、蛇根草属 *Ophiorrhiza*、刺蕊草属 *Pogostemon*、蛇莓属 *Duchesnea*、唇柱苣苔属 *Chirita*、赤车属 *Pellionia* 等；附生植物有树萝卜属、芒毛苣苔属、贝母兰属、厚唇兰属 *Epigeneium*、金石斛属 *Flickingeria*、盆距兰属 *Gastrochilus*、禾叶兰属 *Agrostophyllum* 等；藤本类型有肖菝葜属 *Heterosmilax*、石柑子属 *Pothos*、南五味子属 *Kadsura*、轮环藤属 *Cyclea*、葛属 *Pueraria*、崖角藤属 *Rhaphidophora* 等；寄生植物有寄生藤属 *Dendrotrophe*、梨果寄生属 *Scurrula* 等。它们共同塑造了高黎贡山常绿阔叶林的特殊结构和外貌，丰富了当地植物生活型的多样性。此类型中，有些可能是第三纪古热带植物区系的直接后裔或残遗分子，如黄杞属 *Engelhardtia*、木莲属、南五味子属等。热带亚洲植物区系是一个庞大的家族系统，出现在高黎贡山的热带亚洲成分表明该区的植被和区系与热带亚洲有极密切的联系。

北温带分布，指广泛分布于欧洲、亚洲和北美洲温带地区的属，由于历史和地理的原因，有些属沿山脉向南延伸到热带山区，甚至到南半球温带，但其原始类型或分布中心仍在北温带。高黎贡山属此类型的有 170 属，占全部属数的 11.7%，是仅次于热带亚洲和泛热带分布的第三大类型。此类型的特点之一是包含相对多的大属和中等属，如杜鹃花属 *Rhododendron*（150 种）、蓼属 *Polygonum*（59 种）、马先蒿属 *Pedicularis*（51 种）、柳属 *Salix*（48 种）、报春花属 *Primula*（46 种）、南星属 *Arisaema*（33 种）、花楸属 *Sorbus*（31 种）、虎耳草属 *Saxifraga*（30 种）、委陵菜属 *Potentilla*（29 种）、槭属 *Acer*（29 种）、紫堇属 *Corydalis*（28 种）等；特点之二是部分乔、灌木往往是高黎贡山常绿阔叶林和针叶林的重要组成成分，除上述提及的以外，还有桤木属 *Alnus*、鹅耳枥属 *Carpinus*、榛属 *Corylus*、胡桃属 *Juglans*、冷杉属 *Abies*、落叶松属 *Larix*、红豆杉属 *Taxus*、杨属 *Populus*、栎属 *Quercus*、桑属 *Morus*、苹果属 *Malus*、胡颓子属 *Elaeagnus*、山梅花属 *Philadelphus*、松属 *Pinus*、梾木属 *Swida*、桦木属 *Betula*、蔷薇属 *Rosa*、荚蒾属 *Viburnum*、小檗属 *Berberis*、栒子属 *Cotoneaster*、榆属 *Ulmus*、绣线菊属 *Spiraea* 等。特点之三是草本属在该类型中所占的比重较大，代表属有百合属 *Lilium*、黄精属 *Polygonatum*、虎耳草属 *Saxifraga*、梅花草属 *Parnassia*、葱属 *Allium*、点地梅属 *Androsace*、紫菀属 *Aster*、南星属 *Arisaema*、香青属 *Anaphalis*、乌头属 *Aconitum*、杓兰属 *Cypripedium*、蓟属 *Cirsium*、风轮菜属 *Clinopodium*、鹿蹄草属 *Pyrola*、野古草属 *Arundinella*、对叶兰属 *Listera*、手参属 *Gymnadenia*、扭柄花属 *Streptopus*、漆姑草属 *Sagina*、升麻属 *Cimicifuga*、岩菖蒲属 *Tofieldia*、夏枯草属 *Prunella*、龙芽草属 *Agrimonia*、黄连属 *Coptis*、绶草属 *Spiranthes*、嵩草属 *Kobresia*、画眉草属 *Eragrostis*、藁本属 *Ligusticum*、蒿属 *Artemisia*、野青茅属 *Deyeuxia* 等，它们在当地的各类植被中均起着不同作用。出现在高黎贡山的北温带分布类型表明该地区植物区系与北温带植物区系有着广泛的联系。孙航（2002）在论述"北极-第三纪成分在喜马拉雅-横断山的发展及演化"时指出，杜鹃花属 *Rhododendron*、槭属 *Acer*、柳属 *Salix* 等都是在喜马拉雅隆升、北极及高纬度地区气候变冷时，由北向南迁移，在喜马拉雅-横断山地区活化、发展起来的年轻成分。这些事实为高黎贡山植物区系深受北温带区系的影响提供了有力的旁证。该类型因富含许多大属，如杜鹃花属、报春花属、马先蒿属等，加之它们在该地区的种类极为丰富，因此可以认为，北温带成分是该地区温带成分的核心。

东亚和北美间断分布属，指间断分布于东亚和北美温带及亚热带地区的属。高黎贡山属于此类型的有 66 属，占全部属数的 4.5%。所含种类较多的属有绣球属 *Hydrangea*（17 种）、锥栗属 *Castanopsis*（13 种）、楤木属 *Aralia*（10 种）等。粉条儿菜属 *Aletris*、锥栗属、木兰属 *Magnolia*、石楠属 *Photinia*、山蚂蝗属 *Desmodium*、珍珠花属 *Lyonia*、万寿竹属 *Disporum*、勾儿茶属 *Berchemia*、落新妇属 *Astilbe* 等常为当地常绿阔叶林中的重要树种或林下草本。另外，在区系及群落学上意义较大的有铁杉属 *Tsuga*、八角属 *Illicium* 等，八角属是林中第二、三层的常绿优势种。十大功劳属 *Mahonia* 是林中习见的灌木，蛇葡萄属 *Ampelopsis*、五味子属 *Schisandra* 等则是林中习见的藤本植物。尽管高黎贡山含此分布类型的属不如北温带分布型的多，但足以表明该地植物区系与北美植物区系之间存在着较为密切的历史联系。

旧世界温带分布，指广泛分布于欧洲、亚洲中高纬度的温带和寒温带，或个别延伸到北非及亚洲-非洲热带山地或澳大利亚的属。高黎贡山属此类型的有 71 属，占全部属数的 4.9%。所含种类较多的属有橐吾属 *Ligularia*（24 种）、栒子属 *Cotoneaster*（22 种）、风毛菊属 *Saussurea*（21 种）等。此分布类型的特点之一是除水柏枝属 *Myricaria*、瑞香属 *Daphne*、沙棘属 *Hippophae*、女贞属 *Ligustrum* 等为木本属外，其余均为草本属；特点之二是该区域旧大陆温带属的起源是多元的。一方面旧世界温带分布的大多数属和地中海区及中亚分布的属有一个共同起源和发生背景，即在特提斯海沿岸地区起源，而在古地中海面积逐步缩小，亚洲广大中心地区逐渐旱化的过程中发生和发展的。如绿绒蒿属 *Meconopsis* 是古地中海起源，地史上曾广布劳亚古陆湿润区域，现代间断分布格局的形成是古近纪地中海气候变干及新近纪喜马拉雅剧烈隆升后形成的（Jork and Kadereit，1995）。另一方面，某些种、属的发生也具有旧世界热带起源的背景，如重楼属 *Paris* 是在上新世或以前起源于亚洲大陆滇、黔、桂地带热带环境的属，它的始祖居群至少在上新世就在东亚北纬18°以北的大陆地带出现并广泛传播，现存的分布区是冰川作用的结果（李恒，1998）。

温带亚洲分布属，指分布区主要局限于亚洲温带地区的属。高黎贡山属此类型的属有莸子梢属 *Campylotropis*、岩白菜属 *Bergenia*、鸦跖花属 *Oxygraphis* 等 9 属，占全部属数的 0.6%。该区域此类型的属大多是古北大陆起源，它们的发展历史并不古老，可能是随着亚洲，特别是亚洲中部温带气候的逐渐旱化，一些北温带或世界广布大属继续进化和分化的结果，而有些属在年轻的喜马拉雅山区获得很大的发展（李恒等，2000）。

地中海、西亚、中亚分布，地中海区指现代地中海周围；西亚包括哈萨克斯坦的巴尔喀什湖、天山中部和西喜马拉雅（约东经83°）以西的亚洲西部地区（中国西藏最西部、印度西姆拉、克什米尔、哈萨克斯坦、阿富汗、伊朗、乌兹别克斯坦、土库曼斯坦至土耳其）；中亚包括巴尔喀什湖滨、天山山脉中部、帕米尔高原至大兴安岭、阿尔金山和西藏高原。中国新疆、青海、西藏、内蒙古的大部分地区属于中亚范围。高黎贡山属此类型的仅黄连木属 *Pistacia*、木犀榄属 *Olea*、沙针属 *Osyris*、常春藤属 *Hedera* 4 属。可以看出，高黎贡山和地中海地区的联系十分微弱。

中亚分布属，指仅分布于中亚（特别是山地）而不见于西亚及地中海周围的属，即位于古地中海的东半部。高黎贡山仅瘤果芹属 *Trachydium*、假百合属 *Notholirion*、拟耧斗菜属 *Paraquilegia* 为中亚分布属，占全部属数的 0.2%，它们均为草本属。由此看出，中亚对高黎贡山现代植物区系的影响极为微弱。

东亚分布，泛指东经83°以东的喜马拉雅、印度东北部、缅甸北部、中国（大陆大部分、台湾岛全部和北部湾北部）、朝鲜、韩国、日本、琉球群岛、千岛群岛南部、俄罗斯萨哈林南部和中部北纬51°30′以

表 4-12 高黎贡山种子植物种的分布区类型

分布区类型	种数	占全部种的比例（%）
1 世界广布	34	0.5
2 泛热带分布	74	1.2
3 热带亚洲至热带美洲间断分布	2	0.03
4 旧世界热带分布	98	1.6
5 热带亚洲至热带大洋洲分布	179	2.9
6 热带亚洲至热带非洲分布	93	1.5
7 热带亚洲分布	1106	17.8
8 北温带分布	59	1.0
9 东亚和北美间断分布	7	0.1
10 旧世界温带分布	68	1.1
11 温带亚洲分布	18	0.3
12 地中海、西亚、中亚分布	12	0.2
13 中亚分布	12	0.2
14 东亚分布		
14-1 东亚广布	755	12.2
14-2 中国-喜马拉雅	1328	21.4
14-3 中国-日本	187	3.0
15 中国分布		
15-1 中国特有分布	1293	20.8
15-2 云南特有分布	505	8.1
15-3 高黎贡山特有分布	380	6.1

2）种的地理成分分析

1 世界广布。高黎贡山属此类型的有 34 种，占全部种数的 0.5%。常见的有繁缕 *Stellaria media*、酢浆草 *Oxalis corniculata*、藜 *Chenopodium album*、香附子 *Cyperus rotundus*、马鞭草 *Verbena officinalis*、辣蓼 *Polygonum hydropiper* 等杂草植物；水生或湿生的种类有水虱草 *Fimbristylis miliacea*、浮萍 *Lemna minor*、短叶水蜈蚣 *Kyllinga brevifolia*、灯心草 *Juncus effusus*、紫萍 *Spirodela polyrrhiza*、小眼子菜 *Potamogeton pusillus* 等；与人类活动息息相关的种类有狼杷草 *Bidens tripartita*、早熟禾 *Poa annua* 等。

2 泛热带分布。高黎贡山属此类型的有 74 种，占全部种数的 1.2%。常见种类有蛇莓 *Duchesnea indica*、豆瓣绿 *Peperomia tetraphylla*、荷莲豆 *Drymaria diandra*、积雪草 *Centella asiatica*、百能葳 *Blainvillea acmella*、节节草 *Commelina diffusa*、地胆草 *Elephantopus scaber*、益母草 *Leonurus heterophyllus*、萤蔺 *Schoenoplectus juncoides*、竹叶草 *Oplismenus compositus* 等，它们大都生长在海拔 1500 m 左右的河谷温暖地带。百能葳分布于我国云南南部及广东和海南，在高黎贡山仅产于独龙江流域海拔 1450 m 的嘎莫赖河河谷林内，热带性较强。高黎贡山的泛热带成分比重较低，并不足以标志该地区植物区系的热带性质。

3 热带亚洲至热带美洲间断分布。高黎贡山仅金腰箭 *Synedrella nodiflora* 和铜锤玉带草 *Pratia nummularia* 属此类型，占全部种数的 0.03%。金腰箭是路边、荒地或旱作地的杂草，分布在海拔 1560 m 以下的独龙江流域中下游河岸，显然是从伊洛瓦底江（中国境内称独龙江）的热带地域传入。铜锤玉带草是林下阴湿地的常见铺地草本，分布于中国的江南各省及西藏、台湾，热带亚洲、澳大利亚和南美洲也有分布。横跨三大洲的铜锤玉带草在一定程度上说明了这三洲的地史关系，根据吴征镒和王荷生（1983）的解释，我国与热带美洲（或南美洲）具有共同的属，表明第三纪以前它们的植物区系曾有共同的渊源（南美洲在白垩纪末期和非洲完全分离）。

4 旧世界热带分布。高黎贡山属此类型的有 98 种，占全部种数的 1.6%。木本种类有异果山蚂蝗 *Desmodium heterocarpon*、链荚豆 *Alysicarpus vaginalis* 等；附生植物有丛生羊耳蒜 *Liparis cespitosa*；水生或湿生种类有无尾水筛 *Blyxa aubertii*、小花灯心草 *Juncus articulatus*；禾本科和莎草科的种类较多，如狼尾草 *Pennisetum alopecuroides*、画眉草 *Eragrostis pilosa*、细柄草 *Capillipedium parviflorum*、红鳞扁莎 *Pycreus sanguinolentus*、华湖瓜草 *Lipocarpha chinensis*、五棱秆飘拂草 *Fimbristylis quinquangularis*，它们生长在次生灌丛、草地、林缘、荒地、道旁、旱作地或河滩中。水苋菜 *Ammannia baccifera* 是生于水田或沼泽地中的广布性杂草。该区域分布的旧世界热带种与当地的农业生产活动有着密切的联系。

5 热带亚洲至热带大洋洲分布。高黎贡山属此类型的有 179 种，占全部种数的 2.9%。草本类型居多，如鼠尾囊颖草 *Sacciolepis myosuroides*、柳叶箬 *Isachne globosa*、牛筋草 *Eleusine indica*、高秆珍珠茅 *Scleria elata* var. *latior*、广布芋兰 *Nervilia aragoana*、聚花草 *Floscopa scandens*、瓶头草 *Lagenophora stipitata*、泥胡菜 *Hemistepta lyrata*、下田菊 *Adenostemma lavenia*、糯米团 *Memorialis hirta*、地耳草 *Hypericum japonicum*、小二仙草 *Haloragis micrantha*、齿果草 *Salomonia cantoniensis* 等，大叶仙茅 *Curculigo capitulata* 为常绿阔叶林下的习见大型草本；地耳草、糯米团、下田菊等均为热带性杂草，具有广泛的适应能力，分布区往往向亚热带伸入很远；宿苞石仙桃 *Pholidota imbricata* 常附生于海拔 1300～1900 m 的常绿阔叶林中树干上；扁枝槲寄生 *Viscum articulatum* 为寄生灌木；藤本种类有红花栝楼 *Trichosanthes rubriflos*、五叶薯蓣 *Dioscorea pentaphylla*、桐叶千金藤 *Stephania hernandifolia*、黄独 *Dioscorea bulbifera* 等；灌木种类有截叶铁扫帚 *Lespedeza cuneata*、两面针 *Zanthoxylum nitidum* 及苋科的浆果苋 *Cladostachys frutescens*；茜树 *Aidia cochinchinensis* 为乔木种类，生于海拔 1080～1810 m 的常绿阔叶林中，分布于云南的贡山、福贡、保山市隆阳区、龙陵及滇南和滇东南；四川、贵州、广西、广东、湖南、湖北、江苏、江西、浙江、福建、台湾；日本南部；亚洲南部和东南部至大洋洲。中国的分布应是热带亚洲成分向亚热带的延伸。从现有记录看，高黎贡山与滇南之间存在较大的分布间断，这一现象归因于中新世以来高黎贡山所在的板块迅速向北移动，导致该地区与滇南及滇东南发生了纬度错位，使得茜树间断分布于高黎贡山及滇南和滇东南间（李恒，1994b）。由此可见，茜树在古近纪就存在于热带亚洲的森林中，无疑应是第三纪古热带森林的孑遗种。该类型虽以草本植物为主，但其他的生态类型，特别是该区河谷地带的木本类型如茜树、铁扫帚、两面针、浆果苋及扁枝槲寄生充当了该地与热带澳洲区系联系的纽带，也反映了该地区区系的古老性质。该分布式样的形成可能同中新世中期以后，澳大利亚大陆及新几内亚岛的一定规模北移有关，在它们位移之前，热带亚洲东南部和大洋洲岛屿曾时断时连。

6 热带亚洲至热带非洲分布。高黎贡山属此类型的有 93 种，占全部种数的 1.5%。除蒌叶 *Piper betle*、柔毛山黑豆 *Dumasia villosa* 为藤本，大果刺篱木 *Flacourtia ramontchi*、八角枫 *Alangium chinense* 为木本外，大多为草本植物，如白花柳叶箬 *Isachne albens*、四脉金茅 *Eulalia quadrinervis*、砖子苗 *Mariscus umbellatus*、毛轴莎草 *Cyperus pilosus*、十字薹草 *Carex cruciata*、饭包草 *Commelina benghalensis*、圆叶挖耳草 *Utricularia striatula*、多枝婆婆纳 *Veronica javanica*、鱼眼草 *Dichrocephala auriculata*、藿香蓟 *Ageratum conyzoides*、软雀花 *Sanicula elata*、假楼梯草 *Lecanthus peduncularis*、大蝎子草 *Girardinia diversifolia*、裂苞铁苋菜 *Acalypha brachystachya* 等；有些种类是易于传播的杂草植物，如牛膝 *Achyranthes bidentata*、长勾刺蒴麻 *Triumfetta pilosa*、菊叶鱼眼草 *Dichrocephala chrysanthemifolia* 等。八角枫 *Alangium chinense* 产高黎贡山海拔 1600～1900 m 的沟边、河谷杂木林或次生灌丛中，分布于云南全省各地至华东（浙江、江苏、江西、福建、台湾）和秦岭（陕西、甘肃），远达日本、马来西亚、菲律宾和非洲东部各国。包括高黎贡山在内的东南亚、南亚（印度）、马达加斯加和非洲都是从联合古陆解体而来，八角枫等的跨洲分布恰巧反映了亚洲、非洲的不同陆块在不同地史时期有过直接联系。该类型以草本植物为主导，其分布式样的形成无疑与印度陆块的北移并在亚洲南部碰撞的地史事件密切相关。

7 热带亚洲分布。按 Takhtajan（1986）的划分，热带亚洲属古热带区域的印度-马来西亚亚域，包括印度半岛、中南半岛以及从西部的马尔代夫群岛至东部的萨摩亚群岛等广大地域，这里有 30 余个特有科及大量的特有属和特有种，保存着最多最古老的种子植物类群。高黎贡山属此类型的有 1106 种，占全部种数的 17.8%，是仅次于中国特有成分和东亚成分的第三大分布类型，显示出高黎贡山的物种与热带亚洲的紧密亲缘关系。如此丰富的种系显然系印度-马来成分由南向北迁移的产物，或系热带亚洲北缘地带特化的结果。这一地理成分具有很深远的古南大陆发生背景，无论是印度陆块与欧亚大陆的碰撞，或是印度板块向掸马陆块的楔入都给该地区带来了不少的古南大陆成分，抑或是原属古南大陆的东南亚陆块自晚白垩纪以来，就已成为亚洲的一部分，而与新几内亚岛进行交汇所带来的古南大陆成分，都极大地丰富了该区域植物区系的内涵（Bande and Prakash, 1986）。应该说，热带亚洲成分是高黎贡山植物区系的基础。常见的乔木有山鸡椒 *Litsea cubeba*、黄丹木姜子 *Litsea elongata*、披针叶杜英 *Elaeocarpus lanceaefolius*、印度血桐 *Macaranga indica*、毛杨梅 *Myrica esculenta*、厚叶石栎 *Lithocarpus pachyphyllus*、构树 *Broussonetia papyrifera*、爪哇黄杞 *Engelhardtia aceriflora*、奶桑 *Morus macroura*、董棕 *Caryota urens*、越南山香圆 *Turpinia cochinchinensis*、越南山矾 *Symplocos cochinchinensis*，其中有些成分如大叶桂 *Cinnamomum iners*、飞龙掌血 *Toddalia asiatica*、南亚泡花树 *Meliosma arnottiana*、五叶参 *Pentapanax leschenaultii*、芳香白珠 *Gaultheria fragrantissima*、灰莉 *Fagraea ceilanica* 等为较古老的木本植物，均为高黎贡山河谷地段常绿阔叶林的重要组成成分，它们向东南抵达马来西亚的大巽他群岛、小巽他群岛或菲律宾，向西经缅甸、阿萨姆、不丹、尼泊尔、恒河平原，沿印度东部而达斯里兰卡。常见的灌木有荷包山桂花 *Polygala arillata*、尾尖叶柃 *Eurya acuminata*、短柱金丝桃 *Hypericum hookerianum*、地桃花 *Urena lobata*、椭圆悬钩子 *Rubus ellipticus*、饿蚂蝗 *Desmodium multiflorum*、盐麸木 *Rhus chinensis*、圆菱叶山蚂蝗 *Podocarpium podocarpum*、蓝黑果荚蒾 *Viburnum atrocyaneum*、四籽柳 *Salix tetrasperma*、短萼齿木 *Brachytome wallichii*、水红木 *Viburnum cylindricum*、红丝线 *Lycianthes biflora* 等。常见的藤本有东亚五味子 *Schisandra elongata*、菝葜叶铁线莲 *Clematis smilacifolia*、绞股蓝 *Gynostemma pentaphyllum*、大果油麻藤 *Mucuna macrocarpa*、匍茎榕 *Ficus sarmentosa*、血见飞 *Caesalpinia cucullata*、冠盖藤 *Pileostegia viburnoides*、多花勾儿茶 *Berchemia floribunda*、小花清风藤 *Sabia parviflora*、鸡矢藤 *Paederia scandens*、白花酸藤果 *Embelia ribes*、蓝叶藤 *Marsdenia tinctoria* 等，鞘花 *Macrosolen cochinchinensis* 为寄生灌木。常见草本有铺散毛茛 *Ranunculus diffusus*、箐姑草 *Stellaria vestita*、蛇含委陵菜 *Potentilla kleiniana*、火炭母 *Polygonum chinense*、肋腺耳草 *Hedyotis costata*、黄鹤菜 *Youngia japonica*、尼泊尔老鹳草 *Geranium nepalense*、千头艾纳香 *Blumea lanceolaria*、鼠麴草 *Gnaphalium affine*、秋分草 *Aster verticillatus*、南亚过路黄 *Lysimachia debilis*、通泉草 *Mazus japonicus*、匍匐风轮菜 *Clinopodium repens*、阿宽蕉 *Musa itinerans*、小金梅草 *Hypoxis aurea*、皱叶狗尾草 *Setaria plicata*、褐果薹草 *Carex brunnea*、浆果薹草 *Carex baccans*、云南谷精草 *Eriocaulon brownianum*、云雾薹草 *Carex nubigena*、黑穗画眉草 *Eragrostis nigra*、鼠尾粟 *Sporobolus fertilis*、空竹 *Cephalostachyum fuchsianum*、扁鞘飘拂草 *Fimbristylis complanata*、斑茅 *Saccharum arundinaceum* 等。流苏贝母兰 *Coelogyne fimbriata*、扁球羊耳蒜 *Liparis elliptica*、节茎石仙桃 *Pholidota articulata*、爬树龙 *Rhaphidophora decursiva* 等为附生植物。

有些热带亚洲种具有分布上的不均衡性，在南亚仅分布于印度半岛，而不到斯里兰卡岛。一部分种是从印度东北部阿萨姆一带至中国热带、亚热带区域以及中南半岛（缅甸、泰国、柬埔寨、老挝、越南），但不进入马来群岛，如三股筋香 *Lindera thomsonii*、全缘石楠 *Photinia integrifolia*、白柯 *Lithocarpus dealbatus*、绒毛山胡椒 *Lindera nacusua*、尖叶桂樱 *Laurocerasus undulata*、圆叶节节菜 *Rotala rotundifolia*、腺叶桂樱 *Laurocerasus phaeosticta*、紫椿 *Toona microcarpa*、黄花球兰 *Hoya fusca* 等；有些种类则沿印度东部经印度东北部、缅甸而扩散到马来半岛，如油瓜 *Hodgsonia macrocarpa*、三桠苦 *Evodia lepta*、长毛水东哥 *Saurauia macrotricha*、潺槁木姜子 *Litsea glutinosa*、围涎树 *Pithecellobium clypearia* 等。

从地史观点出发，热带亚洲成分大都起源于古南大陆，由于板块的缝合，许多种类都能伸入到东亚亚热带或温带地区。这些起源于不同陆块的植物种类由南向北进行迁移，在喜马拉雅南部河谷热区、缅甸北部及中国南部（西南部河谷热区）进行了深度的融合和交流，甚至产生新的植物类群以适应变化了的自然地理环境。由此可见，高黎贡山现今的植物区系部分种类来自于热带亚洲，即古南大陆起源。

此类型的马蹄荷 *Exbucklandia populnea* 为常绿阔叶林的优势种之一，生于海拔 1200～2600 m 的山地常绿林或混交林中，分布于苏门答腊岛、马来半岛至尼泊尔，向东延伸至湘粤交界地南岭一带。它为热带东南亚的古老成分之一，它的存在历史远远长于喜马拉雅山脉，其在东喜马拉雅的分布是衍生的，是马来西亚成分取道各条纵向河谷上溯至新生陆地扩散的结果。绢毛悬钩子 *Rubus lineatus* 为次生灌丛的优势种，它由印度尼西亚取道缅甸北部和中国云南西部进入东喜马拉雅山地，到达尼泊尔中部，在中国除西藏（墨脱、察隅）、云南有分布外，其他各省区尚无记录，在云南局限于滇西北-滇东南的对角线西南侧。乔木茵芋 *Skimmia arborescens* 生于海拔 1300～2500 m 的常绿阔叶林或混交林中，它从中南半岛北部经缅甸北部及云南西部进入东喜马拉雅地区，向东延伸到广东、广西。毛过山龙 *Rhaphidophora hookeri* 为大型附生藤本，它从中南半岛北部向北迁移，向东到达中国的广西、广东，向西沿河谷地带延伸至锡金、不丹。罗伞 *Brassaiopsis glomerulata* 为亚热带山地森林中的常见成分，其分布范围从尼泊尔到中国西藏（墨脱）、云南、四川、贵州、广西、广东，经中南半岛一直到达印度尼西亚，可能是印度-马来地区起源的种。

热带亚洲成分是整个高黎贡山植物区系形成和发展的主要基础之一。此分布型的部分属、种常为当地植被的建群种或优势种，如樟科的樟属、山胡椒属、木姜子属；壳斗科的青冈属、石栎属；桑科的榕属；金缕梅科的马蹄荷等，均系高黎贡山常绿阔叶林的优势种或重要伴生成分。天南星科的崖角藤属植物，大量的附生兰类和苦苣苔科的附生种类则为亚热带常绿阔叶林蒙上了热带森林的面纱。在区系联系上，高黎贡山与热带亚洲植物区系紧密联系是不言而喻的。高黎贡山的热带亚洲成分，无论是来自印度半岛或来自中南半岛、马来西亚，都应是古南大陆地块上起源的。

8 北温带分布。高黎贡山属此类型的有 59 种，占全部种数的 1.0%，它们全为草本植物，如驴蹄草 *Caltha palustris*、水晶兰 *Monotropa uniflora*、豨莶 *Siegesbeckia orientalis*、无毛漆姑草 *Sagina saginoides*、拉拉藤 *Galium aparine* var. *echinospermum*、卵穗荸荠 *Eleocharis soloniensis*、丝毛飞廉 *Carduus crispus*、小斑叶兰 *Goodyera repens*、毛蕊花 *Verbascum thapsus*、看麦娘 *Alopecurus aequalis*、紫马唐 *Digitaria violascens* 等。有些种类可由北温带延伸至热带高山，如小婆婆纳 *Veronica serpyllifolia*、香薷 *Elsholtzia ciliata* 等。北温带成分也包括由北美、欧亚大陆温带分布到北非的种，如雀舌草 *Stellaria alsine*、白花酢浆草 *Oxalis acetosella* 等。北温带和澳大利亚间断分布的现象在高黎贡山植物区系中也有例证，如弯曲碎米荠 *Cardamine flexuosa*、碎米荠 *Cardamine hirsuta* 等。肾叶山蓼 *Oxyria digyna* 为一典型的北极-高山分布格局，除在北温带广泛分布外，向南则延伸到我国西南山地（在高黎贡山生于海拔 2300～3000 m 的高山草甸、河滩或山坡林下）。北极-高山植物区系一直被看作是北温带和全温带（南、北温带）区系成分相联系的纽带（吴征镒和王荷生，1983）。

9 东亚和北美间断分布。高黎贡山仅有水晶兰 *Monotropa uniflora*、珠光香青 *Anaphalis margaritacea*、黄海棠 *Hypericum ascyron* 等 7 种属此类型，占全部种数的 0.1%。东亚和北美的物种交流主要是通过白令海峡地区。自古近纪以后，一直到晚中新世，白令海峡地区是联系东亚和北美的陆桥，那时生长着森林，两地的物种交流通行无阻，后因新近纪时开始，气候变冷，加上第四纪冰期和间冰期的轮回，白令陆桥时现时没，白令海峡形成，交流中断，而海峡两岸的喜温植物先后灭绝或南移，形成了今天分布区的间断（Steenis，1962）。

10 旧世界温带分布。高黎贡山属此类型的有 68 种，占全部种数的 1.1%。与北温带分布类型相似，该类型出现于此的也多为北方起源的种类，木本植物有牛奶子 *Elaeagnus umbellata*、接骨木 *Sambucus williamsii* 等，草本植物如弹裂碎米荠 *Cardamine impatiens*、狗筋蔓 *Cucubalus baccifer*、尼泊尔酸模 *Rumex nepalensis*、菊叶香藜 *Chenopodium foetidum*、柳叶菜 *Epilobium hirsutum*、小窃衣 *Torilis japonica*、烟管头草 *Carpesium cernuum*、毛连菜 *Picris hieracioides*、苍耳 *Xanthium sibiricum*、宝盖草 *Lamium amplexicaule*、夏枯草 *Prunella vulgaris*、裂唇虎舌兰 *Epipogium aphyllum*、野青茅 *Deyeuxia arundinacea*、荩草 *Arthraxon*

hispidus、发草 *Deschampsia caespitosa*、求米草 *Oplismenus undulatifolius* 等，有些种类的分布可从欧亚大陆一直延伸到非洲北部，如菥蓂 *Thlaspi arvense*、窄叶野豌豆 *Vicia angustifolia*、片髓灯心草 *Juncus inflexus* 等。

11 温带亚洲分布。高黎贡山属此类型的有 18 种，占全部种数的 0.3%。除银露梅 *Potentilla glabra* 和兴安胡枝子 *Lespedeza daurica* 为木本植物，中华茜草 *Rubia chinensis* 为草质藤本，天麻 *Gastrodia elata*、尖唇鸟巢兰 *Neottia acuminata* 为腐生植物外，其余均为草本植物，如茴茴蒜 *Ranunculus chinensis*、漆姑草 *Sagina japonica*、杠板归 *Polygonum perfoliatum*、毛脉柳叶菜 *Epilobium amurense*、楔叶山莓草 *Sibbaldia cuneata*、山冷水花 *Pilea japonica*、牛尾蒿 *Artemisia dubia*、天名精 *Carpesium abrotanoides*、蒲儿根 *Sinosenecio oldhamianus*、野慈姑 *Sagittaria trifolia*、七筋菇 *Clintonia udensis*、广布红门兰 *Orchis chusua*、针叶薹草 *Carex onoei*、针灯心草 *Juncus wallichianus*、阿穆尔莎草 *Cyperus amuricus* 等。

12 地中海、西亚、中亚分布。高黎贡山属此类型的有 12 种，占全部种数的 0.2%。除刚毛忍冬 *Lonicera hispida*、矮探春 *Jasminum humile* 为木本植物外，其余均为草本植物，如圆柱柳叶菜 *Epilobium cylindricum*、白亮独活 *Heracleum candicans*、圆叶无心菜 *Arenaria rotundifolia*、小叶蓼 *Polygonum delicatulum*、芦竹 *Arundo donax* 等。作为古南大陆北移部分的高黎贡山，其植物区系与古地中海、西亚至中亚在古地中海从青藏地区退却之前曾有过微弱的联系。

13 中亚分布。高黎贡山属此类型的有 12 种，占全部种数的 0.2%。除具鳞水柏枝 *Myricaria squamosa* 为灌木外，其余均为草本植物，如短瓣繁缕 *Stellaria brachypetala*、红花肉叶荠 *Braya rosea*、阿尔泰多榔菊 *Doronicum altaicum* 等。中亚成分与地中海、西亚、中亚分布型相似，在高黎贡山植物区系中的意义是微不足道的。

14 东亚分布。高黎贡山属此类型的有 2270 种，占全部种数的 36.6%，是该区第一大分布类型。东亚分布的种类根据其在局部分布的相对集中的地区又可划分为 3 个变型。

14-1 东亚广布分布变型。分布于全东亚的种有 755 种，占全部种数的 12.2%，占该类型总数的 33.3%。木本种类有大果绣球 *Hydrangea macrocarpa*、楮 *Broussonetia kazinoki*、茅莓 *Rubus parvifolius*、漆 *Toxicodendron vernicifluum* 等；藤本种类有葛藟葡萄 *Vitis flexuosa*；细茎石斛 *Dendrobium moniliforme* 为附生植物；草本种类有类叶升麻 *Actaea asiatica*、白头婆 *Eupatorium japonicum*、落新妇 *Astilbe chinensis*、商陆 *Phytolacca acinosa*、延龄草 *Trillium tschonoskii*、白及 *Bletilla striata*、光萼斑叶兰 *Goodyera henryi*、显子草 *Phaenosperma globosa* 等。东亚成分部分种的分布从喜马拉雅经华东、台湾或华北、东北分布至日本的萨克林-北海道，如灯台树 *Cornus controversa*、竹节参 *Panax japonicus*、短辐水芹 *Oenanthe benghalensis* 等。有些种的分布则仅到琉球群岛或日本本州，如青冈 *Cyclobalanopsis glauca*、蛇果黄堇 *Corydalis ophiocarpa*、金挖耳 *Carpesium divaricatum*、蓝花参 *Wahlenbergia marginata* 等。肾叶天胡荽 *Hydrocotyle wilfordii* 则向东一直延伸至硫黄列岛-小笠原群岛。

14-2 中国-喜马拉雅分布变型。高黎贡山属此变型的有 1328 种，占全部种数 21.4%，占该分布型总数的 58.5%。许多东亚植物区系的特征或代表类群便分布在此区域内。典型代表有水青树 *Tetracentron sinense*、西域旌节花 *Stachyurus himalaicus*、西域青荚叶 *Helwingia himalaica*、领春木 *Euptelea pleiosperma*、贡山九子母 *Dobinea vulgaris*、喜马拉雅珊瑚 *Aucuba himalaica* 等。本变型的木本种类有侧柏 *Platycladus orientalis*、冰川茶藨子 *Ribes glaciale*、高山柏 *Sabina squamata*、灰栒子 *Cotoneaster acutifolius*、石枣子 *Euonymus sanguineus* 等；藤本种类有大花五味子 *Schisandra grandiflora*；草本类型较多，如草玉梅 *Anemone rivularis*、星叶草 *Circaeaster agrestis*、细叶景天 *Sedum elatinoides*、梵茜草 *Rubia manjith*、尼泊尔香青 *Anaphalis nepalensis*、长梗喉毛花 *Comastoma pedunculatum*、直立点地梅 *Androsace erecta*、珠子参 *Panax japonicus* var. *major*、耳柄蒲儿根 *Sinosenecio euosmus*、湿生扁蕾 *Gentianopsis paludosa*、假百合 *Notholirion bulbuliferum*、卷叶黄精 *Polygonatum cirrhifolium*、狭叶重楼 *Paris polyphylla* var. *stenophylla*、锡金灯心草 *Juncus sikkimensis*、羊齿天门冬 *Asparagus filicinus*、糙野青茅 *Deyeuxia scabrescens* 等。本变型中有些种类由喜马拉雅分布至秦准以南地区，如十齿花 *Dipentodon sinicus*、曼青冈 *Cyclobalanopsis oxyodon* 等是常

绿阔叶林中的乔木种类。合蕊五味子 *Schisandra propinqua*、八月瓜 *Holboellia latifolia* 等是第三纪古热带区系的孑遗成分。有些种向东一直延伸到台湾岛，如高山露珠草 *Circaea alpina*、微绒绣球 *Hydrangea heteromalla*、大籽獐牙菜 *Swertia macrosperma*、单花红丝线 *Lycianthes lysimachioides*、西域旌节花 *Stachyurus himalaicus*、冠盖绣球 *Hydrangea anomala* 等。台湾在上新世或更新世才离开闽浙大陆，台湾和大陆的共同区系成分，大都是在台湾海峡陷落之前从东亚大陆迁移过去的（曾文彬，1994）。高黎贡山是联系东喜马拉雅与秦淮以南植物区系的通道之一，根据喜马拉雅地质变迁历史，可以推测本变型的古老原始成分是在喜马拉雅和横断山区强烈隆起之前，由华东或华中迁移而来，随后又向东喜马拉雅地区逐渐扩散。本变型中有些种类仅分布于印度东北部、缅甸北部、老挝北部，以及中国四川西部、云南高原及北部湾西北部邻近山区。常见的木本种类有团香果 *Lindera latifolia*、野八角 *Illicium simonsii*、贡山猕猴桃 *Actinidia pilosula*、怒江红杉 *Larix speciosa*、多花含笑 *Michelia floribunda*、光叶拟单性木兰 *Parakmeria nitida*、云南山梅花 *Philadelphus delavayi*、滇北杜英 *Elaeocarpus boreali-yunnanensis*、怒江枇杷 *Eriobotrya salwinensis*、滇缅冬青 *Ilex wardii*、长穗桦 *Betula cylindrostachya*、云南扇叶槭 *Acer flabellatum* var. *yunnanense*、绿背白珠 *Gaultheria hypochlora*、绵毛房杜鹃 *Rhododendron facetum*、星毛杜鹃 *Rhododendron kyawi*、银灰杜鹃 *Rhododendron sidereum*、毛脉杜茎山 *Maesa marionae*、长蒴杜鹃 *Rhododendron stenaulum*、腺萼木 *Mycetia glandulosa*、腺萼唇柱苣苔 *Chirita adenocalyx* 等。藤本种类有心叶山黑豆 *Dumasia cordifolia*、滇缅崖豆藤 *Millettia dorwardii* 等。附生种类有棒茎毛兰 *Eria marginata*、平卧羊耳蒜 *Liparis chapaensis* 等。草本种类有长流苏龙胆 *Gentiana grata*、云南黄连 *Coptis teeta*、滇西绿绒蒿 *Meconopsis impedita*、云南橐吾 *Ligularia yunnanensis*、膜叶双蝴蝶 *Tripterospermum membranaceum*、绿眼报春 *Primula euosma*、怒江紫菀 *Aster salwinensis*、茨口马先蒿 *Pedicularis tsekouensis*、大萼党参 *Codonopsis macrocalyx*、独龙江紫堇 *Corydalis dulongjiangensis*、开瓣豹子花 *Nomocharis aperta*、滇西豹子花 *Nomocharis farreri*、双耳南星 *Arisaema wattii* 等。有些种类集中分布于尼泊尔东部、大吉岭、锡金、不丹、中国西藏南部和东南部（雅鲁藏布江东经 92°以东的边界地域）。由于喜马拉雅山比康滇地区的山脉和西藏高原在地质上都年轻，因而东喜马拉雅的植物区系是一个年轻的区系。冰川期后，经其东部和东南部（横断山脉、缅甸北部）而来的植物基本上布满了东喜马拉雅山脉。较古老的木本植物有滇藏海桐 *Pittosporum napaulense*、常春木 *Merrilliopanax listeri*、错枝冬青 *Ilex intricata*、粗毛掌叶树 *Euaraliopsis hispida*、贡山九子母 *Dobinea vulgaris*、假柄掌叶树 *Euaraliopsis palmipes*、贡山猴欢喜 *Sloanea sterculiacea*、康藏花楸 *Sorbus thibetica*、藏合欢 *Albizia sherriffii*、长尾槭 *Acer caudatum*、森林榕 *Ficus neriifolia*、细齿锡金槭 *Acer sikkimense* var. *serrulatum*、平枝榕 *Ficus prostrata*、篦齿槭 *Acer pectinatum*、重齿泡花树 *Meliosma dilleniifolia*、高山八角枫 *Alangium alpinum*、西藏水锦树 *Wendlandia grandis* 等。该变型的灌木以林下种类为主，如尼泊尔花楸 *Sorbus wallichii*、大苞长柄山蚂蟥 *Podocarpium williamsii*、察隅荨麻 *Urtica zayuensis*、喜马拉雅岩梅 *Diapensia himalaica*、皱叶杜茎山 *Maesa rugosa*、乌蔹莓五加 *Eleutherococcus cissifolius*、酒药花醉鱼草 *Buddleja myriantha*、团叶越橘 *Vaccinium chaetothrix*、西藏越橘 *Vaccinium retusum*、柳叶忍冬 *Lonicera lanceolata*、美果九节 *Psychotria calocarpa*、西南花楸 *Sorbus rehderiana*、滇缅荚蒾 *Viburnum burmanicum*、滇结香 *Edgeworthia gardneri*、冷地卫矛 *Euonymus frigidus*、云南桤叶树 *Clethra delavayi*、西域荚蒾 *Viburnum mullaha* 等。匙萼金丝桃 *Hypericum uralum*、匍匐悬钩子 *Rubus pectinarioide*s、双柱柳 *Salix bistyla* 等是河滩上的先锋灌木植物。绒毛山梅花 *Philadelphus tomentosus*、西藏溲疏 *Deutzia hookeriana*、绵毛鬼吹箫 *Leycesteria stipulata* 等为灌丛中常见的落叶成分。藤本种类有劲直菝葜 *Smilax munita*、尖瓣拉拉藤 *Galium acutum*、多花酸藤子 *Embelia floribunda*、西藏马兜铃 *Aristolochia griffithii*、膜叶南蛇藤 *Celastrus membranifolius* 等。附生或寄生种类有中型树萝卜 *Agapetes interdicta*、毛花树萝卜 *Agapetes pubiflora*、滇藏梨果寄生 *Scurrula buddleioides*、早花岩芋 *Remusatia hookeriana*、短梗钝果寄生 *Taxillus vestitus*、具斑芒毛苣苔 *Aeschynanthus maculatus* 等。草本类型中，兰科植物最多，附生兰有长鳞贝母兰 *Coelogyne ovalis*、眼斑贝母兰 *Coelogyne corymbosa*、圆柱叶鸟舌兰 *Ascocentrum himalaicum*、宿苞兰 *Cryptochilus luteus*、禾叶

毛兰 *Eria graminifolia*、二色大苞兰 *Sunipia bicolor*、白花拟万代兰 *Vandopsis undulata* 等，陆生兰有尖药兰 *Diphylax urceolata*、西藏无柱兰 *Amitostigma tibeticum*、二褶羊耳蒜 *Liparis cathcartii*、白鹤参 *Platanthera latilabris*、缘毛鸟足兰 *Satyrium ciliatum* 等，其他草本植物有野棉花 *Anemone vitifolia*、三裂紫堇 *Corydalis trifoliata*、山芥碎米荠 *Cardamine griffithii*、绵毛繁缕 *Stellaria lanata*、长鞭红景天 *Rhodiola fastigiata*、岩白菜 *Bergenia purpurascens*、铜钱叶蓼 *Polygonum nummularifolium*、鳞片柳叶菜 *Epilobium sikkimense*、西南委陵菜 *Potentilla lineata*、托叶楼梯草 *Elatostema nasutum*、异叶冷水花 *Pilea anisophylla*、贡山蓟 *Cirsium eriophoroides*、藏茴芹 *Pimpinella tibetanica*、蜘蛛香 *Valeriana jatamansi*、锡金龙胆 *Gentiana sikkimensis*、大花蔓龙胆 *Crawfurdia angustata*、黄秦艽 *Veratrilla baillonii*、滇西北点地梅 *Androsace delavayi*、石岩报春 *Primula dryadifolia*、钟花报春 *Primula sikkimensis*、灰毛蓝钟花 *Cyananthus incanus*、哀氏马先蒿 *Pedicularis elwesii*、胡黄连 *Picrorhiza scrophulariiflora*、钟萼鼠尾草 *Salvia campanulata*、西南鹿药 *Maianthemum fuscum*、腋花扭柄花 *Streptopus simplex*、美丽南星 *Arisaema speciosum*、头柱灯心草 *Juncus cephalostigma*、矮灯心草 *Juncus minimus*、秆叶薹草 *Carex insignis*、钩状嵩草 *Kobresia uncinoides*、侏碱茅 *Agrostis limprichtii*、卵花甜茅 *Glyceria tonglensis*、缅甸方竹 *Chimonobambusa armata* 等。这一分布变型中的杜鹃花种类很多，常成为该地常绿阔叶林、混交林、铁杉林、冷杉林的林下优势成分或高山杜鹃灌丛的建群种，如平卧白珠 *Gaultheria prostrata*、四裂白珠 *Gaultheria tetramera*、西藏白珠 *Gaultheria wardii*、尖基木藜芦 *Leucothoe griffithiana*、亮鳞杜鹃 *Rhododendron heliolepis*、瘤枝杜鹃 *Rh. asperulum*、独龙杜鹃 *Rh. keleticum*、多色杜鹃 *Rh. rupicola*、美被杜鹃 *Rh. calostrotum*、柳条杜鹃 *Rh. virgatum*、绢毛杜鹃 *Rh. chaetomallum*、纯黄杜鹃 *Rh. chrysodoron*、毛喉杜鹃 *Rh. cephalanthum* 等。

云南铁杉 *Tsuga dumosa* 生于高黎贡山海拔2100～3000 m的山坡地带，常与阔叶树种形成针阔混交林，在海拔3000 m左右也常形成铁杉纯林，林下往往是箭竹或杜鹃。

滇藏木兰 *Magnolia campbellii* 生于高黎贡山海拔1900～2700 m的山地常绿阔叶林中，分布于云南的贡山、福贡、泸水、腾冲、龙陵、德钦、维西、丽江，西藏东南部至南部；缅甸北部、印度东北部、不丹、尼泊尔，这是滇西缅北植物区系的古老成分向西扩散的结果。

不丹松 *Pinus bhutanica* 生于独龙江流域海拔1600～3000 m的山坡地带，多与云南松 *Pinus yunnanensis* 组成松林或单独长成不丹松纯林。分布于云南的贡山独龙江流域，西藏察隅、吉隆、亚东、错那、波密、墨脱；缅甸、印度、不丹、尼泊尔、巴基斯坦至阿富汗。除墨脱以东的独龙江流域外，分布区的北界基本上与印度板块和青藏高原板块的缝合线相重叠，即不丹松主要密布在印度板块和青藏板块的缝合线上。

长蕊木兰 *Alcimandra cathcartii* 生于高黎贡山海拔1200～2000 m的山地湿润阔叶林中，分布区跨越东喜马拉雅经缅甸北部至北部湾西北角的滇越边境地区，在云南的分布限于滇西北-滇东南一线以西。长蕊木兰是比较古老的常绿乔木，原本发生在古南大陆的热带亚洲大陆，掸邦-马来亚板块的北移和右旋运动的生物地理效应，导致它通过缅甸北部向东喜马拉雅地区扩散。

由上述分析可知，部分起源较为古老的东亚木本植物或山地亚热带草本植物是通过高黎贡山和缅甸北部向年轻的东喜马拉雅地区进行扩散的。

14-3 中国-日本分布变型。高黎贡山属此变型的有187种，占全部种数的3.0%，占该类型总数的8.2%。木本种类有刺榛 *Corylus ferox*、棣棠花 *Kerria japonica*、青荚叶 *Helwingia japonica* 等；藤本种类有裂叶铁线莲 *Clematis parviloba*、常春油麻藤 *Mucuna sempervirens*、肖菝葜 *Heterosmilax japonica* 等；草本种类有楔叶委陵菜 *Potentilla cuneata*、灯笼草 *Clinopodium polycephalum*、吉祥草 *Reineckia carnea*、羽毛地杨梅 *Luzula plumosa*、沿阶草 *Ophiopogon bodinieri*、日本乱子草 *Muhlenbergia japonica*、三棱虾脊兰 *Calanthe tricarinata*、书带薹草 *Carex rochebrunii* 等。山桐子 *Idesia polycarpa* 为落叶乔木，它是中国-日本亚热带和温带森林中的古老骨干成分。该区的吐噶喇列岛和冲绳岛为泛北极植物区与古热带植物区的过渡地带之一，它们在第三纪中期曾是东亚大陆的边缘。其与高黎贡山共有的植物大都是古近纪就已出现的古老成分，且木本类型居多，如楠藤 *Mussaenda erosa*、梾木 *Swida macrophylla*、水麻 *Debregeasia orientalis*、青皮木 *Schoepfia jasminodora* 等。

　　15-1　中国特有分布。高黎贡山属此类型的有 2178 种，占全部种数的 35.0%，是仅次于东亚分布的第二大分布类型。有些种类由东北分布至高黎贡山，如刺鼠李 *Rhamnus dumetorum*、四蕊槭 *Acer tetramerum* 等；有些种类由华北分布至高黎贡山，如华山松 *Pinus armandii*，产于该区域海拔 1600～2600 m 的山坡地带，常为上层乔木之一，其分布区西起西藏错那，北跨黄河进入山西中条山，占有东喜马拉雅、横断山脉、云贵高原、华中及华北各个植物地区。该区与东北、华北的区系联系大都是以横断山脉、云贵高原以及秦岭-巴山一带为通道，然后进入陕、甘、晋以至长白山或小兴安岭地区。有些种类由华东分布至高黎贡山，如中国绣球 *Hydrangea chinensis*、淮通 *Aristolochia moupinensis*、伞花木 *Eurycorymbus cavaleriei*、多花兰 *Cymbidium floribundum* 等。该区与华东的联系通道是从我国西南部，即四川、云南一带向东经长江中、下游地区到达沿海的江苏、浙江一带，继续向东则达台湾。有些种类由华中分布至高黎贡山，如中华青荚叶 *Helwingia chinensis*、高丛珍珠梅 *Sorbaria arborea*、桦叶葡萄 *Vitis betulifolia*、短蕊万寿竹 *Disporum bodinieri* 等。光叶珙桐 *Davidia involucrata* var. *vilmoriniana* 生于海拔 1600～2500 m 的沟边杂林中。依据化石证据和分布区的形成历史均可确定为古老的孑遗植物，它至少在古近纪就出现并大面积扩散，由于冰川的影响，光叶珙桐大量灭绝，仅在一些特殊避难所保存下来。华中武陵山地区是其最大的保存中心，而本区是其分布西部边缘的一个间断部分。高黎贡山以及西南地区与华中植物区系联系甚为密切，其交流的通道大抵有两条，主要的一条是通过滇西北-横断山东部-金沙江河谷-四川西南部-长江流域而与华中联系，另一条是通过云贵高原与广西和华中联系。西南地区包括中国植物区系三大特有现象中心之一的滇西北-川西新特有中心，而华中地区则为川东-鄂西古特有中心。究其原因，一方面是西南悠久的优越自然条件且受第四纪冰川的影响较小，而华中在更新世晚期，东部无山脉阻碍，干寒气候一直推移到南京附近，平原上覆盖黄土，因而森林植物南移，虽冰后期有少量植物回迁，但因华中现代气候条件远不及冰期前优越，植物多没能完全返回，加上华中全新世以来人类活动影响严重，与西南之间的物种交流难以进行。另一方面，上述维系云南-华中区系的通道在侏罗纪初有四川盆地，到白垩纪，滇中盆地和江汉盆地形成，这一系列坳陷盆地在当时经历了裸子植物由盛至衰和被子植物兴旺时代，至新近纪时，随喜马拉雅山脉的隆起和青藏高原的抬升，在西南地区复杂的自然地理环境中，演化和发生了许多新的特有类群。有些种类由华南分布至高黎贡山，如硬斗石栎 *Lithocarpus hancei*、铁藤 *Cyclea polypetala*、开口箭 *Campylandra chinensis* 等。这些种类均系泛热带属的成员，是我国热带森林（广西、广东、海南、台湾）的组成分子，在高黎贡山仅出现在海拔 1500 m 以下的湿润常绿阔叶林中，由此可见，高黎贡山植物区系是在热带区系的背景下演化和蜕变为温带区系的。有些种类由唐古特，即青海（除柴达木盆地、可可西里地区）、甘肃祁连山北坡地区、四川石渠县和西藏东北部（丁青、索县、比如、那曲、安多、聂荣、巴青）分布至高黎贡山，如唐古特忍冬 *Lonicera tangutica*、高原唐松草 *Thalictrum cultratum*、甘川紫菀 *Aster smithianus* 等。该区与唐古特的联系是通过藏东和川西的横断山区，唐古特忍冬等种类在唐古特的分布仅限于其东南一角，严格地说是横断山北段，在高黎贡山的分布基本处于高山地带，说明这些种类是温带成分，在高黎贡山的出现是该地区北移和北方种类南迁的结果。有些种类由滇、黔、桂分布至高黎贡山，如云南松 *Pinus yunnanensis*、一文钱 *Stephania delavayi*、云南兔儿风 *Ainsliaea yunnanensis*、毛重楼 *Paris mairei* 等。云南松生于该区海拔 1600～3000 m 的山坡地带，在西坡与不丹松 *Pinus bhutanica* 组成针叶林，在东坡与尼泊尔桤木等组成混交林，分布于云南的大部分地区，西藏（波密、察隅），四川泸定、天全以南地区，贵州毕节以西地区，广西凌乐、天峨、南丹及上思。云南松林在滇西北海拔 3300 m 以上的山坡常被高山松 *Pinus densata* 替代，在滇南、滇东南海拔 1100 m 以下的地段被思茅松 *Pinus kesiya* var. *langbianensis* 所替代，分布区以东为马尾松林 *Pinus massoniana*，以西为以不丹松 *Pinus bhutanica*、思茅松 *Pinus kesiya* 为主的松林。滇中地区是云南松的分布中心，高黎贡山居云南松分布区的西界，可以推测高黎贡山至滇、黔、桂的分布大都来源于云贵高原，属东亚地区的温带成分。有些种类是由墨脱、亚东、吉隆等分布至高黎贡山，如西康花楸 *Sorbus prattii*、少辐小芹 *Sinocarum pauciradiatum*、岩生独蒜兰 *Pleione saxicola*、川滇薹草 *Carex schneideri* 等。苍山冷杉 *Abies delavayi* 生于海拔 3000 m 以上的山坡地带，并形成冷杉林带，其分布区向西抵达西藏墨脱，向东止于云南西部、西北部及四川西部。俅江青冈 *Cyclobalanopsis kiukiangensis* 生于海拔 1300～2100 m 的河谷常绿阔叶林或杂木林中，常与薄片青冈 *Cyclobalanopsis lamellosa* 混生成林，是当地植被的重要建群种之一。油麦吊云杉 *Picea brachytyla* var. *complanta* 生于海拔 2000～3200 m 的山谷或山坡溪边，常与冷杉、铁杉等组成混交林，分布于芒康、康定以南，云龙以北的广大横断山地区，向西可达西藏的错那，东抵四川马边、雷波、金阳，至秦岭、大巴山等地为原变种所替代。该类分布的种类，新老兼备，但以新生成分为主。古老原始的成分大都是在第四纪冰期作用中孑遗下来的分子。而新生成分则是随着喜马拉雅山脉的隆起及青藏高原的抬升，在复杂的生态环境中发生、发展而来的。有些种类由横断山脉（包括川西和藏东南）分布至高黎贡山，如云南黄果冷杉 *Abies ernestii* var. *salouenensis*、丽江紫金龙 *Dactylicapnos lichiangensis*、贡山薹草 *Carex gongshanensis*、黄花红门兰 *Orchis chrysea* 等。高黎贡山作为横断山脉南部的一部分，拥有丰富的横断山脉特有种，这显示了二者之间区系联系的紧密程度。横断山脉南北走向、山高谷深、生态地理环境极为复杂多样，兼有寒带、温带及热带的自然植被类型。在地质变迁过程中，随着冰川的进退、气候的变更，植物物种发生了强烈的分化。冰期时，物种由北向南、由高往低进行迁移，间冰期，许多热带或古老植物沿河谷由南向北、由低往高进行返迁，或产生新的特化类群，如此周而复始，使植物在经向及纬向上都得以充分地交流和融合，从而沟通了横断山脉与高黎贡山及其周围地区之间的区系联系。中国特有分布的种类根据其在局部分布的相对集中区域又可划分为 2 个变型。

15-2 云南特有分布。高黎贡山属此变型的有 505 种，占全部种数的 8.1%，占中国特有分布总数的 23.2%。木本种类有多齿悬钩子 *Rubus polyodontus*、俅江花楸 *Sorbus kiukiangensis*、细序鹅掌柴 *Schefflera tenuis*、贡山棕榈 *Trachycarpus princeps*；偏花马兜铃 *Aristolochia obliqua* 为藤本植物；草本种类有云南蝇子草 *Silene yunnanensis*、反唇兰 *Smithorchis calceoliformis* 等。贡山棕榈 *Trachycarpus princeps* 仅生于贡山石门关怒江两岸的石崖上，并形成群落，实为怒江峡谷特有种。有些种类是云南境内的康藏高原包括香格里拉、德钦和西藏东南部察瓦龙与高黎贡山共有分布，如俅江蔷薇 *Rosa taronensis*、细瘦马先蒿 *Pedicularis gracilicaulis*、小花马先蒿 *Pedicularis micrantha* 等。有些是滇缅老越边境区与高黎贡山共有分布，这些种类多为热带性类群，如云南省藤 *Calamus yunnanensis*、山木瓜 *Garcinia esculenta* 等，说明高黎贡山河谷地带同滇缅老越边境区的热带森林保持区系上的联系。有些种类仅在滇西北至滇东南的西南侧连续分布或间断分布。如鸡冠滇丁香 *Luculia yunnanensis*、光茎胡椒 *Piper glabricaule*、黑刺蕊草 *Pogostemon nigrescens* 等。有些种类则是滇东南-高黎贡山间断分布，如偏心叶柃 *Eurya inaequalis*、白线薯 *Stephania brachyandra*、异叶苣苔 *Whytockia chiritiflora* 等。高黎贡山与滇东南之间有无量山、哀牢山及纵向江河的生态隔离障碍，研究认为此类分布格局的形成是板块位移的生物效应（李恒等，1999）。

15-3 高黎贡山特有分布。高黎贡山属此变型的有 380 种，占全部种数的 6.1%，占中国特有分布的 17.4%。木本种类有贡山竹 *Gaoligongshania megalothyrsa*、大籽山香圆 *Turpinia macrosperma*、贡山桦 *Betula gynoterminalis*、孔目矮柳 *Salix kungmuensis*、假短穗白珠 *Gaultheria pseudonotabilis*、大树杜鹃 *Rhododendron protistum* var. *giganteum*、缅甸树参 *Dendropanax burmanicus*；怒江球兰 *Hoya salweenica* 为藤本植物；贡山梨果寄生 *Scurrula gongshanensis* 为寄生种类；草本种类如金黄凤仙花 *Impatiens xanthina*、粗壮珍珠菜 *Lysimachia robusta*、俞氏楼梯草 *Elatostema yui*、贡山党参 *Codonopsis gombalana*、腾冲秋海棠 *Begonia clavicaulis*、高山玄参 *Scrophularia hypsophila* 等。

综上所述，从种一级的统计和分析可知：第一，高黎贡山 6210 种和变种及亚种可划分为 15 个类型 6 个变型，显示出该地区种级水平上的地理成分十分复杂，来源广泛；第二，该地区计有热带性质的种 1552 种（不计世界广布种），占全部种数的 25.0%，计有温带性质的种 4624 种，占全部种数的 74.5%，相对于科、属的统计而言，热带成分大为减少（热带科、属的比例分别为 50.4%、59.6%），温带成分则显著增加（温带科、属的比例分别为 27.4%、35.5%），这一方面充分显示了高黎贡山植物区系的温带性质，另一方面也表明了该区植物区系的来源以温带成分为主，同时深受热带植物区系的影响；第三，15 个分布类型中，位于前三位的分布类型分别是东亚分布型（2270 种）、中国特有分布型（2178 种）和热带亚洲分布型（1106 种），三者之和为 5554 种，占全部种数的 89.4%，它们构成了高黎贡山植物区系的主体部分；第四，该区特有现象十分丰富，计有中国特有种 2178 种，其中云南特有种 505 种，高黎贡山狭域特有种 380 种。特有成分中，物种分化强烈，新老兼备，而以新生的进化成分为主，由此表明，该区在保存大量古老成分的同时，又分化出了许多新生成分；第五，该区计有东亚分布类型（含中国特有）的种 4448 种（占全部种数的 71.6%），其中中国-喜马拉雅分布变型（含中国特有）的种有 2213 种（占全部东亚分布类型的 49.8%），这就为高黎贡山作为东亚植物区，中国-喜马拉雅森林植物亚区一部分提供了无可争辩的事实依据。

4.2.2.4 种子植物区系特征

（1）高黎贡山植物种类十分丰富，是植物多样性最为丰富的地区之一。迄今为止，共记载野生种子植物 234 科 1458 属 6210 种及变种或亚种。其中，裸子植物 9 科 18 属 32 种及变种、双子叶植物 187 科 1092 属 4859 种及变种或亚种、单子叶植物 38 科 348 属 1319 种及变种或亚种。

（2）高黎贡山种子植物区系的地理成分复杂、联系广泛。该区 234 科，可划分为 12 个类型；1458 属，可划分为 15 个类型和 2 个变型；6210 种及变种或亚种，可划分为 15 个类型和 6 个变型。该区与热带区系的联系主要以热带亚洲成分为主；与温带区系的联系主要以东亚成分为主。

（3）高黎贡山种子植物区系的性质具有鲜明的温带性，并深受热带植物区系的影响。该地区计有热带性质的科 118 科（不计世界广布科），占全部科数的 50.4%，计有温带性质的科 64 科，占全部科数的 27.4%；计有热带性质的属 869 属（不计世界广布属），占全部属数的 59.6%，计有温带性质的属 518 属，占全部属数的 35.5%；计有热带性质的种 1552 种（不计世界广布种），占全部种数的 25.0%，计有温带性质的种 4624 种，占全部种数的 74.5%。虽然热带性质的科和属多于温带性质的科和属，但温带性质的种显著多于热带性质的种，这一方面显示了高黎贡山植物区系的温带性质，另一方面也表明了该区植物区系的来源以温带成分为主，同时深受热带植物区系的影响。

（4）高黎贡山植物区系属于东亚植物区系，在东亚植物区系区划中位于东亚植物区（III East Asiatic Kingdom）的中国-喜马拉雅森林植物亚区（III E. Sino-Himalayan forest subkingdom）。该区计有 12 个东亚特有科（包括 1 个中国特有科），占该区全部科数的 5.1%，占全部东亚特有科（32 科）的 37.5%；计有 171 个东亚分布类型的属，占全部属数的 11.7%，其中中国-喜马拉雅分布变型的属 94 属，占全部东亚分布型的 55.0%；计有东亚分布类型的种 4448 种（含中国特有），占全部种数的 71.6%，其中中国-喜马拉雅分布亚型的种有 2213 种（含中国特有），占全部东亚分布类型的 49.8%。

（5）高黎贡山现代种子植物区系是在古南大陆热带亚洲植物区系的基础上，由古南大陆成分、古北大陆成分及东亚成分在漫长的地质历史过程中融合发展而来。许多源于印度-马来、北温带或是东亚的成分在此产生了较为丰富的特有类群，它们连同上述三大成分共同演变成今天的植物区系外貌。

（6）高黎贡山种子植物区系的特有现象十分丰富。计有东亚特有科 12 科（包括 1 个中国特有科）；中国特有属 24 属，占全部属数的 1.6%；中国特有种 2178 种，占全部种数的 35.1%，其中云南特有种 885 种，占中国特有种数的 40.6%，高黎贡山狭域特有种 380 种，占云南特有种数的 42.9%。特有成分中，物种分化强烈，新老兼备，但以新生的进化成分为主，由此表明高黎贡山在保存古老成分的同时，又分化出许多新生成分，它是一个孕育新特有现象的重要舞台。

（7）裸子植物的科尽管在该区所占的比重不大，但多数是古近纪残留下来的孑遗属种及其后裔，它们在高黎贡山植物区系的组成和植物群落的构建中，起着至关重要的作用。

4.3 植 被

4.3.1 植被类型的分类原则、单位和系统

4.3.1.1 植被分类的原则

高黎贡山植被类型的分类原则力求与《中国植被》《云南植被》等重要专著相衔接，即植被高级分类单位（植被类型和植被亚型）以群落生态外貌为依据，由生活型相同、对水热条件反映基本一致的群系组成，如常绿阔叶林、落叶阔叶林、草甸等。植被的外貌与结构主要取决于优势种的生活型，生活型的划分首先从形态角度，将植物分为乔木、灌木、竹类、草本。再按体态分为针叶、阔叶、常绿、落叶等。对中级单位（群系）的划分力求在群落外貌、结构基本一致的基础上，以主要建群优势种类为依据。因为优势种是群落的建造者，它们创造了群落环境并决定着其他植物的存在，如果优势种类改变了，致使特定群落由一个类型演替为另一个类型。植被低级单位（群丛）的划分标准，主要考虑群落的结构、外貌、优势种类、生境特点、群落的动态变化以及生物生产力等因素。

从上述分类依据中可以归纳出，植物群落不是孤立存在的，是在一定气候、土壤基质、生物等因素综合作用下长期发展的结果。群落的各结构部分，以及它们与环境诸因素无时不在进行的物质交换与能量流动，因此植被分类主要以组成植物群落的种类成分特征为依据，也重视群落的生态环境特征。高黎贡山南北跨度大，垂直高差悬殊，自然条件和植物种类丰富繁杂，群落变化过渡急速，故采用综合性的植被分类原则。

4.3.1.2 植被分类的单位和系统

高黎贡山植被分类的单位和系统基本与《云南植被》一致，主要采用 3 个基本等级制，高级单位为植被型，中级单位为群系，基本单位为群丛，并可增设亚级作辅助单位。各级分类单位的划分标准如下。

植被型：为分类系统中最重要的高级分类单位。凡建群种生活型相同或近似，同时对水热条件生态关系一致的植物群系联合为植被型。就地带性植被而言，植被型是一个气候区域的产物；就隐域植被而言，它是一定特殊生境的产物。

植被亚型：为植被型的辅助单位。在植被型内根据优势层片的差异进一步划分亚型。这种层片结构的差异一般由气候亚带的差异和一定的地貌、基质条件的差异引起。

群系：为分类系统中最重要的中级分类单位。凡是建群种或共建种相同（在热带或亚热带有时是标志种相同）的植物群落联合为群系。

群丛：是分类的基本单位。凡属于同一植物群丛的各个具体植物群落（群丛个体或群丛地段），应具有共同正常的植物种类组成和标志群丛的共同植物种类。

根据上述分类原则和确定的分类单位，结合《高黎贡山植物》（李恒等，2000）、《怒江自然保护区》（徐志辉，1998）、《高黎贡山国家自然保护区》（薛纪如，1995）、《小黑山自然保护区》（喻庆国和钱德仁，2006）、《云南铜壁关自然保护区科学考察研究》（杨宇明和杜凡，2006）、《独龙江流域及邻近区域植被与植物研究》（王崇云等，2013）等资料及已有样地数据。高黎贡山划分为 12 个植被型、36 个植被亚型、108 个群系和 142 个群丛。

高黎贡山主要植被分类系统简表[①]

一、雨林

　1. 季节雨林

　　1）云南娑罗双、东京龙脑香、纤细龙脑香林

　　　（1）云南娑罗双、大果人面子群落

　　　（2）云南娑罗双、桄榔群落

　　　（3）云南娑罗双、纤细龙脑香群落

　　　（4）东京龙脑香、纤细龙脑香群落

　　2）大叶风吹楠、大果人面子林

　　　（5）大叶风吹楠、大果人面子群落

　2. 山地雨林

　　3）糖胶树、网脉肉托果林

　　4）细青皮林

二、季雨林

　3. 半常绿季雨林

　　5）高山榕、麻楝林

　　6）四数木、心叶木林

　4. 落叶季雨林

　　7）白花羊蹄甲、榀树林

　　8）钝叶黄檀、马蹄果林

　　9）厚皮树、假柿木姜子、聚果榕林

　　　（6）厚皮树、假柿木姜子、聚果榕群落

　　10）马蹄果、长果木棉、缅甸黄檀林

　　11）木棉、厚皮树林

　　　（7）木棉、厚皮树、粗糠柴群落

　　12）山槐、黄兰林

三、常绿阔叶林

　5. 季风常绿阔叶林

　　13）刺栲林

　　　（8）刺栲、短刺锥群落

　　　（9）刺栲、红木荷群落

　　　（10）刺栲、厚皮香、珍珠花群落

　　　（11）刺栲、马蹄荷群落

　　　（12）刺栲、小果锥、石栎、怒江山茶群落

　　14）钝叶桂、长梗润楠林

　　　（13）钝叶桂、长梗润楠、怒江藤黄群落

　　15）毛叶黄杞、云南枫杨、泥锥柯林

　　　（14）毛叶黄杞、云南枫杨、泥锥柯、大叶土密树群落

　　16）怒江藤黄、润楠林

　　17）思茅锥、龙陵锥林

[①] 一、二、三......为植被型编号；1、2、3......为植被亚型编号；1）、2）、3）......为群系编号；（1）、（2）、（3）......为群丛编号

　18）桫椤林
　　　（15）桫椤、红木荷群落
　　　（16）桫椤、毛杨梅、大叶鼠刺群落
　19）香叶树林
　20）小果锥、截果柯林
　　　（17）小果锥、截果柯群落

6. 半湿润常绿阔叶林
　21）滇青冈林
　22）高山栲林
　　　（18）高山栲、毛枝青冈、云南枫杨群落
　　　（19）高山栲、香叶树群落
　23）毛果栲、石栎林
　　　（20）毛果栲、石栎、滇琼楠群落

7. 中山湿性常绿阔叶林
　24）多变柯林
　　　（21）多变柯、刺栲群落
　　　（22）多变柯、红花木莲群落
　　　（23）多变柯、青冈群落
　　　（24）多变柯、森林榕群落
　　　（25）多变柯、光叶柯、山矾群落
　　　（26）多变柯、银木荷、薄片青冈群落
　25）薄片青冈林
　　　（27）薄片青冈、多变柯、绿叶甘檀群落
　　　（28）薄片青冈、红河鹅掌柴群落
　　　（29）薄片青冈、俅江青冈群落
　　　（30）薄片青冈、石栎群落
　　　（31）薄片青冈、印度木荷群落
　　　（32）薄片青冈、硬斗柯群落
　26）滇西青冈、润楠林
　27）巴东栎林
　　　（33）巴东栎、多变柯群落
　　　（34）巴东栎、光叶珙桐群落
　28）光叶柯林
　　　（35）光叶柯、刺栲、窄叶连蕊茶群落
　　　（36）光叶柯、山矾、翅柄紫茎群落
　29）虎皮楠、硬斗柯林
　30）截果柯、印度木荷林
　31）龙陵锥、光叶柯林
　　　（37）龙陵锥、瑞丽山龙眼、光叶柯群落
　32）龙迈青冈林
　　　（38）龙迈青冈、长梗润楠群落
　33）马蹄荷林

　　（39）马蹄荷、长梗润楠群落

　34）曼青冈林

　　（40）曼青冈、高山三尖杉群落

　　（41）曼青冈、多变柯群落

　　（42）曼青冈、贡山木莲群落

　　（43）曼青冈、木莲群落

　　（44）曼青冈、云南桤树群落

　　（45）曼青冈群落

　35）木果柯林

　　（46）木果柯、杜英、红花木莲群落

　　（47）木果柯、瑞丽山龙眼、短刺锥群落

　　（48）木果柯、香芙木群落

　36）青冈林

　　（49）青冈、印度木荷群落

　　（50）青冈、粗壮润楠群落

　　（51）青冈、润楠群落

　　（52）青冈、石栎群落

　　（53）青冈、硬斗柯群落

　37）俅江青冈林

　　（54）俅江青冈、润楠群落

　38）瑞丽山龙眼、光叶柯林

　　（55）瑞丽山龙眼、光叶柯、木姜子群落

　39）银木荷林

　　（56）银木荷、石栎、乌鸦果群落

　　（57）银木荷、润楠群落

　40）银叶锥林

　　（58）银叶锥、银木荷、珍珠花群落

　41）硬斗柯林

　　（59）硬斗柯、粗毛杨桐、滇缅冬青群落

　　（60）硬斗柯、多变柯、厚叶柯群落

　　（61）硬斗柯、巴东栎群落

　　（62）硬斗柯、光叶珙桐群落

　　（63）硬斗柯、曼青冈、印度木荷群落

　　（64）硬斗柯、润楠群落

8. 山顶苔藓矮林

　42）杜鹃林

　　（65）粗枝杜鹃、厚叶柯群落

　　（66）粗枝杜鹃群落

　　（67）杜鹃、光叶柯、多变柯群落

　　（68）杜鹃、石栎群落

　　（69）杜鹃、乌鸦果群落

　　（70）马缨杜鹃群落

（71）凸尖杜鹃群落

四、硬叶常绿阔叶林

9. 低山棕榈林

43）贡山棕榈林

（72）贡山棕榈群落

10. 干热河谷硬叶常绿栎林

44）铁橡栎、锈鳞木犀榄林

11. 寒温性山地硬叶常绿栎林

45）高山栎林

（73）刺叶栎群落

（74）毛脉高山栎群落

五、落叶阔叶林

12. 暖性落叶阔叶林

46）胡桃林

（75）胡桃群落

47）麻栎、锐齿槲栎林

48）栓皮栎、大叶栎林

49）泡花树林

（76）泡花树、光叶珙桐群落

50）尼泊尔桤木林

（77）尼泊尔桤木群落

51）香椿林

（78）香椿、青冈群落

13. 温性落叶阔叶林

52）糙皮桦林

（79）糙皮桦、械群落

（80）糙皮桦群落

53）红桦林

54）西桦林

55）长穗桦林

（81）长穗桦群落

56）杨树林

（82）清溪杨群落

六、暖性针叶林

14. 暖热性针叶林

57）思茅松林

15. 暖温性针叶林

58）不丹松林

（83）不丹松、杜鹃群落

59）华山松林

（84）华山松、云南松群落

60）云南松林

（85）云南松、不丹松群落
（86）云南松、珍珠花群落
16. 暖温性针阔叶混交林
61）华山松针阔叶混交林
62）台湾杉针阔叶混交林
（87）台湾杉、青冈、瑞丽润楠群落
63）须弥红豆杉针阔叶混交林
（88）须弥红豆杉、巴东栎群落
64）云南松针阔叶混交林
（89）云南松、尼泊尔桤木群落
七、温性针叶林
17. 温凉性针叶林
65）云南铁杉林
（90）云南铁杉、油麦吊云杉群落
（91）云南铁杉群落
18. 温凉性针阔叶混交林
66）云南铁杉针阔叶混交林
（92）云南铁杉、杜鹃群落
（93）云南铁杉、多变柯群落
（94）云南铁杉、厚叶柯群落
（95）云南铁杉、野八角、凸尖杜鹃群落
（96）云南铁杉、槭、糙皮桦群落
19. 寒温性针叶林
67）苍山冷杉林
（97）苍山冷杉、夺目杜鹃群落
（98）苍山冷杉、怒江红杉群落
（99）苍山冷杉、皱鞘箭竹群落
68）怒江红杉林
（100）怒江红杉、冷杉群落
69）怒江冷杉林
（101）怒江冷杉、怒江红杉群落
（102）怒江冷杉群落
70）油麦吊云杉林
（103）油麦吊云杉群落
71）急尖长苞冷杉林
八、竹林
20. 热性竹林
72）黄竹林
73）龙竹林
74）缅甸竹林
75）真麻竹林

21. 暖热性竹林

  76）缅甸方竹林

  77）宁南方竹林

22. 暖温性竹林

  78）金竹林

23. 温凉性竹林

  79）玉山竹林

  （104）独龙江玉山竹群落

24. 寒温性竹林

  80）箭竹林

  （105）带鞘箭竹群落

  （106）黑穗箭竹群落

  （107）尖鞘箭竹群落

  （108）矩鞘箭竹群落

  （109）空心箭竹群落

  （110）马亨箭竹群落

  （111）云龙箭竹群落

  （112）皱鞘箭竹群落

九、阔叶灌丛

25. 热性灌丛

  81）水锦树、银柴、黄牛木灌丛

  82）水柳灌丛

  83）突脉榕灌丛

26. 干热灌丛

  84）浆果楝灌丛

  （113）浆果楝、白毛算盘子群落

  （114）浆果楝、虾子花群落

  85）虾子花、羊耳菊灌丛

27. 暖温性灌丛

  86）白珠灌丛

  （115）滇白珠、多变柯群落

  （116）芳香白珠、珍珠花群落

  （117）芳香白珠、血红杜鹃群落

  87）滇结香灌丛

  88）栎类灌丛

  89）珍珠花、乌鸦果、金叶子灌丛

  90）具鳞水柏枝灌丛

  （118）具鳞水柏枝、冷当柳群落

  91）悬钩子灌丛

  （119）绢毛悬钩子群落

  92）水麻灌丛

  （120）长叶水麻群落

28. 寒温性阔叶灌丛

 93）杜鹃灌丛

  （121）夺目杜鹃、糙毛杜鹃群落

  （122）红棕杜鹃、滇白珠、大理柳群落

  （123）黄杯杜鹃群落

  （124）金黄多色杜鹃、多色杜鹃、金露梅群落

  （125）亮鳞杜鹃群落

 94）小叶枸子灌丛

十、针叶灌丛

29. 寒温性针叶灌丛

 95）刺柏灌丛

  （126）高山柏群落

  （127）小果垂枝柏、杜鹃群落

  （128）小果垂枝柏群落

十一、草丛

30. 热性草丛

 96）飞机草草丛

 97）蔓生莠竹草丛

 98）野芭蕉草丛

31. 暖热性草丛

 99）野古草草丛

  （129）刺芒野古草、毛蕨菜群落

  （130）多节野古草、黄背草群落

 100）紫茎泽兰草丛

32. 暖温性草丛

 101）白茅草丛

 102）高草草丛

  （131）类芦群落

  （132）棕叶芦、菅、五节芒群落

 103）蕨草草丛

  （133）毛轴蕨群落

  （134）毛轴蕨、白茅群落

十二、草甸

33. 亚高山草甸

 104）贡山独活、天南星草甸

  （135）贡山独活、天南星群落

34. 亚高山沼泽草甸

 105）灯心草沼泽化草甸

  （136）灯心草、牛毛毡群落

  （137）锡金灯心草、光萼谷精草群落

35. 高山草甸

 106）高山杂草草甸

（138）多星韭、俅俅嵩草群落

（139）银莲花、委陵菜群落

（140）云南银莲花、银叶委陵菜、木里橐吾群落

107）嵩草草甸

（141）截形嵩草、野燕麦群落

36. 高山流石滩疏生草甸

108）长梗拳参、贡山金腰草甸

（142）长梗拳参、贡山金腰群落

4.3.2　植被类型简述

一、雨林

高黎贡山的热带雨林是云南热带雨林最北和最西部的类型，可分为季节雨林和山地雨林两个植被亚型。

1. 季节雨林

高黎贡山的季节雨林主要分布于海拔 600 m 以下的低山河谷两侧的箐沟，局部地方可沿沟谷上升至海拔 1000 m 左右，多呈小片状至散生状分布，在铜壁关的羯羊河、红崩河、勐来河等河谷及其支流分布相对集中。根据其植物种类组成特点，可分为两个群系。

1）云南娑罗双、东京龙脑香、纤细龙脑香林（Form. *Shorea assamica*, *Dipterocarpus retusus*, *Dipterocarpus gracilis*）

森林外貌整齐翠绿，林冠高于其他林种，乔木分为三层。上层有云南娑罗双、东京龙脑香、纤细龙脑香、红椿 *Toona ciliata*、见血封喉 *Antiaris toxicaria*、黄兰 *Michelia champaca*、常绿臭椿 *Ailanthus fordii* 等高大乔木树种。中层树高 11～20 m，平均胸径 18～25 cm，树冠多呈长椭圆形或塔形，如云南娑罗双、高山大风子 *Hydnocarpus alpinus*、印度大风子 *Hydnocarpus kurzii*、假广子 *Knema erratica*、滇南溪桫 *Chisocheton siamensis*、中华野独活 *Miliusa sinensis*、云南无忧花 *Saraca griffithiana* 等。下层以棕榈科的桄榔 *Arenga pinnata* 占优势，其他有木奶果 *Baccaurea ramiflora*、云南银钩花 *Mitrephora wangii*、野桐 *Mallotus tenuifolius*、小乔木紫金牛 *Ardisia arborescens* 等。

乔木层下有不甚发育的灌木层，主要种类有少苞买麻藤 *Gnetum brunonianum*、变色山槟榔 *Pinanga discolor*、直立省藤 *Calamus erectus*、蛇皮果 *Salacca zalacca*、黄脉九节 *Psychotria straminea*、绒毛算盘子 *Glochidion heyneanum*、腺萼木 *Mycetia glandulosa*、盘叶罗伞 *Brassaiopsis fatsioides*、红紫麻 *Oreocnide rubescens*、火筒树 *Leea indica*、粗丝木 *Gomphandra tetrandra*、南方紫金牛 *Ardisia neriifolia* 等。灌木层平均高度 1～4.5 m，分布均匀，盖度 20% 左右。

由于乔木层和灌木层的层层遮蔽，林下光照较弱，草本层不发育，主要为一些耐阴湿的种类，呈零散分布，层高度为 0.5～1 m，盖度 30%～40%。代表种类有长叶实蕨 *Bolbitis heteroclita*、柊叶 *Phrynium capitatum*、刺苞老鼠簕 *Acanthus leucostachyus*、线柱苣苔 *Rhynchotechum obovatum*、蔓生莠竹 *Microstegium gratum*、大盖球子草 *Peliosanthes macrostegia* 等。在生境阴湿土层肥厚地段有我国特有种箭根薯 *Tacca chantrieri*。

群落中藤本植物和附生植物极为发达，在林层间来回穿梭或攀缘至林冠上层，形成藤蔓缠绕网罗的林冠。主要的大型藤本有土蜜藤 *Bridelia stipularis*、绒苞藤 *Congea tomentosa*、苍白秤钩风 *Diploclisia glaucescens*、牛眼马钱 *Strychnos angustiflora*、大叶酸藤子 *Embelia subcoriacea*、翼核果 *Ventilago leiocarpa*、羽叶金合欢 *Acacia pennata*、假黄藤 *Fibraurea tinctoria*、全缘刺果藤 *Byttneria integrifolia* 等，中小型藤本有毛蒟 *Piper puberulum*、假蒟 *Piper sarmentosum* 等。

附生植物有蕨类、天南星科和附生兰类，主要有巢蕨 *Asplenium nidus*、鹿角蕨 *Platycerium wallichii*、爬树龙 *Rhaphidophora decursiva*、石柑子 *Pothos chinensis*、硬叶兰 *Cymbidium mannii* 等。

该群系记录了 4 个群落。

（1）云南娑罗双、大果人面子群落（*Shorea assamica*，*Dracontomelon macrocarpum* Comm.）

分布于羯羊河谷小支流的沟口侧坡，地形稍开阔。乔木上层仍以云南娑罗双、龙脑香树种为优势种。大果人面子、千果榄仁出现在坡下方沟谷水湿条件好的地域，黄兰、四数木出现在坡上侧，它们共同组成 I 林层，高 40 m 左右，胸径 60～80 cm。大叶白颜树、翅子树、长圆叶菠萝蜜等组成 II 林层，高 15～20 m，胸径 24～26 cm，树种复杂，密度较大。III 林层高 5～15 m。

（2）云南娑罗双、桃榔群落（*Shorea assamica*，*Arenga pinnata* Comm.）

该群落是季节雨林的主要群落，上层乔木以云南娑罗双占绝对优势，混生有两种龙脑香，林冠高大，树干耸立。一般分布于沟谷，云南娑罗双高达 40 m 以上，基部有板根，但不甚发达。乔木下层、灌木层以桃榔占绝对优势。

（3）云南娑罗双、纤细龙脑香群落（*Shorea assamica*，*Dipterocarpus gracilis* Comm.）

该群落发育在片麻岩冲积母质上的黄色砖红壤上。乔木分 3 层，I 林层为云南娑罗双和龙脑香，树皮光滑，灰褐色。II 林层乔木高 15～25 m，树种较多，形成群落郁闭层，并有木质大藤本进入郁闭层。胸径 5 cm 以上皆归入 III 林层，树高 5～15 m，包括灌木成分和上层乔木幼树，盖度较大，林缘藤灌类植物茂密。

（4）东京龙脑香、纤细龙脑香群落（*Dipterocarpus retusus*，*Dipterocarpus gracilis* Comm.）

群落高大，乔木分 3 层，龙脑香树种耸立于林冠之上，高达 40 m 以上，树干浅灰白色，树皮光滑。阳光从树冠间隙可直射地面，草本层盖度达 60%左右。

2. 山地雨林

高黎贡山的山地雨林分布于低中山下部沟谷地段。由于生境温度较低，林中乔木种类相对减少，层次较少而趋于分明，热带雨林的大型叶、板根、茎花、附生植物丰富特征已减弱。群落高度 25～30 m，树干高大通直。可分为 2 个群系。

3）糖胶树、网脉肉托果林（Form. *Alstonia scholaris*，*Semecarpus reticulatus*）

分布于盈江片芒允到红崩河一带，海拔 800～1100 m。乔木上层有糖胶树、网脉肉托果、海南樫木 *Dysoxylum mollissimum*、耳叶柯 *Lithocarpus grandifolius*、粗壮琼楠 *Beilschmiedia robusta*、川楝 *Melia toosendan*、海南榄仁 *Terminalia hainanensis*、越南山核桃 *Carya tonkinensis*、印缅黄杞 *Engelhardia roxburghiana* 等。乔木中层树高 10～20 m，有红光树 *Knema furfuracea*、普文楠 *Phoebe puwenensis*、滇南溪桫 *Chisocheton siamensis*、木奶果 *Baccaurea ramiflora*、韶子 *Nephelium chryseum*、海南蒲桃 *Syzygium hainanense*、灰毛牡荆 *Vitex canescens*、野波罗蜜 *Artocarpus lakoocha* 等。乔木下层高度 5～10 m，主要是缅桐 *Sumbaviopsis albicans*、褐叶柄果木 *Mischocarpus pentapetalus*、大花哥纳香 *Goniothalamus griffithii*、云南野独活 *Miliusa tenuistipitata* 等。

灌木层一般高 5 m 以下，盖度约 60%，种类丰富，主要有桫椤 *Alsophila spinulosa*、红萼藤黄 *Garcinia rubrisepala*、野龙竹 *Dendrocalamus semiscandens*、泡竹 *Pseudostachyum polymorphum*、瓦理棕 *Wallichia chinensis*、披针叶楠 *Phoebe lanceolata*、白花龙船花 *Ixora henryi*、长苞腺萼木 *Mycetia bracteata*、五月茶 *Antidesma bunius*、南方紫金牛 *Ardisia thyrsiflora*、火筒树 *Leea indica* 等。

草本植物盖度约 10%，高度 0.5～2 m，以色萼花 *Chroesthes pubiflora* 和穿鞘花 *Amischotolype hispida* 为主，其他有光叶闭鞘姜 *Costus tonkinensis*、冠萼线柱苣苔 *Rhynchotechum formosanum*、柊叶 *Phrynium capitatum*、毛线柱苣苔 *Rhynchotechum vestitum*、瑞丽叉花草 *Diflugossa shweliensis*、间型沿阶草 *Ophiopogon intermedius*、白斑凹唇姜 *Boesenbergia albomaculata*、香茜 *Carlemannia tetragona*、红冠姜 *Zingiber roseum*、

蛇根叶 *Ophiorrhiziphyllon macrobotryum*、三匹箭 *Arisaema inkiangense*、长叶实蕨 *Bolbitis heteroclita* 等，都是些喜阴湿的种类。

由于生境湿润，附生和藤本植物也很发达，突出的有土蜜藤 *Bridelia stipularis*、大叶钩藤 *Uncaria macrophylla*、密花翼核果 *Ventilago denticulata*、思茅山橙 *Melodinus henryi*、褐果枣 *Ziziphus fungii* 等。

附生和半附生的种类以兰科、天南星科和蕨类植物为主，常见的有麦穗石豆兰 *Bulbophyllum orientale*、隔距兰 *Cleisostoma sagittiforme*、蛇舌兰 *Diploprora championi*、无茎盆距兰 *Gastrochilus dasypogon*、巢蕨 *Neottopteris nidus*、假蒟 *Piper sarmentosum*、豆瓣绿 *Peperomia reflexa* 等。

4）细青皮林（Form. *Altingia excelsa*）

高黎贡山的细青皮林分布于盈江片杨梅坡一带，群落高大茂密，以细青皮占优势，混生有一些热带雨林成分，壳斗科成分较少出现。

二、季雨林

高黎贡山的季雨林可分为半常绿季雨林和落叶季雨林两个植被亚型，它们的形成主要与其小生境在旱季土壤水分极度缺乏有关。

3. 半常绿季雨林

生境的土壤保水性能差。反映在群落成分上表现为乔木上层有一定的落叶树种，乔木中下层几乎是常绿种类，且林中的藤本和附生植物较多，板根也较发达，林下喜阴湿的灌木和草本植物也多。

5）高山榕、麻楝林（Form. *Ficus altissima*，*Chukrasia tabularis*）

该群系仅在保山、龙陵等海拔 1000 m 以下的开阔湿润低山与箐沟生长。在人为长期破坏下，仅有某些残存大树生长，几乎不见完整的天然森林。根据记载，主要有高山榕 *Ficus altissima*、麻楝 *Chukrasia tabularis*、八宝树 *Duabanga grandiflora*、秋枫 *Bischofia javanica*、翅子树 *Pterospermum acerifolium* 等。落叶成分有云南黄杞 *Engelhardtia spicata*、菩提树 *Ficus religiosa*、红椿 *Toona ciliata*、木棉 *Bombax malabaricum*、楹树 *Albizia chinensis* 等。生长较为矮小的种类有粗糠柴 *Mallotus philippinensis*、对叶榕 *Ficus hispida*、鸡嗦子榕 *Ficus semicordata*、木蝴蝶 *Oroxylum indicum* 等。

6）四数木、心叶木林（Form. *Tetrameles nudiflora*，*Haldina cordifolia*）

群落乔木分为 3 层，总盖度约 75%。乔木上层高度 25 m 以上，落叶成分约占 50%。以四数木、心叶木占优势，其他还有翅苹婆 *Pterygota alata*、聚果榕 *Ficus racemosa*、长梗杧果 *Mangifera longipes*、楝 *Melia azedarach* 等。乔木中层树高 10～20 m，以黄竹 *Dendrocalamus membranaceus*、家麻树 *Sterculia pexa*、粗糠柴 *Mallotus philippinensis*、白头树 *Garuga forrestii*、劲直榕 *Ficus stricta*、油朴 *Celtis wightii* 等为主。乔木下层高度在 5～10 m，主要是尖叶铁青树 *Olax acuminata*、刺桑 *Taxotrophis ilicifolia*、双果桑 *Streblus macrophyllus*、鹊肾树 *Streblus asper*、云树 *Garcinia cowa*、辛果漆 *Drimycarpus racemosus*、白树 *Suregada glomerulata*、大叶木槿 *Hibiscus macrophyllus* 等。

灌木层高 5 m 以下，盖度约 20%，常见的有南鼠尾黄 *Rungia henryi*、粗壮鼠尾黄 *Rungia robusta*、小驳骨 *Gendarussa vulgaris*、火筒树 *Leea indica*、鳞尾木 *Lepionurus sylvestris* 等。

草本植物主要是在干季较能耐旱的种类，数量少，分布稀疏，多生于石缝中和林下阴湿处，盖度约 10%。常见的有弯毛楼梯草 *Elatostema crispulum*、多脉莎草 *Cyperus diffusus*、锈毛短筒苣苔 *Boeica ferruginea*、闭鞘姜 *Costus speciosus*、剑叶铁角蕨 *Asplenium ensiforme*、喜花草 *Eranthemum pulchellum*、卵叶胡椒 *Piper attenuatum*、鳞花草 *Lepidagathis incurva*、石蝉草 *Peperomia dindygulensis* 等。

附生和半附生的种类以兰科和蕨类为主，常见的有瓜子毛兰 *Eria dasyphylla*、硬叶兰 *Cymbidium mannii*、隔距兰 *Cleisostoma sagittiforme*、肾蕨 *Nephrolepis auriculata*、芒毛苣苔 *Aeschynanthus acuminatus* 等。

4. 落叶季雨林

生境特点是山高坡陡，日照西晒强烈，土壤为燥红壤，石头较多，土壤保水性差。上层乔木树种的落叶种类落叶期更长，树木稀疏，树冠大，越往林下，喜阴的成分越多。根据组成种类的不同，可分为6 个群系。

7）白花羊蹄甲、楹树林（Form. *Bauhinia acuminata*，*Albizia chinensis*）

该群系主要分布于盈江铜壁关海拔 1000 m 以下的河谷阳坡，曾经种过地或人为干扰较频繁的地段。

乔木分 3 层，总盖度约 50%。乔木上层高度 17～21 m，落叶成分约占 75%。以白花羊蹄甲、楹树为优势种，其他如木棉 *Bombax ceiba*、刺栲 *Castanopsis hystrix*、羽叶楸 *Stereospermum tetragonum*、云南黄杞 *Engelhardtia spicata*、一担柴 *Colona floribunda*、粗壮琼楠 *Beilschmiedia robusta* 等。乔木中层树高 10～16 m，主要是思茅黄肉楠 *Actinodaphne henryi*、红木荷 *Schima wallichii*、岭罗麦 *Randia wallichii*、粗糠柴 *Mallotus philippinensis*、聚果榕 *Ficus racemosa*、假柿木姜子 *Litsea monopetala*、桂火绳 *Eriolaena kwangsiensis*、合果木 *Paramichelia baillonii*、西南猫尾木 *Dolichandrone stipulata*、野波罗蜜 *Artocarpus lacucha* 等。乔木下层盖度约 20%，高度在 5～10 m，主要是疖腮树 *Heliciopsis terminalis*、鸡嗉子榕 *Ficus semicordata*、印度锥 *Castanopsis indica*、华南吴萸 *Euodia austrosinensis*、木奶果 *Baccaurea ramiflora* 等。

灌木层一般高 5 m 以下，盖度约 25%，以西垂茉莉 *Clerodendrum griffithianum* 为优势种，其他如余甘子 *Phyllanthus emblica*、圆锥水锦树 *Wendlandia paniculata*、云南银柴 *Aporusa yunnanensis*、思茅豆腐柴 *Premna szemaoensis*、大叶斑鸠菊 *Vernonia volkameriifolia*、灰毛浆果楝 *Cipadessa cinerascens*、小黄皮 *Clausena emarginata*、红芽木 *Cratoxylum formosum* subsp. *pruniflorum*、狗骨柴 *Tricalysia fruticosa* 等。

草本植物盖度约 35%，主要有飞机草 *Chromolaena odorata*、羊耳菊 *Inula cappa*、蔓生莠竹 *Microstegium gratum*、海金沙 *Lygodium japonicum*、棕叶狗尾草 *Setaria palmifolia*、地胆草 *Elephantopus scaber* 等。

层间植物不甚发达，攀缘高度可达到 10 m 以上，如山牵牛 *Thunbergia grandiflora*、厚果崖豆藤 *Millettia pachycarpa*、榼藤子 *Entada phaseoloides*、飞龙掌血 *Toddalia asiatica*、平滑钩藤 *Uncaria laevigata*、斑果藤 *Stixis suaveolens* 等。

附生和半附生的种类有大苞石豆兰 *Bulbophyllum cylindraceum*、大花万代兰 *Vanda coerulea*、崖姜 *Pseudodrynaria coronans* 等。

8）钝叶黄檀、马蹄果林（Form. *Dalbergia obtusifolia*，*Protium serratum*）

该群系位于那邦坝东北部的西南坡面。乔木分 3 层，总盖度约 55%。乔木上层高 20 m 以上，落叶成分约占 60%，以钝叶黄檀、马蹄果、白头树 *Garuga forrestii*、云南娑罗双 *Shorea assamica*、刺栲 *Castanopsis hystrix*、大叶合欢 *Archidendron turgidum* 等较为突出。乔木中层高度 10～20 m，以印缅黄杞 *Engelhardia roxburghiana*、山牡荆 *Vitex quinata*、黄兰 *Michelia champaca*、红光树 *Knema furfuracea*、野波罗蜜 *Artocarpus lacucha*、粗糠柴 *Mallotus philippinensis* 较为常见。乔木下层高度 5～10 m，主要是艾胶算盘子 *Glochidion lanceolarium*、木紫珠 *Callicarpa arborea*、毛银柴 *Aporusa villosa*、粗叶水锦树 *Wendlandia scabra*、尖叶铁青树 *Olax acuminata*、大叶斑鸠菊 *Vernonia volkameriifolia*、木奶果 *Baccaurea ramiflora*、大果榕 *Ficus auriculata*、鸡嗉子榕 *Ficus semicordata*、小乔木紫金牛 *Ardisia arborescens* 等。

灌木层高 5 m 以下，盖度约 30%，常见老虎楝、异株木樨榄、杜茎山、楠木、木奶果、假苹婆、鸡血树、百日青等。草本层盖度约 20%，种类成分以喜阴湿的类型为主，如楼梯草、莎草、沿阶草、薄叶卷柏、白接骨、穿鞘花、边缘鳞盖蕨、大叶仙茅等。层间植物较发达，攀缘和附生种类高度可达到 20 m以上，以澜沧梨藤竹为优势。附生和半附生的种类有狮子尾、荜拔、石豆兰、密花石斛、毛兰、鸢尾兰、白点兰、狭基巢蕨等。

9）厚皮树、假柿木姜子、聚果榕林（Form. *Lannea coromandelica*，*Litsea monopetala*，*Ficus racemosa*）

该群系沿怒江河漫滩分布，海拔 680～800 m，以厚皮树、假柿木姜子、聚果榕为标志。群落高约

20 m，总盖度达 90%左右，分乔木层、灌木层和草本层。

10）马蹄果、长果木棉、缅甸黄檀林（Form. *Protium serratum*，*Bombax insigne*，*Dalbergia burmanica*）

该群系位于大盈江下游河谷北岸坡面的中下部，海拔 330～600 m，土壤保水性差。乔木分 3 层，总盖度约 55%。乔木上层高 20 m 以上，以马蹄果、缅甸黄檀、长果木棉为优势，伴生有钝叶黄檀 *Dalbergia obtusifolia*、毛叶羽叶楸 *Stereospermum neuranthum*、大果人面子 *Dracontomelon macrocarpum*、云南娑罗双 *Shorea assamica*、海南榄仁 *Terminalia hainanensis*、越南山核桃 *Carya tonkinensis*、窄叶半枫荷 *Pterospermum lanceaefolium* 等。乔木中层高 10～20 m，主要是翅果麻 *Kydia calycina*、火绳树 *Eriolaena spectabilis*、白花合欢 *Albizia crassiramea*、龙眼 *Dimocarpus longan*、豆腐果 *Buchanania latifolia*、云南黏木 *Ixonanthes cochinchinensis*、小花紫薇 *Lagerstroemia micrantha* 等。乔木下层高 5～10 m，盖度约 20%，主要是滇刺榄 *Xantolis stenosepala*、豆叶九里香 *Murraya euchrestifolia*、止泻木 *Holarrhena antidysenteria*、缅甸竹 *Bambusa burmanica*、翅叶木 *Pauldopia ghorta* 等。

灌木层高 5 m 以下，有滇西蛇皮果 *Salacca secunda*、双果桑 *Streblus macrophyllus*、总序山柑 *Capparis assamica*、毛柘藤 *Maclura pubescens* 等。

草本层盖度约 10%，常见的有大叶山蚂蟥 *Desmodium gangeticum*、猫尾草 *Uraria crinita*、仙茅 *Curculigo orchioides*、两耳草 *Paspalum conjugatum* 等。

层间植物较发达，攀缘高度达 20 m，有刺果藤 *Byttneria grandifolia*、纤冠藤 *Gongronema nepalense*、三开瓢 *Adenia cardiophylla*、扁担藤 *Tetrastigma planicaule*、红毛羊蹄甲 *Bauhinia pyrrhoclada*、纤花轮环藤 *Cyclea debiliflora*、耳叶马兜铃 *Aristolochia tagala*、斑果藤 *Stixis suaveolens* 等。

附生和半附生的种类有长足石豆兰 *Bulbophyllum pectinatum*、鼓槌石斛 *Dendrobium chrysotoxum*、硬叶兰 *Cymbidium bicolor*、鹿角蕨 *Platycerium wallichii* 等。

11）木棉、厚皮树林（Form. *Bombax ceiba*，*Lannea coromandelica*）

该群系出现在怒江边河漫滩地段，海拔 630～670 m。以木棉、厚皮树、粗糠柴 *Mallotus philippinensis* 为标志。群落高约 24 m，总盖度达 90%左右，分乔木层、灌木层、草本层，层间植物少。

12）山槐、黄兰林（Form. *Albizia kalkora*，*Michelia champaca*）

该群系位于铜壁关羯羊河东岸，砂质石砾多，土壤贫瘠且保水困难。群落乔木分 3 层，总盖度约 65%。乔木上层高 25～35 m，盖度约 50%，由四数木、黄兰、山合欢、印缅黄杞 *Engelhardia roxburghiana*、奶桑 *Morus macroura* 等组成。乔木中层高 14～25 m，盖度约 55%，主要由云南石梓、红果樫木 *Dysoxylum gotadhora*、马蹄果 *Protium serratum*、小花紫薇 *Lagerstroemia micrantha*、一担柴 *Colona floribunda*、见血封喉、榆绿木、翅子树 *Pterospermum acerifolium*、胭脂 *Artocarpus tonkinensis*、云南无忧花 *Saraca griffithiana*、毛叶羽叶楸 *Stereospermum neuranthum*、小花五桠果 *Dillenia pentagyna*、鹦哥花 *Erythrina arborescens*、大果藤黄 *Garcinia pedunculata* 等组成。乔木下层高 5～10 m，盖度约 20%，主要由洋紫荆 *Bauhinia variegata*、西蜀苹婆 *Sterculia lanceaefolia*、绒毛苹婆 *Sterculia villosa*、辛果漆 *Drimycarpus racemosus*、黄牛木 *Cratoxylum cochinchinense*、豆叶九里香 *Murraya euchrestifolia*、光叶合欢 *Albizia lucidior* 等组成。

林下灌木主要有桄榔 *Arenga pinnata*、总序山柑 *Capparis assamica*、矮龙血树 *Dracaena terniflora*、蛇皮果 *Salacca zalacca*、少苞买麻藤 *Gnetum brunonianum*、藤漆 *Pegia nitida* 等。草本主要是耐旱种类，如单序山蚂蟥 *Desmodium diffusum*、飞机草 *Eupatorium odoratum*、钩毛草 *Pseudechinolaena polystachya*、旱茅 *Eremopogon delavayi*、石蝉草 *Peperomia dindygulensis* 等。藤本有刺果藤 *Byttneria grandifolia*、毛叶盾翅藤 *Aspidopterys nutans*、长毛风车子 *Combretum pilosum*、柳叶五层龙 *Salacia cochinchinensis*、斑果藤 *Stixis suaveolens* 等。附生植物有鹿角蕨 *Platycerium wallichii*、硬叶兰 *Cymbidium bicolor* 等。

三、常绿阔叶林

常绿阔叶林是高黎贡山的地带性植被，主要分布于海拔 2600 m 以下的范围，上部与铁杉针阔叶混交林相接，分布面积大，连片集中，是该区最具代表性的地带性类型。常绿阔叶林以壳斗科、樟科、山茶科、木兰科、金缕梅科的常绿成分为主，是我国常绿阔叶林保存较为完整的原始林区域。依据群落生态外貌与植物组成，又划分为季风常绿阔叶林、半湿润常绿阔叶林、中山湿性常绿阔叶林、山顶苔藓矮林4 个植被亚型。

5. 季风常绿阔叶林

季风常绿阔叶林在高黎贡山主要分布于南部东西坡中下部的湿润山谷及山麓缓坡地带,海拔 1100～1900 m。由于人为开垦或破坏，多已成为农田、荒地、灌草丛或人工杉木林、秃杉林等，仅在一些阴深的沟谷地保存有小片或斑块状的原生林分。

13）刺栲林（Form. *Castanopsis hystrix*）

刺栲林以高黎贡山南部西坡曲石、界头至天台山的较为典型，海拔 1600～1900 m。森林外貌浓郁，呈暗绿色，树冠多呈半球形，排列紧密。

（8）刺栲、短刺锥群落（*Castanopsis hystrix*, *Castanopsis echinocarpa* Comm.）

该群落森林外貌呈暗绿色，树冠多半球形，组成树种以刺栲、短刺锥占优势，树高 16～22 m，盖度为 80%左右，混生种有硬斗石栎 *Lithocarpus hancei*、白穗柯 *Lithocarpus craibianus*、多花含笑 *Michelia floribunda*、红木荷 *Schima wallichii*、景东楠 *Phoebe yunnanensis*、滇菜豆树 *Radermachera yunnanensis* 等。

林下灌木高 1～2 m，盖度约 25%，常见种类有细序鹅掌柴 *Schefflera tenuis*、刺通草 *Trevesia palmata*、云南野桐 *Mallotus yunnanensis*、桫椤 *Alsophila spinulosa*、金珠柳 *Maesa montana*、珍珠伞 *Ardisia maculosa*、云南野扇花 *Sarcococca wallichii* 等。草本层由耐阴喜湿的种类组成，如楼梯草 *Elatostema* spp.、凤仙花 *Impatiens* spp.、沿阶草 *Ophiopogon bodinieri* 等。

林内藤本植物发达，并有一定数量的木质藤本出现，主要种类有滇缅崖豆藤 *Millettia dorwardii*、叉须崖爬藤 *Tetrastigma hypoglaucum*、木防己 *Cocculus orbiculatus*、乌饭叶菝葜 *Smilax myrtillus* 等，草质藤本有崖爬藤 *Tetrastigma obtectum*、淮通 *Aristolochia moupinensis* 等。

附生植物有束花石斛 *Dendrobium chrysanthum*、禾叶毛兰 *Eria graminifolia*、卵叶贝母兰 *Coelogyne occultata*、伏生石豆兰 *Bulbophyllum reptans* 等。层间植物发育较好，反映了林内水热条件较为优越。

14）钝叶桂、长梗润楠林（Form. *Cinnamomum bejolghota*, *Machilus duthiei*）

该群系分布于高黎贡山西坡海拔 1500 m 以下。仅有一个群落，即钝叶桂、长梗润楠、怒江藤黄群落（*Cinnamomum bejolghota*, *Machilus duthiei*, *Garcinia nujiangensis* Comm.），分布于独龙江下游钦郎当海拔 1200～1500 m 地段，地形陡峻，多岩石裸露。森林外貌葱郁浓密，呈苍绿色，乔木树种以钝叶桂占优势。灌木层高 2～5 m，盖度 40%左右，种类有中平树 *Macaranga denticulata*、印度血桐 *M. indica*、大果榕 *Ficus auriculata*、中华鹅掌柴 *Schefflera chinensis*、桫椤 *Alsophila spinulosa*、粗毛罗伞 *Brassaiopsis hispida*、肾果远志 *Polygala didyma*、三股筋香 *Lindera thomsonii*、红果水东哥 *Saurauia erythrocarpa*、云南常山 *Dichroa yunnanensis*、腾冲异形木 *Allomorphia howellii* 等。草本层有盘托楼梯草 *Elatostema dissectum*、异被赤车 *Pellionia heteroloba*、尼泊尔蓼 *Polygonum nepalense*、肉质短肠蕨 *Allantodia succulenta*、福贡耳蕨 *Polystichum fugongense*、云南草蔻 *Alpinia blepharocalyx*、无翅秋海棠 *Begonia acetosella*、美果九节 *Psychotria calocarpa*、无距凤仙花 *Impatiens margaritifera*、兖州卷柏 *Selaginella involvens*、碧江姜花 *Hedychium bijiangense*、独龙南星 *Arisaema dulongense*、杠板归 *Polygonum perfoliatum* 等，高 0.5～1 m，盖度约 40%。

林内附生植物和藤本植物比较丰富,有独龙岩角藤 *Rhaphidophora dulongensis*、毛叶藤仲 *Chonemorpha valvata*、糙点栝楼 *Trichosanthes dunniana*、显脉星蕨 *Lepisorus zippelii*、长叶巢蕨 *Neottopteris phyllitidis*、锡金书带蕨 *Vittaria sikkimensis* 等。

16）怒江藤黄、润楠林（Form. *Garcinia nujiangensis*，*Machilus nanmu*）

该群系仅分布在高黎贡山北段西坡的独龙江流域南部地段，海拔 1200～1500 m，反映出终年温暖、潮湿、多雨的生物气候特性，是我国比较特殊的一类植物群系，目前仅在某些陡峻山坡或悬崖绝壁有块状残存。上层乔木高 25 m 左右，平均层盖度 70%，以怒江藤黄为主，伴生有印度木荷 *Schima khasiana*、细毛润楠 *Machilus tenuipilis*、长梗润楠 *M. duthiei*、大叶桂 *Cinnamomum iners*、马蹄荷 *Exbucklandia populnea*、红花木莲 *Manglietia insignis*、多花含笑 *Michelia floribunda*、云南黄杞 *Engelhardia spicata* 等。第二层乔木高 8～10 m，平均层盖度 40%，除怒江藤黄和润楠外，还有针齿铁仔 *Myrsine semiserrata*、常春木 *Merrilliopanax listeri*、方枝假卫矛 *Microtropis tetragona* 等。

灌木层高 2 m 左右，盖度 40%～45%，主要有红雾水葛 *Pouzolzia sanguinea*、印度血桐 *Macaranga indica*、大果榕 *Ficus auriculata*、中华鹅掌柴 *Schefflera chinensis*、桫椤 *Alsophila spinulosa*、罗伞 *Brassaiopsis glomerulata*、肾果远志 *Polygala didyma*、三股筋香 *Lindera thomsonii*、红果水东哥 *Saurauia erythrocarpa*、云南常山 *Dichroa yunnanensis*、腾冲异形木 *Allomorphia howellii* 等。

草本层盖度 30%～40%，主要由铁角蕨 *Asplenium* sp.、羽裂星蕨 *Microsorium dilatatum*、密果短肠蕨 *Allantodia spectabilis*、半育耳蕨 *Polystichum semifertile*、线蕨 *Leptochilus ellipticus* 等高大的蕨类植物组成。

藤本植物多见，有苦葛 *Pueraria peduncularis*、飞龙掌血 *Toddalia asiatica*、七小叶崖爬藤 *Tetrastigma delavayi* 等。附生植物有星蕨 *Microsorum punctatum*、大瓦韦 *Lepisorus macrosphaerus*、裸茎石韦 *Pyrrosia nudicaulis*、上树蜈蚣 *Rhaphidophora lancifolia* 等，还有兰科、苦苣苔科等多种植物，另外，天南星科在某些树干茎部从地表直到 3～5 m 高度都被全部包围，又显示出潮湿热带山地植被的特征。

17）思茅锥、龙陵锥林（Form. *Castanopsis ferox*，*Castanopsis rockii*）

该群系分布于盈江县昔马乡灰河一带海拔较低地段。乔木上层由思茅锥、龙陵锥、短刺栲、截头石栎组成，并有红木荷、印度木荷伴生。乔木亚层常由木姜子、琼楠、润楠等樟科树种构成，并与榕树、山龙眼等混生。此外也见西桦、黄杞、合欢、尼泊尔桤木等落叶树种。

18）桫椤林（Form. *Alsophila spinulosa*）

该群系在龙陵县城西南侧的一碗水村寨附近分布最集中。群落外貌起伏，分乔木层、灌木层、草本层，层高 7～14 m。乔木层有桫椤、大叶鼠刺 *Itea macrophylla*、毛杨梅 *Myrica esculenta*、南亚泡花树 *Meliosma arnottiana*、润楠、红木荷、香叶树 *Lindera communis*、华南石栎等。

19）香叶树林（Form. *Lindera communis*）

该群系多分布在坝缘、山麓、村旁、地埂等干燥沙质土上，尤以界头、曲石等地分布普遍。它要求气候温暖、空气湿润的生境。林下土壤为赤红壤。香叶树林以采集种子为目的，当地群众砍除其他树种，保留香叶树形成经济林，故林分结构简单，多为以香叶树为优势的单层纯林，有的也混生有少量麻栎等其他树种。林下主要有匙萼金丝桃 *Hypericum uralum*、黄花稔 *Sida acuta*、峨眉蔷薇 *Rosa omeiensis*、铁仔 *Myrsine africana* 等。草本植物有刺芒野古草 *Arundinella setosa*、旱茅 *Eremopogon delavayi*、荩草 *Arthraxon hispidus*、白茅 *Imperata cylindrica*、早熟禾 *Poa annua*、羊耳菊 *Inula cappa*、川续断 *Dipsacus asper* 等。

20）小果锥、截果柯林（Form. *Castanopsis fleuryi*，*Lithocarpus truncatus*）

该群系分布于怒江河谷海拔 1500 m 以下地区，是分布偏北、海拔偏高的一个群系，上界与中山湿性常绿阔叶林相接。目前因河谷开发，只有片断残存。

6. 半湿润常绿阔叶林

半湿润常绿阔叶林是云南高原滇中地区最常见的基本类型，它多分布于高原宽谷盆地四周的山地，海拔 1700～2500 m，主要由青冈属、栲属、石栎属等树种组成。高黎贡山因气候多雨潮湿，该类植被仅有限分布在海拔 1900 m 以下的干旱陡坡或多岩石的箐沟内。

22）高山栲林（Form. *Castanopsis delavayi*）

该群系分布在高黎贡山中部以南东向坡面的陡峻山坡与山箐内，也是人为活动比较频繁的地区，因此较天然的森林几乎不见，目前多以萌生灌丛与幼林存在。植物组成除高山栲之外，混生有硬斗石栎 *Lithocarpus hancei*、短刺栲 *Castanopsis echidnocarpa*、毛果栲 *Castanopsis orthacantha*、尼泊尔桤木 *Alnus nepalensis* 等，且仅在某些人为难以到达的石灰岩陡山坡有残存，如在保山蔡家坝海拔 1730 m，是林相整齐、以高山栲占优势的单层林结构。灌木有茸毛木蓝 *Indigofera stachyodes*、毛杨梅 *Myrica esculenta*、云南黄杞 *Engelhardtia spicata*、托叶黄檀 *Dalbergia stipulacea*、锈毛旋覆花 *Inula hookeri* 等。草本有旱茅 *Schizachyrium delavayi*、四脉金茅 *Eulalia quadrinervis*、野拔子 *Elsholtzia rugulosa*、艳山姜 *Alpinia zerumbet* 等。还有少量茎节石仙桃 *Pholidota articulata*、豆瓣绿 *Peperomia tetraphylla* 等附生植物。

7. 中山湿性常绿阔叶林

中山湿性常绿阔叶林在高黎贡山连片分布，紧接铁杉针阔叶混交林，海拔 2600 m 以下呈环带状分布。以多种喜湿性青冈属植物为主，如青冈 *Cyclobalanopsis glauca*、曼青冈 *Cy. oxyodon*、薄片青冈 *Cy. lamellosa*、俅江青冈 *Cy. kiukiangensis* 等，同时还有润楠属 *Machilus*、新木姜子属 *Neolitsea*、樟属 *Cinnamomum*、山胡椒属 *Lindera*、木姜子属 *Litsea*、木莲属 *Manglietia*、含笑属 *Michelia*、木荷属 *Schima* 等混生。森林类型多种多样，分布地域差异明显。从南至北大致在 24°40′～28°30′N，海拔 2000～2600 m 都有分布。森林外观虽然都是一片片暗绿色的常绿森林，但按主要建群树种不同可分为不同的植物群系与分布格局。一般来说，以青冈为主的森林分布在海拔 1900～2300 m 的山地下半部，曼青冈为主的森林分布在 2200～2700 m 的山地上半部，而以俅江青冈或毛曼青冈 *Cy. gambleana* 为主构成的森林，分布在独龙江两岸与贡山其期一带海拔 1300～2100 m 的向阳山坡。以薄片青冈为主的森林在整个高黎贡山从南到北、由西坡到东坡，海拔 1500～2500 m 的山地均有分布。林内附生、半附生植物丰富。从树基到树梢，甚至树叶上都长满了附生植物。

24）多变柯林（Form. *Lithocarpus variolosus*）

（21）多变柯、刺栲群落（*Lithocarpus variolosus*，*Castanopsis hystrix* Comm.）

该群落分布在高黎贡山南段海拔 2350 m 的近山脊处，分布地段水湿条件较好，林木生长茂密，林内阴暗潮湿，土壤为黄棕壤。乔木层组成树种以多变柯和刺栲占优势，其他树种有尼泊尔桤木、银木荷、金叶子、杜鹃等。灌木主要有杜鹃、野八角、紫金牛、半齿铁仔、柃木、带鞘箭竹 *Fargesia contracta*、茵芋、瑞香、鹅掌柴等。草本植物主要有石生楼梯草 *Elatostema rupestre*、沿阶草、毛九节 *Psychotria pilifera*、竹叶子 *Streptolirion volubile*、秋海棠 *Begonia grandis*、腋花扭柄花、翠云草 *Selaginella uncinata* 等。

（22）多变柯、红花木莲群落（*Lithocarpus variolosus*，*Manglietia insignis* Comm.）

该群落主要分布在贡山丹珠箐等地，群落高约 25 m，总盖度达 100%。乔木上层主要种类有多变柯、红花木莲、野核桃、槭树、尼泊尔桤木等。乔木下层高约 7 m，层盖度约 20%，主要是长穗桦、水红木、槭树等。灌木层高约 4 m，层盖度约 50%，主要种类是裂果漆、水麻 *Debregeasia orientalis*、皱叶杜茎山、绢毛悬钩子、红泡刺藤、东陵绣球 *Hydrangea bretschneideri* 等。草本层高约 1 m，盖度约 60%，主要有贡山蓟 *Cirsium eriophoroides*、类芦、大叶仙茅 *Curculigo capitulata*、长根金星蕨、滇紫草 *Onosma paniculatum*、锐齿凤仙花、单芽狗脊等。

（23）多变柯、青冈群落（*Lithocarpus variolosus*，*Cyclobalanopsis glauca* Comm.）

该群落主要分布在独龙江流域南部和高黎贡山东坡海拔 2400 m 的中山地段。群落高约 15 m，群落总盖度约 95%。乔木层有多变柯、青冈、尼泊尔桤木、光叶珙桐、水青树、野核桃、长梗润楠、粗枝杜鹃、猫儿屎、水红木、贡山猴欢喜等。灌木层高约 1 m，层盖度约 50%，主要有绢毛悬钩子、红泡刺藤 *Rubus niveus*、水麻 *Debregeasia orientalis* 等。草本层高约 1 m，层盖度约 50%，常见落新妇 *Astilbe chinensis*、顶芽狗脊 *Woodwardia unigemmata*、蜜蜂花 *Melissa axillaris* 等。

（24）多变柯、森林榕群落（*Lithocarpus variolosus*，*Ficus neriifolia* Comm.）

该群落主要分布于昔马尖峰山西南至灰河河头海拔 2000 m 以上的部分区域。群落高度 20～25 m，林木郁闭度达 85%以上。乔木高度 15 m 以上，以多变柯、森林榕占优势，其他有团香果 *Lindera latifolia*、瑞丽鹅掌柴 *Schefflera shweliensis*、青冈 *Cyclobalanopsis glauca*、山地山龙眼 *Helicia clivicola*、川西樱桃 *Cerasus trichostoma* 等。乔木中层高 10～15 m，主要种类有薄叶山矾 *Symplocos anomala*、滇四角枪 *Eurya paratetragonoclada* 等。乔木下层高 5～10 m，主要有针齿铁仔 *Myrsine semiserrata*、柄果海桐 *Pittosporum podocarpum*、龙陵新木姜子 *Neolitsea lunglingensis* 等。

灌木层高度约 5 m，盖度 40%～50%，主要有须弥青荚叶 *Helwingia hmalaica*、竹叶榕 *Ficus stenophylla*、盘叶罗伞 *Brassaiopsis fatsioides*、厚皮香海桐 *Pittosporum ternstroemioides* 等。草本层盖度 20%～30%，常见种类有钝叶楼梯草 *Elatostema obtusum*、鱼鳞蕨 *Acrophorus stipellatus*、滇西瘤足蕨 *Plagiogyria communis*、小花姜花 *Hedychium sinoaureum*、单花红丝线 *Lycianthes lysimachioides*、长叶粗筒苣苔 *Briggsia longifolian*、匍茎沿阶草 *Ophiopogon sarmentosus*、弧距虾脊兰 *Calanthe arcuata*、绒叶斑叶兰 *Goodyera velutina* 等。层间植物有硬齿猕猴桃 *Actinidia callosa*、游藤卫矛 *Euonymus vagans*、粉花马兜铃 *Aristolochia transsecta*、红素馨 *Jasminum beesianum*、鸡矢藤 *Paederia scandens*、三角叶薯蓣 *Dioscorea deltoidea*、细圆藤 *Pericampylus glaucus*、多叶花椒 *Zanthoxylum multijugum* 等。附生植物有白花树萝卜 *Agapetes mannii*、宽叶耳唇兰 *Otochilus forrestii*、尾尖石仙桃 *Pholidota protracta*、船唇兰 *Stauropsis undulata* 等。

25）薄片青冈林（Form. *Cyclobalanopsis lamellosa*）

该群系分布于高黎贡山海拔 1600～2400 m 的河谷及山体下部地带，群落林冠整齐，林下和层间植物丰富。按群落结构和物种组成可分为 6 个群丛。

（28）薄片青冈、红河鹅掌柴群落（*Cyclobalanopsis lamellosa*，*Schefflera hoi* Comm.）

主要分布于独龙江流域河谷地带受人类活动影响较严重的地段。群落高约 8 m，总盖度约 90%。乔木层有薄片青冈、红河鹅掌柴、水东哥 *Saurauia* sp.、蜡瓣花 *Corylopsis* sp. 等。灌木层高 1～2.5 m，有穗序鹅掌柴、线尾榕 *Ficus filicauda*、老鸦糊 *Callicarpa giraldii*、尖子木 *Oxyspora paniculata*、皱叶杜茎山 *Maesa rugosa* 等。草本层盖度约 50%，常见的有类芦 *Neyraudia reynaudiana*、大叶鳞毛蕨、雾水葛 *Pouzolzia zeylanica*、毛轴蕨 *Pteridium revolutum*、糙毛野丁香 *Leptodermis nigricans* 等。

（30）薄片青冈、石栎群落（*Cyclobalanopsis lamellosa*，*Lithocarpus* sp. Comm.）

该群落分布于高黎贡山阳坡、半阳坡的开阔地段，海拔 2000～2400 m，尤以南段西坡一带较为典型集中。由于南北分布跨度较大，树种组成除共有的薄片青冈外，其余混生种类，南北有所差异，如南部有较多的硬斗石栎 *Lithocarpus hancei*、南亚含笑、滇西冬青 *Ilex forrestii* 等。北段和较高海拔地区则以银木荷、多变石栎等更常见。独龙江地区又是贡山木荷、俅江青冈、贡山木莲、独龙石栎等较多。其他混生树种有稠李 *Prunus padus*、滇西冬青 *Ilex forrestii*、野桂花 *Osmanthus yunnanensis* 等。林下灌木主要有杜鹃、针齿铁仔、独龙枪 *Eurya taronensis*、水红木 *Viburnum cylindricum*、显脉荚蒾 *V. nervosum*、常春木 *Merrilliopanax listeri*、锈色花楸 *Sorbus ferruginea*、云南绣线梅 *Neillia serratisepala*、尖子木 *Oxyspora paniculata*、尼泊尔水东哥 *Saurauia napaulensis* 等。草本有乌毛蕨 *Blechnum orientale*、宽叶楼梯草 *Elatostema platyphyllum*、橙花开口箭 *Rohdea aurantiaca*、俅江乌蔹莓 *Cayratia kiukiangensis*、延龄草 *Trillium tschonoskii* 等。

26）滇西青冈、润楠林（Form. *Cyclobalanopsis lobbii*，*Machilus nanmu*）

该群系主要分布在 28°N 以北高黎贡山的东坡面，海拔 1700 m 以下的阴湿地区，是纬度最靠北的常绿阔叶林类型。

乔木上层高 15～18 m，层盖度平均 50%，主要常绿成分有滇西青冈、长梗润楠 *Machilus longipedicellata*、红花木莲 *Manglietia insignis*、西藏山茉莉 *Huodendron tibeticum* 等，落叶成分有贡山猴欢喜 *Sloanea sterculiacea*、云南鹅耳枥 *Carpinus monbeigiana* 等。乔木下层高 5～10 m，盖度 15%～20%，主要有硬斗

石栎 *Lithocarpus hancei*、针齿铁仔 *Myrsine semiserrata*、怒江枇杷 *Eriobotrya salwinensis*、领春木 *Euptelea pleiosperma* 等。

灌木层高 1～3 m，盖度 30%～40%，以金珠柳 *Maesa montana*、西域青荚叶 *Helwingia himalaica*、老鸦糊 *Callicarpa giraldii* 等常见。

草本层盖度约 70%，主要有顶芽狗脊 *Woodwardia unigemmata*、石南藤 *Piper wallichii*、软雀花 *Sanicula elata*、竹叶草 *Oplismenus compositus* 等。

藤本植物种类比较丰富，但数量不多，缺乏大型木质藤本。附生植物极为繁杂，主要集中分布在 5 m 以下的树干和岩石之上，如小巢蕨 *Neottopteris nidus*、大星蕨 *Mcrosorum fortunei* 和黄蝉兰 *Cymbidium iridioides* 等。

27）巴东栎林（Form. *Quercus engleriana*）

该群系分布在高黎贡山西坡海拔 2300～2500 m 的河谷边缓坡上。其生境湿润，群落季相变化明显，群落外貌绿色。乔木有巴东栎、光叶珙桐、苦树、红柴枝 *Meliosma oldhamii*、刺叶冬青、蓝黑果荚蒾、长梗润楠、绒毛山梅花 *Philadelphus tomentosus* 等。灌木层高约 2 m，层盖度约 30%，常见城口马蓝、树八爪龙、冷地卫矛 *Euonymus frigidus*、刺叶冬青、藏东瑞香、长梗润楠、槭树、桦叶荚蒾 *Viburnum betulifolium* 等。草本层高约 0.5 m，层盖度约 60%，常见疏晶楼梯草、沿阶草、大叶鳞毛蕨、深绿双盖蕨 *Diplazium viridissimum*、方唇羊耳蒜 *Liparis glossula*、粗齿冷水花 *Pilea sinofasciata*、荚果蕨 *Matteuccia struthiopteris*、长柱重楼、毛轴蛾眉蕨、短蕊万寿竹等。

29）虎皮楠、硬斗柯林（Form. *Daphniphyllum* sp.，*Lithocarpus hancei*）

该群系分布在高黎贡山南段保山大蒿坪一带，海拔 2300～2400 m 的陡山坡与山脊，常年有云雾笼罩。乔木层以脉叶虎皮楠 *Daphniphyllum paxianum* 和硬斗柯 *Lithocarpus hancei* 占优势，混生有毛尖树 *Actinodaphne forrestii*、瑞丽润楠 *Machilus shweliensis*、红木荷 *Schima wallichii*、红花木莲 *Manglietia insignis*、日本杜英 *Elaeocarpus yunnanensis*、康藏花楸 *Sorbus thibetica* 等。灌木主要有十大功劳 *Mahonia fortunei*、针齿铁仔、虎刺、紫金牛、珍珠伞 *Ardisia maculosa* 等。草本植物常见有乌蔹莓 *Cayratia japonica*、沿阶草 *Ophiopogon bodinieri*、格脉黄精 *Polygonatum tessellatum*、腋花扭柄花 *Streptopus simplex*、齿瓣开口箭 *Tupistra fimbriata*、延龄草 *Trillium tschonoskii*、茜草 *Rubia cordifolia*、黄毛兔儿风 *Ainsliaea fulvipes* 等。

30）截果柯、印度木荷林（Form. *Lithocarpus truncatus*，*Schima khasiana*）

该群系分布于高黎贡山南段 2200～2400 m。群落外貌翠绿色，林内湿润，树上附生植物丰富。乔木上层高 15～18 m，盖度 15%～30%，主要有截果柯、印度木荷、银木荷 *Schima argentea*、西桦 *Betula alnoides*、硬斗石栎、马蹄荷 *Exbucklandia populnea*、红花木莲等。乔木下层高 8～12 m，盖度 20%～30%，组成树种有黄药大头茶 *Gordonia chrysandra*、舟柄茶、长蕊木兰 *Alcimandra cathcartii*、丽江柃 *Eurya handel-mazzettii* 等。

灌木层高 1～3 m，盖度约 30%，种类有针齿铁仔、岗柃 *Eurya groffii*、云南金叶子 *Craibiodendron yunnanense*、瑞香、木犀榄、荷包山桂花 *Polygala arillata*、胡颓子 *Elaeagnus pungens* 等。

草本层盖度为 25%～30%，主要种类有鳞毛蕨 *Dryopteris* sp.、耳蕨 *Polystichum* sp.、翠云草 *Selaginella uncinata* 等。附生植物有豆瓣绿 *Peperomia tetraphylla*、上树蜈蚣 *Rhaphidophora lancifolia*、贝母兰 *Coelogyne* sp. 等。

32）龙迈青冈林（Form. *Cyclobalanopsis lungmaiensis*）

该群系仅见独龙江流域海拔 1700～1900 m 的河谷地带。其生境湿润，群落结构简单。乔木层高约 6 m，层盖度约 80%，种类有龙脉青冈、长梗润楠、三股筋香 *Lindera thomsonii*、厚叶柯 *Lithocarpus pachyphyllus* 和尼泊尔桤木 *Alnus nepalensis* 等。灌木层高约 3 m，层盖度 80%，主要种类有多脉水东哥 *Saurauia polyneura*、西南绣球 *Hydrangea davidii*、猫儿屎 *Decaisnea fargesii*、马桑绣球 *Hydrangea aspera*、八角枫 *Alangium chinense*、裂果漆 *Toxicodendron griffithii*、密序溲疏 *Deutzia compacta* 等。草本层高约 0.6 m，层

盖度约 50%，主要有臭节草 *Boenninghausenia albiflora*、蛇莓 *Duchesnea indica*、卷叶黄精 *Polygonatum cirrhifolium*、金荞麦 *Fagopyrum dibotrys*、鹅毛玉凤花 *Habenaria dentata*、长叶茜草 *Rubia dolichophylla*、糯米团 *Gonostegia hirta*、大车前、辣蓼 *Polygonum hydropiper*、平卧蓼 *Polygonum strindbergii*、黄龙尾、肾叶天胡荽 *Hydrocotyle wilfordii* 等。藤本植物有青蛇藤 *Periploca calophylla*、滇藏五味子 *Schisandra neglecta*、大花青藤 *Illigera grandiflora* 等。

33）马蹄荷林（Form. *Exbucklandia populnea*）

该群系是次生性植被，主要分布于独龙江流域河谷地段，人为干扰比较严重。乔木上层高约 30 m，层盖度约 80%，只有马蹄荷一种。乔木下层高约 15 m，层盖度约 60%，主要有长梗润楠、三股筋香、长叶青冈、猫儿屎、多脉水东哥、领春木、印度木荷、八角枫等。灌木层高约 2 m，层盖度约 40%，常见马桑绣球、瓦山安息香 *Styrax perkinsiae*、羊耳菊 *Inula cappa*、长叶水麻 *Debregeasia longifolia* 等。草本层盖度约 85%，种类丰富，常见种类有宽叶荨麻 *Urtica laetevirens*、全缘火麻树 *Urtica zayuensis*、独龙江雪胆 *Hemsleya dulongjiangensis*、大蝎子草 *Girardinia diversifolia*、六铜钱叶神血宁 *Polygonum forrestii*、竹叶草 *Oplismenus compsitus*、大车前、尼泊尔老鹳草 *Geranium nepalense*、金荞麦、松风草、疏晶楼梯草、羽叶蓼 *Persicaria runcinata*、多枝香草 *Lysimachia laxa*、稀子蕨 *Monachosorum henryi*、鳞毛蕨、红腺蕨 *Diacalpe aspidioides* 等。附生植物有指叶假瘤蕨 *Phymatopteris dactylina*、纸质石韦、狭叶石韦、大瓦韦、带叶瓦韦 *Lepisorus loriformis* 等。

34）曼青冈林（Form. *Cyclobalanopsis oxyodon*）

该群系分布在高黎贡山多雨潮湿的怒江流域中段以北海拔 2300～2800 m 的山地中部，呈带状分布，或与铁杉针阔叶混交林呈镶嵌结构出现，或混生在针阔叶混交林之中，成为常绿阔叶林分布最高的类型。

（40）曼青冈、高山三尖杉群落（*Cyclobalanopsis oxyodon*，*Cephalotaxus fortunei* var. *alpina* Comm.）

分布在高黎贡山北部的山箐、沟谷，海拔 2400～2600 m，以高山三尖杉最为常见，有时也有油麦吊云杉 *Picea brachytyla* var. *complanata*、华山松 *Pinus armandii* 或云南黄果冷杉 *Abies ernestii* var. *salouenensis* 生长。另外，主林层中混生大量的落叶阔叶树，如槭树 *Acer* spp.、亮叶桦 *Betula luminifera*、水青树 *Tetracentron sinense*、尼泊尔桤木 *Alnus nepalensis* 等。林下小乔木高度在 6～8 m。盖度 20%～30%，主要种类有红河鹅掌柴 *Schefflera hoi*、薄叶马银花 *Rhododendron leptothrium*、薄片青冈 *Cyclobalanopsis lamellosa*、青冈 *Cy. glauca*、川西樱桃 *Prunus latidentata*、光皮桦等。灌木层高 1～3 m，盖度 15%～20%，常由水红木 *Viburnum cylindricum*、针齿铁仔 *Myrsine semiserrata*、冷地卫矛 *Euonymus amygdalifolia*、中华青荚叶 *Helwingia chinensis* 等组成。草被层盖度 25%～40%，主要有粉背瘤足蕨 *Plagiogyria media*、大羽鳞毛蕨 *Dryopteris wallichiana*、顶芽狗脊 *Woodwardia unigemmata* 等。

（41）曼青冈、多变柯群落（*Cyclobalanopsis oxyodon*，*Lithocarpus variolosus* Comm.）

该群落仅在海拔 2500 m 以上向阳凹地与局部山坡出现，常与铁杉针阔叶林混交镶嵌分布，或混杂在铁杉林之中，成为铁杉林的一个结构层次，以此过渡到典型的铁杉针阔叶混交林。生境特点是海拔偏高、气温低、空气湿度大、土层较薄。乔木上层高约 25 m，主要种类有曼青冈、多变柯、银木荷 *Schima argentea*、泥锥柯 *Lithocarpus fenestratus*、硬斗石栎 *L. hancei*。下层乔木高 8～10 m，盖度 75%左右，以水红木、泥锥石栎、长尾冬青 *Ilex longecaudata*、薄叶马银花 *Rhododendron leptothrium*、针齿铁仔等常见。灌木层高 2～3 m，盖度 10%左右，以冷地卫矛 *Euonymus porphyreus*、滇瑞香 *Daphne feddei*、单叶常春木 *Merrilliopanax lister* 等常见。草被层盖度约 5%。

（43）曼青冈、木莲群落（*Cyclobalanopsis oxyodon*，*Manglietia fordiana* Comm.）

该群落分布在海拔 2200～2500 m 的广大山坡，常连片带状分布。群落的主要特点是曼青冈林中混生红花木莲 *Manglietia insignis*、团花新木姜子 *Neolitsea homilantha*、长梗润楠 *Machilus longipedicellata*、绒毛红花荷 *Rhodoleia forrestii* 等，树高 20～25 m，盖度 70%～80%。群落的另一特点是林下小乔木层通常以高大的带鞘箭竹占优势，高度在 8～10 m，层盖度 40%～50%，混生有曼青冈、长梗润楠、红花木莲、长尾冬青 *Ilex longecaudata*、泡花树 *Meliosma cuneifolia*、薄叶马银花 *Rhododendron leptothrium* 等。灌木层高 2～4 m，层盖度 15%～25%。草被层盖度 10%～15%。

35）木果柯林（Form. *Lithocarpus xylocarpus*）

该群系分布在高黎贡山海拔 2000～2500 m 的地段。群落外貌墨绿色，林相整齐。组成种类常见的有木果柯、木荷、红花木莲、瑞丽山龙眼、杜英 *Elaeocarpus* sp.、针齿铁仔 *Myrsine semiserrata*、杜鹃、金丝桃 *Hypericum* sp.、菝葜、鳞毛蕨、沿阶草 *Ophiopogon bodinieri* 等。

36）青冈林（Form. *Cyclobalanopsis glauca*）

该群系在高黎贡山泸水市至贡山独龙族怒族自治县两岸海拔 1900～2300 m 的山体下半部有大片自然原始林保存。群落林冠整齐、暗绿，林下箭竹密生。上层乔木高 20～25 m，常见种类有银木荷 *Schima argentea*、红花木莲 *Manglietia insignis*、细毛润楠 *Machilus tenuipilis*、红淡比 *Adinandra japonica*、绒毛红花荷 *Rhodoleia forrestii*、硬斗石栎 *Lithocarpus hancei* 等。下层乔木高 8～12 m，主要由青冈、细毛润楠、硬斗石栎、山矾 *Symplocos* spp.、野八角 *Illicium simonsii*、云南臀果木 *Pygeum henryi*、常春木 *Merrilliopanax listeri* 等组成。灌木层高 2～3 m，层盖度 60%～70%，常以带鞘箭竹 *Fargesia contracta* 占绝对优势，混生虎刺 *Damnacanthus indicus*、乌饭叶菝葜 *Smilax myrtillus* 等。草被层盖度不超过 30%。附生与半附生植物常见有小果蕗蕨 *Mecodium microsorum*、纸质石韦 *Pyrrosia heteractis*、小叶吊石苣苔 *Lysionotus microphyllus*、书带蕨 *Vittaria flexuosa*、鳞轴小膜盖蕨 *Araiostegia perdurans* 等。

37）俅江青冈林（Form. *Cyclobalanopsis kiukiangensis*）

该群系主要分布在独龙江南部海拔 1400～2000 m 的地区，是一类分布海拔较低的中山湿性常绿阔叶林；其在海拔较低处多分布于河边陡坡，海拔较高处则发育在江边台地上。俅江青冈林生境温暖湿润，群落外貌呈暗绿色，林冠整齐，群落结构复杂，垂直分层不明显，附生植物丰富。

乔木上层高 22～24 m，层盖度 70%左右，主要有俅江青冈、毛曼青冈 *Cy. gambleana*、细毛润楠、贡山润楠 *Machilus gongshanensis*、长梗润楠、印度木荷、红花木莲 *Manglietia insignis*、马蹄荷、绒毛红花荷 *Rhodoleia forrestii*、西藏山茉莉 *Huodendron tibeticum* 等。乔木下层高 5～20 m，层盖度约 30%，主要有长梗润楠、绒毛新木姜子 *Neolitsea tomentosa*、齿叶铁仔、硬斗石栎 *Lithocarpus hancei*、乔木茵芋、鼠刺 *Itea chinensis*、硬毛山香圆 *Turpinia affinis*、角柄厚皮香 *Ternstroemia biangulipes*、夺目杜鹃 *Rhododendron arizelum*、长蒴杜鹃、大萼珍珠花 *Lyonia macrocalyx*、绒毛山胡椒 *Lindera nacusua*、滇西冬青 *Ilex forrestii* 等。

灌木层高 1～3 m，层盖度约 30%，主要有光叶偏瓣花 *Plagiopetalum serratum*、坚木山矾 *Symplocos dryophila*、贡山竹 *Gaoligongshania megalothyrsa*、白瑞香 *Daphne papyracea*、贡山箭竹 *Fargesia gongshanensis*、水红木、美果九节 *Psychotria calocarpa*、长梗常春木 *Merrilliopanax membranifolius* 等。

草本层盖度 20%～40%，主要有细裂耳蕨 *Polystichum wattii*、铁角蕨 *Asplenium trichomanes*、食用莲座蕨 *Angiopteris esculenta*、密叶瘤足蕨 *Plagiogyria communis*、兖州卷柏 *Selaginella involvens*、沿阶草 *Ophiopogon bodinieri* 等。

层间植物丰富，主要有雨蕨 *Gymnogrammitis dareiformis*、大瓦韦、白边瓦韦 *Lepisorus morrisonensis*、纸质石韦 *Pyrrosia heteractis*、短柄吊石苣苔 *Lysionotus sessilifolius*、尾叶芒毛苣苔 *Aeschynanthus stenosepalus*、淮通 *Aristolochia moupinensis*、爬树龙 *Raphidophora decursiva*、蓝果蛇葡萄 *Ampelopsis bodinieri*、八月瓜 *Holboellia latifolia*、兰科植物等。

41）硬斗柯林（Form. *Lithocarpus hancei*）

该群系分布于盈江昔马尖峰山及独龙江流域海拔 2000～2450 m 地段。昔马尖峰山的群落上层高约 20 m，郁闭度高达 95%左右，主要有硬斗柯、窄叶柯 *Lithocarpus confinis*、盈江青冈 *Cyclobalanopsis yingjiangensis*、粗毛杨桐 *Adinandra hirta*、滇缅冬青 *Ilex wardii*、森林榕 *Ficus neriifolia*、肋果茶 *Sladenia celastrifolia*、全缘石楠 *Photinia integrifolia* 等；乔木中层有针齿铁仔 *Myrsine semiserrata*、瑞丽鹅掌柴 *Schefflera shweliensis*、山地山龙眼 *Helicia clivicola*、贡山八角 *Illicium wardii*、长梗润楠 *Machilus longipedicellata*、密花黄肉楠 *Actinodaphne confertiflora*、灌丛泡花树 *Meliosma dumicola* 等；乔木下层有常春木 *Merrilliopanax listeri*、厚皮香海桐 *Pittosporum ternstroemioides*、角柄厚皮香 *Ternstroemia biangulipes* 等。

灌木层有长肩毛玉山竹 *Yushania vigens*、缅甸方竹 *Chimonobambusa armata*、西南绣球 *Hydrangea davidii*、西域青荚叶 *Helwingia himalaica* 等。草本层盖度15%~30%，代表种类有匍茎沿阶草 *Ophiopogon sarmentosus*、滇西瘤足蕨 *Plagiogyria communis*、锐齿凤仙花 *Impatiens arguta*、延叶珍珠菜 *Lysimachia decurrens*、大百合 *Cardiocrinum giganteum* 等。

层间植物主要是常春藤 *Hedera nepalensis* var. *sinensis*、冠盖藤 *Pileostegia viburnoides*、厚叶钻地风 *Schizophragma crassum*、扭果紫金龙 *Dactylicapnos torulosa*、青羊参 *Cynanchum otophyllum*、素方花 *Jasminum officinale* 等。附生植物有扁葶鸢尾兰 *Oberonia pachyrachis*、竹叶兰 *Arundina graminifolia*、长距石斛 *Dendrobium longicornu*、莎草兰 *Cymbidium longifolium* 等。

8. 山顶苔藓矮林

山顶苔藓矮林主要分布在高黎贡山海拔2700~3100 m的山坡上部和顶部。分布区多盛行强风，土层多浅薄，故林木低矮、弯曲。随着海拔的升高，气候温凉多雨，经常处于浓雾之中，致使林内地表、岩石、树枝上苔藓等附生植物丰富。

42）杜鹃林（Form. *Rhododendron* spp.）

该群系以杜鹃花属 *Rhododendron* spp.植物为主，林相整齐，林分结构简单，优势种明显，多为稠密的单层林，总盖度常在80%左右，主要树种有凸尖杜鹃 *Rhododendron sinogrande*、血红杜鹃 *Rh. sanguineum*、马缨杜鹃 *Rh. delavayi*、银木荷 *Schima argentea* 等。混生种类有澜沧杜英 *Elaeocarpus japonicus* var. *lantsangensis*、云南木樨榄 *Olea tsoongii*、多花山矾 *Symplocos ramosissima*、针齿铁仔 *Myrsine semiserrata*、山柿子果 *Lindera longipedunculata* 等。林内阴暗潮湿，灌木、草本时多时少，一般是山顶、陡坡较贫乏，缓坡、洼地较多，常见的灌木种类有云龙箭竹 *Fargesia papyrifera*、光亮玉山竹 *Yushania levigata*、窄叶连蕊茶 *Camellia tsaii*、柃木 *Eurya* spp.、藏东瑞香 *Daphne bholua*、长小叶十大功劳 *Mahonia lomariifolia* 等。草本植物盖度15%~20%，常见的有大叶冷花水 *Pilea martini*、钝叶楼梯草 *Elatostema obtusum*、四回毛枝蕨 *Arachniodes quadripinnata*、大羽鳞毛蕨 *Dryopteris wallichiana*、刺果猪殃殃 *Galium aparine* var. *echinospermum*、沿阶草等。林中附生苔藓植物特别丰富，其树干与树枝常被有5~8 cm厚的苔藓层，还有长松萝 *Usnea longissima* 悬挂于树枝。林内藤本植物也较多见，主要有长尖叶蔷薇 *Rosa longicuspis*、厚果崖豆藤 *Millettia pachycarpa*、叉须崖爬藤 *Tetrastigma hypoglaucum*、刺花椒 *Zanthoxylum acanthopodium* 等。

四、硬叶常绿阔叶林

9. 低山棕榈林

低山棕榈林是以贡山棕榈 *Trachycarpus princeps* 为标志的群落，仅分布在贡山丙中洛石门关及尼瓦洛的阳向陡坡上，多为大理石基岩的悬崖峭壁，贡山棕榈是一种喜钙植物，棕榈林高1~6 m，混生树种有野樱、云南松，灌木有花楸 *Sorbus* sp.、栒子 *Cotoneaster* sp.、绣线菊 *Spiraea* sp.、山蚂蝗 *Desmodium* sp.、木蓝 *Indigofera* sp.等。草本有拟金茅 *Eulaliopsis binata*、小草沙蚕 *Tripogon filiformis*、蜈蚣草 *Pteris vittata*、魏氏金茅 *Eulalia wightii*、旱茅 *Schizachyrium delavayi* 等。

10. 干热河谷硬叶常绿栎林

44）铁橡栎、锈鳞木犀榄林（Form. *Quercus cocciferoides*，*Olea europaea* subsp. *cuspidata*）

该群系分布在高黎贡山北段东坡怒江河谷一侧，海拔1700~1900 m。上层乔木主要有铁橡栎、尖叶木犀榄、清香木 *Pistacia weinmanniifolia* 等，盖度 50%~60%。灌木层主要有黄杨叶栒子 *Cotoneaster buxifolius*、针齿铁仔 *Myrsine semiserrata*、华西小石积 *Osteomeles schwerinae*、云南土沉香 *Excoecaria acerifolia*、马桑 *Coriaria nepalensis*、异叶海桐 *Pittosporum heterophyllum*、沙针 *Osyris quadripartita* 等。草本植物主要有芸香草 *Cymbopogon distans*、卷柏 *Selaginella tamariscina*、荩草 *Arthraxon hispidus* 等。

五、落叶阔叶林

12. 暖性落叶阔叶林

46）胡桃林（Form. *Juglans regia*）

该群系主要在高黎贡山麻必洛、丹珠箐、迪麻洛等地海拔 1800~2000 m 的沟谷地带零星分布。在独龙江流域混生于常绿阔叶林中，很少成片分布。乔木层高约 25 m，层盖度约 75%，主要种类有胡桃、滇润楠、青榨槭等。灌木层高约 2 m，层盖度约 50%，主要种类有尼泊尔水东哥 *Saurauia napaulensis*、穗序鹅掌柴、罗伞、缅甸木莲等。草本层盖度约 50%，主要种类有骤尖楼梯草 *Elatostema cuspidatum*、一把伞南星、德俊贯众 *Cyrtomium yuanum*、骨齿凤了蕨 *Coniogramme caudata* 等。

47）麻栎、锐齿槲栎林（Form. *Quercus acutissima*，*Quercus aliena* var. *acuteserrata*）

该群系呈块状分布于高黎贡山南段海拔 1000~2000 m 的阳坡。群落季相变化明显，林分结构简单，以麻栎占优势，混生锐齿槲栎、尼泊尔桤木、云南松等。灌木有鸡嗉子榕 *Ficus semicordata*、木蓝 *Indigofera* sp.、算盘子 *Glochidion puberum*、余甘子 *Phyllanthus emblica*、野拔子、地桃花 *Urena lobata*、珍珠花、驳骨丹 *Buddleja asiatica*、波叶山蚂蝗 *Desmodium sinuatum*、光叶水锦树 *Wendlandia wallichii*、木紫珠 *Callicarpa arborea* 等。草本植物主要有类芦 *Neyraudia reynaudiana*、五节芒 *Miscanthus floridulus*、云南裂稃草、细柄草 *Capillipedium parviflorum*、茜草、聚花艾纳香 *Blumea fistulosa* 等。

48）栓皮栎、大叶栎林（Form. *Quercus variabilis*，*Quercus griffithii*）

该群系季相变化明显，林分结构简单，多为同龄单层纯林，常以栓皮栎占优势，并混生大叶栎、尼泊尔桤木 *Alnus nepalensis*、云南松 *Pinus yunnanensis* 等。由于林内较干燥，林下灌木、草本多为耐旱喜光成分，如鸡嗉子榕 *Ficus semicordata*、毛果算盘子 *Glochidion eriocarpum*、余甘子 *Phyllanthus emblica*、野拔子 *Elsholtzia rugulosa*、地桃花 *Urena lobata*、珍珠花 *Lyonia ovalifolia*、驳骨丹 *Buddleja asiatica*、长波叶山蚂蝗 *Desmodium sequax*、木紫珠 *Callicarpa arborea* 等。草本植物主要有类芦 *Neyraudia reynaudiana*、五节芒 *Miscanthus floridulus*、细柄草 *Capillipedium parviflorum*、东风草 *Blumea megacephala*、欧洲蕨 *Pteridium aquilinum* 等。

49）泡花树林（Form. *Meliosma cuneifolia*）

该群系仅分布于高黎贡山北段独龙江恰巴戬麻必洛河边，海拔 2400~2500 m 的平缓地段，生境湿润，土壤肥厚。群落外貌比较整齐，具有明显的季节变化。乔木上层高 30~35 m，层盖度约 80%，植物种类有泡花树、亚东杨和刺叶冬青。乔木中层高 15~20 m，层盖度约 60%，主要种类有光叶珙桐、中国苦树、樱果朴等。灌木层高约 2.5 m，层盖度约 60%，以城口马蓝为优势种，混生有蓝黑果荚蒾、树八爪龙。草本层盖度约 90%，主要有粗齿冷水花、假楼梯草、大蝎子草、间型沿阶草 *Ophiopogon intermedius*、黄水枝、一把伞南星、延龄草、方唇羊耳蒜、大百合 *Cardiocrinum giganteum*、五叶草、游藤卫矛 *Euonymus vagans*、荚果蕨、长根金星蕨、墨脱对囊蕨 *Deparia medogensis*、深绿短肠蕨、聂拉木蹄盖蕨 *Athyrium nyalamense*、凤尾蕨等。附生植物非常丰富，有褐柄剑蕨 *Loxogramme duclouxii*、友水龙骨 *Polypodiodes amoena*、长柄蕗蕨 *Mecodium polyanthos*、庐山石韦 *Pyrrosia sheareri* 等。

50）尼泊尔桤木林（Form. *Alnus nepalensis*）

该群系主要分布在高黎贡山 2400 m 以下的局部湿润山地，林相整齐，结构单一，常以尼泊尔桤木为主，同时多有西桦 *Betula alnoides* 与长穗桦 *Betula cylindrostachya* 出现。林下灌木、草本常因不同的生境条件有较大变化，在低海拔的阳坡，多出现悬钩子 *Rubus* spp.类植物，盖度可达 60%左右，草本植物有薹草 *Carex* sp.、板凳果 *Pachysandra axillaris*、千里光 *Senecio scandens*、牡蒿 *Artemisia japonica* 等。生长在高海拔阴坡的尼泊尔桤木林，林下以箭竹 *Fargesia* spp.、虎刺 *Damnacanthus indicus*、山矾 *Symplocos* sp.、杜鹃 *Rhododendron* spp.等种类较多，盖度可达 70%左右。草本以毛轴蕨 *Pteridium revolutum*、薹草 *Carex* sp. 最为显著。附生植物有书带蕨 *Haplopteris flexuosa*、长圆叶树萝卜 *Agapetes oblonga*、虎头兰 *Cymbidium hookerianum* 等。

51）香椿林（Form. *Toona sinensis*）

该群系仅见于独龙江恰巴戳，生长于麻必洛河边的平缓地段，生境湿润，土壤肥厚。乔木上层高约 35 m，层盖度约 50%，只有香椿一种。乔木中层高约 20 m，层盖度约 60%，主要有青冈栎、刺叶冬青、槭树等。乔木下层高约 12 m，层盖度约 30%，以刺叶冬青为主。灌木层高约 2 m，层盖度约 60%，主要有香椿、润楠、水青树、刺叶冬青、城口马蓝、蓝黑果荚蒾、藏东瑞香 *Daphne bholua*、树八爪龙等。草本层盖度约 70%，常见沿阶草、疏晶楼梯草、荚果蕨、大叶鳞毛蕨、粗齿冷水花、细瘦悬钩子、方唇羊耳蒜、长柱重楼、短蕊万寿竹、大百合、凤仙花、单芽狗脊蕨、宽叶荨麻、顶果轴鳞蕨等。附生植物主要有庐山石韦、毛蕗蕨 *Mecodium exsertum*、指叶假瘤蕨、大果假瘤蕨 *Phymatopteris griffithiana* 等。

13. 温性落叶阔叶林

53）红桦林（Form. *Betula utilis* var. *sinensis*）

该群系分布在高黎贡山中部以北的广大地区，以贡山东哨房至 12 号桥，海拔 2800～3000 m 一带比较典型集中，是阴湿山坡上经砍伐冷杉之后而发展起来的次生林或残留林，因而群落结构简单。乔木层高约 10 m，盖度可达 80%左右，以红桦为主，混生有五裂槭 *Acer oliverianum*、花楸 *Sorbus* spp.、镰果杜鹃 *Rhododendron fulvum*、箭竹 *Fargesia* sp.、灯笼树 *Enkianthus chinensis*、杜鹃 *Rhododendron* spp.等。草本层常见凤仙花 *Impatiens* sp.、蓼 *Polygonum* sp.、钝叶楼梯草 *Elatostema obtusum*、纤维鳞毛蕨 *Dryopteris sinofibrillosa*、蟹甲草 *Cacalia* sp.、薹草 *Carex* sp.等耐阴湿的种类。

54）西桦林（Form. *Betula alnoides*）

该群系分布在高黎贡山南部地形陡峻的箐沟边坡与土壤水分较好的阳坡，海拔 1500～2000 m，多呈小块状出现。植物组成除西桦外，常有白穗柯 *Lithocarpus craibianus*、滇润楠 *Machilus yunnanensis*、华檫木 *Sinosassafras flavinervium*、鹅掌柴 *Scheflera* sp.、狭叶冬青 *Ilex fargesii*、披针叶杜英 *Elaeocarpus lanceaefolius* 和少量的华山松 *Pinus armandii* 与云南松 *P. yunnanensis* 等。灌木层高度 2～3 m，盖度约 20%，主要有越橘 *Vaccinium* sp.、单叶常春木、山矾 *Symplocos* sp.、针齿铁仔 *Myrsine semiserrata*、包疮叶 *Maesa indica* 等。草本植物主要有林下凤尾蕨 *Pteris grevilleana*、浆果薹草 *Carex baccans*、沿阶草 *Ophiopogon* sp.、楼梯草 *Elatostema* spp.、头花蓼 *Polygonum capitatum* 等，在一些干旱地方出现旱茅 *Schizachyrium delavayi*、细柄草 *Capillipedium parviflorum*、四脉金茅 *Eulalia quadrinervis*、华火绒草 *Leontopodium sinense*、野拔子 *Elsholtzia rugulosa* 等。

55）长穗桦林（Form. *Betula cylindrostachya*）

该群系分布在常绿阔叶林被破坏的地段，群落中多见尼泊尔桤木。群落高 20～25 m，总盖度 85%以上。上层主要为长穗桦与尼泊尔桤木，层盖度约 60%。林下乔木树种有木荷 *Schima* sp.、马蹄荷、石栎、槭树、润楠等。灌木层盖度约 70%，高 2～3 m，主要有珍珠伞、齿叶铁仔、亮毛杜鹃 *Rhododendron microphyton*、厚皮香、箭竹、异叶梁王茶 *Metapanax davidii* 等。草本层盖度约 50%，主要有普通凤了蕨 *Coniogramme intermedia*、顶芽狗脊蕨、金毛狗 *Cibotium barometz*、沿阶草、凤仙花、虾脊兰、纸质石韦、怒江天胡荽 *Hydrocotyle salwinica*、尼泊尔蓼等。

六、暖性针叶林

15. 暖温性针叶林

58）不丹松林（Form. *Pinus bhutanica*）

该群系在高黎贡山仅分布于 28°N 以北的独龙江布卡旺、献九当、迪正当，多呈团块状分布，基本为纯林。灌木有单叶常春木、山矾 *Symplocos* sp.、针齿铁仔 *Myrsine semiserrata*、粗毛罗伞 *Brassaiopsis hispida*、西域旌节花 *Stachyurus himalaicus* 和杜鹃 *Rhododendron* spp.等。

59）华山松林（Form. *Pinus armandii*）

该群系仅见于泸水姚家坪附近山体中上部的阳坡山脊，分布海拔 2700～2900 m，土壤为黄棕壤。林相整齐，呈绿色，为单层纯林。常混有少量栎类、桦木、云南松等树种。灌木主要有越橘、大白杜鹃、珍珠花、小叶来江藤 *Brandisia hancei*、锈线菊、荚蒾、水红木等。草本植物以刺芒野古草占优势，混生有旱茅、四脉金茅、委陵菜、宽穗兔儿风、野拔子等。

60）云南松林（Form. *Pinus yunnanensis*）

该群系仅在高黎贡山贡山丙中洛与独龙江迪正当一线以北有成片的云南松林出现。其他地区仅在阳坡与半阳坡陡峻山坡有局部分布。林相整齐，结构简单，多为同龄单层纯林，有时与栎类、尼泊尔桤木混生，但松树的比例过半。灌木多为耐旱种类，如珍珠花 *Lyonia ovalifolia*、马缨杜鹃 *Rhododendron delavayi*、白花杜鹃 *Rh. mucronatum*、陕西绣线菊 *Spiraea wilsonii*、小檗 *Berberis* sp.、菝葜 *Smilax* sp.等。草本植物有四脉金茅 *Eulalia quadrinervis*、毛轴蕨 *Pteridium revolutum*、地果 *Ficus tikoua*、杏叶茴芹 *Pimpinella candolleana*、旱茅 *Eremopogon delavayi*、刺芒野古草 *Arundinella setosa*、细柄草 *Capillipedium parviflorum*、野拔子 *Elsholtzia rugulosa* 等。

16. 暖温性针阔叶混交林

61）华山松针阔叶混交林

该群系在高黎贡山海拔 2700～3000 m 的沟边与山脚均有分布，生境较为潮湿，土壤较肥沃，常与铁杉针阔叶混交林呈插花分布。灌木层高 2～3 m，层盖度 40%～50%，有柳叶忍冬 *Lonicera lanceolata*、毛枝茶藨子 *Ribes tenue* var. *puberulum*、长叶溲疏 *Deutzia longifolia*、近光滑小檗 *Berberis sublevis*、西域青荚叶 *Helwingia himalaica* 等。草本植物有楼梯草、纤维鳞毛蕨 *Dryopteris sinofibrillosa* 等。

62）台湾杉针阔叶混交林

该群系分布于贡山其期、念瓦洛河、双拉河及福贡拉布洛河，海拔 1800～2400 m。台湾杉树干通直挺拔，分枝较高。乔木中层高 20～25 m，常见种类有西藏山茉莉 *Huodendron tibeticum*、青冈 *Cyclobalanopsis glauca*、银木荷 *Schima argentea*、红花木莲 *Manglietia insignis*、马蹄荷 *Exbucklandia populnea*、南亚含笑 *Michelia doltsopa* 等。乔木下层高 8～14 m，盖度 30%～40%，主要有滇北杜英、针齿铁仔 *Myrsine semiserrata*、贡山润楠 *Machilus gongshanensis* 等。灌木层盖度 70%～80%，有针齿铁仔，坚木山矾 *Symplocos dryophila*、罗伞 *Brassaiopsis glomerulata* 等。草本植物有沿阶草 *Ophiopogon* sp.、薹草 *Carex* sp.、冷水花 *Pilea* sp.、楼梯草 *Elatostema* sp.等。藤本植物有飞龙掌血 *Toddalia asiatica*、崖爬藤 *Tetrastigma obtectum*、黑龙骨 *Periploca forrestii*、大果油麻藤 *Mucuna macrocarpa* 等。

63）须弥红豆杉针阔叶混交林

该群系见于独龙江支流白马旺河边等地，海拔 2400～2600 m。乔木层高约 20 m，层盖度约 75%，有贡山栎、须弥红豆杉、曼青冈和滇藏木兰。灌木层高约 2.5 m，层盖度为 15%左右，主要有城口马蓝、三股筋香 *Lindera thomsonii*、独龙十大功劳 *Mahonia taronensis*、多花山矾、树八爪龙、鹅掌柴等。草本层盖度为 65%左右，以粉背瘤足蕨为优势种，混生有顶果轴鳞蕨 *Dryopsis apiciflora*、冷水花、疏晶楼梯草、

假楼梯草 *Lecanthus peduncularis*、美丽南星 *Arisaema speciosum*、匍匐悬钩子 *Rubus pectinarioides*、细瘦悬钩子 *R. macilentus* 等。

七、温性针叶林

17. 温凉性针叶林

65）云南铁杉林（Form. *Tsuga dumosa*）

该群系多呈小块状分布于海拔 2700～3100 m。树冠平展，森林外貌呈绿色。乔木上层为云南铁杉，中层以杜鹃为优势种，混生有山矾、槭树、瑞丽鹅掌柴等。灌木种类有刺通草、茵芋、珍珠花、常春木、越橘、箭竹、五叶悬钩子、厚皮香、维西小檗 *Berberis schneideriana*、针齿铁仔、山矾等。草本植物主要有沿阶草、薹草、蛇莓、开口箭、兔儿风等。

18. 温凉性针阔叶混交林

66）云南铁杉针阔叶混交林

该群系从腾冲明光、泸水片马，向北直达贡山丙中洛一带，海拔 2800～3000 m 连片成带分布，是植被垂直带组成的重要部分，也可以说是高黎贡山植被垂直带谱的一大特点。多呈带状分布于半山坡。乔木上层有云南铁杉、多变石栎。乔木下层有糙皮桦 *Betula utilis*、樱桃、冠萼花楸 *Sorbus coronata*、吴茱萸五加 *Gamblea ciliata* var. *evodiifolia*、鹅掌柴 *Schefflera* sp.、滇藏钓樟 *Lindera obtusiloba* var. *heterophylla* 等。灌木层高约 2 m，以带鞘箭竹 *Fargesia contracta* 占绝对优势，其他灌木有曲萼茶藨子 *Ribes griffithii*、柳树 *Salix* sp.、康藏花楸 *Sorbus thibetica*、密序溲疏 *Deutzia compacta*、针齿铁仔、水红木、杜鹃、樱桃、乔木茵芋、山矾、十齿花 *Dipentodon sinicus*、野八角 *Illicium simonsii*、长穗蜡瓣花 *Corylopsis yui*、单叶常春木、虎刺等。草本层以瘤足蕨 *Pagiogyria adnata* 最为显著，其他有鳞毛蕨 *Driopteris* spp.、肾叶山蓼 *Oxyria digyna*、大百合 *Cardiocrinum giganteum*、独龙鹿药 *Maianthemum dulongense*、菊叶鱼眼草 *Dichrocephala chrysanthemifolia*、羽叶鬼灯擎 *Rodgersia pinnata*、圆柱柳叶菜 *Epilobium cylindricum*、沿阶草 *Ophiopogon* sp.、橙花开口箭 *Tupistra aurantiaca*、长柄蕗蕨 *Mecodium microsorum* 等。

分布于南段腾冲、泸水一带的同一群系，在海拔 2800 m 以下常有印度木荷 *Schima khasiana*、银木荷 *S. argentea*、绒毛红花荷 *Rhodoleia forrestii*、曼青冈 *Cyclobalanopsis oxyodon*、红花木莲 *Manglietia insignis*、野八角 *Illicium simonsii*、五裂槭 *Acer oliverianum* 等混生。

19. 寒温性针叶林

67）苍山冷杉林（Form. *Abies delavayi*）

该群系呈块状星散分布于海拔 3100～3500 m。森林类型林相稀疏，呈暗绿色，为单层纯林。灌木以箭竹占优势，混生有桦叶荚蒾 *Viburnum betulifolium*、锈线菊、冰川茶藨子 *Ribes glaciale*、峨眉蔷薇 *Rosa omeiensis*、杜鹃。草本层主要有薹草、飘拂草 *Fimbristylis* sp.、三叶悬钩子 *Rubus delavayi*、鞭打绣球 *Hemiphragma heterophyllum*、圆叶鹿蹄草 *Pyrola rotundifolia*、美丽龙胆 *Gentiana formosa*、头花蓼 *Polygonum capitatum*、吊石苣苔 *Lysionotus pauciflorus* 等。

68）怒江红杉林（Form. *Larix speciosa*）

该群系分布于北纬 28°以北的亚高山上部地带森林线附近，纯林较少，常与冷杉混交。灌木有箭竹、茶藨子、花楸、柳、珍珠花、木姜子、毛叶吊钟花 *Enkianthus deflexus*、悬钩子、地檀香 *Gaultheria forrestii*、葡枝金丝桃 *Hypericum reptans*、忍冬、荚蒾、滇藏冷地卫矛 *Euonymus frigidus* var. *wardii* 等。草本有走茎灯心草 *Juncus amplifolius*、薹草、酸模、肾叶龙胆 *Gentiana crassuloides*、香薷、柳叶菜、长鞭红景天 *Rhodiola fastigiata*、黄秦艽 *Veratrilla baillonii* 等。

69）怒江冷杉林（Form. *Abies nukiangensis*）

该群系分布于高黎贡山东坡海拔 3100 m 以上至树线的范围。乔木层以怒江冷杉为优势，混生有怒江红杉。灌木层高 1～3 m，主要有箭竹、杜鹃、圆叶珍珠花 *Lyonia doyonensis*、康藏花楸、溲疏 *Deutzia* sp.、茶藨子 *Ribes* sp.、荚蒾 *Viburnum* sp.、小檗 *Berberis* sp. 等。草本层有蛇莓、马先蒿 *Pedicularis* sp.、梅花草、唐松草 *Thalictrum* sp.、掌裂蟹甲草 *Parasenecio palmatisectus*、走茎灯心草 *Juncus amplifolius*、肾叶龙胆 *Gentiana crassuloides*、长鞭红景天 *Rhodiola fastigiata*、黄秦艽 *Veratrilla baillonii* 等。

70）油麦吊云杉林（Form. *Picea brachytyla* var. *complanata*）

该群系仅见于海拔 2400 m 的独龙江北部地带，多与常绿阔叶林混交，为单优种。乔木上层高约 35 m，层盖度约 85%。乔木中层高约 15 m，层盖度约 60%，有光叶珙桐、蓝黑果荚蒾、中国苦树、槭树等。乔木下层高约 6 m，主要有刺叶冬青。灌木层高约 2.5 m，层盖度约 60%，以城口马蓝为优势，混生有贡山栎、桦叶荚蒾、藏东瑞香、鹅掌柴等。草本层盖度约 40%，常见沿阶草、疏晶楼梯草、粗齿冷水花、深绿短肠蕨、短蕊万寿竹、凤仙花、一把伞南星、方唇羊耳蒜、长柱重楼、黄水枝、毛裂蜂斗菜、珠子参、天名精等。

71）急尖长苞冷杉林（Form. *Abies georgei* var. *smithii*）

该群系分布在北纬 28°以北海拔 3200～4000 m 的山体上半部。与油麦吊云杉 *Picea brachytyla* var. *complanata* 和大果红杉 *Larix potaninii* var. *macrocarpa* 混生。林下灌木以箭竹为主，其他有地檀香 *Gaultheria forrestii*、冰川茶藨子 *Ribes glaciale*、花楸 *Sorbus* sp.、木姜子 *Litsea* sp.、悬钩子 *Rubus* spp.、冷地卫矛 *Euonymus frigidus*、忍冬 *Lonicera* sp.、荚蒾 *Viburnum* sp. 等。

八、竹林

20. 热性竹林

72）黄竹林（Form. *Dendrocalamus membranaceus*）

该群系集中分布在海拔 700 m 以下的那邦坝羯阳河、勐来河、红崩河等河流及其支流的河谷两侧，呈条带状或小片状出现。群落外貌呈黄绿色，竹冠起伏不大，较为整齐。林内混生有少量季节雨林和季雨林中常见的乔木树种，主要有千果榄仁、常绿臭椿 *Ailanthus fordii*、红椿 *Toona ciliata*、高山榕 *Ficus altissima*、八宝树 *Duabanga grandiflora*、高山大风子 *Hydnocarpus alpinus*、木棉、山杜英 *Elaeocarpus sylvestris*、云树 *Garcinia cowa*、云南黄杞 *Engelhardtia spicata*、劲直刺桐 *Erythrina strica*、槟榔青 *Spondias pinnata*、千张纸 *Croxylum indium* 等。林下灌木有粗糠柴 *Mallotus philippinensis*、中平树 *Macaranga denticulata*、云南银柴 *Aporosa yunnanensis*、木奶果 *Baccaurea sapida*、一担柴 *Colona floribunda*、银叶巴豆 *Croton cascarilloides*、余甘子 *Phyllanthus emblica*、钝叶黄檀 *Dalbergia obtusifolia* 等。草本层发育不良，主要有蔓生莠竹 *Microstegium fasciculatum*、白茅 *Imperata cylindrica*、棕叶芦 *Thysanolaena maxima*、大叶仙茅 *Curculigo capitulata*、海金沙 *Lygodium japonicum* 等。藤本植物主要有买麻藤 *Gnetum montanum*、天仙藤 *Fibraurea recisa*、密疣菝葜 *Smilax chapaensis*、多花酸藤子 *Embelia floribunda* 和石风车子 *Combretum wallichii* 等。

73）龙竹林（Form. *Dendrocalamus giganteus*）

该群系呈小片状或条带状零散分布于盈江海拔 1200 m 以下的中低山下部和沟谷地带，多见于阴坡、沟谷底部和箐沟两侧阴森潮湿的地段，有时在荫蔽的季节雨林下作为下层乔木树种出现。龙竹分布地段常有不少季节雨林树种混生，主要有大果藤黄 *Garcinia pedunculata*、黄兰 *Michelia champaca*、大叶红光树 *Knema linifolia*、千果榄仁 *Terminalia myriocarpa*、麻楝 *Chukrasia tabularis*、印度栲 *Castanopsis indica*、刺栲 *Castanopsis hystrix*、聚果榕 *Ficus racemosa*、穗序鹅掌柴 *Schefflera delavayi* 等。林下灌木种类有米仔兰 *Aglaia odorata*、猴耳环 *Pithecellobium clypearia*、毛九节 *Psychotria pilifera*、南方紫金牛 *Ardisia yunnanensis*、

竹节树 *Carallia brachiata*、美登木 *Maytenus hookeri*、黑面神 *Breynia fruticosa*、假黄皮 *Clausena excavata*、火筒树 *Leea indica*、鱼尾葵 *Caryota maxima* 等。林下草本植物为耐阴种类，主要有柊叶 *Phrynium capitatum*、大叶仙茅 *Curculigo capitulata*、阳荷 *Zingiber striolatum*、石生楼梯草 *Elatostema rupestre*、薄叶卷柏 *Selaginella delicatula*、箭根薯 *Tacca chantrieri*、海芋 *Alocasia macrorrhiza* 等。林内藤本植物主要有买麻藤 *Gnetum montanum*、常春油麻藤 *Mucuna sempervirens*、攀茎钩藤 *Uncaria wangii*、长柄钩藤 *Uncaria longipedillata*、绒苞藤 *Congea tomentosa*、平叶酸藤子 *Embelia undulata* 等。附生植物有鸟巢蕨、爬树龙 *Rhaphidophora decursiva*、麒麟叶 *Epipremnum pinnatum*、石柑子 *Pothos chinensis*、石斛 *Dendrobium* ssp. 等。

74）缅甸竹林（Form. *Bambusa burmanica*）

该群系主要分布于盈江海拔 900 m 以下的河谷两侧阶地、台地、低山下部丘地及村寨附近和道路两侧。竹林周围或竹丛间混生有少量该区季雨林中常见的乔木，如麻楝 *Chukrasia tabularis*、高山榕 *Ficus altissima*、木棉 *Bombax ceiba*、楹树 *Albizia chinensis*、黄兰 *Michelia champaca*、山槐 *Albizia kalkora*、黄杞 *Engelhardia roxburghiana*、鹦哥花 *Erythrina arborescens* 等。灌木种类有翅果麻 *Kydia calycina*、长序山芝麻 *Helicteres elongata*、佛掌榕 *Ficus simplicissima* var. *hirta*、展毛野牡丹 *Melastoma normale*、水锦树 *Wendlandia uvariifolia*、余甘子 *Phyllanthus emblica*、大叶紫珠 *Callicarpa macrophylla*、绒毛算盘子 *Glochidion velutinum* 等。草本不发育，主要有排线草 *Desmodium pulchellum*、棕叶芦 *Thysanolaena latifolia*、类芦 *Neyraudia reynaudiana*、蚂蚱草 *Themeda gigantea* var. *villosa*、白茅 *Imperata cylindrica* 等。

75）真麻竹林（Form. *Cephalostachyum scandens*）

该群系分布于盈江海拔 1300～1800 m 的中低山下部和沟谷地带。林中混生有肉桂、滇润楠、瑞丽山龙眼、刺桐、大叶合欢 *Archidendron turgidum*、大果山香圆 *Turpinia pomifera*、银木荷 *Schima argentea*、翅柄紫茎 *Stewartia pteropetiolata*、木莲 *Manglietia fordiana* 等。灌木主要有围涎树、鹅掌柴、云南蒲桃 *Syzygium yunnanensis*、五月茶 *Antidesma bunius*、滇鼠刺 *Itea yunnanensis*、云南野扇花 *Sarcococca wallichii*、假黄皮等。林下草本极不发育，仅有少数耐阴湿种类，如楼梯草、秋海棠、苦苣苔、食用莲座蕨、凤尾蕨、卷柏、沿阶草等。

21. 暖热性竹林

76）缅甸方竹林（Form. *Chimonobambusa armata*）

该群系主要见于西坡暖湿地区，向北可达独龙江河谷，海拔 900～2000 m。缅甸方竹林上层分布不少乔木树种，如滇润楠 *Machilus yunnanensis*、钝叶桂 *Cinnamomum bejolghota*、多花含笑 *Michelia floribunda*、红花木莲 *Manglietia insignis*、马蹄荷 *Exbucklandia populnea*、印度木荷 *Schima khasiana*、截果柯 *Lithocarpus truncatus* 等。灌木种类主要有中华鹅掌柴 *Schefflera chinensis*、怒江十大功劳 *Mahonia salweenensis*、针齿铁仔 *Myrsine semiserrata*、乔木茵芋 *Skimmia arborescens*、虎刺 *Damnacanthus indicus*、常春木 *Merrilliopanax listeri* 等。草本层植物发育不良，仅见少量耐阴性种类，如宽叶楼梯草 *Elatostema platyphyllum*、沿阶草 *Ophiopogon bodinieri*、开口箭 *Tupistra chinensis*、小斑叶兰 *Goodyera repens*、乌毛蕨 *Blechnum orientale*、心叶兔儿风 *Ainsliaea bonatii* 等。藤本及附生植物有叉须崖爬藤 *Tetrastigma hypoglaucum*、四翅拔葜 *Smilax gagnepainii*、马兜铃 *Aristolochia debilis*、木防己 *Cocculus orbiculatus* 等。

77）宁南方竹林（Form. *Chimonobambusa ningnanica*）

该群系在南部大蒿坪、百花岭、曲石、界头、天台山，北部蛮英、灰坡、小黄沟、蔡家坝等地海拔 1800～2400 m 地带分布最为集中。云南方竹林上层乔木树种主要为该区中山湿性常绿阔叶林或季风常绿阔叶林的常见组成树种，主要见有硬斗石栎 *Lithocarpus hancei*、多变柯 *Li. variolosus*、毛脉青冈 *Cyclobalanopsis tomentosinervis*、青冈 *Cy. glauca*、盈江青冈 *Cy. yingjiangensis*、短刺锥 *Castanopsis echinocarpa*、滇润楠 *Machilus yunnanensis*、大头茶 *Gordonia axillaris*、南洋木荷 *Schima noronhae*、印度木荷 *Sc. khasiana* 等。混生灌木种类主要有十大功劳、针齿铁仔 *Myrsine semiserrata*、金珠柳 *Maesa montana*、滇南山矾

Symplocos hookeri、野桂花 *Osmanthus yunnanensis* 等。林下草本植物有大叶沿阶草 *Ophiopogon latifolius*、求米草 *Oplismenus undulatifolius*、金冠鳞毛蕨 *Dryopteris chrysocoma*、天门冬 *Asparagus cochinchinensis*、茜草 *Rubia cordifolia*、齿瓣开口箭 *Tupistra fimbriata* 等。

24. 寒温性竹林

80）箭竹林（Form. *Fargesia* spp.）

该群系是高黎贡山主要的寒温性竹林类型之一，全区均有分布。北部广泛见于灰坡、蛮英、蔡家坝、姚家坪、片马至听命湖海拔 2000～2600 m 地带；南部多见于大塘、百花岭、大蒿坪、天台山等地海拔 2500～2900 m 地带。分布区气候具有温凉、湿润、多雨的特征，林下土壤为棕壤、黄棕壤，局部高海拔处有暗棕壤，土壤肥沃，腐殖质层较厚，有机质积累较高，分解较慢。与箭竹林伴生的上层乔木树种有多花含笑、粗壮润楠 *Machilus robusta*、刺栲、青冈、硬斗石栎、木荷和高山栲等。灌木主要有越橘、梨叶悬钩子、碎米花 *Rhododendron spiciferum*、常春木、鹅掌柴、桦木等。草本植物有沿阶草、珍珠花、荫生冷水花 *Pilea umbrosa*、薹草、鳞毛蕨、瘤足蕨等。

九、阔叶灌丛

25. 热性灌丛

81）水锦树、银柴、黄牛木灌丛（Form. *Wendlandia* spp.，*Aporosa* spp.，*Cratoxylum cochinchinense*）

该群系在盈江海拔 1100 m 以下的中低山向阳坡面，宽谷盆地边缘的台地、坡地及砍薪的山地有分布。灌丛高 4～6 m，盖度 55%～75%。群落主要建群种有水锦树 *Wendlandia uvariifolia*、粗叶水锦树 *Wendlandia scabra*、染色水锦树 *Wendlandia tinctoria*、云南银柴 *Aporusa yunnanensis*、毛银柴 *A. villosa*、黄牛木 *Cratoxylum cochinchinense*、粗糠柴 *Mallotus philippinensis*、中平树 *Macaranga denticulata*、盐麸木 *Rhus chinensis* 等。草本植物种类较多，主要有棕叶芦 *Thysanolaena maxima*、类芦 *Neyraudia reynaudiana*、白茅 *Imperata cylindrica*、金发草 *Pogonatherum paniceum*、毛果珍珠茅 *Scleria levis*、曲轴海金沙 *Lygodium flexuosum* 等。

82）水柳灌丛（Form. *Homonoia riparia*）

该群系在盈江海拔 800 m 以下各主要河流及其支流均有分布。除水柳外，伴生植物有水竹蒲桃 *Syzygium fluviatile*、剑叶木姜子 *Litsea lancifolia*、河边千斤拔 *Flemingia fluminalis*、小叶五月茶 *Antidesma montanum* var. *microphyllum*、包疮叶 *Maesa indica*、河岸鼠刺 *Itea riparia* 等。灌丛间草本植物稀疏分布，如节节草 *Equisetum ramosissimum*、头花蓼 *Persicaria capitata*、星毛蕨 *Ampelopteris prolifera*、甜根子草 *Saccharum spontaneum*、畦畔莎草 *Cyperus haspan*、金丝草 *Pogonatherum crinitum*、孩儿草 *Rungia pectinata* 等。

26. 干热灌丛

84）浆果楝灌丛（Form. *Cipadessa baccifera*）

该群系广泛分布于高黎贡山南部东坡海拔 900～1400 m 的怒江峡谷西岸坡地。以坝湾、芒宽一带较为典型。群落外貌色调浅绿与深绿相间，丛冠起伏，群落高 0.5～1.5 m，总盖度 70%～95%。以灰毛浆果楝、白毛算盘子占优势，混生有清香木 *Pistacia weinmannifolia*、野拔子 *Elsholtzia rugulosa*、余甘子、黄杞、米饭花、水锦树、羊耳菊 *Inula cappa*、沙针 *Osyris wightiana*、云南锥蚂蟥 *Desmodium rockii*、圆锥菝葜 *Smilax bracteata*、粗叶榕 *Ficus hirta*、羽状地黄连 *Munronia pinnata*、圆叶舞草 *Desmodium gyroides* 等。草本层种类丰富，多为耐干热成分，主要有孔颖草 *Bothriochloa pertusa*、石芒草 *Arundinella nepalensis*、双蕊鼠尾粟 *Sporobolus diandrus*、红茎马唐 *Digitaria sanguinalis*、地胆草 *Elephantopus scaber*、黄茅 *Heteropogon contortus*、金茅、白茅、三点金草 *Desmodium triflorum*、条叶猪屎豆 *Crotalaria lnifolia*、绣球防风 *Leucasciliata*、矛叶荩草 *Arthraxon prionodes*、鳞花草 *Lepidagathis incurva*、耳草 *Hedyotis auricularia* 等。

85）虾子花、羊耳菊灌丛（Form. *Woodfordia fruticosa*，*Duhaldea cappa*）

该群系以坝湾一带分布较集中。群落外貌色调浅绿至灰绿色，丛冠波状起伏，总盖度85%～95%，高度1.5～1.8 m。以虾子花、羊耳菊占优势，其他还有灰毛浆果楝、绒毛算盘子、沙针、清香木、余甘子、滇刺枣 *Ziziphus mauritiana*、珍珠花、地桃花 *Urena lobata*、湄公锥 *Castanopsis mekongensis* 等。草本层以黄茅、孔颖草占绝对优势，其他还有石芒草、细柄草、白茅、粽叶芦 *Thysanolaena maxima*、金茅、艾蒿、密毛山梗菜 *Lobelia clavata*、红茎马唐、翼齿六棱菊 *Laggera pterodonta*、双蕊鼠尾栗等。

27. 暖温性灌丛

86）白珠灌丛（Form. *Gaultheria* spp.）

该群系分布于高黎贡山南部与中部山地上部，海拔2700 m以上的山脊与陡坡，多呈密集的团块状分布，以片马风雪垭口的最具代表性。群落外貌浓绿、林相整齐、结构紧密、优势种明显，盖度达90%以上。除白珠外，混生有杜鹃 *Rhododendron* spp.、珍珠花 *Lyonia ovalifolia*、峨眉蔷薇 *Rosa omeiensis*、枸子 *Cotoneaster* spp.、怒江十大功劳 *Mahonia salweenensis*、绣线菊 *Spiraea* sp.等。草本层有委陵菜 *Potentilla* spp.、蛇莓 *Duchesnea* indica、云南野古草 *Arundinella yunnanensis*、鞭打绣球 *Hemiphragma heterophyllum*、胀萼蓝钟花 *Cyananthus inflatus*、截形嵩草 *Kobresia cuneata*、黄腺香青 *Anaphalis aureopunctata* 等。

88）栎类灌丛（Form. *Fagaceae* spp.）

该群系分布于海拔1100～1700 m的中山坡面和山上部近山脊地带，以盈江的昔马、龙垒平山、灰河、石梯及铜壁关等地的较为典型。群落优势种有麻栎 *Quercus acutissima*、青冈 *Cyclobalanopsis* spp.、枹丝锥 *Castanopsis calathiformis*、小果锥 *Ca. fleuryi*、短刺锥 *C. echinocarpa*、印度栲 *Castanopsis indica*、刺栲 *Castanopsis hystrix* 等壳斗科树种。其他还有盐麸木 *Rhus chinensis*、紫珠 *Callicarpa bodinieri*、木紫珠 *Ca. arborea*、地桃花 *Urena lobata*、黑面神 *Breynia fruticosa*、密花树 *Myrsine seguinii*、岗柃 *Eurya groffii*、南亚泡花树 *Meliosma arnottiana*、绒毛算盘子 *Glochidion heyneanum*、猴耳环 *Pithecellobium clypearia* 等。草本植物主要有皱叶狗尾草 *Setaria plicata*、孟加拉野古草 *Arundinella bengalensis*、细柄草 *Capillipedium parviflorum*、毛果珍珠茅 *Scleria hebecarpa*、星毛金锦香 *Osbeckia stellata* 等。

89）珍珠花、乌鸦果、金叶子灌丛（Form. *Lyonia ovalifolia*，*Vaccinium fragile*，*Craibiodendron stellatum*）

该群系分布于盈江龙垒平山、石梯、昔马等地海拔1400～2000 m的中山上部近山脊坡面和山脊地带。群落高3～5 m，外貌呈灰绿色。该群系以珍珠花、乌鸦果、金叶子占优势，混生有红花木犀榄 *Olea rosea*、水红木 *Viburnum cylindricum*、厚绒荚蒾 *V. inopinnatum*、皱叶安息香 *Styrax rugosus*、毛杨梅 *Myrica esculenta*、南亚泡花树、茶梨 *Anneslea fragrans*、紫珠、地桃花等。草本植物主要有白健秆 *Eulalia pallens*、旱茅 *Schizachyrium delavayi*、马陆草 *Eremochloa zeylanica*、黑莎草 *Gahnia tristis*、白茅、丈野古草 *Arundinella decempedalis*、细柄草、兔耳风、曲轴海金沙 *Lygodium flexuosum* 等。

91）悬钩子灌丛（Form. *Rubus* spp.）

该群系常见于独龙江孔当、献九当、龙元、迪政当一带河谷地带，是一类次生性植被。群落高2～5 m，总盖度80%～95%。主要有绢毛悬钩子、八角枫、尼泊尔桤木、鸡冠滇丁香 *Luculia yunnanensis*、驳骨丹 *Buddleja asiatica*、云南假木荷 *Craibiodendron yunnanense*、三股筋香等。草本层有长根金星蕨、蛇莓、薹草、香茶菜、狐狸草、斑鸠菊、深绿短肠蕨、下田菊 *Adenostemma lavenia*、黄龙尾、溪畔落新妇 *Astilbe rivularis*、松风草、香青等。

28. 寒温性阔叶灌丛

93）杜鹃灌丛（Form. *Rhododendron* spp.）

该群系分布在树木生长线以上的山脊与山峰，主要由4～5种杜鹃组成，且交替互为优势形成密集的垫状灌丛。据调查，组成杜鹃灌丛的主要种类有多趣杜鹃 *Rhododendron stewartianum*、绵毛杜鹃 *Rh.*

floccigerum、美被杜鹃 *Rh. calostrotum*、弯柱杜鹃 *Rh. campylogynum*、橙黄杜鹃 *Rh. Citriniflorum*、滇藏杜鹃 *Rh. temenium*、血红杜鹃 *Rh. sanguineum* 等。混生植物有柳 *Salix* spp.、红粉白珠 *Gaultheria hookeri*、野樱 *Cerasus* sp.、俅江花楸 *Sorbus kiukiangensis*、蔷薇 *Rosa* spp.、亚高山荚蒾 *Viburnum subalpinum*、香柏 *Sabina pingii* var. *wilsonii* 等。

94）小叶栒子灌丛（Form. *Cotoneaster microphyllus*）

该群系分布于海拔 3200 m 左右山体上部近山脊地带或山垭口附近，以南部斋公房一带分布较为集中。以小叶栒子为优势种组成单优群落，伴生有峨眉蔷薇、四裂白珠 *Gaultheria tetramera*、滇川醉鱼草 *Buddleja forrestii*、川滇小檗 *Berberis jamesiana*、大白杜鹃、云南凹脉柃、挺茎遍地金 *Hypericum elodeoides* 等，盖度约 75%。草本层有云南兔儿风 *Ainsliaea yunnanensis*、早熟禾、大籽獐牙菜、云南前胡 *Peucedanum yunnanense*、鞭打绣球、毛脉柳叶菜 *Epilobium amurense*、大叶茜草 *Rubia leiocaulis*、尼泊尔绿绒蒿 *Meconopsis napaulensis*、头花龙胆 *Gentiana cephalantha*、匍匐风轮菜 *Clinopodium repens* 等。

十、针叶灌丛

29. 寒温性针叶灌丛

95）刺柏灌丛（Form. *Juniperus* spp.）

该群系是分布于海拔 3400 m 以上山顶多风生境下的矮生灌丛类型，以北段亚高山地段较为常见，具有散生、垫状的外貌特点。以高山柏 *Juniperus squamata*、垂枝柏 *Juniperus recurva* 为建群种，或伴生有杜鹃构成不同的群落类型。群落高度 0.5～0.8 m，灌木层主要有高山柏、小果垂枝柏、杜鹃 *Rhododendron* spp. 等，盖度 30%～60%；草本层有虎耳草 *Saxifraga* spp.、繁缕 *Stellaria* spp.、薹草 *Carex* spp.、菊 *Chrysanthemum* spp. 等，盖度 20%～30%。

十一、草丛

30. 热性草丛

96）飞机草草丛（Form. *Chromolaena odorata*）

该群系为菊科泽兰属的外来杂草，是次生性草丛植被。以飞机草占绝对优势，伴生有蔓生莠竹、飞扬草 *Euphorbia hirta*、粽叶芦、藿香蓟 *Ageratum conyzoides*、火炭母 *Polygonum chinense*、须芒竹叶草 *Oplismenus burmannii*、菅、五节芒 *Miscanthus floridulus* 等。

97）蔓生莠竹草丛（Form. *Microstegium fasciculatum*）

该群系是当地森林遭受严重破坏后形成的一类次生植被。除蔓生莠竹外还有粽叶芦、柳叶箬 *Isachne globosa*、金丝草 *Pogonatherum crinitum*、山姜等。

98）野芭蕉草丛（Form. *Musa balbisiana*）

该群系是原有森林植被遭破坏后生长发育起来的群落。除芭蕉外，乔木层有野桐、粗糠柴、对叶榕、鸡桑、合欢、鸡血藤、紫珠、牡荆、刺通草、粉背菝葜、泡花树等；灌木层有臭牡丹、毛杜茎山、鲫鱼胆、黑面神、蛇皮果等；草本层有柊叶、仙茅、卷柏、粽叶狗尾草、粽叶芦等。

31. 暖热性草丛

99）野古草草丛（Form. *Arundinella* spp.）

该群系是原有常绿阔叶林被破坏，经多次轮作，表土流失，地力衰退而撂荒形成的次生草丛。以刺芒野古草占优势，伴生有毛蕨菜、旱茅、金茅、细柄草等旱中生草本植物。

32. 暖温性草丛

101）白茅草丛（Form. *Imperata cylindrica*）

该群系分布于海拔 1300～2800 m 的阳坡及村寨附近，多在火烧迹地或撂荒地上出现，尤以保山的芒宽一带较为普遍。群落外貌呈浅绿色，高 50～100 cm，总盖度 85% 以上。以白茅占绝对优势，伴生有黑穗画眉草 *Eragrostis nigra*、四脉金茅 *Eulalia quadrinervis*、荩草 *Arthraxon hispidus*、棕叶狗尾草 *Setaria palmifolia*、积雪草 *Centella asiatica*、绣球防风 *Leucas ciliata*、酢浆草 *Oxalis corniculata*、滇龙胆草 *Gentiana rigescens* 等。

102）高草草丛

（131）类芦群落（*Neyraudia reynaudiana* Comm.）

该群落遍布于高黎贡山中段以南两坡面，顺河两岸呈狭长形带状分布，以福贡境内较为典型集中。它是湿性与半湿性常绿阔叶林经过反复耕种与破坏，在高温多雨的环境下发育的次生类型。以类芦占绝对优势，混生有硬秆子草 *Capillipedium assimile*、白茅 *Imperata cylindrica*、毛轴蕨 *Pteridium revolutum*、金荞麦 *Polygonum cymosum* 等。

（132）棕叶芦、菅、五节芒群落（*Thysanolaena latifolia*，*Themeda villosa*，*Miscanthus floridulus* Comm.）

该群落是半常绿季雨林和部分季风常绿阔叶林反复破坏后，生境趋于旱化，地力衰退后逐渐形成的次生草丛植被。除棕叶芦、菅和五节芒外，其他种类有斑茅 *Saccharum arundinaceum*、大白茅 *Imperata cylindrica* var. *major*、细柄草、类芦、黄茅 *Heteropogon contortus*、紫茎泽兰等。

103）蕨草草丛

（133）毛轴蕨群落（*Pteridium revolutum* Comm.）

该群落是原有常绿阔叶林经反复破坏，土壤退化，生境趋于旱化条件下形成的。在保山大蒿坪、摆老塘、小干沟等地较为典型集中。草丛高 1 m 左右，盖度 90% 以上，以毛轴蕨为主，混生有石芒草 *Arundinella nepalensis*、金茅 *Eulalia speciosa*、细柄草 *Capillipedium parviflorum*、刚莠竹 *Microstegium ciliatum* 等。在海拔较高处多有草血竭 *Polygonum paleaceum*、滇龙胆草 *Gentiana rigescens*、滇川银莲花 *Anemone delavayi*、大籽獐牙菜 *Swertia macrosperma*、川续断 *Dipsacus asper* 等。

（134）毛轴蕨、白茅群落（*Pteridium revolutum*，*Imperata cylindrica* Comm.）

该群落在独龙江流域河谷地段比较常见，是常绿阔叶林受到高强度人为或自然干扰后形成的次生群落类型，主要出现在轮歇地、荒草坡等地。以毛轴蕨为优势种，伴生有白茅、獐牙菜、大车前、刚毛香茶菜 *Rabdosia hispida*、夏枯草 *Prunella vulgaris*、扁枝石松 *Diphasiastrum complanatum*、糯米团、长根金星蕨、珠光香青 *Anaphalis margaritacea*、落新妇、水柳 *Homonoia riparia*、黄龙尾、云南橐吾 *Ligularia yunnanensis* 等。

十二、草甸

33. 亚高山草甸

104）贡山独活、天南星草甸（Form. *Heracleum kingdonii*，*Arisaema* spp.）

该群系分布在 3200 m 以上的亚高山平缓坡地，积雪覆盖是群落发育的重要因素之一。土壤为暗棕色草甸土，多圆形砾石。群落高约 1.7 m，总盖度达 100%，主要有贡山独活和天南星，其他常见种类有细穗支柱蓼 *Polygonum suffultum*、齿叶荨麻、藁本 *Ligusticum sinense*、荚果蕨、牛尾蒿、紫花百合 *Lilium souliei*、乌头 *Aconitum* sp. 等。

34. 亚高山沼泽草甸

105）灯心草沼泽化草甸（Form. *Juncus effusus*）

该群系出现在亚高山地形低洼、排水不畅的地带，如高山湖泊、水塘、龙潭、溪流周围，还包括古冰川遗迹，如冰斗地形、"U"形谷谷底的低陷部分。另外，研究区降水丰富，亚高山森林带及其以上地带，平缓坡地常年都有较高的地下水位，雨季多有积水，易形成亚高山沼泽草甸。但总的来说，高黎贡山山体狭窄，积雪深厚，掩埋时间长，草甸欠发达。

35. 高山草甸

106）高山杂草草甸

杂类草甸仅分布于高黎贡山中、北部地区，海拔 3500 m 以上山顶洼地与缓坡地，常与高山杜鹃灌丛或箭竹丛呈插花形出现。整个群落以多种阔叶草本植物为主，几乎不见灌木生长，总盖度 90%以上，群落高 10 cm 左右，每年夏秋季节各种植物先后开花、结实、枯黄、死亡，呈现不同的季相变化，实为一种五花草甸景观。常见植物种类有珠芽蓼 Polygonum viviparum、马先蒿 Pedicularis spp.、牻牛儿苗 Erodium sp.、紫花鹿药 Maianthemum purpureum、驴蹄草 Caltha palustris、澜沧囊瓣芹 Pternopetalum delavayi、尼泊尔香青 Anaphalis nepalensis、委陵菜 Potentilla spp.、薹草 Carex sp.等。

107）嵩草草甸（Form. Kobresia spp.）

该群系为以嵩草为主的群落，属高山森林线以上类型，以保山南斋公房、北风坡一带较为典型。群落高 20～40 cm，盖度约 90%，多以钩状嵩草 Kobresia uncinoides、黄腺香青 Anaphalis aureopunctata 为主，同时混生有大籽獐牙菜 Swertia macrosperma、灰毛蓝钟花 Cyananthus incanus、野青茅 Deyeuxia arundinacea、龙胆 Gentiana sp.、粗茎蒿 Artemisia robusta、短叶柳叶菜 Epilobium brevifolium、匍匐风轮菜 Clinopodium repens、藁本 Ligusticum sp.、印度独活 Heracleum barmanicum、灯心草 Juncus offusus、点花黄精 Polygonatum punctatum、马先蒿 Pedicularis spp.等几十种耐寒的草本植物。

36. 高山流石滩疏生草甸

108）长梗拳参、贡山金腰草甸（Form. Polygonum griffithii，Chrysosplenium forrestii）

高黎贡山主峰嘎娃嘎普周围有少量流石滩疏生草甸发育，出现在高山草甸和寒温性草甸的上部，靠近冰川或永久雪线，面积较小，是高山植被的一种典型类型。土壤层在片岩、片麻岩碎石层下方 20～50 cm 处，植被总体较稀疏。群落高约 30 cm，层盖度 10%～15%，常见种类有苞叶雪莲 Saussurea obvallata、山景天 Sedum oreades、悬岩马先蒿 Pedicularis praeruptorum、宽叶变黑蝇子草 Silene nigrescens subsp. latifolia、高山珠蕨 Cryptogramma brunoniana、长根老鹳草 Geranium donianum、六铜钱叶神血宁 Polygonum forrestii、楔叶委陵菜 Potentilla cuneata、梭沙韭 Allium forrestii、美丽绿绒蒿 Meconopsis speciosa 等。

4.3.3　植被的分布规律和特点

4.3.3.1　植被分布规律

水热条件及其配合状况是植被分布的主导因素，地形地势起着再分配的重组作用，因而植被分布状况，通常从纬度、经度和垂直地带性进行论述。

1）纬向地带性变化

高黎贡山南北跨度较大，加之地势北高南低，其基带植被变化十分明显。南部的盈江铜壁关，山体基部海拔 260～900 m，植被是以龙脑香科植物东京龙脑香 Dipterocarpus retusus、纤细龙脑香 Dipterocarpus gracilis 及云南娑罗双 Shorea assamica 为代表的热带季节雨林。在某些局部区域，还分布有热性的黄竹 Dendrocalamus membranaceus 林和缅甸竹 Bambusa burmanica 林。同样位于高黎贡山南段的保山、龙陵，山体基部海拔 600～800 m，植被是从偏干性的热带半常绿季雨林开始，一些喜热性的高大树木，如红椿 Toona ciliata、木棉 Bombax ceiba、高山榕 Ficus altissima、麻楝 Chukrasia tabularis、八宝树 Duabanga grandiflora、翅子树 Pterospermum acerifolium 等时有出现，并在一些湿润沟谷组成森林片段。随着海拔升高，亚热带季风常绿阔叶林较为发育，在东坡面的代表树种有刺栲 *Castanopsis hystrix*、短刺栲 *Castanopsis echidnocarpa*、红木荷 *Schima wallichii*、景东楠 *Phoebe yunnanensis*、多花含笑 *Michelia floribunda*、西桦 *Betula alnoides* 等。在西坡面独龙江下游，多有湿性季风常绿阔叶林发育，代表树种有怒江藤黄 *Garcinia nujiangensis*、印度木荷 *Schima khasiana*，以及多种樟科的润楠 *Machilus* spp.、樟属 *Cinnamomum* spp.植物出现。高黎贡山中段的福贡南部，山体基部海拔 1400 m 以上，季雨林与季风常绿阔叶林消失，半湿润常绿阔叶林成为基带类型，代表植物有高山栲 *Castanopsis delavayi*、硬斗石栎 *Lithocarpus hancei*、元江栲 *Castanopsis concolor*、尼泊尔桤木 *Alnus nepalensis* 等，次生植被多为毛蕨菜、尼泊尔桤木林与禾本科的高草。高黎贡山北段的福贡北部、贡山及独龙江巴坡至孔当一带，山体基部海拔 1600 m，基带植被为中山湿性常绿阔叶林，代表性植物有润楠 *Machilus* spp.、青冈 *Cyclobalanopsis* spp.、木莲 *Manglietia* spp.、大叶桂 *Cinnamomum iners* 等，次生植被是以类芦为主的高草群落。再往北面，降水量锐减，气候干燥，是一种耐干旱的植被系列，云南松林大面积出现，基带植被是以锈鳞木犀榄 *Olea ferruginea*、铁橡栎 *Quercus cocciferoides* 为代表的干热河谷硬叶常绿阔叶林。

2）经向地带性变化

高黎贡山东西跨度不大，植被经向变化无从谈及，但由于山体南北纵贯，加之受印度洋西南季风的影响，显现出迎风与背风坡面的明显差异。西坡为迎风坡，降水量大，空气湿润，植被特征展现喜湿的特点；东坡处于背风坡，降水量相对减少，湿度明显下降，附生植物显著减少。

3）垂直带变化

高黎贡山地势北高南低、海拔落差大，不仅基带植被变化显著，而且植被垂直带谱也有明显差异。南段是从季节雨林开始（900 m 以下），向上依次出现山地雨林（900～1400 m）、半常绿季雨林或季风常绿阔叶林（900～1800 m）、中山湿性常绿阔叶林（1800～2600 m）、铁杉针阔叶混交林或山顶苔藓矮林（2700～3100 m）、冷杉林（3100～3400 m）、高山灌丛和草甸（3300 m 以上），且东西坡差异较小，只是有些地段西坡基点较高，基带是从季风常绿阔叶林开始，不出现雨林型植被；中段基带从半湿润常绿阔叶林开始（1000～1900 m），向上依次为中山湿性常绿阔叶林（2000～2600 m）、铁杉针阔叶混交林（2700～3100 m）、冷杉林与高山灌丛和草甸（3400 m 以上）；再向北到贡山与独龙江一带，基带植被从季风常绿阔叶林开始（1400～1800 m），向上依次为中山湿性常绿阔叶林（1900～2600 m）、铁杉针阔叶混交林（2600～2900 m）、冷杉林（2900～3400 m）、高山灌丛和草甸（3300 m 以上）；最北段的高黎贡山，因距海洋更远，降水量大为减少，基带是从偏干旱的河谷硬叶常绿阔叶林开始，向上出现成片的云南松-云杉林、冷杉林-高山灌丛与草甸的垂直带谱。总之，从整个山体来说，从南至北基带植被呈现出干热-半湿润-湿润-干旱的南北变化，向上各植被类型组合则是大同小异，只是最北段地区显现出更加干旱，植被带谱组合更为单一。

4.3.3.2 植被特点

1）热带季节雨林广泛发育

高黎贡山余脉盈江铜壁关区域，由于海拔低且深受孟加拉湾暖湿气流影响，气温夏热冬暖，年降水量高达 2000 mm 以上，干湿季较为分明，海拔 260～900 m 广泛发育着以龙脑香科植物东京龙脑香 *Dipterocarpus retusus*、纤细龙脑香 *Dipterocarpus gracilis* 及云南娑罗双 *Shorea assamica* 为代表的热带季节雨林，该区域已达北纬 24°30′左右，是地球上分布较为偏北的热带雨林。

2）常绿阔叶林绵延成片，群系类型多样

由于高黎贡山夏无酷暑，冬无严寒，春、夏、秋季多雨，没有显著的干季，最适宜冬季不落叶的常绿阔叶林发育，低温的冬季，仅以加厚叶组织和叶面蜡质越冬，因而具有叶面革质、光滑、多无茸毛、小叶型植物发达、叶面常随光源垂直转动等特点。高黎贡山东西两侧坡面，从河谷底部一直到海拔 2600 m 的地段，均覆盖着大片的常绿阔叶林，并与东喜马拉雅及缅甸北部绵延成片，构成当今地球上发育最好、保存最完整的常绿阔叶林区。该植被型包含的群系类型多种多样，如以青冈属 *Cyclobalanopsis*、石栎属 *Lithocarpus* 为主构成的中山湿性常绿阔叶林的群系有青冈 *Cyclobalanopsis glauca* 林、薄片青冈 *Cyclobalanopsis lamellosa* 林、俅江青冈 *Cyclobalanopsis kiukiangensis* 林、曼青冈 *Cyclobalanopsis oxyodon* 林、硬斗石栎 *Lithocarpus hancei* 林等；以锥属 *Castanopsis* 为主的季风常绿阔叶林的刺栲 *Castanopsis hystrix* 群系；以樟科植物为主的中山湿性常绿阔叶林的润楠 *Machilus* spp.群系。

3）铁杉针阔叶混交林成带分布，云杉林极为少见

高黎贡山受高山地形和西南季风的影响，加上南北纵向山川地形的有利配合，南部湿润的海洋性气流沿河谷伸入，逐步向高海拔地区扩散，在一定海拔范围内形成雾带，为铁杉的生长发育提供了有利条件，形成的以铁杉为标志的森林植被，占据着海拔 2600～3100 m 的垂直带位置，常发育成树高 30 m，胸径 100 cm 以上的茂密森林。与川西、滇西北其他地区不同的是铁杉林显著，云杉林几乎不见，甚至油麦吊云杉 *Picea brachytyla* var. *complanata* 仅在贡山以北的个别地区出现。

4）冷杉林星散分布，高山灌丛发育繁盛，草甸植被发育欠佳

紧接铁杉林之上是苍山冷杉 *Abies delavayi* 林，时有怒江冷杉 *Abies nukiangensis* 混生，北段有急尖长苞冷杉呈带状分布，一般占据海拔 2800～3500 m 的地段。高黎贡山的冷杉林多呈散生状态下的疏林存在，树高多在 15～20 m，胸径约 30 cm，且多有枯立木存在，为一种发育欠佳的高山暗针叶林类型。相反，海拔 3700 m 以上，由于山顶坡陡风大，以杜鹃花属 *Rhododendron*、委陵菜属 *Potentilla* 的灌木种类为主的高山灌丛发育繁盛，常见的种类有金黄多色杜鹃 *Rhododendron rupicola* var. *chryseum*、多色杜鹃 *Rhododendron rupicola*、亮鳞杜鹃 *Rhododendron heliolepis*、银露梅 *Potentilla glabra* 等。此外，也因山顶狭窄，缓坡极为稀少，高山草甸发育不佳。

5）隐域性植被随地形、基质等不同呈非地带性分布

怒江、独龙江两岸多悬崖峭壁，湿度大、日照时间短，常被喜湿耐阴的络石属 *Trachelospermum*、崖豆藤属 *Millettia*、葛属 *Pueraria*、葡萄属 *Vitis*、常春藤属 *Hedera*、南蛇藤属 *Celastrus*、五味子属 *Schisandra* 等藤本植物与原有常绿木本植物共同形成的特殊藤灌群落覆盖，其形成的小生境基础是岩壁和较高的湿度。在东坡丙中洛石门关一带的悬崖峭壁上，分布有一种珍稀的贡山棕榈 *Trachycarpus princeps* 单优群落，它们生长在岩石缝隙中。该群落的分布与大理石基质和微地形有关，群落中多为喜钙植物。而在一些缓坡与平地，又是以类芦、绣竹、硬杆子草等禾本科植物为主形成的密不透风的高草群落，这对于当地的水土保持具有重要价值。

4.4　珍稀濒危植物

根据《国家重点保护野生植物名录》（2021）、《云南省第一批省级重点保护野生植物名录》（1989，2010）、《中国植物红皮书：稀有濒危植物（第一册）》（1991）、《濒危野生动植物种国际贸易公约（CITES）》（2019）、《中国高等植物受威胁物种名录》（2017）统计，高黎贡山计有各类珍稀濒危植物 166 科 486 属 1113 种及变种或亚种（附表 4-2）。

4.4.1　国家重点保护野生植物

高黎贡山计有国家重点保护野生植物 172 种，其中 I 级保护植物 10 种，分别是篦齿苏铁 *Cycas pectinata*、须弥红豆杉 *Taxus wallichiana*、东京龙脑香 *Dipterocarpus retusus*、萼翅藤 *Getonia floribunda*、云南蓝果树 *Nyssa yunnanensis*、光叶珙桐 *Davidia involucrata* var. *vilmoriniana*、云南娑罗双 *Shorea assamica*、云南藏榄 *Diploknema yunnanensis*、杏黄兜兰 *Paphiopedilum armeniacum*、虎斑兜兰 *Paphiopedilum markianum*；II 级保护植物 162 种，如金毛狗 *Cibotium barometz*、中华桫椤 *Alsophila costularis*、桫椤

Alsophila spinulosa、西亚黑桫椤 *Gymnosphaera khasyana*、澜沧黄杉 *Pseudotsuga forrestii*、台湾杉 *Taiwania cryptomerioides*、翠柏 *Calocedrus macrolepis*、贡山三尖杉 *Cephalotaxus lanceolata*、云南榧 *Torreya fargesii* var. *yunnanensis*、长蕊木兰 *Alcimandra cathcartii*、长喙厚朴 *Magnolia rostrata*、水青树 *Tetracentron sinense*、润楠 *Machilus nanmu*、风吹楠 *Horsfieldia amygdalina*、大叶风吹楠 *Horsfieldia kingii*、云南风吹楠 *Horsfieldia prainii*、云南黄连 *Coptis teeta*、滇牡丹 *Paeonia delavayi*、云南八角莲 *Dysosma aurantiocaulis*、川八角莲 *Dysosma delavayi*、桃儿七 *Sinopodophyllum hexandrum*、藤枣 *Eleutharrhena macrocarpa*、长鞭红景天 *Rhodiola fastigiata*、粗茎红景天 *Rhodiola wallichiana*、云南红景天 *Rhodiola yunnanensis*、水石衣 *Hydrobryum griffithii*、金荞麦 *Fagopyrum dibotrys*、小果紫薇 *Lagerstroemia minuticarpa*、四数木 *Tetrameles nudiflora*、大理茶 *Camellia taliensis*、软枣猕猴桃 *Actinidia arguta*、千果榄仁 *Terminalia myriocarpa*、双籽藤黄 *Garcinia tetralata*、火桐 *Firmiana colorata* 等。

4.4.2 省级重点保护野生植物

高黎贡山计有省级重点保护野生植物 63 种，其中Ⅰ级保护植物 1 种，为云南藏榄 *Diploknema yunnanensis*；Ⅱ级保护植物 14 种，如常春木 *Merrilliopanax listeri*、茉莉果 *Parastyrax lacei*、钟花假百合 *Notholirion campanulatum*、华西蝴蝶兰 *Phalaenopsis wilsonii* 等；Ⅲ级保护植物 48 种，如西藏山茉莉 *Huodendron tibeticum*、蒙自桂花 *Osmanthus henryi*、雷打果 *Melodinus yunnanensis*、萝芙木 *Rauvolfia verticillata*、土连翘 *Hymenodictyon flaccidum*、石丁香 *Neohymenopogon parasiticus*、香茜 *Carlemannia tetragona*、蜘蛛花 *Silvianthus bracteatus*、茄参 *Mandragora caulescens*、云南丫蕊花 *Ypsilandra yunnanensis*、花叶重楼 *Paris marmorata* 等。

4.4.3 红皮书收录植物

高黎贡山计有 42 种植物被《中国植物红皮书》收录，如瑞丽山龙眼 *Helicia shweliensis*、紫茎 *Stewartia sinensis*、榆绿木 *Anogeissus acuminata*、云南梧桐 *Firmiana major*、粘木 *Ixonanthes reticulata*、香水月季 *Rosa odorata*、见血封喉 *Antiaris toxicaria*、红椿 *Toona ciliata* 等。

4.4.4 受威胁植物

高黎贡山计有 804 种植物被《中国高等植物受威胁物种名录》收录，其中矮马先蒿 *Pedicularis humilis* 被评估为绝灭（EX）；有 3 种被评估为地区绝灭（RE），分别为云南藏榄 *Diploknema yunnanensis*、绒毛含笑 *Michelia velutina*、蒙自石豆兰 *Bulbophyllum yunnanense*；被评估为极危（CR）等级的有 42 种，如云南红豆 *Ormosia yunnanensis*、贡山桦 *Betula gynoterminalis*、贡山波罗蜜 *Artocarpus gongshanensis*、大青树 *Ficus hookeriana*、海拉枫 *Acer hilaense*、锥序清风藤 *Sabia paniculata*、腺齿省沽油 *Staphylea shweliensis*、短穗白珠 *Gaultheria notabilis*、朱红大杜鹃 *Rhododendron griersonianum*、勐腊藤 *Goniostemma punctatum*、瑞丽荚蒾 *Viburnum shweliense*、泽苔草 *Caldesia parnassifolia* 等；被评估为濒危（EN）等级的有 151 种，如钝叶黄檀 *Dalbergia obtusifolia*、思茅崖豆 *Millettia leptobotrya*、滇缅旌节花 *Stachyurus cordatulus*、俅江蜡瓣花 *Corylopsis trabeculosa*、滇南黄杨 *Buxus austroyunnanensis*、毛果黄杨 *Buxus hebecarpa*、腾冲柳 *Salix tengchongensis*、格林柯 *Lithocarpus collettii*、猴子瘿袋 *Artocarpus pithecogallus*、北碚榕 *Ficus beipeiensis*、云南榕 *Ficus yunnanensis* 等；被评估为易危（VU）等级的有 269 种，如野波罗蜜 *Artocarpus lakoocha*、光叶榕 *Ficus laevis*、森林榕 *Ficus neriifolia*、滇西离瓣寄生 *Helixanthera scoriarum*、褐果枣 *Ziziphus fungii*、朵花椒 *Zanthoxylum molle*、怒江枫 *Acer chienii*、丽江枫 *Acer forrestii*、锡金枫 *Acer sikkimense*、贡山九子母 *Dobinea vulgaris*、大籽山香圆 *Turpinia macrosperma*、胡桃 *Juglans regia*、泡核桃

Juglans sigillata、细裂前胡 *Peucedanum macilentum*、亮蛇床 *Selinum cryptotaenium*、鼠尾锦绣花 *Cassiope myosuroides* 等；被评估为近危（NT）等级的有 338 种，如大理石蝴蝶 *Petrocosmea forrestii*、贡山异叶苣苔 *Whytockia gongshanensis*、刺苞老鼠簕 *Acanthus leucostachyus*、玫红铃子香 *Chelonopsis rosea*、线叶水蜡烛 *Dysophylla linearis*、全唇花 *Holocheila longipedunculata*、扇脉香茶菜 *Isodon flabelliformis*、裂唇糙苏 *Phlomis fimbriata*、假轮状糙苏 *Phlomis pararotata*、刚毛萼刺蕊草 *Pogostemon hispidocalyx*、光萼谷精草 *Eriocaulon leianthum* 等。

4.4.5　CITES 收录植物

高黎贡山有 432 种植物被《濒危野生动植物种国际贸易公约（CITES）》收录，如中华桫椤 *Alsophila costularis*、篦齿苏铁 *Cycas pectinata*、须弥红豆杉 *Taxus wallichiana*、桃儿七 *Sinopodophyllum hexandrum*、无叶兰 *Aphyllorchis montana*、竹叶兰 *Arundina graminifolia*、鸟舌兰 *Ascocentrum ampullaceum*、圆柱叶鸟舌兰 *Ascocentrum himalaicum*、小白及 *Bletilla formosana*、黄花白及 *Bletilla ochracea*、白及 *Bletilla striata*、长叶苞叶兰 *Brachycorythis henryi*、大叶卷瓣兰 *Bulbophyllum amplifolium*、条纹毛兰 *Eria vittata* 等。

4.5　特　有　植　物

4.5.1　特有植物的种类和组成

高黎贡山计有狭义特有植物 82 科 172 属 396 种及变种和亚种（附表 4-2），占全部维管植物的 5.9%（李恒等，2020）。

从种子植物科水平来看（表 4-13），含特有种较多的科有杜鹃花科 Ericaceae（3 属 45 种）、兰科 Orchidaceae（16 属 27 种）、荨麻科 Urticaceae（3 属 24 种）。含 10～17 种特有种的科有 8 科，如蔷薇科 Rosaceae（7 属 17 种）、紫堇科 Fumariaceae（2 属 13 种）等；含 2～9 种特有种的科有 34 科，如杨柳科 Salicaceae（1 属 9 种）、玄参科 Scrophulariaceae（4 属 9 种）、百合科 Liliaceae（5 属 9 种）、天南星科 Araceae（3 属 9 种）、樟科 Lauraceae（7 属 8 种）、莎草科 Cyperaceae（2 属 8 种）、虎耳草科 Saxifragaceae（3 属 7 种）、苦苣苔科 Gesneriaceae（4 属 7 种）等；有 27 科仅含 1 种特有种，如三尖杉科 Cephalotaxaceae、马兜铃科 Aristolochiaceae、罂粟科 Papaveraceae、远志科 Polygalaceae、景天科 Crassulaceae、蓼科 Polygonaceae、苋科 Amaranthaceae、柳叶菜科 Onagraceae、瑞香科 Thymelaeaceae、山龙眼科 Proteaceae 等。

表 4-13　高黎贡山特有种子植物科的组成

科名	属数	种数	科名	属数	种数
三尖杉科 Cephalotaxaceae	1	1	荨麻科 Urticaceae	3	24
樟科 Lauraceae	7	8	冬青科 Aquifoliaceae	1	4
毛茛科 Ranunculaceae	5	10	卫矛科 Celastraceae	1	1
小檗科 Berberidaceae	2	4	桑寄生科 Loranthaceae	1	1
马兜铃科 Aristolochiaceae	1	1	葡萄科 Vitaceae	2	2
罂粟科 Papaveraceae	1	1	槭树科 Aceraceae	1	1
紫堇科 Fumariaceae	2	13	省沽油科 Staphyleaceae	2	2
十字花科 Cruciferae	1	2	五加科 Araliaceae	3	5
远志科 Polygalaceae	1	1	伞形科 Umbelliferae	4	4
景天科 Crassulaceae	1	1	杜鹃花科 Ericaceae	3	45
虎耳草科 Saxifragaceae	3	7	越橘科 Vacciniaceae	2	5
石竹科 Caryophyllaceae	1	2	柿树科 Ebenaceae	1	1

续表

科名	属数	种数	科名	属数	种数
蓼科 Polygonaceae	1	1	安息香科 Styracaceae	1	1
苋科 Amaranthaceae	1	1	木犀科 Oleaceae	1	1
凤仙花科 Balsaminaceae	1	13	萝藦科 Asclepiadaceae	1	3
柳叶菜科 Onagraceae	1	1	茜草科 Rubiaceae	4	4
瑞香科 Thymelaeaceae	1	1	菊科 Asteraceae	7	12
山龙眼科 Proteaceae	1	1	龙胆科 Gentianaceae	3	12
海桐花科 Pittosporaceae	1	3	报春花科 Primulaceae	2	10
葫芦科 Cucurbitaceae	1	2	桔梗科 Campanulaceae	1	4
秋海棠科 Begoniaceae	1	3	玄参科 Scrophulariaceae	4	9
山茶科 Theaceae	3	3	狸藻科 Lentibulariaceae	1	1
猕猴桃科 Actinidiaceae	1	1	苦苣苔科 Gesneriaceae	4	7
水东哥科 Saurauiaceae	1	1	爵床科 Acanthaceae	1	4
桃金娘科 Myrtaceae	1	1	唇形科 Lamiaceae	5	6
椴树科 Tiliaceae	1	1	谷精草科 Eriocaulaceae	1	1
杜英科 Elaeocarpaceae	1	4	百合科 Liliaceae	5	9
茶藨子科 Grossulariaceae	1	1	延龄草科 Trilliaceae	1	2
八仙花科 Hydrangeaceae	4	4	菝葜科 Smilacaceae	1	1
蔷薇科 Rosaceae	7	17	天南星科 Araceae	3	9
蝶形花科 Papilionaceae	3	4	黑三棱科 Sparganiaceae	1	2
金缕梅科 Hamamelidaceae	1	2	棕榈科 Arecaceae	1	1
杨柳科 Salicaceae	1	9	兰科 Orchidaceae	16	27
桦木科 Betulaceae	1	1	灯心草科 Juncaceae	1	5
壳斗科 Fagaceae	2	6	莎草科 Cyperaceae	2	8
桑科 Moraceae	1	1	禾本科 Poaceae	5	11

从种子植物属水平来看（表4-14），含特有种较多的属是杜鹃花属 *Rhododendron*（37种）、楼梯草属 *Elatostema*（22种）、凤仙花属 *Impatiens*（13种），其他如紫堇属 *Corydalis*（11种）、悬钩子属 *Rubus*（9种）、柳属 *Salix*（9种）所含种类也较为多样；含2～7种特有种的属有63属，如南星属 *Arisaema*（7种）、薹草属 *Carex*（7种）、箭竹属 *Fargesia*（7种）、白珠树属 *Gaultheria*（6种）、龙胆属 *Gentiana*（6种）、报春花属 *Primula*（6种）、马先蒿属 *Pedicularis*（6种）、獐牙菜属 *Swertia*（5种）、灯心草属 *Juncus*（5种）、润楠属 *Machilus*（4种）、杜英属 *Elaeocarpus*（4种）、青冈属 *Cyclobalanopsis*（4种）、冬青属 *Ilex*（4种）、树萝卜属 *Agapetes*（4种）、垂头菊属 *Cremanthodium*（4种）、珍珠菜属 *Lysimachia*（4种）、党参属 *Codonopsis*（4种）、马兰属 *Strobilanthes*（4种）等；有89属仅含1种特有种，如三尖杉属 *Cephalotaxus*、山胡椒属 *Lindera*、木姜子属 *Litsea*、翠雀属 *Delphinium*、马兜铃属 *Aristolochia*、绿绒蒿属 *Meconopsis*、远志属 *Polygala*、红景天属 *Rhodiola*、落新妇属 *Astilbe*、蓼属 *Polygonum*、林地苋属 *Psilotrichum*、露珠草属 *Circaea*、瑞香属 *Daphne*、山龙眼属 *Helicia*、杨桐属 *Adinandra*、柃木属 *Eurya*、木荷属 *Schima*、猕猴桃属 *Actinidia*、水东哥属 *Saurauia*、蒲桃属 *Syzygium*、八蕊花属 *Sporoxeia* 等。

表 4-14 高黎贡山特有种子植物属的组成

科名	属名	种数
三尖杉科 Cephalotaxaceae	三尖杉属 *Cephalotaxus*	1
樟科 Lauraceae	山胡椒属 *Lindera*	1
樟科 Lauraceae	木姜子属 *Litsea*	1
樟科 Lauraceae	润楠属 *Machilus*	4

续表

科名	属名	种数
樟科 Lauraceae	新木姜子属 *Neolitsea*	2
毛茛科 Ranunculaceae	乌头属 *Aconitum*	2
毛茛科 Ranunculaceae	银莲花属 *Anemone*	2
毛茛科 Ranunculaceae	铁线莲属 *Clematis*	3
毛茛科 Ranunculaceae	翠雀属 *Delphinium*	1
毛茛科 Ranunculaceae	毛茛属 *Ranunculus*	2
小檗科 Berberidaceae	小檗属 *Berberis*	2
小檗科 Berberidaceae	十大功劳属 *Mahonia*	2
马兜铃科 Aristolochiaceae	马兜铃属 *Aristolochia*	1
罂粟科 Papaveraceae	绿绒蒿属 *Meconopsis*	1
紫堇科 Fumariaceae	紫堇属 *Corydalis*	11
紫堇科 Fumariaceae	紫金龙属 *Dactylicapnos*	2
十字花科 Cruciferae	葶苈属 *Draba*	2
远志科 Polygalaceae	远志属 *Polygala*	1
景天科 Crassulaceae	红景天属 *Rhodiola*	1
虎耳草科 Saxifragaceae	落新妇属 *Astilbe*	1
虎耳草科 Saxifragaceae	梅花草属 *Parnassia*	3
虎耳草科 Saxifragaceae	虎耳草属 *Saxifraga*	3
石竹科 Caryophyllaceae	无心菜属 *Arenaria*	2
蓼科 Polygonaceae	蓼属 *Polygonum*	1
苋科 Amaranthaceae	林地苋属 *Psilotrichum*	1
凤仙花科 Balsaminaceae	凤仙花属 *Impatiens*	13
柳叶菜科 Onagraceae	露珠草属 *Circaea*	1
瑞香科 Thymelaeaceae	瑞香属 *Daphne*	1
山龙眼科 Proteaceae	山龙眼属 *Helicia*	1
海桐花科 Pittosporaceae	海桐花属 *Pittosporum*	3
葫芦科 Cucurbitaceae	雪胆属 *Hemsleya*	2
秋海棠科 Begoniaceae	秋海棠属 *Begonia*	3
山茶科 Theaceae	杨桐属 *Adinandra*	1
山茶科 Theaceae	柃木属 *Eurya*	1
山茶科 Theaceae	木荷属 *Schima*	1
猕猴桃科 Actinidiaceae	猕猴桃属 *Actinidia*	1
水东哥科 Saurauiaceae	水东哥属 *Saurauia*	1
桃金娘科 Myrtaceae	蒲桃属 *Syzygium*	1
野牡丹科 Melastomataceae	八蕊花属 *Sporoxeia*	1
杜英科 Elaeocarpaceae	杜英属 *Elaeocarpus*	4
椴树科 Tiliaceae	扁担杆属 *Grewia*	1
茶藨子科 Grossulariaceae	茶藨子属 *Ribes*	1
八仙花科 Hydrangeaceae	常山属 *Dichroa*	1
八仙花科 Hydrangeaceae	绣球属 *Hydrangea*	1
八仙花科 Hydrangeaceae	山梅花属 *Philadelphus*	1
八仙花科 Hydrangeaceae	钻地风属 *Schizophragma*	1
蔷薇科 Rosaceae	樱属 *Cerasus*	1
蔷薇科 Rosaceae	栒子属 *Cotoneaster*	1
蔷薇科 Rosaceae	绣线梅属 *Neillia*	2

续表

科名	属名	种数
蔷薇科 Rosaceae	委陵菜属 *Potentilla*	1
蔷薇科 Rosaceae	蔷薇属 *Rosa*	1
蔷薇科 Rosaceae	悬钩子属 *Rubus*	9
蔷薇科 Rosaceae	花楸属 *Sorbus*	2
蝶形花科 Papilionaceae	黄耆属 *Astragalus*	2
蝶形花科 Papilionaceae	菰子梢属 *Campylotropis*	1
蝶形花科 Papilionaceae	膨果豆属 *Phyllolobium*	1
金缕梅科 Hamamelidaceae	蜡瓣花属 *Corylopsis*	2
杨柳科 Salicaceae	柳属 *Salix*	9
桦木科 Betulaceae	桦木属 *Betula*	1
壳斗科 Fagaceae	青冈属 *Cyclobalanopsis*	4
壳斗科 Fagaceae	柯属 *Lithocarpus*	2
桑科 Moraceae	波罗蜜属 *Artocarpus*	1
荨麻科 Urticaceae	楼梯草属 *Elatostema*	22
荨麻科 Urticaceae	冷水花属 *Pilea*	1
荨麻科 Urticaceae	荨麻属 *Urtica*	1
冬青科 Aquifoliaceae	冬青属 *Ilex*	4
卫矛科 Celastraceae	假卫矛属 *Microtropis*	1
桑寄生科 Loranthaceae	梨果寄生属 *Scurrula*	1
葡萄科 Vitaceae	蛇葡萄属 *Ampelopsis*	1
葡萄科 Vitaceae	乌蔹莓属 *Cayratia*	1
槭树科 Aceraceae	枫属 *Acer*	1
省沽油科 Staphyleaceae	省沽油属 *Staphylea*	1
省沽油科 Staphyleaceae	山香圆属 *Turpinia*	1
五加科 Araliaceae	楤木属 *Aralia*	2
五加科 Araliaceae	罗伞属 *Brassaiopsis*	1
五加科 Araliaceae	人参属 *Panax*	2
伞形科 Umbelliferae	独活属 *Heracleum*	1
伞形科 Umbelliferae	天胡荽属 *Hydrocotyle*	1
伞形科 Umbelliferae	藁本属 *Ligusticum*	1
伞形科 Umbelliferae	棱子芹属 *Pleurospermum*	1
杜鹃花科 Ericaceae	白珠树属 *Gaultheria*	6
杜鹃花科 Ericaceae	杜鹃花属 *Rhododendron*	37
越橘科 Vacciniaceae	树萝卜属 *Agapetes*	4
越橘科 Vacciniaceae	越橘属 *Vaccinium*	1
柿树科 Ebenaceae	柿属 *Diospyros*	1
安息香科 Styracaceae	木瓜红属 *Rehderodendron*	1
木犀科 Oleaceae	木犀榄属 *Olea*	1
萝藦科 Asclepiadaceae	球兰属 *Hoya*	3
茜草科 Rubiaceae	大果茜属 *Fosbergia*	1
茜草科 Rubiaceae	腺萼木属 *Mycetia*	1
茜草科 Rubiaceae	蛇根草属 *Ophiorrhiza*	1
茜草科 Rubiaceae	茜草属 *Rubia*	1
菊科 Asteraceae	香青属 *Anaphalis*	1
菊科 Asteraceae	垂头菊属 *Cremanthodium*	4

续表

科名	属名	种数
菊科 Asteraceae	厚喙菊属 *Dubyaea*	1
菊科 Asteraceae	飞蓬属 *Erigeron*	1
菊科 Asteraceae	橐吾属 *Ligularia*	2
菊科 Asteraceae	紫菊属 *Notoseris*	1
菊科 Asteraceae	风毛菊属 *Saussurea*	2
龙胆科 Gentianaceae	蔓龙胆属 *Crawfurdia*	1
龙胆科 Gentianaceae	龙胆属 *Gentiana*	6
龙胆科 Gentianaceae	獐牙菜属 *Swertia*	5
报春花科 Primulaceae	珍珠菜属 *Lysimachia*	4
报春花科 Primulaceae	报春花属 *Primula*	6
桔梗科 Campanulaceae	党参属 *Codonopsis*	4
玄参科 Scrophulariaceae	马先蒿属 *Pedicularis*	6
玄参科 Scrophulariaceae	玄参属 *Scrophularia*	1
玄参科 Scrophulariaceae	蝴蝶草属 *Torenia*	1
玄参科 Scrophulariaceae	马松蒿属 *Xizangia*	1
狸藻科 Lentibulariaceae	狸藻属 *Utricularia*	1
苦苣苔科 Gesneriaceae	芒毛苣苔属 *Aeschynanthus*	3
苦苣苔科 Gesneriaceae	粗筒苣苔属 *Briggsia*	1
苦苣苔科 Gesneriaceae	吊石苣苔属 *Lysionotus*	2
苦苣苔科 Gesneriaceae	异叶苣苔属 *Whytockia*	1
爵床科 Acanthaceae	马兰属 *Strobilanthes*	4
唇形科 Lamiaceae	全唇花属 *Holocheila*	1
唇形科 Lamiaceae	钩萼草属 *Notochaete*	1
唇形科 Lamiaceae	糙苏属 *Phlomis*	1
唇形科 Lamiaceae	刺蕊草属 *Pogostemon*	2
唇形科 Lamiaceae	鼠尾草属 *Salvia*	1
谷精草科 Eriocaulaceae	谷精草属 *Eriocaulon*	1
姜科 Zingiberaceae	姜花属 *Hedychium*	3
百合科 Liliaceae	舞鹤草属 *Maianthemum*	2
百合科 Liliaceae	豹子花属 *Nomocharis*	2
百合科 Liliaceae	沿阶草属 *Ophiopogon*	2
百合科 Liliaceae	扭柄花属 *Streptopus*	2
百合科 Liliaceae	藜芦属 *Veratrum*	1
延龄草科 Trilliaceae	重楼属 *Paris*	2
菝葜科 Smilacaceae	菝葜属 *Smilax*	2
天南星科 Araceae	南星属 *Arisaema*	7
天南星科 Araceae	崖角藤属 *Rhaphidophora*	1
天南星科 Araceae	斑龙芋属 *Sauromatum*	1
黑三棱科 Sparganiaceae	黑三棱属 *Sparganium*	2
棕榈科 Arecaceae	棕榈属 *Trachycarpus*	1
兰科 Orchidaceae	无柱兰属 *Amitostigma*	1
兰科 Orchidaceae	石豆兰属 *Bulbophyllum*	3
兰科 Orchidaceae	虾脊兰属 *Calanthe*	3
兰科 Orchidaceae	头蕊兰属 *Cephalanthera*	1
兰科 Orchidaceae	贝母兰属 *Coelogyne*	2

续表

科名	属名	种数
兰科 Orchidaceae	兰属 *Cymbidium*	2
兰科 Orchidaceae	尖药兰属 *Diphylax*	1
兰科 Orchidaceae	厚唇兰属 *Epigeneium*	1
兰科 Orchidaceae	盆距兰属 *Gastrochilus*	2
兰科 Orchidaceae	斑叶兰属 *Goodyera*	1
兰科 Orchidaceae	角盘兰属 *Herminium*	1
兰科 Orchidaceae	槽舌兰属 *Holcoglossum*	2
兰科 Orchidaceae	羊耳蒜属 *Liparis*	1
兰科 Orchidaceae	鸟巢兰属 *Neottia*	2
兰科 Orchidaceae	兜兰属 *Paphiopedilum*	2
兰科 Orchidaceae	舌唇兰属 *Platanthera*	2
灯心草科 Juncaceae	灯心草属 *Juncus*	5
莎草科 Cyperaceae	薹草属 *Carex*	7
莎草科 Cyperaceae	珍珠茅属 *Scleria*	1
禾本科 Poaceae	剪股颖属 *Agrostis*	1
禾本科 Poaceae	空竹属 *Cephalostachyum*	1
禾本科 Poaceae	箭竹属 *Fargesia*	7
禾本科 Poaceae	贡山竹属 *Gaoligongshania*	1
禾本科 Poaceae	玉山竹属 *Yushania*	1

4.5.2 特有植物的经向分布格局

高黎贡山西坡特有种较东坡丰富。西坡计有 147 种特有种，东坡计有 110 种特有种。东西坡特有种丰富度的差异归因于水分条件的不同。受印度洋孟加拉湾西南季风的影响，西坡降水量远高于东坡。

高黎贡山北段贡山独龙族怒族自治县，西坡独龙江乡有特有种 96 种，东坡茨开镇和丙中洛乡共有特有种 56 种。高黎贡山中段泸水市，西坡片马镇有 22 种特有种，东坡包括鲁掌镇、上江镇、六库镇、洛本卓白族乡等乡镇的广大地域，总面积为片马镇若干倍，特有种共有 14 种。高黎贡山南段，西坡腾冲市有特有种 29 种，东坡保山市的潞江和芒宽共有特有种 8 种。

4.5.3 特有植物的纬向分布格局

高黎贡山特有种由南向北增加，即随纬度的升高而增加，究其原因仍与高黎贡山的生态环境相关联。南北走向的高黎贡山，因受印度洋西南季风的影响，南北气候条件不同，北部年均降水量远高于南部，北部四季降水均匀分配，南部干湿季分明。高黎贡山北部有特有种 147 种，南部仅有 40 种。高黎贡山特有种丰富度南少北多的分布规律与传统纬度梯度物种丰富度分布格局相反，彰显了高黎贡山植物区系的特殊性。

4.5.4 特有植物的垂直分布格局

随海拔梯度的变化，特有种丰富度呈现单峰曲线分布格局，即在海拔 2100 m，具有最高的特有种丰富度（116 种）（图 4-1）。海拔 2100 m 之下，特有种丰富度随海拔的上升而增加，如海拔 1000～1100 m，仅有 2 种特有种；海拔 1500～1600 m，特有种增至 88 种；海拔上升至 2100 m，特有种丰富度最高。海拔 2100 m 之上，特有种丰富度随海拔的上升而下降，如海拔 2500～2600 m 有特有种 85 种；海拔 3000～

3100 m，特有种降至 51 种；海拔 4000～4100 m 有特有种 13 种；海拔 4500～4600 m，仅有 3 种特有种。

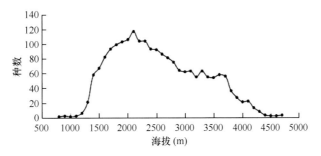

图 4-1　高黎贡山特有植物种数随海拔梯度的变化

4.6　药　用　植　物

高黎贡山有傈僳族、怒族、独龙族、藏族、白族、普米族、纳西族、傣族、阿昌族、景颇族、彝族、回族、德昂族、汉族等民族。各族人民在与恶劣的生存环境和疾病作斗争的生产生活过程中，积累了丰富的药用植物知识。据统计，高黎贡山常见药用植物有 105 科 208 属 246 种（表 4-15）。本节选取部分药用植物进行详细介绍（云南省怒江傈僳族自治州卫生局，1991；钱子刚等，2015）。

表 4-15　高黎贡山常见药用植物种类

序号	科名	种名
1	木兰科 Magnoliaceae	红花木莲 *Manglietia insignis*
2	木兰科 Magnoliaceae	紫玉兰 *Yulania liliiflora*
3	八角科 Illiciaceae	野八角 *Illicium simonsii*
4	毛茛科 Ranunculaceae	草玉梅 *Anemone rivularis*
5	毛茛科 Ranunculaceae	野棉花 *Anemone vitifolia*
6	毛茛科 Ranunculaceae	升麻 *Cimicifuga foetida*
7	毛茛科 Ranunculaceae	绣球藤 *Clematis montana*
8	毛茛科 Ranunculaceae	云南黄连 *Coptis teeta*
9	毛茛科 Ranunculaceae	金毛铁线莲 *Clematis chrysocoma*
10	毛茛科 Ranunculaceae	禺毛茛 *Ranunculus cantoniensis*
11	毛茛科 Ranunculaceae	偏翅唐松草 *Thalictrum delavayi*
12	莲科 Nelumbonaceae	莲 *Nelumbo nucifera*
13	小檗科 Berberidaceae	粉叶小檗 *Berberis pruinosa*
14	小檗科 Berberidaceae	川八角莲 *Dysosma delavayi*
15	小檗科 Berberidaceae	桃儿七 *Sinopodophyllum hexandrum*
16	木通科 Lardizabalaceae	猫儿屎 *Decaisnea insignis*
17	木通科 Lardizabalaceae	八月瓜 *Holboellia latifolia*
18	防己科 Menispermaceae	一文钱 *Stephania delavayi*
19	防己科 Menispermaceae	荷包地不容 *Stephania dicentrinifera*
20	防己科 Menispermaceae	雅丽千金藤 *Stephania elegans*
21	防己科 Menispermaceae	桐叶千金藤 *Stephania japonica* var. *discolor*
22	胡椒科 Piperaceae	豆瓣绿 *Peperomia tetraphylla*
23	胡椒科 Piperaceae	蒌叶 *Piper betle*
24	胡椒科 Piperaceae	短蒟 *Piper mullesua*
25	胡椒科 Piperaceae	胡椒 *Piper nigrum*
26	三白草科 Saururaceae	蕺菜 *Houttuynia cordata*

序号	科名	种名
27	罂粟科 Papaveraceae	总状绿绒蒿 *Meconopsis racemosa*
28	十字花科 Brassicaceae	荠 *Capsella bursa-pastoris*
29	十字花科 Brassicaceae	萝卜 *Raphanus sativus*
30	堇菜科 Violaceae	紫花地丁 *Viola philippica*
31	远志科 Polygalaceae	荷包山桂花 *Polygala arillata*
32	虎耳草科 Saxifragaceae	落新妇 *Astilbe chinensis*
33	虎耳草科 Saxifragaceae	溪畔落新妇 *Astilbe rivularis*
34	虎耳草科 Saxifragaceae	羽叶鬼灯檠 *Rodgersia pinnata*
35	虎耳草科 Saxifragaceae	黄水枝 *Tiarella polyphylla*
36	虎耳草科 Saxifragaceae	岩白菜 *Bergenia purpurascens*
37	茅膏菜科 Droseraceae	茅膏菜 *Drosera peltata*
38	马齿苋科 Portulacaceae	土人参 *Talinum paniculatum*
39	蓼科 Polygonaceae	金荞麦 *Fagopyrum dibotrys*
40	蓼科 Polygonaceae	荞麦 *Fagopyrum esculentum*
41	蓼科 Polygonaceae	何首乌 *Fallopia multiflora*
42	蓼科 Polygonaceae	火炭母 *Polygonum chinense*
43	蓼科 Polygonaceae	马蓼 *Polygonum lapathifolium*
44	蓼科 Polygonaceae	草血竭 *Polygonum paleaceum*
45	商陆科 Phytolaccaceae	商陆 *Phytolacca acinosa*
46	苋科 Amaranthaceae	牛膝 *Achyranthes bidentata*
47	苋科 Amaranthaceae	柳叶牛膝 *Achyranthes longifolia*
48	苋科 Amaranthaceae	青葙 *Celosia argentea*
49	苋科 Amaranthaceae	川牛膝 *Cyathula officinalis*
50	落葵科 Basellaceae	落葵薯 *Anredera cordifolia*
51	牻牛儿苗科 Geraniaceae	老鹳草 *Geranium wilfordii*
52	酢浆草科 Oxalidaceae	酢浆草 *Oxalis corniculata*
53	凤仙花科 Balsaminaceae	黄金凤 *Impatiens siculifer*
54	千屈菜科 Lythraceae	紫薇 *Lagerstroemia indica*
55	千屈菜科 Lythraceae	圆叶节节菜 *Rotala rotundifolia*
56	千屈菜科 Lythraceae	石榴 *Punica granatum*
57	瑞香科 Thymelaeaceae	滇瑞香 *Daphne feddei*
58	紫茉莉科 Nyctaginaceae	光叶子花 *Bougainvillea glabra*
59	紫茉莉科 Nyctaginaceae	紫茉莉 *Mirabilis jalapa*
60	马桑科 Coriariaceae	马桑 *Coriaria nepalensis*
61	葫芦科 Cucurbitaceae	南瓜 *Cucurbita moschata*
62	葫芦科 Cucurbitaceae	绞股蓝 *Gynostemma pentaphyllum*
63	葫芦科 Cucurbitaceae	丝瓜 *Luffa aegyptiaca*
64	葫芦科 Cucurbitaceae	木鳖子 *Momordica cochinchinensis*
65	番木瓜科 Caricaceae	番木瓜 *Carica papaya*
66	仙人掌科 Cactaceae	单刺仙人掌 *Opuntia monacantha*
67	山茶科 Theaceae	怒江红山茶 *Camellia saluenensis*
68	锦葵科 Malvaceae	木棉 *Bombax ceiba*
69	锦葵科 Malvaceae	木芙蓉 *Hibiscus mutabilis*
70	锦葵科 Malvaceae	木槿 *Hibiscus syriacus*
71	锦葵科 Malvaceae	拔毒散 *Sida szechuensis*

序号	科名	种名
72	锦葵科 Malvaceae	地桃花 *Urena lobata*
73	大戟科 Euphorbiaceae	毛果算盘子 *Glochidion eriocarpum*
74	大戟科 Euphorbiaceae	麻风树 *Jatropha curcas*
75	大戟科 Euphorbiaceae	余甘子 *Phyllanthus emblica*
76	大戟科 Euphorbiaceae	叶下珠 *Phyllanthus urinaria*
77	大戟科 Euphorbiaceae	蓖麻 *Ricinus communis*
78	大戟科 Euphorbiaceae	乌桕 *Triadica sebifera*
79	八仙花科 Hydrangeaceae	云南山梅花 *Philadelphus delavayi*
80	八仙花科 Hydrangeaceae	常山 *Dichroa febrifuga*
81	蔷薇科 Rosaceae	龙芽草 *Agrimonia pilosa*
82	蔷薇科 Rosaceae	蛇莓 *Duchesnea indica*
83	蔷薇科 Rosaceae	沙梨 *Pyrus pyrifolia*
84	蔷薇科 Rosaceae	月季 *Rosa chinensis*
85	苏木科 Caesalpiniaceae	苏木 *Caesalpinia sappan*
86	苏木科 Caesalpiniaceae	决明 *Senna tora*
87	含羞草科 Mimosaceae	金合欢 *Acacia farnesiana*
88	含羞草科 Mimosaceae	银合欢 *Leucaena leucocephala*
89	蝶形花科 Papilionaceae	扁豆 *Lablab purpureus*
90	蝶形花科 Papilionaceae	粉葛 *Pueraria montana* var. *thomsonii*
91	蝶形花科 Papilionaceae	大豆 *Glycine max*
92	旌节花科 Stachyuraceae	西域旌节花 *Stachyurus himalaicus*
93	杜仲科 Eucommiaceae	杜仲 *Eucommia ulmoides*
94	黄杨科 Buxaceae	板凳果 *Pachysandra axillaris*
95	黄杨科 Buxaceae	野扇花 *Sarcococca ruscifolia*
96	桦木科 Betulaceae	尼泊尔桤木 *Alnus nepalensis*
97	桑科 Moraceae	构树 *Broussonetia papyrifera*
98	桑科 Moraceae	粗叶榕 *Ficus hirta*
99	桑科 Moraceae	桑 *Morus alba*
100	荨麻科 Urticaceae	镜面草 *Pilea peperomioides*
101	大麻科 Cannabaceae	大麻 *Cannabis sativa*
102	卫矛科 Celastraceae	大芽南蛇藤 *Celastrus gemmatus*
103	卫矛科 Celastraceae	雷公藤 *Tripterygium wilfordii*
104	桑寄生科 Loranthaceae	离瓣寄生 *Helixanthera parasitica*
105	桑寄生科 Loranthaceae	梨果寄生 *Scurrula atropurpurea*
106	桑寄生科 Loranthaceae	柳树寄生 *Taxillus delavayi*
107	槲寄生科 Viscaceae	卵叶槲寄生 *Viscum album*
108	檀香科 Santalaceae	沙针 *Osyris quadripartita*
109	蛇菰科 Balanophoraceae	多蕊蛇菰 *Balanophora polyandra*
110	葡萄科 Vitaceae	崖爬藤 *Tetrastigma obtectum*
111	芸香科 Rutaceae	香橼 *Citrus medica*
112	芸香科 Rutaceae	三桠苦 *Melicope pteleifolia*
113	芸香科 Rutaceae	飞龙掌血 *Toddalia asiatica*
114	芸香科 Rutaceae	竹叶花椒 *Zanthoxylum armatum*
115	芸香科 Rutaceae	刺花椒 *Zanthoxylum acanthopodium*
116	芸香科 Rutaceae	臭节草 *Boenninghausenia albiflora*

序号	科名	种名
117	苦木科 Simaroubaceae	鸦胆子 *Brucea javanica*
118	清风藤科 Sabiaceae	簇花清风藤 *Sabia fasciculata*
119	清风藤科 Sabiaceae	云南清风藤 *Sabia yunnanensis*
120	漆树科 Anacardiaceae	盐麸木 *Rhus chinensis*
121	漆树科 Anacardiaceae	野漆 *Toxicodendron succedaneum*
122	胡桃科 Juglandaceae	胡桃 *Juglans regia*
123	青荚叶科 Helwingiaceae	西域青荚叶 *Helwingia himalaica*
124	青荚叶科 Helwingiaceae	青荚叶 *Helwingia japonica*
125	八角枫科 Alangiaceae	八角枫 *Alangium chinense*
126	蓝果树科 Nyssaceae	喜树 *Camptotheca acuminata*
127	五加科 Araliaceae	细柱五加 *Eleutherococcus nodiflorus*
128	五加科 Araliaceae	珠子参 *Panax japonicus* var. *major*
129	伞形科 Apiaceae	刺芹 *Eryngium foetidum*
130	伞形科 Apiaceae	茴香 *Foeniculum vulgare*
131	伞形科 Apiaceae	白亮独活 *Heracleum candicans*
132	伞形科 Apiaceae	杏叶茴芹 *Pimpinella candolleana*
133	伞形科 Apiaceae	积雪草 *Centella asiatica*
134	杜鹃花科 Ericaceae	云南假木荷 *Craibiodendron yunnanense*
135	杜鹃花科 Ericaceae	大白杜鹃 *Rhododendron decorum*
136	杜鹃花科 Ericaceae	马缨杜鹃 *Rhododendron delavayi*
137	杜鹃花科 Ericaceae	杜鹃 *Rhododendron simsii*
138	柿树科 Ebenaceae	柿 *Diospyros kaki*
139	紫金牛科 Myrsinaceae	剑叶紫金牛 *Ardisia ensifolia*
140	紫金牛科 Myrsinaceae	纽子果 *Ardisia virens*
141	紫金牛科 Myrsinaceae	针齿铁仔 *Myrsine semiserrata*
142	木犀科 Oleaceae	丛林素馨 *Jasminum duclouxii*
143	木犀科 Oleaceae	女贞 *Ligustrum lucidum*
144	夹竹桃科 Apocynaceae	络石 *Trachelospermum jasminoides*
145	夹竹桃科 Apocynaceae	黄花夹竹桃 *Thevetia peruviana*
146	萝藦科 Asclepiadaceae	青羊参 *Cynanchum otophyllum*
147	茜草科 Rubiaceae	小粒咖啡 *Coffea arabica*
148	茜草科 Rubiaceae	栀子 *Gardenia jasminoides*
149	茜草科 Rubiaceae	伞房花耳草 *Hedyotis corymbosa*
150	忍冬科 Caprifoliaceae	鬼吹箫 *Leycesteria formosa*
151	忍冬科 Caprifoliaceae	忍冬 *Lonicera japonica*
152	忍冬科 Caprifoliaceae	水红木 *Viburnum cylindricum*
153	川续断科 Dipsacaceae	川续断 *Dipsacus asper*
154	菊科 Asteraceae	云木香 *Aucklandia costus*
155	菊科 Asteraceae	灰蓟 *Cirsium botryodes*
156	菊科 Asteraceae	野茼蒿 *Crassocephalum crepidioides*
157	菊科 Asteraceae	小鱼眼草 *Dichrocephala benthamii*
158	菊科 Asteraceae	鳢肠 *Eclipta prostrata*
159	菊科 Asteraceae	牛膝菊 *Galinsoga parviflora*
160	菊科 Asteraceae	兔耳一枝箭 *Piloselloides hirsuta*
161	菊科 Asteraceae	菊三七 *Gynura japonica*

序号	科名	种名
162	菊科 Asteraceae	显脉旋覆花 *Duhaldea nervosa*
163	菊科 Asteraceae	豨莶 *Sigesbeckia orientalis*
164	菊科 Asteraceae	苍耳 *Xanthium strumarium*
165	菊科 Asteraceae	千里光 *Senecio scandens*
166	菊科 Asteraceae	云南兔儿风 *Ainsliaea yunnanensis*
167	龙胆科 Gentianaceae	云南蔓龙胆 *Crawfurdia campanulacea*
168	龙胆科 Gentianaceae	滇龙胆草 *Gentiana rigescens*
169	报春花科 Primulaceae	过路黄 *Lysimachia christiniae*
170	报春花科 Primulaceae	临时救 *Lysimachia congestiflora*
171	报春花科 Primulaceae	腾冲过路黄 *Lysimachia tengyuehensis*
172	白花丹科 Plumbaginaceae	白花丹 *Plumbago zeylanica*
173	桔梗科 Campanulaceae	金钱豹 *Campanumoea javanica*
174	桔梗科 Campanulaceae	蓝花参 *Wahlenbergia marginata*
175	桔梗科 Campanulaceae	江南山梗菜 *Lobelia davidii*
176	桔梗科 Campanulaceae	铜锤玉带草 *Lobelia nummularia*
177	紫草科 Boraginaceae	倒提壶 *Cynoglossum amabile*
178	紫草科 Boraginaceae	琉璃草 *Cynoglossum furcatum*
179	茄科 Solanaceae	红丝线 *Lycianthes biflora*
180	茄科 Solanaceae	挂金灯 *Physalis alkekengi* var. *franchetii*
181	茄科 Solanaceae	龙葵 *Solanum nigrum*
182	茄科 Solanaceae	刺天茄 *Solanum violaceum*
183	旋花科 Convolvulaceae	圆叶牵牛 *Ipomoea purpurea*
184	玄参科 Scrophulariaceae	鞭打绣球 *Hemiphragma heterophyllum*
185	玄参科 Scrophulariaceae	旱田草 *Lindernia ruellioides*
186	紫葳科 Bignoniaceae	木蝴蝶 *Oroxylum indicum*
187	马鞭草科 Verbenaceae	木紫珠 *Callicarpa arborea*
188	马鞭草科 Verbenaceae	红紫珠 *Callicarpa rubella*
189	马鞭草科 Verbenaceae	马缨丹 *Lantana camara*
190	马鞭草科 Verbenaceae	马鞭草 *Verbena officinalis*
191	唇形科 Lamiaceae	野拔子 *Elsholtzia rugulosa*
192	唇形科 Lamiaceae	四方蒿 *Elsholtzia blanda*
193	唇形科 Lamiaceae	香薷 *Elsholtzia ciliata*
194	唇形科 Lamiaceae	野香草 *Elsholtzia cyprianii*
195	唇形科 Lamiaceae	黄花香薷 *Elsholtzia flava*
196	唇形科 Lamiaceae	鸡骨柴 *Elsholtzia fruticosa*
197	唇形科 Lamiaceae	异叶香薷 *Elsholtzia heterophylla*
198	唇形科 Lamiaceae	益母草 *Leonurus japonicus*
199	唇形科 Lamiaceae	绣球防风 *Leucas ciliata*
200	唇形科 Lamiaceae	薄荷 *Mentha canadensis*
201	唇形科 Lamiaceae	紫苏 *Perilla frutescens*
202	唇形科 Lamiaceae	夏枯草 *Prunella vulgaris*
203	唇形科 Lamiaceae	甘西鼠尾草 *Salvia przewalskii*
204	唇形科 Lamiaceae	雪山鼠尾草 *Salvia evansiana*
205	泽泻科 Alismataceae	泽泻 *Alisma plantago-aquatica*
206	鸭跖草科 Commelinaceae	鸭跖草 *Commelina communis*

序号	科名	种名
207	鸭跖草科 Commelinaceae	蛛丝毛蓝耳草 *Cyanotis arachnoidea*
208	鸭跖草科 Commelinaceae	竹叶吉祥草 *Spatholirion longifolium*
209	芭蕉科 Musaceae	芭蕉 *Musa basjoo*
210	姜科 Zingiberaceae	草果 *Amomum tsaoko*
211	姜科 Zingiberaceae	砂仁 *Amomum villosum*
212	姜科 Zingiberaceae	草果药 *Hedychium spicatum*
213	姜科 Zingiberaceae	藏象牙参 *Roscoea tibetica*
214	姜科 Zingiberaceae	姜黄 *Curcuma longa*
215	美人蕉科 Cannaceae	美人蕉 *Canna indica*
216	百合科 Liliaceae	芦荟 *Aloe vera*
217	百合科 Liliaceae	大百合 *Cardiocrinum giganteum*
218	百合科 Liliaceae	万寿竹 *Disporum cantoniense*
219	百合科 Liliaceae	卷叶黄精 *Polygonatum cirrhifolium*
220	延龄草科 Trilliaceae	滇重楼 *Paris polyphylla* var. *yunnanensis*
221	雨久花科 Pontederiaceae	凤眼蓝 *Eichhornia crassipes*
222	菝葜科 Smilacaceae	长托菝葜 *Smilax ferox*
223	天南星科 Araceae	象南星 *Arisaema elephas*
224	天南星科 Araceae	一把伞南星 *Arisaema erubescens*
225	天南星科 Araceae	石柑子 *Pothos chinensis*
226	天南星科 Araceae	螳螂跌打 *Pothos scandens*
227	天南星科 Araceae	爬树龙 *Rhaphidophora decursiva*
228	菖蒲科 Acoraceae	金钱蒲 *Acorus gramineus*
229	浮萍科 Lemnaceae	浮萍 *Lemna minor*
230	浮萍科 Lemnaceae	紫萍 *Spirodela polyrhiza*
231	石蒜科 Amaryllidaceae	葱 *Allium fistulosum*
232	鸢尾科 Iridaceae	射干 *Belamcanda chinensis*
233	鸢尾科 Iridaceae	鸢尾 *Iris tectorum*
234	兰科 Orchidaceae	白及 *Bletilla striata*
235	兰科 Orchidaceae	眼斑贝母兰 *Coelogyne corymbosa*
236	兰科 Orchidaceae	杜鹃兰 *Cremastra appendiculata*
237	兰科 Orchidaceae	束花石斛 *Dendrobium chrysanthum*
238	兰科 Orchidaceae	流苏石斛 *Dendrobium fimbriatum*
239	兰科 Orchidaceae	长距石斛 *Dendrobium longicornu*
240	兰科 Orchidaceae	山珊瑚 *Galeola faberi*
241	兰科 Orchidaceae	天麻 *Gastrodia elata*
242	兰科 Orchidaceae	绶草 *Spiranthes sinensis*
243	灯心草科 Juncaceae	野灯心草 *Juncus setchuensis*
244	莎草科 Cyperaceae	短叶水蜈蚣 *Kyllinga brevifolia*
245	禾本科 Poaceae	薏苡 *Coix lacryma-jobi*
246	禾本科 Poaceae	竹蔗 *Saccharum sinense*

云南黄连 *Coptis teeta* Wallich，根茎入药，味极苦、性寒。主要用于治疗烦热神昏、心烦失眠、湿热痞满、呕吐、腹痛泻痢、黄疸、目赤肿毒、心火亢盛、口舌生疮、吐血、湿疹、急性结膜炎、烫伤等。

天麻 *Gastrodia elata* Blume，块茎入药，味甘、性平。主要用于治疗头晕目眩、肢体麻木、小儿惊风等症。

川牛膝 *Cyathula officinalis* K. C. Kuan，根入药，味甘、微苦、性平。主要用于治疗闭经、症瘕、跌打损伤、风湿痹痛、足痿筋挛、尿血、血淋等症。

野棉花 *Anemone vitifolia* Buchanan-Hamilton ex de Candolle，根茎入药，味苦、性寒、有毒。主要用于治疗泄泻、痢疾、黄疸、疟疾、蛔虫病、脚气、肿痛、风湿骨痛、跌打损伤、蜈蚣咬伤等症。

升麻 *Cimicifuga foetida* Linnaeus，根茎入药，味辛、微甘、性微寒。主要用于治疗风热头痛、齿痛、口疮、咽喉肿痛、麻疹不透、阳毒发斑、脱肛、子宫脱垂等症。

桃儿七 *Sinopodophyllum hexandrum*（Royle）T. S. Ying，果实入药，味甘、性平、有小毒。主要用于治疗血瘀闭经、难产、死胎、胎盘不下等症。

猫儿屎 *Decaisnea insignis*（Griffith）J. D. Hooker & Thomson，根或果实入药，味甘、辛、性平。主要用于治疗风湿痹痛、肛门湿烂、阴痒等症。

八月瓜 *Holboellia latifolia* Wallich，果实入药，味苦、性凉。主要用于治疗小便短赤、淋浊、水肿、风湿痹痛、跌打损伤、乳汁不通等症。

一文钱 *Stephania delavayi* Diels，根入药，味苦、性微寒。主要用于治疗气滞积食、脘腹疼痛、风湿痹痛等症。

荷包地不容 *Stephania dicentrinifera* H. S. Lo & M. Yang，块根入药，味苦、性寒。主要用于治疗胃痛、痢疾、咽痛、跌打损伤等症。

短蒟 *Piper mullesua* Buchanan-Hamilton ex D. Don，全草入药，味辛、性温。主要用于治疗风湿痹痛、四肢麻木、跌打损伤、月经不调、牙痛、烫伤等症。

荷包山桂花 *Polygala arillata* Buchanan-Hamilton ex D. Don，根和茎入药，味甘、苦、性平。主要用于治疗咳嗽痰多、风湿痹痛、小便淋痛、水肿、脚气、肝炎、食欲不振、失眠多梦等症。

落新妇 *Astilbe chinensis*（Maximowicz）Franchet & Savatier，全草入药，味苦、性凉。主要用于治疗风热感冒、头身疼痛、咳嗽等症。

羽叶鬼灯檠 *Rodgersia pinnata* Franchet，根茎入药，味苦、涩、性凉。主要用于治疗跌打损伤、骨折、月经不调、痛经、风湿疼痛、外伤出血、痢疾等症。

黄水枝 *Tiarella polyphylla* D. Don，全草入药，味苦、辛、性凉。主要用于治疗咳嗽、气喘、肝炎、跌打损伤等症。

岩白菜 *Bergenia purpurascens*（J. D. Hooker & Thomson）Engler，根茎入药，味苦、涩、性凉。主要用于治疗胃痛、食积、泄泻、便血、跌打损伤等症。

金荞麦 *Fagopyrum dibotrys*（D. Don）H. Hara，根茎入药，味微辛、涩、性凉。主要用于治疗麻疹、肺炎、扁桃体周围脓肿等症。

何首乌 *Fallopia multiflora*（Thunberg）Haraldson，根茎或藤茎入药，味苦、甘、涩、性温。主要用于治疗风疹瘙痒、肠燥便秘、高脂血症等症。

商陆 *Phytolacca acinosa* Roxburgh，根入药，味苦、性寒。主要用于治疗水肿胀满等症。

牛膝 *Achyranthes bidentata* Blume，根入药，味苦、酸、性寒。主要用于治疗腰膝疼痛、筋骨无力等症。

绞股蓝 *Gynostemma pentaphyllum*（Thunberg）Makino，全草入药，味苦、微甘、性凉。主要用于治疗体虚乏力、虚劳失精、白细胞减少症、高脂血症、病毒性肝炎等症。

拔毒散 *Sida szechuensis* Matsuda，枝叶入药，味苦、性微寒。主要用于治疗乳汁不下、小便淋涩、泄泻、痢疾等症。

地桃花 *Urena lobata* Linnaeus，根或全草入药，味甘、辛、性凉。主要用于治疗感冒、风湿痹痛、痢疾、泄泻、月经不调等症。

常山 *Dichroa febrifuga* Loureiro，根入药，味苦、辛、性寒。主要用于治疗疟疾等症。

龙芽草 *Agrimonia pilosa* Ledebour，地上部分入药，味苦、涩、性平。主要用于治疗咯血、吐血、疟疾、脱力劳伤等症。

多蕊蛇菰 *Balanophora polyandra* Griffith，地上部分入药，味苦、涩、性平。主要用于治疗梅毒、血虚、出血等症。

三桠苦 *Melicope pteleifolia*（Champion ex Bentham）T. G. Hartley，根、茎或叶入药，味苦、性寒。主要用于治疗感冒发热、胃痛、咽喉肿痛、肺热咳嗽、风湿痹痛等症。

飞龙掌血 *Toddalia asiatica*（Linnaeus）Lamarck，根或根皮入药，味辛、微苦、性温。主要用于治疗风湿瘫痪、腰疼、胃痛、经闭、跌打损伤等症。

野漆 *Toxicodendron succedaneum*（Linnaeus）Kuntze，叶入药、味涩、苦、性寒。主要用于治疗咳血、吐血、外伤出血、毒蛇咬伤等症。

八角枫 *Alangium chinense*（Lour.）Harms，根、根皮、叶和花入药，味苦、辛、性微寒。主要用于治疗风湿痹痛、四肢麻木、跌打损伤等症。

珠子参 *Panax japonicus* var. *major*（Burkill）C. Y. Wu & K. M. Feng，根茎入药，味苦、辛、性微寒。主要用于治疗气阴两虚、烦热口渴、跌打损伤、关节疼痛、咳血等症。

白亮独活 *Heracleum candicans* Wallich ex de Candolle，根入药，味辛、苦、性温。主要用于治疗感冒、咳嗽、头痛、牙痛等症。

杏叶茴芹 *Pimpinella candolleana* Wight & Arnott，根或全草入药，味辛、微苦、性温。主要用于治疗感冒、咳嗽、消化不良、疝气等症。

积雪草 *Centella asiatica*（Linnaeus）Urban，全草入药，味苦、辛、性寒。主要用于治疗湿热黄疸、中暑腹泻、跌打损伤等症。

女贞 *Ligustrum lucidum* W. T. Aiton，果实入药，味甘、苦、性凉。主要用于治疗眩晕耳鸣、腰膝酸软、须发早白等症。

络石 *Trachelospermum jasminoides*（Lindley）Lemaire，藤茎入药，味苦、性微寒。主要用于治疗风湿痹痛、腰膝酸软、喉痹、跌打损伤等症。

青羊参 *Cynanchum otophyllum* C. K. Schneider，根入药，味甘、辛、性温。主要用于治疗风湿痹痛、腰肌劳损、食积、脘腹胀痛等症。

鬼吹箫 *Leycesteria formosa* Wallich，全株入药，味苦、性凉。主要用于治疗风湿痹痛、哮喘、月经不调、膀胱炎等症。

忍冬 *Lonicera japonica* Thunberg，茎枝入药，味甘、性寒。主要用于治疗温病发热、热毒血痢、风湿等症。

水红木 *Viburnum cylindricum* Buchanan-Hamilton ex D. Don，树皮入药，味苦、涩、性凉。主要用于治疗泄泻、疝气、痛经等症。

川续断 *Dipsacus asper* Wallich ex Candolle，树皮入药，味苦、辛、性微寒。主要用于治疗腰膝酸软、风湿痹痛、跌打损伤等症。

豨莶 *Sigesbeckia orientalis* Linnaeus，根入药，味苦、辛、性温。主要用于治疗脘腹胀痛、呕吐泄泻等症。

千里光 *Senecio scandens* Buchanan-Hamilton ex D. Don，全草入药，味苦、辛、性寒。主要用于治疗流感、呼吸道感染、胆囊炎、目赤肿痛、干湿癣疮等症。

滇龙胆草 *Gentiana rigescens* Franchet，根及根茎入药，味苦、性寒。主要用于治疗湿热黄疸、目赤、口苦等症。

马鞭草 *Verbena officinalis* Linnaeus，地上部分入药，味苦、性凉。主要用于治疗闭经、痛经、疟疾、热淋等症。

野拔子 *Elsholtzia rugulosa* Hemsley，全草入药，味苦、辛、性凉。主要用于治疗感冒发热、头痛、呕吐腹泻等症。

四方蒿 *Elsholtzia blanda*（Bentham）Bentham，全草入药，味苦、辛、性平。主要用于治疗感冒发热、黄疸、小便不利等症。

香薷 *Elsholtzia ciliata*（Thunberg）Hylander，全草或地上部分入药，味苦、性微寒。主要用于治疗恶寒发热、头痛无汗、呕吐腹泻等症。

野香草 *Elsholtzia cyprianii*（Pavolini）S. Chow ex P. S. Hsu，茎叶入药，味辛、性凉。主要用于治疗风热感冒、咽喉肿痛、风湿关节痛、疟疾等症。

草果 *Amomum tsaoko* Crevost et Lemarie，果实入药，味辛、性温。主要用于治疗寒湿内阻、脘腹胀痛、疟疾等症。

草果药 *Hedychium spicatum* Smith，果实入药，味辛、微苦、性温。主要用于治疗脘腹胀痛、食积腹胀等症。

藏象牙参 *Roscoea tibetica* Batalin，根入药，味苦、性凉。主要用于治疗咳嗽、哮喘、水肿等症。

大百合 *Cardiocrinum giganteum*（Wallich）Makino，鳞茎入药，味苦、微甘、性凉。主要用于治疗感冒、肺热咳嗽、无名肿痛等症。

万寿竹 *Disporum cantoniense*（Loureiro）Merrill，根茎入药，味苦、辛、性凉。主要用于治疗风湿痹痛、跌打损伤、骨折、虚劳等症。

卷叶黄精 *Polygonatum cirrhifolium*（Wallich）Royle，根茎入药，味甘、性平。主要用于治疗脾虚乏力、食少口干、耳鸣目暗等症。

象南星 *Arisaema elephas* Buchet，块茎入药，味辛、性温。主要用于治疗劳伤咳嗽等症。

一把伞南星 *Arisaema erubescens*（Wallich）Schott，块茎入药，味苦、辛、性温。主要用于治疗口眼歪斜、半身不遂、癫痫、破伤风等症。

杜鹃兰 *Cremastra appendiculata*（D. Don）Makino，假鳞茎入药，味苦、微辛、性凉。主要用于治疗淋巴结核、蛇虫咬伤等症。

绶草 *Spiranthes sinensis*（Persoon）Ames，假鳞茎入药，味苦、微辛、性凉。主要用于治疗病后虚弱、咳嗽吐血、头晕、蛇虫咬伤等症。

薏苡 *Coix lacryma-jobi* Linnaeus，种仁入药，味甘、淡、性凉。主要用于治疗水肿、脚气、小便不利等症。

4.7　保 护 建 议

针对高黎贡山生物多样性的主要威胁因子及管理过程中存在的主要问题，提出以下保护建议。

（1）扩大现有自然保护地区域。高黎贡山部分区域，如福贡亚坪，植被保存完好，但除天然林恢复工程之外，没有任何自然保护区或保护地的规划，应尽快对生境破坏小、人为干扰少的区域建立相应的自然保护区或保护地。

（2）大规模工程项目的建设，一定要将生物多样性的影响降至最低，同时，也要注重工程结束后的植被恢复。工程项目的实施，将会破坏地表植被和生物多样性的组成，引发频繁的地质灾害，如泥石流、塌方等。因此，进行基础设施的建设，也要加强项目后期生态植被的修复和恢复。

（3）结合当地的社会经济状况和自然情况，引进确实能够有效增加当地老百姓收入的生产生活方式，尽量减少他们对自然资源的过度利用，以保护生物的多样性。

（4）加强种质资源的收集与保存。由于全球气候变化，或生物自身的遗传特性等原因，部分生物种群数量持续减少，处于濒临灭绝的状态。为挽救这些物种，应尽快加强种质资源的收集与保存

（Li et al.，2011）。

（5）加强生物多样性保护政策的制定者、从业者及各级管理人员对生物多样性理念的理解。强调生物多样性保护是综合性保护，既要关注生物多样性物种种类的保护，也要关注生物多样性进化历史的保护（Li et al.，2015）。

参 考 文 献

傅立国. 1991. 中国植物红皮书: 稀有濒危植物(第 1 册). 北京: 科学出版社.

国家林业和草原局, 农业农村部. 2021. 国家重点保护野生植物名录. 国家林业和草原局 农业农村部公告(2021 年第 15 号).

郝日明. 1997. 试论中国种子植物特有属的分布区类型. 植物分类学报, 35: 500-510.

李恒. 1994a. 独龙江地区种子植物区系的性质和特征. 云南植物研究(增刊), VI: 1-100.

李恒. 1994b. 掸邦-马来亚板块位移对独龙江植物区系的生物效应. 云南植物研究(增刊), VI: 113-120.

李恒. 1998. 重楼属植物. 北京: 科学出版社.

李恒, 郭辉军, 刀志灵. 2000. 高黎贡山植物. 北京: 科学出版社.

李恒, 何大明, Bartholomew B, 等. 1999. 再论板块位移的生物效应, 掸邦-马来亚板块位移对高黎贡山生物区系的影响. 云南植物研究, 21: 407-425.

李恒, 李嵘, 马文章, 等. 2020. 高黎贡山植物资源与区系地理. 武汉: 湖北科学技术出版社.

李嵘, 刀志灵, 纪运恒, 等. 2007. 高黎贡山北段种子植物区系研究. 云南植物研究, 29: 601-615.

李嵘, 纪运恒, 刀志灵, 等. 2008. 高黎贡山北段东西坡种子植物区系的比较研究. 云南植物研究, 30: 129-138.

李锡文. 1994. 中国特有属在云南的两大生物多样性中心及其特征. 云南植物研究, 16: 321-327.

钱子刚, 李安华, 杨耀文. 2015. 高黎贡山药用植物. 北京: 科学出版社.

覃海宁, 杨永, 董仕勇, 等. 2017. 中国高等植物受威胁物种名录. 生物多样性, 25: 696-744.

孙航. 2002. 北极-第三纪成分在喜马拉雅-横断山的发展及演化. 云南植物研究, 24: 671-688.

汤彦承. 2000. 中国植物区系与其它地区区系的联系及其在世界区系中的地位和作用. 云南植物研究, 22: 1-26.

王崇云, 和兆荣, 彭明春. 2013. 独龙江流域及邻近区域植被与植物研究. 北京: 科学出版社.

王荷生. 1989. 中国种子植物特有属起源的探讨. 云南植物研究, 11: 1-16.

王荷生. 1992. 植物区系地理. 北京: 科学出版社.

王荷生, 张镱锂. 1994. 中国种子植物特有属的生物多样性和特征. 云南植物研究, 16: 209-220.

吴征镒. 1991. 中国种子植物属的分布区类型. 云南植物研究(增刊), IV: 1-139.

吴征镒, 王荷生. 1983. 中国自然地理: 植物地理. 北京: 科学出版社.

吴征镒, 周浙昆, 李德铢, 等. 2003. 世界种子植物科的分布区类型系统. 云南植物研究, 25: 245-257.

吴征镒, 周浙昆, 孙航, 等. 2006. 种子植物分布区类型及其起源和分化. 昆明: 云南科技出版社.

徐志辉. 1998. 怒江自然保护区. 昆明: 云南美术出版社.

薛纪如. 1995. 高黎贡山国家自然保护区. 北京: 中国林业出版社.

杨宇明, 杜凡. 2006. 云南铜壁关自然保护区科学考察研究. 昆明: 云南科技出版社.

应俊生, 张志松. 1984. 中国植物区系中的特有现象——特有属的研究. 植物分类学报, 22: 259-268.

喻庆国, 钱德仁. 2006. 小黑山自然保护区. 昆明: 云南科技出版社.

云南省环境保护委员会. 1989. 云南省第一批省级重点保护野生植物名录. 云南省人民政府文件(云政发〔1989〕110 号).

云南省怒江傈僳族自治州卫生局. 1991. 怒江中草药. 昆明: 云南科技出版社.

曾文彬. 1994. 更新世台湾海峡两岸植物区系迁移的通道. 云南植物研究, 16: 107-110.

郑万钧. 1978. 中国植物志(第 7 卷). 北京: 科学出版社.

中华人民共和国濒危物种科学委员会. 2019. 濒危野生动植物种国际贸易公约. 国家濒管办公告（2019 年第 5 号）.

周彬. 2010. 云南省第一批省级重点保护野生植物名录修订. 云南植物研究, 32: 221-226.

Bande M B, Prakash U. 1986. The tertiary flora of southeast Asia with remarks on its palaeoenvironment and phytogeography of the Indo-Malaya region. Review of Palaeobotany and Palynology, 49: 203-233.

Hutchinson J. 1973. The families of flowering plants, arranged according to a new system based on their probable phylogeny (3rd edition). London: Oxford University Press.

Jork K B, Kadereit J W. 1995. Molecular phylogeny of the Old World representatives of Papaveraceae subfamily Papaveroideae with special emphasis on the genus *Meconopsis*. Plant Systematic and Evolution Suppl, 9: 171-180.

Li R, Dao Z L, Li H. 2011. Seed plant species diversity and conservation in the northern Gaoligong mountains in western Yunnan, China. Mountain Research and Development, 31: 160-165.

Li R, Kraft N J B, Yu H Y, et al. 2015. Seed plant phylogenetic diversity and species richness in conservation planning within a global biodiversity hotspot in eastern Asia. Conservation Biology, 29: 1552-1562.

PPG I. 2016. A community-derived classification for extant lycophytes and ferns. Journal of Systematics and Evolution, 54: 563-603.

Smith A R, Pryer K M, Schuettpelz E, et al. 2006. A classifcation for extant ferns. Taxon, 55: 705-731.

Takhtajan A L. 1986. Floristic Regions of the World. Berkeley: University of California Press.

van Steenis C G G J. 1962. The land-bridge theory in botany. Blumea, 11: 235-542.

附表 4-1　高黎贡山野生植物资源统计表

类群	科数	属数	种数	国家重点保护野生植物		云南省级重点保护野生植物			红皮书收录	受威胁种	CITES收录	狭义特有
				I 级	II 级	I 级	II 级	III 级				
石松类和蕨类植物	34	108	501		16				1	16	3	16
裸子植物	9	18	32	2	6				5	11	2	1
被子植物	225	1440	6178	8	140	1	14	48	36	777	427	379

附表 4-2　高黎贡山珍稀濒危特有植物名录

序号	科名	种名	国家级	云南省级	红皮书	受威胁等级	CITES	特有
1	石松科 Lycopodiaceae	曲尾石杉 *Huperzia bucahwangensis*	II					
2	石松科 Lycopodiaceae	苍山石杉 *Huperzia delavayi*	II					
3	石松科 Lycopodiaceae	蛇足石杉 *Huperzia serrata*	II			EN		
4	石松科 Lycopodiaceae	西藏石杉 *Huperzia tibetica*	II			NT		√
5	石松科 Lycopodiaceae	红茎石杉 *Huperzia wusugongii*	II					√
6	石松科 Lycopodiaceae	喜马拉雅马尾杉 *Phlegmariurus hamiltonii*	II					
7	石松科 Lycopodiaceae	卵叶马尾杉 *Phlegmariurus ovatifolius*	II					
8	石松科 Lycopodiaceae	美丽马尾杉 *Phlegmariurus pulcherrimus*	II					
9	石松科 Lycopodiaceae	云南马尾杉 *Phlegmariurus yunnanensis*	II					
10	卷柏科 Selaginellaceae	横断山卷柏 *Selaginella hengduanshanicola*						√
11	卷柏科 Selaginellaceae	毛叶卷柏 *Selaginella trichophylla*						√
12	松叶蕨科 Psilotaceae	松叶蕨 *Psilotum nudum*				VU		
13	瓶尔小草科 Ophioglossaceae	薄叶阴地蕨 *Botrychium daucifolium*				NT		
14	瓶尔小草科 Ophioglossaceae	绒毛阴地蕨 *Botrychium lanuginosum*				NT		
15	瓶尔小草科 Ophioglossaceae	心叶瓶尔小草 *Ophioglossum reticulatum*				NT		
16	合囊蕨科 Marattiaceae	大脚观音莲座蕨 *Angiopteris crassipes*	II					
17	合囊蕨科 Marattiaceae	食用莲座蕨 *Angiopteris esculenta*	II					
18	合囊蕨科 Marattiaceae	云南莲座蕨 *Angiopteris yunnanensis*	II					
19	双扇蕨科 Dipteridaceae	中华双扇蕨 *Dipteris chinensis*				EN		
20	金毛狗蕨科 Cibotiaceae	金毛狗 *Cibotium barometz*	II					
21	桫椤科 Cyatheaceae	中华桫椤 *Alsophila costularis*	II				√	
22	桫椤科 Cyatheaceae	桫椤 *Alsophila spinulosa*	II	√		NT	√	
23	桫椤科 Cyatheaceae	西亚黑桫椤 *Gymnosphaera khasyana*	II				√	
24	凤尾蕨科 Pteridaceae	灰背铁线蕨 *Adiantum myriosorum*				NT		
25	凤尾蕨科 Pteridaceae	掌叶铁线蕨 *Adiantum pedatum*				NT		
26	凤尾蕨科 Pteridaceae	白边粉背蕨 *Aleuritopteris albomarginata*				NT		
27	凤尾蕨科 Pteridaceae	独龙江金粉蕨 *Onychium dulongjiangense*						√
28	冷蕨科 Cystopteridaceae	卷叶冷蕨 *Cystopteris modesta*						√
29	乌毛蕨科 Blechnaceae	荚囊蕨 *Struthiopteris eburnea*				NT		
30	蹄盖蕨科 Athyriaceae	贡山对囊蕨 *Deparia sichuanensis* var. *gongshanensis*						√
31	蹄盖蕨科 Athyriaceae	独龙江双盖蕨 *Diplazium dulongjiangense*						√
32	鳞毛蕨科 Dryopteridaceae	独龙江鳞毛蕨 *Dryopteris dulongensis*						√

续表

序号	科名	种名	国家级	云南省级	红皮书	受威胁等级	CITES	特有
33	鳞毛蕨科 Dryopteridaceae	大叶鳞毛蕨 *Dryopteris grandifrons*						√
34	鳞毛蕨科 Dryopteridaceae	脉纹鳞毛蕨 *Dryopteris lachoongensis*				VU		
35	鳞毛蕨科 Dryopteridaceae	贡山耳蕨 *Polystichum integrilimbum*						√
36	水龙骨科 Polypodiaceae	贯众叶节肢蕨 *Arthromeris cyrtomioides*						√
37	水龙骨科 Polypodiaceae	川滇槲蕨 *Drynaria delavayi*				VU		
38	水龙骨科 Polypodiaceae	石莲姜槲蕨 *Drynaria propinqua*				NT		
39	水龙骨科 Polypodiaceae	雨蕨 *Gymnogrammitis dareiformis*				EN		
40	水龙骨科 Polypodiaceae	片马瓦韦 *Lepisorus elegans*						√
41	水龙骨科 Polypodiaceae	长圆假瘤蕨 *Selliguea oblongifolia*						√
42	水龙骨科 Polypodiaceae	片马假瘤蕨 *Selliguea pianmaensis*						√
43	水龙骨科 Polypodiaceae	显脉毛鳞蕨 *Tricholepidium venosum*						√
44	苏铁科 Cycadaceae	篦齿苏铁 *Cycas pectinata*	I		√	VU	√	
45	松科 Pinaceae	怒江冷杉 *Abies nukiangensis*				VU		
46	松科 Pinaceae	怒江红杉 *Larix speciosa*				NT		
47	松科 Pinaceae	澜沧黄杉 *Pseudotsuga forrestii*	II		√	VU		
48	杉科 Taxodiaceae	台湾杉 *Taiwania cryptomerioides*	II		√	VU		
49	柏科 Cupressaceae	翠柏 *Calocedrus macrolepis*	II		√			
50	柏科 Cupressaceae	干香柏 *Cupressus duclouxiana*				NT		
51	柏科 Cupressaceae	小果垂枝柏 *Juniperus recurva* var. *coxii*				VU		
52	罗汉松科 Podocarpaceae	百日青 *Podocarpus neriifolius*	II			VU		
53	三尖杉科 Cephalotaxaceae	贡山三尖杉 *Cephalotaxus lanceolata*	II		√	CR		√
54	三尖杉科 Cephalotaxaceae	西双版纳粗榧 *Cephalotaxus mannii*				EN		
55	红豆杉科 Taxaceae	须弥红豆杉 *Taxus wallichiana*	I				√	
56	红豆杉科 Taxaceae	云南榧 *Torreya fargesii* var. *yunnanensis*	II			EN		
57	木兰科 Magnoliaceae	长蕊木兰 *Alcimandra cathcartii*	II		√	VU		
58	木兰科 Magnoliaceae	长喙厚朴 *Magnolia rostrata*	II		√			
59	木兰科 Magnoliaceae	川滇木莲 *Manglietia duclouxii*				VU		
60	木兰科 Magnoliaceae	滇桂木莲 *Manglietia forrestii*				VU		
61	木兰科 Magnoliaceae	中缅木莲 *Manglietia hookeri*				VU		
62	木兰科 Magnoliaceae	红花木莲 *Manglietia insignis*				VU		
63	木兰科 Magnoliaceae	合果木 *Michelia baillonii*			√	VU		
64	木兰科 Magnoliaceae	绒毛含笑 *Michelia velutina*				RE		
65	木兰科 Magnoliaceae	光叶拟单性木兰 *Parakmeria nitida*				VU		
66	五味子科 Schisandraceae	黑老虎 *Kadsura coccinea*				VU		
67	五味子科 Schisandraceae	滇藏五味子 *Schisandra elongata*				NT		
68	领春木科 Eupteleaceae	领春木 *Euptelea pleiosperma*			√			
69	水青树科 Tetracentraceae	水青树 *Tetracentron sinense*	II		√			
70	番荔枝科 Annonaceae	多脉藤春 *Alphonsea tsangyuanensis*				EN		
71	番荔枝科 Annonaceae	杯冠木 *Cyathostemma yunnanense*		II				
72	番荔枝科 Annonaceae	云南假鹰爪 *Desmos yunnanensis*				EN		
73	番荔枝科 Annonaceae	多苞瓜馥木 *Fissistigma bracteolatum*				EN		
74	番荔枝科 Annonaceae	广西瓜馥木 *Fissistigma kwangsiense*				EN		
75	番荔枝科 Annonaceae	小花暗罗 *Polyalthia florulenta*				VU		
76	番荔枝科 Annonaceae	金钩花 *Pseuduvaria trimera*				NT		
77	樟科 Lauraceae	毛尖树 *Actinodaphne forrestii*		III				

续表

序号	科名	种名	国家级	云南省级	红皮书	受威胁等级	CITES	特有
78	樟科 Lauraceae	思茅黄肉楠 *Actinodaphne henryi*				VU		
79	樟科 Lauraceae	倒卵叶黄肉楠 *Actinodaphne obovata*				NT		
80	樟科 Lauraceae	长柄油丹 *Alseodaphne petiolaris*		III		NT		
81	樟科 Lauraceae	李榄琼楠 *Beilschmiedia linocieroides*				NT		
82	樟科 Lauraceae	紫叶琼楠 *Beilschmiedia purpurascens*				NT		
83	樟科 Lauraceae	滇琼楠 *Beilschmiedia yunnanensis*		III				
84	樟科 Lauraceae	檬果樟 *Caryodaphnopsis tonkinensis*				NT		
85	樟科 Lauraceae	聚花桂 *Cinnamomum contractum*				NT		
86	樟科 Lauraceae	毛叶樟 *Cinnamomum mollifolium*		III		EN		
87	樟科 Lauraceae	刀把木 *Cinnamomum pittosporoides*				NT		
88	樟科 Lauraceae	假桂皮树 *Cinnamomum tonkinense*				VU		
89	樟科 Lauraceae	云南厚壳桂 *Cryptocarya yunnanensis*				EN		
90	樟科 Lauraceae	山柿子果 *Lindera longipedunculata*				VU		
91	樟科 Lauraceae	长尾钓樟 *Lindera thomsonii* var. *velutina*						√
92	樟科 Lauraceae	毛柄钓樟 *Lindera villipes*				NT		
93	樟科 Lauraceae	金平木姜子 *Litsea chinpingensis*				NT		
94	樟科 Lauraceae	长蕊木姜子 *Litsea longistaminata*				VU		
95	樟科 Lauraceae	独龙木姜子 *Litsea taronensis*		II				√
96	樟科 Lauraceae	灌丛润楠 *Machilus dumicola*				EN		√
97	樟科 Lauraceae	长梗润楠 *Machilus duthiei*		III		NT		
98	樟科 Lauraceae	贡山润楠 *Machilus gongshanensis*				VU		√
99	樟科 Lauraceae	秃枝润楠 *Machilus kurzii*						√
100	樟科 Lauraceae	润楠 *Machilus nanmu*	II	III		EN		
101	樟科 Lauraceae	红梗润楠 *Machilus rufipes*				NT		
102	樟科 Lauraceae	瑞丽润楠 *Machilus shweliensis*						√
103	樟科 Lauraceae	细毛润楠 *Machilus tenuipilis*		III		NT		
104	樟科 Lauraceae	疣枝润楠 *Machilus verruculosa*				EN		
105	樟科 Lauraceae	沧江新樟 *Neocinnamomum mekongense*		II				
106	樟科 Lauraceae	金毛新木姜子 *Neolitsea chrysotricha*						√
107	樟科 Lauraceae	龙陵新木姜子 *Neolitsea lunglingensis*				VU		√
108	樟科 Lauraceae	绒毛新木姜子 *Neolitsea tomentosa*				EN		
109	樟科 Lauraceae	普文楠 *Phoebe puwenensis*				VU		
110	樟科 Lauraceae	红梗楠 *Phoebe rufescens*				VU		
111	樟科 Lauraceae	景东楠 *Phoebe yunnanensis*				NT		
112	肉豆蔻科 Myristicaceae	风吹楠 *Horsfieldia amygdalina*	II					
113	肉豆蔻科 Myristicaceae	大叶风吹楠 *Horsfieldia kingii*	II			VU		
114	肉豆蔻科 Myristicaceae	云南风吹楠 *Horsfieldia prainii*	II			VU		
115	肉豆蔻科 Myristicaceae	小叶红光树 *Knema globularia*		III				
116	毛茛科 Ranunculaceae	垂果乌头 *Aconitum pendulicarpum*						√
117	毛茛科 Ranunculaceae	独龙乌头 *Aconitum taronense*						√
118	毛茛科 Ranunculaceae	光叶银莲花 *Anemone obtusiloba* subsp. *leiophylla*						√
119	毛茛科 Ranunculaceae	福贡银莲花 *Anemone yulongshanica* var. *glabrescens*						√
120	毛茛科 Ranunculaceae	星果草 *Asteropyrum peltatum*				VU		
121	毛茛科 Ranunculaceae	细茎驴蹄草 *Caltha sinogracilis*				VU		
122	毛茛科 Ranunculaceae	泸水铁线莲 *Clematis lushuiensis*						√

序号	科名	种名	国家级	云南省级	红皮书	受威胁等级	CITES	特有
123	毛茛科 Ranunculaceae	片马铁线莲 *Clematis pianmaensis*						√
124	毛茛科 Ranunculaceae	腾冲铁线莲 *Clematis tengchongensis*						√
125	毛茛科 Ranunculaceae	云南铁线莲 *Clematis yunnanensis*				NT		
126	毛茛科 Ranunculaceae	云南黄连 *Coptis teeta*	II		√	CR		
127	毛茛科 Ranunculaceae	察隅翠雀花 *Delphinium chayuense*						√
128	毛茛科 Ranunculaceae	锡兰莲 *Naravelia zeylanica*				VU		
129	毛茛科 Ranunculaceae	脱萼鸦跖花 *Oxygraphis delavayi*				NT		
130	毛茛科 Ranunculaceae	滇牡丹 *Paeonia delavayi*	II					
131	毛茛科 Ranunculaceae	拟耧斗菜 *Paraquilegia microphylla*		III				
132	毛茛科 Ranunculaceae	片马毛茛 *Ranunculus pianmaensis*						√
133	毛茛科 Ranunculaceae	矮毛茛 *Ranunculus pseudopygmaeus*				NT		
134	毛茛科 Ranunculaceae	腾冲毛茛 *Ranunculus tengchongensis*						√
135	毛茛科 Ranunculaceae	小花金莲花 *Trollius micranthus*				VU		
136	莼菜科 Cabombaceae	莼菜 *Brasenia schreberi*	II			CR		
137	睡莲科 Nymphaeaceae	睡莲 *Nymphaea tetragona*		II				
138	莲科 Nelumbonaceae	莲 *Nelumbo nucifera*	II					
139	小檗科 Berberidaceae	卷叶小檗 *Berberis replicata*						√
140	小檗科 Berberidaceae	微毛小檗 *Berberis tomentulosa*						√
141	小檗科 Berberidaceae	鹤庆十大功劳 *Mahonia bracteolata*				VU		
142	小檗科 Berberidaceae	密叶十大功劳 *Mahonia conferta*				VU		
143	小檗科 Berberidaceae	贡山十大功劳 *Mahonia dulongensis*						√
144	小檗科 Berberidaceae	泸水十大功劳 *Mahonia lushuiensis*						√
145	鬼臼科 Podophyllaceae	云南八角莲 *Dysosma aurantiocaulis*	II			EN		
146	鬼臼科 Podophyllaceae	川八角莲 *Dysosma delavayi*	II					
147	鬼臼科 Podophyllaceae	桃儿七 *Sinopodophyllum hexandrum*	II		√		√	
148	星叶草科 Circaeasteraceae	星叶草 *Circaeaster agrestis*			√			
149	防己科 Menispermaceae	崖藤 *Albertisia laurifolia*				NT		
150	防己科 Menispermaceae	锡生藤 *Cissampelos pareira* var. *hirsuta*				NT		
151	防己科 Menispermaceae	藤枣 *Eleutharrhena macrocarpa*	II		√	CR		
152	防己科 Menispermaceae	一文钱 *Stephania delavayi*				VU		
153	防己科 Menispermaceae	荷包地不容 *Stephania dicentrinifera*		III		VU		
154	防己科 Menispermaceae	雅丽千金藤 *Stephania elegans*				VU		
155	防己科 Menispermaceae	大花地不容 *Stephania macrantha*				CR		
156	马兜铃科 Aristolochiaceae	大囊马兜铃 *Aristolochia forrestiana*						√
157	马兜铃科 Aristolochiaceae	昆明马兜铃 *Aristolochia kunmingensis*				VU		
158	马兜铃科 Aristolochiaceae	偏花马兜铃 *Aristolochia obliqua*				VU		
159	马兜铃科 Aristolochiaceae	革叶马兜铃 *Aristolochia scytophylla*				EN		
160	马兜铃科 Aristolochiaceae	变色马兜铃 *Aristolochia versicolor*				NT		
161	马兜铃科 Aristolochiaceae	苕叶细辛 *Asarum himalaicum*				VU		
162	胡椒科 Piperaceae	黄花胡椒 *Piper flaviflorum*				NT		
163	胡椒科 Piperaceae	粗梗胡椒 *Piper macropodum*				NT		
164	罂粟科 Papaveraceae	贡山绿绒蒿 *Meconopsis smithiana*						√
165	紫堇科 Fumariaceae	攀援黄堇 *Corydalis ampelos*						√
166	紫堇科 Fumariaceae	龙骨籽紫堇 *Corydalis carinata*						√
167	紫堇科 Fumariaceae	独龙江紫堇 *Corydalis dulongjiangensis*						√

续表

序号	科名	种名	国家级	云南省级	红皮书	受威胁等级	CITES	特有
168	紫堇科 Fumariaceae	对叶紫堇 *Corydalis enantiophylla*						√
169	紫堇科 Fumariaceae	俅江紫堇 *Corydalis kiukiangensis*						√
170	紫堇科 Fumariaceae	小籽紫堇 *Corydalis microsperma*						√
171	紫堇科 Fumariaceae	紫花紫堇 *Corydalis porphyrantha*						√
172	紫堇科 Fumariaceae	翅瓣黄堇 *Corydalis pterygopetala*						√
173	紫堇科 Fumariaceae	小花翅瓣黄堇 *Corydalis pterygopetala* var. *parviflora*						√
174	紫堇科 Fumariaceae	滇西紫金龙 *Dactylicapnos gaoligongshanensis*						√
175	紫堇科 Fumariaceae	平滑籽紫金龙 *Dactylicapnos leiosperma*						√
176	紫堇科 Fumariaceae	紫金龙 *Dactylicapnos scandens*		III				
177	山柑科 Capparidaceae	树头菜 *Crateva unilocularis*				NT		
178	十字花科 Cruciferae	岩生碎米荠 *Cardamine calcicola*				NT		
179	十字花科 Cruciferae	纤细葶苈 *Draba gracillima*				NT		
180	十字花科 Cruciferae	矮葶苈 *Draba handelii*						√
181	十字花科 Cruciferae	愉悦葶立 *Draba juncunda*						√
182	堇菜科 Violaceae	阔紫叶堇菜 *Viola cameleo*				NT		
183	堇菜科 Violaceae	裸堇菜 *Viola nuda*				NT		
184	远志科 Polygalaceae	肾果远志 *Polygala didyma*						√
185	景天科 Crassulaceae	德钦红景天 *Rhodiola atuntsuensis*				EN		
186	景天科 Crassulaceae	异色红景天 *Rhodiola discolor*				NT		
187	景天科 Crassulaceae	长鞭红景天 *Rhodiola fastigiata*	II					
188	景天科 Crassulaceae	多苞红景天 *Rhodiola multibracteata*						√
189	景天科 Crassulaceae	优秀红景天 *Rhodiola nobilis*				VU		
190	景天科 Crassulaceae	粗茎红景天 *Rhodiola wallichiana*	II					
191	景天科 Crassulaceae	云南红景天 *Rhodiola yunnanensis*	II					
192	虎耳草科 Saxifragaceae	狭叶落新妇 *Astilbe rivularis* var. *angustifoliolata*						√
193	虎耳草科 Saxifragaceae	无斑梅花草 *Parnassia epunctulata*						√
194	虎耳草科 Saxifragaceae	长爪梅花草 *Parnassia farreri*				NT		√
195	虎耳草科 Saxifragaceae	俞氏梅花草 *Parnassia yui*				NT		√
196	虎耳草科 Saxifragaceae	贡山虎耳草 *Saxifraga insolens*						√
197	虎耳草科 Saxifragaceae	小叶虎耳草 *Saxifraga minutifoliosa*						√
198	虎耳草科 Saxifragaceae	多痂虎耳草 *Saxifraga versicallosa*						√
199	川苔草科 Podostemaceae	水石衣 *Hydrobryum griffithii*	II			VU		
200	石竹科 Caryophyllaceae	不显无心菜 *Arenaria inconspicua*				VU		
201	石竹科 Caryophyllaceae	无饰无心菜 *Arenaria inornata*				VU		
202	石竹科 Caryophyllaceae	怒江无心菜 *Arenaria salweenensis*						√
203	石竹科 Caryophyllaceae	刚毛无心菜 *Arenaria setifera*						√
204	石竹科 Caryophyllaceae	藏南繁缕 *Stellaria zangnanensis*				NT		
205	蓼科 Polygonaceae	金荞麦 *Fagopyrum dibotrys*	II					
206	蓼科 Polygonaceae	荫地蓼 *Polygonum umbrosum*						√
207	蓼科 Polygonaceae	云南大黄 *Rheum yunnanense*				VU		
208	苋科 Amaranthaceae	云南林地苋 *Psilotrichum yunnanense*						√
209	亚麻科 Linaceae	异腺草 *Anisadenia pubescens*		III		NT		
210	亚麻科 Linaceae	石异腺草 *Anisadenia saxatilis*				NT		
211	牻牛儿苗科 Geraniaceae	灰岩紫地榆 *Geranium franchetii*				NT		
212	酢浆草科 Oxalidaceae	无柄感应草 *Biophytum umbraculum*		III				

续表

序号	科名	种名	国家级	云南省级	红皮书	受威胁等级	CITES	特有
213	凤仙花科 Balsaminaceae	具角凤仙花 *Impatiens ceratophora*						√
214	凤仙花科 Balsaminaceae	福贡凤仙花 *Impatiens fugongensis*						√
215	凤仙花科 Balsaminaceae	贡山凤仙花 *Impatiens gongshanensis*						√
216	凤仙化科 Balsaminaceae	横断山凤仙花 *Impatiens hengduanensis*				NT		√
217	凤仙花科 Balsaminaceae	李恒凤仙花 *Impatiens lihengiana*						√
218	凤仙花科 Balsaminaceae	长喙凤仙花 *Impatiens longirostris*						√
219	凤仙花科 Balsaminaceae	小距凤仙花 *Impatiens microcentra*						√
220	凤仙花科 Balsaminaceae	片马凤仙花 *Impatiens pianmaensis*						√
221	凤仙花科 Balsaminaceae	澜沧凤仙花 *Impatiens principis*						√
222	凤仙花科 Balsaminaceae	直距凤仙花 *Impatiens pseudokingii*						√
223	凤仙花科 Balsaminaceae	独龙凤仙花 *Impatiens taronensis*						√
224	凤仙花科 Balsaminaceae	硫色凤仙花 *Impatiens thiochroa*				NT		
225	凤仙花科 Balsaminaceae	滇水金凤 *Impatiens uliginosa*				NT		
226	凤仙花科 Balsaminaceae	金黄凤仙花 *Impatiens xanthina*						√
227	凤仙花科 Balsaminaceae	德浚凤仙花 *Impatiens yui*						√
228	千屈菜科 Lythraceae	云南紫薇 *Lagerstroemia intermedia*			√	VU		
229	千屈菜科 Lythraceae	小果紫薇 *Lagerstroemia minuticarpa*	II					
230	隐翼科 Crypteroniaceae	隐翼木 *Crypteronia paniculata*				EN		
231	柳叶菜科 Onagraceae	网脉柳兰 *Chamerion conspersum*				NT		
232	柳叶菜科 Onagraceae	贡山露珠草 *Circaea taronensis*						√
233	菱科 Trapaceae	细果野菱 *Trapa incisa*	II					
234	瑞香科 Thymelaeaceae	少花瑞香 *Daphne depauperata*				VU		
235	瑞香科 Thymelaeaceae	滇瑞香 *Daphne feddei*		III				
236	瑞香科 Thymelaeaceae	云南瑞香 *Daphne yunnanensis*						√
237	瑞香科 Thymelaeaceae	毛花瑞香 *Eriosolena composita*		III				
238	山龙眼科 Proteaceae	瑞丽山龙眼 *Helicia shweliensis*			√	EN		
239	山龙眼科 Proteaceae	林地山龙眼 *Helicia silvicola*				EN		
240	山龙眼科 Proteaceae	潞西山龙眼 *Helicia tsaii*		III		VU		√
241	山龙眼科 Proteaceae	痄腮树 *Heliciopsis terminalis*	II		√	NT		
242	五桠果科 Dilleniaceae	五桠果 *Dillenia indica*				EN		
243	五桠果科 Dilleniaceae	小花五桠果 *Dillenia pentagyna*		III				
244	海桐花科 Pittosporaceae	披针叶聚花海桐 *Pittosporum balansae* var. *chatterjeeanum*						√
245	海桐花科 Pittosporaceae	黄杨叶海桐 *Pittosporum kweichowense* var. *buxifolium*				EN		
246	海桐花科 Pittosporaceae	贫脉海桐 *Pittosporum oligophlebium*						√
247	海桐花科 Pittosporaceae	厚皮香海桐 *Pittosporum rehderianum* var. *ternstroemioides*						√
248	大风子科 Flacourtiaceae	大叶龙角 *Hydnocarpus annamensis*			√	VU		
249	天料木科 Samydaceae	烈味脚骨脆 *Casearia graveolens*				NT		
250	天料木科 Samydaceae	斯里兰卡天料木 *Homalium ceylanicum*				VU		
251	西番莲科 Passifloraceae	月叶西番莲 *Passiflora altebilobata*				NT		
252	葫芦科 Cucurbitaceae	独龙江雪胆 *Hemsleya dulongjiangensis*				VU		√
253	葫芦科 Cucurbitaceae	丽江雪胆 *Hemsleya lijiangensis*		III		VU		
254	葫芦科 Cucurbitaceae	大花雪胆 *Hemsleya macrocarpa* var. *grandiflora*				EN		√
255	葫芦科 Cucurbitaceae	大花裂瓜 *Schizopepon macranthus*				NT		

序号	科名	种名	国家级	云南省级	红皮书	受威胁等级	CITES	特有
256	葫芦科 Cucurbitaceae	山地赤瓟 *Thladiantha montana*				NT		
257	葫芦科 Cucurbitaceae	皱籽栝楼 *Trichosanthes rugatisemina*				NT		
258	葫芦科 Cucurbitaceae	截叶栝楼 *Trichosanthes truncata*				EN		
259	葫芦科 Cucurbitaceae	薄叶栝楼 *Trichosanthes wallichiana*				VU		
260	葫芦科 Cucurbitaceae	锤果马㼎儿 *Zehneria wallichii*				VU		
261	秋海棠科 Begoniaceae	腾冲秋海棠 *Begonia clavicaulis*						√
262	秋海棠科 Begoniaceae	齿苞秋海棠 *Begonia dentatobracteata*				VU		√
263	秋海棠科 Begoniaceae	陇川秋海棠 *Begonia forrestii*				NT		
264	秋海棠科 Begoniaceae	贡山秋海棠 *Begonia gungshanensis*						√
265	秋海棠科 Begoniaceae	心叶秋海棠 *Begonia labordei*				NT		
266	四数木科 Tetramelaceae	四数木 *Tetrameles nudiflora*	II		√	VU		
267	山茶科 Theaceae	阔叶杨桐 *Adinandra latifolia*				CR		√
268	山茶科 Theaceae	滇南离蕊茶 *Camellia pachyandra*				VU		
269	山茶科 Theaceae	滇山茶 *Camellia reticulata*				VU		
270	山茶科 Theaceae	怒江山茶 *Camellia saluenensis*				NT		
271	山茶科 Theaceae	普洱茶 *Camellia sinensis* var. *assamica*	II			VU		
272	山茶科 Theaceae	大理茶 *Camellia taliensis*	II			VU		
273	山茶科 Theaceae	猴子木 *Camellia yunnanensis*		III				
274	山茶科 Theaceae	贡山柃 *Eurya gungshanensis*				EN		
275	山茶科 Theaceae	滇四角柃 *Eurya paratetragonoclada*				NT		
276	山茶科 Theaceae	尖齿叶柃 *Eurya perserrata*						√
277	山茶科 Theaceae	坚桃叶柃 *Eurya persicifolia*				VU		
278	山茶科 Theaceae	肖樱叶柃 *Eurya pseudocerasifera*				NT		
279	山茶科 Theaceae	独龙柃 *Eurya taronensis*				VU		
280	山茶科 Theaceae	屏边柃 *Eurya tsingpienensis*				EN		
281	山茶科 Theaceae	无量山柃 *Eurya wuliangshanensis*				NT		
282	山茶科 Theaceae	云南柃 *Eurya yunnanensis*				NT		
283	山茶科 Theaceae	独龙木荷 *Schima sericans* var. *paracrenata*				NT		√
284	山茶科 Theaceae	毛木荷 *Schima villosa*				VU		
285	山茶科 Theaceae	紫茎 *Stewartia sinensis*			√			
286	猕猴桃科 Actinidiaceae	软枣猕猴桃 *Actinidia arguta*	II					
287	猕猴桃科 Actinidiaceae	粉叶猕猴桃 *Actinidia glauco-callosa*				VU		
288	猕猴桃科 Actinidiaceae	贡山猕猴桃 *Actinidia pilosula*				VU		√
289	猕猴桃科 Actinidiaceae	扇叶猕猴桃 *Actinidia umbelloides* var. *flabellifolia*				CR		
290	水东哥科 Saurauiaceae	粗齿水东哥 *Saurauia erythrocarpa* var. *grosseserrata*						√
291	水东哥科 Saurauiaceae	硃毛水东哥 *Saurauia miniata*				VU		
292	龙脑香科 Dipterocarpaceae	纤细龙脑香 *Dipterocarpus gracilis*		II		EN		
293	龙脑香科 Dipterocarpaceae	东京龙脑香 *Dipterocarpus retusus*	I		√			
294	龙脑香科 Dipterocarpaceae	云南娑罗双 *Shorea assamica*	I		√	EN		
295	桃金娘科 Myrtaceae	滇南蒲桃 *Syzygium austroyunnanense*				EN		
296	桃金娘科 Myrtaceae	短序蒲桃 *Syzygium brachythyrsum*				EN		
297	桃金娘科 Myrtaceae	贡山蒲桃 *Syzygium gongshanense*						√
298	桃金娘科 Myrtaceae	滇西蒲桃 *Syzygium rockii*				NT		
299	桃金娘科 Myrtaceae	云南蒲桃 *Syzygium yunnanense*				NT		
300	野牡丹科 Melastomataceae	八蕊花 *Sporoxeia sciadophila*						√

续表

序号	科名	种名	国家级	云南省级	红皮书	受威胁等级	CITES	特有
301	使君子科 Combretaceae	榆绿木 *Anogeissus acuminata*			√	NT		
302	使君子科 Combretaceae	萼翅藤 *Getonia floribunda*	I		√	NT		
303	使君子科 Combretaceae	毗黎勒 *Terminalia bellirica*				EN		
304	使君子科 Combretaceae	千果榄仁 *Terminalia myriocarpa*	II		√			
305	使君子科 Combretaceae	硬毛千果榄仁 *Terminalia myriocarpa* var. *hirsuta*				NT		
306	红树科 Rhizophoraceae	竹节树 *Carallia brachiata*		III				
307	藤黄科 Guttiferae	红萼藤黄 *Garcinia erythrosepala*				VU		
308	藤黄科 Guttiferae	双籽藤黄 *Garcinia tetralata*	II			VU		
309	椴树科 Tiliaceae	镰叶扁担杆 *Grewia falcata*		III				
310	椴树科 Tiliaceae	长柄扁担杆 *Grewia longipedunculata*						√
311	椴树科 Tiliaceae	长瓣扁担杆 *Grewia macropetala*				NT		
312	杜英科 Elaeocarpaceae	滇南杜英 *Elaeocarpus austroyunnanensis*				VU		
313	杜英科 Elaeocarpaceae	短穗杜英 *Elaeocarpus brachystachyus*						√
314	杜英科 Elaeocarpaceae	贡山杜英 *Elaeocarpus brachystachyus* var. *fengii*						√
315	杜英科 Elaeocarpaceae	滇西杜英 *Elaeocarpus dianxiensis*						√
316	杜英科 Elaeocarpaceae	高黎贡山杜英 *Elaeocarpus gaoligongshanensis*						√
317	杜英科 Elaeocarpaceae	肿柄杜英 *Elaeocarpus harmandii*				CR		
318	杜英科 Elaeocarpaceae	多沟杜英 *Elaeocarpus lacunosus*				NT		
319	杜英科 Elaeocarpaceae	绢毛杜英 *Elaeocarpus nitentifolius*				VU		
320	杜英科 Elaeocarpaceae	长叶猴欢喜 *Sloanea sterculiacea* var. *assamica*				VU		
321	梧桐科 Sterculiaceae	火桐 *Firmiana colorata*	II					
322	梧桐科 Sterculiaceae	云南梧桐 *Firmiana major*	II		√	EN		
323	梧桐科 Sterculiaceae	长序山芝麻 *Helicteres elongata*				NT		
324	梧桐科 Sterculiaceae	长柄银叶树 *Heritiera angustata*		III		EN		
325	梧桐科 Sterculiaceae	平当树 *Paradombeya sinensis*	II			EN		
326	梧桐科 Sterculiaceae	短柄苹婆 *Sterculia brevissima*				EN		
327	梧桐科 Sterculiaceae	粉苹婆 *Sterculia euosma*				NT		
328	梧桐科 Sterculiaceae	大叶苹婆 *Sterculia kingtungensis*				EN		
329	锦葵科 Malvaceae	滇西苘麻 *Abutilon gebauerianum*				NT		
330	锦葵科 Malvaceae	无齿华苘麻 *Abutilon sinense* var. *edentatum*				NT		
331	锦葵科 Malvaceae	枣叶槿 *Nayariophyton zizyphifolium*		III		VU		
332	金虎尾科 Malpighiaceae	蒙自盾翅藤 *Aspidopterys henryi*		III				
333	黏木科 Ixonanthaceae	粘木 *Ixonanthes reticulata*			√	VU		
334	大戟科 Euphorbiaceae	大狼毒 *Euphorbia jolkinii*				VU		
335	茶藨子科 Grossulariaceae	贡山茶藨子 *Ribes griffithii* var. *gongshanense*						√
336	八仙花科 Hydrangeaceae	马桑溲疏 *Deutzia aspera*				NT		
337	八仙花科 Hydrangeaceae	灰绿溲疏 *Deutzia glaucophylla*				NT		
338	八仙花科 Hydrangeaceae	云南常山 *Dichroa yunnanensis*				EN		√
339	八仙花科 Hydrangeaceae	银针绣球 *Hydrangea dumicola*						√
340	八仙花科 Hydrangeaceae	长柱绣球 *Hydrangea stylosa*				NT		
341	八仙花科 Hydrangeaceae	黑萼山梅花 *Philadelphus delavayi* var. *melanocalyx*				NT		
342	八仙花科 Hydrangeaceae	泸水山梅花 *Philadelphus lushuiensis*						√
343	八仙花科 Hydrangeaceae	厚叶钻地风 *Schizophragma crassum*		III				√
344	蔷薇科 Rosaceae	偃樱桃 *Cerasus mugus*						√
345	蔷薇科 Rosaceae	小叶两列栒子 *Cotoneaster nitidus* var. *parvifolius*						√

序号	科名	种名	国家级	云南省级	红皮书	受威胁等级	CITES	特有
346	蔷薇科 Rosaceae	麻栗坡枇杷 *Eriobotrya malipoensis*				EN		
347	蔷薇科 Rosaceae	沧江海棠 *Malus ombrophila*				NT		
348	蔷薇科 Rosaceae	短序绣线梅 *Neillia breviracemosa*						√
349	蔷薇科 Rosaceae	福贡绣线梅 *Neillia fugongensis*						√
350	蔷薇科 Rosaceae	褐毛稠李 *Padus brunnescens*				VU		
351	蔷薇科 Rosaceae	全缘叶稠李 *Padus integrifolia*				VU		
352	蔷薇科 Rosaceae	曲枝委陵菜 *Potentilla rosulifera*				NT		
353	蔷薇科 Rosaceae	大果委陵菜 *Potentilla taronensis*						√
354	蔷薇科 Rosaceae	大果臀果木 *Pygeum macrocarpum*				EN		
355	蔷薇科 Rosaceae	香水月季 *Rosa odorata*			√			
356	蔷薇科 Rosaceae	双花蔷薇 *Rosa sinobiflora*						√
357	蔷薇科 Rosaceae	黄穗悬钩子 *Rubus chrysobotrys*						√
358	蔷薇科 Rosaceae	托叶悬钩子 *Rubus foliaceistipulatus*						√
359	蔷薇科 Rosaceae	贡山蓬蘽 *Rubus forrestianus*						√
360	蔷薇科 Rosaceae	贡山悬钩子 *Rubus gongshanensis*						√
361	蔷薇科 Rosaceae	矮生悬钩子 *Rubus naruhashii*						√
362	蔷薇科 Rosaceae	荚蒾叶悬钩子 *Rubus neoviburnifolius*						√
363	蔷薇科 Rosaceae	委陵悬钩子 *Rubus potentilloides*						√
364	蔷薇科 Rosaceae	怒江悬钩子 *Rubus salwinensis*						√
365	蔷薇科 Rosaceae	独龙悬钩子 *Rubus taronensis*						√
366	蔷薇科 Rosaceae	多变花楸 *Sorbus astateria*				VU		
367	蔷薇科 Rosaceae	无毛俅江花楸 *Sorbus kiukiangensis* var. *glabrescens*						√
368	蔷薇科 Rosaceae	怒江花楸 *Sorbus salwinensis*				VU		√
369	蔷薇科 Rosaceae	滇南红果树 *Stranvaesia oblanceolata*				NT		
370	苏木科 Caesalpiniaceae	丽江羊蹄甲 *Bauhinia bohniana*				NT		
371	苏木科 Caesalpiniaceae	海南羊蹄甲 *Bauhinia hainanensis*				NT		
372	苏木科 Caesalpiniaceae	云南无忧花 *Saraca griffithiana*		III		EN		
373	苏木科 Caesalpiniaceae	任豆 *Zenia insignis*				VU		
374	含羞草科 Mimosaceae	无刺金合欢 *Acacia teniana*				VU		
375	含羞草科 Mimosaceae	顶果树 *Acrocarpus fraxinifolius*				VU		
376	含羞草科 Mimosaceae	锈毛棋子豆 *Archidendron balansae*				NT		
377	含羞草科 Mimosaceae	椭圆叶猴耳环 *Archidendron ellipticum*				CR		
378	含羞草科 Mimosaceae	碟腺棋子豆 *Archidendron kerrii*				VU		
379	含羞草科 Mimosaceae	棋子豆 *Archidendron robinsonii*	II					
380	含羞草科 Mimosaceae	榼藤 *Entada phaseoloides*				EN		
381	蝶形花科 Papilionaceae	云南土圞儿 *Apios delavayi*				NT		
382	蝶形花科 Papilionaceae	纤细土圞儿 *Apios gracillima*				NT		
383	蝶形花科 Papilionaceae	俅江黄耆 *Astragalus chiukiangensis*						√
384	蝶形花科 Papilionaceae	独龙江黄耆 *Astragalus dulungkiangensis*						√
385	蝶形花科 Papilionaceae	思茅莸子梢 *Campylotropis harmsii*				VU		
386	蝶形花科 Papilionaceae	腾冲莸子梢 *Campylotropis howellii*						√
387	蝶形花科 Papilionaceae	小花香槐 *Cladrastis delavayi*		II				
388	蝶形花科 Papilionaceae	膀胱豆 *Colutea delavayi*				VU		
389	蝶形花科 Papilionaceae	秧青 *Dalbergia assamica*				EN		
390	蝶形花科 Papilionaceae	黑黄檀 *Dalbergia cultrata*	II			VU		

续表

序号	科名	种名	国家级	云南省级	红皮书	受威胁等级	CITES	特有
391	蝶形花科 Papilionaceae	黄檀 *Dalbergia hupeana*				NT		
392	蝶形花科 Papilionaceae	钝叶黄檀 *Dalbergia obtusifolia*				EN		
393	蝶形花科 Papilionaceae	小鸡藤 *Dumasia forrestii*				NT		
394	蝶形花科 Papilionaceae	卷圈野扁豆 *Dunbaria circinalis*				NT		
395	蝶形花科 Papilionaceae	墨江千斤拔 *Flemingia chappar*				NT		
396	蝶形花科 Papilionaceae	绒毛千斤拔 *Flemingia grahamiana*				NT		
397	蝶形花科 Papilionaceae	思茅崖豆 *Millettia leptobotrya*				EN		
398	蝶形花科 Papilionaceae	厚果崖豆藤 *Millettia pachycarpa*	III					
399	蝶形花科 Papilionaceae	华南小叶崖豆 *Millettia pulchra* var. *chinensis*				NT		
400	蝶形花科 Papilionaceae	黄毛黧豆 *Mucuna bracteata*				NT		
401	蝶形花科 Papilionaceae	肥荚红豆 *Ormosia fordiana*	II					
402	蝶形花科 Papilionaceae	榄绿红豆 *Ormosia olivacea*	II			NT		
403	蝶形花科 Papilionaceae	槽纹红豆 *Ormosia striata*	II					
404	蝶形花科 Papilionaceae	云南红豆 *Ormosia yunnanensis*	II			CR		
405	蝶形花科 Papilionaceae	九叶膨果豆 *Phyllolobium enneaphyllum*						√
406	蝶形花科 Papilionaceae	密花豆 *Spatholobus suberectus*				VU		
407	蝶形花科 Papilionaceae	云南密花豆 *Spatholobus varians*				NT		
408	旌节花科 Stachyuraceae	滇缅旌节花 *Stachyurus cordatulus*				EN		√
409	旌节花科 Stachyuraceae	云南旌节花 *Stachyurus yunnanensis*				VU		
410	金缕梅科 Hamamelidaceae	镰尖蕈树 *Altingia siamensis*				VU		
411	金缕梅科 Hamamelidaceae	俅江蜡瓣花 *Corylopsis trabeculosa*				EN		√
412	金缕梅科 Hamamelidaceae	长穗蜡瓣花 *Corylopsis yui*				VU		√
413	金缕梅科 Hamamelidaceae	绒毛红花荷 *Rhodoleia forrestii*				VU		
414	黄杨科 Buxaceae	滇南黄杨 *Buxus austroyunnanensis*				EN		
415	黄杨科 Buxaceae	毛果黄杨 *Buxus hebecarpa*				EN		
416	杨柳科 Salicaceae	齿苞矮柳 *Salix annulifera* var. *dentata*						√
417	杨柳科 Salicaceae	扭尖柳 *Salix contortiapiculata*						√
418	杨柳科 Salicaceae	贡山柳 *Salix fengiana*						√
419	杨柳科 Salicaceae	裸果贡山柳 *Salix fengiana* var. *gymnocarpa*						√
420	杨柳科 Salicaceae	毛枝垫柳 *Salix hirticaulis*				VU		
421	杨柳科 Salicaceae	孔目矮柳 *Salix kungmuensis*						√
422	杨柳科 Salicaceae	怒江柳 *Salix nujiangensis*						√
423	杨柳科 Salicaceae	类扇叶垫柳 *Salix paraflabellaris*						√
424	杨柳科 Salicaceae	岩壁垫柳 *Salix scopulicola*						√
425	杨柳科 Salicaceae	腾冲柳 *Salix tengchongensis*				EN		√
426	桦木科 Betulaceae	贡山桦 *Betula gynoterminalis*				CR		√
427	壳斗科 Fagaceae	小果锥 *Castanopsis fleuryi*				NT		
428	壳斗科 Fagaceae	龙陵锥 *Castanopsis rockii*				VU		
429	壳斗科 Fagaceae	变色锥 *Castanopsis wattii*				NT		
430	壳斗科 Fagaceae	巴坡青冈 *Cyclobalanopsis bapouensis*						√
431	壳斗科 Fagaceae	独龙青冈 *Cyclobalanopsis dulongensis*						√
432	壳斗科 Fagaceae	俅江青冈 *Cyclobalanopsis kiukiangensis*						√
433	壳斗科 Fagaceae	能铺拉青冈 *Cyclobalanopsis nengpulaensis*						√
434	壳斗科 Fagaceae	盈江青冈 *Cyclobalanopsis yingjiangensis*				VU		
435	壳斗科 Fagaceae	格林柯 *Lithocarpus collettii*				EN		

续表

序号	科名	种名	国家级	云南省级	红皮书	受威胁等级	CITES	特有
436	壳斗科 Fagaceae	窄叶柯 *Lithocarpus confinis*						√
437	壳斗科 Fagaceae	独龙石栎 *Lithocarpus dulongensis*						√
438	壳斗科 Fagaceae	勐海柯 *Lithocarpus fohaiensis*				VU		
439	壳斗科 Fagaceae	密脉柯 *Lithocarpus fordianus*		III		VU		
440	壳斗科 Fagaceae	望楼柯 *Lithocarpus garrettianus*				NT		
441	壳斗科 Fagaceae	耳叶柯 *Lithocarpus grandifolius*				NT		
442	壳斗科 Fagaceae	缅宁柯 *Lithocarpus mianningensis*				VU		
443	榆科 Ulmaceae	小果朴 *Celtis cerasifera*				NT		
444	桑科 Moraceae	见血封喉 *Antiaris toxicaria*			√	NT		
445	桑科 Moraceae	贡山波罗蜜 *Artocarpus gongshanensis*				CR		√
446	桑科 Moraceae	野波罗蜜 *Artocarpus lakoocha*				VU		
447	桑科 Moraceae	猴子瘿袋 *Artocarpus pithecogallus*				EN		
448	桑科 Moraceae	北碚榕 *Ficus beipeiensis*				EN		
449	桑科 Moraceae	大青树 *Ficus hookeriana*				CR		
450	桑科 Moraceae	光叶榕 *Ficus laevis*				VU		
451	桑科 Moraceae	森林榕 *Ficus neriifolia*				VU		
452	桑科 Moraceae	钩毛榕 *Ficus praetermissa*				NT		
453	桑科 Moraceae	云南榕 *Ficus yunnanensis*				EN		
454	桑科 Moraceae	奶桑 *Morus macroura*	II					
455	桑科 Moraceae	川桑 *Morus notabilis*	II					
456	荨麻科 Urticaceae	圆基火麻树 *Dendrocnide basirotunda*				EN		
457	荨麻科 Urticaceae	厚苞楼梯草 *Elatostema apicicrassum*						√
458	荨麻科 Urticaceae	茨开楼梯草 *Elatostema cikaiense*						√
459	荨麻科 Urticaceae	兜船楼梯草 *Elatostema cucullatonaviculare*						√
460	荨麻科 Urticaceae	指序楼梯草 *Elatostema dactylocephalum*						√
461	荨麻科 Urticaceae	拟盘托楼梯草 *Elatostema dissectoides*						√
462	荨麻科 Urticaceae	独龙楼梯草 *Elatostema dulongense*						√
463	荨麻科 Urticaceae	锈茎楼梯草 *Elatostema ferrugineum*						√
464	荨麻科 Urticaceae	福贡楼梯草 *Elatostema fugongense*						√
465	荨麻科 Urticaceae	贡山楼梯草 *Elatostema gungshanense*						√
466	荨麻科 Urticaceae	李恒楼梯草 *Elatostema lihengianum*						√
467	荨麻科 Urticaceae	紫脉托叶楼梯草 *Elatostema nasutum* var. *atrocostatum*						√
468	荨麻科 Urticaceae	软鳞托叶楼梯草 *Elatostema nasutum* var. *yui*						√
469	荨麻科 Urticaceae	尖牙楼梯草 *Elatostema oxyodontum*						√
470	荨麻科 Urticaceae	少叶楼梯草 *Elatostema paucifolium*						√
471	荨麻科 Urticaceae	片马楼梯草 *Elatostema pianmaense*						√
472	荨麻科 Urticaceae	宽角楼梯草 *Elatostema platyceras*						√
473	荨麻科 Urticaceae	假骡尖楼梯草 *Elatostema pseudocuspidatum*						√
474	荨麻科 Urticaceae	拟托叶楼梯草 *Elatostema pseudonasutum*						√
475	荨麻科 Urticaceae	拟宽叶楼梯草 *Elatostema pseudoplatyphyllum*						√
476	荨麻科 Urticaceae	钦朗当楼梯草 *Elatostema tenuicaudatoides* var. *orientale*						√
477	荨麻科 Urticaceae	三茎楼梯草 *Elatostema tricaule*						√
478	荨麻科 Urticaceae	文采楼梯草 *Elatostema wangii*						√
479	荨麻科 Urticaceae	水丝麻 *Maoutia puya*				NT		
480	荨麻科 Urticaceae	赤车冷水花 *Pilea pellionioides*						√

序号	科名	种名	国家级	云南省级	红皮书	受威胁等级	CITES	特有
481	荨麻科 Urticaceae	镜面草 Pilea peperomioides				EN		
482	荨麻科 Urticaceae	察隅荨麻 Urtica zayuensis						√
483	冬青科 Aquifoliaceae	龙陵冬青 Ilex cheniana						√
484	冬青科 Aquifoliaceae	倒卵叶冬青 Ilex maximowicziana				EN		
485	冬青科 Aquifoliaceae	小核冬青 Ilex micropyrena						√
486	冬青科 Aquifoliaceae	拟长尾冬青 Ilex sublongecaudata						√
487	冬青科 Aquifoliaceae	滇缅冬青 Ilex wardii				NT		
488	冬青科 Aquifoliaceae	独龙冬青 Ilex yuana				EN		√
489	卫矛科 Celastraceae	克钦卫矛 Euonymus kachinensis				NT		
490	卫矛科 Celastraceae	柳叶卫矛 Euonymus salicifolius				NT		
491	卫矛科 Celastraceae	染用卫矛 Euonymus tingens				NT		
492	卫矛科 Celastraceae	滇南美登木 Maytenus austroyunnanensis				NT		
493	卫矛科 Celastraceae	圆果假卫矛 Microtropis sphaerocarpa						√
494	十齿花科 Dipentodontaceae	十齿花 Dipentodon sinicus			√			
495	翅子藤科 Hippocrataceae	多籽五层龙 Salacia polysperma				EN		
496	茶茱萸科 Icacinaceae	定心藤 Mappianthus iodoides		II				
497	山柚子科 Opiliaceae	山柚子 Opilia amentacea				NT		
498	桑寄生科 Loranthaceae	滇西离瓣寄生 Helixanthera scoriarum				VU		
499	桑寄生科 Loranthaceae	贡山梨果寄生 Scurrula gongshanensis						√
500	鼠李科 Rhamnaceae	毛背猫乳 Rhamnella julianae				NT		
501	鼠李科 Rhamnaceae	西藏鼠李 Rhamnus xizangensis				NT		
502	鼠李科 Rhamnaceae	云龙雀梅藤 Sageretia yunlongensis				NT		
503	鼠李科 Rhamnaceae	褐果枣 Ziziphus fungii				VU		
504	葡萄科 Vitaceae	锡金酸蔹藤 Ampelocissus sikkimensis				EN		
505	葡萄科 Vitaceae	贡山蛇葡萄 Ampelopsis gongshanensis						√
506	葡萄科 Vitaceae	福贡乌蔹莓 Cayratia fugongensis						√
507	芸香科 Rutaceae	大花花椒 Zanthoxylum macranthum				NT		
508	芸香科 Rutaceae	朵花椒 Zanthoxylum molle				VU		
509	苦木科 Simaroubaceae	常绿臭椿 Ailanthus fordii				NT		
510	橄榄科 Burseraceae	滇榄 Canarium strictum				NT		
511	楝科 Meliaceae	望谟崖摩 Aglaia lawii	II	III		VU		
512	楝科 Meliaceae	碧绿米仔兰 Aglaia perviridis				NT		
513	楝科 Meliaceae	麻楝 Chukrasia tabularis		III				
514	楝科 Meliaceae	红果樫木 Dysoxylum gotadhora				NT		
515	楝科 Meliaceae	红椿 Toona ciliata	II		√	VU		
516	无患子科 Sapindaceae	龙眼 Dimocarpus longan	II		√			
517	无患子科 Sapindaceae	伞花木 Eurycorymbus cavaleriei	II		√			
518	无患子科 Sapindaceae	韶子 Nephelium chryseum	II					
519	七叶树科 Hippocastanaceae	长柄七叶树 Aesculus assamica		III				
520	槭树科 Aceraceae	怒江枫 Acer chienii				VU		
521	槭树科 Aceraceae	丽江枫 Acer forrestii				VU		
522	槭树科 Aceraceae	海拉枫 Acer hilaense				CR		
523	槭树科 Aceraceae	贡山枫 Acer kungshanense				EN		
524	槭树科 Aceraceae	怒江光叶枫 Acer laevigatum var. salweenense						√
525	槭树科 Aceraceae	少果枫 Acer oligocarpum				EN		

序号	科名	种名	国家级	云南省级	红皮书	受威胁等级	CITES	特有
526	槭树科 Aceraceae	锡金枫 *Acer sikkimense*				VU		
527	槭树科 Aceraceae	滇藏枫 *Acer wardii*				EN		
528	九子母科 Podoaceae	贡山九子母 *Dobinea vulgaris*				VU		
529	清风藤科 Sabiaceae	锥序清风藤 *Sabia paniculata*				CR		
530	省沽油科 Staphyleaceae	腺齿省沽油 *Staphylea shweliensis*				CR		√
531	省沽油科 Staphyleaceae	大籽山香圆 *Turpinia macrosperma*				VU		√
532	漆树科 Anacardiaceae	大果人面子 *Dracontomelon macrocarpum*				EN		
533	漆树科 Anacardiaceae	林生杧果 *Mangifera sylvatica*	II		√	EN		
534	漆树科 Anacardiaceae	小果肉托果 *Semecarpus microcarpus*		III		VU		
535	漆树科 Anacardiaceae	裂果漆 *Toxicodendron griffithii*		III				
536	胡桃科 Juglandaceae	越南山核桃 *Carya tonkinensis*		III		NT		
537	胡桃科 Juglandaceae	胡桃 *Juglans regia*				VU		
538	胡桃科 Juglandaceae	泡核桃 *Juglans sigillata*				VU		
539	胡桃科 Juglandaceae	云南枫杨 *Pterocarya macroptera* var. *delavayi*		III				
540	桃叶珊瑚科 Aucubaceae	琵琶叶珊瑚 *Aucuba eriobotryifolia*				EN		
541	八角枫科 Alangiaceae	云南八角枫 *Alangium yunnanense*				EN		
542	蓝果树科 Nyssaceae	华南蓝果树 *Nyssa javanica*				NT		
543	蓝果树科 Nyssaceae	瑞丽蓝果树 *Nyssa shweliensis*	II			CR		
544	蓝果树科 Nyssaceae	云南蓝果树 *Nyssa yunnanensis*	I			CR		
545	珙桐科 Davidiaceae	光叶珙桐 *Davidia involucrata* var. *vilmoriniana*	I		√			
546	五加科 Araliaceae	独龙楤木 *Aralia kingdon-wardii*						√
547	五加科 Araliaceae	百来楤木 *Aralia* sp.						√
548	五加科 Araliaceae	瑞丽罗伞 *Brassaiopsis shweliensis*						√
549	五加科 Araliaceae	常春木 *Merrilliopanax listeri*		II				
550	五加科 Araliaceae	狭叶竹节参 *Panax bipinnatifidus* var. *angustifolius*	II					
551	五加科 Araliaceae	竹节参 *Panax japonicus*	II					
552	五加科 Araliaceae	珠子参 *Panax japonicus* var. *major*	II					
553	五加科 Araliaceae	王氏竹节参 *Panax japonicus* var. *wangianus*	II					√
554	五加科 Araliaceae	贡山三七 *Panax shangianus*	II					√
555	五加科 Araliaceae	多变三七 *Panax variabilis*	II					
556	五加科 Araliaceae	高鹅掌柴 *Schefflera elata*				NT		
557	伞形科 Umbelliferae	腾冲独活 *Heracleum stenopteroides*						√
558	伞形科 Umbelliferae	云南独活 *Heracleum yunnanense*				NT		
559	伞形科 Umbelliferae	盾叶天胡荽 *Hydrocotyle peltatum*						√
560	伞形科 Umbelliferae	贡山藁本 *Ligusticum gongshanense*						√
561	伞形科 Umbelliferae	滇芹 *Meeboldia yunnanensis*				NT		
562	伞形科 Umbelliferae	细裂前胡 *Peucedanum macilentum*				VU		
563	伞形科 Umbelliferae	长果棱子芹 *Pleurospermum longicarpum*				NT		
564	伞形科 Umbelliferae	三裂叶棱子芹 *Pleurospermum tripartitum*						√
565	伞形科 Umbelliferae	天蓝变豆菜 *Sanicula caerulescens*				NT		
566	伞形科 Umbelliferae	亮蛇床 *Selinum cryptotaenium*				VU		
567	杜鹃花科 Ericaceae	膜叶锦绦花 *Cassiope membranifolia*						√
568	杜鹃花科 Ericaceae	鼠尾锦绦花 *Cassiope myosuroides*				VU		
569	杜鹃花科 Ericaceae	锦绦花 *Cassiope selaginoides*				NT		
570	杜鹃花科 Ericaceae	柳叶假木荷 *Craibiodendron henryi*				NT		

序号	科名	种名	国家级	云南省级	红皮书	受威胁等级	CITES	特有
571	杜鹃花科 Ericaceae	金叶子 *Craibiodendron stellatum*				NT		
572	杜鹃花科 Ericaceae	云南假木荷 *Craibiodendron yunnanense*				NT		
573	杜鹃花科 Ericaceae	少花吊钟花 *Enkianthus pauciflorus*				VU		
574	杜鹃花科 Ericaceae	拟苔藓白珠 *Gaultheria bryoides*						√
575	杜鹃花科 Ericaceae	苍山白珠 *Gaultheria cardiosepala*				NT		√
576	杜鹃花科 Ericaceae	高山丛林白珠 *Gaultheria dumicola* var. *petanoneuron*				EN		
577	杜鹃花科 Ericaceae	短穗白珠 *Gaultheria notabilis*				CR		√
578	杜鹃花科 Ericaceae	草地白珠 *Gaultheria praticola*				VU		
579	杜鹃花科 Ericaceae	平卧白珠 *Gaultheria prostrata*						√
580	杜鹃花科 Ericaceae	假短穗白珠 *Gaultheria pseudonotabilis*				NT		√
581	杜鹃花科 Ericaceae	伏地白珠 *Gaultheria suborbicularis*				VU		
582	杜鹃花科 Ericaceae	延序西藏白珠 *Gaultheria wardii* var. *elongata*						√
583	杜鹃花科 Ericaceae	夺目杜鹃 *Rhododendron arizelum*				VU		
584	杜鹃花科 Ericaceae	瘤枝杜鹃 *Rhododendron asperulum*				VU		
585	杜鹃花科 Ericaceae	毛萼杜鹃 *Rhododendron bainbridgeanum*				VU		
586	杜鹃花科 Ericaceae	碧江杜鹃 *Rhododendron bijiangense*						√
587	杜鹃花科 Ericaceae	白花卵叶杜鹃 *Rhododendron callimorphum* var. *myiagrum*						√
588	杜鹃花科 Ericaceae	纯黄杜鹃 *Rhododendron chrysodoron*				NT		
589	杜鹃花科 Ericaceae	香花白杜鹃 *Rhododendron ciliipes*						√
590	杜鹃花科 Ericaceae	革叶杜鹃 *Rhododendron coriaceum*				NT		
591	杜鹃花科 Ericaceae	腺背长粗毛杜鹃 *Rhododendron crinigerum* var. *euadenium*						√
592	杜鹃花科 Ericaceae	附生杜鹃 *Rhododendron dendricola*				VU		
593	杜鹃花科 Ericaceae	可喜杜鹃 *Rhododendron dichroanthum* subsp. *apodectum*						√
594	杜鹃花科 Ericaceae	杯萼两色杜鹃 *Rhododendron dichroanthum* subsp. *scyphocalyx*						√
595	杜鹃花科 Ericaceae	腺梗两色杜鹃 *Rhododendron dichroanthum* subsp. *septentrionale*						√
596	杜鹃花科 Ericaceae	泡泡叶杜鹃 *Rhododendron edgeworthii*				NT		
597	杜鹃花科 Ericaceae	滇西杜鹃 *Rhododendron euchroum*				NT		√
598	杜鹃花科 Ericaceae	绵毛房杜鹃 *Rhododendron facetum*				NT		
599	杜鹃花科 Ericaceae	泸水杜鹃 *Rhododendron flavoflorum*						√
600	杜鹃花科 Ericaceae	翅柄杜鹃 *Rhododendron fletcherianum*						√
601	杜鹃花科 Ericaceae	河边杜鹃 *Rhododendron flumineum*						√
602	杜鹃花科 Ericaceae	灰白杜鹃 *Rhododendron genestierianum*				VU		
603	杜鹃花科 Ericaceae	贡山杜鹃 *Rhododendron gongshanense*						√
604	杜鹃花科 Ericaceae	朱红大杜鹃 *Rhododendron griersonianum*	II			CR		√
605	杜鹃花科 Ericaceae	粗毛杜鹃 *Rhododendron habrotrichum*				VU		√
606	杜鹃花科 Ericaceae	毛冠亮鳞杜鹃 *Rhododendron heliolepis* var. *oporinum*						√
607	杜鹃花科 Ericaceae	凸脉杜鹃 *Rhododendron hirsutipetiolatum*						√
608	杜鹃花科 Ericaceae	粉果杜鹃 *Rhododendron hylaeum*				VU		√
609	杜鹃花科 Ericaceae	独龙杜鹃 *Rhododendron keleticum*				VU		√
610	杜鹃花科 Ericaceae	星毛杜鹃 *Rhododendron kyawii*						√
611	杜鹃花科 Ericaceae	常绿糙毛杜鹃 *Rhododendron lepidostylum*						√
612	杜鹃花科 Ericaceae	鳞腺杜鹃 *Rhododendron lepidotum*						√

序号	科名	种名	国家级	云南省级	红皮书	受威胁等级	CITES	特有
613	杜鹃花科 Ericaceae	长蒴杜鹃 *Rhododendron mackenzianum*				NT		√
614	杜鹃花科 Ericaceae	羊毛杜鹃 *Rhododendron mallotum*				EN		√
615	杜鹃花科 Ericaceae	少花杜鹃 *Rhododendron martinianum*				VU		
616	杜鹃花科 Ericaceae	红萼杜鹃 *Rhododendron meddianum*						√
617	杜鹃花科 Ericaceae	腺房红萼杜鹃 *Rhododendron meddianum* var. *atrokermesinum*						√
618	杜鹃花科 Ericaceae	大萼杜鹃 *Rhododendron megacalyx*				VU		
619	杜鹃花科 Ericaceae	红线弯月杜鹃 *Rhododendron mekongense* var. *rubrolineatum*				NT		
620	杜鹃花科 Ericaceae	碧江亮毛杜鹃 *Rhododendron microphyton* var. *trichanthum*						√
621	杜鹃花科 Ericaceae	一朵花杜鹃 *Rhododendron monanthum*				NT		
622	杜鹃花科 Ericaceae	墨脱杜鹃 *Rhododendron montroseanum*				VU		
623	杜鹃花科 Ericaceae	宝兴杜鹃 *Rhododendron moupinense*				VU		
624	杜鹃花科 Ericaceae	网眼火红杜鹃 *Rhododendron neriiflorum* var. *agetum*						√
625	杜鹃花科 Ericaceae	腺柄杯萼杜鹃 *Rhododendron pocophorum* var. *hemidartum*				NT		√
626	杜鹃花科 Ericaceae	矮生杜鹃 *Rhododendron proteoides*				VU		
627	杜鹃花科 Ericaceae	翘首杜鹃 *Rhododendron protistum*						√
628	杜鹃花科 Ericaceae	大树杜鹃 *Rhododendron protistum* var. *giganteum*			√	CR		√
629	杜鹃花科 Ericaceae	褐叶杜鹃 *Rhododendron pseudociliipes*				NT		√
630	杜鹃花科 Ericaceae	菱形叶杜鹃 *Rhododendron rhombifolium*						√
631	杜鹃花科 Ericaceae	红晕杜鹃 *Rhododendron roseatum*				NT		√
632	杜鹃花科 Ericaceae	裂萼杜鹃 *Rhododendron schistocalyx*						√
633	杜鹃花科 Ericaceae	黄花泡泡叶杜鹃 *Rhododendron seinghkuense*				VU		√
634	杜鹃花科 Ericaceae	刚刺杜鹃 *Rhododendron setiferum*				VU		
635	杜鹃花科 Ericaceae	糠秕杜鹃 *Rhododendron sperabiloides*				NT		
636	杜鹃花科 Ericaceae	硫磺杜鹃 *Rhododendron sulfureum*				VU		
637	杜鹃花科 Ericaceae	白喇叭杜鹃 *Rhododendron taggianum*				NT		
638	杜鹃花科 Ericaceae	薄皮杜鹃 *Rhododendron taronense*				VU		√
639	杜鹃花科 Ericaceae	泡毛杜鹃 *Rhododendron vesiculiferum*				EN		√
640	杜鹃花科 Ericaceae	鲜黄杜鹃 *Rhododendron xanthostephanum*				NT		
641	杜鹃花科 Ericaceae	白面杜鹃 *Rhododendron zaleucum*						√
642	越橘科 Vacciniaceae	棱枝树萝卜 *Agapetes angulata*				NT		
643	越橘科 Vacciniaceae	环萼树萝卜 *Agapetes brandisiana*				NT		
644	越橘科 Vacciniaceae	缅甸树萝卜 *Agapetes burmanica*		III				
645	越橘科 Vacciniaceae	中型树萝卜 *Agapetes interdicta*				NT		√
646	越橘科 Vacciniaceae	无毛灯笼花 *Agapetes lacei* var. *glaberrima*				NT		√
647	越橘科 Vacciniaceae	绒毛灯笼花 *Agapetes lacei* var. *tomentella*						√
648	越橘科 Vacciniaceae	大果树萝卜 *Agapetes megacarpa*				VU		
649	越橘科 Vacciniaceae	杯梗树萝卜 *Agapetes pseudogriffithii*						√
650	越橘科 Vacciniaceae	毛花树萝卜 *Agapetes pubiflora*				NT		
651	越橘科 Vacciniaceae	草莓树状越橘 *Vaccinium arbutoides*				NT		
652	越橘科 Vacciniaceae	灯台越橘 *Vaccinium bulleyanum*				NT		√
653	越橘科 Vacciniaceae	团叶越橘 *Vaccinium chaetothrix*				NT		
654	越橘科 Vacciniaceae	长穗越橘 *Vaccinium dunnianum*				NT		

序号	科名	种名	国家级	云南省级	红皮书	受威胁等级	CITES	特有
655	越橘科 Vacciniaceae	长冠越橘 *Vaccinium harmandianum*				NT		
656	越橘科 Vacciniaceae	卡钦越橘 *Vaccinium kachinense*				NT		
657	水晶兰科 Monotropaceae	水晶兰 *Monotropa uniflora*				NT		
658	岩梅科 Diapensiaceae	岩匙 *Berneuxia thibetica*		III				
659	柿树科 Ebenaceae	腾冲柿 *Diospyros forrestii*						√
660	山榄科 Sapotaceae	云南藏榄 *Diploknema yunnanensis*	I	I		RE		
661	山榄科 Sapotaceae	瑞丽刺榄 *Xantolis shweliensis*				VU		
662	紫金牛科 Myrsinaceae	狗骨头 *Ardisia aberrans*				EN		
663	紫金牛科 Myrsinaceae	坚髓杜茎山 *Maesa ambigua*				NT		
664	紫金牛科 Myrsinaceae	皱叶杜茎山 *Maesa rugosa*				NT		
665	安息香科 Styracaceae	西藏山茉莉 *Huodendron tibeticum*		III		NT		
666	安息香科 Styracaceae	茉莉果 *Parastyrax lacei*		II		EN		
667	安息香科 Styracaceae	贡山木瓜红 *Rehderodendron gongshanense*						√
668	安息香科 Styracaceae	瓦山安息香 *Styrax perkinsiae*				NT		
669	马钱科 Loganiaceae	大花醉鱼草 *Buddleja colvilei*				VU		
670	马钱科 Loganiaceae	腺叶醉鱼草 *Buddleja delavayi*				VU		
671	马钱科 Loganiaceae	云南醉鱼草 *Buddleja yunnanensis*				VU		
672	木犀科 Oleaceae	疏花木犀榄 *Olea laxiflora*						√
673	木犀科 Oleaceae	蒙自桂花 *Osmanthus henryi*		III				
674	夹竹桃科 Apocynaceae	云南清明花 *Beaumontia khasiana*				VU		
675	夹竹桃科 Apocynaceae	漾濞鹿角藤 *Chonemorpha griffithii*				NT		
676	夹竹桃科 Apocynaceae	麻栗坡少花藤 *Ichnocarpus malipoensis*				NT		
677	夹竹桃科 Apocynaceae	雷打果 *Melodinus yunnanensis*		III		VU		
678	夹竹桃科 Apocynaceae	蛇根木 *Rauvolfia serpentina*				VU		
679	夹竹桃科 Apocynaceae	萝芙木 *Rauvolfia verticillata*		III				
680	夹竹桃科 Apocynaceae	狗牙花 *Tabernaemontana divaricata*				EN		
681	萝藦科 Asclepiadaceae	箭药藤 *Belostemma hirsutum*				NT		
682	萝藦科 Asclepiadaceae	勐腊藤 *Goniostemma punctatum*				CR		
683	萝藦科 Asclepiadaceae	贡山球兰 *Hoya lii*						√
684	萝藦科 Asclepiadaceae	琴叶球兰 *Hoya pandurata*				VU		
685	萝藦科 Asclepiadaceae	匙叶球兰 *Hoya radicalis*				NT		
686	萝藦科 Asclepiadaceae	怒江球兰 *Hoya salweenica*						√
687	萝藦科 Asclepiadaceae	单花球兰 *Hoya uniflora*						√
688	茜草科 Rubiaceae	疏毛短萼齿木 *Brachytome hirtellata* var. *glabrescens*				NT		
689	茜草科 Rubiaceae	大叶鱼骨木 *Canthium simile*				NT		
690	茜草科 Rubiaceae	瑞丽茜树 *Fosbergia shweliensis*				EN		√
691	茜草科 Rubiaceae	心叶木 *Haldina cordifolia*				VU		
692	茜草科 Rubiaceae	土连翘 *Hymenodictyon flaccidum*		III				
693	茜草科 Rubiaceae	藏药木 *Hyptianthera stricta*				NT		
694	茜草科 Rubiaceae	蒙自野丁香 *Leptodermis tomentella*				NT		
695	茜草科 Rubiaceae	多脉玉叶金花 *Mussaenda multinervis*				NT		
696	茜草科 Rubiaceae	单裂玉叶金花 *Mussaenda simpliciloba*				NT		
697	茜草科 Rubiaceae	长苞腺萼木 *Mycetia bracteata*				NT		
698	茜草科 Rubiaceae	短柄腺萼木 *Mycetia brevipes*						√
699	茜草科 Rubiaceae	疏果石丁香 *Neohymenopogon oligocarpus*				VU		

序号	科名	种名	国家级	云南省级	红皮书	受威胁等级	CITES	特有
700	茜草科 Rubiaceae	石丁香 *Neohymenopogon parasiticus*		III				
701	茜草科 Rubiaceae	独龙蛇根草 *Ophiorrhiza dulongensis*						√
702	茜草科 Rubiaceae	糙叶大沙叶 *Pavetta scabrifolia*				NT		
703	茜草科 Rubiaceae	片马茜草 *Rubia pianmaensis*						√
704	茜草科 Rubiaceae	倒挂金钩 *Uncaria lancifolia*				VU		
705	茜草科 Rubiaceae	长梗水锦树 *Wendlandia longipedicellata*				EN		
706	茜草科 Rubiaceae	屏边水锦树 *Wendlandia pingpienensis*				VU		
707	香茜科 Carlemanniaceae	香茜 *Carlemannia tetragona*		III		NT		
708	香茜科 Carlemanniaceae	蜘蛛花 *Silvianthus bracteatus*		III				
709	忍冬科 Caprifoliaceae	云南双盾木 *Dipelta yunnanensis*				VU		
710	忍冬科 Caprifoliaceae	绵毛鬼吹箫 *Leycesteria stipulata*				EN		
711	忍冬科 Caprifoliaceae	珍珠荚蒾 *Viburnum foetidum* var. *ceanothoides*				EN		
712	忍冬科 Caprifoliaceae	甘肃荚蒾 *Viburnum kansuense*				VU		
713	忍冬科 Caprifoliaceae	瑞丽荚蒾 *Viburnum shweliense*				CR		
714	忍冬科 Caprifoliaceae	亚高山荚蒾 *Viburnum subalpinum*				VU		
715	忍冬科 Caprifoliaceae	横脉荚蒾 *Viburnum trabeculosum*				VU		
716	败酱科 Valerianaceae	匙叶甘松 *Nardostachys jatamansi*	II					
717	菊科 Asteraceae	锐叶香青 *Anaphalis oxyphylla*						√
718	菊科 Asteraceae	细裂垂头菊 *Cremanthodium dissectum*						√
719	菊科 Asteraceae	矢叶垂头菊 *Cremanthodium forrestii*						√
720	菊科 Asteraceae	棕毛厚喙菊 *Dubyaea amoena*						√
721	菊科 Asteraceae	贡山飞蓬 *Erigeron kunshanensis*						√
722	菊科 Asteraceae	紫缨橐吾 *Ligularia phaenicochaeta*						√
723	菊科 Asteraceae	宽翅橐吾 *Ligularia pterodonta*						√
724	菊科 Asteraceae	垭口紫菊 *Notoseris yakoensis*						√
725	菊科 Asteraceae	黄绿苞风毛菊 *Saussurea flavo-virens*						√
726	菊科 Asteraceae	绵头雪兔子 *Saussurea laniceps*	II					
727	菊科 Asteraceae	滇风毛菊 *Saussurea micradenia*						√
728	菊科 Asteraceae	蕨叶千里光 *Senecio pteridophyllus*				NT		
729	龙胆科 Gentianaceae	无柄蔓龙胆 *Crawfurdia sessiliflora*				NT		
730	龙胆科 Gentianaceae	新固蔓龙胆 *Crawfurdia sinkuensis*						√
731	龙胆科 Gentianaceae	异药龙胆 *Gentiana anisostemon*				NT		
732	龙胆科 Gentianaceae	天冬叶龙胆 *Gentiana asparagoides*						√
733	龙胆科 Gentianaceae	缅甸龙胆 *Gentiana burmensis*						√
734	龙胆科 Gentianaceae	石竹叶龙胆 *Gentiana caryophyllea*						√
735	龙胆科 Gentianaceae	粗茎秦艽 *Gentiana crassicaulis*				NT		
736	龙胆科 Gentianaceae	苍白龙胆 *Gentiana forrestii*				VU		
737	龙胆科 Gentianaceae	缅北龙胆 *Gentiana masonii*						√
738	龙胆科 Gentianaceae	念珠脊龙胆 *Gentiana moniliformis*						√
739	龙胆科 Gentianaceae	俅江龙胆 *Gentiana qiujiangensis*						√
740	龙胆科 Gentianaceae	细辛叶獐牙菜 *Swertia asarifolia*				NT		√
741	龙胆科 Gentianaceae	叉序獐牙菜 *Swertia divaricata*						√
742	龙胆科 Gentianaceae	膜叶獐牙菜 *Swertia membranifolia*				NT		
743	龙胆科 Gentianaceae	片马獐牙菜 *Swertia pianmaensis*						√
744	龙胆科 Gentianaceae	圆腺獐牙菜 *Swertia rotundiglandula*						√

序号	科名	种名	国家级	云南省级	红皮书	受威胁等级	CITES	特有
745	龙胆科 Gentianaceae	察隅獐牙菜 *Swertia zayueensis*				NT		√
746	报春花科 Primulaceae	直立点地梅 *Androsace erecta*				NT		
747	报春花科 Primulaceae	披散点地梅 *Androsace gagnepainiana*				NT		
748	报春花科 Primulaceae	短花珍珠菜 *Lysimachia breviflora*						√
749	报春花科 Primulaceae	心叶香草 *Lysimachia cordifolia*				EN		
750	报春花科 Primulaceae	南亚过路黄 *Lysimachia debilis*				NT		
751	报春花科 Primulaceae	锈毛过路黄 *Lysimachia drymarifolia*				NT		
752	报春花科 Primulaceae	小果香草 *Lysimachia microcarpa*				NT		
753	报春花科 Primulaceae	阔瓣珍珠菜 *Lysimachia platypetala*				NT		
754	报春花科 Primulaceae	多育星宿菜 *Lysimachia prolifera*				NT		
755	报春花科 Primulaceae	粗壮珍珠菜 *Lysimachia robusta*						√
756	报春花科 Primulaceae	腾冲过路黄 *Lysimachia tengyuehensis*				EN		√
757	报春花科 Primulaceae	藏珍珠菜 *Lysimachia tsarongensis*						√
758	报春花科 Primulaceae	大理独花报春 *Omphalogramma delavayi*				NT		
759	报春花科 Primulaceae	茴香灯台报春 *Primula anisodora*				NT		
760	报春花科 Primulaceae	细辛叶报春 *Primula asarifolia*				NT		
761	报春花科 Primulaceae	霞红灯台报春 *Primula beesiana*						√
762	报春花科 Primulaceae	腾冲灯台报春 *Primula chrysochlora*				VU		√
763	报春花科 Primulaceae	灌丛报春 *Primula dumicola*				NT		
764	报春花科 Primulaceae	绿眼报春 *Primula euosma*				NT		
765	报春花科 Primulaceae	泽地灯台报春 *Primula helodoxa*				NT		√
766	报春花科 Primulaceae	李恒报春 *Primula lihengiana*						√
767	报春花科 Primulaceae	芒齿灯台报春 *Primula melanodonta*						√
768	报春花科 Primulaceae	灰毛报春 *Primula mollis*				NT		
769	报春花科 Primulaceae	华柔毛报春 *Primula sinomollis*				NT		
770	报春花科 Primulaceae	群居粉报春 *Primula socialis*						√
771	报春花科 Primulaceae	暗红紫晶报春 *Primula valentiniana*				NT		
772	桔梗科 Campanulaceae	滇缅党参 *Codonopsis chimiliensis*						√
773	桔梗科 Campanulaceae	心叶党参 *Codonopsis cordifolioidea*				NT		√
774	桔梗科 Campanulaceae	贡山党参 *Codonopsis gombalana*				VU		√
775	桔梗科 Campanulaceae	珠鸡斑党参 *Codonopsis meleagris*				NT		
776	桔梗科 Campanulaceae	片马党参 *Codonopsis pianmaensis*						√
777	桔梗科 Campanulaceae	紫花党参 *Codonopsis purpurea*				VU		
778	桔梗科 Campanulaceae	球花党参 *Codonopsis subglobosa*				NT		
779	紫草科 Boraginaceae	大孔微孔草 *Microula bhutanica*				VU		
780	厚壳树科 Ehretiaceae	云南粗糠树 *Ehretia confinis*				VU		
781	茄科 Solanaceae	赛莨菪 *Anisodus carniolicoides*				EN		
782	茄科 Solanaceae	密毛红丝线 *Lycianthes biflora* var. *subtusochracea*				NT		
783	茄科 Solanaceae	截萼红丝线 *Lycianthes neesiana*				NT		
784	茄科 Solanaceae	顺宁红丝线 *Lycianthes shunningensis*				VU		
785	茄科 Solanaceae	茄参 *Mandragora caulescens*		III				
786	旋花科 Convolvulaceae	亮叶银背藤 *Argyreia splendens*				VU		
787	玄参科 Scrophulariaceae	胡黄连 *Neopicrorhiza scrophulariiflora*	II		√	EN		
788	玄参科 Scrophulariaceae	宽叶俯垂马先蒿 *Pedicularis cernua* subsp. *latifolia*						√
789	玄参科 Scrophulariaceae	独龙马先蒿 *Pedicularis dulongensis*						√

序号	科名	种名	国家级	云南省级	红皮书	受威胁等级	CITES	特有
790	玄参科 Scrophulariaceae	曲茎马先蒿 Pedicularis flexuosa				NT		
791	玄参科 Scrophulariaceae	贡山马先蒿 Pedicularis gongshanensis				NT		√
792	玄参科 Scrophulariaceae	矮马先蒿 Pedicularis humilis				EX		
793	玄参科 Scrophulariaceae	孱弱马先蒿 Pedicularis infirma						√
794	玄参科 Scrophulariaceae	季川马先蒿 Pedicularis yui						√
795	玄参科 Scrophulariaceae	缘毛季川马先蒿 Pedicularis yui var. ciliata						√
796	玄参科 Scrophulariaceae	高山玄参 Scrophularia hypsophila						√
797	玄参科 Scrophulariaceae	白蝴蝶草 Torenia alba						√
798	玄参科 Scrophulariaceae	云南腹水草 Veronicastrum yunnanense				NT		
799	玄参科 Scrophulariaceae	马松蒿 Xizangia bartschioides						√
800	列当科 Orobanchaceae	假野菰 Christisonia hookeri				NT		
801	列当科 Orobanchaceae	蔗寄生 Gleadovia ruborum				VU		
802	狸藻科 Lentibulariaceae	福贡挖耳草 Utricularia fugongensis						√
803	苦苣苔科 Gesneriaceae	狭矩芒毛苣苔 Aeschynanthus angustioblongus						√
804	苦苣苔科 Gesneriaceae	毛花芒毛苣苔 Aeschynanthus lasianthus						√
805	苦苣苔科 Gesneriaceae	腾冲芒毛苣苔 Aeschynanthus tengchungensis						√
806	苦苣苔科 Gesneriaceae	锈毛短筒苣苔 Boeica ferruginea				NT		
807	苦苣苔科 Gesneriaceae	云南粗筒苣苔 Briggsia forrestii						√
808	苦苣苔科 Gesneriaceae	腺萼唇柱苣苔 Chirita adenocalyx				NT		
809	苦苣苔科 Gesneriaceae	细果长蒴苣苔 Didymocarpus stenocarpus				NT		
810	苦苣苔科 Gesneriaceae	澜沧紫花苣苔 Loxostigma mekongense				VU		
811	苦苣苔科 Gesneriaceae	狭萼吊石苣苔 Lysionotus levipes				NT		
812	苦苣苔科 Gesneriaceae	短柄吊石苣苔 Lysionotus sessilifolius				NT		√
813	苦苣苔科 Gesneriaceae	保山吊石苣苔 Lysionotus sulphureoides				NT		√
814	苦苣苔科 Gesneriaceae	大理石蝴蝶 Petrocosmea forrestii				NT		
815	苦苣苔科 Gesneriaceae	贡山异叶苣苔 Whytockia gongshanensis				NT		√
816	紫葳科 Bignoniaceae	藏楸 Catalpa tibetica				EN		
817	爵床科 Acanthaceae	刺苞老鼠簕 Acanthus leucostachyus				NT		
818	爵床科 Acanthaceae	腾冲马蓝 Strobilanthes euantha						√
819	爵床科 Acanthaceae	李恒马蓝 Strobilanthes lihengiae						√
820	爵床科 Acanthaceae	长穗腺背蓝 Strobilanthes longispica						√
821	爵床科 Acanthaceae	滇西马蓝 Strobilanthes ovata						√
822	马鞭草科 Verbenaceae	云南石梓 Gmelina arborea				VU		
823	马鞭草科 Verbenaceae	思茅豆腐柴 Premna szemaoensis		√				
824	唇形科 Lamiaceae	玫红铃子香 Chelonopsis rosea				NT		
825	唇形科 Lamiaceae	线叶水蜡烛 Dysophylla linearis				NT		
826	唇形科 Lamiaceae	全唇花 Holocheila longipedunculata				NT		√
827	唇形科 Lamiaceae	扇脉香茶菜 Isodon flabelliformis				NT		
828	唇形科 Lamiaceae	木里冠唇花 Microtoena muliensis				EN		
829	唇形科 Lamiaceae	长刺钩萼草 Notochaete longiaristata				VU		√
830	唇形科 Lamiaceae	裂唇糙苏 Phlomis fimbriata				NT		√
831	唇形科 Lamiaceae	假轮状糙苏 Phlomis pararotata				NT		
832	唇形科 Lamiaceae	狭叶刺蕊草 Pogostemon dielsianus						√
833	唇形科 Lamiaceae	刚毛萼刺蕊草 Pogostemon hispidocalyx				NT		√
834	唇形科 Lamiaceae	异色鼠尾草 Salvia heterochroa						√

续表

序号	科名	种名	国家级	云南省级	红皮书	受威胁等级	CITES	特有
835	水鳖科 Hydrocharitaceae	海菜花 *Ottelia acuminata*	II		√			
836	水鳖科 Hydrocharitaceae	龙舌草 *Ottelia alismoides*	II			VU		
837	泽泻科 Alismataceae	泽苔草 *Caldesia parnassifolia*				CR		
838	泽泻科 Alismataceae	腾冲慈姑 *Sagittaria tengtsungensis*				VU		
839	眼子菜科 Potamogetonaceae	浮叶眼子菜 *Potamogeton natans*				NT		
840	鸭跖草科 Commelinaceae	尖果穿鞘花 *Amischotolype hookeri*				NT		
841	谷精草科 Eriocaulaceae	蒙自谷精草 *Eriocaulon henryanum*				EN		
842	谷精草科 Eriocaulaceae	光萼谷精草 *Eriocaulon leianthum*				NT		√
843	姜科 Zingiberaceae	菱味砂仁 *Amomum coriandriodorum*				NT		
844	姜科 Zingiberaceae	盈江砂仁 *Amomum yingjiangense*				NT		
845	姜科 Zingiberaceae	云南砂仁 *Amomum yunnanense*				NT		
846	姜科 Zingiberaceae	白斑凹唇姜 *Boesenbergia albomaculata*				VU		
847	姜科 Zingiberaceae	绿苞闭鞘姜 *Costus viridis*				CR		
848	姜科 Zingiberaceae	茴香砂仁 *Etlingera yunnanensis*	II			VU		
849	姜科 Zingiberaceae	碧江姜花 *Hedychium bijiangense*						√
850	姜科 Zingiberaceae	无丝姜花 *Hedychium efilamentosum*						√
851	姜科 Zingiberaceae	多花姜花 *Hedychium floribundum*						√
852	姜科 Zingiberaceae	短柄直唇姜 *Pommereschea spectabilis*				NT		
853	姜科 Zingiberaceae	喙花姜 *Rhynchanthus beesianus*				EN		
854	姜科 Zingiberaceae	大理象牙参 *Roscoea forrestii*				NT		
855	姜科 Zingiberaceae	绵枣象牙参 *Roscoea scillifolia*				NT		
856	姜科 Zingiberaceae	长舌姜 *Zingiber longiligulatum*				NT		
857	姜科 Zingiberaceae	畹町姜 *Zingiber wandingense*				NT		
858	姜科 Zingiberaceae	盈江姜 *Zingiber yingjiangense*				NT		
859	百合科 Liliaceae	剑叶开口箭 *Campylandra ensifolia*				VU		
860	百合科 Liliaceae	齿瓣开口箭 *Campylandra fimbriata*				NT		
861	百合科 Liliaceae	粗茎贝母 *Fritillaria crassicaulis*	II			VU		
862	百合科 Liliaceae	垂茎异黄精 *Heteropolygonatum pendulum*				EN		
863	百合科 Liliaceae	黄洼瓣花 *Lloydia delavayi*				EN		
864	百合科 Liliaceae	高大鹿药 *Maianthemum atropurpureum*				NT		
865	百合科 Liliaceae	抱茎鹿药 *Maianthemum forrestii*				NT		
866	百合科 Liliaceae	褐花鹿药 *Maianthemum fusciduliflorum*				NT		
867	百合科 Liliaceae	心叶鹿药 *Maianthemum fuscum* var. *cordatum*						√
868	百合科 Liliaceae	贡山鹿药 *Maianthemum gongshanense*				VU		√
869	百合科 Liliaceae	美丽豹子花 *Nomocharis basilissa*				EN		√
870	百合科 Liliaceae	滇西豹子花 *Nomocharis farreri*				EN		√
871	百合科 Liliaceae	豹子花 *Nomocharis pardanthina*				EN		
872	百合科 Liliaceae	钟花假百合 *Notholirion campanulatum*		II				
873	百合科 Liliaceae	泸水沿阶草 *Ophiopogon lushuiensis*				NT		√
874	百合科 Liliaceae	滇西沿阶草 *Ophiopogon yunnanensis*						√
875	百合科 Liliaceae	匍匐球子草 *Peliosanthes sinica*				NT		
876	百合科 Liliaceae	柄叶扭柄花 *Streptopus petiolatus*						√
877	百合科 Liliaceae	双花扭柄花 *Streptopus petiolatus* var. *biflorus*						√
878	百合科 Liliaceae	滇北藜芦 *Veratrum stenophyllum* var. *taronense*						√
879	百合科 Liliaceae	云南丫蕊花 *Ypsilandra yunnanensis*		III				

续表

序号	科名	种名	国家级	云南省级	红皮书	受威胁等级	CITES	特有
880	延龄草科 Trilliaceae	独龙重楼 Paris dulongensis	II			CR		√
881	延龄草科 Trilliaceae	长柱重楼 Paris forrestii	II			EN		
882	延龄草科 Trilliaceae	毛重楼 Paris mairei	II			EN		
883	延龄草科 Trilliaceae	花叶重楼 Paris marmorata	II	III				
884	延龄草科 Trilliaceae	七叶一枝花 Paris polyphylla	II					
885	延龄草科 Trilliaceae	狭叶重楼 Paris polyphylla var. stenophylla	II			NT		
886	延龄草科 Trilliaceae	滇重楼 Paris polyphylla var. yunnanensis	II			NT		
887	延龄草科 Trilliaceae	皱叶重楼 Paris rugosa	II			EN		√
888	延龄草科 Trilliaceae	黑籽重楼 Paris thibetica	II					
889	延龄草科 Trilliaceae	无瓣重楼 Paris thibetica var. apetala	II			NT		
890	延龄草科 Trilliaceae	南重楼 Paris vietnamensis	II			VU		
891	延龄草科 Trilliaceae	延龄草 Trillium tschonoskii			√			
892	菝葜科 Smilacaceae	巴坡菝葜 Smilax bapouensis						√
893	菝葜科 Smilacaceae	建昆菝葜 Smilax jiankunii						√
894	天南星科 Araceae	花蘑芋 Amorphophallus konjac				NT		
895	天南星科 Araceae	旱生南星 Arisaema aridum				VU		
896	天南星科 Araceae	察隅南星 Arisaema bogneri						√
897	天南星科 Araceae	贝氏南星 Arisaema brucei						√
898	天南星科 Araceae	北缅南星 Arisaema burmaense						√
899	天南星科 Araceae	会泽南星 Arisaema dahaiense				EN		
900	天南星科 Araceae	猪笼南星 Arisaema nepenthoides				VU		
901	天南星科 Araceae	潘南星 Arisaema pangii						√
902	天南星科 Araceae	三匹箭 Arisaema petiolulatum				NT		
903	天南星科 Araceae	片马南星 Arisaema pianmaense				EN		√
904	天南星科 Araceae	美丽南星 Arisaema speciosum				VU		
905	天南星科 Araceae	腾冲南星 Arisaema tengtsungense						√
906	天南星科 Araceae	五叶腾冲南星 Arisaema tengtsungense var. pentaphyllum						√
907	天南星科 Araceae	双耳南星 Arisaema wattii				NT		
908	天南星科 Araceae	大野芋 Colocasia gigantea				NT		
909	天南星科 Araceae	独龙崖角藤 Rhaphidophora dulongensis				EN		√
910	天南星科 Araceae	粉背崖角藤 Rhaphidophora glauca				NT		
911	天南星科 Araceae	绿春崖角藤 Rhaphidophora luchunensis				VU		
912	天南星科 Araceae	贡山斑龙芋 Sauromatum gaoligongense				NT		√
913	天南星科 Araceae	西南犁头尖 Sauromatum horsfieldii				VU		
914	天南星科 Araceae	全缘泉七 Steudnera griffithii				NT		
915	黑三棱科 Sparganiaceae	穗状黑三棱 Sparganium confertum				NT		√
916	黑三棱科 Sparganiaceae	沼生黑三棱 Sparganium limosum				EN		√
917	薯蓣科 Dioscoreaceae	蜀葵叶薯蓣 Dioscorea althaeoides				VU		
918	薯蓣科 Dioscoreaceae	丽叶薯蓣 Dioscorea aspersa				EN		
919	薯蓣科 Dioscoreaceae	异叶薯蓣 Dioscorea biformifolia				CR		
920	薯蓣科 Dioscoreaceae	独龙薯蓣 Dioscorea birmanica				CR		
921	薯蓣科 Dioscoreaceae	三角叶薯蓣 Dioscorea deltoidea				CR		
922	薯蓣科 Dioscoreaceae	光叶薯蓣 Dioscorea glabra				VU		
923	薯蓣科 Dioscoreaceae	粘山药 Dioscorea hemsleyi				NT		

续表

序号	科名	种名	国家级	云南省级	红皮书	受威胁等级	CITES	特有
924	薯蓣科 Dioscoreaceae	白薯莨 *Dioscorea hispida*				NT		
925	薯蓣科 Dioscoreaceae	黑珠芽薯蓣 *Dioscorea melanophyma*				NT		
926	薯蓣科 Dioscoreaceae	光亮薯蓣 *Dioscorea nitens*				CR		
927	薯蓣科 Dioscoreaceae	黄山药 *Dioscorea panthaica*				EN		
928	薯蓣科 Dioscoreaceae	小花盾叶薯蓣 *Dioscorea sinoparviflora*				EN		
929	薯蓣科 Dioscoreaceae	毡毛薯蓣 *Dioscorea velutipes*				EN		
930	龙舌兰科 Agavaceae	矮龙血树 *Dracaena terniflora*				NT		
931	棕榈科 Arecaceae	云南省藤 *Calamus acanthospathus*				VU		
932	棕榈科 Arecaceae	南巴省藤 *Calamus nambariensis*				EN		
933	棕榈科 Arecaceae	董棕 *Caryota obtusa*	II			VU		
934	棕榈科 Arecaceae	贡山棕榈 *Trachycarpus princeps*						√
935	拟兰科 Apostasiaceae	剑叶拟兰 *Apostasia wallichii*				EN		
936	蒟蒻薯科 Taccaceae	箭根薯 *Tacca chantrieri*				NT		
937	兰科 Orchidaceae	多花脆兰 *Acampe rigida*					√	
938	兰科 Orchidaceae	禾叶兰 *Agrostophyllum callosum*				NT	√	
939	兰科 Orchidaceae	长苞无柱兰 *Amitostigma farreri*				NT	√	
940	兰科 Orchidaceae	一花无柱兰 *Amitostigma monanthum*					√	
941	兰科 Orchidaceae	少花无柱兰 *Amitostigma parceflorum*				CR	√	
942	兰科 Orchidaceae	西藏无柱兰 *Amitostigma tibeticum*				EN	√	
943	兰科 Orchidaceae	三叉无柱兰 *Amitostigma trifurcatum*				CR	√	√
944	兰科 Orchidaceae	齿片无柱兰 *Amitostigma yuanum*				EN	√	
945	兰科 Orchidaceae	剑唇兜蕊兰 *Androcorys pugioniformis*				NT	√	
946	兰科 Orchidaceae	蜀藏兜蕊兰 *Androcorys spiralis*				VU	√	
947	兰科 Orchidaceae	金线兰 *Anoectochilus roxburghii*	II			EN	√	
948	兰科 Orchidaceae	筒瓣兰 *Anthogonium gracile*					√	
949	兰科 Orchidaceae	尾萼无叶兰 *Aphyllorchis caudata*				VU	√	
950	兰科 Orchidaceae	无叶兰 *Aphyllorchis montana*					√	
951	兰科 Orchidaceae	竹叶兰 *Arundina graminifolia*					√	
952	兰科 Orchidaceae	鸟舌兰 *Ascocentrum ampullaceum*				EN	√	
953	兰科 Orchidaceae	圆柱叶鸟舌兰 *Ascocentrum himalaicum*					√	
954	兰科 Orchidaceae	小白及 *Bletilla formosana*				EN	√	
955	兰科 Orchidaceae	黄花白及 *Bletilla ochracea*				EN	√	
956	兰科 Orchidaceae	白及 *Bletilla striata*	II			EN	√	
957	兰科 Orchidaceae	长叶苞叶兰 *Brachycorythis henryi*				EN	√	
958	兰科 Orchidaceae	大叶卷瓣兰 *Bulbophyllum amplifolium*					√	
959	兰科 Orchidaceae	梳帽卷瓣兰 *Bulbophyllum andersonii*					√	
960	兰科 Orchidaceae	波密卷瓣兰 *Bulbophyllum bomiense*					√	
961	兰科 Orchidaceae	茎花石豆兰 *Bulbophyllum cauliflorum*					√	
962	兰科 Orchidaceae	环唇石豆兰 *Bulbophyllum corallinum*					√	
963	兰科 Orchidaceae	短耳石豆兰 *Bulbophyllum crassipes*					√	
964	兰科 Orchidaceae	大苞石豆兰 *Bulbophyllum cylindraceum*				NT	√	
965	兰科 Orchidaceae	圆叶石豆兰 *Bulbophyllum drymoglossum*					√	
966	兰科 Orchidaceae	独龙江石豆兰 *Bulbophyllum dulongjiangense*				EN	√	√
967	兰科 Orchidaceae	高茎卷瓣兰 *Bulbophyllum elatum*				VU	√	
968	兰科 Orchidaceae	匍茎卷瓣兰 *Bulbophyllum emarginatum*					√	

序号	科名	种名	国家级	云南省级	红皮书	受威胁等级	CITES	特有
969	兰科 Orchidaceae	墨脱石豆兰 Bulbophyllum eublepharum				NT	√	
970	兰科 Orchidaceae	尖角卷瓣兰 Bulbophyllum forrestii					√	
971	兰科 Orchidaceae	贡山卷瓣兰 Bulbophyllum gongshanense					√	√
972	兰科 Orchidaceae	毛唇石豆兰 Bulbophyllum gyrochilum					√	
973	兰科 Orchidaceae	角萼卷瓣兰 Bulbophyllum helenae				VU	√	
974	兰科 Orchidaceae	白花卷瓣兰 Bulbophyllum khaoyaiense				EN	√	
975	兰科 Orchidaceae	卷苞石豆兰 Bulbophyllum khasyanum				NT	√	
976	兰科 Orchidaceae	广东石豆兰 Bulbophyllum kwangtungense					√	
977	兰科 Orchidaceae	短葶石豆兰 Bulbophyllum leopardinum				VU	√	
978	兰科 Orchidaceae	齿瓣石豆兰 Bulbophyllum levinei					√	
979	兰科 Orchidaceae	密花石豆兰 Bulbophyllum odoratissimum					√	
980	兰科 Orchidaceae	卵叶石豆兰 Bulbophyllum ovalifolium					√	
981	兰科 Orchidaceae	斑唇卷瓣兰 Bulbophyllum pectenveneris					√	
982	兰科 Orchidaceae	长足石豆兰 Bulbophyllum pectinatum					√	
983	兰科 Orchidaceae	伏生石豆兰 Bulbophyllum reptans					√	
984	兰科 Orchidaceae	藓叶卷瓣兰 Bulbophyllum retusiusculum					√	
985	兰科 Orchidaceae	若氏卷瓣兰 Bulbophyllum rolfei				NT	√	
986	兰科 Orchidaceae	伞花石豆兰 Bulbophyllum shweliense				NT	√	
987	兰科 Orchidaceae	细柄石豆兰 Bulbophyllum striatum					√	
988	兰科 Orchidaceae	云北石豆兰 Bulbophyllum tengchongense				EN	√	√
989	兰科 Orchidaceae	伞花卷瓣兰 Bulbophyllum umbellatum					√	
990	兰科 Orchidaceae	双叶卷瓣兰 Bulbophyllum wallichii				VU	√	
991	兰科 Orchidaceae	蒙自石豆兰 Bulbophyllum yunnanense				RE	√	
992	兰科 Orchidaceae	蜂腰兰 Bulleyia yunnanensis				EN	√	
993	兰科 Orchidaceae	泽泻虾脊兰 Calanthe alismatifolia					√	
994	兰科 Orchidaceae	流苏虾脊兰 Calanthe alpina					√	
995	兰科 Orchidaceae	弧距虾脊兰 Calanthe arcuata					√	
996	兰科 Orchidaceae	二裂虾脊兰 Calanthe biloba				VU	√	
997	兰科 Orchidaceae	肾唇虾脊兰 Calanthe brevicornu					√	
998	兰科 Orchidaceae	剑叶虾脊兰 Calanthe davidii					√	
999	兰科 Orchidaceae	密花虾脊兰 Calanthe densiflora					√	
1000	兰科 Orchidaceae	独龙虾脊兰 Calanthe dulongensis	II			CR	√	√
1001	兰科 Orchidaceae	福贡虾脊兰 Calanthe fugongensis				EN	√	√
1002	兰科 Orchidaceae	通麦虾脊兰 Calanthe griffithii				VU	√	
1003	兰科 Orchidaceae	叉唇虾脊兰 Calanthe hancockii					√	
1004	兰科 Orchidaceae	细花虾脊兰 Calanthe mannii					√	
1005	兰科 Orchidaceae	墨脱虾脊兰 Calanthe metoensis					√	
1006	兰科 Orchidaceae	香花虾脊兰 Calanthe odora				NT	√	
1007	兰科 Orchidaceae	车前虾脊兰 Calanthe plantaginea					√	
1008	兰科 Orchidaceae	泸水车前虾脊兰 Calanthe plantaginea var. lushuiensis					√	√
1009	兰科 Orchidaceae	镰萼虾脊兰 Calanthe puberula					√	
1010	兰科 Orchidaceae	反瓣虾脊兰 Calanthe reflexa					√	
1011	兰科 Orchidaceae	三棱虾脊兰 Calanthe tricarinata					√	
1012	兰科 Orchidaceae	三褶虾脊兰 Calanthe triplicata					√	
1013	兰科 Orchidaceae	竹叶美柱兰 Callostylis bambusifolia					√	

续表

序号	科名	种名	国家级	云南省级	红皮书	受威胁等级	CITES	特有
1014	兰科 Orchidaceae	银兰 *Cephalanthera erecta*					√	
1015	兰科 Orchidaceae	金兰 *Cephalanthera falcata*					√	
1016	兰科 Orchidaceae	无距金兰 *Cephalanthera falcata* var. *flava*					√	√
1017	兰科 Orchidaceae	头蕊兰 *Cephalanthera longifolia*					√	
1018	兰科 Orchidaceae	叉枝牛角兰 *Ceratostylis himalaica*					√	
1019	兰科 Orchidaceae	川滇叠鞘兰 *Chamaegastrodia inverta*				VU	√	
1020	兰科 Orchidaceae	细小叉柱兰 *Cheirostylis pusilla*				NT	√	
1021	兰科 Orchidaceae	云南叉柱兰 *Cheirostylis yunnanensis*					√	
1022	兰科 Orchidaceae	锚钩金唇兰 *Chrysoglossum assamicum*				VU	√	
1023	兰科 Orchidaceae	金塔隔距兰 *Cleisostoma filiforme*					√	
1024	兰科 Orchidaceae	隔距兰 *Cleisostoma linearilobatum*				VU	√	
1025	兰科 Orchidaceae	大叶隔距兰 *Cleisostoma racemiferum*					√	
1026	兰科 Orchidaceae	毛柱隔距兰 *Cleisostoma simondii*					√	
1027	兰科 Orchidaceae	短序隔距兰 *Cleisostoma striatum*				VU	√	
1028	兰科 Orchidaceae	红花隔距兰 *Cleisostoma williamsonii*					√	
1029	兰科 Orchidaceae	髯毛贝母兰 *Coelogyne barbata*				NT	√	
1030	兰科 Orchidaceae	眼斑贝母兰 *Coelogyne corymbosa*				NT	√	
1031	兰科 Orchidaceae	流苏贝母兰 *Coelogyne fimbriata*					√	
1032	兰科 Orchidaceae	栗鳞贝母兰 *Coelogyne flaccida*				NT	√	
1033	兰科 Orchidaceae	贡山贝母兰 *Coelogyne gongshanensis*				CR	√	√
1034	兰科 Orchidaceae	白花贝母兰 *Coelogyne leucantha*				VU	√	
1035	兰科 Orchidaceae	长柄贝母兰 *Coelogyne longipes*					√	
1036	兰科 Orchidaceae	密茎贝母兰 *Coelogyne nitida*					√	
1037	兰科 Orchidaceae	卵叶贝母兰 *Coelogyne occultata*					√	
1038	兰科 Orchidaceae	长鳞贝母兰 *Coelogyne ovalis*					√	
1039	兰科 Orchidaceae	黄绿贝母兰 *Coelogyne prolifera*					√	
1040	兰科 Orchidaceae	狭瓣贝母兰 *Coelogyne punctulata*				VU	√	
1041	兰科 Orchidaceae	撕裂贝母兰 *Coelogyne sanderae*				VU	√	
1042	兰科 Orchidaceae	双褶贝母兰 *Coelogyne stricta*				NT	√	
1043	兰科 Orchidaceae	吉氏贝母兰 *Coelogyne tsii*				EN	√	√
1044	兰科 Orchidaceae	禾叶贝母兰 *Coelogyne viscosa*				NT	√	
1045	兰科 Orchidaceae	吻兰 *Collabium chinense*					√	
1046	兰科 Orchidaceae	南方吻兰 *Collabium delavayi*					√	
1047	兰科 Orchidaceae	网鞘蛤兰 *Conchidium muscicola*					√	
1048	兰科 Orchidaceae	蛤兰 *Conchidium pusillum*					√	
1049	兰科 Orchidaceae	大理铠兰 *Corybas taliensis*	II			EN	√	
1050	兰科 Orchidaceae	杜鹃兰 *Cremastra appendiculata*	II				√	
1051	兰科 Orchidaceae	浅裂沼兰 *Crepidium acuminatum*					√	
1052	兰科 Orchidaceae	二耳沼兰 *Crepidium biauritum*				VU	√	
1053	兰科 Orchidaceae	细茎沼兰 *Crepidium khasianum*				VU	√	
1054	兰科 Orchidaceae	齿唇沼兰 *Crepidium orbiculare*				EN	√	
1055	兰科 Orchidaceae	宿苞兰 *Cryptochilus luteus*					√	
1056	兰科 Orchidaceae	玫瑰宿苞兰 *Cryptochilus roseus*					√	
1057	兰科 Orchidaceae	红花宿苞兰 *Cryptochilus sanguineus*					√	
1058	兰科 Orchidaceae	鸡冠柱兰 *Cylindrolobus cristatus*				VU	√	

续表

序号	科名	种名	国家级	云南省级	红皮书	受威胁等级	CITES	特有
1059	兰科 Orchidaceae	柱兰 *Cylindrolobus marginatus*					√	
1060	兰科 Orchidaceae	纹瓣兰 *Cymbidium aloifolium*	II			NT	√	
1061	兰科 Orchidaceae	独占春 *Cymbidium eburneum*	II				√	
1062	兰科 Orchidaceae	莎草兰 *Cymbidium elegans*	II			EN	√	
1063	兰科 Orchidaceae	泸水兰 *Cymbidium elegans* var. *lushuiense*	II				√	√
1064	兰科 Orchidaceae	建兰 *Cymbidium ensifolium*	II			VU	√	
1065	兰科 Orchidaceae	长叶兰 *Cymbidium erythraeum*	II				√	
1066	兰科 Orchidaceae	蕙兰 *Cymbidium faberi*	II				√	
1067	兰科 Orchidaceae	多花兰 *Cymbidium floribundum*	II			VU	√	
1068	兰科 Orchidaceae	春兰 *Cymbidium goeringii*	II			VU	√	
1069	兰科 Orchidaceae	贡山凤兰 *Cymbidium gongshanense*	II				√	√
1070	兰科 Orchidaceae	虎头兰 *Cymbidium hookerianum*	II			EN	√	
1071	兰科 Orchidaceae	黄蝉兰 *Cymbidium iridioides*	II			VU	√	
1072	兰科 Orchidaceae	寒兰 *Cymbidium kanran*	II			VU	√	
1073	兰科 Orchidaceae	兔耳兰 *Cymbidium lancifolium*					√	
1074	兰科 Orchidaceae	碧玉兰 *Cymbidium lowianum*	II			EN	√	
1075	兰科 Orchidaceae	大雪兰 *Cymbidium mastersii*	II			EN	√	
1076	兰科 Orchidaceae	斑舌兰 *Cymbidium tigrinum*	II			CR	√	
1077	兰科 Orchidaceae	西藏虎头兰 *Cymbidium tracyanum*	II				√	
1078	兰科 Orchidaceae	滇南虎头兰 *Cymbidium wilsonii*	II			CR	√	
1079	兰科 Orchidaceae	雅致杓兰 *Cypripedium elegans*	II			EN	√	
1080	兰科 Orchidaceae	华西杓兰 *Cypripedium farreri*	II			EN	√	
1081	兰科 Orchidaceae	黄花杓兰 *Cypripedium flavum*	II			VU	√	
1082	兰科 Orchidaceae	紫点杓兰 *Cypripedium guttatum*	II			EN	√	
1083	兰科 Orchidaceae	绿花杓兰 *Cypripedium henryi*	II			NT	√	
1084	兰科 Orchidaceae	丽江杓兰 *Cypripedium lichiangense*	II				√	
1085	兰科 Orchidaceae	离萼杓兰 *Cypripedium plectrochilum*					√	
1086	兰科 Orchidaceae	西藏杓兰 *Cypripedium tibeticum*	II				√	
1087	兰科 Orchidaceae	宽口杓兰 *Cypripedium wardii*	II			EN	√	
1088	兰科 Orchidaceae	束花石斛 *Dendrobium chrysanthum*	II			VU	√	
1089	兰科 Orchidaceae	鼓槌石斛 *Dendrobium chrysotoxum*	II			VU	√	
1090	兰科 Orchidaceae	草石斛 *Dendrobium compactum*	II			VU	√	
1091	兰科 Orchidaceae	兜唇石斛 *Dendrobium cucullatum*	II			VU	√	
1092	兰科 Orchidaceae	叠鞘石斛 *Dendrobium denneanum*	II			VU	√	
1093	兰科 Orchidaceae	密花石斛 *Dendrobium densiflorum*	II			VU	√	
1094	兰科 Orchidaceae	齿瓣石斛 *Dendrobium devonianum*	II			EN	√	
1095	兰科 Orchidaceae	串珠石斛 *Dendrobium falconeri*	II			VU	√	
1096	兰科 Orchidaceae	流苏石斛 *Dendrobium fimbriatum*	II			VU	√	
1097	兰科 Orchidaceae	尖刀唇石斛 *Dendrobium heterocarpum*	II			VU	√	
1098	兰科 Orchidaceae	金耳石斛 *Dendrobium hookerianum*	II			VU	√	
1099	兰科 Orchidaceae	小黄花石斛 *Dendrobium jenkinsii*	II				√	
1100	兰科 Orchidaceae	喇叭唇石斛 *Dendrobium lituiflorum*	II			CR	√	
1101	兰科 Orchidaceae	长距石斛 *Dendrobium longicornu*	II			EN	√	
1102	兰科 Orchidaceae	细茎石斛 *Dendrobium moniliforme*	II				√	
1103	兰科 Orchidaceae	石斛 *Dendrobium nobile*	II			VU	√	

序号	科名	种名	国家级	云南省级	红皮书	受威胁等级	CITES	特有
1104	兰科 Orchidaceae	单葶草石斛 Dendrobium porphyrochilum	II			EN	√	
1105	兰科 Orchidaceae	独龙石斛 Dendrobium praecintum	II				√	
1106	兰科 Orchidaceae	广西石斛 Dendrobium scoriarum	II			CR	√	
1107	兰科 Orchidaceae	梳唇石斛 Dendrobium strongylanthum	II			NT	√	
1108	兰科 Orchidaceae	球花石斛 Dendrobium thyrsiflorum	II			NT	√	
1109	兰科 Orchidaceae	大苞鞘石斛 Dendrobium wardianum	II			VU	√	
1110	兰科 Orchidaceae	黑毛石斛 Dendrobium williamsonii	II			EN	√	
1111	兰科 Orchidaceae	长苞尖药兰 Diphylax contigua				VU	√	√
1112	兰科 Orchidaceae	西南尖药兰 Diphylax uniformis				VU	√	
1113	兰科 Orchidaceae	尖药兰 Diphylax urceolata				NT	√	
1114	兰科 Orchidaceae	合柱兰 Diplomeris pulchella				VU	√	
1115	兰科 Orchidaceae	蛇舌兰 Diploprora championii					√	
1116	兰科 Orchidaceae	宽叶厚唇兰 Epigeneium amplum					√	
1117	兰科 Orchidaceae	景东厚唇兰 Epigeneium fuscescens				EN	√	
1118	兰科 Orchidaceae	高黎贡厚唇兰 Epigeneium gaoligongense				EN	√	√
1119	兰科 Orchidaceae	双叶厚唇兰 Epigeneium rotundatum				NT	√	
1120	兰科 Orchidaceae	长爪厚唇兰 Epigeneium treutleri				VU	√	
1121	兰科 Orchidaceae	火烧兰 Epipactis helleborine					√	
1122	兰科 Orchidaceae	大叶火烧兰 Epipactis mairei				NT	√	
1123	兰科 Orchidaceae	裂唇虎舌兰 Epipogium aphyllum				EN	√	
1124	兰科 Orchidaceae	虎舌兰 Epipogium roseum					√	
1125	兰科 Orchidaceae	匍茎毛兰 Eria clausa					√	
1126	兰科 Orchidaceae	足茎毛兰 Eria coronaria					√	
1127	兰科 Orchidaceae	香港毛兰 Eria gagnepainii					√	
1128	兰科 Orchidaceae	条纹毛兰 Eria vittata					√	
1129	兰科 Orchidaceae	毛梗兰 Eriodes barbata				VU	√	
1130	兰科 Orchidaceae	花蜘蛛兰 Esmeralda clarkei				VU	√	
1131	兰科 Orchidaceae	长苞美冠兰 Eulophia bracteosa				VU	√	
1132	兰科 Orchidaceae	黄花美冠兰 Eulophia flava				VU	√	
1133	兰科 Orchidaceae	紫花美冠兰 Eulophia spectabilis					√	
1134	兰科 Orchidaceae	滇金石斛 Flickingeria albopurpurea					√	
1135	兰科 Orchidaceae	二叶盔花兰 Galearis spathulata					√	
1136	兰科 Orchidaceae	斑唇盔花兰 Galearis wardii				VU	√	
1137	兰科 Orchidaceae	山珊瑚兰 Galeola faberi					√	
1138	兰科 Orchidaceae	毛萼山珊瑚 Galeola lindleyana					√	
1139	兰科 Orchidaceae	二脊盆距兰 Gastrochilus affinis				NT	√	
1140	兰科 Orchidaceae	膜翅盆距兰 Gastrochilus alatus				EN	√	√
1141	兰科 Orchidaceae	盆距兰 Gastrochilus calceolaris					√	
1142	兰科 Orchidaceae	列叶盆距兰 Gastrochilus distichus					√	
1143	兰科 Orchidaceae	贡山盆距兰 Gastrochilus gongshanensis					√	√
1144	兰科 Orchidaceae	无茎盆距兰 Gastrochilus obliquus				VU	√	
1145	兰科 Orchidaceae	滇南盆距兰 Gastrochilus platycalcaratus				VU	√	
1146	兰科 Orchidaceae	小唇盆距兰 Gastrochilus pseudodistichus				NT	√	
1147	兰科 Orchidaceae	天麻 Gastrodia elata	II		√		√	
1148	兰科 Orchidaceae	夏天麻 Gastrodia flavilabella					√	

续表

序号	科名	种名	国家级	云南省级	红皮书	受威胁等级	CITES	特有
1149	兰科 Orchidaceae	大花斑叶兰 *Goodyera biflora*				NT	√	
1150	兰科 Orchidaceae	高黎贡斑叶兰 *Goodyera dongchenii* var. *gongligongensis*					√	√
1151	兰科 Orchidaceae	多叶斑叶兰 *Goodyera foliosa*					√	
1152	兰科 Orchidaceae	脊唇斑叶兰 *Goodyera fusca*				NT	√	
1153	兰科 Orchidaceae	光萼斑叶兰 *Goodyera henryi*				VU	√	
1154	兰科 Orchidaceae	高斑叶兰 *Goodyera procera*					√	
1155	兰科 Orchidaceae	长苞斑叶兰 *Goodyera recurva*					√	
1156	兰科 Orchidaceae	小斑叶兰 *Goodyera repens*					√	
1157	兰科 Orchidaceae	滇藏斑叶兰 *Goodyera robusta*				VU	√	
1158	兰科 Orchidaceae	斑叶兰 *Goodyera schlechtendaliana*				NT	√	
1159	兰科 Orchidaceae	绒叶斑叶兰 *Goodyera velutina*					√	
1160	兰科 Orchidaceae	绿花斑叶兰 *Goodyera viridiflora*					√	
1161	兰科 Orchidaceae	秀丽斑叶兰 *Goodyera vittata*				VU	√	
1162	兰科 Orchidaceae	川滇斑叶兰 *Goodyera yunnanensis*				NT	√	
1163	兰科 Orchidaceae	短距手参 *Gymnadenia crassinervis*				VU	√	
1164	兰科 Orchidaceae	西南手参 *Gymnadenia orchidis*	II			VU	√	
1165	兰科 Orchidaceae	凸孔坡参 *Habenaria acuifera*				VU	√	
1166	兰科 Orchidaceae	毛葶玉凤花 *Habenaria ciliolaris*					√	
1167	兰科 Orchidaceae	厚瓣玉凤花 *Habenaria delavayi*				NT	√	
1168	兰科 Orchidaceae	鹅毛玉凤花 *Habenaria dentata*					√	
1169	兰科 Orchidaceae	齿片玉凤花 *Habenaria finetiana*					√	
1170	兰科 Orchidaceae	棒距玉凤花 *Habenaria mairei*				NT	√	
1171	兰科 Orchidaceae	南方玉凤花 *Habenaria malintana*					√	
1172	兰科 Orchidaceae	扇唇舌喙兰 *Hemipilia flabellata*				NT	√	
1173	兰科 Orchidaceae	长距舌喙兰 *Hemipilia forrestii*					√	
1174	兰科 Orchidaceae	裂瓣角盘兰 *Herminium alaschanicum*				NT	√	
1175	兰科 Orchidaceae	狭唇角盘兰 *Herminium angustilabre*					√	
1176	兰科 Orchidaceae	厚唇角盘兰 *Herminium carnosilabre*				NT	√	√
1177	兰科 Orchidaceae	矮角盘兰 *Herminium chloranthum*				NT	√	
1178	兰科 Orchidaceae	无距角盘兰 *Herminium ecalcaratum*				NT	√	
1179	兰科 Orchidaceae	宽卵角盘兰 *Herminium josephii*					√	
1180	兰科 Orchidaceae	叉唇角盘兰 *Herminium lanceum*					√	
1181	兰科 Orchidaceae	西藏角盘兰 *Herminium orbiculare*					√	
1182	兰科 Orchidaceae	秀丽角盘兰 *Herminium quinquelobum*					√	
1183	兰科 Orchidaceae	披针唇角盘兰 *Herminium singulum*				VU	√	
1184	兰科 Orchidaceae	宽萼角盘兰 *Herminium souliei*				NT	√	
1185	兰科 Orchidaceae	爬兰 *Herpysma longicaulis*					√	
1186	兰科 Orchidaceae	管叶槽舌兰 *Holcoglossum kimballianum*				EN	√	
1187	兰科 Orchidaceae	怒江槽舌兰 *Holcoglossum nujiangense*					√	√
1188	兰科 Orchidaceae	中华槽舌兰 *Holcoglossum sinicum*				EN	√	√
1189	兰科 Orchidaceae	锡金孟兰 *Lecanorchis sikkimensis*					√	
1190	兰科 Orchidaceae	扁茎羊耳蒜 *Liparis assamica*					√	
1191	兰科 Orchidaceae	圆唇羊耳蒜 *Liparis balansae*				VU	√	
1192	兰科 Orchidaceae	折唇羊耳蒜 *Liparis bistriata*					√	
1193	兰科 Orchidaceae	镰翅羊耳蒜 *Liparis bootanensis*					√	

续表

序号	科名	种名	国家级	云南省级	红皮书	受威胁等级	CITES	特有
1194	兰科 Orchidaceae	羊耳蒜 *Liparis campylostalix*					√	
1195	兰科 Orchidaceae	二褶羊耳蒜 *Liparis cathcartii*				NT	√	
1196	兰科 Orchidaceae	丛生羊耳蒜 *Liparis cespitosa*					√	
1197	兰科 Orchidaceae	平卧羊耳蒜 *Liparis chapaensis*				VU	√	
1198	兰科 Orchidaceae	心叶羊耳蒜 *Liparis cordifolia*					√	
1199	兰科 Orchidaceae	小巧羊耳蒜 *Liparis delicatula*				NT	√	
1200	兰科 Orchidaceae	大花羊耳蒜 *Liparis distans*					√	
1201	兰科 Orchidaceae	扁球羊耳蒜 *Liparis elliptica*					√	
1202	兰科 Orchidaceae	绿虾蟆花 *Liparis forrestii*					√	√
1203	兰科 Orchidaceae	尖唇羊耳蒜 *Liparis gamblei*					√	
1204	兰科 Orchidaceae	方唇羊耳蒜 *Liparis glossula*				VU	√	
1205	兰科 Orchidaceae	见血青 *Liparis nervosa*					√	
1206	兰科 Orchidaceae	香花羊耳蒜 *Liparis odorata*					√	
1207	兰科 Orchidaceae	柄叶羊耳蒜 *Liparis petiolata*				VU	√	
1208	兰科 Orchidaceae	小花羊耳蒜 *Liparis platyrachis*				EN	√	
1209	兰科 Orchidaceae	蕊丝羊耳蒜 *Liparis resupinata*					√	
1210	兰科 Orchidaceae	齿突羊耳蒜 *Liparis rostrata*					√	
1211	兰科 Orchidaceae	扇唇羊耳蒜 *Liparis stricklandiana*					√	
1212	兰科 Orchidaceae	长茎羊耳蒜 *Liparis viridiflora*					√	
1213	兰科 Orchidaceae	血叶兰 *Ludisia discolor*	II				√	
1214	兰科 Orchidaceae	长瓣钗子股 *Luisia filiformis*				VU	√	
1215	兰科 Orchidaceae	紫唇钗子股 *Luisia macrotis*				EN	√	
1216	兰科 Orchidaceae	沼兰 *Malaxis monophyllos*					√	
1217	兰科 Orchidaceae	短瓣兰 *Monomeria barbata*				NT	√	
1218	兰科 Orchidaceae	指叶拟毛兰 *Mycaranthes pannea*				NT	√	
1219	兰科 Orchidaceae	日本全唇兰 *Myrmechis japonica*					√	
1220	兰科 Orchidaceae	矮全唇兰 *Myrmechis pumila*					√	
1221	兰科 Orchidaceae	宽瓣全唇兰 *Myrmechis urceolata*				VU	√	
1222	兰科 Orchidaceae	新型兰 *Neogyna gardneriana*				VU	√	
1223	兰科 Orchidaceae	尖唇鸟巢兰 *Neottia acuminata*					√	
1224	兰科 Orchidaceae	高山对叶兰 *Neottia bambusetorum*				EN	√	√
1225	兰科 Orchidaceae	短茎对叶兰 *Neottia brevicaulis*				NT	√	
1226	兰科 Orchidaceae	叉唇对叶兰 *Neottia divaricata*					√	
1227	兰科 Orchidaceae	福贡对叶兰 *Neottia fugongensis*				NT	√	√
1228	兰科 Orchidaceae	卡氏对叶兰 *Neottia karoana*				NT	√	
1229	兰科 Orchidaceae	高山鸟巢兰 *Neottia listeroides*					√	
1230	兰科 Orchidaceae	西藏对叶兰 *Neottia pinetorum*					√	
1231	兰科 Orchidaceae	大花对叶兰 *Neottia wardii*				NT	√	
1232	兰科 Orchidaceae	淡黄花兜被兰 *Neottianthe luteola*				EN	√	
1233	兰科 Orchidaceae	侧花兜被兰 *Neottianthe secundiflora*				NT	√	
1234	兰科 Orchidaceae	广布芋兰 *Nervilia aragoana*				VU	√	
1235	兰科 Orchidaceae	毛唇芋兰 *Nervilia fordii*				NT	√	
1236	兰科 Orchidaceae	七角叶芋兰 *Nervilia mackinnonii*				EN	√	
1237	兰科 Orchidaceae	怒江兰 *Nujiangia griffithii*					√	
1238	兰科 Orchidaceae	显脉鸢尾兰 *Oberonia acaulis*					√	

续表

序号	科名	种名	国家级	云南省级	红皮书	受威胁等级	CITES	特有
1239	兰科 Orchidaceae	狭叶鸢尾兰 *Oberonia caulescens*				NT	√	
1240	兰科 Orchidaceae	剑叶鸢尾兰 *Oberonia ensiformis*					√	
1241	兰科 Orchidaceae	短耳鸢尾兰 *Oberonia falconeri*					√	
1242	兰科 Orchidaceae	全唇鸢尾兰 *Oberonia integerrima*				NT	√	
1243	兰科 Orchidaceae	条裂鸢尾兰 *Oberonia jenkinsiana*					√	
1244	兰科 Orchidaceae	广西鸢尾兰 *Oberonia kwangsiensis*				VU	√	
1245	兰科 Orchidaceae	阔瓣鸢尾兰 *Oberonia latipetala*				VU	√	
1246	兰科 Orchidaceae	小花鸢尾兰 *Oberonia mannii*					√	
1247	兰科 Orchidaceae	扁莛鸢尾兰 *Oberonia pachyrachis*				NT	√	
1248	兰科 Orchidaceae	裂唇鸢尾兰 *Oberonia pyrulifera*					√	
1249	兰科 Orchidaceae	圆柱叶鸢尾兰 *Oberonia teres*				NT	√	
1250	兰科 Orchidaceae	小齿唇兰 *Odontochilus crispus*					√	
1251	兰科 Orchidaceae	西南齿唇兰 *Odontochilus elwesii*					√	
1252	兰科 Orchidaceae	齿唇兰 *Odontochilus lanceolatus*					√	
1253	兰科 Orchidaceae	齿爪齿唇兰 *Odontochilus poilanei*					√	
1254	兰科 Orchidaceae	短梗山兰 *Oreorchis erythrochrysea*				NT	√	
1255	兰科 Orchidaceae	囊唇山兰 *Oreorchis foliosa* var. *indica*				NT	√	
1256	兰科 Orchidaceae	硬叶山兰 *Oreorchis nana*				NT	√	
1257	兰科 Orchidaceae	山兰 *Oreorchis patens*				NT	√	
1258	兰科 Orchidaceae	盈江羽唇兰 *Ornithochilus yingjiangensis*				CR	√	
1259	兰科 Orchidaceae	白花耳唇兰 *Otochilus albus*				NT	√	
1260	兰科 Orchidaceae	狭叶耳唇兰 *Otochilus fuscus*					√	
1261	兰科 Orchidaceae	宽叶耳唇兰 *Otochilus lancilabius*					√	
1262	兰科 Orchidaceae	耳唇兰 *Otochilus porrectus*					√	
1263	兰科 Orchidaceae	平卧曲唇兰 *Panisea cavaleriei*					√	
1264	兰科 Orchidaceae	杏黄兜兰 *Paphiopedilum armeniacum*	I			CR	√	√
1265	兰科 Orchidaceae	虎斑兜兰 *Paphiopedilum markianum*	I				√	√
1266	兰科 Orchidaceae	滇南白蝶兰 *Pecteilis henryi*					√	
1267	兰科 Orchidaceae	龙头兰 *Pecteilis susannae*					√	
1268	兰科 Orchidaceae	心启兰 *Penkimia nagalandensis*				EN	√	
1269	兰科 Orchidaceae	小花阔蕊兰 *Peristylus affinis*					√	
1270	兰科 Orchidaceae	条叶阔蕊兰 *Peristylus bulleyi*					√	
1271	兰科 Orchidaceae	长须阔蕊兰 *Peristylus calcaratus*					√	
1272	兰科 Orchidaceae	凸孔阔蕊兰 *Peristylus coeloceras*					√	
1273	兰科 Orchidaceae	大花阔蕊兰 *Peristylus constrictus*				NT	√	
1274	兰科 Orchidaceae	狭穗阔蕊兰 *Peristylus densus*					√	
1275	兰科 Orchidaceae	阔蕊兰 *Peristylus goodyeroides*					√	
1276	兰科 Orchidaceae	纤茎阔蕊兰 *Peristylus mannii*					√	
1277	兰科 Orchidaceae	小巧阔蕊兰 *Peristylus nematocaulon*				VU	√	
1278	兰科 Orchidaceae	高山阔蕊兰 *Peristylus superanthus*					√	
1279	兰科 Orchidaceae	黄花鹤顶兰 *Phaius flavus*					√	
1280	兰科 Orchidaceae	鹤顶兰 *Phaius tancarvilleae*					√	
1281	兰科 Orchidaceae	滇西蝴蝶兰 *Phalaenopsis stobartiana*				CR	√	
1282	兰科 Orchidaceae	小尖囊蝴蝶兰 *Phalaenopsis taenialis*				VU	√	
1283	兰科 Orchidaceae	华西蝴蝶兰 *Phalaenopsis wilsonii*	II	II		VU	√	

续表

序号	科名	种名	国家级	云南省级	红皮书	受威胁等级	CITES	特有
1284	兰科 Orchidaceae	节茎石仙桃 *Pholidota articulata*					√	
1285	兰科 Orchidaceae	石仙桃 *Pholidota chinensis*					√	
1286	兰科 Orchidaceae	凹唇石仙桃 *Pholidota convallariae*					√	
1287	兰科 Orchidaceae	宿苞石仙桃 *Pholidota imbricata*					√	
1288	兰科 Orchidaceae	尖叶石仙桃 *Pholidota missionariorum*				NT	√	
1289	兰科 Orchidaceae	尾尖石仙桃 *Pholidota protracta*					√	
1290	兰科 Orchidaceae	云南石仙桃 *Pholidota yunnanensis*				NT	√	
1291	兰科 Orchidaceae	钝叶苹兰 *Pinalia acervata*				VU	√	
1292	兰科 Orchidaceae	粗茎苹兰 *Pinalia amica*					√	
1293	兰科 Orchidaceae	反苞苹兰 *Pinalia excavata*				VU	√	
1294	兰科 Orchidaceae	禾颐苹兰 *Pinalia graminifolia*					√	
1295	兰科 Orchidaceae	长苞苹兰 *Pinalia obvia*				VU	√	
1296	兰科 Orchidaceae	密花苹兰 *Pinalia spicata*					√	
1297	兰科 Orchidaceae	鹅白苹兰 *Pinalia stricta*					√	
1298	兰科 Orchidaceae	滇藏舌唇兰 *Platanthera bakeriana*				NT	√	
1299	兰科 Orchidaceae	察瓦龙舌唇兰 *Platanthera chiloglossa*					√	
1300	兰科 Orchidaceae	弓背舌唇兰 *Platanthera curvata*				NT	√	
1301	兰科 Orchidaceae	高原舌唇兰 *Platanthera exelliana*					√	
1302	兰科 Orchidaceae	贡山舌唇兰 *Platanthera handel-mazzettii*				VU	√	√
1303	兰科 Orchidaceae	高黎贡舌唇兰 *Platanthera herminioides*					√	√
1304	兰科 Orchidaceae	密花舌唇兰 *Platanthera hologlottis*					√	
1305	兰科 Orchidaceae	舌唇兰 *Platanthera japonica*					√	
1306	兰科 Orchidaceae	白鹤参 *Platanthera latilabris*					√	
1307	兰科 Orchidaceae	条叶舌唇兰 *Platanthera leptocaulon*				NT	√	
1308	兰科 Orchidaceae	小舌唇兰 *Platanthera minor*					√	
1309	兰科 Orchidaceae	齿瓣舌唇兰 *Platanthera oreophila*				NT	√	
1310	兰科 Orchidaceae	棒距舌唇兰 *Platanthera roseotincta*				VU	√	
1311	兰科 Orchidaceae	长瓣舌唇兰 *Platanthera sikkimensis*				VU	√	
1312	兰科 Orchidaceae	滇西舌唇兰 *Platanthera sinica*				VU	√	
1313	兰科 Orchidaceae	条瓣舌唇兰 *Platanthera stenantha*				NT	√	
1314	兰科 Orchidaceae	独龙江舌唇兰 *Platanthera stenophylla*				VU	√	
1315	兰科 Orchidaceae	黄花独蒜兰 *Pleione forrestii*	II			EN	√	
1316	兰科 Orchidaceae	白瓣独蒜兰 *Pleione forrestii* var. *alba*	II				√	
1317	兰科 Orchidaceae	疣鞘独蒜兰 *Pleione praecox*	II			VU	√	
1318	兰科 Orchidaceae	岩生独蒜兰 *Pleione saxicola*	II			EN	√	
1319	兰科 Orchidaceae	二叶独蒜兰 *Pleione scopulorum*	II			VU	√	
1320	兰科 Orchidaceae	云南独蒜兰 *Pleione yunnanensis*	II			VU	√	
1321	兰科 Orchidaceae	朱兰 *Pogonia japonica*				NT	√	
1322	兰科 Orchidaceae	云南朱兰 *Pogonia yunnanensis*				EN	√	
1323	兰科 Orchidaceae	多穗兰 *Polystachya concreta*					√	
1324	兰科 Orchidaceae	黄花小红门兰 *Ponerorchis chrysea*					√	
1325	兰科 Orchidaceae	广布小红门兰 *Ponerorchis chusua*					√	
1326	兰科 Orchidaceae	盾柄兰 *Porpax ustulata*					√	
1327	兰科 Orchidaceae	艳丽菱兰 *Rhomboda moulmeinensis*					√	
1328	兰科 Orchidaceae	钻喙兰 *Rhynchostylis retusa*	II			EN	√	

序号	科名	种名	国家级	云南省级	红皮书	受威胁等级	CITES	特有
1329	兰科 Orchidaceae	紫茎兰 *Risleya atropurpurea*				NT	√	
1330	兰科 Orchidaceae	鸟足兰 *Satyrium nepalense*					√	
1331	兰科 Orchidaceae	缘毛鸟足兰 *Satyrium nepalense* var. *ciliatum*					√	
1332	兰科 Orchidaceae	匙唇兰 *Schoenorchis gemmata*					√	
1333	兰科 Orchidaceae	萼脊兰 *Sedirea japonica*				VU	√	
1334	兰科 Orchidaceae	反唇兰 *Smithorchis calceoliformis*				CR	√	
1335	兰科 Orchidaceae	紫花苞舌兰 *Spathoglottis plicata*				NT	√	
1336	兰科 Orchidaceae	苞舌兰 *Spathoglottis pubescens*					√	
1337	兰科 Orchidaceae	绶草 *Spiranthes sinensis*					√	
1338	兰科 Orchidaceae	黄花大苞兰 *Sunipia andersonii*					√	
1339	兰科 Orchidaceae	二色大苞兰 *Sunipia bicolor*					√	
1340	兰科 Orchidaceae	白花大苞兰 *Sunipia candida*				VU	√	
1341	兰科 Orchidaceae	云南大苞兰 *Sunipia cirrhata*					√	
1342	兰科 Orchidaceae	少花大苞兰 *Sunipia intermedia*				VU	√	
1343	兰科 Orchidaceae	大苞兰 *Sunipia scariosa*					√	
1344	兰科 Orchidaceae	带叶兰 *Taeniophyllum glandulosum*					√	
1345	兰科 Orchidaceae	阔叶带唇兰 *Tainia latifolia*				VU	√	
1346	兰科 Orchidaceae	滇南带唇兰 *Tainia minor*				VU	√	
1347	兰科 Orchidaceae	高褶带唇兰 *Tainia viridifusca*				EN	√	
1348	兰科 Orchidaceae	白点兰 *Thrixspermum centipeda*					√	
1349	兰科 Orchidaceae	长轴白点兰 *Thrixspermum saruwatarii*				NT	√	
1350	兰科 Orchidaceae	笋兰 *Thunia alba*					√	
1351	兰科 Orchidaceae	筒距兰 *Tipularia szechuanica*				VU	√	
1352	兰科 Orchidaceae	瓜子毛鞘兰 *Trichotosia dasyphylla*				VU	√	
1353	兰科 Orchidaceae	阔叶竹茎兰 *Tropidia angulosa*				NT	√	
1354	兰科 Orchidaceae	短穗竹茎兰 *Tropidia curculigoides*					√	
1355	兰科 Orchidaceae	叉喙兰 *Uncifera acuminata*					√	
1356	兰科 Orchidaceae	白柱万代兰 *Vanda brunnea*				VU	√	
1357	兰科 Orchidaceae	大花万代兰 *Vanda coerulea*	II	II		EN	√	
1358	兰科 Orchidaceae	小蓝万代兰 *Vanda coerulescens*				EN	√	
1359	兰科 Orchidaceae	白花拟万代兰 *Vandopsis undulata*					√	
1360	兰科 Orchidaceae	宽叶线柱兰 *Zeuxine affinis*					√	
1361	兰科 Orchidaceae	白肋线柱兰 *Zeuxine goodyeroides*					√	
1362	兰科 Orchidaceae	线柱兰 *Zeuxine strateumatica*					√	
1363	灯心草科 Juncaceae	福贡灯心草 *Juncus fugongensis*						√
1364	灯心草科 Juncaceae	长蕊灯心草 *Juncus longistamineus*						√
1365	灯心草科 Juncaceae	大叶灯心草 *Juncus megalophyllus*						√
1366	灯心草科 Juncaceae	碧罗灯心草 *Juncus spumosus*						√
1367	灯心草科 Juncaceae	俞氏灯心草 *Juncus yui*						√
1368	莎草科 Cyperaceae	具芒薹草 *Carex aristulifera*						√
1369	莎草科 Cyperaceae	发秆薹草 *Carex capillacea*				EN		
1370	莎草科 Cyperaceae	落鳞薹草 *Carex deciduisquama*						√
1371	莎草科 Cyperaceae	高黎贡山薹草 *Carex goligongshanensis*						√
1372	莎草科 Cyperaceae	贡山薹草 *Carex gongshanensis*				NT		
1373	莎草科 Cyperaceae	糙毛囊薹草 *Carex hirtiutriculata*				NT		

序号	科名	种名	国家级	云南省级	红皮书	受威胁等级	CITES	特有
1374	莎草科 Cyperaceae	披针鳞薹草 Carex lancisquamata				NT		
1375	莎草科 Cyperaceae	龙盘拉薹草 Carex longpanlaensis				NT		√
1376	莎草科 Cyperaceae	马库薹草 Carex makuensis				NT		√
1377	莎草科 Cyperaceae	延长薹草 Carex prolongata				NT		
1378	莎草科 Cyperaceae	紫鳞薹草 Carex purpureo-squamata						√
1379	莎草科 Cyperaceae	日东薹草 Carex ridongensis				NT		√
1380	莎草科 Cyperaceae	双柏薹草 Carex shuangbaiensis				NT		
1381	莎草科 Cyperaceae	文山薹草 Carex wenshanensis				NT		
1382	莎草科 Cyperaceae	三面秆荸荠 Eleocharis trilateralis				NT		
1383	莎草科 Cyperaceae	独龙珍珠茅 Scleria dulungensis						√
1384	禾本科 Poaceae	紧序剪股颖 Agrostis sinocontracta						√
1385	禾本科 Poaceae	真麻竹 Cephalostachyum scandens						√
1386	禾本科 Poaceae	刺黑竹 Chimonobambusa purpurea				NT		
1387	禾本科 Poaceae	长节香竹 Chimonocalamus longiusculus				VU		
1388	禾本科 Poaceae	西藏披碱草 Elymus tibeticus				NT		
1389	禾本科 Poaceae	片马箭竹 Fargesia albocerea						√
1390	禾本科 Poaceae	斜倚箭竹 Fargesia declivis						√
1391	禾本科 Poaceae	贡山箭竹 Fargesia gongshanensis						√
1392	禾本科 Poaceae	泸水箭竹 Fargesia lushuiensis						√
1393	禾本科 Poaceae	皱壳箭竹 Fargesia pleniculmis						√
1394	禾本科 Poaceae	弩刀箭竹 Fargesia praecipua						√
1395	禾本科 Poaceae	独龙箭竹 Fargesia sagittatinea						√
1396	禾本科 Poaceae	贡山竹 Gaoligongshania megalothyrsa	II			NT		√
1397	禾本科 Poaceae	水禾 Hygroryza aristata	II			VU		
1398	禾本科 Poaceae	疣粒稻 Oryza meyeriana subsp. granulata	II					
1399	禾本科 Poaceae	独龙江玉山竹 Yushania farcticaulis						√

注：EX 表示绝灭；RE 表示地区绝灭；CR 表示极危；EN 表示濒危；VU 表示易危；NT 表示近危。

附录 4-1　高黎贡山维管植物名录

本名录共记载高黎贡山野生维管植物 268 科 1566 属 6711 种（含变种、亚种）。其中，石松类和蕨类植物 34 科 108 属 501 种（含变种）、裸子植物 9 科 18 属 32 种（含变种）、被子植物 225 科 1440 属 6178 种（含变种或亚种）。

本名录基于中国科学院昆明植物研究所标本馆（KUN）收集保存的 50 000 余号高黎贡山植物标本，结合 *Flora of China*、《中国植物志》、《云南植物志》、《独龙江地区植物》（1993）、《横断山区维管植物》（1993～1994）、《云南铜壁关自然保护区科学考察研究》（1994）、《高黎贡山植物》（2000）、《高黎贡山植物资源与区系地理》（2020）等文献资料编撰而成。

本名录石松类和蕨类植物采用 PPG I 的系统（2016）、裸子植物采用郑万钧系统（1978）、被子植物采用哈钦松系统（1973），按科、属、种的顺序进行排列，科内按植物属名的拉丁字母顺序排列，属内按种加词的拉丁字母顺序排列。拉丁学名采用 *Flora of China* 所接受的名称。

名录中每种植物包括种的中文名、拉丁学名、产地、凭证标本（或文献引证）、海拔及分布。分布仅列举其在高黎贡山各县的分布。高黎贡山地域以外的分布不详细列举，代之以分布区类型的序号。植物的分布区类型是根据物种实际分布范围而划定的分布区式样，共划分为 15 个类型和 6 个变型，用数字代号表示，其代号表示的分布区类型如下。

1　世界广布
2　泛热带分布
3　热带亚洲和热带美洲间断分布
4　旧世界热带分布
5　热带亚洲和热带大洋洲分布
6　热带亚洲至热带非洲分布
7　热带亚洲分布
8　北温带分布
9　东亚和北美间断分布
10　旧世界温带分布
11　温带亚洲分布
12　地中海、西亚和中亚分布
13　中亚分布
14　东亚分布
　　14-1　东亚广布
　　14-2　中国-喜马拉雅分布
　　14-3　中国-日本分布
15　中国分布
　　15-1　中国特有分布
　　15-2　云南特有分布
　　15-3　高黎贡山特有分布

石松类 Lycopodiopsida

P1　石松科 Lycopodiaceae

1　扁枝石松 Diphasiastrum complanatum (Linnaeus) Holub

　　产镇安（高黎贡山考察队 10763）；海拔 1710～2160 m；分布于贡山、腾冲、龙陵。1。

2　矮小扁枝石松 Diphasiastrum veitchii (Christ) Holub

　　产独龙江（高黎贡山考察队 17019）；海拔 2600～3620 m；分布于贡山。14-2。

3　曲尾石杉 Huperzia bucahwangensis Ching

　　产利沙底（高黎贡山考察队 26771）；海拔 2470～2510 m；分布于贡山、福贡。15-2。

4　苍山石杉 Huperzia delavayi (Christ & Herter) Ching

　　产独龙江（金效华等 ST2055）；海拔 3650 m；分布于贡山。14-1。

5　蛇足石杉 Huperzia serrata (Thunberg) Trevisan

　　产独龙江（高黎贡山考察队 10723）；海拔 2049～2169 m；分布于贡山、保山、腾冲、龙陵。2。

6　西藏石杉 Huperzia tibetica (Ching) Ching

　　产独龙江（高黎贡山考察队 16993）；海拔 3350～3670 m；分布于贡山。15-1。

7　红茎石杉 Huperzia wusugongii Li Bing Zhang, X. G. Xu & X. M. Zhou

　　产独龙江（高黎贡山考察队 32613）；海拔 1500 m；分布于贡山。15-1。

8　藤石松 Lycopodiastrum casuarinoides (Spring) Holub ex R. D. Dixit

　　产上营（高黎贡山考察队 27347）；海拔 1470～2850 m；分布于贡山、福贡、泸水、腾冲。7。

9　石松 Lycopodium japonicum Thunberg

　　产茨开（高黎贡山考察队 18206）；海拔 1510～3300 m；分布于贡山、福贡、泸水、保山、腾冲、龙陵。14-1。

10　成层石松 Lycopodium zonatum Ching

　　产独龙江（高黎贡山考察队 12687）；海拔 3200～3690 m；分布于贡山、福贡。15-3。

11　垂穗石松 Palhinhaea cernua (Linnaeus) Vasconcellos & Franco

　　产上帕（高黎贡山考察队 25626）；海拔 1250～1500 m；分布于贡山、福贡。3。

12　喜马拉雅马尾杉 Phlegmariurus hamiltonii (Sprengel ex Greville & Hooker) Li Bing Zhang

　　产新华（高黎贡山考察队 29603）；海拔 1910～2060 m；分布于腾冲。14-2。

13　卵叶马尾杉 Phlegmariurus ovatifolius (Ching) W. M. Chu ex H. S. Kung & Li Bing Zhang

　　产独龙江（高黎贡山考察队 32495）；海拔 2137 m；分布于贡山。15-2。

14　美丽马尾杉 Phlegmariurus pulcherrimus (Wallich ex Hooker & Greville) Á. Löve & D. Löve

　　产独龙江（朱维明和陆树刚 19081）；海拔 1400～1500 m；分布于贡山。14-2。

15　云南马尾杉 Phlegmariurus yunnanensis Ching

　　产独龙江（独龙江考察队 3943）；海拔 1100～1880 m；分布于贡山。15-2。

P3　卷柏科 Selaginellaceae

1　钝叶卷柏 Selaginella amblyphylla Alston

　　产上帕[朱维明等 20333(A)]；海拔 1350～1900 m；分布于福贡。14-2。

2 双沟卷柏 Selaginella bisulcata Spring

产独龙江（独龙江考察队 4066）；海拔 1300～1700 m；分布于贡山。7。

3 块茎卷柏 Selaginella chrysocaulos (Hooker & Greville) Spring

产丙中洛（高黎贡山考察队 18378）；海拔 1600～2450 m；分布于贡山。14-2。

4 疏松卷柏 Selaginella effusa Alston

产独龙江（高黎贡山考察队 19963）；海拔 1450～1500 m；分布于贡山。15-3。

5 横断山卷柏 Selaginella hengduanshanicola W. M. Chu

产界头（高黎贡山考察队 16706）；海拔 1180～2150 m；分布于福贡、保山。15-1。

6 兖州卷柏 Selaginella involvens (Swartz) Spring

产界头（高黎贡山考察队 590）；海拔 1330～2160 m；分布于贡山、福贡、腾冲。7。

7 膜叶卷柏 Selaginella leptophylla Baker

产独龙江（高黎贡山考察队 17076）；海拔 1450～2200 m；分布于贡山、泸水。14-1。

8 江南卷柏 Selaginella moellendorffii Hieronymus

产腊八底（高黎贡山考察队 9745）；海拔 1380～1540 m；分布于贡山、福贡。14-3。

9 单子卷柏 Selaginella monospora Spring

产上帕（高黎贡山考察队 11139）；海拔 1400～2250 m；分布于贡山、泸水。14-2。

10 黑顶卷柏 Selaginella picta A. Braun ex Baker

产独龙江（青藏队 9125）；海拔 1450 m；分布于贡山。7。

11 疏叶卷柏 Selaginella remotifolia Spring

产鹿马登（高黎贡山考察队 19969）；海拔 1450～1700 m；分布于贡山。7。

12 毛叶卷柏 Selaginella trichophylla K. H. Shing

产独龙江（高黎贡山考察 13235）；海拔 1450～1500 m；分布于贡山。15-1。

13 鞘舌卷柏 Selaginella vaginata Spring

产鹿马登（高黎贡山考察队 18968）；海拔 1255～2488 m；分布于福贡、保山。14-2。

真蕨类 Polypodiopsida

P4 木贼科 Equisetaceae

1 问荆 Equisetum arvense Linnaeus

产独龙江（高黎贡山考察队 10867）；海拔 1420～2200 m；分布于贡山、腾冲。8。

2 披散木贼 Equisetum diffusum D. Don

产丙中洛（高黎贡山考察队 11427）；海拔 1410～2600 m；分布于贡山、泸水、腾冲。14-1。

3 节节草 Equisetum ramosissimum Desfontaines

产独龙江（高黎贡山考察队 717）；海拔 1350～1900 m；分布于贡山。8。

P5 松叶蕨科 Psilotaceae

1 松叶蕨 Psilotum nudum (Linnaeus) P. Beauvois

产独龙江（高黎贡山考察队 32322）；海拔 1300～1900 m；分布于贡山。2。

P6 瓶尔小草科 Ophioglossaceae

1 薄叶阴地蕨 Botrychium daucifolium Wallich ex Hooker & Greville
产独龙江（独龙江考察队 3367）；海拔 1400～1450 m；分布于贡山。7。

2 绒毛阴地蕨 Botrychium lanuginosum Wallich ex Hooker & Greville
产独龙江（高黎贡山考察队 32529）；海拔 1700～2300 m；分布于贡山。7。

3 扇羽阴地蕨 Botrychium lunaria (Linnaeus) Swartz
产丙中洛（王启无 71804）；海拔 2200 m；分布于贡山。8。

4 粗壮阴地蕨 Botrychium robustum (Ruprecht ex Milde) Underwood
产独龙江（独龙江考察队 3694）；海拔 1900～2751 m；分布于贡山。11。

5 心叶瓶尔小草 Ophioglossum reticulatum Linnaeus
产独龙江（独龙江考察队 6474）；海拔 2300～3300 m；分布于贡山。2。

6 瓶尔小草 Ophioglossum vulgatum Linnaeus
产界头（高黎贡山考察队 30253）；海拔 1930～2580 m；分布于腾冲。8。

P7 合囊蕨科 Marattiaceae

1 食用莲座蕨 Angiopteris esculenta Ching
产独龙江（高黎贡山考察队 21044）；海拔 1250～1900 m；分布于贡山。15-3。

2 云南莲座蕨 Angiopteris yunnanensis Hieronymus
产独龙江（高黎贡山考察队 32295）；海拔 1720 m；分布于贡山。7。

P8 紫萁科 Osmundaceae

1 绒紫萁 Claytosmunda claytoniana (Linnaeus) Metzgar & Rouhan
产独龙江（独龙江考察队 6569）；海拔 2000 m；分布于贡山。9。

2 紫萁 Osmunda japonica Thunberg
产鹿马登（高黎贡山考察队 13692）；海拔 1240～1990 m；分布于贡山、福贡、泸水。14-1。

P9 膜蕨科 Hymenophyllaceae

1 长柄假脉蕨 Crepidomanes latealatum (Bosch) Copeland
产界头（高黎贡山考察队 28150）；海拔 1500～2432 m；分布于贡山、泸水、腾冲、龙陵。5。

2 蕗蕨 Hymenophyllum badium Hooker & Greville
产茨开（高黎贡山考察队 20220）；海拔 1500～2445 m；分布于贡山、福贡、泸水、腾冲。7。

3 华东膜蕨 Hymenophyllum barbatum (Bosch) Baker
产怒江（高黎贡山考察队 17585）；海拔 1500～2500 m；分布于贡山、腾冲。14-1。

4 毛蕗蕨 Hymenophyllum exsertum Wallich ex Hooker
产独龙江（高黎贡山考察队 21993）；海拔 2500～2800 m；分布于贡山。7。

5 鳞蕗蕨 Hymenophyllum levingei C. B. Clarke
产片马（滇西植物调查组 11356）；海拔 2150～2600 m；分布于泸水。14-2。

6 线叶蕗蕨 Hymenophyllum longissimum (Ching & P. S. Chiu) K. Iwatsuki
产独龙江（和兆荣和王焕冲 01890）；海拔 2400～3300 m；分布于贡山。15-3。

7 长柄蕗蕨 Hymenophyllum polyanthos (Swartz) Swartz

产鹿马登（高黎贡山考察队 19959）；海拔 1388～3000 m；分布于贡山、福贡、泸水、龙陵。2。

8 宽片膜蕨 Hymenophyllum simonsianum Hooker

产独龙江（高黎贡山考察队 22088）；海拔 2510～2800 m；分布于贡山、福贡。14-2。

9 瓶蕨 Vandenboschia auriculata (Blume) Copeland

产茨开（高黎贡山考察队 12527）；海拔 1310～2400 m；分布于贡山。7。

10 南海瓶蕨 Vandenboschia striata (D. Don) Ebihara

产独龙江（朱维明和陆树刚 18985）；海拔 1500 m；分布于贡山。14-1。

P11 双扇蕨科 Dipteridaceae

1 中华双扇蕨 Dipteris chinensis Christ

产茨开（高黎贡山考察队 11793）；海拔 1500～2100 m；分布于贡山。14-2。

P12 里白科 Gleicheniaceae

1 大芒萁 Dicranopteris ampla Ching & P. S. Chiu

产五合（高黎贡山考察队 17944）；海拔 1310～1900 m；分布于贡山、福贡、腾冲。7。

2 芒萁 Dicranopteris pedata (Houttuyn) Nakaike

产芒宽（高黎贡山考察队 10593）；海拔 1330～1780 m；分布于贡山、福贡、保山、腾冲、龙陵。5。

3 大羽芒萁 Dicranopteris splendida (Handel-Mazzetti) Tagawa

产独龙江（T. T. Yü 20588）；海拔 1350～2200 m；分布于贡山。7。

4 大里白 Diplopterygium giganteum (Wallich ex Hooker & Bauer) Nakai

产独龙江（独龙江考察队 4199）；海拔 1400～1830 m；分布于贡山。14-2。

5 里白 Diplopterygium glaucum (Thunberg ex Houttuyn) Nakai

产独龙江（高黎贡山考察队 21945）；海拔 1380 m；分布于贡山。14-1。

6 厚毛里白 Diplopterygium rufum (Ching) Ching ex X. C. Zhang

产赧亢植物园（高黎贡山考察队 13222）；海拔 2050～2146 m；分布于腾冲。15-2。

P13 海金沙科 Lygodiaceae

1 海金沙 Lygodium japonicum (Thunberg) Swartz

产五合（高黎贡山考察队 17184）；海拔 900～1335 m；分布于福贡、泸水、保山、腾冲。5。

2 云南海金沙 Lygodium yunnanense Ching

产芒宽（高黎贡山考察队 10585）；海拔 1000～1100 m；分布于保山。7。

P16 槐叶苹科 Salviniaceae

1 满江红 Azolla pinnata R. Brown subsp. **asiatica** R. M. K. Saunders & K. Fowler

产丙中洛（高黎贡山考察队 15702）；海拔 900～2070 m；分布于贡山、腾冲。7。

2 槐叶苹 Salvinia natans (Linnaeus) Allioni

产北海（高黎贡山考察队 391）；海拔 1730 m；分布于腾冲。4。

P17　蘋科 Marsileaceae

1 南国田字草 Marsilea minuta Linnaeus

产利沙底（高黎贡山考察队 10482）；海拔 980～1530 m；分布于福贡、腾冲。4。

P21　瘤足蕨科 Plagiogyriaceae

1 粉背瘤足蕨 Plagiogyria glauca (Blume) Mettenius

产鹿马登（高黎贡山考察队 20246）；海拔 2467～3100 m；分布于贡山、福贡。7。

2 密叶瘤足蕨 Plagiogyria pycnophylla (Kunze) Mettenius

产独龙江（高黎贡山考察队 24271）；海拔 1910～3010 m；分布于贡山、泸水、龙陵。7。

P22　金毛狗科 Cibotiaceae

1 金毛狗 Cibotium barometz (Linnaeus) J. Smith

产独龙江（高黎贡山考察队 19955）；海拔 1250～1500 m；分布于贡山。7。

P25　桫椤科 Cyatheaceae

1 中华桫椤 Alsophila costularis Baker

产芒宽（高黎贡山考察队 11651）；海拔 1900～2100 m；分布于保山。14-2。

2 桫椤 Alsophila spinulosa (Wallich ex Hooker) R. M. Tryon

产利沙底（高黎贡山考察队 22122）；海拔 1230～1400 m；分布于贡山、福贡。7。

3 西亚黑桫椤 Gymnosphaera khasyana (Moore & Kuhn) Ching

产独龙江（T. T. Yü 20522）；海拔 1200 m；分布于贡山。14-2。

P29　鳞始蕨科 Lindsaeaceae

1 乌蕨 Odontosoria chinensis (Linnaeus) J. Smith

产清水（高黎贡山考察队 10882）；海拔 1080～2060 m；分布于贡山、福贡、泸水、腾冲。6。

2 香鳞始蕨 Osmolindsaea odorata (Roxburgh) Lehtonen & Christenhusz

产茨开（高黎贡山考察队 15631）；海拔 1320～2200 m；分布于贡山、福贡、泸水、腾冲。7。

P30　凤尾蕨科 Pteridaceae

1 铁线蕨 Adiantum capillus-veneris Linnaeus

产茨开（高黎贡山考察队 16621）；海拔 1500～1580 m；分布于贡山。1。

2 鞭叶铁线蕨 Adiantum caudatum Linnaeus

产大兴地（高黎贡山考察队 26299）；海拔 920～1030 m；分布于泸水。4。

3 普通铁线蕨 Adiantum edgeworthii Hooker

产芒宽（高黎贡山考察队 18019）；海拔 1525～1630 m；分布于保山、腾冲。14-1。

4 灰背铁线蕨 Adiantum myriosorum Baker

产打拉（s.n. 8778）；海拔 1900 m；分布于贡山。14-2。

5 掌叶铁线蕨 Adiantum pedatum Linnaeus

产独龙江（独龙江考察队 6511）；海拔 2150～2900 m；分布于贡山。9。

6 半月形铁线蕨 Adiantum philippense Linnaeus

产上江（高黎贡山考察队 11677）；海拔 800 m；分布于泸水。4。

7 白边粉背蕨 Aleuritopteris albomarginata (C. B. Clarke) Ching

产独龙江（朱维明和陆树刚 19086）；海拔 1300～1500 m；分布于贡山。14-2。

8 粉背蕨 Aleuritopteris anceps (Blanford) Panigrahi

产独龙江（朱维明和陆树刚 18963A）；海拔 1320 m；分布于贡山。14-2。

9 银粉背蕨 Aleuritopteris argentea (S. G. Gmelin) Fée

产独龙江（高黎贡山考察队 32442）；海拔 1560～2750 m；分布于贡山。14-1。

10 裸叶粉背蕨 Aleuritopteris duclouxii (Christ) Ching

产丙中洛[South Tibet Exp. Team (STET) STET0062]；海拔 1700 m；分布于贡山。15-3。

11 贡山粉背蕨 Aleuritopteris gongshanensis G. M. Zhang

产丙中洛（青藏队 7400）；海拔 1650 m；分布于贡山、泸水。15-2。

12 棕毛粉背蕨 Aleuritopteris rufa (D. Don) Ching

产界头（高黎贡山考察队 30493）；海拔 1820 m；分布于腾冲。14-2。

13 金爪粉背蕨 Aleuritopteris veitchii (H. Christ) Ching

产上帕（高黎贡山考察队 28920）；海拔 1180 m；分布于福贡。15-3。

14 长柄车前蕨 Antrophyum obovatum Baker

产独龙江（独龙江考察队 1750）；海拔 1620 m；分布于贡山。14-1。

15 革叶车前蕨 Antrophyum wallichianum M. G. Gilbert & X. C. Zhang

产独龙江（高黎贡山考察队 32671）；海拔 1300～2443 m；分布于贡山、泸水。14-2。

16 翠蕨 Cerosora microphylla (Hooker) R. M. Tryon

产独龙江（王启无 67031）；海拔 2700 m；分布于贡山。14-2。

17 滇西旱蕨 Cheilanthes brausei Fraser-Jenkins

产丙中洛（朱维明等 17720）；海拔 1560 m；分布于贡山。15-3。

18 大理碎米蕨 Cheilanthes hancockii Baker

产芒宽（高黎贡山考察队 19071）；海拔 1525～2102 m；分布于泸水、保山。14-2。

19 旱蕨 Cheilanthes nitidula Wallich ex Hooker

产六库（高黎贡山考察队 13703）；海拔 950～1625 m；分布于贡山、福贡、泸水。14-1。

20 毛旱蕨 Cheilanthes trichophylla Baker

产匹河（高黎贡山考察队 20874）；海拔 1000～1250 m；分布于福贡、泸水。15-3。

21 尖齿凤了蕨 Coniogramme affinis (C. Presl) Hieronymus

产茨开（高黎贡山考察队 16676）；海拔 2950 m；分布于贡山。14-2。

22 全缘凤了蕨 Coniogramme fraxinea (D. Don) Fée ex Diels

产独龙江（高黎贡山考察队 16636）；海拔 1250～2250 m；分布于贡山。7。

23 普通凤了蕨 Coniogramme intermedia Hieronymus

产利沙底（高黎贡山考察队 21524）；海拔 1310～2360 m；分布于贡山、福贡、泸水。14-1。

24 心基凤了蕨 Coniogramme petelotii Tardieu

产独龙江（独龙江考察队 1307）；海拔 1230～1400 m；分布于贡山。7。

25 直角凤了蕨 **Coniogramme procera** Fée

产茨开（高黎贡山考察队 22058）；海拔 1250～2370 m；分布于贡山。14-2。

26 骨齿凤了蕨 **Coniogramme pubescens** Hieronymus

产上帕（朱维明等 11609）；海拔 2050 m；分布于福贡。14-2。

27 乳头凤了蕨 **Coniogramme rosthornii** Hieronymus

产芒宽（高黎贡山考察队 13485）；海拔 1680 m；分布于保山。7。

28 高山珠蕨 **Cryptogramma brunoniana** Wallich ex Hooker & Greville

产茨开（高黎贡山考察队 16996）；海拔 3350～3670 m；分布于贡山。14-1。

29 带状书带蕨 **Haplopteris doniana** (Mettenius ex Hieronymus) E. H. Crane

产赧亢植物园（独龙江考察队 4996）；海拔 2080～2700 m；分布于贡山、福贡、泸水、腾冲。14-2。

30 唇边书带蕨 **Haplopteris elongata** (Swartz) E. H. Crane

产独龙江（张良 1708）；海拔 1250～1550 m；分布于贡山。4。

31 书带蕨 **Haplopteris flexuosa** (Fée) E. H. Crane

产赧亢植物园（独龙江考察队 4886）；海拔 1400～2445 m；分布于贡山、福贡、泸水、保山、腾冲、龙陵。14-1。

32 线叶书带蕨 **Haplopteris linearifolia** (Ching) X. C. Zhang

产茨开（高黎贡山考察队 17111）；海拔 1810～2950 m；分布于贡山、福贡、泸水。14-2。

33 中囊书带蕨 **Haplopteris mediosora** (Hayata) X. C. Zhang

产巴坡（高黎贡山考察队 22087）；海拔 2430～2800 m；分布于贡山、福贡。14-2。

34 锡金书带蕨 **Haplopteris sikkimensis** (Kuhn) E. H. Crane

产独龙江（高黎贡山考察队 32321）；海拔 1300～1450 m；分布于贡山。14-2。

35 独龙江金粉蕨 **Onychium dulongjiangense** W. M. Chu

产独龙江（朱维明和陆树刚 19865）；海拔 1400 m；分布于贡山。15-1。

36 野雉尾金粉蕨 **Onychium japonicum** (Thunberg) Kunze

产独龙江（高黎贡山考察队 21534）；海拔 1130～1850 m；分布于贡山。14-3。

37 栗柄金粉蕨 **Onychium lucidum** (D. Don) Sprengel

产六库（高黎贡山考察队 10513）；海拔 980～1900 m；分布于贡山、福贡、泸水、保山、腾冲。14-2。

38 金粉蕨 **Onychium siliculosum** (Desvaux) C. Christensen

产龙江（秦仁昌 50232）；海拔 1200 m；分布于腾冲。7。

39 川西金毛裸蕨 **Paragymnopteris bipinnata** (Christ) K. H. Shing

产和顺（高黎贡山考察队 29824）；海拔 1580～3120 m；分布于贡山、腾冲。15-3。

40 猪鬃凤尾蕨 **Pteris actiniopteroides** Christ

产捧当（高黎贡山考察队 12418）；海拔 1640 m；分布于贡山。15-3。

41a 高原凤尾蕨 **Pteris aspericaulis** var. **cuspigera** Ching

产独龙江（朱维明和陆树刚 18932B）；海拔 1450～1850 m；分布于贡山。15-3。

41b 高山凤尾蕨 **Pteris aspericaulis** var. **subindivisa** (C. B. Clarke) Ching ex S. H. Wu

产独龙江（朱维明和陆树刚 18954）；海拔 1450 m；分布于贡山。14-2。

42 紫轴凤尾蕨 Pteris aspericaulis Wallich ex J. Agardh
产芒宽（高黎贡山考察队 13547）；海拔 1060～2150 m；分布于贡山、福贡、泸水、保山。14-2。

43 狭眼凤尾蕨 Pteris biaurita Linnaeus
产蛮辉（高黎贡山考察队 9839）；海拔 980 m；分布于泸水。3。

44 欧洲凤尾蕨 Pteris cretica Linnaeus
产捧当（高黎贡山考察队 12875）；海拔 1230～2080 m；分布于贡山、福贡、保山、腾冲、龙陵。4。

45 指叶凤尾蕨 Pteris dactylina Hooker
产独龙江（高黎贡山考察队 9744）；海拔 1380～1900 m；分布于贡山。14-2。

46 多羽凤尾蕨 Pteris decrescens Christ
产六库（南水北调队 8027）；海拔 1000 m；分布于泸水。7。

47 狭叶凤尾蕨 Pteris henryi Christ
产独龙江（独龙江考察队 6203）；海拔 1300～2000 m；分布于贡山。15-3。

48 线羽凤尾蕨 Pteris linearis Poiret
产鹿马登（高黎贡山考察队 19352）；海拔 1220～1238 m；分布于贡山、福贡。6。

49 三轴凤尾蕨 Pteris longipes D. Don
产鹿马登（高黎贡山考察队 19956）；海拔 1225～1250 m；分布于贡山、福贡。7。

50 柔毛凤尾蕨 Pteris puberula Ching
产茨开（金效华和张良 11305）；海拔 2200～2500 m；分布于贡山。14-2。

51 溪边凤尾蕨 Pteris terminalis Wallich ex J. Agardh
产独龙江（金效华等 ST2332）；海拔 1350～1500 m；分布于贡山。7。

52 蜈蚣草 Pteris vittata Linnaeus
产丙中洛（高黎贡山考察队 12411）；海拔 1040～1740 m；分布于贡山、福贡、泸水、龙陵。4。

53a 西南凤尾蕨 Pteris wallichiana J. Agardh
产茨开（高黎贡山考察队 23097）；海拔 2480～2530 m；分布于贡山。7。

53b 云南凤尾蕨 Pteris wallichiana var. **yunnanensis** (Christ) Ching & S. H. Wu
产茨开（高黎贡山考察队 33632）；海拔 1790～2380 m；分布于贡山、福贡、泸水。14-2。

P31 碗蕨科 Dennstaedtiaceae

1a 碗蕨 Dennstaedtia scabra (Wallich ex Hooker) T. Moore
产独龙江（高黎贡山考察队 22065）；海拔 1230～2980 m；分布于贡山。7。

1b 光叶碗蕨 Dennstaedtia scabra var. **glabrescens** (Ching) C. Christensen
产独龙江（高黎贡山考察队 24710）；海拔 1660～1930 m；分布于贡山、腾冲。7。

2 栗蕨 Histiopteris incisa (Thunberg) J. Smith
产独龙江（和兆荣和王焕冲 s.n.）；海拔 1500～1600 m；分布于贡山。2。

3 台湾姬蕨 Hypolepis alpina (Blume) Hooker
产独龙江（商辉等 SG1838）；海拔 1285～1595 m；分布于贡山。5。

4 姬蕨 Hypolepis punctata (Thunberg) Mettenius
产独龙江（金效华等 DLJ-ET0960）；海拔 1700～1876 m；分布于贡山。2。

5 长托鳞盖蕨 Microlepia firma Mettenius ex Kuhn
产五合（高黎贡山考察队 24695）；海拔 1930～2160 m；分布于腾冲。14-2。

6 西南鳞盖蕨 Microlepia khasiyana (Hooker) C. Presl
产独龙江（青藏队 6889）；海拔不详；分布于贡山、福贡。14-2。

7 毛叶边缘鳞盖蕨 Microlepia marginata var. **villosa** (C. Presl) Y. C. Wu
产鹿马登（高黎贡山考察队 28906）；海拔 1090 m；分布于福贡。7。

8 阔叶鳞盖蕨 Microlepia platyphylla (D. Don) J. Smith
产独龙江（朱维明和陆树刚 18979B）；海拔 1400 m；分布于贡山。7。

9 斜方鳞盖蕨 Microlepia rhomboidea (Wallich ex Kunze) Prantl
产独龙江（朱维明和陆树刚 19037）；海拔 1400～1500 m；分布于贡山。7。

10 热带鳞盖蕨 Microlepia speluncae (Linnaeus) T. Moore
产独龙江（高黎贡山考察队 13943）；海拔 1500 m；分布于贡山。2。

11 针毛鳞盖蕨 Microlepia trapeziformis (Roxburgh) Kuhn
产独龙江（独龙江考察队 1340）；海拔 1320～1450 m；分布于贡山。7。

12 大叶稀子蕨 Monachosorum davallioides Kunze
产丙中洛（高黎贡山考察队 14666）；海拔 2540 m；分布于贡山。14-2。

13 稀子蕨 Monachosorum henryi Christ
产界头（高黎贡山考察队 11118）；海拔 1900～2240 m；分布于贡山、腾冲。14-2。

14 毛轴蕨 Pteridium revolutum (Blume) Nakai
产茨开（高黎贡山考察队 25090）；海拔 1400～2900 m；分布于贡山、腾冲。6。

P32 冷蕨科 Cystopteridaceae

1 禾秆亮毛蕨 Acystopteris tenuisecta (Blume) Tagawa
产龙江（高黎贡山考察队 17901）；海拔 1450～2280 m；分布于贡山、龙陵。7。

2 卷叶冷蕨 Cystopteris modesta Ching
产丙中洛（高黎贡山考察队 32906）；海拔 2881～4003 m；分布于贡山。15-1。

3 宝兴冷蕨 Cystopteris moupinensis Franchet
产丙中洛（高黎贡山考察队 16669）；海拔 2845～3000 m；分布于贡山。14-2。

P33 轴果蕨科 Rhachidosoraceae

1 台湾轴果蕨 Rhachidosorus pulcher (Tagawa) Ching
产上帕（朱维明等 11531）；海拔 1330 m；分布于福贡。15-3。

P34 肠蕨科 Diplaziopsidaceae

1 阔羽肠蕨 Diplaziopsis brunoniana (Wallich) W. M. Chu
产独龙江（金效华和张良 11514）；海拔 1400～1500 m；分布于贡山。7。

P37 铁角蕨科 Aspleniaceae

1 黑色铁角蕨 Asplenium adiantum-nigrum Linnaeus
产鹿马登（高黎贡山考察队 19160）；海拔 1243 m；分布于福贡。8。

2 西南铁角蕨 Asplenium aethiopicum (N. L. Burman) Becherer

产新华（高黎贡山考察队 29576）；海拔 1630～1930 m；分布于贡山、腾冲。2。

3 大盖铁角蕨 Asplenium bullatum Wallich ex Mettenius

产独龙江（冯国楣 8654）；海拔 2100 m；分布于贡山。14-2。

4 毛轴铁角蕨 Asplenium crinicaule Hance

产鹿马登（高黎贡山考察队 19958）；海拔 1225 m；分布于福贡。5。

5 水鳖蕨 Asplenium delavayi (Franchet) Copeland

产蛮辉（高黎贡山考察队 9885）；海拔 900～1243 m；分布于福贡、泸水。14-2。

6 剑叶铁角蕨 Asplenium ensiforme Wallich ex Hooker & Greville

产洛本卓（高黎贡山考察队 25813）；海拔 2200～2400 m；分布于贡山、福贡、泸水、腾冲。7。

7 云南铁角蕨 Asplenium exiguum Beddome

产丙中洛（朱维明等 17633）；海拔 1550～1650 m；分布于贡山。8。

8 厚叶铁角蕨 Asplenium griffithianum Hooker

产独龙江（张良 1698）；海拔 1250 m；分布于贡山。14-1。

9 撕裂铁角蕨 Asplenium gueinzianum Mettenius ex Kuhn

产龙江（高黎贡山考察队 17917）；海拔 1400～2405 m；分布于贡山、龙陵。14-2。

10 肾羽铁角蕨 Asplenium humistratum Ching ex H. S. Kung

产丙中洛（朱维明等 23775）；海拔 2000 m；分布于贡山。15-3。

11 胎生铁角蕨 Asplenium indicum Sledge

产片马（滇西植物调查组 11252）；海拔 2400 m；分布于泸水。14-2。

12 巢蕨 Asplenium nidus Linnaeus

产茨开（高黎贡山考察队 12832）；海拔 1255～1570 m；分布于贡山、福贡。4。

13 倒挂铁角蕨 Asplenium normale D. Don

产鹿马登（独龙江考察队 4704）；海拔 1255～2400 m；分布于贡山、福贡、泸水。4。

14 北京铁角蕨 Asplenium pekinense Hance

产丙中洛（朱维明等 22768）；海拔 1650 m；分布于贡山。11。

15 长叶巢蕨 Asplenium phyllitidis D. Don

产独龙江（朱维明和陆树刚 19073）；海拔 1450 m；分布于贡山。7。

16 长叶铁角蕨 Asplenium prolongatum Hooker

产丙中洛（高黎贡山考察队 17079）；海拔 1750 m；分布于贡山。7。

17 假倒挂铁角蕨 Asplenium pseudonormale W. M. Chu & X.C. Zhang ex W. M. Chu

产独龙江（朱维明和陆树刚 1907）；海拔 1500 m；分布于贡山。15-2。

18 俅江苍山蕨 Asplenium qiujiangense (Ching & Fu) Nakaike

产独龙江（朱维明和陆树刚 19153）；海拔 2270 m；分布于贡山。15-2。

19 俅江铁角蕨 Asplenium subspathulinum X. C. Zhang

产独龙江（T. T. Yü 20449）；海拔 1450 m；分布于贡山。15-2。

20 细茎铁角蕨 Asplenium tenuicaule Hayata

产茨开（朱维明等 20268）；海拔 1800～2530 m；分布于贡山。6。

21 细裂铁角蕨 Asplenium tenuifolium D. Don

产龙江（高黎贡山考察队 17919）；海拔 1400～2280 m；分布于贡山、腾冲。7。

22 铁角蕨 Asplenium trichomanes Linnaeus

产丙中洛（高黎贡山考察队 29438）；海拔 1570 m；分布于贡山、腾冲。1。

23 三翅铁角蕨 Asplenium tripteropus Nakai

产茨开（高黎贡山考察队 28986）；海拔 1500～1650 m；分布于贡山、福贡。14-1。

24 变异铁角蕨 Asplenium varians Wallich ex Hooker & Greville

产丙中洛（高黎贡山考察队 12017）；海拔 1570 m；分布于贡山、泸水。6。

25 棕鳞铁角蕨 Asplenium yoshinagae Makino

产独龙江（高黎贡山考察队 23268）；海拔 1278～2480 m；分布于贡山。7。

26 齿果膜叶铁角蕨 Hymenasplenium cheilosorum (Kunze ex Mettenius) Tagawa

产独龙江（高黎贡山考察队 19957）；海拔 1230～1450 m；分布于贡山。7。

27 切边膜叶铁角蕨 Hymenasplenium excisum (C. Presl) S. Lindsay

产丙中洛（高黎贡山考察队 17056）；海拔 1450～2150 m；分布于贡山、腾冲。6。

28 微凹膜叶铁角蕨 Hymenasplenium retusulum (Ching) Viane & S. Y. Dong

产洛本卓（高黎贡山考察队 25849）；海拔 2270～2400 m；分布于贡山、泸水。15-2。

P39　球子蕨科 Onocleaceae

1 荚果蕨 Matteuccia struthiopteris (Linnaeus) Todaro

产独龙江（朱维明和陆树刚 18943）；海拔 1450～2150 m；分布于贡山。8。

2 东方荚果蕨 Pentarhizidium orientale (Hooker) Hayata

产上帕（高黎贡山考察队 34201）；海拔 2150～2700 m；分布于福贡。14-1。

P40　乌毛蕨科 Blechnaceae

1 乌木蕨 Blechnidium melanopus (Hooker) T. Moore

产独龙江（高黎贡山考察队 22123）；海拔 1570～2400 m；分布于贡山、泸水。14-2。

2 荚囊蕨 Struthiopteris eburnea (Christ) Ching

产丙中洛（朱维明等 17698）；海拔 1560～2100 m；分布于贡山。15-3。

3 狗脊 Woodwardia japonica (Linnaeus) Smith

产匹河（高黎贡山考察队 25964）；海拔 1460～2040 m；分布于贡山、福贡、腾冲。14-3。

4 顶芽狗脊 Woodwardia unigemmata (Makino) Nakai

产独龙江（独龙江考察队 1992）；海拔 1130～2000 m；分布于贡山、福贡。14-1。

P41　蹄盖蕨科 Athyriaceae

1 大叶假冷蕨 Athyrium atkinsonii Beddome

产独龙江（武素功 8395）；海拔 3200～3410 m；分布于贡山、泸水。14-1。

2 圆果蹄盖蕨 Athyrium bucahwangense Ching

产独龙江（T. T. Yü 20090）；海拔 2600～3200 m；分布于贡山、泸水。15-3。

3 秦氏蹄盖蕨 Athyrium chingianum Z. R. Wang & X. C. Zhang

产利沙底（高黎贡山考察队 26696）；海拔 3120～3360 m；分布于贡山、福贡。15-2。

4 芽胞蹄盖蕨 Athyrium clarkei Beddome

产其期（高黎贡山考察队 11102）；海拔 1790～2250 m；分布于贡山、泸水、腾冲。14-2。

5 大卫假冷蕨 Athyrium davidii (Franchet) Christ

产独龙江（朱维明和陆树刚 22408）；海拔 3600 m；分布于贡山。14-2。

6 林光蹄盖蕨 Athyrium decorum Ching

产独龙江（青藏队 8757）；海拔 3300～3600 m；分布于贡山。15-2。

7 翅轴蹄盖蕨 Athyrium delavayi Christ

产茨开（高黎贡山考察队 12275）；海拔 2000～2150 m；分布于贡山。14-2。

8 薄叶蹄盖蕨 Athyrium delicatulum Ching & S. K. Wu

产独龙江（朱维明和陆树刚 19003）；海拔 2060～3000 m；分布于贡山。15-3。

9 希陶蹄盖蕨 Athyrium dentigerum (Wallich ex C. B. Clarke) Mehra & Bir

产独龙江（T. T. Yü 20360）；海拔 2450～3600 m；分布于贡山。14-2。

10 疏叶蹄盖蕨 Athyrium dissitifolium (Baker) C. Christensen

产五合（高黎贡山考察队 17186）；海拔 1419～2169 m；分布于腾冲。14-2。

11 多变蹄盖蕨 Athyrium drepanopterum (Kunze) A. Braun ex Milde

产茨开（高黎贡山考察队 16591）；海拔 1320～2150 m；分布于贡山、福贡、腾冲。14-2。

12 毛翼蹄盖蕨 Athyrium dubium Ching

产独龙江（滇西北金沙江队 11233）；海拔 2800～3200 m；分布于贡山、泸水。14-2。

13 独龙江蹄盖蕨 Athyrium dulongicola W. M. Chu

产独龙江（朱维明和陆树刚 19189）；海拔 3000～3200 m；分布于贡山。15-2。

14 方氏蹄盖蕨 Athyrium fangii Ching

产独龙江（滇西北金沙江队 11232A）；海拔 3000～3100 m；分布于贡山、福贡、泸水。14-2。

15 喜马拉雅蹄盖蕨 Athyrium fimbriatum Hooker ex T. Moore

产独龙江（青藏队 8042）；海拔 1700～1932 m；分布于贡山。14-2。

16 大盖蹄盖蕨 Athyrium foliolosum T. Moore ex R. Sim

产独龙江（高黎贡山考察队 12923）；海拔 2100～2830 m；分布于贡山。14-2。

17 中锡蹄盖蕨 Athyrium himalaicum Ching ex Mehra & Bir

产独龙江（青藏队 7786）；海拔 3100～3500 m；分布于贡山。14-2。

18 线羽蹄盖蕨 Athyrium lineare Ching

产片马（朱维明等 22884）；海拔 2150 m；分布于泸水。15-2。

19 川滇蹄盖蕨 Athyrium mackinnoniorum (C. Hope) C. Christensen

产片马（滇西植物调查组 11444）；海拔 2000～2500 m；分布于泸水。14-2。

20 狭基蹄盖蕨 Athyrium mehrae Bir

产独龙江（朱维明和陆树刚 19192）；海拔 3100～3500 m；分布于贡山。14-2。

21 红苞蹄盖蕨 Athyrium nakanoi Makino

产独龙江（高黎贡山考察队 22028）；海拔 2000～2600 m；分布于贡山、福贡、泸水。14-1。

22 黑足蹄盖蕨 Athyrium nigripes (Blume) T. Moore

产独龙江（朱维明和陆树刚 18941）；海拔 1450～2900 m；分布于贡山。7。

23 聂拉木蹄盖蕨 Athyrium nyalamense Y. T. Hsieh & Z. R. Wang

产独龙江（朱维明和陆树刚 18920）；海拔 1400～2300 m；分布于贡山。14-2。

24 轴生蹄盖蕨 Athyrium rhachidosorum (Handel-Mazzetti) Ching

产茨开（高黎贡山考察队 23031）；海拔 1850～3490 m；分布于贡山、福贡。14-2。

25 玫瑰蹄盖蕨 Athyrium roseum Christ

产猴桥（青藏队 8186）；海拔 1750～1800 m；分布于贡山、腾冲。15-2。

26 高山蹄盖蕨 Athyrium silvicola Tagawa

产独龙江（青藏队 9345）；海拔 1250～1550 m；分布于贡山。14-1。

27 腺叶蹄盖蕨 Athyrium supraspinescens C. Christensen

产丙中洛（朱维明等 22810）；海拔 2200～2850 m；分布于贡山。15-2。

28 察陇蹄盖蕨 Athyrium tarulakaense Ching

产独龙江（高黎贡山考察队 16922）；海拔 2800～3400 m；分布于贡山。15-2。

29 狭基蹄盖蕨 Athyrium tibeticum Ching

产独龙江（青藏队 8529）；海拔 3100～3500 m；分布于贡山。15-3。

30 黑秆蹄盖蕨 Athyrium wallichianum Ching

产独龙江（高黎贡山考察队 17408）；海拔 3550～4080 m；分布于贡山。14-2。

31 俞氏蹄盖蕨 Athyrium yui Ching

产独龙江（金效华等 ST1416）；海拔 2850～3200 m；分布于贡山。15-2。

32 复叶角蕨 Cornopteris badia Ching

产独龙江（张良 1688）；海拔 1250～1550 m；分布于贡山。14-2。

33 阔片角蕨 Cornopteris latiloba Ching

产独龙江（朱维明和陆树刚 19046）；海拔 1400～2300 m；分布于贡山。15-3。

34 黑叶角蕨 Cornopteris opaca (D. Don) Tagawa

产茨开（高黎贡山考察队 20234）；海拔 1600～2445 m；分布于贡山、福贡。14-1。

35 对囊蕨 Deparia boryana (Willdenow) M. Kato

产独龙江（青藏队 7964）；海拔 1400～1700 m；分布于贡山、福贡、泸水。6。

36 斜生对囊蕨 Deparia dickasonii M. Kato

产独龙江（张宪春等 6342）；海拔 1450～1700 m；分布于贡山。14-2。

37 昆明对囊蕨 Deparia dolosa (Christ) M. Kato

产片马（滇西植物调查组 11286）；海拔 2100 m；分布于泸水。15-3。

38 网脉对囊蕨 Deparia heterophlebia (Mettenius ex Baker) R. Sano

产独龙江（青藏队 9124）；海拔 1350～1500 m；分布于贡山。14-2。

39 毛轴对囊蕨 Deparia hirtirachis (Ching ex Z. R. Wang) Z. R. Wang

产独龙江（朱维明和陆树刚 19170）；海拔 1917 m；分布于贡山。14-2。

40 狭叶对囊蕨 Deparia longipes (Ching) Shinohara

产茨开（朱维明等 17638）；海拔 1400～1650 m；分布于贡山、福贡。15-3。

41 墨脱对囊蕨 Deparia medogensis (Ching & S. K. Wu) Z. R. Wang

产独龙江（滇西植物调查组 11234）；海拔 2550～3100 m；分布于贡山、泸水。15-3。

42 毛叶对囊蕨 Deparia petersenii (Kunze) M. Kato

产芒宽（滇西植物调查组 11472）；海拔 1080～1700 m；分布于贡山、福贡、保山。7。

43a 四川对囊蕨 Deparia sichuanensis (Z. R. Wang) Z. R. Wang

产洛本卓（金效华等 ST0472）；海拔 1800 m；分布于泸水。15-3。

43b 贡山对囊蕨 Deparia sichuanensis var. **gongshanensis** (Z. R. Wang) Z. R. Wang

产丙中洛（青藏队 7781）；海拔 3500 m；分布于贡山。15-1。

44 单叉对囊蕨 Deparia unifurcata (Baker) M. Kato

产独龙江（高黎贡山考察队 21539）；海拔 1750～2000 m；分布于贡山。14-3。

45 峨山对囊蕨 Deparia wilsonii (Christ) X. C. Zhang

产独龙江（高黎贡山考察队 16825）；海拔 2530～3400 m；分布于贡山。15-3。

46 褐色双盖蕨 Diplazium axillare Ching

产独龙江（朱维明和陆树刚 19044）；海拔 1400～1950 m；分布于贡山。14-2。

47 美丽双盖蕨 Diplazium bellum (C. B. Clarke) Bir

产独龙江（朱维明和陆树刚 19045）；海拔 1400～1420 m；分布于贡山。14-2。

48 毛柄双盖蕨 Diplazium dilatatum Blume

产独龙江（青藏队 9283）；海拔 1350～1500 m；分布于贡山。5。

49 独龙江双盖蕨 Diplazium dulongjiangense (W. M. Chu) Z. R. He

产独龙江（金效华等 ST0931）；海拔 1400～2000 m；分布于贡山。15-1。

50 食用双盖蕨 Diplazium esculentum (Retzius) Swartz

产蛮辉（高黎贡山考察队 9835）；海拔 980 m；分布于泸水。7。

51 棕鳞双盖蕨 Diplazium forrestii (Ching ex Z. R. Wang) Fraser-Jenkins

产独龙江（独龙江考察队 4341）；海拔 1400～1900 m；分布于贡山。14-2。

52 大型双盖蕨 Diplazium giganteum (Baker) Ching

产独龙江（青藏队 9713）；海拔 1800～2100 m；分布于贡山。14-2。

53 篦齿双盖蕨 Diplazium hirsutipes (Beddome) B. K. Nayar & S. Kaur

产独龙江（滇西植物调查组 11256）；海拔 2000～2550 m；分布于贡山、泸水。14-2。

54 异裂双盖蕨 Diplazium laxifrons Rosenstock

产独龙江（滇西植物调查组 11277）；海拔 1250～2300 m；分布于贡山、泸水。14-2。

55 卵叶双盖蕨 Diplazium leptophyllum Christ

产五合（秦仁昌 50708）；海拔 1200～1500 m；分布于腾冲。14-2。

56 浅裂双盖蕨 Diplazium lobulosum (Wallich ex Mettenius) C. Presl

产独龙江（高黎贡山考察队 22012）；海拔 1500～2100 m；分布于贡山。14-2。

57 墨脱双盖蕨 Diplazium medogense (Ching & S. K. Wu) Fraser-Jenkins

产独龙江（朱维明和陆树刚 18999）；海拔 1500～1900 m；分布于贡山。15-3。

58 假密果双盖蕨 Diplazium multicaudatum (Wallich ex C. B. Clarke) Z. R. He

产马吉（金效华等 ST0635）；海拔 1380 m；分布于贡山、福贡。14-2。

59 高大双盖蕨 Diplazium muricatum (Mettenius) Alderwerelt
产马吉（朱维明等 11552）；海拔 1380 m；分布于福贡。14-2。

60 肉刺双盖蕨 Diplazium simile (W. M. Chu) R. Wei & X. C. Zhang
产独龙江（朱维明等 19010）；海拔 1230 m；分布于贡山。15-2。

61 密果双盖蕨 Diplazium spectabile (Wallich ex Mettenius) Ching
产片马（滇西植物调查组 11271）；海拔 2250 m；分布于泸水。14-2。

62 鳞柄双盖蕨 Diplazium squamigerum (Mettenius) C. Hope
产独龙江（张宪春等 6360）；海拔 2752 m；分布于贡山。14-1。

63 肉质双盖蕨 Diplazium succulentum (C. B. Clarke) C. Christensen
产独龙江（朱维明和陆树刚 19010）；海拔 1230 m；分布于贡山。14-2。

64 深绿双盖蕨 Diplazium viridissimum Christ
产片马（滇西植物调查组 11280）；海拔 2200 m；分布于泸水。14-2。

P42 金星蕨科 Thelypteridaceae

1 耳羽钩毛蕨 Cyclogramma auriculata (J. smith) Ching
产茨开（高黎贡山考察队 16635）；海拔 1890～2050 m；分布于贡山。14-2。

2 小叶钩毛蕨 Cyclogramma flexilis (Christ) Tagawa
产丙中洛（朱维明等 17738）；海拔 1500～1750 m；分布于贡山。15-3。

3 狭基钩毛蕨 Cyclogramma leveillei (Christ) Ching
产丙中洛（冯国楣 8057）；海拔 2000 m；分布于贡山。14-3。

4 干旱毛蕨 Cyclosorus aridus (D. Don) Ching
产独龙江（和兆荣和王焕冲 0387）；海拔 1450～1500 m；分布于贡山、福贡。5。

5 齿牙毛蕨 Cyclosorus dentatus (Forsskål) Ching
产上帕（高黎贡山考察队 9838）；海拔 980 m；分布于泸水。2。

6 高毛蕨 Cyclosorus procerus (D. Don) S. Lindsay & D. J. Middleton
产独龙江（朱维明和陆树刚 19025）；海拔 1230 m；分布于贡山。14-2。

7 截裂毛蕨 Cyclosorus truncatus (Poiret) Farwell
产独龙江（朱维明和陆树刚 19016）；海拔 1230 m；分布于贡山。7。

8 方杆蕨 Glaphyropteridopsis erubescens (Wallich ex Hooker) Ching
产鹿马登（高黎贡山考察队 19894）；海拔 1250～1900 m；分布于贡山、福贡。14-1。

9 细裂针毛蕨 Macrothelypteris contingens Ching
产茨开（朱维明等 17622）；海拔 1550～1600 m；分布于贡山。15-3。

10 疏羽凸轴蕨 Metathelypteris laxa (Franchet & Savatier) Ching
产独龙江（滇西植物调查组 11344）；海拔 1450～1600 m；分布于贡山、泸水。14-3。

11 锡金假鳞毛蕨 Oreopteris elwesii (Hooker & Baker) Holttum
产独龙江（朱维明等 19194）；海拔 3100 m；分布于贡山。14-2。

12 长根金星蕨 Parathelypteris beddomei (Baker) Ching
产独龙江（朱维明等 11585）；海拔 1500～1790 m；分布于贡山。7。

13 中日金星蕨 Parathelypteris nipponica (Franchet & Savatier) Ching

产独龙江（高黎贡山考察队 21345）；海拔 1840 m；分布于贡山。14-3。

14 卵果蕨 Phegopteris connectilis (Michaux) Watt

产独龙江（朱维明等 20214）；海拔 2900～3200 m；分布于贡山。8。

15 延羽卵果蕨 Phegopteris decursive-pinnata (H. C. Hall) Fée

产上帕（高黎贡山考察队 28940）；海拔 1180 m；分布于福贡。14-3。

16 红色新月蕨 Pronephrium lakhimpurense (Rosenstock) Holttum

产独龙江（朱维明和陆树刚 19017）；海拔 1230 m；分布于贡山。14-2。

17 大羽新月蕨 Pronephrium nudatum (Roxburgh) Holttum

产独龙江（和兆荣和王焕冲 0388）；海拔 1150～1250 m；分布于贡山、福贡。7。

18 披针新月蕨 Pronephrium penangianum (Hooker) Holttum

产独龙江（高黎贡山考察队 12076）；海拔 1400～2050 m；分布于贡山、福贡。14-2。

19 长根假毛蕨 Pseudocyclosorus canus (Baker) Holttum & Jeff W. Grimes

产独龙江（高黎贡山考察队 21941）；海拔 1380～2000 m；分布于贡山。14-2。

20 独龙江假毛蕨 Pseudocyclosorus dulongjiangensis W. M. Chu

产独龙江（张良 1719）；海拔 1230～1450 m；分布于贡山。15-2。

21 西南假毛蕨 Pseudocyclosorus esquirolii (Christ) Ching

产丙中洛（高黎贡山考察队 29944）；海拔 1130～1530 m；分布于贡山、泸水、腾冲。14-2。

22 似镰羽假毛蕨 Pseudocyclosorus pseudofalcilobus W. M. Chu

产独龙江（青藏队 9112）；海拔 1230～1450 m；分布于贡山。15-2。

23 普通假毛蕨 Pseudocyclosorus subochthodes (Ching) Ching

产独龙江（高黎贡山考察队 21921）；海拔 1370 m；分布于贡山。14-3。

24 假毛蕨 Pseudocyclosorus tylodes (Kunze) Ching

产独龙江（青藏队 9546）；海拔 1800～2300 m；分布于贡山。14-2。

25 耳状紫柄蕨 Pseudophegopteris aurita (Hooker) Ching

产独龙江（朱维明和陆树刚 18195）；海拔 1400 m；分布于贡山。7。

26 密毛紫柄蕨 Pseudophegopteris hirtirachis (C. Christensen) Holttum

产独龙江（朱维明和陆树刚 18983）；海拔 1230～1500 m；分布于贡山。14-2。

27 星毛紫柄蕨 Pseudophegopteris levingei (C. B. Clarke) Ching

产独龙江（滇西植物调查组 11339）；海拔 1550～3050 m；分布于贡山、福贡、泸水。14-2。

28 禾秆紫柄蕨 Pseudophegopteris microstegia (Hooker) Ching

产独龙江（滇西植物调查组 11408-1）；海拔 2300～3150 m；分布于贡山、泸水。14-2。

29 紫柄蕨 Pseudophegopteris pyrrhorhachis (Kunze) Ching

产茨开（金效华等 ST1404）；海拔 3100～3200 m；分布于贡山。14-2。

30 浅裂溪边蕨 Stegnogramma asplenioides (Desvaux) J. Smith ex Ching

产独龙江（朱维明和陆树刚 19147）；海拔 3100～3200 m；分布于贡山。14-2。

31a 圣蕨 Stegnogramma griffithii (T. Moore) K. Iwatsuki

产独龙江（青藏队 9468）；海拔 1500 m；分布于贡山。14-2。

31b 羽裂圣蕨 **Stegnogramma griffithii** var. **wilfordii** (Hooker) K. Iwatsuki

产独龙江（高黎贡山考察队 32697）；海拔 1586 m；分布于贡山。14-3。

32 喜马拉雅茯蕨 **Stegnogramma himalaica** (Ching) K. Iwatsuki

产茨开（高黎贡山考察队 16600）；海拔 1550～2150 m；分布于贡山、福贡。14-2。

33 阔羽溪边蕨 **Stegnogramma latipinna** Ching ex Y. X. Lin

产茨开（高黎贡山考察队 12520）；海拔 2000 m；分布于贡山。15-2。

34 鳞片沼泽蕨 **Thelypteris fairbankii** (Beddome) Y. X. Lin

产北海（王宝荣 s.n.）；海拔 1720 m；分布于腾冲。4。

P44　肿足蕨科 Hypodematiaceae

1 肿足蕨 **Hypodematium crenatum** (Forsskål) Kuhn & Decken

产独龙江（金效华等 DLJ-ET1331）；海拔 900～2000 m；分布于贡山、泸水。6。

2 大膜盖蕨 **Leucostegia immersa** C. Presl

产独龙江（金效华等 DLJ-ET0405）；海拔 1750～1800 m；分布于贡山、腾冲。7。

P45　鳞毛蕨科 Dryopteridaceae

1 西南复叶耳蕨 **Arachniodes assamica** (Kuhn) Ohwi

产独龙江（独龙江考察队 3365）；海拔 1250～1450 m；分布于贡山。14-2。

2 细裂复叶耳蕨 **Arachniodes coniifolia** (T. Moore) Ching

产片马（滇西植物调查队 11407）；海拔 2000～2200 m；分布于泸水。14-2。

3 高大复叶耳蕨 **Arachniodes gigantea** Ching

产独龙江（朱维明和陆树刚 19051）；海拔 1400 m；分布于贡山。15-2。

4 四回毛枝蕨 **Arachniodes quadripinnata** (Hayata) Serizawa

产利沙底（高黎贡山考察队 26498）；海拔 2000～2700 m；分布于贡山、福贡、腾冲。14-3。

5 长尾复叶耳蕨 **Arachniodes simplicior** (Makino) Ohwi

产茨开（冯国楣 8165）；海拔 1150～2200 m；分布于贡山、福贡。14-3。

6 石盖蕨 **Arachniodes superba** Fraser-Jenkins

产亚坪（高黎贡山考察队 20261）；海拔 2120～2510 m；分布于贡山、福贡、泸水、腾冲。14-2。

7 亮鳞肋毛蕨 **Ctenitis subglandulosa** (Hance) Ching

产独龙江（朱维明等 17652）；海拔 1400～1600 m；分布于贡山。7。

8 等基贯众 **Cyrtomium aequibasis** (C. Christensen) Ching

产利沙底（高黎贡山考察队 27839）；海拔 1400～1580 m；分布于贡山、福贡。15-3。

9 奇叶贯众 **Cyrtomium anomophyllum** (Zenker) Fraser-Jenkins

产独龙江（独龙江考察队 6902）；海拔 1350～2599 m；分布于贡山。14-1。

10 刺齿贯众 **Cyrtomium caryotideum** (Wallich ex Hooker & Greville) C. Presl

产界头（高黎贡山考察队 15485）；海拔 1460～2200 m；分布于贡山、腾冲。14-1。

11 大叶贯众 **Cyrtomium macrophyllum** (Makino) Tagawa

产丙中洛（高黎贡山考察队 24017）；海拔 1260～2253 m；分布于贡山、福贡、泸水、腾冲。14-1。

12 云南贯众 Cyrtomium yunnanense Ching
产上帕（高黎贡山考察队 19161）；海拔 1243 m；分布于福贡。15-2。

13 多雄拉鳞毛蕨 Dryopteris alpestris Tagawa
产茨开（高黎贡山考察队 16842）；海拔 3350～3670 m；分布于贡山。14-2。

14 中越鳞毛蕨 Dryopteris annamensis (Tagawa) Li Bing Zhang
产独龙江（朱维明和陆树刚 3849）；海拔 1380～1400 m；分布于贡山。7。

15 顶果鳞毛蕨 Dryopteris apiciflora (Wallich ex Mettenius) Kuntze
产独龙江（高黎贡山考察队 22048）；海拔 2248～2800 m；分布于贡山、福贡、泸水。14-2。

16 暗鳞鳞毛蕨 Dryopteris atrata (Wallich ex Kunze) Ching
产茨开（高黎贡山考察队 18656）；海拔 1510～2150 m；分布于贡山、腾冲。7。

17 多鳞鳞毛蕨 Dryopteris barbigera (T. Moore ex Hooker) Kuntze
产茨开（高黎贡山考察队 16925）；海拔 3350 m；分布于贡山。14-2。

18 基生鳞毛蕨 Dryopteris basisora Christ
产片马（滇西植物调查组 11311）；海拔 1800 m；分布于泸水。14-2。

19 金冠鳞毛蕨 Dryopteris chrysocoma (Christ) C. Christensen
产片马（滇西植物调查组 11314）；海拔 800～2200 m；分布于泸水。14-2。

20 膜边鳞毛蕨 Dryopteris clarkei (Baker) Kuntze
产茨开（高黎贡山考察队 21897）；海拔 2500～3100 m；分布于贡山、福贡。14-2。

21 连合鳞毛蕨 Dryopteris conjugata Ching
产独龙江（独龙江考察队 3652）；海拔 1400～1700 m；分布于贡山。14-2。

22 桫椤鳞毛蕨 Dryopteris cycadina (Franchet & Savatier) C. Christensen
产古泉（青藏队 7197）；海拔 1900～2000 m；分布于贡山、福贡。14-3。

23 红腺鳞毛蕨 Dryopteris diacalpe Li Bing Zhang
产独龙江（T. T. Yü 20037）；海拔 1700～2400 m；分布于贡山。15-3。

24 弯柄假复叶耳蕨 Dryopteris diffracta (Baker) C. Christensen
产独龙江（张良 1692）；海拔 1150 m；分布于贡山。7。

25 独龙江鳞毛蕨 Dryopteris dulongensis (S. K. Wu & X. Cheng) Li Bing Zhang
产洛本卓（高黎贡山考察队 25876）；海拔 1700～2400 m；分布于贡山、泸水。15-1。

26 硬果鳞毛蕨 Dryopteris fructuosa (Christ) C. Christensen
产独龙江（高黎贡山考察队 21516）；海拔 1850 m；分布于贡山。14-2。

27 大叶鳞毛蕨 Dryopteris grandifrons Li Bing Zhang
产独龙江（朱维明和陆树刚 18916）；海拔 1400～1450 m；分布于贡山。15-1。

28 有盖鳞毛蕨 Dryopteris hendersonii (Beddome) C. Christensen
产独龙江（滇西植物调查组 11325）；海拔 1600～1800 m；分布于贡山。7。

29 异鳞鳞毛蕨 Dryopteris heterolaena C. Christensen
产独龙江（青藏队 9568）；海拔 1500～1700 m；分布于贡山。15-3。

30 粗齿鳞毛蕨 Dryopteris juxtaposita Christ
产独龙江（高黎贡山考察队 21403）；海拔 2000 m；分布于贡山。14-2。

31 泡鳞鳞毛蕨 **Dryopteris kawakamii** Hayata

产独龙江（高黎贡山考察队 12531）；海拔 2000 m；分布于贡山。15-3。

32 近多鳞鳞毛蕨 **Dryopteris komarovii** Kossinsky

产独龙江（据《怒江自然保护区》）；海拔 3000 m；分布于贡山。14-2。

33 脉纹鳞毛蕨 **Dryopteris lachoongensis** (Beddome) B. K. Nayar & S. Kaur

产茨开（高黎贡山考察队 23251）；海拔 2150～2480 m；分布于贡山、泸水。14-2。

34 黑鳞鳞毛蕨 **Dryopteris lepidopoda** Hayata

产片马（独龙江考察队 1348）；海拔 1910～2150 m；分布于贡山、泸水。14-2。

35 路南鳞毛蕨 **Dryopteris lunanensis** (Christ) C. Christensen

产上帕（高黎贡山考察队 19448）；海拔 1301～1600 m；分布于贡山、福贡。14-3。

36 边果鳞毛蕨 **Dryopteris marginata** (C. B. Clark) Christ

产独龙江（朱维明和陆树刚 19096）；海拔 1500 m；分布于贡山。14-2。

37 墨脱鳞毛蕨 **Dryopteris medogensis** (Ching & S.K. Wu) Li Bing Zhang

产独龙江（高黎贡山考察队 22092）；海拔 2000～2150 m；分布于贡山。15-3。

38 近川西鳞毛蕨 **Dryopteris neorosthornii** Ching

产独龙江（朱维明和陆树刚 19164）；海拔 2400 m；分布于贡山。14-2。

39 优雅鳞毛蕨 **Dryopteris nobilis** Ching

产片马（高黎贡山考察队 22766）；海拔 1850 m；分布于泸水。14-2。

40 鱼鳞鳞毛蕨 **Dryopteris paleolata** (Pichi Sermolli) Li Bing Zhang

产独龙江（高黎贡山考察队 32922）；海拔 1450～2845 m；分布于贡山。7。

41 柄盖鳞毛蕨 **Dryopteris peranema** Li Bing Zhang

产茨开（高黎贡山考察队 22555）；海拔 1850～2470 m；分布于贡山、福贡。14-2。

42 南亚鳞毛蕨 **Dryopteris pseudocaenopteris** (Kunze) Li Bing Zhang

产芒宽（高黎贡山考察队 24397）；海拔 1340～2253 m；分布于贡山、泸水、保山、腾冲。7。

43 假稀羽鳞毛蕨 **Dryopteris pseudosparsa** Ching

产猴桥（张宪春等 2976）；海拔 1800 m；分布于腾冲。15-3。

44 肿足鳞毛蕨 **Dryopteris pulvinulifera** (Beddome) Kuntze

产丙中洛（冯国楣 17542）；海拔 2100～3200 m；分布于贡山。14-2。

45 密鳞鳞毛蕨 **Dryopteris pycnopteroides** (Christ) C. Christensen

产片马（高黎贡山考察队 24020）；海拔 1450～2142 m；分布于贡山、泸水。14-3。

46 川西鳞毛蕨 **Dryopteris rosthornii** (Diels) C. Christensen

产鹿马登（高黎贡山考察队 20333）；海拔 2560 m；分布于福贡。15-3。

47 红褐鳞毛蕨 **Dryopteris rubrobrunnea** W. M. Chu

产独龙江（金效华等 DLJ-ET0997）；海拔 2050～2550 m；分布于贡山、泸水。15-2。

48 无盖鳞毛蕨 **Dryopteris scottii** (Beddome) Ching ex C. Christensen

产独龙江（张良 1737）；海拔 1400～1550 m；分布于贡山。7。

49 刺尖鳞毛蕨 **Dryopteris serratodentata** (Beddome) Hayata

产独龙江（据《独龙江地区植物》）；海拔 3300 m；分布于贡山。14-2。

50 锡金鳞毛蕨 Dryopteris sikkimensis (Beddome) Kuntze

产鲁掌（韩玉丰和邓坤梅 81-818）；海拔 1700～2200 m；分布于泸水。14-2。

51 纤维鳞毛蕨 Dryopteris sinofibrillosa Ching

产独龙江（朱维明和陆树刚 20222）；海拔 3000～3100 m；分布于贡山。14-2。

52 稀羽鳞毛蕨 Dryopteris sparsa (D. Don) Kuntze

产鹿马登（高黎贡山考察队 22095）；海拔 1225～2169 m；分布于贡山、福贡、腾冲。7。

53 肉刺鳞毛蕨 Dryopteris squamiseta (Hooker) Kuntze

产独龙江（朱维明和陆树刚 18994）；海拔 1450～2250 m；分布于贡山。6。

54 狭鳞鳞毛蕨 Dryopteris stenolepis (Baker) C. Christensen

产捧当（高黎贡山考察队 12847）；海拔 1580～2200 m；分布于贡山、泸水。14-2。

55 半育鳞毛蕨 Dryopteris sublacera Christ

产片马（高黎贡山考察队 24128）；海拔 1859～2150 m；分布于泸水。14-2。

56 陇蜀鳞毛蕨 Dryopteris thibetica (Franchet) C. Christensen

产上帕（朱维明和陆树刚 20382）；海拔 2300 m；分布于福贡。15-3。

57 巢形鳞毛蕨 Dryopteris transmorrisonensis (Hayata) Hayata

产独龙江（高黎贡山考察队 21896）；海拔 2500～3600 m；分布于贡山、福贡、泸水。14-2。

58 大羽鳞毛蕨 Dryopteris wallichiana (Sprengel) Hylander

产五合（独龙江考察队 4856）；海拔 1510～2750 m；分布于贡山、福贡、腾冲、龙陵。14-1。

59 无量山鳞毛蕨 Dryopteris wuliangshanicola W. M. Chu

产独龙江（朱维明和陆树刚 19054）；海拔 1400 m；分布于贡山。15-2。

60 兆洪鳞毛蕨 Dryopteris wuzhaohongii Li Bing Zhang

产独龙江（高黎贡山考察队 22061）；海拔 2600～2980 m；分布于贡山。15-3。

61 栗柄鳞毛蕨 Dryopteris yoroii Serizawa

产独龙江（朱维明和陆树刚 19187）；海拔 2900～3200 m；分布于贡山。14-2。

62 舌蕨 Elaphoglossum marginatum T. Moore

产丙中洛（高黎贡山考察队 23264）；海拔 2030～2480 m；分布于贡山。14-2。

63 云南舌蕨 Elaphoglossum yunnanense (Baker) C. Christensen

产独龙江（张良 1694）；海拔 1500 m；分布于贡山。7。

64 刺叶耳蕨 Polystichum acanthophyllum (Franchet) Christ

产独龙江（高黎贡山考察队 21705）；海拔 2500～2800 m；分布于贡山。14-2。

65 尖齿耳蕨 Polystichum acutidens Christ

产芒宽（高黎贡山考察队 12075）；海拔 1580～2150 m；分布于贡山、保山、腾冲。14-2。

66 阿当耳蕨 Polystichum adungense Ching & Fraser-Jenkins ex H. S. Kung & Li Bing Zhang

产独龙江（青藏队 99538）；海拔 1600 m；分布于贡山。14-2。

67 小狭叶芽胞耳蕨 Polystichum atkinsonii Beddome

产茨开（高黎贡山考察队 16759）；海拔 2940 m；分布于贡山。14-2。

68 长羽芽胞耳蕨 Polystichum attenuatum Tagawa & K. Iwatsuki

产独龙江（张良 1751）；海拔 1500～1800 m；分布于贡山、保山、腾冲。14-2。

69　栗鳞耳蕨 **Polystichum castaneum** (C. B. Clarke) B. K. Nayar & S. Kaur
　　产鹿马登（高黎贡山考察队 16896）；海拔 3080～3740 m；分布于贡山、福贡。14-2。

70　圆片耳蕨 **Polystichum cyclolobum** C. Christensen
　　产独龙江（独龙江考察队 6267）；海拔 2000～2400 m；分布于贡山。14-2。

71　反折耳蕨 **Polystichum deflexum** Ching ex W. M. Chu
　　产独龙江（朱维明等 17657）；海拔 1250～1650 m；分布于贡山。15-2。

72　对生耳蕨 **Polystichum deltodon** (Baker) Diels
　　产鹿马登（高黎贡山考察队 19627）；海拔 1276 m；分布于福贡。15-3。

73　尖顶耳蕨 **Polystichum excellens** Ching
　　产独龙江（青藏队 9594）；海拔 1500～1700 m；分布于贡山。15-3。

74　福贡耳蕨 **Polystichum fugongense** Ching & W. M. Chu ex H. S. Kung & Li Bing Zhang
　　产独龙江（独龙江考察队 4339）；海拔 1320～2200 m；分布于贡山。15-2。

75　芒刺耳蕨 **Polystichum hecatopterum** Diels
　　产独龙江（青藏队 9847）；海拔 1900～2100 m；分布于贡山。15-3。

76　虎克耳蕨 **Polystichum hookerianum** (C. Presl) C. Christensen
　　产界头（高黎贡山考察队 17902）；海拔 1450～2280 m；分布于贡山、腾冲、龙陵。14-2。

77　贡山耳蕨 **Polystichum integrilimbum** Ching & H. S. Kung
　　产丙中洛（高黎贡山考察队 12420）；海拔 1600～1640 m；分布于贡山。15-1。

78　长鳞耳蕨 **Polystichum longipaleatum** Christ
　　产茨开（高黎贡山考察队 12521）；海拔 2000～2786 m；分布于贡山、福贡。14-2。

79　长羽耳蕨 **Polystichum longipinnulum** N.C. Nair
　　产独龙江（高黎贡山考察队 22091）；海拔 1370～2370 m；分布于贡山。7。

80　黑鳞耳蕨 **Polystichum makinoi** (Tagawa) Tagawa
　　产独龙江（金效华等 DLJ-ET 1337）；海拔 2000 m；分布于贡山。14-2。

81　镰叶耳蕨 **Polystichum manmeiense** (Christ) Nakaike
　　产丙中洛（朱维明等 22812）；海拔 2100～2200 m；分布于贡山。14-2。

82　穆坪耳蕨 **Polystichum moupinense** (Franchet) Beddome
　　产利沙底（高黎贡山考察队 26590）；海拔 3160 m；分布于福贡。14-2。

83　革叶耳蕨 **Polystichum neolobatum** Nakai
　　产丙中洛（滇西植物调查组 11322）；海拔 1600～2200 m；分布于贡山、泸水。14-1。

84　尼泊尔耳蕨 **Polystichum nepalense** (Sprengel) C. Christensen
　　产独龙江（高黎贡山考察队 21955）；海拔 2350～2430 m；分布于贡山。14-2。

85　裸果耳蕨 **Polystichum nudisorum** Ching
　　产独龙江（朱维明和陆树刚 19138）；海拔 1800～2300 m；分布于贡山。14-2。

86　斜羽耳蕨 **Polystichum obliquum** (D. Don) T. Moore
　　产茨开（高黎贡山考察队 17057）；海拔 1620～2000 m；分布于贡山。14-2。

87　假半育耳蕨 **Polystichum oreodoxa** Ching ex H. S. Kung & Li Bing Zhang
　　产丙中洛（滇西植物调查组 11316）；海拔 2200 m；分布于贡山、泸水。15-2。

88 片马耳蕨 Polystichum pianmaense W. M. Chu

产片马（朱维明等 11368）；海拔 2400 m；分布于泸水。15-3。

89 乌鳞耳蕨 Polystichum piceopaleaceum Tagawa

产赧亢（高黎贡山考察队 15738）；海拔 1800～2405 m；分布于贡山、泸水、保山。14-1。

90 中缅耳蕨 Polystichum punctiferum C. Christensen

产独龙江（高黎贡山考察队 12530）；海拔 1750～2400 m；分布于贡山、泸水。14-2。

91 斜方刺叶耳蕨 Polystichum rhombiforme Ching & S. K. Wu

产亚坪（高黎贡山考察队 20216）；海拔 2170～2510 m；分布于福贡、泸水。15-3。

92 岩生耳蕨 Polystichum rupicola Ching ex W. M. Chu

产独龙江（王启无 67103）；海拔 1500～2200 m；分布于贡山。15-2。

93 怒江耳蕨 Polystichum salwinense Ching & H. S. Kung

产独龙江（朱维明和陆树刚 20205）；海拔 3360～3900 m；分布于贡山。15-2。

94 灰绿耳蕨 Polystichum scariosum (Roxburgh) C. V. Morton

产独龙江（张良 1689）；海拔 1250～1550 m；分布于贡山。7。

95 半育耳蕨 Polystichum semifertile (C. B. Clarke) Ching

产马吉（高黎贡山考察队 19514）；海拔 1380～2453 m；分布于贡山、福贡、腾冲。14-2。

96 狭叶芽胞耳蕨 Polystichum stenophyllum (Franchet) Christ

产独龙江（滇西植物调查组 11207A）；海拔 2600～2900 m；分布于贡山、泸水。14-1。

97 猫儿刺耳蕨 Polystichum stimulans (Kunze ex Mettenius) Beddome

产界头（高黎贡山考察队 30362）；海拔 1470～2660 m；分布于贡山、腾冲。14-2。

98 近边耳蕨 Polystichum submarginale (Baker) Ching ex P. S. Wang

产丙中洛（高黎贡山考察队 17055）；海拔 1750 m；分布于贡山。15-3。

99 尾叶耳蕨 Polystichum thomsonii (J. D. Hooker) Beddome

产片马（滇西植物调查组 11210）；海拔 2900 m；分布于泸水。14-2。

100 对马耳蕨 Polystichum tsus-simense (Hooker) J. Smith

产捧当（高黎贡山考察队 12848）；海拔 1330～2432 m；分布于贡山、腾冲。14-1。

101 细裂耳蕨 Polystichum wattii (Beddome) C. Christensen

产亚坪（高黎贡山考察队 24084）；海拔 1400～2170 m；分布于贡山、福贡、泸水。14-2。

102 剑叶耳蕨 Polystichum xiphophyllum (Baker) Diels

产丙中洛（青藏队 7479）；海拔 2000 m；分布于贡山。14-1。

103 易贡耳蕨 Polystichum yigongense Ching & S. K. Wu

产独龙江（独龙江考察队 1649）；海拔 1400～2200 m；分布于贡山。15-3。

104 云南耳蕨 Polystichum yunnanense Christ

产新华（高黎贡山考察队 13542）；海拔 1600～2000 m；分布于贡山、腾冲。14-2。

105 察隅耳蕨 Polystichum zayuense W. M. Chu & Z. R. He

产片马（和兆荣和王焕冲 0444）；海拔 2470～2800 m；分布于泸水。15-3。

P46 肾蕨科 Nephrolepidaceae

1 肾蕨 Nephrolepis cordifolia (Linnaeus) C. Presl

产洛本卓（高黎贡山考察队 25534）；海拔 1060～1400 m；分布于贡山、福贡、泸水。2。

P48 三叉蕨科 Tectariaceae

1 大齿叉蕨 Tectaria coadunata (J. Smith) C. Christensen

产独龙江（独龙江考察队 3953）；海拔 1300～1420 m；分布于贡山、腾冲。6。

2 西藏轴脉蕨 Tectaria ingens (Atkinson ex C. B. Clarke) Holttum

产独龙江（金效华等 DLJ-ET 0282）；海拔 1278～1500 m；分布于贡山。14-2。

3 多形叉蕨 Tectaria polymorpha (Wallich ex Hooker) Copeland

产上江（姜恕等 8129）；海拔 1200 m；分布于泸水。7。

P49 条蕨科 Oleandraceae

1 高山条蕨 Oleandra wallichii (Hooker) C. Presl

产独龙江（高黎贡山考察队 32672）；海拔 1550～2443 m；分布于贡山。14-2。

P50 骨碎补科 Davalliaceae

1 细裂小膜盖蕨 Araiostegia faberiana (C. Christensen) Ching

产五合（高黎贡山考察队 17724）；海拔 2169～2700 m；分布于福贡、腾冲。14-2。

2 鳞轴小膜盖蕨 Araiostegia perdurans (Christ) Copeland

产龙江（高黎贡山考察队 26501）；海拔 2230～2530 m；分布于贡山、福贡、龙陵。15-3。

3 长叶阴石蕨 Humata assamica (Beddome) C. Christensen

产上营（高黎贡山考察队 21568）；海拔 1330～1869 m；分布于贡山、保山、腾冲。14-2。

4 杯盖阴石蕨 Humata griffithiana (Hooker) C. Christensen

产洛本卓（高黎贡山考察队 25447）；海拔 980～1630 m；分布于泸水、腾冲。7。

5 假钻毛蕨 Paradavallodes multidentata (Hooker) Ching

产猴桥（尹文清 60-1211）；海拔 1800 m；分布于腾冲。14-2。

P51 水龙骨科 Polypodiaceae

1 贯众叶节肢蕨 Arthromeris cyrtomioides S. G. Lu & C. D. Xu

产龙江（徐成东 31601）；海拔 2000 m；分布于龙陵。15-1。

2 美丽节肢蕨 Arthromeris elegans Ching

产茨开（高黎贡山考察队 12504）；海拔 2300～2443 m；分布于贡山。14-2。

3 琉璃节肢蕨 Arthromeris himalayensis (Hooker) Ching

产茨开（高黎贡山考察队 21991）；海拔 1850～2530 m；分布于贡山。14-2。

4 节肢蕨 Arthromeris lehmannii (Mettenius) Ching

产茨开（高黎贡山考察队 23255）；海拔 2560～2600 m；分布于贡山。14-2。

5 多羽节肢蕨 Arthromeris mairei (Brause) Ching

产茨开（高黎贡山考察队 11788）；海拔 1600～1700 m；分布于贡山。14-2。

6 狭羽节肢蕨 Arthromeris tenuicauda (Hooker) Ching

产独龙江（高黎贡山考察队 21841）；海拔 1310～2240 m；分布于贡山、福贡、腾冲。14-2。

7 单行节肢蕨 Arthromeris wallichiana (Sprengel) Ching

产赧亢（高黎贡山考察队 21703）；海拔 1610～2230 m；分布于贡山、保山、腾冲、龙陵。14-2。

8 灰背节肢蕨 Arthromeris wardii (C. B. Clarke) Ching

产茨开（高黎贡山考察队 16601）；海拔 1550～2150 m；分布于贡山、福贡。14-2。

9 川滇槲蕨 Drynaria delavayi Christ

产上帕（朱维明等 22915）；海拔 1900 m；分布于福贡。14-2。

10 石莲姜槲蕨 Drynaria propinqua (Wallich ex Mettenius) J. Smith

产百花岭（高黎贡山考察队 2621）；海拔 1530 m；分布于保山、腾冲。7。

11 雨蕨 Gymnogrammitis dareiformis (Hooker) Ching ex Tardieu & C. Christensen

产茨开（高黎贡山考察队 26880）；海拔 2137～2845 m；分布于贡山、福贡。14-2。

12 肉质伏石蕨 Lemmaphyllum carnosum (Wallich ex J. Smith) C. Presl

产芒宽（高黎贡山考察队 13108）；海拔 1510～2453 m；分布于贡山、福贡、泸水、保山、腾冲。7。

13 抱石莲 Lemmaphyllum drymoglossoides (Baker) Ching

产鹿马登（高黎贡山考察队 19912）；海拔 1090～1380 m；分布于贡山、福贡。15-3。

14 伏石蕨 Lemmaphyllum microphyllum C. Presl

产独龙江（高黎贡山考察队 19659）；海拔 1330～1660 m；分布于贡山、福贡。14-3。

15 表面星蕨 Lepidomicrosorium superficiale (Blume) Li Wang

产赧亢（高黎贡山考察队 13085）；海拔 1869～2169 m；分布于贡山、泸水、保山、腾冲。7。

16 星鳞瓦韦 Lepisorus asterolepis (Baker) Ching ex S. X. Xu

产片马（高黎贡山考察队 24045）；海拔 1820～2150 m；分布于泸水、腾冲。14-1。

17 二色瓦韦 Lepisorus bicolor (Takeda) Ching

产茨开（高黎贡山考察队 11823）；海拔 1610～3030 m；分布于贡山、福贡、泸水、腾冲。14-2。

18 网眼瓦韦 Lepisorus clathratus (C. B. Clarke) Ching

产独龙江（高黎贡山考察队 12193）；海拔 3080 m；分布于贡山。14-1。

19 扭瓦韦 Lepisorus contortus (Christ) Ching

产芒宽（高黎贡山考察队 10555）；海拔 1510～2770 m；分布于贡山、保山、腾冲。14-2。

20 高山瓦韦 Lepisorus eilophyllus (Diels) Ching

产芒宽（高黎贡山考察队 29057）；海拔 1740～2230 m；分布于保山、腾冲。14-2。

21 片马瓦韦 Lepisorus elegans Ching & W. M. Chu

产五合（高黎贡山考察队 17961）；海拔 1900～2400 m；分布于贡山、泸水。15-1。

22 线叶瓦韦 Lepisorus lineariformis Ching & S. K. Wu

产独龙江（张良 1725）；海拔 1250～1300 m；分布于贡山。14-2。

23 带叶瓦韦 Lepisorus loriformis (Wallich ex Mettenius) Ching

产上营（高黎贡山考察队 11578）；海拔 1800～3000 m；分布于贡山、福贡、泸水、腾冲。15-3。

24 大瓦韦 Lepisorus macrosphaerus (Baker) Ching

产独龙江（高黎贡山考察队 11366）；海拔 1080～2500 m；分布于贡山、福贡、泸水、保山、腾冲、龙陵。14-2。

25　白边瓦韦 Lepisorus morrisonensis (Hayata) H. Itô
　　产茨开（高黎贡山考察队 16671）；海拔 1820~3020 m；分布于贡山、泸水、腾冲。14-2。

26　尖嘴蕨 Lepisorus mucronatus (Fée) Li Wang
　　产独龙江（高黎贡山考察队 21929）；海拔 1250~1550 m；分布于贡山。5。

27　粤瓦韦 Lepisorus obscurevenulosus (Hayata) Ching
　　产茨开（高黎贡山考察队 12194）；海拔 1850 m；分布于贡山。7。

28　稀鳞瓦韦 Lepisorus oligolepidus (Baker) Ching
　　产丙中洛（高黎贡山考察队 23274）；海拔 1250~1600 m；分布于贡山、福贡。14-1。

29　长瓦韦 Lepisorus pseudonudus Ching
　　产独龙江（朱维明等 11687）；海拔 3150~3300 m；分布于贡山。14-2。

30　棕鳞瓦韦 Lepisorus scolopendrium (Buchanan-Hamilton ex D.Don) Mehra & Bir
　　产界头（高黎贡山考察队 17451）；海拔 1540~2830 m；分布于贡山、腾冲。14-2。

31　狭带瓦韦 Lepisorus stenistus (C. B. Clarke) Y. X. Lin
　　产茨开（高黎贡山考察队 12961）；海拔 2000~3050 m；分布于贡山、福贡、泸水、腾冲。14-2。

32　连珠瓦韦 Lepisorus subconfluens Ching
　　产上营（独龙江考察队 4487）；海拔 1740~2470 m；分布于贡山、福贡、泸水、腾冲。14-2。

33　滇瓦韦 Lepisorus sublinearis (Baker ex Takeda) Ching
　　产独龙江（高黎贡山考察队 26090）；海拔 1230~2410 m；分布于贡山。14-2。

34　西藏瓦韦 Lepisorus tibeticus Ching & S. K. Wu
　　产独龙江（独龙江考察队 5220）；海拔 2000~2200 m；分布于贡山、泸水。15-3。

35　阔叶瓦韦 Lepisorus tosaensis (Makino) H. Itô
　　产独龙江（朱维明和陆树刚 19030）；海拔 1250 m；分布于贡山。14-3。

36　断线蕨 Leptochilus hemionitideus (C. Presl) Nooteboom
　　产独龙江（高黎贡山考察队 19949）；海拔 1250~1400 m；分布于贡山。14-1。

37　宽羽线蕨 Leptochilus ellipticus var. **pothifolius** (Buchanan-Hamilton ex D. Don) Fraser-Jenkins
　　产独龙江（独龙江考察队 1672）；海拔 1340~1450 m；分布于贡山。14-1。

38　中华剑蕨 Loxogramme chinensis Ching
　　产茨开（高黎贡山考察队 12513）；海拔 2100~2570 m；分布于贡山、泸水。14-2。

39　褐柄剑蕨 Loxogramme duclouxii Christ
　　产独龙江（高黎贡山考察队 18766）；海拔 1780~2400 m；分布于贡山、保山、腾冲。14-1。

40　内卷剑蕨 Loxogramme involuta (D. Don) C. Presl
　　产龙江（高黎贡山考察队 19954）；海拔 1225~2330 m；分布于贡山、腾冲。14-2。

41　篦齿蕨 Metapolypodium manmeiense (Christ) Ching
　　产龙江（高黎贡山考察队 17587）；海拔 1750~2230 m；分布于腾冲、龙陵。14-2。

42　锡金锯蕨 Micropolypodium sikkimense (Hieronymus) X. C. Zhang
　　产东哨房（高黎贡山考察队 9606）；海拔 2530~3400 m；分布于贡山、福贡。14-2。

43 羽裂星蕨 Microsorum insigne (Blume) Copeland

产独龙江（张良 1697）；海拔 1150 m；分布于贡山。7。

44 膜叶星蕨 Microsorum membranaceum (D. Don) Ching

产猴桥（张宪春 2994）；海拔 1750～1800 m；分布于腾冲。14-2。

45 剑叶盾蕨 Neolepisorus ensatus (Thunberg) Ching

产捧当（高黎贡山考察队 12851）；海拔 1570～1640 m；分布于贡山。14-1。

46 江南星蕨 Neolepisorus fortunei (T. Moore) Li Wang

产独龙江（高黎贡山考察队 19461）；海拔 1640 m；分布于贡山。7。

47 显脉星蕨 Neolepisorus zippelii (Blume) Li Wang

产独龙江（徐炳强等-伊洛瓦底队 5548）；海拔 1250～1350 m；分布于贡山。7。

48 光亮瘤蕨 Phymatosorus cuspidatus (D. Don) Pichi Sermolli

产五合（高黎贡山考察队 24577）；海拔 1060～1820 m；分布于福贡、腾冲。7。

49 尖齿拟水龙骨 Polypodiastrum argutum (Wallich ex Hooker) Ching

产片马（高黎贡山考察队 24013）；海拔 2142～2580 m；分布于泸水、腾冲。14-2。

50 川拟水龙骨 Polypodiastrum dielseanum (C. Christensen) Ching

产利沙底（高黎贡山考察队 26877）；海拔 2400～2700 m；分布于福贡、泸水。14-2。

51 蒙自拟水龙骨 Polypodiastrum mengtzeense (Christ) Ching

产独龙江（朱维明和陆树刚 19132）；海拔 2030 m；分布于贡山。7。

52 友水龙骨 Polypodiodes amoena (Wallich ex Mettenius) Ching

产独龙江（高黎贡山考察队 15637）；海拔 1330～2650 m；分布于贡山、福贡、腾冲、龙陵。14-2。

53 濑水龙骨 Polypodiodes lachnopus (Wallich ex Hooker) Ching

产五合（Forrest 26753）；海拔不详；分布于腾冲。14-2。

54 日本水龙骨 Polypodiodes niponica (Mettenius) Ching

产独龙江（独龙江考察队 1132）；海拔 1300～1500 m；分布于贡山。14-1。

55 假友水龙骨 Polypodiodes subamoena (C. B. Clarke) Ching

产洛本卓（高黎贡山考察队 25791）；海拔 2700～2800 m；分布于福贡、泸水。14-2。

56 光茎水龙骨 Polypodiodes wattii (Beddome) Ching

产丙中洛（高黎贡山考察队 23269）；海拔 1500～1750 m；分布于贡山。14-2。

57 冯氏石韦 Pyrrosia boothii (Hooker) Ching

产独龙江（独龙江考察队 5833）；海拔 1780 m；分布于贡山。14-2。

58 下延石韦 Pyrrosia costata (Wallich ex C. Presl) Tagawa & K. Iwatsuki

产独龙江（高黎贡山考察队 9897）；海拔 1300～1350 m；分布于贡山、泸水。7。

59 毡毛石韦 Pyrrosia drakeana (Franchet) Ching

产独龙江（独龙江考察队 6444）；海拔 2300 m；分布于贡山、泸水。14-2。

60 纸质石韦 Pyrrosia heteractis (Mettenius ex Kuhn) Ching

产丙中洛（高黎贡山考察队 13584）；海拔 1700～2400 m；分布于贡山、福贡、泸水、保山。14-2。

61 平滑石韦 Pyrrosia laevis (J. Smith ex Beddome) Ching

产独龙江（张良 1701）；海拔 1250 m；分布于贡山。14-2。

62 石韦 Pyrrosia lingua (Thunberg) Farwell
产桥头（高黎贡山考察队 19318）；海拔 1231～1950 m；分布于贡山、福贡。14-1。

63 柔软石韦 Pyrrosia porosa (C. Presl) Hovenkamp
产捧当（高黎贡山考察队 15557）；海拔 1500～2220 m；分布于贡山、腾冲。7。

64 狭叶石韦 Pyrrosia stenophylla (Beddome) Ching
产独龙江（高黎贡山考察队 21354）；海拔 1850～2160 m；分布于贡山、泸水。14-2。

65 柱状石韦 Pyrrosia stigmosa (Swartz) Ching
产芒宽（高黎贡山考察队 13932）；海拔 1960 m；分布于保山。7。

66 绒毛石韦 Pyrrosia subfurfuracea (Hooker) Ching
产马吉（高黎贡山考察队 21284）；海拔 1410～2049 m；分布于贡山、福贡、保山。14-2。

67 中越石韦 Pyrrosia tonkinensis (Giesenhagen) Ching
产独龙江（高黎贡山考察队 21377）；海拔 1640～2453 m；分布于贡山、泸水、腾冲。7。

68 鹅绒假瘤蕨 Selliguea chenopus (Christ) S. G. Lu
产独龙江（青藏队 8190）；海拔不详；分布于贡山。15-2。

69 白茎假瘤蕨 Selliguea chrysotricha (C. Christensen) Fraser-Jenkins
产茨开（高黎贡山考察队 20229）；海拔 2100～2400 m；分布于贡山、福贡、腾冲。14-2。

70 钝羽假瘤蕨 Selliguea conmixta (Ching) S. G. Lu, Hovenkamp & M. G. Gilbert
产丙中洛（高黎贡山考察队 31818）；海拔 2530 m；分布于贡山。15-3。

71 紫柄假瘤蕨 Selliguea crenatopinnata (C. B. Clarke) S. G. Lu, Hovenkamp & M. G. Gilbert
产茨开（高黎贡山考察队 11789）；海拔 1550～1700 m；分布于贡山、保山。14-2。

72 指叶假瘤蕨 Selliguea dactylina (Christ) S. G. Lu, Hovenkamp & M. G. Gilbert
产独龙江（高黎贡山考察队 21453）；海拔 1400～2200 m；分布于贡山。15-3。

73 黑鳞假瘤蕨 Selliguea ebenipes (Hooker) S. Lindsay
产洛本卓（高黎贡山考察队 25691）；海拔 2500～3300 m；分布于贡山、福贡、泸水。14-2。

74 刺齿假瘤蕨 Selliguea glaucopsis (Franchet) S. G. Lu, Hovenkamp & M. G. Gilbert
产利沙底（高黎贡山考察队 26693）；海拔 3360 m；分布于福贡。14-2。

75 大果假瘤蕨 Selliguea griffithiana (Hooker) Fraser-Jenkins
产片马（高黎贡山考察队 12535）；海拔 1610～2380 m；分布于贡山、泸水、保山、腾冲。14-2。

76 金鸡脚假瘤蕨 Selliguea hastata (Thunberg) Fraser-Jenkins
产茨开（高黎贡山考察队 16595）；海拔 1298～1610 m；分布于贡山、福贡。14-3。

77 长圆假瘤蕨 Selliguea oblongifolia (S. K. Wu) S. G. Lu, Hovenkamp & M. G. Gilber
产独龙江（青藏队 9118）；海拔 1400 m；分布于贡山。15-1。

78 尖裂假瘤蕨 Selliguea oxyloba (Wallich ex Kunze) Fraser-Jenkins
产龙江（高黎贡山考察队 17841）；海拔 1700～1908 m；分布于贡山、泸水、龙陵。14-2。

79 片马假瘤蕨 Selliguea pianmaensis (W. M. Chu) S. G. Lu
产片马（朱维明等 11350）；海拔 2100 m；分布于泸水。15-1。

80 喙叶假瘤蕨 Selliguea rhynchophylla (Hooker) Fraser-Jenkins
产独龙江（G. Forrest 29490）；海拔 2500 m；分布于贡山、腾冲。7。

81 尾尖假瘤蕨 Selliguea stewartii (Beddome) S. G. Lu
产茨开（高黎贡山考察队 11912）；海拔 2450～2950 m；分布于贡山、福贡、腾冲。14-2。

82 无量山假瘤蕨 Selliguea wuliangshanense (W. M. Chu) S. G. Lu, Hovenkamp & M. G. Gilbert
产界头（高黎贡山考察队 30058）；海拔 2240 m；分布于腾冲。15-2。

83 裂禾蕨 Tomophyllum donianum (Sprengel) Fraser-Jenkins & Parris
产猴桥（王启无 67247）；海拔 2000～2100 m；分布于贡山、腾冲。14-2。

84 狭叶毛鳞蕨 Tricholepidium angustifolium Ching
产独龙江（高黎贡山考察队 21654）；海拔 1380～2400 m；分布于贡山、泸水。15-3。

85 毛鳞蕨 Tricholepidium normale (D. Don) Ching
产茨开（高黎贡山考察队 24069）；海拔 1720～2240 m；分布于贡山、泸水、保山、腾冲、龙陵。14-2。

86 显脉毛鳞蕨 Tricholepidium venosum Ching
产独龙江（独龙江考察队 1300）；海拔 1200～1450 m；分布于贡山。15-1。

种子植物门 Spermatophyta

裸子植物亚门 Gymnospermae

G1　苏铁科 Cycadaceae

1 篦齿苏铁　Cycas pectinata Griffith
产铜壁关（荷丕绪，董全忠 s.n.）；海拔 750 m；分布于盈江。7。

G4　松科 Pinaceae

1 苍山冷杉 Abies delavayi Franchet
产茨开（高黎贡山考察队 14851）；海拔 2770～3360 m；分布于贡山、福贡、泸水、腾冲。14-1。

2 云南黄果冷杉 Abies ernestii var. **salouenensis** (Bordères & Gaussen) W. C. Cheng & L. K. Fu
产独龙江（独龙江考察队 6083）；海拔 2200～3100 m；分布于贡山。15-1。

3 急尖长苞冷杉 Abies georgei var. **smithii** (Viguie & Gaussen) W. C. Cheng & L. K. Fu
产菖蒲桶（冯国媚 8040）；海拔 3000～4400 m；分布于贡山。15-2。

4 怒江冷杉 Abies nukiangensis W. C. Cheng & L. K. Fu
产独龙江（高黎贡山考察队 34400）；海拔 2500～3210 m；分布于贡山。14-2。

5 大果红杉 Larix potaninii var. **australis** A. Henry ex Handel-Mazzetti
产独龙江（T. T. Yü 20969）；海拔 2800～4000 m；分布于贡山。15-1。

6 怒江红杉 Larix speciosa W. C. Cheng & Y. W. Law
产茨开（高黎贡山考察队 34558）；海拔 2100～3600 m；分布于贡山、福贡。15-1。

7 油麦吊云杉 Picea brachytyla var. **complanata** (Masters) W. C. Cheng ex Rehder
产东哨房（高黎贡山考察队 33793）；海拔 2530～3400 m；分布于贡山、福贡、腾冲。14-2。

8 华山松 Pinus armandii Franchet
产匹河（高黎贡山考察队 25995）；海拔 1710～3270 m；分布于贡山、福贡、保山、腾冲。14-1。

9　高山松 Pinus densata Masters

　　产丙中洛（南水北调队 60-887）；海拔 3100 m；分布于贡山。15-1。

10　不丹松 Pinus bhutanica Grierson & Page

　　产独龙江（高黎贡山考察队 21419）；海拔 2000～3000 m；分布于贡山。14-2。

11　云南松 Pinus yunnanensis Franchet

　　产独龙江（独龙江考察队 6327）；海拔 1060～3270 m；分布于贡山、福贡、泸水、保山、腾冲、龙陵。15-1。

12　澜沧黄杉 Pseudotsuga forrestii Craib

　　产独龙江（青藏队 82-10905）；海拔 2000～3300 m；分布于贡山。15-2。

13　云南铁杉 Tsuga dumosa (D. Don) Eichler

　　产独龙江（独龙江考察队 6266）；海拔 1650～3300 m；分布于贡山、福贡、泸水、保山、腾冲。14-2。

G5　杉科 Taxodiaceae

1　台湾杉 Taiwania cryptomerioides Hayata

　　产其期（高黎贡山考察队 33134）；海拔 1760～3000 m；分布于贡山、福贡。14-1。

G6　柏科 Cupressaceae

1　翠柏 Calocedrus macrolepis Kurz

　　产铜壁关（据《云南铜壁关自然保护区科学考察研究》）；海拔 1400～1600 m；分布于盈江。7。

2　干香柏 Cupressus duclouxiana Hickel

　　产茨开（高黎贡山考察队 15629）；海拔 1780～2400 m；分布于贡山。15-1。

3　滇藏方枝柏 Juniperus indica Bertoloni

　　产独龙江（青藏队 82-10558）；海拔 3450～4300 m；分布于贡山。14-2。

4　小果垂枝柏 Juniperus recurva var. **coxii** (A. B. Jackson) Melville

　　产茨开（高黎贡山考察队 14236）；海拔 2940～3740 m；分布于贡山、福贡、泸水、腾冲。14-2。

5　方枝柏 Juniperus saltuaria Rehder & E. H. Wilson

　　产丙中洛（青藏队 82-10087）；海拔 2500～4000 m；分布于贡山。15-1。

6　高山柏 Juniperus squamata Buchanan-Hamilton ex D. Don

　　产独龙江（独龙江考察队 6445）；海拔 2900～3450 m；分布于贡山、福贡、泸水、腾冲。14-2。

7　侧柏 Platycladus orientalis (Linnaeus) Franco

　　产独龙江（独龙江考察队 4080）；海拔 1330～1800 m；分布于贡山。14-3。

G7　罗汉松科 Podocarpaceae

1　百日青 Podocarpus neriifolius D. Don

　　产鲁掌（潘少林 s.n.）；海拔 2200 m；分布于泸水。5。

G8　三尖杉科 Cephalotaxaceae

1　高山三尖杉 Cephalotaxus fortunei var. **alpina** H. L. Li

　　产独龙江（独龙江考察队 6429）；海拔 2200 m；分布于贡山。15-1。

2 贡山三尖杉 Cephalotaxus lanceolata K. M. Feng

产独龙江（独龙江考察队 1045）；海拔 1800～1967 m；分布于贡山。15-3。

3 粗榧 Cephalotaxus sinensis (Rehder & E. H. Wilson) H. L. Li

产架科底（碧江县草山普查队 356）；海拔 1450 m；分布于福贡、腾冲、龙陵。15-1。

4 西双版纳粗榧 Cephalotaxus mannii J. D. Hooker

产铜壁关（冯国媚 1001）；海拔 1100～1200 m；分布于盈江。7。

G9 红豆杉科 Taxaceae

1 须弥红豆杉 Taxus wallichiana Zuccarini

产独龙江（独龙江考察队 4889）；海拔 1780～2890 m；分布于贡山、福贡、腾冲。14-2。

2 云南榧 Torreya fargesii var. **yunnanensis** (W. C. Cheng & L. K. Fu) N. Kang

产独龙江（高黎贡山考察队 17838）；海拔 1560～1650 m；分布于贡山、福贡。15-2。

G11 买麻藤科 Gnetaceae

1 买麻藤 Gnetum montanum Markgraf

产潞江（高黎贡山考察队 17838）；海拔 1050～1869 m；分布于福贡、泸水、保山、腾冲。14-2。

2 垂子买麻藤 Gnetum pendulum C. Y. Cheng

产蒲川（尹文清 60-1392）；海拔 1880～2100 m；分布于福贡、腾冲。15-1。

被子植物亚门 Angiospermae

1 木兰科 Magnoliaceae

1 长蕊木兰 Alcimandra cathcartii (J. D. Hooker & Thomson) Dandy

产上营（高黎贡山考察队 18515）；海拔 1300～2800 m；分布于贡山、福贡、腾冲、龙陵。14-2。

2 长喙厚朴 Houpoëa rostrata (W. W. Smith) N. H. Xia & C. Y. Wu

产独龙江（独龙江考察队 4801）；海拔 1780～3000 m；分布于贡山、福贡、泸水、腾冲。14-2。

3 山玉兰 Lirianthe delavayi (Franchet) N. H. Xia & C. Y. Wu

产怒江（高黎贡山考察队 11621）；海拔 1600～2250 m；分布于福贡、保山、腾冲。15-1。

4 滇藏木兰 Magnolia campbellii J. D. Hooker & Thomson

产独龙江（独龙江考察队 6076）；海拔 2100～3150 m；分布于贡山、福贡、泸水、腾冲。14-2。

5 川滇木莲 Manglietia duclouxii Finet & Gagnepain

产铜壁关（据《云南铜壁关自然保护区科学考察研究》）；海拔 1600 m；分布于盈江。7。

6 木莲 Manglietia fordiana Oliver

产潞江（高黎贡山考察队 13293）；海拔 2170 m；分布于保山。14-1。

7 滇桂木莲 Manglietia forrestii W. W. Smith ex Dandy

产独龙江（独龙江考察队 6971）；海拔 1800～2650 m；分布于贡山、保山、腾冲、龙陵。15-1。

8 中缅木莲 Manglietia hookeri Cubitt & W. W. Smith

产亚坪（高黎贡山考察队 20380）；海拔 1850～2766 m；分布于福贡、腾冲。14-1。

9 红花木莲 Manglietia insignis (Wallich) Blume

产独龙江（独龙江考察队 1915）；海拔 1200～2600 m；分布于贡山、福贡、泸水、保山、腾冲、龙陵。14-2。

10 合果木 Michelia baillonii Finet & Gagnepain

产铜壁关（据《云南铜壁关自然保护区科学考察研究》）；海拔 600～1350 m；分布于盈江。7。

11 黄兰含笑 Michelia champaca Linnaeus

产铜壁关（据《云南铜壁关自然保护区科学考察研究》）；海拔 800～1100 m；分布于盈江。7。

12 南亚含笑 Michelia doltsopa Buchanan-Hamilton ex Candolle

产独龙江（独龙江考察队 1900）；海拔 1360～2600 m；分布于福贡、泸水、保山、腾冲。14-2。

13 多花含笑 Michelia floribunda Finet & Gagnepain

产独龙江（独龙江考察队 4305）；海拔 1300～2450 m；分布于贡山。14-1。

14 绒毛含笑 Michelia velutina Candolle

产百花岭（高黎贡山考察队 13313）；海拔 1570～2300 m；分布于贡山、福贡、保山。14-2。

15 毛叶木兰 Oyama globosa (J. D. Hooker & Thomson) N. H. Xia & C. Y. Wu

产茨开（高黎贡山考察队 16701）；海拔 2600～3300 m；分布于贡山。14-2。

16 光叶拟单性木兰 Parakmeria nitida (W. W. Smith) Y. W. Law

产茨开（高黎贡山考察队 14338）；海拔 1800～2600 m；分布于贡山、福贡、泸水、腾冲。14-1。

2a 八角科 Illiciaceae

1 大八角 Illicium majus J. D. Hooker & Thomson

产铜壁关（据《云南铜壁关自然保护区科学考察研究》）；海拔 1800～2300 m；分布于盈江。7。

2 滇西八角 Illicium merrillianum A. C. Smith

产片马（高黎贡山考察队 22823）；海拔 1510～2160 m；分布于泸水、腾冲。14-1。

3 小花八角 Illicium micranthum Dunn

产独龙江（T. T. Yü 20048）；海拔 2300 m；分布于贡山。15-1。

4 野八角 Illicium simonsii Maxim

产独龙江（独龙江考察队 1599）；海拔 1390～3030 m；分布于贡山、福贡、泸水、保山、腾冲、龙陵。14-2。

5 贡山八角 Illicium wardii A. C. Smith

产铜壁关（据《云南铜壁关自然保护区科学考察研究》）；海拔 2530 m；分布于盈江。7。

3 五味子科 Schisandraceae

1 黑老虎 Kadsura coccinea (Lemaire) A. C. Smith

产铜壁关（据《云南铜壁关自然保护区科学考察研究》）；海拔 1180～1700 m；分布于盈江。7。

2 异形南五味子 Kadsura heteroclita (Roxburgh) Craib

产独龙江（独龙江考察队 1678）；海拔 1280～2400 m；分布于贡山、福贡、泸水、保山、腾冲。7。

3 滇藏五味子 Schisandra neglecta A. C. Smith

产独龙江（独龙江考察队 5855）；海拔 1400～3000 m；分布于贡山、福贡、泸水、保山、腾冲、龙陵。7。

4 大花五味子 Schisandra grandiflora (Wallich) J. D. Hooker & Thomson

产独龙江（独龙江考察队 4496）；海拔 2200～3400 m；分布于贡山、福贡、泸水、腾冲、龙陵。

14-2。

5a 翼梗五味子 Schisandra henryi C. B. Clarke

产芒宽（高黎贡山考察队 10627）；海拔 1200～3460 m；分布于贡山、福贡、泸水、保山、腾冲、龙陵。14-1。

5b 滇五味子 Schisandra henryi subsp. **yunnanensis** (A. C. Smith) R. M. K. Saunders

产铜壁关（据《云南铜壁关自然保护区科学考察研究》）；海拔 1100～1300 m；分布于盈江。15-2。

6 合蕊五味子 Schisandra propinqua (Wallich) Baillon

产丙中洛（高黎贡山考察队 7841）；海拔 1100～2300 m；分布于贡山、福贡、泸水、保山、腾冲、龙陵。7。

7 铁箍散 Schisandra propinqua subsp. **sinensis** (Oliver) R. M. K. Saunders

产铜壁关（据《云南铜壁关自然保护区科学考察研究》）；海拔 1950 m；分布于盈江。15-1。

6a 领春木科 Eupteleaceae

1 领春木 Euptelea pleiosperma J. D. Hooker & Thomson

产独龙江（独龙江考察队 5556）；海拔 1320～3200 m；分布于贡山、泸水、腾冲。14-2。

6b 水青树科 Tetracentraceae

1 水青树 Tetracentron sinense Oliver

产茨开（高黎贡山考察队 34184）；海拔 1850～3200 m；分布于贡山、福贡、泸水、腾冲、龙陵。14-2。

8 番荔枝科 Annonaceae

1 石密 Alphonsea mollis Dunn

产铜壁关（据《云南铜壁关自然保护区科学考察研究》）；海拔 350～1000 m；分布于盈江。15-1。

2 多脉藤春 Alphonsea tsangyuanensis P. T. Li

产铜壁关（据《云南铜壁关自然保护区科学考察研究》）；海拔 610～950 m；分布于盈江。15-2。

3 香港鹰爪花 Artabotrys hongkongensis Hance

产铜壁关（据《云南铜壁关自然保护区科学考察研究》）；海拔 620～800 m；分布于盈江。7。

4 杯冠木 Cyathostemma yunnanense Hu

产铜壁关（据《云南铜壁关自然保护区科学考察研究》）；海拔 800～1300 m；分布于盈江。7。

5 喙果皂帽花 Dasymaschalon rostratum Merrill & Chun

产铜壁关（据《云南铜壁关自然保护区科学考察研究》）；海拔 450 m；分布于盈江。7。

6 假鹰爪 Desmos chinensis Loureiro

产铜壁关（杜凡、丁涛、和菊 s.n.）；海拔 1160～1500 m；分布于盈江。7。

7 云南假鹰爪 Desmos yunnanensis (Hu) P. T. Li

产铜壁关（据《云南铜壁关自然保护区科学考察研究》）；海拔 800 m；分布于盈江。15-2。

8 窄叶异萼花 Disepalum petelotii (Merrill) D. M. Johnson

产盈江昔马、那邦（杨增宏 779）；海拔 360 m；分布于盈江。7。

9 多脉瓜馥木 Fissistigma balansae (Aug. Candolle) Merrill

产铜壁关（据《云南铜壁关自然保护区科学考察研究》）；海拔 400 m；分布于盈江。7。

10 多苞瓜馥木 Fissistigma bracteolatum Chatterjee

产新华（高黎贡山考察队 31121）；海拔 1940 m；分布于腾冲。14-1。

11 广西瓜馥木 Fissistigma kwangsiense Tsiang & P. T. Li

产铜壁关（据《云南铜壁关自然保护区科学考察研究》）；海拔 1300～1600 m；分布于盈江。15-1。

12 大叶瓜馥木 Fissistigma latifolium (Dunal) Merrill

产铜壁关（据《云南铜壁关自然保护区科学考察研究》）；海拔 400～1100 m；分布于盈江。7。

13 小萼瓜馥木 Fissistigma polyanthoides (Aug. Candolle) Merrill

产铜壁关（据《云南铜壁关自然保护区科学考察研究》）；海拔 1000～1700 m；分布于盈江。7。

14 多花瓜馥木 Fissistigma polyanthum (J. D. Hooker & Thomson) Merrill

产铜壁关（据《云南铜壁关自然保护区科学考察研究》）；海拔 620～1200 m；分布于盈江。7。

15 凹叶瓜馥木 Fissistigma retusum (H. Léveillé) Rehder

产龙山（陈介 681）；海拔 1510 m；分布于龙陵。15-1。

16 东京瓜馥木 Fissistigma tonkinense (Finet & Gagnepain) Merrill

产铜壁关（据《云南铜壁关自然保护区科学考察研究》）；海拔 450～1550 m；分布于盈江。7。

17 贵州瓜馥木 Fissistigma wallichii (J. D. Hooker & Thomson) Merrill

产铜壁关（陶国达等 13390）；海拔 800～1350 m；分布于盈江。7。

18 大花哥纳香 Goniothalamus calvicarpus Craib

产铜壁关（据《云南铜壁关自然保护区科学考察研究》）；海拔 300～900 m；分布于盈江。7。

19 云南哥纳香 Goniothalamus yunnanensis W. T. Wang

产铜壁关（据《云南铜壁关自然保护区科学考察研究》）；海拔 300～850 m；分布于盈江。7。

20 野独活 Miliusa balansae Finet & Gagnepain

产铜壁关（滇西植物调查组 s.n.）；海拔 380～880 m；分布于盈江。7。

21 楔叶野独活 Miliusa cuneata Craib

产铜壁关（据《云南铜壁关自然保护区科学考察研究》）；海拔 400～1100 m；分布于盈江。7。

22 银钩花 Mitrephora tomentosa J. D. Hooker & Thomson

产铜壁关（据《云南铜壁关自然保护区科学考察研究》）；海拔 430～820 m；分布于盈江。7。

23 细基丸 Polyalthia cerasoides (Roxburgh) Bentham & J. D. Hooker ex Beddome

产铜壁关（据《云南铜壁关自然保护区科学考察研究》）；海拔 350～700 m；分布于盈江。7。

24 小花暗罗 Polyalthia florulenta C. Y. Wu ex P. T. Li

产铜壁关（林芹 770768）；海拔 350 m；分布于盈江。15-2。

25 腺叶暗罗 Polyalthia simiarum (Buchanan-Hamilton ex J. D. Hooker & Thomson) Bentham ex J. D. Hooker & Thomson

产那邦（杨增宏 1324）；海拔 5440～1070 m；分布于盈江。7。

26 金钩花 Pseuduvaria trimera (Craib) Y. C. F. Su & R. M. K. Saunders

产铜壁关（据《云南铜壁关自然保护区科学考察研究》）；海拔 750 m；分布于盈江。7。

27 小花紫玉盘 Uvaria rufa Blume

产铜壁关（据《云南铜壁关自然保护区科学考察研究》）；海拔 250～700 m；分布于盈江。7。

11 樟科 Lauraceae

1 毛尖树 Actinodaphne forrestii (C. K. Allen) Kostermans

产明光（高黎贡山考察队 18509）；海拔 1930～2200 m；分布于腾冲。15-1。

2 倒卵叶黄肉楠 Actinodaphne obovata (Nees) Blume

产芒棒（高黎贡山考察队 31121）；海拔 2200 m；分布于腾冲。14-2。

3 马关黄肉楠 Actinodaphne tsaii Hu

产芒棒（高黎贡山考察队 31081）；海拔 2010 m；分布于腾冲。15-2。

4 思茅黄肉楠 Actinodaphne henryi Gamble

产铜壁关（据《云南铜壁关自然保护区科学考察研究》）；海拔 1100 m；分布于盈江。7。

5 长柄油丹 Alseodaphne petiolaris (Meisner) J. D. Hooker

产那邦（杨增宏 85-0803）；海拔 570～1030 m；分布于盈江。7。

6 毛叶油丹 Alseodaphne andersonii (King ex J. D. Hooker) Kostermans

产那邦（杨增宏、张启泰 85-0853）；海拔 1000～1300 m；分布于盈江。7。

7 滇琼楠 Beilschmiedia yunnanensis Hu

产上营（高黎贡山考察队 11596）；海拔 2010～2100 m；分布于腾冲、龙陵。15-1。

8 李榄琼楠 Beilschmiedia linocierioides H. W. Li

产铜壁关（杜凡、许先鹏 XD1047）；海拔 620～1380 m；分布于盈江。15-2。

9 纸叶琼楠 Beilschmiedia pergamentacea C. K. Allen

产铜壁关（据《云南铜壁关自然保护区科学考察研究》）；海拔 370～1030 m；分布于盈江。15-1。

10 紫叶琼楠 Beilschmiedia purpurascens H. W. Li

产铜壁关（据《云南铜壁关自然保护区科学考察研究》）；海拔 700～1300 m；分布于盈江。15-2。

11 粗壮琼楠 Beilschmiedia robusta C. K. Allen

产铜壁关（据《云南铜壁关自然保护区科学考察研究》）；海拔 1340～1850 m；分布于盈江。15-1。

12 檬果樟 Caryodaphnopsis tonkinensis (Lecomte) Airy Shaw

产铜壁关（据《云南铜壁关自然保护区科学考察研究》）；海拔 300 m；分布于盈江。7。

13 钝叶桂 Cinnamomum bejolghota (Buchanan-Hamilton) Sweet

产独龙江（独龙江考察队 5030）；海拔 1300～1700 m；分布于贡山。14-2。

14 樟 Cinnamomum camphora (Linnaeus) J. Presl

产独龙江（T. T. Yü 19524）；海拔 1950 m；分布于贡山。14-3。

15 聚花桂 Cinnamomum contractum H. W. Li

产芒棒（施晓春 352）；海拔 2200 m；分布于腾冲。15-1。

16 尾叶樟 Cinnamomum foveolatum (Merrill) H. W. Li & J. Li

产芒宽（高黎贡山植被组 S5-10）；海拔 1400～1500 m；分布于保山。14-2。

17 云南樟 Cinnamomum glanduliferum (Wallich) Meisner

产独龙江（高黎贡山考察队 29763）；海拔 1250～2300 m；分布于贡山、泸水、腾冲。14-2。

18 大叶桂 Cinnamomum iners Reinwardt ex Blume

产独龙江（冯国楣 24254）；海拔 1750 m；分布于贡山。7。

19 毛叶樟 Cinnamomum mollifolium H. W. Li

产铜壁关（据《云南铜壁关自然保护区科学考察研究》）；海拔 1100～1300 m；分布于盈江。7。

20 黄樟 Cinnamomum parthenoxylon (Jack) Meisner

产五合（陈介 270）；海拔 1200～1780 m；分布于腾冲。7。

21 刀把木 Cinnamomum pittosporoides Handel-Mazzetti

产独龙江（高黎贡山考察队 15243）；海拔 1800～2300 m；分布于贡山、腾冲。15-1。

22 香桂 Cinnamomum subavenium Miquel

产猴桥（独龙江考察队 4882）；海拔 1800～2300 m；分布于腾冲。7。

23 柴桂 Cinnamomum tamala (Buchanan-Hamilton) T. Nees & Nees

产上营（高黎贡山考察队 18502）；海拔 1940～2200 m；分布于腾冲、龙陵。14-2。

24 细毛樟 Cinnamomum tenuipile Kostermans

产芒宽（高黎贡山植被组 T4-89）；海拔 1600 m；分布于保山。15-2。

25 假桂皮树 Cinnamomum tonkinense (Lecomte) A. Chevalier

产芒棒（施晓春 352）；海拔 2000 m；分布于腾冲。14-1。

26 云南厚壳桂 Cryptocarya yunnanensis H. W. Li

产铜壁关（据《云南铜壁关自然保护区科学考察研究》）；海拔 850～1100 m；分布于盈江。15-2。

27a 单花木姜子 Dodecadenia grandiflora Nees

产铜壁关（据《云南铜壁关自然保护区科学考察研究》）；海拔 1880～2510 m；分布于盈江。7。

27b 无毛单花木姜子 Dodecadenia grandiflora var. **griffithii** (J. D. Hooker) D. G. Long

产利沙底（高黎贡山考察队 26345）；海拔 2500～2751 m；分布于贡山、福贡。14-2。

28 香面叶 Iteadaphne caudata (Nees) H. W. Li

产镇安（高黎贡山考察队 10761）；海拔 1800～2340 m；分布于保山、腾冲、龙陵。14-1。

29 香叶树 Lindera communis Hemsley

产五合（高黎贡山考察队 24581）；海拔 960～2100 m；分布于贡山、泸水、腾冲、龙陵。14-1。

30 更里山胡椒 Lindera kariensis W. W. Smith

产鹿马登（高黎贡山考察队 27224）；海拔 2770～3600 m；分布于贡山、福贡、泸水、腾冲。15-2。

31 团香果 Lindera latifolia J. D. Hooker

产独龙江（独龙江考察队 858）；海拔 1400～2400 m；分布于贡山、福贡、泸水、保山、腾冲、龙陵。14-2。

32 山柿子果 Lindera longipedunculata C. K. Allen

产独龙江（独龙江考察队 3174）；海拔 1360～2900 m；分布于贡山、福贡、泸水、腾冲、龙陵。15-1。

33 黑壳楠 Lindera megaphylla Hemsley

产百花岭（高黎贡山考察队 18974）；海拔 1590～2300 m；分布于贡山、保山。15-1。

34a 滇粤山胡椒 Lindera metcalfiana C. K. Allen

产芒宽（高黎贡山植被组 T1-4）；海拔 1800 m；分布于保山。15-1。

34b 网叶山胡椒 Lindera metcalfiana var. **dictyophylla** (C. K. Allen) H. P. Tsui

产五合（高黎贡山考察队 26262）；海拔 1250～1920 m；分布于保山、腾冲。15-1。

35 绒毛山胡椒 Lindera nacusua (D. Don) Merrill

产独龙江（独龙江考察队 1588）；海拔 1420～2540 m；分布于贡山、福贡、泸水、腾冲。14-1。

36 绿叶甘檀 Lindera neesiana (Wallich ex Nees) Kurz

产独龙江（独龙江考察队 302）；海拔 1300～2250 m；分布于贡山、保山、腾冲、龙陵。14-2。

37a 三桠乌药 Lindera obtusiloba Blume

产丙中洛（冯国媚 7536）；海拔 2100～3100 m；分布于贡山。14-2。

37b 滇藏钓樟 Lindera obtusiloba var. **heterophylla** (Meisner) H. P. Tsui

产独龙江（独龙江考察队 5957）；海拔 1900～3270 m；分布于贡山、福贡、泸水。14-2。

38 川钓樟 Lindera pulcherrima var. **hemsleyana** (Diels) H. P. Tsui

产铜壁关（据《云南铜壁关自然保护区科学考察研究》）；海拔 2300 m；分布于盈江。15-1。

39 山檀 Lindera reflexa Hemsley

产铜壁关（据《云南铜壁关自然保护区科学考察研究》）；海拔 1750 m；分布于盈江。15-1。

40 菱叶钓樟 Lindera supracostata Lecomte

产捧当（高黎贡山考察队 15798）；海拔 1570～2600 m；分布于贡山、泸水。15-1。

41a 三股筋香 Lindera thomsonii C. K. Allen

产独龙江（独龙江考察队 899）；海拔 1140～2800 m；分布于贡山、福贡、保山、腾冲、龙陵。14-1。

41b 长尾钓樟 Lindera thomsonii var. **velutina** (Forrest) L. C. Wang

产丙中洛（冯国楣 24568）；海拔 1350～2600 m；分布于贡山、腾冲。15-3。

42 假桂钓樟 Lindera tonkinensis Lecomte

产铜壁关（据《云南铜壁关自然保护区科学考察研究》）；海拔 1800 m；分布于盈江。15-1。

43 毛柄钓樟 Lindera villipes H. P. Tsui

产独龙江（独龙江考察队 1592）；海拔 2000～2900 m；分布于贡山、福贡、泸水、腾冲。15-1。

44 金平木姜子 Litsea chinpingensis Yen C. Yang & P. H. Huang

产丙中洛（高黎贡山考察队 25264）；海拔 1600～2680 m；分布于贡山、福贡、保山、腾冲、龙陵。15-2。

45 高山木姜子 Litsea chunii Cheng

产上营（高黎贡山考察队 12481）；海拔 2300～2770 m；分布于贡山、福贡。15-1。

46 山鸡椒 Litsea cubeba (Loureiro) Persoon

产独龙江（独龙江考察队 4156）；海拔 1350～3000 m；分布于贡山、福贡、泸水、保山、腾冲。7。

47 黄丹木姜子 Litsea elongata (Nees) J. D. Hooker

产独龙江（独龙江考察队 1021）；海拔 1380～2766 m；分布于贡山、福贡、泸水、腾冲。14-2。

48 潺槁木姜子 Litsea glutinosa (Loureiro) C. B. Robinson

产独龙江（独龙江考察队 3245）；海拔 691～2400 m；分布于贡山、泸水、保山、龙陵。7。

49 贡山木姜子 Litsea gongshanensis H. W. Li

产独龙江（独龙江考察队 280）；海拔 1310～1600 m；分布于贡山。15-1。

50 华南木姜子 Litsea greenmaniana C. K. Allen

产独龙江（T. T. Yü 20154）；海拔 1500 m；分布于贡山。15-1。

51 秃净木姜子 Litsea kingii J. D. Hooker

　　产鹿马登（高黎贡山考察队 20117）；海拔 1060～3100 m；分布于贡山、福贡、泸水、腾冲。14-2。

52 椭圆果木姜子 Litsea lancifolia var. ellipsoidea Yen C. Yang & P. H. Huang

　　产五合（高黎贡山考察队 24888）；海拔 1713 m；分布于腾冲。15-2。

53 圆锥木姜子 Litsea liyuyingii H. Liu

　　产铜壁关（据《云南铜壁关自然保护区科学考察研究》）；海拔 680～1000 m；分布于盈江。15-2。

54 长蕊木姜子 Litsea longistaminata (H. Liu) Kostermans

　　产一区富联乡（文绍康 580822）；海拔 800～1800 m；分布于盈江。7。

55 滇南木姜子 Litsea martabanica (Kurz) J. D. Hooker

　　产上帕（H. T. Tsai 58903）；海拔 1800～2000 m；分布于福贡、龙陵。14-1。

56 毛叶木姜子 Litsea mollis Hemsle

　　产独龙江（独龙江考察队 403）；海拔 1240～2240 m；分布于贡山、福贡、泸水、保山、腾冲、龙陵。14-1。

57 假柿木姜子 Litsea monopetala (Roxburgh) Persoon

　　产瓦屋桥（高黎贡山考察队 21038）；海拔 1240～1800 m；分布于福贡、泸水、保山、腾冲。14-2。

58 香花木姜子 Litsea panamanja (Buchanan-Hamilton ex Nees) J. D. Hooker

　　产铜壁关（香料考察队 174）；海拔 300～600 m；分布于盈江。7。

59a 红叶木姜子 Litsea rubescens Lecomte

　　产独龙江（独龙江考察队 177）；海拔 1240～3400 m；分布于贡山、福贡、泸水、保山、腾冲。15-1。

59b 滇木姜子 Litsea rubescens var. yunnanensis Lecomte

　　产茨开（高黎贡山考察队 14541）；海拔 1650～2020 m；分布于贡山。15-1。

60 绢毛木姜子 Litsea sericea (Wallich ex Nees) J. D. Hooker

　　产独龙江（独龙江考察队 4875）；海拔 1600～3378 m；分布于贡山、福贡、泸水、龙陵。14-2。

61 桂北木姜子 Litsea subcoriacea Yen C. Yang & P. H. Huang

　　产界头（高黎贡山考察队 30022）；海拔 1960～2500 m；分布于泸水、腾冲。15-1。

62 独龙木姜子 Litsea taronensis H. W. Li

　　产独龙江（独龙江考察队 1272）；海拔 1350～2000 m；分布于贡山、保山。15-3。

63 伞花木姜子 Litsea umbellata (Loureiro) Merrill

　　产铜壁关（据《云南铜壁关自然保护区科学考察研究》）；海拔 1200 m；分布于盈江。7。

64 沧源薄托木姜子 Litsea vang var. lobata Lecomte

　　产铜壁关（据《云南铜壁关自然保护区科学考察研究》）；海拔 1400 m；分布于盈江。7。

65 灌丛润楠 Machilus dumicola (W. W. Smith) H. W. Li

　　产泸水（Forrest 18071）；海拔 2400 m；分布于泸水。15-3。

66 长梗润楠 Machilus duthiei King ex J. D. Hooker

　　产独龙江（独龙江考察队 953）；海拔 1380～2200 m；分布于贡山、腾冲。14-2。

67 黄心树 Machilus gamblei King ex J. D. Hooker

　　产五合（高黎贡山考察队 24914）；海拔 1150～2600 m；分布于贡山、保山、腾冲。14-2。

68 贡山润楠 Machilus gongshanensis H. W. Li

产片马（高黎贡山考察队 10001）；海拔 1400～2760 m；分布于贡山、福贡、泸水。15-3。

69 柔毛润楠 Machilus glaucescens (Nees) Wight

产铜壁关（据《云南铜壁关自然保护区科学考察研究》）；海拔 900 m；分布于盈江。7。

70 秃枝润楠 Machilus kurzii King ex J. D. Hooker

产赧亢植物园（高黎贡山考察队 13294）；海拔 1400～2500 m；分布于贡山、保山、腾冲。15-3。

71 润楠 Machilus nanmu (Oliver) Hemsley

产铜壁关（据《云南铜壁关自然保护区科学考察研究》）；海拔 780～1450 m；分布于盈江。15-1。

72 粗壮润楠 Machilus robusta W. W. Smith

产独龙江（独龙江考察队 3347）；海拔 1400～2010 m；分布于贡山、泸水、腾冲、龙陵。14-1。

73 红梗润楠 Machilus rufipes H. W. Li

产茨开（高黎贡山考察队 34199）；海拔 2000～2710 m；分布于贡山、泸水、保山。15-1。

74 柳叶润楠 Machilus salicina Hance

产独龙江（独龙江考察队 6383）；海拔 1400～2300 m；分布于贡山、保山。14-1。

75 瑞丽润楠 Machilus shweliensis W. W. Smith

产团田（高黎贡山考察队 30912）；海拔 1150～2650 m；分布于保山、腾冲。15-3。

76 细毛润楠 Machilus tenuipilis H. W. Li

产独龙江（独龙江考察队 839）；海拔 1600～1700 m；分布于贡山。15-2。

77 疣枝润楠 Machilus verruculosa H. W. Li

产芒宽（高黎贡山考察队 26251）；海拔 1550 m；分布于保山。15-2。

78 绿叶润楠 Machilus viridis Handel-Mazzetti

产独龙江（高黎贡山考察队 25148）；海拔 1973～2800 m；分布于贡山、腾冲。15-1。

79 滇润楠 Machilus yunnanensis Lecomte

产坝湾（包世英 686）；海拔 1650～2000 m；分布于贡山、保山。15-1。

80 滇新樟 Neocinnamomum caudatum (Nees) Merrill

产铜壁关（据《云南铜壁关自然保护区科学考察研究》）；海拔 500 m；分布于盈江。7。

81 新樟 Neocinnamomum delavayi (Lecomte) H. Liu

产独龙江（独龙江考察队 6206）；海拔 1000～2110 m；分布于贡山、泸水、保山、龙陵。15-1。

82 沧江新樟 Neocinnamomum mekongense (Handel-Mazzetti) Kostermans

产独龙江（独龙江考察队 6276）；海拔 1000～2400 m；分布于贡山、泸水、保山。15-1。

83 金毛新木姜子 Neolitsea chrysotricha H. W. Li

产片马（高黎贡山考察队 24325）；海拔 1400～2590 m；分布于贡山、福贡、泸水、腾冲。15-3。

84 团花新木姜子 Neolitsea homilantha C. K. Allen

产丙中洛（高黎贡山考察队 22453）；海拔 1550～2600 m；分布于贡山、福贡、泸水。15-1。

85 龙陵新木姜子 Neolitsea lunglingensis H. W. Li

产曲石（尹文清 60-1234）；海拔 1560～1800 m；分布于贡山、腾冲。15-3。

86 四川新木姜子 Neolitsea sutchuanensis Yen C. Yang

产独龙江（独龙江考察队 3102）；海拔 1450～2400 m；分布于贡山。15-1。

87 绒毛新木姜子 Neolitsea tomentosa H. W. Li

产独龙江（独龙江考察队 4848）；海拔 2100～2300 m；分布于贡山。15-2。

88 拟檫木 Parasassafras confertiflorum (Meisner) D. G. Long

产片马（高黎贡山考察队 10024）；海拔 2150～2800 m；分布于泸水、腾冲。14-2。

89 沼楠 Phoebe angustifolia Meisner

产铜壁关（据《云南铜壁关自然保护区科学考察研究》）；海拔 450 m；分布于盈江。7。

90 长毛楠 Phoebe forrestii W. W. Smith

产片马（高黎贡山考察队 22844）；海拔 1150～2300 m；分布于贡山、泸水、保山、腾冲。15-1。

91 披针叶楠 Phoebe lanceolata (Nees) Nees

产那邦至瓦黄途中（杨增宏，张启泰 852）；海拔 470～1500 m；分布于盈江。7。

92 雅砻江楠 Phoebe legendrei Lecomte

产铜壁关（据《云南铜壁关自然保护区科学考察研究》）；海拔 2300 m；分布于盈江。15-1。

93 大果楠 Phoebe macrocarpa C. Y. Wu

产独龙江（独龙江考察队 3338）；海拔 1300～1420 m；分布于贡山。14-1。

94 小叶楠 Phoebe microphylla H. W. Li

产芒棒（施晓春 9290）；海拔 1890 m；分布于腾冲。15-2。

95 小花楠 Phoebe minutiflora H. W. Li

产铜壁关（据《云南铜壁关自然保护区科学考察研究》）；海拔 800～1350 m；分布于盈江。15-2。

96 普文楠 Phoebe puwenensis W. C. Cheng

产芒宽（施晓春 907）；海拔 1230～2000 m；分布于保山。15-2。

97 红梗楠 Phoebe rufescens H. W. Li

产龙江（高黎贡山考察队 25061）；海拔 1990 m；分布于龙陵。15-2。

98 乌心楠 Phoebe tavoyana J. D. Hooker

产铜壁关（据《云南铜壁关自然保护区科学考察研究》）；海拔 1200 m；分布于盈江。7。

99 景东楠 Phoebe yunnanensis H. W. Li

产芒宽（施晓春 932）；海拔 1700～2100 m；分布于保山、腾冲。15-2。

100 华檫木 Sinosassafras flavinervia (Allen) H. W. Li

产独龙江（独龙江考察队 1208）；海拔 1240～2850 m；分布于贡山、泸水、腾冲。15-1。

13 莲叶桐科 Hernandiaceae

1 大花青藤 Illigera grandiflora W. W. Smith & Jeffrey

产独龙江（独龙江考察队 1008）；海拔 1300～2100 m；分布于贡山、福贡、泸水、腾冲。14-1。

2 披针叶青藤 Illigera khasiana C. B. Clarke

产铜壁关（据《云南铜壁关自然保护区科学考察研究》）；海拔 850～1600 m；分布于盈江。7。

3 显脉青藤 Illigera nervosa Merrill

产铜壁关（据《云南铜壁关自然保护区科学考察研究》）；海拔 800～2100 m；分布于盈江。7。

4 绣毛青藤 Illigera rhodantha var. **dunniana** (H. Léveillé) Kubitzki

产铜壁关（据《云南铜壁关自然保护区科学考察研究》）；海拔 950～1400 m；分布于盈江。7。

14 肉豆蔻科 Myristicaceae

1 风吹楠 Horsfieldia amygdalina (Wallich) Warburg

产铜壁关（据《云南铜壁关自然保护区科学考察研究》）；海拔 840～1200 m；分布于盈江。7。

2 大叶风吹楠 Horsfieldia kingii (J. D. Hooker) Warburg

产铜壁关（据《云南铜壁关自然保护区科学考察研究》）；海拔 800～1200 m；分布于盈江。7。

3 云南风吹楠 Horsfieldia prainii (King) Warburg

产铜壁关（据《云南铜壁关自然保护区科学考察研究》）；海拔 300 m；分布于盈江。7。

4 假广子 Knema elegans Warburg

产铜壁关（据《云南铜壁关自然保护区科学考察研究》）；海拔 1260～1600 m；分布于盈江。7。

5 狭叶红光树 Knema lenta Warburg

产铜壁关（据《云南铜壁关自然保护区科学考察研究》）；海拔 700～1400 m；分布于盈江。7。

6 小叶红光树 Knema globularia (Lamarck) Warburg

产那邦坝（陶国达 13213）；海拔 380～1040 m；分布于盈江。7。

7 红光树 Knema tenuinervia W. J. de Wilde

产铜壁关（据《云南铜壁关自然保护区科学考察研究》）；海拔 500～900 m；分布于盈江。7。

15 毛茛科 Ranunculaceae

1 粗茎乌头 Aconitum crassicaule W. T. Wang

产丙中洛（冯国楣 7646）；海拔 2800～3000 m；分布于贡山。15-2。

2 拳距瓜叶乌头 Aconitum hemsleyanum var. **circinatum** W. T. Wang

产片马（高黎贡山考察队 7174）；海拔 1800 m；分布于泸水。14-1。

3 贡山乌头 Aconitum kungshanense W. T. Wang

产丙中洛（邓向福 79-1387）；海拔 2500～4100 m；分布于贡山。15-1。

4a 保山乌头 Aconitum nagarum Stapf

产片马（高黎贡山考察队 7264）；海拔 1600～3400 m；分布于泸水、腾冲。14-2。

4b 小白撑 Aconitum nagarum var. **heterotrichum** Fletcher & Lauener

产丙中洛（高黎贡山考察队 31365）；海拔 1850～4270 m；分布于贡山、泸水、腾冲。15-2。

5 德钦乌头 Aconitum ouvrardianum Handel-Mazzetti

产独龙江（T. T. Yü 19835）；海拔 3750 m；分布于贡山。15-1。

6 垂果乌头 Aconitum pendulicarpum Chang ex W. T. Wang & P. K. Hsiao

产丙中洛（王启无 66223）；海拔 3500 m；分布于贡山。15-3。

7 花葶乌头 Aconitum scaposum Franchet

产狼牙山（南水北调队 7069）；海拔 1700～4000 m；分布于贡山、腾冲。14-2。

8 茨开乌头 Aconitum souliei Finet & Gagnepain

产茨开（高黎贡山考察队 7769）；海拔 3200～3700 m；分布于贡山。15-2。

9 显柱乌头 Aconitum stylosum Stapf

产利沙底（高黎贡山考察队 26683）；海拔 3310～4100 m；分布于贡山、福贡。15-2。

10　独龙乌头 Aconitum taronense (Handel-Mazzetti) H. R. Fletcher & Lauener
产黑普山（高黎贡山考察队 17034）；海拔 2900～3600 m；分布于贡山。15-3。

11　类叶升麻 Actaea asiatica H. Hara
产丙中洛（怒江考察队 79-1453）；海拔 2500～3450 m；分布于贡山。14-3。

12　短柱侧金盏花 Adonis davidii Franchet
产贡山至察瓦龙途中（怒江考察队 79-0309）；海拔 3000 m；分布于贡山。14-2。

13　西南银莲花 Anemone davidii Franchet
产丹珠（高黎贡山考察队 11863）；海拔 1930～3400 m；分布于贡山、腾冲。15-1。

14　滇川银莲花 Anemone delavayi Franchet
产独龙江（独龙江考察队 5478）；海拔 1650～3800 m；分布于贡山、福贡、泸水。15-2。

15a　宽叶展毛银莲花 Anemone demissa var. **major** W. T. Wang
产独龙江（怒江考察队 79-0499）；海拔 3500～4000 m；分布于贡山、泸水、腾冲。14-2。

15b　密毛银莲花 Anemone demissa var. **villosissima** Brühl
产鹿马登（高黎贡山考察队 26430）；海拔 3160～3840 m；分布于贡山、福贡。14-2。

16　疏齿银莲花 Anemone geum subsp. **ovalifolia** (Brühl) R. P. Chaudhary
产茨开（高黎贡山考察队 12667）；海拔 3000～4000 m；分布于贡山。15-1。

17　拟卵叶银莲花 Anemone howellii Jeffrey & W. W. Smith
产界头（Howell 110）；海拔 1200～2300 m；分布于腾冲。14-2。

18　打破碗花花 Anemone hupehensis (Lemoine) Lemoine
产独龙江（独龙江考察队 809）；海拔 1220～3000 m；分布于贡山、福贡、泸水、腾冲、龙陵。15-1。

19　细裂银莲花 Anemone filisecta C. Y. Wu & W. T. Wang
产铜壁关（据《云南铜壁关自然保护区科学考察研究》）；海拔 650～700 m；分布于盈江。15-2。

20　伏毛银莲花 Anemone narcissiflora subsp. **protracta** (Ulbrich) Ziman & Fedoronczuk
产渣拉落河左侧主峰（碧江队 1080）；海拔 3800 m；分布于福贡。13。

21　光叶银莲花 Anemone obtusiloba subsp. **leiophylla** W. T. Wang
产独龙江（林芹、邓向福 79-0413）；海拔 2900～4630 m；分布于贡山。15-3。

22　草玉梅 Anemone rivularis Buchanan-Hamilton ex de Candolle
产茨开（高黎贡山考察队 11756）；海拔 1250～2248 m；分布于贡山、福贡、泸水、腾冲。7。

23　湿地银莲花 Anemone rupestris Wallich ex J. D. Hooker & Thomson
产独龙江（怒江考察队 79-0413）；海拔 3800～4600 m；分布于贡山。14-2。

24　岩生银莲花 Anemone rupicola Cambessèdes
产丙中洛（王启无 66247）；海拔 3400 m；分布于贡山。14-2。

25　糙叶银莲花 Anemone scabriuscula W. T. Wang
产猴桥（南水北调队 6950）；海拔 2400 m；分布于腾冲。15-2。

26　野棉花 Anemone vitifolia Buchanan-Hamilton ex de Candolle
产独龙江（独龙江考察队 1706）；海拔 1080～2480 m；分布于贡山、福贡、泸水、保山。14-2。

27　福贡银莲花 Anemone yulongshanica var. **glabrescens** W. T. Wang
产利沙底（高黎贡山考察队 20441）；海拔 3106～3640 m；分布于福贡。15-3。

28 直距耧斗菜 Aquilegia rockii Munz

产丙中洛（高黎贡山考察队 32879）；海拔 2700～3600 m；分布于贡山。15-1。

29 星果草 Asteropyrum peltatum (Franchet) J. R. Drummond & Hutchinson

产茨开（高黎贡山考察队 14239）；海拔 2730～3480 m；分布于贡山。14-2。

30 水毛茛 Batrachium bungei (Steudel) L. Liou

产丙中洛（王启无 67058）；海拔 3170～3600 m；分布于贡山。14-2。

31 铁破锣 Beesia calthifolia (Maximowicz ex Oliver) Ulbrich

产独龙江（独龙江考察队 4977）；海拔 2100～2700 m；分布于贡山、泸水。14-1。

32a 驴蹄草 Caltha palustris Linnaeus

产茨开（高黎贡山考察队 12649）；海拔 2400～3940 m；分布于贡山、福贡、泸水、腾冲。8。

32b 空茎驴蹄草 Caltha palustris var. **barthei** Hance

产片马（高黎贡山考察队 23954）；海拔 2400～4100 m；分布于贡山、泸水、腾冲。14-3。

32c 掌裂驴蹄草 Caltha palustris var. **umbrosa** Diels

产曲石（高黎贡山考察队 29067）；海拔 2100 m；分布于腾冲。15-1。

33 花葶驴蹄草 Caltha scaposa J. D. Hooker & Thomson

产丙中洛（高黎贡山考察队 31188）；海拔 3170～4000 m；分布于贡山。14-2。

34 细茎驴蹄草 Caltha sinogracilis W. T. Wang

产独龙江（李恒、李嵘 1062）；海拔 3200～3500 m；分布于贡山。15-1。

35a 升麻 Cimicifuga foetida Linnaeus

产独龙江（独龙江考察队 2256）；海拔 1860～4100 m；分布于贡山、福贡、泸水、腾冲。14-2。

35b 长苞升麻 Cimicifuga foetida var. **longibracteata** P. K. Hsiao

产丙中洛（高黎贡山考察队 31691）；海拔 3710 m；分布于贡山。15-2。

36 长尾尖铁线莲 Clematis acuminata var. **longicaudata** W. T. Wang

产独龙江（独龙江考察队 805）；海拔 1250～2200 m；分布于贡山。15-2。

37 小木通 Clematis armandii Franchet

产曲石（高黎贡山考察队 29950）；海拔 1240～1600 m；分布于贡山、福贡、泸水、腾冲、龙陵。14-1。

38 毛木通 Clematis buchananiana de Candolle

产独龙江（独龙江考察队 199）；海拔 1200～2000 m；分布于贡山、福贡、泸水、保山、腾冲。14-2。

39 金毛铁线莲 Clematis chrysocoma Franchet

产猴桥（南水北调队 6679）；海拔 1850～2000 m；分布于腾冲、龙陵。15-1。

40 合柄铁线莲 Clematis connata de Candolle

产独龙江（T. T. Yü 19894）；海拔 2000～2300 m；分布于贡山。14-2。

41 威灵仙 Clematis chinensis Osbeck

产铜壁关（据《云南铜壁关自然保护区科学考察研究》）；海拔 650～850 m；分布于盈江。14-3。

42 滑叶藤 Clematis fasciculiflora Franchet

产片马（南水北调队 8201）；海拔 1700～2400 m；分布于泸水、保山。14-1。

43 禄劝木通 Clematis finetiana var. **lutchuensis** (Koidz) W. T. Wang

产五合（高黎贡山考察队 17173）；海拔 1335～1810 m；分布于福贡、腾冲。15-2。

44 滇南铁线莲 Clematis fulvicoma Rehder & E. H. Wilson
产铜壁关（据《云南铜壁关自然保护区科学考察研究》）；海拔 1000～1550 m；分布于盈江。7。

45 粗齿铁线莲 Clematis grandidentata (Rehder & E. H. Wilson) W. T. Wang
产铜壁关（据《云南铜壁关自然保护区科学考察研究》）；海拔 2200 m；分布于盈江。15-1。

46 秀丽铁线莲 Clematis grata Wallich
产铜壁关（据《云南铜壁关自然保护区科学考察研究》）；海拔 2350 m；分布于盈江。14-2。

47a 单叶铁线莲 Clematis henryi Oliver
产丙中洛（高黎贡山考察队 22241）；海拔 1500～1780 m；分布于贡山。15-1。

47b 陕南单叶铁线莲 Clematis henryi var. **ternata** M. Y. Fang
产茨开（高黎贡山考察队 14341）；海拔 2020 m；分布于贡山。15-1。

48 滇川铁线莲 Clematis kockiana C. K. Schneider
产洛本卓（高黎贡山考察队 25783）；海拔 1610～2920 m；分布于贡山、泸水、保山。15-1。

49 毛蕊铁线莲 Clematis lasiandra Maximowicz
产丙中洛（高黎贡山考察队 14732）；海拔 1430～2570 m；分布于贡山、福贡、泸水。14-3。

50 锈毛铁线莲 Clematis leschenaultiana de Candolle
产铜壁关（据《云南铜壁关自然保护区科学考察研究》）；海拔 1300～1600 m；分布于盈江。7。

51 泸水铁线莲 Clematis lushuiensis W. T. Wang
产洛本卓（高黎贡山考察队 27957）；海拔 2450 m；分布于泸水。15-3。

52a 绣球藤 Clematis montana Buchanan-Hamilton ex de Candolle
产片马（高黎贡山考察队 7165）；海拔 2100～3670 m；分布于贡山、福贡、泸水、保山、腾冲。14-2。

52b 毛果绣球藤 Clematis montana var. **glabrescens** (Comber) W. T. Wang & M. C. Chang
产独龙江（高黎贡山考察队 15008）；海拔 2070～3700 m；分布于贡山、福贡、泸水、腾冲。15-1。

52c 大花绣球藤 Clematis montana var. **longipes** W. T. Wang
产独龙江（高黎贡山考察队 7165）；海拔 2000～3660 m；分布于贡山、福贡、泸水、腾冲。14-2。

52d 小叶绣球藤 Clematis montana var. **sterilis** Handel-Mazzetti
产泸水（横断山队 102）海拔 2300～3200 m；分布于泸水。15-1。

52e 晚花绣球藤 Clematis montana var. **wilsonii** Sprague
产滇滩（南水北调队 7125）；海拔 3300 m；分布于腾冲。15-1。

53 合苞铁线莲 Clematis napaulensis de Candolle
产芒宽（高黎贡山考察队 13535）；海拔 1780～1930 m；分布于保山、腾冲。14-2。

54 裂叶铁线莲 Clematis parviloba Gardner & Champion
产丙中洛（冯国楣 8045）；海拔 1510～2000 m；分布于贡山、龙陵。15-1。

55 片马铁线莲 Clematis pianmaensis W. T. Wang
产片马（滇西植物调查队 11094）；海拔 2200 m；分布于泸水。15-3。

56a 短毛铁线莲 Clematis puberula J. D. Hooker & Thomson
产丙中洛（独龙江考察队 251）；海拔 1250～1900 m；分布于贡山、福贡。14-2。

56b 扬子铁线莲 Clematis puberula var. **ganpiniana** (H. Léveillé & Vaniot) W. T. Wang
产茨开（高黎贡山考察队 12826）；海拔 1640 m；分布于贡山、保山。15-1。

57 毛茛铁线莲 Clematis ranunculoides Franche

产九区蒲川（尹文清 60-1384）；海拔 1880～1980 m；分布于贡山、腾冲。15-1。

58 锡金铁线莲 Clematis siamensis J. R. Drummond & Craib

产独龙江（高黎贡山考察队 13314）；海拔 1460～2130 m；分布于贡山、保山。14-2。

59 菝葜叶铁线莲 Clematis smilacifolia Wallich

产独龙江（独龙江考察队 1845）；海拔 1800～2300 m；分布于贡山。7。

60 细木通 Clematis subumbellata Kurz

产铜壁关（据《云南铜壁关自然保护区科学考察研究》）；海拔 1000～1400 m；分布于盈江。7。

61 腾冲铁线莲 Clematis tengchongensis W. T. Wang

产马站（高黎贡山考察队 29896）；海拔 1940 m；分布于腾冲。15-3。

62 福贡铁线莲 Clematis tsaii W. T. Wang

产芒宽（高黎贡山考察队 9860）；海拔 980 m；分布于保山。15-1。

63 云贵铁线莲 Clematis vaniotii H. Léveillé & Porter

产大坝（高黎贡山植被组 w18-7）；海拔 2060 m；分布于腾冲。15-1。

64 俞氏铁线莲 Clematis yui W. T. Wang

产独龙江（独龙江考察队 2211）；海拔 1720～2011 m；分布于贡山、龙陵。14-1。

65 云南铁线莲 Clematis yunnanensis Franchet

产独龙江（独龙江考察队 712）；海拔 1400～2450 m；分布于贡山、泸水、保山、腾冲。15-1。

66 云南黄连 Coptis teeta Wallich

产独龙江（独龙江考察队 1195）；海拔 1300～3000 m；分布于贡山、福贡、泸水、腾冲。14-2。

67 粗裂宽距翠雀花 Delphinium beesianum var. **latisectum** W. T. Wang

产丙中洛（王启无 64923）；海拔 3500～4700 m；分布于贡山。15-1。

68 滇川翠雀花 Delphinium delavayi Franchet

产百花岭（施晓春 714）；海拔 2234～3000 m；分布于保山、腾冲。15-1。

69 小瓣翠雀花 Delphinium micropetalum Finet & Gagnepain

产独龙江（高黎贡山考察队 9640）；海拔 2000～3880 m；分布于贡山、福贡。14-1。

70 螺距翠雀花 Delphinium spirocentrum Handel-Mazzetti

产独龙江（T. T. Yü 20685）；海拔 3200 m；分布于贡山。15-1。

71 长距翠雀花 Delphinium tenii H. Léveillé

产丙中洛（T. T. Yü 10504）；海拔 3200 m；分布于贡山。15-1。

72 澜沧翠雀花 Delphinium thibeticum Finet & Gagnepain

产丙中洛（王启无 66226）；海拔 3500 m；分布于贡山。15-1。

73 小花人字果 Dichocarpum franchetii (Finet & Gagnepain) W. T. Wang & P. K. Hsiao

产片马至风雪垭口途中（高黎贡山考察队 23881）；海拔 1930～3200 m；分布于贡山、泸水、腾冲。15-1。

74 锡兰莲 Naravelia zeylanica de Candolle

产铜壁关（据《云南铜壁关自然保护区科学考察研究》）；海拔 600～1020 m；分布于盈江。7。

75 脱萼鸦跖花 Oxygraphis delavayi Franchet

产丙中洛楚块至嘎娃嘎普峰途中（高黎贡山考察队 31347）；海拔 3600～4000 m；分布于贡山、福贡。15-1。

76 滇牡丹 Paeonia delavayi Franchet

产丙中洛（王启无 66617）；海拔 3200～3500 m；分布于贡山。15-1。

77 禺毛茛 Ranunculus cantoniensis de Candolle

产片马（碧江队 1421）；海拔 1900～2700 m；分布于泸水、腾冲。14-1。

78 茴茴蒜 Ranunculus chinensis Bunge

产丙中洛（高黎贡山考察队 33083）；海拔 600～2250 m；分布于贡山、福贡、泸水、保山、腾冲。14-1。

79 铺散毛茛 Ranunculus diffusus de Candolle

产独龙江（独龙江考察队 272）；海拔 1320～3700 m；分布于贡山、腾冲、龙陵。14-2。

80 黄毛茛 Ranunculus distans Wallich ex Royle

产匹河（碧江队 1304）；海拔 2000～3200 m；分布于贡山、福贡、腾冲。14-2。

81 圆裂毛茛 Ranunculus dongrergensis Handel-Mazzetti

产丙中洛（高黎贡山考察队 31330）；海拔 3720 m；分布于贡山。15-1。

82 西南毛茛 Ranunculus ficariifolius H. Léveillé & Vaniot

产界头（高黎贡山考察队 30209）；海拔 2160～2432 m；分布于保山、腾冲。14-2。

83 毛茛 Ranunculus japonicus Thunberg

产鹿马登（高黎贡山考察队 26411）；海拔 2240～3640 m；分布于贡山、福贡。14-3。

84 片马毛茛 Ranunculus pianmaensis W. T. Wang

产片马（高黎贡山考察队 22711）；海拔 1600～1950 m；分布于泸水。15-3。

85 矮毛茛 Ranunculus pseudopygmaeus Handel-Mazzetti

产鹿马登（高黎贡山考察队 26434）；海拔 3620～4150 m；分布于贡山、福贡。14-2。

86 石龙芮 Ranunculus sceleratus Linnaeus

产大具（高黎贡山考察队 29698）；海拔 1730 m；分布于腾冲。8。

87 钩柱毛茛 Ranunculus silerifolius H. Léveillé

产东山（高黎贡山考察队 11335）；海拔 1530～2300 m；分布于泸水、保山、腾冲、龙陵。7。

88 高原毛茛 Ranunculus tanguticus (Maximowicz) Ovczinnikov

产丙中洛（王启无 66232）；海拔 4150～4200 m；分布于贡山。14-2。

89 褐鞘毛茛 Ranunculus sinovaginatus W. T. Wang

产铜壁关（据《云南铜壁关自然保护区科学考察研究》）；海拔 2300 m；分布于盈江。15-1。

90 腾冲毛茛 Ranunculus tengchongensis W. T. Wang

产大具（高黎贡山考察队 29700）；海拔 1730 m；分布于腾冲。15-3。

91 棱喙毛茛 Ranunculus trigonus Handel-Mazzetti

产五合（周应再 205）；海拔 1530 m；分布于腾冲。15-1。

92 直梗高山唐松草 Thalictrum alpinum var. elatum Ulbrich

产丙中洛（T. T. Yü 8506）；海拔 4100 m；分布于贡山。14-2。

93a 偏翅唐松草 Thalictrum delavayi Franchet

产黑普山（高黎贡山考察队 34518）；海拔 1130～3280 m；分布于贡山、福贡、泸水、龙陵。15-1。

93b 渐尖偏翅唐松草 Thalictrum delavayi var. **acuminatum** Franchet

产丙中洛（王启无 67218）；海拔 2700～3100 m；分布于贡山。15-1。

93c 宽萼偏翅唐松草 Thalictrum delavayi var. **decorum** Franchet

产片马至吴中途中（碧江队 1481）；海拔 2100～3000 m；分布于福贡、泸水。15-2。

94 小叶唐松草 Thalictrum elegans Wallich ex Royle

产丙中洛（王启无 66468）；海拔 3450～3500 m；分布于贡山。14-2。

95 滇川唐松草 Thalictrum finetii B. Boivin

产洛本卓（高黎贡山考察队 25778）；海拔 2400～3490 m；分布于贡山、福贡、泸水。15-1。

96 多叶唐松草 Thalictrum foliolosum de Candolle

产独龙江（独龙江考察队 1773）；海拔 1550～3400 m；分布于贡山、福贡、保山、腾冲、龙陵。14-2。

97 爪哇唐松草 Thalictrum javanicum Blume

产马站（高黎贡山考察队 29876）；海拔 1940～2100 m；分布于福贡、保山、腾冲。7。

98 小果唐松草 Thalictrum microgynum Lecoyer ex Olive

产界头（高黎贡山考察队 29570）；海拔 1820 m；分布于贡山、腾冲。14-1。

99 小喙唐松草 Thalictrum rostellatum J. D. Hooker & Thomson

产片马乡片古岗至垭口途中（碧江队 1692）；海拔 2200～3400 m；分布于贡山、泸水。14-2。

100 鞭柱唐松草 Thalictrum smithii B. Boivin

产独龙江（高黎贡山考察队 13362）；海拔 1550～1600 m；分布于贡山、保山。15-1。

101 钩柱唐松草 Thalictrum uncatum Maximowicz

产垭口至 3793 途中（碧江队 1751）；海拔 3300～3450 m；分布于泸水。15-1。

102 小花金莲花 Trollius micranthus Handel-Mazzett

产丙中洛（高黎贡山考察队 31242）；海拔 3750～3927 m；分布于贡山。15-1。

103a 云南金莲花 Trollius yunnanensis (Franchet) Ulbrich

产丙中洛（高黎贡山考察队 26584）；海拔 3040～3700 m；分布于贡山。15-1。

103b 长瓣云南金莲花 Trollius yunnanensis var. **eupetalus** (Stapf) W. T. Wang

产丙中洛（怒江考察队 79-1324）；海拔 2500～3888 m；分布于贡山。15-2。

16 莼菜科 Cabombaceae

1 莼菜 Brasenia schreberi J. F. Gmelin

产北海（高黎贡山考察队 29711）；海拔 1730 m；分布于腾冲。1。

17 金鱼藻科 Ceratophyllaceae

1 金鱼藻 Ceratophyllum demersum Linnaeus

产和顺（高黎贡山考察队 28223）；海拔 1575～1630 m；分布于腾冲。1。

18 睡莲科 Nymphaeaceae

1 睡莲 Nymphaea tetragona Georgi

产北海（高黎贡山考察队 30929）；海拔 1730 m；分布于腾冲。8。

18a　莲科 Nelumbonaceae

1 莲 Nelumbo nucifera Gaertner

产北海（高黎贡山考察队 29798）；海拔 1850～1850 m；分布于腾冲。5。

19　小檗科 Berberidaceae

1 近黑果小檗 Berberis aff. atrocarpa Schneid

产马站（高黎贡山考察队 29875）；海拔 2000 m；分布于腾冲。15-1。

2 可爱小檗 Berberis amabilis C. K. Schneider

产茨开（南水北调队 9092）；海拔 1950～2560 m；分布于贡山、腾冲。14-1。

3 黑果小檗 Berberis atrocarpa C. K. Schneider

产片马（高黎贡山考察队 23004）；海拔 1470～2600 m；分布于泸水、腾冲。15-1。

4 道孚小檗 Berberis dawoensis K. Meyer

产猴桥（武素功 6696）；海拔 1950 m；分布于腾冲。15-1。

5 假小檗 Berberis fallax C. K. Schneider

产界头（高黎贡山考察队 13656）；海拔 835～3250 m；分布于福贡、泸水、腾冲。15-2。

6 大叶小檗 Berberis ferdinandi-coburgii C. K. Schneider

产猴桥（高黎贡山考察队 30780）；海拔 1560～2630 m；分布于贡山、腾冲。15-2。

7 凤庆小檗 Berberis holocraspedon Ahrendt

产独龙江（青藏队 9602）；海拔 1700 m；分布于贡山。15-2。

8 球果小檗 Berberis insignis subsp. **incrassata** (Ahrendt) D. F. Chamberlain & C. M. Hu

产独龙江（独龙江考察队 3140）；海拔 1300～1600 m；分布于贡山。15-1。

9 光叶小檗 Berberis lecomtei C. K. Schneider

产猴桥（高黎贡山考察队 30682）；海拔 1600～2060 m；分布于腾冲。15-1。

10a 木里小檗 Berberis muliensis Ahrendt

产独龙江（T. T. Yü 20678）；海拔 3500～3800 m；分布于贡山。15-1。

10b 阿墩小檗 Berberis muliensis var. **atuntzeana** Ahrendt

产其期至东哨房途中（高黎贡山考察队 12690）；海拔 3429～4003 m；分布于贡山、福贡。15-1。

11 淡色小檗 Berberis pallens Franchet

产 12 号桥至东哨房途中（青藏队 82-8590）；海拔 3200 m；分布于贡山。15-2。

12 屏边小檗 Berberis pingbienensis S. Y. Bao

产鲁掌（高黎贡山考察队 24446）；海拔 2737 m；分布于泸水。15-2。

13 粉叶小檗 Berberis pruinosa Franchet

产独龙江（独龙江考察队 6435）；海拔 1420～2400 m；分布于贡山。15-1。

14 卷叶小檗 Berberis replicata W. W. Smith

产马站（高黎贡山考察队 10925）；海拔 1850～1940 m；分布于腾冲。15-3。

15 华西小檗 Berberis silva-taroucana C. K. Schneider

产茨开（高黎贡山考察队 12776）；海拔 3250 m；分布于贡山。15-1。

16 亚尖叶小檗 Berberis subacuminata C. K. Schneider

产姚家坪（高黎贡山考察队 8168）；海拔 2400～2650 m；分布于泸水、保山。15-1。

17 近光滑小檗 Berberis sublevis W. W. Smith

产姚家坪（高黎贡山考察队 8107）；海拔 1510～2400 m；分布于泸水、腾冲、龙陵。14-2。

18 独龙小檗 Berberis taronensis Ahrendt

产独龙江（T. T. Yü 19658）；海拔 2030～2600 m；分布于贡山。15-1。

19 微毛小檗 Berberis tomentulosa Ahrendt

产独龙江（T. T. Yü 19640）；海拔 2500 m；分布于贡山。15-3。

20 春小檗 Berberis vernalis (C. K. Schneider) D. F. Chamberlain & C. M. Hu

产丙中洛（高黎贡山考察队 34309）；海拔 1550 m；分布于贡山。15-1。

21 金花小檗 Berberis wilsoniae Hemsley

产丙中洛（王启无 66825）；海拔 2300 m；分布于贡山。15-1。

22 云南小檗 Berberis yunnanensis Franchet

产丙中洛（高黎贡山考察队 31784）；海拔 2780 m；分布于贡山。15-1。

23 鹤庆十大功劳 Mahonia bracteolata Takeda

产茨开（冯国楣 8591）；海拔 1900～2100 m；分布于贡山。15-1。

24 密叶十大功劳 Mahonia conferta Takeda

产龙山（陈介 658）；海拔 1510 m；分布于龙陵。15-2。

25 长柱十大功劳 Mahonia duclouxiana Gagnepain

产大蒿坪（高黎贡山考察队 25229）；海拔 2020～3000 m；分布于贡山、泸水、保山、腾冲。14-1。

26 贡山十大功劳 Mahonia dulongensis H. Li

产独龙江（独龙江考察队 1838）；海拔 1300～2000 m；分布于贡山。15-3。

27 宽苞十大功劳 Mahonia eurybracteata Fedde

产姚家坪（高黎贡山考察队 8108）；海拔 2700～3020 m；分布于贡山、泸水、保山。15-1。

28 泸水十大功劳 Mahonia lushuiensis T. S. Ying & H. Li

产鲁掌（高黎贡山考察队 24531）；海拔 3125～3127 m；分布于泸水。15-3。

29 尼泊尔十大功劳 Mahonia napaulensis Candolle

产黑普山（冯国楣 8591）；海拔 1560～1600 m；分布于贡山。14-2。

30 阿里山十大功劳 Mahonia oiwakensis Hayata

产潞江报亢垭口东坡（高黎贡山考察队 10682）；海拔 1980～2310 m；分布于保山、腾冲。15-1。

31 景东十大功劳 Mahonia paucijuga C. Y. Wu ex S. Y. Bao

产猴桥（武素功 6761）；海拔 2950 m；分布于腾冲。15-2。

32 峨眉十大功劳 Mahonia polydonta Fedde

产猴桥（高黎贡山考察队 30806）；海拔 2630～3300 m；分布于泸水、保山、腾冲。14-2。

33 独龙十大功劳 Mahonia taronensis Handel-Mazzett

产独龙江（独龙江考察队 70）；海拔 2200～3000 m；分布于贡山。15-1。

19a 鬼臼科 Podophyllaceae

1 红毛七 Caulophyllum robustum Maximowicz
产独龙江（独龙江考察队 5911）；海拔 2300～2500 m；分布于贡山。14-3。

2 云南八角莲 Dysosma aurantiocaulis (Handel-Mazzetti) Hu
产茨开（冯国楣 8394）；海拔 2800～3400 m；分布于贡山。14-1。

3 川八角莲 Dysosma delavayi (Franchet) Hu
产五合（高黎贡山考察队 24860）；海拔 1950～2211 m；分布于腾冲。15-1。

4 桃儿七 Sinopodophyllum hexandrum (Royle) T. S. Ying
产独龙江（T. T. Yü 19811）；海拔 3700 m；分布于贡山。14-2。

21 木通科 Lardizabalaceae

1 白木通 Akebia trifoliata subsp. australis (Diels) T. Shimizu
产界头（高黎贡山考察队 28207）；海拔 1550～1590 m；分布于腾冲。15-1。

2 猫儿屎 Decaisnea insignis (Griffith) J. D. Hooker & Thomson
产独龙江（独龙江考察队 801）；海拔 1350～3600 m；分布于贡山、福贡、泸水、腾冲。14-2。

3 五月瓜藤 Holboellia angustifolia Wallich
产独龙江（独龙江考察队 5742）；海拔 1320～2450 m；分布于贡山、腾冲。14-2。

4 沙坝八月瓜 Holboellia chapaensis Gagnepain
产独龙江（独龙江考察队 6065）；海拔 1830～2600 m；分布于贡山、龙陵。14-1。

5a 八月瓜 Holboellia latifolia Wallich
产界头（高黎贡山考察队 30271）；海拔 1310～3000 m；分布于贡山、福贡、泸水、腾冲。14-2。

5b 纸叶八月瓜 Holboellia latifolia subsp. **chartacea** C. Y. Wu & S. H. Huang ex H. N. Qin
产丙中洛（高黎贡山考察队 31795）；海拔 2530～2950 m；分布于贡山、福贡。14-2。

6 三叶野木瓜 Stauntonia brunoniana Wallich ex Hemsley
产百花岭（高黎贡山植物组 W15-1）；海拔 2830 m；分布于保山。14-2。

7 野木瓜 Stauntonia chinensis de Candolle
产独龙江（独龙江考察队 548）；海拔 1300～1500 m；分布于贡山。15-1。

8 假斑叶野木瓜 Stauntonia pseudomaculata C. Y. Wu & S. H. Huang
产铜壁关（据《云南铜壁关自然保护区科学考察研究》）；海拔 1120～1430 m；分布于盈江。15-2。

22 大血藤科 Sargentodoxaceae

1 大血藤 Sargentodoxa cuneata Rehder & E. H. Wilson
产铜壁关（据《云南铜壁关自然保护区科学考察研究》）；海拔 1300～1500 m；分布于盈江。7。

23 防己科 Menispermaceae

1 崖藤 Albertisia laurifolia Yamamoto
产铜壁关（据《云南铜壁关自然保护区科学考察研究》）；海拔 1920 m；分布于盈江。7。

2 球果藤 Aspidocarya uvifera J. D. Hooker & Thomson
产铜壁关（据《云南铜壁关自然保护区科学考察研究》）；海拔 560～1000 m；分布于盈江。7。

3 锡生藤 Cissampelos pareira var. hirsute (Buchanan-Hamilton ex Candolle) Forman

产铜壁关（据《云南铜壁关自然保护区科学考察研究》）；海拔 300 m；分布于盈江。2。

4a 木防己 Cocculus orbiculatus (Linnaeus) Candolle

产芒宽（高黎贡山考察队 14073）；海拔 680～1940 m；分布于福贡、泸水、保山、腾冲。7。

4b 毛木防己 Cocculus orbiculatus var. mollis (Wallich ex J. D. Hooker & Thomson) H. Hara

产芒宽（高黎贡山考察队 10652）；海拔 1000～1800 m；分布于福贡、泸水、保山。14-2。

5 纤花轮环藤 Cyclea debiliflora Miers

产铜壁关（据《云南铜壁关自然保护区科学考察研究》）；海拔 700～1300 m；分布于盈江。7。

6 云南轮环藤 Cyclea meeboldii Diels

产格多（陶国达 13629）；海拔 1300～1900 m；分布于盈江。7。

7 南轮环藤 Cyclea tonkinensis Gagnepain

产铜壁关（据《云南铜壁关自然保护区科学考察研究》）；海拔 1410 m；分布于盈江。7。

8 铁藤 Cyclea polypetala Dunn

产独龙江（独龙江考察队 3804）；海拔 1310～2410 m；分布于贡山、保山、龙陵。14-1。

9 轮环藤 Cyclea racemosa Oliver

产上帕（青藏队 7049）；分布于福贡。15-1。

10 四川轮环藤 Cyclea sutchuenensis Gagnepain

产上营（高黎贡山考察队 18360）；海拔 1777～2310 m；分布于泸水、保山、腾冲。15-1。

11 西南轮环藤 Cyclea wattii Diels

产五合（高黎贡山考察队 24831）；海拔 1530～2146 m；分布于福贡、保山、腾冲。14-2。

12 苍白秤钩风 Diploclisia glaucescens (Blume) Diels

产铜壁关（据《云南铜壁关自然保护区科学考察研究》）；海拔 850～1300 m；分布于盈江。7。

13 藤枣 Eleutharrhena macrocarpa (Diels) Forman

产独龙江（高黎贡山考察队 21144）；海拔 1460 m；分布于贡山。14-2。

14 夜花藤 Hypserpa nitida Miers

产铜壁关（据《云南铜壁关自然保护区科学考察研究》）；海拔 820 m；分布于盈江。7。

15 连蕊藤 Parabaena sagittata Miers

产铜壁关（据《云南铜壁关自然保护区科学考察研究》）；海拔 360～800 m；分布于盈江。7。

16 细圆藤 Pericampylus glaucus (Lamarck) Merril

产架科底（高黎贡山考察队 20930）；海拔 1160～1510 m；分布于福贡、保山、腾冲。7。

17 硬骨藤 Pycnarrhena poilanei (Gagnepain) Forman

产铜壁关（据《云南铜壁关自然保护区科学考察研究》）；海拔 1350～1550 m；分布于盈江。7。

18 风龙 Sinomenium acutum (Thunberg) Rehder & E. H. Wilson

产上帕（碧江队 351）；海拔 1300～1700 m；分布于贡山、福贡、保山。14-1。

19 白线薯 Stephania brachyandra Diels

产独龙江（青藏队 82-9410）；海拔 1700 m；分布于贡山。14-1。

20 金钱调乌龟 Stephania cephalantha Hayata

产镇安（高黎贡山考察队 23783）；海拔 1250 m；分布于龙陵。15-1。

21　景东千金藤 Stephania chingtungensis H. S. Lo

　　产界头（高黎贡山考察队 29497）；海拔 1650～1820 m；分布于腾冲。15-2。

22　一文钱 Stephania delavayi Diels

　　产独龙江（独龙江考察队 7075）；海拔 980～1560 m；分布于贡山、泸水、保山。15-1。

23　荷包地不容 Stephania dicentrinifera H. S. Lo & M. Yang

　　产独龙江（独龙江考察队 360）；海拔 1250～1777 m；分布于贡山、福贡、保山、腾冲。15-2。

24　大叶地不容 Stephania dolichopoda Diels

　　产百花岭（高黎贡山考察队 15097）；海拔 900～1100 m；分布于保山。14-2。

25　雅丽千金藤 Stephania elegans J. D. Hooker & Thomson

　　产界头（高黎贡山考察队 29099）；海拔 1100～2200 m；分布于福贡、腾冲。14-2。

26　西藏地不容 Stephania glabra (Roxburgh) Miers

　　产茨开（高黎贡山考察队 12979）；海拔 1500 m；分布于贡山。14-2。

27a　桐叶千斤藤 Stephania japonica var. **discolor** (Blume) Forman

　　产独龙江（独龙江考察队 4442）；海拔 1060～1920 m；分布于贡山、福贡、泸水、保山、腾冲、龙陵。5。

27b　光叶千金藤 Stephania japonica var. **timoriensis** (Candolle) Forman

　　产上帕（高黎贡山考察队 9705）；海拔 1380～1610 m；分布于福贡、腾冲。5。

28　长柄地不容 Stephania longipes H. S. Lo

　　产独龙江（青藏队 82-9410）；海拔 1300～2400 m；分布于贡山、福贡、腾冲、龙陵。15-2。

29　大花地不容 Stephania macrantha Lo & M. Yang

　　产茨开（尹文清 16564）；海拔 1550 m；分布于贡山。15-2。

30　西南千金藤 Stephania subpeltata H. S. Lo

　　产片马（高黎贡山考察队 23374）；海拔 1600 m；分布于泸水。15-1。

31　波叶青牛胆 Tinospora crispa Miers

　　产铜壁关（据《云南铜壁关自然保护区科学考察研究》）；海拔 1700 m；分布于盈江。7。

32　中华青牛胆 Tinospora sinensis (Loureiro) Merrill

　　产铜壁关（据《云南铜壁关自然保护区科学考察研究》）；海拔 950～1800 m；分布于盈江。7。

24　马兜铃科 Aristolochiaceae

1　翅茎马兜铃 Aristolochia caulialata C. Y. Wu ex C. Y. Cheng & J. S. Ma

　　产铜壁关（据《云南铜壁关自然保护区科学考察研究》）；海拔 600～1000 m；分布于盈江。15-1。

2　苞叶马兜铃 Aristolochia chlamydophylla C. Y. Wu

　　产铜壁关（包仕英等 843）；海拔 750～1300 m；分布于盈江。15-1。

3　大囊马兜铃 Aristolochia forrestiana J. S. Ma

　　产界头（高黎贡山考察队 29513）；海拔 1600 m；分布于腾冲。15-3。

4　西藏马兜铃 Aristolochia griffithii J. D. Hooker & Thomson ex Duchartre

　　产独龙江（独龙江考察队 6495）；海拔 2300～2700 m；分布于贡山、福贡。14-2。

5　异叶马兜铃 Aristolochia kaempferi Willdenow

　　产百花岭（高黎贡山植被组 W8-3）；海拔 1700～2000 m；分布于福贡、保山、腾冲。14-3。

6 昆明马兜铃 Aristolochia kunmingensis C. Y. Cheng & J. S. Ma

产丙中洛（青藏队 7410）；海拔 2000 m；分布于贡山。15-1。

7 偏花马兜铃 Aristolochia obliqua S. M. Hwang

产独龙江（青藏队 9657）；海拔 1700～2400 m；分布于贡山、福贡。15-2。

8 管兰香 Aristolochia saccata Wallich

产其期至东哨房途中（高黎贡山考察队 9512）；海拔 1200～2600 m；分布于贡山。14-2。

9 革叶马兜铃 Aristolochia scytophylla S. M. Hwang & D. Y. Chen

产铜壁关（据《云南铜壁关自然保护区科学考察研究》）；海拔 850 m；分布于盈江。15-1。

10 耳叶马兜铃 Aristolochia tagala Chamisso

产六库（杨竞生 7755）；海拔 910 m；分布于泸水。7。

11 粉花马兜铃 Aristolochia transsecta (Chatterjee) C. Y. Wu ex S. M. Hwang

产匹河（南水北调队 9267）；海拔 680～2100 m；分布于福贡、腾冲。14-1。

12 变色马兜铃 Aristolochia versicolor S. M. Hwang

产铜壁关（据《云南铜壁关自然保护区科学考察研究》）；海拔 500～1500 m；分布于盈江。15-1。

13 印缅马兜铃 Aristolochia wardiana J. S. Ma

产丙中洛（高黎贡山考察队 14371）；海拔 1560～2160 m；分布于贡山。14-1。

14 苕叶细辛 Asarum himalaicum J. D. Hooker & Thomson ex Klotzsch

产片马（高黎贡山考察队 10038）；海拔 2920 m；分布于泸水。14-2。

28 胡椒科 Piperaceae

1 石蝉草 Peperomia blanda (Jacquin) Kunth

产和顺（高黎贡山考察队 29815）；海拔 1130～1630 m；分布于福贡、泸水、保山、腾冲。2。

2 蒙自草胡椒 Peperomia heyneana Miquel

产上帕（高黎贡山考察队 28981）；海拔 1290～2500 m；分布于贡山、福贡、保山、龙陵。14-2。

3 豆瓣绿 Peperomia tetraphylla (G. Forster) Hooker & Arnott

产独龙江（独龙江考察队 1275）；海拔 1080～2400 m；分布于贡山、福贡、泸水、保山、腾冲、龙陵。2。

4 卵叶胡椒 Piper attenuatum Buchanan-Hamilton ex Wallich

产昔马班坝（陶国达 13152）；海拔 800～1460 m；分布于盈江。7。

5a 苎叶蒟 Piper boehmeriifolium (Miquel) Wallich ex C. de Candolle

产独龙江（独龙江考察队 490）；海拔 1240～1800 m；分布于贡山。14-2。

5b 光茎胡椒 Piper boehmeriifolium var. **glabricaule** (C. de Candolle) M. G. Gilbert & N. H. Xia

产独龙江（林芹、邓向福 79-0733）；海拔 1200～2300 m；分布于贡山、福贡、泸水。15-2。

6 黄花胡椒 Piper flaviflorum de Candolle

产铜壁关（文绍康 580695）；海拔 540～1800 m；分布于盈江。15-2。

7 荜拔 Piper longum Linnaeus

产六库（独龙江考察队 127）；海拔 710 m；分布于泸水。14-2。

8 粗梗胡椒 Piper macropodum C. de Candolle

产新华（高黎贡山考察队 29666）；海拔 1500～1850 m；分布于保山、腾冲。15-2。

9 短蒟 Piper mullesua Buchanan-Hamilton ex D. Don

产独龙江（独龙江考察队 1344）；海拔 1231～2400 m；分布于贡山、福贡、保山、腾冲、龙陵。14-2。

10 裸果胡椒 Piper nudibaccatum Y. C. Tseng

产上营（高黎贡山考察队 11437）；海拔 1200～2150 m；分布于贡山、泸水、保山、腾冲、龙陵。15-2。

11 角果胡椒 Piper pedicellatum C. de Candolle

产五合（高黎贡山考察队 24826）；海拔 1500～1777 m；分布于保山、腾冲。14-2。

12 肉轴胡椒 Piper ponesheense C. de Candolle

产鹿马登（高黎贡山考察队 19620）；海拔 1470～2453 m；分布于福贡、腾冲。14-1。

13 毛叶胡椒 Piper puberulilimbum C. de Candolle

产独龙江（冯国楣 24395）；海拔 1300 m；分布于贡山。15-2。

14 假蒟 Piper sarmentosum Wallich

产那邦坝（陶国达 13270）；海拔 500～700 m；分布于盈江。7。

15 滇西胡椒 Piper suipigua Buchanan-Hamilton ex D. Don

产独龙江（青藏队 82-9191）；海拔 1300～1400 m；分布于贡山。14-2。

16 长柄胡椒 Piper sylvaticum Roxburgh

产铜壁关（据《云南铜壁关自然保护区科学考察研究》）；海拔 380～950 m；分布于盈江。7。

17a 球穗胡椒 Piper thomsonii (C. de Candolle) J. D. Hooker

产独龙江（高黎贡山考察队 32335）；海拔 1068～1900 m；分布于贡山。14-1。

17b 小叶球穗胡椒 Piper thomsonii var. **microphyllum** Y. C. Tseng

产独龙江（高黎贡山考察队 32709）；海拔 1486 m；分布于贡山。15-2。

18 石南藤 Piper wallichii (Miquel) Handel-Mazzetti

产独龙江（独龙江考察队 1984）；海拔 900～2300 m；分布于贡山、福贡、泸水。14-2。

19 蒟子 Piper yunnanense Y. C. Tseng

产独龙江（高黎贡山考察队 15099）；海拔 1250～1750 m；分布于贡山。15-2。

20 盈江胡椒 Piper yinkiangense Y. C. Tseng

产铜壁关（据《云南铜壁关自然保护区科学考察研究》）；海拔 880 m；分布于盈江。15-2。

29　三白草科 Saururaceae

1 蕺菜 Houttuynia cordata Thunberg

产独龙江（独龙江考察队 118）；海拔 686～2200 m；分布于贡山、福贡、保山、腾冲、龙陵。14-1。

30　金粟兰科 Chloranthaceae

1 鱼子兰 Chloranthus erectus Sweet

产昔马那邦坝（李延辉 13165）；海拔 350～2010 m；分布于盈江。7。

2 全缘金粟兰 Chloranthus holostegius (Handel-Mazzetti) C. Pei & San

产卡场草坎寨（香考队 85-208）；海拔 700～2100 m；分布于盈江。15-1。

3 金粟兰 Chloranthus spicatus (Thunberg) Makino

产芒宽（高黎贡山考察队 10624）；海拔 1540～1930 m；分布于保山、腾冲。14-3。

4 海南草珊瑚 Sarcandra glabra subsp. brachystachys (Blume) Verdcourt

产五合（尹文清 60-1491）；海拔 1200～1600 m；分布于腾冲、龙陵。14-1。

32 罂粟科 Papaveraceae

1 秃疮花 Dicranostigma leptopodum Fedde

产铜壁关（据《云南铜壁关自然保护区科学考察研究》）；海拔 2400 m；分布于盈江。15-1。

2 藿香叶绿绒蒿 Meconopsis betonicifolia Franchet

产独龙江（T. T. Yü 20972）；海拔 2600 m；分布于贡山。14-1。

3 椭果绿绒蒿 Meconopsis chelidoniifolia Bureau & Franchet

产独龙江（林芹、邓向福 79-0528）；海拔 3500～3880 m；分布于贡山。15-1。

4 滇西绿绒蒿 Meconopsis impedita Prain

产独龙江（T. T. Yü 19733）；海拔 3600～4300 m；分布于贡山。14-1。

5 总状绿绒蒿 Meconopsis racemosa Maximowicz

产上帕（碧江队 1135）；海拔 3600～3640 m；分布于福贡。15-1。

6 贡山绿绒蒿 Meconopsis smithiana (Handel-Mazzetti) G. Taylor ex Handel-Mazzetti

产独龙江（高黎贡山考察队 32246）；海拔 3200～3700 m；分布于贡山。15-3。

7 美丽绿绒蒿 Meconopsis speciosa Prain

产丙中洛（冯国楣 7882）；海拔 3700～3800 m；分布于贡山。15-1。

8 少裂尼泊尔绿绒蒿 Meconopsis wilsonii subsp. **australis** Grey-Wilson

产片马（武素功 8382）；海拔 2900～3600 m；分布于福贡、泸水。14-1。

33 紫堇科 Fumariaceae

1 攀援黄堇 Corydalis ampelos Lidén & Z. Y. Su

产洛本卓（高黎贡山考察队 25645）；海拔 3000～3450 m；分布于泸水。15-3。

2 耳柄紫堇 Corydalis auriculata Lidén & Z. Y. Su

产鹿马登（高黎贡山考察队 20207）；海拔 2884～3640 m；分布于福贡。15-1。

3 龙骨籽紫堇 Corydalis carinata Lidén & Z. Y. Su

产镇安（高黎贡山考察队 23671）；海拔 1830～1920 m；分布于保山、龙陵。15-3。

4 南黄堇 Corydalis davidii Franchet

产上营（高黎贡山考察队 26060）；海拔 2200～2500 m；分布于腾冲。14-1。

5 飞燕黄堇 Corydalis delphinioides Fedde

产茨开（青藏队 8514）；海拔 3000～3600 m；分布于贡山。15-1。

6 独龙江紫堇 Corydalis dulongjiangensis H. Chuang

产茨开（高黎贡山考察队 14958）；海拔 1530～1930 m；分布于贡山、腾冲、龙陵。15-3。

7 对叶紫堇 Corydalis enantiophylla Lidén

产亚坪（高黎贡山考察队 27160）；海拔 3120 m；分布于福贡。15-3。

8 裂冠紫堇 Corydalis flaccida J. D. Hooker & Thomson

产茨开（冯国楣 8425）；海拔 3200～3400 m；分布于贡山。14-2。

9 纤细黄堇 Corydalis gracillima C. Y. Wu ex Govaents

产独龙江（高黎贡山考察队 33894）；海拔 3000～3800 m；分布于贡山。14-1。

10 俅江紫堇 Corydalis kiukiangensis C. Y. Wu

产独龙江（独龙江考察队 5424）；海拔 1620～2900 m；分布于贡山。15-3。

11 宽裂黄堇 Corydalis latiloba (Franchet) Handel-Mazzetti

产丙中洛（高黎贡山考察队 17117）；海拔 2000～2460 m；分布于贡山。15-1。

12 细果紫堇 Corydalis leptocarpa J. D. Hooker & Thomson

产片马（高黎贡山考察队 10405）；海拔 1175～2230 m；分布于贡山、福贡、泸水、保山、腾冲。14-2。

13 马牙黄堇 Corydalis mayae Handel-Mazzetti

产丙中洛（高黎贡山考察队 31402）；海拔 3880 m；分布于贡山。14-1。

14 暗绿紫堇 Corydalis melanochlora Maximowicz

产丙中洛（高黎贡山考察队 31652）；海拔 4570 m；分布于贡山。15-1。

15 小籽紫堇 Corydalis microsperma Lidén

产片马（高黎贡山考察队 22772）；海拔 1820～2200 m；分布于泸水。15-3。

16 蛇果黄堇 Corydalis ophiocarpa J. D. Hooker & Thomson

产独龙江（独龙江考察队 5946）；海拔 1990～2000 m；分布于贡山。14-1。

17 岩生紫堇 Corydalis petrophila Franchet

产独龙江（独龙江考察队 2223）；海拔 1560～2300 m；分布于贡山。15-1。

18 多叶紫堇 Corydalis polyphylla Handel-Mazzetti

产丙中洛（高黎贡山考察队 3130）；海拔 3700～4003 m；分布于贡山。15-1。

19 紫花紫堇 Corydalis porphyrantha C. Y. Wu

产独龙江（T. T. Yü 19715）；海拔 3500 m；分布于贡山。15-3。

20 波密紫堇 Corydalis pseudoadoxa (C. Y. Wu & H. Chuang) C. Y. Wu & H. Chuang

产丙中洛（高黎贡山考察队 31657）；海拔 3500～4570 m；分布于贡山。15-1。

21a 翅瓣黄堇 Corydalis pterygopetala Handel-Mazzetti

产独龙江（独龙江考察队 5863）；海拔 1900～3700 m；分布于贡山、福贡、保山。15-3。

21b 无冠翅瓣黄堇 Corydalis pterygopetala var. **ecristata** H. Chuang

产猴桥（南水北调队 6756）；海拔 2200～2900 m；分布于腾冲。15-2。

21c 小花翅瓣黄堇 Corydalis pterygopetala var. **parviflora** Liden

产利沙底（高黎贡山考察队 26709）；海拔 2300～3561 m；分布于贡山、福贡、泸水。15-3。

22 金钩如意草 Corydalis taliensis Franchet

产上帕（青藏队 82-7089）；海拔 1400～2300 m；分布于贡山、福贡。15-2。

23 三裂紫堇 Corydalis trifoliata Franchet

产亚坪（高黎贡山考察队 26591）；海拔 1700～3450 m；分布于贡山、福贡、泸水、腾冲。14-1。

24 重三出黄堇 Corydalis triternatifolia C. Y. Wu

产铜壁关（据《云南铜壁关自然保护区科学考察研究》）；海拔 1700～2300 m；分布于盈江。7。

25 滇黄堇 Corydalis yunnanensis Franchet

产片马（高黎贡山考察队 7172）；海拔 2146～3927 m；分布于贡山、福贡、泸水、腾冲。15-1。

26 滇西紫金龙 Dactylicapnos gaoligongshanensis Liden

产茨开（高黎贡山考察队 11968）；海拔 1910～2400 m；分布于贡山。15-3。

27 平滑籽紫金龙 Dactylicapnos leiosperma Liden

产丙中洛（高黎贡山考察队 33541）；海拔 1540 m；分布于贡山。15-3。

28 丽江紫金龙 Dactylicapnos lichiangensis (Fedde) Handel-Mazzetti

产独龙江（独龙江考察队 1658）；海拔 2300～2400 m；分布于贡山。14-2。

29 宽果紫金龙 Dactylicapnos roylei (J. D. Hooker & Thomson) Hutchinson

产茨开（李恒、李嵘 1003）；海拔 1800～2410 m；分布于贡山、福贡。14-2。

30 紫金龙 Dactylicapnos scandens (D. Don) Hutchinson

产界头（高黎贡山考察队 11117）；海拔 2011～2400 m；分布于贡山、保山、腾冲、龙陵。14-2。

31 扭果紫金龙 Dactylicapnos torulosa (J. D. Hooker & Thomson) Hutchinson

产独龙江（怒江考察队 79-1185）；海拔 1750～3300 m；分布于贡山、福贡、保山、腾冲。14-2。

32 黄药 Ichtyoselmis macrantha (Oliver) Lidén & Fukuhara

产铜壁关（据《云南铜壁关自然保护区科学考察研究》）；海拔 2200 m；分布于盈江。7。

33 荷包牡丹 Lamprocapnos spectabilis (Linnaeus) Fukuhara

产独龙江（独龙江考察队 4916）；海拔 2200 m；分布于贡山。14-3。

36 山柑科 Capparaceae

1 总序山柑 Capparis assamica J. D. Hooker & Thomson

产那邦至铜壁关途中（陶国达 45556）；海拔 300～800 m；分布于盈江。7。

2 野香橼花 Capparis bodinieri H. Léveillé

产江桥（南水北调队 8005）；海拔 1000～1800 m；分布于福贡、泸水、腾冲。14-2。

3 广州山柑 Capparis cantoniensis Loureiro

产上帕（怒江考察队 220）；海拔 1100 m；分布于福贡。7。

4 勐海山柑 Capparis fohaiensis B. S. Sun

产铜壁关（据《云南铜壁关自然保护区科学考察研究》）；海拔 680～950 m；分布于盈江。15-2。

5 小刺山柑 Capparis micracantha Candolle

产铜壁关（据《云南铜壁关自然保护区科学考察研究》）；海拔 550～1000 m；分布于盈江。7。

6 多花山柑 Capparis multiflora J. D. Hooker & Thomson

产铜壁关（据《云南铜壁关自然保护区科学考察研究》）；海拔 800～1600 m；分布于盈江。7。

7 雷公橘 Capparis membranifolia Kurz

产芒宽（施晓春 467）；海拔 1000 m；分布于保山。14-2。

8 黑叶山柑 Capparis sabiifolia J. D. Hooker & Thomson

产铜壁关（据《云南铜壁关自然保护区科学考察研究》）；海拔 800～900 m；分布于盈江。7。

9 小绿刺 Capparis urophylla F. Chun

产芒宽（高黎贡山考察队 13941）；海拔 1300 m；分布于保山。14-1。

10 树头菜 Crateva unilocularis Buchanan-Hamilton

产铜壁关（据《云南铜壁关自然保护区科学考察研究》）；海拔 1310 m；分布于盈江。7。

11 和闭脉斑果藤 Stixis scandens Loureiro

产铜壁关（据《云南铜壁关自然保护区科学考察研究》）；海拔 300～900 m；分布于盈江。7。

39 十字花科 Cruciferae

1 鼠耳芥 Arabidopsis thaliana (Linnaeus) Heynhold

产独龙江（独龙江考察队 5636；）；海拔 1780～2000 m；分布于贡山。8。

2 圆锥南芥 Arabis paniculata Franchet

产茨开（高黎贡山考察队 12827）；海拔 1510～3400 m；分布于贡山、泸水、腾冲。14-2。

3 红花肉叶荠 Braya rosea (Turczaninow) Bunge

产丙中洛（怒江考察队 1557）；海拔 3450～4100 m；分布于贡山。13。

4 荠 Capsella bursa-pastoris (Linnaeus) Medikus

产丙中洛（独龙江考察队 5649）；海拔 1000～2000 m；分布于贡山。1。

5 岩生碎米荠 Cardamine calcicola W. W. Smith

产界头（高黎贡山考察队 30158）；海拔 1850～2000 m；分布于福贡、腾冲。15-2。

6 露珠碎米荠 Cardamine circaeoides J. D. Hooker & Thomson

产独龙江（独龙江考察队 1204）；海拔 1330～2450 m；分布于贡山、福贡、泸水、腾冲。14-2。

7 洱源碎米荠 Cardamine delavayi Franchet

产鹿马登（高黎贡山考察队 19893）；海拔 1587～1886 m；分布于贡山、福贡、泸水。14-2。

8 弯曲碎米荠 Cardamine flexuosa Withering

产独龙江（独龙江考察队 1136）；海拔 686～3200 m；分布于贡山、福贡、泸水、保山。10。

9 莓叶碎米荠 Cardamine fragariifolia O. E. Schulz

产利沙底（高黎贡山考察队 26535）；海拔 2830 m；分布于福贡、泸水。14-2。

10 颗粒碎米荠 Cardamine granulifera (Franchet) Diels

产嘎娃嘎普峰至楚块湖途中（高黎贡山考察队 30314）；海拔 3880～4570 m；分布于贡山。15-2。

11 山芥碎米荠 Cardamine griffithii J. D. Hooker & Thomson

产独龙江（独龙江考察队 15001）；海拔 1790～3750 m；分布于贡山、福贡、泸水、腾冲。14-2。

12 碎米荠 Cardamine hirsuta Oeder

产铜壁关（据《云南铜壁关自然保护区科学考察研究》）；海拔 600～2400 m；分布于盈江。1。

13 德钦碎米荠 Cardamine hydrocotyloides W. T. Wang

产明光至尖高山途中（高黎贡山考察队 29331）；海拔 1930 m；分布于腾冲。15-1。

14 弹裂碎米荠 Cardamine impatiens Linnaeus

产独龙江（独龙江考察队 1199）；海拔 1300～3700 m；分布于贡山、福贡、腾冲。10。

15 大叶碎米荠 Cardamine macrophylla Willdenow

产独龙江（独龙江考察队 455）；海拔 1350～3927 m；分布于贡山、福贡、泸水、腾冲。11。

16 细巧碎米荠 Cardamine pulchella (J. D. Hooker & Thomson) Al-Shehbaz & G. Yang

产澜沧江-怒江分水岭（T. T. Yü 22263）；海拔 3400～4000 m；分布于贡山。14-2。

17 紫花碎米荠 Cardamine purpurascens (O. E. Schulz) Al-Shehbaz et al

产独龙江（怒江考察队 790473）；海拔 3200 m；分布于贡山。15-1。

18 匍匐碎米荠 Cardamine repens (Franchet) Diels

产丙中洛（青藏队 82-7577）；海拔 2400～3400 m；分布于贡山。15-1。

19 云南碎米荠 Cardamine yunnanensis Franchet

产独龙江（独龙江考察队 5373）；海拔 1538～3400 m；分布于贡山、福贡、泸水、腾冲。14-2。

20 纤细葶苈 Draba gracillima J. D. Hooker & Thomson

产独龙江（Handel-Mazzetti 9497）；海拔 3200～4000 m；分布于贡山。14-2。

21 矮葶苈 Draba handelii O. E. Sculz

产独龙江（Handel-Mazzett 9502）；海拔 4000～4100 m；分布于贡山。15-3。

22 总苞葶苈 Draba involucrata (W. W. Smith) W. W. Smith

产嘎娃嘎普峰至楚块湖途中（高黎贡山考察队 31471）；海拔 3000～4150 m；分布于贡山。15-1。

23 衰毛葶苈 Draba senilis O. E. Schulz

产独龙江（T. T. Yü 19378）；海拔 4000 m；分布于贡山。15-1。

24 独行菜 Lepidium apetalum Willdenow

产洛本卓（高黎贡山考察队 25515）；海拔 1040 m；分布于泸水。11。

25 楔叶独行菜 Lepidium cuneiforme C. Y. Wu

产铜壁关（据《云南铜壁关自然保护区科学考察研究》）；海拔 800～2000 m；分布于盈江。15-1。

26 单花荠 Pegaeophyton scapiflorum (J. D. Hooker & Thomson) C. Marquand & Airy Shaw

产茨开（高黎贡山考察队 12767）；海拔 3470～4000 m；分布于贡山、福贡。14-2。

27 无瓣蔊菜 Rorippa dubia (Persoon) H. Hara

产丙中洛（高黎贡山考察队 15683）；海拔 1010～1930 m；分布于贡山、福贡、泸水、保山、腾冲。7。

28 蔊菜 Rorippa indica (Linnaeus) Hiern

产独龙江（独龙江考察队 5127）；海拔 1310～1730 m；分布于贡山、福贡、腾冲。7。

29 沼生蔊菜 Rorippa palustris (Linnaeus) Besser

产上帕（高黎贡山考察队 21065）；海拔 1200～1850 m；分布于福贡、腾冲。8。

30 菥蓂 Thlaspi arvense Linnaeus

产独龙江（独龙江考察队 5644）；海拔 1820～2200 m；分布于贡山。6。

40 董菜科 Violaceae

1 如意草 Viola arcuata Blume

产上帕（高黎贡山考察队 7370）；海拔 1220～2050 m；分布于福贡、泸水。7。

2 双花堇菜 Viola biflora Linnaeus

产亚朵（高黎贡山考察队 26826）；海拔 2869～3740 m；分布于贡山、福贡。8。

3 阔紫叶堇菜 Viola cameleo H. Boissien

产亚朵（高黎贡山考察队 26748）；海拔 2570～3040 m；分布于贡山、福贡。15-1。

4 七星莲 Viola diffusa Gingins

产独龙江（独龙江考察队 1187）；海拔 1250～3000 m；分布于贡山、福贡、保山、龙陵。7。

5 紫点堇菜 Viola duclouxii W. Backer

产五合（高黎贡山考察队 17454）；海拔 1985～2300 m；分布于保山、腾冲。15-2。

6 长萼堇菜 Viola inconspicua Blume

产百花岭（高黎贡山考察队 13993）；海拔 1560～1710 m；分布于贡山、保山。14-2。

7 萱 Viola moupinensis Franchet

产鹿马登（高黎贡山考察队 20197）；海拔 2999 m；分布于福贡。14-2。

8 裸堇菜 Viola nuda W. Becker

产铜壁关（据《云南铜壁关自然保护区科学考察研究》）；海拔 1400～1850 m；分布于盈江。15-2。

9 悬果堇菜 Viola pendulicarpa W. Becker

产铜壁关（据《云南铜壁关自然保护区科学考察研究》）；海拔 2000 m；分布于盈江。15-1。

10 紫花地丁 Viola philippica Cavanilles

产独龙江（独龙江考察队 5269）；海拔 1350～2100 m；分布于贡山、泸水、腾冲。7。

11 匍匐堇菜 Viola pilosa Blume

产独龙江（独龙江考察队 5810）；海拔 1620～2500 m；分布于贡山、福贡、泸水、保山、腾冲、龙陵。7。

12 早开堇菜 Viola prionantha Bunge

产丙中洛（高黎贡山考察队 23197）；海拔 1430～1600 m；分布于贡山。14-3。

13 假如意草 Viola pseudo-arcuata C. Chang

产独龙江（高黎贡山考察队 7843）；海拔 1400～1780 m；分布于贡山。15-1。

14 深圆齿堇菜 Viola schneideri W. Becker

产独龙江（独龙江考察队 6701）；海拔 1300～2700 m；分布于贡山。15-1。

15 锡金堇菜 Viola sikkimensis W. Backer

产鹿马登（高黎贡山考察队 20060）；海拔 1760～3022 m；分布于贡山、福贡。14-2。

16 光叶堇菜 Viola sumatrana Miquel

产独龙江（独龙江考察队 449）；海拔 1300～1700 m；分布于贡山。7。

17 四川堇菜 Viola szetschwanensis W. Becker & H. de Boiss

产狼牙山（武素功 7079）；海拔 3000～3800 m；分布于贡山、福贡、泸水、腾冲。14-2。

18 毛堇菜 Viola thomsonii Oudemans

产独龙江（独龙江考察队 243）；海拔 2000 m；分布于贡山、福贡、保山、腾冲。14-2。

19 滇西堇菜 Viola tienschiensis W. Becker

产上帕（高黎贡山考察队 19234）；海拔 1175～2750 m；分布于贡山、福贡、保山。14-2。

20 毛瓣堇菜 Viola trichopetala C. C. Chang

产界头（高黎贡山考察队 13687）；海拔 1880 m；分布于贡山、腾冲。14-2。

21 云南堇菜 Viola yunnanensis W. Becker & H. Boissieu

产丙中洛（冯国楣 24496）；海拔 1300～2400 m；分布于贡山。7。

22 心叶堇菜 Viola yunnanfuensis W. Becker

产铜壁关（据《云南铜壁关自然保护区科学考察研究》）；海拔 1800～2500 m；分布于盈江。14-2。

42 远志科 Polygalaceae

1 寄生鳞叶草 Epirixanthes elongata Blume

产铜壁关（据《云南铜壁关自然保护区科学考察研究》）；海拔 1000～1500 m；分布于盈江。7。

2 荷包山桂花 Polygala arillata Buchanan-Hamilton ex D. Don

产丙中洛（高黎贡山考察队 12080）；海拔 1266～2500 m；分布于贡山、福贡、泸水、保山、腾冲、龙陵。14-2。

3 西南远志 Polygala crotalarioides de Candolle

产铜壁关（据《云南铜壁关自然保护区科学考察研究》）；海拔 1600～2300 m；分布于盈江。7。

4 肾果远志 Polygala didyma C. Y. Wu

产芒宽（施晓春 546）；海拔 1266～1540 m；分布于贡山、保山。15-3。

5 黄花倒水莲 Polygala fallax Chodat

产铜壁关（据《云南铜壁关自然保护区科学考察研究》）；海拔 1600～2030 m；分布于盈江。15-1。

6 肾果小扁豆 Polygala furcata Royle

产铜壁关（据《云南铜壁关自然保护区科学考察研究》）；海拔 1300～1600 m；分布于盈江。7。

7a 球冠远志 Polygala globulifera Dunn

产邦瓦（张人伟 6005924）；海拔 1690 m；分布于盈江。15-2。

7b 长序球冠远志 Polygala globulifera var. **longiracemosa** S. K. Chen

产独龙江（独龙江考察队 1176）；海拔 1250～1400 m；分布于贡山。14-2。

8 瓜子金 Polygala japonica Houttuyn

产独龙江（独龙江考察队 1034）；海拔 1450 m；分布于贡山。14-1。

9 长叶远志 Polygala longifolia Poir.

产铜壁关（据《云南铜壁关自然保护区科学考察研究》）；海拔 1100～1400 m；分布于盈江。5。

10 蓼叶远志 Polygala persicariifolia Candolle

产丙中洛（高黎贡山考察队 12055）；海拔 1720～1760 m；分布于贡山。6。

11 西伯利亚远志 Polygala sibirica Linnaeus

产独龙江（独龙江考察队 5803）；海拔 1600～2300 m；分布于贡山。10。

12 合叶草 Polygala subopposita S. K. Chen

产潞江（高黎贡山考察队 18479）；海拔 1350 m；分布于保山。15-1。

13 小扁豆 Polygala tatarinowii Regel

产丙中洛（王启无 66719）；海拔 1600～2500 m；分布于贡山、福贡。7。

14 凹籽远志 Polygala umbonata Craib

产铜壁关（据《云南铜壁关自然保护区科学考察研究》）；海拔 1300 m；分布于盈江。7。

15 齿果草 Salomonia cantoniensis Loureiro

产镇安（高黎贡山考察队 17481）；海拔 1500～1800 m；分布于贡山、泸水、保山、腾冲、龙陵。7。

16 椭圆叶齿果草 Salomonia ciliata de Candolle

产铜壁关（据《云南铜壁关自然保护区科学考察研究》）；海拔 600～1400 m；分布于盈江。5。

17 蝉翼藤 Securidaca inappendiculata Hasskarl

产铜壁关（据《云南铜壁关自然保护区科学考察研究》）；海拔 500～1100 m；分布于盈江。7。

45 景天科 Crassulaceae

1 异色红景天 Rhodiola discolor (Franchet) S. H. Fu

产丙中洛（高黎贡山考察队 32758）；海拔 4003 m；分布于贡山。14-2。

2　长鞭红景天 Rhodiola fastigiata (J. D. Hooker & Thomson) S. H. Fu

产独龙江（独龙江考察队 7028）；海拔 2800～4003 m；分布于贡山、泸水、保山。14-2。

3　大果红景天 Rhodiola macrocarpa (Praeger) S. H. Fu

产黑普山（高黎贡山考察队 16969）；海拔 3200～4003 m；分布于贡山、福贡。14-1。

4　多苞红景天 Rhodiola multibracteata H. Chuang

产茨开（李恒、李嵘 1039）；海拔 3240 m；分布于贡山。15-3。

5　优秀红景天 Rhodiola nobilis (Franchet) S. H. Fu

产利沙底（高黎贡山考察队 26365）；海拔 3660～3740 m；分布于福贡。14-1。

6　紫绿红景天 Rhodiola purpureoviridis (Praeger) S. H. Fu

产尼瓦洛福彩至楚块途中（高黎贡山考察队 31206）；海拔 2500～4080 m；分布于贡山、福贡。15-1。

7　粗茎红景天 Rhodiola wallichiana (Hooker) S. H. Fu

产丙中洛（怒江考察队 791389）；海拔 2500～3800 m；分布于贡山。14-2。

8　云南红景天 Rhodiola yunnanensis (Franchet) S. H. Fu

产洛本卓（高黎贡山考察队 25735）；海拔 2130～3400 m；分布于贡山、泸水。15-1。

9　短尖景天 Sedum beauverdii Raymond-Hamet

产鹿马登（高黎贡山考察队 28696）；海拔 2710～3650 m；分布于福贡、泸水、腾冲。15-1。

10　细叶景天 Sedum elatinoides Franchet

产架科底（高黎贡山考察队 20908）；海拔 1160～1520 m；分布于贡山、福贡。14-1。

11　巴塘景天 Sedum heckelii Raymond-Hamet

产茨开（高黎贡山考察队 16840）；海拔 3000～3500 m；分布于贡山。15-1。

12　山飘风 Sedum majus (Hemsley) Migo

产界头（林芹 77-0660）；海拔 2000～2400 m；分布于贡山、泸水、腾冲。14-2。

13　多茎景天 Sedum multicaule Wallich ex Lindley

产界头（高黎贡山考察队 30458）；海拔 1240～2280 m；分布于贡山、福贡、泸水、保山、腾冲、龙陵。14-2。

14　大苞景天 Sedum oligospermum Maire

产界头（Forrest 8992）；海拔 1100～2800 m；分布于腾冲。14-1。

15　山景天 Sedum oreades (Decaisne) Raymond-Hamet

产嘎娃嘎普峰至楚块湖途中（高黎贡山考察队 31308）；海拔 3000～4003 m；分布于贡山。14-2。

16　宽萼景天 Sedum platysepalum Franchet

产茨开（高黎贡山考察队 16854）；海拔 3250～3300 m；分布于贡山。15-1。

17　高原景天 Sedum przewalskii Maximowicz

产丙中洛（T. T. Yü 9244）；海拔 2400～4800 m；分布于贡山。14-2。

18　火焰草 Sedum stellariifolium Franchet

产丙中洛（青藏队 7871）；海拔 2000 m；分布于贡山。15-1。

19　镘瓣景天 Sedum trullipetalum J. D. Hooker & Thomson

产利沙底乡亚朵村至亚坪垭口途中（高黎贡山考察队 26572）；海拔 3200～4570 m；分布于贡山、福贡。14-2。

20 长萼石莲 Sinocrassula ambigua (Praeger) A. Berger

产丙中洛（Forrest 15049）；海拔 2000～3000 m；分布于贡山。15-1。

21a 石莲 Sinocrassula indica (Decaisne) A. Berger

产独龙江（独龙江考察队 5759）；海拔 1550～2300 m；分布于贡山、福贡。14-2。

21b 圆叶石莲 Sinocrassula indica var. **forrestii** (Raymond-Hamet) S. H. Fu

产丙中洛（Forrest s.n.）；海拔 1800～2800 m；分布于贡山。15-2。

21c 黄花石莲 Sinocrassula indica var. **luteorubra** (Praeger) S. H. Fu

产上帕（Forrest s.n.）；海拔 1200～3300 m；分布于福贡。15-1。

47 虎耳草科 Saxifragaceae

1 落新妇 Astilbe chinensis (Maximowicz) Franchet & Savatier

产独龙江（林芹、邓向福 790669）；海拔 2400 m；分布于贡山、泸水。14-3。

2a 溪畔落新妇 Astilbe rivularis Buchanan-Hamilton ex D. Don

产独龙江（独龙江考察队 397）；海拔 1231～2900 m；分布于贡山、福贡、泸水、保山、腾冲。7。

2b 狭叶落新妇 Astilbe rivularis var. **angustifoliolata** H. Hara

产独龙江（独龙江考察队 1336）；海拔 1250～2800 m；分布于贡山、福贡、泸水。15-3。

2c 多花落新妇 Astilbe rivularis var. **myriantha** (Diels) J. T. Pan

产其期至东哨房途中（高黎贡山考察队 12783）；海拔 2130～3000 m；分布于贡山、福贡、泸水。15-1。

3 腺萼落新妇 Astilbe rubra J. D. Hooker & Thomson

产独龙江（独龙江考察队 6688）；海拔 2800～2800 m；分布于贡山。14-2。

4 岩白菜 Bergenia purpurascens (J. D. Hooker & Thomson) Engler

产利沙底（高黎贡山考察队 28612）；海拔 1920～4600 m；分布于贡山、福贡、泸水。14-2。

5 锈毛金腰 Chrysosplenium davidianum Decaisne ex Maximowicz

产鹿马登（高黎贡山考察队 20094）；海拔 2510～3180 m；分布于贡山、福贡、泸水。15-1。

6 肾萼金腰 Chrysosplenium delavayi Franchet

产利沙底（高黎贡山考察队 19818）；海拔 1800～2800 m；分布于贡山、福贡、泸水、腾冲。14-1。

7 贡山金腰 Chrysosplenium forrestii Diels

产其期至东哨房途中（高黎贡山考察队 12768）；海拔 2400～3800 m；分布于贡山、福贡。14-2。

8 肾叶金腰 Chrysosplenium griffithii J. D. Hooker & Thomson

产丙中洛（高黎贡山考察队 14820）；海拔 2540～2750 m；分布于贡山。14-2。

9 绵毛金腰 Chrysosplenium lanuginosum J. D. Hooker & Thomson

产明光（高黎贡山考察队 29216）；海拔 2540～2750 m；分布于贡山、腾冲。14-2。

10 山溪金腰 Chrysosplenium nepalense D. Don

产独龙江（独龙江考察队 3075）；海拔 1850～3100 m；分布于贡山、福贡、泸水、保山、腾冲、龙陵。14-2。

11 西康金腰 Chrysosplenium sikangense H. Hara

产茨开（冯国楣 7779）；海拔 3700～4100 m；分布于贡山。15-1。

12 中国梅花草 Parnassia chinensis Franchet

产亚坪（高黎贡山考察队 28535）；海拔 3700～3800 m；分布于福贡。14-2。

13 鸡心梅花草 Parnassia crassifolia Franchet

产独龙江（独龙江考察队 765）；海拔 2000～3650 m；分布于贡山、福贡。15-1。

14 突隔梅花草 Parnassia delavayi Franchet

产独龙江（独龙江考察队 7041）；海拔 2770～3440 m；分布于贡山、福贡。14-2。

15 无斑梅花草 Parnassia epunctulata J. T. Pan

产片马（碧江队 1777）；海拔 3700 m；分布于泸水。15-3。

16 长爪梅花草 Parnassia farreri W. E. Evans

产亚坪（高黎贡山考察队 28868）；海拔 2540～3640 m；分布于贡山、福贡。15-3。

17 长瓣梅花草 Parnassia longipetala Handel-Mazzetti

产丙中洛（青藏队 7408）；海拔 2400～3100 m；分布于贡山、福贡。15-1。

18 白花梅花草 Parnassia scaposa Mattfeld

产鹿马登（高黎贡山考察队 209630）；海拔 3620 m；分布于福贡。15-1。

19 娇媚梅花草 Parnassia venusta Z. P. Jien

产碧江（武素功 8790）；海拔 4100～4700 m；分布于贡山。14-2。

20 鸡肫草 Parnassia wightiana Wallich ex Wight & Arnott

产亚坪（高黎贡山考察队 28412）；海拔 2200～3600 m；分布于贡山、福贡、泸水、腾冲。14-2。

21 俞氏梅花草 Parnassia yui Z. P. Jian

产独龙江（T. T. Yü 20238）；海拔 3000 m；分布于贡山。15-3。

22 扯根菜 Penthorum chinense Pursh

产百花岭（高黎贡山考察队 19058）；海拔 1520 m；分布于保山。14-3。

23 七叶鬼灯檠 Rodgersia aesculifolia Batalin

产独龙江（独龙江考察队 747）；海拔 2450～3600 m；分布于贡山、福贡、泸水、腾冲。15-1。

24 羽叶鬼灯檠 Rodgersia pinnata Franchet

产茨开（高黎贡山考察队 11891）；海拔 2400～3500 m；分布于贡山、福贡、泸水。 15-1。

25 短柄虎耳草 Saxifraga brachypoda D. Don

产鹿马登（高黎贡山考察队 28612）；海拔 2300～4250 m；分布于贡山、福贡。14-2。

26 棒蕊虎耳草 Saxifraga clavistaminea Engler & Irmscher

产独龙江（独龙江考察队 680）；海拔 2100～2300 m；分布于贡山。15-1。

27 双喙虎耳草 Saxifraga davidii Franchet

产片马（高黎贡山考察队 22905）；海拔 2510～2810 m；分布于泸水。14-1。

28 川西虎耳草 Saxifraga dielsiana Engler & Irmscher

产独龙江（T. T. Yü 19625）；海拔 2450 m；分布于贡山。15-1。

29 中甸虎耳草 Saxifraga draboides C. Y. Wu

产茨开（高黎贡山考察队 33863）；海拔 3030 m；分布于贡山。15-1。

30 优越虎耳草 Saxifraga egregia Engler

产茨开（高黎贡山考察队 9641）；海拔 3350～3400 m；分布于贡山。15-1。

31 细叶虎耳草 Saxifraga filifolia J. Anthony

产独龙江（T. T. Yü 19800）；海拔 3300 m；分布于贡山。14-2。

32 芽生虎耳草 Saxifraga gemmipara Franchet

产铜壁关（据《云南铜壁关自然保护区科学考察研究》）；海拔 2200 m；分布于盈江。7。

33 齿叶虎耳草 Saxifraga hispidula D. Don

产鹿马登（高黎贡山考察队 28622）；海拔 3840 m；分布于福贡。14-2。

34 藏东虎耳草 Saxifraga implicans H. Smith

产茨开（高黎贡山考察队 16986）；海拔 3250 m；分布于贡山。15-1。

35 贡山虎耳草 Saxifraga insolens Irmscher

产独龙江（T. T. Yü 22484）；海拔 3800~4000 m；分布于贡山。15-3。

36 假大柱头虎耳草 Saxifraga macrostigmatoides Engler

产丙中洛（Handel-Mazzett 9686）；海拔 3900 m；分布于贡山。15-1。

37 墨脱虎耳草 Saxifraga medogensis J. T. Pan

产黑普山（高黎贡山考察队 17051）；海拔 3040~3380 m；分布于贡山、福贡。15-1。

38 黑蕊虎耳草 Saxifraga melanocentra Franchet

产鹿马登（高黎贡山考察队 28511）；海拔 3700 m；分布于福贡。14-2。

39 蒙自虎耳草 Saxifraga mengtzeana Engler & Irmscher

产独龙江（高黎贡山考察队 21586）；海拔 1237~2540 m；分布于贡山、福贡。15-2。

40 小叶虎耳草 Saxifraga minutifoliosa C. Y. Wu

产丙中洛（王启无 67257）；海拔 3000~3400 m；分布于贡山。15-3。

41 垂头虎耳草 Saxifraga nigroglandulifera N. P. Balakrishnan

产丙中洛（Forrest 2621）；海拔 2700~4500 m；分布于贡山。14-2。

42 多叶虎耳草 Saxifraga pallida Wallich ex Seringe

产丙中洛（怒江考察队 791527）；海拔 2500~3800 m；分布于贡山、福贡。14-2。

43 洱源虎耳草 Saxifraga peplidifolia Franchet

产丙中洛（高黎贡山考察队 31326）；海拔 2700~4500 m；分布于贡山。15-1。

44 垫状虎耳草 Saxifraga pulvinaria Harry Smith

产丙中洛（Handel-Mazzett 6910）；海拔 3500~4800 m；分布于贡山。14-2。

45 红毛虎耳草 Saxifraga rufescens I. B. Balfour

产丙中洛（高黎贡山考察队 9942）；海拔 1930~3400 m；分布于泸水、福贡。15-1。

46 金星虎耳草 Saxifraga stella-aurea J. D. Hooker & Thomson

产丙中洛（王启无 67294）；海拔 4200 m；分布于贡山。14-2。

47 繁缕虎耳草 Saxifraga stellariifolia Franchet

产东哨房（高黎贡山考察队 7767）；海拔 3000~4300 m；分布于贡山。15-1。

48 虎耳草 Saxifraga stolonifera Curtis

产界头（高黎贡山考察队 29110）；海拔 2200 m；分布于腾冲。14-3。

49 伏毛虎耳草 Saxifraga strigosa Wallich ex Seringe

产片马（高黎贡山考察队 15967）；海拔 2800~3250 m；分布于泸水、保山。14-2。

50 近等叶虎耳草 Saxifraga subaequifoliata Irmscher

产黑普山（高黎贡山考察队 16783）；海拔 2500~4100 m；分布于贡山、泸水。15-1。

51 苍山虎耳草 Saxifraga tsangchanensis Franchet

产多克拉（Handel-Mazzett 8085）；海拔 3600～4700 m；分布于贡山。15-1。

52 多痂虎耳草 Saxifraga versicallosa C. Y. Wu

产独龙江（T. T. Yü 19861）；海拔 4000 m；分布于贡山。15-3。

53 黄水枝 Tiarella polyphylla D. Don

产独龙江（独龙江考察队 5538）；海拔 1823～2770 m；分布于贡山、福贡、泸水、腾冲。14-2。

48　茅膏菜科 Droseraceae

1 锦地罗 Drosera burmanni de Candolle

产铜壁关（据《云南铜壁关自然保护区科学考察研究》）；海拔 1550 m；分布于盈江。5。

2 茅膏菜 Drosera peltata Smith ex Willdenow

产清水（高黎贡山考察队 30852）；海拔 1470 m；分布于腾冲。5。

50　川苔草科 Podostemaceae

1 水石衣 Hydrobryum griffithii (Wallich ex Griffith) Tulasne

产铜壁关（据《云南铜壁关自然保护区科学考察研究》）；海拔 220～1900 m；分布于盈江。7。

52　沟繁缕科 Elatinaceae

1 田繁缕 Bergia ammannioides Roxburgh ex Roth

产铜壁关（据《云南铜壁关自然保护区科学考察研究》）；海拔 380～900 m；分布于盈江。4。

53　石竹科 Caryophyllaceae

1 髯毛无心菜 Arenaria barbata Franchet

产片马（高黎贡山考察队 22693）；海拔 2370～3080 m；分布于泸水。15-1。

2 柔软无心菜 Arenaria debilis J. D. Hooker

产鹿马登（高黎贡山考察队 26570）；海拔 3310～4100 m；分布于贡山、福贡。14-2。

3 滇蜀无心菜 Arenaria dimorphitricha C. Y. Wu ex L. H. Zhou

产鹿马登（高黎贡山考察队 28579）；海拔 3630 m；分布于福贡。15-1。

4 真齿无心菜 Arenaria euodonta W. W. Smith

产丙中洛（冯国楣 7742）；海拔 4000～4100 m；分布于贡山。15-2。

5 不显无心菜 Arenaria inconspicua Handel-Mazzetti

产丙中洛（Handel-Mazzetti 8146）；海拔 3600～4600 m；分布于贡山。15-2。

6 无饰无心菜 Arenaria inornata W. W. Smith

产亚坪（高黎贡山考察队 20065）；海拔 2250～3058 m；分布于贡山、福贡。15-2。

7 长刚毛无心菜 Arenaria longiseta C. Y. Wu ex Z. Xuan

产片马（碧江队 1779）；海拔 3700 m；分布于泸水。15-2。

8 圆叶无心菜 Arenaria orbiculata Royle ex Edgeworth & J. D. Hooker

产独龙江（独龙江考察队 5427）；海拔 1170～2500 m；分布于贡山、福贡、龙陵。14-2。

9 须花无心菜 Arenaria pogonantha W. W. Smith

产明光（Forrest s n）；海拔 3000 m；分布于腾冲。15-1。

10 多子无心菜 Arenaria polysperma C. Y. Wu & L. H. Zhou
产独龙江（T. T. Yü 19742）；海拔 4000 m；分布于贡山。15-2。

11 团状福禄草 Arenaria polytrichoides Edgeworth
产东哨房至垭口途中（高黎贡山考察队 12705）；海拔 3600～3680 m；分布于贡山。15-1。

12 粉花无心菜 Arenaria roseiflora Sprague
产丙中洛（高黎贡山考察队 31210）；海拔 3400～3940 m；分布于贡山。15-2。

13 怒江无心菜 Arenaria salweenensis W. W. Smith
产片马（Forrest 18474）；海拔 2800 m；分布于泸水。15-3。

14 无心菜 Arenaria serpyllifolia Linnaeus
产独龙江（独龙江考察队 5634）；海拔 1500～1820 m；分布于贡山、福贡。1。

15 刚毛无心菜 Arenaria setifera C. Y. Wu ex L. H. Zhou
产片马（武素功 8410）；海拔 3600～4000 m；分布于福贡、泸水。15-3。

16 大花福禄草 Arenaria smithiana Mattfeld
产片马（高黎贡山考察队 7171）；海拔 4000～4500 m；分布于泸水。15-1。

17 具毛无心菜 Arenaria trichophora Franchet
产嘎娃嘎普峰至楚块湖途中（高黎贡山考察队 31249）；海拔 3450～4200 m；分布于贡山。15-1。

18 短瓣花 Brachystemma calycinum D. Don
产百花岭（李恒、郭辉军、李正波、施晓春 80）；海拔 1600～1800 m；分布于泸水、保山。14-2。

19 簇生喜泉卷耳 Cerastium fontanum subsp. **vulgare** (Hartman) Greuter & Burdet
产独龙江（独龙江考察队 1356）；海拔 1175～2630 m；分布于贡山、福贡、泸水、保山、腾冲。1。

20 缘毛卷耳 Cerastium furcatum Chamisso & Schlechtendal
产独龙江（独龙江考察队 6499）；海拔 1800～2200 m；分布于贡山、泸水。14-3。

21 球序卷耳 Cerastium glomeratum Thuillier
产独龙江（独龙江考察队 5385）；海拔 1350～2000 m；分布于贡山。1。

22 鹅肠菜 Myosoton aquaticum (Linnaeus) Moench
产独龙江（独龙江考察队 1141）；海拔 1320～1350 m；分布于贡山。1。

23 多荚草 Polycarpon prostratum (Forsskål) Ascherson & Schweinfurth
产鹿马登（高黎贡山考察队 21010）；海拔 1000～1100 m；分布于福贡。6。

24 须弥孩儿参 Pseudostellaria himalaica (Franchet) Pax
产上帕（青藏队 7100）；海拔 2300 m；分布于福贡。14-2。

25 细叶孩儿参 Pseudostellaria sylvatica (Maximowicz) Pax
产贡山（据《云南植物志》）；海拔 2400～2800 m；分布于贡山。14-1。

26 漆姑草 Sagina japonica (Swartz) Ohwi
产茨开（高黎贡山考察队 8031）；海拔 1400～3000 m；分布于贡山。14-1。

27 无毛漆姑草 Sagina saginoides (Linnaeus) H. Karsten
产独龙江（独龙江考察队 1144）；海拔 1400～3200 m；分布于贡山、福贡、泸水、保山。10。

28 女娄菜 Silene aprica Turczaninow ex Fischer & C. A. Meyer
产捧当（高黎贡山考察队 12856）；海拔 1250～2300 m；分布于贡山、福贡、泸水。14-3。

29 掌脉蝇子草 Silene asclepiadea Franchet

产明光（武素功 7155）；海拔 2000～2100 m；分布于腾冲。15-1。

30 狗筋蔓 Silene baccifera (Linnaeus) Roth

产独龙江（独龙江考察队 225）；海拔 1300～2750 m；分布于贡山、福贡、泸水、腾冲、龙陵。10。

31 疏毛女娄菜 Silene firma Siebold & Zuccarini

产蒲川（尹文清 1465）；海拔 1650 m；分布于腾冲。14-3。

32 宽叶变黑蝇子草 Silene nigrescens subsp. **latifolia** Bocquet

产嘎娃嘎普峰至楚块湖途中（高黎贡山考察队 31648）；海拔 3800～4030 m；分布于贡山、保山、腾冲。15-1。

33 岩生蝇子草 Silene scopulorum Franchet

产碧江（南水北调队 8781）；海拔 3300 m；分布于福贡。15-2。

34 粘萼蝇子草 Silene viscidula Franchet

产茨开（南水北调队 9124；）；海拔 1540～2300 m；分布于贡山、福贡、泸水、腾冲。15-1。

35 云南蝇子草 Silene yunnanensis Franchet

产独龙江（独龙江考察队 6007）；海拔 2300 m；分布于贡山、腾冲。15-2。

36 雀舌草 Stellaria alsine Grimm

产独龙江（独龙江考察队 3023）；海拔 1320～1560 m；分布于贡山。10。

37 短瓣繁缕 Stellaria brachypetala Bunge

产独龙江（青藏队 8630）；海拔 3500 m；分布于贡山。13。

38 偃卧繁缕 Stellaria decumbens Edgeworth

产丙中洛（青藏队 8660）；海拔 3400～3600 m；分布于贡山。14-2。

39 禾叶繁缕 Stellaria graminea Linnaeus

产片马（武素功 8431）；海拔 2700～3500 m；分布于贡山、泸水。10。

40 绵毛繁缕 Stellaria lanata J. D. Hooker

产独龙江（独龙江考察队 2227）；海拔 1840～3000 m；分布于贡山、泸水。14-2。

41 绵柄繁缕 Stellaria lanipes C. Y. Wu & H. Chuang

产独龙江（林芹、邓向福 790520）；海拔 3500 m；分布于贡山。15-2。

42 繁缕 Stellaria media (Linnaeus) Villars

产独龙江（独龙江考察队 1511）；海拔 686～3680 m；分布于贡山、福贡、泸水、保山、腾冲。10。

43 锥花繁缕 Stellaria monosperma var. **paniculata** (Edgeworth) Majumdar

产片马（武素功 8296）；海拔 2600 m；分布于泸水。14-1。

44 峨眉繁缕 Stellaria omeiensis C. Y. Wu & Y. W. Tsui ex P. Ke

产鹿马登（高黎贡山考察队 20522）；海拔 1859～2768 m；分布于福贡、泸水、保山、腾冲。15-1。

45 沼生繁缕 Stellaria palustris Retzius

产捧当（高黎贡山考察队 12426）；海拔 1500～1840 m；分布于贡山。10。

46 细柄繁缕 Stellaria petiolaris Handel-Mazzetti

产片马（高黎贡山考察队 7149）；海拔 1800～2700 m；分布于泸水。15-1。

47 长毛箐姑草 Stellaria pilosoides Shi L. Chen et al.

产百花岭（高黎贡山考察队 13434）；海拔 1283～3250 m；分布于贡山、泸水、保山。15-1。

48a 箐姑草 Stellaria vestita Kurz

产独龙江（独龙江考察队 4135）；海拔 1310～3100 m；分布于贡山、福贡、泸水、保山、腾冲。7。

48b 抱茎箐姑草 Stellaria vestita var. **amplexicaulis** (Handel-Mazzetti) C. Y. Wu

产片马（碧江队 1573）；海拔 1800～2200 m；分布于福贡、泸水。15-1。

49 千针万线草 Stellaria yunnanensis Franchet

产茨开（高黎贡山考察队 15349）；海拔 1231～3000 m；分布于贡山、福贡、泸水、保山、腾冲。15-1。

50 藏南繁缕 Stellaria zangnanensis L. H. Zhou

产独龙江（独龙江考察队 47）；海拔 1350～2550 m；分布于贡山。15-1。

51 麦蓝菜 Vaccaria hispanica (Miller) Rauschert

产鲁掌（高黎贡山考察队 8264）；海拔 2200 m；分布于泸水。10。

54 粟米草科 Molluginaceae

1 星粟草 Glinus lotoides Linnaeus

产铜壁关（据《云南铜壁关自然保护区科学考察研究》）；海拔 350～850 m；分布于盈江。2。

2 粟米草 Mollugo stricta Linnaeus

产比碧利（独龙江考察队 260）；海拔 1500～2700 m；分布于贡山、福贡。7。

56 马齿苋科 Portulacaceae

1 马齿苋 Portulaca oleracea Linnaeus

产芒宽（高黎贡山考察队 17400）；海拔 670～1100 m；分布于保山、龙陵。2。

2 四瓣马齿苋 Portulaca quadrifida Linnaeus

产芒宽（高黎贡山考察队 23597）；海拔 686 m；分布于保山。2。

57 蓼科 Polygonaceae

1 金线草 Antenoron filiforme Roberty & Vautier

产六库（韩裕丰等 81-838）；海拔 2450 m；分布于泸水。14-3。

2 金荞麦 Fagopyrum dibotrys (D. Don) H. Hara

产独龙江（独龙江考察队 169）；海拔 702～2900 m；分布于贡山、福贡、泸水、保山、腾冲、龙陵。14-2。

3 细柄野荞麦 Fagopyrum gracilipes Damm ex Diels

产怒江第一湾（高黎贡山考察队 15437）；海拔 1680～2200 m；分布于贡山、泸水。15-1。

4 何首乌 Fallopia multiflora (Thunberg) Haraldson

产沙拉瓦底（独龙江考察队 164）；海拔 890～1625 m；分布于福贡、泸水、保山。14-3。

5 山蓼 Oxyria digyna (Linnaeus) Hill

产福彩至楚块湖途中（高黎贡山考察队 32877）；海拔 2150～4020 m；分布于贡山、福贡。8。

6 中华山蓼 Oxyria sinensis Hemsley

产洛本卓（高黎贡山考察队 25889）；海拔 2300～3400 m；分布于贡山、泸水。15-1。

7 高山神血宁 Polygonum alpinum Allioni

产独龙江（高黎贡山考察队 22094）；海拔 1950 m；分布于贡山。10。

8 抱茎蓼 Polygonum amplexicaule D. Don

产丙中洛（邓向福 791312）；海拔 3450 m；分布于贡山。14-2。

9 萹蓄 Polygonum aviculare Linnaeus

产铜壁关（据《云南铜壁关自然保护区科学考察研究》）；海拔 1700～2250 m；分布于盈江。8。

10 毛蓼 Polygonum barbatum Linnaeus

产匹河（杨竞生 s.n.）；海拔 1200～1800 m；分布于贡山、福贡。14-1。

11a 钟花神血宁 Polygonum campanulatum J. D. Hooker

产独龙江（独龙江考察队 768）；海拔 2000～3600 m；分布于贡山、福贡、泸水、腾冲。14-2。

11b 绒毛钟花神血宁 Polygonum campanulatum var. fulvidum J. D. Hooker

产洛本卓（高黎贡山考察队 25647）；海拔 2040～3120 m；分布于贡山、福贡、泸水。14-2。

12 头花蓼 Polygonum capitatum Buchanan-Hamilton ex D. Don

产独龙江（独龙江考察队 163）；海拔 702～3500 m；分布于贡山、福贡、泸水、保山、腾冲、龙陵。14-2。

13a 火炭母 Polygonum chinense Linnaeus

产独龙江（独龙江考察队 773）；海拔 1350～3200 m；分布于贡山、福贡、泸水、保山、腾冲、龙陵。7。

13b 硬毛火炭母 Polygonum chinense var. hispidum J. D. Hooker

产独龙江（独龙江考察队 1016）；海拔 850～2700 m；分布于贡山、福贡、泸水、保山、腾冲、龙陵。14-1。

13c 宽叶火炭母 Polygonum chinense var. ovalifolium Meisner

产独龙江（独龙江考察队 381）；海拔 900～2500 m；分布于贡山、福贡、泸水、保山、腾冲。14-2。

13d 窄叶火炭母 Polygonum chinense var. paradoxum (H. Léveillé) A. J. Li

产独龙江（高黎贡山考察队 15255）；海拔 1520～2500 m；分布于贡山、福贡、泸水、保山、腾冲。15-1。

14 革叶拳蓼 Polygonum coriaceum Samuelsson

产鹿马登（高黎贡山考察队 27163）；海拔 3120 m；分布于福贡。15-1。

15 蓝药蓼 Polygonum cyanandrum Diels

产茨开（高黎贡山考察队 16974）；海拔 2640～4270 m；分布于贡山、福贡、泸水。15-1。

16 小叶蓼 Polygonum delicatulum Meisner

产茨开（高黎贡山考察队 9515）；海拔 2900～4270 m；分布于贡山、福贡、泸水。14-2。

17 竹叶舒筋 Polygonum emodi Meisner

产片马（高黎贡山考察队 9940）；海拔 2510～3125 m；分布于泸水。14-2。

18 六铜钱叶神血宁 Polygonum forrestii Diels

产亚坪（高黎贡山考察队 27110）；海拔 3700～4570 m；分布于贡山、福贡。14-2。

19 冰川蓼 Polygonum glaciale (Meisner) J. D. Hooker

产赧亢植物园（高黎贡山考察队 13186）；海拔 1800 m；分布于保山。14-2。

20 长梗拳参 Polygonum griffithii J. D. Hooker

产片马（碧江队 1695）；海拔 2100～3100 m；分布于贡山、福贡、泸水。14-2。

21 辣蓼 Polygonum hydropiper Linnaeus

产独龙江（独龙江考察队 1989）；海拔 710～3100 m；分布于贡山、福贡、泸水、腾冲、龙陵。8。

22 蚕茧草 Polygonum japonicum Meisner

产界头（高黎贡山考察队 11159）；海拔 686～1760 m；分布于贡山、保山、腾冲。14-3。

23 柔茎蓼 Polygonum kawagoeanum Makino

产独龙江（独龙江考察队 5131）；海拔 686～1320 m；分布于贡山、福贡、龙陵。7。

24 马蓼 Polygonum lapathifolium Linnaeus

产青水海（高黎贡山考察队 29776）；海拔 686～1850 m；分布于贡山、保山、腾冲。8。

25a 长鬃蓼 Polygonum longisetum Bruijn

产独龙江（独龙江考察队 47）；海拔 650～2060 m；分布于贡山、福贡、泸水、保山、腾冲、龙陵。7。

25b 圆基长鬃蓼 Polygonum longisetum var. **rotundatum** A. J. Li

产茨开（冯国楣 8155）；海拔 1800 m；分布于贡山。14-1。

26 长戟叶蓼 Polygonum maackianum Regel

产大具（高黎贡山考察队 27846）；海拔 1280～1320 m；分布于福贡。14-3。

27a 圆穗拳参 Polygonum macrophyllum D. Don

产鹿马登（碧江考察队 1129）；海拔 4120～4200 m；分布于贡山、福贡。14-2。

27b 狭叶圆穗拳参 Polygonum macrophyllum var. **stenophyllum** (Meisner) A. J. Li

产独龙江（高黎贡山考察队 22080）；海拔 2760 m；分布于贡山。14-2。

28a 小头蓼 Polygonum microcephalum D. Don

产独龙江（林芹、邓向福 790803）；海拔 1430～3200 m；分布于贡山、福贡。14-2。

28b 腺梗小头蓼 Polygonum microcephalum var. **sphaerocephalum** (Wallich ex Meisner) H. Hara

产茨开（高黎贡山考察队 12394）；海拔 2000～3450 m；分布于贡山、福贡、泸水、腾冲、龙陵。14-2。

29 大海拳参 Polygonum milletii (H. Léveillé) H. Léveillé

产独龙江（独龙江考察队 721）；海拔 1900 m；分布于贡山、泸水。14-2。

30a 绢毛神血宁 Polygonum molle D. Don

产鲁掌（高黎贡山考察队 7081）；海拔 1300～2800 m；分布于贡山、福贡、泸水、保山、腾冲、龙陵。7。

30b 光叶神血宁 Polygonum molle var. **frondosum** (Meisner) A. J. Li

产鲁掌（高黎贡山考察队 8161）；海拔 2100～2700 m；分布于贡山、泸水。7。

30c 倒毛神血宁 Polygonum molle var. **rude** (Meisner) A. J. Li

产姚家坪至片马途中[南水北调队（滇西北分队）10392]；海拔 1500～2800 m；分布于贡山、福贡、泸水、腾冲、龙陵。14-2。

31 小蓼花 Polygonum muricatum Meisner

产曲石（高黎贡山考察队 30644）；海拔 1530～2200 m；分布于泸水、保山、腾冲。14-1。

32 尼泊尔蓼 Polygonum nepalense Meisner

产丙中洛（高黎贡山考察队 11698）；海拔 710～3450 m；分布于贡山、福贡、泸水、保山、腾冲、龙陵。6。

33 铜钱叶神血宁 Polygonum nummulariifolium Meisner

产黑普山（高黎贡山考察队 32192）；海拔 3300～4000 m；分布于贡山。14-2。

34 红蓼 Polygonum orientale Linnaeus

产独龙江（高黎贡山考察队 20375）；海拔 1330～2300 m；分布于贡山、福贡、泸水、保山、腾冲。10。

35a 草血竭 Polygonum paleaceum Wallich ex J. D. Hooker

产独龙江（独龙江考察队 721）；海拔 1700～3700 m；分布于贡山、腾冲。14-2。

35b 毛叶草血竭 Polygonum paleaceum var. **pubifolium** Samuelsson

产丙中洛（王启无 66641）；海拔 2100～2700 m；分布于贡山。15-1。

36 杠板归 Polygonum perfoliatum Linnaeus

产独龙江（独龙江考察队 532）；海拔 850～2070 m；分布于贡山、福贡、泸水、保山、腾冲。7。

37 松林神血宁 Polygonum pinetorum Hemsley

产独龙江（独龙江考察队 5573）；海拔 1700 m；分布于贡山。15-1。

38 铁马鞭 Polygonum plebeium R. Brown

产潞江（高黎贡山考察队 23574）；海拔 686～1860 m；分布于福贡、泸水、保山、腾冲、龙陵。4。

39a 多穗神血宁 Polygonum polystachyum Wallich ex Meisner

产黑普山（高黎贡山考察队 22525）；海拔 2400～3400 m；分布于贡山、泸水。14-2。

39b 长叶多穗神血宁 Polygonum polystachyum var. **longifolium** J. D. Hooker

产黑普山（冯国楣 8418）；海拔 2500～2700 m；分布于贡山。14-2。

40 丛枝蓼 Polygonum posumbu Buchanan-Hamilton ex D. Don

产界头（高黎贡山考察队 11032）；海拔 1130～2230 m；分布于泸水、保山、腾冲、龙陵。7。

41 疏蓼 Polygonum praetermissum J. D. Hooker

产丙中洛（T. T. Yü 19196）；海拔 1750 m；分布于贡山。5。

42 伏毛蓼 Polygonum pubescens Blume

产马站（赵嘉志 3）；海拔 1900 m；分布于腾冲。7。

43a 羽叶蓼 Polygonum runcinatum Buchanan-Hamilton ex D. Don

产独龙江（独龙江考察队 1078）；海拔 1320～3800 m；分布于贡山、福贡、泸水、保山、腾冲。7。

43b 赤胫散 Polygonum runcinatum var. **sinense** Hemsley

产独龙江（独龙江考察队 1247）；海拔 1231～3450 m；分布于贡山、福贡、泸水、保山、腾冲、龙陵。15-1。

44 翅柄拳参 Polygonum sinomontanum Samuelsson

产利沙底（高黎贡山考察队 26458）；海拔 2770～2850 m；分布于福贡、泸水。15-1。

45 大理拳参 Polygonum subscaposum Diels

产丙中洛（高黎贡山考察队 31181）；海拔 3470～4080 m；分布于贡山。15-2。

46 珠芽支柱拳参 Polygonum suffultoides A. J. Li

产利沙底（高黎贡山考察队 25373）；海拔 3060～3900 m；分布于贡山、福贡。15-2。

47a 支柱拳参 Polygonum suffultum Maximowicz

产亚坪（高黎贡山考察队 20510）；海拔 2276～3200 m；分布于贡山、福贡。14-3。

47b 细穗支柱拳参 Polygonum suffultum var. **pergracile** (Hemsley) Samuelsson

产亚坪（高黎贡山考察队 25919）；海拔 2790～4150 m；分布于贡山、福贡。15-1。

48 戟叶蓼 Polygonum thunbergii Siebold & Zuccarini

产片马（高黎贡山考察队 10254）；海拔 1730～2300 m；分布于泸水、腾冲。14-3。

49 荫地蓼 Polygonum umbrosum Samuelsson

产尼瓦洛（T. T. Yü 20597）；海拔 1900～3000 m；分布于贡山、福贡、泸水。15-3。

50 香蓼 Polygonum viscosum Buchanan-Hamilton ex D. Don

产叠水河（李生堂 566）；海拔 1820 m；分布于腾冲。14-1。

51 珠芽拳参 Polygonum viviparum Linnaeus

产界头至大塘途中（高黎贡山考察队 11075）；海拔 1748～4500 m；分布于贡山、福贡、泸水、保山、腾冲。8。

52 球序蓼 Polygonum wallichii Meisner

产独龙江（独龙江考察队 3228）；海拔 2800～3460 m；分布于贡山、福贡、腾冲。14-2。

53 云南大黄 Rheum yunnanense Samuelsson

产利沙底（林芹 791999）；海拔 3500 m；分布于福贡。14-1。

54 齿果酸模 Rumex dentatus Linnaeus

产铜壁关（据《云南铜壁关自然保护区科学考察研究》）；海拔 1650～2300 m；分布于盈江。8。

55 戟叶酸模 Rumex hastatus D. Don

产铜壁关（据《云南铜壁关自然保护区科学考察研究》）；海拔 2000 m；分布于盈江。7。

56 刺酸模 Rumex maritimus Linnaeus

产铜壁关（据《云南铜壁关自然保护区科学考察研究》）；海拔 1800～2300 m；分布于盈江。7。

57 尼泊尔酸模 Rumex nepalensis Sprengel

产独龙江（独龙江考察队 3028）；海拔 1255～2580 m；分布于贡山、福贡、泸水、腾冲。7。

59 商陆科 Phytolaccaceae

1 商陆 Phytolacca acinosa Roxburgh

产片马（高黎贡山考察队 10364）；海拔 1200～2500 m；分布于贡山、福贡、泸水、保山、腾冲。14-1。

61 藜科 Chenopodiaceae

1 千针苋 Acroglochin persicarioides (Poiret) Moquin-Tandon

产丙中洛（王启无 66784）；海拔 2000～2500 m；分布于贡山。14-2。

2 藜 Chenopodium album Linnaeus

产独龙江（独龙江考察队 5144）；海拔 600～3000 m；分布于贡山、保山、龙陵。1。

3 小藜 Chenopodium ficifolium Smith

产铜壁关（据《云南铜壁关自然保护区科学考察研究》）；海拔 420～2210 m；分布于盈江。10。

4 地肤 Kochia scoparia (Linnaeus) Schrader

产铜壁关（据《云南铜壁关自然保护区科学考察研究》）；海拔 1600～2100 m；分布于盈江。8。

63　苋科 Amaranthaceae

1　土牛膝 Achyranthes aspera Linnaeus

产独龙江（独龙江考察队 1448）；海拔 650~1500 m；分布于贡山、泸水、保山、龙陵。10。

2　牛膝 Achyranthes bidentata Blume

产独龙江（独龙江考察队 999）；海拔 900~3120 m；分布于贡山、泸水、保山、腾冲、龙陵。7。

3　柳叶牛膝 Achyranthes longifolia (Makino) Makino

产鲁掌（高黎贡山考察队 7107）；海拔 1400~1950 m；分布于福贡、泸水。14-3。

4　少毛白花苋 Aerva glabrata J. D. Hooker

产上江丙贡（杨竞生 7749）；海拔 2500 m；分布于泸水、腾冲。14-2。

5　白花苋 Aerva sanguinolenta (Linnaeus) Blume

产匹河（高黎贡山考察队 7978）；海拔 691~1170 m；分布于福贡、泸水、保山。7。

6　莲子草 Alternanthera sessilis (Linnaeus) R. Brown ex Candolle

产六库（独龙江考察队 074）；海拔 650~1430 m；分布于泸水、保山。7。

7　青葙 Celosia argentea Linnaeus

产六库（独龙江考察队 124）；海拔 686~1250 m；分布于泸水、保山。6。

8　头花杯苋 Cyathula capitata Moquin-Tandon

产独龙江（独龙江考察队 259）；海拔 1300~1930 m；分布于贡山、泸水、保山、腾冲。14-2。

9　川牛膝 Cyathula officinalis K. C. Kuan

产鹿马登（高黎贡山考察队 7902）；海拔 1500~2240 m；分布于贡山、泸水、保山、腾冲、龙陵。14-2。

10　杯苋 Cyathula prostrata (Linnaeus) Blume

产六库至保山芒宽途中（高黎贡山考察队 10532）；海拔 900 m；分布于泸水、保山。4。

11　浆果苋 Deeringia amaranthoides (Lamarck) Merrill

产独龙江（独龙江考察队 394）；海拔 1300~1800 m；分布于贡山、福贡、保山、腾冲。5。

12　云南林地苋 Psilotrichum yunnanense D. D. Tao

产六库（独龙江考察队 009）；海拔 850 m；分布于泸水。15-3。

65　亚麻科 Linaceae

1　异腺草 Anisadenia pubescens Griffith

产贡当神山（高黎贡山考察队 34235）；海拔 1400~2250 m；分布于贡山、福贡、泸水、腾冲。14-2。

2　石异腺草 Anisadenia saxatilis Wallich ex C. F. W. Meissner

产独龙江（高黎贡山考察队 32590）；海拔 2248 m；分布于贡山。14-2。

3　石海椒 Reinwardtia indica Dumortier

产芒宽（高黎贡山考察队 13522）；海拔 1600 m；分布于保山。14-2。

66　蒺藜科 Zygophyllaceae

1　蒺藜 Tribulus terrestris Linnaeus

产铜壁关（据《云南铜壁关自然保护区科学考察研究》）；海拔 950~1300 m；分布于盈江。1。

67 牻牛儿苗科 Geraniaceae

1 五叶老鹳草 Geranium delavayi Franchet
产丙中洛（怒江考察队 791531）；海拔 2500～3700 m；分布于贡山、福贡。15-1。

2 长根老鹳草 Geranium donianum Sweet
产黑普山（高黎贡山考察队 3215）；海拔 3350～4570 m；分布于贡山。14-2。

3 圆柱根老鹳草 Geranium farreri Stapf
产丙中洛（冯国楣 7889）；海拔 3700～3800 m；分布于贡山。15-1。

4 灰岩紫地榆 Geranium franchetii R. Knuth
产片马（怒江考察队 1844）；海拔 2800～3450 m；分布于泸水。15-1。

5 刚毛紫地榆 Geranium hispidissimum R. Knuth
产铜壁关（据《云南铜壁关自然保护区科学考察研究》）；海拔 2450 m；分布于盈江。15-2。

6 萝卜根老鹳草 Geranium napuligerum Franchet
产独龙江（T. T. Yü 19848）；海拔 3700 m；分布于贡山。15-1。

7 尼泊尔老鹳草 Geranium nepalense Sweet
产独龙江（独龙江考察队 1020）；海拔 1175～3120 m；分布于贡山、福贡、泸水、保山、腾冲、龙陵。7。

8 二色老鹳草 Geranium ocellatum Cambessèdes
产独龙江（高黎贡山考察队 22262）；海拔 1780 m；分布于贡山。6。

9 多花老鹳草 Geranium polyanthes Edgeworth & J. D. Hooker
产黑普山（高黎贡山考察队 16972）；海拔 2500～3600 m；分布于贡山、泸水。14-2。

10 反瓣老鹳草 Geranium refractum Edgeworth & J. D. Hooker
产福彩（高黎贡山考察队 31204）；海拔 3600～3810 m；分布于贡山。14-2。

11 中华老鹳草 Geranium sinense R. Knuth
产铜壁关（据《云南铜壁关自然保护区科学考察研究》）；海拔 1450～2350 m；分布于盈江。15-1。

12 伞花老鹳草 Geranium umbelliforme Franchet
产茨开（高黎贡山考察队 16972）；海拔 3450 m；分布于贡山。15-1。

13 云南老鹳草 Geranium yunnanense Franchet
产洛本卓（高黎贡山考察队 25649）；海拔 1800～3900 m；分布于贡山、福贡、泸水。15-1。

69 酢浆草科 Oxalidaceae

1 分枝感应草 Biophytum fruticosum Blume
产平达（王启无 92322）；海拔 1200 m；分布于龙陵。7。

2 无柄感应草 Biophytum umbraculum Welwitsch
产曲石（尹文清 60-1487）；海拔 1200～1600 m；分布于腾冲。6。

3 白花酢浆草 Oxalis acetosella Linnaeus
产独龙江（高黎贡山考察队 21767）；海拔 1530～4270 m；分布于贡山、福贡、泸水。10。

4 酢浆草 Oxalis corniculata Linnaeus
产独龙江（独龙江考察队 505）；海拔 1180～2400 m；分布于贡山、福贡、泸水、保山、腾冲。1。

5 山酢浆草 Oxalis griffithii Edgeworth & J. D. Hooker

产独龙江（独龙江考察队 1495）；海拔 1400～2600 m；分布于贡山、福贡、泸水、腾冲。14-2。

71 凤仙花科 Balsaminaceae

1 大叶凤仙花 Impatiens apalophylla Hook. f.

产铜壁关（据《云南铜壁关自然保护区科学考察研究》）；海拔 1500～1900 m；分布于盈江。15-1。

2 水凤仙花 Impatiens aquatilis J. D. Hooker

产曲石（尹文清 1078）；海拔 2000～2300 m；分布于腾冲。15-2。

3 锐齿凤仙花 Impatiens arguta J. D. Hooker & Thomson

产独龙江（独龙江考察队 920）；海拔 900～2500 m；分布于贡山、福贡、泸水、保山、腾冲、龙陵。14-2。

4 缅甸凤仙花 Impatiens aureliana J. D. Hooker

产瑞丽江-怒江分水岭（Forrest 18412）；海拔 700～1700 m；分布于腾冲。14-1。

5 白汉洛凤仙花 Impatiens bahanensis Handel-Mazzetti

产丙中洛（青藏队 8132）；海拔 1900～3000 m；分布于贡山。15-1。

6 大苞凤仙花 Impatiens balansae Hook. f.

产铜壁关（据《云南铜壁关自然保护区科学考察研究》）；海拔 1200～1900 m；分布于盈江。7。

7 东川凤仙花 Impatiens blinii H. Léveillé

产芒宽（高黎贡山考察队 18878）；海拔 2220 m；分布于保山。15-2。

8 具角凤仙花 Impatiens ceratophora H. F. Comber

产黑普山（高黎贡山考察队 16667）；海拔 2200～2950 m；分布于贡山、福贡、泸水、腾冲。15-3。

9 高黎贡山凤仙花 Impatiens chimiliensis H. F. Comber

产黑普山（高黎贡山考察队 32133）；海拔 3200～3700 m；分布于贡山、福贡。14-1。

10 华凤仙 Impatiens chinensis Linnaeus

产北海（李恒、李嵘、蒋柱檀、高富、张雪梅 401）；海拔 1400～2100 m；分布于腾冲。14-1。

11a 棒尾凤仙花 Impatiens clavicuspis J. D. Hooker ex W. W. Smith

产明光（Forrest 1004）；海拔 2700～3200 m；分布于腾冲。14-1。

11b 短尖棒尾凤仙花 Impatiens clavicuspis var. **brevicuspis** Handel-Mazzetti

产茨开（Handel-Mazzetti 9357）；海拔 2800～3400 m；分布于贡山。15-2。

12 叶底花凤仙花 Impatiens cornucopia Franchet

产姚家坪（韩裕丰等 796）；海拔 2660 m；分布于泸水。15-1。

13 蓝花凤仙花 Impatiens cyanantha J. D. Hooker

产自奔山（高黎贡山考察队 10106）；海拔 1950 m；分布于云龙。15-1。

14 金凤花 Impatiens cyathiflora J. D. Hooker

产界头（高黎贡山考察队 11115）；海拔 1680～2200 m；分布于腾冲。15-2。

15 耳叶凤仙花 Impatiens delavayi Franchet

产丙中洛（Delavay 1946）；海拔 2100～3350 m；分布于贡山。15-1。

16 束花凤仙花 Impatiens desmantha J. D. Hooker

产黑普山（高黎贡山考察队 34508）；海拔 1550～3800 m；分布于贡山、福贡、泸水、腾冲。15-2。

17 镰萼凤仙花 Impatiens drepanophora J. D. Hooker

产五合（Forrest 35）；海拔 2000～2200 m；分布于腾冲。14-2。

18 福贡凤仙花 Impatiens fugongensis K. M. Liu & Y. Y. Cong

产独龙江（林芹、邓向福 790908）；海拔 1450～1550 m；分布于贡山。15-3。

19 贡山凤仙花 Impatiens gongshanensis Y. L. Chen

产独龙江（高黎贡山考察队 32614）；海拔 1270 m；分布于贡山。15-3。

20 细梗凤仙花 Impatiens gracilipes J. D. Hooker

产其期（青藏队 8132）；海拔 2000～3750 m；分布于贡山、福贡、保山。15-1。

21 横断山凤仙花 Impatiens hengduanensis Y. L. Chen

产独龙江（青藏队 9448）；海拔 1266 m；分布于贡山。15-3。

22 同距凤仙花 Impatiens holocentra Handel-Mazzetti

产独龙江（独龙江考察队 296）；海拔 1150～3500 m；分布于贡山、福贡、泸水、保山、腾冲、龙陵。14-1。

23 狭萼凤仙花 Impatiens lancisepala S. H. Huang

产独龙江（高黎贡山考察队 32300）；海拔 1720 m；分布于贡山。15-2。

24 毛凤仙花 Impatiens lasiophyton J. D. Hooker

产怒江东岸（青藏队 7377）；海拔 1220～2070 m；分布于福贡、腾冲。15-1。

25 滇西北凤仙花 Impatiens lecomtei J. D. Hooker

产独龙江（独龙江考察队 6285）；海拔 1420～2590 m；分布于贡山、福贡。15-2。

26 李恒凤仙花 Impatiens lihengiana S. X. Yu & R. Li

产丙中洛（高黎贡山考察队 31810）；海拔 2530 m；分布于贡山。15-3。

27 长喙凤仙花 Impatiens longirostris S. H. Huang

产姚家坪（高黎贡山考察队 10210）；海拔 1850～2690 m；分布于泸水、腾冲。15-3。

28 路南凤仙花 Impatiens loulanensis J. D. Hooker

产水寨（Forrest 1104）；海拔 2100～2400 m；分布于腾冲。15-1。

29 无距凤仙花 Impatiens margaritifera J. D. Hooker

产黑普山（高黎贡山考察队 15390）；海拔 2830～3940 m；分布于贡山。15-1。

30 蒙自凤仙花 Impatiens mengtszeana J. D. Hooker

产镇安（高黎贡山考察队 17677）；海拔 1500～2300 m；分布于贡山、泸水、腾冲、龙陵。15-2。

31 小距凤仙花 Impatiens microcentra Handel-Mazzetti

产独龙江（高黎贡山考察队 32664）；海拔 2200～3400 m；分布于贡山。15-3。

32 西固凤仙花 Impatiens notolopha Maximowicz

产丙中洛（高黎贡山考察队 32823）；海拔 3561 m；分布于贡山。15-1。

33 片马凤仙花 Impatiens pianmaensis S. H. Huang

产姚家坪（高黎贡山考察队 10231）；海拔 2080～2400 m；分布于泸水、腾冲。15-3。

34 澜沧凤仙花 Impatiens principis J. D. Hooker

产乔米古鲁-阿鹿登（怒江考察队 791657）；海拔 1550～2500 m；分布于福贡、保山。15-3。

35 直距凤仙花 Impatiens pseudokingii Handel-Mazzetti

产姚家坪（横断山队 423）；海拔 2000～2600 m；分布于贡山、保山。15-3。

36 柔毛凤仙花 Impatiens puberula Candolle

产明光（武素功 7236）；海拔 2000 m；分布于腾冲。14-2。

37 紫花凤仙花 Impatiens purpurea Handel-Mazzetti

产丙中洛（冯国楣 7517）；海拔 2000～3200 m；分布于贡山、福贡。15-2。

38 总状凤仙花 Impatiens racemosa Candolle

产片马（碧江考察队 1676）；海拔 2200～3000 m；分布于泸水。14-2。

39 辐射凤仙花 Impatiens radiata J. D. Hooker

产五合（高黎贡山考察队 17460）；海拔 2060～2500 m；分布于贡山、保山、腾冲。14-2。

40 直角凤仙花 Impatiens rectangula Handel-Mazzetti

产片马（高黎贡山考察队 9971）；海拔 1430～3000 m；分布于贡山、福贡、泸水、腾冲。15-2。

41 红纹凤仙花 Impatiens rubrostriata J. D. Hooker

产龙江（高黎贡山考察队 17328）；海拔 2011～2700 m；分布于贡山、保山、腾冲、龙陵。15-1。

42a 黄金凤 Impatiens siculifer J. D. Hooker

产丹珠（高黎贡山考察队 33216）；海拔 1400～3070 m；分布于贡山、福贡、泸水、腾冲、龙陵。15-1。

42b 雅致黄金凤 Impatiens siculifer var. **mitis** Lingelsheim & Borza

产曲石（尹文清 60-1050）；海拔 2300 m；分布于腾冲。15-2。

42c 紫花黄金凤 Impatiens siculifer var. **porphyrea** J. D. Hooker

产潞江（高黎贡山考察队 11519）；海拔 1809～3450 m；分布于泸水、保山、腾冲。14-1。

43 窄花凤仙花 Impatiens stenantha J. D. Hooker

产片马（高黎贡山考察队 9944）；海拔 1700～2900 m；分布于泸水、保山。14-2。

44 独龙凤仙花 Impatiens taronensis Handel-Mazzetti

产黑普山（高黎贡山考察队 32090）；海拔 2600～4100 m；分布于贡山、福贡、泸水、腾冲。15-3。

45 膜苞凤仙花 Impatiens tenuibracteata Y. L. Chen

产洛本卓（高黎贡山考察队 25821）；海拔 2200～2200 m；分布于泸水。15-1。

46 硫色凤仙花 Impatiens thiochroa Handel-Mazzetti

产双麦地（高黎贡山考察队 10168）；海拔 1790～2280 m；分布于贡山、泸水。15-2。

47 微绒毛凤仙花 Impatiens tomentella J. D. Hooker

产潞江（高黎贡山考察队 10681）；海拔 1620～3300 m；分布于贡山、福贡、泸水、保山、腾冲、龙陵。15-2。

48 苍山凤仙花 Impatiens tsangshanensis Y. L. Chen

产鹿马登（高黎贡山考察队 27173）；海拔 2950～3460 m；分布于福贡。15-2。

49 滇水金凤 Impatiens uliginosa Franchet

产铜壁关（据《云南铜壁关自然保护区科学考察研究》）；海拔 1750～2500 m；分布于盈江。15-2。

50 维西凤仙花 Impatiens weihsiensis Y. L. Chen

产铜壁关（据《云南铜壁关自然保护区科学考察研究》）；海拔 2300～2500 m；分布于盈江。15-2。

51 金黄凤仙花 Impatiens xanthina H. F. Comber

产孔当至巴坡途中（高黎贡山考察队 32742）；海拔 1250～2800 m；分布于贡山、福贡。15-3。

52 德浚凤仙花 Impatiens yui S. H. Huang

产独龙江（高黎贡山考察队 34477）；海拔 1600～2443 m；分布于贡山。15-3。

72 千屈菜科 Lythraceae

1 耳基水苋 Ammannia auriculata Willdenow

产六库（独龙江考察队 099）；海拔 611～710 m；分布于泸水、龙陵。2。

2 水苋菜 Ammannia baccifera Linnaeus

产独龙江（独龙江考察队 508）；海拔 1300～1445 m；分布于贡山。2。

3 小果紫薇 Lagerstroemia minuticarpa Debberm ex P. C. Kanj

产独龙江（青藏队 9197）；海拔 1300～1500 m；分布于贡山。14-2。

4 云南紫薇 Lagerstroemia intermedia Koehne

产那邦（据《云南铜壁关自然保护区科学考察研究》）；海拔 350～1000 m；分布于盈江。7。

5 西双紫薇 Lagerstroemia venusta Wallich

产铜壁关（据《云南铜壁关自然保护区科学考察研究》）；海拔 500～950 m；分布于盈江。7。

6 节节菜 Rotala indica (Willdenow) Koehne

产独龙江（高黎贡山考察队 20666）；海拔 600～1784 m；分布于贡山、泸水、保山、腾冲。7。

7 圆叶节节菜 Rotala rotundifolia (Buchanan-Hamilton ex Roxburgh) Koehne

产大具（高黎贡山考察队 29671）；海拔 600～2037 m；分布于福贡、泸水、保山、腾冲、龙陵。14-2。

8 虾子花 Woodfordia fruticosa (Linnaeus) Kurz

产坝湾（高黎贡山考察队 11629）；海拔 1220～1446 m；分布于保山、龙陵。7。

73 隐翼科 Crypteroniaceae

1 隐翼木 Crypteronia paniculata Blume

产铜壁关（杜凡 s.n.）；海拔 250～800 m；分布于盈江。7。

74 海桑科 Sonneratiaceae

1 八宝树 Duabanga grandiflora (Roxburgh ex Candolle) Walpers

产芒宽（高黎贡山考察队 10543）；海拔 611～880 m；分布于保山、龙陵。7。

75 石榴科 Punicaceae

1 石榴 Punica granatum Linnaeus

产潞江（高黎贡山考察队 23505）；海拔 691 m；分布于保山。12。

77 柳叶菜科 Onagraceae

1 柳兰 Chamerion angustifolium (Linnaeus) Holub

产风雪垭口东坡（高黎贡山考察队 10440）；海拔 2500～3400 m；分布于贡山、福贡、泸水。8。

2 网脉柳兰 Chamerion conspersum (Haussknecht) Holub

产黑普山（高黎贡山考察队 17125）；海拔 2300～2510 m；分布于贡山。8。

3a　狭叶露珠草 Circaea alpina subsp. **angustifolia** (Handel-Mazzetti) Boufford

产白汉洛（T. T. Yü 22709）；海拔 2600 m；分布于贡山。15-1。

3b　高原露珠草 Circaea alpina subsp. **imaicola** (Ascherson & Magnus) Kitamura

产丙中洛（高黎贡山考察队 33736）；海拔 1700～3000 m；分布于贡山、福贡、保山、腾冲。14-2。

3c　高寒露珠草 Circaea alpina subsp. **micrantha** (A. K. Skvortsov) Boufford

产黑普山（高黎贡山考察队 32195）；海拔 2100～3640 m；分布于贡山、福贡、泸水、腾冲。14-2。

4　露珠草 Circaea cordata Royle

产双拉洼（高黎贡山考察队 7511）；海拔 1000～3000 m；分布于贡山、福贡、泸水、腾冲。14-1。

5　南方露珠草 Circaea mollis Siebold & Zuccarini

产鲁掌（高黎贡山考察队 7097）；海拔 1530～2360 m；分布于泸水、保山、腾冲、龙陵。14-1。

6　匍匐露珠草 Circaea repens Wallich ex Ascherson & Magnus

产黑娃底（高黎贡山考察队 34213）；海拔 1900～3300 m；分布于贡山、腾冲。14-2。

7　卵叶露珠草 Circaea × ovata Boufford

产片马（碧江考察队 1452）；海拔 1900 m；分布于泸水。14-3。

8　贡山露珠草 Circaea × taronensis H. Li

产独龙江（T. T. Yü 19971）；海拔 1800 m；分布于贡山。15-3。

9　毛脉柳叶菜 Epilobium amurense Haussknecht

产独龙江（独龙江考察队 1062）；海拔 1390～3650 m；分布于贡山、福贡、泸水、保山、龙陵。14-1。

10　腺茎柳叶菜 Epilobium brevifolium subsp. **trichoneurum** (Haussknecht) P. H. Raven

产独龙江（独龙江考察队 205）；海拔 1280～2080 m；分布于贡山、福贡、泸水、腾冲。14-2。

11　圆柱柳叶菜 Epilobium cylindricum D. Don

产独龙江（独龙江考察队 2205）；海拔 1510～3270 m；分布于贡山、福贡、泸水、保山、龙陵。12。

12　鳞根柳叶菜 Epilobium gouldii P. H. Raven

产匹河（怒江考察队 991）；海拔 2200～3150 m；分布于福贡。14-2。

13　柳叶菜 Epilobium hirsutum Linnaeus

产芒宽（高黎贡山考察队 9854）；海拔 980～1900 m；分布于贡山、泸水、保山。10。

14　锐齿柳叶菜 Epilobium kermodei P. H. Raven

产独龙江（独龙江考察队 269）；海拔 1300～3150 m；分布于贡山、泸水。14-1。

15　矮生柳叶菜 Epilobium kingdonii P. H. Raven

产风雪垭口东坡（高黎贡山考察队 9948）；海拔 2900～2920 m；分布于泸水。15-1。

16　硬毛柳叶菜 Epilobium pannosum Haussknecht

产铜壁关（据《云南铜壁关自然保护区科学考察研究》）；海拔 1950～2100 m；分布于盈江。7。

17　短梗柳叶菜 Epilobium royleanum Haussknecht

产黑普山（高黎贡山考察队 22632）；海拔 1600～2550 m；分布于贡山、泸水。12。

18　鳞片柳叶菜 Epilobium sikkimense Haussknecht

产姚家坪（高黎贡山考察队 805）；海拔 1930～3600 m；分布于贡山、福贡、泸水。14-2。

19　亚革质柳叶菜 Epilobium subcoriaceum Haussknecht

产片马（怒江考察队 1835）；海拔 2900 m；分布于泸水。15-1。

20 光籽柳叶菜 Epilobium tibetanum Hausskneoht

产丙中洛（王启无 66762）；海拔 2800～3500 m；分布于贡山。12。

21 滇藏柳叶菜 Epilobium wallichianum Haussknecht

产片马（武素功 8069）；海拔 2200～2500 m；分布于贡山、福贡、泸水。14-2。

22 埋鳞柳叶菜 Epilobium williamsii P. H. Raven

产垭口至 3796 途中（碧江考察队 1773）；海拔 3000～3800 m；分布于贡山、泸水。14-2。

23 水龙 Ludwigia adscendens (Linnaeus) H. Hara

产铜壁关（据《云南铜壁关自然保护区科学考察研究》）；海拔 560～1520 m；分布于盈江。4。

24 假柳叶菜 Ludwigia epilobioides Maximowicz

产北海（李恒、李嵘、蒋柱檀、高富、张雪梅 389）；海拔 900～1730 m；分布于贡山、福贡、泸水、腾冲。14-3。

25 草龙 Ludwigia hyssopifolia (G. Don) Exell

产铜壁关（文绍康 580645）；海拔 1600 m；分布于盈江。1。

26 毛草龙 Ludwigia octovalvis (Jacquin) P. H. Raven

产六库（独龙江考察队 0088）；海拔 650～1000 m；分布于泸水、保山。1。

27 丁香蓼 Ludwigia prostrata Roxburgh

产铜壁关（据《云南铜壁关自然保护区科学考察研究》）；海拔 500～1600 m；分布于盈江。7。

28 细花丁香蓼 Ludwigia perennis Linnaeus

产芒宽（高黎贡山考察队 18909）；海拔 790 m；分布于保山。4。

77a 菱科 Trapaceae

1 细果野菱 Trapa incisa Siebold & Zuccarini

产北海（高黎贡山考察队 29723）；海拔 1730～1840 m；分布于腾冲。7。

2 菱 Trapa natans Linnaeus

产北海（高黎贡山考察队 28225）；海拔 1575～1730 m；分布于腾冲。6。

78 小二仙草科 Haloragidaceae

1 小二仙草 Gonocarpus micranthus Thunberg

产独龙江（独龙江考察队 1098）；海拔 1750～2300 m；分布于贡山、泸水、腾冲。5。

2 穗状狐尾藻 Myriophyllum spicatum Linnaeus

产界头（高黎贡山考察队 11301）；海拔 1500～1730 m；分布于腾冲。10。

78a 杉叶藻科 Hippuridaceae

1 杉叶藻 Hippuris vulgaris Linnaeus

产北海（高黎贡山考察队 29693）；海拔 1730 m；分布于腾冲。8。

79 水马齿科 Callitrichaceae

1 西南水马齿 Callitriche fehmedianii Majeed Kak & Javeil

产双麦地（高黎贡山考察队 10153）；海拔 1540～2280 m；分布于泸水、保山、腾冲、龙陵。7。

81　瑞香科 Thymelaeaceae

1 尖瓣瑞香 Daphne acutiloba Rehder

产茨开（高黎贡山考察队 14809）；海拔 3000 m；分布于贡山。15-1。

2 藏东瑞香 Daphne bholua Buchanan-Hamilton ex D. Don

产独龙江（独龙江考察队 6423）；海拔 1380～3022 m；分布于贡山、福贡、泸水、保山、腾冲。14-2。

3 少花瑞香 Daphne depauperata H. F. Zhou ex C. Y. Chang

产猴桥（高黎贡山考察队 30693）；海拔 2000～2580 m；分布于腾冲。15-2。

4 滇瑞香 Daphne feddei H. Léveillé

产双拉桥（高黎贡山考察队 14495）；海拔 1460～2710 m；分布于贡山、泸水、保山。15-1。

5 长瓣瑞香 Daphne longilobata (Lecomte) Turrill

产丙中洛（高黎贡山考察队 14408）；海拔 1560～2700 m；分布于贡山、保山。15-1。

6 白瑞香 Daphne papyracea Wallich ex G. Don

产丙中洛（高黎贡山考察队 7829）；海拔 2000～3100 m；分布于贡山、泸水、保山、腾冲、龙陵。14-2。

7 凹叶瑞香 Daphne retusa Hemsley

产其期至 12 号桥途中（高黎贡山考察队 14763）；海拔 1770 m；分布于贡山。15-1。

8 云南瑞香 Daphne yunnanensis H. F. Zhou ex C. Y. Chang

产明光至巴多岭垭口途中（高黎贡山考察队 29304）；海拔 1930～2650 m；分布于腾冲。15-3。

9 滇结香 Edgeworthia gardneri Meisner

产独龙江（独龙江考察队 6777）；海拔 1075～2700 m；分布于贡山、福贡、泸水、腾冲。14-2。

10 毛花瑞香 Eriosolena composita (Linnaeus) Tieghem

产独龙江（独龙江考察队 853）；海拔 1300～1410 m；分布于贡山。7。

11 狼毒 Stellera chamaejasme Linnaeus

产铜壁关（据《云南铜壁关自然保护区科学考察研究》）；海拔 2400 m；分布于盈江。11。

12 澜沧荛花 Wikstroemia delavayi Lecomte

产铜壁关（据《云南铜壁关自然保护区科学考察研究》）；海拔 2350 m；分布于盈江。15-1。

83　紫茉莉科 Nyctaginaceae

1 黄细心 Boerhavia diffusa Linnaeus

产丙中洛（高黎贡山考察队 9111）；海拔 1700 m；分布于贡山。2。

84　山龙眼科 Proteaceae

1 山地山龙眼 Helicia clicicola W. W. Smith

产赧亢植物园（高黎贡山考察队 13139）；海拔 1600～2100 m；分布于保山、腾冲、龙陵。15-2。

2 小果山龙眼 Helicia cochinchinensis Loureiro

产坝湾（高黎贡山考察队 18577）；海拔 2240 m；分布于保山。14-3。

3 大山龙眼 Helicia grandis Hemsley

产铜壁关（据《云南铜壁关自然保护区科学考察研究》）；海拔 350～820 m；分布于盈江。7。

4 海南山龙眼 Helicia hainanensis Hayata

产大蒿坪（高黎贡山考察队 25118）；海拔 2405 m；分布于腾冲。14-1。

5 深绿山龙眼 Helicia nilagirica Beddome

产坝湾（高黎贡山考察队 25272）；海拔 1150～1850 m；分布于保山、腾冲。14-2。

6 瑞丽山龙眼 Helicia shweliensis W. W. Smith

产百花岭（李恒、李嵘 1270）；海拔 1550～2500 m；分布于保山、腾冲。15-2。

7 林地山龙眼 Helicia silvicola W. W. Smith

产铜壁关（据《云南铜壁关自然保护区科学考察研究》）；海拔 1200～1800 m；分布于盈江。15-2。

8 潞西山龙眼 Helicia tsaii W. T. Wang

产潞江（高黎贡山考察队 25402）；海拔 1648 m；分布于保山。15-3。

9 浓毛山龙眼 Helicia vestita W. W. Smith

产五合（高黎贡山考察队 24812）；海拔 1530～1850 m；分布于腾冲。14-1。

10 痄腮树 Heliciopsis terminalis (Kurz) Sleumer

产芒允格夺（滇西植物调查组 s.n.）；海拔 680～1300 m；分布于盈江。7。

85 五桠果科 Dilleniaceae

1 五桠果 Dillenia indica Blanco

产猛往（冯国楣 14201）；海拔 400～850 m；分布于盈江。7。

2 小花五桠果 Dillenia pentagyna Roxburgh

产昔马那邦（杨增宏 804）；海拔 400～650 m；分布于盈江。7。

87 马桑科 Coriariaceae

1 马桑 Coriaria nepalensis Wallich

产独龙江（独龙江考察队 4044）；海拔 1010～2400 m；分布于贡山、福贡、泸水、保山、腾冲、龙陵。14-2。

2 草马桑 Coriaria terminalis Hemsl

产独龙江（独龙江考察队 6085）；海拔 2000～3400 m；分布于贡山。14-2。

88 海桐花科 Pittosporaceae

1 窄叶海桐 Pittosporum angustilimbum C. Y. Wu

产丙中洛（李恒、刀志灵、李嵘 602）；海拔 1700～1900 m；分布于贡山。15-2。

2 披针叶聚花海桐 Pittosporum balansae var. **chatterjeeanum** (Gowda) Z. Y. Zhang & Turland

产片马（模式标本）；海拔 1500～1800 m；分布于泸水。15-3。

3 短萼海桐 Pittosporum brevicalyx (Oliver) Gagnepain

产潞江（高黎贡山考察队 13307）；海拔 2170 m；分布于保山。15-1。

4 大叶海桐 Pittosporum daphniphylloides var. **adaphniphylloides** (Hu & F. T. Wang) W. T. Wang

产潞江（李恒、郭辉军、李正波、施晓春 117）；海拔 2170 m；分布于保山。15-1。

5 异叶海桐 Pittosporum heterophyllum Franchet

产丙中洛（李恒、李嵘 50）；海拔 1680～2700 m；分布于贡山。15-1。

6　滇西海桐 Pittosporum johnstonianum Gowda

产独龙江（独龙江考察队 531）；海拔 1200～2000 m；分布于贡山。14-1。

7　羊脆木 Pittosporum kerrii Craib

产五合（高黎贡山考察队 17161）；海拔 1225 m；分布于腾冲。14-1。

8　黄杨叶海桐 Pittosporum kweichowense var. **buxifolium** (K. M. Feng ex W. Q. Yin) Z. Y. Zhang & Turland

产丙中洛（李恒、刀志灵、李嵘 668）；海拔 1800～1900 m；分布于贡山。15-2。

9　滇藏海桐 Pittosporum napaulense (de Candolle) Rehder & E. H. Wilson

产六库至丙贡途中[南水北调队（滇西北分队）10441]；海拔 650～1700 m；分布于贡山、福贡、泸水、腾冲、龙陵。14-2。

10　贫脉海桐 Pittosporum oligophlebium H. T. Chang & S. Z. Yan

产镇安（H. T. Tsai 55602）海拔 1800 m；分布于龙陵。15-3。

11　柄果海桐 Pittosporum podocarpum Gagnepain

产镇安（陈介 744）；海拔 1830～2700 m；分布于泸水、腾冲、龙陵。14-2。

12　厚皮香海桐 Pittosporum rehderianum var. **ternstroemioides** (C. Y. Wu) Z. Y. Zhang & Turland

产碧寨（王启无 90010）；海拔 2400 m；分布于龙陵。15-3。

93　大风子科 Flacourtiaceae

1　山桂花 Bennettiodendron leprosipes Merrill

产铜壁关（据《云南铜壁关自然保护区科学考察研究》）；海拔 680～1400 m；分布于盈江。15-1。

2　云南刺篱木 Flacourtia jangomas (Loureiro) Raeuschel

产芒宽（高黎贡山考察队 26148）；海拔 650 m；分布于保山。15-1。

3　大果刺篱木 Flacourtia ramontchi L'Héritier

产猛往（冯国楣 14229）；海拔 1100 m；分布于盈江。6。

4　大叶龙角 Hydnocarpus annamensis (Gagnepain) Lescot & Sleumer

产铜壁关（杜凡 35）；海拔 400 m；分布于盈江。7。

5　泰国大风子 Hydnocarpus anthelminthicus Pierre

产昔马那邦（杨增宏 767）；海拔 300～700 m；分布于盈江。7。

6　山桐子 Idesia polycarpa Maximowicz

产独龙江（独龙江考察队 253）；海拔 1600～3000 m；分布于贡山、腾冲。14-1。

7　长叶柞木 Xylosma longifolia Clos

产芒宽（高黎贡山考察队 10638）；海拔 1540 m；分布于保山。14-2。

94　天料木科 Samydaceae

1　烈味脚骨脆 Casearia graveolens Dalzell

产铜壁关（据《云南铜壁关自然保护区科学考察研究》）；海拔 350～1500 m；分布于盈江。7。

2　印度脚骨脆 Casearia kurzii C. B. Clarke

产铜壁关（据《云南铜壁关自然保护区科学考察研究》）；海拔 520～1100 m；分布于盈江。7。

3　膜叶脚骨脆 Casearia membranacea Britton

产铜壁关（据《云南铜壁关自然保护区科学考察研究》）；海拔 1100～1600 m；分布于盈江。7。

4 爪哇脚骨脆 Casearia velutina Blume

产铜壁关（据《云南铜壁关自然保护区科学考察研究》）；海拔 700～1700 m；分布于盈江。7。

5 斯里兰卡天料木 Homalium ceylanicum (Gardner) Bentham

产铜壁关（据《云南铜壁关自然保护区科学考察研究》）；海拔 500～1000 m；分布于盈江。7。

98 柽柳科 Tamaricaceae

1 卧生水柏枝 Myricaria rosea W. W. Smith

产丙中洛（高黎贡山考察队 31684）；海拔 3710 m；分布于贡山。14-2。

2 具鳞水柏枝 Myricaria squamosa Desvaux

产独龙江（独龙江考察队 5451）；海拔 1630～1010 m；分布于贡山。13。

101 西番莲科 Passifloraceae

1 三开瓢 Adenia cardiophylla (Masters) Engler

产上帕（高黎贡山考察队 9788）；海拔 840～1650 m；分布于福贡、泸水、龙陵。14-1。

2 月叶西番莲 Passiflora altebilobata Hemsley

产匹河（高黎贡山考察队 7366）；海拔 1150 m；分布于福贡。15-2。

3 圆叶西番莲 Passiflora henryi Hemsley

产潞江（高黎贡山考察队 17362）；海拔 900 m；分布于保山。15-2。

4 山峰西番莲 Passiflora jugorum W. W. Smith

产赧亢植物园（高黎贡山考察队 13141）；海拔 2060～2230 m；分布于保山、腾冲、龙陵。15-2。

5 镰叶西番莲 Passiflora wilsonii Hemsley

产铜壁关（据《云南铜壁关自然保护区科学考察研究》）；海拔 1300～2460 m；分布于盈江。15-1。

103 葫芦科 Cucurbitaceae

1 盒子草 Actinostemma tenerum Griffith

产片马（高黎贡山考察队 7221）；海拔 2800～3000 m；分布于泸水。14-1。

2 红瓜 Coccinia grandis (Linnaeus) Voigt

产鹿马登（高黎贡山考察队 7900）；海拔 1100 m；分布于福贡。6。

3 野黄瓜 Cucumis hystrix Chakravarty

产铜壁关（据《云南铜壁关自然保护区科学考察研究》）；海拔 700～1400 m；分布于盈江。7。

4 锥形果 Gomphogyne cissiformis Griffith

产铜壁关（据《云南铜壁关自然保护区科学考察研究》）；海拔 2100 m；分布于盈江。7。

5 缅甸绞股蓝 Gynostemma burmanicum King ex Chakravarty

产芒宽（施晓春、杨世雄 510）；海拔 1200 m；分布于保山。14-1。

6 光叶绞股蓝 Gynostemma laxum (Wallich) Cogniaux

产铜壁关（据《云南铜壁关自然保护区科学考察研究》）；海拔 1100～1400 m；分布于盈江。7。

7 长梗绞股蓝 Gynostemma longipes C. Y. Wu

产独龙江（独龙江考察队 361）；海拔 1300～1720 m；分布于贡山。15-1。

8 绞股蓝 Gynostemma pentaphyllum (Thunberg) Makino

产独龙江（独龙江考察队 1467）；海拔 1380～2400 m；分布于贡山、福贡、泸水、保山、腾冲、龙陵。7。

9　单叶绞股蓝 Gynostemma simplicifolium Blume

产铜壁关（据《云南铜壁关自然保护区科学考察研究》）；海拔 1250～140 m；分布于盈江。7。

10　金瓜 Gymnopetalum chinense (Loureiro) Merrill

产铜壁关（据《云南铜壁关自然保护区科学考察研究》）；海拔 800～1400 m；分布于盈江。7。

11　征镒雪胆 Hemsleya chengyihana D. Z. Li

产铜壁关（据《云南铜壁关自然保护区科学考察研究》）；海拔 2200 m；分布于盈江。15-2。

12　短柄雪胆 Hemsleya delavayi (Gagnepain) C. Jeffrey ex C. Y. Wu & Z. L. Chen

产铜壁关（据《云南铜壁关自然保护区科学考察研究》）；海拔 2350 m；分布于盈江。15-1。

13　独龙江雪胆 Hemsleya dulongjiangensis C. Y. Wu

产独龙江（高黎贡山考察队 21096）；海拔 1330～1400 m；分布于贡山。15-3。

14　丽江雪胆 Hemsleya lijiangensis A. M. Lu ex C. Y. Wu & Z. L. Chen

产铜壁关（据《云南铜壁关自然保护区科学考察研究》）；海拔 2050 m；分布于盈江。15-2。

15a　圆锥果雪胆 Hemsleya macrocarpa (Cogniaux) C. Y. Wu ex C. Jeffrey

产独龙江（高黎贡山考察队 15452）；海拔 1520～2390 m；分布于贡山。14-2。

15b　大花雪胆 Hemsleya macrocarpa var. **grandiflora** (C. Y. Wu) D. Z. Li

产匹河（李德铢 88198）；海拔 1960 m；分布于福贡。15-3。

16　蛇莲 Hemsleya sphaerocarpa Kuang & A. M. Lu

产潞江（高黎贡山考察队 18600）；海拔 2240 m；分布于保山。15-1。

17　陀罗果雪胆 Hemsleya turbinata C. Y. Wu

产铜壁关（据《云南铜壁关自然保护区科学考察研究》）；海拔 1530～2150 m；分布于盈江。15-2。

18　油渣果 Hodgsonia heteroclita (Roxburgh) J. D. Hooker & Thomson

产利沙底（高黎贡山考察队 27751）；海拔 1330～1500 m；分布于贡山、福贡。14-1。

19　木鳖子 Momordica cochinchinensis (Loureiro) Sprengel

产独龙江（独龙江考察队 1001）；海拔 1300～1650 m；分布于贡山、福贡。14-1。

20　云南木鳖 Momordica subangulata subsp. **renigera** (Wallich ex G. Don) W. J. de Wilde

产独龙江（独龙江考察队 495）；海拔 1200～2500 m；分布于贡山、福贡、腾冲、龙陵。14-1。

21　凹萼木鳖 Momordica subangulata Blume

产铜壁关（据《云南铜壁关自然保护区科学考察研究》）；海拔 800～1500 m；分布于盈江。7。

22　帽儿瓜 Mukia maderaspatana (Linnaeus) M. Roemer

产芒宽（高黎贡山考察队 10582）；海拔 1000 m；分布于保山。4。

23　爪哇帽儿瓜 Mukia javanica (Miquel) C. Jeffrey

产铜壁关（据《云南铜壁关自然保护区科学考察研究》）；海拔 300～1500 m；分布于盈江。7。

24　棒锤瓜 Neoalsomitra clavigera (Wallich) Hutchinson

产独龙江（高黎贡山考察队 15116）；海拔 1330 m；分布于贡山。5。

25　长柄裂瓜 Schizopepon longipes Gagnepain

产铜壁关（据《云南铜壁关自然保护区科学考察研究》）；海拔 2250 m；分布于盈江。14-2。

26 大花裂瓜 Schizopepon macranthus Handel-Mazzetti

产芒宽（高黎贡山考察队 11636）；海拔 1740 m；分布于保山。15-1。

27 茅瓜 Solena heterophylla Loureiro

产荷花（高黎贡山考察队 30898）；海拔 960～2200 m；分布于贡山、福贡、泸水、保山、腾冲、龙陵。7。

28 大苞赤瓟 Thladiantha cordifolia (Blume) Cogniaux

产独龙江（独龙江考察队 220）；海拔 1000～2300 m；分布于贡山、福贡、泸水、保山。7。

29 大萼赤瓟 Thladiantha grandisepala A. M. Lu & Zhi Y. Zhang

产独龙江（高黎贡山考察队 15098）；海拔 1250～2450 m；分布于贡山、福贡、泸水、保山、腾冲、龙陵。15-2。

30 异叶赤瓟 Thladiantha hookeri C. B. Clarke

产其期至东哨房途中（高黎贡山考察队 12229）；海拔 1600～2500 m；分布于贡山、福贡、泸水、腾冲。14-1。

31 山地赤瓟 Thladiantha montana Cogniaux

产丹珠河（高黎贡山考察队 11966）；海拔 1700～2200 m；分布于贡山、福贡。15-2。

32 长毛赤瓟 Thladiantha villosula Cogniaux

产丙中洛（冯国楣 7415）；海拔 1400～1500 m；分布于贡山。15-1。

33 瓜叶栝楼 Trichosanthes cucumerina Linnaeus

产铜壁关（据《云南铜壁关自然保护区科学考察研究》）；海拔 1450 m；分布于盈江。5。

34 糙点栝楼 Trichosanthes dunniana H. Léveillé

产独龙江（独龙江考察队 3098）；海拔 1280～1700 m；分布于贡山、福贡、腾冲。14-1。

35 马干铃栝楼 Trichosanthes lepiniana (Naudin) Cogniaux

产独龙江（李恒、刀志灵、李嵘 531）；海拔 1000～1800 m；分布于贡山、保山、腾冲。14-2。

36 趾叶栝楼 Trichosanthes pedata Merrill & Chun

产片马（高黎贡山考察队 10154）；海拔 2280 m；分布于泸水。14-1。

37 全缘栝楼 Trichosanthes pilosa Loureiro

产百花岭（李恒、李嵘、施晓春 1323）；海拔 1600～2240 m；分布于保山。7。

38 五角栝楼 Trichosanthes quinquangulata A. Gray

产潞江（高黎贡山考察队 17363）；海拔 900 m；分布于保山。7。

39 红花栝楼 Trichosanthes rubriflos Thorel ex Cayla

产独龙江（高黎贡山考察队 15153）；海拔 1266～1930 m；分布于贡山。14-2。

40 皱籽栝楼 Trichosanthes rugatisemina C. Y. Cheng & C. H. Yueh

产铜壁关（据《云南铜壁关自然保护区科学考察研究》）；海拔 900～1600 m；分布于盈江。15-2。

41 截叶栝楼 Trichosanthes truncata C. B. Clarke

产铜壁关（据《云南铜壁关自然保护区科学考察研究》）；海拔 700～1600 m；分布于盈江。7。

42 薄叶栝楼 Trichosanthes wallichiana (Seringe) Wight

产铜壁关（据《云南铜壁关自然保护区科学考察研究》）；海拔 750～2000 m；分布于盈江。7。

43 钮子瓜 Zehneria bodinieri (H. Léveillé) W. J. de Wilde & Duyfjes

产灯笼坝（高黎贡山考察队 10489）；海拔 980～2200 m；分布于福贡、泸水、保山、腾冲、龙陵。7。

44 马𪨰儿 Zehneria japonica (Thunberg) H. Y. Liu

产独龙江（高黎贡山考察队 21295）；海拔 1660 m；分布于贡山。7。

45 锤果马𪨰儿 Zehneria wallichii (C. B. Clarke) C. Jeffrey

产铜壁关（据《云南铜壁关自然保护区科学考察研究》）；海拔 800～1000 m；分布于盈江。7。

104 秋海棠科 Begoniaceae

1 无翅秋海棠 Begonia acetosella Craib

产独龙江（独龙江考察队 3451）；海拔 1300～2049 m；分布于贡山。14-1。

2 糙叶秋海棠 Begonia asperifolia Irmscher

产独龙江（高黎贡山考察队 34414）；海拔 1600～2700 m；分布于贡山、福贡、腾冲。15-1。

3 腾冲秋海棠 Begonia clavicaulis Irmscher

产其期（高黎贡山考察队 7699）；海拔 1750～2100 m；分布于贡山、腾冲。15-3。

4 齿苞秋海棠 Begonia dentatobracteata C. Y. Wu

产片马（南水北调队 1429）；海拔 1600～1900 m；分布于泸水。15-3。

5 厚叶秋海棠 Begonia dryadis Irmscher

产铜壁关（据《云南铜壁关自然保护区科学考察研究》）；海拔 400～1200 m；分布于盈江。15-2。

6 紫背天葵 Begonia fimbristipula Hance

产亚坪（高黎贡山考察队 7884）；海拔 2100～2600 m；分布于福贡、腾冲。15-1。

7 乳黄秋海棠 Begonia flaviflora var. **vivida** Golding & Karegeannes

产独龙江（独龙江考察队 3454）；海拔 2000～2300 m；分布于贡山、福贡、腾冲。14-2。

8 陇川秋海棠 Begonia forrestii Irmscher

产龙江（高黎贡山考察队 17899）；海拔 2120～2480 m；分布于贡山、龙陵。15-2。

9 中华秋海棠 Begonia grandis subsp. **sinensis** (A. Candolle) Irmscher

产独龙江（T. T. Yü 13575）；海拔 3000～3400 m；分布于贡山。15-1。

10 贡山秋海棠 Begonia gungshanensis C. Y. Wu

产独龙江（独龙江考察队 948）；海拔 1400～2100 m；分布于贡山。15-3。

11 掌叶秋海棠 Begonia hemsleyana Hook. f.

产铜壁关（据《云南铜壁关自然保护区科学考察研究》）；海拔 1100～1700 m；分布于盈江。7。

12 独牛 Begonia henryi Hemsley

产铜壁关（据《云南铜壁关自然保护区科学考察研究》）；海拔 1300～1500 m；分布于盈江。15-1。

13 心叶秋海棠 Begonia labordei H. Léveillé

产独龙江（高黎贡山考察队 15060）；海拔 1390～2830 m；分布于贡山、福贡、泸水、保山、腾冲、龙陵。15-1。

14 云南秋海棠 Begonia modestiflora Kurz

产铜壁关（据《云南铜壁关自然保护区科学考察研究》）；海拔 1900～2200 m；分布于盈江。7。

15 木里秋海棠 Begonia muliensis T. T. Yü

产独龙江（高黎贡山考察队 32688）；海拔 2443 m；分布于贡山。15-1。

16a 裂叶秋海棠 Begonia palmata D. Don

产铜壁关（田代科 98188）；海拔 1450～2100 m；分布于盈江。7。

16b 红孩儿 Begonia palmata var. **bowringiana** (Champion ex Bentham) Golding & Karegeannes

产独龙江（独龙江考察队 4101）；海拔 1090~2390 m；分布于贡山、福贡、保山、腾冲、龙陵。15-1。

16c 刺毛红孩儿 Begonia palmata var. **crassisetulosa** (Irmscher) Golding & Karegeannes

产独龙江（独龙江考察队 3223）；海拔 1400~2360 m；分布于贡山、福贡、泸水、保山。15-2。

17 匍茎秋海棠 Begonia repenticaulis Irmscher

产独龙江（高黎贡山考察队 32426）；海拔 2750 m；分布于贡山。15-2。

18 变色秋海棠 Begonia versicolor Irmscher

产铜壁关（据《云南铜壁关自然保护区科学考察研究》）；海拔 1600~2000 m；分布于盈江。15-2。

105a 四树木科 Tetramelaceae

1 四树木 Tetrameles nudiflora R. Brown

产铜壁关（据《云南铜壁关自然保护区科学考察研究》）；海拔 250~500 m；分布于盈江。5。

108 山茶科 Theacea

1 粗毛杨桐 Adinandra hirta Gagnepain

产铜壁关（据《云南铜壁关自然保护区科学考察研究》）；海拔 1850~2500 m；分布于盈江。15-1。

2 阔叶杨桐 Adinandra latifolia L. K. Ling

产独龙江（独龙江考察队 6999）；海拔 1300~1800 m；分布于贡山。15-3。

3 大叶杨桐 Adinandra megaphylla Hu

产猴桥（780 队 699）；海拔 2400 m；分布于腾冲。14-1。

4 全缘叶杨桐 Adinandra integerrima T. Anderson ex Dyer

产铜壁关（据《云南铜壁关自然保护区科学考察研究》）；海拔 1000~1600 m；分布于盈江。7。

5 茶梨 Anneslea fragrans Wallich

产公草山（780 队 238）；海拔 1800~1980 m；分布于腾冲、龙陵。14-1。

6 蒙自连蕊茶 Camellia forrestii Cohen-Stuart

产铜壁关（据《云南铜壁关自然保护区科学考察研究》）；海拔 1650~2300 m；分布于盈江。7。

7a 落瓣油茶 Camellia kissii Wallich

产板亢植物园（高黎贡山考察队 13136）；海拔 1060~2405 m；分布于福贡、泸水、保山、腾冲、龙陵。14-2。

7b 大叶落瓣油茶 Camellia kissii var. **confusa** (Craib) T. L. Ming

产龙江（高黎贡山考察队 17923）；海拔 1170~2280 m；分布于保山、龙陵。14-2。

8 油茶 Camellia oleifera C. Abel

产潞江（高黎贡山考察队 10694）；海拔 1420~2200 m；分布于贡山、福贡、保山。14-1。

9 滇南离蕊茶 Camellia pachyandra Hu

产普拉底（高黎贡山考察队 33423）；海拔 1420 m；分布于贡山。15-2。

10 滇山茶 Camellia reticulata Lindley

产界头（高黎贡山考察队 13668）；海拔 1590~2400 m；分布于保山、腾冲、龙陵。15-1。

11 怒江山茶 Camellia saluenensis Stapf ex Bean

产界头（高黎贡山考察队 11064）；海拔 1300~1800 m；分布于腾冲。15-1。

12a 茶 Camellia sinensis (Linnaeus) Kuntze

产独龙江（独龙江考察队 4093）；海拔 1200~2000 m；分布于贡山、腾冲。14-1。

12b 普洱茶 Camellia sinensis var. assamica (J. W. Masters) Kitamura

产独龙江（独龙江考察队 4410）；海拔 1180～2200 m；分布于贡山、福贡、腾冲、龙陵。14-1。

12c 德宏茶 Camellia sinensis var. dehungensis (Hung T. Chang & B. H. Chen) T. L. Ming

产铜壁关（据《云南铜壁关自然保护区科学考察研究》）；海拔 1000～1700 m；分布于盈江。15-2。

13 大理茶 Camellia taliensis (W. W. Smith) Melchior

产赧亢植物园（高黎贡山考察队 13274）；海拔 1908～2400 m；分布于保山、腾冲、龙陵。14-1。

14 窄叶连蕊茶 Camellia tsaii Hu

产百花岭（高黎贡山考察队 18859）；海拔 1500～2210 m；分布于泸水、保山、龙陵。14-1。

15 滇缅离蕊茶 Camellia wardii Kobuski

产潞江（高黎贡山考察队 11517）；海拔 1300～2400 m；分布于保山、腾冲。14-1。

16 猴子木 Camellia yunnanensis Cohen-Stuart

产赧亢植物园（高黎贡山考察队 13195）；海拔 1300～2100 m；分布于贡山、福贡、保山。15-1。

17 大花红淡比 Cleyera japonica var. wallichiana (Candolle) Sealy

产赧亢植物园（高黎贡山考察队 13188）；海拔 2000～2100 m；分布于贡山、福贡、泸水、保山、腾冲。14-2。

18 尖叶柃 Eurya acuminata Candolle

产茨开（独龙江考察队 746）；海拔 1300～2430 m；分布于贡山。7。

19 尖叶毛柃 Eurya acuminatissima Merrill & Chun

产芒宽（780 队 78）；海拔 1400 m；分布于保山。15-1。

20 云南凹脉柃 Eurya cavinervis Vesque

产丹珠河（高黎贡山考察队 11842）；海拔 2130～3500 m；分布于贡山、福贡、泸水、腾冲。14-2。

21 大果柃 Eurya chuekiangensis Hu

产独龙江（独龙江考察队 5341）；海拔 2200～3000 m；分布于贡山、福贡、腾冲。15-1。

22 岗柃 Eurya groffii Merrill

产独龙江（独龙江考察队 4503）；海拔 1060～2530 m；分布于贡山、福贡、泸水、保山、腾冲、龙陵。14-1。

23 贡山柃 Eurya gungshanensis Hu & L. K. Ling

产独龙江（独龙江考察队 183）；海拔 1400～3100 m；分布于贡山、福贡、泸水。15-1。

24 丽江柃 Eurya handel-mazzettii Hung T. Chang

产独龙江（高黎贡山考察队 21909）；海拔 1750～2800 m；分布于贡山、泸水。14-2。

25 偏心叶柃 Eurya inaequalis P. S. Hsu

产独龙江（独龙江考察队 6897）；海拔 2000～2600 m；分布于贡山。15-2。

26 景东柃 Eurya jintungensis Hu et L. K. Ling

产片马（高黎贡山考察队 10335）；海拔 1250～2770 m；分布于贡山、泸水、保山、腾冲、龙陵。15-2。

27 斜基叶柃 Eurya obliquifolia Hemsley

产铜壁关（据《云南铜壁关自然保护区科学考察研究》）；海拔 1600～2200 m；分布于盈江。15-2。

28 滇四角柃 Eurya paratetragonoclada Hu

产片古岗至垭口途中（怒江考察队 1583）；海拔 2400～2900 m；分布于贡山、泸水。15-1。

29 尖齿叶柃 Eurya perserrata Kobuski

产独龙江（独龙江考察队 3198）；海拔 1380～2600 m；分布于贡山。15-3。

30 坚桃叶柃 Eurya persicifolia Gagnepain

产片马（武素功 8065）；海拔 2400 m；分布于泸水。14-1。

31 肖樱叶柃 Eurya pseudocerasifera Kobuski

产赧亢植物园（高黎贡山考察队 13194）；海拔 1530～2930 m；分布于贡山、保山、腾冲、龙陵。14-1。

32 火棘叶柃 Eurya pyracanthifolia P. S. Hsu

产赧亢植物园（高黎贡山考察队 13208）；海拔 1240～3000 m；分布于泸水、保山、腾冲、龙陵。15-2。

33 独龙柃 Eurya taronensis Hu & L. K. Ling

产独龙江（独龙江考察队 4324）；海拔 2000～2630 m；分布于贡山、泸水、腾冲。15-1。

34 毛果柃 Eurya trichocarpa Korthals

产独龙江（独龙江考察队 522）；海拔 1300～2169 m；分布于贡山。7。

35 怒江柃 Eurya tsaii Hung T. Chang

产其期至东哨房途中（高黎贡山考察队 9505）；海拔 1660～2800 m；分布于贡山、福贡、泸水、保山、腾冲。15-1。

36 屏边柃 Eurya tsingpienensis Hu

产界头（遥感队 71）；海拔 1800 m；分布于腾冲。14-1。

37 无量山柃 Eurya wuliangshanensis T. L. Ming

产潞江（高黎贡山考察队 13340）；海拔 1870 m；分布于保山。15-2。

38 云南柃 Eurya yunnanensis P. S. Hsu

产匹河（林芹 770557）；海拔 2100～2400 m；分布于腾冲、龙陵。15-2。

39 黄药大头茶 Polyspora chrysandra (Cowan) Hu ex B. M. Bartholomew & T. L. Ming

产百花岭（高黎贡山考察队 13388）；海拔 1470～2400 m；分布于保山、腾冲、龙陵。14-1。

40 叶萼核果茶 Pyrenaria diospyricarpa Kurz

产铜壁关（据《云南铜壁关自然保护区科学考察研究》）；海拔 1050～1800 m；分布于盈江。7。

41 长果大头茶 Polyspora longicarpa (Hung T. Chang) C. X. Ye ex B. M. Bartholomew & T. L. Ming

产片马（高黎贡山考察队 10311）；海拔 1900～2320 m；分布于泸水、保山、腾冲、龙陵。14-1。

42 四川大头茶 Polyspora speciosa (Kochs) B. M. Bartholomew & T. L. Ming

产片马（武素功 8353）；海拔 2300～2400 m；分布于腾冲、龙陵。14-1。

43 银木荷 Schima argentea E. Pritzel

产镇安（高黎贡山考察队 13046）；海拔 1200～2500 m；分布于福贡、泸水、保山、腾冲、龙陵。14-1。

44 印度木荷 Schima khasiana Dyer

产芒宽（高黎贡山考察队 10559）；海拔 1310～2600 m；分布于贡山、泸水、保山、腾冲、龙陵。14-2。

45a 贡山木荷 Schima sericans (Handel-Mazzetti) T. L. Ming

产独龙江（独龙江考察队 4798）；海拔 1680～3000 m；分布于贡山、福贡、泸水、保山、腾冲。15-1。

45b 独龙木荷 Schima sericans var. paracrenata (Hung T. Chang) T. L. Ming

产独龙江（独龙江考察队 1850）；海拔 1360～2400 m；分布于贡山、福贡、泸水。15-3。

46 毛木荷 Schima villosa Hu

产上帕（高黎贡山考察队 7928）；海拔 1300～1500 m；分布于福贡。15-2。

47 红木荷 Schima wallichii (Candolle) Korthals

产镇安（高黎贡山考察队 13047）；海拔 1180～2300 m；分布于贡山、泸水、保山、腾冲、龙陵。14-2。

48 翅柄紫茎 Stewartia pteropetiolata W. C. Cheng

产地不详（s.n.）；海拔 1200～1600 m；分布于腾冲、保山、龙陵。15-2。

49 紫茎 Stewartia sinensis Rehder & E. H. Wilson

产猴桥（高黎贡山考察队 30727）；海拔 1690 m；分布于腾冲。15-1。

50 角柄厚皮香 Ternstroemia biangulipes Hung T. Chang

产独龙江（独龙江考察队 6623）；海拔 1320～2700 m；分布于贡山、福贡、泸水、腾冲。15-1。

51 厚皮香 Ternstroemia gymnanthera Beddome

产赧亢植物园（高黎贡山考察队 13217）；海拔 1510～2500 m；分布于贡山、福贡、泸水、保山、腾冲、龙陵。14-2。

108b　肋果茶科 Sladeniaceae

1 肋果茶 Sladenia celastrifolia Kurz

产芒宽（刀志灵、崔景云 9448）；海拔 1900～2100 m；分布于保山。14-1。

112　猕猴桃科 Actinidiaceae

1 软枣猕猴桃 Actinidia arguta (Siebold & Zuccarini) Planchon ex Miquel

产丹珠（高黎贡山考察队 11978）；海拔 2400～2600 m；分布于贡山、保山。14-3。

2a 硬齿猕猴桃 Actinidia callosa Lindley

产界头（高黎贡山考察队 30419）；海拔 1300～2400 m；分布于福贡、腾冲、龙陵。14-2。

2b 京梨猕猴桃 Actinidia callosa var. **henryi** Maximowicz

产上帕（高黎贡山考察队 9777）；海拔 1610～2433 m；分布于福贡、泸水、保山、腾冲、龙陵。15-1。

3 粉叶猕猴桃 Actinidia glauco-callosa C. Y. Wu

产龙江（高黎贡山考察队 17287）；海拔 1300～2650 m；分布于贡山、泸水、保山、腾冲、龙陵。15-2。

4 狗枣猕猴桃 Actinidia kolomikta (Maximowicz & Ruprecht) Maximowicz

产片马（高黎贡山考察队 23236）；海拔 1600～1950 m；分布于泸水。14-3。

5 贡山猕猴桃 Actinidia pilosula (Finet & Gagnepain) Stapf ex Handel-Mazzetti

产普拉河（高黎贡山考察队 14966）；海拔 1600～2800 m；分布于贡山、泸水。15-3。

6a 伞花猕猴桃 Actinidia umbelloides C. F. Liang

产鹿马登（高黎贡山考察队 19900）；海拔 1253～1900 m；分布于福贡、腾冲。15-2。

6b 扇叶猕猴桃 Actinidia umbelloides var. **flabellifolia** C. F. Liang

产子里甲（高黎贡山考察队 20931）；海拔 1110～1530 m；分布于福贡、腾冲。15-2。

7 显脉猕猴桃 Actinidia venosa Rehder

产东哨房至其期途中（高黎贡山考察队 9536）；海拔 1610～3400 m；分布于贡山、福贡、泸水、腾冲。15-1。

113 水东哥科 Saurauiaceae

1a 红果水东哥 Saurauia erythrocarpa C. F. Liang & Y. S. Wang

产独龙江（独龙江考察队 4428）；海拔 1250～1750 m；分布于贡山、腾冲、龙陵。15-1。

1b 粗齿水东哥 Saurauia erythrocarpa var. **grosseserrata** C. F. Liang & Y. S. Wang

产独龙江（T. T. Yü 20414，20466）；海拔 1200～1350 m；分布于贡山。15-3。

2 长毛水东哥 Saurauia macrotricha Kurz & Dyer

产独龙江（青藏队 9175）；海拔 1400 m；分布于贡山独龙江段。14-2。

3 砾毛水东哥 Saurauia miniata C. F. Liang & Y. S. Wang

产上营（高黎贡山考察队 18089）；海拔 1250～1310 m；分布于腾冲。15-1。

4 尼泊尔水东哥 Saurauia napaulensis Candolle

产独龙江（独龙江考察队 3653）；海拔 800～2340 m；分布于贡山、福贡、泸水、保山、腾冲、龙陵。14-2。

5a 多脉水东哥 Saurauia polyneura C. F. Liang & Y. S. Wang

产独龙江（独龙江考察队 2112）；海拔 900～2800 m；分布于贡山、福贡、泸水、保山、腾冲、龙陵。15-1。

5b 少脉水东哥 Saurauia polyneura var. **paucinervis** J. Q. Li & Soejarto

产独龙江（独龙江考察队 670）；海拔 1240～2100 m；分布于贡山、保山、腾冲。15-1。

6 水东哥 Saurauia tristyla de Candolle

产铜壁关（s.n.）；海拔 850～1400 m；分布于盈江。7。

116 龙脑香科 Dipterocarpaceae

1 纤细龙脑香 Dipterocarpus gracilis Blume

产那邦（杨增宏、张启泰 85-0843）；海拔 280～750 m；分布于盈江。7。

2 东京龙脑香 Dipterocarpus retusus Blume

产那邦（陶国达 17901）；海拔 250～800 m；分布于盈江。7。

3 云南娑罗双 Shorea assamica Dyer

产那邦（杨增宏，张启泰 844）；海拔 300～1000 m；分布于盈江。7。

118 桃金娘科 Myrtaceae

1 滇南蒲桃 Syzygium austroyunnanense Hung T. Chang & R. H. Miao

产铜壁关（据《云南铜壁关自然保护区科学考察研究》）；海拔 1300～1600 m；分布于盈江。15-1。

2 香胶蒲桃 Syzygium balsameum Wallich

产铜壁关（据《云南铜壁关自然保护区科学考察研究》）；海拔 600～1400 m；分布于盈江。7。

3 短序蒲桃 Syzygium brachythyrsum Merrill & L. M. Perry

产铜壁关（据《云南铜壁关自然保护区科学考察研究》）；海拔 650～1450 m；分布于盈江。15-2。

4 棒花蒲桃 Syzygium claviflorum Wallich

产铜壁关（据《云南铜壁关自然保护区科学考察研究》）；海拔 900～1300 m；分布于盈江。5。

5 乌墨 Syzygium cumini (Linnaeus) Skeels

产六库（高黎贡山考察队 54538）；海拔 1500 m；分布于泸水。5。

6 滇边蒲桃 Syzygium forrestii Merrill & L. M. Perry

　　产六库（南水北调队 228）；海拔 1000 m；分布于泸水。15-2。

7 簇花蒲桃 Syzygium fruticosum Roxburgh ex Candolle

　　产镇安（中苏联合考察队 196）；海拔 810 m；分布于龙陵。14-1。

8 贡山蒲桃 Syzygium gongshanense P. Y. Bai

　　产独龙江（青藏队 8891）；海拔 1600 m；分布于贡山。15-3。

9 阔叶蒲桃 Syzygium megacarpum (Craib) Rathakrishnan & N. C. Nair

　　产昔马那邦（86 年考察队 1075）；海拔 600～1200 m；分布于盈江。7。

10 水翁蒲桃 Syzygium nervosum Candolle

　　产团田（高黎贡山考察队 30923）；海拔 1150 m；分布于腾冲。5。

11 高檐蒲桃 Syzygium oblatum Wallich

　　产铜壁关（据《云南铜壁关自然保护区科学考察研究》）；海拔 780～1200 m；分布于盈江。7。

12 假多瓣蒲桃 Syzygium polypetaloideum Merrill & L. M. Perry

　　产铜壁关（据《云南铜壁关自然保护区科学考察研究》）；海拔 300～800 m；分布于盈江。15-1。

13 滇西蒲桃 Syzygium rockii Merrill & L. M. Perry

　　产铜壁关（据《云南铜壁关自然保护区科学考察研究》）；海拔 1300～1650 m；分布于盈江。15-2。

14 怒江蒲桃 Syzygium salwinense Merrill & L. M. Perry

　　产镇安（Forrest 18163）；海拔 800～1800 m；分布于腾冲。15-1。

15 四角蒲桃 Syzygium tetragonum (Wight) Walpers

　　产上营（高黎贡山考察队 11375）；海拔 1530～1980 m；分布于腾冲。14-2。

16 云南蒲桃 Syzygium yunnanense Merrill & L. M. Perry

　　产铜壁关（据《云南铜壁关自然保护区科学考察研究》）；海拔 750～1200 m；分布于盈江。15-2。

120 野牡丹科 Melastomataceae

1 刺毛异型木 Allomorphya baviensis Guillaumin

　　产独龙江（独龙江考察队 453）；海拔 1300～1500 m；分布于贡山、腾冲。14-1。

2 锥序酸脚杆 Medinilla himalayana J. D. Hooker ex Triana

　　产镇安（高黎贡山考察队 10809）；海拔 2170～2210 m；分布于保山、龙陵。14-2。

3 沙巴酸脚杆 Medinilla petelotii Merrill

　　产独龙江（独龙江考察队 934）；海拔 1200～1460 m；分布于贡山。14-1。

4 红花酸脚杆 Medinilla rubicunda (Jack) Blume

　　产独龙江（独龙江考察队 459）；海拔 1250～1600 m；分布于贡山、腾冲、龙陵。14-2。

5 北酸脚杆 Medinilla septentrionalis (W. W. Smith) H. L. Li

　　产防坝（王从皎 s.n.）；海拔 600～1600 m；分布于盈江。7。

6 野牡丹 Melastoma malabathricum Linnaeus

　　产石关寨（香料植物考察队 136）；海拔 250～2400 m；分布于盈江。7。

7 天蓝谷木 Memecylon caeruleum Jack

　　产铜壁关（据《云南铜壁关自然保护区科学考察研究》）；海拔 400～950 m；分布于盈江。7。

8 滇谷木 Memecylon polyanthum H. L. Li

产铜壁关（据《云南铜壁关自然保护区科学考察研究》）；海拔 750～2150 m；分布于盈江。15-2。

9 头序金锦香 Osbeckia capitata Bentham ex Walpers

产界头（高黎贡山考察队 11068）；海拔 1670 m；分布于腾冲。14-2。

10 宽叶金锦香 Osbeckia chinensis var. angustifolia (D. Don) C. Y. Wu & C. Chen

产独龙江（高黎贡山考察队 15215）；海拔 1060～2180 m；分布于贡山、福贡、保山、腾冲、龙陵。14-2。

11a 蚂蚁花 Osbeckia nepalensis J. D. Hooker

产架科底（高黎贡山考察队 27755）；海拔 890～1980 m；分布于贡山、福贡、泸水、腾冲、龙陵。14-2。

11b 白蚂蚁花 Osbeckia nepalensis var. albiflora Lindley

产蒲川李子坪至户弄途中（尹文清 60-1437）；海拔 1300～1600 m；分布于保山、腾冲。14-2。

12 星毛金锦香 Osbeckia stellata Buchanan-Hamilton ex Kew Gawler

产独龙江（独龙江考察队 289）；海拔 1350～2300 m；分布于贡山、福贡、泸水、保山、腾冲、龙陵。14-2。

13 尖子木 Oxyspora paniculata (D. Don) Candolle

产独龙江（独龙江考察队 4200）；海拔 1250～2220 m；分布于贡山、福贡、泸水、保山、腾冲、龙陵。14-2。

14 刚毛尖子木 Oxyspora vagans (Roxburgh) Wallich

产独龙江（高黎贡山考察队 32314）；海拔 1170～1390 m；分布于贡山、福贡。14-1。

15 滇尖子木 Oxyspora yunnanensis H. L. Li

产独龙江（独龙江考察队 1170）；海拔 1250～1973 m；分布于贡山、福贡。15-1。

16 偏瓣花 Plagiopetalum esquirolii (H. Léveillé) Rehder

产独龙江（独龙江考察队 1510）；海拔 1200～2510 m；分布于贡山、福贡、泸水、保山、腾冲、龙陵。14-1。

17 肉穗草 Sarcopyramis bodinieri H. Léveillé & Vaniot

产独龙江（独龙江考察队 3206）；海拔 1380～3010 m；分布于贡山、福贡、保山、腾冲、龙陵。15-1。

18 楮头红 Sarcopyramis napalensis Wallich

产独龙江（独龙江考察队 1698）；海拔 1330～2800 m；分布于贡山、福贡、泸水、保山、腾冲。7。

19 峰斗草 Sonerila cantonensis Stapf

产芒宽（高黎贡山考察队 10608）；海拔 1350～1440 m；分布于贡山、保山。15-1。

20 直立蜂斗草 Sonerila erecta Jack

产铜壁关（据《云南铜壁关自然保护区科学考察研究》）；海拔 1100～1700 m；分布于盈江。7。

21 溪边桑勒草 Sonerila maculata Roxburgh

产铜壁关（据《云南铜壁关自然保护区科学考察研究》）；海拔 950～1500 m；分布于盈江。7。

22 海棠叶蜂斗草 Sonerila plagiocardia Diels

产潞江（高黎贡山考察队 17158）；海拔 2060～2180 m；分布于保山、腾冲。14-1。

23 八蕊花 Sporoxeia sciadophila W. W. Smith

产鹿马登（高黎贡山考察队 20382）；海拔 2050～2400 m；分布于贡山、福贡、泸水、龙陵。15-3。

121　使君子科 Combretaceae

1 榆绿木 Anogeissus acuminata Wallich

产那邦（据《云南铜壁关自然保护区科学考察研究》）；海拔 250～800 m；分布于盈江。7。

2 十蕊风车子 Combretum roxburghii Sprengel

产鹿马登（Forrest 9580）；海拔不详；分布于泸水、腾冲。14-2。

3a 西南风车子 Combretum griffithii Van Heurck & Müller Argoviensis

产铜壁关（据《云南铜壁关自然保护区科学考察研究》）；海拔 1100～1600 m；分布于盈江。7。

3b 云南风车子 Combretum griffithii var. **yunnanense** (Exell) Turland & C. Chen

产铜壁关（据《云南铜壁关自然保护区科学考察研究》）；海拔 500～1600 m；分布于盈江。7。

4 阔叶风车子 Combretum latifolium Blume

产那邦（陶国达 13204）；海拔 820 m；分布于盈江。7。

5 长毛风车子 Combretum pilosum Roxburgh

产铜壁关（据《云南铜壁关自然保护区科学考察研究》）；海拔 250～740 m；分布于盈江。7。

6 水密花 Combretum punctatum var. **squamosum** (Roxburgh ex G. Don) M. G. Gangopadhyay & Chakrabarty

产铜壁关（据《云南铜壁关自然保护区科学考察研究》）；海拔 1120～1500 m；分布于盈江。7。

7 石风车子 Combretum wallichii Candolle

产上江（南水北调队 10452）；海拔 960 m；分布于泸水。14-2。

8 萼翅藤 Getonia floribunda Roxburgh

产那邦至瓦焦途中（张启泰等 851）；海拔 360～900 m；分布于盈江。7。

9 毗黎勒 Terminalia bellirica (Gaertner) Roxburgh

产铜壁关（据《云南铜壁关自然保护区科学考察研究》）；海拔 880 m；分布于盈江。5。

10 微毛诃子 Terminalia chebula var. **tomentella** (Kurz) C. B. Clarke

产铜壁关（据《云南铜壁关自然保护区科学考察研究》）；海拔 800～1100 m；分布于盈江。7。

11 诃子 Terminalia chebula Retzius

产上江（高黎贡山考察队 11671）；海拔 800～1500 m；分布于泸水、保山。14-2。

12a 千果榄仁 Terminalia myriocarpa Van Heurck & Müller Argoviensis

产百花岭（高黎贡山考察队 1351）；海拔 900～2500 m；分布于泸水、保山。7。

12b 硬毛千果榄仁 Terminalia myriocarpa var. **hirsuta** Craib

产六库至上江途中（南水北调队 8082）；海拔 1000～1500 m；分布于泸水。14-1。

121　红树科 Rhizophoraceae

1 竹节树 Carallia brachiata (Loureiro) Merrill

产新城（孙航 1477）；海拔 1300 m；分布于盈江。5。

123　金丝桃科 Hypericaceae

1 黄牛木 Cratoxylum cochinchinense (Loureiro) Blume

产铜壁关（据《云南铜壁关自然保护区科学考察研究》）；海拔 1240 m；分布于盈江。7。

2 红芽木 Cratoxylum formosum subsp. **pruniflorum** (Kurz) Gogelein
产铜壁关（据《云南铜壁关自然保护区科学考察研究》）；海拔 1400 m；分布于盈江。7。

3 黄海棠 Hypericum ascyron Linnaeus
产丙中洛（高黎贡山考察队 34244）；海拔 1820 m；分布于贡山。9。

4 多蕊金丝桃 Hypericum choisyanum Wallich ex N. Robson
产铜壁关（据《云南铜壁关自然保护区科学考察研究》）；海拔 1600～2450 m；分布于盈江。7。

5 挺茎遍地金 Hypericum elodeoides Choisy
产独龙江（独龙江考察队 4016）；海拔 1350～3350 m；分布于贡山、福贡、腾冲、龙陵。14-2。

6 川滇金丝桃 Hypericum forrestii (Chittenden) N. Robson
产其期（高黎贡山考察队 7535）；海拔 1500～2200 m；分布于贡山、腾冲、保山。14-1。

7 细叶金丝桃 Hypericum gramineum G. Forster
产镇安（高黎贡山考察队 23651）；海拔 1830～2090 m；分布于腾冲、龙陵。5。

8a 西南金丝桃 Hypericum henryi H. Léveillé & Vaniot
产独龙江（独龙江考察队）；海拔 1500～3650 m；分布于贡山、福贡、泸水、保山、腾冲。15-1。

8b 岷江金丝桃 Hypericum henryi subsp. **uraloides** (Rehder) N. Robson
产独龙江（独龙江考察队 1082）；海拔 1250～2600 m；分布于贡山、福贡、泸水、保山、腾冲、龙陵。14-1。

9 地耳草 Hypericum japonicum Thunberg
产独龙江（独龙江考察队 470）；海拔 1250～2480 m；分布于贡山、福贡、泸水、保山、腾冲、龙陵。5。

10a 单花遍地金 Hypericum monanthemum J. D. Hooker & Thomson ex Dyer
产东哨房至垭口途中（高黎贡山考察队 12648）；海拔 2100～3680 m；分布于贡山、福贡、泸水。14-2。

10b 纤茎遍地金 Hypericum monanthemum subsp. **filicaule** (Dyer) N. Robson
产独龙江（独龙江考察队 1089）；海拔 1400～4100 m；分布于贡山、福贡。14-2。

11a 短柄小连翘 Hypericum petiolulatum J. D. Hooker & Thomson ex Dyer
产弯转河（武素功 7334）；海拔 3100～3500 m；分布于贡山、泸水。14-2。

11b 云南小连翘 Hypericum petiolulatum subsp. **yunnanense** (Franchet) N. Robson
产亚坪（高黎贡山考察队 28748）；海拔 2040～2700 m；分布于贡山、福贡。14-1。

12 匍枝金丝桃 Hypericum reptans J. D. Hooker & Thomson ex Dyer
产黑普山（高黎贡山考察队 16717）；海拔 2500～3400 m；分布于贡山、福贡。14-2。

13 遍地金 Hypericum wightianum Wallich ex Wight & Arnott
产鹿马登（李恒、李嵘 1111）；海拔 1238～3040 m；分布于贡山、福贡、泸水、保山、龙陵。14-2。

14 三腺金丝桃 Triadenum breviflorum (Wallich ex Dyer) Y. Kimura
产铜壁关（据《云南铜壁关自然保护区科学考察研究》）；海拔 1100～1800 m；分布于盈江。7。

126 藤黄科 Guttiferae

1 云树 Garcinia cowa Roxburgh ex de Candolle
产铜壁关（据《云南铜壁关自然保护区科学考察研究》）；海拔 400～1250 m；分布于盈江。7。

2 红萼藤黄 Garcinia erythrosepala Y. H. Li
产铜壁关（据《云南铜壁关自然保护区科学考察研究》）；海拔 350 m；分布于盈江。15-2。

3 山木瓜 Garcinia esculenta Y. H. Li

产利沙底（高黎贡山考察队 27344）；海拔 1310～1800 m；分布于福贡。15-2。

4 怒江藤黄 Garcinia nujiangensis C. Y. Wu & Y. H. Li

产独龙江（独龙江考察队 4417）；海拔 1150～1630 m；分布于贡山。15-1。

5 大果藤黄 Garcinia pedunculata Roxburgh ex Buchanan-Hamilton

产独龙江（冯国楣 24754）；海拔 1300～1400 m；分布于贡山。14-2。

6 双籽藤黄 Garcinia tetralata C. Y. Wu ex Y. H. Li

产铜壁关（据《云南铜壁关自然保护区科学考察研究》）；海拔 680～1250 m；分布于盈江。15-2。

7 大叶藤黄 Garcinia xanthochymus J. D. Hooker ex T. Anderson

产芒缅（86 年考察队 1170）；海拔 400～1000 m；分布于盈江。14-1。

128　椴树科 Tiliaceae

1 甜麻 Corchorus aestuans Linnaeus

产独龙江（独龙江考察队 84）；海拔 710～1100 m；分布于泸水、保山。2。

2 长蒴黄麻 Corchorus olitorius Linnaeus

产潞江（高黎贡山考察队 18135）；海拔 600～1600 m；分布于福贡。2。

3 一担柴 Colona floribunda Craib

产铜壁关（秦仁昌 50030）；海拔 350～1300 m；分布于盈江。7。

4 扁担杆 Grewia biloba G. Don

产百花岭（高黎贡山考察队 14106）；海拔 670～1210 m；分布于保山、龙陵。14-3。

5 短柄扁担杆 Grewia brachypoda C. Y. Wu

产上江（杨竞生 7746）；海拔 702～900 m；分布于泸水、保山。15-1。

6 朴叶扁担杆 Grewia celtidifolia Jussieu

产潞江（高黎贡山考察队 17232）；海拔 650～900 m；分布于保山。7。

7 镰叶扁担杆 Grewia falcata C. Y. Wu

产蒲川（尹文清 1447）；海拔 1650 m；分布于腾冲。14-1。

8 黄麻叶扁担杆 Grewia henryi Burret

产六库（高黎贡山考察队 7027）；海拔 890～900 m；分布于泸水。15-1。

9 长柄扁担杆 Grewia longipedunculata H. Li sp. nov.

产六库（高黎贡山考察队 9805）；海拔 767～900 m；分布于泸水。15-3。

10 光叶扁担杆 Grewia multiflora Jussieu

产六库（独龙江考察队 13）；海拔 850 m；分布于泸水。5。

11 长瓣扁担杆 Grewia macropetala Burret

产城关（文绍康 580655）；海拔 700 m；分布于盈江。15-1。

12 大叶扁担杆 Grewia permagna C. Y. Wu ex Hung T. Chang

产铜壁关（据《云南铜壁关自然保护区科学考察研究》）；海拔 600～1750 m；分布于盈江。15-2。

13 椴叶扁担杆 Grewia tiliifolia Vahl

产镇安（高黎贡山考察队 23479）；海拔 680～1220 m；分布于保山、龙陵。6。

14 盈江扁担杆 Grewia yinkiangensis Y. C. Hsu & R. Zhuge

产潞江（高黎贡山考察队 17336）；海拔 900 m；分布于保山。15-2。

15 华椴 Tilia chinensis Maximowicz

产茨开（高黎贡山考察队 16787）；海拔 2500～2970 m；分布于贡山。15-1。

16 毛少脉椴 Tilia paucicostata var. **yunnanensis** Diels

产独龙江（独龙江考察队 6694）；海拔 1350 m；分布于贡山。15-1。

17 单毛刺蒴麻 Triumfetta annua Linnaeus

产独龙江（独龙江考察队 525）；海拔 900～1300 m；分布于贡山、福贡、泸水、保山、腾冲。6。

18 毛刺蒴麻 Triumfetta cana Blume

产匹河（碧江考察队 288）；海拔 1000～1525 m；分布于福贡、保山。7。

19 长勾刺蒴麻 Triumfetta pilosa Roth

产芒宽（高黎贡山考察队 10629）；海拔 900～1743 m；分布于福贡、泸水、保山、腾冲。4。

20 刺蒴麻 Triumfetta rhomboidea Jacquin

产独龙江（独龙江考察队 117）；海拔 670～1220 m；分布于贡山、泸水、保山、龙陵。2。

128a 杜英科 Elaeocarpaceae

1 滇南杜英 Elaeocarpus austroyunnanensis Hu

产铜壁关（据《云南铜壁关自然保护区科学考察研究》）；海拔 450～1400 m；分布于盈江。15-2。

2 滇藏杜英 Elaeocarpus braceanus Watt ex C. B. Clarke

产镇安（高黎贡山考察队 10766）；海拔 1520～1950 m；分布于贡山、腾冲、龙陵。14-2。

3a 短穗杜英 Elaeocarpus brachystachyus Hung T. Chang

产独龙江（独龙江考察队 5065）；海拔 1300～2200 m；分布于贡山。15-3。

3b 贡山杜英 Elaeocarpus brachystachyus var. **fengii** C. Chen & Y. Tang

产贡当神山（高黎贡山考察队 22597）；海拔 1400～2470 m；分布于贡山。15-3。

4 杜英 Elaeocarpus decipiens Hemsley

产界头（高黎贡山考察队 30263）；海拔 1930～2260 m；分布于腾冲。14-3。

5 滇西杜英 Elaeocarpus dianxiensis Y. Tang, Z. L. Dao & H. Li

产龙江（高黎贡山考察队 17718）；海拔 1675～2230 m；分布于福贡、保山、龙陵。15-3。

6 高黎贡山杜英 Elaeocarpus gaoligongshanensis Y. Tang, Z. L. Dao & H. Li

产赧亢植物园（高黎贡山考察队 10714）；海拔 1470～2460 m；分布于贡山、保山、腾冲、龙陵。15-3。

7 秃瓣杜英 Elaeocarpus glabripetalus Merrill

产独龙江（李恒、刀志灵、李嵘 15249）；海拔 2500 m；分布于贡山。15-1。

8 肿柄杜英 Elaeocarpus harmandii Pierre

产丙中洛（冯国楣 7397）；海拔 1800～2500 m；分布于贡山。14-1。

9a 薯豆 Elaeocarpus japonicus Siebold & Zuccarini

产独龙江（独龙江考察队 5065）；海拔 2000～2480 m；分布于贡山、福贡。14-3。

9b 澜沧杜英 Elaeocarpus japonicus var. **lantsangensis** (Hu) Hung T. Chang

产丹珠（高黎贡山考察队 13767）；海拔 2080～2480 m；分布于贡山、福贡。15-1。

10 多沟杜英 Elaeocarpus lacunosus Wallich ex Kurz

产独龙江（独龙江考察队 872）；海拔 1350～2300 m；分布于贡山、福贡。7。

11 披针叶杜英 Elaeocarpus lanceifolius Roxburgh

产黑普山（高黎贡山考察队 14308）；海拔 1550～2050 m；分布于贡山、保山、腾冲、龙陵。7。

12 绢毛杜英 Elaeocarpus nitentifolius Merrill & Chun

产独龙江（独龙江考察队 6968）；海拔 1800～2200 m；分布于贡山。14-1。

13 长柄杜英 Elaeocarpus petiolatus (Jack) Wallich

产铜壁关（据《云南铜壁关自然保护区科学考察研究》）；海拔 800 m；分布于盈江。7。

14 樱叶杜英 Elaeocarpus prunifolioides Hu

产铜壁关（据《云南铜壁关自然保护区科学考察研究》）；海拔 600～1700 m；分布于盈江。15-2。

15 大果杜英 Elaeocarpus sikkimensis Masters

产铜壁关（秦仁昌 50077）；海拔 1500～2100 m；分布于盈江。7。

16 滇印杜英 Elaeocarpus varunua Buchanan-Hamilton ex Masters

产独龙江（T. T. Yü 20473）；海拔 1400 m；分布于贡山。14-2。

17 毛果猴欢喜 Sloanea dasycarpa (Bentham) Hemsley

产五合（高黎贡山考察队 18039）；海拔 1500～2070 m；分布于贡山、腾冲。14-1。

18 仿栗 Sloanea hemsleyana (T. Itô) Rehder & E. H. Wilson

产赧亢植物园（高黎贡山考察队 13322）；海拔 1750～2180 m；分布于贡山、保山、腾冲、龙陵。15-1。

19 薄果猴欢喜 Sloanea leptocarpa Diels

产铜壁关（据《云南铜壁关自然保护区科学考察研究》）；海拔 1450 m；分布于盈江。15-1。

20a 贡山猴欢喜 Sloanea sterculiacea (Bentham) Rehder & E. H. Wilson

产独龙江（独龙江考察队 215）；海拔 1175～2100 m；分布于贡山、福贡、泸水、腾冲。14-2。

20b 长叶猴欢喜 Sloanea sterculiacea var. **assamica** (Bentham) Coode

产茨开（高黎贡山考察队 7631）；海拔 1700～1900 m；分布于贡山。14-2。

130 梧桐科 Sterculiaceae

1 昂天莲 Ambroma augustum (Linnaeus) Linnaeus

产潞江（李恒、郭辉军、李正波、施晓春 45）；海拔 900 m；分布于保山。5。

2 刺果藤 Byttneria grandifolia de Candolle

产铜壁关（据《云南铜壁关自然保护区科学考察研究》）；海拔 600～950 m；分布于盈江。7。

3 全缘刺果藤 Byttneria integrifolia Lace

产那邦（据《云南铜壁关自然保护区科学考察研究》）；海拔 650～900 m；分布于盈江。7。

4 粗毛刺果藤 Byttneria pilosa Roxburgh

产那邦（陶国达 13240）；海拔 760 m；分布于盈江。7。

5 南火绳 Eriolaena candollei Wallich

产铜壁关（据《云南铜壁关自然保护区科学考察研究》）；海拔 800～1300 m；分布于盈江。7。

6 光叶火绳 Eriolaena glabrescens Aug. Candolle

产铜壁关（据《云南铜壁关自然保护区科学考察研究》）；海拔 500～1200 m；分布于盈江。7。

7 火绳树 Eriolaena spectabilis (Candolle) Planchon ex Masters

产铜壁关（据《云南铜壁关自然保护区科学考察研究》）；海拔 700～1200 m；分布于盈江。7。

8 火桐 Firmiana colorata R. Brown

产铜壁关（杜凡 448）；海拔 400～1400 m；分布于盈江。7。

9 云南梧桐 Firmiana major (W. W. Smith) Handel-Mazzetti

产铜壁关（据《云南铜壁关自然保护区科学考察研究》）；海拔 1400～1700 m；分布于盈江。15-1。

10 长序山芝麻 Helicteres elongata Wallich ex Masters

产铜壁关（据《云南铜壁关自然保护区科学考察研究》）；海拔 600～1450 m；分布于盈江。7。

11 细齿山芝麻 Helicteres glabriuscula Wallich

产铜壁关（据《云南铜壁关自然保护区科学考察研究》）；海拔 650～1350 m；分布于盈江。7。

12 火索麻 Helicteres isora Linnaeus

产铜壁关（据《云南铜壁关自然保护区科学考察研究》）；海拔 650～1400 m；分布于盈江。5。

13 长柄银叶树 Heritiera angustata Pierre

产昔马那邦（杨增宏 766）；海拔 650 m；分布于盈江。7。

14 翅子树 Pterospermum acerifolium (Linnaeus) Willdenow

产那邦（据《云南铜壁关自然保护区科学考察研究》）；海拔 500～900 m；分布于盈江。7。

15 窄叶半枫荷 Pterospermum lanceifolium Roxburgh

产铜壁关（据《云南铜壁关自然保护区科学考察研究》）；海拔 550～1050 m；分布于盈江。7。

16 变叶翅子树 Pterospermum proteus Burkill

产铜壁关（据《云南铜壁关自然保护区科学考察研究》）；海拔 550～700 m；分布于盈江。15-2。

17 平当树 Paradombeya sinensis Dunn

产六库至姚家坪途中（高黎贡山考察队 10117）；海拔 880～1300 m；分布于泸水、保山。15-1。

18 截裂翅子树 Pterospermum truncatolobatum Gagnepain

产那邦（张启泰，杨增宏 835）；海拔 310～820 m；分布于盈江。7。

19 翅苹婆 Pterygota alata Thwaites

产铜壁关（据《云南铜壁关自然保护区科学考察研究》）；海拔 250 m；分布于盈江。7。

20 梭罗树 Reevesia pubescens Masters

产鲁掌（高黎贡山考察队 1886）；海拔 1700～2208 m；分布于贡山、泸水、腾冲。14-2。

21 短柄苹婆 Sterculia brevissima H. H. Hsue ex Y. Tang, M. G. Gilbert & Dorr

产铜壁关（据《云南铜壁关自然保护区科学考察研究》）；海拔 300～890 m；分布于盈江。15-2。

22 粉苹婆 Sterculia euosma W. W. Smith

产百花岭（刀志灵、崔景云 9426）；海拔 1520 m；分布于腾冲、保山。15-1。

23 大叶苹婆 Sterculia kingtungensis H. H. Hsue ex Y. Tang, M. G. Gilbert & Dorr

产铜壁关（据《云南铜壁关自然保护区科学考察研究》）；海拔 780 m；分布于盈江。15-2。

24 西蜀苹婆 Sterculia lanceifolia Roxburgh

产那邦（据《云南铜壁关自然保护区科学考察研究》）；海拔 890～1100 m；分布于盈江。7。

25 假苹婆 Sterculia lanceolata Cavanilles

产潞江（高黎贡山考察队 13319）；海拔 2100 m；分布于保山。14-1。

26 苹婆 Sterculia monosperma Ventnat

产团田（高黎贡山考察队 30914）；海拔 1150 m；分布于腾冲。7。

27 家麻树 Sterculia pexa Pierre

产铜壁关（据《云南铜壁关自然保护区科学考察研究》）；海拔 600～900 m；分布于盈江。7。

28 基苹婆 Sterculia principis Gagnepain

产铜壁关（据《云南铜壁关自然保护区科学考察研究》）；海拔 600～1000 m；分布于盈江。7。

29 绒毛苹婆 Sterculia villosa Roxburgh

产盈江至瑞丽途中（秦仁昌 50091）；海拔 650～1050 m；分布于盈江。7。

30 蛇婆子 Waltheria indica Linnaeus

产铜壁关（据《云南铜壁关自然保护区科学考察研究》）；海拔 880～1550 m；分布于盈江。2。

131　木棉科 Bombacaceae

1 木棉 Bombax ceiba Linnaeus

产芒宽至六库途中（高黎贡山考察队 26180）；海拔 686～900 m；分布于泸水、保山。7。

132　锦葵科 Malvaceae

1 长毛黄葵 Abelmoschus crinitus Wallich

产六库至上江途中（高黎贡山考察队 9866）；海拔 790～980 m；分布于泸水、保山。14-2。

2a 黄蜀葵 Abelmoschus manihot (Linnaeus) Medikus

产独龙江（独龙江考察队 220）；海拔 800～1800 m；分布于贡山、福贡、泸水、保山。14-2。

2b 刚毛黄蜀葵 Abelmoschus manihot var. **pungens** (Roxburgh) Hochreutiner

产六库至上江途中（冯国楣 24485）；海拔 1510～1900 m；分布于贡山、福贡、腾冲。14-2。

3 箭叶秋葵 Abelmoschus sagittifolius Merrill

产铜壁关（据《云南铜壁关自然保护区科学考察研究》）；海拔 1000～1400 m；分布于盈江。5。

4 滇西苘麻 Abutilon gebauerianum Handel-Mazzetti

产潞江（高黎贡山考察队 17335）；海拔 900 m；分布于保山。15-2。

5 磨盘草 Abutilon indicum (Linnaeus) Sweet

产芒宽（高黎贡山考察队 18899）；海拔 790～830 m；分布于泸水、保山。7。

6 无齿华苘麻 Abutilon sinense var. **edentatum** K. M. Feng

产怒江西岸子坝村（高黎贡山考察队 13696）；海拔 950～1200 m；分布于泸水。15-2。

7 美丽芙蓉 Hibiscus indicus (N. L. Burman) Hochreutiner

产五合（尹文清 1483）；海拔 1800 m；分布于腾冲。15-1。

8 大叶木槿 Hibiscus macrophyllus Roxburgh

产铜壁关（据《云南铜壁关自然保护区科学考察研究》）；海拔 320 m；分布于盈江。7。

9 野西瓜苗 Hibiscus trionum Linnaeus

产铜壁关（据《云南铜壁关自然保护区科学考察研究》）；海拔 1450 m；分布于盈江。2。

10 翅果麻 Kydia calycina Roxburgh

产铜壁关（据《云南铜壁关自然保护区科学考察研究》）；海拔 800～1500 m；分布于盈江。7。

11 光叶翅果麻 Kydia glabrescens Masters

产芒宽（李恒、李嵘 1310）；海拔 1520 m；分布于保山。14-2。

12 圆叶锦葵 Malva pusilla Smith

产潞江（高黎贡山考察队 18251）；海拔 1000 m；分布于保山。10。

13 野葵 Malva verticillata Linnaeus

产片马（高黎贡山考察队 23402）；海拔 1500～1780 m；分布于泸水。6。

14 枣叶槿 Nayariophyton zizyphifolium (Griffith) D. G. Long & A. G. Miller

产铜壁关（据《云南铜壁关自然保护区科学考察研究》）；海拔 1520 m；分布于盈江。7。

15 黄花稔 Sida acuta N. L. Burman

产铜壁关（86 年考察队 1056）；海拔 650～1500 m；分布于盈江。7。

16a 倒卵叶黄花稔 Sida alnifolia var. **obovata** (Wallich ex Masters) S. Y. Hu

产铜壁关（据《云南铜壁关自然保护区科学考察研究》）；海拔 1200～1300 m；分布于盈江。7。

16b 小叶黄花稔 Sida alnifolia var. **microphylla** (Cavanilles) S. Y. Hu

产片马（高黎贡山考察队 10238）；海拔 900～2240 m；分布于泸水、腾冲。14-1。

17 中华黄花稔 Sida chinensis Retzius

产六库（杨竞生 s.n.）；海拔 1400 m；分布于泸水。15-1。

18 心叶黄花稔 Sida cordifolia Linnaeus

产芒宽（施晓春 472）；海拔 1600 m；分布于保山。2。

19 东方黄花稔 Sida orientalis Cavanilles

产潞江（高黎贡山考察队 18268）；海拔 1000 m；分布于保山。14-1。

20 白背黄花稔 Sida rhombifolia Linnaeus

产六库（高黎贡山考察队 9812）；海拔 980～1700 m；分布于贡山、泸水、保山、腾冲、龙陵。2。

21 榛叶黄花稔 Sida subcordata Spanoghe

产大兴地（高黎贡山考察队 26291）；海拔 910 m；分布于泸水。7。

22 拔毒散 Sida szechuensis Matsuda

产独龙江（独龙江考察队 1004）；海拔 850～2240 m；分布于贡山、福贡、泸水、保山、腾冲、龙陵。15-1。

23a 地桃花 Urena lobata Linnaeus

产独龙江（独龙江考察队 329）；海拔 670～2050 m；分布于贡山、福贡、泸水、保山、腾冲、龙陵。2。

23b 中华地桃花 Urena lobata var. **chinensis** (Osbeck) S. Y. Hu

产曲石（陈介 344）；海拔不详。分布于腾冲。15-1。

23c 粗叶地桃花 Urena lobata var. **glauca** (Blume) Borssum

产鲁掌（高黎贡山考察队 7080）；海拔 1500～2000 m；分布于福贡、泸水。7。

23d 云南地桃花 Urena lobata var. **yunnanensis** S. Y. Hu

产匹河（武素功 8596）；海拔 1500～2000 m；分布于福贡、泸水、腾冲。15-1。

24 波叶梵天花 Urena repanda Roxburgh ex Smith

产潞江（高黎贡山考察队 17389）；海拔 1000～1010 m；分布于保山。14-2。

133　金虎尾科 Malpighiaceae

1 多花盾翅藤 Aspidopterys floribunda Hutchinson

　　产独龙江（独龙江考察队 958）；海拔 1300～2000 m；分布于贡山、保山、腾冲。15-2。

2 蒙自盾翅藤 Aspidopterys henryi Hutchinson

　　产铜壁关（据《云南铜壁关自然保护区科学考察研究》）；海拔 650 m；分布于盈江。15-2。

3 毛叶盾翅藤 Aspidopterys nutans Hook. f.

　　产铜壁关（陶国达 13160）；海拔 240～700 m；分布于盈江。7。

4 倒心盾翅藤 Aspidopterys obcordata Hemsley

　　产铜壁关（据《云南铜壁关自然保护区科学考察研究》）；海拔 850～1500 m；分布于盈江。15-2。

5 尖叶风筝果 Hiptage acuminata Wallich ex A. Jussieu

　　产芒宽（李恒、李嵘 1303）；海拔 890～1530 m；分布于福贡、泸水、保山。14-2。

6 风筝果 Hiptage benghalensis (Linnaeus) Kurz

　　产铜壁关（据《云南铜壁关自然保护区科学考察研究》）；海拔 1470 m；分布于盈江。7。

7 白花风筝果 Hiptage candicans J. D. Hooker

　　产铜壁关（据《云南铜壁关自然保护区科学考察研究》）；海拔 570～1300 m；分布于盈江。7。

8 小花风筝果 Hiptage minor Dunn

　　产铜壁关（据《云南铜壁关自然保护区科学考察研究》）；海拔 700～1000 m；分布于盈江。15-1。

136　黏木科 Ixonanthaceae

1 粘木 Ixonanthes reticulata Jack

　　产铜壁关（据《云南铜壁关自然保护区科学考察研究》）；海拔 300～700 m；分布于盈江。7。

135　古柯科 Erythroxylaceae

1 东方古柯 Erythroxylum sinense Y. C. Wu

　　产城关（高黎贡山考察队 29762）；海拔 1500～1790 m；分布于贡山、腾冲。14-2。

136a　虎皮楠科 Daphniphyllaceae

1 纸叶虎皮楠 Daphniphyllum chartaceum K. Rosenthal

　　产独龙江（独龙江考察队 3930）；海拔 1200～2500 m；分布于贡山、保山、腾冲、龙陵。14-2。

2 西藏虎皮楠 Daphniphyllum himalense (Bentham) Müller Argoviensis

　　产独龙江（独龙江考察队 1092）；海拔 1310～2600 m；分布于贡山、福贡。14-2。

3 显脉虎皮楠 Daphniphyllum paxianum K. Rosenthal

　　产五合（高黎贡山考察队 24832）；海拔 1530～2620 m；分布于贡山、保山、腾冲。15-1。

136　大戟科 Euphorbiaceae

1 尾叶铁苋菜 Acalypha acmophylla Hemsley

　　产铜壁关（据《云南铜壁关自然保护区科学考察研究》）；海拔 1400～2100 m；分布于盈江。15-1。

2 铁苋菜 Acalypha australis Linnaeus

　　产比比利（独龙江考察队 263）；海拔 1520 m；分布于贡山。14-3。

3 毛叶铁苋菜 Acalypha mairei (H. Léveillé) Schneider

产碧福桥水电站（高黎贡山考察队 19693）；海拔 1030～1300 m；分布于福贡、泸水。14-1。

4 裂苞铁苋菜 Acalypha supera Forsskål

产丙中洛（高黎贡山考察队 15583）；海拔 1040～1700 m；分布于贡山、福贡、泸水、保山、龙陵。6。

5 山麻杆 Alchornea davidii Franchet

产匹河（高黎贡山考察队 7957）；海拔 1240 m；分布于福贡。15-1。

6 椴叶山麻杆 Alchornea tiliifolia (Bentham) Müller Argoviensis

产铜壁关（据《云南铜壁关自然保护区科学考察研究》）；海拔 300～1500 m；分布于盈江。7。

7 红背山麻杆 Alchornea trewioides (Bentham) Müller Argoviensis

产匹河（碧江考察队 129）；海拔 900～1500 m；分布于福贡、泸水。14-1。

8 西南五月茶 Antidesma acidum Retzius

产镇安（高黎贡山考察队 17549）；海拔 1090～1210 m；分布于保山、龙陵。7。

9 五月茶 Antidesma bunius (Linnaeus) Sprengel

产上营（高黎贡山考察队 18097）；海拔 1310～1520 m；分布于腾冲。5。

10 黄毛五月茶 Antidesma fordii Hemsley

产铜壁关（据《云南铜壁关自然保护区科学考察研究》）；海拔 400～800 m；分布于盈江。7。

11 酸味子 Antidesma japonicum Siebold & Zuccarini

产潞江（高黎贡山考察队 17356）；海拔 900～2075 m；分布于保山、腾冲、龙陵。14-3。

12a 山地五月茶 Antidesma montanum Blume

产铜壁关（据《云南铜壁关自然保护区科学考察研究》）；海拔 1000～1500 m；分布于盈江。5。

12b 小叶五月茶 Antidesma montanum var. **microphyllum** (Hemsley) Petra Hoffm.

产铜壁关（据《云南铜壁关自然保护区科学考察研究》）；海拔 300～700 m；分布于盈江。7。

13 泰北五月茶 Antidesma sootepense Craib

产铜壁关（据《云南铜壁关自然保护区科学考察研究》）；海拔 830 m；分布于盈江。7。

14 毛银柴 Aporosa villosa (Lindley) Baillon

产南汞（据《云南铜壁关自然保护区科学考察研究》）；海拔 500～1100 m；分布于盈江。7。

15 云南银柴 Aporosa yunnanensis (Pax & K. Hoffmann) F. P. Metcalf

产那邦（据《云南铜壁关自然保护区科学考察研究》）；海拔 430～1200 m；分布于盈江。7。

16 木奶果 Baccaurea ramiflora Loureiro

产昔马那邦（据《云南铜壁关自然保护区科学考察研究》）；海拔 300～1200 m；分布于盈江。7。

17 浆果乌桕 Balakata baccata (Roxburgh) Esser

产铜壁关（据《云南铜壁关自然保护区科学考察研究》）；海拔 450～1060 m；分布于盈江。7。

18 云南斑籽木 Baliospermum calycinum Müller Argoviensis

产五合（高黎贡山考察队 24895）；海拔 1713 m；分布于腾冲。14-2。

19 心叶斑籽 Baliospermum yui Y. T. Chang

产铜壁关（据《云南铜壁关自然保护区科学考察研究》）；海拔 750～2000 m；分布于盈江。7。

20 秋枫 Bischofia javanica Blume

产匹河（高黎贡山考察队 7958）；海拔 1200～1700 m；分布于福贡。5。

21 黑面神 Breynia fruticosa (Linnaeus) J. D. Hooker

产铜壁关（据《云南铜壁关自然保护区科学考察研究》）；海拔 400～1100 m；分布于盈江。7。

22 膜叶土蜜树 Bridelia glauca Blume

产铜壁关（据《云南铜壁关自然保护区科学考察研究》）；海拔 400～1600 m；分布于盈江。7。

23 喙果黑面神 Breynia rostrata Merrill

产百花岭（高黎贡山考察队 14043）；海拔 2360 m；分布于保山。14-1。

24 禾串树 Bridelia balansae Tutcher

产六库（高黎贡山考察队 9907）；海拔 1000～1250 m；分布于泸水、龙陵。14-3。

25 土蜜藤 Bridelia stipularis (Linnaeus) Blume

产百花岭（高黎贡山考察队 14115）；海拔 691～1410 m；分布于保山、龙陵。7。

26 土蜜树 Bridelia tomentosa Blume

产铜壁关（秦仁昌 50087）；海拔 550～1500 m；分布于盈江。5。

27 白桐树 Claoxylon indicum (Reinwardt ex Blume) Hasskarl

产铜壁关（据《云南铜壁关自然保护区科学考察研究》）；海拔 600～1200 m；分布于盈江。7。

28 喀西白桐树 Claoxylon khasianum J. D. Hooker

产铜壁关（据《云南铜壁关自然保护区科学考察研究》）；海拔 850～1700 m；分布于盈江。7。

29 长叶白桐树 Claoxylon longifolium (Blume) Endlicher ex Hasskarl

产架科底（高黎贡山考察队 20912）；海拔 1160～1200 m；分布于福贡。1。

30 棒柄花 Cleidion brevipetiolatum Pax & K. Hoffmann

产六库（南水北调队 8029）；海拔 900 m；分布于泸水。14-1。

31 长棒柄花 Cleidion spiciflorum (N. L. Burman) Merrill

产那邦（裴盛基 14202）；海拔 300～900 m；分布于盈江。5。

32 银叶巴豆 Croton cascarilloides Raeuschel

产那邦（据《云南铜壁关自然保护区科学考察研究》）；海拔 500～1500 m；分布于盈江。14-1。

33 二齿黄蓉花 Dalechampia bidentata Thwaites

产铜壁关（据《云南铜壁关自然保护区科学考察研究》）；海拔 400～1300 m；分布于盈江。7。

34 风轮桐 Epiprinus siletianus (Baillon) Croizat

产瓦屋（高黎贡山考察队 21037）；海拔 1270 m；分布于福贡。14-2。

35 圆苞大戟 Euphorbia griffithii J. D. Hooker

产独龙江（独龙江考察队 6938）；海拔 1809～3600 m；分布于贡山、福贡、泸水。14-2。

36 飞扬草 Euphorbia hirta Linnaeus

产上帕（高黎贡山考察队 28931）；海拔 611～1200 m；分布于福贡、泸水、保山、腾冲、龙陵。2。

37 地锦草 Euphorbia humifusa Willdenow

产铜壁关（据《云南铜壁关自然保护区科学考察研究》）；海拔 700～1900 m；分布于盈江。8。

38 通奶草 Euphorbia hypericifolia Linnaeus

产铜壁关（据《云南铜壁关自然保护区科学考察研究》）；海拔 400～2200 m；分布于盈江。1。

39 大狼毒 Euphorbia jolkinii Boissier

产铜壁关（据《云南铜壁关自然保护区科学考察研究》）；海拔 1800～2200 m；分布于盈江。14-3。

40 黄苞大戟 Euphorbia sikkimensis Boissier

产铜壁关（据《云南铜壁关自然保护区科学考察研究》）；海拔 1700～2500 m；分布于盈江。7。

41 钩腺大戟 Euphorbia sieboldiana C. Morren & Decaisne

产界头（高黎贡山考察队 40485）；海拔 1820～2100 m；分布于泸水、腾冲。14-3。

42 高山大戟 Euphorbia stracheyi Boissier

产独龙江（高黎贡山考察队 15050）；海拔 2100～3800 m；分布于贡山、福贡。14-2。

43 千根草 Euphorbia thymifolia Linnaeus

产铜壁关（据《云南铜壁关自然保护区科学考察研究》）；海拔 700～1400 m；分布于盈江。2。

44 大果大戟 Euphorbia wallichii J. D. Hooker

产亚坪至垭口途中（高黎贡山考察队 20432）；海拔 3298～3350 m；分布于贡山、福贡。14-2。

45 云南土沉香 Excoecaria acerifolia Didrichsen

产丙中洛（高黎贡山考察队 15598）；海拔 1460～2200 m；分布于贡山。14-2。

46 聚花白饭树 Flueggea leucopyrus Willdenow

产六库（高黎贡山考察队 9931）；海拔 900～1000 m；分布于泸水、保山。6。

47 一叶萩 Flueggea suffruticosa (Pallas) Baillon

产丙中洛（高黎贡山考察队 31752）；海拔 611～2780 m；分布于贡山、泸水、龙陵。14-3。

48 白饭树 Flueggea virosa (Roxburgh ex Willdenow) Voigt

产那邦（86 年考察队 1057）；海拔 1000～1700 m；分布于盈江。4。

49 白毛算盘子 Glochidion arborescens Blume

产芒宽（高黎贡山考察队 10546）；海拔 800～2200 m；分布于泸水、保山、腾冲、龙陵。7。

50 革叶算盘子 Glochidion daltonii (Müller Argoviensis) Kurz

产丙贡[南水北调队（滇西北分队）10446]；海拔 960～2050 m；分布于福贡、泸水、腾冲。14-1。

51 毛果算盘子 Glochidion eriocarpum Champion ex Bentham

产九区浦川（尹文清 1468）；海拔 1300～1600 m；分布于泸水、腾冲。14-1。

52 厚叶算盘子 Glochidion hirsutum Voigt

产蛮元（陶国达 13409）；海拔 400～1500 m；分布于盈江。7。

53 艾胶算盘子 Glochidion lanceolarium (Roxburgh) Voigt

产坝湾（高黎贡山考察队 18443）；海拔 1985～2183 m；分布于保山、腾冲。14-1。

54 圆果算盘子 Glochidion sphaerogynum (Müller Argoviensis) Kurz

产百花岭（李恒、李嵘、施晓春 1283）；海拔 1270～2360 m；分布于福贡、泸水、保山、腾冲。14-2。

55 里白算盘子 Glochidion triandrum (Blanco) C. B. Robinson

产孟连（高黎贡山考察队 31134）；海拔 1850～2040 m；分布于福贡、保山、腾冲。14-1。

56 白背算盘子 Glochidion wrightii Bentham

产铜壁关（据《云南铜壁关自然保护区科学考察研究》）；海拔 500～1600 m；分布于盈江。15-1。

57 水柳 Homonoia riparia Loureiro

产六库（高黎贡山考察队 9919）；海拔 686～1000 m；分布于泸水、保山、腾冲。7。

58 缘腺雀舌木 Leptopus clarkei (J. D. Hooker) Pojarkova

产铜壁关（据《云南铜壁关自然保护区科学考察研究》）；海拔 800～1900 m；分布于盈江。7。

59 安达曼血桐 Macaranga andamanica Kurz

产铜壁关（据《云南铜壁关自然保护区科学考察研究》）；海拔 1000～1300 m；分布于盈江。7。

60 毛桐 Mallotus barbatus Müller Argoviensis

产昔马那邦（陶国达 13201）；海拔 500～1500 m；分布于盈江。7。

61 中平树 Macaranga denticulata (Blume) Müller Argoviensis

产五合（包士英 914）；海拔 800～1300 m；分布于龙陵。7。

62 印度血桐 Macaranga indica Wight

产百花岭（高黎贡山考察队 13389）；海拔 1350～1920 m；分布于贡山、福贡、保山、腾冲。7。

63 尾叶血桐 Macaranga kurzii (Kuntze) Pax & K. Hoffmann

产五合（高黎贡山考察队 17947）；海拔 1530～1900 m；分布于腾冲。14-1。

64 尼泊尔野桐 Mallotus nepalensis Müller Argoviensis

产赧亢植物园（高黎贡山考察队 13321）；海拔 1450～2400 m；分布于贡山、福贡、泸水、保山、腾冲。14-2。

65 泡腺血桐 Macaranga pustulata King ex J. D. Hooker

产独龙江（独龙江考察队 1168）；海拔 1240～1480 m；分布于贡山、泸水。14-1。

66 白楸 Mallotus paniculatus (Lamarck) Müller Argoviensis

产铜壁关（据《云南铜壁关自然保护区科学考察研究》）；海拔 900～1300 m；分布于盈江。5。

67 石岩枫 Mallotus repandus (Willdenow) Müller Argoviensis

产五合（高黎贡山考察队 24983）；海拔 1140～1869 m；分布于泸水、腾冲。5。

68 四果野桐 Mallotus tetracoccus Kurz

产姐冒（裴盛基 14151）；海拔 300～1300 m；分布于盈江。7。

69 粗糠柴 Mallotus philippensis (Lamarck) Müller Argoviensis

产六库（独龙江考察队 051）；海拔 670～2580 m；分布于福贡、泸水、保山、腾冲。5。

70 云南野桐 Mallotus yunnanensis Pax & K. Hoffmann

产六库（南水北调队 8218）；海拔 950～2400 m；分布于泸水。14-1。

71 山靛 Mercurialis leiocarpa Siebold & Zuccarini

产猴桥（武素功 6732）；海拔 1850 m；分布于腾冲。14-1。

72 云南叶轮木 Ostodes katharinae Pax

产上营（高黎贡山考察队 11462）；海拔 1150～2146 m；分布于泸水、保山、腾冲、龙陵。14-1。

73 叶轮木 Ostodes paniculata Blume

产铜壁关（裴盛基 14219）；海拔 500～650 m；分布于盈江。7。

74 玫花珠子木 Phyllanthodendron roseum Craib & Hutch.

产铜壁关（据《云南铜壁关自然保护区科学考察研究》）；海拔 1600 m；分布于盈江。7。

75 余甘子 Phyllanthus emblica Linnaeus

产大坪场（高黎贡山考察队 10122）；海拔 800～1790 m；分布于泸水、保山、腾冲、龙陵。7。

76 落萼叶下珠 Phyllanthus flexuosus (Siebold & Zuccarini) Müller Argoviensis
产铜壁关（据《云南铜壁关自然保护区科学考察研究》）；海拔 1450～1600 m；分布于盈江。14-3。

77 细枝叶下珠 Phyllanthus leptoclados Bentham
产铜壁关（据《云南铜壁关自然保护区科学考察研究》）；海拔 1230 m；分布于盈江。15-1。

78 西南叶下珠 Phyllanthus tsarongensis W. W. Smith
产独龙江（杨竞生 s.n.）；海拔 1500 m；分布于贡山。15-1。

79 叶下珠 Phyllanthus urinaria Linnaeus
产六库（独龙江考察队 090）；海拔 710～1920 m；分布于贡山、福贡、泸水、腾冲。3。

80 黄珠子草 Phyllanthus virgatus G. Forster
产芒宽（高黎贡山考察队 17351）；海拔 790～900 m；分布于保山。5。

81 守宫木 Sauropus androgynus Merrill
产铜壁关（杜凡、丁涛、和菊 s.n.）；海拔 1350～1500 m；分布于盈江。7。

82 长梗守宫木 Sauropus macranthus Hasskarl
产铜壁关（据《云南铜壁关自然保护区科学考察研究》）；海拔 700～1500 m；分布于盈江。5。

83 缅桐 Sumbaviopsis albicans J. J. Smith
产那邦（据《云南铜壁关自然保护区科学考察研究》）；海拔 350～800 m；分布于盈江。7。

84 白树 Suregada multiflora (Jussieu) Baillon
产铜壁关（据《云南铜壁关自然保护区科学考察研究》）；海拔 400～800 m；分布于盈江。7。

85 山乌桕 Triadica cochinchinensis Loureiro
产铜壁关（据《云南铜壁关自然保护区科学考察研究》）；海拔 420～1600 m；分布于盈江。7。

86 长梗三宝木 Trigonostemon thyrsoideus Stapf
产铜壁关（据《云南铜壁关自然保护区科学考察研究》）；海拔 300～1200 m；分布于盈江。7。

139a 鼠刺科 Iteaceae

1 鼠刺 Itea chinensis Hooker & Arnott
产独龙江（独龙江考察队 1218）；海拔 1301～2200 m；分布于贡山、福贡、泸水。14-1。

2 毛脉鼠刺 Itea indochinensis var. pubinervia (H. T. Chang) C. Y. Wu
产上帕（蔡希陶 56615）；海拔 1700～2100 m；分布于贡山、福贡。14-1。

3 俅江鼠刺 Itea kiukiangensis C. C. Huang & S. C. Huang
产独龙江（独龙江考察队 1806）；海拔 1330～2253 m；分布于贡山、福贡、泸水。15-1。

4 大叶鼠刺 Itea macrophylla Wallich
产那邦坝（陶国达 13183）；海拔 1000～1400 m；分布于盈江。7。

5 娥眉鼠刺 Itea omeiensis C. K. Schneider
产丙中洛（高黎贡山考察队 22675）；海拔 1860 m；分布于贡山。15-1。

6 河岸鼠刺 Itea riparia Collett & Hemsley
产铜壁关（据《云南铜壁关自然保护区科学考察研究》）；海拔 580～650 m；分布于盈江。7。

7 滇鼠刺 Itea yunnanensis Franchet
产捧当（高黎贡山考察队 16617）；海拔 1520～3000 m；分布于贡山。15-1。

141　茶藨子科 Grossulariaceae

1　革叶茶藨子 Ribes davidii Franchet

　　产贡山至独龙江途中（怒江考察队 790405）；海拔 2780 m；分布于贡山。15-1。

2　光萼茶藨子 Ribes glabricalycinum L. T. Lu

　　产独龙江（林芹，邓向福 790657）；海拔 2800～3500 m；分布于贡山。15-1。

3　冰川茶藨子 Ribes glaciale Wallich

　　产独龙江（独龙江考察队 6403）；海拔 2200～3600 m；分布于贡山、泸水、保山、腾冲。14-2。

4a　曲萼茶藨子 Ribes griffithii J. D. Hooker & Thomson

　　产鹿马登（高黎贡山考察队 20101）；海拔 2276～3280 m；分布于贡山、福贡、泸水、腾冲。14-2。

4b　贡山茶藨子 Ribes griffithii var. **gongshanense** (T. C. Ku) L. T. Lu

　　产独龙江（青藏队 8649）；海拔 3200 m；分布于贡山。15-3。

5　糖茶藨子 Ribes himalense Royle ex Decaisne

　　产独龙江（独龙江考察队 6084）；海拔 1930～3400 m；分布于贡山、福贡、泸水。14-2。

6a　桂叶茶藨子 Ribes laurifolium Janczewski

　　产独龙江（独龙江考察队 5783）；海拔 1780～2786 m；分布于贡山、福贡。15-1。

6b　光果茶藨子 Ribes laurifolium var. **yunnanense** L. T. Lu

　　产亚坪（高黎贡山考察队 20500）；海拔 1600～3200 m；分布于贡山、福贡、泸水、腾冲。15-2。

7a　长序茶藨子 Ribes longeracemosum Franchet

　　产独龙江（独龙江考察队 7029）；海拔 2600～3400 m；分布于贡山、泸水。15-1。

7b　腺毛茶藨子 Ribes longeracemosum var. **davidii** Janczewski

　　产茨开[南水北调队（滇西北分队）8826]；海拔 1900～2900 m；分布于贡山、福贡、泸水。15-1。

8　紫花茶藨子 Ribes luridum J. D. Hooker & Thomson

　　产亚坪（高黎贡山考察队 20106）；海拔 2770～3450 m；分布于贡山、福贡、泸水、保山。14-2。

9a　渐尖茶藨子 Ribes takare D. Don

　　产明光（高黎贡山考察队 30547）；海拔 2737～3600 m；分布于福贡、泸水、腾冲。14-2。

9b　束果茶藨子 Ribes takare var. **desmocarpum** (J. D. Hooker & Thomson) L. T. Lu

　　产黑普山（高黎贡山考察队 16769）；海拔 2300～3500 m；分布于贡山、福贡、泸水。14-2。

10a　细枝茶藨子 Ribes tenue Janczewski

　　产洛本卓（高黎贡山考察队 25899）；海拔 2700～3600 m；分布于贡山、福贡、泸水。14-2。

10b　毛枝茶藨子 Ribes tenue var. **puberulum** H. Chuang

　　产丙中洛（怒江考察队 791471）；海拔 2500～3800 m；分布于贡山。15-1。

10c　深裂茶藨子 Ribes tenue var. **incisum** L. T. Lu

　　产茨开（高黎贡山考察队 12572）；海拔 2770～3050 m；分布于贡山。15-1。

142　八仙花科 Hydrangeaceae

1　马桑溲疏 Deutzia aspera Rehder

　　产猴桥（高黎贡山考察队 30788）；海拔 2300～3020 m；分布于保山、腾冲。15-1。

2 大萼溲疏 Deutzia calycosa Rehder

产片马至垭口途中（高黎贡山考察队 22914）；海拔 2500～2831 m；分布于泸水。15-1。

3 密序溲疏 Deutzia compacta Craib

产独龙江（独龙江考察队 3800）；海拔 1400～3270 m；分布于贡山、福贡、泸水。15-1。

4 灰绿溲疏 Deutzia glaucophylla S. M. Hwang

产片马至岗房途中（高黎贡山考察队 24065）；海拔 1960～2102 m；分布于泸水、腾冲。15-1。

5 球花溲疏 Deutzia glomeruliflora Franchet

产独龙江（独龙江考察队 2260）；海拔 1560～2400 m；分布于贡山、福贡、保山。15-1。

6 西藏溲疏 Deutzia hookeriana (C. K. Schneider) Airy Shaw

产独龙江至贡山途中（怒江考察队 790643）；海拔 1600～2700 m；分布于贡山。14-2。

7 长叶溲疏 Deutzia longifolia Franchet

产界头（高黎贡山考察队 30350）；海拔 1615～3350 m；分布于贡山、福贡、保山、腾冲。15-1。

8 维西溲疏 Deutzia monbeigii W. W. Smith

产丙中洛[南水北调队（滇西北分队）8765]；海拔 1700～2650 m；分布于贡山。15-1。

9 紫花溲疏 Deutzia purpurascens (Franchet ex L. Henry) Rehder

产姚家坪（高黎贡山考察队 24469）；海拔 1700～3500 m；分布于贡山、福贡、泸水。14-2。

10 四川溲疏 Deutzia setchuenensis Franchet

产茨开（高黎贡山考察队 7797）；海拔 1900～3150 m；分布于贡山。15-1。

11 常山 Dichroa febrifuga Loureiro

产芒宽（高黎贡山考察队 9408）；海拔 1400～3000 m；分布于保山、腾冲、龙陵。14-2。

12 云南常山 Dichroa yunnanensis S. M. Hwang

产独龙江（独龙江考察队 685）；海拔 1310～2000 m；分布于贡山。15-3。

13 冠盖绣球 Hydrangea anomala D. Don

产利沙底（高黎贡山考察队 26994）；海拔 1650～3400 m；分布于贡山、福贡、泸水、腾冲、龙陵。14-2。

14 马桑绣球 Hydrangea aspera D. Don

产独龙江（独龙江考察队 191）；海拔 920～3000 m；分布于贡山、福贡、泸水、保山、腾冲。14-2。

15 东陵绣球 Hydrangea bretschneideri Dippel

产丙中洛（青藏队 7405）；海拔 1700～3300 m；分布于贡山。15-1。

16 中国绣球 Hydrangea chinensis Maximowicz

产上营（高黎贡山考察队 31069）；海拔 1300～2700 m；分布于贡山、福贡、泸水、腾冲。14-3。

17 西南绣球 Hydrangea davidii Franchet

产独龙江（独龙江考察队 6699）；海拔 1350～2800 m；分布于贡山、福贡、泸水、保山、腾冲、龙陵。15-1。

18 银针绣球 Hydrangea dumicola W. W. Smith

产亚坪（高黎贡山考察队 20475）；海拔 2270～2910 m；分布于贡山、福贡。15-3。

19 微绒绣球 Hydrangea heteromalla D. Don

产黑普山（高黎贡山考察队 11708）；海拔 1700～3270 m；分布于贡山。14-2。

20 白背绣球 **Hydrangea hypoglauca** Rehder

产独龙江至贡山途中（怒江考察队 790659）；海拔 1700～2850 m；分布于贡山、福贡、腾冲。15-1。

21a 莼兰绣球 **Hydrangea longipes** Franchet

产独龙江（独龙江考察队 325）；海拔 1240～2700 m；分布于贡山、福贡、保山、腾冲。15-1。

21b 锈毛绣球 **Hydrangea longipes** var. **fulvescens** (Rehder) W. T. Wang ex C. F. Wei

产独龙江（独龙江考察队 1780）；海拔 1400～1600 m；分布于贡山。15-1。

22 大果绣球 **Hydrangea macrocarpa** Handel-Mazzetti

产鲁掌[南水北调队（滇西北分队）10399]；海拔 2000 m；分布于泸水。14-2。

23 圆锥绣球 **Hydrangea paniculata** Siebold

产洛本卓（高黎贡山考察队 25697）；海拔 3300 m；分布于泸水。14-3。

24 粗枝绣球 **Hydrangea robusta** J. D. Hooker & Thomson

产独龙江（独龙江考察队 3832）；海拔 1300～2800 m；分布于贡山、福贡、保山。14-2。

25 蜡莲绣球 **Hydrangea strigosa** Rehder

产片马（高黎贡山考察队 8292）；海拔 1090～2800 m；分布于贡山、福贡、泸水、腾冲。15-1。

26 长柱绣球 **Hydrangea stylosa** J. D. Hooker & Thomson

产独龙江（T. T. Yü 20453）；海拔 1200～1400 m；分布于贡山。14-2。

27 松潘绣球 **Hydrangea sungpanensis** Handel-Mazzetti

产五合（高黎贡山考察队 18834）；海拔 2432～2525m；分布于腾冲。15-1。

28 挂苦绣球 **Hydrangea xanthoneura** Diels

产猴桥（武素功 6947）；海拔 2600 m；分布于腾冲。15-1。

29a 云南山梅花 **Philadelphus delavayi** L. Henry

产独龙江（李恒、李嵘 902）；海拔 1240～3250 m；分布于贡山、福贡、泸水。14-1。

29b 黑萼山梅花 **Philadelphus delavayi** var. **melanocalyx** Lemoine ex L. Henry

产普拉底[南水北调队（滇西北分队）8455]；海拔 1420～2300 m；分布于贡山。15-2。

30 滇南山梅花 **Philadelphus henryi** Koehne

产猴桥（武素功 6953）；海拔 2400 m；分布于腾冲。15-1。

31 泸水山梅花 **Philadelphus lushuiensis** T. C. Ku & S. M. Hwang

产六库（横断山队 2）；海拔 2300～2400 m；分布于泸水。15-3。

32 紫萼山梅花 **Philadelphus purpurascens** (Koehne) Rehder

产茨开（横断山队 589）；海拔 1600 m；分布于贡山、泸水。15-1。

33 绢毛山梅花 **Philadelphus sericanthus** Koehne

产界头（横断山队 30007）；海拔 1960 m；分布于腾冲。15-1。

34 绒毛山梅花 **Philadelphus tomentosus** Wallich ex G. Don

产独龙江（独龙江考察队 5477）；海拔 780～2400 m；分布于贡山、福贡。14-2。

35 冠盖藤 **Pileostegia viburnoides** J. D. Hooker & Thomson

产独龙江（独龙江考察队 1338）；海拔 1510～2000 m；分布于贡山、福贡、泸水。14-3。

36 厚叶钻地风 **Schizophragma crassum** Handel-Mazzetti

产茨开（高黎贡山考察队 12534）；海拔 2250～2300 m；分布于贡山。15-3。

143 蔷薇科 Rosaceae

1a 龙芽草 Agrimonia pilosa Ledebour

产独龙江（独龙江考察队 342）；海拔 650～3100 m；分布于贡山、福贡、泸水、保山、腾冲。10。

1b 黄龙尾 Agrimonia pilosa var. nepalensis (D. Don) Nakai

产铜壁关（据《云南铜壁关自然保护区科学考察研究》）；海拔 1800～2500 m；分布于盈江。7。

2 贡山假升麻 Aruncus gombalanus (Handel-Mazzetti) Handel-Mazzetti

产丙中洛（高黎贡山考察队 26720）；海拔 3000～3800 m；分布于贡山、福贡、泸水。15-1。

3 假升麻 Aruncus sylvester Kosteletzky ex Maximowicz

产独龙江（独龙江考察队 6688）；海拔 1540～3800 m；分布于贡山、福贡、泸水。8。

4 尖尾樱桃 Cerasus caudata (Franchet) T. T. Yü & C. L. Li

产其期至东哨房途中（高黎贡山考察队 12603）；海拔 1600～3450 m；分布于贡山、福贡、泸水。15-1。

5 高盆樱桃 Cerasus cerasoides (Buchanan-Hamilton ex D. Don) S. Y. Sokolov

产独龙江（独龙江考察队 4806）；海拔 1500～2868 m；分布于贡山、福贡、泸水、保山、腾冲。14-2。

6 微毛樱桃 Cerasus clarofolia (C. K. Schneider) T. T. Yü & C. L. Li

产独龙江（独龙江考察队 6555）；海拔 1680～3000 m；分布于贡山。15-1。

7 华中樱桃 Cerasus conradinae (Koehne) T. T. Yü & C. L. Li

产独龙江（青藏队 7696）；海拔不详；分布于贡山。15-1。

8 蒙自樱桃 Cerasus henryi (C. K. Schneider) T. T. Yü & C. L. Li

产丙中洛（高黎贡山考察队 14224）；海拔 1301～2840 m；分布于贡山、福贡、泸水、腾冲。15-2。

9 偃樱桃 Cerasus mugus (Handel-Mazzetti) Handel-Mazzetti

产黑普山（高黎贡山考察队 32005）；海拔 1500～3840 m；分布于贡山、福贡。15-3。

10 细齿樱桃 Cerasus serrula (Franchet) T. T. Yü & C. L. Li

产芒宽（李恒、郭辉军、李正波、施晓春 116）；海拔 1600～1620 m；分布于保山。15-1。

11 川西樱桃 Cerasus trichostoma (Koehne) T. T. Yü et C. L. Li

产鹿马登（高黎贡山考察队 19538）；海拔 1231～1969 m；分布于福贡、泸水。15-2。

12 云南樱桃 Cerasus yunnanensis (Franchet) T. T. Yü & C. L. Li

产铜壁关（据《云南铜壁关自然保护区科学考察研究》）；海拔 1700～1900 m；分布于盈江。15-1。

13 灰栒子 Cotoneaster acutifolius Turczaninow

产界头（高黎贡山考察队 28201）；海拔 1500～1940 m；分布于贡山、腾冲。14-3。

14 泡叶栒子 Cotoneaster bullatus Bois

产丙中洛（高黎贡山考察队 31786）；海拔 2780 m；分布于贡山。15-1。

15 黄杨叶栒子 Cotoneaster buxifolius Wallich ex Lindley

产丙中洛[南水北调队（滇西北分队）8784]；海拔 1800～2600 m；分布于贡山。14-2。

16 镇康栒子 Cotoneaster chengkangensis T. T. Yü

产独龙江（高黎贡山考察队 21428）；海拔 1620～3020 m；分布于贡山。15-2。

17 厚叶栒子 Cotoneaster coriaceus Franchet

产丙中洛（高黎贡山考察队 33478）；海拔 1300 m；分布于贡山、泸水、腾冲。15-1。

18 木帚栒子 Cotoneaster dielsianus E. Pritzel

产独龙江（独龙江考察队 2176）；海拔 1690～2850 m；分布于贡山、福贡、泸水、腾冲。15-1。

19 西南栒子 Cotoneaster franchetii Bois

产片马（高黎贡山考察队 22777）；海拔 1540～3200 m；分布于贡山、福贡、泸水、腾冲。14-1。

20 耐寒栒子 Cotoneaster frigidus Wallich ex Lindley

产片马（高黎贡山考察队 23421）；海拔 1900 m；分布于泸水。14-1。

21 粉叶栒子 Cotoneaster glaucophyllus Franchet

产片马（武素功 8245）；海拔 1800～3500 m；分布于福贡、泸水、腾冲。15-1。

22a 平枝栒子 Cotoneaster horizontalis Decaisne

产上帕（怒江考察队 1933）；海拔 2000 m；分布于福贡。14-2。

22b 小叶平枝栒子 Cotoneaster horizontalis var. **perpusillus** C. K. Schneider

产六库（横断山队 301）；海拔 1500 m；分布于泸水。15-1。

23 小叶栒子 Cotoneaster microphyllus Wallich ex Lindley

产丙中洛（冯国楣 24698）；海拔 2000～2500 m；分布于贡山。14-2。

24 宝兴栒子 Cotoneaster moupinensis Franchet

产一区通泽至雄库途中[南水北调队（滇西北分队）9285]；海拔 2700～3400 m；分布于贡山、腾冲。15-1。

25a 两列栒子 Cotoneaster nitidus Jacques

产独龙江（独龙江考察队 4836）；海拔 1310～3100 m；分布于贡山、福贡、泸水、腾冲。14-2。

25b 小叶两列栒子 Cotoneaster nitidus var. **parvifolius** (T. T. Yü) T. T. Yü

产独龙江（T. T. Yü 19639）；海拔 2500～2700 m；分布于贡山。15-3。

26 暗红栒子 Cotoneaster obscurus Rehder & E. H. Wilson

产腊勐（包士英等 911）；海拔 1500 m；分布于龙陵。15-1。

27 毡毛栒子 Cotoneaster pannosus Franchet

产丙中洛（高黎贡山考察队 12006）；海拔 1550～2540 m；分布于贡山、泸水。15-1。

28 红花栒子 Cotoneaster rubens W. W. Smith

产独龙江（T. T. Yü 19766）；海拔 3600～4300 m；分布于贡山。14-2。

29 柳叶栒子 Cotoneaster salicifolius Franchet

产丙中洛（高黎贡山考察队 16613）；海拔 1500～3000 m；分布于贡山。15-1。

30 高山栒子 Cotoneaster subadpressus T. T. Yü

产芒宽（高黎贡山植被组 S14-6）；海拔 3000～3600 m；分布于保山。15-1。

31 陀螺果栒子 Cotoneaster turbinatus Craib

产丙中洛（高黎贡山考察队 15599）；海拔 1030～3200 m；分布于贡山、福贡、泸水、腾冲。15-1。

32 疣枝栒子 Cotoneaster verruculosus Diels

产片马垭口（高黎贡山考察队 15959）；海拔 2710～3700 m；分布于贡山、泸水、保山、腾冲。14-2。

33 中甸山楂 Crataegus chungtienensis W. W. Smith

产上帕（高黎贡山考察队 9801）；海拔 1630 m；分布于福贡。15-2。

34 云南山楂 Crataegus scabrifolia (Franchet) Rehder

产百花岭（高黎贡山考察队 19024）；海拔 2210 m；分布于福贡、泸水、保山、腾冲、龙陵。15-1。

35 牛筋条 Dichotomanthes tristaniicarpa Kurz

产蒲川（尹文清 1425）；海拔 1320~2170 m；分布于泸水、保山、腾冲。15-1。

36 云南栘栋 Docynia delavayi (Franchet) C. K. Schneider

产芒宽（高黎贡山考察队 13413）；海拔 1150~2100 m；分布于保山、腾冲、龙陵。15-1。

37 栘栋 Docynia indica (Wallich) Decaisne

产铜壁关（据《云南铜壁关自然保护区科学考察研究》）；海拔 1800~2300 m；分布于盈江。7。

38 蛇莓 Duchesnea indica (Andrews) Focke

产独龙江（独龙江考察队 3022）；海拔 1180~2470 m；分布于贡山、福贡、泸水、腾冲、龙陵。14-1。

39 南亚枇杷 Eriobotrya bengalensis var. **angustifolia** Cardot

产丙中洛（高黎贡山考察队 34289）；海拔 1550 m；分布于贡山。15-1。

40 窄叶枇杷 Eriobotrya henryi Nakai

产上江[南水北调队（滇西北分队）8072]；海拔 800~900 m；分布于泸水。14-1。

41 麻栗坡枇杷 Eriobotrya malipoensis K. C. Kuan

产铜壁关（据《云南铜壁关自然保护区科学考察研究》）；海拔 2100~2200 m；分布于盈江。15-2。

42 倒卵叶枇杷 Eriobotrya obovata W. W. Smith

产铜壁关（据《云南铜壁关自然保护区科学考察研究》）；海拔 1700~2100 m；分布于盈江。15-2。

43 怒江枇杷 Eriobotrya salwinensis Handel-Mazzetti

产独龙江（独龙江考察队 4323）；海拔 670~2500 m；分布于贡山、福贡、泸水、保山、腾冲。14-1。

44 腾越枇杷 Eriobotrya tengyuehensis W. W. Smith

产独龙江（独龙江考察队 5074）；海拔 1460~2400 m；分布于贡山、泸水、保山、腾冲、龙陵。14-1。

45 纤细草莓 Fragaria gracilis Losinskaja

产茨开（高黎贡山考察队 12317）；海拔 2300~3720 m；分布于贡山、泸水。15-1。

46 西南草莓 Fragaria moupinensis (Franchet) Cardot

产丙中洛（高黎贡山考察队 32882）；海拔 288 m；分布于贡山。15-1。

47a 黄毛草莓 Fragaria nilgerrensis Schlechtendal ex J. Gay

产独龙江（独龙江考察队 1373）；海拔 1237~3127 m；分布于贡山、福贡、泸水、腾冲、龙陵。14-2。

47b 粉叶黄毛草莓 Fragaria nilgerrensis var. **mairei** (H. Léveillé) Handel-Mazzetti

产六库（横断山队 283）；海拔不详；分布于泸水。15-1。

48 五叶草莓 Fragaria pentaphylla Losinskaja

产黑普山（高黎贡山考察队 14147）；海拔 1910~2200 m；分布于贡山。15-1。

49 路边青 Geum aleppicum Jacquin

产独龙江（独龙江考察队 341）；海拔 900~3250 m；分布于贡山、福贡、泸水、腾冲。8。

50 柔毛路边青 Geum japonicum var. **chinense** F. Bolle

产独龙江（独龙江考察队 6223）；海拔 1140~2600 m；分布于贡山、福贡。15-1。

51 棣棠花 Kerria japonica (Linnaeus) Candolle

产丙中洛（冯国楣 7506）；海拔 2000~2500 m；分布于贡山。14-3。

52 长叶桂樱 Laurocerasus dolichophylla T. T. Yü & L. T. Lu
产独龙江（高黎贡山考察队 12930）；海拔 1301～2640 m；分布于贡山、福贡、泸水、腾冲。15-2。

53 毛背桂樱 Laurocerasus hypotricha (Rehder) T. T. Yü & L. T. Lu
产茨开（冯国楣 7270）；海拔 2000～2600 m；分布于贡山。15-1。

54 坚核桂樱 Laurocerasus jenkinsii (J. D. Hooker) Browicz
产独龙江（独龙江考察队 3099）；海拔 1450～2020 m；分布于贡山、腾冲。14-2。

55 全缘桂樱 Laurocerasus marginata (Dunn) T. T. Yü & L. T. Lu
产独龙江（高黎贡山考察队 20548）；海拔 1480 m；分布于贡山。15-1。

56 腺叶桂樱 Laurocerasus phaeosticta (Hance) C. K. Schneider
产片马（高黎贡山考察队 10350）；海拔 1620～2170 m；分布于贡山、福贡、泸水、腾冲、龙陵。14-2。

57 刺叶桂樱 Laurocerasus spinulosa (Siebold & Zuccarini) C. K. Schneider
产独龙江（高黎贡山考察队 21843）；海拔 1510～1900 m；分布于贡山。14-3。

58 尖叶桂樱 Laurocerasus undulata (Buchanan-Hamilton ex D. Don) M. Roemer
产独龙江（独龙江考察队 4575）；海拔 1300～2900 m；分布于贡山、福贡、保山、腾冲、龙陵。7。

59 大叶桂樱 Laurocerasus zippeliana (Miquel) Browicz
产界头（高黎贡山考察队 11272）；海拔 2180 m；分布于腾冲。14-3。

60 四川臭樱 Maddenia hypoxantha Koehne
产独龙江（独龙江考察队 5876）；海拔 2100～3500 m；分布于贡山、福贡、腾冲。15-1。

61 湖北海棠 Malus hupehensis (Pampanini) Rehder
产猴桥（高黎贡山考察队 30737）；海拔 980～2600 m；分布于泸水、腾冲。15-1。

62 沧江海棠 Malus ombrophila Handel-Mazzetti
产丙中洛（高黎贡山考察队 31773）；海拔 2500～3400 m；分布于贡山。15-1。

63 滇池海棠 Malus yunnanensis (Franchet) C. K. Schneider
产贡山至孔当途中（高黎贡山考察队 16664）；海拔 2350～3400 m；分布于贡山。14-1。

64 川康绣线梅 Neillia affinis Hemsley
产茨开（高黎贡山考察队 7417）；海拔 1500～3250 m；分布于贡山。15-1。

65 短序绣线梅 Neillia breviracemosa T. C. Ku
产片马至岗房途中（高黎贡山考察队 24404）；海拔 1400～2300 m；分布于福贡、泸水。15-3。

66 福贡绣线梅 Neillia fugongensis T. C. Ku
产鹿马登（青藏队 6922）；海拔 1700～1800 m；分布于福贡。15-3。

67 毛叶绣线梅 Neillia ribesioides Rehder
产丙中洛（高黎贡山考察队 14218）；海拔 1570～1760 m；分布于贡山。15-1。

68 粉花绣线梅 Neillia rubiflora D. Don
产丙中洛（青藏队 7803）；海拔 1500～1570 m；分布于贡山。14-2。

69 云南绣线梅 Neillia serratisepala H. L. Li
产独龙江（独龙江考察队 3838）；海拔 1380～3700 m；分布于贡山、福贡、泸水、保山、腾冲。15-2。

70 中华绣线梅 Neillia sinensis Oliver
产丙中洛（高黎贡山考察队 14427）；海拔 1580～1680 m；分布于贡山。15-1。

71 西康绣线梅 Neillia thibetica Bureau & Franchet

产片马（高黎贡山考察队 24225）；海拔 1870 m；分布于泸水。15-1。

72 绣线梅 Neillia thyrsiflora D. Don

产丙中洛（高黎贡山考察队 34252）；海拔 1350～3000 m；分布于贡山、福贡、泸水、保山、腾冲、龙陵。7。

73 短梗稠李 Padus brachypoda (Batalin) C. K. Schneider

产丙中洛（独龙江考察队 5870）；海拔 2100～3040 m；分布于贡山、福贡。15-1。

74 褐毛稠李 Padus brunnescens T. T. Yü & T. C. Ku

产铜壁关（据《云南铜壁关自然保护区科学考察研究》）；海拔 2000 m；分布于盈江。15-1。

75 橉木 Padus buergeriana (Miquel) T. T. Yü & T. C. Ku

产独龙江（独龙江考察队 706）；海拔 1300～2800 m；分布于贡山、腾冲。14-1。

76 灰叶稠李 Padus grayana (Maximowicz) C. K. Schneider

产芒宽（李恒、郭辉军、李正波、施晓春 427）；海拔 1700 m；分布于保山。14-3。

77 全缘叶稠李 Padus integrifolia T. T. Yü & T. C. Ku

产上营（高黎贡山考察队 18364）；海拔 2230 m；分布于腾冲。15-1。

78 粗梗稠李 Padus napaulensis (Seringe) C. K. Schneider

产茨开（高黎贡山考察队 33893）；海拔 1740～3200 m；分布于贡山、保山、腾冲。14-2。

79 细齿稠李 Padus obtusata (Koehne) T. T. Yü & T. C. Ku

产亚坪（高黎贡山考察队 20096）；海拔 2276～2723 m；分布于福贡、腾冲。15-1。

80 宿鳞稠李 Padus perulata (Koehne) T. T. Yü & T. C. Ku

产独龙江（青藏队 9238）；海拔 1200 m；分布于贡山。15-1。

81 绢毛稠李 Padus wilsonii C. K. Schneide

产利沙底（高黎贡山考察队 26327）；海拔 2200～2590 m；分布于贡山、福贡。15-1。

82a 云南锐齿石楠 Photinia arguta var. **hookeri** (Decaisne) J. E. Vidal

产片马（南水北调队 10325）；海拔 1560 m；分布于泸水。14-1。

82b 柳叶锐齿石楠 Photinia arguta var. **salicifolia** (Decaisne) J. E. Vidal

产马吉（高黎贡山考察队 27876）；海拔 950～2000 m；分布于贡山、福贡、泸水。14-1。

83 中华石楠 Photinia beauverdiana C. K. Schneide

产曲石（高黎贡山考察队 29942）；海拔 1510～2240 m；分布于泸水、腾冲、龙陵。14-2。

84 贵州石楠 Photinia bodinieri H. Léveillé

产片马（高黎贡山考察队 24355）；海拔 1886 m；分布于泸水。7。

85 厚叶石楠 Photinia crassifolia H. Léveillé

产芒宽（高黎贡山植被组 T15-62）；海拔 1700 m；分布于保山。15-1。

86 光叶石楠 Photinia glabra (Thunberg) Maximowicz

产片马（碧江队 1444）；海拔 1560～1640 m；分布于泸水。14-1。

87 球花石楠 Photinia glomerata Rehder & E. H. Wilson

产鹿马登（高黎贡山考察队 19660）；海拔 1200～2500 m；分布于福贡、腾冲。15-1。

88 全缘石楠 Photinia integrifolia Lindley

产独龙江（独龙江考察队 511）；海拔 1400～2800 m；分布于贡山、福贡、泸水、保山、龙陵。14-2。

89 倒卵叶石楠 Photinia lasiogyna (Franchet) C. K. Schneider

产界头（高黎贡山考察队 30604）；海拔 1600～1910 m；分布于泸水、腾冲。15-1。

90 石楠 Photinia serratifolia (Desfontaines) Kalkman

产六库（高黎贡山考察队 10501）；海拔 980～2000 m；分布于贡山、福贡、泸水、腾冲。7。

91 星毛委陵菜 Potentilla acaulis Linnaeus

产片马至吴中途中（碧江考察队 1521）；海拔 1510～3500 m；分布于贡山、福贡、泸水、腾冲。14-3。

92 聚伞委陵菜 Potentilla cardotiana Handel-Mazzetti

产东哨房至垭口途中（青藏队 8509）；海拔 2500～3850 m；分布于贡山、福贡。14-2。

93 蛇莓委陵菜 Potentilla centigrana Maximowicz

产鹿马登（高黎贡山考察队 19346）；海拔 1238～2580 m；分布于福贡、保山、龙陵、腾冲。14-3。

94 丛生荽叶委陵菜 Potentilla coriandrifolia var. **dumosa** Franchet

产茨开（高黎贡山考察队 12670）；海拔 3620～3740 m；分布于贡山、福贡。14-1。

95 楔叶委陵菜 Potentilla cuneata Wallich ex Lehmann

产独龙江（青藏队 10341）；海拔 2881～4003 m；分布于贡山。14-1。

96 裂叶毛果委陵菜 Potentilla eriocarpa var. **tsarongensis** W. E. Evans

产丙中洛（怒江考察队 791525）；海拔 3450～4100 m；分布于贡山。15-1。

97 川滇委陵菜 Potentilla fallens Cardot

产片马垭口（高黎贡山考察队 7226）；海拔 2800～3600 m；分布于泸水、腾冲。15-1。

98 合耳委陵菜 Potentilla festiva Sojak

产曲石大坝（施晓春、杨世雄 837）；海拔 2800～3500 m；分布于福贡、腾冲。14-2。

99 莓叶委陵菜 Potentilla fragarioides Linnaeus

产独龙江（独龙江考察队 5108）；海拔 1780～3650 m；分布于贡山、福贡、龙陵。14-3。

100 三叶委陵菜 Potentilla freyniana Bornmüller

产丙中洛（邓向福 791568）；海拔不详；分布于贡山、福贡。14-3。

101 金露梅 Potentilla fruticosa Linnaeus

产独龙江（T. T. Yü 19696）；海拔 2450～3900 m；分布于贡山、福贡、泸水。8。

102 银露梅 Potentilla glabra Loddiges

产鹿马登（高黎贡山考察队 27096）；海拔 3620～4100 m；分布于贡山、福贡。14-3。

103 光叶委陵菜 Potentilla glabriuscula (T. T. Yü & C. L. Li) Soják

产丙中洛（高黎贡山考察队 31469）；海拔 4151～4300 m；分布于贡山。14-2。

104 柔毛委陵菜 Potentilla griffithii J. D. Hooker

产赧亢植物园（高黎贡山考察队 13150）；海拔 1930～2720 m；分布于贡山、保山、腾冲。14-2。

105 白背委陵菜 Potentilla hypargyrea Handel-Mazzetti

产丙中洛（高黎贡山考察队 31549）；海拔 2300～4160 m；分布于贡山。15-1。

106 蛇含委陵菜 Potentilla kleiniana Wight & Arnott

产独龙江（独龙江考察队 464）；海拔 702～2200 m；分布于贡山、福贡、泸水、保山、腾冲。7。

107 银叶委陵菜 Potentilla leuconota D. Don
产达友至瓜底途中（怒江考察队 792026）；海拔 2500～4000 m；分布于贡山、泸水、腾冲。14-2。

108 西南委陵菜 Potentilla lineata Treviranus
产马站（高黎贡山考察队 10946）；海拔 1510～3500 m；分布于贡山、福贡、泸水、保山、腾冲、龙陵。14-2。

109a 总梗委陵菜 Potentilla peduncularis D. Don
产贡山至孔当途中（高黎贡山考察队 34537）；海拔 2500～4100 m；分布于贡山、福贡。14-2。

109b 多齿总梗委陵菜 Potentilla peduncularis var. shweliensis (H. R. Fletcher) H. Ikeda & H. Ohba
产铜壁关（据《云南铜壁关自然保护区科学考察研究》）；海拔 2550 m；分布于盈江。15-2。

110a 多叶委陵菜 Potentilla polyphylla Wallich ex Lehmann
产丹珠（高黎贡山考察队 34173）；海拔 2500～3600 m；分布于贡山、福贡、泸水、保山。7。

110b 间断委陵菜 Potentilla polyphylla var. interrupta (T. T. Yü & C. L. Li) H. Ikeda & H. Ohba
产丙中洛（冯国楣 7719）；海拔 3500～3700 m；分布于贡山。14-2。

111 绢毛匍匐委陵菜 Potentilla reptans var. sericophylla Franchet
产铜壁关（据《云南铜壁关自然保护区科学考察研究》）；海拔 1450～2500 m；分布于盈江。15-1。

112 曲枝委陵菜 Potentilla rosulifera H. Léveillé
产捧当（南水北调队 8821）；海拔 3200 m；分布于贡山。14-3。

113 狭叶委陵菜 Potentilla stenophylla (Franchet) Diels
产丙中洛（高黎贡山考察队 32804）；海拔 3800～4300 m；分布于贡山。14-2。

114a 朝天委陵菜 Potentilla supina Linnaeus
产铜壁关（据《云南铜壁关自然保护区科学考察研究》）；海拔 1900 m；分布于盈江。2。

114b 三叶朝天委陵菜 Potentilla supina var. ternata Petermann
产独龙江（独龙江考察队 5108）；海拔 1780～2000 m；分布于贡山。14-3。

115 大果委陵菜 Potentilla taronensis C. Y. Wu ex T. T. Yü & C. L. Li
产独龙江（独龙江考察队 5428）；海拔 1650～3000 m；分布于贡山。15-3。

116 簇生委陵菜 Potentilla turfosa Handel-Mazzetti
产亚坪（高黎贡山考察队 28634）；海拔 3600～3740 m；分布于贡山、福贡。15-1。

117 扁核木 Prinsepia utilis Royle
产曲石（高黎贡山考察队 28090）；海拔 1700～2200 m；分布于泸水、腾冲。14-2。

118 云南臀果木 Pygeum henryi Dunn
产独龙江（独龙江考察队 1167）；海拔 1150～1560 m；分布于贡山、福贡。15-2。

119 大果臀果木 Pygeum macrocarpum T. T. Yü & L. T. Lu
产铜壁关（据《云南铜壁关自然保护区科学考察研究》）；海拔 900～1400 m；分布于盈江。15-2。

120 窄叶火棘 Pyracantha angustifolia (Franchet) C. K. Schneider
产双拉桥（独龙江考察队 255）；海拔 950～3000 m；分布于贡山、福贡、泸水、保山。15-1。

121 火棘 Pyracantha fortuneana (Maximowicz) H. L. Li
产明光（高黎贡山考察队 29408）；海拔 2070～2220 m；分布于腾冲。15-1。

122 川梨 Pyrus pashia Buchanan-Hamilton ex D. Don
产百花岭（李恒、李嵘 1266）；海拔 1335～2070 m；分布于保山、腾冲、龙陵。14-2。

123 沙梨 Pyrus pyrifolia (N. L. Burman) Nakai
产独龙江（独龙江考察队 5291）；海拔 1400～2700 m；分布于贡山、泸水、腾冲、龙陵。14-1。

124 石斑木 Rhaphiolepis indica (Linnaeus) Lindley
产铜壁关（据《云南铜壁关自然保护区科学考察研究》）；海拔 1400～1500 m；分布于盈江。14-1。

125 复伞房蔷薇 Rosa brunonii Lindley
产茨开（高黎贡山考察队 33656）；海拔 2040 m；分布于贡山。14-2。

126 绣球蔷薇 Rosa glomerata Rehder & E. H. Wilson
产独龙江（独龙江考察队 732）；海拔 1540～2800 m；分布于贡山。15-1。

127 卵果蔷薇 Rosa helenae Rehder & E. H. Wilson
产丙中洛（高黎贡山考察队 34247）；海拔 1820 m；分布于贡山。14-1。

128a 长尖叶蔷薇 Rosa longicuspis Bertolon
产黄草坪（高黎贡山考察队 10250）；海拔 1460～3100 m；分布于贡山、福贡、泸水、保山、腾冲、龙陵。14-2。

128b 多花长尖叶蔷薇 Rosa longicuspis var. **sinowilsonii** (Hemsley) & T. C. Ku
产独龙江（独龙江考察队 5342）；海拔 1300～2800 m；分布于贡山、福贡。15-1。

129 大叶蔷薇 Rosa macrophylla Lindley
产鹿马登（高黎贡山考察队 27174）；海拔 3120 m；分布于贡山、福贡。14-2。

130 毛叶蔷薇 Rosa mairei H. Léveillé
产独龙江（高黎贡山考察队 15259）；海拔 1730～3600 m；分布于贡山、泸水、腾冲、龙陵。15-1。

131 香水月季 Rosa odorata (Andrews) Sweet
产铜壁关（据《云南铜壁关自然保护区科学考察研究》）；海拔 1400 m；分布于盈江。7。

132 峨眉蔷薇 Rosa omeiensis Rolfe
产丹珠（高黎贡山考察队 34089）；海拔 2200～3800 m；分布于贡山、福贡、泸水、保山、腾冲。15-1。

133 悬钩子蔷薇 Rosa rubus H. Léveillé & Vaniot
产茨开（高黎贡山考察队 12065）；海拔 1720～1900 m；分布于贡山、泸水。15-1。

134 绢毛蔷薇 Rosa sericea Lindley
产独龙江（独龙江考察队 6958）；海拔 2100～3700 m；分布于贡山、福贡、泸水、腾冲。14-2。

135 钝叶蔷薇 Rosa sertata Rolfe
产铜壁关（据《云南铜壁关自然保护区科学考察研究》）；海拔 1750～2300 m；分布于盈江。15-1。

136 双花蔷薇 Rosa sinobiflora T. C. Ku
产茨开（青藏队 8778）；海拔 2600 m；分布于贡山。15-3。

137 腺叶扁刺蔷薇 Rosa sweginzowii var. **glandulosa** Cardot
产茨开（冯国楣 7691）；海拔 2300 m；分布于贡山。15-1。

138 俅江蔷薇 Rosa taronensis T. T. Yü
产茨开（高黎贡山考察队 15344）；海拔 2130～3740 m；分布于贡山、泸水、福贡。15-2。

139 尖叶悬钩子 Rubus acuminatus Smith

产上营（高黎贡山考察队 18076）；海拔 1310～1335 m；分布于腾冲。14-2。

140 西南悬钩子 Rubus assamensis Focke

产茨开（高黎贡山考察队 34439）；海拔 1080～3000 m；分布于贡山、福贡、腾冲。14-2。

141 桔红悬钩子 Rubus aurantiacus Focke

产茨开（高黎贡山考察队 33192）；海拔 3100 m；分布于贡山。15-1。

142 藏南悬钩子 Rubus austrotibetanus T. T. Yü & L. T. Lu

产茨开（高黎贡山考察队 33779）；海拔 2400～3200 m；分布于贡山、泸水、腾冲。15-1。

143 齿萼悬钩子 Rubus calycinus Wallich ex D. Don

产茨开（高黎贡山考察队 13782）；海拔 1820～2485 m；分布于贡山、福贡、泸水、腾冲、龙陵。7。

144 黄穗悬钩子 Rubus chrysobotrys Handel-Mazzetti

产独龙江（独龙江考察队 717）；海拔 1700～2500 m；分布于贡山。15-3。

145 裂叶黄穗悬钩子 Rubus chrysobotrys var. **lobophyllus** Handel-Mazzetti

产铜壁关（据《云南铜壁关自然保护区科学考察研究》）；海拔 2150～2400 m；分布于盈江。15-2。

146 网纹悬钩子 Rubus cinclidodictyus Cardot

产丙中洛（高黎贡山考察队 7519）；海拔 1500～1700 m；分布于贡山。15-1。

147 华中悬钩子 Rubus cockburnianus Hemsley

产独龙江（南水北调队 9151）；海拔 1400 m；分布于贡山。15-1。

148 小柱悬钩子 Rubus columellaris Tutcher

产茨开（高黎贡山考察队 34112）；海拔 3220 m；分布于贡山。14-1。

149 山莓 Rubus corchorifolius Linnaeus f.

产独龙江（独龙江考察队 4167）；海拔 1301～2650 m；分布于贡山、福贡、泸水、腾冲、龙陵。14-3。

150 三叶悬钩子 Rubus delavayi Franchet

产利沙底（高黎贡山考察队 27409）；海拔 1330～2300 m；分布于福贡。15-2。

151a 椭圆悬钩子 Rubus ellipticus Smith

产独龙江（独龙江考察队 4491）；海拔 800～2016 m；分布于贡山、福贡、泸水、腾冲、龙陵。14-2。

151b 栽秧泡 Rubus ellipticus var. **obcordatus** (Franchet) Focke

产百花岭（李恒、郭辉军、李正波、施晓春 13）；海拔 1650～1710 m；分布于保山、腾冲。14-2。

152 红果悬钩子 Rubus erythrocarpus T. T. Yü & L. T. Lu

产丙中洛（冯国楣 7755）；海拔 3500～3700 m；分布于贡山。15-2。

153 凉山悬钩子 Rubus fockeanus Kurz

产鹿马登（高黎贡山考察队 27200）；海拔 2950～3700 m；分布于贡山、福贡。14-2。

154 托叶悬钩子 Rubus foliaceistipulatus T. T. Yü & L. T. Lu

产丹珠河南岸（高黎贡山考察队 33155）；海拔 2100～2950 m；分布于贡山、福贡、腾冲。15-3。

155 贡山蓬蘽 Rubus forrestianus Handel-Mazzetti

产曲石（尹文清 60-1275）；海拔 1400～1880 m；分布于腾冲。15-3。

156a 莓叶悬钩子 Rubus fragarioides Bertoloni

产曲石（高黎贡山考察队 3406）；海拔 2500～3900 m；分布于贡山、福贡。14-2。

156b　腺毛莓叶悬钩子 Rubus fragarioides var. **adenophorus** Franchet

产铜壁关（据《云南铜壁关自然保护区科学考察研究》）；海拔 2400 m；分布于盈江。15-1。

157　锈叶悬钩子 Rubus fuscifolius T. T. Yü & L. T. Lu

产独龙江（独龙江考察队 5053）；海拔 1300～2137 m；分布于贡山、泸水。15-2。

158a　贡山悬钩子 Rubus gongshanensis T. T. Yü & L. T. Lu

产明光（高黎贡山考察队 30515）；海拔 2700～3500 m；分布于贡山、福贡、泸水、腾冲。15-3。

158b　无刺贡山悬钩子 Rubus gongshanensis var. **qiujiangensis** T. T. Yü & L. T. Lu

产丙中洛（王启无 67097）；海拔 3000 m；分布于贡山。15-2。

159　滇藏悬钩子 Rubus hypopitys Focke

产明光（高黎贡山考察队 30548）；海拔 2100～3020 m；分布于泸水、腾冲。15-1。

160　拟复盆子 Rubus idaeopsis Focke

产五合（高黎贡山考察队 24921）；海拔 1500～2500 m；分布于贡山、福贡、腾冲。15-1。

161　红花悬钩子 Rubus inopertus (Focke) Focke

产独龙江（独龙江考察队 6755）；海拔 1350～2900 m；分布于贡山、福贡、泸水。14-1。

162　紫色悬钩子 Rubus irritans Focke

产茨开（高黎贡山考察队 22538）；海拔 3120～3670 m；分布于贡山。14-2。

163　高粱泡 Rubus lambertianus Seringe

产乔米古鲁至阿鹿底途中（怒江考察队 791707）；海拔 1400～3100 m；分布于贡山、福贡、保山、腾冲。14-3。

164　多毛悬钩子 Rubus lasiotrichos Focke

产上帕（H. T. Tsai 58804）；海拔 2940 m；分布于贡山、福贡。14-1。

165　疏松悬钩子 Rubus laxus Focke

产独龙江（T. T. Yü 20514）；海拔不详；分布于贡山。15-2。

166a　绢毛悬钩子 Rubus lineatus Reinward

产独龙江（独龙江考察队 3350）；海拔 1300～3000 m；分布于贡山、福贡、泸水、保山、腾冲。7。

166b　狭叶绢毛悬钩子 Rubus lineatus var. **angustifolius** J. D. Hooker

产丙中洛（王启无 66928）；海拔 1300～3000 m；分布于贡山。15-2。

167a　细瘦悬钩子 Rubus macilentus Cambessèdes

产独龙江（独龙江考察队 3527）；海拔 1175～2786 m；分布于贡山、福贡、泸水、腾冲。14-2。

167b　棱枝细瘦悬钩子 Rubus macilentus var. **angulatus** Franchet

产六库（横断山队 212）；海拔 1200～2600 m；分布于泸水。15-2。

168　喜阴悬钩子 Rubus mesogaeus Focke

产丹珠（高黎贡山考察队 34036）；海拔 2500～3250 m；分布于贡山、福贡。14-1。

169　矮生悬钩子 Rubus naruhashii Yi Sun & Boufford

产利沙底（高黎贡山考察队 28554）；海拔 2790～3200 m；分布于贡山、福贡、泸水。15-3。

170　荚蒾叶悬钩子 Rubus neoviburnifolius L. T. Lu & Boufford

产百花岭（高黎贡山考察队 14045）；海拔 2040～2700 m；分布于福贡、保山。15-3。

171 红泡刺藤 Rubus niveus Thunberg

产独龙江（独龙江考察队 5603）；海拔 800～2400 m；分布于贡山、福贡、泸水、腾冲、龙陵。7。

172 圆锥悬钩子 Rubus paniculatus Smith

产利沙底（高黎贡山考察队 28455）；海拔 1250～2530 m；分布于贡山、福贡、泸水、保山、腾冲、龙陵。14-2。

173 茅莓 Rubus parvifolius Linnaeus

产独龙江（独龙江考察队 6448）；海拔 2300 m；分布于贡山。14-3。

174 匍匐悬钩子 Rubus pectinarioides H. Hara

产独龙江（高黎贡山考察队 12952）；海拔 3100～3300 m；分布于贡山。14-2。

175 梳齿悬钩子 Rubus pectinaris Focke

产独龙江（高黎贡山考察队 20082）；海拔 2800 m；分布于贡山。15-1。

176 黄泡 Rubus pectinellus Maximowicz

产独龙江（青藏队 9976）；海拔 2300～2400 m；分布于贡山。14-3。

177 密毛纤细悬钩子 Rubus pedunculosus D. Don

产铜壁关（据《云南铜壁关自然保护区科学考察研究》）；海拔 2300～2500 m；分布于盈江。14-2。

178a 掌叶悬钩子 Rubus pentagonus Wallich ex Focke

产独龙江（独龙江考察队 4492）；海拔 1280～3300 m；分布于贡山、福贡、泸水、保山、腾冲。14-2。

178b 无刺掌叶悬钩子 Rubus pentagonus var. modestus (Focke) T. T. Yü & L. T. Lu

产鹿马登至欧鲁底途中（青藏队 6040）；海拔 1600～2700 m；分布于福贡、泸水。15-1。

179 大乌泡 Rubus pluribracteatus L. T. Lu & Boufford

产独龙江（高黎贡山考察队 34443）；海拔 1130～2380 m；分布于贡山、福贡、泸水、保山、腾冲、龙陵。14-1。

180 毛叶悬钩子 Rubus poliophyllus Kuntze

产独龙江（独龙江考察队 6877）；海拔 1100～1400 m；分布于贡山、福贡、泸水。14-1。

181 多齿悬钩子 Rubus polyodontus Handel-Mazzetti

产独龙江（高黎贡山考察队 34406）；海拔 2370～3270 m；分布于贡山、福贡。15-2。

182 委陵悬钩子 Rubus potentilloides W. E. Evans

产丙中洛（冯国楣 7944）；海拔 2700～3500 m；分布于贡山。15-3。

183 早花悬钩子 Rubus preptanthus Focke

产独龙江（独龙江考察队 4893）；海拔 2300～2500 m；分布于贡山、福贡。15-1。

184 梨叶悬钩子 Rubus pirifolius Smith

产铜壁关（据《云南铜壁关自然保护区科学考察研究》）；海拔 950～1600 m；分布于盈江。7。

185 五叶悬钩子 Rubus quinquefoliolatus T. T. Yü & L. T. Lu

产新华（高黎贡山考察队 31108）；海拔 1900～1940 m；分布于腾冲。15-1。

186 空心泡 Rubus rosifolius Smith

产五合（高黎贡山考察队 24899）；海拔 1713 m；分布于腾冲。4。

187 红刺悬钩子 Rubus rubrisetulosus Cardot

产片马（高黎贡山考察队 7265）；海拔 2000～3500 m；分布于贡山、泸水。15-1。

188　棕红悬钩子 Rubus rufus Focke

　　产丙中洛（冯国楣 7603）；海拔 1600～2500 m；分布于贡山。14-1。

189　怒江悬钩子 Rubus salwinensis Handel-Mazzetti

　　产九区蒲川至老箐林场途中（尹文清 1333）；海拔 1880～2070 m；分布于腾冲。15-3。

190　华西悬钩子 Rubus stimulans Focke

　　产片马（高黎贡山考察队 7274）；海拔 2000～4100 m；分布于贡山、泸水。15-1。

191a　美饰悬钩子 Rubus subornatus Focke

　　产鹿马登（高黎贡山考察队 13694）；海拔 1240～3500 m；分布于贡山、福贡、泸水、腾冲。14-1。

191b　黑腺美饰悬钩子 Rubus subornatus var. **melanadenus** Focke

　　产茨开（青藏队 8517）；海拔 3100～3200 m；分布于贡山。15-1。

192　密刺悬钩子 Rubus subtibetanus Handel-Mazzetti

　　产丙中洛（冯国楣 7607）；海拔 2600～3300 m；分布于贡山。15-1。

193　红腺悬钩子 Rubus sumatranus Miquel

　　产独龙江（独龙江考察队 7000）；海拔 1350～2200 m；分布于贡山、福贡、腾冲。7。

194　独龙悬钩子 Rubus taronensis C. Y. Wu ex T. T. Yü & L. T. Lu

　　产独龙江（独龙江考察队 1507）；海拔 1310～2070 m；分布于贡山、福贡、腾冲。15-3。

195　滇西北悬钩子 Rubus treutleri J. D. Hooker

　　产独龙江（T. T. Yü 20028）；海拔 1500～3200 m；分布于贡山。14-2。

196　三色莓 Rubus tricolor Focke

　　产铜壁关（据《云南铜壁关自然保护区科学考察研究》）；海拔 1700～2100 m；分布于盈江。15-1。

197　红毛悬钩子 Rubus wallichianus Wight & Arnott

　　产独龙江（独龙江考察队 1382）；海拔 1310～2500 m；分布于贡山、福贡、泸水、腾冲。14-2。

198　大花悬钩子 Rubus wardii Merrill

　　产独龙江（独龙江考察队 5848）；海拔 1750～2950 m；分布于贡山、福贡、腾冲。14-2。

199　矮地榆 Sanguisorba filiformis (J. D. Hooker) Handel-Mazzetti

　　产茨开（李恒、李嵘 774）；海拔 3220～3360 m；分布于贡山。14-2。

200　地榆 Sanguisorba officinalis Linnaeus

　　产铜壁关（据《云南铜壁关自然保护区科学考察研究》）；海拔 1800～2500 m；分布于盈江。10。

201　伏毛山莓草 Sibbaldia adpressa Bunge

　　产丙中洛（T. T. Yü 20773）；海拔 3600 m；分布于贡山。14-1。

202　楔叶山莓草 Sibbaldia cuneata Hornemann ex Kuntze

　　产茨开（高黎贡山考察队 16997）；海拔 3400～4100 m；分布于贡山。14-2。

203　短蕊山莓草 Sibbaldia perpusilloides (W. W. Smith) Handel-Mazzetti

　　产黑普山（高黎贡山考察队 32193）；海拔 3450～4300 m；分布于贡山。14-2。

204　紫花山草莓 Sibbardia purpurea Royle

　　产独龙江（T. T. Yü 22648）；海拔 3500～4200 m；分布于贡山。14-2。

205a　高丛珍珠梅 Sorbaria arborea C. K. Schneider

　　产丙中洛（高黎贡山考察队 31723）；海拔 2300～2800 m；分布于贡山。15-1。

205b 光叶高丛珍珠梅 Sorbaria arborea var. **glabrata** Rehder

产丙中洛（王启无 67087）；海拔 2500～2800 m；分布于贡山。15-1。

205c 毛叶高丛珍珠梅 Sorbaria arborea var. **subtomentosa** Rehder

产丙中洛（冯国楣 7549）；海拔 2350～3100 m；分布于贡山。15-1。

206 毛背花楸 Sorbus aronioides Rehder

产猴桥（高黎贡山考察队 30760）；海拔 2485～3000 m；分布于贡山、福贡、腾冲。14-1。

207 多变花楸 Sorbus astateria (Cardot) Handel-Mazzetti

产达尤至马屎顶途中（怒江考察队 791939）；海拔 2900～3000 m；分布于贡山、泸水、腾冲。15-1。

208 美脉花楸 Sorbus caloneura (Stapf) Rehder

产猴桥（高黎贡山考察队 30701）；海拔 2500～2400 m；分布于贡山、泸水、保山、腾冲、龙陵。15-1。

209 冠萼花楸 Sorbus coronata (Cardot) T. T. Yü & H. T. Tsai

产黑娃底（高黎贡山考察队 14639）；海拔 2000～2970 m；分布于贡山、福贡、泸水。14-1。

210 疣果花楸 Sorbus corymbifera (Miq.) T. H. Nguyên & Yakovlev

产瑞丽（秦仁昌 50217）；海拔 1600～2100 m；分布于盈江。7。

211 白叶花楸 Sorbus cuspidata (Spach) Hedlund

产独龙江（高黎贡山考察队 15351）；海拔 2500～2900 m；分布于贡山、福贡、龙陵。14-2。

212 附生花楸 Sorbus epidendron Handel-Mazzetti

产独龙江（独龙江考察队 4809）；海拔 1580～2500 m；分布于贡山、福贡、腾冲。14-1。

213 锈色花楸 Sorbus ferruginea (Wenzig) Rehder

产独龙江（独龙江考察队 5623）；海拔 1760～2300 m；分布于贡山、腾冲。14-2。

214 纤细花楸 Sorbus filipes Handel-Mazzetti

产丙中洛（T. T. Yü 19805）；海拔 3000～4000 m；分布于贡山。14-1。

215 圆果花楸 Sorbus globosa T. T. Yü & H. T. Tsai

产铜壁关（据《云南铜壁关自然保护区科学考察研究》）；海拔 2100～2500 m；分布于盈江。7。

216 湖北花楸 Sorbus hupehensis C. K. Schneider

产茨开（H. T. Tsai 57620）；海拔 3000～4000 m；分布于贡山。15-1。

217 卷边花楸 Sorbus insignis (J. D. Hooker) Hedlund

产独龙江（独龙江考察队 7022）；海拔 2500～3100 m；分布于贡山、福贡、腾冲。14-2。

218a 俅江花楸 Sorbus kiukiangensis T. T. Yü

产独龙江（独龙江考察队 4978）；海拔 1700～3460 m；分布于贡山、福贡、泸水。15-1。

218b 无毛俅江花楸 Sorbus kiukiangensis var. **glabrescens** T. T. Yü

产独龙江（T. T. Yü 20071）；海拔 1700～3500 m；分布于贡山。15-3。

219 陕甘花楸 Sorbus koehneana C. K. Schneider

产贡山至孔当途中（高黎贡山考察队 34497）；海拔 3100～3800 m；分布于贡山、福贡、泸水、腾冲。15-1。

220 维西花楸 Sorbus monbeigii (Cardot) Balakr

产黑普山（高黎贡山考察队 33920）；海拔 2750～3600 m；分布于贡山、福贡、泸水。15-2。

221 褐毛花楸 Sorbus ochracea (Handel-Mazzetti) J. E. Vida

产上营（高黎贡山考察队 18322）；海拔 1930～2020 m；分布于腾冲。15-1。

222 少齿花楸 Sorbus oligodonta (Cardot) Handel-Mazzetti

产黑普山（高黎贡山考察队 32010）；海拔 2240～3840 m；分布于贡山、福贡、腾冲。14-1。

223 灰叶花楸 Sorbus pallescens Rehder

产片马（高黎贡山考察队 24341）；海拔 2450 m；分布于泸水。15-1。

224 侏儒花楸 Sorbus poteriifolia Handel-Mazzetti

产丙中洛（高黎贡山考察队 31579）；海拔 3500～4200 m；分布于贡山、福贡。14-1。

225 西康花楸 Sorbus prattii Koehne

产贡山至孔当途中（高黎贡山考察队 34542）；海拔 2869～4200 m；分布于贡山、福贡。14-2。

226 蕨叶花楸 Sorbus pteridophylla Handel-Mazzetti

产贡山至孔当途中（高黎贡山考察队 34361）；海拔 1900～3000 m；分布于贡山、福贡、腾冲。15-1。

227 铺地花楸 Sorbus reducta Diels

产丹珠（高黎贡山考察队 34071）；海拔 2600～3250 m；分布于贡山、保山。15-1。

228a 西南花楸 Sorbus rehderiana Koehne

产利沙底（高黎贡山考察队 28558）；海拔 2500～3600 m；分布于贡山、福贡、保山。14-1。

228b 巨齿西南花楸 Sorbus rehderiana var. **grosseserrata** Koehne

产茨开（青藏队 8768）；海拔 2500～3600 m；分布于贡山。15-1。

229 鼠李叶花楸 Sorbus rhamnoides (Decaisne) Rehder

产独龙江（独龙江考察队 819）；海拔 1330～3100 m；分布于贡山、福贡、泸水、保山、腾冲。14-2。

230 红毛花楸 Sorbus rufopilosa C. K. Schneider

产东哨房至垭口途中（高黎贡山考察队 9645）；海拔 3200～3600 m；分布于贡山、泸水。14-2。

231 怒江花楸 Sorbus salwinensis T. T. Yü & L. T. Lu

产独龙江（独龙江考察队 6835）；海拔 2300～2500 m；分布于贡山。15-3。

232 康藏花楸 Sorbus thibetica (Cardot) Handel-Mazzetti

产独龙江（独龙江考察队 1591）；海拔 2000～3600 m；分布于贡山、福贡、泸水、腾冲。14-2。

233 滇缅花楸 Sorbus thomsonii (King ex J. D. Hooker) Rehder

产赧亢植物园（高黎贡山考察队 13220）；海拔 2100～2200 m；分布于保山、腾冲。14-2。

234 川滇花楸 Sorbus vilmorinii C. K. Schneide

产孔当至贡山途中（高黎贡山考察队 15269）；海拔 2630～4000 m；分布于贡山、福贡、泸水、腾冲。15-1。

235 藏南绣线菊 Spiraea bella Sims

产独龙江（高黎贡山考察队 15009）；海拔 2500～3800 m；分布于贡山、福贡。14-2。

236 粉叶绣线菊 Spiraea compsophylla Handel-Mazzetti

产丙中洛（高黎贡山考察队 14204）；海拔 1570～3500 m；分布于贡山。15-2。

237 翠蓝绣线菊 Spiraea henryi Hemsley

产独龙江（南水北调队 9094）；海拔 2000～3500 m；分布于贡山。15-1。

238a 渐尖叶粉花绣线菊 Spiraea japonica var. **acuminata** Franchet

产独龙江（李恒、李嵘 1120）；海拔 2300～3600 m；分布于贡山、福贡、泸水。15-1。

238b 椭圆叶粉花绣线菊 Spiraea japonica var. **ovalifolia** Franchet

产片马（高黎贡山考察队 8136）；海拔 3500～3800 m；分布于贡山、泸水。15-1。

239 细枝绣线菊 Spiraea myrtilloides Rehder

产茨开（高黎贡山考察队 7810）；海拔 3000～3150 m；分布于贡山。15-1。

240 紫花绣线菊 Spiraea purpurea Handel-Mazzetti

产百花岭（高黎贡山考察队 14058）；海拔 2130～3450 m；分布于泸水、保山。15-1。

241 川滇绣线菊 Spiraea schneideriana Rehder

产黑普山（高黎贡山考察队 32167）；海拔 1900～4200 m；分布于贡山、福贡、泸水、腾冲。15-1。

242 陕西绣线菊 Spiraea wilsonii Duthie

产丙中洛（王启无 67130）；海拔 2800 m；分布于贡山。15-1。

243 红果树 Stranvaesia davidiana Decaisne

产丙中洛（高黎贡山考察队 14462）；海拔 2470～2500 m；分布于贡山。14-1。

244 滇南红果树 Stranvaesia oblanceolata Stapf

产铜壁关（据《云南铜壁关自然保护区科学考察研究》）；海拔 1300～1790 m；分布于盈江。7。

146 苏木科 Caesalpiniaceae

1 白花羊蹄甲 Bauhinia acuminata Linnaeus

产铜壁关（据《云南铜壁关自然保护区科学考察研究》）；海拔 560 m；分布于盈江。7。

2 丽江羊蹄甲 Bauhinia bohniana C. Chen

产芒宽（高黎贡山考察队 10571）；海拔 1000 m；分布于保山。15-2。

3 鞍叶羊蹄甲 Bauhinia brachycarpa Wallich ex Bentham

产百花岭（高黎贡山考察队 18997）；海拔 800～2700 m；分布于泸水、保山。14-1。

4 川滇羊蹄甲 Bauhinia comosa Craib

产鲁掌（高黎贡山考察队 15975）；海拔 940～1130 m；分布于保山、泸水。15-1。

5 龙须藤 Bauhinia championii Bentham

产铜壁关（据《云南铜壁关自然保护区科学考察研究》）；海拔 300～600 m；分布于盈江。7。

6 薄荚羊蹄甲 Bauhinia delavayi Franchet

产灯笼坝（高黎贡山考察队 10493）；海拔 900～980 m；分布于福贡、泸水。15-2。

7 锈荚藤 Bauhinia erythropoda Hayata

产铜壁关（据《云南铜壁关自然保护区科学考察研究》）；海拔 350～700 m；分布于盈江。15-1。

8a 粉叶羊蹄甲 Bauhinia glauca (Wallich ex Bentham) Bentham

产铜壁关（据《云南铜壁关自然保护区科学考察研究》）；海拔 300～800 m；分布于盈江。7。

8b 薄叶羊蹄甲 Bauhinia glauca subsp. **tenuiflora** (Watt ex C. B. Clarke) K. Larsen & S. S. Larsen

产六库至上江（高黎贡山考察队 10537）；海拔 880～1400 m；分布于福贡、泸水。14-1。

9 海南羊蹄甲 Bauhinia hainanensis Merrill & Chun ex L. Chen

产六库（独龙江考察队 27）；海拔 900 m；分布于泸水。15-1。

10 卵叶羊蹄甲 Bauhinia ovatifolia T. C. Chen

产黑普山（高黎贡山考察队 15294）；海拔 3200 m；分布于贡山。15-1。

11 光叶羊蹄甲 Bauhinia ornata var. balansae (Gagnepain) K. Larsen & S. S. Larsen

产铜壁关（据《云南铜壁关自然保护区科学考察研究》）；海拔 400～1000 m；分布于盈江。7。

12 红毛羊蹄甲 Bauhinia pyrrhoclada Drake

产铜壁关（据《云南铜壁关自然保护区科学考察研究》）；海拔 450～1000 m；分布于盈江。7。

13 囊托羊蹄甲 Bauhinia touranensis Gagnepain

产六库（怒江考察队 486）；海拔 1100 m；分布于福贡、泸水。14-1。

14 云南羊蹄甲 Bauhinia yunnanensis Franchet

产铜壁关（据《云南铜壁关自然保护区科学考察研究》）；海拔 1300～1740 m；分布于盈江。7。

15 华南云实 Caesalpinia crista Linnaeus

产匹河（碧江考察队 258）；海拔 750～1500 m；分布于福贡、泸水、龙陵。5。

16 见血飞 Caesalpinia cucullata Roxburgh

产姚家坪（青藏队 8274）；海拔 2900 m；分布于泸水。7。

17 云实 Caesalpinia decapetala (Roth) Alston

产百花岭（高黎贡山考察队 14085）；海拔 691～1600 m；分布于保山、泸水。7。

18 肉荚云实 Caesalpinia digyna Rottler

产怒江坝（高黎贡山考察队 11631）；海拔 1210～1220 m；分布于保山、龙陵。7。

19 九羽见血飞 Caesalpinia enneaphylla Roxburgh

产铜壁关（秦仁昌 50056）；海拔 300～700 m；分布于盈江。7。

20 膜荚见血飞 Caesalpinia hymenocarpa (Wight & Arnott ex Prain) Hattink

产铜壁关（据《云南铜壁关自然保护区科学考察研究》）；海拔 350～800 m；分布于盈江。7。

21 大叶云实 Caesalpinia magnifoliolata F. P. Metcalf

产独龙江（青藏队 9274）；海拔 1500 m；分布于贡山。15-1。

22 含羞云实 Caesalpinia mimosoides Lamarck

产铜壁关（文绍康 780）；海拔 500～1300 m；分布于盈江。7。

23 喙荚云实 Caesalpinia minax Hance

产潞江（高黎贡山考察队 17257）；海拔 650 m；分布于保山。14-1。

24 鸡嘴簕 Caesalpinia sinensis (Hemsley) J. E. Vidal

产铜壁关（据《云南铜壁关自然保护区科学考察研究》）；海拔 750～1200 m；分布于盈江。7。

25 大叶山扁豆 Chamaecrista leschenaultiana (Candolle) O. Degener

产百花岭（高黎贡山考察队 18991）；海拔 940 m；分布于保山。7。

26 滇皂荚 Gleditsia japonica var. delavayi (Franchet) L. C. Li

产腊早（冯国楣 8677）；海拔 1500～2000 m；分布于贡山、福贡、腾冲。15-1。

27 老虎刺 Pterolobium punctatum Hemsley

产匹河（碧江考察队 327）；海拔 900～1600 m；分布于福贡、泸水、腾冲。14-1。

28 云南无忧花 Saraca griffithiana Prain

产那邦（杨增宏 1327）；海拔 700 m；分布于盈江。7。

29 任豆 Zenia insignis Chun

产丹珠（高黎贡山考察队 33951）；海拔 2390 m；分布于贡山。14-1。

147 含羞草科 Mimosaceae

1 尖叶相思 Acacia caesia (Linnaeus) Willdenow

产上营（高黎贡山考察队 18533）；海拔 2180 m；分布于腾冲。14-1。

2 藤金合欢 Acacia concinna (Willdenow) Candolle

产铜壁关（据《云南铜壁关自然保护区科学考察研究》）；海拔 300～1300 m；分布于盈江。7。

3 光叶金合欢 Acacia delavayi Franche

产百花岭（780 队 22）；海拔 1800 m；分布于保山。15-1。

4 钝叶金合欢 Acacia megaladena Desvaux

产铜壁关（秦仁昌 50055）；海拔 600～1400 m；分布于盈江。7。

5a 羽叶金合欢 Acacia pennata (Linnaeus) Willdenow

产上营（高黎贡山考察队 26070）；海拔 2200 m；分布于腾冲。14-2。

5b 海南羽叶金合欢 Acacia pennata subsp. **hainanensis** (Hayata) I. C. Nielsen

产铜壁关（据《云南铜壁关自然保护区科学考察研究》）；海拔 350～1200 m；分布于盈江。7。

6 粉被金合欢 Acacia pruinescens Kurz

产六库（南水北调队 8003）；海拔 800～1000 m；分布于泸水。14-1。

7 无刺金合欢 Acacia teniana Harns

产界头（高黎贡山考察队 30386）；海拔 1970 m；分布于腾冲。15-1。

8 顶果树 Acrocarpus fraxinifolius Arnott

产铜壁关（据《云南铜壁关自然保护区科学考察研究》）；海拔 350～1240 m；分布于盈江。7。

9 楹树 Albizia chinensis (Osbeck) Merrill

产上营（高黎贡山考察队 25202）；海拔 940～2050 m；分布于福贡、泸水、腾冲。7。

10 白花合欢 Albizia crassiramea Lace

产铜壁关（陶国达 15836）；海拔 300～900 m；分布于盈江。7。

11 山槐 Albizia kalkora (Roxburgh) Prain

产蛮蚌（南水北调队 8200）；海拔 800～1320 m；分布于泸水。14-3。

12 光叶合欢 Albizia lucidior (Steudel) I. C. Nielsen ex H. Hara

产岩子脚（刘伟心 101）；海拔 1500 m；分布于泸水、腾冲。7。

13 毛叶合欢 Albizia mollis (Wallich) Boivin

产百花岭（高黎贡山考察队 13372）；海拔 691～1650 m；分布于贡山、福贡、泸水、保山、腾冲。
14-2。

14 香合欢 Albizia odoratissima (Linnaeus f.) Bentham

产坝湾（高黎贡山考察队 25298）；海拔 850～1805 m；分布于保山、龙陵。14-2。

15 黄豆树 Albizia procera (Roxburgh) Bentham

产那邦（陶国达 13209）；海拔 450～850 m；分布于盈江。7。

16 藏合欢 Albizia sherriffii E. G. Baker

产独龙江（独龙江考察队 698）；海拔 1660 m；分布于贡山。14-2。

17　锈毛棋子豆 Archidendron balansae (Oliver) I. C. Nielsen

　　产铜壁关（据《云南铜壁关自然保护区科学考察研究》）；海拔 1100～1300 m；分布于盈江。7。

18　猴耳环 Archidendron clypearia (Jack) I. C. Nielsen

　　产铜壁关（杜凡、许先鹏 s.n.）；海拔 820～1400 m；分布于盈江。7。

19　猴耳环 Archidendron clypearia (Jack) I. C. Nielsen

　　产独龙江（独龙江考察队 4479）；海拔 1200～1713 m；分布于贡山、福贡、保山、腾冲。7。

20　椭圆叶猴耳环 Archidendron ellipticum (Blume) I. C. Nielsen

　　产铜壁关（据《云南铜壁关自然保护区科学考察研究》）；海拔 1500 m；分布于盈江。7。

21　碟腺棋子豆 Archidendron kerrii (Gagnep.) I. C. Nielsen

　　产铜壁关（据《云南铜壁关自然保护区科学考察研究》）；海拔 550～780 m；分布于盈江。7。

22　棋子豆 Archidendron robinsonii (Gagnepain) I. C. Nielsen

　　产铜壁关（据《云南铜壁关自然保护区科学考察研究》）；海拔 1200 m；分布于盈江。7。

23　榼藤 Entada phaseoloides (Linnaeus) Merrill

　　产百花岭（高黎贡山考察队 13588）；海拔 650～1680 m；分布于泸水、保山。5。

24　眼镜豆 Entada rheedii Sprengel

　　产连山蚌丙坝（朱明寿 24）；海拔 700～900 m；分布于保山、腾冲。4。

148 蝶形花科 Papilionaceae

1　美丽相思子 Abrus pulchellus Wallich ex Thwaites

　　产铜壁关（据《云南铜壁关自然保护区科学考察研究》）；海拔 500～700 m；分布于盈江。7。

2　合萌 Aeschynomene indica Linnaeus

　　产铜壁关（据《云南铜壁关自然保护区科学考察研究》）；海拔 300～1000 m；分布于盈江。2。

3　皱缩链荚豆 Alysicarpus rugosus (Willdenow) Candolle

　　产铜壁关（据《云南铜壁关自然保护区科学考察研究》）；海拔 600～1300 m；分布于盈江。4。

4　链荚豆 Alysicarpus vaginalis (Linnaeus) Candolle

　　产芒宽（高黎贡山考察队 18936）；海拔 970 m；分布于保山。4。

5　两型豆 Amphicarpaea edgeworthii Bentham

　　产独龙江（独龙江考察队 2017）；海拔 1445～1600 m；分布于贡山。14-3。

6　锈毛两型豆 Amphicarpaea ferruginea Bentham

　　产丙中洛（高黎贡山考察队 15671）；海拔 1910 m；分布于贡山。15-1。

7　粉叶肿荚豆 Antheroporum glaucum Z. Wei

　　产铜壁关（据《云南铜壁关自然保护区科学考察研究》）；海拔 450～950 m；分布于盈江。7。

8　肉色土圞儿 Apios carnea (Wallich) Bentham ex Baker

　　产独龙江（独龙江考察队 836）；海拔 1350～3100 m；分布于贡山、福贡、腾冲。14-2。

9　云南土圞儿 Apios delavayi Franchet

　　产独龙江（青藏队 7493）；海拔 1700～2600 m；分布于贡山。15-1。

10　纤细土圞儿 Apios gracillima Dunn

　　产独龙江（T. T. Yü 19419）；海拔 1700 m；分布于贡山。15-2。

11 大花土圞儿 Apios macrantha Oliver

产独龙江（高黎贡山考察队 15049）；海拔 2100 m；分布于贡山。15-1。

12 地八角 Astragalus bhotanensis Baker

产铜壁关（据《云南铜壁关自然保护区科学考察研究》）；海拔 1900～2200 m；分布于盈江。14-1。

13 俅江黄耆 Astragalus chiukiangensis H. T. Tsai & T. T. Yü

产丙中洛（青藏队 7588）；海拔 3400 m；分布于贡山。15-3。

14 窄翼黄耆 Astragalus degensis Ulbrich

产铜壁关（据《云南铜壁关自然保护区科学考察研究》）；海拔 2200～2500 m；分布于盈江。15-1。

15 独龙江黄耆 Astragalus dulungkiangensis P. C. Li

产独龙江（青藏队 9850）；海拔 2100 m；分布于贡山。15-3。

16 长果颈黄耆 Astragalus khasianus Bunge

产洛本卓（高黎贡山考察队 25738）；海拔 2130～3000 m；分布于泸水、龙陵。14-2。

17 紫云英 Astragalus sinicus Linnaeusx

产亚坪（高黎贡山考察队 20171）；海拔 2169～2781 m；分布于福贡、腾冲。14-3。

18 硬毛虫豆 Cajanus goensis Dalzell

产铜壁关（据《云南铜壁关自然保护区科学考察研究》）；海拔 700～1450 m；分布于盈江。7。

19 蔓草虫豆 Cajanus scarabaeoides (Linnaeus) Thouars

产镇安（高黎贡山考察队 17542）；海拔 670～1210 m；分布于保山、龙陵。4。

20 虫豆 Cajanus volubilis (Blanco) Blanco

产上江（高黎贡山考察队 10538）；海拔 800 m；分布于泸水。7。

21 灰毛鸡血藤 Callerya cinerea (Bentham) Schot

产铜壁关（秦仁昌 50216）；海拔 900～1400 m；分布于盈江。7。

22 灰毛鸡血藤 Callerya cinerea (Bentham) Schot

产独龙江（独龙江考察队 248）；海拔 1060～2460 m；分布于贡山、福贡、泸水、保山、腾冲。14-2。

23 亮叶鸡血藤 Callerya nitida (Bentham) R. Geesink

产铜壁关（据《云南铜壁关自然保护区科学考察研究》）；海拔 1000～1500 m；分布于盈江。15-1。

24 锈毛鸡血藤 Callerya sericosema (Hance) Z. Wei & Pedley

产匹河（高黎贡山考察队 7951）；海拔 1000 m；分布于福贡。15-1。

25 细花梗萩子梢 Campylotropis capillipes Schin

产百花岭（施晓春、杨世雄 512）；海拔 1525 m；分布于保山。14-1。

26 思茅萩子梢 Campylotropis harmsii Schindler

产铜壁关（据《云南铜壁关自然保护区科学考察研究》）；海拔 1350～2200 m；分布于盈江。7。

27 元江萩子梢 Campylotropis henryi (Schindler) Schindler

产匹河（碧江考察队 274）；海拔 720～1000 m；分布于福贡、泸水、龙陵。15-1。

28 毛萩子梢 Campylotropis hirtella Schindler

产百花岭（高黎贡山考察队 19123）；海拔 1525～3100 m；分布于贡山、福贡、泸水、保山、腾冲。14-2。

29 腾冲菝子梢 Campylotropis howellii Schindler

产曲石（尹文清 1005）；海拔 1930～2300 m；分布于腾冲。15-3。

30 菝子梢 Campylotropis macrocarpa (Bunge) Rehder

产灯笼坝（高黎贡山考察队 10485）；海拔 980 m；分布于泸水。14-3。

31 小雀花 Campylotropis polyantha (Franchet) Schindler

产双拉桥（独龙江考察队 250）；海拔 950～1970 m；分布于贡山、福贡、泸水、保山、龙陵。15-1。

32 槽茎菝子梢 Campylotropis sulcata Schindler

产铜壁关（据《云南铜壁关自然保护区科学考察研究》）；海拔 2100～2350 m；分布于盈江。7。

33 三棱枝菝子梢 Campylotropis trigonoclada (Franchet) Schindler

产潞江（高黎贡山考察队 11620）；海拔 1850 m；分布于保山。15-1。

34 台湾蝙蝠草 Christia campanulata (Bentham) Thothathri

产铜壁关（据《云南铜壁关自然保护区科学考察研究》）；海拔 1450～1600 m；分布于盈江。7。

35 小花香槐 Cladrastis delavayi (Franchet) Prain

产自治（南水北调队 7262）；海拔 1000～2500 m；分布于腾冲。15-1。

36 三叶蝶豆 Clitoria mariana Linnaeus

产百花岭（高黎贡山考察队 26223）；海拔 2000 m；分布于泸水、保山、腾冲。9。

37 细茎旋花豆 Cochlianthus gracilis Bentham

产芒宽（高黎贡山考察队 10600）；海拔 1350 m；分布于保山。14-2。

38 圆叶舞草 Codoriocalyx gyroides (Roxburgh ex Link) Hasskarl

产六库赖茂瀑布（独龙江考察队 31）；海拔 710～900 m；分布于泸水、保山。7。

39 舞草 Codariocalyx motorius (Houttuyn) Ohashi

产沙拉瓦底（独龙江考察队 167）；海拔不详；分布于福贡、腾冲。7。

40 膀胱豆 Colutea delavayi Franchet

产铜壁关（据《云南铜壁关自然保护区科学考察研究》）；海拔 2150 m；分布于盈江。15-1。

41 巴豆藤 Craspedolobium unijugum (Gagnepain) Z. Wei & Pedley

产铜壁关（据《云南铜壁关自然保护区科学考察研究》）；海拔 1200～1880 m；分布于盈江。7。

42 针状猪屎豆 Crotalaria acicularis Buchanan-Hamilton ex Bentham

产上江（高黎贡山考察队 9871）；海拔 980 m；分布于泸水。5。

43 翅托叶猪屎豆 Crotalaria alata Buchanan-Hamilton ex D. Don

产怒江（施晓春、杨世雄 649）；海拔 702 m；分布于保山。7。

44 响铃豆 Crotalaria albida Heyne ex Roth

产铜壁关（据《云南铜壁关自然保护区科学考察研究》）；海拔 1200～2200 m；分布于盈江。7。

45 大猪屎豆 Crotalaria assamica Bentham

产上营（高黎贡山考察队 11435）；海拔 1650 m；分布于腾冲。7。

46 毛果猪屎豆 Crotalaria bracteata Roxburgh ex Candolle

产铜壁关（据《云南铜壁关自然保护区科学考察研究》）；海拔 650 m；分布于盈江。7。

47 长萼猪屎豆 Crotalaria calycina Schrank

产潞江（高黎贡山考察队 18176）；海拔 670～790 m；分布于保山。4。

48 假地蓝 Crotalaria ferruginea Graham ex Bentham

产六库（独龙江考察队 122）；海拔 710～2200 m；分布于贡山、福贡、泸水、保山、腾冲、龙陵。7。

49 线叶猪屎豆 Crotalaria linifolia Linnaeus

产铜壁关（据《云南铜壁关自然保护区科学考察研究》）；海拔 850～1400 m；分布于盈江。14-1。

50 假苜蓿 Crotalaria medicaginea Lamarck

产潞江（高黎贡山考察队 23579）；海拔 686 m；分布于保山。5。

51 猪屎豆 Crotalaria pallida Aiton

产潞江（高黎贡山考察队 17248）；海拔 670～1220 m；分布于保山、龙陵。2。

52 黄雀儿 Crotalaria psoraleoides D. Don

产清水（高黎贡山考察队 10907）；海拔 1500 m；分布于腾冲。14-2。

53 野百合 Crotalaria sessiliflora Linnaeus

产上江（高黎贡山考察队 9843）；海拔 900～1370 m；分布于福贡、泸水、保山、腾冲。5。

54 四棱猪屎豆 Crotalaria tetragona Roxburgh ex Andrews

产刀弄坝（陶国达 13278）；海拔 350～1550 m；分布于盈江。7。

55 补骨脂 Cullen corylifolium (Linnaeus) Medikus

产城关（熊若莉、文绍康 936）；海拔 1200 m；分布于贡山、腾冲。6。

56 秧青 Dalbergia assamica Bentham in Miquel

产铜壁关（据《云南铜壁关自然保护区科学考察研究》）；海拔 1100～1250 m；分布于盈江。7。

57 缅甸黄檀 Dalbergia burmanica Prain

产铜壁关（据《云南铜壁关自然保护区科学考察研究》）；海拔 300～1400 m；分布于盈江。7。

58 黑黄檀 Dalbergia cultrata T. S. Ralph

产铜壁关（据《云南铜壁关自然保护区科学考察研究》）；海拔 600～1200 m；分布于盈江。7。

59 大金刚藤 Dalbergia dyeriana Prain

产铜壁关（据《云南铜壁关自然保护区科学考察研究》）；海拔 450～1300 m；分布于盈江。15-1。

60 黄檀 Dalbergia hupeana Hance

产清水（高黎贡山考察队 30851）；海拔 1470 m；分布于腾冲。15-1。

61 象鼻藤 Dalbergia mimosoides Franchet

产独龙江（独龙江考察队 2068）；海拔 980～2200 m；分布于贡山、福贡、泸水、腾冲、龙陵。15-1。

62 钝叶黄檀 Dalbergia obtusifolia Prain

产铜壁关（据《云南铜壁关自然保护区科学考察研究》）；海拔 300～800 m；分布于盈江。15-1。

63 斜叶黄檀 Dalbergia pinnata (Loureiro) Prain

产芒宽（高黎贡山考察队 26152）；海拔 680～1100 m；分布于福贡、泸水、保山。7。

64 多裂黄檀 Dalbergia rimosa Roxburgh

产五合至赧亢途中（高黎贡山考察队 17198）；海拔 680～1410 m；分布于保山、腾冲。7。

65 托叶黄檀 Dalbergia stipulacea Roxburgh

产百花岭（高黎贡山考察队 13965）；海拔 1000～1460 m；分布于保山、龙陵。14-1。

66 滇黔黄檀 Dalbergia yunnanensis Franchet

产上营（高黎贡山考察队 31043）；海拔 980～2075 m；分布于福贡、泸水、保山、龙陵、腾冲。14-1。

67 假木豆 Dendrolobium triangulare (Retzius) Schindler

产六库（独龙江考察队 116）；海拔 650～1350 m；分布于泸水、保山、腾冲、龙陵。6。

68 锈毛鱼藤 Derris ferruginea Bentham

产茨开（高黎贡山考察队 14627）；海拔 1760～2280 m；分布于贡山、腾冲。14-1。

69 边荚鱼藤 Derris marginata (Roxburgh) Bentham in Miquel

产铜壁关（780 队 966）；海拔 1740 m；分布于盈江。7。

70 大鱼藤树 Derris robusta (Roxburgh ex Candolle) Bentham

产铜壁关（据《云南铜壁关自然保护区科学考察研究》）；海拔 650～1400 m；分布于盈江。7。

71 粗茎鱼藤 Derris scabricaulis (Franchet) Gagnepain

产独龙江（独龙江考察队 964）；海拔 750～2650 m；分布于贡山、福贡、泸水、保山、腾冲、龙陵。15-1。

72 鱼藤 Derris trifoliata Loureiro

产利沙底（高黎贡山考察队 26961）；海拔 1408～2068 m；分布于贡山、福贡。4。

73 凹叶山蚂蝗 Desmodium concinnum Candolle

产上帕（高黎贡山考察队 28818）；海拔 1170 m；分布于福贡。14-2。

74 单序山蚂蝗 Desmodium diffusum Candolle

产昔马那邦（86 年考察队 1138）；海拔 950～1500 m；分布于盈江。7。

75 圆锥山蚂蝗 Desmodium elegans Candolle

产洛本卓（高黎贡山考察队 27928）；海拔 1310～2200 m；分布于贡山、福贡、泸水、腾冲、龙陵。14-2。

76 大叶山蚂蝗 Desmodium gangeticum (Linnaeus) Candolle

产怒江西岸（高黎贡山考察队 17228）；海拔 650～920 m；分布于泸水、保山。4。

77 疏果山蚂蝗 Desmodium griffithianum Bentham

产片马至岗房（高黎贡山考察队 24354）；海拔 1525～2310 m；分布于泸水、保山、腾冲、龙陵。14-1。

78 假地豆 Desmodium heterocarpon (Linnaeus) Candolle

产独龙江（独龙江考察队 1011）；海拔 900～1780 m；分布于贡山、福贡、泸水、保山、腾冲。4。

79 大叶拿身草 Desmodium laxiflorum Candolle

产镇安（高黎贡山考察队 17504）；海拔 1410～2040 m；分布于贡山、福贡、保山、龙陵。7。

80 滇南山蚂蝗 Desmodium megaphyllum Zollinger & Moritzi

产芒宽（高黎贡山考察队 10610）；海拔 1350～2000 m；分布于贡山、泸水、保山、腾冲。7。

81 小叶三点金 Desmodium microphyllum (Thunberg) Candolle

产独龙江（独龙江考察队 294）；海拔 1900 m；分布于贡山、福贡、泸水、保山、腾冲。5。

82 饿蚂蝗 Desmodium multiflorum Candolle

产瑞滇（高黎贡山考察队 29978）；海拔 1080～2290 m；分布于贡山、福贡、泸水、腾冲。14-2。

83 长圆叶山蚂蝗 Desmodium oblongum Wallich ex Bentham in Miquel

产蛮元格多（陶国达 13393）；海拔 1300～1500 m；分布于盈江。7。

84 肾叶山蚂蝗 Desmodium renifolium (Linnaeus) Schindle

产百花岭（高黎贡山考察队 13517）；海拔 1670 m；分布于保山。5。

85 长波叶山蚂蝗 Desmodium sequax Wallich

产独龙江（独龙江考察队 210）；海拔 800～2800 m；分布于贡山、福贡、泸水、保山、龙陵。7。

86 狭叶山蚂蝗 Desmodium stenophyllum Pampanini

产百花岭（高黎贡山考察队 19117）；海拔 1250 m；分布于保山。15-3。

87 三点金草 Desmodium triflorum (Linnaeus) Candolle

产百花岭（高黎贡山考察队 14108）；海拔 940～1525 m；分布于保山。1。

88 绒毛山蚂蝗 Desmodium velutinum (Willdenow) Candolle

产铜壁关（孙航 1488）；海拔 1200～1550 m；分布于盈江。6。

89 云南山蚂蝗 Desmodium yunnanense Franchet

产镇安（Forrest 13093）；海拔 1000～2200 m；分布于腾冲。15-1。

90 单叶拿身草 Desmodium zonatum Miquel

产六库（高黎贡山考察队 9841）；海拔 950 m；分布于泸水。5。

91 丽江镰扁豆 Dolichos tenuicaulis (Baker) Craib

产铜壁关（据《云南铜壁关自然保护区科学考察研究》）；海拔 2100～2300 m；分布于盈江。7。

92 心叶山黑豆 Dumasia cordifolia Bentham ex Baker

产独龙江（独龙江考察队 1278）；海拔 1310～2100 m；分布于贡山、保山、腾冲。14-2。

93 小鸡藤 Dumasia forrestii Diels

产铜壁关（据《云南铜壁关自然保护区科学考察研究》）；海拔 2100～2550 m；分布于盈江。15-1。

94 硬毛山黑豆 Dumasia hirsuta Craib

产姚家坪（高黎贡山考察队 8216）；海拔 1700 m；分布于泸水。15-1。

95 柔毛山黑豆 Dumasia villosa Candolle

产坝湾（高黎贡山考察队 26015）；海拔 1000～2000 m；分布于贡山、福贡、保山、腾冲。14-1。

96 卷圈野扁豆 Dunbaria circinalis (Bentham) Baker in J. D. Hooker

产铜壁关（据《云南铜壁关自然保护区科学考察研究》）；海拔 1200～1450 m；分布于盈江。7。

97 黄毛野扁豆 Dunbaria fusca (Wallich) Kurz

产姚家坪（高黎贡山考察队 8255）；海拔 2200 m；分布于泸水。14-1。

98 鸡头薯 Eriosema chinense Vogel

产五合（高黎贡山考察队 11214）；海拔 1510 m；分布于腾冲。5。

99 鹦哥花 Erythrina arborescens Roxburgh

产丙中洛（高黎贡山考察队 23160）；海拔 1540～2480 m；分布于贡山、泸水、腾冲、龙陵。14-2。

100 墨江千斤拔 Flemingia chappar Buchanan-Hamilton ex Bentham in Miquel

产铜壁关（据《云南铜壁关自然保护区科学考察研究》）；海拔 900～1600 m；分布于盈江。7。

101 河边千斤拔 Flemingia fluminalis C. B. Clarke ex Prain

产六库至芒宽途中（高黎贡山考察队 10525）；海拔 900～1490 m；分布于泸水、腾冲。14-1。

102 绒毛千斤拔 Flemingia grahamiana Wight & Arnott

产铜壁关（吴征镒 6）；海拔 850～1700 m；分布于盈江。6。

103 宽叶千斤拔 Flemingia latifolia Bentham

产鲁掌（高黎贡山考察队 15978）；海拔 1460 m；分布于泸水、保山、腾冲、龙陵。14-1。

104 细叶千斤拔 Flemingia lineata (Linnaeus) Roxburgh ex W. T. Aiton

产百花岭（高黎贡山考察队 18889）；海拔 790～1190 m；分布于保山、龙陵。5。

105 大叶千斤拔 Flemingia macrophylla (Willdenow) Prain

产百花岭（高黎贡山考察队 13502）；海拔 1382～1980 m；分布于保山、腾冲。7。

106 锥序千斤拔 Flemingia paniculata Wallich ex Bentham in Miquel

产铜壁关（据《云南铜壁关自然保护区科学考察研究》）；海拔 850～1300 m；分布于盈江。7。

107 千斤拔 Flemingia prostrata (Merrill & Rolfe) Roxburgh

产怒江西岸（高黎贡山考察队 10455）；海拔 960～1350 m；分布于保山、泸水。14-3。

108 球穗千斤拔 Flemingia strobilifera (Linnaeus) W. T. Aiton

产芒缅（86 年考察队 1161）；海拔 480～1500 m；分布于盈江。7。

109 云南千斤拔 Flemingia wallichii Wight & Arnott

产上江（孙航 1567）；海拔 1700 m；分布于泸水。14-1。

110 空茎岩黄耆 Hedysarum fistulosum Handel-Mazzetti

产上帕（碧江考察队 1685）；海拔 2800～3700 m；分布于福贡、泸水。15-2。

111 滇岩黄耆 Hedysarum limitaneum Handel-Mazzetti

产丙中洛（青藏队 7798）；海拔 3650 m；分布于贡山。15-1。

112 云南长柄山蚂蝗 Hylodesmum longipes (Franchet) H. Ohashi & R. R. Mill

产上帕（H. T. Tsai 58366）；海拔 1900～2100 m；分布于福贡。15-2。

113a 长柄山蚂蝗 Hylodesmum podocarpum (Candolle) H. Ohashi & R. R. Mill

产独龙江（独龙江考察队 2059）；海拔 1290～2200 m；分布于贡山、福贡、泸水。14-1。

113b 宽卵叶长柄山蚂蝗 Hylodesmum podocarpum subsp. **fallax** (Schindler) H. Ohashi & R. R. Mill

产独龙江（李恒、李嵘 727）；海拔 1330～3000 m；分布于贡山、福贡、泸水、保山、腾冲。14-3。

113c 尖叶长柄山蚂蝗 Hylodesmum podocarpum subsp. **oxyphyllum** (Candolle) H. Ohashi & R. R. Mill

产上营（高黎贡山考察队 18218）；海拔 950～1720 m；分布于贡山、福贡、泸水、腾冲。14-1。

113d 四川长柄山蚂蝗 Hylodesmum podocarpum subsp. **szechuenense** (Craib) H. Ohashi & R. R. Mill

产丙中洛（高黎贡山考察队 15679）；海拔 1410～1700 m；分布于贡山。15-1。

114 大苞长柄山蚂蝗 Hylodesmum williamsii (H. Ohashi) H. Ohashi & R. R. Mill

产独龙江（青藏队 9458）；海拔 1400～2700 m；分布于贡山。14-2。

115 多花木蓝 Indigofera amblyantha Craib

产茨开（冯国楣 7053）；海拔 1000～1600 m；分布于贡山。15-1。

116 尖齿木蓝 Indigofera argutidens Craib

产曲石（高黎贡山考察队 10973）；海拔 1510～1760 m；分布于腾冲。15-2。

117 深紫木蓝 Indigofera atropurpurea Buchanan-Hamilton

产六库（独龙江考察队 25）；海拔 691～1500 m；分布于福贡、泸水、保山、腾冲。14-2。

118 丽江木蓝 Indigofera balfouriana Craib

产捧当（高黎贡山考察队 14279）；海拔 1458～1780 m；分布于贡山。15-1。

119 河北木蓝 Indigofera bungeana Walpers

产丙中洛（高黎贡山考察队 11767）；海拔 1400～1600 m；分布于贡山。14-1。

120 尾叶木蓝 Indigofera caudata Dunn
产铜壁关（据《云南铜壁关自然保护区科学考察研究》）；海拔 1300～1600 m；分布于盈江。7。

121 黄花木蓝 Indigofera dumetorum Craib
产铜壁关（据《云南铜壁关自然保护区科学考察研究》）；海拔 2300 m；分布于盈江。15-1。

122 滇木蓝 Indigofera delavayi Franchet
产独龙江（高黎贡山考察队 15113）；海拔 1230～1990 m；分布于贡山、福贡、保山、龙陵。15-1。

123 灰色木蓝 Indigofera franchetii X. F. Gao & Schrire
产镇安（高黎贡山考察队 1749）；海拔 1220～1940 m；分布于福贡、保山、腾冲、龙陵。15-1。

124 假大青蓝 Indigofera galegoides Candolle
产铜壁关（据《云南铜壁关自然保护区科学考察研究》）；海拔 1300～1720 m；分布于盈江。7。

125 腾冲木蓝 Indigofera hamiltonii Graham ex Duthie & Prain
产捧当（高黎贡山考察队 33219）；海拔 1000～1530 m；分布于贡山、腾冲。14-1。

126 苍山木蓝 Indigofera hancockii Craib
产捧当（高黎贡山考察队 11808）；海拔 1550 m；分布于贡山。15-1。

127 穗序木蓝 Indigofera hendecaphylla Jacquin
产上江（高黎贡山考察队 10544）；海拔 880 m；分布于泸水。7。

128 亨利木蓝 Indigofera henryi Craib
产丙中洛（高黎贡山考察队 15773）；海拔 1460～1784 m；分布于贡山、腾冲。15-1。

129 长序木蓝 Indigofera howellii Craib & W. W. Smith
产泸水至片马途中（碧江考察队 1672）；海拔 1900～1950 m；分布于泸水、腾冲。15-1。

130 黑叶木蓝 Indigofera nigrescens Kurz ex King & Prain
产丹当公园（独龙江考察队 203）；海拔 960～2800 m；分布于贡山、福贡、泸水、保山、龙陵、腾冲。7。

131 垂序木蓝 Indigofera pendula Franchet
产茨开[南水北调队（滇西北分队）9351]；海拔 2950 m；分布于贡山。15-1。

132 网叶木蓝 Indigofera reticulata Franchet
产百花岭（高黎贡山考察队 14090）；海拔 1030 m；分布于保山。14-1。

133 腺毛木蓝 Indigofera scabrida Dunn
产镇安（高黎贡山考察队 17501）；海拔 1500～1525 m；分布于保山、龙陵。14-1。

134 茸毛木蓝 Indigofera stachyodes Lindley
产镇安（高黎贡山考察队 23875）；海拔 1100～2900 m；分布于福贡、泸水、腾冲、龙陵。7。

135 三叶木蓝 Indigofera trifoliata Linnaeus
产铜壁关（据《云南铜壁关自然保护区科学考察研究》）；海拔 1700 m；分布于盈江。5。

136 海南木蓝 Indigofera wightii Graham
产百花岭（高黎贡山考察队 14116）；海拔 1110 m；分布于保山。14-1。

137 鸡眼草 Kummerowia striata (Thunberg) Schindler
产普拉底（高黎贡山考察队 33438）；海拔 1300～2010 m；分布于贡山、泸水、保山、腾冲、龙陵。14-3。

138 截叶铁扫帚 Lespedeza cuneata (Dumont de Courset) G. Don
产独龙江（独龙江考察队 660）；海拔 900～1930 m；分布于贡山、福贡、泸水、保山、腾冲。7。

139 兴安胡枝子 **Lespedeza davurica** (Laxmann) Schindler

产铜壁关（据《云南铜壁关自然保护区科学考察研究》）；海拔 2300 m；分布于盈江。11。

140 束花铁马鞭 **Lespedeza fasciculiflora** Franchet

产铜壁关（据《云南铜壁关自然保护区科学考察研究》）；海拔 2400 m；分布于盈江。15-1。

141 矮生胡枝子 **Lespedeza forrestii** Schindler

产丹当公园（高黎贡山考察队 7395）；海拔 1800 m；分布于贡山。15-1。

142 尖叶铁扫帚 **Lespedeza juncea** (Linnaeus f.) Persoon

产铜壁关（据《云南铜壁关自然保护区科学考察研究》）；海拔 2100 m；分布于盈江。11。

143 绒毛胡枝子 **Lespedeza tomentosa** (Thunberg) Siebold ex Maximowicz

产百花岭（高黎贡山考察队 19084）；海拔 1360～1525 m；分布于保山。14-1。

144 毛荚苜蓿 **Medicago edgeworthii** Širjaev

产铜壁关（据《云南铜壁关自然保护区科学考察研究》）；海拔 2550 m；分布于盈江。11。

145 印度草木犀 **Melilotus indicus** (Linnaeus) Allioni

产铜壁关（据《云南铜壁关自然保护区科学考察研究》）；海拔 1800～2000 m；分布于盈江。10。

146 思茅崖豆 **Millettia leptobotrya** Dunn

产铜壁关（据《云南铜壁关自然保护区科学考察研究》）；海拔 850～1300 m；分布于盈江。7。

147a 印度崖豆 **Millettia pulchra** Kurz

产铜壁关（据《云南铜壁关自然保护区科学考察研究》）；海拔 700～1200 m；分布于盈江。7。

147b 华南小叶崖豆 **Millettia pulchra** var. **chinensis** Dunn

产铜壁关（据《云南铜壁关自然保护区科学考察研究》）；海拔 1350 m；分布于盈江。15-1。

147c 疏叶崖豆藤 **Millettia pulchra** var. **laxior** (Dunn) Z. Wei

产故泉至乔米古鲁途中（青藏队 7143）；海拔 1100 m；分布于福贡。14-2。

148 厚果崖豆藤 **Millettia pachycarpa** Bentham

产腊早至普拉底途中[南水北调队（滇西北分队）8476]；海拔 750～1700 m；分布于贡山、福贡、泸水、龙陵。14-2。

149 绒毛崖豆 **Millettia velutina** Dunn

产六库[南水北调队（滇西北分队）8012]；海拔 800～1200 m；分布于泸水。15-1。

150 白花油麻藤 **Mucuna birdwoodiana** Tutcher

产百花岭（施晓春 462）；海拔 1625 m；分布于保山。15-1。

151 黄毛黧豆 **Mucuna bracteata** Candolle

产铜壁关（据《云南铜壁关自然保护区科学考察研究》）；海拔 1000～1400 m；分布于盈江。7。

152 海南黧豆 **Mucuna hainanensis** Hayata

产铜壁关（据《云南铜壁关自然保护区科学考察研究》）；海拔 750 m；分布于盈江。7。

153 间序油麻藤 **Mucuna interrupta** Gagnepain

产铜壁关（据《云南铜壁关自然保护区科学考察研究》）；海拔 550～900 m；分布于盈江。7。

154 大果油麻藤 **Mucuna macrocarpa** Wallich

产百花岭（高黎贡山考察队 19037）；海拔 1604～2100 m；分布于福贡、保山、腾冲。14-1。

155 常春油麻藤 Mucuna sempervirens Hemsley

产丙中洛（南水北调队 8751）；海拔 820～1650 m；分布于贡山、泸水。14-3。

156 小槐花 Ohwia caudata (Thunberg) H. Ohashi

产怒江西岸（高黎贡山考察队 27885）；海拔 790～1651 m；分布于福贡、泸水、保山、腾冲。7。

157 肥荚红豆 Ormosia fordiana Oliver

产铜壁关（据《云南铜壁关自然保护区科学考察研究》）；海拔 950～1400 m；分布于盈江。7。

158 榄绿红豆 Ormosia olivacea H. Y. Chen

产铜壁关（据《云南铜壁关自然保护区科学考察研究》）；海拔 800～1300 m；分布于盈江。15-1。

159 槽纹红豆 Ormosia striata Dunn

产铜壁关（据《云南铜壁关自然保护区科学考察研究》）；海拔 1200～1570 m；分布于盈江。15-2。

160 云南红豆 Ormosia yunnanensis Prain

产铜壁关（据《云南铜壁关自然保护区科学考察研究》）；海拔 1100～1300 m；分布于盈江。15-2。

161 紫雀花 Parochetus communis Buchanan

产独龙江（独龙江考察队 2071）；海拔 1340～3030 m；分布于贡山、福贡、泸水、保山、腾冲、龙陵。14-2。

162 苞护豆 Phylacium majus Collett & Hemsley

产铜壁关（据《云南铜壁关自然保护区科学考察研究》）；海拔 1050 m；分布于盈江。7。

163 毛排钱树 Phyllodium elegans (Loureiro) Desvaux

产铜壁关（据《云南铜壁关自然保护区科学考察研究》）；海拔 1000～1300 m；分布于盈江。7。

164 长小苞膨果豆 Phyllolobium balfourianum (N. D. Simpson) M. L. Zhang & Podlech

产独龙江（T. T. Yü 19900）；海拔 2500 m；分布于贡山。15-1。

165 九叶膨果豆 Phyllolobium enneaphyllum (P. C. Li) M. L. Zhang & Podlech

产独龙江（青藏队 9904）；海拔 1200 m；分布于贡山。15-3。

166 长叶排钱树 Phyllodium longipes (Craib) Schindler

产铜壁关（据《云南铜壁关自然保护区科学考察研究》）；海拔 900 m；分布于盈江。7。

167 排钱树 Phyllodium pulchellum (Linnaeus) Desvaux

产城敦（文绍康 580676）；海拔 850～1300 m；分布于盈江。5。

168 黄花木 Piptanthus nepalensis (Hooker) Sweet

产姚家坪（高黎贡山考察队 8190）；海拔 2700 m；分布于泸水。14-2。

169 绒叶黄花木 Piptanthus tomentosus Franchet

产姚家坪（高黎贡山考察队 24487）；海拔 2160～2720 m；分布于泸水、腾冲。15-1。

170 密花葛 Pueraria alopecuroides Craib

产铜壁关（据《云南铜壁关自然保护区科学考察研究》）；海拔 350～1100 m；分布于盈江。7。

171 黄毛萼葛 Pueraria calycina Franchet

产坝湾至大蒿坪途中（高黎贡山考察队 18592）；海拔 1400～2210 m；分布于福贡、保山。15-2。

172 食用葛 Pueraria edulis Pampanini

产鲁掌至下坦寨途中（南水北调队 10351）；海拔 2500 m；分布于福贡、泸水。14-2。

173a　葛 Pueraria montana (Loureiro) Merrill

产铜壁关（据《云南铜壁关自然保护区科学考察研究》）；海拔 350～1200 m；分布于盈江。5。

173b　葛麻姆 Pueraria montana var. **lobata** (Willdenow) Maesen & S. M. Almeida ex Sanjappa & Predeep

产上帕（高黎贡山考察队 9763）；海拔 980～1700 m；分布于贡山、福贡、泸水、保山、腾冲。5。

173c　粉葛 Pueraria montana var. **thomsonii** (Bentham) M. R. Almeida

产独龙江（独龙江考察队 678）；海拔 1410 m；分布于贡山、福贡、泸水。7。

174　苦葛 Pueraria peduncularis (Graham ex Bentham) Bentham

产独龙江（独龙江考察队 1049）；海拔 650～2500 m；分布于贡山、泸水、保山、腾冲、龙陵。14-2。

175　三裂叶野葛 Pueraria phaseoloides (Roxburgh) Bentham

产坝湾至大蒿坪途中（高黎贡山考察队 18254）；海拔 1000 m；分布于保山。14-2。

176　小花野葛 Pueraria stricta Kurz

产铜壁关（据《云南铜壁关自然保护区科学考察研究》）；海拔 1200～1300 m；分布于盈江。7。

177　须弥葛 Pueraria wallichii Candolle

产独龙江（高黎贡山考察队 20738）；海拔 1330～2000 m；分布于贡山、腾冲。14-2。

178　密子豆 Pycnospora lutescens (Poiret) Schindler

产芒缅（86 年考察队 1162）；海拔 300～1100 m；分布于盈江。5。

179　喜马拉雅鹿藿 Rhynchosia himalensis Bentham ex Baker

产铜壁关（据《云南铜壁关自然保护区科学考察研究》）；海拔 1500～2200 m；分布于盈江。7。

180　小鹿藿 Rhynchosia minima (Linnaeus) Candolle

产丙中洛（高黎贡山考察队 15615）；海拔 1520 m；分布于贡山。6。

181　淡红鹿藿 Rhynchosia rufescens (Willdenow) Candolle

产潞江（高黎贡山考察队 23497）；海拔 691～1700 m；分布于保山、龙陵。7。

182　鹿藿 Rhynchosia volubilis Loureiro

产片马（高黎贡山考察队 24064）；海拔 2102 m；分布于泸水。14-3。

183　宿苞豆 Shuteria involucrata (Wallich) Wight & Arnott

产百花岭（高黎贡山考察队 9451）；海拔 1500～2200 m；分布于保山。7。

184　西南宿苞豆 Shuteria vestita Wight & Arnot

产独龙江（独龙江考察队 5045）；海拔 1530 m；分布于贡山。7。

185　缘毛合叶豆 Smithia ciliata Royle

产独龙江（独龙江考察队 268）；海拔 980～1760 m；分布于贡山、泸水、保山、腾冲、龙陵。14-2。

186　坡油甘 Smithia sensitiva Aiton

产铜壁关（据《云南铜壁关自然保护区科学考察研究》）；海拔 1400～2280 m；分布于盈江。4。

187　尾叶槐 Sophora benthamii Steenis

产界头（高黎贡山考察队 29564）；海拔 1820 m；分布于腾冲。14-2。

188　柳叶槐 Sophora dunnii Prain

产架科底（高黎贡山考察队 20900）；海拔 1160 m；分布于福贡。14-1。

189　苦参 Sophora flavescens Aiton

产鹿马登（高黎贡山考察队 27049）；海拔 1780 m；分布于福贡。14-1。

190 锈毛槐 Sophora prazeri Prain
产芒缅（86 年考察队 1158）；海拔 2100 m；分布于盈江。7。

191 显脉密花豆 Spatholobus parviflorus (Roxburgh ex Candolle) Kuntze
产百花岭（高黎贡山考察队 19027）；海拔 1625 m；分布于保山。14-1。

192 美丽密花豆 Spatholobus pulcher Dunn
产百花岭（施晓春、杨世雄 630）；海拔 1600 m；分布于保山。15-2。

193 密花豆 Spatholobus suberectus Dunn
产独龙江（高黎贡山考察队 15163）；海拔 1280～1850 m；分布于贡山、福贡、保山、腾冲。15-1。

194 云南密花豆 Spatholobus varians Dunn
产铜壁关（据《云南铜壁关自然保护区科学考察研究》）；海拔 1300～1500 m；分布于盈江。7。

195 葫芦茶 Tadehagi triquetrum (Linnaeus) H. Ohashi
产六库至上江途中（高黎贡山考察队 9842）；海拔 880～1500 m；分布于保山、泸水、腾冲。5。

196 滇南狸尾豆 Uraria lacei Craib
产丙中洛（尹文清 s.n.）；海拔 1920 m；分布于保山。14-1。

197 狸尾豆 Uraria lagopodioides (Linnaeus) Candolle
产百花岭（高黎贡山考察队 14109）；海拔 790～1250 m；分布于保山、龙陵。5。

198 美花狸尾豆 Uraria picta (Jacquin) Desvaux ex Candoll
产潞江（高黎贡山考察队 23501）；海拔 690 m；分布于保山。4。

199 中华狸尾豆 Uraria sinensis (Hemsley) Franchet
产丙中洛（李恒、李嵘 744）；海拔 1500 m；分布于贡山。14-2。

200 大花野豌豆 Vicia bungei Ohwi
产独龙江（青藏队 9965）；海拔 2300 m；分布于贡山。14-3。

201 窄叶野豌豆 Vicia sativa subsp. **nigra** Ehrhart
产独龙江（独龙江考察队 6124）；海拔 1538～2200 m；分布于贡山、腾冲。10。

202 西藏野豌豆 Vicia tibetica Prain ex C. E. C. Fischer
产独龙江（青藏队 9965）；海拔 1300～4300 m；分布于贡山。14-2。

203 贼小豆 Vigna minima (Roxburgh) Ohwi & H. Ohashi
产芒宽（高黎贡山考察队 10598）；海拔 1350 m；分布于贡山、保山。7。

204 野豇豆 Vigna vexillata (Linnaeus) A. Richard
产百花岭（高黎贡山考察队 19119）；海拔 900～1540 m；分布于贡山、保山、泸水。2。

205 丁癸草 Zornia gibbosa Spanoghe
产铜壁关（据《云南铜壁关自然保护区科学考察研究》）；海拔 1300～1720 m；分布于盈江。5。

150 旌节花科 Stachyuraceae

1 滇缅旌节花 Stachyurus cordatulus Merrill
产独龙江（独龙江考察队 974）；海拔 1400～2300 m；分布于贡山。15-3。

2 西域旌节花 Stachyurus himalaicus J. D. Hooker & Thomson ex Bentham
产丙中洛（高黎贡山考察队 14733）；海拔 1080～3000 m；分布于贡山、福贡、泸水、腾冲。14-2。

3 云南旌节花 Stachyurus yunnanensis Franchet

产丙中洛（高黎贡山考察队 202）；海拔 1750～1860 m；分布于贡山。14-1。

151 金缕梅科 Hamamelidaceae

1 细青皮 Altingia excelsa Noronha

产盈江（秦仁昌 50313）；海拔 1000～1600 m；分布于盈江。7。

2 镰尖蕈树 Altingia siamensis Craib

产上营（高黎贡山考察队 18235）；海拔 1869～1960 m；分布于腾冲。14-1。

3 怒江蜡瓣花 Corylopsis glaucescens Handel-Mazzetti

产独龙江（独龙江考察队 5963）；海拔 1510～3000 m；分布于贡山、福贡。15-2。

4 俅江蜡瓣花 Corylopsis trabeculosa He & Cheng

产独龙江（独龙江考察队 5325）；海拔 1300～2100 m；分布于贡山。15-3。

5 长穗蜡瓣花 Corylopsis yui Hu & Cheng

产独龙江（独龙江考察队 734）；海拔 1615～3000 m；分布于贡山、福贡。15-3。

6 滇蜡瓣花 Corylopsis yunnanensis Diels

产丙中洛（武素功 6921）；海拔 1500 m；分布于贡山。15-2。

7 马蹄荷 Exbucklandia populnea (R. Brown ex Griffith) R. W. Brown

产独龙江（独龙江考察队 1330）；海拔 1274～2650 m；分布于贡山、福贡、泸水、保山、腾冲、龙陵。7。

8 绒毛红花荷 Rhodoleia forrestii Chun ex Exell

产上营（李恒、李嵘 1159）；海拔 1500～2800 m；分布于福贡、泸水、腾冲。14-1。

154 黄杨科 Buxaceae

1 滇南黄杨 Buxus austroyunnanensis Hatusima

产铜壁关（据《云南铜壁关自然保护区科学考察研究》）；海拔 400～750 m；分布于盈江。15-2。

2 毛果黄杨 Buxus hebecarpa Hatusima

产六库（高黎贡山考察队 13720）；海拔 950 m；分布于泸水。15-1。

3 杨梅黄杨 Buxus myrica H. Léveillé

产独龙江（独龙江考察队 6608）；海拔 1550～2766 m；分布于贡山、福贡。14-1。

4 板凳果 Pachysandra axillaris Franchet

产黑娃底（高黎贡山考察队 13885）；海拔 1231～2453 m；分布于贡山、福贡、泸水、保山、腾冲。15-1。

5a 羽脉野扇花 Sarcococca hookeriana Baillon

产铜壁关（据《云南铜壁关自然保护区科学考察研究》）；海拔 1800～2100 m；分布于盈江。15-2。

5b 双蕊野扇花 Sarcococca hookeriana var. **digyna** Franchet

产独龙江（独龙江考察队 6416）；海拔 1500～3400 m；分布于贡山、福贡、泸水、保山、腾冲。15-1。

6 野扇花 Sarcococca ruscifolia Stapf

产片马吴中至泡西途中（孙航 1559）；海拔 1800～2300 m；分布于贡山、泸水、腾冲。15-1。

7 云南野扇花 Sarcococca wallichii Stapf

产曲石（高黎贡山考察队 29043）；海拔 1510～3100 m；分布于贡山、福贡、泸水、保山、腾冲。14-2。

156 杨柳科 Salicaceae

1 山杨 Populus davidiana Dode

产铜壁关（据《云南铜壁关自然保护区科学考察研究》）；海拔 2100～2500 m；分布于盈江。11。

2 大叶杨 Populus lasiocarpa Olivier

产鹿马登（青藏队 6932）；海拔 2700 m；分布于福贡。15-1。

3 清溪杨 Populus rotundifolia var. **duclouxiana** (Dode) Gombocz

产明光至巴多林垭口途中（高黎贡山考察队 29269）；海拔 1820～2650 m；分布于泸水、腾冲。15-1。

4 藏川杨 Populus szechuanica var. **tibetica** C. K. Schneider

产独龙江（独龙江考察队 6507）；海拔 1760～2200 m；分布于贡山。15-1。

5 椅杨 Populus wilsonii Schneid

产丙中洛（王启无 66777）；海拔 1300～2000 m；分布于贡山、福贡。15-1。

6 亚东杨 Populus yatungensis (C. Wang et P. Y. Fu) C. Wang et Tung

产独龙江（独龙江考察队 6301）；海拔 1840 m；分布于贡山。15-1。

7 滇杨 Populus yunnanensis Dode

产片马（高黎贡山考察队 22940）；海拔 2370～2660 m；分布于泸水、腾冲。15-1。

8a 齿苞矮柳 Salix annulifera var. **dentata** S. D. Zhao

产独龙江（T. T. Yü 19795）；海拔 4000 m；分布于贡山。15-3。

8b 匙叶矮柳 Salix annulifera var. **macroula** C. Marquand & Airy Shaw

产茨开（高黎贡山考察队 32230）；海拔 2500～4200 m；分布于贡山。15-1。

9 藏南柳 Salix austrotibetica N. Chao

产丙中洛（冯国楣 7772）；海拔 2900～3800 m；分布于贡山。15-1。

10 白背柳 Salix balfouriana C. K. Schneider

产独龙江（独龙江考察队 6299）；海拔 1840～2100 m；分布于贡山、保山。15-1。

11 双柱柳 Salix bistyla Handel-Mazzetti

产阿鹿登至界桩途中（怒江考察队 791696）；海拔 2800～3500 m；分布于贡山、福贡。14-2。

12 中华柳 Salix cathayana Diels

产丙中洛（高黎贡山考察队 32911）；海拔 2881～3290 m；分布于贡山、福贡、腾冲。15-1。

13 云南柳 Salix cavaleriei H. Léveillé

产盈江至瑞丽途中（秦仁昌 50263）；海拔 2280 m；分布于盈江。15-1。

14 栅枝垫柳 Salix clathrata Handel-Mazzetti

产独龙江（怒江考察队 354）；海拔 4000 m；分布于贡山。15-1。

15 怒江矮柳 Salix coggygria Handel-Mazzetti

产黑普山（高黎贡山考察队 16954）；海拔 3429～3740 m；分布于贡山、福贡。15-1。

16 扭尖柳 Salix contortiapiculata P. Y. Mao & W. Z. Li

产利沙底（高黎贡山考察队 28555）；海拔 3200～4270 m；分布于贡山、福贡。15-3。

17 锯齿叶垫柳 Salix crenata K. S. Hao ex C. F. Fang & A. K. Skvortsov

产丙中洛（T. T. Yü 19814）；海拔 4300～4800 m；分布于贡山。15-1。

18 大理柳 Salix daliensis C. F. Fang & S. D. Zhao

产独龙江（独龙江考察队 5544）；海拔 1760～3125 m；分布于贡山、泸水、保山、腾冲、龙陵。15-1。

19 异色柳 Salix dibapha C. K. Schneider

产亚坪（高黎贡山考察队 19539）；海拔 1698～3500 m；分布于福贡、泸水、保山、腾冲。15-1。

20 银背柳 Salix ernestii C. K. Schneider

产丹珠河至垭口途中（高黎贡山考察队 11987）；海拔 1720～3400 m；分布于贡山、福贡。15-1。

21a 贡山柳 Salix fengiana C. F. Fang & Chang Y. Yang

产独龙江（冯国楣 20157）；海拔 3500～3700 m；分布于贡山。15-3。

21b 裸果贡山柳 Salix fengiana var. **gymnocarpa** P. Y. Mao & W. Z. Li

产丙中洛（高黎贡山考察队 14783）；海拔 2770 m；分布于贡山、福贡。15-3。

22 扇叶垫柳 Salix flabellaris Andersson

产察瓦龙（怒江考察队 356）；海拔 3700～4700 m；分布于福贡。14-2。

23 丛毛矮柳 Salix floccosa Burkill

产独龙江（怒江考察队 791022）；海拔 3500～4400 m；分布于贡山。15-1。

24 毛枝垫柳 Salix hirticaulis Handel-Mazzetti

产丙中洛（冯国楣 7679）；海拔 3400～3700 m；分布于贡山。15-2。

25 卡马垫柳 Salix kamanica C. Wang & P. Y. Fu

产丙中洛（T. T. Yü 19857）；海拔 4000～4200 m；分布于贡山。15-1。

26 孔目矮柳 Salix kungmuensis P. Y. Mao & W. Z. Li

产片马（碧江队 1745）；海拔 3500～3800 m；分布于贡山、福贡、泸水。15-3。

27a 长花柳 Salix longiflora Wallich ex Andersson

产六库（横断山队 310）；海拔 3200～4000 m；分布于泸水。14-2。

27b 小叶长花柳 Salix longiflora var. **albescens** Burkill

产茨开（青藏队 8586）；海拔 3000 m；分布于贡山。15-1。

28 丝毛柳 Salix luctuosa H. Léveillé

产独龙江（独龙江考察队 7030）；海拔 2810～3350 m；分布于贡山、福贡、泸水。15-1。

29 贡山大叶柳 Salix magnifica Hemsley

产独龙江（高黎贡山考察队 32573）；海拔 2248 m；分布于贡山。15-1。

30 怒江柳 Salix nujiangensis N. Chao

产利沙底（高黎贡山考察队 26511）；海拔 2881～3700 m；分布于贡山、福贡。15-3。

31 迟花柳 Salix opsimantha C. K. Schneider

产独龙江（独龙江考察队 6950）；海拔 2800～2869 m；分布于贡山、福贡。15-1。

32 尖齿叶垫柳 Salix oreophila J. D. Hooker ex Andersson

产丙中洛（高黎贡山考察队 31462）；海拔 4151～4270 m；分布于贡山。14-2。

33 类扇叶垫柳 Salix paraflabellaris S. D. Zhao

产丙中洛（冯国楣 7867）；海拔 3500～4000 m；分布于贡山。15-3。

34a 长叶柳 Salix phanera C. K. Schneider

产丙中洛（青藏队 7518）；海拔 2200～3000 m；分布于贡山。15-1。

34b 维西长叶柳 Salix phanera var. **weixiensis** C. F. Fang

产黑普山（高黎贡山考察队 23062）；海拔 2550~2850 m；分布于贡山、腾冲。15-2。

35 毛小叶垫柳 Salix pilosomicrophylla C. Wang & P. Y. Fu

产独龙江（T. T. Yü 19857）；海拔 3900~4600 m；分布于贡山。15-1。

36 裸柱头柳 Salix psilostigma Andersson

产独龙江（独龙江考察队 4731）；海拔 1340~2100 m；分布于贡山。14-2。

37a 长穗柳 Salix radinostachya Schneid

产独龙江（独龙江考察队 5804）；海拔 1760~3000 m；分布于贡山、福贡、泸水、腾冲。14-2。

37b 绒毛长穗柳 Salix radinostachya var. **pseudophanera** C. F. Fang

产丙中洛（冯国楣 7143）；海拔 2000~3400 m；分布于贡山。15-2。

38 川滇柳 Salix rehderiana C. K. Schneider

产独龙江（独龙江考察队 6508）；海拔 1400~2000 m；分布于贡山。15-1。

39 藏截苞矮柳 Salix resectoides Handel-Mazzetti

产独龙江（怒江考察队 790136）；海拔 2800~4000 m；分布于贡山。15-1。

40 对叶柳 Salix salwinensis Handel-Mazzetti ex Enander

产独龙江（独龙江考察队 5955）；海拔 2900~3200 m；分布于贡山、福贡。14-2。

41 岩壁垫柳 Salix scopulicola P. Y. Mao & W. Z. Li

产独龙江（T. T. Yü 19864）；海拔 4000 m；分布于贡山。15-3。

42 绢果柳 Salix sericocarpa Andersson

产远之至马屎岭途中（怒江考察队 2002）；海拔 4000 m；分布于福贡。14-2。

43 腾冲柳 Salix tengchongensis C. F. Fang

产猴桥（南水北调队 6861）；海拔 1700 m；分布于腾冲。15-3。

44 四子柳 Salix tetrasperma Roxburgh

产界头（高黎贡山考察队 13691）；海拔 950~1800 m；分布于福贡、保山、腾冲、龙陵。7。

45 乌饭叶矮柳 Salix vaccinioides Handel-Mazzetti

产独龙江（T. T. Yü 19372）；海拔 3700 m；分布于贡山、福贡。15-1。

46 秋华柳 Salix variegata Franchet

产狼牙山（武素功 7116）；海拔 2400 m；分布于贡山、腾冲。15-1。

47 皂柳 Salix wallichiana Andersson

产独龙江（独龙江考察队 6392）；海拔 2800 m；分布于贡山。14-2。

48 小光山柳 Salix xiaoguangshanica Y. L. Chou & N. Chao

产丹珠（高黎贡山考察队 34041）；海拔 2770~3250 m；分布于贡山、福贡、腾冲。15-2。

159 杨梅科 Myricaceae

1 毛杨梅 Myrica esculenta Buchanan-Hamilton ex D. Don

产百花岭（李恒、李嵘 1345）；海拔 1301~2400 m；分布于福贡、泸水、保山、腾冲、龙陵。14-2。

2 杨梅 Myrica rubra Siebold & Zuccarini

产鹿马登（高黎贡山考察队 19393）；海拔 1708~1900 m；分布于福贡、泸水。14-3。

161　桦木科 Betulaceae

1 尼泊尔桤木 Alnus nepalensis D. Don

　　产独龙江（独龙江考察队 1154）；海拔 1140～2600 m；分布于贡山、福贡、泸水、保山、腾冲。14-2。

2 西桦 Betula alnoides Buchanan-Hamilton ex D. Don

　　产赧亢植物园（高黎贡山考察队 13320）；海拔 1240～2680 m；分布于贡山、福贡、泸水、保山、腾冲、龙陵。14-2。

3 长穗桦 Betula cylindrostachya Lindley

　　产独龙江（独龙江考察队 6557）；海拔 1900～2500 m；分布于贡山、福贡、泸水。14-2。

4 高山桦 Betula delavayi Franchet

　　产独龙江（独龙江考察队 4844）；海拔 1530～3450 m；分布于贡山、福贡、腾冲。15-1。

5 贡山桦 Betula gynoterminalis Y. C. Hsu & C. J. Wang

　　产独龙江（毛品一 521）；海拔 2350 m；分布于贡山。15-3。

6 矮桦 Betula potaninii Batalin

　　产丙中洛（怒江考察队 790296）；海拔 2950 m；分布于贡山。15-1。

7 亮叶桦 Betula luminifera H. Winkler

　　产匹河（碧江考察队 691）；海拔 1680～2300 m；分布于福贡、腾冲。15-1。

8 糙皮桦 Betula utilis D. Don

　　产独龙江（李恒、李嵘 941）；海拔 2500～3800 m；分布于贡山、福贡、泸水。14-2。

162　榛科 Corylaceae

1 短尾鹅耳枥 Carpinus londoniana H. Winkler

　　产蒲川（尹文清 1436）；海拔 1320～1800 m；分布于腾冲、龙陵。14-1。

2 云南鹅耳枥 Carpinus monbeigiana Handel-Mazzetti

　　产丙中洛（高黎贡山考察队 14210）；海拔 1100～2800 m；分布于贡山、福贡。15-1。

3 昌化鹅耳枥 Carpinus tschonoskii Maximowicz

　　产片马（高黎贡山考察队 24336）；海拔 2400～2520 m；分布于泸水。14-3。

4a 雷公鹅耳枥 Carpinus viminea Lindley in Wallich

　　产铜壁关（据《云南铜壁关自然保护区科学考察研究》）；海拔 1550 m；分布于盈江。7。

4b 贡山鹅耳枥 Carpinus viminea var. **chiukiangensis** Hu

　　产独龙江（独龙江考察队 5519）；海拔 1660～1950 m；分布于贡山。15-1。

5 刺榛 Corylus ferox Wallich

　　产丙中洛（高黎贡山考察队 31743）；海拔 2400～3010 m；分布于贡山、福贡、泸水、腾冲。14-2。

6 滇榛 Corylus yunnanensis (Franchet) A. Camus

　　产瑞滇大坪地（780 队 912）；海拔 1650～1950 m；分布于腾冲。15-1。

163　壳斗科 Fagaceae

1 银叶锥 Castanopsis argyrophylla King ex J. D. Hooker

　　产铜壁关（据《云南铜壁关自然保护区科学考察研究》）；海拔 1000～1600 m；分布于盈江。7。

2 枹丝锥 Castanopsis calathiformis Rehder & E. H. Wilson

产铜壁关（据《云南铜壁关自然保护区科学考察研究》）；海拔 800～1700 m；分布于盈江。7。

3 瓦山栲 Castanopsis ceratacantha Rehder & E. H. Wilson

产五合（高黎贡山考察队 10857）；海拔 1700～2500 m；分布于腾冲。14-1。

4 高山栲 Castanopsis delavayi Franchet

产上帕（高黎贡山考察队 21077）；海拔 800～2500 m；分布于福贡、保山、龙陵。15-1。

5 短刺锥 Castanopsis echinocarpa J. D. Hooker & Thomson ex Miquel

产茨开（高黎贡山考察队 14599）；海拔 1500～2500 m；分布于贡山、福贡、泸水、保山、腾冲、龙陵。14-2。

6 思茅锥 Castanopsis ferox Spach

产铜壁关（秦仁昌 50271）；海拔 680～1200 m；分布于盈江。7。

7 小果锥 Castanopsis fleuryi Hickel & A. Camus

产上营（高黎贡山考察队 11537）；海拔 1690～2060 m；分布于腾冲。14-1。

8 刺锥 Castanopsis hystrix J. D. Hooker & Thomson ex A. de Candolle

产黑娃底（高黎贡山考察队 15345）；海拔 1150～2500 m；分布于贡山、福贡、泸水、保山、腾冲。14-2。

9 印度锥 Castanopsis indica (Roxburgh ex Lindley) A. de Candolle in Hance

产那邦（云南省植物研究所 s.n.）；海拔 600～1300 m；分布于盈江。7。

10 湄公锥 Castanopsis mekongensis A. Camus

产新华（高黎贡山考察队 29634）；海拔 1850 m；分布于腾冲。14-1。

11 毛果栲 Castanopsis orthacantha Franchet

产姚家坪（高黎贡山考察队 8251）；海拔 1800～2500 m；分布于泸水、腾冲、龙陵。15-1。

12 龙陵锥 Castanopsis rockii A. Camus

产铜壁关（据《云南铜壁关自然保护区科学考察研究》）；海拔 1200～2100 m；分布于盈江。7。

13 变色锥 Castanopsis wattii (King ex J. D. Hooker) A. Camus

产铜壁关（秦仁昌 50280）；海拔 1250～1900 m；分布于盈江。14-2。

14 窄叶青冈 Cyclobalanopsis augustinii (Skan) Schottky

产瑞滇（高黎贡山考察队 31024）；海拔 1600～2570 m；分布于腾冲、龙陵。14-1。

15 巴坡青冈 Cyclobalanopsis bapouensis H. Li & Y. C. Hsu

产独龙江（独龙江考察队 5618）；海拔 1600 m；分布于贡山。15-3。

16 毛枝青冈 Cyclobalanopsis helferiana (A. de Candolle) Oersted

产铜壁关（据《云南铜壁关自然保护区科学考察研究》）；海拔 1100～1300 m；分布于盈江。7。

17 曼青冈 Cyclobalanopsis oxyodon (Miquel) Oersted

产独龙江（独龙江考察队 1886）；海拔 1800 m；分布于贡山。14-2。

18 独龙青冈 Cyclobalanopsis dulongensis H. Li & Y. C. Hsu

产独龙江（独龙江考察队 3684）；海拔 1800 m；分布于贡山。15-3。

19 饭甑青冈 Cyclobalanopsis fleuryi (Hickel & A. Camus) Chun ex Q. F. Zheng

产独龙江（冯国楣 24354）；海拔 1300 m；分布于贡山。14-1。

20 毛曼青冈 Cyclobalanopsis gambleana (A. Camus) Y. C. Hsu & H. W. Jen

产独龙江（高黎贡山考察队 21876）；海拔 1600～3000 m；分布于贡山、福贡、泸水、腾冲。14-2。

21 青冈 Cyclobalanopsis glauca (Thunberg) Oersted

产丙中洛至尼打当途中（青藏队 7399）；海拔 1000～2700 m；分布于贡山、泸水、保山、腾冲曲石。14-1。

22 滇青冈 Cyclobalanopsis glaucoides Schottky

产界头至大塘途中（高黎贡山考察队 11047）；海拔 1130～2720 m；分布于贡山、泸水、腾冲。15-1。

23 怒江青冈 Cyclobalanopsis kiukiangensis Y. T. Chang ex Y. C. Hsu & H. W. Jen

产独龙江（独龙江考察队 6160）；海拔 1500～2550 m；分布于贡山、福贡。15-3。

24 薄片青冈 Cyclobalanopsis lamellosa (Smith) Oersted

产独龙江（高黎贡山考察队 15248）；海拔 1380～2600 m；分布于贡山、福贡、泸水、保山、腾冲、龙陵。14-2。

25 滇西青冈 Cyclobalanopsis lobbii (J. D. Hooker & Thomson ex Wenzig) Y. C. Hsu & H. W. Jen

产丙中洛（青藏队 7320）；海拔 1600～2000 m；分布于贡山。14-2。

26 龙迈青冈 Cyclobalanopsis lungmaiensis Hu

产独龙江（独龙江考察队 6710）；海拔 1780 m；分布于贡山。15-2。

27 小叶青冈 Cyclobalanopsis myrsinifolia (Blume) Oersted

产独龙江（王启无 67083）；海拔 1500～2000 m；分布于贡山。14-3。

28 能铺拉青冈 Cyclobalanopsis nengpulaensis H. Li & Y. C. Hsu

产独龙江（独龙江考察队 923）；海拔 1500～2000 m；分布于贡山。15-3。

29 曼青冈 Cyclobalanopsis oxyodon (Miquel) Oersted

产独龙江（独龙江考察队 1928）；海拔 1560～2800 m；分布于贡山、福贡、泸水、腾冲。14-2。

30 盈江青冈 Cyclobalanopsis yingjiangensis Y. C. Hsu & Q. Z. Dong

产铜壁关（据《云南铜壁关自然保护区科学考察研究》）；海拔 2100～2400 m；分布于盈江。15-2。

31 小箱柯 Lithocarpus arcaula (Buchanan-Hamilton ex Sprengel) C. C. Huang & Y. T. Chang

产茨开（高黎贡山考察队 34142）；海拔 2550～2700 m；分布于贡山。14-2。

32 格林柯 Lithocarpus collettii (King ex J. D. Hooker) A. Camus

产独龙江（高黎贡山考察队 32678）；海拔 1340～2443m；分布于贡山。14-2。

33 窄叶柯 Lithocarpus confinis Huang et Chang ex Y. C. Hsu & H. W. Jen

产潞江（高黎贡山考察队 13151）；海拔 2100 m；分布于保山。15-3。

34 白穗柯 Lithocarpus craibianus Barnett

产丙中洛（冯国楣 7308）；海拔 1800～2950 m；分布于贡山、福贡、泸水、腾冲。14-1。

35a 白皮柯 Lithocarpus dealbatus (J. D. Hooker & Thomson ex Miquel) Rehd

产黑普山（李恒、李嵘 981）；海拔 1300～2480 m；分布于贡山、保山、腾冲、龙陵。14-2。

35b 杯斗滇石栎 Lithocarpus dealbatus subsp. **mannii** (King) A. Camus

产丙中洛（高黎贡山考察队 23108）；海拔 2250 m；分布于贡山、泸水。14-1。

36 独龙石栎 Lithocarpus dulongensis H. Li & Y. C. Hsu

产独龙江（独龙江考察队 6188）；海拔 2250 m；分布于贡山。15-3。

37 泥锥柯 Lithocarpus fenestratus (Roxburgh) Rehder
产姚家坪（高黎贡山考察队 8267）；海拔 1000～3250 m；分布于贡山、福贡、泸水、保山、腾冲、龙陵。14-2。

38 勐海柯 Lithocarpus fohaiensis A. Camus
产铜壁关（据《云南铜壁关自然保护区科学考察研究》）；海拔 1200～1600 m；分布于盈江。15-2。

39 密脉柯 Lithocarpus fordianus Chun
产铜壁关（据《云南铜壁关自然保护区科学考察研究》）；海拔 1440 m；分布于盈江。7。

40 望楼柯 Lithocarpus garrettianus (Craib) A. Camus
产猴桥（高黎贡山考察队 30731）；海拔 1150～2550 m；分布于贡山、腾冲。14-1。

41 耳叶柯 Lithocarpus grandifolius (D. Don) S. N. Biswas
产上江至江桥途中[南水北调队（滇西北分队）10439]；海拔 2000～2400 m；分布于泸水、龙陵。14-2。

42 硬斗柯 Lithocarpus hancei (Bentham) Rehder
产独龙江（独龙江考察队 5251）；海拔 1300～2630 m；分布于贡山、福贡、泸水、保山、腾冲、龙陵。15-1。

43 光叶柯 Lithocarpus mairei Rehder
产铜壁关（据《云南铜壁关自然保护区科学考察研究》）；海拔 1800～2200 m；分布于盈江。15-2。

44 缅宁柯 Lithocarpus mianningensis Hu
产潞江（高黎贡山考察队 13291）；海拔 2150 m；分布于保山。15-2。

45 厚叶柯 Lithocarpus pachyphyllus (Kurz) Rehder
产独龙江（独龙江考察队 1870）；海拔 1330～3050 m；分布于贡山、福贡、泸水、保山、腾冲、龙陵。14-2。

46 毛枝柯 Lithocarpus rhabdostachyus subsp. **dakhaensis** A. Camus
产铜壁关（据《云南铜壁关自然保护区科学考察研究》）；海拔 1400～1940 m；分布于盈江。7。

47 截果柯 Lithocarpus truncatus (King ex J. D. Hooker) Rehder & E. H. Wilson
产上营（高黎贡山考察队 11569）；海拔 2080～2170 m；分布于腾冲。14-2。

48 多变柯 Lithocarpus variolosus (Franchet) Chun
产片马（陈介 752）；海拔 1800～3200 m；分布于贡山、福贡、泸水、腾冲、龙陵。14-1。

49 木果柯 Lithocarpus xylocarpus (Kurz) Markgraf
产明光（高黎贡山考察队 29302）；海拔 2650 m；分布于腾冲。14-2。

50 麻栎 Quercus acutissima Carruthers
产界头至曲石途中（高黎贡山考察队 10995）；海拔 1560～1750 m；分布于腾冲。14-1。

51 巴东栎 Quercus engleriana Seemen
产利沙底（高黎贡山考察队 26896）；海拔 2750～3100 m；分布于福贡。15-1。

52 大叶栎 Quercus griffithii J. D. Hooker & Thomson ex Miquel
产初干至丙中洛途中（青藏队 7883）；海拔 1080～2450 m；分布于贡山、福贡、泸水、保山、腾冲、龙陵。14-2。

53 帽斗栎 Quercus guyavifolia H. Léveillé
产丙中洛（高黎贡山考察队 14572）；海拔 1720 m；分布于贡山。15-1。

54 通麦栎 Quercus lanata Smith in Rees

产独龙江（独龙江考察队 4871）；海拔 2300～2600 m；分布于贡山、泸水。14-2。

55 高山栎 Quercus semecarpifolia Smith in Rees

产丙中洛（高黎贡山考察队 14222）；海拔 1570 m；分布于贡山。14-2。

56 灰背栎 Quercus senescens Handel-Mazzetti

产丙中洛（高黎贡山考察队 23114）；海拔 2250 m；分布于贡山。15-1。

57 刺叶栎 Quercus spinosa David ex Franchet

产丙中洛（高黎贡山考察队 23114）；海拔 2250 m；分布于贡山。14-1。

58 栓皮栎 Quercus variabilis Blume

产坝湾至腾冲老公路途中（高黎贡山考察队 26020）；海拔 1080～2230 m；分布于福贡、泸水、保山。14-3。

165　榆科 Ulmaceae

1 滇糙叶树 Aphananthe cuspidata (Blume) Planch.

产铜壁关（据《云南铜壁关自然保护区科学考察研究》）；海拔 780～900 m；分布于盈江。7。

2 紫弹树 Celtis biondii Pampanini

产潞江乡保山至龙陵途中（高黎贡山考察队 23520）；海拔 680 m；分布于泸水、保山。14-3。

3 小果朴 Celtis cerasifera C. K. Schneider

产界头（高黎贡山考察队 29093）；海拔 1700～2400 m；分布于贡山、腾冲。15-1。

4 朴树 Celtis sinensis Persoon

产大坝（780 队 537）；海拔 2000 m；分布于腾冲。14-3。

5 四蕊朴 Celtis tetrandra Roxburgh

产六库（刘伟心 157）；海拔 800～1027 m；分布于泸水、龙陵。7。

6 假玉桂 Celtis timorensis Spanoghe

产铜壁关（据《云南铜壁关自然保护区科学考察研究》）；海拔 750 m；分布于盈江。7。

7 白颜树 Gironniera subaequalis Planchon

产那邦（据《云南铜壁关自然保护区科学考察研究》）；海拔 740～1100 m；分布于盈江。7。

8 狭叶山黄麻 Trema angustifolia (Planchon) Blume

产户撒河（包仕英等 861）；海拔 700～1500 m；分布于盈江。7。

9 羽脉山黄麻 Trema levigata Handel-Mazzetti

产潞江（高黎贡山考察队 18260）；海拔 800～2360 m；分布于泸水、保山、龙陵。15-1。

10 异色山黄麻 Trema orientalis (Linnaeus) Blume

产匹河（高黎贡山考察队 20855）；海拔 1200～1900 m；分布于福贡、泸水、保山、腾冲。5。

11 山黄麻 Trema tomentosa (Roxburgh) H. Hara

产鹿马登（高黎贡山考察队 27812）；海拔 1050～1800 m；分布于福贡、泸水、腾冲、龙陵。4。

12 毛枝榆 Ulmus androssowii var. subhirsuta (Schneid.) P. H. Huang

产独龙江（独龙江考察队 4908）；海拔 1310～2660 m；分布于贡山、泸水、腾冲。15-1。

13 常绿榆 Ulmus lanceifolia Roxburgh ex Wallich

产芒宽（高黎贡山考察队 13525）；海拔 1660 m；分布于保山。14-2。

14 榆树 Ulmus pumila Linnaeus

产上营（高黎贡山考察队 31034）；海拔 1650 m；分布于腾冲。13。

167 桑科 Moraceae

1 见血封喉 Antiaris toxicaria Leschenault

产铜壁关（杜凡、何菊、丁涛 452）；海拔 400～600 m；分布于盈江。7。

2 贡山波罗蜜 Artocarpus gongshanensis S. K. Wu ex C. Y. Wu

产独龙江（青藏队 9223）；海拔 1350 m；分布于贡山。15-3。

3 野波罗蜜 Artocarpus lakoocha Roxburgh

产铜壁关（据《云南铜壁关自然保护区科学考察研究》）；海拔 380～1100 m；分布于盈江。7。

4 披针叶桂木 Artocarpus nitidus subsp. **griffithii** (King) F. M. Jarrett

产铜壁关（据《云南铜壁关自然保护区科学考察研究》）；海拔 700～900 m；分布于盈江。7。

5 猴子瘿袋 Artocarpus pithecogallus C. Y. Wu

产五合（高黎贡山考察队 24987）；海拔 1868 m；分布于腾冲。15-2。

6 楮 Broussonetia kazinoki Siebold

产丙中洛（高黎贡山考察队 14730）；海拔 800～3100 m；分布于贡山、福贡、泸水、腾冲。14-3。

7 藤构 Broussonetia kaempferi var. **australis** Suzuki

产铜壁关（据《云南铜壁关自然保护区科学考察研究》）；海拔 1500～1760 m；分布于盈江。15-1。

8 构树 Broussonetia papyrifera (Linnaeus) L'Héritier ex Ventenat

产潞江（高黎贡山考察队 23506）；海拔 680～2300 m；分布于贡山、福贡、保山。7。

9 石榕树 Ficus abelii Miquel

产六库（高黎贡山考察队 9913）；海拔 680～1530 m；分布于福贡、泸水、保山、腾冲。14-2。

10 高山榕 Ficus altissima Blume

产铜壁关（秦仁昌 50173）；海拔 300～1500 m；分布于盈江。7。

11 大果榕 Ficus auriculata Loureiro

产独龙江（独龙江考察队）；海拔 1130～2180 m；分布于贡山、福贡、泸水、保山、腾冲、龙陵。14-2。

12 北碚榕 Ficus beipeiensis S. S. Chang

产瓦屋（高黎贡山考察队 21032）；海拔 1270～1740 m；分布于福贡、保山、腾冲。15-1。

13 垂叶榕 Ficus benjamina Linnaeus

产铜壁关（据《云南铜壁关自然保护区科学考察研究》）；海拔 250～900 m；分布于盈江。5。

14 硬皮榕 Ficus callosa Willdenow

产铜壁关（据《云南铜壁关自然保护区科学考察研究》）；海拔 280～700 m；分布于盈江。7。

15 沙坝榕 Ficus chapaensis Gagnepain

产独龙江（独龙江考察队 1377）；海拔 650～2500 m；分布于贡山、泸水、保山、腾冲、龙陵。14-1。

16 雅榕 Ficus concinna (Miquel) Miquel

产铜壁关（据《云南铜壁关自然保护区科学考察研究》）；海拔 800～1700 m；分布于盈江。7。

17 钝叶榕 Ficus curtipes Corner

产铜壁关（杜凡、杨宇明 s.n.）；海拔 780 m；分布于盈江。7。

18 歪叶榕 Ficus cyrtophylla (Wallich ex Miquel) Miquel

产荷花（高黎贡山考察队 30884）；海拔 600~2300 m；分布于贡山、福贡、泸水、保山、腾冲、龙陵。14-2。

19 黄毛榕 Ficus esquiroliana H. Léveillé

产独龙江（独龙江考察队 4502）；海拔 1060~1610 m；分布于贡山、福贡、腾冲。7。

20 线尾榕 Ficus filicauda Handel-Mazzetti

产独龙江（独龙江考察队 4009）；海拔 2100~2700 m；分布于贡山、泸水。14-2。

21 水同木 Ficus fistulosa Reinwardt ex Blume

产六库（刘伟心 226）；海拔 600~1000 m；分布于泸水。7。

22 金毛榕 Ficus fulva Reinwardt ex Blume

产潞江（高黎贡山考察队 18277）；海拔 1350 m；分布于保山。7。

23a 冠毛榕 Ficus gasparriniana Miquel

产独龙江（独龙江考察队 1421）；海拔 1300~2020 m；分布于贡山、福贡、泸水、腾冲。14-2。

23b 长叶冠毛榕 Ficus gasparriniana var. **esquirolii** (H. Léveillé & Vaniot) Corner

产黑娃底（高黎贡山考察队 14561）；海拔 1130~2160 m；分布于贡山、福贡、泸水、腾冲。15-1。

23c 菱叶冠毛榕 Ficus gasparriniana var. **laceratifolia** (H. Léveillé & Vaniot) Corner

产匹河（高黎贡山考察队 7990）；海拔 1230 m；分布于福贡、泸水、腾冲。14-2。

24 大叶水榕 Ficus glaberrima Blume

产上营（高黎贡山考察队 18095）；海拔 1310 m；分布于腾冲。7。

25 藤榕 Ficus hederacea Roxburgh

产六库[南水北调队（滇西北分队）8185]；海拔 900~1900 m；分布于贡山、泸水。14-2。

26 尖叶榕 Ficus henryi Warburg ex Diels

产五合（高黎贡山考察队 24776）；海拔 1250~2075 m；分布于贡山、保山、腾冲。14-1。

27 异叶榕 Ficus heteromorpha Hemsley

产百花岭（高黎贡山考察队 14098）；海拔 1130~2500 m；分布于福贡、泸水、保山、腾冲、龙陵。14-1。

28 粗叶榕 Ficus hirta Vahl

产清水（高黎贡山考察队 30848）；海拔 1010~1500 m；分布于泸水、保山、腾冲、龙陵。7。

29 对叶榕 Ficus hispida Linnaeus

产怒江西岸（高黎贡山考察队 23554）；海拔 686~1600 m；分布于泸水、保山、腾冲。5。

30 大青树 Ficus hookeriana Corner

产铜壁关（据《云南铜壁关自然保护区科学考察研究》）；海拔 1400 m；分布于盈江。14-2。

31 壶托榕 Ficus ischnopoda Miquel

产江桥[南水北调队（滇西北分队）8015]；海拔 800~2000 m；分布于贡山、福贡、泸水。14-2。

32 光叶榕 Ficus laevis Blume

产铜壁关（据《云南铜壁关自然保护区科学考察研究》）；海拔 1700~2100 m；分布于盈江。7。

33 青藤公 Ficus langkokensis Drake

产铜壁关（据《云南铜壁关自然保护区科学考察研究》）；海拔 500～1600 m；分布于盈江。7。

34 瘤枝榕 Ficus maclellandii King

产百花岭（高黎贡山植被组 S18）；海拔 758 m；分布于泸水、保山。14-2。

35 森林榕 Ficus neriifolia Smith

产独龙江（独龙江考察队 1651）；海拔 1200～3200 m；分布于贡山、福贡、泸水、保山、腾冲、龙陵。14-2。

36 苹果榕 Ficus oligodon Miquel

产铜壁关（据《云南铜壁关自然保护区科学考察研究》）；海拔 1300～1800 m；分布于盈江。7。

37 直脉榕 Ficus orthoneura H. Léveillé & Vaniot

产铜壁关（据《云南铜壁关自然保护区科学考察研究》）；海拔 700～1600 m；分布于盈江。7。

38 豆果榕 Ficus pisocarpa Blume

产潞江（高黎贡山考察队 26115）；海拔 1740 m；分布于保山。7。

39 网果褐叶榕 Ficus pubigera var. reticulata S. S. Chang

产铜壁关（据《云南铜壁关自然保护区科学考察研究》）；海拔 1550 m；分布于盈江。15-2。

40 钩毛榕 Ficus praetermissa Corner

产上帕（高黎贡山考察队 19423）；海拔 1250～1380 m；分布于福贡、龙陵。14-1。

41 平枝榕 Ficus prostrata (Wallich ex Miquel) Miquel

产独龙江（独龙江考察队 3390）；海拔 1200～1450 m；分布于贡山。14-2。

42a 聚果榕 Ficus racemosa Linnaeus

产曼云（刘伟心 210）；海拔 800～1500 m；分布于贡山、泸水、保山、龙陵。5。

42b 柔毛聚果榕 Ficus racemosa var. miquelli (King) Corner

产铜壁关（据《云南铜壁关自然保护区科学考察研究》）；海拔 250～1400 m；分布于盈江。7。

43 心叶榕 Ficus rumphii Blume

产铜壁关（据《云南铜壁关自然保护区科学考察研究》）；海拔 300～400 m；分布于盈江。7。

44a 匍茎榕 Ficus sarmentosa Buchanan-Hamilton ex Smith

产独龙江（独龙江考察队 509）；海拔 1400 m；分布于贡山。14-2。

44b 珍珠莲 Ficus sarmentosa var. henryi (King ex Oliver) Corner

产上江至蔡家坝（孙航 1616）；海拔 1600～1980 m；分布于贡山、福贡、泸水、腾冲。15-1。

44c 长柄爬藤榕 Ficus sarmentosa var. luducca (Roxburgh) Corner

产丙中洛（高黎贡山考察队 14700）；海拔 1180～2120 m；分布于贡山、福贡、腾冲、龙陵。14-2。

44d 大果爬藤榕 Ficus sarmentosa var. duclouxii (H. Léveillé & Vaniot) Corner

产镇安（高黎贡山考察队 23843）；海拔 1940～2160 m；分布于腾冲、龙陵。15-1。

44e 尾尖爬藤榕 Ficus sarmentosa var. lacrymans (H. Léveillé) Corner

产架科底（高黎贡山考察队 20915）；海拔 1040～1160 m；分布于福贡、泸水。14-1。

45 鸡嗉子榕 Ficus semicordata Buchanan-Hamilton ex Smith

产坝湾（高黎贡山考察队 25275）；海拔 600～3200 m；分布于福贡、泸水、保山、腾冲、龙陵。14-2。

46 肉托榕 Ficus squamosa Roxburgh

产铜壁关（据《云南铜壁关自然保护区科学考察研究》）；海拔 800～1100 m；分布于盈江。7。

47 竹叶榕 Ficus stenophylla Hemsley

产猴桥（南水北调队 6827）；海拔 1300 m；分布于腾冲。14-1。

48 劲直榕 Ficus stricta (Miquel) Miquel

产铜壁关（据《云南铜壁关自然保护区科学考察研究》）；海拔 300～800 m；分布于盈江。7。

49 棒果榕 Ficus subincisa Buchanan-Hamilton ex Smith

产双拉河（冯国楣 8085）；海拔 1510～2400 m；分布于贡山、福贡、龙陵。14-2。

50 地果 Ficus tikoua Bureau

产捧当（高黎贡山考察队 12400）；海拔 1040～1910 m；分布于贡山、福贡、泸水、保山。14-2。

51 斜叶榕 Ficus tinctoria subsp. **gibbosa** (Blume) Corner

产匹河（碧江考察队 230）；海拔 1170～1550 m；分布于福贡、泸水、保山、龙陵。7。

52 岩木瓜 Ficus tsiangii Merrill ex Corner

产六库（高黎贡山考察队 9920）；海拔 680～1460 m；分布于贡山、泸水、保山。15-1。

53 杂色榕 Ficus variegata Blume

产铜壁关（据《云南铜壁关自然保护区科学考察研究》）；海拔 300～950 m；分布于盈江。5。

54 绿黄葛树 Ficus virens Aiton

产马吉（高黎贡山考察队 27623）；海拔 800～1740 m；分布于福贡、泸水、保山。5。

55 云南榕 Ficus yunnanensis S. S. Chang

产独龙江（独龙江考察队 4608）；海拔 1300～2050 m；分布于贡山、泸水、腾冲。15-2。

56 构棘 Maclura cochinchinensis (Loureiro) Corner

产上帕（高黎贡山考察队 19228）；海拔 800～1175 m；分布于贡山、福贡、泸水、保山。5。

57 柘藤 Maclura fruticosa (Roxburgh) Corner

产丙中洛（高黎贡山考察队 22441）；海拔 1250～2400 m；分布于贡山、福贡、泸水、腾冲、龙陵。14-2。

58 毛柘藤 Maclura pubescens (Trécul) Z. K. Zhou & M. G. Gilbert

产匹河至六库途中（怒江考察队 454）；海拔 1000 m；分布于福贡。7。

59 柘 Maclura tricuspidata Carrière

产碧江石月亮（武素功 8550）；海拔 800 m；分布于福贡、泸水、保山。14-3。

60 鸡桑 Morus australis Poiret

产界头（高黎贡山考察队 30482）；海拔 1175～2100 m；分布于福贡、泸水、腾冲、龙陵。14-1。

61 奶桑 Morus macroura Miquel

产独龙江（独龙江考察队 6622）；海拔 1330 m；分布于贡山。14-2。

62 蒙桑 Morus mongolica (Bureau) C. K. Schneider

产丙中洛（高黎贡山考察队 14658）；海拔 1000～2540 m；分布于贡山、福贡、泸水、腾冲。14-3。

63 川桑 Morus notabilis C. K. Schneider

产茨开（高黎贡山考察队 11734）；海拔 1300～2800 m；分布于贡山。15-1。

64 裂叶桑 Morus trilobata (S. S. Chang) Z. Y. Cao

产片马（高黎贡山考察队 24119）；海拔 1530～2070 m；分布于泸水、腾冲。15-1。

65 鹊肾树 Streblus asper Loureiro

产那邦（据《云南铜壁关自然保护区科学考察研究》）；海拔 300 m；分布于盈江。7。

66 刺桑 Streblus ilicifolius (S. Vidal) Corner

产铜壁关（据《云南铜壁关自然保护区科学考察研究》）；海拔 680 m；分布于盈江。7。

67 假鹊肾树 Streblus indicus (Bureau) Corner

产铜壁关（据《云南铜壁关自然保护区科学考察研究》）；海拔 650 m；分布于盈江。7。

68 双果桑 Streblus macrophyllus Blume

产铜壁关（据《云南铜壁关自然保护区科学考察研究》）；海拔 300 m；分布于盈江。7。

169 荨麻科 Urticaceae

1a 白面苎麻 Boehmeria clidemioides Miquel

产丹当公园（高黎贡山考察队 7418）；海拔 1000～2300 m；分布于贡山、泸水、保山、腾冲。7。

1b 序叶苎麻 Boehmeria clidemioides var. **diffusa** (Weddell) Handel-Mazzetti

产独龙江（独龙江考察队 3593）；海拔 1340～2600 m；分布于贡山、福贡、泸水、腾冲、龙陵。14-2。

2 腋球苎麻 Boehmeria glomerulifera Miquel

产岩子脚（刘伟心 104）；海拔 1450 m；分布于泸水。7。

3 细序苎麻 Boehmeria hamiltoniana Weddell

产铜壁关（据《云南铜壁关自然保护区科学考察研究》）；海拔 2400 m；分布于盈江。7。

4 盈江苎麻 Boehmeria ingjiangensis W. T. Wang

产刀弄坝（陶国达 13627）；海拔 1300 m；分布于盈江。15-2。

5a 水苎麻 Boehmeria macrophylla Hornemann

产独龙江（独龙江考察队 1788）；海拔 980～2400 m；分布于贡山、福贡、泸水、保山、腾冲、龙陵。7。

5b 灰绿水苎麻 Boehmeria macrophylla var. **canescens** (Weddell) D. G. Long

产独龙江（独龙江考察队 224）；海拔 1400～1540 m；分布于贡山。14-2。

6a 苎麻 Boehmeria nivea (Linnaeus) Gaudichaud-Beaupré

产六库（怒江考察队 1893）；海拔 1800 m；分布于泸水。7。

6b 青叶苎麻 Boehmeria nivea var. **tenacissima** (Gaudichaud-Beaupré) Miquel

产独龙江（高黎贡山考察队 21573）；海拔 2150 m；分布于贡山。7。

7 长叶苎麻 Boehmeria penduliflora Weddell ex D. G. Long

产镇安（高黎贡山考察队 10839）；海拔 1000～1850 m；分布于保山、龙陵。14-2。

8 歧序苎麻 Boehmeria polystachya Weddell

产独龙江（高黎贡山考察队 15200）；海拔 1560～1700 m；分布于贡山、保山、腾冲。14-2。

9 密毛苎麻 Boehmeria tomentosa Weddell

产新华（高黎贡山考察队 29665）；海拔 1300～2800 m；分布于贡山、福贡、泸水、腾冲、龙陵。14-2。

10 阴地苎麻 Boehmeria umbrosa (Handell-Mazzetti) W. T. Wang

产独龙江（独龙江考察队 3790）；海拔 1380～2250 m；分布于贡山。15-1。

11 帚序苎麻 Boehmeria zollingeriana Weddell

产铜壁关（据《云南铜壁关自然保护区科学考察研究》）；海拔 450～1800 m；分布于盈江。7。

12 帚序苎麻 Boehmeria zollingeriana Weddell

产铜壁关（据《云南铜壁关自然保护区科学考察研究》）；海拔 450～1800 m；分布于盈江。7。

13 微柱麻 Chamabainia cuspidata Wight

产独龙江（独龙江考察队 411）；海拔 1300～3000 m；分布于贡山、福贡、泸水、保山、腾冲、龙陵。7。

14 长叶水麻 Debregeasia longifolia (N. L. Burman) Weddell

产独龙江（独龙江考察队 1844）；海拔 890～2650 m；分布于贡山、福贡、泸水、保山、腾冲、龙陵。7。

15 水麻 Debregeasia orientalis C. J. Chen

产独龙江（独龙江考察队 5415）；海拔 1360～3200 m；分布于贡山、福贡、泸水、腾冲。14-1。

16 圆基火麻树 Dendrocnide basirotunda (C. Y. Wu) Chew

产铜壁关（据《云南铜壁关自然保护区科学考察研究》）；海拔 600～1100 m；分布于盈江。7。

17 全缘火麻树 Dendrocnide sinuata (Blume) Chew

产铜壁关（据《云南铜壁关自然保护区科学考察研究》）；海拔 560 m；分布于盈江。7。

18 单蕊麻 Droguetia iners subsp. urticoides (Wight) Friis & Wilmot-Dear

产赧亢植物园（高黎贡山考察队 13276）；海拔 1900～3350 m；分布于贡山、福贡、保山。7。

19 渐尖楼梯草 Elatostema acuminatum (Poiret) Brongniart in Duperrey

产铜壁关（据《云南铜壁关自然保护区科学考察研究》）；海拔 1200～1800 m；分布于盈江。7。

20 厚苞楼梯草 Elatostema apicicrassum W. T. Wang

产独龙江（高黎贡山考察队 32691）；海拔 2270 m；分布于贡山。15-3。

21 耳状楼梯草 Elatostema auriculatum W. T. Wang

产独龙江（独龙江考察队 301）；海拔 1240～2200 m；分布于贡山、福贡。15-1。

22 滇黔楼梯草 Elatostema backeri H. Schroeter

产茨开（高黎贡山考察队 33346）；海拔 1510 m；分布于贡山。7。

23 华南楼梯草 Elatostema balansae Gagnepain

产猴桥（武素功 6783）；海拔 2600 m；分布于腾冲。14-1。

24 茨开楼梯草 Elatostema cikaiense W. T. Wang

产茨开（高黎贡山考察队 12217）；海拔 1850～2940 m；分布于贡山。15-3。

25 弯毛楼梯草 Elatostema crispulum W. T. Wang

产那邦（云南大学生态地植物研究室滇西调查组 10484）；海拔 350 m；分布于盈江。15-2。

26 兜船楼梯草 Elatostema cucullatonaviculare W. T. Wang

产独龙江（独龙江考察队 4402）；海拔 1500 m；分布于贡山。15-3。

27 骤尖楼梯草 Elatostema cuspidatum Wight

产独龙江（独龙江考察队 4224）；海拔 1330～3200 m；分布于贡山、福贡、泸水、保山、腾冲。14-2。

28 稀齿楼梯草 Elatostema cuneatum Wight

产铜壁关（据《云南铜壁关自然保护区科学考察研究》）；海拔 800～1300 m；分布于盈江。14-1。

29 锐齿楼梯草 Elatostema cyrtandrifolium (Zollinger & Moritzi) Miquel

产潞江（高黎贡山考察队 17373）；海拔 1010～2400 m；分布于贡山、福贡、泸水、保山、腾冲。7。

30 指序楼梯草 Elatostema dactylocephalum W. T. Wang

产镇安（高黎贡山考察队 23678）；海拔 2016 m；分布于龙陵。15-3。

31 拟盘托楼梯草 Elatostema dissectoides W. T. Wang

产独龙江（独龙江考察队 4434）；海拔 1240～1400 m；分布于贡山。15-3。

32 盘托楼梯草 Elatostema dissectum Weddell

产独龙江（独龙江考察队 3432）；海拔 1240～2300 m；分布于贡山、福贡、腾冲、龙陵。14-2。

33 独龙楼梯草 Elatostema dulongense W. T. Wang

产独龙江（青藏队 9130）；海拔 1350 m；分布于贡山。15-3。

34 锈茎楼梯草 Elatostema ferrugineum W. T. Wang

产独龙江（青藏队 9130a）；海拔 1350 m；分布于贡山。15-3。

35 梨序楼梯草 Elatostema ficoides Weddell

产片马（高黎贡山考察队 22956）；海拔 2080～2370 m；分布于泸水、腾冲。14-2。

36 福贡楼梯草 Elatostema fugongense W. T. Wang

产鹿马登（青藏队 6958）；海拔 2200 m；分布于福贡。15-3。

37 贡山楼梯草 Elatostema gungshanense W. T. Wang

产独龙江（独龙江考察队 3628）；海拔 2400～2600 m；分布于贡山。15-3。

38 疏晶楼梯草 Elatostema hookerianum Weddell

产独龙江（独龙江考察队 384）；海拔 1300～2600 m；分布于贡山、福贡、保山、腾冲、龙陵。14-2。

39 全缘楼梯草 Elatostema integrifolium (D. Don) Weddell in Candolle

产铜壁关（陶国达 13249）；海拔 700～2000 m；分布于盈江。7。

40 楼梯草 Elatostema involucratum Franchet & Savatier

产铜壁关（据《云南铜壁关自然保护区科学考察研究》）；海拔 1950～2050 m；分布于盈江。14-3。

41 光叶楼梯草 Elatostema laevissimum W. T. Wang

产独龙江（独龙江考察队 5035）；海拔 1400～2120 m；分布于贡山、龙陵。14-1。

42 李恒楼梯草 Elatostema lihengianum W. T. Wang

产独龙江（独龙江考察队 620）；海拔 1300～1530 m；分布于贡山。15-3。

43 狭叶楼梯草 Elatostema lineolatum Wight

产独龙江（独龙江考察队 1685）；海拔 1400～1560 m；分布于贡山。14-2。

44 潞西楼梯草 Elatostema luxiense W. T. Wang

产铜壁关（据《云南铜壁关自然保护区科学考察研究》）；海拔 1600～1700 m；分布于盈江。15-2。

45 多序楼梯草 Elatostema macintyrei Dunn

产五合（高黎贡山考察队 24784）；海拔 900～1500 m；分布于泸水、腾冲、龙陵。14-2。

46 微毛楼梯草 Elatostema microtrichum W. T. Wang

产铜壁关（据《云南铜壁关自然保护区科学考察研究》）；海拔 2100 m；分布于盈江。15-2。

47 异叶楼梯草 Elatostema monandrum (D. Don) H. Hara

产上营（高黎贡山考察队 18653）；海拔 1300～2540 m；分布于贡山、福贡、泸水、保山、腾冲、龙陵。14-2。

48a 托叶楼梯草 Elatostema nasutum J. D. Hooker

产赧亢植物园（高黎贡山考察队 13255）；海拔 1300～2600 m；分布于贡山、福贡、泸水、保山、腾冲。14-2。

48b　紫脉托叶楼梯草 Elatostema nasutum var. **atrocostatum** W. T. Wang

产利沙底（高黎贡山考察队 s.n.）；海拔 1620 m；分布于福贡。15-3。

48c　软鳞托叶楼梯草 Elatostema nasutum var. **yui** W. T. Wang

产茨开（青藏队 8708）；海拔 1900～2000 m；分布于贡山。15-3。

49a　钝叶楼梯草 Elatostema obtusum Weddell

产独龙江（独龙江考察队 5552）；海拔 1720～3450 m；分布于贡山、福贡、泸水、腾冲。14-2。

49b　三齿钝叶楼梯草 Elatostema obtusum var. **trilobulatum** (Hayata) W. T. Wang

产丙中洛（青藏队 7463）；海拔 2600～3600 m；分布于贡山。14-2。

50　尖牙楼梯草 Elatostema oxyodontum W. T. Wang

产独龙江（独龙江考察队 3558）；海拔 1500 m；分布于贡山。15-3。

51　粗角楼梯草 Elatostema pachyceras W. T. Wang

产茨开（高黎贡山考察队 14975）；海拔 1330～2600 m；分布于贡山、福贡、泸水、腾冲。15-2。

52　拟渐尖楼梯草 Elatostema paracuminatum W. T. Wang

产独龙江（独龙江考察队 991）；海拔 1400～1500 m；分布于贡山。14-1。

53　少叶楼梯草 Elatostema paucifolium W. T. Wang

产片马（高黎贡山考察队 10272）；海拔 1255～2450 m；分布于贡山、福贡、泸水。15-3。

54　小叶楼梯草 Elatostema parvum (Blume) Miquel in Zollinger

产铜壁关（据《云南铜壁关自然保护区科学考察研究》）；海拔 700～1800 m；分布于盈江。7。

55　片马楼梯草 Elatostema pianmaense W. T. Wang

产片马（高黎贡山考察队 24077）；海拔 2057 m；分布于泸水。14-3。

56　宽角楼梯草 Elatostema platyceras W. T. Wang

产六库（横断山队 441）；海拔 1700 m；分布于泸水。15-3。

57　宽叶楼梯草 Elatostema platyphyllum Weddell

产独龙江（独龙江考察队 218）；海拔 1231～2600 m；分布于贡山、福贡、保山、腾冲、龙陵。 14-1。

58　假骤尖楼梯草 Elatostema pseudocuspidatum W. T. Wang

产丙中洛（高黎贡山考察队 19563）；海拔 2050～2410 m；分布于贡山、福贡、泸水、腾冲。15-3。

59　拟托叶楼梯草 Elatostema pseudonasutum W. T. Wang

产独龙江（独龙江考察队 3823）；海拔 1380 m；分布于贡山。15-3。

60　拟宽叶楼梯草 Elatostema pseudoplatyphyllum W. T. Wang

产独龙江（独龙江考察队 456）；海拔 1350～2080 m；分布于贡山。15-3。

61　对叶楼梯草 Elatostema sinense H. Schroeter

产独龙江（独龙江考察队 4240）；海拔 1250～1820 m；分布于贡山、腾冲。15-2。

62a　拟细尾楼梯草 Elatostema tenuicaudatoides W. T. Wang

产独龙江（独龙江考察队 4250）；海拔 1280～1850 m；分布于贡山。15-1。

62b　钦朗当楼梯草 Elatostema tenuicaudatoides var. **orientale** W. T. Wang

产独龙江（独龙江考察队 1157）；海拔 1500～1850 m；分布于贡山。15-3。

63 三茎楼梯草 Elatostema tricaule W. T. Wang

产滇滩（高黎贡山考察队 30000）；海拔 2010 m；分布于腾冲。15-3。

64 文采楼梯草 Elatostema wangii Q. Lin & L. D. Duan

产独龙江（独龙江考察队 4482）；海拔 1240 m；分布于贡山。15-3。

65 迭叶楼梯草 Elatostema salvinioides W. T. Wang

产铜壁关（据《云南铜壁关自然保护区科学考察研究》）；海拔 780～950 m；分布于盈江。7。

66 大蝎子草 Girardinia diversifolia (Link) Friis

产茨开（高黎贡山考察队 21254）；海拔 1000～1800 m；分布于贡山、保山。6。

67 糯米团 Gonostegia hirta (Blume ex Hasskarl) Miquel

产独龙江（独龙江考察队 2012）；海拔 1180～3100 m；分布于贡山、福贡、泸水、保山、腾冲、龙陵。5。

68 五蕊糯米团 Gonostegia pentandra (Roxburgh) Miquel

产铜壁关（据《云南铜壁关自然保护区科学考察研究》）；海拔 800～1000 m；分布于盈江。7。

69 珠芽艾麻 Laportea bulbifera (Siebold & Zuccarini) Weddell

产独龙江（独龙江考察队 861）；海拔 1330～3210 m；分布于贡山、福贡、泸水、保山、腾冲。7。

70 红小麻 Laportea interrupta (Linnaeus) Chew

产铜壁关（据《云南铜壁关自然保护区科学考察研究》）；海拔 650～1050 m；分布于盈江。6。

71 假楼梯草 Lecanthus peduncularis (Wallich ex Royle) Weddell

产独龙江（独龙江考察队 292）；海拔 1000～3000 m；分布于贡山、福贡、泸水、保山、腾冲、龙陵。6。

72a 云南假楼梯草 Lecanthus petelotii var. **yunnanensis** C. J. Chen

产丙中洛（王启无 67213）；海拔 2700 m；分布于贡山。14-1。

72b 角被假楼梯草 Lecanthus petelotii var. **corniculata** C. J. Chen

产铜壁关（据《云南铜壁关自然保护区科学考察研究》）；海拔 1800～1900 m；分布于盈江。15-1。

73 水丝麻 Maoutia puya (Hooker) Weddell

产六库（独龙江考察队 172）；海拔 800～1515 m；分布于泸水、保山、龙陵。14-2。

74 膜叶紫麻 Oreocnide boniana (Gagnepain) Handel-Mazzetti

产六库（高黎贡山考察队 21192）；海拔 800 m；分布于泸水。14-1。

75a 紫麻 Oreocnide frutescens (Thunberg) Miquel

产丙中洛（青藏队 7907）；海拔 1700 m；分布于贡山。14-3。

75b 滇藏紫麻 Oreocnide frutescens subsp. **occidentalis** C. J. Chen

产六库（李恒、刀志灵、李嵘 715）；海拔 1000～2500 m；分布于贡山、福贡、泸水、保山、龙陵。14-2。

76 全缘叶紫麻 Oreocnide integrifolia (Gaudichaud-Beaupré) Miquel

产铜壁关（据《云南铜壁关自然保护区科学考察研究》）；海拔 300～1120 m；分布于盈江。7。

77 红紫麻 Oreocnide rubescens (Blume) Miquel

产芒宽（高黎贡山考察队 25346）；海拔 1777 m；分布于保山。7。

78 异被赤车 Pellionia heteroloba Weddell

产独龙江（独龙江考察队 989）；海拔 1240～2700 m；分布于贡山、福贡、泸水、腾冲。14-2。

79 全缘赤车 Pellionia heyneana Weddell

产铜壁关（据《云南铜壁关自然保护区科学考察研究》）；海拔 750～1000 m；分布于盈江。7。

80 吐烟花 Pellionia repens (Loureiro) Merrill

产铜壁关（据《云南铜壁关自然保护区科学考察研究》）；海拔 800～1400 m；分布于盈江。7。

81a 圆瓣冷水花 Pilea angulata (Blume) Blume

产丙中洛（高黎贡山考察队 13260）；海拔 1910～3280 m；分布于贡山、福贡、保山、龙陵。7。

81b 长柄冷水花 Pilea angulata subsp. **petiolaris** (Siebold & Zuccarini) C. J. Chen

产独龙江（独龙江考察队 4215）；海拔 1253～3350 m；分布于贡山、福贡、泸水、龙陵。14-3。

82 异叶冷水花 Pilea anisophylla Weddell

产独龙江（林芹、邓向福 790615）；海拔 2000 m；分布于贡山。14-2。

83a 顶叶冷水花 Pilea approximata C. B. Clarke

产独龙江（李恒、李嵘 1032）；海拔 2770～3050 m；分布于贡山、泸水。14-2。

83b 锐裂齿顶叶冷水花 Pilea approximata var. **incisoserrata** C. J. Chen

产猴桥（武素功 7107）；海拔 3100 m；分布于腾冲。14-2。

84 耳基冷水花 Pilea auricularis C. J. Chen

产独龙江（独龙江考察队 764）；海拔 1340～3010 m；分布于贡山、福贡、泸水、保山、腾冲、龙陵。15-1。

85 多苞冷水花 Pilea bracteosa Weddell

产独龙江（独龙江考察队 6178）；海拔 1310～3500 m；分布于贡山、泸水、腾冲。14-2。

86 弯叶冷水花 Pilea cordifolia J. D. Hooker

产独龙江（独龙江考察队 337）；海拔 1340～1380 m；分布于贡山。14-2。

87 点乳冷水花 Pilea glaberrima (Blume) Blume

产独龙江（T. T. Yü 20452）；海拔 1030～2230 m；分布于贡山、福贡、泸水、保山、龙陵。7。

88 翠茎冷水花 Pilea hilliana Handel-Mazzetti

产茨开（冯国楣 7031）；海拔 1700～2660 m；分布于贡山、福贡、腾冲。14-1。

89 泡果冷水花 Pilea howelliana Handel-Mazzetti

产独龙江（高黎贡山考察队 20717）；海拔 1410～1500 m；分布于贡山、福贡。15-2。

90 山冷水花 Pilea japonica (Maximovicz) Handel-Mazzetti

产比毕里（独龙江考察队 219）；海拔 1560～1809 m；分布于贡山、泸水。14-3。

91 鱼眼果冷水花 Pilea longipedunculata Chien & C. J. Chen

产利沙底（高黎贡山考察队 27460）；海拔 1040～2360 m；分布于福贡、泸水、保山、腾冲、龙陵。14-1。

92 大叶冷水花 Pilea martini (H. Léveillé) Handel-Mazzetti

产利沙底（高黎贡山考察队 26928）；海拔 1410～3500 m；分布于贡山、福贡、泸水、保山、腾冲。14-2。

93 长序冷水花 Pilea melastomoides (Poiret) Weddell

产独龙江（独龙江考察队 4468）；海拔 1240～2800 m；分布于贡山、福贡、腾冲。7。

94 念珠冷水花 Pilea monilifera Handel-Mazzetti

产北海（武素功 7393）；海拔 2400 m；分布于腾冲。15-1。

95 串珠毛冷水花 Pilea multicellularis C. J. Chen

产独龙江（独龙江考察队 533）；海拔 1300 m；分布于贡山。15-1。

96 冷水花 Pilea notata C. H. Wright

产百花岭（高黎贡山考察队 14052）；海拔 1500～2850 m；分布于福贡、泸水、保山、腾冲。14-3。

97 滇东南冷水花 Pilea paniculigera C. J. Chen

产芒宽（高黎贡山考察队 13978）；海拔 1570 m；分布于保山。14-1。

98 赤车冷水花 Pilea pellionioides C. J. Chen

产独龙江（独龙江考察队 821）；海拔 1300～2700 m；分布于贡山。15-3。

99 镜面草 Pilea peperomioides Diels

产六库[南水北调队（滇西北分队）8050]；海拔 860 m；分布于泸水。15-1。

100 石筋草 Pilea plataniflora C. H. Wright

产子里甲（高黎贡山考察队 21827）；海拔 1100～2400 m；分布于贡山、福贡。14-1。

101 假冷水花 Pilea pseudonotata C. J. Chen

产百花岭（高黎贡山考察队 13407）；海拔 1080～3120 m；分布于贡山、福贡、泸水、保山。14-1。

102 怒江冷水花 Pilea salwinensis (Handel-Mazzetti) C. J. Chen

产丙贡（南水北调队 8174）；海拔 2300～2700 m；分布于贡山、泸水。14-1。

103 细齿冷水花 Pilea scripta (Buchanan-Hamilton ex D. Don) Weddell

产独龙江（独龙江考察队 308）；海拔 1200～2100 m；分布于贡山、腾冲。14-2。

104 镰叶冷水花 Pilea semisessilis Handel-Mazzetti

产片马至垭口途中（碧江考察队 1618）；海拔 1550～2800 m；分布于贡山、泸水。14-1。

105 粗齿冷水花 Pilea sinofasciata C. J. Chen

产马站大崆山（高黎贡山考察队 29869）；海拔 1570～2900 m；分布于贡山、福贡、泸水、腾冲。14-2。

106a 萌生冷水花 Pilea umbrosa Blume

产镇安（高黎贡山考察队 17780）；海拔 1740～1900 m；分布于贡山、龙陵。14-2。

106b 少毛冷水花 Pilea umbrosa var. **obesa** Weddell

产故泉至乔米古鲁途中（怒江考察队 791600）；海拔 2300～2900 m；分布于贡山、福贡、泸水。14-2。

107 毛茎冷水花 Pilea villicaulis Handel-Mazzetti

产铜壁关（据《云南铜壁关自然保护区科学考察研究》）；海拔 900～1500 m；分布于盈江。15-2。

108 毛叶锥头麻 Poikilospermum lanceolatum (Trécul) Merrill

产铜壁关（据《云南铜壁关自然保护区科学考察研究》）；海拔 600～1000 m；分布于盈江。7。

109 美叶雾水葛 Pouzolzia calophylla W. T. Wang & C. J. Chen

产独龙江（独龙江考察队 276）；海拔 1255～2500 m；分布于贡山、福贡、泸水、龙陵。14-2。

110 红雾水葛 Pouzolzia sanguinea (Blume) Merrill

产独龙江（高黎贡山考察队 15063）；海拔 920～3300 m；分布于贡山、福贡、泸水、保山、腾冲、龙陵。7。

111 雾水葛 Pouzolzia zeylanica (Linnaeus) Bennett

产六库（独龙江考察队 98）；海拔 650～1950 m；分布于贡山、泸水、保山。5。

112　藤麻 Procris crenata C. B. Robinson

　　产独龙江（独龙江考察队 4465）；海拔 1250～1740 m；分布于贡山、福贡、保山、腾冲。6。

113　肉被麻 Sarcochlamys pulcherrima Gaudichaud-Beaupré

　　产独龙江（青藏队 9114）；海拔 1350 m；分布于贡山。7。

114　小果荨麻 Urtica atrichocaulis (Handel-Mazzetti) C. J. Chen

　　产六库（李生堂 375）；海拔 1000～2000 m；分布于泸水。15-1。

115　滇藏荨麻 Urtica mairei H. Léveillé

　　产姚家坪（高黎贡山考察队 7193）；海拔 2090～2240 m；分布于贡山、福贡、泸水、腾冲。14-2。

116　察隅荨麻 Urtica zayuensis C. J. Chen

　　产独龙江（独龙江考察队 512）；海拔 1300～2000 m；分布于贡山。15-3。

171　冬青科 Aquifoliaceae

1a　黑果冬青 Ilex atrata W. W. Smith

　　产丹珠（高黎贡山考察队 33371）；海拔 1550～2900 m；分布于贡山、龙陵。14-2。

1b　长梗黑果冬青 Ilex atrata var. **wangii** S. Y. Hu

　　产丹珠（高黎贡山考察队 12305）；海拔 2000～2800 m；分布于贡山、福贡、腾冲。15-1。

2　刺叶冬青 Ilex bioritsensis Hayata

　　产独龙江（独龙江考察队 1582）；海拔 1800～2600 m；分布于贡山。15-1。

3　龙陵冬青 Ilex cheniana T. R. Dudley

　　产坝湾至腾冲途中（高黎贡山考察队 26107）；海拔 1300～1740 m；分布于保山、腾冲。15-3。

4　珊瑚冬青 Ilex corallina Franchet

　　产百花岭（高黎贡山考察队 13511）；海拔 1500～1620 m；分布于泸水、保山、龙陵。15-1。

5　密花冬青 Ilex confertiflora Merrill

　　产铜壁关（据《云南铜壁关自然保护区科学考察研究》）；海拔 1550 m；分布于盈江。15-1。

6　齿叶冬青 Ilex crenata Thunberg

　　产片马（高黎贡山考察队 22785）；海拔 1820～2169 m；分布于泸水、腾冲。14-3。

7　弯尾冬青 Ilex cyrtura Merrill

　　产独龙江（独龙江考察队 450）；海拔 1350～2940 m；分布于贡山、泸水、保山。14-2。

8a　陷脉冬青 Ilex delavayi Franchet

　　产茨开（冯国楣 8319）；海拔 3150～3700 m；分布于贡山、泸水。15-1。

8b　高山陷脉冬青 Ilex delavayi var. **exalata** H. F. Comber

　　产乙高地（怒江考察队 1825）；海拔 3000～3600 m；分布于贡山、福贡、泸水。14-1。

9　双核枸骨 Ilex dipyrena Wallich

　　产丹珠（高黎贡山考察队 13729）；海拔 2100～2900 m；分布于贡山、福贡、泸水、腾冲。14-2。

10a　高冬青 Ilex excelsa (Wallich) Wallich

　　产界头（高黎贡山考察队 30088）；海拔 1940 m；分布于腾冲。14-2。

10b　毛背高冬青 Ilex excelsa var. **hypotricha** (Loesener) S. Y. Hu

　　产猴桥（蔡希陶 55633）；海拔 1680～1800 m；分布于腾冲。14-2。

11 狭叶冬青 Ilex fargesii Franchet

产姚家坪（高黎贡山考察队 8188）；海拔 2100 m；分布于贡山、福贡、泸水。15-1。

12 榕叶冬青 Ilex ficoidea Hemsley

产独龙江（李恒、李嵘 908）；海拔 1460～2550 m；分布于贡山、腾冲。14-3。

13 滇西冬青 Ilex forrestii H. F. Comber

产鹿马登（高黎贡山考察队 28773）；海拔 1700～2890 m；分布于贡山、福贡、泸水、腾冲。15-1。

14 薄叶冬青 Ilex fragilis J. D. Hooker

产独龙江（青藏队 8428）；海拔 2400～3400 m；分布于贡山、泸水。14-2。

15 康定冬青 Ilex franchetiana Loesener

产茨开（冯国楣 24682）；海拔 2649～2800 m；分布于贡山、福贡、泸水。14-1。

16 长叶枸骨 Ilex georgei H. F. Comber

产界头（高黎贡山考察队 29452）；海拔 1590～2000 m；分布于腾冲、龙陵。14-2。

17 伞花冬青 Ilex godajam (Colebrooke) J. D. Hooker

产铜壁关（据《云南铜壁关自然保护区科学考察研究》）；海拔 1050～1450 m；分布于盈江。7。

18 贡山冬青 Ilex hookeri King

产独龙江（独龙江考察队 6892）；海拔 2100～3000 m；分布于贡山、福贡、腾冲。14-2。

19 错枝冬青 Ilex intricata J. D. Hooker

产独龙江（高黎贡山考察队 33928）；海拔 2900～3810 m；分布于贡山、福贡。14-2。

20 广东冬青 Ilex kwangtungensis Merrill

产铜壁关（据《云南铜壁关自然保护区科学考察研究》）；海拔 1800 m；分布于盈江。15-1。

21a 长尾冬青 Ilex longecaudata H. F. Comber

产明光（高黎贡山考察队 29416）；海拔 1300～2500 m；分布于贡山、福贡、腾冲、龙陵。15-2。

21b 无毛长尾冬青 Ilex longecaudata var. **glabra** S. Y. Hu

产鹿马登（高黎贡山考察队 19574）；海拔 2050～2300 m；分布于福贡。15-2。

22 倒卵叶冬青 Ilex maximowicziana Loesener

产片马（高黎贡山考察队 23233）；海拔 1990～2432 m；分布于泸水、腾冲。14-3。

23 黑毛冬青 Ilex melanotricha Merrill

产丙中洛（高黎贡山考察队 23134）；海拔 2400～3022 m；分布于贡山、福贡、泸水、腾冲。15-1。

24 小果冬青 Ilex micrococca Maximowicz

产独龙江（高黎贡山考察队 8859）；海拔 1200～1900 m；分布于贡山。14-3。

25 小核冬青 Ilex micropyrena C. Y. Wu ex Y. R. Li

产茨开（冯国楣 8070）；海拔 1500～2211 m；分布于贡山、福贡、腾冲。15-3。

26 小圆叶冬青 Ilex nothofagifolia Kingdon Ward

产独龙江（独龙江考察队 5328）；海拔 2000～3450 m；分布于贡山、福贡、腾冲。14-2。

27 皱叶冬青 Ilex perryana S. Y. Hu

产片马（高黎贡山考察队 23947）；海拔 2800～3800 m；分布于贡山、福贡、泸水、腾冲。14-2。

28 多脉冬青 Ilex polyneura (Handel-Mazzetti) S. Y. Hu

产独龙江（独龙江考察队 798）；海拔 1350～2340 m；分布于贡山、福贡、泸水、保山、腾冲、龙陵。15-1。

29 点叶冬青 Ilex punctatilimba C. Y. Wu ex Y. R. Li

产片马至泡西途中（孙航 1620）；海拔 1600～2400 m；分布于泸水、腾冲。15-2。

30 高山冬青 Ilex rockii S. Y. Hu

产鹿马登（高黎贡山考察队 27202）；海拔 3460 m；分布于福贡。15-1。

31 铁冬青 Ilex rotunda Thunberg in Murray

产铜壁关（据《云南铜壁关自然保护区科学考察研究》）；海拔 1000～1450 m；分布于盈江。14-3。

32 锡金冬青 Ilex sikkimensis Kurz

产独龙江（独龙江考察队 1119）；海拔 2080～2790 m；分布于贡山、泸水。14-2。

33 拟长尾冬青 Ilex sublongecaudata C. J. Tseng & S. Liu ex Y. R. Li

产上帕（青藏队 7137）；海拔 1700～1800 m；分布于福贡。15-3。

34 微香冬青 Ilex subodorata S. Y. Hu

产潞江（高黎贡山考察队 17556）；海拔 1680～2230 m；分布于腾冲、保山。15-1。

35 四川冬青 Ilex szechwanensis Loesener

产鹿马登（青藏队 6971）；海拔 2400～2700 m；分布于福贡、龙陵。15-1。

36 三花冬青 Ilex triflora Blume

产上帕（H. T. Tsai 54396）；海拔 800～1600 m；分布于福贡。7。

37 伞序冬青 Ilex umbellulata (Wallich) Loesener in Engler & Prantl

产铜壁关（据《云南铜壁关自然保护区科学考察研究》）；海拔 700～1480 m；分布于盈江。7。

38 微脉冬青 Ilex venulosa J. D. Hooker

产独龙江（独龙江考察队 1209）；海拔 1240～2180 m；分布于贡山、腾冲、龙陵。14-2。

39 滇缅冬青 Ilex wardii Merrill

产独龙江（冯国楣 24725）；海拔 2600～3000 m；分布于贡山、腾冲。14-1。

40 假香冬青 Ilex wattii Loesener

产二区坪地高黎贡山（陈介 310）；海拔 2600 m；分布于腾冲。14-2。

41 独龙冬青 Ilex yuana S. Y. Hu

产独龙江（独龙江考察队 978）；海拔 1250～2525 m；分布于贡山、腾冲。15-3。

42 云南冬青 Ilex yunnanensis Franchet

产独龙江（独龙江考察队 5339）；海拔 1973～3600 m；分布于贡山、福贡、泸水、腾冲。14-1。

173 卫矛科 Celastraceae

1 过山枫 Celastrus aculeatus Merrill

产团田（高黎贡山考察队 30921）；海拔 1150 m；分布于腾冲。15-1。

2 苦皮藤 Celastrus angulatus Maximowicz

产铜壁关（据《云南铜壁关自然保护区科学考察研究》）；海拔 1980 m；分布于盈江。15-1。

3 大芽南蛇藤 Celastrus gemmatus Loesener

产独龙江（独龙江考察队 1894）；海拔 1900～2000 m；分布于贡山。15-1。

4 灰叶南蛇藤 Celastrus glaucophyllus Rehder & E. H. Wilson

产独龙江（青藏队 9493）；海拔 1600～1700 m；分布于贡山。15-1。

5 青江藤 Celastrus hindsii Bentham

产姚家坪（高黎贡山考察队 24480）；海拔 1400～2720 m；分布于福贡、泸水。14-1。

6 硬毛南蛇藤 Celastrus hirsutus H. F. Comber

产独龙江（高黎贡山考察队 15218）；海拔 1400～2100 m；分布于贡山、福贡、泸水、保山。15-1。

7 滇边南蛇藤 Celastrus hookeri Prain

产丙中洛至闪打途中（青藏队 7955）；海拔 1600～2450 m；分布于贡山、泸水、腾冲。14-2。

8 薄叶南蛇藤 Celastrus hypoleucoides P. L. Chiu

产独龙江（冯国楣 24281）；海拔 1280 m；分布于贡山。15-1。

9 独子藤 Celastrus monospermus Roxburgh

产独龙江（独龙江考察队 1640）；海拔 1150～2130 m；分布于贡山、福贡、腾冲、龙陵。14-2。

10 灯油藤 Celastrus paniculatus Willdenow

产独龙江（李恒、李嵘 857）；海拔 691～1740 m；分布于贡山、保山、龙陵。5。

11 短梗南蛇藤 Celastrus rosthornianus Loesener

产独龙江（独龙江考察队 3724）；海拔 1300～1950 m；分布于贡山、泸水、保山。15-1。

12 显柱南蛇藤 Celastrus stylosus Wallich

产独龙江（独龙江考察队 3010）；海拔 1253～2800 m；分布于贡山、福贡、泸水、保山、腾冲、龙陵。14-2。

13 刺果卫矛 Euonymus acanthocarpus Franchet

产独龙江（独龙江考察队 6475）；海拔 1600～3200 m；分布于贡山、福贡。14-1。

14 刺猬卫矛 Euonymus balansae Sprague

产蒲川（尹文清 1291）；海拔 1880～2000 m；分布于腾冲。14-1。

15 南川卫矛 Euonymus bockii Loesener

产芒宽（李恒、李嵘、施晓春 1312）；海拔 1312～1777 m；分布于保山。14-1。

16 百齿卫矛 Euonymus centidens H. Léveillé

产铜壁关（据《云南铜壁关自然保护区科学考察研究》）；海拔 1600～1900 m；分布于盈江。15-1。

17 隐刺卫矛 Euonymus chui Handel-Mazzetti

产独龙江（独龙江考察队 4854）；海拔 1400～2600 m；分布于贡山。15-1。

18 岩波卫矛 Euonymus clivicola W. W. Smith

产独龙江（独龙江考察队 6105）；海拔 2500～3600 m；分布于贡山、福贡、泸水、腾冲。14-2。

19 角翅卫矛 Euonymus cornutus Hemsley

产独龙江（独龙江考察队 745）；海拔 2300～3200 m；分布于贡山、泸水、腾冲。14-1。

20 棘刺卫矛 Euonymus echinatus Wallich

产独龙江（毛品一 531）；海拔 1300～2300 m；分布于贡山。14-1。

21 扶芳藤 Euonymus fortunei (Turczaninow) Handel-Mazzetti

产黑娃底（高黎贡山考察队 14315）；海拔 1050～3000 m；分布于贡山、福贡、泸水、腾冲。7。

22 冷地卫矛 Euonymus frigidus Wallich

产独龙江（高黎贡山考察队 15306）；海拔 1400～3600 m；分布于贡山、福贡、泸水、腾冲。14-2。

23 纤齿卫矛 Euonymus giraldii Loesener
产丙中洛（王启无 67476）；海拔 2000 m；分布于贡山。15-1。

24 大花卫矛 Euonymus grandiflorus Wallich
产明光（高黎贡山考察队 30584）；海拔 1000～2300 m；分布于腾冲、龙陵。14-2。

25 西南卫矛 Euonymus hamiltonianus Wallich
产片马（高黎贡山考察队 7167）；海拔 2950～3200 m；分布于贡山、泸水。14-1。

26 克钦卫矛 Euonymus kachinensis Prain
产龙江（高黎贡山考察队 17995）；海拔 2100 m；分布于保山、龙陵。14-2。

27 疏花卫矛 Euonymus laxiflorus Champion ex Bentham
产片马至垭口途中（高黎贡山考察队 23326）；海拔 1880～2720 m；分布于贡山、泸水、腾冲。14-1。

28 中华卫矛 Euonymus nitidus Bentham
产亚坪（高黎贡山考察队 20219）；海拔 1500～2810 m；分布于贡山、福贡、泸水、保山。14-1。

29 柳叶卫矛 Euonymus salicifolius Loesener
产猴桥（南水北调队 6852）；海拔 1750 m；分布于腾冲。14-1。

30 石枣子 Euonymus sanguineus Loesener
产亚朵（高黎贡山考察队 26794）；海拔 2170～2240 m；分布于贡山、福贡、泸水。15-1。

31 茶色卫矛 Euonymus theacola C. Y. Cheng ex T. L. Xu & Q. H. Chen
产独龙江（独龙江考察队 727）；海拔 1510～2940 m；分布于贡山、泸水、保山、腾冲。14-2。

32 染用卫矛 Euonymus tingens Wallich
产独龙江（冯国楣 5913）；海拔 2400～3600 m；分布于贡山。14-2。

33 游藤卫矛 Euonymus vagans Wallich
产丙中洛[南水北调队（滇西北分队）8722]；海拔 1600～2620 m；分布于贡山、福贡、泸水、腾冲、龙陵。14-2。

34 疣点卫矛 Euonymus verrucosoides Loesener
产界头（陈介 319）；海拔 2400 m；分布于腾冲。15-2。

35 荚蒾卫矛 Euonymus viburnoides Prain
产潞江（高黎贡山考察队 11516）；海拔 2300～2900 m；分布于贡山、福贡、泸水、保山、龙陵。14-2。

36 细梗裸实 Gymnosporia graciliramula (S. J. Pei & Y. H. Li) Q. R. Liu & Funston
产铜壁关（据《云南铜壁关自然保护区科学考察研究》）；海拔 600～950 m；分布于盈江。15-1。

37 滇南美登木 Maytenus austroyunnanensis S. J. Pei & Y. H. Li
产铜壁关（据《云南铜壁关自然保护区科学考察研究》）；海拔 720～1000 m；分布于盈江。15-2。

38 异色假卫矛 Microtropis discolor (Wallich) Arnott
产独龙江（冯国楣 24379）；海拔 1300 m；分布于贡山。14-1。

39 逢春假卫矛 Microtropis oligantha Merrill & F. L. Freeman
产丹珠（高黎贡山考察队 11981）；海拔 2400 m；分布于贡山、龙陵。15-2。

40 广序假卫矛 Microtropis petelotii Merrill & Freeman
产铜壁关（据《云南铜壁关自然保护区科学考察研究》）；海拔 850～1400 m；分布于盈江。7。

41 塔蕾假卫矛 Microtropis pyramidalis C. Y. Cheng & T. C. Kao
产五合（高黎贡山考察队 25045）；海拔 2146 m；分布于腾冲。15-2。

42 圆果假卫矛 Microtropis sphaerocarpa C. Y. Cheng & T. C. Kao

产五合（高黎贡山考察队 24904）；海拔 1713 m；分布于腾冲。15-3。

43 方枝假卫矛 Microtropis tetragona Merrill & F. L. Freeman

产独龙江（独龙江考察队 1194）；海拔 1380～1500 m；分布于贡山。15-1。

44 雷公藤 Tripterygium wilfordii J. D. Hooker

产坝湾至腾冲途中（高黎贡山考察队 26031）；海拔 1470～3100 m；分布于福贡、泸水、保山、腾冲、龙陵。14-3。

173a 十齿花科 Dipentodontaceae

1 十齿花 Dipentodon sinicus Dunn

产独龙江（独龙江考察队 6689）；海拔 1480～2900 m；分布于贡山、福贡、泸水、保山、腾冲、龙陵。14-2。

2 核子木 Perrottetia racemosa (Oliver) Loesener

产鹿马登（高黎贡山考察队 20358）；海拔 2181～3030 m；分布于福贡。15-1。

3 独龙核子木 Perrottetia taronensis B. M. Bartholomew & K. Armstrong

产独龙江（李嵘等 5162）；海拔 1450～1500 m；分布于贡山。15-3。

178 翅子藤科 Hippocrateaceae

1 皮孔翅子藤 Loeseneriella lenticellata S. Y. Bao

产铜壁关（杜凡、许先鹏 s.n.）；海拔 500～1000 m；分布于盈江。15-1。

2 云南翅子藤 Loeseneriella yunnanensis (Hu) A. C. Smith

产铜壁关（据《云南铜壁关自然保护区科学考察研究》）；海拔 350～800 m；分布于盈江。15-1。

3 二籽扁蒴藤 Pristimera arborea (Roxburgh) A. C. Smith

产铜壁关（据《云南铜壁关自然保护区科学考察研究》）；海拔 400～1000 m；分布于盈江。7。

4 风车果 Pristimera cambodiana (Pierre) A. C. Smith

产铜壁关（据《云南铜壁关自然保护区科学考察研究》）；海拔 300～1400 m；分布于盈江。7。

5 柳叶五层龙 Salacia cochinchinensis Loureiro

产铜壁关（据《云南铜壁关自然保护区科学考察研究》）；海拔 380～650 m；分布于盈江。7。

6 多籽五层龙 Salacia polysperma Hu

产铜壁关（据《云南铜壁关自然保护区科学考察研究》）；海拔 600～1450 m；分布于盈江。15-1。

179 茶茱萸科 Icacinaceae

1 柴龙树 Apodytes dimidiata E. Meyer ex Arnott

产子里甲（高黎贡山考察队 2094）；海拔 1200～1940 m；分布于福贡、保山、腾冲。6。

2 粗丝木 Gomphandra tetrandra (Wallich) Sleumer

产那邦（云南大学生态地植物研究室 s.n.）；海拔 600～1300 m；分布于盈江。7。

3 大果微花藤 Iodes balansae Gagnepain in Lecomte

产铜壁关（据《云南铜壁关自然保护区科学考察研究》）；海拔 600～900 m；分布于盈江。7。

4 微花藤 Iodes cirrhosa Turczaninow

产铜壁关（据《云南铜壁关自然保护区科学考察研究》）；海拔 700～1100 m；分布于盈江。7。

5 定心藤 Mappianthus iodoides Handel-Mazzetti

产铜壁关（据《云南铜壁关自然保护区科学考察研究》）；海拔 870 m；分布于盈江。7。

6 薄核藤 Natsiatum herpeticum Buchanan-Hamilton ex Arnot

产片马（南水北调队 8351）；海拔 2400 m；分布于泸水。14-2。

7 毛假柴龙树 Nothapodytes tomentosa C. Y. Wu

产匹河（碧江考察队 0233）；海拔 1000～1100 m；分布于福贡。15-2。

182　铁青树科 Olacaceae

1 尖叶铁青树 Olax acuminata Wallich ex Bentham

产铜壁关（陶德定 13373）；海拔 250～700 m；分布于盈江。7。

2 香芙木 Schoepfia fragrans Wallich in Roxburgh

产铜壁关（秦仁昌 50045）；海拔 900～1750 m；分布于盈江。7。

3 青皮木 Schoepfia jasminodora Siebold & Zuccarini

产独龙江（独龙江考察队 5250）；海拔 1300～2130 m；分布于贡山、福贡、泸水、保山、腾冲。14-3。

182a　赤苍藤科 Erythropalaceae

1 赤苍藤 Erythropalum scandens Blume

产铜壁关（据《云南铜壁关自然保护区科学考察研究》）；海拔 700～1100 m；分布于盈江。7。

183　山柚子科 Opiliaceae

1 鳞尾木 Lepionurus sylvestris Blume

产铜壁关（据《云南铜壁关自然保护区科学考察研究》）；海拔 1300 m；分布于盈江。7。

2 山柚子 Opilia amentacea Roxburgh

产铜壁关（据《云南铜壁关自然保护区科学考察研究》）；海拔 400～800 m；分布于盈江。4。

185　桑寄生科 Loranthaceae

1 五蕊寄生 Dendrophthoe pentandra (Linnaeus) Miquel

产独龙江（独龙江考察队 4902）；海拔 1030～2200 m；分布于贡山、福贡、泸水、保山。7。

2 大苞鞘花 Elytranthe albida (Blume) Blume

产百花岭（高黎贡山考察队 13531）；海拔 1540～2200 m；分布于泸水、保山、腾冲、龙陵。7。

3 景洪离瓣寄生 Helixanthera coccinea (Jack) Danser

产铜壁关（据《云南铜壁关自然保护区科学考察研究》）；海拔 780～1050 m；分布于盈江。7。

4 离瓣寄生 Helixanthera parasitica Loureiro

产丹珠（高黎贡山考察队 13835）；海拔 750～2405 m；分布于贡山、福贡、泸水、保山、腾冲、龙陵。7。

5 密花离瓣寄生 Helixanthera pulchra (Candolle) Danser

产丹珠（高黎贡山考察队 22381）；海拔 1298～1410 m；分布于贡山、福贡。7。

6 油茶离瓣寄生 Helixanthera sampsonii (Hance) Danser

产独龙江（独龙江考察队 3879）；海拔 1330～1620 m；分布于贡山。14-1。

7 滇西离瓣寄生 Helixanthera scoriarum (W. W. Smith) Danser

产独龙江（高黎贡山考察队 15250）；海拔 1266～3120 m；分布于贡山、福贡、保山、腾冲、龙陵。15-2。

8 栗寄生 Korthalsella japonica (Thunberg) Engler

产百花岭（高黎贡山考察队 13585）；海拔 1648～2720 m；分布于贡山、保山、腾冲、龙陵。4。

9 桐树桑寄生 Loranthus delavayi Tieghem

产独龙江（独龙江考察队 4574）；海拔 1600～2400 m；分布于贡山、福贡、腾冲、龙陵。14-1。

10 鞘花 Macrosolen cochinchinensis (Loureiro) Tieghem

产赧亢植物园（高黎贡山考察队 13199）；海拔 1100～2500 m；分布于贡山、福贡、泸水、保山、腾冲、龙陵。7。

11 梨果寄生 Scurrula atropurpurea (Blume) Danser

产独龙江（高黎贡山考察队 32570）；海拔 1330～2480 m；分布于贡山、福贡、保山、腾冲、龙陵。7。

12 滇藏梨果寄生 Scurrula buddleioides (Desrousseaux) G. Don

产独龙江（怒江考察队 790861）；海拔 1250～2200 m；分布于贡山、泸水、腾冲。14-2。

13 锈毛梨果寄生 Scurrula ferruginea (Jack) Danser

产界头（高黎贡山考察队 13640）；海拔 1000～1800 m；分布于腾冲。7。

14 贡山梨果寄生 Scurrula gongshanensis H. S. Kiu

产茨开（冯国楣 7318）；海拔 1900～2000 m；分布于贡山。15-3。

15a 红花寄生 Scurrula parasitica Linnaeus

产独龙江（独龙江考察队 2141）；海拔 1237～2300 m；分布于贡山、福贡、泸水、保山、腾冲、龙陵。7。

15b 小红花寄生 Scurrula parasitica var. **graciliflora** (Roxburgh ex Schultes & J. H. Schultes) H. S. Kiu

产铜壁关（据《云南铜壁关自然保护区科学考察研究》）；海拔 900～1900 m；分布于盈江。7。

16 白花梨果寄生 Scurrula pulverulenta G. Don

产铜壁关（杜凡 L046）；海拔 1700～1900 m；分布于盈江。7。

17 柳树寄生 Taxillus delavayi (Tieghem) Danser

产独龙江（独龙江考察队 7020）；海拔 1780～3200 m；分布于贡山、福贡、泸水、保山、腾冲。14-1。

18 小叶钝果寄生 Taxillus kaempferi (Candolle) Danser

产鹿马登（高黎贡山考察队 27272）；海拔 2850 m；分布于福贡。14-1。

19 木兰寄生 Taxillus limprichtii (Grüning) H. S. Kiu

产五合（高黎贡山考察队 24575）；海拔 1250～2070 m；分布于腾冲。14-1。

20 龙陵钝果寄生 Taxillus sericus Danser

产独龙江（独龙江考察队 1751）；海拔 1500～2800 m；分布于贡山、腾冲、龙陵。14-2。

21a 桑寄生 Taxillus sutchuenensis (Lecomte) Danser

产茨开（高黎贡山考察队 16791）；海拔 2970 m；分布于贡山。15-1。

21b 灰毛桑寄生 Taxillus sutchuenensis var. **duclouxii** (Lecomte) H. S. Kiu

产丙中洛（青藏队 7926）；海拔 1600～1700 m；分布于贡山。15-1。

22 滇藏钝果寄生 Taxillus thibetensis (Lecomte) Danser

　　产独龙江（林芹、邓向福 790983）；海拔 1700～2500 m；分布于贡山。15-1。

23 短梗钝果寄生 Taxillus vestitus (Wallich) Danser

　　产丙中洛（冯国楣 8075）；海拔 1700～2300 m；分布于贡山、福贡、腾冲。14-2。

185a　桑寄生科 Loranthaceae

1 卵叶槲寄生 Viscum album subsp. **meridianum** (Danser) D. G. Long

　　产界头（高黎贡山考察队 30358）；海拔 900～2600 m；分布于福贡、泸水、腾冲。14-2。

2 扁枝槲寄生 Viscum articulatum N. L. Burman

　　产独龙江（独龙江考察队 4870）；海拔 1530～2400 m；分布于贡山、腾冲、龙陵。5。

3 枫寄生 Viscum liquidambaricola Hayata

　　产独龙江（独龙江考察队 1885）；海拔 1400～2350 m；分布于贡山、泸水。7。

4 柄果槲寄生 Viscum multinerve (Hayata) Hayata

　　产鲁掌（高黎贡山考察队 15979）；海拔 1130 m；分布于泸水。14-2。

186　檀香科 Santalaceae

1 异花寄生藤 Dendrotrophe platyphylla (Sprengel) N. H. Xia & M. G. Gilbert

　　产普拉河至其期途中（青藏队 8015）；海拔 1700～2000 m；分布于贡山。14-2。

2 多脉寄生藤 Dendrotrophe polyneura (Hu) D. D. Tao ex P. C. Tam

　　产独龙江（独龙江考察队 1848）；海拔 2000～2300 m；分布于贡山、腾冲。14-1。

3 寄生藤 Dendrotrophe varians (Blume) Miquel

　　产五合（高黎贡山考察队 24913）；海拔 1759～1900 m；分布于腾冲。7。

4 沙针 Osyris quadripartita Salzmann ex Decaisne

　　产百花岭（高黎贡山考察队 14093）；海拔 600～2220 m；分布于贡山、福贡、泸水、保山、龙陵。6。

5 粗序重寄生 Phacellaria caulescens Collett & Hemsley

　　产五合（高黎贡山考察队 25049）；海拔 1850～2200 m；分布于腾冲。14-1。

6 扁序重寄生 Phacellaria compressa Bentham in Bentham & J. D. Hooker

　　产铜壁关（据《云南铜壁关自然保护区科学考察研究》）；海拔 1500～1600 m；分布于盈江。7。

7 硬序重寄生 Phacellaria rigidula Bentham

　　产上营（高黎贡山考察队 25217）；海拔 2050 m；分布于腾冲。14-1。

8 檀梨 Pyrularia edulis (Wallich) A. Candolle

　　产赧亢植物园（高黎贡山考察队 13193）；海拔 1510～2400 m；分布于保山、腾冲、龙陵。14-2。

9 硬核 Scleropyrum wallichianum (Wight & Arnott) Arnott

　　产铜壁关（据《云南铜壁关自然保护区科学考察研究》）；海拔 400～800 m；分布于盈江。7。

10 藏南百蕊草 Thesium emodi Hendrych

　　产丙中洛（怒江考察队 790274）；海拔 2400 m；分布于贡山。14-2。

11 露柱百蕊草 Thesium himalense Royle ex Edgeworth

　　产丙中洛[南水北调队（滇西北分队）9235]；海拔 2400 m；分布于贡山。14-2。

189 蛇菰科 Balanophoraceae

1 短穗蛇菰 Balanophora abbreviata Blume
产茨开（高黎贡山考察队 16574）；海拔 1550 m；分布于贡山。7。

2 川藏蛇菰 Balanophora fargesii (Tieghem) Harms
产茨开（高黎贡山考察队 16743）；海拔 2800～3020 m；分布于贡山、福贡。14-2。

3 红冬蛇菰 Balanophora harlandii J. D. Hooker
产铜壁关（据《云南铜壁关自然保护区科学考察研究》）；海拔 1000～2000 m；分布于盈江。7。

4 印度蛇菰 Balanophora indica (Arnott) Griffith
产铜壁关（陶国达 12814）；海拔 800～1900 m；分布于盈江。7。

5 红菌 Balanophora involucrata J. D. Hooker
产黑普山（高黎贡山考察队 32651）；海拔 1820～3020 m；分布于贡山、福贡、泸水、腾冲。14-2。

6 疏花蛇菰 Balanophora laxiflora Hemsley
产独龙江（独龙江考察队 6933）；海拔 1300～3000 m；分布于贡山、福贡、泸水、保山。14-1。

7 多蕊蛇菰 Balanophora polyandra Griffith
产利沙底（高黎贡山考察队 26886）；海拔 1500～2830 m；分布于贡山、福贡。14-2。

8 盾片蛇菰 Rhopalocnemis phalloides Junghuhn
产上营（高黎贡山考察队 25158）；海拔 2432 m；分布于贡山、腾冲。7。

190 鼠李科 Rhamnaceae

1 多花勾儿茶 Berchemia floribunda (Wallich) Brongniart
产独龙江（独龙江考察队 6425）；海拔 1440～2300 m；分布于贡山、腾冲。14-1。

2a 大果勾儿茶 Berchemia hirtella H. T. Tsai & K. M. Feng
产独龙江（青藏队 9613）；海拔 1700 m；分布于贡山。15-2。

2b 大老鼠耳 Berchemia hirtella var. glabrescens C. Y. Wu ex Y. L. Chen
产独龙江（高黎贡山考察队 21633）；海拔 1740 m；分布于贡山。15-1。

3 光枝勾儿茶 Berchemia polyphylla var. leioclada (Handel-Mazzetti) Handel-Mazzetti
产保山至 707 公里途中（陈介 156）；海拔 2050 m；分布于保山。15-1。

4 云南勾儿茶 Berchemia yunnanensis Franchet
产 12 号桥至东哨房（青藏队 8584）；海拔 900～3050 m；分布于贡山、泸水。15-1。

5 毛咀签 Gouania javanica Miquel
产碧江（怒江考察队 468）；海拔 1000～1200 m；分布于福贡、保山。14-1。

6 咀签 Gouania leptostachya Candolle
产百花岭（高黎贡山考察队 7927）；海拔 1170～1240 m；分布于福贡、保山。7。

7 俅江枳椇 Hovenia acerba var. kiukiangensis (Hu & Cheng) C. Y. Wu ex Y. L. Chen & P. K. Chou
产独龙江（独龙江考察队 1770）；海拔 1150～1560 m；分布于贡山。15-1。

8 短柄铜钱树 Paliurus orientalis (Franchet) Hemsley
产六库[南水北调队（滇西北分队）10430]；海拔 1300 m；分布于泸水。15-1。

9　毛背猫乳 Rhamnella julianae C. K. Schneider

产碧江（H. T. Tsai 57286）；海拔 1000～1600 m；分布于福贡。15-1。

10　长叶冻绿 Rhamnus crenata Siebold & Zuccarini

产明光（高黎贡山考察队 29280）；海拔 2650 m；分布于腾冲。14-3。

11a　刺鼠李 Rhamnus dumetorum C. K. Schneider

产独龙江（独龙江考察队 5756）；海拔 1510～2900 m；分布于贡山、腾冲。15-1。

11b　圆齿刺鼠李 Rhamnus dumetorum var. **crenoserrata** Rehder & E. H. Wilson

产独龙江（冯国楣 7078）；海拔 1700 m；分布于贡山。15-1。

12　川滇鼠李 Rhamnus gilgiana Heppeler

产丙中洛至尼打当途中（青藏队 7348）；海拔 1000～1800 m；分布于贡山、保山。15-1。

13　高山亮叶鼠李 Rhamnus hemsleyana var. **yunnanensis** C. Y. Wu ex Y. L. Chen & P. K. Chou

产丙中洛（冯国楣 7509）；海拔 2300 m；分布于贡山、福贡。15-1。

14　毛叶鼠李 Rhamnus henryi C. K. Schneider

产独龙江（独龙江考察队 1796）；海拔 1140～2500 m；分布于贡山、福贡。15-1。

15　薄叶鼠李 Rhamnus leptophylla C. K. Schneider

产铜壁关（据《云南铜壁关自然保护区科学考察研究》）；海拔 1400～1930 m；分布于盈江。15-1。

16　尼泊尔鼠李 Rhamnus napalensis (Wallich) M. A. Lawson

产独龙江（李恒、李嵘 874）；海拔 1300～1510 m；分布于贡山、腾冲、龙陵。14-2。

17　黑背鼠李 Rhamnus nigricans Handel-Mazzetti

产和顺（周应再 091）；海拔 1406 m；分布于腾冲。15-2。

18　小冻绿树 Rhamnus rosthornii E. Pritze

产界头至大塘途中（高黎贡山考察队 11161）；海拔 1200～1930 m；分布于贡山、泸水、腾冲。15-1。

19　多脉鼠李 Rhamnus sargentiana C. K. Schneider

产狼牙山（南水北调队 7079）；海拔 1700～2500 m；分布于贡山、腾冲。15-1。

20　帚枝鼠李 Rhamnus virgata Roxburgh

产丙中洛（高黎贡山考察队 14214）；海拔 1570 m；分布于贡山。14-2。

21　西藏鼠李 Rhamnus xizangensis Y. L. Chen & P. K. Chou

产独龙江（青藏队 9368）；海拔 1600 m；分布于贡山。15-1。

22　疏花雀梅藤 Sageretia laxiflora Handel-Mazzetti

产芒宽（李恒、郭辉军、李正波、施晓春 3）；海拔 1500 m；分布于保山。15-1。

23　皱叶雀梅藤 Sageretia rugosa Hance

产匹河（高黎贡山考察队 19696）；海拔 1030 m；分布于福贡、泸水。15-1。

24　云龙雀梅藤 Sageretia yunlongensis G. S. Fan & L. L. Deng

产片马（高黎贡山考察队 11187）；海拔 1335～2000 m；分布于泸水、腾冲。15-1。

25　翼核果 Ventilago leiocarpa Bentham

产铜壁关（据《云南铜壁关自然保护区科学考察研究》）；海拔 300～1100 m；分布于盈江。7。

26　印度翼核果 Ventilago maderaspatana Gaertner

产铜壁关（据《云南铜壁关自然保护区科学考察研究》）；海拔 400～700 m；分布于盈江。7。

27 褐果枣 Ziziphus fungii Merrill

产潞江（高黎贡山考察队 23510）；海拔 691 m；分布于保山。15-1。

28 印度枣 Ziziphus incurva Roxburgh

产片马（高黎贡山考察队 22852）；海拔 1510～1640 m；分布于泸水、腾冲。14-2。

29 滇刺枣 Ziziphus mauritiana Lamarck

产百花岭（高黎贡山考察队 18996）；海拔 600～1350 m；分布于泸水、保山、腾冲。4。

30 小果枣 Ziziphus oenopolia (Linnaeus) Miller

产铜壁关（据《云南铜壁关自然保护区科学考察研究》）；海拔 1500 m；分布于盈江。5。

31 皱枣 Ziziphus rugosa Lamarck

产瑞丽（秦仁昌 50144）；海拔 500～1200 m；分布于盈江。7。

191 胡颓子科 Elaeagnaceae

1 竹生羊奶子 Elaeagnus bambusetorum Handel-Mazzetti

产铜壁关（据《云南铜壁关自然保护区科学考察研究》）；海拔 1700～2100 m；分布于盈江。15-2。

2 密花胡颓子 Elaeagnus conferta Roxburgh

产城敦（文绍康 580656）；海拔 300～1200 m；分布于盈江。7。

3 长柄胡颓子 Elaeagnus delavayi Lecomte

产独龙江（独龙江考察队 1550）；海拔 1400～2220 m；分布于贡山、泸水、腾冲。15-2。

4 蔓胡颓子 Elaeagnus glabra Thunberg

产猴桥（香料考察队 281）；海拔 1600 m；分布于腾冲。14-3。

5 角花胡颓子 Elaeagnus gonyanthes Bentham

产铜壁关（据《云南铜壁关自然保护区科学考察研究》）；海拔 820 m；分布于盈江。15-1。

6 宜昌胡颓子 Elaeagnus henryi Warburg ex Diels

产丙中洛（青藏队 7611）；海拔 1940 m；分布于贡山、腾冲。15-1。

7 披针叶胡颓子 Elaeagnus lanceolata Warburg ex Diels

产独龙江（高黎贡山考察队 21467）；海拔 1710～1910 m；分布于贡山。15-1。

8 鸡柏紫藤 Elaeagnus loureiroi Champion ex Bentham

产铜壁关（据《云南铜壁关自然保护区科学考察研究》）；海拔 1700～2200 m；分布于盈江。15-1。

9 弄化胡颓子 Elaeagnus obovatifolia D. Fang

产界头（高黎贡山考察队 11036）；海拔 1850～2100 m；分布于保山、腾冲。15-1。

10 毛柱胡颓子 Elaeagnus pilostyla C. Y. Chang

产上帕（H. T. Tsai 54742）；海拔 1600 m；分布于福贡。15-1。

11 越南胡颓子 Elaeagnus tonkinensis Servettaz

产赧亢植物园（高黎贡山考察队 13076）；海拔 2000～2432 m；分布于保山、腾冲。14-1。

12 牛奶子 Elaeagnus umbellata Thunberg

产丙中洛（高黎贡山考察队 14592）；海拔 1300～2479 m；分布于贡山、福贡、泸水、腾冲。14-1。

13 绿叶胡颓子 Elaeagnus viridis Servettaz

产丙中洛（高黎贡山考察队 14388）；海拔 1330～2600 m；分布于贡山、福贡、泸水、腾冲。15-1。

14 云南沙棘 Hippophae rhamnoides subsp. **yunnanensis** Rousi

产独龙江（独龙江考察队 5604）；海拔 1840～2200 m；分布于贡山、腾冲。15-1。

<h2 style="text-align:center">193 葡萄科 Vitaceae</h2>

1a 蓝果蛇葡萄 Ampelopsis bodinieri (H. Léveillé & Vaniot) Rehder

产丙中洛（青藏队 10741）；海拔 210～3000 m；分布于贡山。15-1。

1b 灰毛蛇葡萄 Ampelopsis bodinieri var. **cinerea** (Gagnepain) Rehder

产丙中洛（南水北调队 8785）；海拔 1600 m；分布于贡山。15-1。

2a 三裂蛇葡萄 Ampelopsis delavayana Planchon ex Franchet

产镇安（李恒、李嵘 23919）；海拔 691～1630 m；分布于保山、腾冲、龙陵。15-1。

2b 毛三裂蛇葡萄 Ampelopsis delavayana var. **setulosa** (Diels & Gilg) C. L. Li

产碧江（怒江考察队 1974）；海拔 3100 m；分布于福贡、泸水。15-1。

3 贡山蛇葡萄 Ampelopsis gongshanensis C. L. Li

产丹珠（高黎贡山考察队 33363）；海拔 1330～1500 m；分布于贡山。15-3。

4 锡金酸蔹藤 Ampelocissus sikkimensis (M. A. Lawson) Planchon

产铜壁关（据《云南铜壁关自然保护区科学考察研究》）；海拔 1700～2200 m；分布于盈江。7。

5 显齿蛇葡萄 Ampelopsis grossedentata (Handel-Mazzetti) W. T. Wang

产铜壁关（据《云南铜壁关自然保护区科学考察研究》）；海拔 900～1400 m；分布于盈江。7。

6 福贡乌蔹莓 Cayratia fugongensis C. L. Li

产鹿马登（青藏队 7048）；海拔 1300～1800 m；分布于福贡。15-3。

7a 乌蔹莓 Cayratia japonica (Thunberg) Gagnepain

产百花岭（高黎贡山考察队 14022）；海拔 650～2211 m；分布于贡山、福贡、保山、腾冲。5。

7b 毛乌蔹莓 Cayratia japonica var. **mollis** (Wallich ex M. A. Lawson) Momiyama

产独龙江（高黎贡山考察队 32611）；海拔 1000～2200 m；分布于贡山、福贡。14-2。

8 青紫葛 Cissus javana Candolle

产铜壁关（秦仁昌 50222）；海拔 600～1600 m；分布于盈江。7。

9 白粉藤 Cissus repens Thwaites

产铜壁关（据《云南铜壁关自然保护区科学考察研究》）；海拔 300～800 m；分布于盈江。5。

10 掌叶白粉藤 Cissus triloba (Loureiro) Merrill

产铜壁关（据《云南铜壁关自然保护区科学考察研究》）；海拔 900～1350 m；分布于盈江。7。

11 圆腺火筒树 Leea aequata Linnaeus

产那邦（据《云南铜壁关自然保护区科学考察研究》）；海拔 250～700 m；分布于盈江。7。

12 密花火筒树 Leea compactiflora Kurz

产铜壁关（据《云南铜壁关自然保护区科学考察研究》）；海拔 600～1600 m；分布于盈江。7。

13 火筒树 Leea indica (N. L. Burman) Merrill

产铜壁关（据《云南铜壁关自然保护区科学考察研究》）；海拔 250～1500 m；分布于盈江。5。

14 大叶火筒树 Leea macrophylla Roxburgh ex Hornemann

产铜壁关（秦仁昌 50446）；海拔 900～1100 m；分布于盈江。7。

15 长柄地锦 Parthenocissus feddei (H. Léveillé) C. L. Li
产潞江（高黎贡山考察队 13249）；海拔 2150 m；分布于保山。15-1。

16 三叶地锦 Parthenocissus semicordata (Wallich) Planchon
产孟连（高黎贡山考察队 31131）；海拔 1630～3000 m；分布于贡山、福贡、泸水、保山、腾冲。7。

17 草崖藤 Tetrastigma apiculatum Gagnepain
产铜壁关（据《云南铜壁关自然保护区科学考察研究》）；海拔 500～600 m；分布于盈江。7。

18 角花崖爬藤 Tetrastigma ceratopetalum C. Y. Wu
产潞江（高黎贡山考察队 13065）；海拔 2050 m；分布于保山。15-1。

19 七小叶崖爬藤 Tetrastigma delavayi Gagnepain
产曲石（高黎贡山考察队 28081）；海拔 1160～2400 m；分布于贡山、福贡、泸水、保山、腾冲、龙陵。14-1。

20 红枝崖爬藤 Tetrastigma erubescens Planchon
产五合（高黎贡山考察队 24771）；海拔 1530～2075 m；分布于腾冲。14-1。

21 蒙自崖爬藤 Tetrastigma henryi Gagnepain
产匹河（高黎贡山考察队 19664）；海拔 900～1243 m；分布于贡山、福贡、泸水、保山、龙陵。15-1。

22 三叶崖爬藤 Tetrastigma hemsleyanum Diels & Gilg ex Diels
产铜壁关（据《云南铜壁关自然保护区科学考察研究》）；海拔 1600～2100 m；分布于盈江。7。

23 叉须崖爬藤 Tetrastigma hypoglaucum Planchon
产镇安（高黎贡山考察队 10819）；海拔 1650～2310 m；分布于贡山、保山、腾冲、龙陵。15-1。

24 伞花崖爬藤 Tetrastigma macrocorymbum Gagnepain ex J. Wen
产洛本卓（高黎贡山考察队 25496）；海拔 1040～1140 m；分布于泸水。14-1。

25 崖爬藤 Tetrastigma obtectum (Wallich ex M. A. Lawson) Planchon ex Franchet
产独龙江（独龙江考察队 5906）；海拔 1360～2700 m；分布于贡山、腾冲。14-2。

26 扁担藤 Tetrastigma planicaule (J. D. Hooker) Gagnepain
产芒宽（高黎贡山考察队 13488）；海拔 1680 m；分布于保山。7。

27a 喜马拉雅崖爬藤 Tetrastigma rumicispermum (M. A. Lawson) Planchon
产独龙江（独龙江考察队 1648）；海拔 691～3100 m；分布于贡山、福贡、泸水、保山、腾冲、龙陵。14-2。

27b 锈毛喜马拉雅崖爬藤 Tetrastigma rumicispermum var. **lasiogynum** (W. T. Wang) C. L. Li
产独龙江（独龙江考察队 1435）；海拔 1500～1800 m；分布于贡山。15-2。

28a 狭叶崖爬藤 Tetrastigma serrulatum (Roxburgh) Planchon
产独龙江（独龙江考察队 3675）；海拔 1650～2700 m；分布于贡山、福贡、泸水、保山、腾冲、龙陵。14-2。

28b 毛狭叶崖爬藤 Tetrastigma serrulatum var. **puberulum** (W. T. Wang & Cao) C. L. Li
产黑普山（冯国楣 8569）；海拔 1900～2700 m；分布于贡山、福贡。15-1。

29 菱叶崖爬藤 Tetrastigma triphyllum (Gagnepain) W. T. Wang
产五合（高黎贡山考察队 24940）；海拔 2190～2560 m；分布于福贡、腾冲。15-1。

30a 云南崖爬藤 Tetrastigma yunnanense Gagnep
产普拉河谷（高黎贡山考察队 14911）；海拔 1060～2220 m；分布于贡山、福贡、泸水、保山、腾冲。15-1。

30b 贡山崖爬藤 Tetrastigma yunnanense var. **mollissimum** C. Y. Wu ex W. T. Wang
产麻比洛（青藏队 7393）；海拔 1410～2000 m；分布于贡山、龙陵。15-2。

31 美丽葡萄 Vitis bellula (Rehder) W. T. Wang
产独龙江（青藏队 9570）；海拔 1300～1600 m；分布于贡山。15-1。

32 桦叶葡萄 Vitis betulifolia Diels & Gilg
产茨开（冯国楣 8190）；海拔 1300～2000 m；分布于贡山、泸水。15-1。

33 蘡薁 Vitis bryoniifolia Bunge
产腾越（李生堂 332）；海拔 2000 m；分布于腾冲。15-1。

34 葛藟葡萄 Vitis flexuosa Thunberg
产独龙江（高黎贡山考察队 15214）；海拔 1000～1900 m；分布于贡山、福贡。14-1。

35 毛葡萄 Vitis heyneana Roemer & Schultes
产百花岭（高黎贡山考察队 14075）；海拔 1000～2400 m；分布于贡山、福贡、泸水、保山、龙陵。14-2。

36 网脉葡萄 Vitis wilsoniae H. J. Veitch
产芒宽（高黎贡山考察队 18897）；海拔 790～2280 m；分布于福贡、保山、腾冲。15-1。

37a 俞藤 Yua thomsonii (M. A. Lawson) C. L. Li
产利沙底（高黎贡山考察队 27738）；海拔 1330～2000 m；分布于贡山、福贡。14-2。

37b 华西俞藤 Yua thomsonii var. **glaucescens** (Diels & Gilg) C. L. Li
产片马（武素功 7368）；海拔 1840 m；分布于福贡、泸水。15-1。

194 芸香科 Rutaceae

1 山油柑 Acronychia pedunculata (Linnaeus) Miquel
产铜壁关（据《云南铜壁关自然保护区科学考察研究》）；海拔 350～1200 m；分布于盈江。7。

2 臭节草 Boenninghausenia albiflora (Hooker) Reichenbach ex Meisner
产独龙江（独龙江考察队 715）；海拔 1250～3100 m；分布于贡山、福贡、泸水、保山、腾冲、龙陵。7。

3 毛齿叶黄皮 Clausena dunniana var. **robusta** (Tanaka) C. C. Huang
产团田（高黎贡山考察队 30906）；海拔 1150 m；分布于腾冲。15-1。

4 小黄皮 Clausena emarginata C. C. Huang
产潞江至龙陵途中（高黎贡山考察队 23534）；海拔 680～691 m；分布于保山。15-1。

5 假黄皮 Clausena excavata N. L. Burma
产潞江至龙陵途中（高黎贡山考察队 23543）；海拔 691 m；分布于保山、龙陵。7。

6 光滑黄皮 Clausena lenis Drake
产架科底（高黎贡山考察队 20903）；海拔 1030～1300 m；分布于福贡、泸水。14-1。

7 山橘树 Glycosmis cochinchinensis (Loureiro) Pierre in Engler & Prantl
产铜壁关（据《云南铜壁关自然保护区科学考察研究》）；海拔 600～800 m；分布于盈江。7。

8 蓝果山小橘 Glycosmis cyanocarpa (Bl.) Spneng
产上江[南水北调队（滇西北分队）8142]；海拔 1340 m；分布于泸水。14-1。

9 山小橘 Glycosmis pentaphylla (Retzius) Candolle
产界头（高黎贡山考察队 29095）；海拔 1940～2400 m；分布于腾冲。7。

10 三叶藤橘 Luvunga scandens (Roxburgh) Wight

产铜壁关（据《云南铜壁关自然保护区科学考察研究》）；海拔 300～800 m；分布于盈江。7。

11 三桠苦 Melicope pteleifolia (Champion ex Bentham) T. G. Hartley

产新华（高黎贡山考察队 31117）；海拔 1420～2146 m；分布于贡山、腾冲、龙陵。14-1。

12 单叶蜜茱萸 Melicope viticina (Wallich ex Kurz) T. G. Hartley

产吊嘎果寨（高黎贡山考察队 19458）；海拔 1125～1390 m；分布于福贡。14-1。

13 小芸木 Micromelum integerrimum (Buchanan-Hamilton ex Candolle) Wight & Arnott ex M. Roemer

产五合（高黎贡山考察队 24763）；海拔 2075 m；分布于腾冲。14-2。

14 豆叶九里香 Murraya euchrestifolia Hayata

产匹河（碧江考察队 252）；海拔 900～1400 m；分布于福贡。15-1。

15 调料九里香 Murraya koenigii (Linnaeus) Sprengel

产铜壁关（据《云南铜壁关自然保护区科学考察研究》）；海拔 500～1040 m；分布于盈江。7。

16 千里香 Murraya paniculata (Linnaeus) Jack

产百花岭（高黎贡山植被组 S11-8）；海拔 800～1100 m；分布于贡山、泸水、保山。5。

17 秃叶黄檗 Phellodendron chinense var. **glabriusculum** C. K. Schneide

产曲石（高黎贡山考察队 10960）；海拔 1410～1740 m；分布于贡山、腾冲。15-1。

18 乔木茵芋 Skimmia arborescens T. Anderson ex Gamble

产独龙江（独龙江考察队 907）；海拔 1200～3500 m；分布于贡山、福贡、泸水、保山、腾冲、龙陵。14-2。

19 无腺吴萸 Tetradium fraxinifolium (Hooker) T. G. Hartley

产独龙江（独龙江考察队 811）；海拔 1400～2850 m；分布于贡山、福贡、泸水、保山、腾冲、龙陵。14-2。

20 楝叶吴萸 Tetradium glabrifolium (Champion ex Bentham) T. G. Hartley

产独龙江（独龙江考察队 2192）；海拔 1460～2300 m；分布于贡山。7。

21 吴茱萸 Tetradium ruticarpum (A. Jussieu) T. G. Hartley

产独龙江（独龙江考察队 5258）；海拔 1180～2650 m；分布于贡山、福贡、泸水、保山、腾冲、龙陵。14-2。

22 牛科吴萸 Tetradium trichotomum Loureiro

产独龙江（独龙江考察队 6698）；海拔 1310～2700 m；分布于贡山。14-1。

23 飞龙掌血 Toddalia asiatica (Linnaeus) Lamarck

产独龙江（独龙江考察队 476）；海拔 691～2500 m；分布于贡山、福贡、泸水、保山、腾冲、龙陵。6。

24 刺花椒 Zanthoxylum acanthopodium Candolle

产独龙江（独龙江考察队 3745）；海拔 1300～2550 m；分布于贡山、福贡、泸水、保山、腾冲、龙陵。7。

25a 竹叶花椒 Zanthoxylum armatum Candolle

产独龙江（独龙江考察队 2165）；海拔 691～2300 m；分布于贡山、福贡、泸水、保山、腾冲、龙陵。7。

25b 毛竹叶花椒 Zanthoxylum armatum var. **ferrugineum** (Rehder & E. H. Wilson) C. C. Huang

产马西丹（高黎贡山考察队 14497）；海拔 1600～2240 m；分布于贡山、保山。15-1。

26 花椒 Zanthoxylum bungeanum Maximowicz

产独龙江（独龙江考察队 6395）；海拔 1550～2250 m；分布于贡山、腾冲。14-2。

27 异叶花椒 Zanthoxylum dimorphophyllum Hemsley

产界头（高黎贡山考察队 29542）；海拔 1399～2405 m；分布于泸水、腾冲。14-1。

28 刺壳花椒 Zanthoxylum echinocarpum Hemsley

产铜壁关（据《云南铜壁关自然保护区科学考察研究》）；海拔 1300～1820 m；分布于盈江。15-1。

29 大花花椒 Zanthoxylum macranthum (Handel-Mazzetti) C. C. Huang

产独龙江（独龙江考察队 4944）；海拔 2200～2400 m；分布于贡山。15-1。

30 朵花椒 Zanthoxylum molle Rehder

产潞江（高黎贡山考察队 18562）；海拔 2240 m；分布于保山。15-1。

31 多叶花椒 Zanthoxylum multijugum Franchet

产龙江（高黎贡山考察队 17272）；海拔 1620～2011 m；分布于贡山、龙陵。15-1。

32 大叶臭花椒 Zanthoxylum myriacanthum Wallich ex J. D. Hooker

产铜壁关（据《云南铜壁关自然保护区科学考察研究》）；海拔 800～1700 m；分布于盈江。7。

33 两面针 Zanthoxylum nitidum (Roxburgh) Candolle

产独龙江（独龙江考察队 5248）；海拔 2100～2445 m；分布于贡山、福贡、腾冲。5。

34 尖叶花椒 Zanthoxylum oxyphyllum Edgeworth

产独龙江（独龙江考察队 5561）；海拔 1550～2800 m；分布于贡山、泸水、腾冲、龙陵。14-2。

35 花椒簕 Zanthoxylum scandens Blume

产独龙江（独龙江考察队 6664）；海拔 1335～2650 m；分布于贡山、保山、腾冲、龙陵。7。

36 毡毛花椒 Zanthoxylum tomentellum J. D. Hooker

产丙中洛（冯国楣 7322）；海拔 1900～3000 m；分布于贡山。14-2。

195 苦木科 Simaroubaceae

1 常绿臭椿 Ailanthus fordii Nooteboom in Steenis

产那邦（据《云南铜壁关自然保护区科学考察研究》）；海拔 750 m；分布于盈江。15-1。

2 鸦胆子 Brucea javanica (Linnaeus) Merrill

产六库（杨竞生 7700）；海拔 850～1000 m；分布于泸水。5。

3 柔毛鸦胆子 Brucea mollis Wallich ex Kurz

产卡扬河（据《云南铜壁关自然保护区科学考察研究》）；海拔 700～1300 m；分布于盈江。7。

4 苦树 Picrasma quassioides (D. Don) Bennett

产匹河（碧江考察队 305）；海拔 1050～3100 m；分布于福贡。14-1。

196 橄榄科 Burseraceae

1 橄榄 Canarium album Blanco

产铜壁关（据《云南铜壁关自然保护区科学考察研究》）；海拔 400～1000 m；分布于盈江。7。

2 方榄 Canarium bengalense Roxburgh

产铜壁关（据《云南铜壁关自然保护区科学考察研究》）；海拔 800～1300 m；分布于盈江。7。

3 滇榄 Canarium strictum Roxburgh

产铜壁关（据《云南铜壁关自然保护区科学考察研究》）；海拔 500～1100 m；分布于盈江。7。

4 白头树 Garuga forrestii W. W. Smith

产铜壁关（据《云南铜壁关自然保护区科学考察研究》）；海拔 700～1500 m；分布于盈江。15-1。

5 马蹄果 Protium serratum (Wallich ex Colebrooke) Engler

产昔马那邦（杨增宏 85-0775）；海拔 350～800 m；分布于盈江。7。

197 楝科 Meliaceae

1 望谟崖摩 Aglaia lawii (Wight) C. J. Saldanha

产那邦老寨（据《云南铜壁关自然保护区科学考察研究》）；海拔 300～1400 m；分布于盈江。7。

2 碧绿米仔兰 Aglaia perviridis Hiern

产班坝（陶国达 13181）；海拔 500～1600 m；分布于盈江。5。

3 山楝 Aphanamixis polystachya (Wallich) R. Parker

产班坝（陶国达 13246）；海拔 300～1300 m；分布于盈江。7。

4 溪桫 Chisocheton cumingianus subsp. **balansae** (C. Candolle) Mabberley

产鹿马登（高黎贡山考察队 19374）；海拔 1238 m；分布于福贡。14-1。

5 麻楝 Chukrasia tabularis A. Jussieu

产铜壁关（据《云南铜壁关自然保护区科学考察研究》）；海拔 380～900 m；分布于盈江。7。

6 浆果楝 Cipadessa baccifera (Roth) Miquel

产独龙江（独龙江考察队 033）；海拔 702～2010 m；分布于泸水、保山、腾冲、龙陵。7。

7 樫木 Dysoxylum excelsum Blume

产铜壁关（陶国达 13403）；海拔 300～1100 m；分布于盈江。7。

8 红果樫木 Dysoxylum gotadhora (Buchanan-Hamilton) Mabberley

产铜壁关（据《云南铜壁关自然保护区科学考察研究》）；海拔 400～1300 m；分布于盈江。7。

9 多脉樫木 Dysoxylum grande Hiern

产铜壁关（据《云南铜壁关自然保护区科学考察研究》）；海拔 600～800 m；分布于盈江。7。

10 皮孔樫木 Dysoxylum lenticellatum C. Y. Wu

产铜壁关（据《云南铜壁关自然保护区科学考察研究》）；海拔 600～800 m；分布于盈江。7。

11 海南樫木 Dysoxylum mollissimum Blume

产铜壁关（据《云南铜壁关自然保护区科学考察研究》）；海拔 750 m；分布于盈江。7。

12 鹧鸪花 Heynea trijuga Roxburgh

产吊嘎河（高黎贡山考察队 19427）；海拔 900～2620 m；分布于贡山、福贡、泸水、保山、腾冲、龙陵。7。

13 楝 Melia azedarach Linnaeus

产六库（高黎贡山考察队 10539）；海拔 702～880 m；分布于泸水、保山。5。

14 紫椿 Toona sureni (Blume) Merrill

产铜壁关（杨增宏、张启泰 84-0644）；海拔 800～1850 m；分布于盈江。7。

15 割舌树 Walsura robusta Roxburgh

产铜壁关（据《云南铜壁关自然保护区科学考察研究》）；海拔 500～800 m；分布于盈江。7。

198　无患子科 Sapindaceae

1　长柄异木患 Allophylus longipes Radlkofer

产碧寨（王启无 89977）；海拔 2400 m；分布于龙陵。14-1。

2　倒地铃 Cardiospermum halicacabum Linnaeus

产潞江（高黎贡山考察队 17214）；海拔 650～790 m；分布于保山。2。

3　龙眼 Dimocarpus longan Loureiro

产铜壁关（王裕珠 Y0743）；海拔 700 m；分布于盈江。7。

4　车桑子 Dodonaea viscosa Jacquin

产大坪场（高黎贡山考察队 10115）；海拔 1000～1300 m；分布于泸水、保山、龙陵。2。

5　伞花木 Eurycorymbus cavaleriei (H. Léveillé) Rehder & Handel-Mazzetti

产茨开（李恒、李嵘 756）；海拔 1040～1900 m；分布于贡山。15-1。

6　赤才 Lepisanthes rubiginosa (Roxburgh) Leenhouts

产铜壁关（据《云南铜壁关自然保护区科学考察研究》）；海拔 400～700 m；分布于盈江。5。

7　滇赤才 Lepisanthes senegalensis (Poiret) Leenhouts

产铜壁关（据《云南铜壁关自然保护区科学考察研究》）；海拔 600～1250 m；分布于盈江。4。

8　褐叶柄果木 Mischocarpus pentapetalus (Roxburgh) Radlkofer

产铜壁关（据《云南铜壁关自然保护区科学考察研究》）；海拔 800～1450 m；分布于盈江。7。

9　韶子 Nephelium chryseum Blume

产铜壁关（据《云南铜壁关自然保护区科学考察研究》）；海拔 300～1100 m；分布于盈江。7。

10　川滇无患子 Sapindus delavayi (Franchet) Radlkofer

产铜壁关（据《云南铜壁关自然保护区科学考察研究》）；海拔 500～1700 m；分布于盈江。15-1。

11　毛瓣无患子 Sapindus rarak Candolle

产铜壁关（秦仁昌 50089）；海拔 700～1000 m；分布于盈江。7。

12　无患子 Sapindus saponaria Linnaeus

产铜壁关（秦仁昌 50089）；海拔 250～660 m；分布于盈江。7。

13　绒毛无患子 Sapindus tomentosus Kurz

产龙江（高黎贡山考察队 23928）；海拔 900～1190 m；分布于保山、龙陵。14-2。

198a　七叶树科 Hippocastanaceae

1　长柄七叶树 Aesculus assamica Griffith

产铜壁关（杜鹃图谱组 82-0246）；海拔 1150～1200 m；分布于盈江。7。

200　槭树科 Aceraceae

1　建水阔叶枫 Acer amplum subsp. **bodinieri** (H. Léveillé) Y. S. Chen

产铜壁关（据《云南铜壁关自然保护区科学考察研究》）；海拔 1600～2300 m；分布于盈江。7。

2　深灰枫 Acer caesium Wallich ex Brandis

产茨开（冯国楣 8416）；海拔 2000～3700 m；分布于贡山。14-2。

3a 藏南枫 Acer campbellii J. D. Hooker & Thomson ex Hiern

产独龙江（独龙江考察队 5688）；海拔 1600～3200 m；分布于贡山、福贡、泸水、保山、腾冲、龙陵。14-2。

3b 重齿藏南枫 Acer campbellii var. **serratifolium** Banerji

产独龙江（青藏队 8429）；海拔 2115～2700 m；分布于贡山、腾冲。14-2。

4a 青皮枫 Acer cappadocicum Gleditsch

产独龙江（青藏队 10878）；海拔 2400～2600 m；分布于贡山。10。

4b 小叶青皮枫 Acer cappadocicum subsp. **sinicum** (Rehder) Handel-Mazzetti

产独龙江（T. T. Yü 19612）；海拔 1500～2500 m；分布于贡山、保山。15-1。

5 长尾枫 Acer caudatum Wallich

产独龙江（青藏队 771）；海拔 2060～3600 m；分布于贡山、福贡、腾冲。14-2。

6 怒江枫 Acer chienii Hu et Cheng

产独龙江（独龙江考察队 6916）；海拔 1800～2700 m；分布于贡山、福贡、腾冲。15-2。

7 青榨枫 Acer davidii Franchet

产界头（高黎贡山考察队 11263）；海拔 1310～2800 m；分布于贡山、福贡、泸水、腾冲。14-1。

8 丽江枫 Acer forrestii Diels

产洛本卓（李恒、李嵘 1205）；海拔 1560～3500 m；分布于贡山、福贡、泸水、腾冲。15-1。

9 海拉枫 Acer hilaense Hu & W. C. Cheng

产丙中洛（T. T. Yü 20541）；海拔 1500 m；分布于贡山。15-2。

10 贡山枫 Acer kungshanense W. P. Fang & C. Y. Chang

产独龙江（独龙江考察队 5882）；海拔 2000 m；分布于贡山。15-2。

11 怒江光叶枫 Acer laevigatum var. **salweenense** (W. W. Smith) J. M. Cowan ex W. P. Fang

产独龙江（独龙江考察队 4017）；海拔 1200～2400 m；分布于贡山、福贡、泸水、腾冲。15-3。

12 飞蛾树 Acer oblongum Wallich ex Candolle

产匹河（碧江考察队 333）；海拔 1050～1600 m；分布于贡山、福贡、腾冲。14-1。

13 少果枫 Acer oligocarpum W. P. Fang & L. C. Hu

产独龙江（青藏队 9605）；海拔 1700 m；分布于贡山。15-1。

14 五裂枫 Acer oliverianum Pax

产独龙江（独龙江考察队 6454）；海拔 1600～2500 m；分布于贡山。15-1。

15a 篦齿枫 Acer pectinatum Wallich ex G. Nicholson

产丹珠（高黎贡山考察队 11857）；海拔 2890～3400 m；分布于贡山、福贡、泸水。14-2。

15b 独龙枫 Acer pectinatum subsp. **taronense** (Handel-Mazzetti) A. E. Murray

产独龙江（独龙江考察队 6531）；海拔 2400～3250 m；分布于贡山、福贡、泸水、腾冲。14-2。

16 五角枫 Acer pictum subsp. **mono** (Maximowicz) H. Ohashi

产丙中洛（青藏队 7519）；海拔 3200 m；分布于贡山。14-3。

17 楠叶枫 Acer pinnatinervium Merrill

产独龙江（独龙江考察队 4018）；海拔 1350～2400 m；分布于贡山、腾冲、龙陵。14-2。

18 毛柄枫 Acer pubipetiolatum Hu & W. C. Cheng

产独龙江（高黎贡山考察队 7472）；海拔 1650～2200 m；分布于贡山、福贡、腾冲。15-1。

19　锡金枫 Acer sikkimense Miquel

产独龙江（独龙江考察队 5956）；海拔 1450～3200 m；分布于贡山、福贡、泸水、保山、腾冲。14-2。

20　中华枫 Acer sinense Pax

产胆扎尖高山至河口途中（武素功 6987）；海拔 2410～2500 m；分布于腾冲、泸水。15-1。

21a　毛叶枫 Acer stachyophyllum Hiern

产鹿马登（碧江考察队 1199）；海拔 2276～3600 m；分布于贡山、福贡、腾冲。14-2。

21b　四蕊枫 Acer stachyophyllum subsp. **betulifolium** (Maximowicz) P. C. de Jong

产茨开（冯国楣 8245）；海拔 3000 m；分布于贡山。14-1。

22　苹婆枫 Acer sterculiaceum Wallich

产独龙江（独龙江考察队 5884）；海拔 2000 m；分布于贡山。14-2。

23　滇藏枫 Acer wardii W. W. Smith

产独龙江（独龙江考察队 7042）；海拔 1100～3400 m；分布于贡山、福贡、泸水、腾冲。14-2。

24　三峡槭 Acer wilsonii Rehder

产上帕（青藏队 7244）；海拔 2600 m；分布于福贡。14-1。

200a　九子母科 Podoaceae

1　贡山九子母 Dobinea vulgaris Buchanan-Hamilton ex D. Don

产独龙江（独龙江考察队 484）；海拔 1300～1900 m；分布于贡山。14-2。

201　清风藤科 Sabiaceae

1　珂南树 Meliosma alba (Schlechtendal) Walpers

产丙中洛（高黎贡山考察队 34129）；海拔 1790～3000 m；分布于贡山。14-1。

2　南亚泡花树 Meliosma arnottiana (Wight & Arnott) Walpers

产独龙江（独龙江考察队 6034）；海拔 1300～2400 m；分布于贡山、福贡、泸水、腾冲、龙陵。7。

3a　泡花树 Meliosma cuneifolia Franchet

产独龙江（独龙江考察队 2154）；海拔 1550～3010 m；分布于贡山、泸水。15-1。

3b　光叶泡花树 Meliosma cuneifolia var. **glabriuscula** Cufodontis

产独龙江（T. T. Yü 19601）；海拔 850 m；分布于贡山。15-1。

4　重齿泡花树 Meliosma dilleniifolia (Wallich ex Wight & Arnott) Walpers

产匹河（碧江考察队 1176）；海拔 1450～2900 m；分布于贡山、福贡。14-2。

5　灌丛泡花树 Meliosma dumicola W. W. Smith

产铜壁关（据《云南铜壁关自然保护区科学考察研究》）；海拔 1300～1820 m；分布于盈江。7。

6　贵州泡花树 Meliosma henryi Diels

产鲁掌（H. T. Tsai 54553）；海拔 1400 m；分布于泸水。15-1。

7　单叶泡花树 Meliosma simplicifolia (Roxburgh) Walpers

产独龙江（碧江考察队 s.n.）；海拔 1350 m；分布于贡山。14-2。

8　西南泡花树 Meliosma thomsonii King ex Brandis

产独龙江（独龙江考察队 1778）；海拔 1330～2400 m；分布于贡山、腾冲。14-2。

9 山楝叶泡花树 Meliosma thorelii Lecomte
产铜壁关（据《云南铜壁关自然保护区科学考察研究》）；海拔 800～1300 m；分布于盈江。7。

10 暖木 Meliosma veitchiorum Hemsley
产茨开（高黎贡山考察队 13873）；海拔 1990～3000 m；分布于贡山。15-1。

11 绒毛泡花树 Meliosma velutina Rehder & E. H. Wilson
产独龙江（高黎贡山考察队 21609）；海拔 1580～1930 m；分布于贡山。14-1。

12 云南泡花树 Meliosma yunnanensis Franchet
产丹珠（高黎贡山考察队 33387）；海拔 1700～2400 m；分布于贡山、泸水。14-2。

13 钟花清风藤 Sabia campanulata Wallich
产独龙江（独龙江考察队 3512）；海拔 1300～3127 m；分布于贡山、腾冲。14-2。

14 平伐清风藤 Sabia dielsii H. Léveillé
产亚坪（高黎贡山考察队 20131）；海拔 900～3011 m；分布于福贡、泸水。15-1。

15 簇花清风藤 Sabia fasciculata Lecomte ex L. Chen
产独龙江（独龙江考察队 5021）；海拔 1300～2146 m；分布于贡山、福贡、泸水、腾冲、龙陵。14-1。

16 柠檬清风藤 Sabia limoniacea Wallich ex J. D. Hooker & Thomson
产铜壁关（据《云南铜壁关自然保护区科学考察研究》）；海拔 600～1200 m；分布于盈江。7。

17 锥序清风藤 Sabia paniculata Edgeworth ex J. D. Hooker & Thomson
产铜壁关（据《云南铜壁关自然保护区科学考察研究》）；海拔 1000 m；分布于盈江。7。

18 小花清风藤 Sabia parviflora Wallich
产独龙江（独龙江考察队 4770）；海拔 1000～2650 m；分布于贡山、福贡、泸水、保山、腾冲、龙陵。7。

19a 云南清风藤 Sabia yunnanensis Franchet
产独龙江（独龙江考察队 644）；海拔 1160～2900 m；分布于贡山、福贡、保山、腾冲、龙陵。14-2。

19b 阔叶清风藤 Sabia yunnanensis subsp. **latifolia** (Rehder & E. H. Wilson) Y. F. Wu
产匹河（碧江考察队 161）；海拔 1900～2600 m；分布于福贡。15-1。

204 省沽油科 Staphyleaceae

1 野鸦椿 Euscaphis japonica (Thunberg) Kanitz
产界头（高黎贡山考察队 30415）；海拔 1900 m；分布于腾冲。14-3。

2 腺齿省沽油 Staphylea shweliensis W. W. Smith
产六库（Forrest 15800）；海拔 2700 m；分布于腾冲。15-3。

3 瘿椒树 Tapiscia sinensis Oliver
产铜壁关（据《云南铜壁关自然保护区科学考察研究》）；海拔 1500 m；分布于盈江。15-1。

4 云南瘿椒树 Tapiscia yunnanensis W. C. Cheng & C. D. Chu
产片马（高黎贡山考察队 23387）；海拔 1600～1970 m；分布于泸水、腾冲。15-1。

5 硬毛山香圆 Turpinia affinis Merrill & L. M. Perry
产百花岭（李恒、郭辉军、李正波、施晓春 100）；海拔 1450～2200 m；分布于贡山、福贡、泸水、保山。15-1。

6 越南山香圆 Turpinia cochinchinensis (Loureiro) Merrill
产独龙江（独龙江考察队 4122）；海拔 1237～2200 m；分布于贡山、福贡、泸水、保山、腾冲、龙陵。14-2。

7 大籽山香圆 Turpinia macrosperma C. C. Huang
产百花岭（高黎贡山考察队 13924）；海拔 1150～1680 m；分布于贡山、保山。15-3。

8 山香圆 Turpinia montana Kurz
产铜壁关（据《云南铜壁关自然保护区科学考察研究》）；海拔 750～1200 m；分布于盈江。7。

9 大果山香圆 Turpinia pomifera (Roxburgh) Candolle
产独龙江（独龙江考察队 5543）；海拔 1310～2200 m；分布于贡山、福贡、保山、龙陵。14-2。

205 漆树科 Anacardiaceae

1 豆腐果 Buchanania latifolia Roxburgh
产铜壁关（据《云南铜壁关自然保护区科学考察研究》）；海拔 450～700 m；分布于盈江。7。

2 南酸枣 Choerospondias axillaris (Roxburgh) B. L. Burtt & A. W. Hill
产上营（高黎贡山考察队 11461）；海拔 1560 m；分布于腾冲。14-1。

3 大果人面子 Dracontomelon macrocarpum H. L. Li
产铜壁关（杨增宏 85-0801）；海拔 300～650 m；分布于盈江。15-2。

4 辛果漆 Drimycarpus racemosus (Roxburgh) J. D. Hooker in Bentham & J. D. Hooker
产铜壁关（据《云南铜壁关自然保护区科学考察研究》）；海拔 600～900 m；分布于盈江。7。

5 厚皮树 Lannea coromandelica (Houttuyn) Merrill
产铜壁关（据《云南铜壁关自然保护区科学考察研究》）；海拔 350～500 m；分布于盈江。7。

6 林生杧果 Mangifera sylvatica Roxburgh
产铜壁关（据《云南铜壁关自然保护区科学考察研究》）；海拔 450～900 m；分布于盈江。7。

7 藤漆 Pegia nitida Colebrooke
产丙贡（南水北调队 8146）；海拔 1200～1300 m；分布于泸水、保山、龙陵。14-2。

8 黄连木 Pistacia chinensis Bunge
产坝湾至腾冲途中（高黎贡山考察队 18117）；海拔 972～1850 m；分布于泸水、保山。15-1。

9 清香木 Pistacia weinmanniifolia J. Poisson ex Franchet
产丙中洛（高黎贡山考察队 14209）；海拔 691～2300 m；分布于贡山、福贡、泸水、保山、龙陵。14-1。

10a 盐麸木 Rhus chinensis Miller
产百花岭（高黎贡山考察队 T8-5）；海拔 1170～2400 m；分布于贡山、福贡、泸水、保山、龙陵、腾冲。7。

10b 滨盐麸木 Rhus chinensis var. roxburghii (Candolle) Rehder
产独龙江（独龙江考察队 675）；海拔 1300～2700 m；分布于贡山、福贡、泸水、保山、腾冲。15-1。

11 青麸杨 Rhus potaninii Maximowicz
产铜壁关（据《云南铜壁关自然保护区科学考察研究》）；海拔 1700 m；分布于盈江。15-1。

12 毛麸杨 Rhus punjabensis var. pilosa Engler
产茨开（冯国楣 24272）；海拔 2000～2800 m；分布于贡山。14-2。

13 小果肉托果 Semecarpus microcarpus Wallich ex J. D. Hooker
产铜壁关（据《云南铜壁关自然保护区科学考察研究》）；海拔 1030～1200 m；分布于盈江。7。

14 网脉肉托果 Semecarpus reticulatus Lecomte
产铜壁关（据《云南铜壁关自然保护区科学考察研究》）；海拔 400～900 m；分布于盈江。7。

15 三叶漆 Terminthia paniculata (Wallich ex G. Don) C. Y. Wu & T. L. Ming
产铜壁关（据《云南铜壁关自然保护区科学考察研究》）；海拔 400～1300 m；分布于盈江。14-2。

16 尖叶漆 Toxicodendron acuminatum (Candolle) C. Y. Wu & T. L. Ming
产叔亢（高黎贡山考察队 10716）；海拔 1535～2200 m；分布于贡山、保山、腾冲。14-2。

17 小漆树 Toxicodendron delavayi (Franch) F. A. Barkley
产芒宽（高黎贡山考察队 10613）；海拔 1350 m；分布于保山。15-1。

18a 大花漆 Toxicodendron grandiflorum C. Y. Wu & T. L. Ming
产勐糯坝（中苏联合考察队 332）；海拔 800～2500 m；分布于福贡、泸水、保山、龙陵。15-1。

18b 长柄大花漆 Toxicodendron grandiflorum var. **longipes** (Franchet) C. Y. Wu & T. L. Ming
产百花岭赛格（高黎贡山考察队 26218）；海拔 900～2200 m；分布于泸水、保山、腾冲。15-1。

19a 裂果漆 Toxicodendron griffithii (J. D. Hooker) Kuntze
产茨开（林芹、邓向福 790750）；海拔 1900～2300 m；分布于贡山。14-1。

19b 镇康裂果漆 Toxicodendron griffithii var. **barbatum** C. Y. Wu & T. L. Ming
产片马（武素功 8321）；海拔 1800～2400 m；分布于泸水。15-2。

20 小果大叶漆 Toxicodendron hookeri var. **microcarpum** (C. C. Huang ex T. L. Ming) C. Y. Wu & T. L. Ming
产镇安（高黎贡山考察队 23861）；海拔 1250～2610 m；分布于贡山、福贡、保山、龙陵。15-1。

21 野漆 Toxicodendron succedaneum (Linnaeus) Kuntze
产上营（高黎贡山考察队 11374）；海拔 1500～1800 m；分布于福贡、保山、腾冲、龙陵。14-3。

22 漆 Toxicodendron vernicifluum (Stokes) F. A. Barkley
产黑娃底（高黎贡山考察队 1010）；海拔 1380～2650 m；分布于贡山、福贡。14-1。

23a 绒毛漆 Toxicodendron wallichii (J. D. Hooker) Kuntze
产独龙江（高黎贡山考察队 15187）；海拔 1560～2400 m；分布于贡山、泸水。14-2。

23b 小果绒毛漆 Toxicodendron wallichii var. **microcarpum** C. C. Huang ex T. L. Ming
产利沙底（高黎贡山考察队 27505）；海拔 1380～1630 m；分布于福贡、腾冲。15-1。

24 小叶红叶藤 Rourea microphylla (Hooker & Arnott) Planchon
产铜壁关（据《云南铜壁关自然保护区科学考察研究》）；海拔 1000～1250 m；分布于盈江。7。

206 牛栓藤科 Connaraceae

1 长尾红叶藤 Rourea caudata Planchon
产独龙江（独龙江考察队 436）；海拔 1200～1600 m；分布于贡山。14-1。

2 小叶红叶藤 Rourea microphylla (Hooker & Arnott) Planchon
产铜壁关（据《云南铜壁关自然保护区科学考察研究》）；海拔 1000～1250 m；分布于盈江。7。

207　胡桃科 Juglandaceae

1 越南山核桃 Carya tonkinensis Lecomte

产匹河（H. T. Tsai 54203）；海拔 1300～1500 m；分布于福贡。14-1。

2 黄杞 Engelhardia roxburghiana Wallich

产铜壁关（据《云南铜壁关自然保护区科学考察研究》）；海拔 300～1000 m；分布于盈江。7。

3 齿叶黄杞 Engelhardia serrata var. cambodica W. E. Manning

产铜壁关（据《云南铜壁关自然保护区科学考察研究》）；海拔 700～1100 m；分布于盈江。7。

4a 云南黄杞 Engelhardia spicata Leschenault ex Blume

产坝湾至大蒿坪途中（高黎贡山考察队 26125）；海拔 1000～2000 m；分布于贡山、福贡、泸水、保山、腾冲、龙陵。7。

4b 爪哇黄杞 Engelhardia spicata var. aceriflora (Reinwardt) Koorders & Valeton

产独龙江（独龙江考察队 1024）；海拔 1410～2000 m；分布于贡山、保山、腾冲。7。

4c 毛叶黄杞 Engelhardia spicata var. colebrookeana (Lindley) Koorders & Valeton

产百花岭（高黎贡山考察队 13526）；海拔 800～1930 m；分布于泸水、保山、腾冲。14-2。

5 胡桃楸 Juglans mandshurica Maxim

产独龙江（独龙江考察队 6524）；海拔 1900～2200 m；分布于贡山。14-3。

6 胡桃 Juglans regia Linnaeus

产独龙江（冯国楣 8560）；海拔 1000～1800 m；分布于贡山、保山。10。

7 泡核桃 Juglans sigillata Dode

产黑普山大坝底（高黎贡山考察队 14186）；海拔 1180～2300 m；分布于贡山、福贡、泸水。14-2。

8 云南枫杨 Pterocarya macroptera var. delavayi (Franchet) W. E. Manning

产茨开（冯国楣 24594）；海拔 1790～2500 m；分布于贡山。15-1。

209　山茱萸科 Cornaceae

1 头状四照花 Cornus capitata Wallich

产独龙江（独龙江考察队 5593）；海拔 1449～2500 m；分布于贡山、福贡、腾冲。14-2。

209a　鞘柄木科 Toricelliaceae

1 角叶鞘柄木 Toricellia angulata Oliver

产片马（高黎贡山考察队 8293）；海拔 1830～2800 m；分布于泸水。15-1。

209b　桃叶珊瑚科 Aucubaceae

1 狭叶桃叶珊瑚 Aucuba chinensis var. angusta F. T. Wang

产茨开（冯国楣 7326）；海拔 1800～2400 m；分布于贡山、龙陵。15-1。

2 细齿桃叶珊瑚 Aucuba chlorascens F. T. Wang

产其期至 12 号桥途中（高黎贡山考察队 14766）；海拔 2150～2800 m；分布于贡山、福贡、泸水、保山。15-2。

3 琵琶叶珊瑚 Aucuba eriobotryifolia F. T. Wang

产铜壁关（据《云南铜壁关自然保护区科学考察研究》）；海拔 1700～1900 m；分布于盈江。15-2。

4 喜马拉雅珊瑚 Aucuba himalaica J. D. Hooker & Thomson
产茨开至其期途中（高黎贡山考察队 14743）；海拔 2000～2320 m；分布于贡山、福贡、保山、腾冲。14-2。

5 川鄂山茱萸 Cornus chinensis Wangerin
产界头（高黎贡山考察队 30116）；海拔 1940～1970 m；分布于腾冲。14-1。

6 灯台树 Cornus controversa Hemsley
产独龙江（独龙江考察队 6591）；海拔 1660～2890 m；分布于贡山、泸水、腾冲。14-1。

7 红椋子 Cornus hemsleyi C. K. Schneider & Wangerin
产茨开（王启无 6686）；海拔 1000～2300 m；分布于贡山。15-1。

8 梾木 Cornus macrophylla Wallich
产和顺（高黎贡山考察队 29851）；海拔 1630～2100 m；分布于贡山、腾冲。14-2。

9a 长圆叶梾木 Cornus oblonga Wallich
产独龙江（独龙江考察队 5774）；海拔 1510～2300 m；分布于贡山、泸水、腾冲。14-2。

9b 无毛长圆叶梾木 Cornus oblonga var. **glabrescens** W. P. Fang & W. K. Hu
产茨开（青藏队 7879）；海拔 1800 m；分布于贡山。15-1。

10 小梾木 Cornus quinquenervis Franchet
产怒江西岸（高黎贡山考察队 9910）；海拔 900 m；分布于泸水。15-1。

11 毛梾 Cornus walteri Wangerin
产沙拉河（碧江队 1184）；海拔 1200～2500 m；分布于福贡。15-1。

209c 青荚叶科 Helwingiaceae

1a 中华青荚叶 Helwingia chinensis Batalin
产芒蚌（高黎贡山考察队 30949）；海拔 1530～2400 m；分布于贡山、福贡、泸水、腾冲。14-1。

1b 钝齿青荚叶 Helwingia chinensis var. **crenata** (Lingelsheim ex Limpricht) W. P. Fang
产茨开（青藏队 7610）；海拔 1400～1900 m；分布于贡山。15-1。

2 西域青荚叶 Helwingia himalaica J. D. Hooker & Thomson ex C. B. Clarke
产独龙江（独龙江考察队 5068）；海拔 1080～3100 m；分布于贡山、福贡、泸水、腾冲、龙陵。14-2。

3 青荚叶 Helwingia japonica (Thunberg) F. Dietrich
产丙中洛（高黎贡山考察队 14291）；海拔 1570～2700 m；分布于贡山、福贡、泸水、保山、腾冲、龙陵。14-1。

210 八角枫科 Alangiceae

1 高山八角枫 Alangium alpinum (C. B. Clarke) W. W. Smith & Cave
产故泉大队乔米古鲁（青藏队 7251）；海拔 1490～2400 m；分布于贡山、福贡、腾冲。14-2。

2a 八角枫 Alangium chinense (Loureiro) Harms
产独龙江（独龙江考察队 2096）；海拔 1330～2500 m；分布于贡山、福贡、泸水、保山、腾冲、龙陵。6。

2b 伏毛八角枫 Alangium chinense subsp. **strigosum** W. P. Fang
产独龙江（独龙江考察队 404）；海拔 1100～2500 m；分布于贡山、泸水。15-1。

3　毛八角枫 Alangium kurzii Craib

产铜壁关（据《云南铜壁关自然保护区科学考察研究》）；海拔 600～1350 m；分布于盈江。14-1。

4　云南八角枫 Alangium yunnanense C. Y. Wu ex W. P. Fang

产碧寨（王启无 89961）；海拔 2400 m；分布于龙陵。15-2。

211　蓝果树科 Nyssaceae

1　华南蓝果树 Nyssa javanica (Blume) Wangerin

产上营老公路至保山途中（高黎贡山考察队 25203）；海拔 2050 m；分布于贡山、腾冲。7。

2　瑞丽蓝果树 Nyssa shweliensis (W. W. Smith) Airy-Shaw

产界头（高黎贡山考察队 28251）；海拔 1660 m；分布于腾冲。14-1。

3　云南蓝果树 Nyssa yunnanensis W. Q. Yin

产铜壁关（据《云南铜壁关自然保护区科学考察研究》）；海拔 840～1320 m；分布于盈江。15-2。

211a　珙桐科 Davidiaceae

1　光叶珙桐 Davidia involucrata var. **vilmoriniana** (Dode) Wangerin in Engler

产独龙江（独龙江考察队 6410）；海拔 1500～2650 m；分布于贡山。15-1。

212　五加科 Araliaceae

1　芹叶龙眼独活 Aralia apioides Handel-Mazzetti

产独龙江（高黎贡山考察队 15357）；海拔 2500～3400 m；分布于贡山。15-1。

2　野楤头 Aralia armata (Wallich ex G. Don) Seemann

产百花岭（高黎贡山考察队 19147）；海拔 1280～1360 m；分布于贡山、福贡、保山、腾冲。14-1。

3　黄毛楤木 Aralia chinensis Linnaeus

产黑娃底西北（高黎贡山考察队 33653）；海拔 1600～2400 m；分布于贡山、福贡。15-1。

4　食用土当归 Aralia cordata Thunberg

产利沙底（高黎贡山考察队 26837）；海拔 3120 m；分布于福贡。15-1。

5　小叶楤木 Aralia foliolosa Seemann ex C. B. Clarke in J. D. Hooker

产铜壁关（据《云南铜壁关自然保护区科学考察研究》）；海拔 1500～1740 m；分布于盈江。7。

6　景东楤木 Aralia gintungensis C. Y. Wu

产大蛇腰（包士英 745）；海拔 1400～2400 m；分布于保山、腾冲、龙陵。14-1。

7　独龙楤木 Aralia kingdon-wardii J. Wen, Esser & Lowry

产独龙江（高黎贡山考察队 21100）；海拔 1660 m；分布于贡山。15-3。

8　粗毛楤木 Aralia searelliana Dunn

产铜壁关（据《云南铜壁关自然保护区科学考察研究》）；海拔 1400～1910 m；分布于盈江。7。

9　云南楤木 Aralia thomsonii Seemann ex C. B. Clarke

产独龙江（独龙江考察队 393）；海拔 1400～1967 m；分布于贡山、福贡。14-1。

10　镇康罗伞 Brassaiopsis chengkangensis H. H. Hu

产独龙江（独龙江考察队 1795）；海拔 1350～2000 m；分布于贡山。15-2。

11　翅叶罗伞 Brassaiopsis dumicola W. W. Smith

产鹿马登（高黎贡山考察队 28782）；海拔 2040 m；分布于福贡。14-1。

12 盘叶罗伞 Brassaiopsis fatsioides Harms

产独龙江（独龙江考察队 1174）；海拔 1250～3000 m；分布于贡山、福贡、泸水、腾冲。15-1。

13 榕叶罗伞 Brassaiopsis ficifolia Dunn

产铜壁关（据《云南铜壁关自然保护区科学考察研究》）；海拔 1200～1500 m；分布于盈江。7。

14 罗伞 Brassaiopsis glomerulata (Blume) Regel

产独龙江（独龙江考察队 676）；海拔 1200～2200 m；分布于贡山、福贡、泸水。7。

15 浅裂罗伞 Brassaiopsis hainla (Buchanan-Hamilton) Seemann

产百花岭（高黎贡山考察队 13591）；海拔 1238～2203 m；分布于贡山、福贡、泸水、保山、腾冲。14-2。

16 粗毛罗伞 Brassaiopsis hispida Seemann

产独龙江（独龙江考察队 918）；海拔 1300～2800 m；分布于贡山、福贡。14-2。

17 阔翅柏那参 Brassaiopsis palmipes Forrest ex W. W. Smith

产赧亢植物园（高黎贡山考察队 13266）；海拔 1520～2150 m；分布于贡山、保山。15-2。

18 假榕叶罗伞 Brassaiopsis pseudoficifolia Lowry & C. B. Shang

产茨开（南水北调队 9137）；海拔 900～1700 m；分布于贡山、泸水。15-2。

19 瑞丽罗伞 Brassaiopsis shweliensis W. W. Smith

产界头（高黎贡山考察队 30461）；海拔 1960～2800 m；分布于泸水、腾冲、龙陵。15-3。

20 缅甸树参 Dendropanax burmanicus Merrill

产独龙江（独龙江考察队 608）；海拔 1300～2800 m；分布于贡山、福贡。14-1。

21 乌蔹莓五加 Eleutherococcus cissifolius (Griffith ex C. B. Clarke) Nakai

产独龙江（独龙江考察队 6496）；海拔 2200～3600 m；分布于贡山。14-2。

22 糙叶藤五加 Eleutherococcus leucorrhizus var. **fulvescens** (Harms & Rehder) Nakai

产丙中洛（青藏队 7514）；海拔 2800～3300 m；分布于贡山。15-1。

23 细柱五加 Eleutherococcus nodiflorus (Dunn) S. Y. Hu

产独龙江（独龙江考察队 6781）；海拔 1320 m；分布于贡山、福贡。15-1。

24 白簕 Eleutherococcus trifoliatus (Linnaeus) S. Y. Hu

产上帕腊吐底（高黎贡山考察队 28929）；海拔 1170～2280 m；分布于贡山、福贡、泸水、腾冲、龙陵。7。

25 萸叶五加 Gamblea ciliata C. B. Clarke

产独龙江（独龙江考察队 432）；海拔 1700～3880 m；分布于贡山、福贡、泸水、腾冲。14-2。

26 常春藤 Hedera nepalensis var. **sinensis** (Tobler) Rehder

产独龙江（独龙江考察队 1737）；海拔 1250～2800 m；分布于贡山、泸水、保山、腾冲、龙陵。14-1。

27 幌伞枫 Heteropanax fragrans (Roxburgh ex Candolle) Seemann

产铜壁关（据《云南铜壁关自然保护区科学考察研究》）；海拔 800～1400 m；分布于盈江。7。

28 刺楸 Kalopanax septemlobus (Thunberg) Koidzumi

产丙中洛（李恒、刀志灵、李嵘 613）；海拔 1900～2000 m；分布于贡山。14-3。

29 大参 Macropanax dispermus (Blume) Kuntze

产茨开（高黎贡山考察队 29066）；海拔 1660～2170 m；分布于贡山、腾冲、龙陵。14-2。

30 常春木 Merrilliopanax listeri (King) H. L. Li

产独龙江（独龙江考察队 560）；海拔 1280～2000 m；分布于贡山、福贡。15-2。

31 长梗常春木 Merrilliopanax membranifolius (W. W. Smith) C. B. Shang

产独龙江（独龙江考察队 3305）；海拔 1400～3400 m；分布于贡山、福贡、泸水、保山、腾冲、龙陵。14-2。

32 异叶梁王茶 Metapanax davidii (Franchet) J. Wen & Frodin

产丙中洛子里甲（高黎贡山考察队 30999）；海拔 1490～2600 m；分布于贡山、福贡、泸水、腾冲。14-1。

33 梁王茶 Metapanax delavayi (Franchet) J. Wen & Frodin

产茨开（冯国楣 24666）；海拔 1600～2500 m；分布于贡山。14-1。

34a 竹节参 Panax japonicus C. A. Meyer

产茨开（青藏队 8462）；海拔 3200 m；分布于贡山。14-2。

34b 珠子参 Panax japonicus var. **major** (Burkill) C. Y. Wu & K. M. Feng

产独龙江（独龙江考察队 6512）；海拔 2000～3740 m；分布于贡山、福贡、泸水、腾冲。14-2。

34c 王氏竹节参 Panax japonicus var. **wangianus** J. Wen

产碧江（碧江考察队 1334）；海拔 1950～2900 m；分布于贡山、福贡、泸水、腾冲。15-3。

35 狭叶竹节参 Panax bipinnatifidus var. **angustifolius** (Burkill) J. Wen

产猴桥鸡爪山（武素功 6883）；海拔 2030～3600 m；分布于腾冲、龙陵。14-2。

36 贡山三七 Panax shangianus J. Wen

产茨开普拉河至东哨房途中（高黎贡山考察队 12263）；海拔 1650～2750 m；分布于贡山、福贡、泸水。15-3。

37 多变三七 Panax variabilis J. Wen

产界头（高黎贡山考察队 29523）；海拔 1820 m；分布于腾冲。15-2。

38a 羽叶参 Pentapanax fragrans (D. Don) T. D. Ha

产独龙江（独龙江考察队 432）；海拔 2000～3600 m；分布于贡山、福贡、泸水、腾冲。14-2。

38b 全缘羽叶参 Pentapanax fragrans var. **forrestii** (W. W. Smith) C. B. Shang

产丙中洛青那桶（青藏队 7450）；海拔 1900～3100 m；分布于贡山、腾冲。15-1。

39 锈毛羽叶参 Pentapanax henryi Harms

产丙中洛（高黎贡山考察队 32930）；海拔 2200～2845 m；分布于贡山。15-1。

40 独龙羽叶参 Pentapanax longipes (Merrill) C. B. Shang & C. F. Ji

产独龙江（独龙江考察队 1627）；海拔 1300～2600 m；分布于贡山。14-2。

41a 寄生羽叶参 Pentapanax parasiticus (D. Don) Seemann

产独龙江（王启无 66695）；海拔 2500 m；分布于贡山。14-2。

41b 毛梗寄生羽叶参 Pentapanax parasiticus var. **khasianus** C. B. Clarke

产丙中洛（青藏队 7450）；海拔 2100 m；分布于贡山。14-2。

42 总序羽叶参 Pentapanax racemosus Seemann

产曲石（高黎贡山考察队 29957）；海拔 1510～2400 m；分布于保山、腾冲、龙陵。14-2。

43 波缘大参 Macropanax undulatus (Wallich ex G. Don) Seemann

产独龙江（独龙江考察队 976）；海拔 300～1500 m；分布于贡山。14-2。

44 心叶五叶参 Pentapanax subcordatus (Wallich ex G. Don) Seemann

产铜壁关（据《云南铜壁关自然保护区科学考察研究》）；海拔 1200~1600 m；分布于盈江。7。

45 西南羽叶参 Pentapanax wilsonii (Harms) C. B. Shang

产铜壁关（据《云南铜壁关自然保护区科学考察研究》）；海拔 2300 m；分布于盈江。15-1。

46 云南羽叶参 Pentapanax yunnanensis Franchet

产界头（高黎贡山考察队 30094）；海拔 1940 m；分布于腾冲。15-1。

47 短序鹅掌柴 Schefflera bodinieri (H. Léveillé) Rehder

产独龙江（独龙江考察队 1409）；海拔 1300~1900 m；分布于贡山、保山。14-1。

48 中华鹅掌柴 Schefflera chinensis (Dunn) H. L. Li

产鹿马登（高黎贡山考察队 19633）；海拔 1330~2000 m；分布于贡山、福贡、泸水。15-1。

49 克拉鹅掌柴 Schefflera clarkeana Craib

产独龙江（高黎贡山考察队 20735）；海拔 1330~1740 m；分布于贡山。14-1。

50 穗序鹅掌柴 Schefflera delavayi (Franchet) Harms

产界头（高黎贡山考察队 11083）；海拔 1330~2400 m；分布于贡山、福贡、泸水、腾冲、龙陵。14-1。

51 高鹅掌柴 Schefflera elata (Buchanan-Hamilton) Harms

产丙中洛（T. T. Yü 23116）；海拔 1400~1900 m；分布于贡山、福贡。14-2。

52 密脉鹅掌柴 Schefflera elliptica (Blume) Harms

产坝湾（高黎贡山考察队 26002）；海拔 691~1910 m；分布于贡山、泸水、保山、腾冲、陵龙。14-1。

53 光叶鹅掌柴 Schefflera glabrescens (C. J. Tseng & G. Hoo) Frodin

产独龙江（独龙江考察队 5069）；海拔 2100~2900 m；分布于贡山、福贡、泸水、腾冲。14-1。

54 鹅掌柴 Schefflera heptaphylla (Linnaeus) Frodin

产芒宽（高黎贡山考察队 18865）；海拔 2220 m；分布于保山。15-2。

55 红河鹅掌柴 Schefflera hoi (Dunn) R. Viguier

产独龙江（独龙江考察队 1790）；海拔 1620~2900 m；分布于贡山、福贡、保山。14-1。

56 白背鹅掌柴 Schefflera hypoleuca (Kurz) Harms

产上帕（李恒、李嵘 1156）；海拔 1700 m；分布于福贡。14-1。

57 离柱鹅掌柴 Schefflera hypoleucoides Harms

产茨开（高黎贡山考察队 7731）；海拔 1300~2400 m；分布于贡山。14-1。

58 扁盘鹅掌柴 Schefflera khasiana (C. B. Clarke) R. Viguier

产独龙江（独龙江考察队 896）；海拔 1300~1800 m；分布于贡山。14-1。

59 白花鹅掌柴 Schefflera leucantha R. Viguier

产独龙江（独龙江考察队 3848）；海拔 1050~2020 m；分布于贡山、福贡、泸水、腾冲、保山。14-1。

60 大叶鹅掌柴 Schefflera macrophylla (Dunn) R. Viguier

产上帕（H. T. Tsai 56628）；海拔 2100 m；分布于福贡。14-1。

61 星毛鹅掌柴 Schefflera minutistellata Merrill ex H. L. Li

产赧亢植物园（高黎贡山考察队 13123）；海拔 1800~2180 m；分布于保山、腾冲、龙陵。15-1。

62 金平鹅掌柴 Schefflera petelotii Merrill

产镇安（H. T. Tsai 55034）；海拔 2100 m；分布于龙陵。14-1。

63 凹脉鹅掌柴 Schefflera rhododendrifolia (Griffith) Frodin

产茨开（冯国楣 8243）；海拔 2500～3200 m；分布于贡山、泸水。14-2。

64 瑞丽鹅掌柴 Schefflera shweliensis W. W. Smith

产龙江（高黎贡山考察队 17914）；海拔 1790～2710 m；分布于贡山、泸水、保山、腾冲、龙陵。15-2。

65 西藏鹅掌柴 Schefflera wardii Marquand & Airy Shaw

产独龙江（独龙江考察队 813）；海拔 1250～2430 m；分布于贡山、福贡。15-1。

66 吴氏鹅掌柴 Schefflera wuana J. Wen & H. Li

产洛本卓（高黎贡山考察队 21830）；海拔 2300 m；分布于泸水。15-1。

67 刺通草 Trevesia palmata (Roxburgh ex Lindley) Visiani

产镇安（高黎贡山考察队 23848）；海拔 1010～1250 m；分布于泸水、龙陵。14-2。

68 多蕊木 Tupidanthus calyptratus J. D. Hooker & Thomson

产蒲川李子坪至户弄途中（尹文清 1445）；海拔 1320～2640 m；分布于腾冲。14-2。

213 伞形科 Umbelliferae

1 多变丝瓣芹 Acronema commutatum H. Wolff

产匹河（碧江队 1311）；海拔 3000～3500 m；分布于贡山、福贡。15-1。

2 锡金丝瓣芹 Acronema hookeri H. Wolff

产铜壁关（据《云南铜壁关自然保护区科学考察研究》）；海拔 2250 m；分布于盈江。14-2。

3 矮小丝瓣芹 Acronema minus (M. F. Watson) M. F. Watson & Z. H. Pan

产茨开（高黎贡山考察队 13266）；海拔 3350 m；分布于贡山。14-2。

4 苔间丝瓣芹 Acronema muscicola (Handel-Mazzetti) Handel-Mazzetti

产匹河（南水北调队 8875）；海拔 3400 m；分布于福贡。15-1。

5 丝瓣芹 Acronema tenerum (de Candolle) Edgeworth

产利沙底（高黎贡山考察队 26660）；海拔 3300 m；分布于福贡。14-2。

6 东川当归 Angelica duclouxii Fedde ex H. Wolff

产六库（碧江考察队 1789）；海拔 3500 m；分布于泸水。15-2。

7 隆萼当归 Angelica oncosepala Handel-Mazzetti

产丙中洛（高黎贡山考察队 31378）；海拔 3600～3800 m；分布于贡山。15-2。

8a 川滇柴胡 Bupleurum candollei Wallich ex de Candolle

产丙中洛（冯国楣 7198）；海拔 1780 m；分布于贡山。14-2。

8b 多枝川滇柴胡 Bupleurum candollei var. **virgatissimum** C. Y. Wu

产茨开（高黎贡山考察队 16790）；海拔 2530～2970 m；分布于贡山。15-1。

9 小柴胡 Bupleurum hamiltonii N. P. Balakrishnan

产铜壁关（据《云南铜壁关自然保护区科学考察研究》）；海拔 1300～2150 m；分布于盈江。7。

10 抱茎柴胡 Bupleurum longicaule var. **amplexicaule** C. Y. Wu ex R. H. Shan & Yin Li

产垭口至 3796 途中（高黎贡山考察队 31709）；海拔 1910～3780 m；分布于贡山。15-2。

11 大叶柴胡 Bupleurum longiradiatum Turczaninow

产匹河（碧江考察队 1324）；海拔 2700 m；分布于福贡。14-3。

12 有柄柴胡 Bupleurum petiolulatum Franchet

产茨开（高黎贡山考察队 22392）；海拔 3010 m；分布于贡山。15-1。

13 云南柴胡 Bupleurum yunnanense Franchet

产独龙江（高黎贡山考察队 15337）；海拔 2800 m；分布于贡山。15-1。

14 积雪草 Centella asiatica (Linnaeus) Urban

产独龙江（独龙江考察队 70）；海拔 900～2080 m；分布于贡山、福贡、泸水、保山、腾冲、龙陵。2。

15 细叶芹 Chaerophyllum villosum de Candolle

产吴中村后石灰山（武素功 8318）；海拔 2000 m；分布于泸水。14-2。

16 鸭儿芹 Cryptotaenia japonica Hasskarl

产上帕怒江西岸（高黎贡山考察队 7868）；海拔 1080～2200 m；分布于福贡、泸水、腾冲。14-3。

17 马蹄芹 Dickinsia hydrocotyloides Franchet

产茨开（高黎贡山考察队 32204）；海拔 3450 m；分布于贡山。15-1。

18 二管独活 Heracleum bivittatum H. de Boissieu

产独龙江（独龙江考察队 2057）；海拔 1370～3250 m；分布于贡山、泸水、腾冲。14-1。

19a 白亮独活 Heracleum candicans Wallich ex de Candolle

产独龙江（独龙江考察队 6489）；海拔 1500 m；分布于贡山。14-2。

19b 钝叶独活 Heracleum candicans var. **obtusifolium** (Wallich ex de Candolle) F. T. Pu & M. F. Watson

产独龙江（高黎贡山考察队 21392b）；海拔 1850～1900 m；分布于贡山。14-2。

20 中甸独活 Heracleum forrestii H. Wolff

产茨开（高黎贡山考察队 16707）；海拔 2950～3710 m；分布于贡山、福贡。15-1。

21 尖叶独活 Heracleum franchetii M. Hiroe

产碧江（碧江考察队 1318）；海拔 2000～2800 m；分布于贡山、福贡。15-1。

22 思茅独活 Heracleum henryi H. Wolff

产六库（刘伟心 887）；海拔 1300～2300 m；分布于福贡、泸水。15-2。

23 贡山独活 Heracleum kingdonii H. Wolff

产独龙江（独龙江考察队 2103）；海拔 1360～3400 m；分布于贡山、福贡、泸水、保山、腾冲。14-1。

24 尼泊尔独活 Heracleum nepalense D. Don

产丙中洛（冯国楣 9403）；海拔 2000～4000 m；分布于贡山、福贡。14-2。

25 山地独活 Heracleum oreocharis H. Wolff

产独龙江（独龙江考察队 1061）；海拔 1800 m；分布于贡山。15-2。

26 狭翅独活 Heracleum stenopterum Diels

产独龙江（高黎贡山考察队 25895）；海拔 1408～3460 m；分布于贡山、福贡、泸水。15-1。

27 腾冲独活 Heracleum stenopteroides Fedde ex H. Wolff

产丙中洛（高黎贡山考察队 31616）；海拔 3800 m；分布于贡山。15-3。

28 云南独活 Heracleum yunnanense Franchet

产丙中洛（冯国楣 7907）；海拔 3400～3800 m；分布于贡山、福贡。15-2。

29 喜马拉雅天胡荽 Hydrocotyle himalaica P. K. Mukherjee

产独龙江（高黎贡山考察队 32735）；海拔 1100～2340 m；分布于贡山、福贡。14-2。

30a　缅甸天胡荽 Hydrocotyle hookeri (C. B. Clarke) Craib
产独龙江（高黎贡山考察队 15133）；海拔 1420～2090 m；分布于贡山、保山、腾冲。14-1。

30b　中华天胡荽 Hydrocotyle hookeri subsp. **chinensis** (Dunn ex R. H. Shan & S. L. Liou) M. F. Watson & M. L. Sheh
产赧亢植物园（高黎贡山考察队 13246）；海拔 2150～2400 m；分布于福贡、保山、腾冲。14-1。

31　红马蹄草 Hydrocotyle nepalensis Hooker
产鹿马登（高黎贡山考察队 28900）；海拔 1090～2050 m；分布于贡山、保山。14-2。

32　盾叶天胡荽 Hydrocotyle peltiformis R. Li & H. Li
产百花岭（李恒、李嵘 1143）；海拔 1500 m；分布于保山、龙陵。15-3。

33　密伞天胡荽 Hydrocotyle pseudoconferta Masamune
产芒宽（李恒、李嵘 1337）；海拔 2150 m；分布于保山。14-1。

34　怒江天胡荽 Hydrocotyle salwinica R. H. Shan & S. L. Liou
产独龙江（独龙江考察队 1632）；海拔 1080～2186 m；分布于贡山、福贡、龙陵。15-1。

35a　天胡荽 Hydrocotyle sibthorpioides Lamarck
产丙中洛甲生（高黎贡山考察队 34337）；海拔 1250～1850 m；分布于贡山、腾冲、龙陵。6。

35b　破铜钱 Hydrocotyle sibthorpioides var. **batrachium** (Hance) Handel-Mazzetti ex R. H. Shan
产上营（高黎贡山考察队 25189）；海拔 2400～2450 m；分布于保山、腾冲。7。

36　肾叶天胡荽 Hydrocotyle wilfordii Maximowicz
产独龙江（独龙江考察队 261）；海拔 1300～2250 m；分布于贡山、保山、腾冲。14-3。

37　尖叶藁本 Ligusticum acuminatum Franchet
产丙中洛（高黎贡山考察队 32912）；海拔 2700～3300 m；分布于贡山、福贡、泸水、保山。15-1。

38　归叶藁本 Ligusticum angelicifolium Franchet
产丙中洛（高黎贡山考察队 31756）；海拔 2780 m；分布于贡山。15-1。

39　短片藁本 Ligusticum brachylobum Franchet
产独龙江（T. T. Yü 19562）；海拔 3200～4100 m；分布于贡山。15-1。

40　紫色藁本 Ligusticum franchetii H. de Boissieu
产丙中洛（高黎贡山考察队 32780）；海拔 4003 m；分布于贡山。15-1。

41　贡山藁本 Ligusticum gongshanense Pu, R. Li & H. Li
产茨开（高黎贡山考察队 32097）；海拔 3350 m；分布于贡山。15-3。

42　蕨叶藁本 Ligusticum pteridophyllum Franchet
产片马（和志刚 s.n.）；海拔 1800～3600 m；分布于泸水。15-1。

43　藁本 Ligusticum sinense Oliver
产独龙江（独龙江考察队 755）；海拔 3210 m；分布于贡山。15-1。

44　条纹藁本 Ligusticum striatum de Candolle
产黑普山新公路（高黎贡山考察队 16966）；海拔 1610～4160 m；分布于贡山、福贡。14-2。

45　滇芹 Meeboldia yunnanensis (H. Wolff) Constance & F. T. Pu ex S. L. Liou
产铜壁关（据《云南铜壁关自然保护区科学考察研究》）；海拔 2300 m；分布于盈江。15-1。

46　短辐水芹 Oenanthe benghalensis (Roxburgh) Kurz
产独龙江（独龙江考察队 1471）；海拔 686～2040 m；分布于贡山、福贡、保山。14-2。

47 高山水芹 Oenanthe hookeri C. B. Clarke
  产北海（李恒、李嵘、蒋柱檀、高富、张雪梅 402）；海拔 1730～2700 m；分布于腾冲。14-2。

48a 水芹 Oenanthe javanica (Blume) de Candolle
  产黑普山隧道东侧（高黎贡山考察队 32097）；海拔 1760～2050 m；分布于贡山、福贡、泸水、腾冲。7。

48b 卵叶水芹 Oenanthe javanica subsp. **rosthornii** (Diels) F. T. Pu
  产架科底（高黎贡山考察队 27759）；海拔 1000～2240 m；分布于福贡、保山、腾冲、龙陵。14-1。

49a 线叶水芹 Oenanthe linearis Wallich ex de Candolle
  产打苴青海湖（高黎贡山考察队 29783）；海拔 1730～1850 m；分布于福贡、泸水、腾冲。7。

49b 蒙自水芹 Oenanthe linearis subsp. **rivularis** (Dunn) C. Y. Wu & F. T. Pu
  产打苴北海（高黎贡山考察队 29681）；海拔 1730 m；分布于贡山、腾冲。14-1。

50a 多裂叶水芹 Oenanthe thomsonii C. B. Clarke
  产独龙江（独龙江考察队 7076）；海拔 1350～2525 m；分布于贡山、保山、腾冲、龙陵。14-2。

50b 窄叶水芹 Oenanthe thomsonii subsp. **stenophylla** (H. de Boissieu) F. T. Pu
  产茨开（高黎贡山考察队 9516）；海拔 1950～3200 m；分布于贡山、福贡。14-1。

51 香根芹 Osmorhiza aristata Rydberg
  产丙中洛（南水北调队 9245）；海拔 2880 m；分布于贡山。13。

52 疏毛山芹 Ostericum scaberulum (Franchet) C. Q. Yuan & R. H. Shan
  产其期至东哨房途中（高黎贡山考察队 27826）；海拔 1580 m；分布于贡山、福贡。15-2。

53 细裂前胡 Peucedanum macilentum Franchet
  产黑普山新公路（高黎贡山考察队 15401）；海拔 2940～3200 m；分布于贡山、福贡。15-1。

54 波棱滇芎 Physospermopsis obtusiuscula (Wallich ex de Candolle) C. Norman
  产独龙江（高黎贡山考察队 15265）；海拔 2900～3400 m；分布于贡山。14-2。

55 丽江滇芎 Physospermopsis shaniana C. Y. Wu & F. T. Pu
  产独龙江（高黎贡山考察队 15263）；海拔 3280～3660 m；分布于贡山、福贡。14-1。

56 锐叶茴芹 Pimpinella arguta Diels
  产茨开（高黎贡山考察队 16985）；海拔 3250 m；分布于贡山。15-1。

57 杏叶茴芹 Pimpinella candolleana Wight & Arnott
  产达巴底（李恒、刀志灵、李嵘 515）；海拔 1220～3200 m；分布于贡山、福贡、泸水、保山、龙陵。14-1。

58 尾尖茴芹 Pimpinella caudata (Franchet) H. Wolff
  产丙中洛秋那桶（高黎贡山考察队 15667）；海拔 1700～2068 m；分布于贡山。15-1。

59 革叶茴芹 Pimpinella coriacea H. Boissieu
  产铜壁关（据《云南铜壁关自然保护区科学考察研究》）；海拔 1600～2100 m；分布于盈江。15-1。

60 异叶茴芹 Pimpinella diversifolia de Candolle
  产茨开（独龙江考察队 2218）；海拔 1600～3000 m；分布于贡山。14-1。

61 细软茴芹 Pimpinella flaccida C. B. Clarke
  产秋那桶（高黎贡山考察队 15667）；海拔 1400 m；分布于贡山、福贡。14-2。

62 德钦茴芹 Pimpinella kingdon-wardii H. Wolff
  产丹珠（高黎贡山考察队 34121）；海拔 1910～3450 m；分布于贡山、福贡、保山、腾冲。15-1。

63 紫瓣茴芹 Pimpinella purpurea (Franchet) H. de Boissieu

产丹珠（高黎贡山考察队 34157）；海拔 2500～3650 m；分布于贡山、福贡。14-1。

64 直立茴芹 Pimpinella smithii H. Wolff

产利沙底（高黎贡山考察队 28038）；海拔 3640 m；分布于福贡。15-1。

65 藏茴芹 Pimpinella tibetanica H. Wolff

产独龙江（独龙江考察队 3442）；海拔 1500～2040 m；分布于贡山。14-2。

66 云南茴芹 Pimpinella yunnanensis H. Wolff

产铜壁关（据《云南铜壁关自然保护区科学考察研究》）；海拔 1500～2150 m；分布于盈江。15-1。

67 归叶棱子芹 Pleurospermum angelicoides (Wallich ex de Candolle) C. B. Clarke

产片马垭口（高黎贡山考察队 15957）；海拔 1739～3300 m；分布于泸水、腾冲。14-2。

68 宝兴棱子芹 Pleurospermum benthamii (Wallich ex de Candolle) C. B. Clarke

产丙中洛嘎娃嘎普峰（高黎贡山考察队 31528）；海拔 3100～4160 m；分布于贡山、福贡。14-2。

69 异叶棱子芹 Pleurospermum decurrens Franchet

产独龙江（高黎贡山考察队 17050）；海拔 3740 m；分布于贡山。15-2。

70 松潘棱子芹 Pleurospermum franchetianum Hemsley

产丙中洛（高黎贡山考察队 31528）；海拔 2500～4000 m；分布于贡山。15-1。

71 高山棱子芹 Pleurospermum handelii H. Wolff

产丙中洛（冯国楣 7633）；海拔 3300～3500 m；分布于贡山。14-1。

72 喜马拉雅棱子芹 Pleurospermum hookeri C. B. Clarke

产丙中洛（高黎贡山考察队 32757）；海拔 4003 m；分布于贡山。14-2。

73 线裂棱子芹 Pleurospermum linearilobum W. W. Smith

产铜壁关（据《云南铜壁关自然保护区科学考察研究》）；海拔 2500 m；分布于盈江。15-1。

74 长果棱子芹 Pleurospermum longicarpum R. H. Shan & Z. H. Pan

产铜壁关（据《云南铜壁关自然保护区科学考察研究》）；海拔 2380 m；分布于盈江。15-1。

75 矮棱子芹 Pleurospermum nanum Franchet

产丙中洛（高黎贡山考察队 31624）；海拔 2881～4160 m；分布于贡山。15-1。

76 三裂叶棱子芹 Pleurospernum tripartitum Pu, R. Li & H. Li

产鹿马登（高黎贡山考察队 27178）；海拔 3120 m；分布于福贡。15-3。

77 云南棱子芹 Pleurospermum yunnanense Franchet

产鹿马登（高黎贡山考察队 28646）；海拔 3450～4270 m；分布于贡山、福贡。14-1。

78 心果囊瓣芹 Pternopetalum cardiocarpum (Franchet) Handel-Mazzetti

产利沙底（林芹 791948）；海拔 2400 m；分布于福贡。15-1。

79 澜沧囊瓣芹 Pternopetalum delavayi (Franchet) Handel-Mazzetti

产茨开（冯国楣 7192）；海拔 2500～4000 m；分布于贡山。15-1。

80 纤细囊瓣芹 Pternopetalum gracillimum (H. Wolff) Handel-Mazzetti

产茨开（高黎贡山考察队 12588）；海拔 2770～3050 m；分布于贡山。15-1。

81 洱源囊瓣芹 Pternopetalum molle (Franchet) Handel-Mazzetti

产猴桥（武素功 6623）；海拔 2600 m；分布于腾冲。15-1。

82 裸茎囊瓣芹 Pternopetalum nudicaule (H. de Boissieu) Handel-Mazzetti

产百花岭斋公房至汉龙途中（高黎贡山考察队 14046）；海拔 1823～2710 m；分布于泸水、保山、腾冲。14-2。

83 高山囊瓣芹 Pternopetalum subalpinum Handel-Mazzetti

产丹珠至垭口途中（高黎贡山考察队 11859）；海拔 2950～3600 m；分布于贡山、福贡。14-2。

84 膜蕨囊瓣芹 Pternopetalum trichomanifolium (Franchet) Handel-Mazzetti

产界头（高黎贡山考察队 30245）；海拔 1930 m；分布于腾冲。15-1。

85a 五匹青 Pternopetalum vulgare (Dunn) Handel-Mazzetti

产片马（高黎贡山考察队 22973）；海拔 1900～2800 m；分布于福贡、泸水、腾冲。14-2。

85b 尖叶五匹青 Pternopetalum vulgare var. acuminatum C. Y. Wu ex R. H. Shan & F. T. Pu

产匹河（怒江考察队 527）；海拔 3200 m；分布于福贡。15-1。

86 滇西囊瓣芹 Pternopetalum wolffianum (Fedde ex H. Wolff) Handel-Mazzetti

产铜壁关（据《云南铜壁关自然保护区科学考察研究》）；海拔 2350 m；分布于盈江。15-1。

87 川滇变豆菜 Sanicula astrantiifolia H. Wolff

产独龙江（独龙江考察队 288）；海拔 1350～2300 m；分布于贡山、福贡。15-1。

88 天蓝变豆菜 Sanicula caerulescens Franchet

产界头（高黎贡山考察队 30279）；海拔 1930 m；分布于腾冲。15-1。

89 变豆菜 Sanicula chinensis Bunge

产捧当（高黎贡山考察队 15555）；海拔 1460～2790 m；分布于贡山、福贡、龙陵。14-3。

90 软雀花 Sanicula elata Buchanan-Hamilton ex D. Don

产独龙江（独龙江考察队 565）；海拔 900～3400 m；分布于贡山、福贡、泸水、保山、腾冲、龙陵。6。

91 鳞果变豆菜 Sanicula hacquetioides Franchet

产茨开（青藏队 8090）；海拔 2600～3800 m；分布于贡山。15-1。

92 野鹅脚板 Sanicula orthacantha S. Moore

产片马（高黎贡山考察队 22975）；海拔 1600～2360 m；分布于泸水、腾冲。14-1。

93 锯叶变豆菜 Sanicula serrata H. Wolff

产独龙江（独龙江考察队 4150）；海拔 1400 m；分布于贡山。15-1。

94 亮蛇床 Selinum cryptotaenium H. de Boissieu

产片马垭口东坡（高黎贡山考察队 8135）；海拔 2900～3710 m；分布于贡山、泸水。15-1。

95 细叶亮蛇床 Selinum wallichianum (de Candolle) Raizada & H. O. Saxena

产铜壁关（据《云南铜壁关自然保护区科学考察研究》）；海拔 2540 m；分布于盈江。7。

96 竹叶西风芹 Seseli mairei H. Wolff

产潞江（高黎贡山考察队 18396）；海拔 1350～1800 m；分布于保山。14-1。

97 松叶西风芹 Seseli yunnanense Franchet

产铜壁关（据《云南铜壁关自然保护区科学考察研究》）；海拔 1750～2400 m；分布于盈江。7。

98a 钝瓣小芹 Sinocarum cruciatum (Franchet) H. Wolff ex R. H. Shan & F. T. Pu

产利沙底（怒江考察队 1915）；海拔 3700～4000 m；分布于福贡。14-1。

98b 尖瓣小芹 Sinocarum cruciatum var. **linearilobum** (Franchet) R. H. Shan & F. T. Pu
产利沙底（林芹 791975）；海拔 3350 m；分布于福贡。14-1。

99 少辐小芹 Sinocarum pauciradiatum R. H. Shan & F. T. Pu
产垭口至独龙江途中（怒江考察队 790509）；海拔 3200～4500 m；分布于贡山。14-2。

100 裂苞舟瓣芹 Sinolimprichtia alpina var. **dissecta** R. H. Shan & S. L. Liou
产丙中洛（T. T. Yü 22801）；海拔 3700～4300 m；分布于贡山。15-1。

101 小窃衣 Torilis japonica (Houttuyn) de Candolle
产百花岭（高黎贡山考察队 13981）；海拔 1140～2500 m；分布于贡山、福贡、泸水、保山、腾冲、龙陵。10。

102 窃衣 Torilis scabra (Thunberg) de Candolle
产洛本卓（高黎贡山考察队 25454）；海拔 1130～1540 m；分布于贡山、泸水。14-3。

103 裂苞瘤果芹 Trachydium involucellatum R. H. Shan & F. T. Pu
产丙中洛（高黎贡山考察队 31358）；海拔 3940～4160 m；分布于贡山。15-1。

104 西藏瘤果芹 Trachydium tibetanicum H. Wolff
产贡山至孔当途中（高黎贡山考察队 16861）；海拔 3000～3900 m；分布于贡山、福贡。15-1。

105 糙果芹 Trachyspermum scaberulum (Franchet) H. Wolff
产洛本卓（高黎贡山考察队 27942）；海拔 1180～2200 m；分布于贡山、福贡、泸水。15-1。

214 桤叶树科 Clethraceae

1 云南桤叶树 Clethra delavayi Franchet
产独龙江（独龙江考察队 744）；海拔 2400～3500 m；分布于贡山、福贡、泸水、腾冲、龙陵。14-2。

215 杜鹃花科 Ericaceae

1 银毛锦绦花 Cassiope argyrotricha T. Z. Hsu
产上帕（南水北调队 8829）；海拔 3300～4000 m；分布于福贡。15-2。

2 睫毛岩须 Cassiope dendrotricha Handel-Mazzetti
产匹河（碧江考察队 1069）；海拔 3000～3850 m；分布于贡山、福贡。15-1。

3 扫帚锦绦花 Cassiope fastigiata (Wallich) D. Don
产救命房南侧（武素功 8800）；海拔 4400 m；分布于福贡。14-2。

4 膜叶锦绦花 Cassiope membranifolia R. C. Fang
产片马（高黎贡山考察队 27123）；海拔 3600 m；分布于泸水。15-3。

5 鼠尾锦绦花 Cassiope myosuroides W. W. Smith
产上帕（怒江考察队 595）；海拔 4500 m；分布于福贡。14-1。

6 朝天锦绦花 Cassiope palpebrata W. W. Smith
产嘎娃嘎普峰至楚块湖途中（高黎贡山考察队 32760）；海拔 3000～4278 m；分布于贡山、福贡。14-1。

7 篦叶锦绦花 Cassiope pectinata Stapf
产嘎娃嘎普峰（高黎贡山考察队 31457）；海拔 1000～4100 m；分布于贡山、福贡。14-1。

8 锦绦花 Cassiope selaginoides J. D. Hooker & Thomson
产黑普山（高黎贡山考察队 32016）；海拔 3000～4630 m；分布于贡山、福贡。14-2。

9 柳叶假木荷 Craibiodendron henryi W. W. Smith
产独龙江（独龙江考察队 820）；海拔 1400～2800 m；分布于贡山、福贡、泸水、保山、腾冲、龙陵。14-1。

10 云南假木荷 Craibiodendron yunnanense W. W. Smith
产片马（高黎贡山考察队 23413）；海拔 1250～2500 m；分布于贡山、福贡、泸水、保山、腾冲、龙陵。14-1。

11 多花杉叶杜鹃 Diplarche multiflora J. D. Hooker & Thomson
产界头（高黎贡山考察队 11026）；海拔 3100～4400 m；分布于贡山、福贡。14-2。

12 少花杉叶杜鹃 Diplarche pauciflora J. D. Hooker & Thomson
产黑普山新公路（高黎贡山考察队 32033）；海拔 3600 m；分布于贡山。14-2。

13 灯笼吊钟花 Enkianthus chinensis Franchet
产独龙江（独龙江考察队 6582）；海拔 1780～3200 m；分布于贡山、福贡、泸水、腾冲。15-1。

14 毛叶吊钟花 Enkianthus deflexus (Griffith) C. K. Schneider
产丙中洛（高黎贡山考察队 14460）；海拔 1586～3700 m；分布于贡山、福贡、泸水、腾冲。14-2。

15 少花吊钟花 Enkianthus pauciflorus E. H. Wilson
产独龙江（独龙江考察队 750）；海拔 3000～3700 m；分布于贡山。15-1。

16 拟苔藓白珠 Gaultheria bryoides P. W. Fritsch & L. H. Zhou
产丙中洛（高黎贡山考察队 9514）；海拔 3200 m；分布于贡山。15-3。

17 苍山白珠 Gaultheria cardiosepala Handel-Mazzetti
产黑普山新公路（独龙江考察队 16918）；海拔 2130～3350 m；分布于贡山、泸水、腾冲。15-3。

18 四川白珠 Gaultheria cuneata (Rehder & E. H. Wilson) Bean
产丙中洛（高黎贡山考察队 31581）；海拔 3000～3800 m；分布于贡山。15-1。

19 苍白叶白珠 Gaultheria discolor Nutt ex Hook F
产丙中洛（青藏队 7547）；海拔 3000～3300 m；分布于贡山。15-1。

20 长梗白珠 Gaultheria dolichopoda Airy Shaw
产独龙江（高黎贡山考察队 22005）；海拔 2970 m；分布于贡山。15-1。

21a 丛林白珠 Gaultheria dumicola W. W. Smith
产独龙江（独龙江考察队 1101）；海拔 1400～2800 m；分布于贡山、福贡、泸水、腾冲、保山、龙陵。14-1。

21b 高山丛林白珠 Gaultheria dumicola var. **petanoneuron** Airy Shaw
产鲁掌（武素功 7316）；海拔 2400 m；分布于泸水。15-2。

22 芳香白珠 Gaultheria fragrantissima Wallich
产独龙江（独龙江考察队 780）；海拔 1250～3250 m；分布于贡山、福贡、泸水、腾冲、保山、龙陵。14-2。

23 尾叶白珠 Gaultheria griffithiana Wight
产独龙江（独龙江考察队 6056）；海拔 1300～3400 m；分布于贡山、福贡、泸水、腾冲、保山。14-2。

24a 红粉白珠 Gaultheria hookeri C. B. Clarke
产茨开（高黎贡山考察队 33822）；海拔 1600～3880 m；分布于贡山、福贡、保山、腾冲。14-2。

24b　狭叶红粉白珠 Gaultheria hookeri var. **angustifolia** C. B. Clarke

　　产古永（南水北调队 6955）；海拔 2000～3700 m；分布于贡山、福贡、腾冲。14-2。

25　绿背白珠 Gaultheria hypochlora Airy Shaw

　　产茨开（高黎贡山考察队 28629）；海拔 2520～3840 m；分布于贡山、福贡。14-2。

26a　毛滇白珠 Gaultheria leucocarpa var. **crenulata** (Kurz) T. Z. Hsu

　　产铜壁关（据《云南铜壁关自然保护区科学考察研究》）；海拔 1850～2500 m；分布于盈江。15-1。

26b　滇白珠 Gaultheria leucocarpa var. **yunnanensis** (Franchet) T. Z. Hsu & R. C. Fang

　　产曲石（高黎贡山考察队 10983）；海拔 1510～2400 m；分布于腾冲、龙陵。14-1。

27　短穗白珠 Gaultheria notabilis J. Anthony

　　产独龙江（高黎贡山考察队 22083）；海拔 1000～2400 m；分布于腾冲。15-3。

28　铜钱叶白珠 Gaultheria nummularioides D. Don

　　产马站（高黎贡山考察队 29885）；海拔 1300～3425 m；分布于贡山、福贡、腾冲。7。

29　草地白珠 Gaultheria praticola C. Y. Wu & T. Z. Hsu

　　产黑普山垭口（高黎贡山考察队 32056）；海拔 2000～3800 m；分布于贡山。15-1。

30　平卧白珠 Gaultheria prostrata W. W. Smith

　　产丙中洛（Forrest 14371）；海拔 4600 m；分布于贡山。15-3。

31　假短穗白珠 Gaultheria pseudonotabilis H. Li ex R. C. Fang

　　产独龙江（独龙江考察队 915）；海拔 1300～3350 m；分布于贡山。15-3。

32　鹿蹄草叶白珠 Gaultheria pyrolifolia J. D. Hooker ex C. B. Clarke

　　产丙中洛（T. T. Yü 19879）；海拔 3700～4000 m；分布于贡山。14-2。

33　五雄白珠 Gaultheria semi-infera (C. B. Clarke) Airy Shaw

　　产独龙江（独龙江考察队 1598）；海拔 1458～3650 m；分布于贡山、福贡、泸水、腾冲、龙陵。14-2。

34a　华白珠 Gaultheria sinensis J. Anthony

　　产志远至瓜底途中（怒江考察队 2039）；海拔 2510～4003 m；分布于贡山、福贡、泸水。14-2。

34b　白果华白珠 Gaultheria sinensis var. **nivea** J. Anthony

　　产鹿马登（青藏队 6998b）；海拔 4300 m；分布于贡山、福贡。15-1。

35　草黄白珠 Gaultheria straminea R. C. Fang

　　产独龙江（独龙江考察队 1598）；海拔 2850 m；分布于贡山、泸水。15-1。

36　伏地白珠 Gaultheria suborbicularis W. W. Smith

　　产东哨房（怒江考察队 790134）；海拔 3100～3880 m；分布于贡山。15-2。

37　四裂白珠 Gaultheria tetramera W. W. Smith

　　产独龙江（独龙江考察队 6173）；海拔 2520 m；分布于贡山、腾冲。15-1。

38　刺毛白珠 Gaultheria trichophylla Royle

　　产茨开（T. T. Yü 19732）；海拔 3000～4200 m；分布于贡山。14-2。

39a　西藏白珠 Gaultheria wardii C. Marquand & Airy Shaw

　　产独龙江（独龙江考察队 826）；海拔 1400～2340 m；分布于贡山。14-2。

39b　延序西藏白珠 Gaultheria wardii var. **elongata** R. C. Fang

　　产独龙江（独龙江考察队 1087）；海拔 1800～2000 m；分布于贡山。15-3。

40 尖基木黎芦 Leucothoë griffithiana C. B. Clarke

产独龙江（独龙江考察队 4657）；海拔 1300～3500 m；分布于贡山、福贡。14-2。

41 圆叶珍珠花 Lyonia doyonensis (Handel-Mazzetti) Handel-Mazzetti

产独龙江（独龙江考察队 1674）；海拔 1330～3500 m；分布于贡山、福贡、泸水、保山、腾冲明光。15-2。

42 大萼珍珠花 Lyonia macrocalyx (J. Anthony) Airy Shaw

产独龙江（独龙江考察队 1814）；海拔 1500～3200 m；分布于贡山、福贡、保山。14-1。

43a 珍珠花 Lyonia ovalifolia (Wallich) Drude

产独龙江（独龙江考察队 3259）；海拔 1250～3400 m；分布于贡山、福贡、泸水、腾冲、保山、龙陵。14-2。

43b 毛果珍珠花 Lyonia ovalifolia var. **hebecarpa** (Franchet ex Forbes & Hemsley) Chun

产界头（高黎贡山考察队 30078）；海拔 1530～2430 m；分布于泸水、腾冲。15-1。

43c 狭叶珍珠花 Lyonia ovalifolia var. **lanceolata** (Wallich) Handel-Mazzetti

产独龙江（独龙江考察队 4050）；海拔 1600～2500 m；分布于贡山、福贡、保山、腾冲、龙陵。14-1。

44a 毛叶珍珠花 Lyonia villosa (Wallich ex C. B. Clarke) Handel-Mazzetti

产鹿马登（高黎贡山考察队 28654）；海拔 2000～3880 m；分布于贡山、福贡、腾冲。14-2。

44b 光叶珍珠花 Lyonia villosa var. **sphaerantha** (Handel-Mazzetti) Handel-Mazzetti

产独龙江（怒江考察队 790662）；海拔 3000～3700 m；分布于贡山、福贡、泸水。14-1。

45 美丽马醉木 Pieris formosa (Wallich) D. Don

产子里甲（高黎贡山考察队 28957）；海拔 1080～2900 m；分布于福贡、泸水、保山、腾冲。14-2。

46 光柱迷人杜鹃 Rhododendron agastum var. **pennivenium** (I. B. Balfour & Forrest) T. L. Ming

产猴桥（腾冲区划队 1145）；海拔 2400～3300 m；分布于腾冲。14-1。

47 亮红杜鹃 Rhododendron albertsenianum Forrest ex I. B. Balfour

产茨开（高黎贡山考察队 14237）；海拔 2600～3370 m；分布于贡山。15-2。

48 滇西桃叶杜鹃 Rhododendron annae subsp. **laxiflorum** (I. B. Balfour & Forrest) T. L. Ming

产镇安（高黎贡山考察队 28267）；海拔 1650～2340 m；分布于腾冲、龙陵。15-2。

49 团花杜鹃 Rhododendron anthosphaerum Diels

产明光（高黎贡山考察队 30537）；海拔 2000～3600 m；分布于贡山、福贡、泸水、腾冲。14-1。

50 宿鳞杜鹃 Rhododendron aperantum I. B. Balfour & Kingdon Ward

产鹿马登（高黎贡山考察队 28526）；海拔 3620～3700 m；分布于贡山、福贡。14-1。

51 窄叶杜鹃 Rhododendron araiophyllum I. B. Balfour & W. W. Smith

产其期至东哨房途中（高黎贡山考察队 12632）；海拔 2260～3050 m；分布于贡山、泸水。14-1。

52 夺目杜鹃 Rhododendron arizelum I. B. Balfour & Forrest

产茨开（高黎贡山考察队 14831）；海拔 2770～3460 m；分布于贡山、福贡、泸水、腾冲。14-1。

53 瘤枝杜鹃 Rhododendron asperulum Hutchinson & Kingdon Ward

产独龙江（独龙江考察队 3235）；海拔 1400 m；分布于腾冲。14-1。

54 张口杜鹃 Rhododendron augustinii subsp. **chasmanthum** (Diels) Cullen

产独龙江（高黎贡山考察队 22011）；海拔 2970 m；分布于贡山。15-1。

55 毛萼杜鹃 Rhododendron bainbridgeanum Tagg & Forrest
产高黎贡山（Forrest 20297）；海拔 3300～3800 m；分布于贡山。14-1。

56 粗枝杜鹃 Rhododendron basilicum I. B. Balfour & W. W. Smith
产丙中洛（独龙江考察队 3235）；海拔 3150～3400 m；分布于贡山。14-1。

57 宽钟杜鹃 Rhododendron beesianum Diels
产丙中洛（青藏队 7615）；海拔 3200～4000 m；分布于贡山丙中洛。14-1。

58 碧江杜鹃 Rhododendron bijiangense T. L. Ming
产匹河（高黎贡山考察队 31706）；海拔 2900 m；分布于福贡。15-3。

59a 短花杜鹃 Rhododendron brachyanthum Franchet
产猴桥鸡爪山（南水北调队 6889）；海拔 3000～3700 m；分布于贡山、腾冲。15-2。

59b 绿柱短花杜鹃 Rhododendron brachyanthum subsp. **hypolepidotum** (Franchet) Cullen
产独龙江（高黎贡山考察队 15303）；海拔 2130～3680 m；分布于贡山、泸水。14-1。

60a 卵叶杜鹃 Rhododendron callimorphum I. B. Balfour & W. W. Smith
产狼牙山山顶（南水北调队 7056）；海拔 3100～4000 m；分布于泸水、腾冲。15-2。

60b 白花卵叶杜鹃 Rhododendron callimorphum var. **myiagrum** (I. B. Balfour & Forrest) D. F. Chamberlain
产六库（Forrest 17993）；海拔 3000 m；分布于腾冲。15-3。

61a 美被杜鹃 Rhododendron calostrotum I. B. Balfour & Kingdon Ward
产其期至东哨房途中（高黎贡山考察队 12671）；海拔 3280～3740 m；分布于贡山、福贡。14-1。

61b 小叶美被杜鹃 Rhododendron calostrotum var. **calciphilum** (Hutchinson & Kingdon Ward) Davidian
产独龙江（林芹、邓向福 791040）；海拔 2900～3500m；分布于贡山、泸水。14-1。

62 变光杜鹃 Rhododendron calvescens I. B. Balfour & Forrest
产丙中洛（Forirest 25634）；海拔 3300 m；分布于贡山。15-1。

63 美丽弯果杜鹃 Rhododendron campylocarpum subsp. **caloxanthum** (I. B. Balfour & Farrer) D. F. Chamberlain
产洛本卓（高黎贡山考察队 25932）；海拔 2000～3900 m；分布于贡山、福贡、泸水。14-1。

64 弯柱杜鹃 Rhododendron campylogynum Franchet
产其期至东哨房途中（高黎贡山考察队 12701）；海拔 2700～4600 m；分布于贡山、福贡、泸水。14-2。

65 毛喉杜鹃 Rhododendron cephalanthum Franchet
产鹿马登（高黎贡山考察队 27098）；海拔 3600～4800 m；分布于贡山、福贡、泸水。14-2。

66 毛背云雾杜鹃 Rhododendron chamaethomsonii var. **chamaedoron** (Tagg) D. F. Chamberlain
产独龙江（怒江考察队 790012）；海拔 3530～3670 m；分布于贡山。15-1。

67 雅容杜鹃 Rhododendron charitopes I. B. Balfour & Farrer
产亚坪（高黎贡山考察队 20974）；海拔 3050～3740 m；分布于贡山、福贡。14-1。

68 纯黄杜鹃 Rhododendron chrysodoron Tagg ex Hutchinson
产独龙江（独龙江考察队 5503）；海拔 1700～2300 m；分布于贡山。14-1。

69 香花白杜鹃 Rhododendron ciliipes Hutchinson
产独龙江（独龙江考察队 5403）；海拔 1360～2950 m；分布于贡山、福贡、泸水、腾冲。15-3。

70a 橙黄杜鹃 Rhododendron citriniflorum I. B. Balfour & Forrest
产乔米古鲁至阿鹿登途中（怒江考察队 791680）；海拔 2500～4100 m；分布于贡山、福贡。15-1。

70b 美艳橙黄杜鹃 Rhododendron citriniflorum var. **horaeum** (I. B. Balfour & Forrest) D. F. Chamberlain
产丙中洛（高黎贡山考察队 31591）；海拔 3200～4100 m；分布于贡山。15-1。

71 环绕杜鹃 Rhododendron complexum I. B. Balfour & W. W. Smith
产察瓦龙（怒江考察队 790359）；海拔 4200 m；分布于贡山。15-1。

72 革叶杜鹃 Rhododendron coriaceum Franchet
产独龙江（独龙江考察队 5837）；海拔 2000～3500 m；分布于贡山、福贡。15-1。

73 光蕊杜鹃 Rhododendron coryanum Tagg & Forrest
产贡山至孔当途中（高黎贡山考察队 17122）；海拔 2690 m；分布于贡山、福贡。15-1。

74a 长粗毛杜鹃 Rhododendron crinigerum Franchet
产其期至东哨房途中（高黎贡山考察队 12780）；海拔 2780～3650 m；分布于贡山、福贡。15-1。

74b 腺背长粗毛杜鹃 Rhododendron crinigerum var. **euadenium** Tagg & Forrest
产丙中洛（冯国楣 7828）；海拔 3600～3700 m；分布于贡山。15-3。

75a 大白杜鹃 Rhododendron decorum Franchet
产百花岭（高黎贡山考察队 13447）；海拔 1570～3200 m；分布于贡山、福贡、泸水、腾冲、保山。14-1。

75b 高尚大白杜鹃 Rhododendron decorum subsp. **diaprepes** (I. B. Balfour & W. W. Smith) T. L. Ming
产猴桥（高黎贡山考察队 30810）；海拔 1700～3000 m；分布于贡山、福贡、腾冲。14-1。

76a 马缨杜鹃 Rhododendron delavayi Franchet
产赧亢植物园（高黎贡山考察队 13125）；海拔 1600～2600 m；分布于保山、腾冲、龙陵。14-2。

76b 狭叶马缨花 Rhododendron delavayi var. **peramoenum** (I. B. Balfour & Forrest) T. L. Ming
产潞江（高黎贡山考察队 10713）；海拔 1970～2436 m；分布于贡山、泸水、保山、腾冲、龙陵。14-2。

77 附生杜鹃 Rhododendron dendricola Hutchinson
产独龙江（独龙江考察队 4661）；海拔 1200～3240 m；分布于贡山、福贡。14-2。

78a 可喜杜鹃 Rhododendron dichroanthum subsp. **apodectum** (I. B. Balfour & W. W. Smith) Cowan
产利沙底（碧江考察队 1152）；海拔 2600～3600 m；分布于贡山、福贡、腾冲。15-3。

78b 杯萼两色杜鹃 Rhododendron dichroanthum subsp. **scyphocalyx** (I. B. Balfour & Forrest) Cowan
产片马（碧江考察队 1802）；海拔 2900～3650 m；分布于贡山、福贡、泸水。15-3。

78c 腺梗两色杜鹃 Rhododendron dichroanthum subsp. **septentrionale** Cowan
产鹿马登（高黎贡山考察队 28695）；海拔 3000～3730 m；分布于贡山、福贡、泸水。15-3。

79a 杂色杜鹃 Rhododendron eclecteum I. B. Balfour & Forrest
产独龙江（独龙江考察队 5734）；海拔 1880～4000 m；分布于贡山。14-1。

79b 长柄杂色杜鹃 Rhododendron eclecteum var. **bellatulum** Tagg in J. B. Stevenson
产察瓦龙（怒江考察队 790332）；海拔 2800～3770 m；分布于贡山、福贡。15-1。

80 泡泡叶杜鹃 Rhododendron edgeworthii J. D. Hooker
产独龙江（独龙江考察队 6078）；海拔 1800～3800 m；分布于贡山、福贡、泸水、腾冲。14-2。

81 滇西杜鹃 Rhododendron euchroum I. B. Balfour & Kingdon Ward
产匹河（和志刚 499）；海拔 3200～3300 m；分布于福贡。15-3。

82a　华丽杜鹃 Rhododendron eudoxum I. B. Balfour & Forrest
产察瓦龙（怒江考察队 790339）；海拔 2700～3700 m；分布于贡山、福贡。15-1。

82b　白毛华丽杜鹃 Rhododendron eudoxum var. **mesopolium** (I. B. Balfour & Forrest) D. F. Chamberlain
产其期至东哨房途中（高黎贡山考察队 12758）；海拔 3400 m；分布于贡山。15-1。

83　翅柄杜鹃 Rhododendron fletcherianum Davidian
产察瓦龙（怒江考察队 790330）；海拔 3450 m；分布于贡山。15-3。

84　绵毛房杜鹃 Rhododendron facetum I. B. Balfour & Kingdon Ward
产独龙江（独龙江考察队 3136）；海拔 1360～3000 m；分布于贡山、福贡、泸水、腾冲。14-1。

85　泸水杜鹃 Rhododendron flavoflorum T. L. Ming
产鲁掌（滇西北分队 10936）；海拔 2700 m；分布于泸水。15-3。

86　绵毛杜鹃 Rhododendron floccigerum Franchet
产独龙江（独龙江考察队 749）；海拔 2400～3600 m；分布于贡山。15-1。

87　河边杜鹃 Rhododendron flumineum W. P. Fang & M. Y. He
产独龙江（冯国楣 24199）；海拔 1200 m；分布于贡山。15-3。

88　紫背杜鹃 Rhododendron forrestii I. B. Balfour ex Diels
产丙中洛（高黎贡山考察队 31561）；海拔 3300～4200 m；分布于贡山、福贡。14-1。

89　镰果杜鹃 Rhododendron fulvum I. B. Balfour & W. W. Smith
产丹珠（高黎贡山考察队 14229）；海拔 2200～3600 m；分布于贡山、福贡、泸水、腾冲。14-1。

90　灰白杜鹃 Rhododendron genestierianum Forrest
产独龙江（独龙江考察队 5920）；海拔 1750～3450 m；分布于贡山、福贡、腾冲。14-1。

91a　粘毛杜鹃 Rhododendron glischrum I. B. Balfour & W. W. Smith
产亚坪（高黎贡山考察队 20153）；海拔 2790～3300 m；分布于贡山、福贡。14-2。

91b　红粘毛杜鹃 Rhododendron glischrum subsp. **rude** (Tagg & Forrest) D. F. Chamberlain
产独龙江（毛品一 478）；海拔 2400～3600 m；分布于贡山。14-2。

92　贡山杜鹃 Rhododendron gongshanense T. L. Ming
产独龙江（独龙江考察队 4932）；海拔 2100～2800 m；分布于贡山。15-3。

93　朱红大杜鹃 Rhododendron griersonianum I. B. Balfour & Forrest
产猴桥（武素功 6864）；海拔 1690～1790 m；分布于腾冲。15-3。

94　粗毛杜鹃 Rhododendron habrotrichum I. B. Balfour & W. W. Smith
产七区永安宝华山（杨竞生 63-1413）；海拔 3000 m；分布于腾冲。15-3。

95　绢毛杜鹃 Rhododendron haematodes subsp. **chaetomallum** (I. B. Balfour & Forrest) D. F. Chamberlain
产鹿马登（高黎贡山考察队 28004）；海拔 3022～4100 m；分布于贡山、福贡、腾冲。14-1。

96a　亮鳞杜鹃 Rhododendron heliolepis Franchet
产碧江（碧江考察队 1149）；海拔 3000～4200 m；分布于福贡、泸水、腾冲。14-1。

96b　毛冠亮鳞杜鹃 Rhododendron heliolepis var. **oporinum** (I. B. Balfour & Kingdon Ward) A. L. Chang ex R. C. Fang
产片马（碧江考察队 1803）；海拔 2800～3400 m；分布于泸水。15-3。

97　凸脉杜鹃 Rhododendron hirsutipetiolatum A. L. Chang & R. C. Fang
产匹河（杨增宏 25）；海拔 3400 m；分布于福贡。15-3。

98 粉果杜鹃 Rhododendron hylaeum I. B. Balfour & Farrer
产独龙江（独龙江考察队 5331）；海拔 2500～3450 m；分布于贡山、福贡。15-3。

99 露珠杜鹃 Rhododendron irroratum Franchet
产铜壁关（据《云南铜壁关自然保护区科学考察研究》）；海拔 2450 m；分布于盈江。7。

100 独龙杜鹃 Rhododendron keleticum I. B. Balfour & Forrest
产其期至东哨房途中（高黎贡山考察队 12675）；海拔 2000～3730 m；分布于贡山、福贡。15-3。

101 星毛杜鹃 Rhododendron kyawii Lace & W. W. Smith
产片马（高黎贡山考察队 22802）；海拔 1600～2500 m；分布于贡山、福贡、泸水。15-3。

102 侧花杜鹃 Rhododendron lateriflorum R. C. Fang & A. L. Chang
产独龙江（怒江考察队 790667）；海拔 2700～3200 m；分布于贡山。15-2。

103 常绿糙毛杜鹃 Rhododendron lepidostylum I. B. Balfour & Forrest
产六库（Forrest 18143）；海拔 3000～3700 m；分布于腾冲。15-3。

104 薄叶马银花 Rhododendron leptothrium I. B. Balfour & Forrest
产茨开（高黎贡山考察队 11973）；海拔 1700～2950 m；分布于贡山、福贡、泸水、保山、腾冲。14-1。

105 蜡叶杜鹃 Rhododendron lukiangense Franchet
产独龙江（独龙江考察队 5668）；海拔 1790～3250 m；分布于贡山、福贡。15-1。

106 长蒴杜鹃 Rhododendron mackenzianum Forrest
产独龙江（独龙江考察队 1760）；海拔 1450～2800 m；分布于贡山、福贡、保山、腾冲。15-3。

107 滇隐脉杜鹃 Rhododendron maddenii subsp. **crassum** (Franchet) Cullen
产独龙江（独龙江考察队 726）；海拔 1500～3000 m；分布于贡山、福贡、泸水、腾冲。14-1。

108 羊毛杜鹃 Rhododendron mallotum I. B. Balfour & Kingdon Ward
产片马（碧江考察队 1804）；海拔 3300～3500 m；分布于泸水。15-3。

109 少花杜鹃 Rhododendron martinianum I. B. Balfour & Forrest
产丙中洛（高黎贡山考察队 31216）；海拔 3750 m；分布于贡山。14-1。

110a 红萼杜鹃 Rhododendron meddianum Forrest
产狼牙山（夏德云 BG067）；海拔 2600～3600 m；分布于贡山、腾冲。15-3。

110b 腺房红萼杜鹃 Rhododendron meddianum var. **atrokermesinum** Tagg in J. B. Stevenson
产六库（Forrest 26499）；海拔 3200 m；分布于泸水。15-3。

111 大萼杜鹃 Rhododendron megacalyx I. B. Balfour & Kingdon Ward
产独龙江（独龙江考察队 6882）；海拔 2000～3000 m；分布于贡山、泸水、腾冲。14-2。

112 招展杜鹃 Rhododendron megeratum I. B. Balfour & Forrest
产独龙江（独龙江考察队 5358）；海拔 2900～3800 m；分布于贡山、福贡、泸水。14-2。

113 异鳞杜鹃 Rhododendron mieromeres Tagg
产其期至东哨房途中（高黎贡山考察队 13001）；海拔 2150～3200 m；分布于贡山。14-2。

114a 弯月杜鹃 Rhododendron mekongense Franchet
产独龙江（独龙江考察队 6941）；海拔 1900～4000 m；分布于贡山、福贡、腾冲。14-2。

114b 红线弯月杜鹃 Rhododendron mekongense var. **rubrolineatum** (I. B. Balfour & Forrest) Cullen
产独龙江（高黎贡山考察队 15034）；海拔 2570～3400 m；分布于贡山、泸水。14-2。

115a 亮毛杜鹃 Rhododendron microphyton Franchet

产独龙江（独龙江考察队 3851）；海拔 1080～2300 m；分布于贡山、福贡、泸水、保山、腾冲、龙陵。14-1。

115b 碧江亮毛杜鹃 Rhododendron microphyton var. **trichanthum** A. L. Chang ex R. C. Fang

产马吉（高黎贡山考察队 19525）；海拔 1386 m；分布于福贡。15-3。

116 一朵花杜鹃 Rhododendron monanthum I. B. Balfour & W. W. Smith

产独龙江（独龙江考察队 748）；海拔 2000～3600 m；分布于贡山、福贡。14-1。

117 墨脱杜鹃 Rhododendron montroseanum Davidian

产独龙江（独龙江考察队 4791）；海拔 1950～2300 m；分布于贡山。15-1。

118 毛棉杜鹃 Rhododendron moulmainense J. D. Hooker

产镇安（高黎贡山考察队 10740）；海拔 1540～2405 m；分布于泸水、保山、腾冲、龙陵。7。

119 宝兴杜鹃 Rhododendron moupinense Franchet

产铜壁关（据《云南铜壁关自然保护区科学考察研究》）；海拔 1450～1850 m；分布于盈江。15-1。

120a 火红杜鹃 Rhododendron neriiflorum Franchet

产片马垭口（高黎贡山考察队 22698）；海拔 2300～3080 m；分布于福贡、泸水、保山、腾冲。15-1。

120b 网眼火红杜鹃 Rhododendron neriiflorum var. **agetum** (I. B. Balfour & Forrest) T. L. Ming

产六库（碧江考察队 1793）；海拔 2800 m；分布于泸水。15-3。

120c 腺房火红杜鹃 Rhododendron neriiflorum var. **appropinquans** (Tagg & Forrest) W. K. Hu

产黑娃底至打巴底途中（杨增宏 80-0038）；海拔 2600～2900 m；分布于贡山。14-2。

121 山育杜鹃 Rhododendron oreotrephes W. W. Smith

产匹河（碧江考察队 610）；海拔 3250～3800 m；分布于福贡。14-1。

122 云上杜鹃 Rhododendron pachypodum I. B. Balfour & W. W. Smith

产城关（高黎贡山考察队 29742）；海拔 1700～2000 m；分布于贡山、保山、腾冲。14-1。

123a 杯萼杜鹃 Rhododendron pocophorum I. B. Balfour ex Tagg

产丙中洛（冯国楣 7861）；海拔 3600～3800 m；分布于贡山、福贡。14-2。

123b 腺柄杯萼杜鹃 Rhododendron pocophorum var. **hemidartum** (I. B. Balfour ex Tagg) D. F. Chamberlain

产丙中洛（Rock 10145）；海拔 3900～4200 m；分布于贡山。15-3。

124 优秀杜鹃 Rhododendron praestans I. B. Balfour & W. W. Smith

产碧江（怒江考察队 0568）；海拔 3200～3600 m；分布于贡山、福贡。15-1。

125 复毛杜鹃 Rhododendron preptum I. B. Balfour & Forrest

产茨开（高黎贡山考察队 14856）；海拔 2750～2850 m；分布于贡山、腾冲。14-1。

126 樱草杜鹃 Rhododendron primuliflorum Bureau & Franchet

产碧江（怒江考察队 0597）；海拔 3500～4200 m；分布于贡山、福贡。14-2。

127 矮生杜鹃 Rhododendron proteoides I. B. Balfour & W. W. Smith

产高黎贡山（Forrest 19150）；海拔 3600～4000 m；分布于贡山。14-2。

128a 翘首杜鹃 Rhododendron protistum I. B. Balfour & Forrest

产独龙江（独龙江考察队 709）；海拔 1900～3000 m；分布于贡山、腾冲。15-3。

128b 大树杜鹃 **Rhododendron protistum** var. **giganteum** (Forrest) D. F. Chamberlain
产独龙江（独龙江考察队 3069）；海拔 2100～2500 m；分布于贡山、福贡、腾冲。15-3。

129 褐叶杜鹃 **Rhododendron pseudociliipes** Cullen
产瑞滇（高黎贡山考察队 31030）；海拔 1900～2430 m；分布于贡山、泸水、腾冲。15-3。

130 腋花杜鹃 **Rhododendron racemosum** Franchet
产独龙江（高黎贡山考察队 21555）；海拔 1930 m；分布于贡山。15-1。

131 假乳黄叶杜鹃 **Rhododendron rex** subsp. **fictolacteum** (I. B. Balfour) D. F. Chamberlain
产独龙江（怒江考察队 790100）；海拔 3200～3700 m；分布于贡山。14-2。

132 菱形叶杜鹃 **Rhododendron rhombifolium** R. C. Fang
产独龙江（独龙江考察队 3294）；海拔 1400～2000 m；分布于贡山。15-3。

133 红晕杜鹃 **Rhododendron roseatum** Hutchinson
产碧江（怒江考察队 359）；海拔 2000～3000 m；分布于福贡、腾冲。15-3。

134 兜尖卷叶杜鹃 **Rhododendron roxieanum** var. **cucullatum** (Handel-Mazzetti) D. F. Chamberlain ex L. C. Hu in L. C. Hu & M. Y. Fang
产匹河（南水北调队 8770）；海拔 3500～4300 m；分布于福贡。15-1。

135 红棕杜鹃 **Rhododendron rubiginosum** Franchet
产黑普山（高黎贡山考察队 33858）；海拔 2000～3900 m；分布于贡山、福贡、泸水。14-1。

136a 多色杜鹃 **Rhododendron rupicola** W. W. Smith
产丙中洛（高黎贡山考察队 31566）；海拔 2790～4200 m；分布于贡山、福贡。14-1。

136b 金黄多色杜鹃 **Rhododendron rupicola** var. **chryseum** (I. B. Balfour & Kingdon Ward) M. N. Philipson & Philipson
产孔目大队后山脊（怒江考察队 791025）；海拔 2000～4100 m；分布于贡山。14-1。

137a 怒江杜鹃 **Rhododendron saluenense** Franchet
产丙中洛（怒江考察队 791463）；海拔 2500～4000 m；分布于贡山。14-1。

137b 平卧怒江杜鹃 **Rhododendron saluenense** var. **prostratum** (W. W. Smith) R. C. Fang
产孔目大队后山脊（怒江考察队 791078）；海拔 3100～4100 m；分布于贡山、福贡。15-2。

138a 血红杜鹃 **Rhododendron sanguineum** Franchet
产其期至东哨房途中（高黎贡山考察队 12761）；海拔 2800～3880 m；分布于贡山。14-1。

138b 退色血红杜鹃 **Rhododendron sanguineum** var. **cloiophorum** (I. B. Balfour & Forrest) D. F. Chamberlain
产独龙江（青藏队 8611）；海拔 2600～3600 m；分布于贡山。15-1。

138c 变色血红杜鹃 **Rhododendron sanguineum** var. **didymoides** Tagg & Forrest
产独龙江（高黎贡山考察队 15291）；海拔 2930～3670 m；分布于贡山。14-1。

138d 黑红血红杜鹃 **Rhododendron sanguineum** var. **didymum** (I. B. Balfour & Forrest) T. L. Ming
产垭口至独龙江途中（怒江考察队 790561）；海拔 3000～3800 m；分布于贡山。15-1。

138e 紫血杜鹃 **Rhododendron sanguineum** var. **haemaleum** (I. B. Balfour & Forrest) D. F. Chamberlain
产其期至东哨房途中（高黎贡山考察队 12757）；海拔 3000～3900 m；分布于贡山。15-1。

139 糙叶杜鹃 **Rhododendron scabrifolium** Franchet
产滇滩（夏德云 2）；海拔 2000～2600 m；分布于腾冲。15-1。

140 裂萼杜鹃 Rhododendron schistocalyx I. B. Balfour & Forrest
产镇安（Forrest 17637）；海拔 2700～3000 m；分布于腾冲。15-3。

141 黄花泡泡叶杜鹃 Rhododendron seinghkuense Kingdon Ward ex Hutchinson
产独龙江（独龙江考察队 725）；海拔 1880～3500 m；分布于贡山。15-3。

142 刚刺杜鹃 Rhododendron setiferum I. B. Balfour & Forrest
产丙中洛（冯国楣 7662）；海拔 2800～3800 m；分布于贡山。15-1。

143 银灰杜鹃 Rhododendron sidereum I. B. Balfour
产独龙江（独龙江考察队 6922）；海拔 2100～3400 m；分布于贡山、泸水、腾冲。14-1。

144 杜鹃 Rhododendron simsii Planchon
产独龙江（高黎贡山考察队 10329）；海拔 1544～3100 m；分布于贡山、福贡、泸水、腾冲。14-3。

145 凸尖杜鹃 Rhododendron sinogrande I. B. Balfour & W. W. Smith
产独龙江（独龙江考察队 6001）；海拔 1880～3500 m；分布于贡山、福贡、泸水、腾冲。14-1。

146 华木兰杜鹃 Rhododendron sinonuttallii I. B. Balfour & Forrest
产独龙江（独龙江考察队 5929）；海拔 1200～2500 m；分布于贡山、福贡。15-1。

147 红花杜鹃 Rhododendron spanotrichum I. B. Balfour & W. W. Smith
产铜壁关（据《云南铜壁关自然保护区科学考察研究》）；海拔 2000 m；分布于盈江。15-2。

148 糠秕杜鹃 Rhododendron sperabiloides Tagg & Forrest
产独龙江（独龙江考察队 5363）；海拔 2300～3100 m；分布于贡山、福贡、泸水。15-1。

149 爆杖花 Rhododendron spinuliferum Franchet
产和顺（陈介 1091）；海拔 1850～2000 m；分布于腾冲。15-1。

150 多趣杜鹃 Rhododendron stewartianum Diels
产其期至东哨房途中（高黎贡山考察队 12683）；海拔 2869～3730 m；分布于贡山、福贡、泸水。14-1。

151 硫磺杜鹃 Rhododendron sulfureum Franchet
产碧江（怒江考察队 1041）；海拔 2755～3700 m；分布于福贡、腾冲。14-1。

152 白喇叭杜鹃 Rhododendron taggianum Hutchinson
产独龙江（独龙江考察队 1112）；海拔 1780～2530 m；分布于贡山、腾冲。14-2。

153 光柱杜鹃 Rhododendron tanastylum I. B. Balfour & Kingdon Ward
产独龙江（独龙江考察队 4112）；海拔 1450～3000 m；分布于贡山、福贡、泸水、腾冲。14-2。

154 薄皮杜鹃 Rhododendron taronense Hutchinson
产独龙江（独龙江考察队 3766）；海拔 1250～1600 m；分布于贡山。15-3。

155a 滇藏杜鹃 Rhododendron temenium I. B. Balfour & Forrest
产丙中洛（高黎贡山考察队 31172）；海拔 1500～4000 m；分布于贡山。15-1。

155b 粉红滇藏杜鹃 Rhododendron temenium var. **dealbatum** (Cowan) D. F. Chamberlain
产丙中洛（青藏队 8622）；海拔 3600 m；分布于贡山。15-1。

156 黄花滇藏杜鹃 Rhododendron temenium var. **gilvum** (Cowan) D. F. Chamberlain
产丙中洛（怒江考察队 790350）；海拔 3500～3950 m；分布于贡山。15-1。

157 灰被杜鹃 Rhododendron tephropeplum I. B. Balfour & Farrer
产独龙江（独龙江考察队 6951）；海拔 2600～3030 m；分布于贡山、福贡。14-2。

158 糙毛杜鹃 Rhododendron trichocladum Franchet
产鹿马登（高黎贡山考察队 27265）；海拔 2000～3900 m；分布于贡山、福贡、泸水、保山、腾冲。14-1。

159 越桔杜鹃 Rhododendron vaccinioides J. D. Hooker
产独龙江（独龙江考察队 3313）；海拔 1400～3100 m；分布于贡山、福贡、泸水。14-2。

160 毛柄杜鹃 Rhododendron valentinianum Forrest ex Hutchinson
产镇安（Forrest 15899）；海拔 2300 m；分布于腾冲。14-1。

161 泡毛杜鹃 Rhododendron vesiculiferum Tagg in J. B. Stevenson
产独龙江（高黎贡山考察队 32694）；海拔 2400～3300 m；分布于贡山。15-3。

162 柳条杜鹃 Rhododendron virgatum J. D. Hooker
产独龙江（独龙江考察队 6380）；海拔 1458～3150 m；分布于贡山、福贡、腾冲。14-2。

163 黄杯杜鹃 Rhododendron wardii W. W. Smith
产独龙江（高黎贡山考察队 12677）；海拔 3600～3740 m；分布于贡山、福贡。15-1。

164 鲜黄杜鹃 Rhododendron xanthostephanum Merrill
产独龙江（独龙江考察队 1714）；海拔 1300～2800 m；分布于贡山、福贡。14-2。

165 云南杜鹃 Rhododendron yunnanense Franchet
产独龙江（高黎贡山考察队 32419）；海拔 1900～3200 m；分布于贡山、福贡、泸水。14-1。

166 白面杜鹃 Rhododendron zaleucum I. B. Balfour & W. W. Smith
产明光（高黎贡山考察队 30556）；海拔 1300～3640 m；分布于福贡、泸水、腾冲。15-3。

216 越橘科 Vacciniaceae

1 棱枝树萝卜 Agapetes angulata (Griffith) J. D. Hooker
产独龙江（独龙江考察队 3980）；海拔 1300～3010 m；分布于贡山、腾冲。14-1。

2 环萼树萝卜 Agapetes brandisiana W. E. Evans
产铜壁关（杨增宏 83-0422）；海拔 1500～2100 m；分布于盈江。7。

3 缅甸树萝卜 Agapetes burmanica W. E. Evans
产铜壁关（据《云南铜壁关自然保护区科学考察研究》）；海拔 1360 m；分布于盈江。7。

4 中型树萝卜 Agapetes interdicta (Handel-Mazzetti) Sleumer
产独龙江（独龙江考察队 4986）；海拔 1500～3300 m；分布于贡山。15-3。

5a 灯笼花 Agapetes lacei Craib
产黑娃底（高黎贡山考察队 13911）；海拔 1990 m；分布于贡山、泸水。14-1。

5b 无毛灯笼花 Agapetes lacei var. **glaberrima** Airy Shaw
产丙中洛（高黎贡山考察队 14406）；海拔 1560 m；分布于贡山。15-3。

5c 绒毛灯笼花 Agapetes lacei var. **tomentella** Airy Shaw
产界头（高黎贡山考察队 30332）；海拔 1930～2650 m；分布于贡山、福贡、腾冲。15-3。

6 白花树萝卜 Agapetes mannii Hemsley
产利沙底（高黎贡山考察队 26350）；海拔 2590～2800 m；分布于福贡。14-2。

7 大果树萝卜 Agapetes megacarpa W. W. Smith
产铜壁关（据《云南铜壁关自然保护区科学考察研究》）；海拔 2150 m；分布于盈江。7。

8 夹竹桃叶树萝卜 Agapetes neriifolia (King & Prain) Airy Shaw

产鹿马登（高黎贡山考察队 20159）；海拔 2786 m；分布于福贡。14-1。

9 长圆叶树萝卜 Agapetes oblonga Craib

产独龙江（独龙江考察队 3006）；海拔 1330~2220 m；分布于贡山、福贡、泸水、保山、腾冲。14-1。

10 倒挂树萝卜 Agapetes pensilis Airy Shaw

产独龙江（独龙江考察队 4925）；海拔 2400~3450 m；分布于贡山。14-1。

11 钟花树萝卜 Agapetes pilifera J. D. Hooker ex C. B. Clarke

产独龙江（独龙江考察队 631）；海拔 1200~1500 m；分布于贡山。14-2。

12 杯梗树萝卜 Agapetes pseudogriffithii Airy Shaw

产独龙江（独龙江考察队 3212）；海拔 1350~1800 m；分布于贡山。15-3。

13 毛花树萝卜 Agapetes pubiflora Airy Shaw

产独龙江（高黎贡山考察队 22149）；海拔 1200~1600 m；分布于贡山。14-1。

14 鹿蹄草叶树萝卜 Agapetes pyrolifolia Airy Shaw

产独龙江（独龙江考察队 1117）；海拔 2200~2700 m；分布于贡山。14-1。

15 草莓树状越橘 Vaccinium arbutoides C. B. Clarke

产独龙江（高黎贡山考察队 32448）；海拔 2755 m；分布于贡山。14-2。

16 红梗越橘 Vaccinium rubescens R. C. Fang

产独龙江（独龙江考察队 3676）；海拔 2000~2150 m；分布于贡山。14-1。

17 灯台越橘 Vaccinium bulleyanum (Diels) Sleumer

产独龙江（独龙江考察队 4485）；海拔 1930~2710 m；分布于贡山、泸水、腾冲。15-3。

18 团叶越橘 Vaccinium chaetothrix Sleumer

产独龙江（独龙江考察队 6930）；海拔 2500~3400 m；分布于贡山、泸水。14-2。

19 苍山越橘 Vaccinium delavayi Franchet

产茨开（高黎贡山考察队 30520）；海拔 2750~3020 m；分布于贡山、泸水、腾冲。14-1。

20 树生越橘 Vaccinium dendrocharis Handel-Mazzetti

产独龙江（独龙江考察队 5359）；海拔 2300~3800 m；分布于贡山、腾冲。14-1。

21a 云南越橘 Vaccinium duclouxii (H. Léveillé) Handel-Mazzetti

产独龙江（独龙江考察队 2221）；海拔 1390~2630 m；分布于贡山、福贡、泸水、保山、腾冲、龙陵。15-1。

21b 柔毛云南越橘 Vaccinium duclouxii var. **pubipes** C. Y. Wu

产独龙江（独龙江考察队 782）；海拔 1360~2500 m；分布于贡山、福贡、泸水、保山、腾冲。15-1。

22a 樟叶越橘 Vaccinium dunalianum (C. B. Clarke) Ridley

产独龙江（独龙江考察队 6294）；海拔 1450~2500 m；分布于贡山、保山、腾冲。14-1。

22b 尾叶越橘 Vaccinium dunalianum var. **urophyllum** Rehder & E. H. Wilson

产独龙江（独龙江考察队 5493）；海拔 1360~2200 m；分布于贡山、福贡、泸水、腾冲。14-1。

23 隐距越橘 Vaccinium exaristatum Kurz

产铜壁关（据《云南铜壁关自然保护区科学考察研究》）；海拔 950~1700 m；分布于盈江。7。

24 乌鸦果 Vaccinium fragile Franchet

产丙中洛（高黎贡山考察队 14593）；海拔 1458～1900 m；分布于贡山。15-1。

25 软骨边越橘 Vaccinium gaultheriifolium (Griffith) J. D. Hooker ex C. B. Clarke

产独龙江（独龙江考察队 6983）；海拔 1380～2760 m；分布于贡山、泸水。14-2。

26 粉白越橘 Vaccinium glaucoalbum J. D. Hooker ex C. B. Clarke

产独龙江（高黎贡山考察队 22081）；海拔 2760 m；分布于贡山。14-2。

27 长冠越橘 Vaccinium harmandianum Dop

产铜壁关（据《云南铜壁关自然保护区科学考察研究》）；海拔 1100～2000 m；分布于盈江。7。

28 黄背越橘 Vaccinium iteophyllum Hance

产独龙江（独龙江考察队 5421）；海拔 1650～1700 m；分布于贡山。15-1。

29 卡钦越橘 Vaccinium kachinense Brandis

产界头（高黎贡山考察队 30051）；海拔 2160～2430 m；分布于腾冲。14-1。

30 羽毛越橘 Vaccinium lanigerum Sleumer

产独龙江（独龙江考察队 3373）；海拔 1300～1450 m；分布于贡山。14-1。

31 白果越橘 Vaccinium leucobotrys (Nuttall) G. Nicholson

产独龙江（独龙江考察队 5850）；海拔 1300～2770 m；分布于贡山、福贡、泸水、保山、腾冲、龙陵。14-2。

32 江南越橘 Vaccinium mandarinorum Diels

产百花岭（高黎贡山考察队 13945）；海拔 1560～2650 m；分布于贡山、泸水、保山、腾冲。15-1。

33 大苞越橘 Vaccinium modestum W. W. Smith

产丹珠（高黎贡山考察队 11952）；海拔 3000～3710 m；分布于贡山、福贡。14-2。

34 毛萼越橘 Vaccinium pubicalyx Franchet

产曲石（高黎贡山考察队 11225）；海拔 1510～1980 m；分布于腾冲。14-1。

35 西藏越橘 Vaccinium retusum (Griffith) J. D. Hooker ex C. B. Clarke

产丹珠（高黎贡山考察队 11830）；海拔 2500～2650 m；分布于贡山。14-2。

36 岩生越橘 Vaccinium scopulorum W. W. Smith

产新华（高黎贡山考察队 31122）；海拔 1510～2020 m；分布于泸水、腾冲、龙陵。14-2。

37 荚蒾叶越橘 Vaccinium sikkimense C. B. Clarke

产独龙江（独龙江考察队 6956）；海拔 2500～3810 m；分布于贡山、福贡。15-1。

218 水晶兰科 Monotropaceae

1 松下兰 Monotropa hypopitys Linnaeus

产龙江（高黎贡山考察队 17835）；海拔 1980 m；分布于贡山、龙陵。8。

2 水晶兰 Monotropa uniflora Linnaeus

产独龙江（独龙江考察队 6904）；海拔 1850～3100 m；分布于贡山、福贡、保山、腾冲、龙陵。9。

3 球果假沙晶兰 Monotropastrum humile (D. Don) H. Hara

产其期至机都途中（青藏队 8235）；海拔 2300 m；分布于贡山、福贡、腾冲。7。

219　岩梅科 Diapensiaceae

1 岩匙 Berneuxia thibetica Decaisne
产独龙江（独龙江考察队 371）；海拔 1990～4020 m；分布于贡山、福贡。15-1。

2 喜马拉雅岩梅 Diapensia himalaica J. D. Hooker & Thomson
产东哨房至垭口途中（高黎贡山考察队 12664）；海拔 3620～3810 m；分布于贡山、福贡、泸水。14-2。

3 红花岩梅 Diapensia purpurea Diels
产东哨房至垭口途中（高黎贡山考察队 12689）；海拔 3300～4160 m；分布于贡山、福贡、泸水。14-1。

221　柿树科 Ebenaceae

1 岩柿 Diospyros dumetorum W. W. Smith
产百花岭（高黎贡山考察队 19082）；海拔 1520 m；分布于贡山、保山。14-1。

2 腾冲柿 Diospyros forrestii J. Anthony
产上营（高黎贡山考察队 31056）；海拔 1525～1650 m；分布于保山、腾冲。15-3。

3a 大花柿 Diospyros kaki var. **macrantha** Handel-Mazzetti
产茨开（高黎贡山考察队 13825）；海拔 1458～1520 m；分布于贡山。15-1。

3b 野柿 Diospyros kaki var. **silvestris** Makino
产独龙江（独龙江考察队 867）；海拔 1400～2000 m；分布于贡山、保山、龙陵。15-1。

4 君迁子 Diospyros lotus Linnaeus
产叛亢植物园（高黎贡山考察队 13323）；海拔 1530～2200 m；分布于保山、腾冲、龙陵。10。

5 网脉柿 Diospyros reticulinervis C. Y. Wu
产铜壁关（据《云南铜壁关自然保护区科学考察研究》）；海拔 1250 m；分布于盈江。15-2。

6 云南柿 Diospyros yunnanensis Rehder & E. H. Wilson
产铜壁关（据《云南铜壁关自然保护区科学考察研究》）；海拔 230～350 m；分布于盈江。15-2。

222　山榄科 Sapotaceae

1 云南藏榄 Diploknema yunnanensis D. D. Tao，Z. H. Yang & Q. T. Zhang
产铜壁关（据《云南铜壁关自然保护区科学考察研究》）；海拔 500～820 m；分布于盈江。15-2。

2 大肉实树 Sarcosperma arboreum Buchanan
产芒宽（高黎贡山考察队 14029）；海拔 1510～1700 m；分布于保山。14-2。

3 小叶肉实树 Sarcosperma griffithii J. D. Hooker ex C. B. Clarke in J. D. Hooker
产铜壁关（据《云南铜壁关自然保护区科学考察研究》）；海拔 1500 m；分布于盈江。7。

4 绒毛肉实树 Sarcosperma kachinense Cowan
产铜壁关（据《云南铜壁关自然保护区科学考察研究》）；海拔 1120 m；分布于盈江。7。

5 滇刺榄 Xantolis stenosepala (Hu) P. Royen
产铜壁关（据《云南铜壁关自然保护区科学考察研究》）；海拔 400～1150 m；分布于盈江。15-2。

6 瑞丽刺榄 Xantolis shweliensis (W. W. Smith) P. Royen
产上营（高黎贡山考察队 11580）；海拔 2130～2200 m；分布于腾冲。15-2。

223 紫金牛科 Myrsinaceae

1 狗骨头 Ardisia aberrans (Walker) C. Y. Wu & C. Chen

产铜壁关（据《云南铜壁关自然保护区科学考察研究》）；海拔 1300～1600 m；分布于盈江。15-2。

2 伞形紫金牛 Ardisia corymbifera Mez

产铜壁关（据《云南铜壁关自然保护区科学考察研究》）；海拔 700～1500 m；分布于盈江。7。

3 剑叶紫金牛 Ardisia ensifolia E. Walker

产独龙江（独龙江考察队 4956）；海拔 2200 m；分布于贡山。15-1。

4 朱砂根 Ardisia crenata Sims

产独龙江（高黎贡山考察队 21102）；海拔 1330～2180 m；分布于贡山、福贡。14-1。

5 瑞丽紫金牛 Ardisia shweliensis W. W. Smith

产铜壁关（据《云南铜壁关自然保护区科学考察研究》）；海拔 1700～2000 m；分布于盈江。7。

6 酸苔菜 Ardisia solanacea Roxburgh

产昔马那邦（86 年考察队 1122）；海拔 400～950 m；分布于盈江。7。

7 雪下红 Ardisia villosa Roxburgh

产铜壁关（据《云南铜壁关自然保护区科学考察研究》）；海拔 700～1300 m；分布于盈江。7。

8 纽子果 Ardisia virens Kurz

产独龙江（独龙江考察队 452）；海拔 1240～3070 m；分布于贡山、福贡、泸水、保山、腾冲、龙陵。7。

9 南方紫金牛 Ardisia thyrsiflora D. Don

产芒宽（刀志灵、崔景云 9420）；海拔 1500 m；分布于保山。14-2。

10 多花酸藤子 Embelia floribunda Wallich

产独龙江（独龙江考察队 1063）；海拔 1080～2770 m；分布于贡山、泸水、福贡、保山、腾冲。14-2。

11 皱叶酸藤子 Embelia gamblei Kurz ex C. B. Clarke

产独龙江（独龙江考察队 4007）；海拔 2100～2650 m；分布于贡山、福贡、泸水、腾冲。14-2。

12 当归藤 Embelia parviflora Wallich ex A. de Candolle

产独龙江（独龙江考察队 877）；海拔 1350～2100 m；分布于贡山。7。

13 白花酸藤果 Embelia ribes N. L. Burman

产独龙江（独龙江考察队 998）；海拔 1250～1950 m；分布于贡山、福贡、泸水、保山、腾冲。7。

14 短梗酸藤子 Embelia sessiliflora Kurz

产百花岭（高黎贡山考察队 19151）；海拔 1100～1658 m；分布于保山、龙陵。14-1。

15 平叶酸藤子 Embelia undulata (Wallich) Mez

产独龙江（独龙江考察队 559）；海拔 1300～1967 m；分布于贡山。14-2。

16 密齿酸藤子 Embelia vestita Roxburgh

产上营（高黎贡山考察队 11373）；海拔 1410～1940 m；分布于贡山、腾冲。14-2。

17 坚髓杜茎山 Maesa ambigua C. Y. Wu & C. Chen

产芒宽（李恒、郭辉军、李正波、施晓春 20）；海拔 1800 m；分布于保山。14-1。

18 银叶杜茎山 Maesa argentea (Wallich) A. de Candolle

产莲山（文绍康 580733）；海拔 1500～1800 m；分布于盈江。7。

19 密腺杜茎山 Maesa chisia Buchanan-Hamilton ex D. Don

产独龙江（独龙江考察队 644）；海拔 980～2540 m；分布于贡山、福贡、泸水、保山、腾冲、龙陵。14-2。

20 包疮叶 Maesa indica (Roxburgh) A. de Candolle

产卡场草坝寨（香料植物考察队 85-216）；海拔 600～1600 m；分布于盈江。7。

21 隐纹杜茎山 Maesa manipurensis Mez in Engler

产盈江到瑞丽途中（秦仁昌 50117）；海拔 1600～1900 m；分布于盈江。7。

22 毛脉杜茎山 Maesa marioniae Merrill

产铜壁关（据《云南铜壁关自然保护区科学考察研究》）；海拔 1600～2050 m；分布于盈江。7。

23 金珠柳 Maesa montana A. de Candolle

产铜壁关（据《云南铜壁关自然保护区科学考察研究》）；海拔 650～1800 m；分布于盈江。7。

24 毛杜茎山 Maesa permollis Kurz

产昔马那邦（86 年考察队 1092）；海拔 350～1200 m；分布于盈江。7。

25 鲫鱼胆 Maesa perlarius (Loureiro) Merrill

产独龙江（独龙江考察队 4534）；海拔 1250～2200 m；分布于贡山、福贡、泸水、保山、腾冲、龙陵。14-1。

26 称杆树 Maesa ramentacea (Roxburgh) A. de Candolle

产铜壁关（据《云南铜壁关自然保护区科学考察研究》）；海拔 1450 m；分布于盈江。7。

27 皱叶杜茎山 Maesa rugosa C. B. Clarke

产丹当公园（独龙江考察队 183）；海拔 1420～2390 m；分布于贡山。14-2。

28 纹果杜茎山 Maesa striatocarpa C. Chen

产五合（高黎贡山考察队 17185）；海拔 1410～1880 m；分布于保山、腾冲、龙陵。15-2。

29 铁仔 Myrsine africana Linnaeus

产丙中洛（李恒、刀志灵、李嵘 649）；海拔 1600～2100 m；分布于贡山。6。

30 平叶密花树 Myrsine faberi (Mez) Pipoly & C. Chen

产铜壁关（据《云南铜壁关自然保护区科学考察研究》）；海拔 1800 m；分布于盈江。15-1。

31 密花树 Myrsine seguinii H. Léveillé

产百花岭（高黎贡山考察队 13523）；海拔 680～1700 m；分布于福贡、保山、腾冲。14-3。

32 针齿铁仔 Myrsine semiserrata Wallich

产独龙江（独龙江考察队 3865）；海拔 1300～2800 m；分布于贡山、福贡、泸水、保山、腾冲、龙陵。14-2。

224 安息香科 Styracaceae

1 赤杨叶 Alniphyllum fortunei Makino

产铜壁关（据《云南铜壁关自然保护区科学考察研究》）；海拔 750～1300 m；分布于盈江。7。

2 双齿山茉莉 Huodendron biaristatum (W. W. Smith) Rehder

产上营（高黎贡山考察队 25207）；海拔 1900～2340 m；分布于贡山、腾冲、龙陵。14-1。

3 西藏山茉莉 Huodendron tibeticum (J. Anthony) Rehder

产利沙底（高黎贡山考察队 27513）；海拔 1310～1660 m；分布于福贡。14-1。

4 绒毛山茉莉 Huodendron tomentosum Y. C. Tang ex S. M. Hwang

产丙中洛（青藏队 7949）；海拔 1900 m；分布于贡山。15-2。

5 茉莉果 Parastyrax lacei (W. W. Smith) W. W. Smith

产盈江到瑞丽途中（秦仁昌 50215）；海拔 960～1300 m；分布于盈江。7。

6 贡山木瓜红 Rehderodendron gongshanense Y. C. Tang

产独龙江（高黎贡山考察队 15221）；海拔 1270～1400 m；分布于贡山。15-3。

7 瓦山安息香 Styrax perkinsiae Rehder

产明光（高黎贡山考察队 30519）；海拔 2000 m；分布于贡山、福贡、泸水、腾冲。15-1。

8 大花野茉莉 Styrax grandiflorus Griffith

产丙中洛（高黎贡山考察队 31805）；海拔 2530 m；分布于贡山、泸水。14-1。

9 野茉莉 Styrax japonicus Siebold & Zuccarini

产丹珠（高黎贡山考察队 11907）；海拔 1530～2470 m；分布于福贡、腾冲。14-3。

10 粉花安息香 Styrax roseus Dunn

产丙中洛（冯国楣 7454）；海拔 1800 m；分布于贡山。15-1。

11 栓叶安息香 Styrax suberifolius Hook. & Arn.

产铜壁关（据《云南铜壁关自然保护区科学考察研究》）；海拔 800～1200 m；分布于盈江。7。

12 越南安息香 Styrax tonkinensis Craib ex Hartwich

产铜壁关（据《云南铜壁关自然保护区科学考察研究》）；海拔 400～1200 m；分布于盈江。7。

225 山矾科 Symplocaceae

1 薄叶山矾 Symplocos anomala Brand

产茨开（高黎贡山考察队 12250）；海拔 1650～2500 m；分布于贡山、福贡、保山、腾冲、龙陵。7。

2 越南山矾 Symplocos cochinchinensis (Loureiro) S. Moore

产独龙江（青藏队 9358）；海拔 1500～2000 m；分布于贡山、福贡。5。

3 坚木山矾 Symplocos dryophila C. B. Clarke

产独龙江（独龙江考察队 742）；海拔 1330～3400 m；分布于贡山、福贡、泸水、腾冲。14-2。

4 羊舌树 Symplocos glauca (Thunberg) Koidzumi

产界头（Forrest 24641）；海拔 2500 m；分布于腾冲。14-3。

5 团花山矾 Symplocos glomerata King ex C. B. Clarke

产独龙江（独龙江考察队 1949）；海拔 800～2770 m；分布于贡山、福贡、泸水、腾冲、龙陵。14-2。

6 毛山矾 Symplocos groffii Merrill

产芒宽（高黎贡山植被组 2-116）；海拔 1300 m；分布于保山。14-1。

7 绒毛滇南山矾 Symplocos hookeri C. B. Clarke

产猴桥（施晓春 353）；海拔 1500 m；分布于腾冲。14-1。

8 黄牛奶树 Symplocos cochinchinensis var. **laurina** (Retzius) Nooteboom

产独龙江（独龙江考察队 1943）；海拔 1400～2900 m；分布于贡山、福贡、保山、腾冲、龙陵。5。

9 白檀 Symplocos paniculata (Thunberg) Miquel

产大塘（高黎贡山考察队 11369）；海拔 1250～2200 m；分布于腾冲、龙陵。14-1。

10 吊钟山矾 Symplocos pendula Wight

产独龙江（独龙江考察队 6658）；海拔 1500～1900 m；分布于贡山、福贡。7。

11 珠仔树 Symplocos racemosa Roxburgh

产镇安（高黎贡山考察队 23917）；海拔 1190 m；分布于泸水、腾冲、龙陵。14-1。

12 多花山矾 Symplocos ramosissima Wallich ex G. Don

产独龙江（独龙江考察队 4859）；海拔 1350～2700 m；分布于贡山、福贡、泸水、保山、腾冲、龙陵。14-2。

13 沟槽山矾 Symplocos sulcata Kurz

产芒宽（高黎贡山考察队 14100）；海拔 1470～1770 m；分布于保山。15-1。

14 山矾 Symplocos sumuntia Buchanan-Hamilton ex D. Don

产古永（南水北调队 6692）；海拔 1950 m；分布于泸水、保山、腾冲。14-1。

15 光亮山矾 Symplocos lucida (Thunberg) Siebold & Zuccarini

产独龙江（独龙江考察队 6925）；海拔 1880～3020 m；分布于贡山、福贡、泸水、腾冲。7。

16 绿枝山矾 Symplocos viridissima Brand

产独龙江（独龙江考察队 788）；海拔 1300～2400 m；分布于贡山。14-2。

17 木核山矾 Symplocos xylopyrena C. Y. Wu ex Y. F. Wu

产独龙江（独龙江考察队 6720）；海拔 1300～2400 m；分布于贡山。15-1。

228 马钱科 Loganiaceae

1 驳骨丹 Buddleja asiatica Loureiro

产独龙江（独龙江考察队 221）；海拔 1030～2300 m；分布于贡山、福贡、泸水、保山、腾冲。7。

2 大花醉鱼草 Buddleja colvilei J. D. Hooker & Thomson

产独龙江（高黎贡山考察队 12884）；海拔 2750～2800 m；分布于贡山、福贡、保山。14-2。

3 腺叶醉鱼草 Buddleja delavayi Gagnepain

产界头（高黎贡山考察队 30398）；海拔 1970 m；分布于腾冲。15-1。

4 紫花醉鱼草 Buddleja fallowiana I. B. Balfour & W. W. Smith

产独龙江（独龙江考察队 6720）；海拔 1310～2630 m；分布于贡山、泸水。15-1。

5 滇川醉鱼草 Buddleja forrestii Diels

产上帕（碧江队 1768）；海拔 3020～3100 m；分布于贡山、福贡、泸水、腾冲。14-2。

6 大序醉鱼草 Buddleja macrostachya Wallich

产界头（高黎贡山考察队 13621）；海拔 2050～3250 m；分布于贡山。14-2。

7 酒药花醉鱼草 Buddleja myriantha Diels

产独龙江（独龙江考察队 190）；海拔 1460～2940 m；分布于贡山、福贡、泸水、保山。14-1。

8 金沙江醉鱼草 Buddleja nivea Duthie

产铜壁关（据《云南铜壁关自然保护区科学考察研究》）；海拔 2000 m；分布于盈江。15-1。

9 密蒙花 Buddleja officinalis Maximowicz

产亚坪（高黎贡山考察队 19823）；海拔 1160～2050 m；分布于福贡、泸水、保山。14-1。

10 云南醉鱼草 Buddleja yunnanensis Gagnepain

产铜壁关（据《云南铜壁关自然保护区科学考察研究》）；海拔 1000～1400 m；分布于盈江。15-2。

11 灰莉 Fagraea ceilanica Thunberg

产独龙江（独龙江考察队 4462）；海拔 1250～1300 m；分布于贡山。7。

12 卵叶蓬莱葛 Gardneria ovata Wallich in Roxburgh

产铜壁关（据《云南铜壁关自然保护区科学考察研究》）；海拔 900～1550 m；分布于盈江。7。

13 钩吻 Gelsemium elegans (Gardner & Champion) Bentham

产铜壁关（据《云南铜壁关自然保护区科学考察研究》）；海拔 760～1450 m；分布于盈江。7。

14 度量草 Mitreola petiolata (J. F. Gmelin) Torrey & A. Gray

产铜壁关（据《云南铜壁关自然保护区科学考察研究》）；海拔 1300～1500 m；分布于盈江。2。

15 毛叶度量草 Mitreola pedicellata Bentham

产片马（南水北调队 8116）；海拔 1600 m；分布于泸水。14-2。

16 狭叶蓬莱葛 Gardneria angustifolia Wallich

产姚家坪（高黎贡山考察队 8213）；海拔 2410～2600 m；分布于贡山、泸水、保山。14-2。

17 毛柱马钱 Strychnos nitida G. Don

产铜壁关（据《云南铜壁关自然保护区科学考察研究》）；海拔 500～800 m；分布于盈江。7。

18 长籽马钱 Strychnos wallichiana Steudel ex A. de Candolle

产铜壁关（据《云南铜壁关自然保护区科学考察研究》）；海拔 350～700 m；分布于盈江。7。

229 木犀科 Oleaceae

1 象蜡树 Fraxinus platypoda Oliver

产茨开（冯国楣 25049）；海拔 2600 m；分布于贡山。14-3。

2 锡金梣 Fraxinus sikkimensis (Lingelsheim) Handel-Mazzetti

产片马吴中（南水北调队 8345）；海拔 2300 m；分布于贡山、泸水、腾冲。14-2。

3 大叶素馨 Jasminum attenuatum Roxburgh ex G. Don

产昔马至班坝途中（陶国达 13124）；海拔 1200～1600 m；分布于盈江。7。

4 红茉莉 Jasminum beesianum Forrest & Diels

产明光（高黎贡山考察队 30570）；海拔 2070 m；分布于腾冲。15-1。

5 双子素馨 Jasminum dispermum Wallich

产界头（高黎贡山考察队 11101）；海拔 2146～2200 m；分布于腾冲。14-2。

6 丛林素馨 Jasminum duclouxii (H. Léveillé) Rehder

产独龙江（独龙江考察队 1274）；海拔 1300～2290 m；分布于贡山、保山、腾冲、龙陵。15-1。

7 盈江素馨 Jasminum flexile Vahl

产铜壁关（据《云南铜壁关自然保护区科学考察研究》）；海拔 300～500 m；分布于盈江。7。

8 矮探春 Jasminum humile Linnaeus

产独龙江（独龙江考察队 2220）；海拔 1850～2200 m；分布于贡山。12。

9 清香藤 Jasminum lanceolaria Roxburgh

产独龙江（独龙江考察队 6879）；海拔 1330～2550 m；分布于贡山、福贡、泸水、保山、腾冲。14-2。

10 小萼素馨 Jasminum microcalyx Hance

产百花岭（高黎贡山考察队 19004）；海拔 680～2100 m；分布于泸水、保山。14-1。

11 青藤仔 Jasminum nervosum Loureiro

产卡场草坝寨（香料植物考察队 85-215）；海拔 500～1700 m；分布于盈江。7。

12a 素方花 Jasminum officinale Linnaeus

产铜壁关（据《云南铜壁关自然保护区科学考察研究》）；海拔 1900～2300 m；分布于盈江。7。

12b 具毛素方花 Jasminum officinale var. **piliferum** P. Y. Bai

产匹河（青藏队 73-349）；海拔 2650 m；分布于福贡。14-1。

13 华清香藤 Jasminum sinense Hemsley

产丙中洛（高黎贡山考察队 33473）；海拔 1460 m；分布于贡山。15-1。

14 滇素馨 Jasminum subhumile W. W. Smith

产洛本卓（高黎贡山考察队 25494）；海拔 1030～1800 m；分布于贡山、福贡、泸水、保山、腾冲、龙陵。14-2。

15 腺叶素馨 Jasminum subglandulosum Kurz

产铜壁关（据《云南铜壁关自然保护区科学考察研究》）；海拔 1560 m；分布于盈江。7。

16 密花素馨 Jasminum tonkinense Gagnepain

产铜壁关（据《云南铜壁关自然保护区科学考察研究》）；海拔 850～1700 m；分布于盈江。7。

17 川素馨 Jasminum urophyllum Hemsley

产大塘（高黎贡山考察队 11329）；海拔 1440～2650 m；分布于泸水、保山、腾冲、龙陵。15-1。

18 元江素馨 Jasminum yuanjiangense P. Y. Bai

产界头（高黎贡山考察队 29132）；海拔 2200 m；分布于腾冲。14-2。

19 长叶女贞 Ligustrum compactum (Wallich ex G. Don) J. D. Hooker & Thomson ex Brandis

产镇安（高黎贡山考察队 23645）；海拔 690～1252 m；分布于贡山、福贡、泸水、保山、腾冲、龙陵。14-2。

20 散生女贞 Ligustrum confusum Decaisne

产界头（高黎贡山考察队 13628）；海拔 1321～2320 m；分布于福贡、泸水、腾冲。14-2。

21 川滇蜡树 Ligustrum delavayanum Hariot

产独龙江（独龙江考察队 3203）；海拔 1420～2300 m；分布于贡山、泸水、腾冲。15-1。

22 女贞 Ligustrum lucidum W. T. Aiton

产匹河（高黎贡山考察队 27305）；海拔 1420～2037 m；分布于贡山、福贡、泸水、保山、龙陵。15-1。

23 小叶女贞 Ligustrum quihoui Carrière

产铜壁关（据《云南铜壁关自然保护区科学考察研究》）；海拔 1900～2200 m；分布于盈江。15-1。

24 小蜡 Ligustrum sinense Loureiro

产独龙江（独龙江考察队 1380）；海拔 1310～2438 m；分布于贡山、腾冲。14-1。

25 兴仁女贞 Ligustrum xingrenense D. J. Liu

产界头（高黎贡山考察队 30343）；海拔 2060 m；分布于腾冲。15-1。

26 疏花木犀榄 Olea laxiflora H. L. Li

产独龙江（独龙江考察队 776）；海拔 1360～2100 m；分布于贡山。15-3。

27 云南木犀榄 Olea tsoongii (Merrill) P. S. Green

产百花岭（高黎贡山考察队 13524）；海拔 1540～2137 m；分布于贡山、福贡、腾冲、保山。15-1。

28 蒙自桂花 Osmanthus henryi P. S. Green

产上营（高黎贡山考察队 11570）；海拔 1700～2170 m；分布于贡山、腾冲。15-1。

29 厚边木犀 Osmanthus marginatus (Champion ex Bentham) Hemsley

产猴桥（南水北调队 6798）；海拔 1800 m；分布于腾冲。14-3。

30 牛矢果 Osmanthus matsumuranus Hayata

产铜壁关（据《云南铜壁关自然保护区科学考察研究》）；海拔 900～1400 m；分布于盈江。7。

31 野桂花 Syringa yunnanensis Franchet

产普拉底（南水北调队 9313）；海拔 2300 m；分布于贡山。15-1。

230 夹竹桃科 Apocynaceae

1 云南香花藤 Aganosma cymosa (Roxburgh) G. Don

产匹河（怒江考察队 453）；海拔 1400 m；分布于福贡。14-1。

2 海南香花藤 Aganosma schlechteriana H. Léveillé

产六库（韩裕丰等 81-507）；海拔 1400 m；分布于泸水。14-1。

3 糖胶树 Alstonia scholaris (Linnaeus) R. Brown

产铜壁关（AnonymousY0798）；海拔 600～1350 m；分布于盈江。5。

4 鸡骨常山 Alstonia yunnanensis Diels

产镇安（高黎贡山考察队 23879）；海拔 1250 m；分布于龙陵。15-1。

5 长序链珠藤 Alyxia siamensis Craib

产独龙江（独龙江考察队 3955）；海拔 1300～1360 m；分布于贡山。14-1。

6 平脉藤 Anodendron formicinum (Tsiang & P. T. Li) D. J. Middleton

产铜壁关（据《云南铜壁关自然保护区科学考察研究》）；海拔 1600～1850 m；分布于盈江。15-2。

7 清明花 Beaumontia grandiflora Wallich

产铜壁关（据《云南铜壁关自然保护区科学考察研究》）；海拔 350～800 m；分布于盈江。7。

8 云南清明花 Beaumontia khasiana J. D. Hooker

产上营（高黎贡山考察队 31049）；海拔 691～1711 m；分布于贡山、福贡、保山、腾冲。14-1。

9 闷奶果 Bousigonia angustifolia Pierre

产铜壁关（据《云南铜壁关自然保护区科学考察研究》）；海拔 600～1400 m；分布于盈江。7。

10 假虎刺 Carissa spinarum Linnaeus

产铜壁关（据《云南铜壁关自然保护区科学考察研究》）；海拔 1340 m；分布于盈江。7。

11 大叶鹿角藤 Chonemorpha fragrans (Moon) Alston

产铜壁关（据《云南铜壁关自然保护区科学考察研究》）；海拔 500～1200 m；分布于盈江。7。

12 漾濞鹿角藤 Chonemorpha griffithii J. D. Hooker

产坝湾至大蒿坪途中（高黎贡山考察队 26142）；海拔 680 m；分布于贡山、保山。14-2。

13 止泻木 Holarrhena pubescens Wallich ex G. Don

产铜壁关（据《云南铜壁关自然保护区科学考察研究》）；海拔 300～700 m；分布于盈江。6。

14 腰骨藤 Ichnocarpus frutescens (Linnaeus) W. T. Aiton

产芒宽（施晓春、杨世雄 545）；海拔 800 m；分布于保山。5。

15 麻栗坡少花藤 Ichnocarpus malipoensis (Tsiang & P. T. Li) D. J. Middleton
产铜壁关（据《云南铜壁关自然保护区科学考察研究》）；海拔 1100 m；分布于盈江。15-2。

16 小花藤 Ichnocarpus polyanthus (Blume) P. I. Forster
产芒宽（高黎贡山考察队 26151）；海拔 680～1250 m；分布于保山、腾冲、龙陵。7。

17 思茅山橙 Melodinus cochinchinensis (Loureiro) Merrill
产铜壁关（据《云南铜壁关自然保护区科学考察研究》）；海拔 800～1400 m；分布于盈江。7。

18 川山橙 Melodinus hemsleyanus Diels
产铜壁关（据《云南铜壁关自然保护区科学考察研究》）；海拔 1580～1700 m；分布于盈江。15-1。

19 景东山橙 Melodinus khasianus J. D. Hooker
产镇安（高黎贡山考察队 10796）；海拔 1960～2230 m；分布于泸水、保山、腾冲、龙陵。14-1。

20 雷打果 Melodinus yunnanensis Tsiang & P. T. Li
产鹿马登（高黎贡山考察队 19940）；海拔 1259 m；分布于福贡。15-1。

21 长节珠 Parameria laevigata (Juss.) Moldenke
产铜壁关（据《云南铜壁关自然保护区科学考察研究》）；海拔 800～1500 m；分布于盈江。14-1。

22 帘子藤 Pottsia laxiflora Kuntze
产铜壁关（据《云南铜壁关自然保护区科学考察研究》）；海拔 800～1600 m；分布于盈江。7。

23 蛇根木 Rauvolfia serpentina (Linnaeus) Bentham ex Kurz
产铜壁关（据《云南铜壁关自然保护区科学考察研究》）；海拔 450～930 m；分布于盈江。7。

24 萝芙木 Rauvolfia verticillata (Loureiro) Baillon
产潞江（高黎贡山考察队 23537）；海拔 691 m；分布于保山。7。

25 药用狗牙花 Tabernaemontana bovina Loureiro
产铜壁关（据《云南铜壁关自然保护区科学考察研究》）；海拔 380～900 m；分布于盈江。7。

26 狗牙花 Tabernaemontana divaricata (Linnaeus) R. Brown ex Roemer & Schultes
产铜壁关（据《云南铜壁关自然保护区科学考察研究》）；海拔 400～800 m；分布于盈江。7。

27 亚洲络石 Trachelospermum asiaticum Nakai
产铜壁关（据《云南铜壁关自然保护区科学考察研究》）；海拔 1800～2250 m；分布于盈江。7。

28 紫花络石 Trachelospermum axillare J. D. Hooker
产独龙江（独龙江考察队 4178）；海拔 1310～1500 m；分布于贡山、福贡。15-1。

29 贵州络石 Trachelospermum bodinieri (H. Léveillé) Woodson
产独龙江（独龙江考察队 970）；海拔 1260～2190 m；分布于贡山、福贡、泸水、腾冲、龙陵。15-1。

30 络石 Trachelospermum jasminoides (Lindley) Lemaire
产独龙江（高黎贡山考察队 14188）；海拔 1455 m；分布于贡山、泸水。14-3。

31 杜仲藤 Urceola micrantha (Wallich ex G. Don) D. J. Middleton
产铜壁关（据《云南铜壁关自然保护区科学考察研究》）；海拔 400～1000 m；分布于盈江。14-1。

32 云南倒吊笔 Wrightia coccinea (Loddiges) Sims
产铜壁关（据《云南铜壁关自然保护区科学考察研究》）；海拔 850～900 m；分布于盈江。7。

33 蓝树 Wrightia laevis J. D. Hooker
产铜壁关（据《云南铜壁关自然保护区科学考察研究》）；海拔 500～1000 m；分布于盈江。5。

34 倒吊笔 Wrightia pubescens R. Brown

产铜壁关（据《云南铜壁关自然保护区科学考察研究》）；海拔 300～700 m；分布于盈江。5。

35 个溥 Wrightia sikkimensis Gamble

产六库（南水北调队 8032）；海拔 900 m；分布于泸水。14-2。

231 萝藦科 Asclepiadaceae

1 乳突果 Adelostemma gracillimum (Wallich ex Wight) J. D. Hooker

产铜壁关（据《云南铜壁关自然保护区科学考察研究》）；海拔 1300～1750 m；分布于盈江。7。

2 箭药藤 Belostemma hirsutum Wallich ex Wight

产独龙江（青藏队 9206）；海拔 1350 m；分布于贡山。14-2。

3 牛角瓜 Calotropis gigantea (Linnaeus) W. T. Aiton

产六库（南水北调队 s.n.）；海拔 850 m；分布于泸水。6。

4 西藏吊灯花 Ceropegia pubescens Wallich

产马吉（高黎贡山考察队 27915）；海拔 1080～1470 m；分布于贡山、福贡。14-2。

5 柳叶吊灯花 Ceropegia salicifolia H. Huber

产铜壁关（据《云南铜壁关自然保护区科学考察研究》）；海拔 1400～1700 m；分布于盈江。15-1。

6 古钩藤 Cryptolepis buchananii Schultes

产芒宽（高黎贡山考察队 17379）；海拔 940 m；分布于保山。14-2。

7 白叶藤 Cryptolepis sinensis (Wallich ex Wight) J. D. Hooker

产铜壁关（据《云南铜壁关自然保护区科学考察研究》）；海拔 1680～2000 m；分布于盈江。7。

8 白薇 Cynanchum atratum Bunge

产铜壁关（据《云南铜壁关自然保护区科学考察研究》）；海拔 1400～1950 m；分布于盈江。11。

9 牛皮消 Cynanchum auriculatum Royle ex Wight

产独龙江（高黎贡山考察队 32324）；海拔 1390～1406 m；分布于贡山。14-2。

10 美翼杯冠藤 Cynanchum callialatum Buchanan-Hamilton ex Wight

产铜壁关（据《云南铜壁关自然保护区科学考察研究》）；海拔 1200～1610 m；分布于盈江。7。

11 刺瓜 Cynanchum corymbosum Wight

产铜壁关（据《云南铜壁关自然保护区科学考察研究》）；海拔 820～1470 m；分布于盈江。7。

12 山白前 Cynanchum fordii Hemsley

产马吉（高黎贡山考察队 27612）；海拔 1710 m；分布于福贡。15-1。

13 大理白前 Cynanchum forrestii Schlechter

产界头（高黎贡山考察队 29436）；海拔 1510～2550 m；分布于贡山、泸水、腾冲。15-1。

14 朱砂藤 Cynanchum officinale (Hemsley) Tsiang & Zhang

产独龙江（独龙江考察队 5121）；海拔 1310 m；分布于贡山。15-1。

15 青羊参 Cynanchum otophyllum C. K. Schneider

产洛本卓（高黎贡山考察队 27960）；海拔 1910～3050 m；分布于贡山、福贡、泸水、腾冲。15-1。

16 昆明杯冠藤 Cynanchum wallichii Wight

产独龙江（青藏队 9476）；海拔 1900 m；分布于贡山。14-2。

17 尖叶眼树莲 Dischidia australis Tsiang & P. T. Li

产洛本卓（高黎贡山考察队 25518）；海拔 1140 m；分布于泸水。15-1。

18 圆叶眼树莲 Dischidia nummularia R. Brown

产独龙江（独龙江考察队 3166）；海拔 1300～1360 m；分布于贡山。5。

19 滴锡眼树莲 Dischidia tonkinensis Costantin

产六库（刘伟心 232）；海拔 900 m；分布于泸水。14-1。

20 南山藤 Dregea volubilis (Linnaeus f.) Bentham ex J. D. Hooker

产铜壁关（据《云南铜壁关自然保护区科学考察研究》）；海拔 1500 m；分布于盈江。7。

21 须花藤 Genianthus bicoronatus Klackenberg

产上帕（高黎贡山考察队 19284）；海拔 1236 m；分布于福贡。14-1。

22 纤冠藤 Gongronema napalense (Wallich) Decaisne

产利沙底（高黎贡山考察队 27399）；海拔 1330～1520 m；分布于福贡、保山、腾冲。14-2。

23 勐腊藤 Goniostemma punctatum Tsiang & P. T. Li

产芒宽至赧亢垭口途中（高黎贡山考察队 17545）；海拔 1220 m；分布于保山。15-2。

24 宽叶匙羹藤 Gymnema latifolium Wallich ex Wight

产铜壁关（据《云南铜壁关自然保护区科学考察研究》）；海拔 800～950 m；分布于盈江。7。

25 广东匙羹藤 Gymnema inodorum (Loureiro) Decaisne

产赧亢植物园（高黎贡山考察队 13250）；海拔 1570～3090 m；分布于贡山、保山、腾冲、龙陵。7。

26 云南匙羹藤 Gymnema yunnanensis Tsiang

产镇安（高黎贡山考察队 23918）；海拔 1190 m；分布于龙陵。15-1。

27 台湾醉魂藤 Heterostemma brownii Hayata

产铜壁关（据《云南铜壁关自然保护区科学考察研究》）；海拔 800～1850 m；分布于盈江。15-1。

28 勐海醉魂藤 Heterostemma menghaiense (H. Zhu & H. Wang) M. G. Gilbert & P. T. Li

产铜壁关（据《云南铜壁关自然保护区科学考察研究》）；海拔 900～2050 m；分布于盈江。15-2。

29 云南醉魂藤 Heterostemma wallichii Wight

产铜壁关（据《云南铜壁关自然保护区科学考察研究》）；海拔 850～1950 m；分布于盈江。7。

30 球兰 Hoya carnosa (Linnaeus f.) R. Brown

产镇安（高黎贡山考察队 23901）；海拔 1250 m；分布于龙陵。14-1。

31 景洪球兰 Hoya chinghungensis Tsiang & P. T. Li

产龙江（高黎贡山考察队 24754）；海拔 2078 m；分布于龙陵。15-2。

32 荷秋藤 Hoya griffithii J. D. Hooker

产铜壁关（据《云南铜壁关自然保护区科学考察研究》）；海拔 1200～1500 m；分布于盈江。7。

33 黄花球兰 Hoya fusca Wallic

产赧亢植物园（高黎贡山考察队 13140）；海拔 1900～2400 m；分布于贡山、福贡、泸水、保山、龙陵。14-2。

34 贡山球兰 Hoya lii C. M. Burton

产独龙江（青藏队 9253）；海拔 1400 m；分布于贡山。15-3。

35 线叶球兰 Hoya linearis Wallich ex D. Don

产丙中洛（南水北调队 8760）；海拔 1800 m；分布于贡山。14-2。

36 长叶球兰 Hoya longifolia Wallich ex Wight

产独龙江（高黎贡山考察队 21252）；海拔 1660 m；分布于贡山。14-2。

37 香花球兰 Hoya lyi H. Léveillé

产独龙江（高黎贡山考察队 21721）；海拔 1670 m；分布于贡山。15-1。

38 蜂出巢 Hoya multiflora Blume

产铜壁关（据《云南铜壁关自然保护区科学考察研究》）；海拔 760～950 m；分布于盈江。7。

39 凸脉球兰 Hoya nervosa Tsiang & P. T. Li

产龙江（高黎贡山考察队 17856）；海拔 1500～2220 m；分布于贡山、保山、龙陵。15-1。

40 琴叶球兰 Hoya pandurata Tsiang

产独龙江（独龙江考察队 909）；海拔 1350～2060 m；分布于贡山、腾冲、龙陵。15-2。

41 多脉球兰 Hoya polyneura J. D. Hooker

产独龙江（青藏队 9304）；海拔 1400 m；分布于贡山。14-2。

42 匙叶球兰 Hoya radicalis Tsiang & P. T. Li

产独龙江（高黎贡山考察队 20648）；海拔 1360 m；分布于贡山。15-1。

43 怒江球兰 Hoya salweenica Tsiang & P. T. Li

产独龙江（独龙江考察队 909）；海拔 1350 m；分布于贡山。15-3。

44 菖蒲球兰 Hoya siamica Craib

产独龙江（冯国楣 7568）；海拔 1650 m；分布于贡山。14-1。

45 山球兰 Hoya silvatica Tsiang & P. T. Li

产独龙江（独龙江考察队 4612）；海拔 1310～1400 m；分布于贡山、福贡、腾冲。15-1。

46 单花球兰 Hoya uniflora D. D. Tao

产百花岭（施晓春、杨世雄 544）；海拔 1810 m；分布于保山。15-3。

47 大白药 Marsdenia griffithii J. D. Hooker

产鹿马登（高黎贡山考察队 19622）；海拔 1278 m；分布于福贡、腾冲。14-2。

48 大叶牛奶菜 Marsdenia koi Tsiang

产丙中洛（高黎贡山考察队 7655）；海拔 1600 m；分布于贡山。14-1。

49 百灵草 Marsdenia longipes W. T. Wang

产铜壁关（据《云南铜壁关自然保护区科学考察研究》）；海拔 2000 m；分布于盈江。15-1。

50 海枫屯 Marsdenia officinalis Tsiang & P. T. Li

产上营（高黎贡山考察队 18538）；海拔 2180～2700 m；分布于福贡、腾冲。15-1。

51 喙柱牛奶菜 Marsdenia oreophila W. W. Smith

产独龙江（南水北调队 8722）；海拔 2300 m；分布于贡山。15-1。

52 通光散 Marsdenia tenacissima (Roxburgh) Moon

产上帕（高黎贡山考察队 19178）；海拔 1500 m；分布于福贡。14-2。

53 蓝叶藤 Marsdenia tinctoria R. Brown

产独龙江（高黎贡山考察队 24896）；海拔 1350 m；分布于贡山。7。

54 牛奶菜 Marsdenia sinensis Hemsley

产潞江至龙陵途中（高黎贡山考察队 2352）；海拔 1691～1970 m；分布于龙陵。15-1。

55 云南牛奶菜 Marsdenia yunnanensis (H. Léveillé) Woodson

产芒宽（施晓春、杨世雄 461）；海拔 1500 m；分布于保山。15-1。

56 翅果藤 Myriopteron extensum (Wight & Arnott) K. Schumann in Engler & Prantl

产铜壁关（据《云南铜壁关自然保护区科学考察研究》）；海拔 700～1400 m；分布于盈江。7。

57 尖槐藤 Oxystelma esculentum (Linnaeus f.) Smith in Rees

产铜壁关（据《云南铜壁关自然保护区科学考察研究》）；海拔 400～700 m；分布于盈江。6。

58 青蛇藤 Periploca calophylla (Wight) Falconer

产独龙江（高黎贡山考察队 3835）；海拔 1300～1380 m；分布于贡山、福贡、泸水。14-2。

59 多花青蛇藤 Periploca floribunda Tsiang

产鲁掌（南水北调队 10362）；海拔 1800 m；分布于贡山、福贡、泸水、腾冲。14-1。

60 黑龙骨 Periploca forrestii Schlechter

产匹河（高黎贡山考察队 7966）；海拔 1350～2240 m；分布于贡山、福贡、保山、腾冲。14-2。

61 大花藤 Raphistemma pulchellum (Roxburgh) Wallich

产蒲川（Yin Wenqing 1463）；海拔 1200 m；分布于腾冲。14-2。

62 须药藤 Stelmocrypton khasianum (Kurz) Baillon

产铜壁关（据《云南铜壁关自然保护区科学考察研究》）；海拔 1000～1600 m；分布于盈江。7。

63 暗消藤 Streptocaulon juventas (Loureiro) Merrill

产铜壁关（据《云南铜壁关自然保护区科学考察研究》）；海拔 1200～1650 m；分布于盈江。7。

64 锈毛弓果藤 Toxocarpus fuscus Tsiang

产铜壁关（据《云南铜壁关自然保护区科学考察研究》）；海拔 800～1550 m；分布于盈江。15-1。

65 西藏弓果藤 Toxocarpus himalensis Falconer ex J. D. Hooker

产铜壁关（据《云南铜壁关自然保护区科学考察研究》）；海拔 850～900 m；分布于盈江。7。

66 阔叶娃儿藤 Tylophora astephanoides Tsiang & P. T. Li

产潞江（高黎贡山考察队 17348）；海拔 900 m；分布于保山。15-2。

67 娃儿藤 Tylophora ovata (Lindley) Hooker ex Steudel

产上江（高黎贡山考察队 9833）；海拔 880 m；分布于泸水。15-1。

68 小叶娃儿藤 Tylophora flexuosa R. Brown

产铜壁关（据《云南铜壁关自然保护区科学考察研究》）；海拔 1000～1400 m；分布于盈江。7。

69 通天连 Tylophora koi Merrill

产明光（高黎贡山考察队 18064）；海拔 1170～2240 m；分布于保山。14-1。

70 云南娃儿藤 Tylophora yunnanensis Schlechter

产铜壁关（据《云南铜壁关自然保护区科学考察研究》）；海拔 1600～2230 m；分布于盈江。15-1。

232 茜草科 Rubiaceae

1 茜树 Aidia cochinchinensis Loureiro

产独龙江（高黎贡山考察队 32317）；海拔 680～1820 m；分布于贡山、福贡、保山、龙陵。14-1。

2 滇茜树 Aidia yunnanensis (Hutchinson) T. Yamazaki

产铜壁关（据《云南铜壁关自然保护区科学考察研究》）；海拔 700～1540 m；分布于盈江。7。

3 小雪花 Argostemma verticillatum Wallich in Roxburgh

产铜壁关（据《云南铜壁关自然保护区科学考察研究》）；海拔 1650～1900 m；分布于盈江。7。

4 滇簕茜 Benkara forrestii (J. Anthony) Ridsdale

产百花岭（施晓春、杨世雄 564）；海拔 1670～1777 m；分布于保山。15-2。

5a 滇短萼齿木 Brachytome hirtellata Hu

产独龙江（冯国楣 24189）；海拔 1255～2048 m；分布于贡山、福贡。15-2。

5b 疏毛短萼齿木 Brachytome hirtellata var. **glabrescens** W. C. Chen

产独龙江（T. T. Yü 20462）；海拔 2170 m；分布于贡山、龙陵。14-1。

6 短萼齿木 Brachytome wallichii J. D. Hooker

产独龙江（独龙江考察队 556）；海拔 1300～2200 m；分布于贡山。14-1。

7 猪肚木 Canthium horridum Blume

产铜壁关（据《云南铜壁关自然保护区科学考察研究》）；海拔 900～1200 m；分布于盈江。7。

8 大叶鱼骨木 Canthium simile Merr. & Chun

产铜壁关（据《云南铜壁关自然保护区科学考察研究》）；海拔 700～800 m；分布于盈江。7。

9 山石榴 Catunaregam spinosa (Thunberg) Tirvengadum

产铜壁关（据《云南铜壁关自然保护区科学考察研究》）；海拔 800 m；分布于盈江。6。

10 风箱树 Cephalanthus tetrandrus (Roxburgh) Ridsdale & Bakhuizen f.

产茨开（高黎贡山考察队 11754）；海拔 1600～1900 m；分布于贡山。14-1。

11 弯管花 Chassalia curviflora (Wallich) Thwaites

产铜壁关（林芹 770764）；海拔 400～800 m；分布于盈江。7。

12 岩上珠 Clarkella nana (Edgeworth) J. D. Hooker

产铜壁关（据《云南铜壁关自然保护区科学考察研究》）；海拔 1500～1700 m；分布于盈江。7。

13 毛狗骨柴 Diplospora fruticosa Hemsley

产铜壁关（秦仁昌 50133）；海拔 1300～1600 m；分布于盈江。7。

14 长柱山丹 Duperrea pavettifolia (Kurz) Pitard in Lecomte

产铜壁关（据《云南铜壁关自然保护区科学考察研究》）；海拔 400～1500 m；分布于盈江。7。

15 虎刺 Damnacanthus indicus C. F. Gaertner

产独龙江（独龙江考察队 6269）；海拔 1300～2770 m；分布于贡山、福贡、泸水、保山、腾冲。14-1。

16 瑞丽茜树 Fosbergia shweliensis (J. Anthony) Tirvengadum & Sastre

产上营（高黎贡山考察队 11584）；海拔 1190～2220 m；分布于保山、腾冲、龙陵。15-3。

17 尖瓣拉拉藤 Galium acutum Edgeworth

产独龙江（Handel-Mazzett 9773）；海拔 2800 m；分布于贡山。14-2。

18a 楔叶葎 Galium asperifolium Wallich

产独龙江（独龙江考察队 388）；海拔 1400～1990 m；分布于贡山、福贡、腾冲。14-2。

18b 小叶葎 Galium asperifolium var. **sikkimense** (Gandoger) Cufodontis

产独龙江（独龙江考察队 1644）；海拔 1080～3010 m；分布于贡山、福贡、泸水、保山、腾冲、龙陵。14-2。

19 四叶葎 Galium bungei Steudel

产独龙江（独龙江考察队 1083）；海拔 1770～2950 m；分布于贡山、福贡、泸水、保山、腾冲、龙陵。14-3。

20a 小红参 Galium elegans Wallich

产独龙江（高黎贡山考察队 15324）；海拔 1080～3000 m；分布于贡山、福贡、泸水、保山、龙陵。14-2。

20b 广西拉拉藤 Galium elegans var. glabriusculum Requien ex Candolle

产茨开（高黎贡山考察队 12155）；海拔 1080～3000 m；分布于贡山、福贡、保山、腾冲、龙陵。14-2。

20c 肾柱拉拉藤 Galium elegans var. nephrostigmaticum (Diels) W. C. Chen

产独龙江（独龙江考察队 1031）；海拔 1350～1635 m；分布于贡山、福贡、泸水、腾冲。15-1。

21 六叶律 Galium hoffmeisteri (Klotzsch) Ehrendorfer & Schönbeck-Temesy ex R. R. Mill

产独龙江（独龙江考察队 388）；海拔 1400～3340 m；分布于贡山、福贡、泸水、腾冲。14-1。

22 小猪殃殃 Galium innocuum Miquel

产猴桥（高黎贡山考察队 30687）；海拔 1530～3250 m；分布于贡山、腾冲、龙陵。7。

23 怒江拉拉藤 Galium salwinense Handel-Mazzetti

产茨开（高黎贡山考察队 12830）；海拔 1460～1570 m；分布于贡山。15-1。

24 猪殃殃 Galium spurium Linnaeus

产独龙江（独龙江考察队 6373）；海拔 1160～2400 m；分布于贡山、福贡。1。

25 爱地草 Geophila repens (Linnaeus) I. M. Johnston

产铜壁关（据《云南铜壁关自然保护区科学考察研究》）；海拔 600 m；分布于盈江。2。

26 心叶木 Haldina cordifolia (Roxburgh) Ridsdale

产铜壁关（据《云南铜壁关自然保护区科学考察研究》）；海拔 240～400 m；分布于盈江。7。

27 耳草 Hedyotis auricularia Linnaeus

产六库赖茂（独龙江考察队 66）；海拔 710～800 m；分布于贡山、泸水。5。

28 双花耳草 Hedyotis biflora (Linnaeus) Lamarck

产铜壁关（据《云南铜壁关自然保护区科学考察研究》）；海拔 1100～1450 m；分布于盈江。7。

29 头花耳草 Hedyotis capitellata Wallich ex G. Don

产独龙江（独龙江考察队 281）；海拔 1300～1900 m；分布于贡山。7。

30 金毛耳草 Hedyotis chrysotricha (Palibin) Merrill

产独龙江（独龙江考察队 1044）；海拔 1350～1800 m；分布于贡山、泸水。14-3。

31 伞房花耳草 Hedyotis corymbosa (Linnaeus) Lamarck

产百花岭（施晓春、杨世雄 522）；海拔 1500～1540 m；分布于保山、腾冲。2。

32 白花蛇舌草 Hedyotis diffusa Willdenow

产铜壁关（据《云南铜壁关自然保护区科学考察研究》）；海拔 1100～1900 m；分布于盈江。14-1。

33 脉耳草 Hedyotis vestita R. Brown ex G. Don

产上江（孙航 1651）；海拔 1200 m；分布于泸水。7。

34 牛白藤 Hedyotis hedyotidea (Candolle) Merrill

产百花岭（施晓春、杨世雄 522）；海拔 1200 m；分布于保山。14-1。

35 丹草 Hedyotis herbacea Linnaeus

产上帕（周元川 770；李汝贤 682）；海拔 2300 m；分布于福贡。6。

36 松叶耳草 Hedyotis pinifolia Wallich ex G. Don

产铜壁关（据《云南铜壁关自然保护区科学考察研究》）；海拔 1200～1750 m；分布于盈江。7。

37 攀茎耳草 Hedyotis scandens Roxburgh

产独龙江（独龙江考察队 576）；海拔 1060～2100 m；分布于贡山、福贡、泸水、保山、腾冲、龙陵。14-2。

38 纤花耳草 Hedyotis tenelliflora Blume

产五合（高黎贡山考察队 10851）；海拔 1680～1700 m；分布于腾冲、龙陵。4。

39 长节耳草 Hedyotis uncinella Hooker & Arnott

产上营（高黎贡山考察队 18198）；海拔 1000～1980 m；分布于保山、腾冲、龙陵。14-1。

40 土连翘 Hymenodictyon flaccidum Wallich in Roxburgh

产铜壁关（据《云南铜壁关自然保护区科学考察研究》）；海拔 850 m；分布于盈江。14-2。

41 毛土连翘 Hymenodictyon orixense (Roxburgh) Mabberley

产铜壁关（据《云南铜壁关自然保护区科学考察研究》）；海拔 900～1200 m；分布于盈江。7。

42 藏药木 Hyptianthera stricta (Roxburgh) Wight & Arnott

产刀弄坝（陶国达 13293）；海拔 350～680 m；分布于盈江。7。

43 团花龙船花 Ixora cephalophora Merrill

产铜壁关（据《云南铜壁关自然保护区科学考察研究》）；海拔 350～720 m；分布于盈江。7。

44 亮叶龙船花 Ixora fulgens Roxburgh

产铜壁关（据《云南铜壁关自然保护区科学考察研究》）；海拔 500～1040 m；分布于盈江。7。

45 白花龙船花 Ixora henryi H. Léveillé

产刀弄坝（陶国达 13294）；海拔 750～1380 m；分布于盈江。7。

46 红大戟 Knoxia roxburghii (Sprengel) M. A. Rau

产曲石（尹文清 1120）；海拔 2300 m；分布于腾冲。14-2。

47 红芽大戟 Knoxia sumatrensis (Retzius) Candolle

产片马（周元川 765）；海拔 1400 m；分布于泸水。5。

48 斜基粗叶木 Lasianthus attenuatus Jack

产铜壁关（杜凡、许先鹏 s.n.）；海拔 600～1300 m；分布于盈江。7。

49 梗花粗叶木 Lasianthus biermannii King ex J. D. Hooker

产独龙江（独龙江考察队 510）；海拔 1300～2240 m；分布于贡山、福贡、保山、腾冲、龙陵。14-2。

50 粗叶木 Lasianthus chinensis (Champion ex Bentham) Bentham

产铜壁关（据《云南铜壁关自然保护区科学考察研究》）；海拔 1200～1850 m；分布于盈江。7。

51 西南粗叶木 Lasianthus henryi Hutchinson

产碧江高黎贡山（怒江考察队 360）；海拔 1800 m；分布于福贡。15-1。

52 虎克粗叶木 Lasianthus hookeri C. B. Clarke ex J. D. Hooker

产五合（高黎贡山考察队 25022）；海拔 1777～1850 m；分布于保山、腾冲。14-2。

53a 日本粗叶木 **Lasianthus japonicus** Miquel

产百花岭（高黎贡山考察队 18960）；海拔 1590～2405 m；分布于泸水、保山、腾冲。14-3。

53b 云广粗叶木 **Lasianthus japonicus** subsp. **longicaudus** (J. D. Hooker) C. Y. Wu & H. Zhu

产镇安（高黎贡山考察队 10825）；海拔 2160～2170 m；分布于龙陵。14-2。

54 美脉粗叶木 **Lasianthus lancifolius** J. D. Hooker

产铜壁关（据《云南铜壁关自然保护区科学考察研究》）；海拔 1250～1700 m；分布于盈江。14-2。

55 椭圆叶无苞粗叶木 **Lasianthus lucidus** var. **inconspicuus** (J. D. Hooker) H. Zhu

产铜壁关（据《云南铜壁关自然保护区科学考察研究》）；海拔 600～1200 m；分布于盈江。14-2。

56 小花粗叶木 **Lasianthus micranthus** J. D. Hooker

产贡山至其期途中（高黎贡山考察队 16563）；海拔 1550～2068 m；分布于贡山。14-2。

57 泰北粗叶木 **Lasianthus schmidtii** K. Schumann

产铜壁关（据《云南铜壁关自然保护区科学考察研究》）；海拔 880～1270 m；分布于盈江。7。

58 锡金粗叶木 **Lasianthus sikkimensis** J. D. Hooker

产独龙江（青藏队 9016）；海拔 1800 m；分布于贡山。14-2。

59 高山野丁香 **Leptodermis forrestii** Diels

产丙中洛（怒江考察队 254）；海拔 1680～3100 m；分布于贡山、福贡。15-1。

60 聚花野丁香 **Leptodermis glomerata** Hutchinson

产匹河（高黎贡山考察队 27304）；海拔 1810～1990 m；分布于福贡。15-2。

61 柔枝野丁香 **Leptodermis gracilis** C. F. C. Fischer

产捧当怒江西岸（高黎贡山考察队 12405）；海拔 1420～1680 m；分布于贡山。15-1。

62 薄皮木 **Leptodermis oblonga** Bunge

产茨开（高黎贡山考察队 12824）；海拔 1510～1570 m；分布于贡山。14-1。

63 川滇野丁香 **Leptodermis pilosa** Diels

产丙中洛（冯国楣 8079）；海拔 1640～1800 m；分布于贡山。15-1。

64 野丁香 **Leptodermis potaninii** Batalin

产界头（高黎贡山考察队 30364）；海拔 2660 m；分布于贡山、腾冲。15-1。

65 糙叶野丁香 **Leptodermis scabrida** J. D. Hooker

产丙中洛（高黎贡山考察队 15440）；海拔 1680 m；分布于贡山。14-2。

66 蒙自野丁香 **Leptodermis tomentella** H. J. P. Winkler

产双拉（高黎贡山考察队 9691）；海拔 1340～2255 m；分布于福贡、泸水。15-2。

67 滇丁香 **Luculia pinceana** Hooker in Curtis

产百花岭（高黎贡山考察队 14026）；海拔 1540～2260 m；分布于泸水、保山、腾冲、龙陵。14-2。

68 鸡冠滇丁香 **Luculia yunnanensis** S. Y. Hu

产独龙江（独龙江考察队 863）；海拔 1080～2200 m；分布于贡山、福贡、泸水、保山。15-2。

69 异叶帽蕊木 **Mitragyna diversifolia** (Wallich ex G. Don) Haviland

产铜壁关（据《云南铜壁关自然保护区科学考察研究》）；海拔 360～700 m；分布于盈江。7。

70 鸡眼藤 **Morinda parvifolia** Bartling ex Candolle

产镇安（高黎贡山考察队 17666）；海拔 1530 m；分布于龙陵。7。

71 印度羊角藤 Morinda umbellata Linnaeus

产独龙江（冯国楣 24244）；海拔 1200～1640 m；分布于贡山、福贡。14-3。

72 短裂玉叶金花 Mussaenda breviloba S. Moore

产镇安（高黎贡山考察队 23472）；海拔 1140～1550 m；分布于泸水、保山、龙陵。14-1。

73 墨脱玉叶金花 Mussaenda decipiens H. Li

产独龙江（青藏队 8854）；海拔 1350～1700 m；分布于贡山。15-1。

74 展枝玉叶金花 Mussaenda divaricata Hutchinson

产独龙江（李恒、刀志灵、李嵘 578）；海拔 1335～1400 m；分布于贡山、腾冲。14-1。

75 楠藤 Mussaenda erosa Champion ex Bentham

产独龙江（高黎贡山考察队 15086）；海拔 1250～1850 m；分布于贡山、福贡、保山、腾冲、龙陵。14-3。

76 红毛玉叶金花 Mussaenda hossei Craib in Hosseus

产铜壁关（据《云南铜壁关自然保护区科学考察研究》）；海拔 800～1500 m；分布于盈江。7。

77 大叶玉叶金花 Mussaenda macrophylla Wallich

产团田（高黎贡山考察队 30922）；海拔 1150 m；分布于贡山、腾冲。7。

78 多毛玉叶金花 Mussaenda mollissima C. Y. Wu ex Hsue et H. Wu

产独龙江（高黎贡山考察队 32471）；海拔 1330～1700 m；分布于贡山、福贡、保山。15-2。

79 多脉玉叶金花 Mussaenda multinervis C. Y. Wu ex H. H. Hsue & H. Wu

产独龙江（高黎贡山考察队 20724）；海拔 1420 m；分布于贡山。15-2。

80 单裂玉叶金花 Mussaenda simpliciloba Handel-Mazzetti

产镇安（高黎贡山考察队 17406）；海拔 1100～1650 m；分布于泸水、腾冲、龙陵。15-1。

81 贡山玉叶金花 Mussaenda treutleri Stapf

产芒宽（高黎贡山考察队 10586）；海拔 1000～1740 m；分布于贡山、福贡、泸水、保山、腾冲。14-2。

82 长苞腺萼木 Mycetia bracteata Hutchinson in Sargent

产铜壁关（据《云南铜壁关自然保护区科学考察研究》）；海拔 900～1350 m；分布于盈江。15-2。

83 短柄腺萼木 Mycetia brevipes F. C. How ex S. Y. Jin & Y. L. Chen

产独龙江（高黎贡山考察队 32534）；海拔 1330～2100 m；分布于贡山、龙陵。15-3。

84 腺萼木 Mycetia glandulosa Craib

产独龙江（独龙江考察队 954）；海拔 1400～1650 m；分布于贡山。14-1。

85 纤梗腺萼木 Mycetia gracilis Craib

产铜壁关（据《云南铜壁关自然保护区科学考察研究》）；海拔 650～1450 m；分布于盈江。7。

86 长花腺萼木 Mycetia longiflora F. C. How ex H. S. Lo

产潞江（高黎贡山考察队 17374）；海拔 1020 m；分布于泸水、保山。15-2。

87 华腺萼木 Mycetia sinensis (Hemsley) Craib

产芒宽（高黎贡山考察队 25332）；海拔 1650 m；分布于保山。15-1。

88 密脉木 Myrioneuron faberi Hemsley

产镇安（高黎贡山考察队 17624）；海拔 1530 m；分布于龙陵。15-1。

89 卷毛新耳草 Neanotis boerhaavioides (Hance) W. H. Lewis

产上帕（南水北调队 8607）；海拔 1500 m；分布于贡山、福贡、泸水。15-1。

90 薄叶新耳草 Neanotis hirsuta (Linnaeus f.) W. H. Lewis

产镇安（高黎贡山考察队 10827）；海拔 1220～2700 m；分布于贡山、福贡、泸水、保山、腾冲、龙陵。14-3。

91 臭味新耳草 Neanotis ingrata (Wallich ex J. D. Hooker) W. H. Lewis

产独龙江（独龙江考察队 1662）；海拔 1320～1780 m；分布于贡山、福贡。14-2。

92 西南新耳草 Neanotis wightiana (Wallich ex Wight & Arnott) W. H. Lewis

产独龙江（独龙江考察队 740）；海拔 1350～2400 m；分布于贡山、福贡、泸水、腾冲、龙陵。14-1。

93 疏果石丁香 Neohymenopogon oligocarpus (H. L. Li) Bennet

产独龙江（高黎贡山考察队 32685）；海拔 2445 m；分布于贡山、保山。15-2。

94 石丁香 Neohymenopogon parasiticus (Wallich) Bennet

产上营（高黎贡山考察队 18662）；海拔 2209 m；分布于腾冲。14-2。

95 团花 Neolamarckia cadamba (Roxburgh) Bosser

产昔马那邦坝（陶国达 13175）；海拔 300～850 m；分布于盈江。7。

96 新乌檀 Neonauclea griffithii (J. D. Hooker) Merrill

产铜壁关（据《云南铜壁关自然保护区科学考察研究》）；海拔 500～1250 m；分布于盈江。7。

97 无柄新乌檀 Neonauclea sessilifolia (Roxburgh) Merrill

产铜壁关（据《云南铜壁关自然保护区科学考察研究》）；海拔 500～900 m；分布于盈江。7。

98 红果薄柱草 Nertera granadensis (Mutis ex Linnaeus f.) Druce

产鹿马登（高黎贡山考察队 20962）；海拔 3620 m；分布于福贡。3。

99 薄柱草 Nertera sinensis Hemsley

产独龙江（独龙江考察队 3218）；海拔 1290～2020 m；分布于贡山、福贡。15-1。

100 广州蛇根草 Ophiorrhiza cantoniensis Hance

产上江至蛮蚌途中（南水北调队 8342）；海拔 1300～2700 m；分布于贡山、泸水、腾冲。15-1。

101 独龙蛇根草 Ophiorrhiza dulongensis H. S. Lo

产其期（高黎贡山考察队 12225）；海拔 2100～2200 m；分布于贡山、泸水。15-3。

102 日本蛇根草 Ophiorrhiza japonica Blume

产茨开（高黎贡山考察队 14356）；海拔 1430～2400；分布于贡山、福贡、泸水、腾冲、龙陵。14-3。

103 黄褐蛇根草 Ophiorrhiza lurida J. D. Hooker

产独龙江（青藏队 8286）；海拔 1800～2300 m；分布于贡山、福贡。14-2。

104 蛇根草 Ophiorrhiza mungos Linnaeus

产铜壁关（据《云南铜壁关自然保护区科学考察研究》）；海拔 1400～1900 m；分布于盈江。7。

105 垂花蛇根草 Ophiorrhiza nutans C. B. Clarke ex J. D. Hooker

产大蒿坪（高黎贡山考察队 26098）；海拔 1790～2435 m；分布于贡山、保山、腾冲、龙陵。14-2。

106 美丽蛇根草 Ophiorrhiza rosea J. D. Hooker

产丹珠（高黎贡山考察队 34108）；海拔 1080～3220 m；分布于贡山、福贡、保山。14-2。

107 匍地蛇根草 Ophiorrhiza rugosa Wallich
产独龙江（怒江考察队 271）；海拔 1700～3400 m；分布于贡山。14-2。

108 高原蛇根草 Ophiorrhiza succirubra King ex J. D. Hooker
产独龙江（独龙江考察队 3026）；海拔 1280～2400 m；分布于贡山、福贡、泸水、保山、腾冲。14-2。

109 阴地蛇根草 Ophiorrhiza umbricola W. W. Smith
产铜壁关（据《云南铜壁关自然保护区科学考察研究》）；海拔 2200～2250 m；分布于盈江。7。

110 大果蛇根草 Ophiorrhiza wallichii J. D. Hooker
产独龙江（独龙江考察队 818）；海拔 1280～2500 m；分布于贡山、福贡、泸水。14-2。

111 蛇根叶 Ophiorrhiziphyllon macrobotryum Kurz
产刀弄至金竹寨途中（陶国达 13305）；海拔 700～1600 m；分布于盈江。7。

112 耳叶鸡矢藤 Paederia cavaleriei H. Léveillé
产潞江（高黎贡山考察队 18102）；海拔 1560 m；分布于保山。15-1。

113 鸡矢藤 Paederia foetida Linnaeus
产丙中洛（独龙江考察队 258）；海拔 980～2210 m；分布于贡山、福贡、泸水、保山、腾冲。7。

114 云南鸡矢藤 Paederia yunnanensis (H. Léveillé) Rehder
产丙中洛（高黎贡山考察队 23218）；海拔 1410～1560 m；分布于贡山、福贡、保山。14-1。

115 糙叶大沙叶 Pavetta scabrifolia Bremekamp
产铜壁关（据《云南铜壁关自然保护区科学考察研究》）；海拔 1000～1480 m；分布于盈江。15-2。

116 四蕊三角瓣花 Prismatomeris tetrandra (Roxburgh) K. Schumann
产鲁掌（高黎贡山考察队 8213）；海拔 1200 m；分布于泸水。14-1。

117 九节 Psychotria asiatica Linnaeus
产铜壁关（据《云南铜壁关自然保护区科学考察研究》）；海拔 750～1200 m；分布于盈江。14-1。

118 美果九节 Psychotria calocarpa Kurz
产独龙江（独龙江考察队 491）；海拔 1330～1600 m；分布于贡山、福贡。14-2。

119 滇南九节 Psychotria henryi H. Léveillé
产铜壁关（据《云南铜壁关自然保护区科学考察研究》）；海拔 600～1350 m；分布于盈江。7。

120 聚果九节 Psychotria morindoides Hutchinson
产独龙江（高黎贡山考察队 20765）；海拔 1330～1978 m；分布于贡山。14-1。

121 毛九节 Psychotria pilifera Hutchinson in Sargent
产铜壁关（据《云南铜壁关自然保护区科学考察研究》）；海拔 1500～1710 m；分布于盈江。15-2。

122 黄脉九节 Psychotria straminea Hutchinson in Sargent
产铜壁关（据《云南铜壁关自然保护区科学考察研究》）；海拔 700～900 m；分布于盈江。7。

123 山矾叶九节 Psychotria symplocifolia Kurz
产镇安（高黎贡山考察队 17783）；海拔 1200～2300 m；分布于龙陵。14-1。

124 假九节 Psychotria tutcheri Dunn
产镇安（高黎贡山考察队 10818）；海拔 1150～2230 m；分布于保山、腾冲、龙陵。14-1。

125 云南九节 Psychotria yunnanensis Hutchinson
产芒宽（高黎贡山考察队 13404）；海拔 1580～1777 m；分布于保山。15-1。

126 金剑草 Rubia alata Wallich
产独龙江（独龙江考察队 3091）；海拔 1316～2400 m；分布于贡山、福贡、泸水、保山、腾冲。14-2。

127 中国茜草 Rubia chinensis Regel & Maack
产独龙江（怒江考察队 706）；海拔 1700～2100 m；分布于贡山。14-3。

128 茜草 Rubia cordifolia Linnaeus
产片马（南水北调队 7350）；海拔 1300～2400 m；分布于贡山、福贡、泸水。6。

129 镰叶茜草 Rubia falciformis H. S. Lo
产猴桥（高黎贡山考察队 30699）；海拔 1910～2580 m；分布于腾冲。15-2。

130 梵茜草 Rubia manjith Roxburgh
产独龙江（独龙江考察队 757）；海拔 1170～2200 m；分布于贡山、福贡、泸水、保山、腾冲、龙陵。14-2。

131 金线草 Rubia membranacea Diel
产独龙江（高黎贡山考察队 15347）；海拔 2350～3120 m；分布于贡山、泸水。15-1。

132 钩毛茜草 Rubia oncotricha Handel-Mazzetti
产六库（高黎贡山考察队 7356）；海拔 890～900 m；分布于泸水。15-1。

133 片马茜草 Rubia pianmaensis R. Li & H. Li
产片马（高黎贡山考察队 22830）；海拔 1600～2250 m；分布于泸水。15-3。

134 柄花茜草 Rubia podantha Diels
产独龙江（碧江队 1646）；海拔 1400～2600 m；分布于贡山、腾冲。15-1。

135 大叶茜草 Rubia schumanniana E. Pritzel
产铜壁关（据《云南铜壁关自然保护区科学考察研究》）；海拔 2220～2595 m；分布于盈江。15-1。

136 对叶茜草 Rubia siamensis Craib
产丙中洛（高黎贡山考察队 12052）；海拔 1330～2450 m；分布于贡山、福贡、保山、腾冲。14-1。

137 紫参 Rubia yunnanensis Diels
产茨开（高黎贡山考察队 s.n.）；海拔 1700～3000 m；分布于贡山。15-1。

138 染木树 Saprosma ternata (Wallich) J. D. Hooker
产铜壁关（86 年考察队 1155）；海拔 450 m；分布于盈江。7。

139 丰花草 Spermacoce pusilla Wallich in Roxburgh
产铜壁关（据《云南铜壁关自然保护区科学考察研究》）；海拔 1500～1950 m；分布于盈江。7。

140 螺序草 Spiradiclis caespitosa Blume
产铜壁关（据《云南铜壁关自然保护区科学考察研究》）；海拔 1300～1700 m；分布于盈江。7。

141 尖叶螺序草 Spiradiclis cylindrica Wallich ex J. D. Hooker
产铜壁关（据《云南铜壁关自然保护区科学考察研究》）；海拔 1000～1400 m；分布于盈江。7。

142 鸡仔木 Sinoadina racemosa (Siebold & Zuccarini) Ridsdale
产六库（高黎贡山考察队 26150）；海拔 680 m；分布于泸水、保山。14-3。

143 尖萼乌口树 Tarenna acutisepala F. C. How ex W. C. Chen
产百花岭（高黎贡山考察队 13487）；海拔 1625～1680 m；分布于保山。15-1。

144 假桂乌口树 Tarenna attenuata (J. D. Hooker) Hutchinson

产新华（高黎贡山考察队 31098）；海拔 1930 m；分布于腾冲。14-1。

145 披针叶乌口树 Tarenna lancilimba W. C. Chen

产龙江（高黎贡山考察队 24750）；海拔 2076 m；分布于龙陵。14-1。

146 岭罗麦 Tarennoidea wallichii (J. D. Hooker) Tirvengadum & Sastre

产独龙江（独龙江考察队 950）；海拔 680～1550 m；分布于贡山、保山。7。

147 平滑钩藤 Uncaria laevigata Wallich ex G. Don

产铜壁关（邓、尹、覃、王、李等 s.n.）；海拔 500～1200 m；分布于盈江。7。

148 倒挂金钩 Uncaria lancifolia Hutchinson

产独龙江（怒江中药调查组 2437）；海拔 1500～1900 m；分布于贡山。14-1。

149 攀茎钩藤 Uncaria scandens (Smith) Hutchinson

产茨开（高黎贡山考察队 14627）；海拔 1560～1990 m；分布于贡山、福贡、泸水、腾冲、龙陵。15-1。

150 白钩藤 Uncaria sessilifructus Roxburgh

产铜壁关（据《云南铜壁关自然保护区科学考察研究》）；海拔 900～1600 m；分布于盈江。7。

151 华钩藤 Uncaria sinensis (Oliver) Haviland

产独龙江（独龙江考察队 2062）；海拔 1420～1680 m；分布于贡山、福贡。15-1。

152 尖叶木 Urophyllum chinense Merrill & Chun

产铜壁关（据《云南铜壁关自然保护区科学考察研究》）；海拔 600 m；分布于盈江。7。

153 思茅水锦树 Wendlandia augustinii Cowan

产铜壁关（据《云南铜壁关自然保护区科学考察研究》）；海拔 1450～1700 m；分布于盈江。15-2。

154 西藏水锦树 Wendlandia grandis (J. D. Hooker) Cowan

产独龙江（独龙江考察队 5815）；海拔 1300～2100 m；分布于贡山、福贡、保山、腾冲。14-2。

155 小叶水锦树 Wendlandia ligustrina Wallich ex G. Don

产亚坪（碧江队 154）；海拔 1500～1600 m；分布于福贡。14-1。

156 长梗水锦树 Wendlandia longipedicellata F. C. How

产铜壁关（据《云南铜壁关自然保护区科学考察研究》）；海拔 1400～1750 m；分布于盈江。15-2。

157 屏边水锦树 Wendlandia pingpienensis How

产芒宽（施晓春、杨世雄 580）；海拔 1400 m；分布于保山。15-2。

158 粗叶水锦树 Wendlandia scabra Kurz

产独龙江（独龙江考察队 1162）；海拔 1500～1740 m；分布于贡山、泸水、保山。14-2。

159 美丽水锦树 Wendlandia speciosa Cowan

产镇安（高黎贡山考察队 13029）；海拔 1600～1910 m；分布于贡山、福贡、泸水、保山、腾冲、龙陵。15-1。

160a 厚毛水锦树 Wendlandia tinctoria subsp. **callitricha** (Cowan) W. C. Chen

产独龙江（怒江考察队 154）；海拔 1450 m；分布于贡山。14-1。

160b 麻栗水锦树 Wendlandia tinctoria subsp. **handelii** Cowan

产上江至蔡家坝（孙航 1652）；海拔 1200～2300 m；分布于泸水、保山。15-1。

160c　东方水锦树 Wendlandia tinctoria subsp. **orientalis** Cowan

产镇安（高黎贡山考察队 17513）；海拔 1000～1850 m；分布于保山、腾冲、龙陵。14-1。

160d　红皮水锦树 Wendlandia tinctoria subsp. **intermedia** (F. C. How) W. C. Chen

产铜壁关（据《云南铜壁关自然保护区科学考察研究》）；海拔 800～1600 m；分布于盈江。15-2。

161　水锦树 Wendlandia uvariifolia Hance

产五合（高黎贡山考察队 24963）；海拔 691～1780 m；分布于泸水、保山、腾冲。14-1。

232a　香茜科 Carlemanniaceae

1　香茜 Carlemannia tetragona J. D. Hooker

产独龙江（独龙江考察队 386）；海拔 1320～2250 m；分布于贡山。7。

2　蜘蛛花 Silvianthus bracteatus J. D. Hooker

产昔马至那邦坝途中（陶国达 13111）；海拔 600～1200 m；分布于盈江。7。

233　忍冬科 Caprifoliaceae

1　糯米条 Abelia chinensis R. Brown in Abel

产芒宽（高黎贡山考察队 13952）；海拔 1460 m；分布于保山。14-3。

2　云南双盾木 Dipelta yunnanensis Franchet

产丙中洛至石门关途中（高黎贡山考察队 12072）；海拔 1650～2660 m；分布于贡山、腾冲。15-1。

3　鬼吹箫 Leycesteria formosa Wallich

产独龙江（独龙江考察队 4805）；海拔 1530～3020 m；分布于贡山、福贡、泸水、保山、腾冲、龙陵。14-2。

4　纤细鬼吹箫 Leycesteria gracilis (Kurz) Airy Shaw

产独龙江（独龙江考察队 2217）；海拔 1350～2800 m；分布于贡山、福贡、泸水、保山、腾冲。14-2。

5　绵毛鬼吹箫 Leycesteria stipulata (J. D. Hooker & Thomson) Fritsch

产独龙江（独龙江考察队 3296）；海拔 1310～2768 m；分布于贡山、福贡。14-2。

6　淡红忍冬 Lonicera acuminata Wallich

产丙中洛（高黎贡山考察队 14584）；海拔 1440～3020 m；分布于贡山、福贡、泸水、保山、腾冲。14-2。

7　越桔叶忍冬 Lonicera angustifolia var. **myrtillus** (J. D. Hooker & Thomson) Q. E. Yang

产独龙江（高黎贡山考察队 12939）；海拔 2169～4155 m；分布于贡山、福贡、腾冲。14-2。

8　西南忍冬 Lonicera bournei Hemsley

产独龙江（独龙江考察队 1586）；海拔 1400～2650 m；分布于贡山。14-1。

9　微毛忍冬 Lonicera cyanocarpa Franchet

产丙中洛（高黎贡山考察队 31497）；海拔 4151～4270 m；分布于贡山。14-2。

10　锈毛忍冬 Lonicera ferruginea Rehder

产利沙底（高黎贡山考察队 26477）；海拔 1570～2950 m；分布于贡山、福贡、泸水、保山。14-1。

11　大果忍冬 Lonicera hildebrandiana Collett & Hemsley

产龙江（高黎贡山考察队 25071）；海拔 1920～2200 m；分布于保山、腾冲、龙陵。14-1。

12 刚毛忍冬 Lonicera hispida Pallas ex Schultes

产独龙江（T. T. Yü 19728）；海拔 1700～2800 m；分布于贡山。12。

13 菰腺忍冬 Lonicera hypoglauca Miquel

产百花岭（高黎贡山考察队 13528）；海拔 1550～2400 m；分布于贡山、保山、腾冲、龙陵。14-1。

14 忍冬 Lonicera japonica Thunberg

产丙中洛（高黎贡山考察队 14656）；海拔 1500～2900 m；分布于贡山、福贡、泸水、保山、腾冲。14-3。

15 亮叶忍冬 Lonicera ligustrina var. **yunnanensis** Franchet

产丙中洛（高黎贡山考察队 14688）；海拔 1740～2540 m；分布于贡山。15-1。

16 大花忍冬 Lonicera macrantha (D. Don) Sprengel

产五合（高黎贡山考察队 24809）；海拔 1530～1868 m；分布于贡山、腾冲。14-2。

17 黑果忍冬 Lonicera nigra Linnaeus

产丹珠（高黎贡山考察队 11990）；海拔 2410～3450 m；分布于贡山、福贡、泸水、腾冲。10。

18 细毡毛忍冬 Lonicera similis Hemsley

产匹河（高黎贡山考察队 19663）；海拔 1030～1940 m；分布于福贡、腾冲。14-1。

19 唐古特忍冬 Lonicera tangutica Maximowicz

产其期至东哨房途中（青藏队 7805）；海拔 3160 m；分布于贡山。14-1。

20 察瓦龙忍冬 Lonicera tomentella var. **tsarongensis** W. W. Smith

产独龙江（Handel-Mazzett 9885）；海拔 2000～3200 m；分布于贡山。15-1。

21 血满草 Sambucus adnata Wallich ex Candolle

产独龙江（独龙江考察队 2073）；海拔 1180～2400 m；分布于贡山、福贡、泸水、保山、腾冲、龙陵。14-2。

22 接骨草 Sambucus javanica Blume

产独龙江（独龙江考察队 682）；海拔 1330～2800 m；分布于贡山、福贡、泸水、保山、腾冲、龙陵。7。

23 接骨木 Sambucus williamsii Hance

产独龙江（独龙江考察队 2073）；海拔 1458～1770 m；分布于贡山。15-1。

24 蓝黑果荚蒾 Viburnum atrocyaneum C. B. Clarke

产独龙江（独龙江考察队 5986）；海拔 1310～2540 m；分布于贡山、泸水、腾冲。14-2。

25 桦叶荚蒾 Viburnum betulifolium Batalin

产其期（高黎贡山考察队 12491）；海拔 2443～2800 m；分布于贡山、福贡、泸水。15-1。

26 漾濞荚蒾 Viburnum chingii P. S. Hsu

产黑娃底（高黎贡山考察队 14517）；海拔 1820～3020 m；分布于贡山、泸水、保山、腾冲、龙陵。14-2。

27 樟叶荚蒾 Viburnum cinnamomifolium Rehder

产上营（高黎贡山考察队 25228）；海拔 245 m；分布于腾冲。15-1。

28 密花荚蒾 Viburnum congestum Rehder

产子里甲（高黎贡山考察队 28954）；海拔 920～1610 m；分布于福贡、泸水、保山。15-1。

29 水红木 Viburnum cylindricum Buchanan-Hamilton ex D. Don

产独龙江（独龙江考察队 2255）；海拔 1080～3000 m；分布于贡山、福贡、泸水、保山、腾冲、龙陵。7。

30　红荚蒾 Viburnum erubescens Wallich

产独龙江（独龙江考察队 475）；海拔 1300～3220 m；分布于贡山、福贡、泸水、保山、腾冲、龙陵。14-2。

31a　珍珠荚蒾 Viburnum foetidum var. ceanothoides (C. H. Wright) Handel-Mazzetti

产界头（高黎贡山考察队 11613）；海拔 1419～2570 m；分布于贡山、保山、腾冲、龙陵。15-1。

31b　直角荚蒾 Viburnum foetidum var. rectangulatum (Graebner) Rehder

产上营（施晓春、杨世雄 351）；海拔 1500 m；分布于腾冲。15-1。

32　聚花荚蒾 Viburnum glomeratum Maximowicz

产亚坪（高黎贡山考察队 20278）；海拔 1530～3030 m；分布于福贡、腾冲。14-1。

33　厚绒荚蒾 Viburnum inopinatum Craib

产百花岭（高黎贡山考察队 13973）；海拔 1500～2040 m；分布于福贡、保山。14-1。

34　甘肃荚蒾 Viburnum kansuense Batal

产片马（高黎贡山考察队 7166）；海拔 2950 m；分布于泸水。15-1。

35　西域荚蒾 Viburnum mullaha Buchanan-Hamilton ex D. Don

产上帕（高黎贡山考察队 19236）；海拔 1175～3050 m；分布于福贡、泸水、腾冲。14-2。

36　显脉荚蒾 Viburnum nervosum D. Don

产独龙江（独龙江考察队 4946）；海拔 2000～3500 m；分布于贡山、福贡、泸水、腾冲。14-2。

37　少花荚蒾 Viburnum oliganthum Batalin

产其期（高黎贡山考察队 14862）；海拔 1950～2770 m；分布于贡山、泸水、保山。15-1。

38　鳞斑荚蒾 Viburnum punctatum Buchanan-Hamilton ex D. Don

产片马（高黎贡山考察队 13418）；海拔 1900 m；分布于泸水。7。

39　瑞丽荚蒾 Viburnum shweliense W. W. Smith

产铜壁关（据《云南铜壁关自然保护区科学考察研究》）；海拔 790～1000 m；分布于盈江。7。

40　亚高山荚蒾 Viburnum subalpinum Handel-Mazzetti

产独龙江（高黎贡山考察队 15317）；海拔 1660～2400 m；分布于贡山、福贡、泸水、腾冲。14-1。

41　合轴荚蒾 Viburnum sympodiale Graebner

产茨开（刀志灵、崔景云 14327）；海拔 2020 m；分布于贡山。15-1。

42　腾越荚蒾 Viburnum tengyuehense (W. W. Smith) P. S. Hsu

产上帕（蔡希陶 59187；Forrest 8216）；海拔 1500～2300 m；分布于福贡、腾冲。15-1。

43　横脉荚蒾 Viburnum trabeculosum C. Y. Wu ex P. S. Hsu

产百花岭（高黎贡山考察队 13416）；海拔 1650～2790 m；分布于福贡、保山。15-2。

44　醉鱼草状六道木 Zabelia triflora (R. Brown) Makino

产丙中洛（冯国楣 7504）；海拔 1800～3500 m；分布于贡山。14-2。

45　南方六道木 Zabelia dielsii (Graebner) Makino

产茨开（青藏队 9973）；海拔 1800 m；分布于贡山。15-1。

235　败酱科 Valerianaceae

1　匙叶甘松 Nardostachys jatamansi (D. Don) Candolle

产铜壁关（据《云南铜壁关自然保护区科学考察研究》）；海拔 2500 m；分布于盈江。7。

2 墓回头 Patrinia heterophylla Bunge
产独龙江（独龙江考察队 4111）；海拔 1380～1680 m；分布于贡山、福贡。15-1。

3 少蕊败酱 Patrinia monandra C. B. Clarke
产独龙江（独龙江考察队 5394）；海拔 1350～1780 m；分布于贡山、福贡。14-2。

4 败酱 Patrinia scabiosifolia Link
产铜壁关（据《云南铜壁关自然保护区科学考察研究》）；海拔 2350～2450 m；分布于盈江。11。

5 秀苞败酱 Patrinia speciosa Handel-Mazzetti
产丙中洛（高黎贡山考察队 32759）；海拔 3710～4000 m；分布于贡山。15-1。

6 髯毛缬草 Valeriana barbulata Diels
产丙中洛（高黎贡山考察队 16827）；海拔 3080～3400 m；分布于贡山。14-2。

7 瑞香缬草 Valeriana daphniflora Handel-Mazzetti
产丙中洛（高黎贡山考察队 31305）；海拔 3980～4270 m；分布于贡山。15-1。

8 柔垂缬草 Valeriana flaccidissima Maximowicz
产丙中洛（高黎贡山考察队 14370）；海拔 1450～2737 m；分布于贡山、福贡、泸水、保山。14-3。

9 长序缬草 Valeriana hardwickii Wallich
产独龙江（独龙江考察队 4068）；海拔 1080～3450 m；分布于贡山、福贡、泸水、保山、腾冲、龙陵。7。

10 蜘蛛香 Valeriana jatamansi W. Jones
产独龙江（独龙江考察队 4964）；海拔 1237～3450 m；分布于贡山、福贡、泸水、腾冲、龙陵。14-2。

11 缬草 Valeriana officinalis Linnaeus
产马吉（高黎贡山考察队 27659）；海拔 1700 m；分布于福贡。10。

236 川续断科 Dipsacaceae

1 白花刺续断 Acanthocalyx alba (Handel-Mazzetti) M. J. Cannon
产铜壁关（据《云南铜壁关自然保护区科学考察研究》）；海拔 2500 m；分布于盈江。7。

2a 刺续断 Acanthocalyx nepalensis (D. Don) M. J. Cannon
产铜壁关（据《云南铜壁关自然保护区科学考察研究》）；海拔 2400～2580 m；分布于盈江。14-2。

2b 大花刺参 Acanthocalyx nepalensis subsp. **delavayi** (Franchet) D. Y. Hong
产独龙江（独龙江考察队 11793）；海拔 3900～4003 m；分布于贡山。14-2。

3 川续断 Dipsacus asper Wallich ex Candolle
产独龙江（独龙江考察队 193）；海拔 1380～2250 m；分布于贡山、福贡、泸水、保山、腾冲。14-1。

4 双参 Triplostegia glandulifera Wallich ex Candolle
产利沙底（高黎贡山考察队 28323）；海拔 2130～3400 m；分布于贡山、福贡、泸水。14-2。

5 大花双参 Triplostegia grandiflora Gagnepain
产铜壁关（据《云南铜壁关自然保护区科学考察研究》）；海拔 1950～2280 m；分布于盈江。14-2。

238 菊科 Asteraceae

1 美形金钮扣 Acmella calva (Candolle) R. K. Jansen
产铜壁关（据《云南铜壁关自然保护区科学考察研究》）；海拔 1200～1400 m；分布于盈江。7。

2 金钮扣 Acmella paniculata (Wallich ex Candolle) R. K. Jansen

产一区富联（据《云南铜壁关自然保护区科学考察研究》）；海拔 1250～1600 m；分布于盈江。7。

3 和尚菜 Adenocaulon himalaicum Edgeworth

产独龙江（青藏队 82-9862）；海拔 1350 m；分布于贡山。14-1。

4 下田菊 Adenostemma lavenia (Linnaeus) Kuntze

产独龙江（独龙江考察队 132）；海拔 1220～2240 m；分布于贡山、福贡、泸水、保山、腾冲。5。

5 狭翅兔儿风 Ainsliaea apteroides (C. C. Chang) Y. C. Tseng

产芒宽（高黎贡山考察队 13438）；海拔 2200 m；分布于保山。14-2。

6 厚叶兔儿风 Ainsliaea crassifolia Chang

产铜壁关（据《云南铜壁关自然保护区科学考察研究》）；海拔 1600～2100 m；分布于盈江。15-1。

7 黄毛兔儿风 Ainsliaea fulvipes J. F. Jeffrey & W. W. Smith

产鹿马登（高黎贡山考察队 27215）；海拔 3460 m；分布于贡山、福贡、泸水、腾冲。15-2。

8 长穗兔儿风 Ainsliaea henryi Diels

产独龙江（独龙江考察队 3271）；海拔 2000～2950 m；分布于贡山、泸水、保山、腾冲。15-1。

9 宽叶兔儿风 Ainsliaea latifolia (D. Don) Schultz Bipontinus

产独龙江（独龙江考察队 305）；海拔 1330～3050 m；分布于贡山、福贡、泸水、保山、腾冲、龙陵。7。

10 腋花兔儿风 Ainsliaea pertyoides Franchet

产铜壁关（据《云南铜壁关自然保护区科学考察研究》）；海拔 2000～2100 m；分布于盈江。15-1。

11 长柄兔儿风 Ainsliaea reflexa Merrill

产独龙江（独龙江考察队 2120）；海拔 1550 m；分布于贡山、泸水。7。

12 细穗兔儿风 Ainsliaea spicata Vaniot

产丙中洛（高黎贡山考察队 14589）；海拔 1640～2486 m；分布于贡山、福贡、泸水、保山、腾冲、龙陵。14-2。

13 云南兔儿风 Ainsliaea yunnanensis Franchet

产独龙江（独龙江考察队 784）；海拔 1420～3200 m；分布于贡山、泸水、腾冲、龙陵。15-1。

14a 黄腺香青 Anaphalis aureopunctata Lingelsheim & Borza

产独龙江（高黎贡山考察队 15355）；海拔 2200～3840 m；分布于贡山、福贡、泸水、保山、腾冲。15-1。

14b 黑鳞黄腺香青 Anaphalis aureopunctata var. **atrata** (Handel-Mazzetti) Handel-Mazzetti

产丙中洛（冯国楣 7801）；海拔 3000～4200 m；分布于贡山。15-1。

14c 车前叶黄腺香青 Anaphalis aureopunctata var. **plantaginifolia** F. H. Chen

产茨开（高黎贡山考察队 33780）；海拔 3010 m；分布于贡山。15-1。

15 蛛毛香青 Anaphalis busua (Buchanan-Hamilton ex D. Don) Candolle

产丙中洛（高黎贡山考察队 23143）；海拔 1850～2480 m；分布于贡山、福贡。14-2。

16 旋叶香青 Anaphalis contorta (D. Don) J. D. Hooker

产双奎地（高黎贡山考察队 10185）；海拔 1420～2940 m；分布于贡山、泸水、保山、腾冲。14-2。

17 苍山香青 Anaphalis delavayi (Franchet) Diels

产上帕（蔡希陶 58078）；海拔 3000～4000 m；分布于贡山、福贡。15-2。

18a 珠光香青 Anaphalis margaritacea (Linnaeus) Bentham & J. D. Hooker

产独龙江（高黎贡山考察队 34399）；海拔 1360～3350 m；分布于贡山、福贡、腾冲。9。

18b 线叶珠光香青 Anaphalis margaritacea var. **angustifolia** (Franchet & Savatier) Hayata

产片马（高黎贡山考察队 10005）；海拔 1490～3000 m；分布于贡山、泸水、保山、龙陵。14-3。

18c 黄褐珠光香青 Anaphalis margaritacea var. **cinnamomea** (Candolle) Herder ex Maximowicz

产茨开（高黎贡山考察队 11963）；海拔 2350～3930 m；分布于贡山、福贡、泸水、保山。14-2。

19a 尼泊尔香青 Anaphalis nepalensis (Sprengel) Handel-Mazzetti

产丙中洛（高黎贡山考察队 31245）；海拔 2910～3940 m；分布于贡山、福贡、泸水。14-2。

19b 伞房尼泊尔香青 Anaphalis nepalensis var. **corymbosa** (Bureau & Franchet) Handel-Mazzetti

产独龙江（怒江考察队 1482）；海拔 3000～4000 m；分布于贡山。15-1。

19c 单头尼泊尔香青 Anaphalis nepalensis var. **monocephala** (Candolle) Handel-Mazzetti

产独龙江（T. T. Yü 19880）；海拔 3800～4100 m；分布于贡山。14-2。

20 锐叶香青 Anaphalis oxyphylla Y. Ling & C. Shih

产独龙江（高黎贡山考察队 15021）；海拔 1950～3980 m；分布于贡山、泸水。15-3。

21 污毛香青 Anaphalis pannosa Handel-Mazzetti

产上帕（蔡希陶 58047）；海拔 3800～4100 m；分布于贡山、福贡。15-2。

22 红指香青 Anaphalis rhododactyla W. W. Smith

产独龙江（高黎贡山考察队 15313）；海拔 2400 m；分布于贡山。15-1。

23 绿香青 Anaphalis viridis Cummins

产独龙江（T. T. Yü 19589）；海拔 3000～4800 m；分布于贡山。15-1。

24 山黄菊 Anisopappus chinensis Hooker & Arnott

产曲石（尹文清 60-1413）；海拔 2400 m 以下；分布于腾冲。6。

25 牛蒡 Arctium lappa Linnaeus

产丙中洛（高黎贡山考察队 33088）；海拔 1570～1840 m；分布于贡山、泸水、保山。10。

26 黄花蒿 Artemisia annua Linnaeus

产铜壁关（据《云南铜壁关自然保护区科学考察研究》）；海拔 1910～2240 m；分布于盈江。8。

27 艾 Artemisia argyi H. Léveillé & Vaniot

产芒宽（李恒、郭辉军、李正波、施晓春 17）；海拔 1500 m；分布于保山。14-3。

28 牛尾蒿 Artemisia dubia Wallich ex Besser

产独龙江（独龙江考察队 664）；海拔 1340～3350 m；分布于贡山、腾冲。14-1。

29 牡蒿 Artemisia japonica Thunberg

产独龙江（独龙江考察队 1013）；海拔 1620～2200 m；分布于贡山、福贡、腾冲。14-1。

30 野艾蒿 Artemisia lavandulifolia Candolle

产独龙江（高黎贡山考察队 21188）；海拔 1350 m；分布于贡山。14-3。

31 白毛多花蒿 Artemisia myriantha var. **pleiocephala** (Pamp.) Y. R. Ling

产铜壁关（据《云南铜壁关自然保护区科学考察研究》）；海拔 1000～2500 m；分布于盈江。14-2。

32 魁蒿 Artemisia princeps Pampanini

产独龙江（高黎贡山考察队 20767）；海拔 1330～1860 m；分布于贡山。14-3。

33 粗茎蒿 Artemisia robusta (Pampanini) Y. Ling & Y. R. Ling

产丙中洛（冯国楣 7546）；海拔 1600～2300 m；分布于贡山。15-1。

34 灰苞蒿 Artemisia roxburghiana Besser

产六库（横断山队 469）；海拔 900 m；分布于泸水。14-2。

35 大籽蒿 Artemisia sieversiana Ehrhart ex Willdenow

产铜壁关（据《云南铜壁关自然保护区科学考察研究》）；海拔 1850～2300 m；分布于盈江。10。

36 宽叶山蒿 Artemisia stolonifera (Maximowicz) Komarov

产片马（南水北调队 8146）；海拔 1200 m；分布于贡山、泸水。14-3。

37a 小舌紫菀 Aster albescens (Candolle) Wallich ex Handel-Mazzetti

产独龙江（高黎贡山考察队 15262）；海拔 2400～3290 m；分布于贡山。14-2。

37b 无毛小舌紫菀 Aster albescens var. **glabratus** (Diels) Boufford & Y. S. Chen

产茨开（高黎贡山考察队 33801）；海拔 3030～3210 m；分布于贡山。15-1。

37c 柳叶小舌紫菀 Aster albescens var. **salignus** (Franchet) Handel-Mazzetti

产丙中洛（王启无 67082）；海拔 1900～3900 m；分布于贡山。14-2。

38 银鳞紫菀 Aster argyropholis Handel-Mazzetti

产铜壁关（据《云南铜壁关自然保护区科学考察研究》）；海拔 1750～2400 m；分布于盈江。15-1。

39 耳叶紫菀 Aster auriculatus Franch

产双拉河（南水北调队 8599）；海拔 1600～2800 m；分布于贡山、福贡、腾冲。15-1。

40 线舌紫菀 Aster bietii Franchet

产独龙江（T. T. Yü 22789）；海拔 3300 m；分布于贡山。15-1。

41a 褐毛紫菀 Aster fuscescens Bureau & Franchet

产独龙江（T. T. Yü 22820）；海拔 2400～4080 m；分布于贡山、福贡。14-1。

41b 少毛褐毛紫菀 Aster fuscescens var. **scaberoides** C. C. Chang

产独龙江（独龙江考察队 756）；海拔 2500～3940 m；分布于贡山。15-1。

42 马兰 Aster indicus Linnaeus

产和顺石头山（高黎贡山考察队 29857）；海拔 1630～2040 m；分布于福贡、腾冲。14-1。

43 宽苞紫菀 Aster latibracteatus Franchet

产独龙江（T. T. Yü 22798）；海拔 2800 m；分布于贡山。14-1。

44 石生紫菀 Aster oreophilus Franchet

产上帕（蔡希陶 57591）；海拔 2200 m；分布于福贡。15-1。

45 密叶紫菀 Aster pycnophyllus Franchet ex W. W. Smith

产片马（高黎贡山考察队 15963）；海拔 3250 m；分布于泸水。15-1。

46 怒江紫菀 Aster salwinensis Onno

产其期至东哨房途中（高黎贡山考察队 12741）；海拔 3400～4160 m；分布于贡山、福贡。14-1。

47 甘川紫菀 Aster smithianus Handel-Mazzetti

产独龙江（T. T. Yü 10180）；海拔 2800 m；分布于贡山。15-1。

48 三脉紫菀 Aster trinervius subsp. **ageratoides** (Turczaninow) Grierson

产独龙江（高黎贡山考察队 21956）；海拔 1560～3110 m；分布于贡山、泸水、腾冲。14-1。

49 察瓦龙紫菀 Aster tsarungensis (Grierson) Y. Ling
产独龙江（王启无 64840）；海拔 2600 m；分布于贡山。15-1。

50 密毛紫菀 Aster vestitus Franchet
产一区富联（据《云南铜壁关自然保护区科学考察研究》）；海拔 2000～2250 m；分布于盈江。14-2。

51 秋分草 Aster verticillatus (Reinwardt) Brouillet
产丙中洛（高黎贡山考察队 33756）；海拔 1430～2420 m；分布于贡山、保山、腾冲、龙陵。7。

52 金盏银盘 Bidens biternata (Loureiro) Merrill & Sherff
产铜壁关（据《云南铜壁关自然保护区科学考察研究》）；海拔 500～1500 m；分布于盈江。4。

53 婆婆针 Bidens bipinnata Linnaeus
产六库（独龙江考察队 121）；海拔 710 m；分布于泸水、腾冲。8。

54 鬼针草 Bidens pilosa Linnaeus
产独龙江（独龙江考察队 2005）；海拔 611～2050 m；分布于贡山、福贡、泸水、保山、腾冲、龙陵。2。

55 狼杷草 Bidens tripartita Linnaeus
产六库（蔡希陶 54963）；海拔 1200 m；分布于泸水。1。

56 百能葳 Blainvillea acmella (Linnaeus) Philipson
产铜壁关（据《云南铜壁关自然保护区科学考察研究》）；海拔 1300～1710 m；分布于盈江。2。

57 具腺艾纳香 Blumea adenophora Franchet
产铜壁关（据《云南铜壁关自然保护区科学考察研究》）；海拔 900～1900 m；分布于盈江。7。

58 馥芳艾纳香 Blumea aromatica Candolle
产丙中洛双拉（高黎贡山考察队 14424）；海拔 1390～1760 m；分布于贡山、福贡。14-2。

59 艾纳香 Blumea balsamifera (Linnaeus) Candolle
产铜壁关（据《云南铜壁关自然保护区科学考察研究》）；海拔 380～1800 m；分布于盈江。7。

60 拟艾纳香 Blumea flava Candolle
产一区富联（文绍康 580833）；海拔 700～1450 m；分布于盈江。7。

61 毛毡草 Blumea hieraciifolia (Sprengel) Candolle
产六库（怒江考察队 0210）；海拔 900 m；分布于泸水。7。

62 薄叶艾纳香 Blumea hookeri C. B. Clarke ex J. D. Hook
产界头（高黎贡山考察队 30144）；海拔 2020～2080 m；分布于腾冲。14-2。

63 千头艾纳香 Blumea lanceolaria (Roxburgh) Druce
产茨开（独龙江考察队 180）；海拔 1600 m；分布于贡山。7。

64 东风草 Blumea megacephala (Randeria) C. C. Chang & Y. Q. Tseng
产独龙江（独龙江考察队 3910）；海拔 1310～1500 m；分布于贡山。14-3。

65 长柄艾纳香 Blumea membranacea Candolle
产独龙江（独龙江考察队 1189）；海拔 1250 m；分布于贡山。7。

66 尖齿艾纳香 Blumea oxyodonta Candolle in Wight
产铜壁关（据《云南铜壁关自然保护区科学考察研究》）；海拔 1100～1500 m；分布于盈江。7。

67 假东风草 Blumea riparia Candolle
产片马（高黎贡山考察队 23425）；海拔 1253～1900 m；分布于福贡、泸水、腾冲。5。

68　六耳铃 Blumea sinuata (Loureiro) Merrill

产百花岭（高黎贡山考察队 13433）；海拔 2160 m；分布于保山。5。

69　狭叶艾纳香 Blumea tenuifolia C. Y. Wu

产铜壁关（据《云南铜壁关自然保护区科学考察研究》）；海拔 900～1800 m；分布于盈江。15-2。

70　绿艾纳香 Blumea virens Candolle in Wight

产铜壁关（据《云南铜壁关自然保护区科学考察研究》）；海拔 750～1400 m；分布于盈江。7。

71　凋缨菊 Camchaya loloana Dunn ex Kerr

产铜壁关（据《云南铜壁关自然保护区科学考察研究》）；海拔 680～1500 m；分布于盈江。7。

72　丝毛飞廉 Carduus crispus Linnaeus

产独龙江（独龙江考察队 6096）；海拔 2500 m；分布于贡山。10。

73　天名精 Carpesium abrotanoides Linnaeus

产独龙江（独龙江考察队 5831）；海拔 1330～2550 m；分布于贡山、福贡、泸水、腾冲。10。

74　烟管头草 Carpesium cernuum Linnaeus

产茨开（高黎贡山考察队 33698）；海拔 850～3100 m；分布于贡山、福贡、泸水、保山、腾冲、龙陵。5。

75　心叶天名精 Carpesium cordatum F. H. Chen & C. M. Hu

产独龙江（青藏队 82-8329）；海拔 2500～3000 m；分布于贡山、福贡。15-1。

76　金挖耳 Carpesium divaricatum Siebold & Zuccarini

产独龙江（独龙江考察队 982）；海拔 1400～2100 m；分布于贡山、福贡。14-3。

77　高原天名精 Carpesium lipskyi C. Winkler

产丙中洛（高黎贡山考察队 32850）；海拔 3568 m；分布于贡山。15-1。

78　长叶天名精 Carpesium longifolium F. H. Chen & C. M. Hu

产茨开（高黎贡山考察队 33627）；海拔 1620～1790 m；分布于贡山、保山。15-1。

79　小花金挖耳 Carpesium minus Hemsley

产独龙江（独龙江考察队 555）；海拔 1300～1810 m；分布于贡山、福贡。15-1。

80a　尼泊尔天名精 Carpesium nepalense Lessing

产独龙江（冯国楣 7124）；海拔 1100～2200 m；分布于贡山、保山。14-2。

80b　棉毛尼泊尔天名精 Carpesium nepalense var. **lanatum** (J. D. Hooker & Thomson ex C. B. Clarke) Kitamura

产曲石（尹文清 60-1069）；海拔 1100～2700 m；分布于腾冲。14-2。

81　粗齿天名精 Carpesium tracheliifolium Lessing

产丙中洛（高黎贡山考察队 33023）；海拔 1500～3340 m；分布于贡山、保山。14-2。

82　暗花金挖耳 Carpesium triste Maximowicz

产丹珠至垭口途中（高黎贡山考察队 22367）；海拔 1460～2700 m；分布于贡山、福贡、泸水。14-3。

83　石胡荽 Centipeda minima (Linnaeus) A. Braun & Ascherson

产芒宽（高黎贡山考察队 14084）；海拔 1440 m；分布于保山。5。

84　灰蓟 Cirsium botryodes Petrak

产龙江（高黎贡山考察队 17313）；海拔 2011～2400 m；分布于保山、腾冲、龙陵。15-1。

85 贡山蓟 Cirsium eriophoroides (J. D. Hooker) Petrak
产独龙江（高黎贡山考察队 15268）；海拔 1770～3620 m；分布于贡山、福贡、泸水。14-2。

86 骆骑 Cirsium handelii Petrak
产丙中洛（高黎贡山考察队 12079）；海拔 1510～2400 m；分布于贡山、福贡。15-1。

87 披裂蓟 Cirsium interpositum Petrak
产独龙江（独龙江考察队 1060）；海拔 1445～2280 m；分布于贡山、福贡、泸水。15-1。

88 覆瓦蓟 Cirsium leducii (Franchet) H. Léveillé
产铜壁关（据《云南铜壁关自然保护区科学考察研究》）；海拔 1500～2100 m；分布于盈江。7。

89 丽江蓟 Cirsium lidjiangense Petrak & Handel-Mazzetti
产茨开（高黎贡山考察队 33799）；海拔 3030 m；分布于贡山。15-2。

90 牛口蓟 Cirsium shansiense Petrak
产茨开（高黎贡山考察队 12838）；海拔 1510～1930 m；分布于贡山、福贡、腾冲。14-2。

91 钻苞蓟 Cirsium subulariforme C. Shih
产丙中洛（高黎贡山考察队 31197）；海拔 2200～4160 m；分布于贡山。15-1。

92 尼泊尔藤菊 Cissampelopsis buimalia (Buchanan-Hamilton ex D. Don) C. Jeffrey & Y. L. Chen
产马中库河（Forrest 9521）；海拔 2100 m；分布于腾冲。14-2。

93 革叶藤菊 Cissampelopsis corifolia C. Jeffrey & Y. L. Chen
产独龙江（独龙江考察队 1697）；海拔 1340～2350 m；分布于贡山、福贡、腾冲、龙陵。14-2。

94 腺毛藤菊 Cissampelopsis glandulosa C. Jeffrey & Y. L. Chen
产潞江（高黎贡山考察队 13122）；海拔 2050 m；分布于保山。15-2。

95 藤菊 Cissampelopsis volubilis (Blume) Miquel
产上营（施晓春、杨世雄 332）；海拔 2100 m；分布于腾冲。14-2。

96 芫荽菊 Cotula anthemoides Linnaeus
产铜壁关（据《云南铜壁关自然保护区科学考察研究》）；海拔 450～1600 m；分布于盈江。6。

97 珠芽垂头菊 Cremanthodium bulbilliferum W. W. Smith
产丙中洛（高黎贡山考察队 31644）；海拔 3200～4270 m；分布于贡山。15-1。

98 柴胡叶垂头菊 Cremanthodium bupleurifolium W. W. Smith
产独龙江（T. T. Yü 19764）；海拔 3500～4100 m；分布于贡山。15-1。

99a 钟花垂头菊 Cremanthodium campanulatum Diels
产鹿马登（高黎贡山考察队 28517）；海拔 3700～3840 m；分布于贡山、福贡。14-1。

99b 短毛钟花垂头菊 Cremanthodium campanulatum var. **brachytrichum** Y. Ling & S. W. Liu
产上帕（Rock 22717）；海拔 4300 m；分布于福贡。15-2。

100 细裂垂头菊 Cremanthodium dissectum Grierson
产独龙江（高黎贡山考察队 34150）；海拔 2550 m；分布于贡山。15-3。

101 车前叶垂头菊 Cremanthodium ellisii (J. D. Hooker) Kitamura
产独龙江（T. T. Yü 9117）；海拔 3500 m；分布于贡山。14-2。

102 红花垂头菊 Cremanthodium farreri W. W. Smith
产上帕（南水北调队 8803）；海拔 4000 m；分布于福贡。14-1。

103 矢叶垂头菊 Cremanthodium forrestii Jeffrey
产丙中洛（高黎贡山考察队 31322）；海拔 3560～3980 m；分布于贡山、福贡。15-3。

104 福贡垂头菊 Cremanthodium fugongense H. Li
产利沙底（高黎贡山考察队 26386）；海拔 3040～3700 m；分布于福贡。15-3。

105 向日垂头菊 Cremanthodium helianthus (Franchet) W. W. Smith
产丙中洛（高黎贡山考察队 31405）；海拔 3880 m；分布于贡山。15-1。

106 条叶垂头菊 Cremanthodium lineare Maximowicz
产贡山至孔当途中（高黎贡山考察队 16959）；海拔 3280～3980 m；分布于贡山。15-1。

107 叶状柄垂头菊 Cremanthodium phyllodineum S. W. Liu
产鹿马登（高黎贡山考察队 26420）；海拔 3640 m；分布于福贡。15-1。

108 肾叶垂头菊 Cremanthodium reniforme (Candolle) Bentham
产鹿马登（高黎贡山考察队 28709）；海拔 3630～3650 m；分布于福贡。14-2。

109 长柱垂头菊 Cremanthodium rhodocephalum Diels
产丙中洛（高黎贡山考察队 31658）；海拔 3620～4570 m；分布于贡山、福贡。15-1。

110 紫茎垂头菊 Cremanthodium smithianum Handel-Mazzetti
产丙中洛（高黎贡山考察队 31315）；海拔 3980 m；分布于贡山。14-1。

111 木里垂头菊 Cremanthodium suave W. W. Smith
产茨开（高黎贡山考察队 33186）；海拔 3020 m；分布于贡山。15-1。

112 变叶垂头菊 Cremanthodium variifolium R. D. Good
产贡山至孔当途中（高黎贡山考察队 16865）；海拔 3400 m；分布于贡山。15-1。

113 绿茎还阳参 Crepis lignea (Vaniot) Babcock
产铜壁关（据《云南铜壁关自然保护区科学考察研究》）；海拔 1500～2380 m；分布于盈江。7。

114 万丈深 Crepis phoenix Dunn
产铜壁关（据《云南铜壁关自然保护区科学考察研究》）；海拔 1600～2100 m；分布于盈江。15-2。

115 还阳参 Crepis rigescens Diels
产铜壁关（据《云南铜壁关自然保护区科学考察研究》）；海拔 2100 m；分布于盈江。7。

116 抽茎还阳参 Crepis subscaposa Collett & Hemsley
产铜壁关（据《云南铜壁关自然保护区科学考察研究》）；海拔 1750～1980 m；分布于盈江。7。

117 杯菊 Cyathocline purpurea (Buchanan-Hamilton ex D. Don) Kuntze
产六库（高黎贡山考察队 10464）；海拔 600～960 m；分布于泸水、保山。14-2。

118 小鱼眼草 Dichrocephala benthamii C. B. Clarke
产独龙江（独龙江考察队 930）；海拔 950～2160 m；分布于贡山、福贡、泸水、保山、腾冲、龙陵。14-2。

119 菊叶鱼眼草 Dichrocephala chrysanthemifolia (Blume) Candolle
产独龙江（独龙江考察队 1661）；海拔 1300～1950 m；分布于贡山、泸水。4。

120 鱼眼草 Dichrocephala integrifolia (Linnaeus f.) Kuntze
产丹珠（高黎贡山考察队 13803）；海拔 1238～3120 m；分布于贡山、福贡、泸水、保山、腾冲、龙陵。6。

121 重羽菊 Diplazoptilon picridifolium (Handel-Mazzetti) Y. Ling
产独龙江（高黎贡山考察队 15265）；海拔 2900～4270 m；分布于贡山、福贡。15-1。

122 怒江川木香 Dolomiaea salwinensis (Handel-Mazzetti) C. Shih
产丙中洛（高黎贡山考察队 31577）；海拔 3770 m；分布于贡山。14-1。

123 阿尔泰多榔菊 Doronicum altaicum Pallas
产独龙江（T. T. Yü 19356）；海拔 2300～2500 m；分布于贡山。14-1。

124 西藏多榔菊 Doronicum calotum (Diels) Q. Yuan
产丙中洛（高黎贡山考察队 31633）；海拔 3900～4030 m；分布于贡山。15-1。

125 棕毛厚喙菊 Dubyaea amoena (Handel-Mazzetti) Stebbins
产丙中洛（高黎贡山考察队 31513）；海拔 3470～4270 m；分布于贡山。15-3。

126 紫花厚喙菊 Dubyaea atropurpurea Stebbins
产利沙底（高黎贡山考察队 26817）；海拔 3030～3800 m；分布于贡山、福贡。14-1。

127 矮小厚喙菊 Dubyaea gombalana (Handel-Mazzetti) Stebbins
产丙中洛（高黎贡山考察队 31214）；海拔 3470 m；分布于贡山。15-1。

128 长柄厚喙菊 Dubyaea rubra Stebbins
产洛本卓（高黎贡山考察队 25742）；海拔 2130～2950 m；分布于福贡、泸水。15-1。

129 察隅厚喙菊 Dubyaea tsarongensis (W. W. Smith) Stebbins
产独龙江（T. T. Yü 19832）；海拔 2500～4100 m；分布于贡山。14-1。

130 羊耳菊 Duhaldea cappa (Buchanan-Hamilton ex D. Don) Pruski & Anderberg
产鲁掌（南水北调队 10433）；海拔 1800～2600 m；分布于福贡、泸水、腾冲。14-2。

131 泽兰羊耳菊 Duhaldea eupatorioides (Candolle) Steetz
产独龙江（独龙江考察队 5383）；海拔 1400～1600 m；分布于贡山、保山。14-2。

132 显脉旋覆花 Duhaldea nervosa (Wallich ex Candolle) Anderberg
产丹当公园（怒江考察队 790378）；海拔 1000～2600 m；分布于贡山、腾冲。14-2。

133 翼茎羊耳菊 Duhaldea pterocaula (Franchet) Anderberg
产独龙江（冯国楣 2074）；海拔 2000～2800 m；分布于贡山。15-1。

134 赤茎羊耳菊 Duhaldea rubricaulis (Candolle) Anderberg
产铜壁关（据《云南铜壁关自然保护区科学考察研究》）；海拔 1550～1900 m；分布于盈江。7。

135 滇南羊耳菊 Duhaldea wissmanniana (Handel-Mazzetti) Anderberg
产芒宽（高黎贡山考察队 27657）；海拔 1800 m；分布于保山。14-1。

136 地胆草 Elephantopus scaber Linnaeus
产独龙江（独龙江考察队 318）；海拔 1100～1748 m；分布于贡山、保山、腾冲、龙陵。2。

137 小一点红 Emilia prenanthoidea Candolle
产清水（高黎贡山考察队 10901）；海拔 1500～1670 m；分布于腾冲。7。

138 一点红 Emilia sonchifolia (Linnaeus) Candolle
产清水热海温泉（高黎贡山考察队 10900）；海拔 600～1870 m；分布于泸水、保山、腾冲、龙陵。2。

139 鹅不食草 Epaltes australis Lessing
产铜壁关（据《云南铜壁关自然保护区科学考察研究》）；海拔 450～860 m；分布于盈江。5。

140　沼菊 Enydra fluctuans Loureiro

产潞江（高黎贡山考察队 23576）；海拔 686 m；分布于保山潞江。5。

141　短葶飞蓬 Erigeron breviscapus (Vaniot) Handel-Mazzetti

产界头（高黎贡山考察队 29460）；海拔 1940 m；分布于腾冲。15-1。

142　珠峰飞蓬 Erigeron himalajensis Vierhapper

产铜壁关（据《云南铜壁关自然保护区科学考察研究》）；海拔 1900～2350 m；分布于盈江。14-2。

143　怒江飞蓬 Erigeron kiukiangensis Y. Ling & Y. L. Chen

产独龙江（独龙江考察队 5596）；海拔 1900 m；分布于贡山。15-1。

144　贡山飞蓬 Erigeron kunshanensis Y. Ling & Y. L. Chen

产丙中洛（青藏队 9889）；海拔 3000～3800 m；分布于贡山。15-3。

145　密叶飞蓬 Erigeron multifolius Handel-Mazzetti

产丙中洛（高黎贡山考察队 32895）；海拔 2881～3880 m；分布于贡山。15-2。

146　熊胆草 Eschenbachia blinii (H. Léveillé) Brouillet

产铜壁关（据《云南铜壁关自然保护区科学考察研究》）；海拔 1900～2300 m；分布于盈江。15-1。

147　白酒草 Eschenbachia japonica (Thunberg) J. Koster

产独龙江（独龙江考察队 3159）；海拔 1237～1960 m；分布于贡山、福贡、保山、腾冲、龙陵。14-1。

148　粘毛白酒草 Eschenbachia leucantha (D. Don) Brouillet

产独龙江（独龙江考察队 6776）；海拔 1310 m；分布于贡山。5。

149　异叶泽兰 Eupatorium heterophyllum Candolle

产丹珠（高黎贡山考察队 33996）；海拔 1420～2940 m；分布于贡山、福贡。14-2。

150　白头婆 Eupatorium japonicum Thunberg

产丹珠（高黎贡山考察队 23220）；海拔 1080～1950 m；分布于贡山、福贡、泸水、保山、腾冲、龙陵。14-3。

151　宿根白酒草 Eschenbachia perennis (Handel-Mazzetti) Brouillet

产铜壁关（据《云南铜壁关自然保护区科学考察研究》）；海拔 500～900 m；分布于盈江。15-1。

152　多须公 Eupatorium chinense Linnaeus

产铜壁关（据《云南铜壁关自然保护区科学考察研究》）；海拔 1340～2100 m；分布于盈江。14-1。

153　披针叶花佩菊 Faberia lancifolia J. Anthony

产铜壁关（据《云南铜壁关自然保护区科学考察研究》）；海拔 1000～1450 m；分布于盈江。15-2。

154　匙叶合冠鼠麴草 Gamochaeta pensylvanica (Willdenow) Cabrera

产六库（高黎贡山考察队 13709）；海拔 702～1730 m；分布于泸水、保山、腾冲。1。

155　多茎鼠麴草 Gnaphalium polycaulon Persoon

产铜壁关（据《云南铜壁关自然保护区科学考察研究》）；海拔 650～1300 m；分布于盈江。2。

156　白子菜 Gynura divaricata (Linnaeus) Candolle

产铜壁关（据《云南铜壁关自然保护区科学考察研究》）；海拔 1300～1830 m；分布于盈江。7。

157　木耳菜 Gynura cusimbua (D. Don) S. Moore

产独龙江（独龙江考察队 831）；海拔 1350～2620 m；分布于贡山、福贡、泸水、保山、腾冲、龙陵。14-2。

158 菊三七 Gynura japonica (Thunberg) Juel
产上帕（高黎贡山考察队 21076）；海拔 1400 m；分布于福贡。14-1。

159 泥胡菜 Hemisteptia lyrata (Bunge) Fischer & C. A. Meyer
产茨开（高黎贡山考察队 12839）；海拔 1510～1570 m；分布于贡山。5。

160 三角叶须弥菊 Himalaiella deltoidea (Candolle) Raab-Straube
产丹珠（高黎贡山考察队 12353）；海拔 1350～3120 m；分布于贡山、福贡、泸水、腾冲。14-2。

161 水朝阳旋覆花 Inula helianthus-aquatilis C. Y. Wu ex Ling
产腾越（熊若莉 580926）；海拔 1800 m；分布于腾冲。15-1。

162 锈毛旋覆花 Inula hookeri C. B. Clarke
产丙中洛（高黎贡山考察队 32873）；海拔 2700～2880 m；分布于贡山。14-2。

163 细叶小苦荬 Ixeridium gracile (Candolle) Pak & Kawano
产独龙江（独龙江考察队 6321）；海拔 1237～2170 m；分布于贡山、泸水、保山、腾冲、龙陵。14-2。

164 苦荬菜 Ixeris polycephala Cassini ex Candolle
产铜壁关（据《云南铜壁关自然保护区科学考察研究》）；海拔 1950～2300 m；分布于盈江。14-1。

165 长叶莴苣 Lactuca dolichophylla Kitamura in H. Hara
产铜壁关（据《云南铜壁关自然保护区科学考察研究》）；海拔 1800～2050 m；分布于盈江。14-2。

166 六棱菊 Laggera alata (D. Don) Schultz Bipontinus ex Oliver
产瑞丽（秦仁昌 50357）；海拔 1100～2350 m；分布于盈江。6。

167 瓶头草 Lagenophora stipitata (Labillardière) Druce
产独龙江（青藏队 9332）；海拔 1700～1800 m；分布于贡山。5。

168 翼齿六棱菊 Laggera crispata (Vahl) Hepper & J. R. I. Wood
产五合（高黎贡山考察队 24953）；海拔 1780 m；分布于腾冲。6。

169 松毛火绒草 Leontopodium andersonii C. B. Clarke
产铜壁关（据《云南铜壁关自然保护区科学考察研究》）；海拔 2550 m；分布于盈江。7。

170 丛生火绒草 Leontopodium caespitosum Diels
产独龙江（Handel-Mazzett 9228）；海拔 3300～3600 m；分布于贡山。14-1。

171 戟叶火绒草 Leontopodium dedekensii (Bureau & Franchet) Beauverd
产丙中洛（南水北调队 8600）；海拔 1800～2800 m；分布于贡山。14-1。

172 鼠麹火绒草 Leontopodium forrestianum Handel-Mazzetti
产丙中洛（冯国楣 7881）；海拔 3500～3800 m；分布于贡山。14-1。

173 珠峰火绒草 Leontopodium himalayanum layanum Candolle
产丙中洛（高黎贡山考察队 31413）；海拔 3880 m；分布于贡山。14-2。

174 雅谷火绒草 Leontopodium jacotianum Beauverd
产茨开（高黎贡山考察队 11926）；海拔 2600～4570 m；分布于贡山、福贡。14-2。

175 藓状火绒草 Leontopodium muscoides Handel-Mazzetti
产丙中洛（高黎贡山考察队 32792）；海拔 4003 m；分布于贡山。15-1。

176 华火绒草 Leontopodium sinense Hemsley
产丙中洛（高黎贡山考察队 22671）；海拔 1860 m；分布于贡山、泸水。15-1。

177 银叶火绒草 Leontopodium souliei Beauverd
产独龙江（高黎贡山考察队 17047）；海拔 3450～4270 m；分布于贡山、福贡。15-1。

178 毛香火绒草 Leontopodium stracheyi (J. D. Hooker) C. B. Clarke ex Hemsley
产丙中洛（高黎贡山考察队 32894）；海拔 2880 m；分布于贡山。14-2。

179 黄亮橐吾 Ligularia caloxantha (Diels) Handel-Mazzetti
产鹿马登（高黎贡山考察队 28660）；海拔 3220～3650 m；分布于贡山、福贡。15-1。

180 缅甸橐吾 Ligularia chimiliensis C. C. Chang
产片马垭口（南水北调队 8415）；海拔 3600 m；分布于福贡、泸水。14-1。

181 弯苞橐吾 Ligularia curvisquama Handel-Mazzetti
产利沙底（高黎贡山考察队 28595）；海拔 3630 m；分布于福贡。15-2。

182 浅苞橐吾 Ligularia cyathiceps Handel-Mazzetti
产丙中洛（高黎贡山考察队 31669）；海拔 3120～3900 m；分布于贡山、福贡。15-2。

183 大黄橐吾 Ligularia duciformis (C. Winkler) Handel-Mazzetti
产片马（高黎贡山考察队 9978）；海拔 2770～3110 m；分布于贡山、泸水、保山。15-1。

184 隐舌橐吾 Ligularia franchetiana (H. Léveillé) Handel-Mazzetti
产洛本卓（高黎贡山考察队 25957）；海拔 3400～3650 m；分布于福贡、泸水。15-1。

185 鹿蹄橐吾 Ligularia hodgsonii J. D. Hooker
产铜壁关（据《云南铜壁关自然保护区科学考察研究》）；海拔 1900～2400 m；分布于盈江。11。

186 细茎橐吾 Ligularia hookeri (C. B. Clarke) Handel-Mazzetti
产茨开（冯国楣 5406）；海拔 3000～4100 m；分布于贡山。14-2。

187 狭苞橐吾 Ligularia intermedia Nakai
产丙中洛（高黎贡山考察队 32835）；海拔 3568 m；分布于贡山。14-3。

188 长戟橐吾 Ligularia longihastata Handel-Mazzetti
产独龙江（T. T. Yü 19807）；海拔 3400～3800 m；分布于贡山。15-2。

189 小头橐吾 Ligularia microcephala (Handel-Mazzetti) Handel-Mazzetti
产独龙江（T. T. Yü 9034）；海拔 3700～4100 m；分布于贡山。15-2。

190 木里橐吾 Ligularia muliensis Handel-Mazzetti
产独龙江（T. T. Yü 19826）；海拔 3800～4200 m；分布于贡山。15-1。

191 疏舌橐吾 Ligularia oligonema Handel-Mazzetti
产姚家坪（南水北调队 10419）；海拔 3000～4000 m；分布于贡山、泸水、保山。15-1。

192 紫缨橐吾 Ligularia phaenicochaeta (Franchet) S. W. Liu
产丙中洛（高黎贡山考察队 31680）；海拔 3900 m；分布于贡山。15-3。

193 宽翅橐吾 Ligularia pterodonta C. C. Chang
产独龙江（Forrest 28837）；海拔 4000 m；分布于贡山。15-3。

194 黑毛橐吾 Ligularia retusa Candolle
产丙中洛（冯国楣 7714）；海拔 3800～4100 m；分布于贡山。14-2。

195 独舌橐吾 Ligularia rockiana Handel-Mazzetti
产片马（高黎贡山考察队 7162）；海拔 3400～3900 m；分布于贡山、泸水。15-2。

196 橐吾 Ligularia sibirica (Linnaeus) Cassini
产洛本卓（高黎贡山考察队 25724）；海拔 2130 m；分布于泸水。10。

197 穗序橐吾 Ligularia subspicata (Bureau & Franchet) Handel-Mazzetti
产铜壁关（据《云南铜壁关自然保护区科学考察研究》）；海拔 2480 m；分布于盈江。15-1。

198 裂舌橐吾 Ligularia stenoglossa (Franchet) Handel-Mazzetti
产鹿马登（高黎贡山考察队 26415）；海拔 3640 m；分布于福贡。15-2。

199 纤细橐吾 Ligularia tenuicaulis C. C. Chang
产贡山至孔当途中（高黎贡山考察队 16999）；海拔 3670 m；分布于贡山。15-2。

200 横叶橐吾 Ligularia transversifolia Handel-Mazzetti
产独龙江（T. T. Yü 19753）；海拔 3500～4100 m；分布于贡山。15-2。

201 苍山橐吾 Ligularia tsangchanensis (Franchet) Handel-Mazzetti
产独龙江（T. T. Yü 22539）；海拔 2800～4100 m；分布于贡山。15-1。

202 云南橐吾 Ligularia yunnanensis (Franchet) C. C. Chang
产丙中洛（高黎贡山考察队 31576）；海拔 3450～4010 m；分布于贡山、福贡。15-2。

203 大花毛鳞菊 Melanoseris atropurpurea (Franchet) N. Kilian & Z. H. Wang
产独龙江（高黎贡山考察队 21344）；海拔 1550～3780 m；分布于贡山、保山。14-2。

204 蓝花毛鳞菊 Melanoseris cyanea (D. Don) Edgeworth
产猴亢植物园（高黎贡山考察队 13240）；海拔 1360～2970 m；分布于贡山、泸水、保山。14-2。

205 细莴苣 Melanoseris graciliflora (Candolle) N. Kilian
产茨开（高黎贡山考察队 12821）；海拔 2940～3030 m；分布于贡山。14-2。

206 栉齿毛鳞菊 Melanoseris pectiniformis (C. Shih) N. Kilian & J. W. Zhang
产茨开（高黎贡山考察队 13455）；海拔 1330～2710 m；分布于贡山。15-2。

207 小舌菊 Microglossa pyrifolia (Lamarck) Kuntze
产镇安（高黎贡山考察队 23458）；海拔 1220～1850 m；分布于泸水、腾冲、龙陵。6。

208 羽裂粘冠草 Myriactis delavayi Gagnepain
产贡山至孔当途中（李恒、李嵘 990）；海拔 1380～1800 m；分布于贡山、福贡、泸水。14-1。

209 贡山粘冠草 Myriactis mekongensis Handel-Mazzett
产丹珠迪马洛（高黎贡山考察队 33293）；海拔 1520 m；分布于贡山茨开。15-1。

210 圆舌粘冠草 Myriactis nepalensis Lessing
产独龙江（独龙江考察队 145）；海拔 1300～3120 m；分布于贡山、福贡、泸水、保山、腾冲、龙陵。14-2。

211 狐狸草 Myriactis wallichii Lessing
产独龙江（独龙江考察队 2022）；海拔 1445～3250 m；分布于贡山、保山、腾冲、龙陵。13。

212 粘冠草 Myriactis wightii Candolle
产独龙江（独龙江考察队 3325）；海拔 1400～2940 m；分布于贡山、福贡、泸水、腾冲。7。

213 刻裂羽叶菊 Nemosenecio incisifolius (Jeffrey) B. Nordenstam
产铜壁关（据《云南铜壁关自然保护区科学考察研究》）；海拔 1950～2400 m；分布于盈江。15-2。

214 黑花紫菊 Notoseris melanantha (Franchet) C. Shih
产子里甲（高黎贡山考察队 20948）；海拔 1237～3220 m；分布于贡山、福贡、泸水、保山、腾冲。15-1。

215 垭口紫菊 Notoseris yakoensis (Jeffrey) N. Kilian
产独龙江（高黎贡山考察队 32571）；海拔 1080～2245 m；分布于贡山、福贡。15-3。

216 蕨叶假福王草 Paraprenanthes polypodiifolia (Franchet) C. C. Chang ex C. Shih
产茨开（高黎贡山考察队 12147）；海拔 1440～2650 m；分布于贡山、泸水。15-1。

217 伞房假福王草 Paraprenanthes umbrosa (Dunn) Sennikov
产铜壁关（据《云南铜壁关自然保护区科学考察研究》）；海拔 1750～2100 m；分布于盈江。15-2。

218 云南假福王草 Paraprenanthes yunnanensis (Franchet) C. Shih
产马吉（高黎贡山考察队 27650）；海拔 1650～2290 m；分布于贡山、福贡。15-2。

219 蟹甲草 Parasenecio forrestii W. W. Smith & J. Small
产铜壁关（据《云南铜壁关自然保护区科学考察研究》）；海拔 1900～2300 m；分布于盈江。15-1。

220 戟状蟹甲草 Parasenecio hastiformis Y. L. Chen
产洛本卓（高黎贡山考察队 25881）；海拔 3400 m；分布于泸水。15-2。

221 掌裂蟹甲草 Parasenecio palmatisectus (Jeffrey) Y. L. Chen
产东哨房（高黎贡山考察队 13240）；海拔 3150～3940 m；分布于贡山。14-2。

222 五裂蟹甲草 Parasenecio quinquelobus (Wallich ex Candolle) Y. L. Chen
产片马（高黎贡山考察队 7266）；海拔 2510～3000 m；分布于福贡、泸水。14-2。

223 白背茅谷草 Pentanema indicum var. **hypoleucum** (Handel-Mazzetti) Y. Ling
产铜壁关（据《云南铜壁关自然保护区科学考察研究》）；海拔 600～1200 m；分布于盈江。7。

224 针叶帚菊 Pertya phylicoides Jeffrey
产茨开（青藏队 82-7367）；海拔 2400 m；分布于贡山。15-1。

225 毛裂蜂斗菜 Petasites tricholobus Franchet
产独龙江（独龙江考察队 6562）；海拔 1780～3126 m；分布于贡山、泸水。14-2。

226 滇苦菜 Picris divaricata Vaniot
产腾越（高黎贡山考察队 29797）；海拔 1850 m；分布于腾冲。15-1。

227 毛连菜 Picris hieracioides Linnaeus
产茨开（高黎贡山考察队 12347）；海拔 1700～2650 m；分布于贡山、福贡、泸水、腾冲、龙陵。10。

228 日本毛连菜 Picris japonica Thunberg
产茨开（青藏队 8115）；海拔 1600～2100 m；分布于贡山。13。

229 丽江毛连菜 Picris junnanensis V. N. Vassiljev
产铜壁关（据《云南铜壁关自然保护区科学考察研究》）；海拔 2500 m；分布于盈江。15-1。

230 兔耳一枝箭 Piloselloides hirsuta (Forsskål) C. Jeffrey ex Cufodontis
产独龙江（独龙江考察队 5159）；海拔 1460～2100 m；分布于贡山、保山。4。

231 长叶阔苞菊 Pluchea eupatorioides Kurz
产铜壁关（据《云南铜壁关自然保护区科学考察研究》）；海拔 1460～1800 m；分布于盈江。7。

232 宽叶拟鼠麴草 Pseudognaphalium adnatum (Candolle) Y. S. Chen
产芒宽（高黎贡山考察队 10552）；海拔 1350 m；分布于保山。7。

233 拟鼠麴草 Pseudognaphalium affine (D. Don) Anderberg
产独龙江（独龙江考察队 1846）；海拔 1180～2700 m；分布于贡山、福贡、泸水、保山、腾冲、龙陵。5。

234 秋拟鼠麹草 Pseudognaphalium hypoleucum (Candolle) Hilliard & B. L. Burtt

产茨开（高黎贡山考察队 12984）；海拔 1080～2600 m；分布于贡山、福贡、泸水、保山、腾冲。7。

235 柱茎风毛菊 Saussurea columnaris Handel-Mazzetti

产丙中洛（冯国楣 7703）；海拔 3000～4100 m；分布于贡山。14-2。

236 大理雪兔子 Saussurea delavayi Franchet

产片马至垭口途中（碧江队 1782）；海拔 3300～4000 m；分布于贡山、泸水。15-2。

237 锐齿风毛菊 Saussurea euodonta Diels

产洛本卓（高黎贡山考察队 25726）；海拔 2130～3110 m；分布于福贡、泸水。15-1。

238 奇形风毛菊 Saussurea fastuosa (Decaisne) Schultz Bipontinus

产丙中洛（高黎贡山考察队 31781）；海拔 2780 m；分布于贡山。14-2。

239 黄绿苞风毛菊 Saussurea flavo-virens Y. L. Chen & S. Y. Liang

产茨开（高黎贡山考察队 12714）；海拔 3200～3650 m；分布于贡山、福贡。15-3。

240 绵头雪兔子 Saussurea laniceps Handel-Mazzetti

产丙中洛（高黎贡山考察队 32870）；海拔 4700 m；分布于贡山。14-2。

241 巴塘风毛菊 Saussurea limprichtii Diels

产丙中洛（高黎贡山考察队 31297）；海拔 3880～3980 m；分布于贡山。15-1。

242 小舌风毛菊 Saussurea lingulata Franchet

产独龙江（冯国楣 7728）；海拔 3800～4100 m；分布于贡山。15-1。

243 长叶雪莲 Saussurea longifolia Franchet

产铜壁关（据《云南铜壁关自然保护区科学考察研究》）；海拔 2340 m；分布于盈江。15-1。

244 滇风毛菊 Saussurea micradenia Handel-Mazzetti

产独龙江（Handel-Mazzett 9873）；海拔 2300～3100 m；分布于贡山。15-3。

245 苞叶雪莲 Saussurea obvallata (Candolle) Schultz Bipontinus

产丙中洛（高黎贡山考察队 31303）；海拔 3470～4030 m；分布于贡山。14-2。

246 少花风毛菊 Saussurea oligantha Franchet

产丙中洛（高黎贡山考察队 32887）；海拔 2885 m；分布于贡山。15-1。

247 东俄洛风毛菊 Saussurea pachyneura Franchet

产丙中洛（高黎贡山考察队 32781）；海拔 3927～4270 m；分布于贡山。14-2。

248 弯齿风毛菊 Saussurea przewalskii Maximowicz

产丙中洛（高黎贡山考察队 32869）；海拔 4700 m；分布于贡山。14-2。

249 显鞘风毛菊 Saussurea rockii J. Anthony

产独龙江（冯国楣 7903）；海拔 2700～3900 m；分布于贡山。15-2。

250 鸢尾叶风毛菊 Saussurea romuleifolia Franchet

产独龙江（高黎贡山考察队 17014）；海拔 3670～4270 m；分布于贡山。15-1。

251 怒江风毛菊 Saussurea salwinensis J. Anthony

产独龙江（T. T. Yü 22372）；海拔 3500～4100 m；分布于贡山。15-1。

252 糙毛风毛菊 Saussurea scabrida Franchet

产丙中洛（冯国楣 5420）；海拔 2700～3600 m；分布于贡山。15-1。

253 半琴叶风毛菊 Saussurea semilyrata Bureau & Franchet

产丙中洛（高黎贡山考察队 31676）；海拔 3470～4155 m；分布于贡山。15-1。

254 川滇风毛菊 Saussurea wardii J. Anthony

产丙中洛（高黎贡山考察队 32878）；海拔 2881～3350 m；分布于贡山。15-1。

255 垂头雪莲 Saussurea wettsteiniana Handel-Mazzetti

产独龙江（T. T. Yü 19834）；海拔 3200～4100 m；分布于贡山。15-1。

256 野甘草 Scoparia dulcis Linnaeus

产一区城关镇（据《云南铜壁关自然保护区科学考察研究》）；海拔 420～2000 m；分布于盈江。2。

257 菊状千里光 Senecio analogus Candolle

产捧当（高黎贡山考察队 14276）；海拔 1100～3800 m；分布于贡山、龙陵。14-2。

258 黑褐千里光 Senecio atrofuscus Grierson

产铜壁关（据《云南铜壁关自然保护区科学考察研究》）；海拔 1900～2050 m；分布于盈江。15-1。

259 密齿千里光 Senecio densiserratus C. C. Chang

产独龙江（独龙江考察队 1032）；海拔 1300～1450 m；分布于贡山、保山。15-1。

260 纤花千里光 Senecio graciliflorus Candol

产丙中洛（冯国楣 7746）；海拔 2800～3700 m；分布于贡山、福贡、泸水。14-2。

261 多裂千里光 Senecio multilobus Chang

产铜壁关（据《云南铜壁关自然保护区科学考察研究》）；海拔 2380～2580 m；分布于盈江。15-2。

262 林荫千里光 Senecio nemorensis Linnaeus

产铜壁关（据《云南铜壁关自然保护区科学考察研究》）；海拔 2480 m；分布于盈江。10。

263 黑苞千里光 Senecio nigrocinctus Franchet

产独龙江（高黎贡山考察队 22077）；海拔 2760 m；分布于贡山。15-1。

264 裸茎千里光 Senecio nudicaulis Buchanan-Hamilton ex D. Don

产铜壁关（据《云南铜壁关自然保护区科学考察研究》）；海拔 1550～1960 m；分布于盈江。7。

265 蕨叶千里光 Senecio pteridophyllus Franchet

产风雪垭口东坡（高黎贡山考察队 8128）；海拔 2770～2900 m；分布于泸水、腾冲。15-2。

266a 千里光 Senecio scandens Buchanan-Hamilton ex D. Don

产独龙江（独龙江考察队 149）；海拔 890～3270 m；分布于贡山、福贡、泸水、保山、腾冲。7。

266b 缺裂千里光 Senecio scandens var. **incisus** Franchet

产匹河（高黎贡山考察队 19687）；海拔 1030～1160 m；分布于福贡。14-2。

267 岩生千里光 Senecio wightii (Candolle) Bentham ex C. B. Clarke

产界头（高黎贡山考察队 11062）；海拔 1670～2070 m；分布于贡山、福贡、腾冲。14-2。

268 毛梗豨莶 Sigesbeckia glabrescens (Makino) Makino

产百花岭（高黎贡山考察队 13352）；海拔 1550 m；分布于贡山、福贡、保山、腾冲。14-3。

269 豨莶 Sigesbeckia orientalis Linnaeus

产独龙江（独龙江考察队 343）；海拔 650～1990 m；分布于贡山、福贡、泸水、保山。2。

270 腺梗豨莶 Sigesbeckia pubescens (Makino) Makino

产界头（高黎贡山考察队 11282）；海拔 1550～2280 m；分布于贡山、福贡、泸水、腾冲。14-1。

271 耳柄蒲儿根 Sinosenecio euosmus (Handel-Mazzetti) B. Nordenstam
产丙中洛（高黎贡山考察队 31377）；海拔 2550～3780 m；分布于贡山。14-1。

272 蒲儿根 Sinosenecio oldhamianus (Maximowicz) B. Nordenstam
产独龙江（独龙江考察队 6179）；海拔 1243～3000 m；分布于贡山、福贡、泸水、腾冲、龙陵。14-1。

273 长裂苦苣菜 Sonchus brachyotus Candolle
产潞江（高黎贡山考察队 11618）；海拔 960～1850 m；分布于泸水、保山、腾冲、龙陵。13。

274 苦苣菜 Sonchus oleraceus Linnaeus
产达拉底（高黎贡山考察队 14179）；海拔 1030～3110 m；分布于贡山、福贡、泸水。1。

275 苣荬菜 Sonchus wightianus Candolle
产捧当（高黎贡山考察队 12063）；海拔 650～2160 m；分布于贡山、福贡、泸水、保山。7。

276 尾尖合耳菊 Synotis acuminata (Wallich ex Candolle) C. Jeffrey & Y. L. Chen
产姚家坪（高黎贡山考察队 8175）；海拔 2270～2950 m；分布于泸水、保山。14-2。

277 翅柄合耳菊 Synotis alata (Wallich ex Candolle) C. Jeffrey & Y. L. Chen
产茨开（高黎贡山考察队 33195）；海拔 2000～3400 m；分布于贡山、福贡、泸水、保山。14-2。

278 缅甸合耳菊 Synotis birmanica C. Jeffrey & Y. L. Chen
产贡山（据 *Flora of China*）；海拔 3000～3300 m；分布于贡山。14-1。

279 密花合耳菊 Synotis cappa (Buchanan-Hamilton ex D. Don) C. Jeffrey & Y. L. Chen
产界头（高黎贡山考察队 13632）；海拔 1130～2510 m；分布于贡山、福贡、泸水、保山、腾冲。14-2。

280 心叶合耳菊 Synotis cordifolia Y. L. Chen
产片马（高黎贡山考察队 8127）；海拔 2900～3120 m；分布于贡山、泸水。15-2。

281 红缨合耳菊 Synotis erythropappa (Bureau & Franchet) C. Jeffrey & Y. L. Chen
产多荣龙巴（Handel-Mazzett 9602）；海拔 1500～2800 m；分布于贡山。15-1。

282 聚花合耳菊 Synotis glomerata C. Jeffrey & Y. L. Chen
产片马（高黎贡山考察队 7209）；海拔 1560～2950 m；分布于贡山、福贡、泸水、腾冲。14-1。

283 丽江合耳菊 Synotis lucorum (Franchet) C. Jeffrey & Y. L. Chen
产片马（高黎贡山考察队 7170）；海拔 2950～3400 m；分布于泸水。15-2。

284 锯叶合耳菊 Synotis nagensium (C. B. Clarke) C. Jeffrey & Y. L. Chen
产鹿马登（高黎贡山考察队 19971）；海拔 1255～3400 m；分布于福贡、泸水。14-2。

285 腺毛合耳菊 Synotis saluenensis (Diels) C. Jeffrey & Y. L. Chen
产界头（高黎贡山考察队 13627）；海拔 1350～3000 m；分布于贡山、福贡、泸水、腾冲。14-1。

286 林荫合耳菊 Synotis sciatrephes (W. W. Smith) C. Jeffrey & Y. L. Chen
产百花岭（李恒、郭辉军、李正波、施晓春 66）；海拔 2000～2650 m；分布于保山、腾冲。15-2。

287 三舌合耳菊 Synotis triligulata (Buchanan-Hamilton ex D. Don) C. Jeffrey & Y. L. Chen
产六库（南水北调队 8109）；海拔 1200～2100 m；分布于泸水、腾冲。14-2。

288 羽裂合耳菊 Synotis vaniotii (H. Léveillé) C. Jeffrey & Y. L. Chen
产百花岭（施晓春、杨世雄 109）；海拔 1800 m；分布于保山。15-2。

289 黄白合耳菊 Synotis xantholeuca (Handel-Mazzetti) C. Jeffrey & Y. L. Chen
产丙中洛（冯国楣 7547）；海拔 1360～2750 m；分布于贡山、福贡。15-2。

290 丫口合耳菊 Synotis yakoensis (Jeffrey) C. Jeffrey & Y. L. Chen
产亚坪（高黎贡山考察队 20325）；海拔 2000 m；分布于贡山、福贡。15-2。

291 蔓生合耳菊 Synotis yui C. Jeffrey & Y. L. Chen
产独龙江（T. T. Yü 20229）；海拔 2700～2900 m；分布于贡山。14-1。

292 川西小黄菊 Tanacetum tatsienense (Bureau & Franchet) K. Bremer & Humphries
产贡山至孔当途中（高黎贡山考察队 16967）；海拔 3429～4270 m；分布于贡山。14-2。

293 蒙古蒲公英 Taraxacum mongolicum Handel-Mazzetti
产洛本卓（高黎贡山考察队 25505）；海拔 950～3080 m；分布于福贡、泸水。15-1。

294 锡金蒲公英 Taraxacum sikkimense Handel-Mazzetti
产茨开（高黎贡山考察队 9623）；海拔 3600～3800 m；分布于贡山。14-2。

295 歧伞菊 Thespis divaricata Candolle
产铜壁关（据《云南铜壁关自然保护区科学考察研究》）；海拔 650～1060 m；分布于盈江。7。

296 驱虫斑鸠菊 Vernonia anthelmintica (Linnaeus) Willdenow
产铜壁关（据《云南铜壁关自然保护区科学考察研究》）；海拔 600～1020 m；分布于盈江。6。

297 糙叶斑鸠菊 Vernonia aspera Vernonia aspera
产铜壁关（据《云南铜壁关自然保护区科学考察研究》）；海拔 700～1250 m；分布于盈江。7。

298 喜斑鸠菊 Vernonia blanda Candolle
产赧亢植物园（高黎贡山考察队 13203）；海拔 2130 m；分布于福贡、保山、腾冲。14-1。

299 夜香牛 Vernonia cinerea (Linnaeus) Lessing
产六库（独龙江考察队 106）；海拔 650～1570 m；分布于泸水、保山、腾冲。6。

300 斑鸠菊 Vernonia esculenta Hemsley
产芒宽（高黎贡山考察队 13497）；海拔 1350～1628 m；分布于保山。15-1。

301 展枝斑鸠菊 Vernonia extensa Candolle
产赧亢植物园（高黎贡山考察队 13204）；海拔 1250～2130 m；分布于福贡、泸水、保山、腾冲、龙陵。14-2。

302 滇缅斑鸠菊 Vernonia parishii J. D. Hooker
产铜壁关（据《云南铜壁关自然保护区科学考察研究》）；海拔 1100～2050 m；分布于盈江。7。

303 咸虾花 Vernonia patula (Aiton) Merrill
产铜壁关（据《云南铜壁关自然保护区科学考察研究》）；海拔 280～860 m；分布于盈江。6。

304 林生斑鸠菊 Vernonia sylvatica Dunn
产诗别寨（香料植物考察队 130）；海拔 400～1800 m；分布于盈江。15-1。

305 柳叶斑鸠菊 Vernonia saligna Candolle
产六库（独龙江考察队 008）；海拔 900～2170 m；分布于泸水、保山、腾冲、龙陵。14-2。

306 大叶斑鸠菊 Vernonia volkameriifolia Candolle
产百花岭（高黎贡山考察队 9458）；海拔 1360～1900 m；分布于泸水、保山。14-2。

307 孪花菊 Wollastonia biflora (Linnaeus) Candolle
产铜壁关（据《云南铜壁关自然保护区科学考察研究》）；海拔 500～720 m；分布于盈江。14-1。

308 山蟛蜞菊 Wollastonia montana (Blume) Candolle
产匹河（碧江队 490）；海拔 1200 m；分布于福贡、泸水。14-2。

309 鼠冠黄鹌菜 Youngia cineripappa (Babcock) Babcock & Stebbins

产卡场草坝寨（香料植物考察队 233）；海拔 1250～1970 m；分布于盈江。7。

310 厚绒黄鹌菜 Youngia fusca (Babcock) Babcock & Stebbins

产丙中洛（冯国楣 5770）；海拔 2000～2600 m；分布于贡山、保山。15-1。

311 黄鹌菜 Youngia japonica (Linnaeus) Candolle

产独龙江（独龙江考察队 1138）；海拔 686～3030 m；分布于贡山、福贡、泸水、保山、腾冲、龙陵。7。

312 羽裂黄鹌菜 Youngia paleacea (Diels) Babcock & Stebbins

产丹珠（高黎贡山考察队 12354）；海拔 1440～1870 m；分布于贡山、泸水、腾冲。15-1。

239 龙胆科 Gentianaceae

1 罗星草 Canscora andrographioides Griffith ex C. B. Clarke

产六库（高黎贡山考察队 10469）；海拔 960 m；分布于泸水。14-2。

2 长梗喉毛花 Comastoma pedunculatum (Royle ex D. Don) Holub

产茨开（高黎贡山考察队 33908）；海拔 3360 m；分布于贡山。14-2。

3 纤枝喉毛花 Comastoma stellariifolium (Franchet) Holub

产丙中洛（高黎贡山考察队 32810）；海拔 3200～4270 m；分布于贡山。14-2。

4 杯药草 Cotylanthera paucisquama C. B. Clarke

产茨开（高黎贡山考察队 12278）；海拔 2000～2400 m；分布于贡山、福贡、保山、腾冲。14-2。

5 大花蔓龙胆 Crawfurdia angustata C. B. Clarke

产独龙江（独龙江考察队 400）；海拔 1310～1950 m；分布于贡山、福贡。14-1。

6 云南蔓龙胆 Crawfurdia campanulacea Wallich & Griffith ex C. B. Clarke

产汉龙（高黎贡山考察队 11645）；海拔 1380～3450 m；分布于贡山、福贡、泸水、保山、腾冲、龙陵。15-2。

7 裂萼蔓龙胆 Crawfurdia crawfurdioides (C. Marquand) Harry Smith

产茨开（高黎贡山考察队 33896）；海拔 1550～3600 m；分布于贡山。15-1。

8 披针叶蔓龙胆 Crawfurdia delavayi Franchet

产丹珠（李恒、李嵘 1022）；海拔 3120～3600 m；分布于贡山、福贡。15-2。

9 细柄蔓龙胆 Crawfurdia gracilipes Harry Smith

产茨开（李恒、李嵘 512）；海拔 3200～3600 m；分布于贡山。15-1。

10 福建蔓龙胆 Crawfurdia pricei (C. Marquand) Harry Smith

产丙中洛（高黎贡山考察队 31693）；海拔 3710 m；分布于贡山。15-1。

11 无柄蔓龙胆 Crawfurdia sessiliflora (C. Marquand) Harry Smith

产贡山至孔当途中（高黎贡山考察队 16949）；海拔 3429～3710 m；分布于贡山。15-1。

12 新固蔓龙胆 Crawfurdia sinkuensis (Marquand) Harry Smith

产丙中洛（冯国楣 7891）；海拔 3100～3600 m；分布于贡山。15-3。

13 苍山蔓龙胆 Crawfurdia tsangshanensis C. J. Wu

产五合（高黎贡山考察队 7164）；海拔 2950～3150 m；分布于贡山、泸水。15-2。

14 藻百年 Exacum tetragonum Roxburgh

产铜壁关（据《云南铜壁关自然保护区科学考察研究》）；海拔 600 m；分布于盈江。5。

15 膜边龙胆 Gentiana albomarginata C. Marquand

产界头（高黎贡山考察队 13636）；海拔 2200 m；分布于腾冲。15-2。

16 高山龙胆 Gentiana algida Pallas

产黑普山（冯国楣 8438）；海拔 1800～4100 m；分布于贡山。9。

17 繁缕状龙胆 Gentiana alsinoides Franchet

产黑娃底（高黎贡山考察队 14553）；海拔 1800～2076 m；分布于贡山、泸水、保山、腾冲、龙陵。15-1。

18 异药龙胆 Gentiana anisostemon C. Marquand

产大蒿坪（高黎贡山考察队 26102）；海拔 1900～2455 m；分布于保山、腾冲、龙陵。15-2。

19 七叶龙胆 Gentiana arethusae var. **delicatula** C. Marquand

产东哨房（高黎贡山考察队 7780）；海拔 2760～3200 m；分布于贡山。15-1。

20 秀丽龙胆 Gentiana bella Franchet

产独龙江（T. T. Yü 19747）；海拔 3000～4100 m；分布于贡山。14-1。

21 缅甸龙胆 Gentiana burmensis C. Marquand

产匹河（碧江队 1008）；海拔 3900～4100 m；分布于福贡、泸水。15-3。

22 头状龙胆 Gentiana capitata Buchanan-Hamilton ex D. Don

产芒宽（怒江考察队 1913）；海拔 2000 m；分布于保山。14-2。

23 石竹叶龙胆 Gentiana caryophyllea Harry Smith

产独龙江（独龙江考察队 5270）；海拔 2100～4160 m；分布于贡山。15-3。

24 头花龙胆 Gentiana cephalantha Franchet

产界头天台山（高黎贡山考察队 11096）；海拔 2100～2850 m；分布于贡山、泸水、保山、腾冲。14-1。

25 粗茎秦艽 Gentiana crassicaulis Duthie ex Burkill

产丙中洛（高黎贡山考察队 23123）；海拔 2250 m；分布于贡山。15-1。

26 肾叶龙胆 Gentiana crassuloides Bureau & Franchet

产丙中洛（王启无 66281）；海拔 2700～4200 m；分布于贡山。14-2。

27 髯毛龙胆 Gentiana cuneibarba Harry Smith

产丙中洛（T. T. Yü 19733）；海拔 3100～4000 m；分布于贡山。14-2。

28 深裂龙胆 Gentiana damyonensis C. Marquand

产丙中洛（冯国楣 7823）；海拔 3940～4270 m；分布于贡山。14-1。

29 美龙胆 Gentiana decorata Diels

产丙中洛（高黎贡山考察队 31582）；海拔 3770～4700 m；分布于贡山。14-1。

30 三角叶龙胆 Gentiana deltoidea Harry Smith

产孔当至贡山途中（高黎贡山考察队 15292）；海拔 3340～3560 m；分布于贡山、福贡。15-1。

31 无尾尖龙胆 Gentiana ecaudata C. Marquand

产茨开（高黎贡山考察队 7780）；海拔 3000～4200 m；分布于贡山。15-1。

32 壶冠龙胆 Gentiana elwesii C. B. Clarke

产茨开（高黎贡山考察队 16742）；海拔 2940～3350 m；分布于贡山。14-2。

33 齿褶龙胆 Gentiana epichysantha Handel-Mazzetti

产鹿马登（高黎贡山考察队 28491）；海拔 2510～4080 m；分布于贡山、福贡。15-2。

34 丝瓣龙胆 Gentiana exquisita Harry Smith

产茨开（李恒、刀志灵、李嵘 502）；海拔 3010～4160 m；分布于贡山、福贡。14-1。

35 毛喉龙胆 Gentiana faucipilosa Harry Smith

产丙中洛（怒江考察队 1523）；海拔 2200～3800 m；分布于贡山。14-2。

36 丝柱龙胆 Gentiana filistyla I. B. Balfour & Forrest

产丙中洛（T. T. Yü 19888）；海拔 2900～4200 m；分布于贡山。14-1。

37 美丽龙胆 Gentiana formosa Harry Smith

产独龙江（T. T. Yü 19686）；海拔 2700～4200 m；分布于贡山。15-1。

38 苍白龙胆 Gentiana forrestii C. Marquand

产鹿马登（青藏队 82-6873）；海拔 3000～4200 m；分布于贡山、福贡。15-1。

39 密枝龙胆 Gentiana franchetiana Kusnezow

产茨开（高黎贡山考察队 14781）；海拔 2770～3080 m；分布于贡山、泸水。15-1。

40 滇西龙胆 Gentiana georgei Diels

产丙中洛君子拉（T. T. Yü 23223）；海拔 3000～4200 m；分布于贡山。15-1。

41 长流苏龙胆 Gentiana grata Harry Smith

产独龙江（T. T. Yü 20272）；海拔 2900～4100 m；分布于贡山。14-1。

42 斑点龙胆 Gentiana handeliana Harry Smith

产丙中洛（高黎贡山考察队 31454）；海拔 3750～4160 m；分布于贡山。14-1。

43 扭果柄龙胆 Gentiana harrowiana Diels

产贡山至孔当途中（高黎贡山考察队 17009）；海拔 3670～3940 m；分布于贡山。14-1。

44 钻叶龙胆 Gentiana haynaldii Kanitz

产丙中洛（高黎贡山考察队 31294）；海拔 3980 m；分布于贡山。15-1。

45 帚枝龙胆 Gentiana intricata C. Marquand

产芒宽（s.n.）；海拔 2200～3500 m；分布于保山。15-1。

46 亚麻状龙胆 Gentiana linoides Franchet

产曲石（高黎贡山考察队 30620）；海拔 1530 m；分布于腾冲。15-2。

47 马耳山龙胆 Gentiana maeulchanensis Franchet

产百花岭（李恒、郭辉军、李正波、施晓春 84）；海拔 2300～3000 m；分布于贡山、保山。14-2。

48 寡流苏龙胆 Gentiana mairei H. Léveillé

产贡山至孔当途中（高黎贡山考察队 16820）；海拔 3120～3610 m；分布于贡山、福贡、泸水。15-1。

49 缅北龙胆 Gentiana masonii T. N. Ho

产利沙底（高黎贡山考察队 27024）；海拔 3560～3700 m；分布于福贡。15-3。

50 念珠脊龙胆 Gentiana moniliformis C. Marquand

产镇安（Forrest 7655）；海拔 2100 m；分布于腾冲。15-3。

51 藓生龙胆 Gentiana muscicola C. Marquand

产腾冲（高黎贡山考察队 s.n.）；海拔 2700～3200 m；分布于腾冲。14-1。

52 山景龙胆 Gentiana oreodoxa Harry Smith

产丙中洛（冯国楣 7794）；海拔 3000～4100 m；分布于贡山。14-2。

53 耳褶龙胆 Gentiana otophora Franchet

产黑普山（高黎贡山考察队 32049）；海拔 3400～4160 m；分布于贡山。14-1。

54 类耳褶龙胆 Gentiana otophoroides Harry Smith

产黑普山（高黎贡山考察队 32075）；海拔 3490～4030 m；分布于贡山、福贡。15-1。

55 流苏龙胆 Gentiana panthaica Prain & Burkill

产茨开（高黎贡山考察队 11929）；海拔 2600～3740 m；分布于贡山、福贡。15-1。

56 叶萼龙胆 Gentiana phyllocalyx C. B. Clarke

产茨开（高黎贡山考察队 12676）；海拔 3350～3940 m；分布于贡山、福贡。14-2。

57 纤细龙胆 Gentiana pluviarum subsp. **subtilis** (Harry Smith) T. N. Ho

产贡山（高黎贡山考察队 s.n.）；海拔 3700～4100 m；分布于贡山。15-2。

58 俅江龙胆 Gentiana qiujiangensis T. N. Ho

产独龙江（高黎贡山考察队 16846）；海拔 3620～3660 m；分布于贡山、福贡。15-3。

59 外弯龙胆 Gentiana recurvata C. B. Clarke

产洛本卓（高黎贡山考察队 25960）；海拔 3450～3650 m；分布于福贡、泸水。14-2。

60 红花龙胆 Gentiana rhodantha Franchet

产独龙江（王启无 67555）；海拔 1600 m；分布于贡山。15-1。

61 滇龙胆草 Gentiana rigescens Franchet

产百花岭（高黎贡山考察队 13424）；海拔 1930～2600 m；分布于保山、腾冲。15-1。

62 二裂深红龙胆 Gentiana rubicunda var. **biloba** T. N. Ho

产其期至东哨房途中（高黎贡山考察队 12740）；海拔 3400～3700 m；分布于贡山、福贡。15-1。

63 短管龙胆 Gentiana sichitoensis C. Marquand

产丙中洛（高黎贡山考察队 31522）；海拔 3300～3808 m；分布于贡山。14-1。

64 锡金龙胆 Gentiana sikkimensis C. B. Clarke

产其期至东哨房途中（高黎贡山考察队 9502）；海拔 3150～3470 m；分布于贡山。14-2。

65 星状龙胆 Gentiana stellulata Harry Smith

产独龙江（独龙江考察队 4642）；海拔 1400 m；分布于贡山。15-1。

66 匙萼龙胆 Gentiana stragulata I. B. Balfour & Forrest

产丙中洛（王启无 66694）；海拔 3000～4000 m；分布于贡山。15-1。

67 四川龙胆 Gentiana sutchuenensis Franchet

产匹河（高黎贡山考察队 19757）；海拔 1237 m；分布于福贡。14-2。

68 大花龙胆 Gentiana szechenyii Kanitz

产铜壁关（据《云南铜壁关自然保护区科学考察研究》）；海拔 2100～2400 m；分布于盈江。15-1。

69 大理龙胆 Gentiana taliensis I. B. Balfour & Forrest

产独龙江（独龙江考察队 1375）；海拔 1330～3375 m；分布于贡山、福贡、泸水、龙陵。14-1。

70 蓝玉簪龙胆 Gentiana veitchiorum Hemsley

产打巴底（高黎贡山考察队 16765）；海拔 2940～3000 m；分布于贡山。14-2。

71 湿生扁蕾 Gentianopsis paludosa (Munro ex J. D. Hooker) Ma

产独龙江（T. T. Yü 19593）；海拔 1300～2600 m；分布于贡山。14-2。

72 椭圆叶花锚 Halenia elliptica D. Don

产丹当公园（独龙江考察队 207）；海拔 1530～3930 m；分布于贡山、福贡、泸水、保山、腾冲。14-2。

73 肋柱花 Lomatogonium carinthiacum (Wulfen) Reichenbach

产独龙江（T. T. Yü 20793）；海拔 1300～2800 m；分布于贡山。10。

74 长叶肋柱花 Lomatogonium longifolium Harry Smith

产独龙江（T. T. Yü 22849）；海拔 3200～4100 m；分布于贡山。15-1。

75 宿根肋柱花 Lomatogonium perenne T. N. Ho & S. W. Liu

产丙中洛（高黎贡山考察队 31688）；海拔 3720 m；分布于贡山。15-1。

76 大钟花 Megacodon stylophorus (C. B. Clarke) Harry Smith

产丙中洛（高黎贡山考察队 31176）；海拔 3470 m；分布于贡山。14-2。

77 狭叶獐牙菜 Swertia angustifolia Buchanan-Hamilton ex D. Don

产片马（高黎贡山考察队 10136）；海拔 1620 m；分布于泸水。14-2。

78 细辛叶獐牙菜 Swertia asarifolia Franchet

产片马（高黎贡山考察队 s.n.）；海拔 3400～4200 m；分布于泸水。15-3。

79 獐牙菜 Swertia bimaculata (Siebold & Zuccarini) J. D. Hooker & Thomson ex C. B. Clarke

产百花岭（高黎贡山考察队 13419）；海拔 1420～3000 m；分布于贡山、泸水、保山、腾冲、龙陵。14-1。

80 西南獐牙菜 Swertia cincta Burkill

产怒江至片马途中（高黎贡山考察队 10379）；海拔 1780～2470 m；分布于贡山、泸水、保山、腾冲。15-1。

81 心叶獐牙菜 Swertia cordata (Wallich ex G. Don) C. B. Clarke

产马站（高黎贡山考察队 10937）；海拔 1930～2100 m；分布于保山、腾冲。14-2。

82 叉序獐牙菜 Swertia divaricata Harry Smith

产独龙江-怒江分水岭（Forrest 18528）；海拔 2400 m；分布于贡山。15-3。

83 矮獐牙菜 Swertia handeliana Harry Smith

产独龙江（T. T. Yü 19785）；海拔 3490～3740 m；分布于贡山、福贡。15-1。

84 大籽獐牙菜 Swertia macrosperma (C. B. Clarke) C. B. Clarke

产独龙江（独龙江考察队 672）；海拔 1400～3100 m；分布于贡山、福贡、泸水、保山、腾冲。14-2。

85 膜叶獐牙菜 Swertia membranifolia Franchet

产贡山（高黎贡山考察队 s.n.）；海拔 2500～2700 m；分布于贡山。15-2。

86 川西獐牙菜 Swertia mussotii Franchet

产丙中洛（高黎贡山考察队 22680）；海拔 1686 m；分布于贡山。15-1。

87 显脉獐牙菜 Swertia nervosa (Wallich ex G. Don) C. B. Clarke

产独龙江（独龙江考察队 2124）；海拔 1460～2200 m；分布于贡山、保山。14-2。

88　片马獐牙菜 Swertia pianmaensis T. N. Ho & S. W. Liu

产片马（南水北调队 8249）；海拔 1600 m；分布于泸水。15-3。

89　紫红獐牙菜 Swertia punicea Hemsley

产独龙江（独龙江考察队 545）；海拔 1350 m；分布于贡山。15-1。

90　圆腺獐牙菜 Swertia rotundiglandula T. N. Ho & S. W. Liu

产贡山（高黎贡山考察队 s.n.）；海拔 3100 m；分布于贡山。15-3。

91　细瘦獐牙菜 Swertia tenuis T. N. Ho & S. W. Li

产独龙江（独龙江考察队 1054）；海拔 1400～1800 m；分布于贡山。15-1。

92　察隅獐牙菜 Swertia zayueensis T. N. Ho & S. W. Liu

产黄草坪（高黎贡山考察队 10256）；海拔 2000～2600 m；分布于贡山、泸水、保山、腾冲。15-3。

93　心叶双蝴蝶 Tripterospermum cordifolioides J. Murata

产铜壁关（据《云南铜壁关自然保护区科学考察研究》）；海拔 1400～1980 m；分布于盈江。15-1。

94　细茎双蝴蝶 Tripterospermum filicaule (Hemsley) Harry Smith

产贡山至孔当途中（高黎贡山考察队 16515）；海拔 2470～2800 m；分布于贡山。15-1。

95　毛萼双蝴蝶 Tripterospermum hirticalyx C. Y. Wu ex C. J. Wu

产其期（高黎贡山考察队 7688）；海拔 2011～3100 m；分布于贡山、福贡、龙陵。14-1。

96　膜叶双蝴蝶 Tripterospermum membranaceum (C. Marquand) Harry Smith

产澜沧江和怒江分水界（冯国楣 7205）；海拔 2000～3700 m；分布于澜沧江和怒江分水界。14-1。

97　尼泊尔双蝴蝶 Tripterospermum volubile (D. Don) H. Hara

产白汗洛（冯国楣 24702）；海拔 1850～2200 m；分布于贡山、保山、腾冲、龙陵。14-2。

98　黄秦艽 Veratrilla baillonii Franchet

产丙中洛（高黎贡山考察队 31182）；海拔 3470～3680 m；分布于贡山、福贡。14-2。

239a　睡菜科 Menyanthaceae

1　睡菜 Menyanthes trifoliata Linnaeus

产北海（高黎贡山考察队 29670）；海拔 1730 m；分布于腾冲。8。

2　金银莲花 Nymphoides indica (Linnaeus) Kuntze

产北海（高黎贡山考察队 29792）；海拔 1730～1850 m；分布于腾冲。5。

3　荇菜 Nymphoides peltata (S. G. Gmelin) Kuntze

产腾冲（李恒、李嵘、蒋柱檀、高富、张雪梅 440）；海拔 1730 m；分布于腾冲。10。

240　报春花科 Primulaceae

1　腋花点地梅 Androsace axillaris (Franchet) Franchet

产黑娃底（高黎贡山考察队 13858）；海拔 1560～2020 m；分布于贡山。14-1。

2　滇西北点地梅 Androsace delavayi Franche

产丙中洛（高黎贡山考察队 31681）；海拔 3900～4700 m；分布于贡山。14-2。

3　直立点地梅 Androsace erecta Maximowicz

产贡山（王启无 717841）；海拔 2400～3400 m；分布于贡山。14-2。

4 披散点地梅 Androsace gagnepainiana Handel-Mazzetti

产独龙江（Handel-Mazzett 9495）；海拔 3500～4100 m；分布于贡山。14-1。

5 掌叶点地梅 Androsace geraniifolia Watt

产贡山（Forrest 23485）；海拔 2700～3000 m；分布于贡山。14-2。

6 圆叶点地梅 Androsace graceae Forrest

产沙瓦龙巴（T. T. Yü 23237）；海拔 3800 m；分布于贡山。15-1。

7 莲叶点地梅 Androsace henryi Oliver

产独龙江（独龙江考察队 6106）；海拔 2500～3125 m；分布于贡山、福贡、泸水。14-2。

8 石莲叶点地梅 Androsace integra (Maximowicz) Handel-Mazzetti

产鹿马登（高黎贡山考察队 26609）；海拔 3560～3740 m；分布于福贡。15-1。

9 柔软点地梅 Androsace mollis Handel-Mazzetti

产鹿马登（高黎贡山考察队 28692）；海拔 3650～3700 m；分布于贡山、福贡。15-1。

10 点地梅 Androsace umbellata (Loureiro) Merrill

产铜壁关（据《云南铜壁关自然保护区科学考察研究》）；海拔 1200～1740 m；分布于盈江。11。

11 短花珍珠菜 Lysimachia breviflora C. M. Hu

产马吉（高黎贡山考察队 27606）；海拔 1710 m；分布于福贡。15-3。

12 泽珍珠菜 Lysimachia candida Lindley

产潞江（青藏队 7150）；海拔 600 m；分布于保山。14-3。

13 细梗香草 Lysimachia capillipes Hemsley

产上帕（高黎贡山考察队 28963）；海拔 1290 m；分布于福贡。7。

14 藜状珍珠菜 Lysimachia chenopodioides Watt ex J. D. Hooker

产芒宽（高黎贡山考察队 26176）；海拔 709 m；分布于保山。14-2。

15 过路黄 Lysimachia christiniae Hance

产独龙江（独龙江考察队 6955）；海拔 2900 m；分布于贡山、福贡。15-1。

16 临时救 Lysimachia congestiflora Hemsley

产独龙江（独龙江考察队 6629）；海拔 1580～2420 m；分布于贡山、福贡、泸水、保山、腾冲、龙陵。14-2。

17 心叶香草 Lysimachia cordifolia Handel-Mazzetti

产铜壁关（据《云南铜壁关自然保护区科学考察研究》）；海拔 2200～2500 m；分布于盈江。15-2。

18 南亚过路黄 Lysimachia debilis Wallich

产独龙江（和志刚 79-325）；海拔 1700 m；分布于贡山。14-2。

19 延叶珍珠菜 Lysimachia decurrens G. Forster

产壮堆（高黎贡山考察队 21017）；海拔 1270～1640 m；分布于福贡、泸水。5。

20 小寸金黄 Lysimachia deltoidea var. cinerascens Franchet

产丹当公园（高黎贡山考察队 11794）；海拔 1670～2420 m；分布于贡山、泸水、腾冲、龙陵。14-1。

21 锈毛过路黄 Lysimachia drymarifolia Franchet

产界头（高黎贡山考察队 30472）；海拔 1820～2070 m；分布于腾冲。15-1。

22 多枝香草 Lysimachia laxa Baudo

产独龙江（高黎贡山考察队 15155）；海拔 1550～2650 m；分布于贡山、泸水、腾冲。7。

23 丽江珍珠菜 Lysimachia lichiangensis Forrest

产独龙江（T. T. Yü 19545）；海拔 2900～3200 m；分布于贡山。14-1。

24 长蕊珍珠菜 Lysimachia lobelioides Wallich

产潞江（高黎贡山考察队 17852）；海拔 1250～2400 m；分布于保山、腾冲、龙陵。14-2。

25 小果香草 Lysimachia microcarpa Handel-Mazzetti ex C. Y. Wu

产片马（高黎贡山考察队 23356）；海拔 1160～2150 m；分布于福贡、泸水、腾冲。14-1。

26 小叶珍珠菜 Lysimachia parvifolia Franchet ex F. B. Forbes & Hemsley

产潞江（高黎贡山考察队 23596）；海拔 688 m；分布于保山。15-1。

27 阔叶假排草 Lysimachia petelotii Merrill

产镇安（高黎贡山考察队 17647）；海拔 1530～2220 m；分布于保山、龙陵。14-1。

28 阔瓣珍珠菜 Lysimachia platypetala Franchet

产茨开（高黎贡山考察队 12801）；海拔 1510～1790 m；分布于贡山、福贡。15-1。

29 多育星宿菜 Lysimachia prolifera Klatt

产鹿马登（高黎贡山考察队 27267）；海拔 2850 m；分布于贡山、福贡、腾冲。14-2。

30 矮星宿菜 Lysimachia pumila (Baudo) Franchet

产贡山（Delavay 1091）；海拔 3500～4000 m；分布于贡山。15-1。

31 粗壮珍珠菜 Lysimachia robusta Handel-Mazzetti

产北海（李恒、李嵘、蒋柱檀、高富、张雪梅 408）；海拔 1730 m；分布于腾冲。15-3。

32 腾冲过路黄 Lysimachia tengyuehensis Handel-Mazzetti

产荷花（高黎贡山考察队 30891）；海拔 1250～1510 m；分布于腾冲。15-3。

33 大理独花报春 Omphalogramma delavayi (Franchet) Franchet

产鹿马登（碧江队 1137）；海拔 3300～4000 m；分布于福贡。15-2。

34 丽花独报春 Omphalogramma elegans Forrest

产独龙江（独龙江考察队 7033）；海拔 2900～4010 m；分布于贡山、福贡。14-1。

35 小独花报春 Omphalogramma minus Handel-Mazzetti

产丙中洛（冯国楣 7710）；海拔 3500～4000 m；分布于贡山。15-1。

36 长柱独花报春 Omphalogramma souliei Franchet

产茨开（高黎贡山考察队 14799）；海拔 3300～4300 m；分布于贡山、福贡。15-1。

37 乳黄雪山报春 Primula agleniana I. B. Balfour & Forrest

产独龙江（独龙江考察队 6924）；海拔 2300～3940 m；分布于贡山、福贡。14-1。

38a 紫晶报春 Primula amethystina Franchet

产贡山（T. T. Yü 19796）；海拔 4000 m；分布于贡山。15-2。

38b 短叶紫晶报春 Primula amethystina subsp. **brevifolia** (Forrest) W. W. Smith & Forrest

产腊早（南水北调队 9325）；海拔 3400～4200 m；分布于贡山。15-1。

39 茴香灯台报春 Primula anisodora I. B. Balfour & Forrest (A. J. Richards)

产独龙江（高黎贡山考察队 12886）；海拔 2700 m；分布于贡山。15-1。

40 细辛叶报春 Primula asarifolia H. R. Fletcher

产保山（刀志灵、崔景云 9477）；海拔 2800 m；分布于保山。15-2。

41 山丽报春 Primula bella Franchet

产丙中洛（T. T. Yü 19767）；海拔 3700 m；分布于贡山。15-1。

42 桔红灯台报春 Primula bulleyana Forrest

产独龙江（独龙江考察队 704）；海拔 1290 m；分布于贡山。15-2。

43 霞红灯台报春 Primula beesiana Forrest

产明光（高黎贡山考察队 30593）；海拔 2070 m；分布于腾冲。15-3。

44a 美花报春 Primula calliantha Franchet

产丙中洛（冯国楣 7609）；海拔 4000 m；分布于贡山。15-2。

44b 黛粉美花报春 Primula calliantha subsp. **bryophila** (I. B. Balfour & Farrer) W. W. Smith & Forrest

产利沙底（高黎贡山考察队 26379）；海拔 3620～3660 m；分布于贡山、福贡。14-1。

45 异葶脆蒴报春 Primula chamaethauma W. W. Smith

产独龙江（T. T. Yü 19860）；海拔 4000 m；分布于贡山。14-1。

46 腾冲灯台报春 Primula chrysochlora I. B. Balfour & Kingdon-Ward (W. W. Smith & Forrest)

产大具（高黎贡山考察队 29697）；海拔 1730～2060 m；分布于腾冲。15-3。

47 滇北球花报春 Primula denticulata subsp. **sinodenticulata** (I. B. Balfour & Forrest) W. W. Smith

产明光（高黎贡山考察队 30503）；海拔 2770 m；分布于腾冲、龙陵。14-1。

48 展瓣紫晶报春 Primula dickieana Watt

产茨开（南水北调队 9011）；海拔 4000 m；分布于贡山。14-2。

49 石岩报春 Primula dryadifolia Franchet

产独龙江（高黎贡山考察队 16992）；海拔 3670～4155 m；分布于贡山。14-2。

50 灌丛报春 Primula dumicola W. W. Smith & Forrest

产黑娃底（高黎贡山考察队 14563）；海拔 2200 m；分布于贡山。15-1。

51 绿眼报春 Primula euosma Craib

产尼瓦洛（T. T. Yü 20743）；海拔 3000 m；分布于贡山、腾冲。14-1。

52 葶立钟报春 Primula firmipes I. B. Balfour & Forrest

产独龙江（独龙江考察队 769）；海拔 3340～3927 m；分布于贡山、福贡、泸水。14-1。

53 滇藏掌叶报春 Primula geraniifolia J. D. Hooker

产夕拉（T. T. Yü 19063）；海拔 3000～4000 m；分布于贡山。14-2。

54 纤葶粉报春 Primula glabra subsp. **genestieriana** (Handel-Mazzetti) C. M. Hu

产怒江-独龙江分水岭（Handel-Mazzett 9200）；海拔 4100～4200 m；分布于贡山。14-1。

55 泽地灯台报春 Primula helodoxa I. B. Balfour

产曲石（高黎贡山考察队 29073）；海拔 1820～2630 m；分布于腾冲。15-3。

56 亮叶报春 Primula hylobia W. W. Smith

产独龙江（独龙江考察队 5740）；海拔 1880 m；分布于贡山。15-2。

57 云南卵叶报春 Primula klaveriana Forrest

产腾冲（Forrest 18056）；海拔 2700～3700 m；分布于腾冲。14-1。

58 李恒报春 Primula lihengiana C. M. Hu & R. Li

产茨开（高黎贡山考察队 14321）；海拔 2020 m；分布于贡山。15-3。

59 芒齿灯台报春 Primula melanodonta W. W. Smith

产利沙底（高黎贡山考察队 26554）；海拔 2510～2830 m；分布于福贡。15-3。

60 灰毛报春 Primula mollis Nuttall ex Hooker

产界头（高黎贡山考察队 30359）；海拔 1950～2660 m；分布于泸水、腾冲。14-2。

61 麝草报春 Primula muscarioides Hemsley

产丙中洛（高黎贡山考察队 31403）；海拔 3880 m；分布于贡山。15-1。

62 鄂报春 Primula obconica Hance

产坝湾石梯寨（高黎贡山考察队 25280）；海拔 1160～1800 m；分布于贡山、福贡、保山。15-1。

63 小花灯台报春 Primula prenantha I. B. Balfour & W. W. Smith

产其期至东哨房途中（高黎贡山考察队 12577）；海拔 2600～3050 m；分布于贡山。14-2。

64 七指报春 Primula septemloba Franchet

产茨开（高黎贡山考察队 12624）；海拔 2770～3050 m；分布于贡山。15-1。

65 齿叶灯台报春 Primula serratifolia Franchet

产利沙底（高黎贡山考察队 26509）；海拔 3220～4155 m；分布于贡山、福贡。14-1。

66 钟花报春 Primula sikkimensis J. D. Hooker

产丙中洛（高黎贡山考察队 82-7827）；海拔 3200 m；分布于贡山。14-2。

67 贡山紫晶报春 Primula silaensis Petitmengin

产黑普山（青藏队 82-8654）；海拔 3280～3840 m；分布于贡山、福贡。14-2。

68 糙叶铁梗报春 Primula sinolisteri var. **aspera** W. W. Smith & H. R. Fletcher

产独龙江（独龙江考察队 6140）；海拔 2050～2600 m；分布于贡山、腾冲。15-2。

69 华柔毛报春 Primula sinomollis I. B. Balfour & Forrest

产潞江（高黎贡山考察队 25279）；海拔 1808 m；分布于保山。15-2。

70 群居粉报春 Primula socialis F. H. Chen & C. M. Hu

产猴桥（南水北调队 8445）；海拔 3000 m；分布于腾冲。15-3。

71 苣叶报春 Primula sonchifolia Franchet

产利沙底（高黎贡山考察队 28548）；海拔 2720～4000 m；分布于贡山、福贡、泸水。14-1。

72 大理报春 Primula taliensis Forrest

产片马（高黎贡山考察队 22904）；海拔 2737～3128 m；分布于泸水。14-1。

73 三裂叶报春 Primula triloba I. B. Balfour & Forrest

产丙中洛（高黎贡山考察队 31289）；海拔 3930～4155 m；分布于贡山。15-1。

74 圆叶报春 Primula vaginata subsp. **eucyclia** (W. W. Smith & Forrest) Chen & C. M. Hu

产独龙江（独龙江考察队 7048）；海拔 2900 m；分布于贡山。14-1。

75 暗红紫晶报春 Primula valentiniana Handel-Mazzetti

产独龙江（高黎贡山考察队 14984）；海拔 3106～4000 m；分布于贡山、福贡。14-1。

241 白花丹科 Plumbaginaceae

1 岷江蓝雪花 Ceratostigma willmottianum Stapf

产六库至福贡途中（李恒、李嵘 723）；海拔 1710～1900 m；分布于泸水。15-1。

2 白花丹 Plumbago zeylanica Linnaeus

产芒宽（高黎贡山考察队 13514）；海拔 1560 m；分布于福贡、保山。4。

242 车前科 Plantaginaceae

1 疏花车前 Plantago asiatica subsp. **erosa** (Wallich) Z. Yu Li

产铜壁关（据《云南铜壁关自然保护区科学考察研究》）；海拔 300～2100 m；分布于盈江。7。

2 平车前 Plantago depressa Willdenow

产怒江至片马途中（高黎贡山考察队 10402）；海拔 920～2768 m；分布于贡山、福贡、泸水、保山、腾冲。11。

3 大车前 Plantago major Linnaeus

产丹当公园（高黎贡山考察队 11746）；海拔 686～3000 m；分布于贡山、福贡、泸水、保山、腾冲、龙陵。10。

243 桔梗科 Campanulaceae

1 细萼沙参 Adenophora capillaris subsp. **leptosepala** (Diels) D. Y. Hong

产百花岭（高黎贡山考察队 13432）；海拔 2130～3030 m；分布于贡山、泸水、保山。15-1。

2 天蓝沙参 Adenophora coelestis Diels

产上帕（南水北调队 8603）；海拔 1800 m；分布于福贡。15-1。

3 云南沙参 Adenophora khasiana (J. D. Hooker & Thomson) Oliver ex Collett & Hemsley

产上帕（蔡希陶 54854）；海拔 2300 m；分布于福贡。14-2。

4 昆明沙参 Adenophora stricta subsp. **confusa** (Nannfeldt) D. Y. Hong

产六库（南水北调队 8603）；海拔 1200 m；分布于泸水。15-2。

5 球果牧根草 Asyneuma chinense D. Y. Hong

产界头（高黎贡山考察队 29486）；海拔 1510～1980 m；分布于福贡、泸水、腾冲。15-1。

6 灰毛风铃草 Campanula cana Wallich

产丙中洛（高黎贡山考察队 12043）；海拔 686～2470 m；分布于贡山、福贡、泸水、保山、龙陵。14-2。

7 长柱风铃草 Campanula chinensis D. Y. Hong

产独龙江（高黎贡山考察队 21859）；海拔 1660 m；分布于贡山。15-1。

8 一年生风铃草 Campanula dimorphantha Schweinfurth

产铜壁关（据《云南铜壁关自然保护区科学考察研究》）；海拔 1950～2500 m；分布于盈江。6。

9 西南风铃草 Campanula pallida Wallich

产独龙江（李恒、李嵘 806）；海拔 1440～2900 m；分布于贡山、福贡、泸水、腾冲。14-2。

10 金钱豹 Campanumoea javanica Blume

产百花岭（高黎贡山考察队 13494）；海拔 1240～2240 m；分布于贡山、福贡、泸水、保山、腾冲、龙陵。7。

11 高山党参 Codonopsis alpina Nannfeldt

产鹿马登（高黎贡山考察队 28529）；海拔 3700 m；分布于贡山、福贡。15-1。

12 大萼党参 Codonopsis benthamii J. D. Hooker & Thomson

产黑普山（高黎贡山考察队 32812）；海拔 3220～3800 m；分布于贡山、福贡。14-2。

13 滇缅党参 Codonopsis chimiliensis J. Anthony

产片马（南水北调队 8361）；海拔 3600 m；分布于泸水。15-3。

14 鸡蛋参 Codonopsis convolvulacea Kurz

产独龙江（独龙江考察队 925）；海拔 1335～3660 m；分布于贡山、福贡、保山、腾冲。14-2。

15 心叶党参 Codonopsis cordifolioidea P. C. Tsoong

产独龙江（高黎贡山考察队 21121）；海拔 1420～2050 m；分布于贡山、保山。15-3。

16 脉花党参 Codonopsis foetens subsp. **nervosa** (Chipp) D. Y. Hong

产独龙江（T. T. Yü 19887）；海拔 3300 m；分布于贡山。15-1。

17 贡山党参 Codonopsis gombalana C. Y. Wu

产黑普山（冯国楣 8295）；海拔 3600 m；分布于贡山。15-3。

18 珠鸡斑党参 Codonopsis meleagris Diels

产怒江（南水北调队 8898）；海拔 3000 m；分布于福贡。15-2。

19 片马党参 Codonopsis pianmaensis S. H. Huang

产片马至垭口途中（李恒、李嵘 1034）；海拔 1881～3030 m；分布于贡山、泸水。15-3。

20 闪毛党参 Codonopsis pilosula subsp. **handeliana** (Nannfeldt) D. Y. Hong & L. M. Ma

产独龙江（独龙江考察队 1642）；海拔 1800～3030 m；分布于贡山。15-1。

21 紫花党参 Codonopsis purpurea Wallich

产铜壁关（据《云南铜壁关自然保护区科学考察研究》）；海拔 2500 m；分布于盈江。14-2。

22 球花党参 Codonopsis subglobosa W. W. Smit

产贡山（王启无 66061）；海拔 2500 m；分布于贡山。15-1。

23 管花党参 Codonopsis tubulosa Komarov

产洛本卓（高黎贡山考察队 25676）；海拔 3000 m；分布于泸水。15-1。

24 蓝钟花 Cyananthus hookeri C. B. Clarke

产马站（高黎贡山考察队 10935）；海拔 1930 m；分布于腾冲。14-2。

25 灰毛蓝钟花 Cyananthus incanus J. D. Hooker & Thomson

产丙中洛（高黎贡山考察队 31472）；海拔 4150 m；分布于贡山、福贡。14-2。

26 胀萼蓝钟花 Cyananthus inflatus J. D. Hooker & Thomson

产丙中洛（高黎贡山考察队 31518）；海拔 4270 m；分布于贡山。14-2。

27 裂叶蓝钟花 Cyananthus lobatus Wallich ex Bentham

产上帕（南水北调队 8777）；海拔 2800 m；分布于贡山、福贡。14-2。

28 大萼蓝钟花 Cyananthus macrocalyx Franchet

产丙中洛（高黎贡山考察队 31357）；海拔 3780～4270 m；分布于贡山。14-2。

29 小叶轮钟草 Cyclocodon celebicus (Blume) D. Y. Hong

产独龙江（独龙江考察队 890）；海拔 1180～1780 m；分布于贡山、福贡、龙陵。7。

30 轮钟花 Cyclocodon lancifolius (Roxburgh) Kurz

产独龙江（独龙江考察队 713）；海拔 1900～2600 m；分布于贡山。7。

31 小花轮钟草 Cyclocodon parviflorus (Wallich ex A. Candolle) J. D. Hooker & Thomson

产蒲川（尹文清 60-1473）；海拔 1200 m；分布于腾冲。14-2。

32 毛细钟花 Leptocodon hirsutus D. Y. Hong

产独龙江（李恒、刀志灵、李嵘 571）；海拔 1660 m；分布于贡山。15-1。

33 袋果草 Peracarpa carnosa (Wallich) J. D. Hooker & Thomson

产片马（南水北调队 8047）；海拔 1500 m；分布于福贡、泸水。7。

34 星花草 Wahlenbergia hookeri (C. B. Clarke) Tuyn

产铜壁关（据《云南铜壁关自然保护区科学考察研究》）；海拔 800～1300 m；分布于盈江。6。

35 蓝花参 Wahlenbergia marginata (Thunberg) A. Candolle

产棒当至石门关途中（高黎贡山考察队 12056）；海拔 1600～2405 m；分布于贡山、泸水、保山、腾冲、龙陵。7。

243b 楔瓣花科 Sphenocleaceae

1 尖瓣花 Sphenoclea zeylanica Gaertner

产铜壁关（据《云南铜壁关自然保护区科学考察研究》）；海拔 400～740 m；分布于盈江。6。

244 半边莲科 Lobeliaceae

1 短柄半边莲 Lobelia alsinoides Lamarck

产铜壁关（陶国达 13346）；海拔 650～1280 m；分布于盈江。7。

2 江南山梗菜 Lobelia davidii Franchet

产界头（高黎贡山考察队 11034）；海拔 1750～2300 m；分布于泸水、保山、腾冲。14-2。

3 山紫锤草 Lobelia montana Reinwardt ex Blume

产独龙江（独龙江考察队 713）；海拔 1350～2750 m；分布于贡山、福贡、龙陵。7。

4 铜锤玉带草 Lobelia nummularia Lamarck

产独龙江（独龙江考察队 703）；海拔 1080～2950 m；分布于贡山、福贡、泸水、保山、腾冲、龙陵。7。

5 毛萼山梗菜 Lobelia pleotricha Diels

产独龙江（高黎贡山考察队 15017）；海拔 1670～3750 m；分布于贡山、福贡、泸水、保山、腾冲。14-1。

6 西南山梗菜 Lobelia seguinii H. Léveillé & Vaniot

产独龙江（独龙江考察队 332）；海拔 1350～2700 m；分布于贡山、福贡、泸水、保山、腾冲。14-1。

7 山梗菜 Lobelia sessilifolia Lambert

产铜壁关（据《云南铜壁关自然保护区科学考察研究》）；海拔 1500～2300 m；分布于盈江。11。

8 大理山梗菜 Lobelia taliensis Diels

产明光（高黎贡山考察队 10951）；海拔 1930～3110 m；分布于贡山、腾冲。15-1。

9 顶花半边莲 Lobelia terminalis C. B. Clarke

产片马（高黎贡山考察队 22962）；海拔 2142～2710 m；分布于泸水、腾冲。14-1。

10 卵叶半边莲 Lobelia zeylanica Linnaeus

产铜壁关（据《云南铜壁关自然保护区科学考察研究》）；海拔 700～1200 m；分布于盈江。7。

248　田基麻科 Hydroleaceae

1 田基麻 Hydrolea zeylanica (Linnaeus) Vahl

　　产铜壁关（据《云南铜壁关自然保护区科学考察研究》）；海拔 600～950 m；分布于盈江。4。

249　紫草科 Boraginaceae

1 长蕊斑种草 Antiotrema dunnianum (Diels) Handel-Mazzetti

　　产六库（南水北调队 10429）；海拔 1600 m；分布于泸水。15-1。

2 柔弱斑种草 Bothriospermum zeylanicum (J. Jacquin) Druce

　　产铜壁关（据《云南铜壁关自然保护区科学考察研究》）；海拔 1800～2500 m；分布于盈江。11。

3 倒提壶 Cynoglossum amabile Stapf & J. R. Drummond

　　产独龙江（独龙江考察队 1530）；海拔 1160～3000 m；分布于贡山、福贡、泸水、保山、龙陵。14-2。

4 琉璃草 Cynoglossum furcatum Wallich

　　产独龙江（独龙江考察队 6779）；海拔 1300～2700 m；分布于贡山、保山、腾冲。14-1。

5 小花琉璃草 Cynoglossum lanceolatum Forsskål

　　产赧亢植物园（高黎贡山考察队 13289）；海拔 686～2150 m；分布于贡山、泸水、保山、腾冲、龙陵。6。

6 西南琉璃草 Cynoglossum wallichii G. Don

　　产芒宽（高黎贡山考察队 26159）；海拔 680 m；分布于保山。14-2。

7 宽叶假鹤虱 Hackelia brachytuba (Diels) I. M. Johnston

　　产茨开（高黎贡山考察队 12656）；海拔 2500～3900 m；分布于贡山、福贡、泸水、保山、腾冲。14-2。

8 卵萼假鹤虱 Hackelia uncinatum (Bentham) C. E. C. Fischer

　　产独龙江（青藏队 82-8164）；海拔 2700 m；分布于贡山。14-2。

9 大尾摇 Heliotropium indicum Linnaeus

　　产铜壁关（据《云南铜壁关自然保护区科学考察研究》）；海拔 460～1000 m；分布于盈江。2。

10 拟大尾摇 Heliotropium pseudoindicum H. Chuang

　　产铜壁关（据《云南铜壁关自然保护区科学考察研究》）；海拔 630 m；分布于盈江。15-2。

11 宽胀萼紫草 Maharanga lycopsioides (C. E. C. Fischer) I. M. Johnston

　　产铜壁关（据《云南铜壁关自然保护区科学考察研究》）；海拔 1800～2360 m；分布于盈江。7。

12 大孔微孔草 Microula bhutanica (T. Yamazaki) H. Hara

　　产独龙江（T. T. Yü 19847）；海拔 3000～4100 m；分布于贡山。14-2。

13 勿忘草 Myosotis alpestris F. W. Schmidt

　　产西哨房（南水北调队 8677）；海拔 3100 m；分布于福贡。8。

14 湿地勿忘草 Myosotis caespitosa C. F. Schultz

　　产独龙江（青藏队 82-7803）；海拔 2300 m；分布于贡山。8。

15 易门滇紫草 Onosma decastichum Y. L. Liu

　　产界头（高黎贡山考察队 28140）；海拔 2150 m；分布于保山。15-2。

16 紫丹 Tournefortia montana Loureiro

　　产铜壁关（据《云南铜壁关自然保护区科学考察研究》）；海拔 600～1230 m；分布于盈江。7。

17 毛束草 Trichodesma calycosum Collett & Hemsley

产六库（南水北调队 8132）；海拔 1200 m；分布于泸水。14-1。

18 细梗附地菜 Trigonotis gracilipes I. M. Johnston

产独龙江（T. T. Yü 22453）；海拔 2300 m；分布于贡山。15-1。

19 毛脉附地菜 Trigonotis microcarpa (de Candolle) Bentham ex C. B. Clarke

产独龙江（独龙江考察队 2516）；海拔 1130～3930 m；分布于贡山、福贡、泸水、保山、腾冲、龙陵。14-1。

20 附地菜 Trigonotis peduncularis (Treviranus) Bentham ex Baker

产铜壁关（据《云南铜壁关自然保护区科学考察研究》）；海拔 1500～1700 m；分布于盈江。10。

249a 厚壳树科 Ehretiaceae

1 破布木 Cordia dichotoma G. Forster

产铜壁关（据《云南铜壁关自然保护区科学考察研究》）；海拔 800～1850 m；分布于盈江。5。

2 厚壳树 Ehretia acuminata R. Brown

产铜壁关（据《云南铜壁关自然保护区科学考察研究》）；海拔 600～1780 m；分布于盈江。5。

3 云南粗糠树 Ehretia confinis I. M. Johnston

产铜壁关（据《云南铜壁关自然保护区科学考察研究》）；海拔 1100～1750 m；分布于盈江。15-2。

4 西南粗糠树 Ehretia corylifolia C. H. Wright

产六库（高黎贡山考察队 10471）；海拔 950～1970 m；分布于贡山、福贡、泸水。15-2。

5 云贵厚壳树 Ehretia dunniana H. Léveillé

产铜壁关（据《云南铜壁关自然保护区科学考察研究》）；海拔 260～400 m；分布于盈江。15-1。

250 茄科 Solanaceae

1 赛莨菪 Anisodus carniolicoides (C. Y. Wu & C. Chen) D'Arcy & Z. Y. Zhang

产腾越（李生堂 80-365）；海拔 3000 m；分布于腾冲。15-1。

2 铃铛子 Anisodus luridus Link

产丙中洛（高黎贡山考察队 32125）；海拔 3450～3810 m；分布于贡山。14-2。

3a 红丝线 Lycianthes biflora (Loureiro) Bitter

产独龙江（独龙江考察队 230）；海拔 1540～1620 m；分布于贡山、福贡。7。

3b 密毛红丝线 Lycianthes biflora var. **subtusochracea** Bitter

产丙中洛（高黎贡山考察队 33492）；海拔 920～1780 m；分布于贡山、福贡、泸水、保山。14-1。

4 鄂红丝线 Lycianthes hupehensis (Bitter) C. Y. Wu & S. C. Huang

产独龙江（青藏队 9255）；海拔 1400 m；分布于贡山。15-1。

5a 单花红丝线 Lycianthes lysimachioides (Wallich) Bitter

产独龙江（独龙江考察队 1225）；海拔 1320～1740 m；分布于贡山、福贡、泸水、腾冲、龙陵。7。

5b 中华红丝线 Lycianthes lysimachioides var. **sinensis** Bitter

产上帕（蔡希陶 59121）；海拔 2100 m；分布于贡山、福贡。15-1。

6 大齿红丝线 Lycianthes macrodon (Wallich ex Nees) Bitter

产曲石（尹文清 60-1191）；海拔 1500～2300 m；分布于贡山、腾冲。14-2。

7 截萼红丝线 Lycianthes neesiana (Wallich ex Nees) D'Arcy & Z. Y. Zhang

产昔马那邦（86 年考察队 1108）；海拔 1550～1700 m；分布于盈江。7。

8 顺宁红丝线 Lycianthes shunningensis C. Y. Wu & S. C. Huang

产上帕（青藏队 7069）；海拔 2200 m；分布于福贡。15-2。

9 滇红丝线 Lycianthes yunnanensis (Bitter) C. Y. Wu & S. C. Huang

产独龙江（独龙江考察队 387）；海拔 1350 m；分布于贡山、腾冲。15-2。

10 茄参 Mandragora caulescens C. B. Clarke

产黑普山（怒江考察队 790496）；海拔 1750 m；分布于贡山、泸水。14-2。

11 云南散血丹 Physaliastrum yunnanense Kuang & A. M. Lu

产铜壁关（据《云南铜壁关自然保护区科学考察研究》）；海拔 2450 m；分布于盈江。15-2。

12a 酸浆 Physalis alkekengi Linnaeus

产铜壁关（据《云南铜壁关自然保护区科学考察研究》）；海拔 1500～2200 m；分布于盈江。10。

12b 挂金灯 Physalis alkekengi var. **franchetii** (Masters) Makino

产匹河（怒江考察队 78-0067）；海拔 1400 m；分布于福贡。14-3。

13 苦蘵 Physalis angulata Linnaeus

产芒宽至六库途中（高黎贡山考察队 26196）；海拔 702～1900 m；分布于福贡、保山。1。

14 小酸浆 Physalis minima Linnaeus

产铜壁关（据《云南铜壁关自然保护区科学考察研究》）；海拔 1100～1400 m；分布于盈江。1。

15 少花龙葵 Solanum americanum Miller

产丙中洛（高黎贡山考察队 15695）；海拔 1700 m；分布于贡山。1。

16 膜萼茄 Solanum griffithii (C. B. Clarke) Kuntze

产铜壁关（据《云南铜壁关自然保护区科学考察研究》）；海拔 330～900 m；分布于盈江。7。

17 毛茄 Solanum lasiocarpum Dunal

产铜壁关（据《云南铜壁关自然保护区科学考察研究》）；海拔 300～950 m；分布于盈江。7。

18 白英 Solanum lyratum Thunberg

产铜壁关（据《云南铜壁关自然保护区科学考察研究》）；海拔 1600～1900 m；分布于盈江。14-1。

19 龙葵 Solanum nigrum Linnaeus

产独龙江（独龙江考察队 287）；海拔 650～2530 m；分布于贡山、福贡、泸水、保山、腾冲、龙陵。10。

20 海桐叶白英 Solanum pittosporifolium Hemsley

产独龙江（独龙江考察队 1003）；海拔 1680～2800 m；分布于贡山、福贡、泸水。14-1。

21 旋花茄 Solanum spirale Roxburgh

产匹河（怒江考察队 382）；海拔 1170～1650 m；分布于福贡、泸水。5。

22 野茄 Solanum undatum Solanum undatum

产铜壁关（据《云南铜壁关自然保护区科学考察研究》）；海拔 280～1200 m；分布于盈江。6。

23 毛果茄 Solanum virginianum Linnaeus

产铜壁关（据《云南铜壁关自然保护区科学考察研究》）；海拔 250～850 m；分布于盈江。6。

24 刺天茄 Solanum violaceum Ortega

产赖茂瀑布（独龙江考察队 006）；海拔 650～1550 m；分布于泸水、保山、腾冲。7。

251 旋花科 Convolvulaceae

1 头花银背藤 Argyreia capitiformis (Poiret) van Ooststroom

产铜壁关（据《云南铜壁关自然保护区科学考察研究》）；海拔 300～1450 m；分布于盈江。7。

2 叶苞银背藤 Argyreia mastersii (Prain) Raizada

产铜壁关（据《云南铜壁关自然保护区科学考察研究》）；海拔 620～1300 m；分布于盈江。7。

3 灰毛白鹤藤 Argyreia osyrensis var. **cinerea** Handel-Mazzetti

产铜壁关（据《云南铜壁关自然保护区科学考察研究》）；海拔 400～1600 m；分布于盈江。7。

4 亮叶银背藤 Argyreia splendens (Hornemann) Sweet

产芒宽（高黎贡山考察队 10632）；海拔 691～1540 m；分布于福贡、保山。14-2。

5 细毛银背藤 Argyreia strigillosa C. Y. Wu

产铜壁关（据《云南铜壁关自然保护区科学考察研究》）；海拔 1200～1600 m；分布于盈江。15-2。

6 大叶银背藤 Argyreia wallichii Choisy

产大寨至昔马途中（陶国达 13081）；海拔 800～1400 m；分布于盈江。14-2。

7 打碗花 Calystegia hederacea Wallich

产铜壁关（据《云南铜壁关自然保护区科学考察研究》）；海拔 1300～2350 m；分布于盈江。6。

8 马蹄金 Dichondra micrantha Urban

产铜壁关（据《云南铜壁关自然保护区科学考察研究》）；海拔 800～2400 m；分布于盈江。2。

9 蒙自飞蛾藤 Dinetus dinetoides (C. K. Schneider) Staples

产铜壁关（据《云南铜壁关自然保护区科学考察研究》）；海拔 450～1350 m；分布于盈江。7。

10 飞蛾藤 Dinetus racemosus (Wallich) Sweet

产独龙江（独龙江考察队 1164）；海拔 710～3050 m；分布于贡山、福贡、泸水、保山、腾冲。7。

11 光叶丁公藤 Erycibe schmidtii Craib

产铜壁关（据《云南铜壁关自然保护区科学考察研究》）；海拔 900～1300 m；分布于盈江。7。

12 锥序丁公藤 Erycibe subspicata Wallich ex G. Don, Gen

产铜壁关（据《云南铜壁关自然保护区科学考察研究》）；海拔 400～1200 m；分布于盈江。7。

13 猪菜藤 Hewittia malabarica (Linnaeus) Suresh

产铜壁关（据《云南铜壁关自然保护区科学考察研究》）；海拔 400～700 m；分布于盈江。4。

14 毛牵牛 Ipomoea biflora (Linnaeus) Persoon

产一区城关镇（文绍康 580804）；海拔 320～1800 m；分布于盈江。4。

15 毛果薯 Ipomoea eriocarpa R. Brown

产六库（独龙江考察队 126）；海拔 710 m；分布于泸水。4。

16 七爪龙 Ipomoea mauritiana Jacquin

产铜壁关（据《云南铜壁关自然保护区科学考察研究》）；海拔 600～850 m；分布于盈江。7。

17 小心叶薯 Ipomoea obscura (Linnaeus) Ker Gawler

产潞江（高黎贡山考察队 17250）；海拔 650 m；分布于保山。4。

18 帽苞薯藤 Ipomoea pileata Roxburgh

产铜壁关（据《云南铜壁关自然保护区科学考察研究》）；海拔 1400～2100 m；分布于盈江。6。

19 心叶山土瓜 Merremia cordata R. C. Fang

产六库（高黎贡山考察队 9928）；海拔 980 m；分布于泸水。15-1。

20 篱栏网 Merremia hederacea (N. L. Burman) H. Hallier

产铜壁关（据《云南铜壁关自然保护区科学考察研究》）；海拔 400～800 m；分布于盈江。4。

21 毛山猪菜 Merremia hirta (Linnaeus) Merrill

产铜壁关（据《云南铜壁关自然保护区科学考察研究》）；海拔 500～850 m；分布于盈江。5。

22 山土瓜 Merremia hungaiensis (Lingelsh. & Borza) R. C. Fang

产铜壁关（据《云南铜壁关自然保护区科学考察研究》）；海拔 1500～1900 m；分布于盈江。15-1。

23 山猪菜 Merremia umbellata subsp. **orientalis** (H. Hallier) van Ooststroom

产铜壁关（据《云南铜壁关自然保护区科学考察研究》）；海拔 350～1200 m；分布于盈江。4。

24 掌叶鱼黄草 Merremia vitifolia (N. L. Burman) H. Hallier

产铜壁关（据《云南铜壁关自然保护区科学考察研究》）；海拔 300～1100 m；分布于盈江。7。

25 蓝花土瓜 Merremia yunnanensis (Courchet & Gagnepain) R. C. Fang

产铜壁关（据《云南铜壁关自然保护区科学考察研究》）；海拔 1600～2450 m；分布于盈江。15-1。

26 搭棚藤 Poranopsis discifera (C. K. Schneider) Staples

产芒宽（高黎贡山考察队 10579）；海拔 1000～1550 m；分布于福贡、保山。14-2。

27 圆锥白花叶 Poranopsis paniculata (Roxburgh) Roberty

产一区蛮龙（据《云南铜壁关自然保护区科学考察研究》）；海拔 750～1200 m；分布于盈江。7。

28 地旋花 Xenostegia tridentata (Linnaeus) D. F. Austin & Staples

产铜壁关（据《云南铜壁关自然保护区科学考察研究》）；海拔 250～500 m；分布于盈江。4。

251a 旋花科 Convolvulaceae

1 金灯藤 Cuscuta japonica Choisy

产铜壁关（据《云南铜壁关自然保护区科学考察研究》）；海拔 1200～2400 m；分布于盈江。11。

2 大花菟丝子 Cuscuta reflexa Roxburgh

产独龙江（独龙江考察队 941）；海拔 1220～3020 m；分布于贡山、福贡、泸水、保山、腾冲、龙陵。7。

252 玄参科 Scrophulariaceae

1 凹裂毛麝香 Adenosma retusilobum P. C. Tsoong & T. L. Chin

产铜壁关（据《云南铜壁关自然保护区科学考察研究》）；海拔 560～850 m；分布于盈江。15-1。

2 黑蒴 Alectra avensis (Bentham) Merrill

产独龙江（独龙江考察队 1029）；海拔 1350～1930 m；分布于贡山、福贡、腾冲。7。

3 假马齿苋 Bacopa monnieri (Linnaeus) Pennell

产腾越（高黎贡山考察队 10906）；海拔 1500 m；分布于腾冲。2。

4 来江藤 Brandisia hancei J. D. Hooker

产独龙江（独龙江考察队 5628）；海拔 1650～2300 m；分布于贡山、腾冲。15-1。

5a 红花来江藤 Brandisia rosea W. W. Smith

产上帕（高黎贡山考察队 28846）；海拔 1940 m；分布于贡山、福贡。14-2。

5b 黄花红花来江藤 Brandisia rosea var. **flava** C. E. C. Fischer

产上帕（蔡希陶 56644）；海拔 2500 m；分布于福贡。14-1。

6 黑草 Buchnera cruciata Buchanan-Hamilton ex D. Don
产铜壁关（据《云南铜壁关自然保护区科学考察研究》）；海拔 1100～1950 m；分布于盈江。7。

7 胡麻草 Centranthera cochinchinensis (Loureiro) Merrill
产铜壁关（据《云南铜壁关自然保护区科学考察研究》）；海拔 1400～1800 m；分布于盈江。7。

8 大花胡麻草 Centranthera grandiflora Bentham
产铜壁关（据《云南铜壁关自然保护区科学考察研究》）；海拔 900～1100 m；分布于盈江。7。

9 囊萼花 Cyrtandromoea grandiflora C. B. Clarke
产独龙江（青藏队 9433）；海拔 1600 m；分布于贡山。7。

10 虻眼 Dopatrium junceum (Roxburgh) Buchanan-Hamilton ex Bentham
产利沙底（高黎贡山考察队 27552）；海拔 1610 m；分布于贡山、福贡。5。

11 幌菊 Ellisiophyllum pinnatum (Wallich ex Bentham) Makino
产猴桥（南水北调队 6680）；海拔 1800 m；分布于腾冲。7。

12 鞭打绣球 Hemiphragma heterophyllum Wallich
产独龙江（独龙江考察队 807）；海拔 1090～3450 m；分布于贡山、福贡、泸水、保山、腾冲、龙陵。7。

13 中华石龙尾 Limnophila chinensis (Osbeck) Merrill
产上营（高黎贡山考察队 11414）；海拔 900～1670 m；分布于泸水、腾冲。5。

14 抱茎石龙尾 Limnophila connata (Buchanan-Hamilton ex D. Don) Handel-Mazzetti
产界头至大塘途中（高黎贡山考察队 11061）；海拔 1530～1670 m；分布于腾冲。14-2。

15 有梗石龙尾 Limnophila indica (Linnaeus) Druce
产铜壁关（据《云南铜壁关自然保护区科学考察研究》）；海拔 1200～1550 m；分布于盈江。4。

16 石龙尾 Limnophila sessiliflora Griffith
产铜壁关（据《云南铜壁关自然保护区科学考察研究》）；海拔 1200～1850 m；分布于盈江。14-1。

17 野地钟萼草 Lindenbergia muraria (Roxburgh ex D. Don) Bruhl
产和顺（包士英 832）；海拔 1600 m；分布于腾冲。14-2。

18 钟萼草 Lindenbergia philippensis (Chamisso & Schlechtendal) Bentham
产片马（横断山队 045）；海拔 1300 m；分布于泸水。7。

19 长蒴母草 Lindernia anagallis (N. L. Burman) Pennell
产大兴地六库（高黎贡山考察队 10483）；海拔 900～1280 m；分布于福贡、泸水。5。

20 泥花草 Lindernia antipoda (Linnaeus) Alston
产六库（高黎贡山考察队 9826）；海拔 900～1320 m；分布于福贡、泸水。5。

21 刺齿泥花草 Lindernia ciliata (Colsmann) Pennell
产六库（高黎贡山考察队 9829）；海拔 980～1540 m；分布于泸水、保山。5。

22 母草 Lindernia crustacea (Linnaeus) F. Mueller
产六库（高黎贡山考察队 9865）；海拔 790～1540 m；分布于泸水、保山、龙陵。2。

23 尖果母草 Lindernia hyssopoides (Linnaeus) Haines
产界头（高黎贡山考察队 11242）；海拔 1530～1670 m；分布于腾冲。7。

24 狭叶母草 Lindernia micrantha D. Don
产独龙江（独龙江考察队 096）；海拔 710～1788 m；分布于贡山、泸水。7。

25 红骨母草 Lindernia mollis (Bentham) Wettstein

产六库（高黎贡山考察队 9867）；海拔 980 m；分布于泸水。7。

26 宽叶母草 Lindernia nummulariifolia (D. Don) Wettstein

产独龙江（独龙江考察队 298）；海拔 1060～2200 m；分布于贡山、福贡、泸水、保山、龙陵。14-2。

27 陌上菜 Lindernia procumbens (Krocker) Borbas

产芒宽（高黎贡山考察队 18923）；海拔 790 m；分布于保山。10。

28 细茎母草 Lindernia pusilla (Willdenow) Boldingh

产六库（独龙江考察队 112）；海拔 710～980 m；分布于泸水。7。

29 旱田草 Lindernia ruellioides (Colsmann) Pennell

产镇安（高黎贡山考察队 13120）；海拔 1030～2167 m；分布于保山、腾冲、龙陵。7。

30 粘毛母草 Lindernia viscosa (Hornemann) Boldingh

产六库（高黎贡山考察队 9827）；海拔 980 m；分布于泸水。7。

31 琴叶通泉草 Mazus celsioides Handel-Mazzetti

产赧亢植物园（高黎贡山考察队 30447）；海拔 1860～2020 m；分布于贡山、泸水、腾冲。15-1。

32 长柄通泉草 Mazus henryi P. C. Tsoong

产铜壁关（据《云南铜壁关自然保护区科学考察研究》）；海拔 1500～1810 m；分布于盈江。7。

33 低矮通泉草 Mazus humilis Handel-Mazzetti

产独龙江（独龙江考察队 3545）；海拔 920～2170 m；分布于贡山、福贡、泸水、保山、龙陵。15-1。

34 长蔓通泉草 Mazus longipes Bonati

产铜壁关（据《云南铜壁关自然保护区科学考察研究》）；海拔 1500～1900 m；分布于盈江。15-1。

35a 通泉草 Mazus pumilus (N. L. Burman) Steenis

产独龙江（独龙江考察队 4157）；海拔 600～2167 m；分布于贡山、福贡、泸水、保山、腾冲。7。

35b 多枝通泉草 Mazus pumilus var. **delavayi** (Bonati) T. L. Chin ex D. Y. Hong

产六库（横断山队 513）；海拔 1400 m；分布于泸水。14-2。

36 西藏通泉草 Mazus surculosus D. Don

产贡山至丙中洛途中（高黎贡山考察队 14168）；海拔 1458～1950 m；分布于贡山、泸水。14-2。

37 小果草 Microcarpaea minima (Retzius) Merrill

产片马（高黎贡山考察队 s.n.）；海拔 1300 m；分布于泸水。5。

38 匍生沟酸浆 Mimulus bodinieri Vaniot

产百花岭斋公房（施晓春、杨世雄 785）；海拔 1900～2400 m；分布于贡山、腾冲。15-2。

39 四川沟酸浆 Mimulus szechuanensis Pai

产匹河（碧江队 8700）；海拔 1300～2800 m；分布于福贡、泸水。15-1。

40a 尼泊尔沟酸浆 Mimulus tenellus var. **nepalensis** (Bentham) P. C. Tsoong ex H. P. Yang

产独龙江（独龙江考察队 6653）；海拔 691～3220 m；分布于贡山、福贡、泸水、保山、腾冲、龙陵。14-1。

40b 南红藤 Mimulus tenellus var. **platyphyllus** (Franchet) P. C. Tsoong ex H. P. Yang

产黑娃底（高黎贡山考察队 14305）；海拔 2020～3927 m；分布于贡山。15-1。

40c 高大沟酸浆 Mimulus tenellus var. **procerus** (Grant) Handel-Mazzetti

产片马至垭口途中（高黎贡山考察队 10431）；海拔 2130～3560 m；分布于贡山、福贡、泸水。14-2。

41 胡黄连 Neopicrorhiza scrophulariiflora (Pennell) D. Y. Hong

产丙中洛（冯国楣 7762）；海拔 3600～4200 m；分布于贡山。14-2。

42 近多枝马先蒿 Pedicularis aff. **ramosissima** Bonati

产片马（高黎贡山考察队 10010）；海拔 1850～2410 m；分布于贡山、泸水。15-1。

43 金黄马先蒿 Pedicularis aurata (Bonati) H. L. Li

产鹿马登（高黎贡山考察队 27217）；海拔 2510～3470 m；分布于贡山、福贡。15-1。

44 腋花马先蒿 Pedicularis axillaris Franchet ex Maximowicz

产丙中洛（高黎贡山考察队 31685）；海拔 3710 m；分布于贡山、福贡、泸水、保山。15-1。

45 短盔马先蒿 Pedicularis brachycrania H. L. Li

产独龙江（怒江考察队 791055）；海拔 4000 m；分布于贡山、泸水。15-1。

46a 俯垂马先蒿 Pedicularis cernua Bonati

产独龙江（T. T. Yü 19784）；海拔 3800～4000 m；分布于贡山、福贡。15-1。

46b 宽叶俯垂马先蒿 Pedicularis cernua subsp. **latifolia** (H. L. Li) P. C. Tsoong

产独龙江（T. T. Yü 19784a）；海拔 4200 m；分布于贡山。15-3。

47 聚花马先蒿 Pedicularis confertiflora Prain

产独龙江（高黎贡山考察队 15010）；海拔 2850～3490 m；分布于贡山、福贡。14-2。

48 拟紫堇马先蒿 Pedicularis corydaloides Handel-Mazzetti

产独龙江（怒江考察队 790945）；海拔 3200～3800 m；分布于贡山。15-1。

49 环喙马先蒿 Pedicularis cyclorhyncha H. L. Li

产丙中洛（高黎贡山考察队 31205）；海拔 3350～3470 m；分布于贡山。15-2。

50 弱小马先蒿 Pedicularis debilis Franchet ex Maximowicz

产茨开（高黎贡山考察队 32219）；海拔 3450 m；分布于贡山。15-2。

51 独龙马先蒿 Pedicularis dulongensis H. P. Yang

产茨开（青藏队 82-8506）；海拔 3500～3600 m；分布于贡山。15-3。

52a 哀氏马先蒿 Pedicularis elwesii J. D. Hooker

产丙中洛（高黎贡山考察队 32897）；海拔 2880 m；分布于贡山。14-2。

52b 高大哀氏马先蒿 Pedicularis elwesii subsp. **major** (H. L. Li) P. C. Tsoong

产独龙江（青藏队 8506）；海拔 2900 m；分布于贡山。15-1。

53 曲茎马先蒿 Pedicularis flexuosa J. D. Hooke

产鹿马登（高黎贡山考察队 26443）；海拔 2881～3900 m；分布于贡山、福贡。14-2。

54 显盔马先蒿 Pedicularis galeata Bonati

产独龙江（高黎贡山考察队 17025）；海拔 3630～3820 m；分布于贡山、福贡。15-2。

55 退毛马先蒿 Pedicularis glabrescens H. L. Li

产独龙江（T. T. Yü 8751）；海拔 3500 m；分布于贡山。15-2。

56 贡山马先蒿 Pedicularis gongshanensis H. P. Yang

产独龙江（青藏队 82-845）；海拔 3600 m；分布于贡山。15-3。

57 细瘦马先蒿 Pedicularis gracilicaulis H. L. Li

产独龙江（T. T. Yü 19701）；海拔 3000～3300 m；分布于贡山。15-2。

58 中国纤细马先蒿 Pedicularis gracilis subsp. **sinensis** (H. L. Li) P. C. Tsoong
产丹当公园（独龙江考察队 213）；海拔 1600～2400 m；分布于贡山、福贡、泸水、保山。15-1。

59 旋喙马先蒿 Pedicularis gyrorhyncha Franchet ex Maximowicz
产利沙底（怒江考察队 791918）；海拔 2700～4000 m；分布于福贡。15-2。

60 亨氏马先蒿 Pedicularis henryi Maxim
产铜壁关（据《云南铜壁关自然保护区科学考察研究》）；海拔 1700～2300 m；分布于盈江。7。

61 矮马先蒿 Pedicularis humilis Bonati
产芒宽（李嵘 1208）；海拔 3160 m；分布于保山。15-2。

62 孱弱马先蒿 Pedicularis infirma H. L. Li
产独龙江（青藏队 8458）；海拔 3000 m；分布于贡山。15-3。

63 元宝草马先蒿 Pedicularis lamioides Handel-Mazzetti
产丙中洛（T. T. Yü 22567）；海拔 3400～4200 m；分布于贡山。15-2。

64 丽江马先蒿 Pedicularis likiangensis Franchet ex Maximowicz
产丙中洛（怒江考察队 791558）；海拔 3200 m；分布于贡山。15-1。

65 龙陵马先蒿 Pedicularis lunglingensis Bonati
产大寨（陶国达 13095）；海拔 1600～2000 m；分布于盈江。15-2。

66 多枝浅黄马先蒿 Pedicularis lutescens subsp. **ramosa** (Bonati) P. C. Tsoong
产独龙江（T. T. Yü 19794）；海拔 3200 m；分布于贡山。15-1。

67 大管马先蒿 Pedicularis macrosiphon Franchet
产独龙江（独龙江考察队 5422）；海拔 1550～2400 m；分布于贡山。15-1。

68 迈亚马先蒿 Pedicularis mayana Handel-Mazzetti
产独龙江（独龙江考察队 7032）；海拔 2900 m；分布于贡山。15-2。

69 小花马先蒿 Pedicularis micrantha H. L. Li
产丙中洛（T. T. Yü 20344）；海拔 3100 m；分布于贡山。15-2。

70 小唇马先蒿 Pedicularis microchilae Franchet ex Maximowicz
产丙中洛（T. T. Yü 19751）；海拔 2800～4000 m；分布于贡山。15-1。

71 蒙氏马先蒿 Pedicularis monbeigiana Bonati
产独龙江（高黎贡山考察队 15306）；海拔 3040～3927 m；分布于贡山、福贡、泸水。15-1。

72 葶菜叶马先蒿 Pedicularis nasturtiifolia Franchet
产丙中洛（高黎贡山考察队 34233）；海拔 1810 m；分布于贡山。15-1。

73a 短果潘氏马先蒿 Pedicularis pantlingii subsp. **brachycarpa** Tsoong ex C. Y. Wu & H. Wang
产丙中洛（青藏队 7795）；海拔 3500～4200 m；分布于贡山。15-2。

73b 缅甸潘氏马先蒿 Pedicularis pantlingii subsp. **chimiliensis** (Bonati) P. C. Tsoong
产丙中洛（怒江考察队 791405）；海拔 3500～4200 m；分布于贡山。15-2。

74 悬岩马先蒿 Pedicularis praeruptorum Bonati
产独龙江（高黎贡山考察队 9687）；海拔 3600～4200 m；分布于贡山。15-1。

75 高超马先蒿 Pedicularis princeps Bureau & Franchet
产芒宽（施晓春、杨世雄 722）；海拔 2900 m；分布于保山。15-1。

76 疏裂马先蒿 Pedicularis remotiloba Handel-Mazzetti
产独龙江（青藏队 82-8628）；海拔 3700～4200 m；分布于贡山。15-2。

77a 大唇拟鼻花马先蒿 Pedicularis rhinanthoides subsp. **labellata** (Jacquemont) Pennell
产丙中洛（高黎贡山考察队 31392）；海拔 3880～3927 m；分布于贡山。14-2。

77b 西藏拟鼻花马先蒿 Pedicularis rhinanthoides subsp. **tibetica** (Bonati) P. C. Tsoong
产独龙江（青藏队 82-8507）；海拔 3000～4000 m；分布于贡山。15-1。

78 丹参花马先蒿 Pedicularis salviiflora Franchet
产当打（杨竞生 s.n.）；海拔 2000～3900 m；分布于贡山。15-1。

79 之形喙马先蒿 Pedicularis sigmoidea Franchet ex Maximowicz
产腾冲（T. T. Yü 12817）；海拔 3000～3600 m；分布于腾冲。15-2。

80 纤裂马先蒿 Pedicularis tenuisecta Franchet ex Maximowicz
产丙中洛（王启无 66668）；海拔 2300 m；分布于贡山。14-1。

81 毛盔马先蒿 Pedicularis trichoglossa J. D. Hooker
产独龙江（T. T. Yü 19772）；海拔 3000 m；分布于贡山。14-2。

82 茨口马先蒿 Pedicularis tsekouensis Bonati
产丙中洛（高黎贡山考察队 31479）；海拔 3600～4155 m；分布于贡山、福贡。14-1。

83 马鞭草叶马先蒿 Pedicularis verbenifolia Franchet ex Maximowicz
产鹿马登（高黎贡山考察队 28711）；海拔 3650 m；分布于贡山、福贡。15-1。

84 维氏马先蒿 Pedicularis vialii Franchet
产茨开（高黎贡山考察队 34044）；海拔 3050～3450 m；分布于贡山、福贡、泸水。14-1。

85a 季川马先蒿 Pedicularis yui H. L. Li
产楚块（T. T. Yü 19382）；海拔 4100 m；分布于贡山。15-3。

85b 缘毛季川马先蒿 Pedicularis yui var. **ciliata** Tsoong
产独龙江（T. T. Yü 19863）；海拔 4100 m；分布于贡山。15-3。

86 云南马先蒿 Pedicularis yunnanensis Franchet ex Maximowicz
产利沙底（高黎贡山考察队 26363）；海拔 3600～3740 m；分布于福贡。15-2。

87 松蒿 Phtheirospermum japonicum (Thunberg) Kanitz
产丙中洛（高黎贡山考察队 7816）；海拔 1500～2500 m；分布于贡山、福贡、腾冲。14-3。

88 细裂叶松蒿 Phtheirospermum tenuisectum Bureau & Franchet
产丙中洛（高黎贡山考察队 14586）；海拔 1420～2800 m；分布于贡山、福贡、泸水、腾冲。14-2。

89 苦玄参 Picria felterrae Loureiro
产铜壁关（据《云南铜壁关自然保护区科学考察研究》）；海拔 800～1300 m；分布于盈江。7。

90 齿叶翅茎草 Pterygiella bartschioides Handel-Mazzetti
产丙中洛（冯国楣 8267）；海拔 2700～3400 m；分布于贡山。15-2。

91 大花玄参 Scrophularia delavayi Franchet
产狼牙山（南水北调队 7068）；海拔 2810～4030 m；分布于贡山、福贡、泸水、腾冲。15-1。

92 重齿玄参 Scrophularia diplodonta Franchet
产鹿马登（高黎贡山考察队 27277）；海拔 2750～2800 m；分布于贡山、福贡。15-2。

93 高玄参 Scrophularia elatior Bentham

产上营（高黎贡山考察队 18712）；海拔 2300 m；分布于腾冲。14-2。

94 高山玄参 Scrophularia hypsophila Handel-Mazzetti

产丙中洛（冯国楣 7709）；海拔 3000~4100 m；分布于贡山。15-3。

95 单齿玄参 Scrophularia mandarinorum Franchet

产片马（南水北调队 8299）；海拔 1800 m；分布于泸水。15-1。

96 荨麻叶玄参 Scrophularia urticifolia Wallich ex Bentham

产独龙江（高黎贡山考察队 15252）；海拔 2500 m；分布于贡山。14-2。

97 云南玄参 Scrophularia yunnanensis Franchet

产独龙江（独龙江考察队 1719）；海拔 1610 m；分布于贡山。15-1。

98 阴行草 Siphonostegia chinensis Bentham

产丙中洛（高黎贡山考察队 34344）；海拔 1500~1800 m；分布于贡山、保山、龙陵。14-3。

99 白蝴蝶草 Torenia alba H. Li

产捧当（高黎贡山考察队 15550）；海拔 1500~1610 m；分布于贡山。15-3。

100 紫萼蝴蝶草 Torenia violacea (Azaola ex Blanco) Pennell

产独龙江（高黎贡山考察队 10491）；海拔 650~2060 m；分布于贡山、福贡、泸水、保山。7。

101 长叶蝴蝶草 Torenia asiatica Linnaeus

产独龙江（独龙江考察队 299）；海拔 1300~2200 m；分布于贡山、福贡、保山、腾冲、龙陵。14-3。

102 单色蝴蝶草 Torenia concolor Lindley

产龙江（高黎贡山考察队 17314）；海拔 1908~2240 m；分布于保山、龙陵。14-3。

103 西南蝴蝶草 Torenia cordifolia Roxburgh

产独龙江（高黎贡山考察队 21792）；海拔 1710~2290 m；分布于贡山。14-2。

104 黄花蝴蝶草 Torenia flava Buchanan-Hamilton ex Bentham

产独龙江（高黎贡山考察队 20561）；海拔 1480~1900 m；分布于贡山、福贡、保山。7。

105 毛蕊花 Verbascum thapsus Linnaeus

产独龙江（独龙江考察队 5652）；海拔 1920 m；分布于贡山。10。

106 灰毛婆婆纳 Veronica cana Wallich ex Bentham

产上帕（蔡希陶 56538）；海拔 2510~3470 m；分布于贡山、福贡。14-2。

107 察隅婆婆纳 Veronica chayuensis D. Y. Hong

产独龙江（青藏队 82-8634）；海拔 3500 m；分布于贡山。15-1。

108 多腺大花婆婆纳 Veronica himalensis subsp. **yunnanensis** (P. C. Tsoong) D. Y. Hong

产铜壁关（据《云南铜壁关自然保护区科学考察研究》）；海拔 2300 m；分布于盈江。7。

109 多枝婆婆纳 Veronica javanica Blume

产独龙江（独龙江考察队 1703）；海拔 1030~2600 m；分布于贡山、福贡、泸水。6。

110 疏花婆婆纳 Veronica laxa Bentham

产片马（高黎贡山考察队 22826）；海拔 1823~2200 m；分布于福贡、泸水、腾冲。14-1。

111 小婆婆纳 Veronica serpyllifolia Linnaeus

产丹珠（高黎贡山考察队 13832）；海拔 1520~1990 m；分布于贡山、福贡。8。

112 多毛四川婆婆纳 Veronica szechuanica subsp. sikkimensis (J. D. Hooker) D. Y. Hong
产碧江（蔡希陶 58602）；海拔 3120～3450 m；分布于贡山、福贡。14-2。

113 水苦荬 Veronica undulata Wallich ex Jack
产芒宽至六库途中（高黎贡山考察队 26188）；海拔 691～1010 m；分布于保山。14-1。

114 云南婆婆纳 Veronica yunnanensis D. Y. Hong
产鹿马登（高黎贡山考察队 27263）；海拔 2850 m；分布于贡山、福贡、泸水、腾冲。15-2。

115 美穗草 Veronicastrum brunonianum (Bentham) D. Y. Hong
产黑娃底（高黎贡山考察队 33601）；海拔 1600～3500 m；分布于贡山、福贡、泸水、保山、腾冲。14-2。

116 云南腹水草 Veronicastrum yunnanense (W. W. Smith) T. Yamazaki
产镇安（高黎贡山考察队 17516）；海拔 611～1500 m；分布于龙陵。15-1。

117 美丽桐 Wightia speciosissima (D. Don) Merrill
产百花岭（高黎贡山考察队 9405）；海拔 1920 m；分布于保山。14-2。

118 马松蒿 Xizangia bartschioides (Handel-Mazzetti) D. Y. Hong
产丹珠垭口（李恒、李嵘 1038）；海拔 2800 m；分布于贡山、福贡。15-3。

253 列当科 Orobanchaceae

1 野菰 Aeginetia indica Linnaeus
产独龙江（T. T. Yü 19937）；海拔 2800 m；分布于贡山。7。

2 丁座草 Boschniakia himalaica J. D. Hooker & Thomson
产茨开（高黎贡山考察队 12716）；海拔 3460～4160 m；分布于贡山、福贡。14-2。

3 假野菰 Christisonia hookeri C. B. Clarke
产鹿马登（高黎贡山考察队 27255）；海拔 3100 m；分布于福贡。14-1。

4 蔗寄生 Gleadovia ruborum Gamble & Prain
产福贡（碧江队 390）；海拔 2800 m；分布于福贡。14-1。

5 列当 Orobanche coerulescens Stephan
产丙中洛（T. T. Yü 19002）；海拔 2800 m；分布于贡山。10。

254 狸藻科 Lentibulariaceae

1 高山捕虫堇 Pinguicula alpina Linnaeus
产利沙底（高黎贡山考察队 26571）；海拔 3640 m；分布于福贡。10。

2 近圆叶挖耳草 Utricularia aff. striatula J. Smith
产茨开（高黎贡山考察队 33940）；海拔 3360 m；分布于贡山。10。

3 黄花狸藻 Utricularia aurea Loureiro
产上营（高黎贡山考察队 11410）；海拔 1530～1730 m；分布于腾冲。5。

4 挖耳草 Utricularia bifida Linnaeus
产界头至大塘途中（高黎贡山考察队 11058）；海拔 1670～1730 m；分布于腾冲。5。

5 短梗挖耳草 Utricularia caerulea Linnaeus
产界头（高黎贡山考察队 11059）；海拔 1670 m；分布于腾冲。4。

6 福贡挖耳草 Utricularia fugongensis G. W. Hu & H. Li

产利沙底（高黎贡山考察队 27012）；海拔 2900～3560 m；分布于福贡。15-3。

7 叉状挖耳草 Utricularia furcellata Oliver

产云峰山（高黎贡山考察队 s.n.）；海拔 1760 m；分布于腾冲。14-2。

8 禾叶挖耳草 Utricularia graminifolia Vahl

产大具（高黎贡山考察队 30938）；海拔 1730 m；分布于腾冲。14-1。

9 怒江挖耳草 Utricularia salwinensis Handel-Mazzetti

产独龙江（高黎贡山考察队 32740）；海拔 1408～3840 m；分布于贡山、福贡。15-1。

10 缠绕挖耳草 Utricularia scandens Benjamin

产独龙江（T. T. Yü 20276）；海拔 1300 m；分布于贡山。4。

11 圆叶挖耳草 Utricularia striatula J. Smith

产独龙江（高黎贡山考察队 12887）；海拔 2650～3320 m；分布于贡山、福贡、腾冲。6。

256 苦苣苔科 Gesneriaceae

1 芒毛苣苔 Aeschynanthus acuminatus Wallich ex A. P. de Candolle

产铜壁关（杜凡、许先鹏 s.n.）；海拔 380～1560 m；分布于盈江。7。

2 轮叶芒毛苣苔 Aeschynanthus andersonii C. B. Clarke

产铜壁关（据《云南铜壁关自然保护区科学考察研究》）；海拔 500～840 m；分布于盈江。7。

3 狭矩芒毛苣苔 Aeschynanthus angustioblongus W. T. Wang

产独龙江（独龙江考察队 3875）；海拔 1380～1600 m；分布于贡山。15-3。

4 滇南芒毛苣苔 Aeschynanthus austroyunnanensis W. T. Wang

产独龙江（独龙江考察队 1723）；海拔 1400～1610 m；分布于贡山。15-1。

5 显苞芒毛苣苔 Aeschynanthus bracteatus Wallich ex A. P. de Candolle

产独龙江（独龙江考察队 623）；海拔 1270～2400 m；分布于贡山、福贡、泸水、保山、腾冲。14-2。

6 细芒毛苣苔 Aeschynanthus gracilis Parish ex C. B. Clarke

产昔马团结至那邦途中（孙航 1531）；海拔 1400～1850 m；分布于盈江。14-2。

7 束花芒毛苣苔 Aeschynanthus hookeri C. B. Clarke

产贡山（青藏队 82-8957）；海拔 1200～2100 m；分布于贡山、保山、腾冲。14-2。

8 矮芒毛苣苔 Aeschynanthus humilis Hemsley

产铜壁关（据《云南铜壁关自然保护区科学考察研究》）；海拔 1550～2100 m；分布于盈江。15-2。

9 毛花芒毛苣苔 Aeschynanthus lasianthus W. T. Wang

产潞江（高黎贡山考察队 17564）；海拔 2230 m；分布于贡山、福贡、保山。15-3。

10 条叶芒毛苣苔 Aeschynanthus linearifolius C. E. C. Fischer

产独龙江（独龙江考察队 733）；海拔 1500～3100 m；分布于贡山、福贡、泸水、保山、腾冲。14-2。

11 线条芒毛苣苔 Aeschynanthus lineatus Craib

产百花岭（高黎贡山考察队 13068）；海拔 1390～2240 m；分布于福贡、保山、腾冲、龙陵。14-1。

12 具斑芒毛苣苔 Aeschynanthus maculatus Lindley

产独龙江（独龙江考察队 1849）；海拔 1310～2525 m；分布于贡山、保山、腾冲、龙陵。14-2。

13 大花芒毛苣苔 Aeschynanthus mimetes B. L. Burtt

产潞江（高黎贡山考察队 10719）；海拔 1587～2200 m；分布于贡山、福贡、腾冲、保山。14-2。

14 粗毛芒毛苣苔 Aeschynanthus pachytrichus W. T. Wang

产格多北山（滇西植物调查组 14）；海拔 1000 m；分布于盈江。15-2。

15 尾叶芒毛苣苔 Aeschynanthus stenosepalus J. Anthony

产独龙江（独龙江考察队 3106）；海拔 1080～1710 m；分布于贡山、福贡。14-1。

16 华丽芒毛苣苔 Aeschynanthus superbus C. B. Clarke

产镇安（高黎贡山考察队 10791）；海拔 2170 m；分布于贡山、腾冲、龙陵。14-2。

17 腾冲芒毛苣苔 Aeschynanthus tengchungensis W. T. Wang

产上营（高黎贡山考察队 11600）；海拔 1650～2660 m；分布于保山、腾冲。15-3。

18 狭花芒毛苣苔 Aeschynanthus wardii Merrill

产独龙江（高黎贡山考察队 15145）；海拔 1350～1700 m；分布于贡山、福贡、保山。14-1。

19 凸瓣苣苔 Ancylostemon convexus Craib

产腾冲（Forrest 15930）；海拔 2500 m；分布于腾冲。15-2。

20 锈毛短筒苣苔 Boeica ferruginea Drake

产铜壁关（据《云南铜壁关自然保护区科学考察研究》）；海拔 350～500 m；分布于盈江。7。

21 云南粗筒苣苔 Briggsia forrestii Craib

产独龙江（独龙江考察队 4726）；海拔 1450～2057 m；分布于贡山、泸水、龙陵。15-3。

22 粗筒苣苔 Briggsia kurzii (C. B. Clarke) W. E. Evans

产独龙江（高黎贡山考察队 21805）；海拔 1660 m；分布于贡山。14-2。

23 长叶粗筒苣苔 Briggsia longifolia Craib

产百花岭（高黎贡山考察队 18954）；海拔 1590 m；分布于福贡、保山。14-1。

24 藓丛粗筒苣苔 Briggsia muscicola (Diels) Craib

产贡山（Rock 22978）；海拔 2500 m；分布于贡山。14-2。

25 孔药短筒苣苔 Boeica porosa C. B. Clarke

产铜壁关（据《云南铜壁关自然保护区科学考察研究》）；海拔 770～850 m；分布于盈江。7。

26 腺萼唇柱苣苔 Chirita adenocalyx Chatterjee

产石月亮（李恒、李嵘 1140）；海拔 1400～2150 m；分布于贡山、福贡。15-2。

27 圆叶唇柱苣苔 Chirita dielsii (Borza) B. L. Burtt

产铜壁关（据《云南铜壁关自然保护区科学考察研究》）；海拔 1520～1700 m；分布于盈江。15-2。

28 钩序唇柱苣苔 Chirita hamosa R. Brown

产百花岭（高黎贡山考察队 13468）；海拔 1620～2100 m；分布于贡山、保山。14-1。

29 大叶唇柱苣苔 Chirita macrophylla Wallich

产潞江（高黎贡山考察队 17159）；海拔 1590～2300 m；分布于福贡、泸水、保山、腾冲、龙陵。14-2。

30 长圆叶唇柱苣苔 Chirita oblongifolia (Roxburgh) Sinclair

产独龙江（独龙江考察队 4464）；海拔 1250～1310 m；分布于贡山。14-2。

31　斑叶唇柱苣苔 Chirita pumila D. Don

产独龙江（高黎贡山考察队 15090）；海拔 1060～3000 m；分布于贡山、福贡、泸水、保山、腾冲、龙陵。14-2。

32　美丽唇柱苣苔 Chirita speciosa Kurz

产界头大塘北（高黎贡山考察队 11017）；海拔 1850～2400 m；分布于贡山、腾冲。14-1。

33　麻叶唇柱苣苔 Chirita urticifolia Buchanan-Hamilton ex D. Don

产铜壁关（据《云南铜壁关自然保护区科学考察研究》）；海拔 1600～1900 m；分布于盈江。14-2。

34　西藏珊瑚苣苔 Corallodiscus lanuginosus (Wallich ex R. Brown) B. L. Burtt

产独龙江（独龙江考察队 5943）；海拔 1080～2500 m；分布于贡山、福贡、泸水。14-2。

35　大齿长蒴苣苔 Didymocarpus grandidentatus (W. T. Wang) W. T. Wang

产铜壁关（据《云南铜壁关自然保护区科学考察研究》）；海拔 1200～1900 m；分布于盈江。15-2。

36　片马长蒴苣苔 Didymocarpus praeteritus B. L. Burtt & R. Davidson

产片马至岗房途中（南水北调队 7379）；海拔 1800 m；分布于泸水、保山、腾冲。14-1。

37　细果长蒴苣苔 Didymocarpus stenocarpus W. T. Wang

产铜壁关（据《云南铜壁关自然保护区科学考察研究》）；海拔 950～1300 m；分布于盈江。15-2。

38　云南长蒴苣苔 Didymocarpus yunnanensis (Franchet) W. W. Smith

产龙江（高黎贡山考察队 17863）；海拔 1905 m；分布于腾冲、龙陵。14-2。

39　光叶紫花苣苔 Loxostigma glabrifolium D. Fang & K. Y. Pan

产铜壁关（据《云南铜壁关自然保护区科学考察研究》）；海拔 1350～1700 m；分布于盈江。15-1。

40　紫花苣苔 Loxostigma griffithii (Wight) C. B. Clarke

产独龙江（独龙江考察队 662）；海拔 1250～1930 m；分布于贡山、福贡、龙陵。14-2。

41　澜沧紫花苣苔 Loxostigma mekongense (Franchet) B. L. Burtt

产独龙江（独龙江考察队 2190）；海拔 1690 m；分布于贡山、泸水。15-2。

42　滇西吊石苣苔 Lysionotus forrestii W. W. Smith

产独龙江（独龙江考察队 795）；海拔 1586～2755 m；分布于贡山、福贡、泸水、保山、腾冲、龙陵。15-1。

43　齿叶吊石苣苔 Lysionotus serratus D. Don

产赧亢植物园（高黎贡山考察队 13209）；海拔 1600～2160 m；分布于保山、腾冲。14-2。

44　纤细吊石苣苔 Lysionotus gracilis W. W. Smith

产片马（碧江队 1646）；海拔 2100 m；分布于泸水。14-1。

45　狭萼吊石苣苔 Lysionotus levipes (C. B. Clarke) B. L. Burtt

产独龙江（独龙江考察队 4420）；海拔 1400 m；分布于贡山。14-2。

46　毛枝吊石苣苔 Lysionotus pubescens C. B. Clarke

产独龙江（独龙江考察队 4883）；海拔 1800～2300 m；分布于贡山、保山、龙陵。14-2。

47　短柄吊石苣苔 Lysionotus sessilifolius Handel-Mazzetti

产独龙江（独龙江考察队 431）；海拔 1060～2300 m；分布于贡山、福贡、泸水、保山。15-3。

48　保山吊石苣苔 Lysionotus sulphureoides H. W. Li & Y. X. Lu

产潞江（高黎贡山考察队 13126）；海拔 2050 m；分布于保山。15-3。

49 黄花吊石苣苔 Lysionotus sulphureus Handel-Mazzetti

产茨开（高黎贡山考察队 11951）；海拔 1790～2600 m；分布于贡山、福贡。15-2。

50 橙黄马铃苣苔 Oreocharis aurantiaca Franchet

产独龙江（高黎贡山考察队 32393）；海拔 1973～2755 m；分布于贡山。15-2。

51 心叶马铃苣苔 Oreocharis cordatula (Craib) Pellegrin

产铜壁关（据《云南铜壁关自然保护区科学考察研究》）；海拔 2060～2330 m；分布于盈江。15-1。

52 椭圆马铃苣苔 Oreocharis delavayi Franchet

产独龙江（T. T. Yü 19614）；海拔 2100 m；分布于贡山。15-1。

53 蛛毛喜鹊苣苔 Ornithoboea arachnoidea (Diels) Craib

产独龙江（高黎贡山考察队 32329）；海拔 1380～1390 m；分布于贡山、福贡、腾冲。14-1。

54 滇桂喜鹊苣苔 Ornithoboea wildeana Craib

产利沙底（高黎贡山考察队 27453）；海拔 1310～1610 m；分布于贡山、福贡。14-1。

55 蛛毛苣苔 Paraboea sinensis (Oliver) B. L. Burtt

产独龙江（高黎贡山考察队 15084）；海拔 1530～1750 m；分布于贡山、龙陵。14-1。

56 蓝石蝴蝶 Petrocosmea coerulea C. Y. Wu ex W. T. Wang

产镇安（高黎贡山考察队 17794）；海拔 1900～2015 m；分布于龙陵。15-2。

57 大理石蝴蝶 Petrocosmea forrestii Craib

产铜壁关（据《云南铜壁关自然保护区科学考察研究》）；海拔 2180～2350 m；分布于盈江。15-1。

58 滇泰石蝴蝶 Petrocosmea kerrii Craib

产腾冲（Forrest 24376）；海拔 1500 m；分布于腾冲。14-1。

59 椭圆线柱苣苔 Rhynchotechum ellipticum (Wallich ex D. Dietrich) A. de Candolle

产昔马那邦（86 年考察队 1129）；海拔 700～1000 m；分布于盈江。7。

60 冠萼线柱苣苔 Rhynchotechum formosanum Hatusima

产铜壁关（据《云南铜壁关自然保护区科学考察研究》）；海拔 700～950 m；分布于盈江。7。

61 尖舌苣苔 Rhynchoglossum obliquum Blume

产独龙江（李恒、李嵘 1321）；海拔 1000～1600 m；分布于贡山、福贡、泸水、保山、腾冲。7。

62 毛线柱苣苔 Rhynchotechum vestitum Wallich ex C. B. Clarke

产独龙江（独龙江考察队 396）；海拔 1300～1350 m；分布于贡山、福贡。14-2。

63 十字苣苔 Stauranthera umbrosa C. B. Clarke

产铜壁关（据《云南铜壁关自然保护区科学考察研究》）；海拔 900～1100 m；分布于盈江。7。

64 异叶苣苔 Whytockia chiritiflora (Oliver) W. W. Smith

产独龙江（独龙江考察队 882）；海拔 1300～1800 m；分布于贡山。15-2。

65 贡山异叶苣苔 Whytockia gongshanensis Y. Z. Wang & H. Li

产独龙江（独龙江考察队 283）；海拔 1380 m；分布于贡山。15-3。

257 紫葳科 Bignoniaceae

1 灰楸 Catalpa fargesii Bureau

产独龙江（独龙江考察队 283）；海拔 1380～2240 m；分布于贡山、福贡、保山、腾冲。15-1。

2 梓 Catalpa ovata G. Don

产匹河（碧江队 256）；海拔 1900 m；分布于福贡。15-1。

3 藏楸 Catalpa tibetica Forrest

产怒江-独龙江分水岭（秦仁昌 31014）；海拔 2400 m；分布于贡山。15-1。

4 两头毛 Incarvillea arguta (Royle) Royle

产丙中洛（李嵘等 2330）；海拔 1600 m；分布于贡山。14-2。

5 西南猫尾木 Markhamia stipulata (Wallich) Seemann ex K. Schumann

产铜壁关（据《云南铜壁关自然保护区科学考察研究》）；海拔 500～900 m；分布于盈江。7。

6 火烧花 Mayodendron igneum Kurz

产铜壁关（据《云南铜壁关自然保护区科学考察研究》）；海拔 300～1250 m；分布于盈江。7。

7 木蝴蝶 Oroxylum indicum (Linnaeus) Bentham ex Kurz

产芒宽（高黎贡山考察队 14041）；海拔 1000 m；分布于保山。7。

8 小萼菜豆树 Radermachera microcalyx C. Y. Wu & W. C. Yin

产铜壁关（据《云南铜壁关自然保护区科学考察研究》）；海拔 550～900 m；分布于盈江。15-1。

9 菜豆树 Radermachera sinica (Hance) Hemsley

产上营（高黎贡山考察队 11456）；海拔 680 m；分布于保山、腾冲。14-2。

10 滇菜豆树 Radermachera yunnanensis C. Y. Wu & W. C. Yin

产独龙江（青藏队 82-6896）；海拔 1100 m；分布于贡山、泸水。15-2。

11 羽叶楸 Stereospermum colais (Buchanan-Hamilton ex Dillwyn) Mabberley

产那邦坝（陶国达 13211）；海拔 450～1450 m；分布于盈江。7。

12 毛叶羽叶楸 Stereospermum neuranthum Kurz

产铜壁关（据《云南铜壁关自然保护区科学考察研究》）；海拔 500～1300 m；分布于盈江。6。

259 爵床科 Acanthaceae

1 刺苞老鼠簕 Acanthus leucostachyus Wallich ex Nees

产那邦坝（陶国达、李锡文 13238）；海拔 300～900 m；分布于盈江。7。

2 疏花穿心莲 Andrographis laxiflora Lindau

产那邦坝（陶国达、李锡文 13146）；海拔 800～1400 m；分布于盈江。7。

3 白接骨 Asystasia neesiana (Wallich) Nees

产百花岭（高黎贡山考察队 13482）；海拔 1410～1730 m；分布于贡山、保山、龙陵。7。

4 假杜鹃 Barleria cristata Linnaeus

产六库（独龙江考察队 040）；海拔 702～1250 m；分布于泸水、保山、龙陵。7。

5 黄花假杜鹃 Barleria prionitis Linnaeus

产铜壁关（据《云南铜壁关自然保护区科学考察研究》）；海拔 500～1050 m；分布于盈江。6。

6 色萼花 Chroesthes lanceolata (T. Anderson) B. Hansen

产铜壁关（据《云南铜壁关自然保护区科学考察研究》）；海拔 700～1300 m；分布于盈江。7。

7 鳄嘴花 Clinacanthus nutans (N. L. Burman) Lindau

产铜壁关（据《云南铜壁关自然保护区科学考察研究》）；海拔 400～600 m；分布于盈江。7。

8 钟花草 Codonacanthus pauciflorus Nees

产那邦坝（86 年考察队 1051）；海拔 650～1300 m；分布于盈江。14-1。

9 丽江鳔冠花 Cystacanthus affinis W. W. Smith

产铜壁关（据《云南铜壁关自然保护区科学考察研究》）；海拔 1100～1840 m；分布于盈江。15-1。

10 鳔冠花 Cystacanthus paniculatus T. Anderson

产独龙江（毛品一 459）；海拔 1350 m；分布于贡山。14-1。

11 印度狗肝菜 Dicliptera bupleuroides Nees

产铜壁关（香料植物考察队 85-142）；海拔 700～1050 m；分布于盈江。7。

12 狗肝菜 Dicliptera chinensis (Linnaeus) Jussieu

产铜壁关（据《云南铜壁关自然保护区科学考察研究》）；海拔 1400～1600 m；分布于盈江。7。

13 毛水蓑衣 Hygrophila phlomoides Nees

产铜壁关（据《云南铜壁关自然保护区科学考察研究》）；海拔 750～930 m；分布于盈江。7。

14 水蓑衣 Hygrophila ringens (Linnaeus) R. Brown ex Sprengel

产那邦坝（陶国达 13244）；海拔 300～700 m；分布于盈江。7。

15 三花枪刀药 Hypoestes triflora (Forsskål) Roemer & Schultes

产岗房（高黎贡山考察队 10341）；海拔 1000～2200 m；分布于贡山、福贡、泸水、保山、腾冲。6。

16 叉序草 Isoglossa collina (T. Anderson) B. Hansen

产曲石（尹文清 60-1052）；海拔 1800 m；分布于腾冲。14-2。

17 圆苞杜根藤 Justicia championii T. Anderson ex Bentham

产铜壁关（据《云南铜壁关自然保护区科学考察研究》）；海拔 1800～1950 m；分布于盈江。15-1。

18 喀西爵床 Justicia mollissima (Nees) Y. F. Deng & T. F. Daniel

产铜壁关（据《云南铜壁关自然保护区科学考察研究》）；海拔 1950～2180 m；分布于盈江。7。

19 野靛棵 Justicia patentiflora Hemsley

产铜壁关（据《云南铜壁关自然保护区科学考察研究》）；海拔 600～2300 m；分布于盈江。7。

20 爵床 Justicia procumbens Linnaeus

产六库赖茂（独龙江考察队 057）；海拔 702～1930 m；分布于福贡、泸水、保山、腾冲、龙陵。7。

21 杜根藤 Justicia quadrifaria (Nees) T. Anderson

产百花岭（高黎贡山考察队 18980）；海拔 1170～1590 m；分布于保山、龙陵。7。

22 干地杜根藤 Justicia xerophila W. W. Smith

产保山（高黎贡山考察队 23781）；海拔 1500 m；分布于保山。15-2。

23 鳞花草 Lepidagathis incurva Buchanan-Hamilton ex D. Don

产那邦坝（陶国达 13134）；海拔 310～950 m；分布于盈江。7。

24 节翅地皮消 Pararuellia alata H. P. Tsui

产铜壁关（据《云南铜壁关自然保护区科学考察研究》）；海拔 760～850 m；分布于盈江。15-1。

25 地皮消 Pararuellia delavayana (Baillon) E. Hossain

产芒宽（李恒、李嵘 1295）；海拔 1100～1525 m；分布于保山。15-1。

26 野山蓝 Peristrophe fera C. B. Clarke

产六库（南水北调队 8034）；海拔 900 m；分布于泸水。14-2。

27　双萼观音草 Peristrophe paniculata (Forsskål) Brummitt

产铜壁关（据《云南铜壁关自然保护区科学考察研究》）；海拔 800～950 m；分布于盈江。4。

28　滇观音草 Peristrophe yunnanensis W. W. Smith

产铜壁关（据《云南铜壁关自然保护区科学考察研究》）；海拔 1700～2040 m；分布于盈江。15-1。

29　肾苞草 Phaulopsis dorsiflora (Retzius) Santapau

产那邦坝（陶国达 13266）；海拔 750～850 m；分布于盈江。6。

30　火焰花 Phlogacanthus curviflorus (Wallich) Nees

产昔马至那邦坝途中（陶国达 13103）；海拔 380～1200 m；分布于盈江。7。

31　毛脉火焰花 Phlogacanthus pubinervius T. Anderson

产百花岭（高黎贡山考察队 13593）；海拔 1600～1830 m；分布于保山、龙陵。14-2。

32　云南山壳骨 Pseuderanthemum crenulatum (Wallich ex Lindley) Radlkofer

产六库（南水北调队 8044）；海拔 900 m；分布于泸水。14-1。

33　多花山壳骨 Pseuderanthemum polyanthum (C. B. Clarke ex Oliver) Merrill

产铜壁关（据《云南铜壁关自然保护区科学考察研究》）；海拔 500～1250 m；分布于盈江。7。

34　滇灵枝草 Rhinacanthus beesianus Diels

产芒宽（高黎贡山考察队 13516）；海拔 1170～1626 m；分布于保山。15-2。

35　孩儿草 Rungia pectinata (Linnaeus) Nees

产五合（尹文清 60-1482）；海拔 1300 m；分布于腾冲。14-2。

36　匍匐鼠尾黄 Rungia stolonifera C. B. Clarke

产曲石（尹文清 60-1204）；海拔 1300 m；分布于腾冲。14-2。

37　肖笼鸡 Strobilanthes affinis (Griffith) Terao ex J. R. I. Wood & J. R. Bennett

产芒宽（高黎贡山考察队 10584）；海拔 900～1525 m；分布于泸水、保山。14-1。

38　山一笼鸡 Strobilanthes aprica T. Anderson ex Bentham

产瓦窑（周铉 227）；海拔 1500～1740 m；分布于盈江。7。

39　耳叶马蓝 Strobilanthes auriculata Nees

产铜壁关（据《云南铜壁关自然保护区科学考察研究》）；海拔 1100～1300 m；分布于盈江。7。

40　翅柄马蓝 Strobilanthes atropurpurea Nees

产曲石（施晓春、杨世雄 788）；海拔 2500 m；分布于腾冲。14-2。

41　密序马蓝 Strobilanthes congesta Terao

产独龙江（高黎贡山考察队 12897）；海拔 1510 m；分布于贡山。14-1。

42　板蓝 Strobilanthes cusia (Nees) Kuntze

产芒宽（高黎贡山考察队 13520）；海拔 1550 m；分布于保山。14-2。

43　弯花马蓝 Strobilanthes cyphantha Diels

产铜壁关（据《云南铜壁关自然保护区科学考察研究》）；海拔 2100～2400 m；分布于盈江。15-1。

44　球花马蓝 Strobilanthes dimorphotricha Hance

产芒宽百花岭（高黎贡山考察队 13481）；海拔 1500～2170 m；分布于贡山、福贡、保山、腾冲。14-1。

45　腾冲马蓝 Strobilanthes euantha J. R. I. Wood

产上营（高黎贡山考察队 11534）；海拔 1560～2970 m；分布于贡山、泸水、腾冲。15-3。

46 棒果马蓝 Strobilanthes extensa (Nees) Nees
产界头（高黎贡山考察队 30185）；海拔 2420 m；分布于腾冲。14-2。

47 溪畔黄球花 Strobilanthes fluviatilis (C. B. Clarke ex W. W. Smith) Moylan & Y. F. Deng
产铜壁关（据《云南铜壁关自然保护区科学考察研究》）；海拔 600～800 m；分布于盈江。7。

48 腺毛马蓝 Strobilanthes forrestii Diels
产铜壁关（据《云南铜壁关自然保护区科学考察研究》）；海拔 950～1900 m；分布于盈江。15-2。

49 球序马蓝 Strobilanthes glomerata (Nees) T. Anderson
产上帕（蔡希陶 54221）；海拔 1500 m；分布于福贡。14-1。

50 叉花草 Strobilanthes hamiltoniana (Steudel) Bosser & Heine
产曲石（尹文清 60-1039）；海拔 1400 m；分布于腾冲。14-2。

51 南一笼鸡 Strobilanthes henryi Hemsley
产丙中洛比毕利（高黎贡山考察队 12021）；海拔 1420～1840 m；分布于贡山。15-1。

52a 锡金马蓝 Strobilanthes inflata T. Anderson
产五合（高黎贡山考察队 17411）；海拔 221～2850 m；分布于贡山、腾冲。14-2。

52b 铜毛马蓝 Strobilanthes inflata var. **aenobarba** (W. W. Smith) J. R. I. Wood & Y. F. Deng
产洛本卓（高黎贡山考察队 25772）；海拔 2100～3300 m；分布于贡山、泸水。7。

53 合页草 Strobilanthes kingdonii J. R. I. Wood
产石月亮（李恒、李嵘 1150）；海拔 1400～2180 m；分布于福贡、泸水、保山。15-1。

54 李恒马蓝 Strobilanthes lihengiae Y. F. Deng & J. R. I. Wood
产界头（高黎贡山考察队 13630）；海拔 2000～2370 m；分布于贡山、腾冲。15-3。

55 长穗腺背蓝 Strobilanthes longispica (H. P. Tsui) J. R. I. Wood & Y. F. Deng
产独龙江（独龙江考察队 3793）；海拔 1380～1570 m；分布于贡山。15-3。

56 瑞丽叉花草 Strobilanthes mastersii T. Anderson
产片马（高黎贡山考察队 7237）；海拔 1730 m；分布于泸水、腾冲。14-1。

57 山马蓝 Strobilanthes oresbia W. W. Smith
产茨开（高黎贡山考察队 11837）；海拔 2040～3350 m；分布于贡山、福贡、泸水。14-1。

58 滇西马蓝 Strobilanthes ovata Y. F. Deng & J. R. I. Wood
产潞江（高黎贡山考察队 13101）；海拔 2050～2100 m；分布于保山。15-3。

59 圆苞马蓝 Strobilanthes penstemonoides (Nees) T. Anderson
产崆洞（怒江考察队 1202）；海拔 2100～2300 m；分布于贡山、福贡。14-2。

60 松林马蓝 Strobilanthes pinetorum W. W. Smith
产铜壁关（据《云南铜壁关自然保护区科学考察研究》）；海拔 1750～1980 m；分布于盈江。15-2。

61 匍枝马蓝 Strobilanthes stolonifera Benoist
产芒宽（高黎贡山考察队 26227）；海拔 1550 m；分布于保山。15-2。

62 尖药花 Strobilanthes tomentosa (Nees) J. R. I. Wood
产芒宽（李恒、李嵘 1236）；海拔 1525 m；分布于保山。14-2。

63 变色马蓝 Strobilanthes versicolor Diels
产铜壁关（据《云南铜壁关自然保护区科学考察研究》）；海拔 2520 m；分布于盈江。15-1。

64 云南马蓝 Strobilanthes yunnanensis Diels

产独龙江（独龙江考察队 874）；海拔 1350～1950 m；分布于贡山、泸水。15-1。

65 红花山牵牛 Thunbergia coccinea Wallich

产芒宽（施晓春、杨世雄 527）；海拔 1610 m；分布于保山。14-1。

66 碗花草 Thunbergia fragrans Roxburgh

产六库（高黎贡山考察队 9900）；海拔 1000～1150 m；分布于泸水。7。

67 山牵牛 Thunbergia grandiflora Roxburgh

产铜壁关（据《云南铜壁关自然保护区科学考察研究》）；海拔 550～700 m；分布于盈江。7。

68 羽脉山牵牛 Thunbergia lutea T. Anderson

产镇安（高黎贡山考察队 10804）；海拔 2150～2230 m；分布于保山、腾冲、龙陵。14-2。

263 马鞭草科 Verbenaceae

1 木紫珠 Callicarpa arborea Roxburgh

产芒宽（高黎贡山考察队 10609）；海拔 691～1740 m；分布于贡山、泸水、保山、腾冲、龙陵。7。

2 紫珠 Callicarpa bodinieri H. Léveillé

产丙中洛（高黎贡山考察队 12078）；海拔 1170～1900 m；分布于贡山、福贡、泸水、保山。14-1。

3 杜虹花 Callicarpa formosana Rolfe

产子里甲（高黎贡山考察队 20941）；海拔 1253～1520 m；分布于福贡、保山。7。

4 老鸦糊 Callicarpa giraldii Hesse ex Rehder

产芒宽百花岭（李恒、李嵘 1222）；海拔 1150～1590 m；分布于贡山、福贡、泸水、保山。15-1。

5a 长叶紫珠 Callicarpa longifolia Lamarck

产丙中洛（高黎贡山考察队 33716）；海拔 1700 m；分布于贡山。7。

5b 披针叶紫珠 Callicarpa longifolia var. **lanceolaria** (Roxburgh) C. B. Clarke

产铜壁关（据《云南铜壁关自然保护区科学考察研究》）；海拔 800～1300 m；分布于盈江。7。

6 大叶紫珠 Callicarpa macrophylla Vahl

产保山（高黎贡山考察队 14438）；海拔 1600 m；分布于保山。14-2。

7 红紫珠 Callicarpa rubella Lindley

产独龙江（独龙江考察队 321）；海拔 1000～1850 m；分布于贡山、福贡、泸水、保山、腾冲。7。

8 单花莸 Caryopteris nepetifolia (Bentham) Maximowicz

产丙中洛比毕利（高黎贡山考察队 14379）；海拔 920～1560 m；分布于贡山、泸水。15-1。

9 锥花莸 Caryopteris paniculata C. B. Clarke

产芒宽（高黎贡山考察队 11638）；海拔 800～1800 m；分布于保山。14-2。

10 三花莸 Caryopteris terniflora Maximowicz

产架科底（高黎贡山考察队 20989）；海拔 1800 m；分布于福贡。15-1。

11 苞花大青 Clerodendrum bracteatum Wallich ex Walpers

产独龙江（独龙江考察队 500）；海拔 1280～1850 m；分布于贡山、泸水。14-2。

12 臭牡丹 Clerodendrum bungei Steudel

产铜壁关（据《云南铜壁关自然保护区科学考察研究》）；海拔 1100～1890 m；分布于盈江。7。

13 灰毛大青 Clerodendrum canescens Wallich ex Walpers

产镇安（高黎贡山考察队 23868）；海拔 691～1550 m；分布于保山、龙陵。14-1。

14a 重瓣臭茉莉 Clerodendrum chinense (Osbeck) Mabberley

产铜壁关（秦仁昌 50070）；海拔 900～1400 m；分布于盈江。15-1。

14b 臭茉莉 Clerodendrum chinense var. **simplex** (Moldenke) S. L. Chen

产芒宽百花岭（高黎贡山考察队 10645）；海拔 950～1777 m；分布于泸水、保山。15-1。

15 腺茉莉 Clerodendrum colebrookianum Walpers

产独龙江（独龙江考察队 153）；海拔 880～1810 m；分布于贡山、福贡、泸水、保山、腾冲。7。

16 大青 Clerodendrum cyrtophyllum Turczaninow

产铜壁关（据《云南铜壁关自然保护区科学考察研究》）；海拔 320～1250 m；分布于盈江。14-1。

17 西垂茉莉 Clerodendrum griffithianum C. B. Clarke

产铜壁关（青藏队 117）；海拔 1100～1600 m；分布于盈江。7。

18 长管大青 Clerodendrum indicum (Linnaeus) Kuntze

产铜壁关（秦仁昌 50033）；海拔 450～1000 m；分布于盈江。7。

19 赪桐 Clerodendrum japonicum (Thunberg) Sweet

产铜壁关（据《云南铜壁关自然保护区科学考察研究》）；海拔 260～1270 m；分布于盈江。7。

20 尖齿臭茉莉 Clerodendrum lindleyi Decaisne ex Planchon

产茨开（高黎贡山考察队 12370）；海拔 1790～1880 m；分布于贡山。15-1。

21a 三对节 Clerodendrum serratum (Linnaeus) Moon

产镇安（高黎贡山考察队 17620）；海拔 1530 m；分布于腾冲、龙陵。6。

21b 三台花 Clerodendrum serratum var. **amplexifolium** Moldenke

产铜壁关（据《云南铜壁关自然保护区科学考察研究》）；海拔 630～1700 m；分布于盈江。15-1。

22 海州常山 Clerodendrum trichotomum Thunberg

产界头（高黎贡山考察队 11186）；海拔 1510～2130 m；分布于腾冲。7。

23 滇常山 Clerodendrum yunnanense Hu ex Handel-Mazzetti

产独龙江（李恒、刀志灵、李嵘 15342）；海拔 2800 m；分布于贡山。15-1。

24 垂茉莉 Clerodendrum wallichii Merrill

产昔马那邦（孙航 1515）；海拔 1000～1350 m；分布于盈江。7。

25 云南石梓 Gmelina arborea Roxburgh

产铜壁关（据《云南铜壁关自然保护区科学考察研究》）；海拔 500～900 m；分布于盈江。7。

26 苞序豆腐柴 Premna bracteata Wallich

产铜壁关（据《云南铜壁关自然保护区科学考察研究》）；海拔 600～1200 m；分布于盈江。7。

27 凤庆豆腐柴 Premna crassa var. **yui** Moldenke

产铜壁关（据《云南铜壁关自然保护区科学考察研究》）；海拔 1450～1700 m；分布于盈江。7。

28 千解草 Premna herbacea Roxburgh

产铜壁关（据《云南铜壁关自然保护区科学考察研究》）；海拔 1650～1900 m；分布于盈江。5。

29 过江藤 Phyla nodiflora (Linnaeus) E. L. Greene

产潞江（高黎贡山考察队 23598）；海拔 686～1250 m；分布于保山、龙陵。2。

30　间序豆腐柴 Premna interrupta Wallich ex Schauer

产镇安（高黎贡山考察队 23809）；海拔 1920～2190 m；分布于贡山、保山、腾冲、龙陵。14-2。

31　少花豆腐柴 Premna oligantha C. Y. Wu

产芒宽（高黎贡山考察队 13961）；海拔 1500 m；分布于保山。15-1。

32　狐臭柴 Premna puberula Pampanini

产清水（高黎贡山考察队 30850）；海拔 1470 m；分布于腾冲。15-1。

33　总序豆腐柴 Premna racemosa Wallich ex Schauer

产马吉（高黎贡山考察队 19592）；海拔 1390～1530 m；分布于贡山、福贡、腾冲。14-2。

34　藤豆腐柴 Premna scandens Dalzell & A. Gibson

产铜壁关（据《云南铜壁关自然保护区科学考察研究》）；海拔 450～700 m；分布于盈江。7。

35　腾冲豆腐柴 Premna scoriarum W. W. Smith

产铜壁关（据《云南铜壁关自然保护区科学考察研究》）；海拔 1250～1620 m；分布于盈江。7。

36　草黄枝豆腐柴 Premna straminicaulis C. Y. Wu

产铜壁关（据《云南铜壁关自然保护区科学考察研究》）；海拔 1100～1300 m；分布于盈江。15-2。

37　思茅豆腐柴 Premna szemaoensis C. Pei

产铜壁关（据《云南铜壁关自然保护区科学考察研究》）；海拔 800～1600 m；分布于盈江。15-2。

38　大坪子豆腐柴 Premna tapintzeana Dop

产匹河（高黎贡山考察队 19676）；海拔 1030 m；分布于福贡。15-2。

39　黄绒豆腐柴 Premna velutina C. Y. Wu

产依地坝（高黎贡山考察队 7343）；海拔 890～1850 m；分布于泸水、保山。15-2。

40　马鞭草 Verbena officinalis Linnaeus

产潞江至龙陵途中（高黎贡山考察队 23550）；海拔 686～1950 m；分布于贡山、福贡、泸水、保山、腾冲、龙陵。2。

41　长叶荆 Vitex burmensis Moldenke

产五合（尹文清 60-1514）；海拔 1500 m；分布于腾冲。14-1。

42　灰毛牡荆 Vitex canescens Kurz

产铜壁关（据《云南铜壁关自然保护区科学考察研究》）；海拔 300～670 m；分布于盈江。7。

43　金沙荆 Vitex duclouxii Dop

产六库（高黎贡山考察队 10487）；海拔 1630 m；分布于泸水、腾冲。15-1。

44　黄荆 Vitex negundo Linnaeus

产潞江至龙陵途中（高黎贡山考察队 23587）；海拔 650～1900 m；分布于保山潞江。4。

45　长序荆 Vitex peduncularis Wallich ex Schauer

产铜壁关（据《云南铜壁关自然保护区科学考察研究》）；海拔 560～1070 m；分布于盈江。7。

46　蔓荆 Vitex trifolia Linnaeus

产芒宽百花岭（高黎贡山考察队 18987）；海拔 940 m；分布于保山。5。

47　黄毛牡荆 Vitex vestita Wallich ex Schauer

产铜壁关（据《云南铜壁关自然保护区科学考察研究》）；海拔 1120～1500 m；分布于盈江。7。

48 滇牡荆 Vitex yunnanensis W. W. Smith

产铜壁关（据《云南铜壁关自然保护区科学考察研究》）；海拔 1800～2100 m；分布于盈江。15-1。

263a 透骨草科 Phrymaceae

1 透骨草 Phryma leptostachya subsp. **asiatica** (H. Hara) Kitamura

产大具（高黎贡山考察队 9697）；海拔 1060～1700 m；分布于贡山、福贡、腾冲。14-1。

263b 六苞藤科 Symphoremataceae

1 绒苞藤 Congea tomentosa Roxburgh

产铜壁关（杜凡、和菊、丁涛 451）；海拔 600～1100 m；分布于盈江。7。

264 唇形科 Lamiaceae

1 弯花筋骨草 Ajuga campylantha Diels

产曲石（施晓春、杨世雄 841）；海拔 2630 m；分布于腾冲。15-2。

2 痢止蒿 Ajuga forrestii Diels

产独龙江（独龙江考察队 1296）；海拔 1060～2300 m；分布于贡山、福贡、泸水、保山、龙陵。15-1。

3 匍枝筋骨草 Ajuga lobata D. Don

产猴桥（高黎贡山考察队 30823）；海拔 2630 m；分布于泸水、腾冲。14-2。

4a 大籽筋骨草 Ajuga macrosperma Wallich ex Bentham

产独龙江（青藏队 82-9329）；海拔 1600 m；分布于贡山。14-2。

4b 无毛大籽筋骨草 Ajuga macrosperma var. **thomsonii** (Maximowicz) J. D. Hooker

产贡山（Handel-Mazzett 9803）；海拔 1700 m；分布于贡山。14-2。

5 紫背金盘 Ajuga nipponensis Makino

产丹当公园（高黎贡山考察队 11762）；海拔 600～1900 m；分布于贡山、福贡、保山、龙陵。14-3。

6 异唇花 Anisochilus pallidus Wallich ex Bentham

产铜壁关（据《云南铜壁关自然保护区科学考察研究》）；海拔 1200～1700 m；分布于盈江。7。

7 广防风 Anisomeles indica (Linnaeus) Kuntze

产六库（独龙江考察队 063）；海拔 710～1170 m；分布于泸水、保山。7。

8 缩序铃子香 Chelonopsis abbreviata C. Y. Wu & H. W. Li

产铜壁关（据《云南铜壁关自然保护区科学考察研究》）；海拔 1900～2150 m；分布于盈江。15-2。

9 齿唇铃子香 Chelonopsis odontochila Diels

产上帕（蔡希陶 5453）；海拔 1400 m；分布于福贡。15-1。

10 玫红铃子香 Chelonopsis rosea W. W. Smith

产铜壁关（据《云南铜壁关自然保护区科学考察研究》）；海拔 1600～2050 m；分布于盈江。15-2。

11 异色风轮菜 Clinopodium discolor (Diels) C. Y. Wu & Hsuan ex H. W. Li

产独龙江（独龙江考察队 1487）；海拔 1300～3150 m；分布于贡山、福贡、保山、龙陵。15-1。

12 细风轮菜 Clinopodium gracile (Bentham) Matsumura

产百花岭（高黎贡山考察队 13561）；海拔 1180～2510 m；分布于贡山、福贡、泸水、保山。7。

13 寸金草 Clinopodium megalanthum (Diels) C. Y. Wu & Hsuan ex H. W. Li

产马站（高黎贡山考察队 10919）；海拔 1740～1930 m；分布于贡山、腾冲。15-1。

14 灯笼草 Clinopodium polycephalum (Vaniot) C. Y. Wu & Hsuan ex P. S. Hsu

产曲石（高黎贡山考察队 30621）；海拔 1310～3030 m；分布于贡山、福贡、泸水、保山、腾冲、龙陵。15-1。

15 匍匐风轮菜 Clinopodium repens (Buchanan-Hamilton ex D. Don) Bentham

产独龙江（独龙江考察队 3572）；海拔 950～2900 m；分布于贡山、福贡、泸水、保山、腾冲、龙陵。7。

16 羽萼木 Colebrookea oppositifolia Smith

产铜壁关（据《云南铜壁关自然保护区科学考察研究》）；海拔 700～1600 m；分布于盈江。7。

17 光萼鞘蕊花 Coleus bracteatus Dunn

产铜壁关（据《云南铜壁关自然保护区科学考察研究》）；海拔 800～1980 m；分布于盈江。15-2。

18 毛喉鞘蕊花 Coleus forskohlii Briquet

产铜壁关（据《云南铜壁关自然保护区科学考察研究》）；海拔 2200 m；分布于盈江。6。

19 火把花 Colquhounia coccinea var. **mollis** (Schlechtendal) Prain

产铜壁关（据《云南铜壁关自然保护区科学考察研究》）；海拔 900～1500 m；分布于盈江。7。

20a 秀丽火把花 Colquhounia elegans Wallich ex Bentham

产百花岭（高黎贡山考察队 13368）；海拔 600～1550 m；分布于保山、腾冲。14-1。

20b 细花秀丽火把花 Colquhounia elegans var. **tenuiflora** (J. D. Hooker) Prain

产铜壁关（据《云南铜壁关自然保护区科学考察研究》）；海拔 1300～1770 m；分布于盈江。7。

21 白毛火把花 Colquhounia vestita Wallich

产界头（高黎贡山考察队 13637）；海拔 2200 m；分布于腾冲。15-2。

22 簇序草 Craniotome furcata (Link) Kuntze

产独龙江（独龙江考察队 222）；海拔 1350～2260 m；分布于贡山、福贡、保山、腾冲、龙陵。14-2。

23 毛茎水蜡烛 Dysophylla cruciata Bentham

产铜壁关（据《云南铜壁关自然保护区科学考察研究》）；海拔 1200～1450 m；分布于盈江。7。

24 线叶水蜡烛 Dysophylla linearis Bentham

产铜壁关（据《云南铜壁关自然保护区科学考察研究》）；海拔 1490 m；分布于盈江。7。

25 水虎尾 Dysophylla stellata (Loureiro) Bentham

产保山（刘朝蓬 s.n.）；海拔 1200 m；分布于保山。5。

26 四方蒿 Elsholtzia blanda (Bentham) Bentham

产独龙江（独龙江考察队 4262）；海拔 680～1980 m；分布于贡山、福贡、泸水、保山、腾冲、龙陵。7。

27 香薷 Elsholtzia ciliata (Thunberg) Hylander

产独龙江（独龙江考察队 2007）；海拔 1300～2940 m；分布于贡山、福贡、泸水、保山、腾冲。11。

28 野香草 Elsholtzia cyprianii (Pavolini) S. Chow ex P. S. Hsu

产丹当公园（独龙江考察队 141）；海拔 800～1740 m；分布于贡山、福贡、泸水、保山、腾冲。15-1。

29 高原香薷 Elsholtzia feddei H. Léveillé

产独龙江（高黎贡山考察队 22073）；海拔 2600～2760 m；分布于贡山。15-1。

30 黄花香薷 Elsholtzia flava (Bentham) Bentham

产捄亢植物园（高黎贡山考察队 13132）；海拔 2050～2400 m；分布于贡山、泸水、保山、腾冲。14-2。

31 鸡骨柴 Elsholtzia fruticosa (D. Don) Rehder

产独龙江（独龙江考察队 189）；海拔 1360～2600 m；分布于贡山、泸水、腾冲。14-2。

32 光香薷 Elsholtzia glabra C. Y. Wu & S. C. Huang

产独龙江（独龙江考察队 362）；海拔 1340～1600 m；分布于贡山。15-1。

33 异叶香薷 Elsholtzia heterophylla Diels

产界头至大塘途中（高黎贡山考察队 11052）；海拔 1670～2070 m；分布于腾冲。14-1。

34 水香薷 Elsholtzia kachinensis Prain

产大坪场（高黎贡山考察队 10385）；海拔 980～2410 m；分布于贡山、福贡、泸水、保山、腾冲、龙陵。14-1。

35 长毛香薷 Elsholtzia pilosa (Bentham) Bentham

产独龙江（独龙江考察队 3517）；海拔 160～2150 m；分布于贡山、福贡、泸水、腾冲、龙陵。14-2。

36 野拔子 Elsholtzia rugulosa Hemsley

产镇安至龙陵途中（高黎贡山考察队 13051）；海拔 160～2440 m；分布于贡山、福贡、泸水、保山、腾冲、龙陵。15-1。

37 穗状香薷 Elsholtzia stachyodes (Link) C. Y. Wu

产沙拉瓦底（独龙江考察队 157）；海拔 890～1250 m；分布于福贡、泸水。14-2。

38 球穗香薷 Elsholtzia strobilifera Bentham

产赧亢植物园（高黎贡山考察队 13251）；海拔 2150～3250 m；分布于贡山、泸水、保山、腾冲。14-2。

39 白香薷 Elsholtzia winitiana Craib

产百花岭（李恒、郭辉军、李正波、施晓春 47）；海拔 600 m；分布于保山、腾冲。15-1。

40 宽管花 Eurysolen gracilis Prain

产铜壁关（据《云南铜壁关自然保护区科学考察研究》）；海拔 720～1800 m；分布于盈江。7。

41 鼬瓣花 Galeopsis bifida Boenninghausen

产独龙江（杨竞生 s.n.）；海拔 1600 m；分布于贡山。10。

42 网萼木 Geniosporum coloratum Kuntze

产铜壁关（据《云南铜壁关自然保护区科学考察研究》）；海拔 1650～2060 m；分布于盈江。7。

43 木锥花 Gomphostemma arbusculum C. Y. Wu

产铜壁关（据《云南铜壁关自然保护区科学考察研究》）；海拔 800～1350 m；分布于盈江。15-2。

44 长毛锥花 Gomphostemma crinitum Wallich ex Bentham

产铜壁关（据《云南铜壁关自然保护区科学考察研究》）；海拔 750～900 m；分布于盈江。7。

45 光泽锥花 Gomphostemma lucidum Wallich ex Bentham

产铜壁关（据《云南铜壁关自然保护区科学考察研究》）；海拔 780～1300 m；分布于盈江。7。

46 小花锥花 Gomphostemma parviflorum Wallich ex Bentham

产铜壁关（据《云南铜壁关自然保护区科学考察研究》）；海拔 450～1050 m；分布于盈江。7。

47 抽葶锥花 Gomphostemma pedunculatum Bentham ex J. D. Hooker

产铜壁关（据《云南铜壁关自然保护区科学考察研究》）；海拔 700～1960 m；分布于盈江。7。

48 全唇花 Holocheila longipedunculata S. Chow

产界头（高黎贡山考察队 28146）；海拔 1820～2300 m；分布于腾冲。15-3。

49　腺花香茶菜 Isodon adenanthus (Diels) Kudo

产潞江（高黎贡山考察队 18281）；海拔 1350 m；分布于保山。15-1。

50　细锥香茶菜 Isodon coetsa (Buchanan-Hamilton ex D. Don) Kudô

产独龙江（独龙江考察队 695）；海拔 1250～2150 m；分布于贡山、福贡、保山、龙陵。14-2。

51　扇脉香茶菜 Isodon flabelliformis (C. Y. Wu) H. Hara

产茨开（高黎贡山考察队 7438）；海拔 2600 m；分布于贡山。15-1。

52　淡黄香茶菜 Isodon flavidus (Handel-Mazzetti) H. Hara

产铜壁关（据《云南铜壁关自然保护区科学考察研究》）；海拔 2300 m；分布于盈江。15-1。

53　紫萼香茶菜 Isodon forrestii (Diels) Kudô

产片马（高黎贡山考察队 7152）；海拔 2500 m；分布于泸水。15-1。

54　刚毛香茶菜 Isodon hispidus (Bentham) Murata

产独龙江（独龙江考察队 1376）；海拔 1340～3050 m；分布于贡山、福贡、泸水、腾冲。14-1。

55a　线纹香茶菜 Isodon lophanthoides (Buchanan-Hamilton ex D. Don) H. Hara

产界头至大塘途中（高黎贡山考察队 11071）；海拔 1500～1930 m；分布于贡山、福贡、泸水、保山、腾冲、龙陵。14-2。

55b　狭基线纹香茶菜 Isodon lophanthoides var. **gerardianus** (Bentham) H. Hara

产片马（高黎贡山考察队 10363）；海拔 1360～2350 m；分布于贡山、泸水、保山、腾冲。14-2。

55c　小花线纹香茶菜 Isodon lophanthoides var. **micranthus** (C. Y. Wu) H. W. Li

产芒宽（高黎贡山考察队 10606）；海拔 1350～1670 m；分布于保山、腾冲。15-1。

56　弯锥香茶菜 Isodon loxothyrsus (Handel-Mazzetti) H. Hara

产芒宽（高黎贡山考察队 10562）；海拔 1760～1840 m；分布于贡山、保山。15-1。

57　大锥香茶菜 Isodon megathyrsus (Diels) H. W. Li

产丙中洛（高黎贡山考察队 31828）；海拔 2530 m；分布于贡山。15-1。

58　类皱叶香茶菜 Isodon rugosiformis (Handel-Mazzetti) H. Hara

产丹当公园（独龙江考察队 196）；海拔 1420～1700 m；分布于贡山。15-2。

59　宽花香茶菜 Isodon scrophularioides (Wallich ex Bentham) Murata

产片马（南水北调队 8429）；海拔 2750～3240 m；分布于贡山、福贡、泸水。14-2。

60　黄花香茶菜 Isodon sculponeatus (Vaniot) Kudô

产独龙江（独龙江考察队 232）；海拔 1170～1900 m；分布于贡山、保山。14-2。

61　细叶香茶菜 Isodon tenuifolius (W. Smith) Kudô

产六库（高黎贡山考察队 10125）；海拔 1300 m；分布于泸水。15-1。

62　牛尾草 Isodon ternifolius (D. Don) Kudô

产铜壁关（据《云南铜壁关自然保护区科学考察研究》）；海拔 700～1800 m；分布于盈江。7。

63　长叶香茶菜 Isodon walkeri (Arnott) H. Hara

产铜壁关（据《云南铜壁关自然保护区科学考察研究》）；海拔 800～1200 m；分布于盈江。7。

64　维西香茶菜 Isodon weisiensis (C. Y. Wu) H. Hara

产丙中洛（王启无 71778）；海拔 2600 m；分布于贡山。15-2。

65 夏至草 Lagopsis supina (Stephan) Ikonnikov Galitzky

产铜壁关（据《云南铜壁关自然保护区科学考察研究》）；海拔 1500～2300 m；分布于盈江。11。

66 宝盖草 Lamium amplexicaule Linnaeus

产独龙江（独龙江考察队 6011）；海拔 1780～2300 m；分布于贡山。10。

67 益母草 Leonurus japonicus Houttuyn

产六库（高黎贡山考察队 10495）；海拔 686～1030 m；分布于贡山、福贡、泸水、保山。10。

68 绣球防风 Leucas ciliata Bentham

产马站（高黎贡山考察队 10934）；海拔 1250～2000 m；分布于腾冲、龙陵。14-2。

69 线叶白绒草 Leucas lavandulifolia Smith

产芒宽（高黎贡山考察队 18928）；海拔 702～790 m；分布于保山。6。

70 卵叶白绒草 Leucas martinicensis (Jacquin) R. Brown

产六库赖茂（独龙江考察队 041）；海拔 702～980 m；分布于泸水、保山。2。

71 白绒草 Leucas mollissima Wallich ex Bentham

产芒宽（高黎贡山考察队 10581）；海拔 1000～1800 m；分布于福贡、泸水、保山。7。

72 米团花 Leucosceptrum canum Smith

产独龙江（独龙江考察队 544）；海拔 1300～2240 m；分布于贡山、泸水、保山、腾冲、龙陵。14-2。

73a 华西龙头草 Meehania fargesii var. **fargesii** (H. Léveillé) C. Y. Wu

产片马（高黎贡山考察队 22961）；海拔 1809～2410 m；分布于泸水、腾冲。15-1。

73b 梗花华西龙头草 Meehania fargesii var. **pedunculata** (Hemsley) C. Y. Wu

产片马（高黎贡山考察队 24103）；海拔 1826 m；分布于泸水。15-1。

74 蜜蜂花 Melissa axillaris (Bentham) Bakhuizen f.

产黑娃底（高黎贡山考察队 14311）；海拔 1080～2650 m；分布于贡山、福贡、泸水、保山、腾冲、龙陵。7。

75 薄荷 Mentha canadensis Linnaeus

产独龙江（独龙江考察队 109）；海拔 1600 m；分布于贡山、福贡。9。

76 小花凉粉草 Mesona parviflora Briquet

产铜壁关（据《云南铜壁关自然保护区科学考察研究》）；海拔 1700～1800 m；分布于盈江。7。

77a 云南冠唇花 Microtoena delavayi Prain

产独龙江（青藏队 82-8280）；海拔 2200～2600 m；分布于贡山、腾冲。15-2。

77b 黄花云南冠唇花 Microtoena delavayi var. **lutea** C. Y. Wu & Hsuan

产茨开（高黎贡山考察队 33661）；海拔 2530 m；分布于贡山。15-2。

78 木里冠唇花 Microtoena muliensis C. Y. Wu ex Hsuan

产鲁掌（南水北调队 8496）；海拔 2700 m；分布于泸水。15-1。

79 滇南冠唇花 Microtoena patchoulii (C. B. Clarke ex J. D. Hooker) C. Y. Wu & S. J. Hsuan

产铜壁关（据《云南铜壁关自然保护区科学考察研究》）；海拔 1100～1890 m；分布于盈江。7。

80 少花冠唇花 Microtoena pauciflora C. Y. Wu

产铜壁关（据《云南铜壁关自然保护区科学考察研究》）；海拔 1650～1950 m；分布于盈江。15-2。

81 狭萼冠唇花 Microtoena stenocalyx C. Y. Wu & Hsuan

产洛本卓（高黎贡山考察队 27979）；海拔 2220～2450 m；分布于福贡、泸水、保山。15-2。

82 小花荠苎 Mosla cavaleriei H. Léveillé

产独龙江（独龙江考察队 275）；海拔 1350～1600 m；分布于贡山。14-1。

83 小鱼仙草 Mosla dianthera (Buchanan-Hamilton ex Roxburgh) Maximowicz

产独龙江（独龙江考察队 1184）；海拔 611～1820 m；分布于贡山、福贡、腾冲、龙陵。14-2。

84 穗花荆芥 Nepeta laevigata (D. Don) Handel-Mazzetti

产知子罗（蔡希陶 58444）；海拔 2300 m；分布于贡山、福贡。14-2。

85 钩萼草 Notochaete hamosa Bentham

产百花岭（高黎贡山考察队 13396）；海拔 1540～2300 m；分布于泸水、保山、腾冲、龙陵。14-2。

86 长刺钩萼草 Notochaete longiaristata C. Y. Wu & H. W. Li

产独龙江（独龙江考察队 796）；海拔 1410～2350 m；分布于贡山、泸水、保山。15-3。

87 灰罗勒 Ocimum americanum Linnaeus

产铜壁关（据《云南铜壁关自然保护区科学考察研究》）；海拔 1300～1860 m；分布于盈江。6。

88 罗勒 Ocimum basilicum Linnaeus

产铜壁关（据《云南铜壁关自然保护区科学考察研究》）；海拔 1700～2300 m；分布于盈江。6。

89 牛至 Origanum vulgare Linnaeus

产铜壁关（据《云南铜壁关自然保护区科学考察研究》）；海拔 780～2500 m；分布于盈江。10。

90 假野芝麻 Paralamium gracile Dunn

产铜壁关（据《云南铜壁关自然保护区科学考察研究》）；海拔 1300～1880 m；分布于盈江。7。

91a 假糙苏 Paraphlomis javanica (Blume) Prain

产芒宽（高黎贡山考察队 25390）；海拔 1570～1777 m；分布于保山。7。

91b 狭叶假糙苏 Paraphlomis javanica var. **angustifolia** C. Y. Wu & H. W. Li ex C. L. Xiang, E. D. Liu & H. Peng

产铜壁关（据《云南铜壁关自然保护区科学考察研究》）；海拔 500～1500 m；分布于盈江。7。

92 裂唇糙苏 Phlomis fimbriata C. Y. Wu

产丹珠（高黎贡山考察队 34158）；海拔 2900～3220 m；分布于贡山。15-3。

93 苍山糙苏 Phlomis forrestii Diels

产独龙江（T. T. Yü 22091）；海拔 2700 m；分布于贡山、福贡。15-2。

94 黑花糙苏 Phlomis melanantha Diels

产洛本卓（高黎贡山考察队 25696）；海拔 3300 m；分布于泸水、腾冲。15-1。

95 假轮状糙苏 Phlomis pararotata Sun ex C. H. Hu

产片马（南水北调队 8447）；海拔 4000 m；分布于泸水。15-1。

96 水珍珠菜 Pogostemon auricularius (Linnaeus) Hasskarl

产芒宽（高黎贡山考察队 18942）；海拔 790 m；分布于保山。7。

97 短冠刺蕊草 Pogostemon brevicorollus Sun ex C. H. Hu

产独龙江（高黎贡山考察队 9692）；海拔 1200～2300 m；分布于贡山、福贡。15-1。

98 长苞刺蕊草 Pogostemon chinensis C. Y. Wu & Y. C. Huang

产铜壁关（据《云南铜壁关自然保护区科学考察研究》）；海拔 1200～1550 m；分布于盈江。15-1。

99 狭叶刺蕊草 Pogostemon dielsianus Dunn

产独龙江-怒江分水岭（Forrest 875）；海拔 1600～2000 m；分布于贡山。15-3。

100 刺蕊草 Pogostemon glaber Bentham

产独龙江（独龙江考察队 4514）；海拔 1280～1800 m；分布于贡山、保山、腾冲。14-2。

101 刚毛萼刺蕊草 Pogostemon hispidocalyx C. Y. Wu & Y. C. Huang

产独龙江（独龙江考察队 1177）；海拔 1250 m；分布于贡山、福贡。15-3。

102 小刺蕊草 Pogostemon menthoides Blume

产铜壁关（据《云南铜壁关自然保护区科学考察研究》）；海拔 1100～1300 m；分布于盈江。7。

103 黑刺蕊草 Pogostemon nigrescens Dunn

产五合（高黎贡山考察队 10850）；海拔 1700～2240 m；分布于贡山、腾冲、保山。15-2。

104 硬毛夏枯草 Prunella hispida Bentham

产丙中洛（高黎贡山考察队 34286）；海拔 1840～2040 m；分布于贡山、腾冲。14-1。

105a 夏枯草 Prunella vulgaris Linnaeus

产独龙江（独龙江考察队 2198）；海拔 1220～2330 m；分布于贡山、福贡、保山、腾冲、龙陵。8。

105b 狭叶夏枯草 Prunella vulgaris var. **lanceolata** (Barton) Fernald

产独龙江（独龙江考察队 451）；海拔 1300～1900 m；分布于贡山。15-1。

106 掌叶石蚕 Rubiteucris palmata (Bentham ex J. D. Hooker) Kudô

产独龙江（T. T. Yü 259）；海拔 2800 m；分布于贡山。14-2。

107 戟叶鼠尾草 Salvia bulleyana Diels

产铜壁关（据《云南铜壁关自然保护区科学考察研究》）；海拔 2200 m；分布于盈江。15-2。

108a 钟萼鼠尾草 Salvia campanulata Wallich ex Bentham

产独龙江（T. T. Yü 20019）；海拔 3200 m；分布于贡山。14-2。

108b 截萼钟萼鼠尾草 Salvia campanulata var. **codonantha** (E. Peter) E. Peter

产独龙江（Handel-Mazzetti 9607）；海拔 2800 m；分布于贡山。14-1。

109 栗色鼠尾草 Salvia castanea Diels

产上帕（Forrest 13345）；海拔 2500 m；分布于福贡。14-2。

110 圆苞鼠尾草 Salvia cyclostegia E. Peter

产丙中洛（高黎贡山考察队 31675）；海拔 3900 m；分布于贡山。15-1。

111a 雪山鼠尾草 Salvia evansiana Handel-Mazzetti

产独龙江（T. T. Yü 22171）；海拔 3800～4200 m；分布于贡山。15-1。

111b 葶花雪山鼠尾草 Salvia evansiana var. **scaposa** E. Peter

产上帕（Forrest 1801）；海拔 3400 m；分布于福贡。15-2。

112 异色鼠尾草 Salvia heterochroa E. Peter

产独龙江（冯国楣 7905）；海拔 3800 m；分布于贡山。15-3。

113 湄公鼠尾草 Salvia mekongensis E. Peter

产独龙江（T. T. Yü 22211）；海拔 2800～4100 m；分布于贡山。15-2。

114 荔枝草 Salvia plebeia R. Brown

产怒江西岸（高黎贡山考察队 13698）；海拔 686～1830 m；分布于福贡、泸水、保山、龙陵。5。

115 长冠鼠尾草 Salvia plectranthoides Griffith

产铜壁关（据《云南铜壁关自然保护区科学考察研究》）；海拔 1500～1700 m；分布于盈江。7。

116 甘西鼠尾草 Salvia przewalskii Maximowicz

产丙中洛（高黎贡山考察队 31241）；海拔 2000～3750 m；分布于贡山。15-1。

117 裂萼鼠尾草 Salvia schizocalyx E. Peter

产匹河（蔡希陶 58104）；海拔 4000 m；分布于福贡。15-2。

118 三叶鼠尾草 Salvia trijuga Diels

产丙中洛（冯国楣 7179）；海拔 2100 m；分布于贡山。15-1。

119 云南鼠尾草 Salvia yunnanensis C. H. Wright

产曲石（高黎贡山考察队 29920）；海拔 1510 m；分布于腾冲。15-1。

120 半枝莲 Scutellaria barbata D. Don

产铜壁关（据《云南铜壁关自然保护区科学考察研究》）；海拔 1500～1700 m；分布于盈江。14-1。

121 异色黄芩 Scutellaria discolor Wallich ex Bentham

产界头（高黎贡山考察队 10994）；海拔 900～1560 m；分布于泸水、保山、腾冲。14-2。

122 假韧黄芩 Scutellaria pseudotenax C. Y. Wu

产六库（高黎贡山考察队 10503）；海拔 890～1270 m；分布于福贡、泸水。15-2。

123 紫心黄芩 Scutellaria purpureocardia C. Y. Wu

产铜壁关（据《云南铜壁关自然保护区科学考察研究》）；海拔 2020 m；分布于盈江。15-2。

124 瑞丽黄芩 Scutellaria shweliensis W. W. Smith

产猴桥（南水北调队 7115）；海拔 1600 m；分布于腾冲。15-2。

125 紫苏叶黄芩 Scutellaria violacea var. **sikkimensis** J. D. Hooker

产茨开（青藏队 82-8705）；海拔 1900 m；分布于贡山。14-2。

126 荨麻叶黄芩 Scutellaria yangbiensis H. W. Li

产铜壁关（据《云南铜壁关自然保护区科学考察研究》）；海拔 1980 m；分布于盈江。15-2。

127 筒冠花 Siphocranion macranthum (J. D. Hooker) C. Y. Wu

产界头（高黎贡山考察队 11165）；海拔 1760～2900 m；分布于福贡、泸水、腾冲。14-2。

128 光柄筒冠花 Siphocranion nudipes (Hemsley) Kudô

产上帕（蔡希陶 56528）；海拔 2100 m；分布于福贡。15-1。

129 西南水苏 Stachys kouyangensis (Vaniot) Dunn

产芒宽（高黎贡山考察队 10650）；海拔 1000～2240 m；分布于福贡、保山、腾冲。15-1。

130 直花水苏 Stachys strictiflora C. Y. Wu

产五合（南水北调队 7268）；海拔 2100 m；分布于腾冲。15-2。

131 矮生香科科 Teucrium nanum C. Y. Wu & S. Chow

产铜壁关（据《云南铜壁关自然保护区科学考察研究》）；海拔 1300～1600 m；分布于盈江。15-1。

132 铁轴草 Teucrium quadrifarium Buchanan-Hamilton ex D. Don

产五合（高黎贡山考察队 18020）；海拔 1630 m；分布于腾冲。7。

133 裂苞香科科 Teucrium veronicoides Maximowicz

产独龙江（独龙江考察队 426）；海拔 1280～2000 m；分布于贡山。14-3。

134a 血见愁 Teucrium viscidum Blume

产捧当（高黎贡山考察队 12854）；海拔 1500 m；分布于贡山、福贡、泸水。7。

134b 大唇血见愁 Teucrium viscidum var. **macrostephanum** C. Y. Wu & S. Chow

产铜壁关（据《云南铜壁关自然保护区科学考察研究》）；海拔 1200～1540 m；分布于盈江。15-1。

单子叶植物纲 Monocotyledoneae

266 水鳖科 Hydrocharitaceae

1 无尾水筛 Blyxa aubertii (Hayata) Richard

产界头（高黎贡山考察队 11044）；海拔 900～1730 m；分布于贡山、泸水、腾冲。4。

2 水筛 Blyxa japonica (Miquel) Maximowicz ex Ascherson & Gürke

产丙中洛（高黎贡山考察队 8843）；海拔 1730～1770 m；分布于贡山、腾冲。10。

3 黑藻 Hydrilla verticillata (Linnaeus f.) Royle

产界头（高黎贡山考察队 11299）；海拔 1500～2130 m；分布于腾冲。2。

4 海菜花 Ottelia acuminata (Gagnepain) Dandy

产明光（Forrest 8442）；海拔 1750 m；分布于腾冲。15-1。

5 龙舌草 Ottelia alismoides (Linnaeus) Persoon

产北海（李恒、李嵘、蒋柱檀、高富、张雪梅 370）；海拔 1730 m；分布于腾冲。5。

6 苦草 Vallisneria natans (Loureiro) H. Hara

产北海（李恒、李嵘、蒋柱檀、高富、张雪梅 426）；海拔 1730 m；分布于腾冲。5。

267 泽泻科 Alismataceae

1 东方泽泻 Alisma orientale (Samuelsson) Juzepczuk

产丙中洛（高黎贡山考察队 12083）；海拔 1730～1770 m；分布于贡山、腾冲。14-1。

2 泽苔草 Caldesia parnassifolia (Bassi ex Linnaeus) Parlatore

产北海（李恒、李嵘、蒋柱檀、高富、张雪梅 396）；海拔 1730 m；分布于腾冲。4。

3 冠果草 Sagittaria guayanensis subsp. **lappula** (D. Don) Bogin

产铜壁关（据《云南铜壁关自然保护区科学考察研究》）；海拔 700～1000 m；分布于盈江。6。

4 矮慈姑 Sagittaria pygmaea Miquel

产北海（Forrest 8182）；海拔 1730 m；分布于腾冲。14-3。

5 腾冲慈姑 Sagittaria tengtsungensis H. Li

产丙中洛（高黎贡山考察队 8842）；海拔 1730～1770 m；分布于贡山、腾冲。14-2。

6 野慈姑 Sagittaria trifolia Linnaeus

产独龙江（独龙江考察队 7070）；海拔 1300～1730 m；分布于贡山、腾冲。10。

269 无叶莲科 Petrosaviaceae

1 无叶莲 Petrosavia sinii (K. Krause) Gagnepain

产独龙江（高黎贡山考察队 32699）；海拔 1580 m；分布于贡山。15-1。

271　水麦冬科 Juncaginaceae

1　海韭菜 Triglochin maritima Linnaeus
产独龙江（s.n.）；海拔 1600 m；分布于贡山。8。

276　眼子菜科 Potamogetonaceae

1　菹草 Potamogeton crispus Linnaeus
产界头（高黎贡山考察队 11297）；海拔 1500～1730 m；分布于保山、腾冲。1。

2　眼子菜 Potamogeton distinctus A. Bennett
产独龙江（独龙江考察队 6635）；海拔 1575～1730 m；分布于贡山、腾冲。5。

3　禾叶眼子菜 Potamogeton gramineus Linnaeus
产铜壁关（据《云南铜壁关自然保护区科学考察研究》）；海拔 1550 m；分布于盈江。8。

4　光叶眼子菜 Potamogeton lucens Linnaeus
产铜壁关（据《云南铜壁关自然保护区科学考察研究》）；海拔 600～1600 m；分布于盈江。8。

5　浮叶眼子菜 Potamogeton natans Linnaeus
产北海（高黎贡山考察队 29686）；海拔 1730～1850 m；分布于腾冲。8。

6　南方眼子菜 Potamogeton octandrus Poiret
产铜壁关（据《云南铜壁关自然保护区科学考察研究》）；海拔 600～2000 m；分布于盈江。4。

7　尖叶眼子菜 Potamogeton oxyphyllus Miquel
产北海（李恒、李嵘、蒋柱檀、高富、张雪梅 421）；海拔 1730 m；分布于腾冲。7。

8　小眼子菜 Potamogeton pusillus Linnaeus
产北海（高黎贡山考察队 28228）；海拔 1730 m；分布于腾冲。8。

278　角果藻科 Zannichelliaceae

1　角果藻 Zannichellia palustris Linnaeus
产北海（李恒、李嵘、蒋柱檀、高富、张雪梅 378）；海拔 1730 m；分布于腾冲。1。

279　茨藻科 Najadaceae

1　草茨藻 Najas graminea Delile
产铜壁关（据《云南铜壁关自然保护区科学考察研究》）；海拔 800～1600 m；分布于盈江。10。

2　小茨藻 Najas minor Allioni
产铜壁关（据《云南铜壁关自然保护区科学考察研究》）；海拔 600～1800 m；分布于盈江。10。

280　鸭跖草科 Commelinaceae

1　穿鞘花 Amischotolype hispida (A. Richard) D. Y. Hong
产界头（李恒、李嵘 1134）；海拔 1140～1400 m；分布于福贡。7。

2　尖果穿鞘花 Amischotolype hookeri (Hasskarl) H. Hara
产铜壁关（据《云南铜壁关自然保护区科学考察研究》）；海拔 500～1000 m；分布于盈江。7。

3　假紫万年青 Belosynapsis ciliata (Brume) R. S. Rao
产利沙底（高黎贡山考察队 27844）；海拔 1180～1320 m；分布于福贡。7。

4 饭包草 Commelina benghalensis Linnaeus

产大沙坝（高黎贡山考察队 7334）；海拔 840～1360 m；分布于贡山、福贡、泸水、保山、腾冲。6。

5 鸭跖草 Commelina communis Linnaeus

产潞江（高黎贡山考察队 17146）；海拔 686～2100 m；分布于保山。14-3。

6 节节草 Commelina diffusa N. L. Burman

产独龙江（独龙江考察队 101）；海拔 1320～2280 m；分布于贡山、福贡、泸水、保山、腾冲、龙陵。2。

7 地地藕 Commelina maculata Edgeworth

产大沙坝（高黎贡山考察队 7334）；海拔 1280～2000 m；分布于贡山、福贡、泸水、腾冲。14-2。

8 大苞鸭跖草 Commelina paludosa Blume

产独龙江（独龙江考察队 282）；海拔 980～2100 m；分布于贡山、福贡、泸水、保山、腾冲。7。

9 蛛丝毛蓝耳草 Cyanotis arachnoidea C. B. Clarke

产丙中洛（高黎贡山考察队 15777）；海拔 1240～2600 m；分布于贡山、福贡、泸水、腾冲。14-1。

10 鞘苞花 Cyanotis axillaris (Linnaeus) D. Don ex Sweet

产北海（李恒、李嵘、蒋柱檀、高富、张雪梅 414）；海拔 1730 m；分布于腾冲。5。

11 四孔草 Cyanotis cristata (Linnaeus) D. Don

产六库（独龙江考察队 26）；海拔 900～1500 m；分布于贡山、福贡、泸水、保山。7。

12 蓝耳草 Cyanotis vaga (Loureiro) Schultes & J. H. Schultes

产丙中洛（高黎贡山考察队 17733）；海拔 1419～2600 m；分布于贡山、泸水、保山、腾冲、龙陵。14-2。

13 网籽草 Dictyospermum conspicuum (Blume) Hasskarl

产那邦（杜凡 66）；海拔 450～1200 m；分布于盈江。7。

14 聚花草 Floscopa scandens Loureiro

产独龙江（独龙江考察队 1171）；海拔 1250～1500 m；分布于贡山。5。

15 紫背水竹叶 Murdannia divergens (C. B. Clarke) Brückner

产界头（高黎贡山考察队 11171）；海拔 1380～1800 m；分布于福贡、泸水、保山、腾冲。14-2。

16 宽叶水竹叶 Murdannia japonica (Thunberg) Faden

产铜壁关（据《云南铜壁关自然保护区科学考察研究》）；海拔 900～1200 m；分布于盈江。14-1。

17 裸花水竹叶 Murdannia nudiflora (Linnaeus) Brenan

产利沙底（高黎贡山考察队 27858）；海拔 790～1620 m；分布于福贡、保山。5。

18 矮水竹叶 Murdannia spirata (Linnaeus) Brückner

产六库（高黎贡山考察队 9819）；海拔 980 m；分布于泸水。5。

19 细竹篙草 Murdannia simplex (Vahl) Brenan

产铜壁关（据《云南铜壁关自然保护区科学考察研究》）；海拔 400～1300 m；分布于盈江。6。

20 水竹叶 Murdannia triquetra (Wallich ex C. B. Clarke) Brückner

产铜壁关（据《云南铜壁关自然保护区科学考察研究》）；海拔 1350～1600 m；分布于盈江。7。

21 大杜若 Pollia hasskarlii R. S. Rao

产芒宽（高黎贡山考察队 13486）；海拔 1330～1500 m；分布于贡山、福贡、保山。14-2。

22 小杜若 Pollia miranda (H. Léveillé) H. Hara

产利沙底（高黎贡山考察队 27734）；海拔 1290～1820 m；分布于福贡。14-3。

23 长花枝杜若 Pollia secundiflora (Blume) R. C. Bakhuizen van den Brink

产昔马那邦（86 年考察队 1115）；海拔 420～1400 m；分布于盈江。7。

24 伞花杜若 Pollia subumbellata C. B. Clarke

产铜壁关（据《云南铜壁关自然保护区科学考察研究》）；海拔 800～1300 m；分布于盈江。14-2。

25 孔药花 Porandra ramosa D. Y. Hong

产马吉（高黎贡山考察队 26282）；海拔 1140～1770 m；分布于福贡。15-1。

26 钩毛子草 Rhopalephora scaberrima (Blume) Faden

产上营（高黎贡山考察队 11428）；海拔 1320～1900 m；分布于贡山、福贡、泸水、保山、腾冲、龙陵。7。

27 竹叶吉祥草 Spatholirion longifolium (Gagnepain) Dunn

产界头（高黎贡山考察队 11023）；海拔 1850 m；分布于腾冲。14-1。

28a 竹叶子 Streptolirion volubile Edgeworth

产独龙江（独龙江考察队 369）；海拔 1400～2280 m；分布于贡山、福贡、泸水、保山、腾冲、龙陵。14-1。

28b 红毛竹叶子 Streptolirion volubile subsp. **khasianum** (C. B. Clarke) D. Y. Hong

产铜壁关（据《云南铜壁关自然保护区科学考察研究》）；海拔 1200～1750 m；分布于盈江。7。

283　黄眼草科 Xyridaceae

1 南非黄眼草 Xyris capensis var. **schoenoides** (Martius) Nilsson

产北海（高黎贡山考察队 30927）；海拔 1730 m；分布于腾冲。2。

2 葱草 Xyris pauciflora Willdenow

产铜壁关（据《云南铜壁关自然保护区科学考察研究》）；海拔 300～700 m；分布于盈江。5。

285　谷精草科 Eriocaulaceae

1 毛谷精草 Eriocaulon australe R. Brown

产铜壁关（据《云南铜壁关自然保护区科学考察研究》）；海拔 600～1930 m；分布于盈江。5。

2 云南谷精草 Eriocaulon brownianum Martius

产界头（高黎贡山考察队 11241）；海拔 1300～1530 m；分布于贡山、腾冲。7。

3 谷精草 Eriocaulon buergerianum Körnicke

产铜壁关（据《云南铜壁关自然保护区科学考察研究》）；海拔 450～1300 m；分布于盈江。14-3。

4 白药谷精草 Eriocaulon cinereum R. Brown

产匹河（高黎贡山考察队 8620）；海拔 790～2050 m；分布于贡山、福贡、泸水、保山。4。

5 蒙自谷精草 Eriocaulon henryanum Ruhl

产大具（高黎贡山考察队 30936）；海拔 1730 m；分布于腾冲。14-1。

6 光萼谷精草 Eriocaulon leianthum W. L. Ma

产丙中洛（高黎贡山考察队 8848）；海拔 1770～3100 m；分布于贡山。15-3。

7 尼泊尔谷精草 Eriocaulon nepalense Prescott ex Bongard

产独龙江（独龙江考察队 353）；海拔 1300～1730 m；分布于贡山、福贡、泸水、腾冲。14-1。

8 云贵谷精草 Eriocaulon schochianum Handel-Mazzetti

产北海（李恒、李嵘、蒋柱檀、高富、张雪梅 403）；海拔 1300～1730 m；分布于福贡、泸水、腾冲。15-1。

9 丝叶谷精草 Eriocaulon setaceum Linnaeus

产明光（Forrest 18388）；海拔 1300 m；分布于腾冲。5。

287 芭蕉科 Musaceae

1 象腿蕉 Ensete glaucum (Roxburgh) Cheesman

产铜壁关（据《云南铜壁关自然保护区科学考察研究》）；海拔 300～1000 m；分布于盈江。7。

2 象头蕉 Ensete wilsonii (Tutcher) Cheesman

产铜壁关（据《云南铜壁关自然保护区科学考察研究》）；海拔 300～1800 m；分布于盈江。15-2。

3 小果野蕉 Musa acuminata Colla

产铜壁关（据《云南铜壁关自然保护区科学考察研究》）；海拔 35～1080 m；分布于盈江。7。

4 野蕉 Musa balbisiana Colla

产贡山（独龙江考察队 1203）；海拔 1300～1900 m；分布于贡山。7。

5 阿宽蕉 Musa itinerans Cheesman

产铜壁关（刘爱忠 99007）；海拔 500～1200 m；分布于盈江。7。

6 阿西蕉 Musa rubra Wallich ex Kurz

产独龙江（独龙江考察队 1205）；海拔 1240～1350 m；分布于贡山。14-1。

290 姜科 Zingiberaceae

1 云南草蔻 Alpinia blepharocalyx K. Schumann

产独龙江（独龙江考察队 1169）；海拔 1250～1900 m；分布于贡山、福贡、保山、腾冲、龙陵。14-1。

2 节鞭山姜 Alpinia conchigera Griffith

产铜壁关（据《云南铜壁关自然保护区科学考察研究》）；海拔 500～1050 m；分布于盈江。7。

3 红豆蔻 Alpinia galanga (Linnaeus) Willdenow

产那邦坝（陶国达 13193）；海拔 300～1200 m；分布于盈江。7。

4 山姜 Alpinia japonica (Thunberg) Miquel

产芒棒（高黎贡山考察队 30970）；海拔 1590 m；分布于腾冲。14-3。

5 华山姜 Alpinia oblongifolia Hayata

产铜壁关（据《云南铜壁关自然保护区科学考察研究》）；海拔 750～1400 m；分布于盈江。7。

6 黑果山姜 Alpinia nigra (Gaertner) B. L. Burtt

产铜壁关（童绍全 24853）；海拔 280～850 m；分布于盈江。7。

7 宽唇山姜 Alpinia platychilus K. Schumann

产铜壁关（据《云南铜壁关自然保护区科学考察研究》）；海拔 600～1220 m；分布于盈江。15-2。

8 艳山姜 Alpinia zerumbet (Persoon) B. L. Burtt & R. M. Smith

产芒宽（高黎贡山考察队 26178）；海拔 702～1450 m；分布于保山。7。

9 荽味砂仁 Amomum coriandriodorum S. Q. Tong & Y. M. Xia
产刀弄至金竹寨途中（陶国达 13302）；海拔 500～1500 m；分布于盈江。15-2。

10 野草果 Amomum koenigii J. F. Gmelin
产铜壁关（据《云南铜壁关自然保护区科学考察研究》）；海拔 780～1100 m；分布于盈江。7。

11 九翅豆蔻 Amomum maximum Roxburgh
产芒宽（高黎贡山植被组 G6-5）；海拔 1450 m；分布于保山。7。

12 拟草果 Amomum paratsaoko S. Q. Tong & Y. M. Xia
产镇安（高黎贡山考察队 23701）；海拔 1600～2140 m；分布于泸水、腾冲、龙陵。15-1。

13 草果 Amomum tsaoko Crevost & Lemarie
产铜壁关（据《云南铜壁关自然保护区科学考察研究》）；海拔 1300～1600 m；分布于盈江。15-2。

14 缩砂密 Amomum villosum var. xanthioides (Wallich ex Baker) T. L. Wu & S. J. Chen
产铜壁关（据《云南铜壁关自然保护区科学考察研究》）；海拔 400～900 m；分布于盈江。7。

15 盈江砂仁 Amomum yingjiangense S. Q. Tong & Y. M. Xia
产铜壁关（据《云南铜壁关自然保护区科学考察研究》）；海拔 1100～1500 m；分布于盈江。15-2。

16 云南砂仁 Amomum yunnanense S. Q. Tong
产铜壁关（据《云南铜壁关自然保护区科学考察研究》）；海拔 900～1300 m；分布于盈江。15-2。

17 白斑凹唇姜 Boesenbergia albomaculata S. Q. Tong
产铜壁关（据《云南铜壁关自然保护区科学考察研究》）；海拔 600～1050 m；分布于盈江。15-2。

18 距药姜 Cautleya gracilis (Smith) Dandy
产姚家坪（高黎贡山考察队 8206）；海拔 1820～2570 m；分布于贡山、福贡、泸水、保山、腾冲。14-2。

19 红苞距药姜 Cautleya spicata (Smith) Baker
产独龙江（高黎贡山考察队 32427）；海拔 2248～2755 m；分布于贡山。14-2。

20 莴笋花 Costus lacerus Gagnepain
产铜壁关（据《云南铜壁关自然保护区科学考察研究》）；海拔 600～1200 m；分布于盈江。14-2。

21 长圆闭鞘姜 Costus oblongus S. Q. Tong
产六库（高黎贡山考察队 9908）；海拔 790～1410 m；分布于泸水、保山。15-1。

22 闭鞘姜 Costus speciosus (J. Koenig) Smith
产铜壁关（杜凡 L053）；海拔 500～1300 m；分布于盈江。5。

23 光叶闭鞘姜 Costus tonkinensis Gagnepain
产铜壁关（据《云南铜壁关自然保护区科学考察研究》）；海拔 400～1040 m；分布于盈江。7。

24 绿苞闭鞘姜 Costus viridis S. Q. Tong
产铜壁关（据《云南铜壁关自然保护区科学考察研究》）；海拔 850～900 m；分布于盈江。15-2。

25 郁金 Curcuma aromatica Salisbury
产镇安（高黎贡山考察队 23910）；海拔 1190～1410 m；分布于保山、龙陵。14-2。

26 顶花莪术 Curcuma yunnanensis N. Liu & S. J. Chen
产铜壁关（据《云南铜壁关自然保护区科学考察研究》）；海拔 800～1300 m；分布于盈江。15-2。

27 茴香砂仁 Etlingera yunnanensis (T. L. Wu & S. J. Chen) R. M. Smith

产潞江（高黎贡山考察队 13634）；海拔 2100 m；分布于保山。15-2。

28 毛舞花姜 Globba barthei Gagnepain

产铜壁关（据《云南铜壁关自然保护区科学考察研究》）；海拔 400～900 m；分布于盈江。7。

29 舞花姜 Globba racemosa Smith

产上营（高黎贡山考察队 18180）；海拔 1266～1650 m；分布于贡山、福贡、腾冲。14-2。

30 双翅舞花姜 Globba schomburgkii J. D. Hooker

产铜壁关（据《云南铜壁关自然保护区科学考察研究》）；海拔 720～1350 m；分布于盈江。7。

31 碧江姜花 Hedychium bijiangense T. L. Wu & S. J. Chen

产独龙江（独龙江考察队 1923）；海拔 1170～2370 m；分布于贡山、福贡、泸水、保山、腾冲、龙陵。15-3。

32 红姜花 Hedychium coccineum Smith

产上帕（高黎贡山考察队 7860）；海拔 1300～1600 m；分布于福贡、保山。14-2。

33 姜花 Hedychium coronarium J. König

产茨开（高黎贡山考察队 15942）；海拔 1350～1620 m；分布于贡山。5。

34 无丝姜花 Hedychium efilamentosum Handel-Mazzetti

产丙中洛（高黎贡山考察队 12135）；海拔 1760～1800 m；分布于贡山。15-3。

35 黄姜花 Hedychium flavum Roxburgh

产独龙江（独龙江考察队 419）；海拔 1240～2200 m；分布于贡山、福贡、泸水。14-1。

36 多花姜花 Hedychium floribundum H. Li

产独龙江（高黎贡山考察队 32312）；海拔 1390 m；分布于贡山。15-3。

37a 圆瓣姜花 Hedychium forrestii Diels

产独龙江（独龙江考察队 1400）；海拔 1300～1600 m；分布于贡山、保山、龙陵。14-1。

37b 宽苞圆瓣姜花 Hedychium forrestii var. **latebracteatum** K. Larsen

产铜壁关（据《云南铜壁关自然保护区科学考察研究》）；海拔 1500～1800 m；分布于盈江。7。

38 小花姜花 Hedychium sinoaureum Stapf

产潞江（高黎贡山考察队 13263）；海拔 1410～2530 m；分布于贡山、福贡、泸水、保山、腾冲。14-2。

39a 草果药 Hedychium spicatum Smith

产茨开（高黎贡山考察队 7391）；海拔 1420～2200 m；分布于贡山、泸水、保山、腾冲。14-2。

39b 疏花草果药 Hedychium spicatum var. **acuminatum** (Roscoe) Wallich

产铜壁关（据《云南铜壁关自然保护区科学考察研究》）；海拔 1850～2200 m；分布于盈江。14-2。

40 毛姜花 Hedychium villosum Wallich

产独龙江（独龙江考察队 427）；海拔 1231～1630 m；分布于贡山、福贡、保山。14-2。

41 盈江姜花 Hedychium yungjiangense S. Q. Tong

产铜壁关（据《云南铜壁关自然保护区科学考察研究》）；海拔 900～1300 m；分布于盈江。15-2。

42 滇姜花 Hedychium yunnanense Gagnepain

产独龙江（独龙江考察队 537）；海拔 1240～2250 m；分布于贡山、福贡、保山。14-1。

43 短柄直唇姜 Pommereschea spectabilis K. Schumann

　　产铜壁关（据《云南铜壁关自然保护区科学考察研究》）；海拔 1000～1400 m；分布于盈江。7。

44 喙花姜 Rhynchanthus beesianus W. W. Smith

　　产铜壁关（据《云南铜壁关自然保护区科学考察研究》）；海拔 1100～1500 m；分布于盈江。7。

45 早花象牙参 Roscoea cautleoides Gagnepain

　　产曲石（高黎贡山考察队 28113）；海拔 2220 m；分布于腾冲。15-1。

46 长柄象牙参 Roscoea debilis Gagnepain

　　产芒宽（高黎贡山植被组 G12-9）；海拔 1600 m；分布于保山。15-2。

47 大理象牙参 Roscoea forrestii Cowley

　　产茨开（高黎贡山考察队 12334）；海拔 2130～2580 m；分布于贡山、泸水。15-2。

48 无柄象牙参 Roscoea schneideriana (Loesener) Cowley

　　产曲石（施晓春、杨世雄 844）；海拔 2600 m；分布于腾冲。15-1。

49 绵枣象牙参 Roscoea scillifolia (Gagnepain) Cowley

　　产曲石（施晓春、杨世雄 747）；海拔 2200 m；分布于腾冲。15-2。

50 藏象牙参 Roscoea tibetica Batalin

　　产丙中洛（T. T. Yü 19653）；海拔 2400～3800 m；分布于贡山。14-2。

51 土田七 Stahlianthus involucratus (King ex Baker) Craib ex Loesener

　　产铜壁关（据《云南铜壁关自然保护区科学考察研究》）；海拔 650～900 m；分布于盈江。7。

52 长舌姜 Zingiber longiligulatum S. Q. Tong

　　产铜壁关（据《云南铜壁关自然保护区科学考察研究》）；海拔 800 m；分布于盈江。15-2。

53 蘘荷 Zingiber mioga (Thunberg) Roscoe

　　产界头（高黎贡山考察队 11201）；海拔 2000 m；分布于腾冲。14-3。

54 截形姜 Zingiber neotruncatum T. L. Wu, K. Larsen & Turland

　　产铜壁关（据《云南铜壁关自然保护区科学考察研究》）；海拔 800～1350 m；分布于盈江。15-2。

55 红冠姜 Zingiber roseum Roscoe

　　产铜壁关（据《云南铜壁关自然保护区科学考察研究》）；海拔 550～1000 m；分布于盈江。7。

56 唇柄姜 Zingiber stipitatum S. Q. Tong

　　产铜壁关（据《云南铜壁关自然保护区科学考察研究》）；海拔 900～1200 m；分布于盈江。15-2。

57 畹町姜 Zingiber wandingense S. Q. Tong

　　产铜壁关（据《云南铜壁关自然保护区科学考察研究》）；海拔 1000～1150 m；分布于盈江。15-2。

58 盈江姜 Zingiber yingjiangense S. Q. Tong

　　产铜壁关（据《云南铜壁关自然保护区科学考察研究》）；海拔 700～1000 m；分布于盈江。15-2。

292 竹芋科 Marantaceae

1 尖苞柊叶 Phrynium placentarium (Loureiro) Merrill

　　产铜壁关（据《云南铜壁关自然保护区科学考察研究》）；海拔 250～950 m；分布于盈江。7。

2 柊叶 Phrynium rheedei Suresh & Nicolson

　　产铜壁关（据《云南铜壁关自然保护区科学考察研究》）；海拔 300～1200 m；分布于盈江。7。

293 百合科 Liliaceae

1 高山粉条儿菜 Aletris alpestris Diels

产丙中洛（高黎贡山考察队 14581）；海拔 1458～3300 m；分布于贡山。15-1。

2 无毛粉条儿菜 Aletris glabra Bureau & Franchet

产茨开（高黎贡山考察队 11849）；海拔 2750～3050 m；分布于贡山。14-2。

3 星花粉条儿菜 Aletris gracilis Rendle

产独龙江（独龙江考察队 752）；海拔 2580～3428 m；分布于贡山、福贡。14-2。

4a 少花粉条儿菜 Aletris pauciflora (Klotzsch) Handel-Mazzetti

产茨开（高黎贡山考察队 34485）；海拔 2570～4270 m；分布于贡山、福贡。14-2。

4b 穗花粉条儿菜 Aletris pauciflora var. **khasiana** (J. D. Hooker) F. T. Wang & Tang

产独龙江（高黎贡山考察队 9622）；海拔 3030～3700 m；分布于贡山、福贡。14-2。

5 粉条儿菜 Aletris spicata (Thunberg) Franchet

产丙中洛（高黎贡山考察队 12140）；海拔 1400～1810 m；分布于贡山、泸水、腾冲。7。

6 狭瓣粉条儿菜 Aletris stenoloba Franchet

产马吉（高黎贡山考察队 19599）；海拔 1390 m；分布于福贡。15-1。

7 盈江蜘蛛抱蛋 Aspidistra yingjiangensis L. J. Peng

产铜壁关（据《云南铜壁关自然保护区科学考察研究》）；海拔 1400～1600 m；分布于盈江。15-2。

8 橙花开口箭 Campylandra aurantiaca Baker

产独龙江（独龙江考察队 763）；海拔 1420～3100 m；分布于贡山、福贡、泸水、腾冲。14-2。

9 开口箭 Campylandra chinensis (Baker) M. N. Tamura et al

产独龙江（冯国楣 24709）；海拔 1680 m；分布于贡山。15-1。

10 剑叶开口箭 Campylandra ensifolia (F. T. Wang & T. Tang) M. N. Tamura et al

产芒宽（高黎贡山考察队 25365）；海拔 1316～1777 m；分布于福贡、保山、腾冲。15-2。

11 齿瓣开口箭 Campylandra fimbriata (Handel-Mazzetti) M. N. Tamura et al

产丙中洛（李恒、刀志灵、李嵘 604）；海拔 1450～2780 m；分布于贡山、保山、腾冲、龙陵。14-2。

12 大百合 Cardiocrinum giganteum (Wallich) Makino

产独龙江（独龙江考察队 4909）；海拔 1300～3200 m；分布于贡山、泸水、保山、腾冲。14-2。

13 西南吊兰 Chlorophytum nepalense Baker

产铜壁关（据《云南铜壁关自然保护区科学考察研究》）；海拔 1840～2300 m；分布于盈江。7。

14 七筋姑 Clintonia udensis Trautvetter & C. A. Meyer

产独龙江（独龙江考察队 6000）；海拔 2750～3450 m；分布于贡山、福贡、泸水。14-1。

15 山菅 Dianella ensifolia (Linnaeus) Redouté

产清水（高黎贡山考察队 30849）；海拔 1100～1525 m；分布于泸水、保山、腾冲、龙陵。4。

16 散斑竹根七 Disporopsis aspersa (Hua) Engler

产亚坪（高黎贡山考察队 20808）；海拔 1500～2768 m；分布于贡山、福贡、泸水、保山、腾冲。15-1。

17　短蕊万寿竹 Disporum bodinieri (H. Léveillé & Vaniot) F. T. Wang & T. Tang

产独龙江（独龙江考察队 1284）；海拔 1500～2650 m；分布于贡山、福贡、泸水、保山、腾冲。15-1。

18　距花万寿竹 Disporum calcaratum D. Don

产五合（高黎贡山考察队 24573）；海拔 1250 m；分布于腾冲。14-2。

19　万寿竹 Disporum cantoniense (Loureiro) Merrill

产独龙江（高黎贡山考察队 21485）；海拔 1170～2300 m；分布于贡山、福贡、泸水、保山、腾冲、龙陵。14-2。

20　长蕊万寿竹 Disporum longistylum (H. Léveillé & Vaniot) H. Hara

产界头（高黎贡山考察队 28151）；海拔 1720～2300 m；分布于贡山、腾冲。15-1。

21　横脉万寿竹 Disporum trabeculatum Gagnepain

产独龙江（高黎贡山考察队 21671）；海拔 1800 m；分布于贡山。14-1。

22　粗茎贝母 Fritillaria crassicaulis S. C. Chen

产片马（高黎贡山考察队 22872）；海拔 3180 m；分布于泸水。15-1。

23　垂茎异黄精 Heteropolygonatum pendulum (Z. G. Liu & X. H. Hu) M. N. Tamura & Ogisu

产茨开（青藏队 82-9644）；海拔 2200 m；分布于贡山。15-1。

24　山慈菇 Iphigenia indica Kunth

产潞江（高黎贡山考察队 17380）；海拔 1010～1020 m；分布于保山、龙陵。5。

25a　野百合 Lilium brownii F. E. Brown ex Miellez

产利沙底（高黎贡山考察队 27838）；海拔 1250～1580 m；分布于福贡、腾冲。15-1。

25b　百合 Lilium brownii var. **viridulum** Baker

产界头（高黎贡山考察队 28188）；海拔 1270～1900 m；分布于福贡、腾冲。15-1。

26　川百合 Lilium davidii Duchartre ex Elwes

产独龙江（独龙江考察队 6347）；海拔 1570～2300 m；分布于贡山。15-1。

27　宝兴百合 Lilium duchartrei Franchet

产独龙江（独龙江考察队 4818）；海拔 2350～3300 m；分布于贡山、福贡。15-1。

28　墨江百合 Lilium henrici Franchet

产茨开（高黎贡山考察队 12774）；海拔 2650～3250 m；分布于贡山。15-1。

29　线叶百合 Lilium lophophorum var. **linearifolium** (Sealy) S. Yun Liang

产茨开（高黎贡山考察队 12736）；海拔 3400～4500 m；分布于贡山。15-1。

30　小百合 Lilium nanum Klotzsch

产利沙底（高黎贡山考察队 26357）；海拔 3600～3730 m；分布于福贡。14-2。

31　紫斑百合 Lilium nepalense D. Don

产独龙江（T. T. Yü 20941）；海拔 2000～2800 m；分布于贡山、福贡、泸水、腾冲。14-2。

32　紫喉百合 Lilium primulinum var. **burmanicum** (W. W. Smith) Stearn

产铜壁关（据《云南铜壁关自然保护区科学考察研究》）；海拔 2310 m；分布于盈江。7。

33　紫花百合 Lilium souliei (Franchet) Sealy

产独龙江（高黎贡山考察队 15283）；海拔 3340～3660 m；分布于贡山、福贡。15-1。

34 淡黄花百合 Lilium sulphureum Baker

产铜壁关（据《云南铜壁关自然保护区科学考察研究》）；海拔 1960～2300 m；分布于盈江。7。

35 禾叶山麦冬 Liriope graminifolia (Linnaeus) Baker

产丙中洛（高黎贡山考察队 7848）；海拔 1310～1900 m；分布于贡山、保山、腾冲。15-1。

36 山麦冬 Liriope spicata (Thunberg) Loureiro

产芒宽（高黎贡山植被队 G2-1）；海拔 1200～1400 m；分布于保山、腾冲。14-1。

37 黄洼瓣花 Lloydia delavayi Franchet

产茨开（高黎贡山考察队 12650）；海拔 3600～3680 m；分布于贡山、福贡。14-1。

38 尖果洼瓣花 Lloydia oxycarpa Franch

产独龙江（怒江考察队 791041）；海拔 3500～3800 m；分布于贡山。15-1。

39 洼瓣花 Lloydia serotina (Linnaeus) Reichenbach

产丙中洛（高黎贡山考察队 31469）；海拔 3880 m；分布于贡山。8。

40 西藏洼瓣花 Lloydia tibetica Baker ex Oliver

产独龙江（青藏队 82-8471）；海拔 3700 m；分布于贡山。14-2。

41 高大鹿药 Maianthemum atropurpureum (Franchet) LaFrankie

产独龙江（独龙江考察队 6547）；海拔 1530～3450 m；分布于贡山、福贡、泸水、腾冲。15-1。

42 抱茎鹿药 Maianthemum forrestii (WW. Smith) La Frankie

产独龙江（高黎贡山考察队 15012）；海拔 3010～3350 m；分布于贡山。15-2。

43 褐花鹿药 Maianthemum fusciduliflorum (Kawano) S. C. Chen & Kawano

产独龙江（独龙江考察队 5915）；海拔 2000～3600 m；分布于贡山。14-1。

44a 西南鹿药 Maianthemum fuscum (Wallich) LaFrankie

产独龙江（独龙江考察队 3117）；海拔 1300～2950 m；分布于贡山、福贡、泸水、腾冲。14-2。

44b 心叶鹿药 Maianthemum fuscum var. **cordatum** H. Li & R. Li

产独龙江（独龙江考察队 6854）；海拔 1710～2340 m；分布于贡山、腾冲。15-3。

45 贡山鹿药 Maianthemum gongshanense (S. Y. Liang) H. Li

产茨开（高黎贡山考察队 16770）；海拔 3120～3600 m；分布于贡山。15-3。

46 管花鹿药 Maianthemum henryi (Baker) LaFrankie

产丙中洛（高黎贡山考察队 31386）；海拔 2570～3880 m；分布于贡山、泸水。14-1。

47 丽江鹿药 Maianthemum lichiangense (W. W. Smith) LaFrankie

产鹿马登（高黎贡山考察队 19717）；海拔 2640～2790 m；分布于福贡。15-1。

48 长柱鹿药 Maianthemum oleraceum (Baker) LaFrankie

产独龙江（独龙江考察队 5115）；海拔 1310～3250 m；分布于贡山、腾冲。14-2。

49 紫花鹿药 Maianthemum purpureum (Wall) LaFrankie

产利沙底（高黎贡山考察队 28608）；海拔 1520～3660 m；分布于贡山、福贡、泸水。14-2。

50 窄瓣鹿药 Maianthemum tatsienense (Franchet) LaFrankie

产茨开（高黎贡山考察队 34519）；海拔 1450～3450 m；分布于贡山、福贡、泸水、腾冲。14-2。

51 中甸鹿药 Maianthemum zhongdianense (Wallich) H. Li et Y. Chen

产鹿马登（高黎贡山考察队 20179）；海拔 2757～2786 m；分布于福贡。15-2。

52 开瓣豹子花 Nomocharis aperta (Franchet) E. H. Wilson

产茨开（高黎贡山考察队 32062）；海拔 2850～3940 m；分布于贡山、福贡。14-1。

53 美丽豹子花 Nomocharis basilissa Farrer ex E. W. Evans

产六库（高黎贡山考察队 7235）；海拔 3000～3660 m；分布于贡山、福贡、泸水。15-3。

54 滇西豹子花 Nomocharis farreri (W. E. Evens) Harrow

产独龙江（高黎贡山考察队 15283）；海拔 3100～3340 m；分布于贡山。15-3。

55 多斑豹子花 Nomocharis meleagrina Franchet

产茨开（高黎贡山考察队 11864）；海拔 2580～3340 m；分布于贡山。15-1。

56 豹子花 Nomocharis pardanthina Franchet

产独龙江（怒江考察队 790538）；海拔 2700～3200 m；分布于贡山。15-1。

57 云南豹子花 Nomocharis saluenensis I. B. Balfour

产茨开（高黎贡山考察队 34500）；海拔 2570～3700 m；分布于贡山、福贡。14-1。

58 假百合 Notholirion bulbuliferum (Lingelsh ex H. Limpr) Stearn

产茨开（高黎贡山考察队 12617）；海拔 3050～3700 m；分布于贡山。14-2。

59 钟花假百合 Notholirion campanulatum Cotton & Stearn

产丙中洛（高黎贡山考察队 31388）；海拔 2650～3880 m；分布于贡山、泸水、腾冲。14-2。

60 沿阶草 Ophiopogon bodinieri H. Léveillé

产独龙江（独龙江考察队 1887）；海拔 1510～2800 m；分布于贡山、福贡、泸水、腾冲。14-2。

61 褐鞘沿阶草 Ophiopogon dracaenoides (Baker) J. D. Hooker

产铜壁关（据《云南铜壁关自然保护区科学考察研究》）；海拔 600～1300 m；分布于盈江。7。

62 大沿阶草 Ophiopogon grandis W. W. Smith

产独龙江（独龙江考察队 718）；海拔 1520～2800 m；分布于贡山、福贡、泸水、保山、腾冲、龙陵。15-1。

63 间型沿阶草 Ophiopogon intermedius D. Don

产独龙江（独龙江考察队 6490）；海拔 2300 m；分布于贡山。14-2。

64 泸水沿阶草 Ophiopogon lushuiensis S. C. Chen

产片马（高黎贡山考察队 23328）；海拔 2220～2950 m；分布于福贡、泸水、腾冲。15-3。

65 匍茎沿阶草 Ophiopogon sarmentosus F. T. Wang & L. K. Dai

产铜壁关（据《云南铜壁关自然保护区科学考察研究》）；海拔 1250～1800 m；分布于盈江。7。

66 狭叶沿阶草 Ophiopogon stenophyllus (Merrill) L. Rodriguez

产界头（高黎贡山植被队 G17-3）；海拔 900～1400 m；分布于腾冲。15-1。

67 簇叶沿阶草 Ophiopogon tsaii F. T. Wang & Tang

产铜壁关（林芹 770765）；海拔 800～1600 m；分布于盈江。15-2。

68 滇西沿阶草 Ophiopogon yunnanensis S. C. Chen

产六库（横断山队 449）；海拔 1700 m；分布于泸水。15-3。

69 滇西球子草 Peliosanthes dehongensis H. Li

产铜壁关（据《云南铜壁关自然保护区科学考察研究》）；海拔 850～1200 m；分布于盈江。15-2。

70 大盖球子草 Peliosanthes macrostegia Hance

产鲁掌（南水北调队 8043）；海拔 1000 m；分布于泸水。14-1。

71 匍匐球子草 Peliosanthes sinica F. T. Wang & Tang

产铜壁关（据《云南铜壁关自然保护区科学考察研究》）；海拔 550～1400 m；分布于盈江。15-1。

72 棒丝黄精 Polygonatum cathcartii Baker

产利沙底（高黎贡山考察队 28291）；海拔 2130～2900 m；分布于贡山、福贡、泸水、腾冲。14-2。

73 卷叶黄精 Polygonatum cirrhifolium (Wallich) Royle

产独龙江（独龙江考察队 6481）；海拔 1630～3680 m；分布于贡山、福贡、泸水、保山、腾冲。14-2。

74 垂叶黄精 Polygonatum curvistylum Hua

产片马（高黎贡山考察队 22700）；海拔 3080～3650 m；分布于福贡、泸水。15-1。

75 滇黄精 Polygonatum kingianum Collett & Hemsley

产芒宽（高黎贡山考察队 14040）；海拔 1270～3650 m；分布于贡山、福贡、保山、龙陵。14-1。

76 对叶黄精 Polygonatum oppositifolium (Wallich) Royle

产猴桥（高黎贡山考察队 30763）；海拔 2530～2600 m；分布于贡山、腾冲。14-2。

77 康定玉竹 Polygonatum prattii Baker

产独龙江（独龙江考察队 3414）；海拔 1950～2650 m；分布于贡山。15-1。

78 点花黄精 Polygonatum punctatum Royle ex Kunth

产独龙江（独龙江考察队 6927）；海拔 1700～2650 m；分布于贡山、保山、龙陵。14-2。

79 西南黄精 Polygonatum stewartianum Diels

产丙中洛（高黎贡山考察队 31153）；海拔 2845～3470 m；分布于贡山。15-1。

80 格脉黄精 Polygonatum tessellatum F. T. Wang & T. Tang

产独龙江（独龙江考察队 790）；海拔 1600～3600 m；分布于贡山、福贡、腾冲。14-1。

81 轮叶黄精 Polygonatum verticillatum (Linnaeus) Allioni

产马吉（高黎贡山考察队 19522）；海拔 1388～3080 m；分布于贡山、福贡、泸水、保山、腾冲、龙陵。10。

82 吉祥草 Reineckea carnea (Andrews) Kunth

产明光（高黎贡山考察队 29233）；海拔 2100～3100 m；分布于贡山、福贡、泸水、保山、腾冲。14-3。

83 小花扭柄花 Streptopus parviflorus Franchet

产茨开（高黎贡山考察队 12387）；海拔 2650～3630 m；分布于贡山、福贡。15-1。

84a 柄叶扭柄花 Streptopus petiolatus H. Li

产洛本卓（高黎贡山考察队 25812）；海拔 2200～2600 m；分布于泸水、腾冲。15-3。

84b 双花扭柄花 Streptopus petiolatus var. **biflorus** H. Li

产独龙江（高黎贡山考察队 32353）；海拔 1973～2068 m；分布于贡山。15-3。

85 腋花扭柄花 Streptopus simplex D. Don

产独龙江（独龙江考察队 4314）；海拔 2130～3700 m；分布于贡山、福贡、泸水。14-2。

86 夏须草 Theropogon pallidus Maximowicz

产潞江（高黎贡山考察队 25295）；海拔 1809 m；分布于保山。14-2。

87 叉柱岩菖蒲 Tofieldia divergens Bureau & Franchet
产茨开（独龙江考察队 6607）；海拔 1620～2500 m；分布于贡山。15-1。

88 岩菖蒲 Tofieldia thibetica Franchet
产独龙江（高黎贡山考察队 15024）；海拔 2570～3560 m；分布于贡山、福贡。15-1。

89 黄花油点草 Tricyrtis pilosa Wallich
产独龙江（高黎贡山考察队 7554）；海拔 1570～2000 m；分布于贡山、福贡、泸水。14-2。

90 毛叶藜芦 Veratrum grandiflorum (Maximowicz ex Baker) Loesener
产独龙江（青藏队 82-8545）；海拔 2900～3200 m；分布于贡山。15-1。

91a 狭叶藜芦 Veratrum stenophyllum Diels
产独龙江（高黎贡山考察队 34373）；海拔 3220 m；分布于贡山。15-1。

91b 滇北藜芦 Veratrum stenophyllum var. **taronense** F. T. Wang & Z. H. Tsi
产独龙江（T. T. Yü 20813）；海拔 2900～3200 m；分布于贡山。15-3。

92 高山丫蕊花 Ypsilandra alpina F. T. Wang & T. Tang
产独龙江（怒江考察队 791091）；海拔 2000～3400 m；分布于贡山、福贡。14-1。

93 云南丫蕊花 Ypsilandra yunnanensis W. W. Smith & Jeffrey
产独龙江（独龙江考察队 7027）；海拔 2869～4270 m；分布于贡山、福贡。14-2。

294 天门冬科 Asparagaceae

1 天门冬 Asparagus cochinchinensis (Loureiro) Merrill
产镇安（高黎贡山考察队 17524）；海拔 1500～1600 m；分布于保山、龙陵。14-1。

2 羊齿天门冬 Asparagus filicinus D. Don
产独龙江（独龙江考察队 4327）；海拔 1700～1800 m；分布于贡山。14-2。

3 短梗天门冬 Asparagus lycopodineus (Baker) F. T. Wang & T. Tang
产片马（高黎贡山考察队 10039）；海拔 1780～2800 m；分布于泸水、保山、腾冲、龙陵。14-2。

4 密齿天门冬 Asparagus meioclados H. Léveillé
产明光（杨竞生 63-1178）；海拔 1820～2500 m；分布于腾冲。15-1。

5 大理天门冬 Asparagus taliensis F. T. Wang & Tang ex S. C. Chen
产铜壁关（据《云南铜壁关自然保护区科学考察研究》）；海拔 1950～2400 m；分布于盈江。15-2。

6 细枝天门冬 Asparagus trichoclados (F. T. Wang & Tang) F. T. Wang & S. C. Chen
产铜壁关（据《云南铜壁关自然保护区科学考察研究》）；海拔 1300～1900 m；分布于盈江。15-2。

295 延龄草科 Trilliaceae

1 独龙重楼 Paris dulongensis H. Li & S. Kurita
产独龙江（独龙江考察队 5329）；海拔 1320～2340 m；分布于贡山、泸水。15-3。

2 长柱重楼 Paris forrestii (Takhtajan) H. Li
产独龙江（独龙江考察队 1832）；海拔 1540～3000 m；分布于贡山、福贡、泸水、保山、腾冲。14-1。

3 花叶重楼 Paris marmorata Stearn
产铜壁关（据《云南铜壁关自然保护区科学考察研究》）；海拔 2180 m；分布于盈江。14-2。

4 毛重楼 Paris mairei H. Léveillé

产独龙江（独龙江考察队 5516）；海拔 1238～3150 m；分布于贡山、福贡、泸水、腾冲。15-1。

5a 七叶一枝花 Paris polyphylla Smith

产马站（高黎贡山考察队 10909）；海拔 1900～2150 m；分布于贡山、福贡、腾冲、龙陵。14-2。

5b 狭叶重楼 Paris polyphylla var. **stenophylla** Franchet

产独龙江（高黎贡山考察队 7647）；海拔 1900～2800 m；分布于贡山、泸水、保山、腾冲。14-2。

5c 滇重楼 Paris polyphylla var. **yunnanensis** (Franchet) Handel-Mazzetti

产芒棒（高黎贡山考察队 30967）；海拔 1500～2250 m；分布于贡山、泸水、保山、腾冲、龙陵。14-1。

6 皱叶重楼 Paris rugosa H. Li & S. Kurita

产独龙江（独龙江考察队 3427）；海拔 1400～1620 m；分布于贡山。15-3。

7a 黑籽重楼 Paris thibetica Franchet

产独龙江（独龙江考察队 5960）；海拔 2276～3235 m；分布于贡山、福贡、泸水。14-2。

7b 无瓣重楼 Paris thibetica var. **apetala** Handel-Mazzetti

产独龙江（独龙江考察队 5970）；海拔 2276～3800 m；分布于贡山、福贡、泸水。14-2。

8 南重楼 Paris vietnamensis (Takht.) H. Li

产铜壁关（据《云南铜壁关自然保护区科学考察研究》）；海拔 700～1500 m；分布于盈江。7。

9 延龄草 Trillium tschonoskii Maximowicz

产独龙江（独龙江考察队 5856）；海拔 2276～3000 m；分布于贡山茨开、福贡。14-1。

296 雨久花科 Pontederiaceae

1 雨久花 Monochoria korsakowii Regel & Maack

产五合（高黎贡山考察队 17169）；海拔 1419～1528 m；分布于保山、腾冲。7。

2 鸭舌草 Monochoria vaginalis (N. L. Burman) C. Presl ex Kunth

产上帕（高黎贡山考察队 7863）；海拔 900～2015 m；分布于贡山、福贡、泸水、保山、腾冲。4。

297 菝葜科 Smilacaceae

1 肖菝葜 Heterosmilax japonica Kunth

产铜壁关（据《云南铜壁关自然保护区科学考察研究》）；海拔 700～1700 m；分布于盈江。14-1。

2 多蕊肖菝葜 Heterosmilax polyandra Gagnepain

产镇安（高黎贡山考察队 10834）；海拔 680～2160 m；分布于福贡、保山、龙陵。14-1。

3 短柱肖菝葜 Heterosmilax septemnervia F. T. Wang & T. Tang

产丙中洛（高黎贡山考察队 17102）；海拔 691～2620 m；分布于贡山、福贡、泸水、保山、腾冲、龙陵。14-1。

4 穗菝葜 Smilax aspera Linnaeus

产上帕（碧江队 325）；海拔 1050～2280 m；分布于福贡、保山、腾冲。6。

5 疣枝菝葜 Smilax aspericaulis Wallich ex A. de Candolle

产独龙江（独龙江考察队 1311）；海拔 1180～2000 m；分布于贡山。14-1。

6 巴坡菝葜 Smilax bapouensis H. Li

产独龙江（独龙江考察队 303）；海拔 1350～1370 m；分布于贡山。15-3。

7　西南菝葜 Smilax biumbellata T. Koyama

产独龙江（怒江考察队 79093）；海拔 820～2630 m；分布于贡山、泸水、保山。14-1。

8　圆锥菝葜 Smilax bracteata C. Presl

产芒宽（高黎贡山考察队 13582）；海拔 1830 m；分布于保山。7。

9　密疣菝葜 Smilax chapaensis Gagnepain

产独龙江（独龙江考察队 679）；海拔 1300～1700 m；分布于贡山。14-1。

10　菝葜 Smilax china Linnaeus

产铜壁关（据《云南铜壁关自然保护区科学考察研究》）；海拔 900～1800 m；分布于盈江。7。

11　筐条菝葜 Smilax corbularia Kunth

产铜壁关（据《云南铜壁关自然保护区科学考察研究》）；海拔 1300～1600 m；分布于盈江。7。

12　柔毛菝葜 Smilax chingii F. T. Wang & Tang

产丙中洛（冯国楣 7478）；海拔 920～2800 m；分布于贡山、福贡。15-1。

13　合蕊菝葜 Smilax cyclophylla Warburg

产亚坪（高黎贡山考察队 20138）；海拔 2790～2996 m；分布于福贡。15-1。

14　长托菝葜 Smilax ferox Wallich ex Kunth

产独龙江（独龙江考察队 446）；海拔 686～2600 m；分布于贡山、福贡、泸水、保山、腾冲、龙陵。14-2。

15　土茯苓 Smilax glabra Roxburgh

产铜壁关（陶国达 13331）；海拔 400～1900 m；分布于盈江。7。

16　束丝菝葜 Smilax hemsleyana Craib

产六库（刘伟心 149）；海拔 800 m；分布于泸水。14-1。

17　建昆菝葜 Smilax jiankunii H. Li

产独龙江（独龙江考察队 1625）；海拔 1300～1750 m；分布于贡山。15-3。

18a　马甲菝葜 Smilax lanceifolia Roxburgh

产独龙江（独龙江考察队 842）；海拔 1470～2500 m；分布于贡山、福贡、泸水、保山、腾冲。7。

18b　长叶菝葜 Smilax lanceifolia var. **lanceolata** (J. B. Norton) T. Koyama

产铜壁关（据《云南铜壁关自然保护区科学考察研究》）；海拔 1600～2300 m；分布于盈江。15-2。

19　粗糙菝葜 Smilax lebrunii H. Léveillé

产铜壁关（据《云南铜壁关自然保护区科学考察研究》）；海拔 1400～1750 m；分布于盈江。7。

20　马钱叶菝葜 Smilax lunglingensis F. T. Wang & Tang

产瑞滇（高黎贡山考察队 31007）；海拔 1590～2230 m；分布于保山、腾冲、龙陵。15-2。

21　泸水菝葜 Smilax lushuiensis S. C. Chen

产六库（横断山队 074）；海拔 2500～2700 m；分布于泸水。15-2。

22　无刺菝葜 Smilax mairei H. Léveillé

产丙中洛（高黎贡山考察队 33516）；海拔 1460～2255 m；分布于贡山、泸水、保山、龙陵。15-1。

23　大果菝葜 Smilax megacarpa Morong

产铜壁关（据《云南铜壁关自然保护区科学考察研究》）；海拔 1350 m；分布于盈江。7。

24 防己叶菝葜 Smilax menispermoidea A. de Candolle

产独龙江（独龙江考察队 4929）；海拔 2480～3020 m；分布于贡山、福贡、泸水、保山。14-2。

25 小叶菝葜 Smilax microphylla C. H. Wright

产丙中洛（高黎贡山考察队 22600）；海拔 1810～2470 m；分布于贡山、保山。15-1。

26 劲直菝葜 Smilax munita S. C. Chen

产独龙江（独龙江考察队 1827）；海拔 2400～3000 m；分布于贡山、福贡。14-2。

27a 乌饭叶菝葜 Smilax myrtillus A. de Candolle

产独龙江（独龙江考察队 1605）；海拔 1500～2800 m；分布于贡山、福贡、泸水、保山、腾冲。14-2。

27b 独龙菝葜 Smilax myrtillus var. **dulongensis** H. Li

产明光（高黎贡山考察队 30528）；海拔 1330～1600 m；分布于贡山、福贡、泸水、腾冲。15-2。

28 黑叶菝葜 Smilax nigrescens F. T. Wang & Tang ex P. Y. Li

产子里甲（高黎贡山考察队 20960）；海拔 1110～1570 m；分布于贡山、福贡。15-1。

29 抱茎菝葜 Smilax ocreata A. de Candolle

产五合（高黎贡山考察队 18023）；海拔 1130～2020 m；分布于贡山、福贡、泸水、保山、腾冲。14-2。

30 穿鞘菝葜 Smilax perfoliata Loureiro

产和顺（高黎贡山考察队 29859）；海拔 1175～1630 m；分布于贡山、福贡、保山、腾冲。14-1。

31 方枝菝葜 Smilax quadrata A. de Candolle

产铜壁关（据《云南铜壁关自然保护区科学考察研究》）；海拔 2050 m；分布于盈江。7。

32 短梗菝葜 Smilax scobinicaulis C. H. Wright

产东山（高黎贡山考察队 30985）；海拔 1310～2130 m；分布于贡山、福贡、保山、腾冲。15-1。

33 鞘柄菝葜 Smilax stans Maxim

产片马（高黎贡山考察队 23261）；海拔 1890～2150 m；分布于泸水。14-3。

302a 菖蒲科 Acoraceae

1 菖蒲 Acorus calamus Linnaeus

产独龙江（独龙江考察队 6457）；海拔 1580～2165 m；分布于贡山、泸水、腾冲。9。

2 金钱蒲 Acorus gramineus Solander ex Aiton

产猴桥（南水北调队 6612）；海拔 1600 m；分布于腾冲。14-1。

302 天南星科 Araceae

1 越南万年青 Aglaonema simplex Blume

产芒绒至古里卡途中（裴盛基 14177）；海拔 450～1120 m；分布于盈江。7。

2 尖尾芋 Alocasia cucullata Schott

产铜壁关（据《云南铜壁关自然保护区科学考察研究》）；海拔 1900～2100 m；分布于盈江。7。

3 海芋 Alocasia odora (Roxburgh) Koch

产潞江（高黎贡山考察队 23544）；海拔 691 m；分布于保山。14-1。

4 勐海磨芋 Amorphophallus kachinensis Engler & Gehrmann

产镇安（高黎贡山考察队 23643）；海拔 1170～1830 m；分布于福贡、泸水、保山、龙陵。14-1。

5 花蘑芋 Amorphophallus konjac C. Koch

产茨开（高黎贡山考察队 13799）；海拔 1160～1900 m；分布于贡山、福贡、泸水、龙陵。15-2。

6 滇蘑芋 Amorphophallus yunnanensis Engler

产铜壁关（据《云南铜壁关自然保护区科学考察研究》）；海拔 600～1900 m；分布于盈江。7。

7 旱生南星 Arisaema aridum H. Li

产茨开（高黎贡山考察队 7430）；海拔 1500～2100 m；分布于贡山、泸水。15-2。

8 长耳南星 Arisaema auriculatum Buchet

产丙中洛（高黎贡山考察队 14679）；海拔 2540～3180 m；分布于贡山、福贡、泸水。15-1。

9 版纳南星 Arisaema bannaense H. Li

产芒宽（高黎贡山考察队 15703）；海拔 1500～1650 m；分布于保山。15-2。

10 察隅南星 Arisaema bogneri P. C. Boyce & H. Li

产丙中洛（高黎贡山考察队 8966）；海拔 1550～1990 m；分布于贡山、福贡、保山。15-3。

11 丹珠南星 Arisaema bonatianum Engler

产亚坪（高黎贡山考察队 20142）；海拔 1930～3650 m；分布于贡山、福贡。15-1。

12 贝氏南星 Arisaema brucei H. Li, R. Li & J. Murata

产独龙江（高黎贡山考察队 15020）；海拔 2570 m；分布于贡山。15-3。

13 北缅南星 Arisaema burmaense P. Boyce & H. Li

产片马（高黎贡山考察队 9986）；海拔 2000～3000 m；分布于泸水。15-3。

14 皱序南星 Arisaema concinnum Schott

产独龙江（独龙江考察队 5560）；海拔 2500～2700 m；分布于贡山。15-1。

15 会泽南星 Arisaema dahaiense H. Li

产独龙江（独龙江考察队 4380）；海拔 1350～2850 m；分布于贡山、泸水、保山、腾冲、龙陵。14-1。

16 奇异南星 Arisaema decipiens Schott

产独龙江（独龙江考察队 529）；海拔 1360～2980 m；分布于贡山、福贡、泸水、保山、腾冲、龙陵。14-2。

17 刺棒南星 Arisaema echinatum (Wallich) Schott

产芒宽（杨世雄 678）；海拔 1680～3000 m；分布于保山。14-2。

18 象南星 Arisaema elephas Buchet

产丙中洛（高黎贡山考察队 31341）；海拔 1800～3710 m；分布于贡山、福贡、腾冲。14-2。

19 一把伞南星 Arisaema erubescens (Wallich) Schott

产独龙江（独龙江考察队 1893）；海拔 1320～3120 m；分布于贡山、福贡、泸水、保山、腾冲、龙陵。14-2。

20 象头花 Arisaema franchetianum Engler

产六库（Kingdon-Ward 4247）；海拔 960～3000 m；分布于泸水。14-1。

21 疣序南星 Arisaema handelii Stapf ex Handel-Mazzetti

产独龙江（Forrest 19317）；海拔 2800～3500 m；分布于贡山。15-1。

22 高原南星 Arisaema intermedium Blume

产茨开（高黎贡山考察队 16858）；海拔 1530～3300 m；分布于贡山、泸水、腾冲。14-2。

23 花南星 Arisaema lobatum Engler

产片马（高黎贡山考察队 9987）；海拔 2680～3000 m；分布于贡山、泸水。15-1。

24 猪笼南星 Arisaema nepenthoides (Wallich) Martius

产明光（高黎贡山考察队 29230）；海拔 2100～3400 m；分布于贡山、泸水、腾冲。14-2。

25 三匹箭 Arisaema petiolulatum J. D. Hooker

产芒宽（高黎贡山考察队 13493）；海拔 1550～1700 m；分布于保山。14-2。

26 片马南星 Arisaema pianmaense H. Li

产片马（周元川 1243）；海拔 2700 m；分布于泸水、腾冲。15-3。

27 岩生南星 Arisaema saxatile Buchet

产普拉底（杨竞生 3619）；海拔 1400～2400 m；分布于贡山、保山。15-1。

28 瑶山南星 Arisaema sinii Krause

产曲石（高黎贡山考察队 29068）；海拔 2100～2300 m；分布于腾冲。15-1。

29 美丽南星 Arisaema speciosum (Wallich) Martius

产独龙江（高黎贡山考察队 7701）；海拔 2200～2770 m；分布于贡山、福贡、泸水、腾冲。14-2。

30a 腾冲南星 Arisaema tengtsungense H. Li

产界头（杨竞生 1294）；海拔 2600～3200 m；分布于泸水、腾冲。15-3。

30b 五叶腾冲南星 Arisaema tengchongense var. **pentaphyllum** H. Li

产明光（杨竞生 1539）；海拔 2700 m；分布于腾冲。15-3。

31 曲序南星 Arisaema tortuosum (Wallich) Schott

产明光（Forrest 12575）；海拔 1300～3900 m；分布于腾冲。14-2。

32 网檐南星 Arisaema utile J. D. Hooker ex Schott

产利沙底（高黎贡山考察队 28072）；海拔 3600～3740 m；分布于福贡、腾冲。14-2。

33 双耳南星 Arisaema wattii H. Li

产独龙江（独龙江考察队 4995）；海拔 1350～1400 m；分布于贡山。15-3。

34 双耳南星 Arisaema wattii J. D. Hooker

产独龙江（独龙江考察队 4129）；海拔 1310～3500 m；分布于贡山、福贡、泸水、腾冲。14-2。

35 川中南星 Arisaema wilsonii Engler

产芒宽（施晓春、杨世雄 679）；海拔 1900～3200 m；分布于保山。15-1。

36 山珠南星 Arisaema yunnanense Buchet

产界头（高黎贡山考察队 29138）；海拔 1400～2200 m；分布于贡山、福贡、保山、腾冲。14-1。

37 滇南芋 Colocasia antiquorum Schott

产丙中洛（高黎贡山考察队 10367）；海拔 611～2290 m；分布于贡山、福贡、保山、腾冲、龙陵。14-2。

38 假芋 Colocasia fallax Schott

产铜壁关（据《云南铜壁关自然保护区科学考察研究》）；海拔 950～1400 m；分布于盈江。7。

39 大野芋 Colocasia gigantea (Blume) Hooker f.

产铜壁关（据《云南铜壁关自然保护区科学考察研究》）；海拔 400～600 m；分布于盈江。7。

40 麒麟叶 Epipremnum pinnatum (Linnaeus) Engler

产铜壁关（据《云南铜壁关自然保护区科学考察研究》）；海拔 300～900 m；分布于盈江。5。

41 刺芋 Lasia spinosa (Linnaeus) Thwaites
产铜壁关（秦仁昌 50084）；海拔 880 m；分布于盈江。7。

42 半夏 Pinellia ternata (Thunberg) Tenore ex Breitenbach
产明光（杨竞生 63-0139）；海拔 2500 m；分布于腾冲。14-3。

43 石柑子 Pothos chinensis (Rafinesque) Merrill
产利沙底（高黎贡山考察队 27834）；海拔 1260～1777 m；分布于贡山、福贡、泸水、保山、腾冲、龙陵。14-2。

44 螳螂跌打 Pothos scandens Linnaeus
产明光（Forrest 121338）；海拔 1000 m；分布于腾冲。6。

45 早花岩芋 Remusatia hookeriana Schott
产独龙江（独龙江考察队 6881）；海拔 1790～2300 m；分布于贡山、泸水、保山、腾冲、龙陵。14-2。

46 曲苞芋 Remusatia pumila (D. Don) H. Li & A. Hay
产六库（Forrest 16661）；海拔 1630 m；分布于泸水、腾冲。14-2。

47 岩芋 Remusatia vivipara (Roxburgh) Schott
产明光（Forrest 18551）；海拔 2100 m；分布于腾冲。14-2。

48 爬树龙 Rhaphidophora decursiva (Roxburgh) Schott
产独龙江（独龙江考察队 5262）；海拔 1340～2200 m；分布于贡山、福贡、泸水、保山、腾冲、龙陵。14-2。

49 独龙崖角藤 Rhaphidophora dulongensis H. Li
产独龙江（独龙江考察队 931）；海拔 1400～1850 m；分布于贡山。15-3。

50 粉背崖角藤 Rhaphidophora glauca (Wallich) Schott
产新华（高黎贡山考察队 29628）；海拔 1850 m；分布于腾冲。14-2。

51 狮子尾 Rhaphidophora hongkongensis Schott
产独龙江（独龙江考察队 779）；海拔 1300～2020 m；分布于贡山。7。

52 毛过山龙 Rhaphidophora hookeri Schott
产独龙江（独龙江考察队 1140）；海拔 1238～1960 m；分布于贡山、福贡、泸水、腾冲。14-2。

53 上树蜈蚣 Rhaphidophora lancifolia Schott
产独龙江（独龙江考察队 6150）；海拔 1400～2400 m；分布于贡山、福贡、泸水、保山、腾冲、龙陵。14-2。

54 绿春崖角藤 Rhaphidophora luchunensis H. Li
产龙江（高黎贡山考察队 17830）；海拔 1450～1950 m；分布于贡山、保山、龙陵。15-1。

55 大叶南苏 Rhaphidophora peepla (Roxburgh) Schott
产明光（高黎贡山考察队 29266）；海拔 1580～2650 m；分布于贡山、保山、腾冲。14-2。

56 贡山斑龙芋 Sauromatum gaoligongense Z. L. Wang & H. Li
产独龙江（独龙江考察队 4047）；海拔 1360～2290 m；分布于贡山、保山、腾冲。15-3。

57 西南犁头尖 Sauromatum horsfieldii Miquel
产片马（高黎贡山考察队 9984）；海拔 1320～2150 m；分布于泸水、保山。7。

58 全缘泉七 Steudnera griffithii (Schott) J. D. Hooker
产铜壁关（据《云南铜壁关自然保护区科学考察研究》）；海拔 300～550 m；分布于盈江。7。

59 滇南泉七 Steudnera henryana Engler

产芒宽（刀志灵 s.n.）；海拔 1800 m；分布于保山。14-1。

60 犁头尖 Typhonium blumei Nicolson & Sivadasan

产铜壁关（据《云南铜壁关自然保护区科学考察研究》）；海拔 800～1600 m；分布于盈江。6。

61 金慈姑 Typhonium roxburghii Schott

产潞江（高黎贡山考察队 17211）；海拔 650 m；分布于保山。7。

62 马蹄犁头尖 Typhonium trilobatum (Linnaeus) Schott

产铜壁关（据《云南铜壁关自然保护区科学考察研究》）；海拔 700～1200 m；分布于盈江。7。

303 浮萍科 Lemnaceae

1 稀脉浮萍 Lemna aequinoctialis Welwitsch

产铜壁关（据《云南铜壁关自然保护区科学考察研究》）；海拔 300～2100 m；分布于盈江。1。

2 日本浮萍 Lemna japonica Landolt

产鹿马登（高黎贡山考察队 8598）；海拔 900～1808 m；分布于贡山、福贡、泸水、保山、腾冲、龙陵。14-3。

3 浮萍 Lemna minor Griffith

产铜壁关（据《云南铜壁关自然保护区科学考察研究》）；海拔 300～2100 m；分布于盈江。1。

4 紫萍 Spirodela polyrhiza (Linnaeus) Schleiden

产六库（高黎贡山考察队 10533）；海拔 900～1578 m；分布于福贡、泸水、腾冲。1。

304 黑三棱科 Sparganiaceae

1 穗状黑三棱 Sparganium confertum Y. D. Chen

产茨开（高黎贡山考察队 34555）；海拔 3280～3600 m；分布于贡山、福贡。15-3。

2 小黑三棱 Sparganium emersum Rehmann

产北海（高黎贡山考察队 30933）；海拔 1730 m；分布于腾冲。8。

3 沼生黑三棱 Sparganium limosum Y. D. Chen

产丙中洛（T. T. Yü 19197）；海拔 1750 m；分布于贡山。15-3。

305 香蒲科 Typhaceae

1 象蒲 Typha elephantina Roxburgh

产铜壁关（据《云南铜壁关自然保护区科学考察研究》）；海拔 800～1100 m；分布于盈江。6。

2 东方香蒲 Typha orientalis C. Presl

产片马（Forrest 25106）；海拔 2170～2700 m；分布于泸水。5。

306 石蒜科 Amaryllidaceae

1 梭沙韭 Allium forrestii Diels

产丙中洛（高黎贡山考察队 32786）；海拔 3600～4270 m；分布于贡山、福贡。15-1。

2 宽叶韭 Allium hookeri Thwaites

产独龙江（T. T. Yü 20334）；海拔 3260 m；分布于贡山。14-2。

3 大花韭 Allium macranthum Baker

产茨开（高黎贡山考察队 16987）；海拔 3250～3500 m；分布于贡山。14-2。

4 滇韭 Allium mairei H. Léveillé

产独龙江（T. T. Yü 20321）；海拔 1200～4200 m；分布于贡山。15-1。

5 卵叶山葱 Allium ovalifolium Handel-Mazzetti

产茨开（高黎贡山考察队 13839）；海拔 2800～4000 m；分布于贡山。15-1。

6 太白山葱 Allium prattii C. H. Wright ex Hemsley

产丙中洛（高黎贡山考察队 31509）；海拔 3560～4270 m；分布于贡山、福贡、泸水。14-2。

7 多星韭 Allium wallichii Kunth

产独龙江（独龙江考察队 405）；海拔 1350～3720 m；分布于贡山、福贡、泸水、保山。14-2。

8 忽地笑 Lycoris aurea (L'Héritier) Herbert

产独龙江（独龙江考察队 4041）；海拔 900～1580 m；分布于贡山、福贡、泸水。7。

307 鸢尾科 Iridaceae

1 射干 Belamcanda chinensis (Linn) Redouté

产上帕（蔡希陶 54624）；海拔 1100 m；分布于福贡。14-1。

2 西南鸢尾 Iris bulleyana Dykes

产独龙江（高黎贡山考察队 7795）；海拔 2580～3980 m；分布于贡山。14-1。

3 金脉鸢尾 Iris chrysographes Dykes

产六库（Forrest 25043）；海拔 3000～4400 m；分布于福贡、泸水、腾冲。14-1。

4 高原鸢尾 Iris collettii J. D. Hooker

产腾越（Forrest s.n.）；海拔 1650～2100 m；分布于腾冲。14-2。

5 长葶鸢尾 Iris delavayi Micheli

产茨开（Forrest 19029）；海拔 2700～3800 m；分布于贡山、福贡。15-1。

6 长管鸢尾 Iris dolichosiphon Noltie

产丙中洛（高黎贡山考察队 31259）；海拔 3927～4270 m；分布于贡山。14-2。

7 云南鸢尾 Iris forrestii Dykes

产鹿马登（高黎贡山考察队 26753）；海拔 2750～3050 m；分布于贡山、福贡。14-1。

8 蝴蝶花 Iris japonica Thunberg

产潞江（高黎贡山考察队 18738）；海拔 1237～2480 m；分布于贡山、福贡、泸水、保山、腾冲。14-3。

9 库门鸢尾 Iris kemaonensis Wallich

产丙中洛（Forrest 19365）；海拔 3500～4200 m；分布于贡山。14-2。

10 燕子花 Iris laevigata Fisch

产北海（高黎贡山考察队 30926）；海拔 1730～2400 m；分布于腾冲。14-3。

11 红花鸢尾 Iris milesii Foster

产丙中洛（冯国楣 7301）；海拔 1740～3500 m；分布于贡山、泸水、腾冲。14-2。

12 鸢尾 Iris tectorum Maxim

产独龙江（独龙江考察队 5827）；海拔 1458～2000 m；分布于贡山。14-3。

13 扇形鸢尾 Iris wattii Baker

产茨开（高黎贡山考察队 13755）；海拔 1400～2300 m；分布于贡山。14-3。

310 百部科 Stemonaceae

1 大百部 Stemona tuberosa Loureiro

产上江（高黎贡山考察队 11675）；海拔 800 m；分布于泸水。14-2。

311 薯蓣科 Dioscoreaceae

1 蜀葵叶薯蓣 Dioscorea althaeoides Knuth

产明光（南水北调队 7215）；海拔 1400～3200 m；分布于腾冲。14-1。

2 丽叶薯蓣 Dioscorea aspersa Prain & Burkill

产独龙江（高黎贡山考察队 21289）；海拔 1170～1660 m；分布于贡山、福贡。15-1。

3 异叶薯蓣 Dioscorea biformifolia Pei & Ting

产六库（南水北调队 8074）；海拔 600～2200 m；分布于泸水。15-2。

4 独龙薯蓣 Dioscorea birmanica Prain & Burkill

产独龙江（冯国楣 24752）；海拔 1350～1550 m；分布于贡山。14-1。

5 黄独 Dioscorea bulbifera Linnaeus

产茨开（高黎贡山考察队 7020）；海拔 900～2450 m；分布于贡山、福贡、泸水、保山、腾冲。4。

6 薯莨 Dioscorea cirrhosa Loureiro

产五合（高黎贡山考察队 24804）；海拔 1300～1530 m；分布于贡山、腾冲。14-1。

7 叉蕊薯蓣 Dioscorea collettii J. D. Hooker

产马站（高黎贡山考察队 29913）；海拔 1500～2200 m；分布于贡山、福贡、泸水、腾冲。14-2。

8 吕宋薯蓣 Dioscorea cumingii Prain & Burkill

产独龙江（冯国楣 24362）；海拔 1300 m；分布于贡山。7。

9 多毛叶薯蓣 Dioscorea decipiens J. D. Hooker

产六库（南水北调队 8509）；海拔 790～1350 m；分布于泸水、保山、腾冲。14-1。

10 三角叶薯蓣 Dioscorea deltoidea Wallich

产铜壁关（据《云南铜壁关自然保护区科学考察研究》）；海拔 1960 m；分布于盈江。7。

11 光叶薯蓣 Dioscorea glabra Roxburgh

产独龙江（冯国楣 24180）；海拔 1350 m；分布于贡山。7。

12 粘山药 Dioscorea hemsleyi Prain & Burkill

产芒宽（高黎贡山考察队 19127）；海拔 1000～1600 m；分布于贡山、泸水、保山、腾冲、龙陵。14-1。

13 白薯莨 Dioscorea hispida Dennst.

产铜壁关（据《云南铜壁关自然保护区科学考察研究》）；海拔 450～1200 m；分布于盈江。7。

14 毛芋头薯蓣 Dioscorea kamoonensis Kunth

产茨开（高黎贡山考察队 7143）；海拔 1000～3030 m；分布于贡山、福贡、泸水、保山、腾冲、龙陵。14-2。

15 黑珠芽薯蓣 Dioscorea melanophyma Prain & Burkill

产利沙底（高黎贡山考察队 27467）；海拔 1380～1900 m；分布于福贡、泸水、腾冲。14-2。

16 南腊薯蓣 Dioscorea nanlaensis H. Li

产丙中洛（青藏队 82-9131）；海拔 1600 m；分布于贡山。15-2。

17 光亮薯蓣 Dioscorea nitens Prain & Burkill

产铜壁关（据《云南铜壁关自然保护区科学考察研究》）；海拔 900～2400 m；分布于盈江。15-2。

18 黄山药 Dioscorea panthaica Prain & Burkill

产丙中洛（高黎贡山考察队 7022）；海拔 1550～1900 m；分布于贡山。14-1。

19 五叶薯蓣 Dioscorea pentaphylla Linnaeus

产独龙江（独龙江考察队 390）；海拔 790～1590 m；分布于贡山、福贡、泸水、保山、腾冲。4。

20 褐苞薯蓣 Dioscorea persimilis Prain & Burkill

产铜壁关（据《云南铜壁关自然保护区科学考察研究》）；海拔 1000～1400 m；分布于盈江。7。

21 小花盾叶薯蓣 Dioscorea sinoparviflora Ting

产双拉（独龙江考察队 249）；海拔 900～1450 m；分布于贡山、泸水。15-2。

22 毛胶薯蓣 Dioscorea subcalva Prain & Burkill

产片马（高黎贡山考察队 7240）；海拔 1460～1750 m；分布于贡山、泸水、龙陵。15-1。

23 毡毛薯蓣 Dioscorea velutipes Prain & Burkill

产独龙江（独龙江考察队 960）；海拔 1400～1500 m；分布于贡山。14-1。

313 龙舌兰科 Agavaceae

1 长花龙血树 Dracaena angustifolia Roxburgh

产铜壁关（据《云南铜壁关自然保护区科学考察研究》）；海拔 700 m；分布于盈江。5。

2 矮龙血树 Dracaena terniflora Roxburgh

产铜壁关（据《云南铜壁关自然保护区科学考察研究》）；海拔 450～900 m；分布于盈江。7。

314 棕榈科 Arecaceae

1 云南省藤 Calamus acanthospathus Griffith

产独龙江（独龙江考察队 1211）；海拔 1240 m；分布于贡山。14-2。

2 直立省藤 Calamus erectus Roxburgh

产雪梨（尹光天、付精钢 1）；海拔 300～600 m；分布于盈江。14-2。

3 小省藤 Calamus gracilis Blanco

产那邦坝（尹光天 10）；海拔 500～1000 m；分布于盈江。7。

4 南巴省藤 Calamus nambariensis Beccari

产铜壁关（香料植物考察队 85-188）；海拔 800～1400 m；分布于盈江。7。

5 柳条省藤 Calamus viminalis Willdenow

产铜壁关（据《云南铜壁关自然保护区科学考察研究》）；海拔 40～600 m；分布于盈江。7。

6 鱼尾葵 Caryota maxima Blume ex Martius

产独龙江（独龙江考察队 1206）；海拔 1240～1550 m；分布于贡山、保山。7。

7 单穗鱼尾葵 Caryota monostachya Beccari

产盈江至瑞丽途中（秦仁昌 50123）；海拔 400～1400 m；分布于盈江。7。

8 董棕 Caryota obtusa Griffith

产独龙江（独龙江考察队 1434）；海拔 1240～1400 m；分布于贡山。14-1。

9 变色山槟榔 Pinanga baviensis Beccari

产铜壁关（据《云南铜壁关自然保护区科学考察研究》）；海拔 800～1100 m；分布于盈江。7。

10 华山竹 Pinanga sylvestris (Loureiro) Hodel

产铜壁关（据《云南铜壁关自然保护区科学考察研究》）；海拔 300～780 m；分布于盈江。7。

11 滇西蛇皮果 Salacca griffithii A. J. Henderson

产铜壁关（据《云南铜壁关自然保护区科学考察研究》）；海拔 300～700 m；分布于盈江。7。

12 贡山棕榈 Trachycarpus princeps Gibbons, Spanner & San Y. Chen

产丙中洛（高黎贡山考察队 8835）；海拔 1470～1640 m；分布于贡山。15-3。

13 密花瓦理棕 Wallichia oblongifolia Griffith

产铜壁关（据《云南铜壁关自然保护区科学考察研究》）；海拔 350～860 m；分布于盈江。7。

315 拟兰科 Apostasiaceae

1 拟兰 Apostasia odorata Blume

产铜壁关（据《云南铜壁关自然保护区科学考察研究》）；海拔 800～1200 m；分布于盈江。7。

2 剑叶拟兰 Apostasia wallichii Wallich

产铜壁关（据《云南铜壁关自然保护区科学考察研究》）；海拔 380～500 m；分布于盈江。5。

318 仙茅科 Hypoxidaceae

1 大叶仙茅 Curculigo capitulata (Loureiro) O. Kuntze

产独龙江（独龙江考察队 4346）；海拔 1225～2300 m；分布于贡山、泸水、腾冲、龙陵。7。

2 绒叶仙茅 Curculigo crassifolia (Baker) J. D. Hooke

产潞江（高黎贡山考察队 18571）；海拔 1400～2240 m；分布于福贡、泸水、保山。14-2。

3 仙茅 Curculigo orchioides Gaertner

产界头（高黎贡山考察队 29455）；海拔 1910～1940 m；分布于腾冲。7。

4 中华仙茅 Curculigo sinensis S. C. Chen

产茨开（高黎贡山考察队 15535）；海拔 1140～2390 m；分布于贡山、福贡、泸水。15-2。

5 小金梅草 Hypoxis aurea Loureiro

产龙江（高黎贡山考察队 17870）；海拔 1590～1906 m；分布于贡山、泸水、腾冲、龙陵。7。

321 蒟蒻薯科 Taccaceae

1 箭根薯 Tacca chantrieri Andre

产明光（Forrest 9148）；海拔 1336 m；分布于腾冲。14-1。

323 水玉簪科 Burmanniaceae

1 三品一枝花 Burmannia coelestis D. Don

产马站（高黎贡山考察队 10942）；海拔 1250～1930 m；分布于腾冲。5。

2 水玉簪 Burmannia disticha Linnaeus

产明光（Forrest 7953）；海拔 1200～2400 m；分布于腾冲。5。

3 宽翅水玉簪 Burmannia nepalensis J. D. Hooker

产铜壁关（据《云南铜壁关自然保护区科学考察研究》）；海拔 500～800 m；分布于盈江。14-1。

326 兰科 Orchidaceae

1 多花脆兰 Acampe rigida (Buchanan-Hamilton ex Smith) P. F. Hunt

产六库（南水北调队 8008）；海拔 1000 m；分布于泸水。6。

2 禾叶兰 Agrostophyllum callosum H. G. Reichenbach

产独龙江（独龙江考察队 1430）；海拔 1300～2400 m；分布于贡山、保山。14-2。

3 长苞无柱兰 Amitostigma farreri Schlechter

产茨开（高黎贡山考察队 12694）；海拔 2200 m；分布于贡山。15-1。

4 一花无柱兰 Amitostigma monanthum (Finet) Schlechter

产茨开（高黎贡山考察队 32026）；海拔 3120～3730 m；分布于贡山、福贡、泸水。15-1。

5 少花无柱兰 Amitostigma parceflorum (Finet) Schlechter

产丙中洛（Handel-Mazzett 9928）；海拔 1700～2000 m；分布于贡山。15-1。

6 西藏无柱兰 Amitostigma tibeticum Schlechter

产丙中洛（碧江队 79-1074）；海拔 3500～4000 m；分布于贡山、福贡、泸水。15-1。

7 三叉无柱兰 Amitostigma trifurcatum Tang & Liang

产独龙江（T. T. Yü 20257）；海拔 2900 m；分布于贡山。15-3。

8 齿片无柱兰 Amitostigma yuanum Tang & F. T. Wang

产独龙江（独龙江考察队 1007）；海拔 3400～3600 m；分布于贡山、福贡、泸水。15-1。

9 剑唇兜蕊兰 Androcorys pugioniformis (Lindley ex J. D. Hooker) K. Y. Lang Lindley ex J. D. Hooker

产丙中洛（金效华 8413）；海拔 2700～2900 m；分布于贡山。14-2。

10 金线兰 Anoectochilus roxburghii (Wallich) Lindley

产独龙江（独龙江考察队 s.n.）；海拔 1350 m；分布于贡山。14-1。

11 筒瓣兰 Anthogonium gracile Lindley

产独龙江（高黎贡山考察队 32441）；海拔 1400～2755 m；分布于贡山、保山、腾冲。14-2。

12 尾萼无叶兰 Aphyllorchis caudata Rolfe ex Downie

产铜壁关（据《云南铜壁关自然保护区科学考察研究》）；海拔 1630～1750 m；分布于盈江。7。

13 无叶兰 Aphyllorchis Montana H. G. Reichenbach

产芒宽（高黎贡山考察队 19105）；海拔 1528 m；分布于保山。7。

14 竹叶兰 Arundina graminifolia (D. Don) Hochreutiner

产独龙江（毛品一 458）；海拔 1200～1400 m；分布于贡山、泸水、腾冲、龙陵。7。

15 鸟舌兰 Ascocentrum ampullaceum (Roxburgh) Schlechter

产铜壁关（据《云南铜壁关自然保护区科学考察研究》）；海拔 1050～1500 m；分布于盈江。7。

16 圆柱叶鸟舌兰 Ascocentrum himalaicum (Deb Sengupta & Malick) Christenson

产界头（高黎贡山考察队 11286）；海拔 2000～2200 m；分布于贡山、腾冲。14-2。

17 小白及 Bletilla formosana (Hayata) Schlechter

产茨开（高黎贡山考察队 11779）；海拔 1310～2900 m；分布于贡山、福贡、泸水、保山。14-3。

18 黄花白及 Bletilla ochracea Schlechter

产丙中洛（高黎贡山考察队 12091）；海拔 1540～1780 m；分布于贡山、腾冲。14-1。

19 白及 Bletilla striata (Thunberg) H. G. Reichenbach

产独龙江（独龙江考察队 3007）；海拔 1400～2600 m；分布于贡山。14-3。

20 长叶苞叶兰 Brachycorythis henryi (Schlechter) Summerhayes

产腾越（Forrest 8180）；海拔 1800～2000 m；分布于腾冲。14-1。

21 大叶卷瓣兰 Bulbophyllum amplifolium (Rolfe) N. P. Balakrishnan & Sud. Chowdhury

产茨开（高黎贡山考察队 15913）；海拔 1620～1700 m；分布于贡山。14-2。

22 梳帽卷瓣兰 Bulbophyllum andersonii Kurz

产铜壁关（据《云南铜壁关自然保护区科学考察研究》）；海拔 1400～2400 m；分布于盈江。7。

23 波密卷瓣兰 Bulbophyllum bomiense Tsai & Lang

产独龙江（独龙江考察队 4974）；海拔 2700 m；分布于贡山。15-1。

24 茎花石豆兰 Bulbophyllum cauliflorum J. D. Hooker

产独龙江（高黎贡山考察队 12889）；海拔 1510～2530 m；分布于贡山。14-2。

25 环唇石豆兰 Bulbophyllum corallinum Tixier & Guillaumin

产大兴地（金效华 7015）；海拔 1300 m；分布于泸水。14-1。

26 短耳石豆兰 Bulbophyllum crassipes J. D. Hooker

产铜壁关（据《云南铜壁关自然保护区科学考察研究》）；海拔 1000～1400 m；分布于盈江。7。

27 大苞石豆兰 Bulbophyllum cylindraceum Lindley

产独龙江（独龙江考察队 1762）；海拔 1700～1800 m；分布于贡山、福贡、泸水。14-2。

28 圆叶石豆兰 Bulbophyllum drymoglossum Maximowicz ex Okubo

产六库（金效华 6940）；海拔 900～950 m；分布于泸水。14-3。

29 独龙江石豆兰 Bulbophyllum dulongjiangense X. H. Jin

产独龙江（金效华 6479）；分布于贡山。15-3。

30 高茎卷瓣兰 Bulbophyllum elatum (J. D. Hooker) J. J. Smith

产独龙江（独龙江考察队 6534）；海拔 2200 m；分布于贡山。14-2。

31 匍茎卷瓣兰 Bulbophyllum emarginatum (Finet) J. J. Smith

产独龙江（独龙江考察队 1125）；海拔 1200～2400 m；分布于贡山、泸水。14-2。

32 墨脱石豆兰 Bulbophyllum eublepharum H. G. Reichenbach

产独龙江（独龙江考察队 1126）；海拔 2011～2080 m；分布于贡山、龙陵。14-2。

33 尖角卷瓣兰 Bulbophyllum forrestii Seidenfaden

产界头（高黎贡山考察队 28136）；海拔 1850～2150 m；分布于保山、腾冲、泸水。14-1。

34 贡山卷瓣兰 Bulbophyllum gongshanense Z. H. Tsi

产丙中洛（王启无 67596）；海拔 2000 m；分布于贡山。15-3。

35 毛唇石豆兰 Bulbophyllum gyrochilum Seidenfaden

产猴桥（金效华 9387）；海拔 1500 m；分布于腾冲。14-1。

36 角萼卷瓣兰 Bulbophyllum helenae (Kuntze) J. J. Smith

产上江（南水北调队 8165）；海拔 1980 m；分布于泸水。14-1。

37 白花卷瓣兰 Bulbophyllum khaoyaiense Seidenfaden

产铜壁关（据《云南铜壁关自然保护区科学考察研究》）；海拔 1150～1400 m；分布于盈江。7。

38 卷苞石豆兰 Bulbophyllum khasyanum Griffith

产独龙江（金效华 7934）；海拔 2000 m；分布于贡山。14-1。

39 广东石豆兰 Bulbophyllum kwangtungense Schlechter

产猴桥（金效华 9065）；海拔 1200 m；分布于腾冲。15-1。

40 短葶石豆兰 Bulbophyllum leopardinum Lindley

产铜壁关（据《云南铜壁关自然保护区科学考察研究》）；海拔 1380～1600 m；分布于盈江。7。

41 齿瓣石豆兰 Bulbophyllum levinei Schlechter

产独龙江（独龙江考察队 3765）；海拔 1400～1560 m；分布于贡山。14-1。

42 密花石豆兰 Bulbophyllum odoratissimum (Smith) Lindley

产独龙江（怒江考察队 791156）；海拔 1100～2300 m；分布于贡山。14-2。

43 卵叶石豆兰 Bulbophyllum ovalifolium (Blume) Lindley

产六库（金效华 7024）；海拔 2400 m；分布于泸水。14-1。

44 斑唇卷瓣兰 Bulbophyllum pectenveneris (Gagnepain) Seidenfaden

产独龙江（高黎贡山考察队 21722）；海拔 1580～2240 m；分布于贡山、腾冲。14-1。

45 长足石豆兰 Bulbophyllum pectinatum Finet

产片马（高黎贡山考察队 23245）；海拔 1400～1950 m；分布于贡山、泸水。14-2。

46 伏生石豆兰 Bulbophyllum reptans (Lindley) Lindley

产独龙江（独龙江考察队 1120）；海拔 1300～2700 m；分布于贡山、泸水、保山、龙陵。14-2。

47 藓叶卷瓣兰 Bulbophyllum retusiusculum H. G. Reichenbach

产独龙江（独龙江考察队 3765）；海拔 1790～3100 m；分布于贡山、福贡、保山、腾冲、龙陵。14-2。

48 若氏卷瓣兰 Bulbophyllum rolfei (Kuntze) Seidenfaden

产架科底（金效华 7920）；海拔 2429 m；分布于福贡。14-2。

49 伞花石豆兰 Bulbophyllum shweliense W. W. Smith

产独龙江（独龙江考察队 1276）；海拔 1300～1500 m；分布于贡山、泸水。14-1。

50 细柄石豆兰 Bulbophyllum striatum (Griffith) H. G. Reichenbach

产明光（金效华 8677）；海拔 1000～2300 m；分布于腾冲。14-2。

51 云北石豆兰 Bulbophyllum tengchongense Z. H. Tsi

产明光（吉占和 147）；海拔 2000 m；分布于腾冲。15-3。

52 伞花卷瓣兰 Bulbophyllum umbellatum Lindley

产丙中洛（王启无 66850）；海拔 1700～2000 m；分布于贡山。14-1。

53 双叶卷瓣兰 Bulbophyllum wallichii (Lindley) H. G. Reichenbach

产铜壁关（据《云南铜壁关自然保护区科学考察研究》）；海拔 1200～1500 m；分布于盈江。7。

54 蒙自石豆兰 Bulbophyllum yunnanense Rolfe

产丙中洛（金效华 7981）；海拔 2000～2400 m；分布于贡山。14-2。

55 蜂腰兰 Bulleyia yunnanensis Schlechter

产独龙江（独龙江考察队 1791）；海拔 1240～2380 m；分布于贡山、福贡、腾冲。14-2。

56 泽泻虾脊兰 Calanthe alismatifolia Lindley

产丙中洛（高黎贡山考察队 12074）；海拔 1600～1700 m；分布于贡山。14-1。

57 流苏虾脊兰 Calanthe alpina J. D. Hooker ex Lindley

产独龙江（独龙江考察队 6274）；海拔 1700～1850 m；分布于贡山、腾冲。14-1。

58 弧距虾脊兰 Calanthe arcuata Rolfe

产独龙江（独龙江考察队 6396）；海拔 2100～2400 m；分布于贡山。15-1。

59 二裂虾脊兰 Calanthe biloba Lindley

产铜壁关（据《云南铜壁关自然保护区科学考察研究》）；海拔 1740～1900 m；分布于盈江。7。

60 肾唇虾脊兰 Calanthe brevicornu Lindley

产丙中洛（独龙江考察队 719）；海拔 2300～2800 m；分布于贡山、泸水、腾冲。14-2。

61 剑叶虾脊兰 Calanthe davidii Franchet

产独龙江（独龙江考察队 1769）；海拔 1720～2410 m；分布于贡山、福贡、腾冲。14-1。

62 密花虾脊兰 Calanthe densiflora Lindley

产独龙江（独龙江考察队 3196）；海拔 1550～1700 m；分布于贡山。14-2。

63 独龙虾脊兰 Calanthe dulongensis H. Li & R. Li

产独龙江（独龙江考察队 5896）；海拔 1900～2300 m；分布于贡山。15-3。

64 福贡虾脊兰 Calanthe fugongensis X. H. Jin & S. C. Chen

产架科底（金效华 8962）；海拔 1950 m；分布于福贡。15-3。

65 通麦虾脊兰 Calanthe griffithii Lindley

产大兴地（金效华 6928）；海拔 2000 m；分布于泸水。14-2。

66 叉唇虾脊兰 Calanthe hancockii Rolfe

产独龙江（独龙江考察队 4860）；海拔 1600～2520 m；分布于贡山、福贡、泸水、腾冲、龙陵。15-1。

67 细花虾脊兰 Calanthe mannii J. D. Hooker

产片马（高黎贡山考察队 22748）；海拔 1500～2168 m；分布于福贡、泸水、腾冲。14-2。

68 墨脱虾脊兰 Calanthe metoensis Z. H. Tsi & K. Y. Lang

产独龙江（怒江考察队 0936）；海拔 2200～2300 m；分布于贡山。15-1。

69 香花虾脊兰 Calanthe odora Griffith

产铜壁关（据《云南铜壁关自然保护区科学考察研究》）；海拔 1750～1800 m；分布于盈江。7。

70a 车前虾脊兰 Calanthe plantaginea Lindley

产铜壁关（据《云南铜壁关自然保护区科学考察研究》）；海拔 1900～2100 m；分布于盈江。7。

70b 泸水车前虾脊兰 Calanthe plantaginea var. **lushuiensis** K. Y. Lang & Z. H. Tsi

产鲁掌（横断山队 81-557）；海拔 2500 m；分布于泸水。15-3。

71 镰萼虾脊兰 Calanthe puberula Lindley

产界头（高黎贡山考察队 11266）；海拔 1860～2500 m；分布于贡山、福贡、泸水、腾冲。14-1。

72 反瓣虾脊兰 Calanthe reflexa Maxim

产龙江（高黎贡山考察队 17999）；海拔 2100 m；分布于龙陵。14-3。

73 三棱虾脊兰 Calanthe tricarinata Lindley

产独龙江（独龙江考察队 1581）；海拔 1800～2700 m；分布于贡山、泸水。14-2。

74 三褶虾脊兰 **Calanthe triplicata** (Willemet) Ames

产独龙江（独龙江考察队 6397）；海拔 1560～2480 m；分布于贡山、腾冲。4。

75 竹叶美柱兰 **Callostylis bambusifolia** (Lindley) S. C. Chen & J. J. Wood

产茨开（高黎贡山考察队 2547）；海拔 1563～2250 m；分布于贡山、腾冲。14-2。

76 银兰 **Cephalanthera erecta** (Thunberg) Blume

产丙中洛（高黎贡山考察队 14588）；海拔 1710～1800 m；分布于贡山、福贡。14-3。

77a 金兰 **Cephalanthera falcata** (Thunberg) Blume

产上帕（碧江队 214）；海拔 1100～2400 m；分布于福贡。14-3。

77b 无距金兰 **Cephalanthera falcata** var. **flava** X. H. Jin & S. C. Chen

产架科底（金效华 6967）；海拔 2100～2400 m；分布于福贡。15-3。

78 头蕊兰 **Cephalanthera longifolia** (Linnaeus) Fritsch

产碧江（碧江队 0214）；海拔 2000～3000 m；分布于福贡、腾冲。10。

79 叉枝牛角兰 **Ceratostylis himalaica** J. D. Hooker

产铜壁关（据《云南铜壁关自然保护区科学考察研究》）；海拔 1200～1700 m；分布于盈江。7。

80 川滇叠鞘兰 **Chamaegastrodia inverta** (W. W. Smith) Seidenfaden

产明光（金效华 9400）；海拔 1200～2000 m；分布于腾冲。7。

81 细小叉柱兰 **Cheirostylis pusilla** Lindley

产独龙江（金效华 s.n.）；海拔 1300～1350 m；分布于贡山。14-2。

82 云南叉柱兰 **Cheirostylis yunnanensis** Rolfe

产和顺（金效华 9333）；海拔 1563 m；分布于腾冲。14-2。

83 锚钩金唇兰 **Chrysoglossum assamicum** J. D. Hooker

产茨开（金效华 9100）；海拔 1600 m；分布于贡山。14-2。

84 金塔隔距兰 **Cleisostoma filiforme** (Lindley) Garay

产茨开（Forrest 161）；海拔 1000 m；分布于贡山。14-2。

85 隔距兰 **Cleisostoma linearilobatum** (Seidenfaden & Smitinand) Garay

产铜壁关（据《云南铜壁关自然保护区科学考察研究》）；海拔 760～1100 m；分布于盈江。7。

86 大叶隔距兰 **Cleisostoma racemiferum** (Lindley) Garay

产六库（Forrest 18284）；海拔 1800 m；分布于腾冲。14-2。

87 毛柱隔距兰 **Cleisostoma simondii** (Gagnepain) Seidenfaden

产马站（Forrest 25126）；海拔 1600 m；分布于腾冲。14-2。

88 短序隔距兰 **Cleisostoma striatum** (H. G. Reichenbach) N. E. Brown

产铜壁关（据《云南铜壁关自然保护区科学考察研究》）；海拔 1040～1300 m；分布于盈江。7。

89 红花隔距兰 **Cleisostoma williamsonii** (H. G. Reichenbach) Garay

产六库（金效华 7028）；海拔 1200 m；分布于泸水。7。

90 髯毛贝母兰 **Coelogyne barbata** Lindley ex Griffith

产独龙江（高黎贡山考察队 20581）；海拔 1360～2000 m；分布于贡山、福贡。14-2。

91 眼斑贝母兰 **Coelogyne corymbosa** Lindley

产独龙江（独龙江考察队 422）；海拔 1237～3000 m；分布于贡山、福贡、泸水、保山、腾冲。14-2。

92 流苏贝母兰 Coelogyne fimbriata Lindley
产独龙江（独龙江考察队 6834）；海拔 1360～2000 m；分布于贡山。14-2。

93 栗鳞贝母兰 Coelogyne flaccida Lindley
产曲石（高黎贡山考察队 10964）；海拔 1100～1740 m；分布于泸水、腾冲。14-2。

94 贡山贝母兰 Coelogyne gongshanensis H. Li ex S. C. Chen
产独龙江（独龙江考察队 5355）；海拔 2360～2500 m；分布于贡山、福贡。15-3。

95 白花贝母兰 Coelogyne leucantha W. W. Smith
产和顺（高黎贡山考察队 29820）；海拔 1630 m；分布于腾冲。14-1。

96 长柄贝母兰 Coelogyne longipes Lindley
产独龙江（独龙江考察队 3139）；海拔 1820～2290 m；分布于贡山、保山、腾冲。14-2。

97 密茎贝母兰 Coelogyne nitida (Wallich ex D. Don) Lindley
产独龙江（高黎贡山考察队 20587）；海拔 1360～2240 m；分布于贡山、腾冲。14-2。

98 卵叶贝母兰 Coelogyne occultata J. D. Hooker
产独龙江（独龙江考察队 4861）；海拔 1300～1550 m；分布于贡山、福贡、泸水、保山、腾冲、龙陵。14-2。

99 长鳞贝母兰 Coelogyne ovalis Lindley
产独龙江（独龙江考察队 981）；海拔 1530～1600 m；分布于贡山。14-2。

100 黄绿贝母兰 Coelogyne prolifera Lindley
产独龙江（独龙江考察队 4536）；海拔 1500～2170 m；分布于贡山、福贡、泸水、腾冲。14-2。

101 狭瓣贝母兰 Coelogyne punctulata Lindley
产铜壁关（据《云南铜壁关自然保护区科学考察研究》）；海拔 1200～2100 m；分布于盈江。7。

102 撕裂贝母兰 Coelogyne sanderae Kraenzlin ex O'Brien
产铜壁关（据《云南铜壁关自然保护区科学考察研究》）；海拔 1260～1890 m；分布于盈江。7。

103 双褶贝母兰 Coelogyne stricta (D. Don) Schlechter
产五合（金效华 9060）；海拔 1100～2000 m；分布于腾冲。14-2。

104 吉氏贝母兰 Coelogyne tsii X. H. Jin & H. Li
产上江（金效华 6807）；海拔 2600 m；分布于泸水。15-3。

105 禾叶贝母兰 Coelogyne viscosa H. G. Reichenbach
产铜壁关（据《云南铜壁关自然保护区科学考察研究》）；海拔 1280～1400 m；分布于盈江。7。

106 吻兰 Collabium chinense (Rolfe) Tang & F. T. Wang
产铜壁关（据《云南铜壁关自然保护区科学考察研究》）；海拔 900～1200 m；分布于盈江。7。

107 南方吻兰 Collabium delavayi (Gagnepain) Seidenfaden
产洛本卓（高黎贡山考察队 25814）；海拔 1500～2200 m；分布于贡山、泸水。15-1。

108 网鞘蛤兰 Conchidium muscicola (Lindley) Rauschert
产铜壁关（吉占和 174）；海拔 1600～1700 m；分布于盈江。7。

109 蛤兰 Conchidium pusillum Griffith
产上营（金效华 9065）；海拔 1500 m；分布于腾冲。14-2。

110 大理铠兰 Corybas taliensis Tang & F. T. Wang

产猴桥（金效华 9066）；海拔 2150 m；分布于腾冲。15-1。

111 杜鹃兰 Cremastra appendiculata (D. Don) Makino

产茨开（高黎贡山考察队 15468）；海拔 1550～2650 m；分布于贡山、福贡、泸水、腾冲。14-1。

112 浅裂沼兰 Crepidium acuminatum (D. Don) Szlachetko

产片马（怒江考察队 1950）；海拔 1800～2100 m；分布于泸水。5。

113 二耳沼兰 Crepidium biauritum (Lindley) Szlachetko

产丙中洛（王启无 66862）；海拔 1350～1500 m；分布于贡山。14-2。

114 细茎沼兰 Crepidium khasianum (J. D. Hooker) Szlachetko

产茨开（Forrest 18436）；海拔 2100～2400 m；分布于贡山、腾冲。14-2。

115 齿唇沼兰 Crepidium orbiculare (W. W. Smith & Jeffrey) Seidenfaden

产明光（Forrest 1844）；海拔 1700～2100 m；分布于腾冲。15-2。

116 宿苞兰 Cryptochilus luteus Lindley

产独龙江（独龙江考察队 1122）；海拔 1700～2220 m；分布于贡山、保山。14-2。

117 玫瑰宿苞兰 Cryptochilus roseus (Lindley) S. C. Chen & J. J. Wood

产独龙江（金效华 6743）；海拔 1700～2000 m；分布于贡山。15-1。

118 红花宿苞兰 Cryptochilus sanguineus Wallich

产独龙江（青藏队 82-8962）；海拔 1700～2000 m；分布于贡山。14-2。

119 鸡冠柱兰 Cylindrolobus cristatus (Rolfe) S. C. Chen & J. J. Wood

产茨开（金效华 7004）；海拔 1300～1700 m；分布于贡山。14-1。

120 柱兰 Cylindrolobus marginatus (Rolfe) S. C. Chen & J. J. Wood

产独龙江（独龙江考察队 3217）；海拔 1460～3020 m；分布于贡山、腾冲。14-1。

121 纹瓣兰 Cymbidium aloifolium (Linnaeus) Swartz

产铜壁关（据《云南铜壁关自然保护区科学考察研究》）；海拔 300～800 m；分布于盈江。7。

122 独占春 Cymbidium eburneum Lindley

产腾冲（s.n.）；海拔 2000 m；分布于腾冲。14-2。

123a 莎草兰 Cymbidium elegans Lindley

产独龙江（冯国楣 24329）；海拔 1300～2200 m；分布于贡山、福贡、腾冲。14-2。

123b 泸水兰 Cymbidium elegans var. **lushuiense** (Z. J. Liu, S. C. Chen & X. C. Shi) Z. J. Liu & S. C. Chen

产独龙江（高黎贡山考察队 22069）；海拔 2240 m；分布于贡山、腾冲。15-3。

124 建兰 Cymbidium ensifolium (Linnaeus) Swartz

产铜壁关（据《云南铜壁关自然保护区科学考察研究》）；海拔 800～2100 m；分布于盈江。7。

125 长叶兰 Cymbidium erythraeum Lindley

产独龙江（高黎贡山考察队 32434）；海拔 1800～2755 m；分布于贡山。14-2。

126 蕙兰 Cymbidium faberi Rolfe

产丙中洛（王启无 66936）；海拔 1400～2300 m；分布于贡山。14-2。

127 多花兰 Cymbidium floribundum Lindley

产丙中洛（冯国楣 8552）；海拔 1400～2200 m；分布于贡山。14-1。

128 春兰 Cymbidium goeringii (H. G. Reishenbach) HGReichenbach
产六库（Forrest 27747）；海拔 1800 m；分布于腾冲。14-1。

129 贡山凤兰 Cymbidium gongshanense H. Li & K. M. Feng
产独龙江（杨增红 8708）；海拔 1800 m；分布于贡山。15-3。

130 虎头兰 Cymbidium hookerianum H. G. Reichenbach
产独龙江（独龙江考察队 1433）；海拔 1350～2200 m；分布于贡山、福贡、保山。14-2。

131 黄蝉兰 Cymbidium iridioides D. Don
产丙中洛（王启无 66635）；海拔 1600～2500 m；分布于贡山、福贡、腾冲、龙陵。14-2。

132 寒兰 Cymbidium kanran Makino
产丙中洛（王启无 66960）；海拔 1470～1700 m；分布于贡山。14-3。

133 兔耳兰 Cymbidium lancifolium Hooker
产独龙江（独龙江考察队 3082）；海拔 1560～2900 m；分布于贡山、腾冲。7。

134 碧玉兰 Cymbidium lowianum (H. G. Reichenbach) H. G. Reichenbach
产五合（Forrest 8365）；海拔 1800 m；分布于腾冲。14-1。

135 大雪兰 Cymbidium mastersii Griffith ex Lindley
产铜壁关（据《云南铜壁关自然保护区科学考察研究》）；海拔 1500～1650 m；分布于盈江。7。

136 斑舌兰 Cymbidium tigrinum E. C. Parish ex Hooker
产茨开（金效华 s.n.）；海拔 1470 m；分布于贡山。14-2。

137 西藏虎头兰 Cymbidium tracyanum L. Castle
产茨开（金效华 s.n.）；海拔 1400～2300 m；分布于贡山。14-1。

138 雅致杓兰 Cypripedium elegans Reichb
产丙中洛（Handel-Mazzett 9513）；海拔 3600～3700 m；分布于贡山。14-2。

139 华西杓兰 Cypripedium farreri W. W. Smith
产丙中洛（高黎贡山考察队 14989）；海拔 3100 m；分布于贡山。15-1。

140 黄花杓兰 Cypripedium flavum P. F. Hunt & Summerhayes
产丙中洛（怒江考察队 790304）；海拔 1570～2600 m；分布于贡山。15-1。

141 紫点杓兰 Cypripedium guttatum Swartz
产独龙江（南水北调队 9451）；海拔 3100～4100 m；分布于贡山。8。

142 绿花杓兰 Cypripedium henryi Rolfe
产茨开（高黎贡山考察队 14499）；海拔 1600～1970 m；分布于贡山。15-1。

143 西藏杓兰 Cypripedium tibeticum King ex Rolfe
产独龙江（怒江考察队 790367）；海拔 3600 m；分布于贡山。14-2。

144 束花石斛 Dendrobium chrysanthum Wallich ex Lindley
产丙中洛（青藏队 829284）；海拔 1000～2500 m；分布于贡山、福贡。14-2。

145 鼓槌石斛 Dendrobium chrysotoxum Lindley
产铜壁关（据《云南铜壁关自然保护区科学考察研究》）；海拔 500～1300 m；分布于盈江。7。

146 草石斛 Dendrobium compactum Rolfe ex W. Hackett
产五合（高黎贡山考察队 23794）；海拔 2186 m；分布于腾冲、龙陵。14-1。

147 兜唇石斛 Dendrobium cucullatum R. Brown
产上江（刘伟心 225）；海拔 1500 m；分布于贡山、泸水、龙陵。14-2。

148 叠鞘石斛 Dendrobium denneanum Kerr
产独龙江（独龙江考察队 1432）；海拔 1500～2700 m；分布于贡山。14-2。

149 密花石斛 Dendrobium densiflorum Wallich
产铜壁关（据《云南铜壁关自然保护区科学考察研究》）；海拔 600～1600 m；分布于盈江。7。

150 齿瓣石斛 Dendrobium devonianum Paxton
产铜壁关（吉占和 186）；海拔 1100～1870 m；分布于盈江。7。

151 串珠石斛 Dendrobium falconeri Hooker
产东山（高黎贡山考察队 30988）；海拔 2130 m；分布于腾冲。14-2。

152 流苏石斛 Dendrobium fimbriatum Hooker
产独龙江（高黎贡山考察队 15152）；海拔 1350～1550 m；分布于贡山、福贡。14-2。

153 尖刀唇石斛 Dendrobium heterocarpum Wallich ex Lindley
产铜壁关（据《云南铜壁关自然保护区科学考察研究》）；海拔 1550～1700 m；分布于盈江。7。

154 金耳石斛 Dendrobium hookerianum Lindley
产独龙江（独龙江考察队 3689）；海拔 1300～1900 m；分布于贡山、福贡、泸水。14-2。

155 小黄花石斛 Dendrobium jenkinsii Lindley
产铜壁关（杜凡、许先鹏 DX58）；海拔 780～1200 m；分布于盈江。7。

156 喇叭唇石斛 Dendrobium lituiflorum Lindley
产上江（刘伟心 225）；海拔 800～1600 m；分布于泸水。14-2。

157 长距石斛 Dendrobium longicornu Lindley
产潞江（高黎贡山考察队 13156）；海拔 1830～2200 m；分布于贡山、福贡、泸水、保山、腾冲、龙陵。14-2。

158 细茎石斛 Dendrobium moniliforme (Linnaeus) Sweet
产独龙江（独龙江考察队 4866）；海拔 1990～2220 m；分布于贡山、福贡、泸水。14-2。

159 石斛 Dendrobium nobile Lindley
产匹河（碧江队 317）；海拔 1000～1700 m；分布于贡山、福贡。14-2。

160 单葶草石斛 Dendrobium porphyrochilum Lindley
产界头（金效华 8172）；海拔 2700 m；分布于腾冲。14-2。

161 独龙石斛 Dendrobium praecintum H. G. Reichenbach
产独龙江（独龙江考察队 659）；海拔 1450 m；分布于贡山。14-2。

162 广西石斛 Dendrobium scoriarum W. W. Smith
产和顺（Forrest 8517）；海拔 1560 m；分布于腾冲。14-1。

163 梳唇石斛 Dendrobium strongylanthum H. G. Reichenbach
产上营（高黎贡山考察队 11542）；海拔 2020 m；分布于腾冲。14-1。

164 球花石斛 Dendrobium thyrsiflorum H. G. Reichenbach ex André
产猴桥（高黎贡山考察队 30474）；海拔 1910 m；分布于腾冲。14-2。

165 大苞鞘石斛 Dendrobium wardianum Warner
产五合（高黎贡山考察队 25011）；海拔 1850～1930 m；分布于腾冲。14-2。

166 黑毛石斛 Dendrobium williamsonii J. Day & H. G. Reichenbach
产界头（金效华 6746）；海拔 1000 m；分布于腾冲。14-2。

167 长苞尖药兰 Diphylax contigua (Tang & F. T. Wang) Tang, F. T. Wang & K. Y. Lang
产独龙江（独龙江考察队 1544）；海拔 1540～2800 m；分布于贡山、福贡、腾冲。15-3。

168 西南尖药兰 Diphylax uniformis (Tang & F. T. Wang) Tang, F. T. Wang & K. Y. Lang
产茨开（高黎贡山考察队 12713）；海拔 3000～3400 m；分布于贡山。15-1。

169 尖药兰 Diphylax urceolata (C. B. Clarke) J. D. Hooker
产丙中洛（王启无 67228）；海拔 2700～3750 m；分布于贡山。14-2。

170 合柱兰 Diplomeris pulchella D. Don
产独龙江（独龙江考察队 1544）；海拔 900～1540 m；分布于贡山、泸水。14-2。

171 蛇舌兰 Diploprora championii J. D. Hooker
产铜壁关（据《云南铜壁关自然保护区科学考察研究》）；海拔 1100～1400 m；分布于盈江。7。

172 宽叶厚唇兰 Epigeneium amplum (Lindley) Summerhayes
产独龙江（独龙江考察队 1343）；海拔 1350～1450 m；分布于贡山。14-2。

173 景东厚唇兰 Epigeneium fuscescens (Griffith) Summerhayes
产独龙江（独龙江考察队 3863）；海拔 1380～2300 m；分布于贡山、腾冲。14-2。

174 高黎贡厚唇兰 Epigeneium gaoligongense H. Yu & S. G. Zhang
产六库（H. Yu & S. Z. Zhang 101）；海拔 2500 m；分布于泸水。15-3。

175 双叶厚唇兰 Epigeneium rotundatum (Lindley) Summerhayes
产独龙江（独龙江考察队 783）；海拔 1604～2650 m；分布于贡山、福贡、泸水、腾冲、龙陵。14-2。

176 长爪厚唇兰 Epigeneium treutleri (J. D. Hooker) Ormerod
产独龙江（独龙江考察队 3863）；海拔 1300～2300 m；分布于贡山。14-2。

177 火烧兰 Epipactis helleborine (Linnaeus) Crantz
产丙中洛（王启无 9000）；海拔 1300～2530 m；分布于贡山、福贡。6。

178 大叶火烧兰 Epipactis mairei Schlechter
产六库（王启无 69720）；海拔 900～2000 m；分布于泸水。14-2。

179 裂唇虎舌兰 Epipogium aphyllum Swartz
产丙中洛（王启无 66580）；海拔 2350～3500 m；分布于贡山。10。

180 虎舌兰 Epipogium roseum (D. Don) Lindley
产芒宽（高黎贡山考察队 25400）；海拔 1520～1777 m；分布于保山、腾冲。4。

181 匍茎毛兰 Eria clausa King & Pantling
产铜壁关（据《云南铜壁关自然保护区科学考察研究》）；海拔 1300～1750 m；分布于盈江。7。

182 足茎毛兰 Eria coronaria (Lindley) H. G. Reichenbach
产独龙江（独龙江考察队 3134）；海拔 1100～2700 m；分布于贡山、福贡。14-2。

183 香港毛兰 Eria gagnepainii Hawkes et Heller
产茨开（高黎贡山考察队 14601）；海拔 1388～2240 m；分布于贡山、福贡、泸水、腾冲。15-1。

184 条纹毛兰 Eria vittata Lindley
产丙中洛（金效华 s.n.）；海拔 1600 m；分布于贡山。14-2。

185 毛梗兰 Eriodes barbata (Lindley) Rolfe
产和顺（金效华 s.n.）；海拔 1593 m；分布于腾冲。14-2。

186 花蜘蛛兰 Esmeralda clarkei H. G. Reichenbach
产五合（金效华 s n）；海拔 1600～2170 m；分布于腾冲。14-2。

187 长苞美冠兰 Eulophia bracteosa Lindley
产铜壁关（据《云南铜壁关自然保护区科学考察研究》）；海拔 1200～1400 m；分布于盈江。7。

188 黄花美冠兰 Eulophia flava (Lindley) J. D. Hooker
产铜壁关（据《云南铜壁关自然保护区科学考察研究》）；海拔 600～1100 m；分布于盈江。7。

189 紫花美冠兰 Eulophia spectabilis (Dennst) Suresh
产五合（Forrest 8186）；海拔 1800～2100 m；分布于腾冲。5。

190 滇金石斛 Flickingeria albopurpurea Seidenfaden
产独龙江（T. T. Yü 22055）；海拔 1600 m；分布于贡山。14-1。

191 斑唇盔花兰 Galearis wardii (W. W. Smith) P. F. Hunt
产丙中洛（高黎贡山考察队 149855）；海拔 4000 m；分布于贡山。15-1。

192 山珊瑚兰 Galeola faberi Rolfe
产独龙江（独龙江考察队 1181）；海拔 1250～2300 m；分布于贡山、福贡。15-1。

193 毛萼山珊瑚 Galeola lindleyana (J. D. Hooker & Thomson) H. G. Reichenbach
产独龙江（独龙江考察队 913）；海拔 1480～2620 m；分布于贡山、福贡、泸水、腾冲、龙陵。7。

194 二脊盆距兰 Gastrochilus affinis (King & Pantling) Schlechter
产架科底（金效华 6984）；海拔 2555 m；分布于福贡。14-2。

195 膜翅盆距兰 Gastrochilus alatus X. H. Jin & S. C. Chen
产丙中洛（金效华 6998）；海拔 2685～2750 m；分布于贡山、福贡。15-3。

196 盆距兰 Gastrochilus calceolaris (Buchanan-Hamilton ex Smith) D. Don
产独龙江（独龙江考察队 1288）；海拔 1570～2660 m；分布于贡山、福贡、泸水、保山、腾冲、龙陵。14-2。

197 列叶盆距兰 Gastrochilus distichus (Lindley) Kuntze
产潞江（高黎贡山考察队 18739）；海拔 1970～2660 m；分布于贡山、泸水、保山、腾冲、龙陵。14-2。

198 贡山盆距兰 Gastrochilus gongshanensis Z. H. Tsi
产丙中洛（王启无 71803）；海拔 3200 m；分布于贡山。15-3。

199 无茎盆距兰 Gastrochilus obliquus Kuntze
产铜壁关（据《云南铜壁关自然保护区科学考察研究》）；海拔 500～1330 m；分布于盈江。7。

200 滇南盆距兰 Gastrochilus platycalcaratus (Rolfe) Schlechter
产丙中洛（高黎贡山考察队 14211）；海拔 1570～2240 m；分布于贡山、腾冲。14-1。

201 小唇盆距兰 Gastrochilus pseudodistichus (King & Pantling) Schlechter
产丙中洛（王启无 67560）；海拔 2500 m；分布于贡山。14-2。

202 天麻 Gastrodia elata Blume

产独龙江（金效华 s.n.）；海拔 2000 m；分布于贡山。14-1。

203 夏天麻 Gastrodia flavilabella S. S. Ying

产独龙江（金效华 7932）；海拔 2000 m；分布于贡山。15-1。

204 高黎贡斑叶兰 Goodyera dongchenii var. gongligongensis X. H. Jin & S. C. Chen

产独龙江（金效华 8380）；海拔 2400 m；分布于贡山。15-3。

205 多叶斑叶兰 Goodyera foliosa (Lindley) Bentham ex C. B. Clarke

产独龙江（冯国楣 24376）；海拔 1300～2000 m；分布于贡山、福贡。14-1。

206 光萼斑叶兰 Goodyera henryi Rolfe

产独龙江（独龙江考察队 264）；海拔 1500～1700 m；分布于贡山、福贡、保山、腾冲。14-3。

207 高斑叶兰 Goodyera procera (Ker Gawler) Hooker

产片马（刘伟心 220）；海拔 1300～1500 m；分布于福贡、泸水。7。

208 长苞斑叶兰 Goodyera recurva Lindley

产六库（朱维明等 lu-2）；海拔 2520～2800 m；分布于福贡、泸水。14-2。

209 小斑叶兰 Goodyera repens (Linnaeus) R. Brown

产丙中洛（高黎贡山考察队 33077）；海拔 2500～3800 m；分布于贡山、泸水。8。

210 斑叶兰 Goodyera schlechtendaliana H. G. Reichenbacher

产镇安（高黎贡山考察队 13026）；海拔 1550～2100 m；分布于贡山、福贡、腾冲、龙陵。7。

211 绒叶斑叶兰 Goodyera velutina Maximowicz ex Regel

产铜壁关（据《云南铜壁关自然保护区科学考察研究》）；海拔 1300～1840 m；分布于盈江。14-3。

212 绿花斑叶兰 Goodyera viridiflora (Blume) Lindley ex D. Dietrich

产上营（金效华 s.n.）；海拔 1600 m；分布于腾冲。5。

213 秀丽斑叶兰 Goodyera vittata (lindley) Bentham ex J. D. Hooker

产芒宽（高黎贡山考察队 18882）；海拔 2220 m；分布于保山。14-2。

214 川滇斑叶兰 Goodyera yunnanensis Schlechter

产茨开（金效华 8354）；海拔 2600～3900 m；分布于贡山。15-1。

215 短距手参 Gymnadenia crassinervis Finet

产丙中洛（王启无 67429）；海拔 2800 m；分布于贡山。15-1。

216 西南手参 Gymnadenia orchidis Lindley

产独龙江（独龙江考察队 3272）；海拔 2300～3720 m；分布于贡山、福贡。14-2。

217 凸孔坡参 Habenaria acuifera Wallich ex Lindley

产铜壁关（据《云南铜壁关自然保护区科学考察研究》）；海拔 2030～2340 m；分布于盈江。7。

218 毛葶玉凤花 Habenaria ciliolaris Kraenzlin

产铜壁关（据《云南铜壁关自然保护区科学考察研究》）；海拔 1400～1950 m；分布于盈江。7。

219 厚瓣玉凤花 Habenaria delavayi Finet

产独龙江（T. T. Yü 22158）；海拔 1500～2900 m；分布于贡山。15-1。

220 鹅毛玉凤花 Habenaria dentata (Swartz) Schlechter

产潞江（高黎贡山考察队 18398）；海拔 1520～1800 m；分布于贡山、福贡、保山、腾冲。14-1。

221 齿片玉凤花 Habenaria finetiana Schlechter

产铜壁关（据《云南铜壁关自然保护区科学考察研究》）；海拔 2540 m；分布于盈江。15-1。

222 南方玉凤花 Habenaria malintana (Blanco) Merrill

产蒲川（尹文清 60-1415）；海拔 850～2300 m；分布于腾冲。7。

223 裂瓣角盘兰 Herminium alaschanicum Maximowicz

产铜壁关（据《云南铜壁关自然保护区科学考察研究》）；海拔 2100 m；分布于盈江。14-1。

224 扇唇舌喙兰 Hemipilia flabellata Bureau & Franchet

产丙中洛（高黎贡山考察队 14994）；海拔 1500～2900 m；分布于贡山。15-1。

225 长距舌喙兰 Hemipilia forrestii Rolfe

产潞江（高黎贡山考察队 18401）；海拔 1800 m；分布于保山。15-1。

226 狭唇角盘兰 Herminium angustilabre King & Pantlng

产茨开（青藏队 82-8543）；海拔 3500 m；分布于贡山。14-2。

227 厚唇角盘兰 Herminium carnosilabre Tang & Wang

产独龙江（T. T. Yü 20244）；海拔 3200～3600 m；分布于贡山。15-3。

228 无距角盘兰 Herminium ecalcaratum (Finet) Schlechter

产上帕（金效华 7913）；海拔 2500～3200 m；分布于福贡。15-1。

229 宽卵角盘兰 Herminium josephii H. G. Reichenbach

产丙中洛（高黎贡山考察队 14986）；海拔 4000 m；分布于贡山。14-2。

230 叉唇角盘兰 Herminium lanceum (Thunberg ex Swartz) Vuijk

产茨开（怒江考察队 1263）；海拔 3000～3600 m；分布于贡山、福贡、泸水、腾冲、龙陵。7。

231 西藏角盘兰 Herminium orbiculare J. D. Hooker

产茨开（金效华 7985）；海拔 3200 m；分布于贡山。14-2。

232 秀丽角盘兰 Herminium quinquelobum King & Plantling

产独龙江（青藏队 82-9908）；海拔 2200 m；分布于贡山。14-2。

233 披针唇角盘兰 Herminium singulum Tang & F. T. Wang

产利沙底（高黎贡山考察队 26839）；海拔 2510～3640 m；分布于贡山、福贡。15-1。

234 宽萼角盘兰 Herminium souliei (Finet) Rolfe

产匹河（高黎贡山考察队 27292）；海拔 1460～2040 m；分布于贡山、福贡、泸水。15-1。

235 爬兰 Herpysma longicaulis Lindley

产明光（Forrest 9378）；海拔 2100～2200 m；分布于腾冲。7。

236 管叶槽舌兰 Holcoglossum kimballianum (H. G. Reichenbach) Garay

产铜壁关（据《云南铜壁关自然保护区科学考察研究》）；海拔 1500 m；分布于盈江。7。

237 怒江槽舌兰 Holcoglossum nujiangense X. H. Jin & S. C. Chen

产架科底（金效华 6930）；海拔 2400～3000 m；分布于福贡。15-3。

238 中华槽舌兰 Holcoglossum sinicum Christenson

产明光（金效华 8940）；海拔 2600～3200 m；分布于腾冲。15-3。

239 锡金盂兰 Lecanorchis sikkimensis N. Pearce & P. J. Cribb

产猴桥（金效华 8197）；海拔 2100 m；分布于腾冲。14-2。

240 扁茎羊耳蒜 Liparis assamica King & Pantling
产独龙江（独龙江考察队 4463）；海拔 1300～2100 m；分布于贡山、腾冲。15-2。

241 圆唇羊耳蒜 Liparis balansae Gagnepain
产龙江（高黎贡山考察队 17571）；海拔 2210～2230 m；分布于保山、龙陵。14-1。

242 折唇羊耳蒜 Liparis bistriata C. S. P. Parish & H. G. Reichenbach
产铜壁关（据《云南铜壁关自然保护区科学考察研究》）；海拔 1500～1920 m；分布于盈江。7。

243 镰翅羊耳蒜 Liparis bootanensis Griffith
产独龙江（独龙江考察队 868）；海拔 1300～1800 m；分布于贡山、福贡。7。

244 羊耳蒜 Liparis campylostalix H. G. Reichenbach
产丙中洛（王启无 66904）；海拔 2070～2500 m；分布于贡山。14-3。

245 二褶羊耳蒜 Liparis cathcartii J. D. Hooker
产茨开（高黎贡山考察队 12177）；海拔 1950 m；分布于贡山。14-2。

246 丛生羊耳蒜 Liparis cespitosa (Lamarck) Lindley
产独龙江（独龙江考察队 922）；海拔 1100～2150 m；分布于贡山、保山。4。

247 平卧羊耳蒜 Liparis chapaensis Gagnepain
产独龙江（独龙江考察队 4722）；海拔 1400～2500 m；分布于贡山。14-1。

248 心叶羊耳蒜 Liparis cordifolia J. D. Hooker
产独龙江（T. T. Yü 19422）；海拔 1000～2000 m；分布于贡山。14-2。

249 小巧羊耳蒜 Liparis delicatula J. D. Hooker
产独龙江（独龙江考察队 1560）；海拔 900～1900 m；分布于贡山、腾冲。14-2。

250 大花羊耳蒜 Liparis distans C. B. Clarke
产独龙江（独龙江考察队 4260）；海拔 1390～2170 m；分布于贡山、福贡、龙陵。14-2。

251 扁球羊耳蒜 Liparis elliptica Wight
产独龙江（冯国楣 24356）；海拔 1800 m；分布于贡山。5。

252 绿虾虾膜花 Liparis forrestii Rolfe
产明光（Forrest 261）；海拔 2100 m；分布于腾冲。15-3。

253 尖唇羊耳蒜 Liparis gamblei J. D. Hooker
产明光（金效华 9058）；海拔 2100 m；分布于腾冲。

254 方唇羊耳蒜 Liparis glossula H. G. Reichenbach
产独龙江（独龙江考察队 980）；海拔 1400～2410 m；分布于贡山、龙陵。14-2。

255 见血青 Liparis nervosa (Thunberg) Lindley
产独龙江（独龙江考察队 3836）；海拔 1400～2800 m；分布于贡山、泸水、保山、腾冲、龙陵。2。

256 香花羊耳蒜 Liparis odorata (Willdenow) Lindley
产明光（Forrest 8829）；海拔 1200 m；分布于腾冲。5。

257 柄叶羊耳蒜 Liparis petiolata (D. Don) P. F. Hunt & Summerh.
产铜壁关（据《云南铜壁关自然保护区科学考察研究》）；海拔 1300～1820 m；分布于盈江。7。

258 小花羊耳蒜 Liparis platyrachis J. D. Hooker
产龙江（高黎贡山考察队 18007）；海拔 1960～3100 m；分布于福贡、腾冲、龙陵。14-2。

259 蕊丝羊耳蒜 Liparis resupinata Ridley
产独龙江（独龙江考察队 847）；海拔 1320～2100 m；分布于贡山、保山、腾冲。14-2。

260 齿突羊耳蒜 Liparis rostrata H. G. Reichenbach
产片马（高黎贡山考察队 23263）；海拔 1886～1950 m；分布于泸水。14-2。

261 扇唇羊耳蒜 Liparis stricklandiana H. G. Reichenbach
产独龙江（独龙江考察队 937）；海拔 1300～1780 m；分布于贡山、福贡、腾冲。14-2。

262 长茎羊耳蒜 Liparis viridiflora (Blume) Lindley
产江桥（南水北调队 8009）；海拔 880～2300 m；分布于泸水、腾冲。5。

263 血叶兰 Ludisia discolor (Ker Gawl.) Blume
产铜壁关（据《云南铜壁关自然保护区科学考察研究》）；海拔 900～1100 m；分布于盈江。7。

264 长瓣钗子股 Luisia filiformis J. D. Hooker
产铜壁关（据《云南铜壁关自然保护区科学考察研究》）；海拔 350～1600 m；分布于盈江。7。

265 紫唇钗子股 Luisia macrotis H. G. Reichenbach
产上江（金效华 6944）；海拔 2500 m；分布于泸水。14-2。

266 沼兰 Malaxis monophyllos (Linnaeus) Swartz
产五合（高黎贡山考察队 17205）；海拔 1335～3050 m；分布于贡山、福贡、泸水、保山、腾冲、龙陵。8。

267 短瓣兰 Monomeria barbata Lindley
产独龙江（冯国楣 24397）；海拔 1600 m；分布于贡山。14-2。

268 指叶拟毛兰 Mycaranthes pannea (Lindley) S. C. Chen & J. J. Wood
产铜壁关（据《云南铜壁关自然保护区科学考察研究》）；海拔 630～1200 m；分布于盈江。7。

269 日本全唇兰 Myrmechis japonica (H. G. Reichenbach) Rolfe
产独龙江（T. T. Yü 19662）；海拔 2600 m；分布于贡山。14-3。

270 矮全唇兰 Myrmechis pumila (J. D. Hooker) Tang & F. T. Wang
产丙中洛（Handel-Mazzett 9919）；海拔 2800 m；分布于贡山。14-1。

271 宽瓣全唇兰 Myrmechis urceolata Tang & K. Y. Lang
产猴桥（金效华 9141）；海拔 1000 m；分布于腾冲。15-1。

272 新型兰 Neogyna gardneriana (Lindley) H. G. Reichenbach
产上营（高黎贡山考察队 11434）；海拔 1560～1810 m；分布于腾冲、龙陵。14-2。

273 尖唇鸟巢兰 Neottia acuminata Schlechter
产茨开（高黎贡山考察队 16713）；海拔 2750～3000 m；分布于贡山、福贡。14-1。

274 高山对叶兰 Neottia bambusetorum (Handel-Mazzetti) Szlachetko
产茨开（Handel-Mazzett 9238）；海拔 3200～3350 m；分布于贡山。15-3。

275 短茎对叶兰 Neottia brevicaulis (King & Pantling) Szlachetko
产丙中洛（金效华 8357）；海拔 3300 m；分布于贡山。14-2。

276 叉唇对叶兰 Neottia divaricata (Panigrahi & P. Taylor) Szlachetko
产打巴底（高黎贡山考察队 16772）；海拔 3110 m；分布于贡山。14-2。

277 福贡对叶兰 Neottia fugongensis X. H. Jin

产上帕（金效华 7914）；海拔 2600 m；分布于福贡。15-3。

278 卡氏对叶兰 Neottia karoana Szlachetko

产丙中洛（高黎贡山考察队 31293）；海拔 3980～4030 m；分布于贡山。14-2。

279 高山鸟巢兰 Neottia listeroides Lindley

产独龙江（怒江考察队 790965）；海拔 1500 m；分布于贡山。14-2。

280 西藏对叶兰 Neottia pinetorum (Lindley) Szlachetko

产独龙江（独龙江考察队 6476）；海拔 2300～2500 m；分布于贡山。14-2。

281 大花对叶兰 Neottia wardii (Rolfe) Szlachetko

产丙中洛（王启无 65127）；海拔 2443～2600 m；分布于贡山。15-1。

282 淡黄花兜被兰 Neottianthe luteola K. Y. Lang & S. C. Chen

产丙中洛（王启无 67260）；海拔 4000 m；分布于贡山。15-2。

283 侧花兜被兰 Neottianthe secundiflora Schlechter

产茨开（蔡希陶 57719）；海拔 3000 m；分布于贡山。14-2。

284 广布芋兰 Nervilia aragoana Gaudichaud

产丙中洛（青藏队 82-7856）；海拔 1500～2300 m；分布于贡山。5。

285 毛唇芋兰 Nervilia fordii Schlechter

产铜壁关（据《云南铜壁关自然保护区科学考察研究》）；海拔 550～1700 m；分布于盈江。7。

286 七角叶芋兰 Nervilia mackinnonii (Duthie) Schlechter

产片马（高黎贡山考察队 9983）；海拔 1700 m；分布于泸水、腾冲。14-2。

287 怒江兰 Nujiangia griffithii (J. D. Hooker) X. H. Jin & D. Z. Li

产丙中洛（金效华 10879）；海拔 1525 m；分布于贡山。14-2。

288 显脉鸢尾兰 Oberonia acaulis Griffith

产独龙江（金效华 7926）；海拔 1000～2400 m；分布于贡山。14-2。

289 狭叶鸢尾兰 Oberonia caulescens Lindley

产独龙江（独龙江考察队 4275）；海拔 1820～2500 m；分布于贡山、泸水、保山、腾冲。14-2。

290 剑叶鸢尾兰 Oberonia ensiformis (Smith) Lindley

产六库（金效华 9260）；海拔 900 m；分布于泸水。14-2。

291 短耳鸢尾兰 Oberonia falconeri J. D. Hooker

产芒宽（高黎贡山考察队 13574）；海拔 1680～2200 m；分布于泸水、保山、腾冲、龙陵。14-2。

292 条裂鸢尾兰 Oberonia jenkinsiana Griffith ex Lindley

产独龙江（独龙江考察队 4553）；海拔 1100～2700 m；分布于贡山、腾冲。14-2。

293 广西鸢尾兰 Oberonia kwangsiensis Seidenfaden

产独龙江（青藏队 82-9205）；海拔 1300～1400 m；分布于贡山。14-1。

294 全唇鸢尾兰 Oberonia integerrima Guillaumin

产铜壁关（据《云南铜壁关自然保护区科学考察研究》）；海拔 1050～1450 m；分布于盈江。7。

295 阔瓣鸢尾兰 Oberonia latipetala L. O. Williams

产独龙江（冯国楣 24353）；海拔 1700～2200 m；分布于贡山、腾冲。15-2。

296 小花鸢尾兰 Oberonia mannii J. D. Hooker
产五合（高黎贡山考察队 15043）；海拔 2146～2167 m；分布于保山、腾冲。14-2。

297 扁葶鸢尾兰 Oberonia pachyrachis H. G. Reichenbach ex J. D. Hooker
产铜壁关（据《云南铜壁关自然保护区科学考察研究》）；海拔 2020～2100 m；分布于盈江。7。

298 裂唇鸢尾兰 Oberonia pyrulifera Lindley
产上帕（金效华 7939）；海拔 1900～2000 m；分布于贡山、福贡。14-2。

299 圆柱叶鸢尾兰 Oberonia teres Kerr
产六库（金效华 7029）；海拔 2400 m；分布于泸水。14-1。

300 小齿唇兰 Odontochilus crispus (Lindley) J. D. Hooker
产独龙江（王启无 67039）；海拔 1800～1903 m；分布于贡山、龙陵。14-2。

301 西南齿唇兰 Odontochilus elwesii C. B. Clarke ex J. D. Hooker
产独龙江（青藏队 82-9049）；海拔 1500～1700 m；分布于贡山。14-2。

302 齿唇兰 Odontochilus lanceolatus (Lindley) Blume
产独龙江（独龙江考察队 4221）；海拔 1100～1900 m；分布于贡山、福贡、保山。14-2。

303 齿爪齿唇兰 Odontochilus poilanei (Gagnepain) Ormerod
产明光（金效华 9392）；海拔 1800 m；分布于腾冲。14-3。

304 短梗山兰 Oreorchis erythrochrysea Handelli- Mazzetti
产独龙江（独龙江考察队 6515）；海拔 2200～4000 m；分布于贡山、腾冲。15-1。

305 囊唇山兰 Oreorchis foliosa var. **indica** (Lindley) N. Pearce & P. J. Cribb
产独龙江（Forrest 19075）；海拔 2200～3000 m；分布于贡山、腾冲。14-1。

306 硬叶山兰 Oreorchis nana Schlechter
产茨开（青藏队 82-7794）；海拔 2950 m；分布于贡山。15-1。

307 山兰 Oreorchis patens (Lindley) Lindley
产猴桥（南水北调队 6999）；海拔 1800～2600 m；分布于贡山、腾冲。14-3。

308 盈江羽唇兰 Ornithochilus yingjiangensis Z. H. Tsi
产五合（金效华 s.n.）；海拔 1980 m；分布于腾冲。15-2。

309 白花耳唇兰 Otochilus albus Lindley
产六库（横断山队 81-55）；海拔 1400～1950 m；分布于贡山、泸水。14-2。

310 狭叶耳唇兰 Otochilus fuscus Lindley
产独龙江（独龙江考察队 4411）；海拔 1300～1980 m；分布于贡山、泸水、腾冲、龙陵。14-2。

311 宽叶耳唇兰 Otochilus lancilabius Seidenfaden
产潞江（高黎贡山考察队 13179）；海拔 2100～2290 m；分布于保山、腾冲。14-2。

312 耳唇兰 Otochilus porrectus Lindley
产独龙江（独龙江考察队 423）；海拔 1280～2405 m；分布于贡山、福贡、泸水、保山、腾冲、龙陵。14-2。

313 平卧曲唇兰 Panisea cavaleriei Schlechter
产片马（高黎贡山考察队 10372）；海拔 2330 m；分布于泸水。15-2。

314 杏黄兜兰 Paphiopedilum armeniacum S. C. Chen & F. Y. Liu
产碧江（张敖罗 7901）；海拔 1400～2100 m；分布于福贡。15-3。

315 虎斑兜兰 Paphiopedilum markianum Fowlie
产麦奋（s.n.）；海拔 2300 m；分布于泸水。15-3。

316 滇南白蝶兰 Pecteilis henryi Schlechter
产铜壁关（据《云南铜壁关自然保护区科学考察研究》）；海拔 1380～1700 m；分布于盈江。7。

317 龙头兰 Pecteilis susannae (Linnaeus) Rafinesque
产马站（李生堂 80-344）；海拔 2100 m；分布于腾冲。7。

318 心启兰 Penkimia nagalandensis Phukan & Odyuo
产明光（金效华 8923）；海拔 1600～2000 m；分布于腾冲。14-2。

319 小花阔蕊兰 Peristylus affinis (D. Don) Seidenfaden
产独龙江（青藏队 82-8077）；海拔 1700～3000 m；分布于贡山。14-2。

320 条叶阔蕊兰 Peristylus bulleyi (Rolfe) K. Y. Lang
产上营（金效华 7962）；海拔 2200 m；分布于腾冲。15-1。

321 长须阔蕊兰 Peristylus calcaratus (Rolfe) S. Y. Hu
产独龙江（T. T. Yü 20520）；海拔 1200～1700 m；分布于贡山。14-1。

322 凸孔阔蕊兰 Peristylus coeloceras Finet
产碧江（T. T. Yü 7175）；海拔 3450～3600 m；分布于福贡。14-1。

323 大花阔蕊兰 Peristylus constrictus (Lindley) Lindley
产明光（Forrest 8625）；海拔 1500～2000 m；分布于腾冲。14-2。

324 狭穗阔蕊兰 Peristylus densus (Lindley) Santapau & Kapadia
产利沙底（高黎贡山考察队 28318）；海拔 2000～2620 m；分布于福贡、腾冲。14-3。

325 阔蕊兰 Peristylus goodyeroides Lindley
产铜壁关（据《云南铜壁关自然保护区科学考察研究》）；海拔 2300 m；分布于盈江。7。

326 纤茎阔蕊兰 Peristylus mannii (H. G. Reichenbach) Mukerjee
产龙江（高黎贡山考察队 17877）；海拔 1905 m；分布于龙陵。14-2。

327 小巧阔蕊兰 Peristylus nematocaulon (J. D. Hooker) Banerji & P. Pradhan
产利沙底（高黎贡山考察队 27028）；海拔 3560 m；分布于贡山、福贡。14-2。

328 高山阔蕊兰 Peristylus superanthus J. J. Wood
产茨开（金效华 9165）；海拔 3388 m；分布于贡山。14-2。

329 黄花鹤顶兰 Phaius flavus (Blume) Lindley
产丙中洛（冯国楣 8007）；海拔 2100～2500 m；分布于贡山、福贡。7。

330 鹤顶兰 Phaius tancarvilleae (Banks) Blume
产碧江（怒江考察队 1955）；海拔 900～1700 m；分布于福贡、泸水。5。

331 滇西蝴蝶兰 Phalaenopsis stobartiana H. G. Reichenbach
产五合（金效华 s.n.）；海拔 1980 m；分布于腾冲。15-2。

332 小尖囊蝴蝶兰 Phalaenopsis taenialis (Lindley) Christenson & Pradhan
产丙中洛（高黎贡山考察队 14992）；海拔 1600～2900 m；分布于贡山、保山。14-2。

333 华西蝴蝶兰 Phalaenopsis wilsonii Rolfe
产上营（高黎贡山考察队 11506）；海拔 1510～1740 m；分布于贡山、腾冲。14-1。

334 节茎石仙桃 Pholidota articulata Lindley

产独龙江（独龙江考察队 3690）；海拔 1050～2160 m；分布于贡山、福贡、泸水、龙陵。7。

335 石仙桃 Pholidota chinensis Lindley

产独龙江（独龙江考察队 5047）；海拔 1140～1570 m；分布于贡山、福贡、泸水。14-1。

336 凹唇石仙桃 Pholidota convallariae (E. C. Parish & H. G. Reichenbach) J. D. Hooker

产明光（Forrest 7799）；海拔 1500 m；分布于腾冲。14-2。

337 宿苞石仙桃 Pholidota imbricata Hooker

产独龙江（独龙江考察队 869）；海拔 1300～1660 m；分布于贡山、龙陵。5。

338 尖叶石仙桃 Pholidota missionariorum Gagnepain

产丙中洛（高黎贡山考察队 23271）；海拔 1560～2000 m；分布于贡山。14-2。

339 尾尖石仙桃 Pholidota protracta J. D. Hooker

产独龙江（独龙江考察队 4874）；海拔 1300～2430 m；分布于贡山、腾冲。14-2。

340 云南石仙桃 Pholidota yunnanensis Rolfe

产六库（横断山队 81-57）；海拔 1200 m；分布于泸水。14-1。

341 钝叶苹兰 Pinalia acervata Kuntze

产铜壁关（据《云南铜壁关自然保护区科学考察研究》）；海拔 1000～1420 m；分布于盈江。7。

342 粗茎苹兰 Pinalia amica (H. G. Reichenbach) Kuntze

产丙中洛（高黎贡山考察队 14995）；海拔 1000～2900 m；分布于贡山、泸水、腾冲。14-2。

343 反苞苹兰 Pinalia excavata Kuntze

产铜壁关（据《云南铜壁关自然保护区科学考察研究》）；海拔 1300～1400 m；分布于盈江。14-2。

344 禾叶苹兰 Pinalia graminifolia (Lindley) Kuntze

产独龙江（独龙江考察队 3156）；海拔 1700～2700 m；分布于贡山、福贡、泸水、保山。14-2。

345 长苞苹兰 Pinalia obvia (W. W. Smith) S. C. Chen & J. J. Wood

产茨开（Forrest 11762）；海拔 1300～2100 m；分布于贡山。15-1。

346 密花苹兰 Pinalia spicata (D. Don) S. C. Chen & J. J. Wood

产潞江（高黎贡山考察队 13113）；海拔 1390～2050 m；分布于贡山、福贡、保山、龙陵。14-2。

347 鹅白苹兰 Pinalia stricta (Lindley) Kuntze

产镇安（高黎贡山考察队 10734）；海拔 1850～1980 m；分布于保山、腾冲、龙陵。14-2。

348 滇藏舌唇兰 Platanthera bakeriana (King & Pantling) Kraenzlin

产丙中洛（金效华 7984）；海拔 2700 m；分布于贡山、福贡、腾冲。14-2。

349 察瓦龙舌唇兰 Platanthera chiloglossa (Tang & F. T. Wang) K. Y. Lang

产子里甲（碧江队 1172）；海拔 2700～3200 m；分布于贡山、福贡。15-1。

350 弓背舌唇兰 Platanthera curvata K. Y. Lang

产茨开（金效华 s.n.）；海拔 2800 m；分布于贡山。15-1。

351 高原舌唇兰 Platanthera exelliana Soó

产洛本卓（高黎贡山考察队 25955）；海拔 3450～3700 m；分布于贡山、福贡、泸水。14-2。

352 贡山舌唇兰 Platanthera handel-mazzettii K. Inoue

产丙中洛（s.n.）；海拔 2600～3800 m；分布于贡山。15-3。

353 高黎贡舌唇兰 Platanthera herminioides Tang & Wang
产茨开（T. T. Yü 19763）；海拔 3800 m；分布于贡山。15-3。

354 密花舌唇兰 Platanthera hologlottis Maximowicz
产明光（Forrest 8148）；海拔 3200 m；分布于腾冲。14-3。

355 舌唇兰 Platanthera japonica (Thunberg) Lindley
产丙中洛（高黎贡山考察队 14979）；海拔 2130～3560 m；分布于贡山、福贡、泸水、保山。14-3。

356 白鹤参 Platanthera latilabris Lindley
产腊勐（王启无 90178）；海拔 1800～2900 m；分布于贡山、腾冲、龙陵。14-2。

357 条叶舌唇兰 Platanthera leptocaulon (J. D. Hooker) Sóo
产鹿马登（高黎贡山考察队 28027）；海拔 3000～3640 m；分布于贡山、福贡。14-2。

358 小舌唇兰 Platanthera minor (Miquel) H. G. Reichenbach
产利沙底（高黎贡山考察队 26839）；海拔 2510～3120 m；分布于福贡、腾冲。14-1。

359 齿瓣舌唇兰 Platanthera oreophila Schlechter
产上帕（T. T. Yü 7178）；海拔 3500～3600 m；分布于福贡。15-1。

360 棒距舌唇兰 Platanthera roseotincta (W. W. Smith) T. Tang & F. T. Wang
产独龙江（高黎贡山考察队 16878）；海拔 3010～3980 m；分布于贡山、福贡。14-1。

361 长瓣舌唇兰 Platanthera sikkimensis (J. D. Hooker) Kraenzlin
产独龙江（金效华 s.n.）；海拔 2300 m；分布于贡山。14-2。

362 滇西舌唇兰 Platanthera sinica Tang & F. T. Wang
产尼瓦洛（T. T. Yü 19244）；海拔 2800 m；分布于贡山。15-2。

363 条瓣舌唇兰 Platanthera stenantha (J. D. Hooker) Sóo
产洛本卓（高黎贡山考察队 25902）；海拔 3500～4030 m；分布于贡山、福贡、泸水。14-2。

364 独龙江舌唇兰 Platanthera stenophylla Tang & F. T. Wang
产丙中洛（王启无 67106）；海拔 2500 m；分布于贡山。15-1。

365a 黄花独蒜兰 Pleione forrestii Schlechter
产利沙底（高黎贡山考察队 28621）；海拔 3840 m；分布于福贡、腾冲。15-2。

365b 白瓣独蒜兰 Pleione forrestii var. **alba** (H. Li & G. H. Feng) P. J. Cribb
产茨开（高黎贡山考察队 9646）；海拔 2700 m；分布于贡山。15-2。

366 疣鞘独蒜兰 Pleione praecox (Smith) D. Don
产独龙江（金效华 6747）；海拔 2400～2500 m；分布于贡山。14-2。

367 岩生独蒜兰 Pleione saxicola Tang & F. T. Wang ex S. C. Chen
产丙中洛（冯国楣 1714）；海拔 2400～2500 m；分布于贡山。14-2。

368 二叶独蒜兰 Pleione scopulorum W. W. Smith
产丙中洛（高黎贡山考察队 14982）；海拔 2580～3700 m；分布于贡山、福贡。14-2。

369 云南独蒜兰 Pleione yunnanensis Finet
产四季桶（王启无 67430）；海拔 2250～2700 m；分布于贡山。14-1。

370 朱兰 Pogonia japonica H. G. Reichenbach
产铜壁关（据《云南铜壁关自然保护区科学考察研究》）；海拔 2350～2500 m；分布于盈江。14-3。

371 云南朱兰 **Pogonia yunnanensis** Finet
产茨开（高黎贡山考察队 11931）；海拔 2300～2600 m；分布于贡山、福贡。15-1。

372 多穗兰 **Polystachya concreta** (Jacquin) Garay & H. R. Sweet
产铜壁关（据《云南铜壁关自然保护区科学考察研究》）；海拔 1900～2400 m；分布于盈江。2。

373 黄花小红门兰 **Ponerorchis chrysea** (W. W. Smith) Soó
产丙中洛（Forrest 14738）；海拔 3000～3300 m；分布于贡山。14-2。

374 广布小红门兰 **Ponerorchis chusua** (D. Don) Soó
产丙中洛（高黎贡山考察队 14990）；海拔 2600～3100 m；分布于贡山、福贡、泸水。14-1。

375 盾柄兰 **Porpax ustulata** (E. C. Parish & H. G. Reichenbach) Rolfe
产猴桥（金效华 8196）；海拔 2200 m；分布于腾冲。14-1。

376 艳丽菱兰 **Rhomboda moulmeinensis** (E. C. Parish & H. G. Reichenbach) Ormerod
产独龙江（独龙江考察队 4447）；海拔 1380 m；分布于贡山。14-1。

377 钻喙兰 **Rhynchostylis retusa** (L.) Blume
产铜壁关（据《云南铜壁关自然保护区科学考察研究》）；海拔 400～1460 m；分布于盈江。7。

378 紫茎兰 **Risleya atropurpurea** King & Pantling
产茨开（金效华 9174）；海拔 2900～3700 m；分布于贡山。14-2。

379a 鸟足兰 **Satyrium nepalense** D. Don
产独龙江（独龙江考察队 1895）；海拔 1420～3880 m；分布于贡山、泸水、保山。14-2。

379b 缘毛鸟足兰 **Satyrium nepalense** var. **ciliatum** (Lindley) J. D. Hooker
产铜壁关（据《云南铜壁关自然保护区科学考察研究》）；海拔 2100～2370 m；分布于盈江。14-2。

380 萼脊兰 **Sedirea japonica** (Linden & H. G. Reichenbach) Garay & H. R. Sweet
产铜壁关（吉占和 188）；海拔 1300 m；分布于盈江。14-3。

381 匙唇兰 **Schoenorchis gemmata** (Lindley) J. J. Smith
产独龙江（独龙江考察队 1718）；海拔 1350～1750 m；分布于贡山。14-2。

382 反唇兰 **Smithorchis calceoliformis** (W. W. Smith) Tang & F. T. Wang
产丙中洛（T. T. Yü 20244）；海拔 3200 m；分布于贡山。15-2。

383 紫花苞舌兰 **Spathoglottis plicata** Blume
产上营（高黎贡山考察队 18060）；海拔 1320～1338 m；分布于腾冲。5。

384 苞舌兰 **Spathoglottis pubescens** Lindley
产上营（高黎贡山考察队 9982）；海拔 1540～1700 m；分布于腾冲。14-2。

385 绶草 **Spiranthes sinensis** (Persoon) Ames
产茨开（高黎贡山考察队 14401）；海拔 2180 m；分布于贡山、福贡、腾冲、龙陵。5。

386 黄花大苞兰 **Sunipia andersonii** (King & Pantling) P. F. Hunt
产五合（金效华 5884）；海拔 1980 m；分布于腾冲。14-2。

387 二色大苞兰 **Sunipia bicolor** Lindley
产独龙江（独龙江考察队 5445）；海拔 1900～2200 m；分布于贡山、保山、腾冲。14-2。

388 白花大苞兰 **Sunipia candida** (Lindley) P. F. Hunt
产独龙江（独龙江考察队 1121）；海拔 1360～2240 m；分布于贡山、保山、龙陵。14-2。

389 云南大苞兰 Sunipia cirrhata (Lindley) P. F. Hunt
产六库（金效华 9261）；海拔 900 m；分布于泸水。14-2。

390 少花大苞兰 Sunipia intermedia (King & Pantling) P. F. Hunt
产独龙江（独龙江考察队 4554）；海拔 2100 m；分布于贡山。14-2。

391 大苞兰 Sunipia scariosa Lindley
产上营（高黎贡山考察队 11418）；海拔 1530～1650 m；分布于腾冲。14-2。

392 带叶兰 Taeniophyllum glandulosum Blum
产猴桥（金效华 s.n.）；海拔 2200 m；分布于腾冲。5。

393 阔叶带唇兰 Tainia latifolia (Lindley) H. G. Reichenbach
产古登（刘伟心 114）；海拔 1400 m；分布于泸水。14-2。

394 滇南带唇兰 Tainia minor J. D. Hooker
产碧江（青藏队 82-7125）；海拔 2400 m；分布于福贡。14-2。

395 高褶带唇兰 Tainia viridifusca (Hooker) Bentham & J. D. Hooker
产铜壁关（吉占和 173）；海拔 800～1450 m；分布于盈江。7。

396 白点兰 Thrixspermum centipeda Loureiro
产铜壁关（据《云南铜壁关自然保护区科学考察研究》）；海拔 500～1000 m；分布于盈江。7。

397 长轴白点兰 Thrixspermum saruwatarii (Hayata) Schlechter
产界头（高黎贡山考察队 30084）；海拔 1880～1940 m；分布于腾冲。15-1。

398 笋兰 Thunia alba (Lindley) H. G. Reichenbach
产铜壁关（据《云南铜壁关自然保护区科学考察研究》）；海拔 1420～1700 m；分布于盈江。7。

399 筒距兰 Tipularia szechuanica Schlechter
产丙中洛（金效华 8400）；海拔 3300 m；分布于贡山。15-1。

400 瓜子毛鞘兰 Trichotosia dasyphylla Kraenzlin
产铜壁关（据《云南铜壁关自然保护区科学考察研究》）；海拔 700～1500 m；分布于盈江。7。

401 阔叶竹茎兰 Tropidia angulosa (Lindley) Blume
产铜壁关（陶国达 13182）；海拔 900～1200 m；分布于盈江。14-1。

402 短穗竹茎兰 Tropidia curculigoides Lindley
产铜壁关（据《云南铜壁关自然保护区科学考察研究》）；海拔 1100～1500 m；分布于盈江。7。

403 叉喙兰 Uncifera acuminata Lindley
产潞江（高黎贡山考察队 13110）；海拔 2050～2240 m；分布于贡山、保山、腾冲、龙陵。14-2。

404 白柱万代兰 Vanda brunnea H. G. Reichenbach
产六库（蔡希陶 56302）；海拔 1300～1400 m；分布于泸水、腾冲。14-1。

405 大花万代兰 Vanda coerulea Griffith ex Lindley
产铜壁关（据《云南铜壁关自然保护区科学考察研究》）；海拔 870～1050 m；分布于盈江。7。

406 小蓝万代兰 Vanda coerulescens Griffith
产铜壁关（据《云南铜壁关自然保护区科学考察研究》）；海拔 900～1410 m；分布于盈江。7。

407 白花拟万代兰 Vandopsis undulata (Lindley) J. J. Smith
产独龙江（独龙江考察队 3580）；海拔 1500～2320 m；分布于贡山、福贡、腾冲。14-2。

408 宽叶线柱兰 Zeuxine affinis (Lindley) Bentham ex J. D. Hooker

产明光（Forrest 12382）；海拔 1200 m；分布于腾冲。14-2。

409 白肋线柱兰 Zeuxine goodyeroides Lindley

产潞江（高黎贡山考察队 13212）；海拔 1460～2210 m；分布于贡山、保山。14-2。

410 线柱兰 Zeuxine strateumatica Schlechter

产铜壁关（据《云南铜壁关自然保护区科学考察研究》）；海拔 470～1650 m；分布于盈江。7。

327　灯心草科 Juncaceae

1 近米易灯心草 Juncus aff. miyiensis K. F. Wu

产片马（高黎贡山考察队 10395）；海拔 1910～3220 m；分布于贡山、福贡、泸水。15-1。

2 葱状灯心草 Juncus allioides Franchet

产独龙江（高黎贡山考察队 16899）；海拔 3080 m；分布于贡山。14-2。

3 走茎灯心草 Juncus amplifolius A. Camus

产独龙江（独龙江考察队 1976）；海拔 2130～3927 m；分布于贡山、福贡、泸水。14-2。

4 小花灯心草 Juncus articulatus Linn

产独龙江（独龙江考察队 1485）；海拔 1200～1266 m；分布于贡山、泸水、腾冲、龙陵。8。

5 长耳灯心草 Juncus auritus K. F. Wu

产姚家坪（高黎贡山考察队 10171）；海拔 2280～2300 m；分布于泸水、保山。15-2。

6 孟加拉灯心草 Juncus benghalensis Kunth

产独龙江（高黎贡山考察队 34378）；海拔 2510～3400 m；分布于贡山、福贡。14-2。

7 二颖灯心草 Juncus biglumis Linnaeus

产茨开（高黎贡山考察队 12619）；海拔 2770～3050 m；分布于贡山。8。

8 短柱灯心草 Juncus brachystigma Samuelsson

产丙中洛（高黎贡山考察队 32848）；海拔 3100～3569 m；分布于贡山、泸水。14-2。

9 小灯心草 Juncus bufonius Linnaeus

产独龙江（高黎贡山考察队 34426）；海拔 1250～2370 m；分布于贡山、腾冲、龙陵。8。

10 头柱灯心草 Juncus cephalostigma Samuelsson

产匹河（碧江队 1076）；海拔 2100～3680 m；分布于贡山、福贡。14-2。

11a 印度灯心草 Juncus clarkei Buchenau

产茨开（高黎贡山考察队 16751）；海拔 2940～3250 m；分布于贡山。14-2。

11b 膜边灯心草 Juncus clarkei var. **marginatus** A. Camus

产独龙江（青藏队 82-8592）；海拔 3800～4100 m；分布于贡山、泸水。15-1。

12 雅灯心草 Juncus concinnus D. Don

产茨开（高黎贡山考察队 33715）；海拔 2400～3020 m；分布于贡山、泸水、腾冲。14-2。

13 粗状灯心草 Juncus crassistylus A. Camus

产独龙江（高黎贡山考察队 7778）；海拔 2700～3300 m；分布于贡山、福贡、泸水、腾冲。15-2。

14 灯心草 Juncus effusus Linnaeus

产独龙江（独龙江考察队 1572）；海拔 1250～2500 m；分布于贡山、泸水、腾冲。8。

15 福贡灯心草 Juncus fugongensis S. Y. Bao

产茨开（高黎贡山考察队 34524）；海拔 3350～3740 m；分布于贡山、福贡。15-3。

16 喜马灯心草 Juncus himalensis Klotzsch

产片马（高黎贡山考察队 9968）；海拔 3020～3927 m；分布于贡山、福贡、泸水。14-2。

17 片髓灯心草 Juncus inflexus Linnaeus

产独龙江（独龙江考察队 1817）；海拔 1500～2950 m；分布于贡山、福贡、泸水。8。

18 细子灯心草 Juncus leptospermus Buchen

产镇安（高黎贡山考察队 17758）；海拔 1900～2240 m；分布于保山、腾冲、龙陵。14-2。

19 甘川灯心草 Juncus leucanthus Royle ex D. Don

产茨开（青藏队 82-8536）；海拔 3000～4500 m；分布于贡山。14-2。

20 德钦灯心草 Juncus longiflorus (A. Camus) Noltie

产片马（Kingdon Ward 33825）；海拔 2100～2400 m；分布于泸水。14-2。

21 长蕊灯心草 Juncus longistamineus A. Camus

产六库（Kingdon Ward 338）；海拔 3600 m；分布于泸水。15-3。

22 分枝灯心草 Juncus luzuliformis Franchet

产独龙江（T. T. Yü 19707）；海拔 3400 m；分布于贡山。14-3。

23 大叶灯心草 Juncus megalophyllus S. Y. Bao

产片马（高黎贡山考察队 9965）；海拔 3120～3600 m；分布于泸水。15-3。

24 矮灯心草 Juncus minimus Buchenau

产丙中洛（高黎贡山考察队 31598）；海拔 4030～4800 m；分布于贡山。14-2。

25 羽序灯心草 Juncus ochraceus Buchenau

产茨开（高黎贡山考察队 16904）；海拔 1530～3100 m；分布于贡山、福贡、泸水。14-2。

26 笄石菖 Juncus prismatocarpus R. Brown

产片马（高黎贡山考察队 23287）；海拔 1640～2380 m；分布于贡山、福贡、泸水、腾冲。5。

27 长柱灯心草 Juncus przewalskii Buchenau

产洛本卓（高黎贡山考察队 25765）；海拔 2920～3450 m；分布于贡山、福贡、泸水。15-1。

28 野灯心草 Juncus setchuensis Buchenau ex Diels

产独龙江（独龙江考察队 1817）；海拔 1604～2680 m；分布于贡山、福贡、泸水、腾冲、龙陵。14-3。

29 锡金灯心草 Juncus sikkimensis J. D. Hooker

产丙中洛（独龙江考察队 7044）；海拔 3000～4600 m；分布于贡山。14-2。

30 枯灯心草 Juncus sphacelatus Decaisne

产茨开（高黎贡山考察队 34163）；海拔 1730～4270 m；分布于贡山、福贡、泸水、腾冲。14-2。

31 碧罗灯心草 Juncus spumosus Noltie

产茨开（高黎贡山考察队 22369）；海拔 2700～2770 m；分布于贡山、福贡。15-3。

32 针灯心草 Juncus wallichianus J. Gay ex Laharpe

产独龙江（独龙江考察队 1485）；海拔 1130～1680 m；分布于贡山、泸水。14-2。

33 俞氏灯心草 Juncus yui S. Y. Bao

产独龙江（T. T. Yü 22533）；海拔 3400 m；分布于贡山。15-3。

34 散序地杨梅 Luzula effusa Buchenau

产明光（高黎贡山考察队 30508）；海拔 2100～3000 m；分布于贡山、泸水。14-2。

35 多花地杨梅 Luzula multiflora (Ehrhart) Lejeune

产独龙江（独龙江考察队 6332）；海拔 2200～3600 m；分布于贡山、腾冲。8。

36 羽毛地杨梅 Luzula plumosa E. Meyer

产独龙江（独龙江考察队 5770）；海拔 1700～2200 m；分布于贡山、腾冲。14-1。

331　莎草科 Cyperaceae

1 扁秆荆三棱 Bolboschoenus planiculmis (F. Schmidt) T. V. Egorova

产界头（高黎贡山考察队 11295）；海拔 1500 m；分布于腾冲。10。

2 丝叶球柱草 Bulbostylis densa (Wallich) Handel-Mazzetti

产独龙江（独龙江考察队 1492）；海拔 1420～2245 m；分布于贡山、腾冲、龙陵。4。

3 禾状薹草 Carex alopecuroides D. Don

产界头（高黎贡山考察队 30213）；海拔 1859～2737 m；分布于贡山、福贡、泸水、腾冲。7。

4 高秆薹草 Carex alta Boott

产茨开（高黎贡山考察队 11899）；海拔 2930～3650 m；分布于贡山、福贡。7。

5 具芒薹草 Carex aristulifera P. C. Li

产丙中洛（高黎贡山考察队 31311）；海拔 3300～3980 m；分布于贡山、福贡。15-3。

6 浆果薹草 Carex baccans Nees

产独龙江（独龙江考察队 300）；海拔 1300～2270 m；分布于贡山、泸水、保山。14-1。

7 青绿薹草 Carex breviculmis R. Brown

产独龙江（独龙江考察队 6319）；海拔 2230 m；分布于贡山。14-3。

8 褐果薹草 Carex brunnea Thunberg

产独龙江（独龙江考察队 561）；海拔 1300～1840 m；分布于贡山。5。

9 发秆薹草 Carex capillacea Boott

产六库（张正华 102）；海拔 3150～3400 m；分布于泸水。7。

10 曲氏薹草 Carex chuii Nelmes

产芒宽（高黎贡山考察队 19053）；海拔 1525 m；分布于保山。15-1。

11 复序薹草 Carex composita Boott

产独龙江（独龙江考察队 649）；海拔 1350～2930 m；分布于贡山。14-2。

12 密花薹草 Carex confertiflora Boott

产茨开（高黎贡山考察队 11913）；海拔 2146～2600 m；分布于贡山、腾冲。14-1。

13 隐穗柄薹草 Carex courtallensis Nees ex Boott

产潞江（高黎贡山考察队 18437）；海拔 1660～2149 m；分布于贡山、保山、腾冲。14-2。

14 十字薹草 Carex cruciata Wahlenberg

产独龙江（独龙江考察队 377）；海拔 1130～1910 m；分布于贡山、福贡、泸水、保山、龙陵。6。

15 狭囊薹草 Carex cruenta Nees

产丙中洛（高黎贡山考察队 32778）；海拔 4003 m；分布于贡山。14-2。

16 落鳞薹草 Carex deciduisquama F. T. Wang & Tang ex P. C. Li
产鹿马登（高黎贡山考察队 19872）；海拔 1620 m；分布于福贡。15-3。

17 德钦薹草 Carex deqinensis L. K. Dai
产鹿马登（高黎贡山考察队 28669）；海拔 2881～3650 m；分布于贡山、福贡。15-2。

18 丽江薹草 Carex dielsiana Kükenthal
产独龙江（青藏队 82-8108）；海拔 1900～3400 m；分布于贡山。15-1。

19 镰喙薹草 Carex drepanorhyncha Franchet
产独龙江（青藏队 82-8770）；海拔 3300～4200 m；分布于贡山。15-1。

20 类稗薹草 Carex echinochloiformis Y. F. Deng ex S. Y. Liang
产片马（高黎贡山考察队 23432）；海拔 1859～2737 m；分布于泸水、腾冲。15-1。

21 蕨状薹草 Carex filicina Nees
产独龙江（独龙江考察队 3377）；海拔 1300～3030 m；分布于贡山、福贡、泸水、保山、腾冲、龙陵。7。

22 亮绿薹草 Carex finitima Boott
产独龙江（青藏队 82-8542）；海拔 1900～3500 m；分布于贡山、福贡、泸水。7。

23 高黎贡山薹草 Carex goligongshanensis P. C. Li
产独龙江（青藏队 82-8727）；海拔 3400～3600 m；分布于贡山。15-3。

24 贡山薹草 Carex gongshanensis Tang & F. T. Wang ex Y. C. Yang
产独龙江（独龙江考察队 1518）；海拔 1400～1900 m；分布于贡山。15-1。

25 红嘴薹草 Carex haematostoma Nees
产茨开（高黎贡山考察队 12762）；海拔 3400 m；分布于贡山。14-2。

26 双脉囊薹草 Carex handelii Kükenthal
产独龙江（青藏队 82-8540）；海拔 1820～2700 m；分布于贡山、泸水。15-1。

27 亨氏薹草 Carex henryi (C. B. Clarke) L. K. Dai
产独龙江（青藏队 82-9905）；海拔 1580～2370 m；分布于贡山。15-1。

28 糙毛囊薹草 Carex hirtiutriculata L. K. Dai
产五合（高黎贡山考察队 25095）；海拔 2148 m；分布于腾冲。15-2。

29 毛囊薹草 Carex inanis Kunth
产茨开（高黎贡山考察队 33830）；海拔 1300～3030 m；分布于贡山。14-2。

30 垂穗薹草 Carex inclinis Boott ex C. B. Clarke
产姚家坪（高黎贡山考察队 8095）；海拔 1300～2200 m；分布于贡山、泸水。14-2。

31 印度薹草 Carex indica Linnaeus
产芒宽（施晓春、杨世雄 577）；海拔 1600 m；分布于保山。5。

32 秆叶薹草 Carex insignis Boott
产姚家坪（高黎贡山考察队 15394）；海拔 2350～3000 m；分布于贡山、福贡。14-2。

33 日本薹草 Carex japonica Thunberg
产鲁掌（高黎贡山考察队 24420）；海拔 1600～2737 m；分布于贡山、福贡、泸水。14-3。

34 明亮薹草 Carex laeta Boott

产茨开（青藏队 8535）；海拔 3400～3800 m；分布于贡山。14-2。

35 披针鳞薹草 Carex lancisquamata L. K. Dai

产茨开（高黎贡山考察队 14825）；海拔 2770～3127 m；分布于贡山、泸水。15-2。

36 舌叶薹草 Carex ligulata Nees

产独龙江（青藏队 82-9698）；海拔 1800～2000 m；分布于贡山。14-1。

37 长穗柄薹草 Carex longipes D. Don ex Tilloch & Taylor

产五合（高黎贡山考察队 25100）；海拔 1600～3100 m；分布于贡山、腾冲。7。

38 龙盘拉薹草 Carex longpanlaensis S. Y. Liang

产茨开（高黎贡山考察队 12375）；海拔 2650 m；分布于贡山。15-3。

39 马库薹草 Carex makuensis P. C. Li

产独龙江（青藏队 9148）；海拔 1400 m；分布于贡山。15-3。

40 套鞘薹草 Carex maubertiana Boott

产架科底（高黎贡山考察队 20997）；海拔 1210 m；分布于福贡。14-2。

41 扭喙薹草 Carex melinacra Franchet

产茨开（高黎贡山考察队 11930）；海拔 2056～2600 m；分布于贡山、福贡。15-1。

42 宝兴薹草 Carex moupinensis Franchet

产五合（高黎贡山考察队 25077）；海拔 1300～2148 m；分布于泸水、腾冲。15-1。

43 鼠尾薹草 Carex myosurus Nees

产独龙江（青藏队 82-8150）；海拔 1700～2800 m；分布于贡山、福贡。14-2。

44 新多穗薹草 Carex neopolycephala Tang & F. T. Wang ex L. K. Dai

产茨开（高黎贡山考察队 13733）；海拔 2100～3020 m；分布于贡山、福贡、泸水、腾冲。15-2。

45 亮果薹草 Carex nitidiutriculata L. K. Dai

产丹珠（高黎贡山考察队 12391）；海拔 1859～3007 m；分布于贡山、福贡、泸水。15-2。

46 喜马拉雅薹草 Carex nivalis Boott

产丙中洛（Forrest 14361）；海拔 2800 m；分布于贡山。13。

47 云雾薹草 Carex nubigena D. Don ex Tilloch & Taylor

产大具（高黎贡山考察队 29796）；海拔 1850～2170 m；分布于贡山、泸水、腾冲、龙陵。7。

48 刺囊薹草 Carex obscura var. **brachycarpa** C. B. Clarke

产茨开（高黎贡山考察队 12622）；海拔 2770～3100 m；分布于贡山、福贡。14-2。

49 针叶薹草 Carex onoei Franchet & Savatier

产丙中洛（Handel-Mazzett 9234）；海拔 3000 m；分布于贡山。14-3。

50 卵穗薹草 Carex ovatispiculata F. T. Wang & Y. L. Chang ex S. Yun Liang

产茨开（高黎贡山考察队 12388）；海拔 1238～2650 m；分布于贡山、福贡、泸水、腾冲、龙陵。15-1。

51 尖叶薹草 Carex oxyphylla Franchet

产片马（青藏队 82-8720）；海拔 1680～2255 m；分布于泸水。15-1。

52 霹雳薹草 Carex perakensis C. B. Clarke

产独龙江（独龙江考察队 5872）；海拔 2137～2467 m；分布于贡山、福贡。7。

53 纤细薹草 Carex pergracilis Nehmes

产利沙底（高黎贡山考察队 28547）；海拔 3200 m；分布于福贡。15-1。

54 镜子薹草 Carex phacota Sprengel

产片马（高黎贡山考察队 22753）；海拔 1850～2168 m；分布于泸水、腾冲。7。

55 波密薹草 Carex pomiensis Y. C. Yang

产独龙江（青藏队 82-9463）；海拔 2100 m；分布于贡山。15-1。

56 帚状薹草 Carex praelonga C. B. Clarke

产六库（高黎贡山考察队 13740）；海拔 1886～3050 m；分布于贡山、泸水、腾冲。14-2。

57 延长薹草 Carex prolongata Kükenthal

产独龙江（高黎贡山考察队 17017）；海拔 3470～3670 m；分布于贡山、福贡。15-2。

58 粉被薹草 Carex pruinosa Boott

产五合（高黎贡山考察队 24866）；海拔 2168 m；分布于腾冲。7。

59 紫鳞薹草 Carex purpureo-squamata L. K. Dai

产利沙底（高黎贡山考察队 28544）；海拔 3200 m；分布于福贡。15-3。

60 松叶薹草 Carex rara Boott

产茨开（高黎贡山考察队 11896）；海拔 1886～3400 m；分布于贡山、泸水。15-1。

61 书带薹草 Carex rochebrunii Franchet & Savatier

产五合（高黎贡山考察队 25101）；海拔 2146～2400 m；分布于贡山、腾冲。7。

62 点囊薹草 Carex rubro-brunnea C. B. Clarke

产茨开（高黎贡山考察队 12746）；海拔 1886～3400 m；分布于贡山、泸水。14-2。

63 川滇薹草 Carex schneideri Nelmes

产茨开（高黎贡山考察队 12711）；海拔 3680 m；分布于贡山。15-1。

64 长茎薹草 Carex setigera D. Don

产鲁掌（高黎贡山考察队 24538）；海拔 3128 m；分布于泸水。14-2。

65 双柏薹草 Carex shuangbaiensis L. K. Dai

产茨开（高黎贡山考察队 12980）；海拔 1500～2520 m；分布于贡山、泸水。15-2。

66 华芒鳞薹草 Carex sinoaristata Tang & F. T. Wang ex L. K. Dai

产界头（高黎贡山考察队 30184）；海拔 2420 m；分布于腾冲。15-1。

67 柄果薹草 Carex stipitinux C. B. Clarke ex Franchet

产上帕（高黎贡山考察队 9769）；海拔 1470～2500 m；分布于贡山、福贡。15-1。

68 草黄薹草 Carex stramentitia Boott ex Boeckeler

产铜壁关（据《云南铜壁关自然保护区科学考察研究》）；海拔 1400～1600 m；分布于盈江。7。

69 近蕨薹草 Carex subfilicinoides Kükenthal

产独龙江（独龙江考察队 1527）；海拔 1388～3020 m；分布于贡山、福贡。15-1。

70 长柱头薹草 Carex teinogyna Boott

产独龙江（独龙江考察队 1513）；海拔 1300～3400 m；分布于贡山、泸水。14-1。

71 高节薹草 Carex thomsonii Boott

产曲石（高黎贡山考察队 30655）；海拔 1530 m；分布于腾冲。14-2。

72 三头薹草 Carex tricephala Boeckeler

产铜壁关（据《云南铜壁关自然保护区科学考察研究》）；海拔 1020～1740 m；分布于盈江。7。

73 文山薹草 Carex wenshanensis L. K. Dai

产茨开（高黎贡山考察队 23105）；海拔 2530 m；分布于贡山。15-2。

74 云南薹草 Carex yunnanensis Franchet

产丙中洛（青藏队 82-7449）；海拔 1500 m；分布于贡山。15-1。

75 翅鳞莎 Courtoisina cyperoides (Roxburgh) Soják

产六库（高黎贡山考察队 9817）；海拔 980 m；分布于泸水。6。

76 阿穆尔莎草 Cyperus amuricus Maximowicz

产利沙底（高黎贡山考察队 27517）；海拔 1130～2000 m；分布于贡山、福贡、泸水。14-3。

77 密穗砖子苗 Cyperus compactus Retzius

产铜壁关（据《云南铜壁关自然保护区科学考察研究》）；海拔 800～1300 m；分布于盈江。5。

78 长尖莎草 Cyperus cuspidatus Kunth

产五合（高黎贡山考察队 17188）；海拔 1419 m；分布于腾冲。2。

79 砖子苗 Cyperus cyperoides (Linnaeus) Kuntze

产独龙江（独龙江考察队 3414）；海拔 702～1960 m；分布于贡山、福贡、泸水、腾冲、保山。4。

80 异型莎草 Cyperus difformis Linnaeus

产潞江（高黎贡山考察队 17262）；海拔 650～670 m；分布于保山。4。

81 多脉莎草 Cyperus diffusus Roxburgh

产昔马那邦（86 年考察队 1118）；海拔 1130～1300 m；分布于盈江。5。

82 疏穗莎草 Cyperus distans Linnaeus f.

产铜壁关（据《云南铜壁关自然保护区科学考察研究》）；海拔 1300～1560 m；分布于盈江。2。

83 畦畔莎草 Cyperus haspan Linnaeus

产独龙江（独龙江考察队 3537）；海拔 900～1400 m；分布于贡山、福贡、泸水。2。

84 迭穗莎草 Cyperus imbricatus Retzius

产潞江（高黎贡山考察队 18247）；海拔 1000 m；分布于保山。4。

85 碎米莎草 Cyperus iria Linnaeus

产独龙江（独龙江考察队 304）；海拔 650～1418 m；分布于贡山、福贡、保山、腾冲。4。

86 具芒碎米莎草 Cyperus microiria Steudel

产铜壁关（据《云南铜壁关自然保护区科学考察研究》）；海拔 500～2300 m；分布于盈江。14-1。

87 南莎草 Cyperus niveus Retzius

产北海（李恒、李嵘、蒋柱檀、高富、张雪梅 413）；海拔 1730 m；分布于腾冲。14-2。

88 毛轴莎草 Cyperus pilosus Vahl

产独龙江（独龙江考察队 87）；海拔 1300～1750 m；分布于贡山。5。

89 香附子 Cyperus rotundus Linnaeus

产铜壁关（据《云南铜壁关自然保护区科学考察研究》）；海拔 450～2100 m；分布于盈江。1。

90 水莎草 Cyperus serotinus Rottbøll

产镇安（高黎贡山考察队 13044）；海拔 790～1760 m；分布于保山、龙陵。10。

91 具芒鳞砖子苗 Cyperus squarrosus Linnaeus

产鹿马登（高黎贡山考察队 20184）；海拔 2996 m；分布于福贡。2。

92 四棱穗莎草 Cyperus tenuiculmis Boeckeler

产芒宽（高黎贡山考察队 19112）；海拔 1525 m；分布于保山。4。

93 窄穗莎草 Cyperus tenuispica Steudel

产明光（高黎贡山考察队 7898）；海拔 1240~1700 m；分布于福贡、腾冲。4。

94 假香附子 Cyperus tuberosus Rottbøll

产芒宽（高黎贡山考察队 19148）；海拔 1360 m；分布于保山。6。

95 紫果蔺 Eleocharis atropurpurea (Retzius) J. Presl & C. Presl

产铜壁关（据《云南铜壁关自然保护区科学考察研究》）；海拔 1300~1600 m；分布于盈江。2。

96 荸荠 Eleocharis dulcis (N. L. Burman) Trinius ex Henschel

产北海（李恒、李嵘、蒋柱檀、高富、张雪梅 441）；海拔 1730 m；分布于腾冲。4。

97 卵穗荸荠 Eleocharis ovata (Roth) Roemer & Schultes

产独龙江（独龙江考察队 6637）；海拔 1580~1760 m；分布于贡山。8。

98 透明鳞荸荠 Eleocharis pellucida J. Presl & C. Presl

产北海（李恒、李嵘、蒋柱檀、高富、张雪梅 417）；海拔 1730 m；分布于腾冲。7。

99 三面秆荸荠 Eleocharis trilateralis Tang & F. T. Wang

产茨开（王启无 77229）；海拔 3200 m；分布于贡山。15-2。

100 牛毛毡 Eleocharis yokoscensis (Franchet & Savatier) Tang & F. T. Wang

产五合（高黎贡山考察队 24865）；海拔 3200 m；分布于腾冲。7。

101 云南荸荠 Eleocharis yunnanensis Svenson

产五合（高黎贡山考察队 24870）；海拔 1730~2168 m；分布于贡山、泸水、腾冲。15-2。

102 丛毛羊胡子草 Eriophorum comosum (Wallich) Nees

产丙中洛（高黎贡山考察队 22413）；海拔 1100~1500 m；分布于贡山、泸水。7。

103 白毛羊胡子草 Eriophorum vaginatum Linnaeus

产北海（高黎贡山考察队 29725）；海拔 1730 m；分布于腾冲。8。

104 夏飘拂草 Fimbristylis aestivalis (Retzius) Vahl

产北海（高黎贡山考察队 29769）；海拔 1850 m；分布于腾冲。6。

105 复序飘拂草 Fimbristylis bisumbellata (Forssk) Bunani

产潞江（高黎贡山考察队 23562）；海拔 686 m；分布于保山。10。

106 扁鞘飘拂草 Fimbristylis complanata (Retzius) Link

产独龙江（独龙江考察队 1248）；海拔 1450~2300 m；分布于贡山。2。

107 两歧飘拂草 Fimbristylis dichotoma (Linnaeus) Vahl

产五合（高黎贡山考察队 10844）；海拔 1320~1700 m；分布于贡山、福贡、腾冲。2。

108 起绒飘拂草 Fimbristylis dipsacea (Rottbøll) Bentham

产铜壁关（据《云南铜壁关自然保护区科学考察研究》）；海拔 800~1400 m；分布于盈江。2。

109 水虱草 Fimbristylis littoralis Gaudichaud

产曲石（高黎贡山考察队 10879）；海拔 790~1530 m；分布于贡山、福贡、腾冲。2。

110 五棱秆飘拂草 Fimbristylis quinquangularis (Vahl) Kunth
产独龙江（独龙江考察队 103）；海拔 1300 m；分布于贡山。4。

111 少穗飘拂草 Fimbristylis schoenoides (Retzius) Vahl
产镇安（高黎贡山考察队 17767）；海拔 1900 m；分布于龙陵。4。

112 畦畔飘拂草 Fimbristylis squarrosa Vahl
产界头（高黎贡山考察队 11244）；海拔 1350 m；分布于腾冲。4。

113 匍匐茎飘拂草 Fimbristylis stolonifera C. B. Clarke
产丙中洛（高黎贡山考察队 12094）；海拔 1720～1788 m；分布于贡山。14-2。

114 西南飘拂草 Fimbristylis thomsonii Boeckeler
产上营（高黎贡山考察队 18496）；海拔 2080 m；分布于腾冲。7。

115 伞形飘拂草 Fimbristylis umbellaris (Lamarck) Vahl
产铜壁关（据《云南铜壁关自然保护区科学考察研究》）；海拔 1000～1300 m；分布于盈江。7。

116 毛芙兰草 Fuirena ciliaris Roxburgh
产铜壁关（据《云南铜壁关自然保护区科学考察研究》）；海拔 800～1000 m；分布于盈江。4。

117 芙兰草 Fuirena umbellata Rottbøll
产铜壁关（据《云南铜壁关自然保护区科学考察研究》）；海拔 800～1800 m；分布于盈江。2。

118 割鸡芒 Hypolytrum nemorum (Vahl) Sprengel
产丙中洛（高黎贡山考察队 14657）；海拔 2050～2768 m；分布于贡山、福贡。2。

119 三脉嵩草 Kobresia esenbeckii (Kunth) Noltie
产丙中洛（青藏队 82-7802）；海拔 3200～4000 m；分布于贡山。14-2。

120 黑麦嵩草 Kobresia loliacea Wang & Tang ex P. C. Li
产鹿马登（高黎贡山考察队 20405）；海拔 2868 m；分布于福贡。15-1。

121 钩状嵩草 Kobresia uncinoides (Boott) C. B. Clarke
产独龙江（青藏队 82-8483）；海拔 3600～4400 m；分布于贡山、福贡。14-2。

122a 短叶水蜈蚣 Kyllinga brevifolia Rottbøll
产独龙江（独龙江考察队 271）；海拔 611～2720 m；分布于贡山、福贡、泸水、保山、腾冲、龙陵。2。

122b 无刺鳞水蜈蚣 Kyllinga brevifolia var. **leiolepis** (Franchet & Savatier) H. Hara
产独龙江（青藏队 82-9445）；海拔 1450 m；分布于贡山。14-1。

122c 小星穗水蜈蚣 Kyllinga brevifolia var. **stellulata** (J. V. Suringar) Ohwi
产片马（高黎贡山考察队 10292）；海拔 1950～2050 m；分布于泸水。7。

123 单穗水蜈蚣 Kyllinga nemoralis (J. R. Forster & G. Forster) Dandy ex Hutchinson & Dalziel
产铜壁关（据《云南铜壁关自然保护区科学考察研究》）；海拔 300～700 m；分布于盈江。4。

124 冠鳞水蜈蚣 Kyllinga squamulata Vahl
产芒宽（王启无 66827）；海拔 1540 m；分布于保山。4。

125 华湖瓜草 Lipocarpha chinensis (Osbeck) J. Kern
产北海（李恒、李嵘、蒋柱檀、高富、张雪梅 400）；海拔 1730 m；分布于腾冲。4。

126 湖瓜草 Lipocarpha microcephala (R. Brown) Kunth
产马吉（高黎贡山考察队 27869）；海拔 1310 m；分布于福贡。5。

127 宽穗扁莎 Pycreus diaphanus (Schrader ex Schultes) S. S. Hooper & T. Koyama

产明光（高黎贡山考察队 11330）；海拔 2000 m；分布于腾冲。7。

128a 球穗扁莎 Pycreus flavidus (Retzius) T. Koyama

产茨开（高黎贡山考察队 33986）；海拔 686～2240 m；分布于贡山、福贡、泸水、保山、腾冲、龙陵。4。

128b 小球穗扁莎 Pycreus flavidus var. **nilagiricus** (Hochstetter ex Steudel) Karthikeyan

产铜壁关（据《云南铜壁关自然保护区科学考察研究》）；海拔 1400～1600 m；分布于盈江。12。

129 丽江扁莎 Pycreus lijiangensis L. K. Dai

产上营（高黎贡山考察队 18359）；海拔 2060 m；分布于腾冲。15-1。

130 拟宽穗扁莎 Pycreus pseudolatespicatus L. K. Dai

产上营（高黎贡山考察队 18718）；海拔 2260 m；分布于腾冲。15-1。

131 矮扁莎 Pycreus pumilus (Linnaeus) Domin

产六库（高黎贡山考察队 9823）；海拔 790～980 m；分布于保山、泸水。4。

132 红鳞扁莎 Pycreus sanguinolentus (Vahl) Nees ex C. B. Clarke

产独龙江（独龙江考察队 277）；海拔 790～2280 m；分布于贡山、福贡、泸水、保山、腾冲、龙陵。4。

133 槽果扁莎 Pycreus sulcinux (C. B. Clarke) C. B. Clarke

产独龙江（独龙江考察队 3534）；海拔 1340 m；分布于贡山。5。

134 禾状扁莎 Pycreus unioloides (R. Brown) Urban

产北海（李恒、李嵘、蒋柱檀、高富、张雪梅 413）；海拔 1730 m；分布于腾冲。2。

135 毛果珍珠茅 Scleria levis Retzius

产铜壁关（据《云南铜壁关自然保护区科学考察研究》）；海拔 900～1420 m；分布于盈江。5。

136 中间水葱 Schoenoplectus × intermedius (Hayas) S. R. Zhang & H. Y. Bi

产六库（高黎贡山考察队 10155）；海拔 2280 m；分布于泸水。15-2。

137 萤蔺 Schoenoplectus juncoides (Roxburgh) Palla

产独龙江（独龙江考察队 1486）；海拔 1240～1786 m；分布于贡山、福贡、腾冲。5。

138 北水毛花 Schoenoplectus mucronatus (Linnaeus) Palla subsp. **robustus** (Miquel) T. Koyama

产北海（李恒、李嵘、蒋柱檀、高富、张雪梅 443）；海拔 1850～3280 m；分布于贡山、腾冲、龙陵。6。

139 水葱 Schoenoplectus tabernaemontani (C. C. Gmelin) Palla

产北海（高黎贡山考察队 29719）；海拔 1730 m；分布于腾冲。2。

140 猪毛草 Schoenoplectus wallichii (Nees) T. Koyama

产北海（高黎贡山考察队 29790）；海拔 1850 m；分布于腾冲。14-1。

141 纤秆珍珠茅 Scleria pergracilis Kunth

产铜壁关（据《云南铜壁关自然保护区科学考察研究》）；海拔 2340 m；分布于盈江。4。

142 庐山藨草 Scirpus lushanensis Ohwi

产片马（高黎贡山考察队 7259）；海拔 1950～3000 m；分布于泸水。14-1。

143 百球藨草 Scirpus rosthornii Diels

产匹河（高黎贡山考察队 20870）；海拔 1250～2350 m；分布于贡山、福贡、泸水、腾冲。14-1。

144 独龙珍珠茅 Scleria dulungensis P. C. Li

产独龙江（青藏队 9195）；海拔 1300～1400 m；分布于贡山。15-3。

145 黑鳞珍珠茅 Scleria hookeriana Boeckeler

产曲石（高黎贡山考察队 11223）；海拔 1140～1420 m；分布于贡山、泸水、保山、腾冲。14-1。

146 小型珍珠茅 Scleria parvula Steudel

产独龙江（青藏队 9522）；海拔 1600 m；分布于贡山。6。

147 高秆珍珠茅 Scleria terrestris (Linnaeus) Fassett

产独龙江（青藏队 82-8907）；海拔 1500～1700 m；分布于贡山。4。

332 禾本科 Poaceae

1 大锥剪股颖 Agrostis brachiata Munro ex J. D. Hooker

产独龙江（独龙江考察队 1987）；海拔 1600～2900 m；分布于贡山、泸水。14-2。

2 华北剪股颖 Agrostis clavata Trinius

产小黑山（高黎贡山考察队 24601）；海拔 1850～3560 m；分布于贡山、腾冲、龙陵。8。

3 巨序剪股颖 Agrostis gigantea Roth

产茨开（高黎贡山考察队 12749）；海拔 2270～3670 m；分布于贡山、泸水。10。

4 疏花剪股颖 Agrostis hookeriana C. B. Clarke ex J. D. Hooker

产茨开（高黎贡山考察队 32856）；海拔 3560 m；分布于贡山。14-2。

5 玉山剪股颖 Agrostis infirma Buse

产北海（高黎贡山考察队 29720）；海拔 1730 m；分布于腾冲。7。

6 歧颖剪股颖 Agrostis mackliniae Bor

产北海（高黎贡山考察队 29806）；海拔 1850 m；分布于腾冲。14-1。

7 多花剪股颖 Agrostis micrantha Steudel

产独龙江（独龙江考察队 6829）；海拔 1600～2700 m；分布于贡山、福贡、泸水、腾冲、龙陵。14-2。

8 长稃剪股颖 Agrostis munroana Aitchison & Hemsley

产丙中洛（高黎贡山考察队 32862）；海拔 3568 m；分布于贡山。14-2。

9 泸水剪股颖 Agrostis nervosa Nees ex Trinius

产鹿马登（高黎贡山考察队 26633）；海拔 2700～3740 m；分布于贡山、福贡。14-2。

10 柔毛剪股颖 Agrostis pilosula Trinius

产丙中洛（高黎贡山考察队 32857）；海拔 2881～3569 m；分布于贡山。14-2。

11 紧序剪股颖 Agrostis sinocontracta S. M. Phillips & S. L. Lu

产丙中洛（王启无 67178）；海拔 2500～4000 m；分布于贡山、福贡。15-3。

12 台湾剪股颖 Agrostis sozanensis Hayata

产利沙底（高黎贡山考察队 26834）；海拔 3010～3250 m；分布于贡山、福贡。15-1。

13 看麦娘 Alopecurus aequalis Sobolewsky

产独龙江（独龙江考察队 4509）；海拔 1240～2768 m；分布于贡山、福贡、泸水、龙陵。8。

14 碟环竹 Ampelocalamus patellaris (Gamble) Stapleton

产铜壁关（据《云南铜壁关自然保护区科学考察研究》）；海拔 800～1450 m；分布于盈江。7。

15 沟稃草 Aniselytron treutleri (Kuntze) Soják

产茨开（高黎贡山考察队 16773）；海拔 2150～3150 m；分布于贡山、福贡。7。

16 藏黄花茅 Anthoxanthum hookeri (Grisebach) Rendle

产茨开（高黎贡山考察队 11893）；海拔 2930 m；分布于贡山。14-2。

17 锡金黄花茅 Anthoxanthum sikkimense (Maximowicz) Ohwi

产独龙江（高黎贡山考察队 16831）；海拔 3400 m；分布于贡山。14-2。

18 水蔗草 Apluda mutica Linnaeus

产六库（独龙江考察队 123）；海拔 710～890 m；分布于泸水。4。

19 楔颖草 Apocopis paleaceus (Trinius) Hochreutiner

产六库（滇西金沙江队 10439）；海拔 1000 m；分布于泸水。14-2。

20 黄草毛 Aristida cumingiana Trinius & Ruprecht

产铜壁关（据《云南铜壁关自然保护区科学考察研究》）；海拔 1200～1530 m；分布于盈江。4。

21 荩草 Arthraxon hispidus (Thunberg) Makino

产独龙江（独龙江考察队 487）；海拔 1220～1900 m；分布于贡山、福贡、保山、腾冲、龙陵。6。

22 小叶荩草 Arthraxon lancifolius Hochstetter

产铜壁关（据《云南铜壁关自然保护区科学考察研究》）；海拔 1750～2100 m；分布于盈江。6。

23 光轴荩草 Arthraxon nudus (Nees ex Steudel) Hochstetter

产芒宽（高黎贡山考察队 26195）；海拔 702～1530 m；分布于保山、腾冲。12。

24 洱源荩草 Arthraxon typicus (Buse) Koorders

产独龙江（高黎贡山考察队 20668）；海拔 1360～1740 m；分布于贡山。14-2。

25 孟加拉野古草 Arundinella bengalensis (Sprenger) Druce

产独龙江（独龙江考察队 1245）；海拔 1225～1500 m；分布于贡山、腾冲。14-2。

26 丈野古草 Arundinella decempedalis (Kuntze) Janowski

产独龙江（青藏队 82-9383）；海拔 1500 m；分布于贡山。14-2。

27 西南野古草 Arundinella hookeri Munro ex Keng

产铜壁关（据《云南铜壁关自然保护区科学考察研究》）；海拔 2320 m；分布于盈江。14-2。

28 石芒草 Arundinella nepalensis Trinius

产上营（高黎贡山考察队 11393）；海拔 1000～1530 m；分布于泸水、保山、腾冲。4。

29 小花野古草 Arundinella parviflora B. S. Sun & Z. H. Hu

产铜壁关（据《云南铜壁关自然保护区科学考察研究》）；海拔 900～1300 m；分布于盈江。15-2。

30 毛颖野古草 Arundinella tricholepis B. S. Sun & Z. H. Hu

产铜壁关（据《云南铜壁关自然保护区科学考察研究》）；海拔 1500 m；分布于盈江。15-2。

31 云南野古草 Arundinella yunnanensis Keng ex B. S. Sun & Z. H. Hu

产丙中洛（王启无 66574）；海拔 3000 m；分布于贡山。15-1。

32 芦竹 Arundo donax Linnaeus

产独龙江（独龙江考察队 462）；海拔 1170～2143 m；分布于贡山、福贡、泸水。6。

33 缅甸竹 Bambusa burmanica Gamble

产铜壁关（据《云南铜壁关自然保护区科学考察研究》）；海拔 800～1460 m；分布于盈江。7。

34 油簕竹 Bambusa lapidea McClure

产铜壁关（据《云南铜壁关自然保护区科学考察研究》）；海拔 300～1400 m；分布于盈江。15-1。

35 大薄竹 Bambusa pallida Munro

产铜壁关（据《云南铜壁关自然保护区科学考察研究》）；海拔 300～1500 m；分布于盈江。7。

36 臭根子草 Bothriochloa bladhii (Retzius) S. T. Blake

产铜壁关（据《云南铜壁关自然保护区科学考察研究》）；海拔 1520～1950 m；分布于盈江。4。

37 白羊草 Bothriochloa ischaemum (Linnaeus) Keng

产潞江（高黎贡山考察队 18271）；海拔 1000 m；分布于保山。10。

38 孔颖草 Bothriochloa pertusa (Linnaeus) A. Camus

产那邦（杜凡 151）；海拔 380～920 m；分布于盈江。7。

39 臂形草 Brachiaria eruciformis (Smith) Grisebach

产六库（高黎贡山考察队 7041）；海拔 920 m；分布于泸水。6。

40 无名臂形草 Brachiaria kurzii (J. D. Hooker) A. Camus

产茨开（青藏队 82-8072A）；海拔 1700 m；分布于贡山。5。

41 四生臂形草 Brachiaria subquadripara (Trinius) Hitchcock

产铜壁关（据《云南铜壁关自然保护区科学考察研究》）；海拔 940～1510 m；分布于盈江。5。

42 毛臂形草 Brachiaria villosa (Lamarck) A. Camus

产片马（高黎贡山考察队 7250）；海拔 670～1750 m；分布于福贡、泸水、保山、龙陵。6。

43 草地短柄草 Brachypodium pratense Keng ex P. C. Keng

产茨开（青藏队 82-8072B）；海拔 1700 m；分布于贡山。15-1。

44 短柄草 Brachypodium sylvaticum (Hudson) P. Beauvois

产丙中洛（高黎贡山考察队 7845）；海拔 1500～2845 m；分布于贡山、福贡。10。

45 喜马拉雅雀麦 Bromus himalaicus Stapf

产六库（汤宗孝 137）；海拔 3800～4500 m；分布于泸水。14-2。

46 单蕊拂子茅 Calamagrostis emodensis Grisebach

产姚家坪（高黎贡山考察队 8065）；海拔 1570～3010 m；分布于贡山、福贡、泸水。14-2。

47 假苇拂子茅 Calamagrostis pseudophragmites (A. Haller) Koeler

产独龙江（独龙江考察队 2125）；海拔 1130～2930 m；分布于贡山、福贡、泸水。10。

48 硬秆子草 Capillipedium assimile (Steudel) A. Camus

产独龙江（独龙江考察队 656）；海拔 611～1850 m；分布于贡山、泸水、保山、腾冲、龙陵。7。

49 细柄草 Capillipedium parviflorum (R. Brown) Stapf

产独龙江（独龙江考察队 114）；海拔 890～1950 m；分布于贡山、泸水、保山。4。

50 假淡竹叶 Centotheca lappacea Desvaux

产昔马那邦（86 年考察队 1077）；海拔 460～1360 m；分布于盈江。4。

51 金毛空竹 Cephalostachyum virgatum Kurz

产铜壁关（据《云南铜壁关自然保护区科学考察研究》）；海拔 400～500 m；分布于盈江。7。

52 异序虎尾草 Chloris pycnothrix Trinius

产匹河（碧江队 309）；海拔 1050 m；分布于福贡。6。

53 虎尾草 Chloris virgata P. Durand

产铜壁关（据《云南铜壁关自然保护区科学考察研究》）；海拔 1260～1930 m；分布于盈江。2。

54 长节香竹 Chimonocalamus longiusculus Hsueh & T. P. Yi

产铜壁关（据《云南铜壁关自然保护区科学考察研究》）；海拔 1550 m；分布于盈江。15-2。

55 竹节草 Chrysopogon aciculatus (Retzius) Trinius

产镇安（高黎贡山考察队 17615）；海拔 1680 m；分布于龙陵。4。

56 小丽草 Coelachne simpliciuscula (Wight & Arnott ex Steudel) Munro ex Bentham

产片马（高黎贡山考察队 10291）；海拔 1530～2050 m；分布于泸水、腾冲。14-2。

57a 薏苡 Coix lacryma-jobi Linnaeus

产独龙江（独龙江考察队 669）；海拔 1360～1570 m；分布于贡山、腾冲。7。

57b 小珠薏苡 Coix lacryma-jobi var. **puellarum** (Balansa) A. Camus

产独龙江（独龙江考察队 154）；海拔 1360 m；分布于贡山。14-2。

58 芸香草 Cymbopogon distans Duthie

产铜壁关（据《云南铜壁关自然保护区科学考察研究》）；海拔 1860～2150 m；分布于盈江。14-2。

59 橘草 Cymbopogon goeringii A. Camus

产铜壁关（据《云南铜壁关自然保护区科学考察研究》）；海拔 1300～2230 m；分布于盈江。14-3。

60 扭鞘香茅 Cymbopogon tortilis (J. Presl) A. Camus

产洛本卓（高黎贡山考察队 25426）；海拔 1130 m；分布于泸水。7。

61 狗牙根 Cynodon dactylon (Linnaeus) Persoon

产北海（高黎贡山考察队 29793）；海拔 1850 m；分布于腾冲。1。

62 弓果黍 Cyrtococcum patens (Linnaeus) A. Camus

产六库（高黎贡山考察队 9880）；海拔 900～1590 m；分布于福贡、泸水、保山、腾冲。5。

63 鸭茅 Dactylis glomerata Linn

产独龙江（高黎贡山考察队 21335）；海拔 1600～1850 m；分布于贡山。10。

64 龙爪茅 Dactyloctenium aegyptium (Linnaeus) Willdenow

产潞江（高黎贡山考察队 17264）；海拔 650 m；分布于保山。4。

65 马来甜龙竹 Dendrocalamus asper Backer ex K. Heyne

产铜壁关（据《云南铜壁关自然保护区科学考察研究》）；海拔 900～1400 m；分布于盈江。7。

66 缅甸龙竹 Dendrocalamus birmanicus A. Camus

产铜壁关（据《云南铜壁关自然保护区科学考察研究》）；海拔 300～1700 m；分布于盈江。7。

67 发草 Deschampsia caespitosa (Linnaeus) P. Beauvois

产茨开（高黎贡山考察队 16923）；海拔 3120～3710 m；分布于贡山。8。

68 散穗野青茅 Deyeuxia diffusa Keng

产茨开（高黎贡山考察队 34035）；海拔 3250 m；分布于贡山。15-1。

69 疏穗野青茅 Deyeuxia effusiflora Rendle

产独龙江（独龙江考察队 1707）；海拔 1600 m；分布于贡山。15-1。

70 龙竹 Dendrocalamus giganteus Munro

产铜壁关（据《云南铜壁关自然保护区科学考察研究》）；海拔 300～1600 m；分布于盈江。7。

71 会理野青茅 Deyeuxia mazzettii Veldkamp

产茨开（高黎贡山考察队 16915）；海拔 3350～3750 m；分布于贡山。15-1。

72 黄竹 Dendrocalamus membranaceus Munro

产铜壁关（据《云南铜壁关自然保护区科学考察研究》）；海拔 300～700 m；分布于盈江。7。

73 宝兴野青茅 Deyeuxia moupinensis (Franchet) Pilger

产独龙江（王启无 67256）；海拔 2500 m；分布于贡山。15-1。

74 异颖草 Deyeuxia petelotii (Hitchcock) S. M. Phillips & W. L. Chen

产五合（高黎贡山考察队 24876）；海拔 1748～2168 m；分布于腾冲。14-2。

75 野青茅 Deyeuxia pyramidalis (Host) Veldkamp

产茨开（高黎贡山考察队 22535）；海拔 1580～3220 m；分布于贡山。10。

76 野龙竹 Dendrocalamus semiscandens Hsueh & D. Z. Li

产铜壁关（据《云南铜壁关自然保护区科学考察研究》）；海拔 620～1550 m；分布于盈江。15-2。

77 歪脚龙竹 Dendrocalamus sinicus L. C. Chia & J. L. Sun

产铜壁关（据《云南铜壁关自然保护区科学考察研究》）；海拔 230～300 m；分布于盈江。15-2。

78 毛龙竹 Dendrocalamus tomentosus Hsueh & D. Z. Li

产铜壁关（据《云南铜壁关自然保护区科学考察研究》）；海拔 450～1050 m；分布于盈江。15-2。

79 玫红野青茅 Deyeuxia rosea Bor

产片马（高黎贡山考察队 8155）；海拔 2900～3080 m；分布于贡山、泸水。15-1。

80 糙野青茅 Deyeuxia scabrescens (Grisseb) Munro ex Duthie

产片马（高黎贡山考察队 8158）；海拔 2900～3780 m；分布于贡山、福贡、泸水。14-2。

81 双花草 Dichanthium annulatum (Forsskål) Stapf

产潞江（高黎贡山考察队 17341）；海拔 670～1560 m；分布于泸水、保山、龙陵。4。

82 纤毛马唐 Digitaria ciliaris (Retzius) Koeler

产六库（高黎贡山考察队 7402）；海拔 1500 m；分布于泸水、贡山。2。

83 十字马唐 Digitaria cruciata (Nees ex Steudel) A. Camus

产茨开（高黎贡山考察队 22567）；海拔 1840～2410 m；分布于贡山、泸水。14-2。

84 长花马唐 Digitaria longiflora (Retzius) Persoon

产上帕（高黎贡山考察队 7881）；海拔 1300～2080 m；分布于福贡、腾冲。2。

85 红尾翎 Digitaria radicosa (J. Presl) Miquel

产鲁掌（高黎贡山考察队 7035）；海拔 650～1540 m；分布于贡山、福贡、泸水、保山、腾冲。5。

86 马唐 Digitaria sanguinalis (Linnaeus) Scopoli

产独龙江（独龙江考察队 104）；海拔 1300～1400 m；分布于贡山。1。

87 海南马唐 Digitaria setigera Roth ex Roemer & Schultes

产六库（高黎贡山考察队 9822）；海拔 650～980 m；分布于泸水、保山。4。

88 三数马唐 Digitaria ternata (A. Rich.) Stapf

产铜壁关（据《云南铜壁关自然保护区科学考察研究》）；海拔 1030～2360 m；分布于盈江。6。

89 紫马唐 Digitaria violascens Link

产独龙江（独龙江考察队 1025）；海拔 1000～1500 m；分布于贡山。5。

90 觿茅 Dimeria ornithopoda Trinius

产上营（高黎贡山考察队 11398）；海拔 1530 m；分布于腾冲。5。

91 光头稗 Echinochloa colona (Linnaeus) Link

产独龙江（独龙江考察队 3507）；海拔 700~1500 m；分布于贡山。8。

92a 稗 Echinochloa crusgalli (Linnaeus) P. Beauvois

产独龙江（独龙江考察队 3530）；海拔 1300~1750 m；分布于贡山、泸水。8。

92b 短芒稗 Echinochloa crusgalli var. **breviseta** (Döll) Podpéra

产匹河（高黎贡山考察队 7070）；海拔 1150 m；分布于福贡。6。

93 硬稃稗 Echinochloa glabrescens Kossenko

产独龙江（独龙江考察队 82）；海拔 700~1786 m；分布于贡山。8。

94 水田稗 Echinochloa oryzoides (Arduino) Fritsch

产上帕（高黎贡山考察队 7895）；海拔 1240~1640 m；分布于福贡、泸水。8。

95 牛筋草 Eleusine indica (Linnaeus) Gaertner

产六库（独龙江考察队 83）；海拔 670~2160 m；分布于贡山、泸水、保山、龙陵。2。

96 高株披碱草 Elymus altissimus (Keng) Á Löve ex B. Rong Lu

产丙中洛（王启无 66469）；海拔 1500~2160 m；分布于贡山。15-1。

97 小颖披碱草 Elymus antiquus (Nevski) Tzvelev

产茨开（s.n.）海拔 1700~2160 m；分布于贡山。14-2。

98 钙生披碱草 Elymus calcicola (Keng) S. L. Chen

产马站（高黎贡山考察队 29873）；海拔 2000 m；分布于腾冲。15-1。

99 西藏披碱草 Elymus tibeticus (Melderis) G. Singh

产独龙江（独龙江考察队 6529）；海拔 2300 m；分布于贡山。14-2。

100 总苞草 Elytrophorus spicatus (Willd.) A. Camus

产铜壁关（据《云南铜壁关自然保护区科学考察研究》）；海拔 300~1140 m；分布于盈江。4。

101 大画眉草 Eragrostis cilianensis (Allioni) Vignolo-Lutati ex Janchen

产界头（高黎贡山考察队 11296）；海拔 1500 m；分布于腾冲。2。

102 乱草 Eragrostis japonica (Thunberg) Trinius

产六库（独龙江考察队 71）；海拔 710~960 m；分布于泸水。7。

103 小画眉草 Eragrostis minor Host

产丙中洛（高黎贡山考察队 34281）；海拔 1840 m；分布于贡山。1。

104 黑穗画眉草 Eragrostis nigra Nees ex Steudel

产独龙江（独龙江考察队 646）；海拔 1180~2090 m；分布于贡山、福贡、泸水、腾冲。12。

105 细叶画眉草 Eragrostis nutans (Retz) Nees ex Steudel

产五合（高黎贡山考察队 17162）；海拔 1225 m；分布于腾冲。7。

106 宿根画眉草 Eragrostis perennans Keng

产铜壁关（据《云南铜壁关自然保护区科学考察研究》）；海拔 1600~1800 m；分布于盈江。7。

107 画眉草 Eragrostis pilosa (Linnaeus) P. Beauv.

产铜壁关（据《云南铜壁关自然保护区科学考察研究》）；海拔 1300~1500 m；分布于盈江。8。

108 鲫鱼草 Eragrostis tenella (Linnaeus) P. Beauvois ex Roemer & Schultes

产铜壁关（据《云南铜壁关自然保护区科学考察研究》）；海拔 300～1480 m；分布于盈江。4。

109 牛虱草 Eragrostis unioloides (Retz) Nees ex Steudel

产芒宽（高黎贡山考察队 18933）；海拔 790 m；分布于保山。6。

110 蜈蚣草 Eremochloa ciliaris (Loureiro) Merrill

产铜壁关（据《云南铜壁关自然保护区科学考察研究》）；海拔 1000～1500 m；分布于盈江。5。

111 高野黍 Eriochloa procera (Retzius) C. E. Hubbard

产铜壁关（据《云南铜壁关自然保护区科学考察研究》）；海拔 580～1940 m；分布于盈江。5。

112 短叶金茅 Eulalia brevifolia Keng ex P. C. Keng

产铜壁关（据《云南铜壁关自然保护区科学考察研究》）；海拔 1650～1900 m；分布于盈江。15-2。

113 四脉金茅 Eulalia quadrinervis (Hackel) Kuntze

产独龙江（独龙江考察队 1052）；海拔 1550～1910 m；分布于贡山。14-1。

114 金茅 Eulalia speciosa Kuntze

产铜壁关（据《云南铜壁关自然保护区科学考察研究》）；海拔 1720～1850 m；分布于盈江。14-1。

115 拟金茅 Eulaliopsis binata (Retzius) C. E. Hubbard

产六库（姜恕 8025）；海拔 1000～2500 m；分布于泸水。15-1。

116 蛊羊茅 Festuca fascinata Keng ex S. L. Lu

产利沙底（高黎贡山考察队 26866）；海拔 1600～3120 m；分布于贡山、福贡。15-1。

117 弱序羊茅 Festuca leptopogon Stapf

产鲁掌（高黎贡山考察队 8090）；海拔 2700 m；分布于泸水。14-2。

118 小颖羊茅 Festuca parvigluma Steud

产利沙底（高黎贡山考察队 26311）；海拔 2530～3700 m；分布于贡山、福贡、泸水。14-3。

119 吉曼草 Germainia capitata Balansa & Poitrasson

产铜壁关（据《云南铜壁关自然保护区科学考察研究》）；海拔 540～1310 m；分布于盈江。5。

120 三芒耳稃草 Garnotia acutigluma (Steudel) Ohwi

产独龙江（独龙江考察队 3169）；海拔 1266～1700 m；分布于贡山。7。

121 卵花甜茅 Glyceria tonglensis C. B. Clarke

产鹿马登（高黎贡山考察队 28662）；海拔 1730～3650 m；分布于贡山、福贡、泸水、腾冲。14-2。

122 东北甜茅 Glyceria triflora (Korshinsky) Komarov

产腾冲（高黎贡山考察队 30328）；海拔 1930～2650 m；分布于贡山、保山、腾冲。10。

123 穿孔球穗草 Hackelochloa porifera (Hackel) D. Rhind

产铜壁关（据《云南铜壁关自然保护区科学考察研究》）；海拔 530～940 m；分布于盈江。7。

124 云南异燕麦 Helictotrichon delavayi (Hackel) Henrard

产鹿马登（高黎贡山考察队 28668）；海拔 2500～3650 m；分布于福贡、泸水。15-1。

125 变绿异燕麦 Helictotrichon junghuhnii (Buse) Henrard

产独龙江（独龙江考察队 5632）；海拔 1980～3568 m；分布于贡山、腾冲。14-2。

126 扁穗牛鞭草 Hemarthria compressa (Linnaeus f.) R. Brown

产北海（李恒、李嵘、蒋柱檀、高富、张雪梅 380）；海拔 1730 m；分布于腾冲。12。

127 扭黄茅 Heteropogon contortus (Linnaeus) P. Beauvois ex Roemer & Schultes
产片马（高黎贡山考察队 10135）；海拔 1620 m；分布于泸水。2。

128 水禾 Hygroryza aristata Nees
产铜壁关（据《云南铜壁关自然保护区科学考察研究》）；海拔 300～1800 m；分布于盈江。7。

129 膜稃草 Hymenachne amplexicaulis (Rudge) Nees
产铜壁关（据《云南铜壁关自然保护区科学考察研究》）；海拔 600～1200 m；分布于盈江。7。

130 弊草 Hymenachne assamica (J. D. Hooker) Hitchcock
产铜壁关（据《云南铜壁关自然保护区科学考察研究》）；海拔 800～1300 m；分布于盈江。7。

131 大距花黍 Ichnanthus pallens var. **major** (Nees) Stieber
产铜壁关（据《云南铜壁关自然保护区科学考察研究》）；海拔 300～750 m；分布于盈江。2。

132 白茅 Imperata cylindrica (Linnaeus) Raeuschel
产五合（高黎贡山考察队 24877）；海拔 1600～2168 m；分布于保山、腾冲。4。

133 白花柳叶箬 Isachne albens Trinius
产独龙江（独龙江考察队 284）；海拔 1360～2350 m；分布于贡山、福贡、泸水、腾冲。14-2。

134 小柳叶箬 Isachne clarkei J. D. Hooker
产独龙江（独龙江考察队 373）；海拔 1400 m；分布于贡山。7。

135 柳叶箬 Isachne globosa (Thunberg) Kuntze
产独龙江（独龙江考察队 1484）；海拔 1320～2150 m；分布于贡山、福贡、腾冲。5。

136 矮小柳叶箬 Isachne pulchella (Trinius) Roth
产六库（独龙江考察队 111）；海拔 710～1760 m；分布于泸水、腾冲。14-2。

137 有芒鸭嘴草 Ischaemum aristatum Linnaeus
产铜壁关（据《云南铜壁关自然保护区科学考察研究》）；海拔 360～1000 m；分布于盈江。14-3。

138 细毛鸭嘴草 Ischaemum ciliare Retzius
产铜壁关（据《云南铜壁关自然保护区科学考察研究》）；海拔 300～800 m；分布于盈江。7。

139 田间鸭嘴草 Ischaemum rugosum Salisbury
产六库（独龙江考察队 89）；海拔 710～1530 m；分布于福贡、泸水、保山、腾冲。5。

140 芒落草 Koeleria litvinowii Domin
产茨开（高黎贡山考察队 33833）；海拔 3030 m；分布于贡山。13。

141 李氏禾 Leersia hexandra Swartz
产界头（高黎贡山考察队 11290）；海拔 1500～1730 m；分布于腾冲。4。

142 千金子 Leptochloa chinensis Nees
产铜壁关（据《云南铜壁关自然保护区科学考察研究》）；海拔 400～1100 m；分布于盈江。6。

143 虮子草 Leptochloa panicea (Retzius) Ohwi
产潞江（高黎贡山考察队 18171）；海拔 670 m；分布于保山。4。

144 淡竹叶 Lophatherum gracile Brongniart
产芒宽（高黎贡山考察队 19139）；海拔 1350～1360 m；分布于保山。5。

145 澜沧梨藤竹 Melocalamus arrectus T. P. Yi
产那邦（李德铢 s.n.）；海拔 1900 m；分布于盈江。15-2。

146 刚莠竹 Microstegium ciliatum (Trinius) A. Camus
　　产独龙江（独龙江考察队 1236）；海拔 1360～2270 m；分布于贡山、泸水、腾冲。14-2。

147 五节芒 Miscanthus floridulus Warburg ex K. Schumann & Lauterbach
　　产铜壁关（据《云南铜壁关自然保护区科学考察研究》）；海拔 250～1600 m；分布于盈江。7。

148 竹叶茅 Microstegium nudum (Trinius) A. Camus
　　产独龙江（独龙江考察队 1077）；海拔 1500～2050 m；分布于贡山。4。

149 芒 Miscanthus sinensis Andersson
　　产铜壁关（据《云南铜壁关自然保护区科学考察研究》）；海拔 300～2300 m；分布于盈江。14-3。

150 网脉莠竹 Microstegium reticulatum B. S. Sun ex H. Peng & X. Yang
　　产片马（高黎贡山考察队 10275）；海拔 1950～2050 m；分布于泸水。14-2。

151 柔枝莠竹 Microstegium vimineum (Trinius) A. Camus
　　产界头（高黎贡山考察队 11250）；海拔 1530～1740 m；分布于贡山、腾冲。12。

152 尼泊尔芒 Miscanthus nepalensis (Trinius) Hackel
　　产独龙江（高黎贡山考察队 7615）；海拔 1640～2649 m；分布于贡山、泸水、龙陵。14-2。

153 双药芒 Miscanthus nudipes (Grisebach) Hackel
　　产茨开（高黎贡山考察队 11935）；海拔 2600 m；分布于贡山。14-2。

154 空轴茅 Mnesithea striata (Nees ex Steudel) de Koning & Sosef
　　产昔马那邦（86 年考察队 1120）；海拔 1200～1520 m；分布于盈江。7。

155 日本乱子草 Muhlenbergia japonica Steudel
　　产独龙江（独龙江考察队 502）；海拔 1300～1840 m；分布于贡山。14-3。

156 多枝乱子草 Muhlenbergia ramosa (Hackel ex Matsumura) Makino
　　产茨开（高黎贡山考察队 15652）；海拔 1780 m；分布于贡山。14-3。

157 类芦 Neyraudia reynaudiana (Kunth) Keng ex Hitchcock
　　产匹河（高黎贡山考察队 7935）；海拔 1010～1250 m；分布于福贡、泸水、保山。14-2。

158 竹叶草 Oplismenus compositus (Linnaeus) P. Beauvois
　　产独龙江（独龙江考察队 413）；海拔 890～2050 m；分布于贡山、泸水、保山、腾冲。4。

159 疏穗竹叶草 Oplismenus patens Honda
　　产芒宽（植被组样方 G2-3）；海拔 1400～1880 m；分布于保山。14-3。

160a 求米草 Oplismenus undulatifolius (Arduino) Roemer & Schultes
　　产茨开（高黎贡山考察队 16585）；海拔 1550～1700 m；分布于贡山、腾冲。8。

160b 光叶求米草 Oplismenus undulatifolius var. **glaber** S. L. Chen & Y. X. Jin
　　产曲石（植被组样方 G18-3）；海拔 2060 m；分布于腾冲。15-1。

161 直芒草 Orthoraphium roylei Nees
　　产鲁掌（高黎贡山考察队 15955）；海拔 3250 m；分布于泸水。14-2。

162 疣粒稻 Oryza meyeriana subsp. **granulata** (Nees & Arnott ex Watt) Tateoka
　　产铜壁关（吕正伟 82-104）；海拔 850～1500 m；分布于盈江。7。

163 露籽草 Ottochloa nodosa (Kunth) Dandy
　　产铜壁关（据《云南铜壁关自然保护区科学考察研究》）；海拔 800～1300 m；分布于盈江。4。

164 糠稷 Panicum bisulcatum Thunberg

产茨开（高黎贡山考察队 16586）；海拔 1550～3000 m；分布于贡山。5。

165 短叶黍 Panicum brevifolium D. Jahn ex Schrank

产铜壁关（据《云南铜壁关自然保护区科学考察研究》）；海拔 300～2300 m；分布于盈江。6。

166 心叶稷 Panicum notatum Retzius

产片马（高黎贡山考察队 7359）；海拔 890～1525 m；分布于泸水、保山。7。

167 两耳草 Paspalum conjugatum P. J. Bergius

产昔马那邦（86 年考察队 1073）；海拔 300～900 m；分布于盈江。2。

168 鸭嘴草 Paspalum scrobiculatum Linnaeus

产铜壁关（据《云南铜壁关自然保护区科学考察研究》）；海拔 340～2050 m；分布于盈江。4。

169a 囡雀稗 Paspalum scrobiculatum var. **bispicatum** Hackel

产六库（横断山队 479）；海拔 1900 m；分布于泸水。4。

169b 圆果雀稗 Paspalum scrobiculatum var. **orbiculare** (G. Forster) Hackel

产潞江（高黎贡山考察队 23595）；海拔 688 m；分布于保山。5。

170 细柄黍 Panicum sumatrense Roth

产铜壁关（据《云南铜壁关自然保护区科学考察研究》）；海拔 1400～2400 m；分布于盈江。7。

171 狼尾草 Pennisetum alopecuroides (Linnaeus) Sprengel

产独龙江（独龙江考察队 677）；海拔 1850 m；分布于贡山、泸水、腾冲。5。

172 白草 Pennisetum flaccidum Griseb.

产铜壁关（据《云南铜壁关自然保护区科学考察研究》）；海拔 1900～2100 m；分布于盈江。7。

173 毛叶束尾草 Phacelurus trichophyllus S. L. Zhong

产北海（李恒、李嵘、蒋柱檀、高富、张雪梅 380）；海拔 1730 m；分布于腾冲。15-1。

174 显子草 Phaenosperma globosa Munro ex Bentham

产丙中洛（高黎贡山考察队 7846）；海拔 1550 m；分布于贡山。14-1。

175 高山梯牧草 Phleum alpinum Linnaeus

产丙中洛（高黎贡山考察队 31689）；海拔 3561～3710 m；分布于贡山。8。

176 落芒草 Piptatherum munroi (Stapf) Mez

产铜壁关（据《云南铜壁关自然保护区科学考察研究》）；海拔 1380 m；分布于盈江。14-2。

177 白顶早熟禾 Poa acroleuca Steudel

产六库（横断山队 370）；海拔 2000 m；分布于泸水。2。

178 早熟禾 Poa annua Linnaeus

产独龙江（独龙江考察队 1357）；海拔 1000～2768 m；分布于贡山、福贡、泸水、保山、腾冲。1。

179 法氏早熟禾 Poa faberi Rendle

产六库（横断山队 s.n）；海拔 1200～2500 m；分布于泸水。14-1。

180 阔叶早熟禾 Poa grandis Handel-Mazzetti

产独龙江（高黎贡山考察队 26702）；海拔 3000～3568 m；分布于贡山、福贡。14-1。

181 喜马拉雅早熟禾 Poa himalayana Nees ex Steudel

产茨开（青藏队 8537）；海拔 3600 m；分布于贡山。14-2。

182 喀斯早熟禾 Poa khasiana Stapf

产独龙江（独龙江考察队 4108）；海拔 1300～3740 m；分布于贡山、福贡、泸水、腾冲。14-2。

183 毛稃早熟禾 Poa mairei Hackel

产六库（张正华 1197）；海拔 2700 m；分布于泸水。14-2。

184 尼泊尔早熟禾 Poa nepalensis (G. C. Wallich ex Grisebach) Duthie

产姚家坪（高黎贡山考察队 8174）；海拔 1238～3030 m；分布于贡山、福贡、腾冲。14-2。

185 曲枝早熟禾 Poa pagophila Bor

产茨开（高黎贡山考察队 12623）；海拔 2770～3050 m；分布于贡山。14-2。

186 锡金早熟禾 Poa sikkimensis (Stapf) Bor

产独龙江（独龙江考察队 3497）；海拔 1300～3050 m；分布于贡山。14-2。

187 金丝草 Pogonatherum crinitum (Thunberg) Kunth

产上营（高黎贡山考察队 11391）；海拔 686～2075 m；分布于福贡、保山、腾冲。5。

188 金发草 Pogonatherum paniceum (Lamarck) Hackel

产百花岭（高黎贡山考察队 13553）；海拔 950～1600 m；分布于保山、泸水。5。

189 棒头草 Polypogon fugax Nees ex Steudel

产潞江（高黎贡山考察队 18130）；海拔 611～2050 m；分布于福贡、泸水、保山、龙陵。12。

190 长芒棒头草 Polypogon monspeliensis (Linnaeus) Desfontaines

产铜壁关（据《云南铜壁关自然保护区科学考察研究》）；海拔 1500～1900 m；分布于盈江。10。

191 钩毛草 Pseudechinolaena polystachya (Kunth) Stapf in Prain

产昔马那邦（86 年考察队 1076）；海拔 1030～2400 m；分布于盈江。2。

192 笔草 Pseudopogonatherum contortum (Brongniart) A. Camus

产铜壁关（据《云南铜壁关自然保护区科学考察研究》）；海拔 1000～1400 m；分布于盈江。5。

193 泡竹 Pseudostachyum polymorphum Munro

产铜壁关（据《云南铜壁关自然保护区科学考察研究》）；海拔 700～1400 m；分布于盈江。7。

194 双叉细柄茅 Ptilagrostis dichotoma Keng ex Tzvelev

产丙中洛（高黎贡山考察队 32801）；海拔 4003 m；分布于贡山。14-2。

195 筒轴茅 Rottboellia cochinchinensis (Loureiro) Clayton

产铜壁关（据《云南铜壁关自然保护区科学考察研究》）；海拔 1300～1800 m；分布于盈江。4。

196 斑茅 Saccharum arundinaceum Retzius

产独龙江（独龙江考察队 666）；海拔 1300～1600 m；分布于贡山。7。

197 金猫尾 Saccharum fallax Balansa

产铜壁关（据《云南铜壁关自然保护区科学考察研究》）；海拔 300～1050 m；分布于盈江。7。

198 长齿蔗茅 Saccharum longesetosum (Andersson) V. Narayanaswami

产独龙江（独龙江考察队 607）；海拔 1300～1750 m；分布于贡山。14-2。

199 河八王 Saccharum narenga (Nees ex Steudel) Wallich ex Hackel

产铜壁关（据《云南铜壁关自然保护区科学考察研究》）；海拔 400～1400 m；分布于盈江。7。

200 蔗茅 Saccharum rufipilum Steudel

产独龙江（独龙江考察队 1053）；海拔 1300～1800 m；分布于贡山。14-2。

201 甜根子草 Saccharum spontaneum Linnaeus
产六库（高黎贡山考察队 9834）；海拔 980 m；分布于泸水。4。

202 囊颖草 Sacciolepis indica (Linnaeus) Chase
产独龙江（独龙江考察队 650）；海拔 1240～1930 m；分布于贡山、福贡、腾冲。4。

203 鼠尾囊颖草 Sacciolepis myosuroides (R. Brown) A. Chase ex E. G. Camus & A. Camus
产独龙江（独龙江考察队 1036）；海拔 1300～1800 m；分布于贡山、泸水、腾冲。4。

204 红裂稃草 Schizachyrium sanguineum (Retzius) Alston
产铜壁关（据《云南铜壁关自然保护区科学考察研究》）；海拔 900～1800 m；分布于盈江。2。

205 旱茅 Schizachyrium delavayi (Hackel) Bor
产独龙江（青藏队 82-9722）；海拔 1700 m；分布于贡山、泸水。14-2。

206 西南莩草 Setaria forbesiana (Nees ex Steudel) J. D. Hooker
产捧当（高黎贡山考察队 15800）；海拔 1130～2000 m；分布于贡山、泸水。14-2。

207 棕叶狗尾草 Setaria palmifolia (K. D. Koenig) Stapf
产独龙江（独龙江考察队 657）；海拔 1150～1500 m；分布于贡山、福贡、保山。6。

208 幽狗尾草 Setaria parviflora (Poiret) Kerguél
产独龙江（独龙江考察队 1142）；海拔 650～1860 m；分布于贡山、保山、腾冲。2。

209 皱叶狗尾草 Setaria plicata (Lamarck) T. Cooke
产独龙江（独龙江考察队 3669）；海拔 702～2200 m；分布于贡山、福贡、泸水、保山、腾冲。7。

210 金色狗尾草 Setaria pumila (Poiret) Roemer & Schultes
产独龙江（独龙江考察队 645）；海拔 1350～1910 m；分布于贡山、福贡、腾冲。8。

211 倒刺狗尾草 Setaria verticillata (Linnaeus) P. Beauvois
产大沙坝（高黎贡山考察队 7333）；海拔 650～840 m；分布于泸水、保山。8。

212 狗尾草 Setaria viridis (Linnaeus) P. Beauvois
产捧当（高黎贡山考察队 15835）；海拔 1040～1900 m；分布于贡山、福贡、泸水。8。

213 稗荩 Sphaerocaryum malaccense (Trinius) Pilger
产铜壁关（据《云南铜壁关自然保护区科学考察研究》）；海拔 570～1700 m；分布于盈江。7。

214 双蕊鼠尾粟 Sporobolus diandrus (Retzius) P. Beauvois
产独龙江（青藏队 82-9525）；海拔 1600 m；分布于贡山。5。

215 鼠尾粟 Sporobolus fertilis (Steudel) Clayt
产马库（独龙江考察队 1048）；海拔 1000～1910 m；分布于贡山、福贡、保山、腾冲。7。

216 韦菅 Themeda arundinacea (Roxburgh) A. Camus
产上营（高黎贡山考察队 18720）；海拔 980～2260 m；分布于泸水、保山、腾冲。7。

217 苞子草 Themeda caudata (Nees) A. Camus
产铜壁关（据《云南铜壁关自然保护区科学考察研究》）；海拔 750～1670 m；分布于盈江。7。

218 中华菅 Themeda quadrivalvis (Linnaeus) Kuntze
产芒宽（高黎贡山考察队 18903）；海拔 790 m；分布于保山。5。

219 黄背草 Themeda triandra Forsskål
产上营（高黎贡山考察队 11392）；海拔 1530 m；分布于腾冲。4。

220 菅 _Themeda villosa_ (Poiret) A. Camus

产上帕（高黎贡山考察队 9760）；海拔 1700 m；分布于福贡。7。

221 云南菅 _Themeda yunnanensis_ S. L. Chen & T. D. Zhuang

产独龙江（高黎贡山考察队 674）；海拔 1400 m；分布于贡山。15-2。

222 泰竹 _Thyrsostachys siamensis_ Gamble

产铜壁关（李德铢 s.n.）；海拔 300～900 m；分布于盈江。7。

223 棕叶芦 _Thysanolaena latifolia_ (Roxburgh ex Hornemann) Honda

产铜壁关（据《云南铜壁关自然保护区科学考察研究》）；海拔 350～1600 m；分布于盈江。5。

224 小草沙蚕 _Tripogon filiformis_ Nees ex Steudel

产上帕（高黎贡山考察队 28915）；海拔 1180 m；分布于福贡。14-2。

225 长芒草沙蚕 _Tripogon longearistatus_ Hackel ex Honda

产独龙江（高黎贡山考察队 21749）；海拔 1710 m；分布于贡山。14-3。

226 云南草沙蚕 _Tripogon yunnanensis_ J. L. Yang ex S. M. Phillips & S. L. Chen

产丙中洛（高黎贡山考察队 32885）；海拔 2886 m；分布于贡山。15-1。

227 类黍尾稃草 _Urochloa panicoides_ P. Beauvois

产潞江（高黎贡山考察队 17342）；海拔 900 m；分布于保山。6。

228 雀稗尾稃草 _Urochloa paspaloides_ J. Presl

产铜壁关（据《云南铜壁关自然保护区科学考察研究》）；海拔 1160～1700 m；分布于盈江。14-1。

229 粉竹 _Yushania falcatiaurita_ Hsueh & T. P. Yi

产大娘山（何秀仕 s.n.）；海拔 1600～2200 m；分布于盈江。15-2。

230 长肩毛玉山竹 _Yushania vigens_ T. P. Yi

产铜壁关（薛纪如等 s.n.）；海拔 2140～2400 m；分布于盈江。15-2。

332a 竹亚科 Bambusoideae

1 空竹 _Cephalostachyum latifolium_ Munro

产上帕（阿普 92040）；海拔 1200～2000 m；分布于贡山、福贡。14-2。

2 小空竹 _Cephalostachyum pallidum_ Munro

产碧江（遥感队 78001）；海拔 1200～2000 m；分布于福贡。14-2。

3 香糯竹 _Cephalostachyum pergracile_ Munro

产碧江（怒江考察队 917）；海拔 2000 m；分布于福贡。14-1。

4 真麻竹 _Cephalostachyum scandens_ Bor

产独龙江（T. T. Yü 20171）；海拔 2150 m；分布于贡山、福贡、泸水。15-3。

5 缅甸方竹 _Chimonobambusa armata_ (Gamble) Hsueh & T. P. Yi

产独龙江（独龙江考察队 1786）；海拔 1500～2467 m；分布于贡山、福贡、泸水。14-2。

6 宁南方竹 _Chimonobambusa ningnanica_ Hsueh & L. Z. Gao

产蔡家坝（薛嘉榕 s.n.）；海拔 1500～2000 m；分布于泸水。15-1。

7 刺黑竹 _Chimonobambusa purpurea_ Hsueh & T. P. Yi

产独龙江（青藏队 82-9030）；海拔 1200 m；分布于贡山。14-2。

8 福贡龙竹 Dendrocalamus fugongensis Hsueh & D. Z. Li

产独龙江（独龙江考察队 1191）；海拔 1200～1609 m；分布于贡山、福贡。15-2。

9 巴氏龙竹 Dendrocalamus parishii Munro

产上帕（遥感队 s.n.）；海拔 1200 m；分布于福贡。14-2。

10 西藏牡竹 Dendrocalamus tibeticus Hsueh & T. P. Yi

产鲁掌（张兆国 05）；海拔 1220～1710 m；分布于泸水。15-1。

11 扫把竹 Drepanostachyum fractiflexum (T. P. Yi) D. Z. Li

产片马（高黎贡山考察队 22946）；海拔 2370 m；分布于泸水。15-1。

12 尖鞘箭竹 Fargesia acuticontracta T. P. Yi

产茨开（王劲松 92035）；海拔 2000～3200 m；分布于贡山。15-2。

13 片马箭竹 Fargesia albocerea Hsueh & T. P. Yi

产片马（西南林学院 006）；海拔 2860 m；分布于泸水。15-3。

14 马亨箭竹 Fargesia communis T. P. Yi

产鹿马登（王劲松 92034）；海拔 2750～3250 m；分布于福贡。15-2。

15 带鞘箭竹 Fargesia contracta T. P. Yi

产片马（易同培 77298）；海拔 2000～3000 m；分布于泸水、保山。15-2。

16 斜倚箭竹 Fargesia declivis T. P. Yi

产独龙江（易同培 773156）；海拔 2450 m；分布于贡山。15-3。

17 空心箭竹 Fargesia edulis Hsueh & T. P. Yi

产片马（易同培 77293）；海拔 1900～2800 m；分布于泸水、保山。15-2。

18 贡山箭竹 Fargesia gongshanensis T. P. Yi

产普拉底（易同培 77304）；海拔 1500～2650 m；分布于贡山。15-3。

19 泸水箭竹 Fargesia lushuiensis Hsueh & T. P. Yi

产明珠林（张浩然等 89310）；海拔 1610～2000 m；分布于福贡、泸水。15-3。

20 黑穗箭竹 Fargesia melanostachys (Handel-Mazzetti) T. P. Yi

产片马（高黎贡山考察队 7788）；海拔 3100～3400 m；分布于贡山、泸水。15-2。

21 长圆鞘箭竹 Fargesia orbiculata T. P. Yi

产片马（辉朝茂、金光银 89304）；海拔 3150～3800 m；分布于泸水。15-2。

22 云龙箭竹 Fargesia papyrifera T. P. Yi

产片马（高黎贡山考察队 8148）；海拔 2760～3300 m；分布于泸水。15-2。

23 皱壳箭竹 Fargesia pleniculmis (Handel-Mazzetti) T. P. Yi

产独龙江（易同培 77310）；海拔 2500～3810 m；分布于贡山。15-3。

24 弩刀箭竹 Fargesia praecipua T. P. Yi

产独龙江（易同培 77317）；海拔 1850～2600 m；分布于贡山。15-3。

25 独龙箭竹 Fargesia sagittatinea T. P. Yi

产丙中洛（高黎贡山考察队 35945）；海拔 2440～2900 m；分布于贡山。15-3。

26 贡山竹 Gaoligongshania megalothyrsa D. Z. Li, Hsuch & N. H. Xia

产独龙江（独龙江考察队 1105）；海拔 1600～2065 m；分布于贡山、泸水。15-3。

27 新小竹 **Neomicrocalamus prainii** (Gamble) P. C. Keng

产片马（青藏队 82-9137）；海拔 1300～1600 m；分布于泸水。14-2。

28 独龙江玉山竹 **Yushania farcticaulis** T. P. Yi

产茨开（高黎贡山考察队 23079）；海拔 1900～2720 m；分布于贡山。15-3。

29 盈江玉山竹 **Yushania glandulosa** Hsueh & T. P. Yi

产片马（辉朝茂 88112）；海拔 1900～2400 m；分布于泸水。15-2。

30 光亮玉山竹 **Yushania levigata** T. P. Yi

产片马（段金华、辉朝茂 88105）；海拔 1800～3000 m；分布于泸水。15-2。

第 5 章　陆生脊椎动物多样性

5.1　研究历史

高黎贡山位于中国西南部，北接青藏高原，南连中南半岛，东临怒江，西靠独龙江（缅甸境内称恩梅开江），南北绵延 600 余公里。涉及的地区为云南省西部、怒江以西的地区，包括怒江傈僳族自治州下辖的贡山独龙族怒族自治县、福贡县和泸水市，保山市、腾冲市及德宏傣族景颇族自治州下辖的瑞丽市、芒市、梁河县、盈江县和陇川县等。

地质上，高黎贡山为冈瓦纳古陆的一部分，地处印度板块与欧亚板块碰撞及板块俯冲而形成的缝合线地带，是怒江（缅甸境内称萨尔温江）和独龙江（缅甸境内称恩梅开江）的分水岭，世界著名的深断裂纵谷区。历次地质运动尤其是喜马拉雅造山运动和河流侵蚀作用，将高黎贡山塑造成我国西部地区一座巨大的低纬度、高海拔和相对高差大的山体，最低海拔位于盈江县那邦镇勐乃河，仅 210 m，最高海拔为嘎娃嘎普峰，海拔 5128 m。高黎贡山气候具有明显的纬度和海拔变化，北段、中段属北亚热带湿润气候带，南段属中亚热带气候带，整个区域主要受西南季风影响，气温东坡比西坡略高，降水西坡丰富，湿度西坡大于东坡。

高黎贡山狭长的南北走向、显著的纬度气候差异使野生动物分布也呈现出显著的纬度分布特点。在动物地理区划上，高黎贡山最南端（腾冲以南）和中南部（保山至福贡南部）被划入东洋界华南区滇南山地亚区，分布有高黎贡白眉长臂猿 *Hoolock tianxing*、北豚尾猴 *Macaca leonina*、熊狸 *Arctictis binturong*、冠斑犀鸟 *Anthracoceros coronatus*、绯胸鹦鹉 *Psittacula alexandri*、眼镜王蛇 *Ophiophagus hannah* 等热带-亚热带山地森林动物群；中北部（福贡至贡山南部）和北部（贡山）则属于西南山地亚区，主要分布有高原林灌、农田以及热带-亚热带山地森林动物群[0]，代表物种有怒江金丝猴 *Rhinopithecus strykeri*、克钦绒鼠 *Eothenomys cachinus*、贡山鼩鼹 *Uropsilus investigator*、白尾梢虹雉 *Lophophorus sclateri* 等；北端（贡山以北至察隅）被划入东洋界喜马拉雅亚区，分布有东部热带山地森林动物群，代表物种有黑麝 *Moschus fuscus*、赤斑羚 *Naemorhedus baileyi*、灰腹角雉 *Tragopan blythii* 及喜山小头蛇 *Oligodon albocinctus* 等（张荣祖，2011）。

5.1.1　新中国成立前的考察活动

历史上高黎贡山及其邻近地区最早的野生动物考察和研究，与 19 世纪中后叶（1868 年）至 20 世纪 30 年代末（1939 年）西方国家在东亚、南亚及东南亚开展的一系列军事、政治、贸易、宗教等扩张活动密不可分。

1867 年至 1868 年以及 1875 年，时任印度帝国博物馆馆长的英国生物学家 John Anderson 随英国陆军中校 Edward Bosc Slanden 率领的使团和 Brown 率领的使团，两次从缅甸八莫（Bhamo）入境开展云南西部动物考察（Anderson，1871），在高黎贡山地区涉及盈江、腾冲等地。两次考察发现并描述了大量物种（Anderson，1876），汇总后的主要成果以 *Anatomical and Zoological Researches：Comprising an Account of the Zoological Results of the Two Expeditions to Western Yunnan in 1868 and 1875 and a Monograph of the Two Cetacean Genera，Platanista and Orcella* 为题发表，记述了缅甸克钦地区和云南西部的哺乳动物 67 种、鸟类 234 种、爬行动物 55 种、两栖动物 18 种，以及多种无脊椎动物（Anderso1878a，

1878b）。

　　1877 年 1 月，来自英国的传教士 John McCarthy 从江苏镇江出发，途经安徽安庆、湖北汉口、四川遂宁和贵州贵阳后，向西进入云南，途经昆明、大理、漾濞、保山和腾冲，然后从盈江出境，到达缅甸八莫，历时 7 个月。他不仅是第一个在云南留下足迹的基督教传教士，沿途还采集了动植物标本，并于 1879 年撰写 *Across China from Chin-Kiang to Bhamo* 一书以记录其旅途见闻（McCarthy，1879）。

　　1877 年 5 月至 11 月，英国人 William John Gill 和 William Mesny 从四川成都出发至巴塘，向南进入云南西部，途经德钦、大理、保山、腾冲，然后出境至缅甸八莫，沿途考察风土民情和自然概况，采集动植物标本（Gill，1877），并撰写了 *The River of Golden Sand: The Narrative of a Journey through China and Eastern Tibet to Burmah* 以记述这次旅行（Gill and Yule，1880）。

　　1895 年 1 月至 12 月，由 Prince Henri d'Orléans 率领的探险队从越南河内出发，经老街进入中国境内，经蒙自、思茅、云县到达大理，前往六库后折返澜沧江边一路北行，在叶枝附近向西前往贡山茨开，翻越高黎贡山到达独龙江，然后一路西行，最终到达印度阿萨姆。沿途采集的动植物标本，包括哺乳类标本 28 种 60 号、鸟类标本 121 种 206 号，以及昆虫和植物标本等。1898 年，*From Tonkin to India by the Sources of the Irawadi, January '95-January '96* 一书出版，书中对云南怒江、迪庆地区的风土民情和自然景观做了详细描述（d'Orléans，1898）。

　　1898～1899 年，英国人 Alfred Woodrow Stanley Wingate 从中国上海至缅甸八莫探险途中，从高黎贡山南部通过，采集了 150 多号鸟类标本。随后，William Robert Ogilvie-Grant 根据这批标本记述了 128 个物种（Ogilvie-Grant，1900）。

　　1904～1911 年，美国探险家 Malcolm Playfair Anderson 率队开展了贝德福德东亚动物学考察（The Duke of Bedford's zoological exploration of Eastern Asia），考察区域包括四川、云南和西藏东部等，其间共获得 2700 多号哺乳类及大量鸟类等标本。英国生物学家 Oldfield Thomas 据此记述了在中国四川和云南获得的 32 个哺乳类物种，其中部分标本采自高黎贡山地区（Thomas，1912a）。

　　1904～1932 年，被誉为"植物猎人"的英国植物学家 George Forrest 7 次进入云南西部和西北部进行考察，直至 1932 年在腾冲去世，其足迹遍布云南省西部的怒江、澜沧江和金沙江流域，包括怒江沿岸、大理和丽江等地（Forrest，1910），采集了大量野生动植物标本。其中，哺乳动物由 Oldfield Thomas 整理，并发表多个哺乳类新物种（Thomas，1920，1922）；鸟类由 Lionel Walter Rothschild 整理发表（Rothschild，1921，1923a，1923b，1923c，1925，1926，1927a，1927b，1927c）。

　　1908～1910 年，法国国家自然历史博物馆的 Maurice Albert Pichon 在高黎贡山南段腾冲等地采集了 169 号鸟类标本，随后被记述为 101 个物种（Menegaux and Didier，1913）。

　　1911～1926 年，英国植物学家和探险家 Frank Kingdon-Ward 对中国云南北部、四川、西藏东部及缅甸北部进行了 16 次考察，除了大量采集植物标本，也对动物资源做了一定的调查，并收集了一些小型哺乳类和鸟类的标本，陆续出版的著作记述了其考察经历和收获（Kingdon-Ward，1913，1921，1924），其中，哺乳动物部分由 Oldfield Thomas 整理并发表（Thomas，1912b，1914）。

　　1916～1917 年，美国探险家 Roy Chapman Andrews 率领的亚洲动物考察团（Asiatic Zoological Expedition）从越南经滇越铁路进入中国云南。在滇西南从龙陵至怒江河谷、翻越高黎贡山至龙川江到达腾冲，采集到的标本包括哺乳类 2100 号、鸟类 800 号、两栖爬行类 200 号，并拍摄照片 500 幅及约 10 000 英尺（3048 m）胶片材料（Andrews，1918；Andrews R C and Andrews V B，1918）。该次考察中的哺乳类标本及物种主要由美国生物学家 Glover Morrill Allen 整理并记述于 1938～1940 年出版的 *The Mammals of China and Mongolia* 一书中（Allen，1938，1940）。鸟类物种和标本主要由美国生物学家 Outram Bangs 整理及报道（Bangs et al.，1921）。

　　1922 年，美国探险家 Joseph Francis Charles Rock 来到中国云南，并以丽江为基地在西藏、云南、甘肃和四川等地进行考察与标本采集，直至 1949 年离开中国。采集地点主要在金沙江（丽江）附近、澜沧江（维西）附近、元江流域、怒江谷地、独龙江与怒江之间的谷地，以及四川与甘肃交界处（Wagner，1992）。除了采集数万份植物标本，他还收集了鸟类标本 1600 号及一些松鼠、竹鼠、鼯鼠等小型哺乳类标本。美国鸟类学家 Joseph Harvey Riley 对 Rock 采集到的鸟类标本进行了整理，结果发表于 *Proceedings of the United States National Museum* 上（Riley，1926；Riley，1930；Riley，1931）。

1931~1932 年，美国探险家 Brooke Dolan 率领中国西部探险队在四川西部和滇西北考察，一部分队员穿越高黎贡山，从云南西部进入缅甸，考察期间采集了 200 号哺乳类标本和 975 号鸟类标本，其中鸟类部分由 Witmer Stone 整理并发表（Stone，1933）。

1938~1939 年，受美国自然历史博物馆委托，由 Arthur Stannard Vernay 和 Charles Suydam Cutting 组成的考察队对缅甸东北部区域和滇西北的高黎贡山中段进行了生物学考察，其中哺乳部分由 Harold Elmer Anthony 整理并以 *Mammals Collected by the Vernay-Cutting Burma Expedition* 为题出版（Anthony，1941）。英国鸟类学家 John Keith Stanford 参与了此次考察并收集了鸟类标本（Stanford，1946），考察结果主要发表在 *Ibis* 上（Stanford and Mayr，1940，1941a，1941b，1941c，1941d）。

5.1.2 新中国成立后至新千年考察活动

新中国成立前，国内科学家基本未在高黎贡山地区开展脊椎动物调查。新中国成立后，为掌握生物资源本底，包括陆生脊椎动物在内的各种野生动物资源本底的科学考察工作得以有序进行。其中高黎贡山及其周边地区作为生物多样性调查的重点，受到了国内大专院校、科研院所学者的关注，相继组织了一系列规模性综合考察。

1956~1960 年，时任中国科学院昆明动物研究所所长潘清华研究员邀请中国科学院动物研究所、北京自然博物馆、北京大学生物系、武汉大学生物系、云南大学生物系等单位科研人员组成鸟兽资源考察队，在云南西南部和西部开展动物考察，其中在高黎贡山及周边地区涉及德宏和保山，整个考察历时 6 个多月，采集动物标本近万号。

1962 年，中国科学院昆明动物研究所在龙陵等地开展了鸟兽资源考察。

1964~1965 年，中国科学院昆明动物研究所联合中国科学院动物研究所，对滇西横断山脉南段的鸟兽区系进行了两次考察，其中 1965 年 3~6 月在德宏潞西、盈江和保山腾冲、隆阳等地的考察涉及高黎贡山地区，其间采集鸟类标本 3000 余号、哺乳动物标本 1000 余号。

1973~1974 年，中国科学院昆明动物研究所组织了两次针对高黎贡山脊椎动物的专项考察，其中北段考察路线和地点包括从贡山县城翻越高黎贡山，途经普拉底、双拉娃、12 号桥、东哨房、西哨房、三队、巴坡，并前往独龙江河谷马库、钦郎当和迪政当等地；中段考察路线和地点包括从泸水（六库）途经姚家坪翻越高黎贡山至片马、岗房等地，两次野外考察参加人员达 31 人次、时间累计近 8 个月之久，共采集哺乳动物标本 1356 号、鸟类 1200 号，另外，还采集了一定数量的爬行动物、两栖动物、鱼类和昆虫标本。其中，哺乳动物部分，基于对采集标本的整理，描记了哺乳动物 1 新种——黑麝 *Moschus fuscus*（李致祥，1981）和 4 个新亚种（彭鸿绶和王应祥，1981）。此外，基于后期的核型研究结果并依据来自贡山普拉底-米角的标本描记鹿类动物 1 新种——贡山麂 *Muntiacus gongshanensis*（马世来等，1990）。鸟类部分，则依据考察结果与标本记录，出版了《高黎贡山地区脊椎动物考察报告（第二册·鸟类）》（中国科学院昆明动物研究所鸟类组，1980），其记载了高黎贡山鸟类 473 种，并对其中 417 种鸟类进行了描记。杨大同等（1979）在整理了两栖类、爬行类标本后，描记了贡山齿突蟾 *Scutiger gongshanensis*、陇川灌树蛙 *Raorchestes longchuanensis*、巴坡拟树蜥 *Pseudocalotes bapoensis* 等新种。

1981~1985 年，中国科学院青藏高原综合科学考察队将工作重点由青藏高原-西藏转移到横断山区-藏东、川西、滇西北一带，对动物各类群进行了考察，其中即包括高黎贡山地区，先后出版了《横断山区昆虫》(中国科学院青藏高原综合科学考察队，1992；中国科学院青藏高原综合科学考察队，1993)、《横断山区鱼类》(陈宜瑜，1998)、《横断山区两栖爬行动物》(赵尔宓和杨大同，1997)、《横断山区鸟类》(唐蟾珠，1996)。

随着 1983 年高黎贡山省级自然保护区、1986 年怒江省级自然保护区、1986 年铜壁关省级自然保护区的建立，相继开展了系列综合考察。1989~1991 年，西南林学院（今西南林业大学）和云南省林业调查规划设计院（今云南省林业调查规划院）受云南省林业厅委托主持了高黎贡山国家级自然保护区综合考察，并于 1995 年出版了《高黎贡山国家自然保护区》，记录哺乳动物 115 种、鸟类 343 种、爬行动物 50 种、两栖动物 32 种、鱼类 47 种（西南林学院等，1995)。1993~1994 年，云南省林业调查规划设计院受怒江傈僳族自治州林业局委托主持了怒江省级自然保护区综合考察，出版了《怒江自然保护区》，记录哺乳动物 106 种、鸟类 269 种、爬行动物 14 种、两栖动物 10 种、鱼类 13 种（云南省林业厅等，1998)。1995~1999 年，西南林学院主持并联合云南多个科研单位、高校科研人员，对铜壁关省级自然保护区进行了为期 4 年的综合考察，出版了《云南铜壁关自然保护区科学考察研究》，记录哺乳动物 101 种、鸟类 383 种、爬行动物 57 种、两栖动物 41 种、鱼类 39 种、昆虫 346 种（杨宇明和杜凡，2006)。

1992~1994 年，在美国麦克阿瑟基金资助下，中国科学院昆明动物研究所科研人员与美国学者在铜壁关省级自然保护区、高黎贡山国家级自然保护区及其周边开展了鸟兽多样性考察，记录到哺乳动物 178 种、鸟类 487 种（Han，1994；Lan and Dunbar，2000)。

除了上述涉及多类群的综合性考察，新中国成立后至新千年，还有许多学者分别在高黎贡山地区对陆生脊椎动物的不同类群开展过专项考察。例如，黄祝坚（1959）报道了分布于高黎贡山南缘及余脉（腾冲及陇川）的一些爬行动物；匡邦郁和杨德华（1980）报道了由中国科学院昆明动物研究所联合武汉大学、复旦大学、中山大学、云南大学、上海师范大学及华中师范大学等单位于 1978~1979 年在盈江那邦等地开展鸟类调查的成果，发现了红腿小隼 *Microhierax caerulescens*、竹啄木鸟 *Gecinulus grantia*、栗头八色鸫 *Pitta oatesi*、红嘴椋鸟 *Acridotheres burmannicus*、棕腹树鹊 *Dendrocitta vagabunda* 等种或亚种的新记录；龚正达和解宝琦（1989）对高黎贡山东坡 5 个不同森林植物带的小型哺乳类垂直分布进行了调查，记录了小型哺乳动物 4 目 9 科 30 种；吴介云（1992）报道了云南师范大学于 1989~1990 年对高黎贡山北段地区两栖爬行动物的野外考察，记录了两栖动物 7 种、爬行动物 12 种。此外，中国科学院昆明动物研究所相关研究团队自 20 世纪 80 年代末相继完成了《云南鱼类志》（上册、下册）（褚新洛和陈银瑞，1989；褚新洛和陈银瑞，1990)、《云南两栖类志》（杨大同，1991)、《云南鸟类志》（上卷 非雀形目）（杨岚等，1995a）和（下卷 雀形目）（杨岚和杨晓君，2004)、《云南两栖爬行动物》（杨大同和饶定齐，2008）的编著，其中均记述了分布于高黎贡山地区的野生动物，如鸟类 431 种和亚种。

5.1.3　新千年以来的考察活动和陆生脊椎动物多样性研究进展

随着中荷合作云南省森林保护与社区发展项目（FCCDP）于 1998 年启动，项目实施期间（1998~2003 年）对高黎贡山国家级自然保护区、龙陵小黑山省级自然保护区、铜壁关省级自然保护区野生动物资源与保护再次开展调查，出版了《小黑山自然保护区》，记录哺乳动物 131 种、鸟类 259 种、爬行动物 51 种、两栖动物 27 种、昆虫 474 种（喻庆国和钱德仁，2006)。

2002~2006 年，中国科学院昆明动物研究所与美国加州科学院（California Academy of Sciences）联合在高黎贡山地区开展动物多样性考察，其间采集哺乳动物标本 1445 号、鸟类标本 1732 号、两栖爬行动物标本 1500 余号。

2001~2005 年，中国科学院昆明动物研究所与美国加州科学院合作，在高黎贡山地区（百花岭、赧亢、自治、姚家坪、片马、十八里等地）开展了动物多样性联合考察。2004 年，中国科学院昆明动物研究所组织了贡山独龙江脊椎动物考察。在整合历史资料的基础上，Dumbacher 等（2011）报道了高黎贡山鸟类 486 种。通过比对区域内标本，描记了爬行类 1 新种——贡山龙蜥 *Japalura slowinskii*（Rao et al.，2017）。2010～2022 年，中国科学院昆明动物研究所先后主持开展了多个生态环境部生物多样性县域调查专项与横断山南脊椎动物多样性调查和评估、国家林业和草原局全国第二次陆生野生动物资源调查等项目。

因研究和保护需要，近十余年来国内多个研究团队来到高黎贡山地区开展动物多样性和珍稀濒危野生动物的调查与研究。其中中国科学院昆明动物研究所兽类生态与进化研究组在高黎贡山建立了覆盖整个区域的哺乳动物红外相机监测网络，并在高黎贡山南段（百花岭-林家铺、姚家坪-岗房）、中段（亚坪-十八里）、北段（其期-巴坡）沿海拔梯度，以及在片马听命湖、福贡亚坪垭口、嘎娃嘎普峰和担当力卡山的高山（树线生境）开展了对小型哺乳类的专项调查；中山大学、大理大学在隆阳、腾冲、盈江开展了白眉长臂猿行为生态研究；中南林业科技大学、大理大学等在泸水开展了怒江金丝猴种群和行为生态研究等。先后发现并描述哺乳动物 1 新属——喜山大耳飞鼠属（Li et al.，2021），4 新种——高黎贡白眉长臂猿 *Hoolock tianxing*（Fan et al.，2017）、高黎贡林猬 *Mesechinus wangi*（Ai et al.，2018）、高黎贡比氏鼯鼠 *Biswamoyopterus gaoligongensis*（Li et al.，2019）、云南绒毛鼯鼠 *Eupetaurus nivamons*（Jackson et al.，2021），2 个隐存种（Song et al.，2020）以及 3 个新记录种——怒江金丝猴 *Rhinopithecus strykeri*（Long et al.，2012）、红鬣羚 *Capricornis rubidus* （陈奕欣等，2016）、白颊猕猴 *Macaca leucogenys*，同时比较分析了高黎贡山高山小型兽类物种、谱系和功能多样性在西南山地中的地位（宋文宇等，2021）。

中国科学院昆明动物研究所鸟类学研究组在贡山独龙族怒族自治县茨开镇至独龙江沿线、福贡县亚坪十八里、泸水市鲁掌镇登埂村至片马镇古浪村、保山市隆阳区芒宽彝族傣族乡百花岭村、潞江镇小平田至腾冲市五合乡龙江桥、腾冲市高黎贡山西坡、龙陵小黑山省级自然保护区、云南铜壁关省级自然保护区、云南盈江国家湿地公园等开展了大量鸟类调查，基于中国科学院昆明动物研究所近 20 年来在高黎贡山及其邻近地区的鸟类野外调查数据，整理汇总高黎贡山地区有关鸟类研究和考察的文献资料与观鸟记录等，编著完成了《高黎贡山区域鸟类资源图鉴》（吴飞，2022），共收录 749 种鸟类。此外，西南林业大学（高歌等，2017；韩联宪等，2004；梁丹等，2015）、中山大学（Liang et al.，2021；Pan et al.，2019）、大理大学（Yang et al.，2019b）、中南林业科技大学（陈奕欣等，2016）、中国林业科学研究院（苏晓庆，2018）等研究团队以及高黎贡山国家级自然保护区管理局（艾怀森，2006；周应再等，2020）的科研人员也在高黎贡山区域开展了鸟类多样性方面的研究，如 2014～2016 年，西南林业大学和高黎贡山国家级自然保护区泸水管理局合作，利用红外相机在高黎贡山高山环境（金满、听命湖、片马垭口）开展鸟类和哺乳类物种多样性调查，记录到 18 种哺乳类和 44 种鸟类（高歌等，2017）。

中国科学院昆明动物研究所两栖爬行类多样性与进化研究组在腾冲、隆阳、泸水、福贡、贡山设置了 264 条总长度约 50 km 的样线进行两栖爬行动物多样性调查。同期，香港嘉道理农场暨植物园（Kadoorie Farm and Botanic Garden）在腾冲和盈江等地也开展了两栖爬行动物多样性的调查。先后发现了杨氏原指树蛙 *Kurixalus yangi*（Yu et al.，2018）、腾冲掌突蟾 *Leptobrachella tengchongensis*（Yang et al.，2016b）、紫棕掌突蟾 *Leptobrachella purpurus*、盈江掌突蟾 *Leptobrachella yingjiangensis*（Yang et al.，2018b）、腾冲拟髭蟾 *Leptobrachium tengchongense*（Yang et al.，2016a）、泸水角蟾 *Megophrys lushuiensis*（Shi et al.，2021）、费氏角蟾 *Megophrys feii*（Yang et al.，2018a）、盈江棱鼻树蛙 *Nasutixalus yingjiangensis*（Yang and Chan，2018）、独龙江臭蛙 *Odorrana dulongensis*（Liu et al.，2021）、独龙江灌树蛙 *Raorchestes dulongensis*（Wu et al.，2021）、腾冲齿突蟾 *Scutiger tengchongensis*、滇西琴蛙 *Nidirana occidentalis*（Lyu et al.，2020）等两栖动物新种，以及黑顶钝头蛇 *Pareas nigriceps*（Guo and Deng，2009）、贡山龙蜥 *Diploderma slowinskii*（Rao et al.，2017）、盈江竹叶青蛇 *Trimeresurus yingjiangensis*（Chen et al.，2019）、饰尾竹叶青蛇 *Trimeresurus caudornatus*（Chen et al.，2020）、线纹溪蛇 *Smithophis linearis*（Vogel et al.，2020a）、素贞环蛇 *Bungarus suzhenae*（Chen et al.，2021）、贡山两头蛇 *Calamaria andersoni*（Yang and Zheng，2018）、铜壁关丽棘蜥 *Acanthosaura tongbiguanensis*（Liu and Rao，2019）等爬行动物新种，此外，还发现大绿臭蛙 *Odorrana graminea*、缅甸棱皮树蛙 *Theloderma Pyaukkya*、中华蟾蜍 *Bufo gargarizans*（Du et al.，2020；Yang et al.，2019a；Yuan et al.，2016）等两栖动物新记录和长肢滑蜥 *Scincella doriae*、喜山颈槽蛇 *Rhabdophis himalayanus*、福建丽纹蛇 *Sinomicrurus kelloggi*、黑顶钝头蛇 *Pareas nigriceps*、菜花原矛头蝮 *Protobothrops jerdonii* 等爬行类新记录（Yang et al.，2019a）。相关研究还对一些物种的分类地位进行了厘订，如 Grismer 等（2013）将龙陵半叶趾虎 *Hemiphyllodactylus longlingensis* 由云南半叶趾虎 *Hemiphyllodactylus yunnanensis* 的亚种提升为种；David 等（2015）将原报道于云南高黎贡山的双带腹链蛇 *Hebius parallelum* 鉴定为克氏腹链蛇 *Hebius clerki*；Vogel 等（2020b）恢复了横斑钝头蛇 *Pareas macularius* 和克钦钝头蛇 *Pareas andersonii* 的有效性，并同域分布于陇川；David 等（2021）指出原来分布于中国的缅北腹链蛇 *Hebius venningi* 应为黑腹腹链蛇 *Hebius nigriventer* 等。近年来的调查研究为高黎贡山地区两栖爬行动物本底资源现状、物种组成、区系特点、分布、生存繁殖状况、栖息地状况、威胁因素与受威胁程度及保护现状分析研究奠定了重要基础。

　　总之，早期西方人对高黎贡山野生动物的考察活动发生在西方列强向全球扩张的特殊历史背景下。19 世纪末至 20 世纪初，借对印度、缅甸和越南等国发动的殖民战争，来自英、法的探险家、传教士获得了在高黎贡山开展考察活动的便利。20 世纪初至第二次世界大战全面爆发前（1939 年），来自美国的探险家和生物学家得以陆续在高黎贡山地区开展野生动物考察。

　　新中国成立后，为了解并掌握我国的野生动植物资源状况，国内科研单位和高校相继组织的一系列考察与调查工作在全国范围内广泛开展，其中云南鸟兽资源考察队和青藏高原综合科学考察队在云南西部开展的大规模综合性考察为高黎贡山地区野生动物相关研究提供了大量原始数据和标本积累。随着高黎贡山国家级自然保护区、铜壁关省级自然保护区、小黑山省级自然保护区的建立而开展的综合科学考察进一步加大了对高黎贡山地区野生动物的了解，促进了对高黎贡山地区野生动物的保护。

　　进入 21 世纪后，随着对生物多样性与珍稀濒危物种及生态的保护和重视、科研投入的加强、新技术与新方法的广泛运用，高黎贡山地区动物多样性的调查与研究向深度和广度方向发展，并取得了显著的研究进展。特别是近 5 年来，新属、新种、新记录种不断被发现，如哺乳动物 1 新属和 4 新种、爬行动物 8 新种、两栖动物 12 新种；基本查清高黎贡白眉长臂猿、怒江金丝猴的群体分布与种群数量，并对其种群动态、行为生态进行了较为深入的研究；在高黎贡山地区基本建立起以红外相机陷阱技术为代表的动物多样性监测网络。至本书完稿，以高黎贡山地区为模式产地描记了多个陆生脊椎动物分类单元，其中哺乳动物 25 个、鸟类 36 个、爬行动物 7 个、两栖动物 12 个（附录 5-1）。尽管如此，缘于通达性、动物多样性考察的特殊性（需要较长时间），高黎贡山地区的动物多样性调查还存在薄弱区甚至是空白区；高黎贡山地区有丰富的动物多样性，但对于动物多样性格局的形成、维持与演化机制目前还不清楚。因此，今后一段时间内，高黎贡山薄弱或空白地区动物多样性的调查还有待深入。如采用"天-空-地-生"一体化的调查监测研究手段，以发现更多未知的动物类群，系统收集并整合区域动物多样性及其物种标本/样品、种群、群落数据，分析区域动物多样性格局，在更深层次理解高黎贡山地区动物多样性有什么、在哪里、从哪儿来、往哪里去、有多少、有何变化及其与地质历史、气候、人类活动的关系等基本科学问题。

5.2 两 栖 动 物

5.2.1 研究方法

5.2.1.1 资料收集与馆藏标本核查

　　通过查阅高黎贡山地区有关两栖动物的考察资料，收集该地区发表的相关文献，检视中国科学院昆明动物博物馆馆藏该区域的两栖动物标本，整理出高黎贡山地区的两栖动物名录。本节的分类系统和物种名参考"中国两栖类"信息系统。

5.2.1.2　野外考察方法

1）搜寻法

在调查区域开展大范围野外考察，基于两栖动物的生物学特性，选择适宜生境，于夜晚开展调查，进行拍照和采样。

2）样线法

从南到北，每个乡镇（共 30 个乡镇）根据其生境类型，选择 5～20 条样线开展工作（长度在 100～600 m）。每年考察涉及雨季和旱季，至少两次。考察通常在夜晚，沿样线行走，记录观察到的两栖动物（包括卵、蝌蚪、幼体或成体），统计种类和数量，同时进行拍照和采样。

3）样方（点）法

选择适合两栖动物生活的栖息环境，如沼泽、水塘等区域，面积范围在 10～50 m²。每年考察涉及雨季和旱季，至少两次。考察于夜晚进行，观察是否有两栖动物（卵、蝌蚪、幼体或成体），统计种类和数量，同时进行拍照和采样。

4）声音调查法

大部分两栖动物在繁殖季节鸣叫频繁。使用鸣声记录仪或录音笔进行记录，在室内进行鸣声比对和分析。

5）陷阱法

此方法主要是调查森林环境下生活的树蛙类群。第一年，选择 20 m × 20 m 的样地布设 100 个竹筒（或 PVC 桶）和 20 个水桶（直径>30 cm），一般每棵树悬挂 2 个（1 个近树根处，另外 1 个离地面 1.5 m 左右），注满水，同时在竹筒或水桶内放入树枝，方便两栖动物出入。第二年后，每个季节观察筒内或桶内是否有两栖动物（卵、蝌蚪、幼体或成体）。

6）问卷调查法

制作问卷表，内容包括物种相关信息，如分布、种群数量，以及当地群众对两栖动物保护的相关法律和经济价值的认知情况等。以问卷相关内容作为话题和当地群众聊天，获取答案，并记录聊天者的性别、职业和年龄。

5.2.1.3　数据整理

1）物种基本数据整理

对野外调查过程中获得的物种实体以及相关的数据信息进行一一对应汇整，包括标本、组织样品、录制的鸣声、拍摄的生境及物种照片等。

2）分子实验鉴定

野外调查过程中对于仅依靠形态学无法准确确定种的个体，如卵、蝌蚪、幼体，以及疑似新种，在采集实体标本的同时，收集组织样品，带回实验室开展后续分子实验，进行物种鉴定。

3）标本和组织保存

所有鉴定后的物种实体标本存入中国科学院昆明动物博物馆保存备查，组织样品入中国西南野生生物种质资源库动物分库保存备用。

4）撰写名录和报告

编制地区物种名录，编写调查报告。

5）受威胁等级及保护等级编制

物种受威胁等级参考《世界自然保护联盟濒危物种红色名录》（IUCN，2022）和《中国脊椎动物红色名录》（蒋志刚等，2016），并根据 IUCN 红色名录受威胁物种评估标准（Ver. 3.1），结合野外科考数据，对高黎贡山地区特有两栖动物进行受威胁现状评估。物种保护等级评定参照 2021 年 2 月 1 日由国家林业和草原局与农业农村部联合公布的《国家重点保护野生动物名录》，同时参考《濒危野生动植物种国际贸易公约》（Convention on International Trade in Endangered Species of Wild Fauna and Flora，CITES）名录，确定高黎贡山地区两栖动物是否被收录。

5.2.2　结果

5.2.2.1　物种多样性

基于野外考察资料及物种鉴定结果，结合前人已发表的研究成果，编制高黎贡山地区两栖动物物种名录。结果表明，截至 2021 年 5 月，高黎贡山地区两栖动物现记录有 52 种，隶属于 2 目 9 科 27 属（附录 5-2），占全国两栖动物（561 种；中国两栖类，2020）的 9.27%，占云南省两栖动物（115 种；杨大同和饶定齐，2008）的 45.22%。其中，分布于腾冲市的有 40 种、保山市隆阳区（潞江镇和芒宽彝族傣族乡）的有 24 种、泸水市的有 25 种、福贡县的有 10 种、贡山独龙族怒族自治县的有 12 种，详见表 5-1。

表 5-1　高黎贡山地区各县（市、区）两栖动物数量

区域	目	科	属	种	占云南两栖动物物种比例（%）	占全国两栖动物物种比例（%）
腾冲市	2	9	24	40	34.78	7.13
保山市隆阳区	2	8	16	24	20.87	4.28
泸水市	2	7	17	25	21.74	4.46
福贡县	1	6	8	10	8.70	1.78
贡山独龙族怒族自治县		6	11	12	10.43	2.14
高黎贡山地区	2	9	27	52	45.22	9.27

5.2.2.2　物种组成

1）目的组成

高黎贡山地区 52 种两栖动物隶属 2 目（附录 5-2），其中无尾目 Anura 的物种数量最多，达 50 种，占该地区物种总数的 96.15%；其次是有尾目 Caudata（2 种），占该地区物种总数的 3.85%。中国两栖动物的 3 个目中，高黎贡山地区分布有 2 个，暂未发现蚓螈目 Gymnophiona 物种。

2）科的组成

高黎贡山地区的 52 种两栖动物隶属于 9 科（附录 5-2），占中国两栖动物科总数（13 科；中国两栖类，2020）的 69.23%，总体而言该区域没有绝对优势的科。角蟾科 Megophryidae 种类最多，有 14 种，占该区域内两栖动物总数的 26.92%。其他科物种数量及占比如下：蛙科 Ranidae 有 12 种，占该区域内两栖动物总数的 23.08%；树蛙科 Rhacophoridae 有 7 种，占该区域内两栖动物总数的 13.46%；蟾蜍科 Bufonidae 和叉舌蛙科 Dicroglossidae 各有 6 种，各占该区域内两栖动物总数的 11.54%；姬蛙科 Microhylidae 有 3 种，占该区域内两栖动物总数的 5.77%；蝾螈科 Salamandridae 有 2 种，占该区域内两栖动物总数的 3.85%；另外铃蟾科 Bombinatoridae 和雨蛙科 Hylidae 各 1 种，占比最低。中国两栖类中隐鳃鲵科 Cryptobranchidae、鱼螈科 Ichthyophiidae、小鲵科 Hynobiidae 和亚洲角蛙科 Ceratobatrachidae 物种在该地区没有分布。

3）属的组成

高黎贡山地区的 52 种两栖动物隶属于 27 个属（附录 5-2），其中臭蛙属 Odorrana 物种最多，有 5 种；

角蟾属 *Megophrys* 有 4 种；掌突蟾属 *Leptobrachella*、拟髭蟾属 *Leptobrachium*、泛树蛙属 *Polypedates*、蟾蜍属 *Bufo*、头棱蟾属 *Duttaphrynus* 和湍蛙属 *Amolops* 均分布有 3 种；疣螈属 *Tylototriton*、张树蛙属 *Zhangixalus*、齿突蟾属 *Scutiger*、姬蛙属 *Microhyla*、倭蛙属 *Nanorana* 和蛙属 *Rana* 各分布有 2 种；剩下的 13 个属各分布 1 种，分别是铃蟾属 *Bombina*、陆蛙属 *Fejervarya*、虎纹蛙属 *Hoplobatrachus*、浮蛙属 *Occidozyga*、南亚陆蛙属 *Minervarya*、短腿蟾属 *Brachytarsophrys*、齿蟾属 *Oreolalax*、小狭口蛙属 *Glyphoglossus*、琴蛙属 *Nidirana*、雨蛙属 *Hyla*、侧褶蛙属 *Pelophylax*、灌树蛙属 *Raorchestes* 和树蛙属 *Rhacophorus*。高黎贡山地区两栖动物在属级水平，占全国两栖动物属总数（64 属；中国两栖类，2020）的 42.19%。

5.2.2.3　区系概貌与特点

张荣祖（1999）将全国动物区系划分为两界 7 区，古北界包括东北区、华北区、蒙新区、青藏区，东洋界包括西南区、华中区、华南区；其中高黎贡山地区被归入东洋界中的西南区、华南区，并明确指出华南区与西南区的界线是从怒江泸水向东南沿红河至南盘江一线。

从两栖动物分布型、区系从属可以看出，高黎贡山地区两栖动物没有全球广泛分布的物种，所有物种均分布于亚洲。除中华蟾蜍 *Bufo gargarizans* 和黑斑侧褶蛙 *Pelophylax nigromaculatus* 为古北界与东洋界共有种外，其余 50 种均为东洋界物种。进一步分析表明：在高黎贡山地区东洋界物种中，有 11 种为东洋界广布种，即东洋界的华南区、西南区和华中区均有分布，占高黎贡山地区两栖动物物种总数的 21.15%；有 11 种属于华南区和西南区共有分布型，占高黎贡山地区两栖物种数的 21.15%；剩余 28 种仅分布于西南区，占高黎贡山地区两栖物种数的 53.85%，详见表 5-2 和附录 5-2。此外，在该区域 52 种两栖动物中，高黎贡山地区两栖动物特有种有 7 种，占该地区两栖动物总数的 13.46%，云南特有种 14 种，中国特有种 22 种（附录 5-2）。

表 5-2　高黎贡山地区两栖动物区系组成

界	区	物种数
古北界、东洋界共有	华北区、华南区、华中区和西南区共有	2
古北界		0
东洋界	西南区、华南区和华中区共有	11
	西南区和华南区共有	11
	西南区	28

5.2.2.4　地理分布特点

高黎贡山地处中缅交界处，在云南境内呈南北走向，绵延 600 余公里，是中国西南山地、东喜马拉雅和印缅三个全球生物多样性热点地区交汇区域。高黎贡山地区两栖动物显示出如下重要特点。

1. 特有分布

特有分布是显示区域或地区物种特点的重要指标。基于目前掌握的物种分布数据，该区域特有种有 7 种：片马湍蛙 *Amolops bellulus*、腾冲掌突蟾 *Leptobrachella tengchongensis*、腾冲拟髭蟾 *Leptobrachium tengchongense*、独龙江臭蛙 *Odorrana dulongensis*、独龙江灌树蛙 *Raorchestes dulongensis*、贡山齿突蟾 *Scutiger gongshanensis* 和腾冲齿突蟾 *Scutiger tengchongensis*。

2. 边缘分布

作为交汇区域，高黎贡山地区两栖动物呈现一定的边缘分布特点。

1）东南亚热带物种分布的北缘

东南亚热带分布型的物种,在高黎贡山南部地区也有分布。例如,清迈陆蛙 *Minervarya chiangmaiensis*,此种是 Suwannapoom 等（2016）根据泰国清迈标本描述的新种,随后 Hui 等（2019）根据中国云南澜沧的标本报道其为中国新记录种。在高黎贡山野外考察过程中,在高黎贡山南端区域腾冲也发现有该物种。又如费氏短腿蟾 *Brachytarsophrys feae* 主要分布于越南、泰国和缅甸,中国境内分布于云南永德、孟连、陇川和腾冲。

2）横断山区动物分布的南缘

齿突蟾属物种主要分布在青藏高原、喜马拉雅山以及横断山区,六盘山以及秦岭也有该属物种分布。该属向南进入高黎贡山地区,如贡山齿突蟾分布于高黎贡山的贡山独龙族怒族自治县和泸水市的片马镇。目前腾冲齿突蟾是该属物种分布最南端的物种（分布于腾冲市）。

3）喜马拉雅山脉物种分布的东缘

喜马拉雅山脉物种主要分布于喜马拉雅山脉地区,往东可延伸至高黎贡山地区,如察隅棘蛙 *Nanorana chayuensis* 从喜马拉雅山脉地区的西藏自治区察隅县,至高黎贡山的贡山独龙族怒族自治县、福贡县和泸水市均有分布。又如司徒蟾蜍 *Duttaphrynus stuarti* 分布于喜马拉雅山脉地区中国的察隅和墨脱、印度东北部,以及缅甸北部,目前在高黎贡山的贡山独龙族怒族自治县独龙江乡也有其分布。

4）中国南方动物分布的西缘

琴蛙属 *Nidirana* 物种主要分布于中国南方,往西可达高黎贡山地区,如保山和腾冲辖区。

5.2.3 珍稀濒危两栖动物

在高黎贡山地区的 52 种两栖动物中,有国家二级重点保护野生动物 3 种,分别是虎纹蛙 *Hoplobatrachus chinensis*、红瘰疣螈 *Tylototriton shanjing* 和棕黑疣螈 *Tylototriton verrucosus*。2 种被列入 CITES 附录 II,分别是红瘰疣螈和棕黑疣螈。

根据 IUCN（2022）,高黎贡山地区受威胁两栖动物评估结果如下。极危（CR）1 种：疣棘溪蟾;濒危（EN）3 种：云南棘蛙 *Nanorana yunnanensis*、腾冲掌突蟾和腾冲拟髭蟾;易危（VU）1 种：红瘰疣螈;近危（NT）5 种：缅甸溪蟾 *Bufo pageoti*、绿点湍蛙、无指盘臭蛙 *Odorrana grahami*、黑斑侧褶蛙和缅甸树蛙 *Zhangixalus burmanus*;无危（LC）27 种;数据缺乏（DD）8 种;未评估 7 种（附录 5-1）。

根据《中国脊椎动物红色名录》（蒋志刚等,2016）,高黎贡山地区受威胁两栖动物有 9 种。极危（CR）1 种：腹斑掌突蟾 *Leptobrachella ventripunctata*;濒危（EN）2 种：虎纹蛙和云南棘蛙;易危（VU）5 种：察隅棘蛙、鳌掌突蟾 *Leptobrachella pelodytoides*、贡山齿突蟾、片马湍蛙和云南臭蛙 *Odorrana andersonii*;其余为近危（NT）12 种、无危（LC）18 种、数据缺乏（DD）2 种、未评估 12 种。

根据 IUCN 红色名录评估标准（Ver. 3.1）,结合对高黎贡山地区的野外考察,发现腾冲齿突蟾、腾冲掌突蟾和腾冲拟髭蟾的分布范围比较小,建议将腾冲齿突蟾由原来的数据缺乏种评估为濒危种,腾冲掌突蟾和腾冲拟髭蟾保持原评估的濒危等级（IUCN,2022）。独龙江臭蛙和独龙江灌树蛙仅分布于高黎贡山地区的贡山独龙族怒族自治县独龙江乡,建议评估为濒危种;另外,片马湍蛙和贡山齿突蟾仅分布于高黎贡山地区,建议保持原来的易危等级（蒋志刚等,2016）。

5.2.4 保护地位和价值

5.2.4.1 两栖动物物种多样性丰富

高黎贡山地区有两栖动物 52 种,与同省的云南文山国家级自然保护区（7 科 24 属 45 种;徐凯,

2019)、云南西双版纳纳板河流域国家级自然保护区（8 科 17 属 27 种；李泽君等，2005）、南滚河国家级自然保护区（9 科 21 属 33 种；郑天水，2021）和西双版纳国家级自然保护区（9 科 24 属 46 种，http：//www.zrbhq.cn/web/bhqb3.html）相比，分别多出了 7 种、25 种、19 种和 6 种。另外，近年来相关文章也不断报道高黎贡山地区有新种和新记录种（Wu et al.，2020；Yang et al.，2019），提示高黎贡山地区的两栖动物多样性被低估。综上，目前数据结果显示高黎贡山地区是云南省两栖动物物种较丰富的区域之一。

5.2.4.2 珍稀濒危和重点保护动物相对较多

高黎贡山地区分布着许多特有和珍稀濒危的两栖动物，如该地区特有种有 7 种，占整个高黎贡山地区两栖动物的 13.46%。此外，高黎贡山地区是 11 种两栖动物的模式产地，占高黎贡山地区两栖动物的 21.15%。高黎贡山地区现有两栖动物中国家重点保护野生动物有 3 种，占云南省国家重点保护野生动物的 30%，远远高于云南省已有报道的其他保护区，如南滚河国家级自然保护区（2 种，20%）、云南文山国家级自然保护区（0）和云南西双版纳纳板河流域国家级自然保护区（2 种，20%）。高黎贡山地区的两栖动物中，有 2 种被 CITES 附录 II 收录。通过与云南省其他一些国家级自然保护区的濒危动物种数进行比较，高黎贡山地区的珍稀濒危两栖动物的物种数量高于其他地区，体现了高黎贡山地区在两栖动物方面的保护价值较为突出。

5.3 爬行动物

5.3.1 研究方法

5.3.1.1 资料收集和检视标本

通过查阅高黎贡山地区有关爬行动物考察的资料，收集该地区发表的相关文献，检视中国科学院昆明动物博物馆馆藏该区域的爬行动物标本，初步拟出高黎贡山地区爬行动物名录。本节的分类系统和物种名参考王剀等（2020）发表的《中国两栖、爬行动物更新名录》。

5.3.1.2 野外调查方法

根据保护区地形、地貌和植被特征，采用样线法调查为主，笼捕法、问卷调查法和搜寻法为辅。按照爬行动物的栖息习性和分布特点，参照其他地区的调查经验，在保证考察可行的前提下，尽量选取最有代表性以及随机性的线路进行调查，调查线路和区域包括山地森林、山涧溪流和农田。同时在野外考察过程中，收集物种的生态照、分布坐标和海拔等信息，以及分布地温度和湿度等生态信息。

1）样线法

从南到北，每个乡镇（整个区域内选 30 个乡镇）根据其生境类型，选择 5～20 条样线开展工作（长度在 500～1000 m）。每年调查 2 次以上，每次重复 2～4 次（早上、中午、傍晚），记录观察到的爬行动物种类和数量，对物种进行拍照及采样。记录每条样线的考察日期、开始时间、结束时间和天气等。

2）搜寻法

在调查区域开展大范围野外考察，基于爬行动物的生物学特性，在爬行动物的适宜生境开展调查。

3）笼捕法

笼捕法即使用捕笼（或加了诱饵的捕笼）进行诱捕，此方法主要针对龟鳖类，部分蛇类、蜥蜴（如巨蜥）也可用此方法。一般操作是选择适宜爬行动物生活的生境，对于龟鳖类直接布设捕笼，蛇类一般用装有诱饵（如老鼠）的捕笼进行布设。三天后（或隔天）观察是否捕获到爬行动物，随后进行拍照和取样。

4）问卷调查法

野外调查期间，对当地有经验的护林员、老猎手以及保护区管理人员进行问卷调查，并深入集市、农贸市场和餐馆，了解商贩收购爬行动物的种类及其他相关情况。请被访人根据图谱辨识见过的爬行动物种类、地点和数量等。收集护林员日常野外巡护和生活中拍到的爬行动物的照片和看到的爬行动物情况，记录种类、数量和海拔等信息；并通过查阅工具书，对访问到的物种进行鉴定和核实。

5.3.1.3　物种名录编制与区系分析

（1）形态鉴定参考《中国蛇类》（赵尔宓，2006）、《中国贸易龟类检索图鉴》（史海涛，2008）和《云南两栖爬行动物》（杨大同和饶定齐，2008）等。同时，为了进一步确定鉴定的准确性，对于采集的样品开展 DNA 条形码鉴定，并结合调查结果和资料记载完成高黎贡山地区爬行动物的名录编制。

（2）濒危等级参考《世界自然保护联盟濒危物种红色名录》（IUCN，2022）和《中国脊椎动物红色名录》（蒋志刚等，2016）。根据 IUCN 红色名录受威胁物种评估标准（Ver. 3.1），结合野外科考数据，对高黎贡山地区特有爬行动物进行濒危等级评估。保护等级根据 2021 年 2 月 1 日由国家林业和草原局与农业农村部联合公布的《国家重点保护野生动物名录》，另外，参考《濒危野生动植物种国际贸易公约》（Convention on International Trade in Endangered Species of Wild Fauna and Flora，CITES）名录，厘定高黎贡山地区爬行动物的收录情况。

5.3.2　结果

5.3.2.1　物种多样性

基于野外考察采集的标本和数据，结合前人已有的调查资料和文献，截至 2021 年 5 月，高黎贡山地区有爬行动物 56 种，隶属于 2 目 15 科 38 属（附录 5-3），占全国爬行动物（511 种；王剀等，2020）的10.96%，占云南省爬行动物（162 种；杨大同和饶定齐，2008）的 34.57%。其中分布于腾冲市的有 38 种、保山市隆阳区（潞江镇和芒宽彝族傣族乡）的有 25 种、泸水市的有 26 种、福贡县的有 15 种、贡山独龙族怒族自治县的有 22 种（表 5-3）。

表 5-3　高黎贡山地区及各县（市、区）爬行动物数量

区域	目	科	属	种	占云南省爬行动物物种比例（%）	占全国爬行动物物种比例（%）
腾冲市	1	12	29	38	23.46	7.44
保山市隆阳区	1	8	21	25	15.43	4.89
泸水市	2	12	24	26	16.05	5.09
福贡县	1	8	14	15	9.26	2.94
贡山独龙族怒族自治县	1	4	15	22	13.58	4.31
高黎贡山地区	2	15	38	56	34.57	10.96

5.3.2.2　物种组成

1）目的组成

高黎贡山地区 56 种爬行动物隶属于 2 个目，其中有鳞目物种数量最多，为 55 种，占该地区物种总数的 98.21%；龟鳖目 Testudines 1 种（占 1.79%）。在中国分布的爬行动物 3 个目中，除了鳄形目 Crocodylia 在高黎贡山地区没有分布外，其余 2 个目均有分布。

2）科的组成

高黎贡山地区的 56 种爬行动物隶属于 15 科，多样性最高的是游蛇科 Colubridae，有 15 种，占该区域爬行动物总数的 26.79%；其他科物种数量及占比如下：水游蛇科 Natricidae 有 12 种，占该区域爬行动物总数的 21.43%；鬣蜥科 Agamidae 有 6 个物种，占该区域爬行动物总数的 10.71%；石龙子科 Scincidae、蝰科 Viperidae 和眼镜蛇科 Elapidae 各有 4 个物种，各占该区域爬行动物总数的 7.14%；钝头蛇科 Pareidae 和斜鳞蛇科 Pseudoxenodontidae 各有 2 个物种，各占该区域爬行动物总数的 3.57%；两头蛇科 Calamariidae、剑蛇科 Sibynophiidae、盲蛇科 Typhlopidae、壁虎科 Gekkonidae、蛇蜥科 Anguidae、屋蛇科 Lamprophiidae 和平胸龟科 Platysternidae 各有 1 个物种。中国共分布爬行动物 35 科（王剀等，2020），其中高黎贡山地区有 15 科，占科总数的 42.86%。

3）属的组成

高黎贡山地区的 56 种爬行动物隶属于 38 个属，东亚腹链蛇属 Hebius 物种最多，有 6 种；颈槽蛇属 Rhabdophis 有 4 种；鼠蛇属 Ptyas 和蜓蜥属 Sphenomorphus 各分布有 3 种；树蜥属 Calotes、龙蜥属 Diploderma、锦蛇属 Elaphe、白环蛇属 Lycodon、烙铁头蛇属 Ovophis、钝头蛇属 Pareas 和拟树蜥属 Pseudocalotes 各有 2 种；其余 27 个属，每属均分布 1 种。中国共分布爬行动物 135 属（王剀等，2020），其中高黎贡山地区有 38 属，占 28.15%。

5.3.2.3 区系概貌与特点

张荣祖（1999）将全国动物区系划分为两界 7 个区，其中古北界包括东北区、华北区、蒙新区、青藏区，东洋界包括西南区、华中区、华南区；其中高黎贡山地区被归入西南区、华南区，并明确华南区与西南区的界线是从怒江泸水向东南沿红河至南盘江一线。

从爬行动物分布型、区系从属可以看出：高黎贡山地区爬行动物没有全球广布种。高黎贡山地区分布的所有爬行动物物种均属于东洋界，没有古北界的物种，表明高黎贡山地区爬行动物主要由东洋界物种组成。根据云南省爬行动物名录和地理区划更新（王剀等，2022），高黎贡山地区属于滇西地区。进一步分析表明：高黎贡山地区的 56 种爬行动物中，有 22 种属于东洋界的华南区、西南区和华中区共有；有 17 种属于西南区和华南区共有；有 17 种属于西南区。此外，高黎贡山地区爬行动物特有性较高，其中中国特有 8 种，含云南特有 6 种以及高黎贡山地区特有 4 种（表 5-4，附录 5-3）。

表 5-4 高黎贡山地区爬行动物的区系组成

界	区系	物种数
古北界		0
东洋界	西南区、华中区和华南区共有	22
	西南区和华南区共有	17
	西南区	17

5.3.2.4 地理分布特点

高黎贡山地处中缅交界处，在云南境内呈南北走向，绵延 600 余公里，是中国西南山地、东喜马拉雅和印缅三个全球生物多样性热点地区交汇区域。高黎贡山地区爬行动物显示出如下重要特点。

1. 特有分布

特有分布是显示区域或地区物种特点的重要指标，基于目前掌握的物种分布数据，显示该地区爬行动物特有较多，该区域特有种有 4 种：贡山白环蛇 Lycodon gongshan、黑顶钝头蛇 Pareas nigriceps、贡山龙蜥 Diploderma slowinskii、西藏拟树蜥 Pseudocalotes kingdonwardi；另外，还有 2 种为云南特有种，如云南竹叶青蛇和腾冲腹链蛇 Hebius septemlineatus。

2. 边缘分布

高黎贡山地区是中国西南山地、东喜马拉雅和印缅三个全球生物多样性热点地区交汇区域。因此，该地区物种呈现一定的边缘分布特点。

1）喜马拉雅山脉动物分布的东缘

主要分布于喜马拉雅山脉地区，往东可分布至高黎贡山地区，如喜山颈槽蛇 *Rhabdophis himalayanus*，模式产地是尼泊尔，沿着喜马拉雅山脉地区往东分布至高黎贡山地区的贡山独龙族怒族自治县和腾冲市。

2）中国南方动物分布的西缘

主要分布于中国南方的物种，即华南区系和华中区系的物种，往西可达高黎贡山地区，如王锦蛇 *Elaphe carinata* 广泛分布于长江沿岸各省和西南区，向南达越南北部，向北达中国河北、天津地区，往西可达高黎贡山地区的腾冲市和福贡县辖区。

5.3.3　珍稀濒危爬行动物

在高黎贡山地区的 56 种爬行动物中，没有国家一级重点保护野生动物，仅有国家二级重点保护野生动物 4 种，分别是细脆蛇蜥 *Dopasia gracilis*、三索锦蛇 *Coelognathus radiatus*、眼镜王蛇 *Ophiophagus hanna* 和平胸龟 *Platysternon megacephalum*；并只有 2 种为 CITES 附录 II 收录物种，分别是孟加拉眼镜蛇 *Naja kaouthia* 和眼镜王蛇。

根据 IUCN（2021），高黎贡山地区爬行动物受威胁等级评估如下：濒危（EN）1 种，为平胸龟；易危（VU）2 种，为黑眉锦蛇 *Elaphe taeniura* 和眼镜王蛇；近危（NT）1 种，为灰鼠蛇 *Ptyas korros*。此外，无危（LC）46 种，数据缺乏（DD）2 种，未评估 4 种（附录 5-1）。

根据《中国脊椎动物红色名录》（蒋志刚等，2016），分布于高黎贡山地区的爬行动物受威胁物种数量明显增加，濒危等级也在提高，其中极危（CR）1 种：平胸龟；濒危（EN）7 种：三索锦蛇、王锦蛇、黑眉锦蛇 *Elaphe taeniura*、银环蛇 *Bungarus multicinctus*、孟加拉眼镜蛇、眼镜王蛇和细脆蛇蜥，易危（VU）7 种：方花蛇 *Archelaphe bella*、玉斑锦蛇 *Euprepiophis mandarinus*、绿锦蛇 *Gonyosoma prasinum*、灰鼠蛇 *Ptyas korros*、黑线乌梢蛇 *Ptyas nigromarginata*、喜山颈槽蛇和中华珊瑚蛇 *Sinomicrurus macclellandi*；此外，近危（NT）7 种，无危（LC）25 种，数据缺乏（DD）4 种，未评估 5 种。

依据 IUCN 红色名录评估标准（Ver.3.1），结合我们对高黎贡山地区野外考察实际观测数据，在高黎贡山地区的 4 个特有种中，建议将贡山白环蛇和西藏拟树蜥保持原来的评估等级（近危）（蒋志刚等，2016），并根据物种的分布范围和种群数量，建议将黑顶钝头蛇列为近危种，将贡山龙蜥列为无危种。

5.3.4　保护地位和价值

5.3.4.1　爬行动物物种多样性丰富

高黎贡山地区地貌形态结构复杂，山高谷深，给爬行动物野外调查增加了难度。复杂的地貌和爬行动物的习性，给调查爬行动物的种群数量、分布范围和生活规律带来了许多难以克服的困难。因此，爬行动物的种群数量、分布范围和种群密度，仅仅通过一次或几次对一个地域的野外调查，获得的信息量有限。即便如此，本研究通过文献梳理和野外考察认为，高黎贡山地区有爬行动物 56 种，占云南省爬行动物的 34.57%，占全国爬行动物的 10.96%，与同省有记录的云南西双版纳纳板河流域国家级自然保护区（14 科 34 属 43 种；李泽君等，2005）、南滚河国家级自然保护区（12 科 36 属 51 种；郑天水，2021）和西双版纳国家级自然保护区（9 科 17 属 73 种；李泽君等，2005）相比，都显示出高黎贡山地区是云南省爬行动物物种较为丰富的地区之一。

5.3.4.2 珍稀濒危和重点保护爬行动物相对较多

高黎贡山地区分布着许多特有和珍稀濒危的爬行动物，如高黎贡山地区有 4 种特有种，占整个高黎贡山地区爬行动物的 7.14%。此外，高黎贡山地区是 6 种爬行动物的模式产地，占高黎贡山地区爬行动物的 10.53%。同时，高黎贡山地区现有爬行动物中国家二级重点保护野生动物 4 种，占云南省国家重点保护野生动物的 21.05%，等于或高于云南省已有报道的其他国家级自然保护区，如南滚河国家级自然保护区有 5 种国家重点保护野生动物（郑天水，2021），云南西双版纳纳板河流域国家级自然保护区没有国家重点保护物种（李泽君等，2005）。高黎贡山地区的爬行动物中，有 2 种被 CITES 附录 II 收录；参考《中国脊椎动物红色名录》，高黎贡山地区爬行动物中，有极危物种 1 个、濒危物种 8 个、易危和近危物种各有 7 个；有 IUCN 红色名录中濒危物种 2 个，易危物种 2 个和近危物种 1 个。上述研究结果体现了高黎贡山地区的保护价值较为突出，具有较为重要的保育价值。

5.4 鸟 类

5.4.1 研究方法

本节内容涉及的研究区域为云南省境内的高黎贡山主体山脉及主要支系山脉，北至滇藏交界，南抵盈江县、腾冲市、龙陵县之南界，东起于怒江，西至中缅交界，即包括了怒江傈僳族自治州以西的贡山独龙族怒族自治县、福贡县和泸水市，保山市怒江以西的保山市隆阳区、龙陵县全境和腾冲市全境，以及德宏傣族景颇族自治州的盈江县全境。

以实地调查、查阅文献和核查标本等方法，汇总上述区域的鸟类记录与分布状况。文献查阅主要整理该地区公开发表的有关鸟类研究或调查的专著、科技论文、学位论文、考察报告等文献资料；标本核查主要查询和编录中国科学院昆明动物研究所在该地区的标本采集记录。此外，观鸟爱好者或鸟类摄影爱好者观察到或拍摄到的可信鸟类记录也收录至本报告名录。

实地调查包括样线法、样点法和红外相机陷阱法。样线法以不固定距离样线法为主，样点法以不固定半径样点法为主，具体操作参考吴飞（2009）；红外相机陷阱法主要参考肖志术等（2014）。从北至南，表 5-5 和图 5-1 简明列出了 2013～2021 年中国科学院昆明动物研究所在高黎贡山地区开展鸟类调查的主要地点。

表 5-5 2013～2021 年中国科学院昆明动物研究所鸟类学组在高黎贡山地区开展的鸟类调查活动简表

县（市/区）	地点	调查时间	抽样方法	调查方法
贡山独龙族怒族自治县	县城至独龙江乡沿线，麻必洛、克劳洛、独龙江河谷沿线	2013.10、2014.04、2015.09、2017.12、2019.11、2020.09、2021.3/4	海拔梯度生境类型	样点法、样线法、红外相机陷阱法
福贡县	鹿马登乡亚坪村十八里，匹河乡碧福桥周边	2013.11、2014.04、2020.11、2021.03	海拔梯度生境类型	样点法
泸水市	鲁掌镇登埂村至片马镇沿线，片马镇古浪、岗房村，鲁掌镇三河村	2013.11、2014.3/4、2020.12、2021.03	海拔梯度生境类型	样点法
保山市隆阳区	芒宽乡芒龙、百花岭村，潞江镇至赧亢自然公园沿线、坝湾至蒲满哨沿线	2013.11/12、2014.05、2020.09、2020.12、2021.03	海拔梯度生境类型	样点法
腾冲市	芒棒镇大蒿坪，曲石镇林家铺，明光镇自治村，猴桥镇胆扎，北海镇北海湿地，中和镇照壁山	2013.12、2014.05、2020.12、2021.03	海拔梯度生境类型	样点法样线法
龙陵县	小黑山省级自然保护区，龙陵县坪子寨水库	2013.12、2014.05、2020.09、2020.12、2021.03	海拔梯度生境类型	样点法样线法
盈江县	铜壁关省级自然保护区，盈江湿地公园	2014.2/3、2016.03、2019.06	生境类型	样点法、样线法红外相机陷阱法

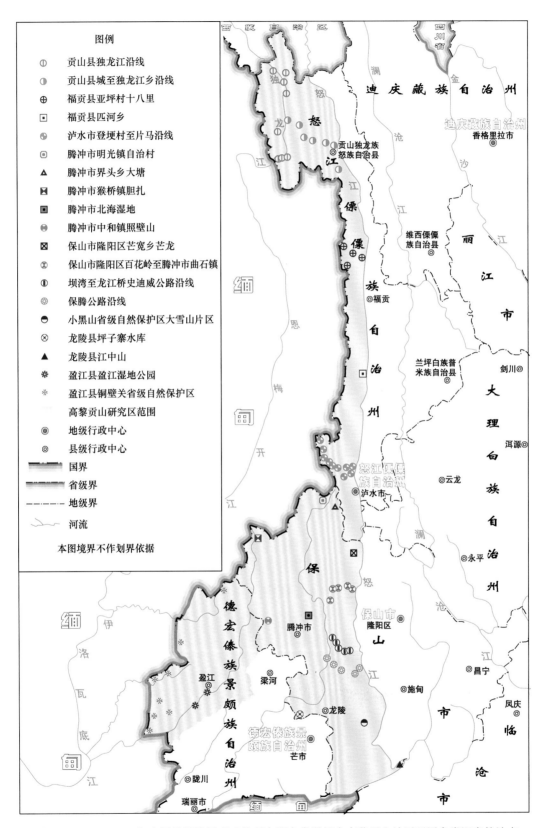

图 5-1　2013～2021 年中国科学院昆明动物研究所鸟类学组在高黎贡山地区开展鸟类调查的地点

　　鸟类分类系统参考《中国鸟类分类与分布名录（第三版）》（郑光美，2017），历史研究或调查资料中由于分类系统变动或采用不同分类系统而发生名称变动或分类地位改变的物种，按《中国鸟类分类与分布名录（第三版）》更改鸟类名称并排列先后次序。

基于《云南鸟类志》（杨岚等，1995a；杨岚和杨晓君，2004），获取和划分鸟类居留状况、区系成分、海拔分布和主要利用的生境类型，基于《中国动物地理》（张荣祖，2011），获得鸟类的分布型及地理区划信息。对于上述文献资料未收录的物种，以野外实际调查获得的数据并结合以下文献进行分析和补充，这些文献包括《中国鸟类野外手册》（约翰·马敬能，2000）、《中国鸟类观察手册》（刘阳和陈水华，2021）、《中国鸟类野外手册·马敬能新编版》（约翰·马敬能，2022）、*Birds of the World*（Billerman et al.，2022）等。

Dumbacher 等（2011）记录的绿脚树鹧鸪 *Tropicoperdix chloropus*、兀鹫 *Gyps fulvus*、日本松雀鹰 *Accipiter gularis*、乌灰鹞 *Circus pygargus*、灰脸𫛭鹰 *Butastur indicus*、橙胸咬鹃 *Harpactes oreskios*、银喉长尾山雀 *Aegithalos glaucogularis* 等，均引自历史研究文献，而非野外标本采集记录，且在众多的相关考察及历来的观鸟活动或鸟类摄影活动中也未有这些物种在高黎贡山地区的确切记录，暂时无法查证这些种类的真实性或准确性，本报告不予收录。

《云南铜壁关自然保护区科学考察研究》（杨宇明和杜凡，2006）中收录的橙胸咬鹃和白喉犀鸟 *Anorrhinus austeni*（杨岚等，2006），均出自访问调查。然而，近 20 余年以来，在高黎贡山地区均无这两种鸟类的可信观察或采集记录，这两个物种有待进一步确定，本报告暂不收录。

王云等（2012）在泸水市 S316 六库-片马公路高黎贡山区段记录了 52 种鸟类，查阅其名录发现，其中包含红嘴山鸦 *Pyrrhocorax pyrrhocorax*、达乌里寒鸦 *Corvus dauuricus*、红腹红尾鸲 *Phoenicurus erythrogastrus*、白项凤鹛（白颈凤鹛）*Yuhina bakeri*、海南蓝仙鹟 *Cyornis hainanus* 等，然而这些物种的分布区都不包含该区段，在该区段也从未被其他研究或野外调查记录过；该文献还同时记录了灰眉岩鹀 *Emberiza cia* 和戈氏岩鹀 *Emberiza godlewskii*，而据《中国鸟类分类与分布名录（第三版）》（郑光美，2017），灰眉岩鹀（淡灰眉岩鹀）分布于新疆西部、北部及西藏西部和南部，并不包括高黎贡山地区。基于此，本报告不收录该文献记录的鸟类物种。

5.4.2 结果

5.4.2.1 物种多样性

经系统整理，高黎贡山地区共有 753 种鸟类分布记录，隶属 20 目 92 科（363 属），占杨晓君等（2021）记录的云南省鸟类总种数（949 种）的 79.3%，占中国鸟类记录总种数（1445 种）（郑光美，2017）的 52.1%。全国各类自然保护区或国家公园在鸟类物种多样性统计中虽然采用不同的分类系统，但通过本报告的整理可推测，高黎贡山地区可能是全国同等面积地区中鸟类物种数最多的地区。

尽管与历次高黎贡山地区所开展的鸟类考察或研究涵盖的范围不同，所参考的鸟类分类系统也不尽相同，本报告较《高黎贡山地区脊椎动物考察报告（第二册 鸟类）》（彭燕章等，1980）收录的 473 种增加了 280 种；较《高黎贡山国家自然保护区》（薛纪如，1995；杨岚等，1995b）收录的 343 种增加了 410 种；较《云南鸟类志》（杨岚等，1995a；杨岚和杨晓君，2004）有关高黎贡山所记述的 431 种和亚种增加了 322 种。

吴飞等（2021）编著的《高黎贡山区域鸟类资源图鉴》，共收录 20 目 92 科 749 种鸟类，所涵盖区域与本研究的高黎贡山地区范围基本吻合，不同之处仅在于该图鉴还包括了德宏的梁河、芒市、陇川和瑞丽地区。因此，本报告与该图鉴具有较高的可比性。通过对比发现，物种数上，本报告较该图鉴增加了 4 种。进一步对比发现，本报告新增了长尾鸭 *Clangula hyemalis*、雪鸽 *Columba leuconota*、黄腿渔鸮 *Ketupa flavipes*、牛头伯劳 *Lanius bucephalus*、烟柳莺 *Phylloscopus fuligiventer*、双斑绿柳莺 *Phylloscopus plumbeitarsus*、棕脸鹟莺 *Abroscopus albogularis*、白喉林莺 *Sylvia curruca*、白颈鸫 *Turdus albocinctus*、金胸歌鸲 *Calliope pectardens*、白眉朱雀 *Carpodacus dubius* 和蓝鹀 *Emberiza siemsseni* 12 个鸟类记录。

　　按研究区域的县、市或区统计鸟类物种多样性表明，盈江记录了最多的物种数，共 659 种，占记录总种数的 87.5%，隶属 20 目 90 科；龙陵记录了 395 种，占 52.5%，隶属 20 目 76 科；隆阳记录了 465 种，占 61.8%，隶属 20 目 77 科；腾冲记录了 492 种，占 65.3%，隶属 20 目 80 科，仅次于盈江；泸水记录了 437 种，占 58.0%，隶属 20 目 75 科；福贡记录了 327 种，占 43.4%，隶属 19 目 65 科，所记录的目数、科数和种数均少于其他地区；贡山记录了 403 种，隶属 20 目 70 科，占总记录种数的 53.5%（图 5-2）。

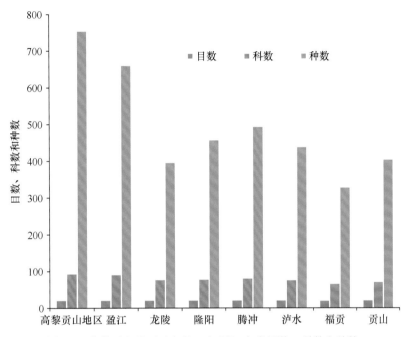

图 5-2　高黎贡山地区及各县（市/区）鸟类目数、科数和种数

5.4.2.2　物种组成

　　高黎贡山地区记录的 753 个鸟类物种中，19 个非雀形目包含 40 科 286 种，雀形目 Passeriformes 包含 52 科 467 种。非雀形目中，鸻形目 Charadriiformes 包含最多的鸟类科数，达 10 科；夜鹰目 Caprimulgiformes、鹤形目 Gruiformes、鹈形目 Pelecaniformes、鹰形目 Accipitriformes、鸮形目 Strigiformes、犀鸟目 Bucerotiformes、佛法僧目 Coraciiformes、啄木鸟目 Piciformes 等记录了 2 至 4 科不等；而鸡形目 Galliformes、雁形目 Anseriformes、䴙䴘目 Podicipediformes、鸽形目 Columbiformes、鹃形目 Cuculiformes、鹳形目 Ciconiiformes、鲣鸟目 Suliformes、咬鹃目 Trogoniformes、隼形目 Falconiformes、鹦鹉目 Psittaciformes 等均记录了 1 科。其中，鸻形目包含最多的物种数，达 40 种；鹰形目仅含 2 科，但包含 34 种；此外，啄木鸟目包含 29 种、雁形目包含 26 种、鸡形目包含 24 种，这些目包含了较多的物种数；而䴙䴘目、鲣鸟目、咬鹃目等仅分别记录了 2 种（图 5-3）。

　　统计高黎贡山地区各科记录的物种数表明，鹟科 Muscicapidae 记录的物种数最多，达 67 种；其次为噪鹛科 Leiothrichidae 和鹰科 Accipitridae，分别记录了 36 种和 33 种；柳莺科 Phylloscopidae、鹎科 Pycnonotidae、燕雀科 Fringillidae、雉科 Phasianidae、鸫科 Turdidae 和啄木鸟科 Picidae 均记录超过 20 种但不足 30 种；杜鹃科 Cuculidae 等 20 个科记录 10 至 20 种不等；鸻科 Charadriidae 等 47 个科记录 2 至 9 种；而蟆口鸱科 Podargidae、凤头雨燕科 Hemiprocnidae、石鸻科 Burhinidae、鹮嘴鹬科 Ibidorhynchidae、彩鹬科 Rostratulidae、鹮科 Threskiornithidae、鹗科 Pandionidae、戴胜科 Upupidae、响蜜䴕科 Indicatoridae、燕鵙科 Artamidae、攀雀科 Remizidae、鹪鹩科 Troglodytidae、戴菊科 Regulidae、太平鸟科 Bombycillidae、丽星鹩鹛科 Elachuridae 及和平鸟科 Irenidae 等，均为单种记录（表 5-6，图 5-4，图 5-5）。各县、市或区各科鸟类包含的物种数详见表 5-6。

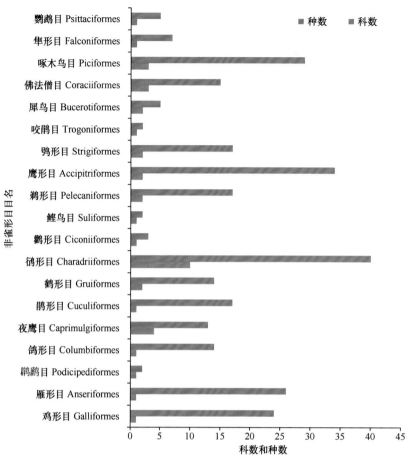

图 5-3　高黎贡山地区非雀形目科数和种数统计图

表 5-6　高黎贡山地区及各县（市/区）鸟类各科记录物种数统计表

	科名	高黎贡山地区	盈江	龙陵	隆阳	腾冲	泸水	福贡	贡山
1	雉科 Phasianidae	24	18	12	12	13	15	10	16
2	鸭科 Anatidae	26	21	11	14	13	9	7	10
3	䴙䴘科 Podicipedidae	2	2	2	2	2	1	1	1
4	鸠鸽科 Columbidae	14	13	7	7	6	6	4	7
5	蟆口鸱科 Podargidae	1	1	0	0	1	0	0	0
6	夜鹰科 Caprimulgidae	3	3	1	1	3	1	1	1
7	凤头雨燕科 Hemiprocnidae	1	1	1	0	0	0	0	0
8	雨燕科 Apodidae	8	8	5	4	4	4	4	5
9	杜鹃科 Cuculidae	17	17	14	15	13	14	11	9
10	秧鸡科 Rallidae	10	9	4	8	7	5	2	3
11	鹤科 Gruidae	4	4	1	1	0	1	0	3
12	石鸻科 Burhinidae	1	1	0	0	1	0	0	0
13	鹮嘴鹬科 Ibidorhynchidae	1	1	0	0	1	1	1	1
14	反嘴鹬科 Recurvirostridae	2	1	0	1	1	0	0	0
15	鸻科 Charadriidae	9	8	5	7	5	3	3	3
16	彩鹬科 Rostratulidae	1	1	0	0	1	0	0	0
17	水雉科 Jacanidae	2	2	0	0	0	0	0	0
18	鹬科 Scoiopacidae	14	11	4	6	7	5	3	3
19	三趾鹑科 Turnicidae	2	2	2	1	1	1	0	0

续表

	科名	高黎贡山地区	盈江	龙陵	隆阳	腾冲	泸水	福贡	贡山
20	燕鸻科 Glareolidae	2	2	0	0	0	0	0	0
21	鸥科 Laridae	6	6	1	0	0	0	0	2
22	鹳科 Ciconiidae	3	2	2	2	1	1	0	1
23	鸬鹚科 Phalacrocoracidae	2	2	1	1	2	1	1	2
24	鹮科 Threskiornithidae	1	1	0	0	1	0	0	0
25	鹭科 Ardeidae	16	14	8	8	11	8	6	9
26	鹗科 Pandionidae	1	1	0	0	0	0	0	0
27	鹰科 Accipitridae	33	32	14	15	18	17	11	12
28	鸱鸮科 Strigidae	14	12	7	7	11	7	3	5
29	草鸮科 Tytonidae	3	3	1	1	1	0	0	0
30	咬鹃科 Trogonidae	2	2	1	2	2	1	1	2
31	犀鸟科 Bucerotidae	4	4	1	0	0	1	0	0
32	戴胜科 Upupidae	1	1	1	1	1	1	1	1
33	蜂虎科 Meropidae	4	4	1	3	2	3	0	0
34	佛法僧科 Coraciidae	2	2	1	1	2	1	0	0
35	翠鸟科 Alcedinidae	9	9	4	2	6	6	3	3
36	拟啄木鸟科 Capitonidae	6	6	3	4	4	4	3	3
37	响蜜䴕科 Indicatoridae	1	1	0	1	1	1	1	1
38	啄木鸟科 Picidae	22	18	12	12	14	12	11	13
39	隼科 Falconidae	7	7	4	3	3	2	1	1
40	鹦鹉科 Psittacidae	5	5	1	1	3	2	1	1
41	八色鸫科 Pittidae	4	4	0	0	0	1	0	1
42	阔嘴鸟科 Eurylaimidae	2	2	2	1	1	1	0	0
43	黄鹂科 Oriolidae	4	4	3	3	3	3	2	2
44	莺雀科 Vireonidae	6	5	6	6	6	6	5	6
45	山椒鸟科 Campephagidae	7	7	7	7	7	7	5	5
46	燕鵙科 Artamidae	1	1	1	1	1	0	0	0
47	钩嘴鵙科 Tephrodornithidae	2	2	2	2	1	1	1	1
48	雀鹎科 Aegithinidae	2	2	1	1	0	0	0	0
49	扇尾鹟科 Rhipiduridae	2	2	1	1	1	2	1	1
50	卷尾科 Dicruridae	7	7	4	6	6	2	2	3
51	王鹟科 Monarchidae	4	4	1	4	3	1	0	0
52	伯劳科 Laniidae	5	4	4	4	5	4	3	3
53	鸦科 Corvidae	12	11	9	7	8	7	7	7
54	玉鹟科 Stenostiridae	2	2	2	2	2	2	2	2
55	山雀科 Paridae	11	6	6	7	9	10	7	8
56	攀雀科 Remizidae	1	0	0	0	0	0	0	1
57	百灵科 Alaudidae	2	1	1	1	2	1	2	2
58	扇尾莺科 Cisticolidae	11	9	6	7	9	7	6	5
59	苇莺科 Acrocephalidae	4	3	0	1	2	1	0	0

续表

	科名	高黎贡山地区	盈江	龙陵	隆阳	腾冲	泸水	福贡	贡山
60	鳞胸鹪鹛科 Pnoepygidae	2	2	2	2	2	2	2	2
61	蝗莺科 Locustellidae	6	6	2	1	2	2	2	1
62	燕科 Hirundinidae	10	9	7	7	6	7	7	6
63	鹎科 Pycnonotidae	16	15	10	11	11	11	6	6
64	柳莺科 Phylloscopidae	28	23	19	25	23	22	19	19
65	树莺科 Cettiidae	14	13	9	10	11	11	9	10
66	长尾山雀科 Aegithalidae	2	2	1	2	2	2	2	2
67	莺鹛科 Sylviidae	17	14	7	11	12	13	12	13
68	绣眼鸟科 Zosteropidae	10	9	8	8	8	8	8	8
69	林鹛科 Timaliidae	16	14	8	11	7	9	9	12
70	幽鹛科 Pellorneidae	13	11	4	7	5	6	4	5
71	噪鹛科 Leiothrichidae	36	34	22	26	30	23	18	25
72	旋木雀科 Certhiidae	4	4	3	3	4	4	4	4
73	䴓科 Sittidae	8	7	5	5	5	5	4	6
74	鹪鹩科 Troglodytidae	1	1	1	1	1	1	1	1
75	河乌科 Cinclidae	2	1	1	1	1	1	1	2
76	椋鸟科 Sturnidae	16	15	2	2	8	4	2	2
77	鸫科 Turdidae	24	17	10	14	14	14	6	12
78	鹟科 Muscicapidae	67	59	40	47	54	49	36	46
79	戴菊科 Regulidae	1	1	0	0	1	1	1	1
80	太平鸟科 Bombycillidae	1	0	0	1	0	0	0	0
81	丽星鹩鹛科 Elachuridae	1	1	1	1	1	1	1	1
82	和平鸟科 Irenidae	1	1	0	0	0	0	0	0
83	叶鹎科 Chloropseidae	3	3	3	1	1	2	1	2
84	啄花鸟科 Dicaeidae	5	5	3	3	4	3	2	3
85	花蜜鸟科 Nectariniidae	11	11	8	8	8	6	4	5
86	岩鹨科 Prunellidae	3	2	2	3	3	3	2	3
87	织雀科 Ploceidae	2	2	1	1	1	0	0	0
88	梅花雀科 Estrildidae	5	5	4	4	4	3	1	1
89	雀科 Passeridae	3	3	2	2	2	2	2	3
90	鹡鸰科 Motacillidae	13	11	7	9	9	8	8	10
91	燕雀科 Fringillidae	26	15	9	18	16	17	15	19
92	鹀科 Emberizidae	11	9	6	7	8	7	5	8
	合计	753	659	395	456	492	437	327	403

5.4.2.3 居留情况

居留情况分析表明,区域内记录的753种鸟类可归类为521种留鸟(R),占记录鸟类物种数的69.2%;19种留鸟或夏候鸟(RS),占2.5%;47种夏候鸟(S),占6.2%;12种夏候鸟或冬候鸟(SW),占1.6%;79种冬候鸟(W),占10.5%;31种冬候鸟或旅鸟(WM),占4.1%;24种旅鸟(M),占3.2%;20种偶见鸟(O),占2.7%。高黎贡山地区的鸟类以留鸟占绝对优势(69.2%),候鸟或旅鸟占28.1%,其中夏候鸟占10.3%,冬候鸟或旅鸟占17.8%,少数为偶见鸟(表5-7,图5-6)。

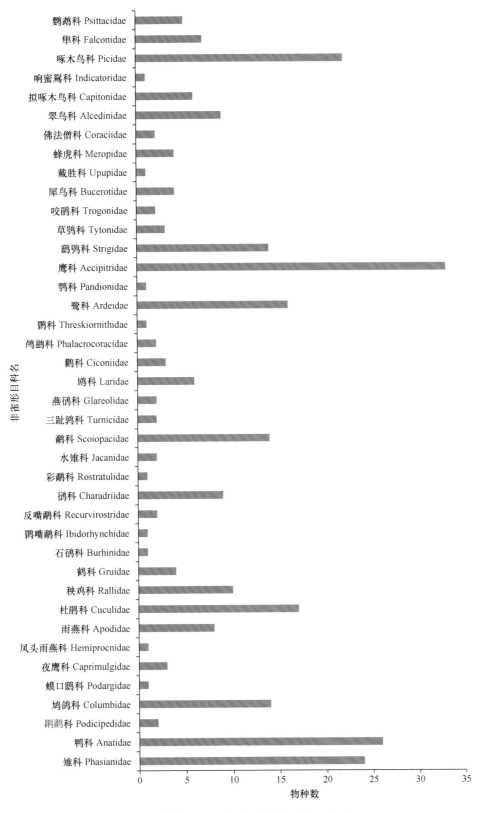

图 5-4　高黎贡山地区非雀形目各科物种数统计图

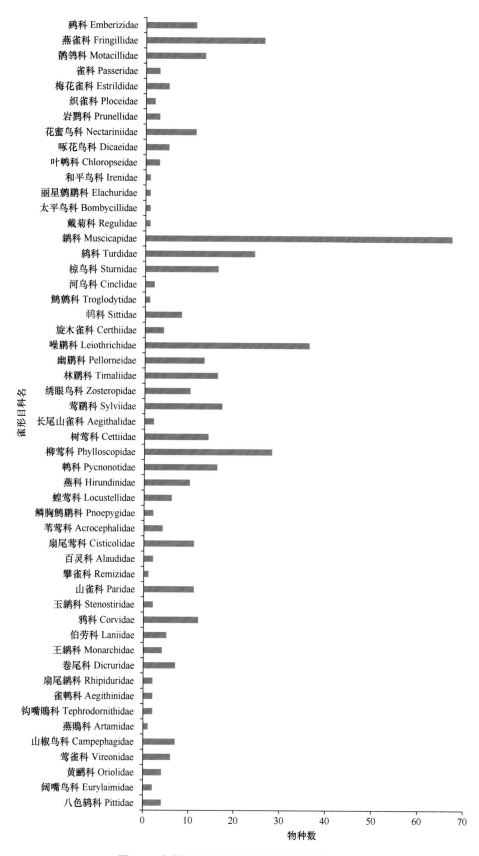

图 5-5　高黎贡山地区雀形目各科物种数统计图

表 5-7　高黎贡山地区及各县（市/区）鸟类各居留类型物种数及占记录物种数的百分比

居留类型	高黎贡山地区		盈江		龙陵		隆阳		腾冲		泸水		福贡		贡山	
	种数	比例(%)	种数	比例(%)	种数	比例(%)	种数	比例(%)	种数	比例(%)	种数	比例(%)	种数	比例(%)	种数	比例(%)
留鸟（R）	521	69.2	477	72.4	306	77.5	338	74.1	370	75.2	333	76.2	248	75.8	299	74.2
留鸟或夏候鸟（RS）	19	2.5	0		0		0		0		0		0		0	
夏候鸟（S）	47	6.2	45	6.8	29	7.3	36	7.9	39	7.9	47	10.8	44	13.5	51	12.7
夏候鸟或冬候鸟（SW）	12	1.6	0		0		0		0		0		0		0	
冬候鸟（W）	79	10.5	88	13.4	48	12.2	60	13.2	57	11.6	42	9.6	26	8	38	9.4
冬候鸟或旅鸟（WM）	31	4.1	19	2.9	10	2.5	13	2.9	14	2.8	7	1.6	4	1.2	5	1.2
旅鸟（M）	24	3.2	17	2.6	1	0.3	5	1.1	9	1.8	5	1.1	5	1.5	8	2.0
偶见鸟（O）	20	2.7	13	2.0	1	0.3	4	0.9	3	0.6	3	0.7	0		2	0.5
合计	753		659		395		456		492		437		327		403	

注：因数据修约，"比例（%）"列总和不为 100，下同。

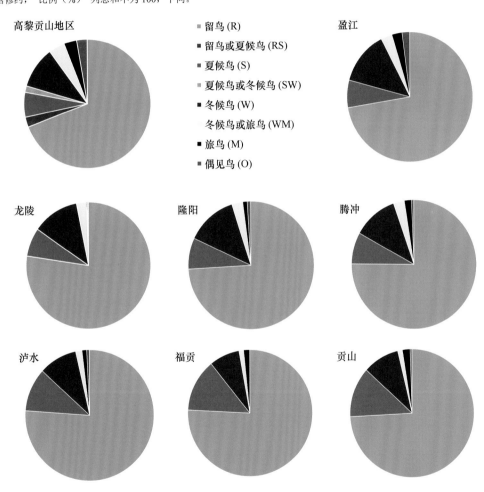

图 5-6　高黎贡山地区及各县（市/区）鸟类居留情况

　　按不同县、市或区进行统计表明，各区段的居留情况与整体情况较一致，均以留鸟为主，而以下 31 种鸟类在各区段分属不同的居留类型，其中的 19 种在高黎贡山南部的盈江、龙陵、隆阳和腾冲主要为留鸟，但在泸水、福贡和贡山主要为夏候鸟，分别为短嘴金丝燕 *Aerodramus brevirostris*、翠金鹃 *Chrysococcyx maculatus*、栗斑杜鹃 *Cacomantis sonneratii*、白胸苦恶鸟 *Amaurornis phoenicurus*、白鹭 *Egretta garzetta*、凤头蜂鹰 *Pernis ptilorhynchus*、雀鹰 *Accipiter nisus*、黑卷尾 *Dicrurus macrocercus*、灰卷尾 *Dicrurus leucophaeus*、发冠卷尾 *Dicrurus hottentottus*、家燕 *Hirundo rustica*、金腰燕 *Cecropis daurica*、暗绿绣眼鸟

Zosterops japonicus、小虎斑地鸫 *Zoothera dauma*、纯蓝仙鹟 *Cyornis unicolor*、山蓝仙鹟 *Cyornis banyumas*、蓝喉仙鹟 *Cyornis rubeculoides*、黄头鹡鸰 *Motacilla citreola*、树鹨 *Anthus hodgsoni*；而剩余的红尾伯劳 *Lanius cristatus*、褐柳莺 *Phylloscopus fuscatus*、华西柳莺 *Phylloscopus occisinensis*、棕腹柳莺 *Phylloscopus subaffinis*、淡黄腰柳莺 *Phylloscopus chloronotus*、四川柳莺 *Phylloscopus forresti*、淡眉柳莺 *Phylloscopus humei*、暗绿柳莺 *Phylloscopus trochiloides*、赭红尾鸲 *Phoenicurus ochruros*、北红尾鸲 *Phoenicurus auroreus*、白眉蓝姬鹟 *Ficedula superciliaris*、灰蓝姬鹟 *Ficedula tricolor* 12 种鸟类在泸水以南地区为冬候鸟，在福贡和贡山为夏候鸟。

5.4.2.4 鸟类分布型

按《中国动物地理》（张荣祖，2011），根据鸟类主要繁殖区的地理分布特征，高黎贡山地区记录的 753 种鸟类，可归纳为全北型（C）、古北型（U）、东北型（M/K/X/E）、中亚型（D）、高地型（P）、喜马拉雅-横断山区型（H）、南中国型（S）、东洋型（东南亚热带-亚热带型，W）以及不易归类的广泛分布型（O）9 个类型（表 5-8，附录 5-4）。

表 5-8　高黎贡山地区及各县（市/区）鸟类各分布型的物种数

分布型	高黎贡山地区	盈江	龙陵	隆阳	腾冲	泸水	福贡	贡山
全北型（C）	31	26	13	18	17	14	12	14
古北型（U）	73	59	38	41	44	39	32	41
东北型（M/K/X/E）	44	37	22	29	32	22	15	21
中亚型（D）	7	6	0	0	1	0	1	1
高地型（P）	9	5	1	1	1	3	2	6
喜马拉雅-横断山区型（H）	145	110	73	106	110	114	96	120
南中国型（S）	31	23	22	24	26	23	21	21
东洋型（W）	362	351	198	206	222	191	128	149
广泛分布型（O）	51	42	28	31	39	31	20	30
合计	753	659	395	456	492	437	327	403

统计和分析表明，总体上，高黎贡山地区鸟类分布型种数最多的是东洋型（W），有 362 种，占记录总种数的近一半（48.1%），其次为喜马拉雅-横断山区型（H），有 145 种，占 19.3%，剩余分布型分别不同程度地占有较小比重，但均不超过 10%，其中，古北型（U）占 9.7%，广泛分布型（O）占 6.8%，其他分布型所占比例均较小（表 5-8，图 5-7）。

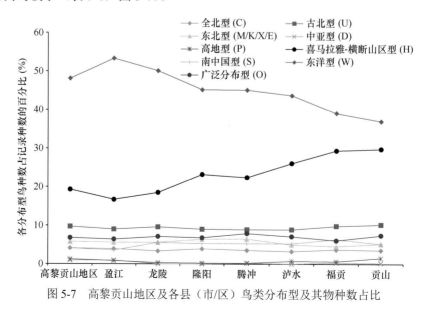

图 5-7　高黎贡山地区及各县（市/区）鸟类分布型及其物种数占比

按不同县、市或区分析表明，各个区段的鸟类分布型与总体情况类似，也是东洋型和喜马拉雅-横断山区型占各区段记录种数的大多数。自南段至北段，东洋型占比逐渐降低，喜马拉雅-横断山区型占比逐渐增加，但其他分布型变化趋势不明显（表 5-8，图 5-7）。以下依次阐述各个分布型在高黎贡山地区的详细情况。

1. 东洋型（W）

东洋型主要分布于中南半岛、印度次大陆及附近岛屿，分布中心位于东南亚的热带地区，又称为东南亚热带-亚热带分布型。高黎贡山地区的鸟类属于东洋型的有 362 种，在总记录种数中占了最大比重（48.1%）。各个区段的东洋型种类与总体情况类似，均为占比最大的分布型（图 5-7），但自南至北，各县、市或区记录的东洋型种数比例逐渐降低，其中，盈江占 53.3%、龙陵占 50.1%、隆阳占 45.2%、腾冲占 45.1%、泸水占 43.7%、福贡占 39.1%、贡山占 37.0%（图 5-7）。

东洋型鸟类在高黎贡山地区主要为留鸟或夏候鸟（共 349 种），占东洋型种数的 96.4%；其余，如斑嘴鸭 *Anas zonorhyncha*、黄脚三趾鹑 *Turnix tanki*、普通燕鸻 *Glareola maldivarum*、赤腹鹰 *Accipiter soloensis*、黑眉柳莺 *Phylloscopus ricketti* 为冬候鸟或旅鸟；白翅栖鸭 *Asarcornis scutulata*、褐背针尾雨燕 *Hirundapus giganteus*、暗背雨燕 *Apus acuticauda*、斑翅凤头鹃 *Clamator jacobinus*、钳嘴鹳 *Anastomus oscitans*、秃鹳 *Leptoptilos javanicus*、印度池鹭 *Ardeola grayii*、长尾鹦雀 *Erythrura prasina* 等为偶见鸟。

根据主要繁殖区域的不同，东洋型种类具体又可分为 5 种分布亚型：高黎贡山地区热带（Wa）亚型 161 种、热带-南亚热带（Wb）亚型 55 种、热带-中亚热带（Wc）亚型 64 种、热带-北亚热带（Wd）亚型 39 种、热带-温带（We）亚型 43 种（图 5-8）。

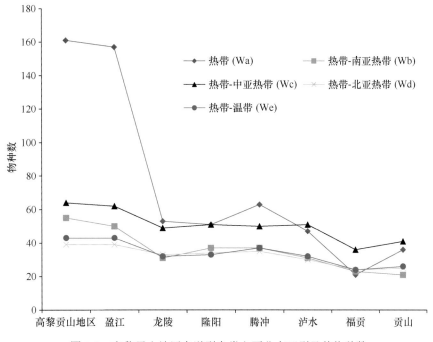

图 5-8　高黎贡山地区东洋型鸟类主要分布亚型及其物种数

2. 喜马拉雅-横断山区型（H）

喜马拉雅-横断山区型属中国特有的分布型，鸟类主要分布于横断山中、低山并延伸至喜马拉雅南坡，多属山区林地栖息种类。高黎贡山地区属于该分布型的种类共 145 种，占记录总数的 19.3%，所占比重仅次于东洋型。各县、市或区喜马拉雅-横断山区型所占的比例，也均仅次于东洋型，但自南向北所占比例逐渐增加（图 5-7）。

喜马拉雅-横断山区型中，烟柳莺、四川淡背地鸫 *Zoothera griseiceps* 和喜山淡背地鸫 *Zoothera salimalii* 为冬候鸟或旅鸟；华西柳莺、淡黄腰柳莺、四川柳莺和灰蓝姬鹟在泸水以南为冬候鸟，而在北段福贡、贡山为夏候鸟；白腹鹭 *Ardea insignis* 和蓝鹀为偶见鸟；剩余 136 种为留鸟或夏候鸟，该居留型占喜马拉雅-横断山区型的绝大多数（93.8%）。

喜马拉雅-横断山区型可具体细分为喜马拉雅南坡（Ha）、喜马拉雅及其附近山地（Hb）、喜马拉雅东南部（喜马拉雅-横断山交汇区，He）、横断山及喜马拉雅（南翼为主，Hm）、横断山区为主（Hc）等 5 个分布亚型，其中，横断山及喜马拉雅南翼（Hm）亚型在高黎贡山地区及各县、市或区包含的物种数均最多（表 5-9）。

表 5-9　高黎贡山地区及各县（市/区）喜马拉雅-横断山区型鸟类主要分布亚型及其物种数

分布亚型	高黎贡山地区	盈江	龙陵	隆阳	腾冲	泸水	福贡	贡山
喜马拉雅南坡（Ha）	6	3	1	2	3	3	3	6
喜马拉雅及其附近山地（Hb）	1	0	0	0	1	0	0	0
喜马拉雅-横断山交汇区（He）	14	11	5	9	7	9	8	9
横断山及喜马拉雅南翼（Hm）	105	82	58	81	87	89	72	91
横断山区为主（Hc）	19	14	9	14	12	13	13	14
合计	145	110	73	106	110	114	96	120

3. 古北型（U）

鸟类繁殖区位于北半球北部，横贯欧亚大陆寒温带，南部穿过我国最北部，如东北北部和新疆北部的为古北型（U）。高黎贡山地区古北型鸟类共 73 种，仅占记录总种数的 9.7%。自南至北古北型鸟类物种数占各区段记录总种数的百分比均为 10% 左右，没有明显变化（图 5-7）。

属于古北型的鸟类在高黎贡山地区主要为冬候鸟或旅鸟，共 50 种，占古北型种类的 68.5%；留鸟或夏候鸟共 20 种，占 27.4%；暗绿柳莺在贡山、福贡和泸水主要为繁殖鸟，而在泸水以南的南段越冬；布氏苇莺 *Acrocephalus dumetorum* 和黑头鹀 *Emberiza melanocephala* 为偶见鸟。

古北型按鸟类繁殖区向南延伸的程度可再具体分为寒带至寒温带（苔原-针叶林带，Ua）、寒温带至中温带（针叶林带-森林草原，Ub）、寒温带为主（针叶林带，Uc）、温带（落叶阔叶林带-草原耕作景观，Ud）、北方湿润-半湿润带（Ue）、中温带为主（Uf）、中温带为主再延伸至亚热带（欧亚温带-亚热带型，Ug）、温带为主再延伸至热带（欧亚温带-热带型，Uh）以及在全北型内广泛分布（U）9 个亚型，高黎贡山地区及各区段古布型鸟类主要分布亚型及其物种数见表 5-10。

表 5-10　高黎贡山地区及各县（市/区）古北型鸟类主要分布亚型及其物种数

分布亚型	高黎贡山地区	盈江	龙陵	隆阳	腾冲	泸水	福贡	贡山
全北型内广泛分布（U）	13	10	9	9	10	10	8	9
寒带至寒温带（Ua）	6	6	2	2	3	1	1	1
寒温带至中温带（Ub）	6	6	4	4	4	4	2	4
寒温带为主（Uc）	12	9	4	6	8	7	6	9
温带（Ud）	11	9	5	6	6	3	2	5
北方湿润-半湿润带（Ue）	3	2	2	2	2	3	2	2
中温带为主（Uf）	10	6	3	4	4	4	3	5
中温带为主再延伸至亚热带（Ug）	1	1	1	1	1	0	0	0
温带为主再延伸至热带（Uh）	11	10	8	7	7	7	8	6
合计	73	59	38	41	44	39	32	41

4. 全北型（C）

鸟类繁殖区域遍布北半球，包括欧亚大陆北部和美洲北部的为全北型（C）。高黎贡山地区全北型种类共 31 种，仅占记录总种数的 4.1%。自南至北，各县、市或区全北型种类所占百分比均不超过 4%。

与古北型类似，全北型种类也主要为冬候鸟或旅鸟，共 20 种，占全北型种类的 64.5%；留鸟或夏候鸟共 9 种，占 29.0%，其中家燕在盈江至腾冲的南段主要为留鸟，而在泸水、福贡和贡山为冬候鸟；偶见鸟 2 种，即长尾鸭和淡色崖沙燕 *Riparia diluta*。

同古北型，全北型按鸟类繁殖区向南延伸的程度亦可再分为寒带至寒温带（苔原-针叶林带，Ca）、寒温带至中温带（针叶林带-森林草原，Cb）、寒温带为主（针叶林带，Cc）、温带（落叶阔叶林带-草原耕作景观，Cd）、北方湿润-半湿润带（Ce）、中温带为主（Cf）、中温带为主再延伸至亚热带（欧亚温带-亚热带，Cg）、温带为主再延伸至热带（欧亚温带-热带型，Ch）以及在全北型内广泛分布（C）9 个亚型，高黎贡山地区及各县、市或区全北亚型鸟类物种数详见表 5-11。

表 5-11 高黎贡山地区及各县（市/区）全北型鸟类主要分布亚型及其物种数

分布亚型	高黎贡山地区	盈江	龙陵	隆阳	腾冲	泸水	福贡	贡山
全北型内广泛分布（C）	1	1	0	0	0	0	0	1
寒带至寒温带（Ca）	6	4	0	4	2	0	0	0
寒温带至中温带（Cb）	1	1	1	1	1	1	1	1
寒温带为主（Cc）	3	2	0	0	1	1	1	1
温带（Cd）	4	4	2	2	1	0	0	0
北方湿润-半湿润带（Ce）	4	3	2	3	3	3	2	3
中温带为主（Cf）	6	6	5	5	5	5	4	4
中温带为主再延伸至亚热带（Cg）	2	2	0	0	1	0	0	0
温带为主再延伸至热带（Ch）	4	3	3	3	3	4	4	4
合计	31	26	13	18	17	14	12	14

5. 东北型（M/K/X/E）

东北型鸟类繁殖区主要在亚洲东北部，某些种类温度适应范围较宽，繁殖区向南延伸，在我国又可分为主要在东北地区或再包括附近地区（M）型、东部为主（K）型、从东北地区扩大至华北（X）型以及东部湿润地区为主的季风区型（E）四大类。高黎贡山地区属于东北型的种类共 44 种，仅占记录总种数的 5.8%。同古北型和全北型，各县、市或区的东北型鸟类所占百分比均较小，且没有明显变化趋势（图 5-7）。

东北型种类也主要为冬候鸟或旅鸟，共 26 种，占东北型种数的 59.1%；留鸟或夏候鸟 13 种，占 29.5%；红尾伯劳、褐柳莺和北红尾鸲 3 种在福贡以南的高黎贡山南段为冬候鸟，而在高黎贡山北段为繁殖鸟；牛头伯劳和小太平鸟 *Bombycilla japonica* 为偶见鸟，其中，小太平鸟亦可归为冬候鸟或旅鸟。按繁殖地带所跨幅度的不同，东北型可具体细分为表 5-12 所示的 10 个亚型。

6. 中亚型（D）

繁殖区以亚洲大陆中心区域的温带干旱区为主，主要见于蒙新高原，多为荒漠-草原栖居者，少数种类分布区不同程度地向外扩展。高黎贡山地区属于中亚型的种类共 7 种，仅占记录总种数的 0.9%。这些种类除大短趾百灵 *Calandrella brachydactyla* 记录于腾冲、福贡和贡山外，其他 6 种均仅见于盈江。其中，大短趾百灵为夏候鸟，玉带海雕 *Haliaeetus leucoryphus* 为偶见鸟，蓑羽鹤 *Grus virgo* 和大𫚭 *Buteo hemilasius* 为冬候鸟，渔鸥 *Ichthyaetus ichthyaetus* 和草原雕 *Aquila nipalensis* 为冬候鸟或旅鸟，布氏鹨 *Anthus godlewskii* 为旅鸟。

表5-12　高黎贡山地区及各县（市/区）东北型鸟类主要分布亚型及其物种数

分布亚型	高黎贡山地区	盈江	龙陵	隆阳	腾冲	泸水	福贡	贡山
亚洲东北部广泛分布（M）	14	11	9	9	10	10	9	11
中国东北再包括乌苏里至贝加尔、朝鲜半岛（Ma、Ka）	9	7	3	6	7	2	0	2
中国东北再包括乌苏里及朝鲜半岛（Mb）	4	4	2	3	4	2	1	2
中国东北再包括朝鲜半岛（Mc）	2	2	1	1	2	1	0	0
中国东北再包括朝鲜半岛和蒙古国（Me）	1	1	0	1	0	0	0	0
中国东北再包括乌苏里、朝鲜半岛及俄罗斯远东地区（Mf）	2	2	1	2	2	2	1	1
中国东北再包括乌苏里及西伯利亚（Mg）	4	3	2	3	2	2	1	1
东北-华北（X）	4	3	1	1	2	1	1	1
季风区型包括俄罗斯阿穆尔至远东地区（Ea）	1	1	1	1	1	1	1	1
季风区型包括俄罗斯远东地区和日本（Eh）	3	3	2	2	2	1	1	2
合计	44	37	22	29	32	22	15	21

中亚型种类又可具体划分为4个亚型：中亚温带干旱区广泛分布亚型（D），含蓑羽鹤、渔鸥、大短趾百灵和布氏鹨4种；塔里木-准噶尔及其附近地区亚型（Da），如草原雕；塔里木为主亚型（Db），如玉带海雕；干旱区延伸至天山及其附近地区亚型（Df），如大鵟。

7. 高地型（P）

高地型主要位于青藏高原，北起包括昆仑山、祁连山等山脉，南至横断山脉北部和喜马拉雅高山带，有些种类扩展至青藏高原毗邻的云贵高原高山区域，是中国特有的一类分布型。高黎贡山地区记录的鸟类属高地型的共9种，仅占记录总种数的1.2%。

高地型又可具体分为5个不同的亚型。其中，斑头雁 *Anser indicus* 和红腹红尾鸲为青藏高原广泛分布（P）亚型，均为冬候鸟，斑头雁记录于盈江，红腹红尾鸲记录于贡山。藏雪鸡 *Tetraogallus tibetanus* 和棕头鸥 *Chroicocephalus brunnicephalus* 为青藏高原及附近山地（Pa）亚型，前者仅记录于贡山，为留鸟，棕头鸥记录于盈江、龙陵和贡山，均为冬候鸟；黑颈鹤 *Grus nigricollis* 为青藏高原东部（Pc）亚型，记录于盈江和贡山，均为冬候鸟；鹮嘴鹬 *Ibidorhyncha struthersii* 为青藏高原东北部（Pf）亚型，记录于盈江、腾冲、泸水、福贡和贡山等地区，均为留鸟；淡眉柳莺、白斑翅拟蜡嘴雀 *Mycerobas carnipes* 和林岭雀 *Leucosticte nemoricola* 为青藏高原及天山与横断山中部及附近山地（Pw）亚型，淡眉柳莺记录于泸水（夏候鸟）、隆阳和盈江（冬候鸟），白斑翅拟蜡嘴雀记录于泸水和福贡（留鸟），林岭雀记录于贡山（留鸟）。

8. 南中国型（S）

南中国型也是一类中国特有的分布型，分布区主要位于我国亚热带季风地区，高黎贡山地区记录的鸟类属于该分布型的共有31种，占记录总种数的4.1%。

南中国型种类以留鸟或夏候鸟占绝大多数，共26种；棕腹柳莺在泸水以南为冬候鸟，而在福贡和贡山为夏候鸟；钝翅苇莺 *Acrocephalus concinens*、云南柳莺 *Phylloscopus yunnanensis*、冠纹柳莺 *Phylloscopus claudiae* 和中华仙鹟 *Cyornis glaucicomans* 为冬候鸟或旅鸟。

南中国型鸟种，依据其到达南北温度带的界线，可以分为如表5-13所示的8个亚型。

9. 广泛分布型（O）

以上8种分布型包括了高黎贡山地区所记录鸟类的绝大多数分布型，但还有一些种类的繁殖区分布比较广泛，不易归类至某一类型，因而统一归为广泛分布型或不易归类型（O），共51种，占总记录种数的6.8%。各县、市或区记录的广泛分布型鸟类物种数占所在县、市或区记录物种数的百分比均在7%左右（图5-7）。

表 5-13　高黎贡山地区及各县（市/区）南中国型鸟类主要分布亚型及其物种数

分布亚型	高黎贡山地区	盈江	龙陵	隆阳	腾冲	泸水	福贡	贡山
中国南部广泛分布（S）	2	2	2	2	2	2	2	2
热带-南亚热带（Sb）	1	1	1	1	1	1	1	1
热带-中亚热带（Sc）	3	2	1	2	2	3	1	1
热带-北亚热带（Sd）	16	13	13	13	14	11	12	12
中亚热带-北亚热带（Sh）	3	2	2	2	3	2	1	1
中亚热带（Si）	1	0	0	0	0	1	1	1
热带-暖温带（Sm）	3	1	1	2	2	1	1	1
热带-中温带（Sv）	2	2	2	2	2	2	2	2
合计	31	23	22	24	26	23	21	21

广泛分布型鸟类中，留鸟或夏候鸟共 30 种，占 58.8%；冬候鸟或旅鸟 13 种，占 25.5%；赭红尾鸲在贡山为繁殖鸟，而在腾冲和泸水为冬候鸟；秃鹫 *Aegypius monachus*、短趾雕 *Circaetus gallicus*、靴隼雕 *Hieraaetus pennatus*、紫翅椋鸟 *Sturnus vulgaris* 为旅鸟；白喉林莺、家麻雀 *Passer domesticus*、苍头燕雀 *Fringilla coelebs* 为偶见鸟。

广泛分布型的鸟种，又可分为如表 5-14 所示的 5 个亚型。

表 5-14　高黎贡山地区及各县（市/区）广泛分布型鸟类主要分布亚型及其物种数

分布亚型	高黎贡山地区	盈江	龙陵	隆阳	腾冲	泸水	福贡	贡山
广泛分布（O）	5	4	3	3	5	3	1	2
旧大陆-温带（O1）	21	18	16	16	19	17	11	15
全球温带-热带（O2）	6	6	2	3	4	1	1	3
地中海附近-中亚-东亚（O3）	17	12	6	8	9	9	6	9
东半球温带-热带（O5）	2	2	1	1	2	1	1	1
合计	51	42	28	31	39	31	20	30

5.4.2.5　区系概貌与特点

根据《中国动物地理》，中国在动物地理区划中跨越古北和东洋两大界（张荣祖，2011）。鸟类具有迁徙习性，鸟类的区系从属关系分析以统计所在地繁殖的鸟类为基础，繁殖区域主要位于东洋界的称为东洋种，在古北界的称为古北种，广泛分布于古北和东洋两界的称为广布种。

高黎贡山地区所记录的 753 种鸟类中，在该地区繁殖的留鸟和夏候鸟共 599 种，占总记录种数的 79.5%。按区系从属统计所记录的 599 种留鸟或夏候鸟，结果显示：东洋种共 485 种，占分析种数的 81.0%；古北种 35 种，占 5.8%；广布种 79 种，占 13.2%（表 5-15）。由此可见，高黎贡山地区的鸟类区系特征以东洋界种类占绝对优势，说明该区鸟类具有明显的东洋界特点，同时，还含有一定比例的广布种和较少比例的古北种（图 5-9）。按不同县、市或区分析表明，各县、市或区与总体情况类似，均以东洋界种类占绝对优势为特征，但自南向北，东洋界成分略有降低，而古北界成分稍有增加（图 5-9，表 5-15）。

表 5-15　高黎贡山地区及各县（市/区）鸟类区系成分组成及其占留鸟或候鸟种数的百分比（%）

界	亚界	区	亚区	高黎贡山地区	盈江	龙陵	隆阳	腾冲	泸水	福贡	贡山
东洋				81.0	84.5	80.0	81.3	80.4	78.7	75.0	74.9
	中印			81.0	84.5	80.0	81.3	80.4	78.7	75.0	74.9
		5 西南		53.1	53.6	60.9	61.2	60.6	63.4	65.1	63.7
			5a 西南山地	41.7	42.0	53.4	54.3	52.3	55.5	57.9	54.6

续表

界	亚界	区	亚区	高黎贡山地区	盈江	龙陵	隆阳	腾冲	泸水	福贡	贡山
			5b 喜马拉雅	41.9	41.8	46.0	47.3	47.7	49.2	52.7	52.9
		6 华中		33.2	35.1	44.5	44.1	41.8	42.6	43.8	39.1
			6a 东部丘陵平原	20.5	22.4	28.7	26.2	25.7	25.0	25.7	21.7
			6b 西部山地高原	31.1	32.6	42.4	42.2	40.1	40.8	42.1	37.7
		7 华南		72.3	77.8	73.4	72.7	71.6	68.7	64.0	61.7
			7a 闽广沿海	34.1	37.4	43.0	40.6	40.3	36.1	34.9	30.9
			7b 滇南山地	69.9	75.3	71.3	70.6	69.9	66.3	61.6	60.3
			7c 海南	22.5	25.5	26.0	23.3	24.7	21.1	18.5	16.6
			7d 台湾	14.0	15.3	18.8	17.6	17.4	16.1	15.4	14.0
			7e 南海诸岛	0.7	0.8	0.9	0.8	0.7	0.8	1.0	0.9
古北				5.8	2.5	3.6	3.2	3.9	5.3	6.8	8.3
广布种				13.2	13.0	16.4	15.5	15.6	16.1	18.2	16.9
合计				79.5	79.2	84.8	82.0	83.1	87.0	89.3	86.8

注：粗体字指示各级鸟类区系占该地区留鸟和繁殖鸟物种数比重较大的成分；古北界和广布种不再进行亚界、区及亚区区系分析。

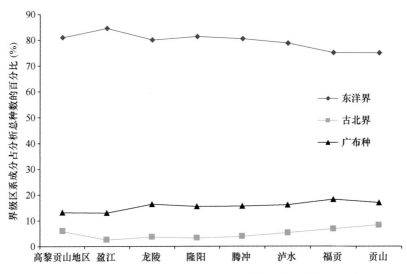

图 5-9　高黎贡山地区及各县（市/区）鸟类界级区系成分组成

　　根据《中国动物地理》（张荣祖，2011），我国境内的东洋界动物区系在亚界级成分中均为中印亚界，因此，高黎贡山地区界级区系成分占绝对优势的 485 种东洋界留鸟或夏候鸟均为中印亚界成分（表 5-15）。

　　为进一步探讨高黎贡山地区在我国区级动物区系中的位置，对中印亚界的 485 种留鸟或夏候鸟进行区级成分分析。结果表明，高黎贡山地区以及各区段均以华南区和西南区成分为主，高黎贡山地区整体上及隆阳和泸水区段均以华南区的比例最高，福贡及贡山段则西南区略微高于华南区，由此可见，自南向北，华南区成分所占比例逐渐减小，而西南区成分所占比例则逐渐增大（表 5-15，图 5-10）。

　　再对中印亚界的 485 种留鸟或夏候鸟进行亚区级成分分析，结果表明，总体上高黎贡山地区滇南山地亚区（7b）的比例最高（69.9%），喜马拉雅亚区和西南山地亚区次之，分别为41.9%和41.7%；各区段与整体情况较一致，均显示出滇南山地亚区所占比例最高，西南山地亚区和喜马拉雅亚区亦较高的特征；自南向北，滇南山地成分有所减少，而西南山地和喜马拉雅亚区成分逐渐增加（表 5-15，图 5-11）。

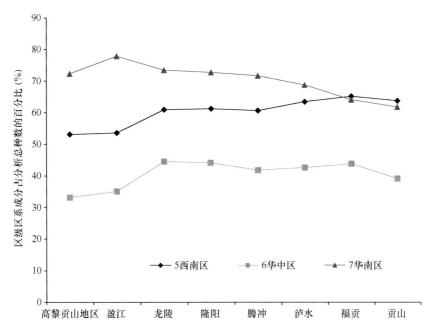

图 5-10　高黎贡山地区及各县（市/区）鸟类区级区系成分组成

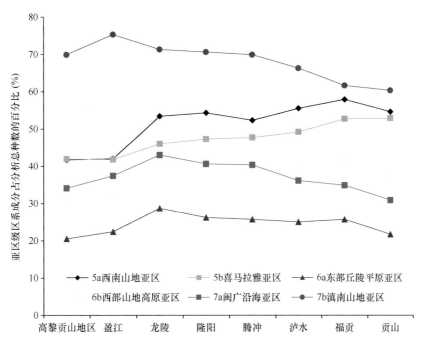

图 5-11　高黎贡山地区及各县（市/区）鸟类亚区级区系成分组成

　　综上所述，高黎贡山地区鸟类区系成分逐级以东洋界、中印亚界、华南区、滇南山地亚区为主要成分，亚区成分中，还以西南区的西南山地亚区和喜马拉雅亚区为次要成分，均分属东洋界、中印亚界。从不同县、市或区角度分析表明，四级区系成分在整体上和各区段中均显示出较一致的特征，但自南向北，东洋界成分所占比例逐渐降低，而古北界成分所占比例有所增加；华南区成分所占比例逐渐减小，而西南区成分所占比例则逐渐增加；滇南山地亚区成分所占比例有所减少，而西南山地和喜马拉雅亚区成分所占比例逐渐增加。

5.4.2.6 鸟类分布特点

1. 边缘分布

高黎贡山地区地处亚洲南部动物东西、南北分布的过渡地带和交汇区，在古北界与东洋界动物区系成分交汇过渡中起到桥梁作用。根据《中国动物地理》（张荣祖，2011）及上述鸟类分布型和区系分析，这一地区是西南区喜马拉雅亚区、西南山地亚区以及华南区滇南山地亚区的交汇区和边缘区，很多以喜马拉雅山地、横断山地、中南半岛甚至是印度次大陆为主要分布区的种类延伸至该区域。

经统计，高黎贡山地区共有 116 种鸟类为边缘分布种，占记录总物种数的 15.4%，由此可见，该地区鸟类边缘分布特征较明显。边缘分布种类主要包括以下几类。

（1）以喜马拉雅主体山脉为主要分布区的种类，共 9 种，包括灰腹角雉 Tragopan blythii、棕尾虹雉 Lophophorus impejanus、白尾梢虹雉 Lophophorus sclateri、黑鹇 Lophura leucomelanos、喜山鵟 Buteo refectus、黄腰响蜜䴕 Indicator xanthonotus、黄嘴蓝鹊 Urocissa flavirostris、火尾绿鹛 Myzornis pyrrhoura、大长嘴地鸫 Zoothera monticola。

（2）喜马拉雅至横断山为主的种类，共 23 种，包括雪鹑 Lerwa lerwa、黄喉雉鹑 Tetraophasis szechenyii、藏雪鸡、雪鸽、三趾啄木鸟 Picoides tridactylus、黑冠山雀 Periparus rubidiventris、褐冠山雀 Lophophanes dichrous、红嘴鸦雀 Conostoma aemodium、霍氏旋木雀 Certhia hodgsoni、红腹旋木雀 Certhia nipalensis、喜山淡背地鸫、白颈鸫、棕背黑头鸫 Turdus kessleri、栗腹歌鸲 Larvivora brunnea、白须黑胸歌鸲 Calliope tschebaiewi、金胸歌鸲、棕腹林鸲 Tarsiger hyperythrus、白喉红尾鸲 Phoenicuropsis schisticeps、蓝大翅鸲 Grandala coelicolor、黄颈拟蜡嘴雀 Mycerobas affinis、赤朱雀 Agraphospiza rubescens、金枕黑雀 Pyrrhoplectes epauletta、斑翅朱雀 Carpodacus trifasciatus。

（3）横断山地为主的种类，共 4 种，分别为中华雀鹛 Fulvetta striaticollis、橙翅噪鹛 Trochalopteron elliotii、淡腹点翅朱雀 Carpodacus verreauxii 和白眉朱雀。

（4）以印度阿萨姆至缅甸北部为主要分布区的种类，共 9 种，包括白颊山鹧鸪 Arborophila atrogularis、白腹鹭、白颈凤鹛、黄喉雀鹛 Schoeniparus cinereus、白眶雀鹛 Alcippe nipalensis、白头鵙鹛 Gampsorhynchus rufulus、棕颏噪鹛 Garrulax rufogularis、长嘴鹩鹛 Rimator malacoptilus、锈腹短翅鸫 Brachypteryx hyperythra。

（5）印度次大陆为主要分布区的种类，共 4 种，分别为黑腹燕鸥 Sterna acuticauda、印度池鹭、黑兀鹫 Sarcogyps calvus、红领绿鹦鹉 Psittacula krameri。

（6）主要分布于印度次大陆至中南半岛的热带鸟类，共 30 种，包括橙胸绿鸠 Treron bicinctus、黄脚绿鸠 Treron phoenicopterus、凤头雨燕 Hemiprocne coronata、赤颈鹤 Grus antigone、大石鸻 Esacus recurvirostris、铜翅水雉 Metopidius indicus、灰燕鸻 Glareola lactea、河燕鸥 Sterna aurantia、钳嘴鹳、秃鹳、黑颈鸬鹚 Microcarbo niger、横斑腹小鸮 Athene brama、鹳嘴翡翠 Pelargopsis capensis、赤胸拟啄木鸟 Psilopogon haemacephalus、纹喉绿啄木鸟 Picus xanthopygaeus、亚历山大鹦鹉 Psittacula eupatria、黑头黄鹂 Oriolus xanthornus、黑翅雀鹎 Aegithina tiphia、白眉扇尾鹟 Rhipidura aureola、棕腹树鹊 Dendrocitta vagabunda、线尾燕 Hirundo smithii、黑喉红臀鹎 Pycnonotus cafer、斑椋鸟 Gracupica contra、白腰鹊鸲 Kittacincla malabarica、金额叶鹎 Chloropsis aurifrons、厚嘴啄花鸟 Dicaeum agile、紫花蜜鸟 Cinnyris asiaticus、纹胸织雀 Ploceus manyar、黄胸织雀 Ploceus philippinus、红梅花雀 Amandava amandava。

（7）以中南半岛或中南半岛至马来半岛等东南亚地区为主要分布区的种类，共 37 种，包括灰孔雀雉 Polyplectron bicalcaratum、白翅栖鸭、山皇鸠 Ducula badia、黑顶蛙口夜鹰 Batrachostomus hodgsoni、毛腿夜鹰 Lyncornis macrotis、长尾夜鹰 Caprimulgus macrurus、褐背针尾雨燕、黑冠鳽 Gorsachius melanolophus、栗鸮 Phodilus badius、冠斑犀鸟 Anthracoceros albirostris、双角犀鸟 Buceros bicornis、棕颈

犀鸟 *Aceros nipalensis*、花冠皱盔犀鸟 *Rhyticeros undulatus*、三趾翠鸟 *Ceyx erithaca*、绿拟啄木鸟 *Psilopogon lineatus*、蓝耳拟啄木鸟 *Psilopogon australis*、金背啄木鸟 *Dinopium javanense*、大金背啄木鸟 *Chrysocolaptes lucidus*、大灰啄木鸟 *Mulleripicus pulverulentus*、红腿小隼 *Microhierax caerulescens*、花头鹦鹉 *Psittacula roseata*、栗头八色鸫 *Pitta oatesi*、蓝八色鸫 *Pitta cyanea*、大绿雀鹎 *Aegithina lafresnayei*、黑喉缝叶莺 *Orthotomus atrogularis*、黑头鹎 *Brachypodius atriceps*、纹喉鹎 *Pycnonotus finlaysoni*、金冠树八哥 *Ampeliceps coronatus*、鹩哥 *Gracula religiosa*、红嘴椋鸟 *Acridotheres burmannicus*、和平鸟 *Irena puella*、蓝翅叶鹎 *Chloropsis cochinchinensis*、紫颊太阳鸟 *Chalcoparia singalensis*、褐喉食蜜鸟 *Anthreptes malacensis*、蓝枕花蜜鸟 *Hypogramma hypogrammicum*、长嘴捕蛛鸟 *Arachnothera longirostra*、长尾鹦雀。

2. 特有分布

由鸟类区系分析可见，高黎贡山地区是喜马拉雅亚区、西南山地亚区以及滇南山地亚区的交汇区和边缘区，鸟类在高黎贡山地区交汇和过渡，加之鸟类飞行能力强大、活动范围宽广、栖息生境多种多样，因此这一地区并没有发育或演化出仅分布于这一地区的特有鸟类。

从行政区划角度分析发现，高黎贡山地区记录的 753 种鸟类共包含 7 个中国特有种（郑光美，2017），79 个非中国特有但在中国仅见于云南的种类（杨晓君等，2021），其中的 19 个物种在中国又仅见于高黎贡山地区。7 个中国特有鸟类分别为黄喉雉鹑、黄腹山雀 *Pardaliparus venustulus*、中华雀鹛、橙翅噪鹛、滇䴓*Sitta yunnanensis*、乌鸫 *Turdus mandarinus* 和蓝鹀（郑光美，2017）。

在中国仅见于高黎贡山地区的 19 种鸟类分别是白颊山鹧鸪、白翅栖鸭、褐背针尾雨燕、暗背雨燕、河燕鸥、黑腹燕鸥、黑兀鹫、花冠皱盔犀鸟、纹喉绿啄木鸟、红腿小隼、亚历山大鹦鹉、红领绿鹦鹉、花头鹦鹉、白眉扇尾鹟、线尾燕、短尾钩嘴鹛 *Jabouilleia danjoui*、楔嘴穗鹛 *Stachyris roberti*、灰奇鹛 *Heterophasia gracilis* 及红嘴椋鸟。

以上仅见于高黎贡山地区的 19 种鸟类多属远离主要分布区的边缘分布种，在高黎贡山地区种群数量较小，因此，这些种类受胁程度或濒危等级均较高。其中河燕鸥、黑兀鹫和花冠皱盔犀鸟等为国家一级重点保护野生动物，白颊山鹧鸪、白翅栖鸭、黑腹燕鸥、红腿小隼、亚历山大鹦鹉、红领绿鹦鹉等为国家二级重点保护野生动物；同时，这些种类由于种群数量小，在野外的遇见率较低或调查数据较少，对这些物种的种群现状也缺乏较深入的认识，因此，除以上被列入国家重点保护野生动物以外，其他种类在《中国脊椎动物红色名录》（蒋志刚等，2016）和《云南省生物物种红色名录（2017 版）》（高正文和孙航，2021）中，濒危或受胁等级多被评为"数据缺乏（DD）"。

3. 纬度分布

高黎贡山地区自最北端（滇藏交界）至最南端（中缅交界的怒江河谷龙陵段），在这一区域内，很难将具有极强飞行和运动能力的鸟类与某一特定的纬度跨度相匹配。为了便于比较，自南向北选取盈江、腾冲、泸水和贡山地区分析高黎贡山地区的鸟类多样性纬度分布特点。

通过整理和计算表明，高黎贡山地区鸟类物种多样性自南向北逐渐降低（图 5-12），最北端贡山记录 403 种，占区域记录物种数的 53.5%，隶属 20 目 70 科；其次为泸水，记录 437 种，占 58.0%，隶属 20 目 75 科；腾冲记录 492 种，占 65.3%，隶属 20 目 80 科；盈江记录 659 种，占 87.5%，隶属 20 目 90 科。

分析 599 种在高黎贡山地区繁殖的留鸟或夏候鸟发现，盈江、腾冲、泸水和贡山 4 区段均有记录的共 260 种，仅记录于贡山段的共 22 种，仅记录于泸水段的共 8 种，仅记录于腾冲段的仅 2 种，但仅记录于盈江段的多达 99 种。

通过以上分析可见，自南向北高黎贡山地区不同纬度带上，鸟类物种多样性有较大的差异性和明显的过渡性。具体表现为：①自南向北物种多样性逐级降低；②各个区段鸟类的分布型以东洋型和喜马拉雅-横断山区型占绝大多数，自南段至北段，东洋型占比逐渐降低，而喜马拉雅-横断山区型占比逐渐增加；

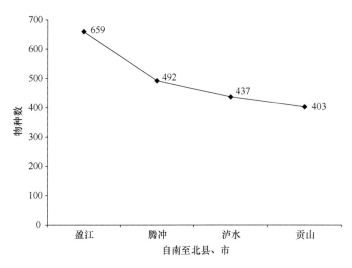

图 5-12　高黎贡山地区自南至北鸟类物种数

③区系特征方面，自南向北东洋界成分占比逐渐降低，而古北界成分占比有所增加，华南区所占比例逐渐减小，而西南区成分占比逐渐增加，滇南山地亚区成分占比有所减少，而西南山地和喜马拉雅亚区成分占比逐渐增加。

4. 垂直分布

高黎贡山地区从南到北、从河谷到山峰均具有巨大的海拔高差，本研究鸟类物种分布涵盖的区域高低相差超过 4900 m，最低海拔为拉沙河和勐乃河交汇口的 205 m，最高海拔为贡山嘎娃嘎普峰的 5128 m。巨大的海拔高差造就了多样和完整的垂直地带性气候和自然景观，但因为纬度地带性的变化，以及其他诸如地形、坡向、土壤、植被及人为因素的影响，还包括鸟类自身强大的适应性和活动范围宽广等因素，鸟类在高黎贡山地区并没有表现为整齐划一的垂直地带性分布。因此，以下主要根据野外调查所记录鸟类发现地点的海拔高度以及文献资料记录的鸟类海拔分布特性（杨岚和杨晓君，2004），按 600 m 及以下河谷带、601～1200 m 河谷-山前带、1201～1800 m 中低山带、1801～2400 m 中山带、2401～3000 m 中高山带、3001～3600 m 亚高山带、3601～4200 m 次高山带以及 4200 m 以上高山带 8 个垂直带，对高黎贡山地区所记录鸟类的垂直分布特点进行分析（表 5-16）。

表 5-16　高黎贡山地区鸟类垂直分布统计

海拔带（m）	种数	比例（%）	留鸟或夏候鸟(R, RS, S)		夏候鸟或冬候鸟(SW)		冬候鸟或旅鸟(W, WM)		旅鸟（M）		偶见鸟（O）	
			种数	比例（%）	种数	比例（%）	种数	比例（%）	种数	比例（%）	种数	比例（%）
≤600	376	49.9	300	79.8	3	0.8	51	13.6	14	3.7	8	2.1
601～1200	567	75.3	438	77.2	10	1.8	87	15.3	19	3.4	13	2.3
1201～1800	594	78.9	451	75.9	12	2.0	101	17.0	19	3.2	11	1.9
1801～2400	464	61.6	347	74.8	12	2.6	86	18.6	12	2.6	7	1.5
2401～3000	326	43.3	247	75.8	12	3.7	60	18.5	6	1.8	1	0.3
3001～3600	167	22.2	126	75.4	9	5.4	27	16.2	3	1.8	2	1.2
3601～4200	85	11.3	69	81.2	3	3.5	10	11.8	2	2.4	1	1.2
>4200	19	2.5	18	94.7	0		1	5.3	0		0	

统计分析发现，高黎贡山地区鸟类物种多样性海拔梯度分布格局为单峰格局，峰值出现于 1201～1800 m 海拔段（表 5-16，图 5-13），即为偏中低海拔的单峰格局，此结果与 Pan 等（2019）在高黎贡山中部的研究结果一致，但与梁丹等（2015）的中海拔（2300～2800 m）单峰格局不同。以下分别简述各

个垂直海拔带的鸟类分布状况。

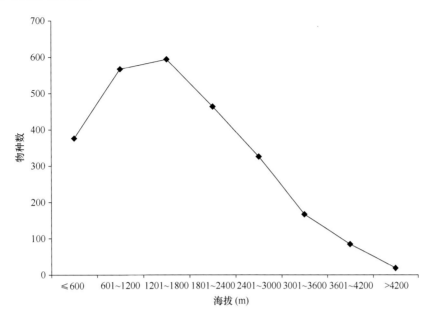

图 5-13　高黎贡山地区鸟类物种多样性垂直分布特征

1）600 m 以下河谷带

高黎贡山地区 600 m 以下河谷带仅少量分布于龙陵南部与缅甸交界的怒江河谷，以及盈江西部和南部与缅甸交界一带，其中分布有干热河谷、稀树灌草丛、热带雨林、山地雨林等生境。共记录 376 种鸟类，占记录总物种数的 49.9%，79.8%为留鸟或夏候鸟，其次，13.6%为冬候鸟或旅鸟（表 5-16）。600 m 以下河谷带的种类仅记录 13 种，分别为橙胸绿鸠、棕腹隼雕 *Lophotriorchis kienerii*、林雕鸮 *Bubo nipalensis*、鹳嘴翡翠、红腿小隼、黑头黄鹂、棕腹树鹊、线尾燕、短尾钩嘴鹛、红嘴椋鸟、长尾鹦雀、白眉鹀 *Emberiza tristrami* 和黑头鹀。

2）601～1200 m 河谷-山前带

该垂直带主要分布于潞江坝、怒江河谷、龙江河谷等河谷地带和山前带，其中的生境类型主要包括干热河谷、稀树灌草丛、山地雨林、季风常绿阔叶林等。共记录 567 种鸟类，占记录物种总数的 75.3%，所记录物种数仅次于 1201～1800 m 的中低山带。该垂直带中的鸟类 77.2%为留鸟或夏候鸟（表 5-16），15.3%为冬候鸟或旅鸟，其余居留型所占比例均较小。铜翅水雉、稻田苇莺 *Acrocephalus agricola* 等 28 种鸟类仅分布于海拔 601～1200 m 的河谷-山前带。

3）1201～1800m 中低山带

主要位于高黎贡山地区的南段、中段以及贡山的河谷地带，生境类型主要包括干热河谷、季风常绿阔叶林和暖性针叶-常绿阔叶混交林等。共记录 594 种鸟类，占记录物种总数的 78.9%，是记录鸟类物种数最多的海拔带（图 5-13）。Pan 等（2019）在高黎贡山泸水至片马以及隆阳百花岭一带的研究表明，高黎贡山鸟类物种多样性的海拔分布格局为偏峰格局，峰值出现在 1600～1900 m 海拔段，本研究的计算结果与该结果基本一致。1201～1800 m 中低山带的鸟类也多为留鸟或夏候鸟（75.9%）（表 5-16），冬候鸟或旅鸟也占一定比例（17.0%）。该海拔带内的鸟类分别在下一海拔带和上一海拔带均有较多记录，而仅见于该海拔带的种类仅 19 种，分别为灰林鸽 *Columba pulchricollis*、黑顶蛙口夜鹰、白喉针尾雨燕 *Hirundapus caudacutus*、灰喉针尾雨燕 *Hirundapus cochinchinensis*、鹳嘴鹬、大麻鳽 *Botaurus stellaris*、紫背苇鳽 *Ixobrychus eurhythmus*、白腹鹭、大鵟、黄嘴角鸮 *Otus spilocephalus*、牛头伯劳、中华攀雀 *Remiz consobrinus*、钝翅苇莺、白眶鹟莺 *Seicercus affinis*、强脚树莺 *Horornis fortipes*、纹胸鹪鹛 *Napothera epilepidota*、长嘴鹩鹛、侏蓝姬鹟 *Ficedula hodgsoni* 和蓝鹀等。

4）1801～2400 m 中山带

该海拔带分布于研究区域所有区段的中山地带，其中主要的生境类型包括暖性针叶-常绿阔叶混交林和常绿阔叶林。共记录 464 种鸟类，占记录物种总数的 61.6%，其中 74.8% 为留鸟或夏候鸟（表 5-16）。仅记录于该海拔带的种类包括青头潜鸭 *Aythya baeri*、赤腹鹰、纹喉绿啄木鸟、细嘴钩嘴鹛 *Pomatorhinus superciliaris*、楔嘴穗鹛、锈腹短翅鸫、黑背燕尾 *Enicurus immaculatus*、戴菊 *Regulus regulus* 和小太平鸟 9 种。

5）2401～3000 m 中高山带

该海拔带也分布于高黎贡山地区各区段，但龙陵包含的面积较小。主要的生境类型有常绿阔叶林、暗针叶-常绿阔叶混交林、暗针叶林以及苔藓矮曲林等。共记录鸟类 326 种，占记录物种总数的 43.3%，也主要为留鸟或夏候鸟（75.8%）（表 5-16）。这一垂直带内的所有种类在其上、下海拔带中均有记录，因此没有仅分布于该海拔带的种类。

6）3001～3600 m 亚高山带

该垂直带除龙陵外，各区段均有分布，但盈江仅大娘山等区域有少量分布，主要生境类型包括常绿阔叶林、暗针叶-常绿阔叶混交林、暗针叶林、山顶苔藓曲林、高山杜鹃林、高山竹林等。共记录 167 种鸟类，占记录物种总数的 22.2%，也主要为留鸟或夏候鸟，占 75.4%（表 5-16）。仅记录于这一垂直带的种类为黑啄木鸟 *Dryocopus martius*、苍头燕雀和斑翅朱雀，其他种类主要还记录于该海拔带之下的中高山带和之上的次高山带。

7）3601～4200 m 次高山带

该海拔带主要位于泸水、福贡和贡山段，主要生境类型有暗针叶林、山顶苔藓曲林、高山杜鹃灌丛、高山竹林、高山草甸和流石滩等。共记录鸟类 85 种，仅占记录物种总数的 11.3%，其中留鸟或夏候鸟 69 种（81.2%）（表 5-16），仅见于这一垂直带的鸟类包括三趾啄木鸟和中华雀鹛两种。

8）4200 m 以上高山带

该海拔带分布于贡山少数山峰及周边区域，生境类型主要为高山草甸，还有部分流石滩、竹林或终年积雪。共记录 19 种鸟类，除红腹红尾鸲为冬候鸟外均为留鸟，这一垂直带记录的鸟类均见于 3601～4200 m 的次高山带。

5. 生境分布

因受南北走向、北高南低的山体以及热带季风和水热因子的空间变化影响，高黎贡山地区的植被具有明显的水平地带性和垂直分布规律（汤家生，1995），从南到北、从河谷到山顶，依次分布着不同的植被类型。根据高黎贡山地区植被的分布情况，以及实地野外调查记录的鸟类栖息生境，参考杨岚和杨晓君（2004）将高黎贡山地区鸟类的生境划分为 8 个类型（表 5-17），以下分别简述这些生境类型及其中的鸟类物种多样性情况。

表 5-17 高黎贡山地区各类型生境鸟类物种数及居留型统计

生境类型	种数	比例（%）	留鸟或夏候鸟（R, RS, S）		夏候鸟或冬候鸟（SW）		冬候鸟或旅鸟（W, WM）		旅鸟（M）		偶见鸟（O）	
			种数	比例（%）	种数	比例（%）	种数	比例（%）	种数	比例（%）	种数	比例（%）
河谷稀树灌草丛	140	18.6	114	81.4	6	4.3	16	11.4	4	2.9	0	
雨林季雨林	310	41.2	283	91.3	4	1.3	17	5.5	1	0.3	5	1.6
常绿阔叶林	450	59.8	395	87.8	10	2.2	32	7.1	7	1.6	6	1.3
针阔混交林	238	31.6	197	82.8	10	4.2	25	10.5	4	1.7	2	0.8
暗针叶林	106	14.1	84	79.2	8	7.5	11	10.4	0		3	2.8

续表

生境类型	种数	比例（%）	留鸟或夏候鸟（R, RS, S）		夏候鸟或冬候鸟（SW）		冬候鸟或旅鸟（W, WM）		旅鸟（M）		偶见鸟（O）	
			种数	比例（%）	种数	比例（%）	种数	比例（%）	种数	比例（%）	种数	比例（%）
高山灌丛草甸	77	10.2	61	79.2	4	5.2	9	11.7	2	2.6	1	1.3
村镇林园耕作旱地	239	31.7	172	72.0	5	2.1	43	18.0	10	4.2	9	3.8
河湖田沼湿地	173	23.0	81	46.8	0		69	39.9	13	7.5	10	5.8

1）河谷稀树灌草丛

主要分布于河谷地带，由于降水稀少和焚风效应，植被以耐旱的稀树灌木草丛为主，共记录 140 种鸟类，占记录鸟类物种总数的 18.6%，其中留鸟或夏候鸟占 81.4%。从区系成分组成看，东洋种 79 种、古北种 11 种、广布种 30 种（表 5-17，表 5-18）。该生境类型一般受人类活动的干扰较多，如道路交通、劳动生产、采石挖沙等，其中的鸟类物种多为适应能力较强、偏好开阔生境甚至伴人而居型，如中华鹧鸪 *Francolinus pintadeanus*、褐翅鸦鹃 *Centropus sinensis*、蛇雕 *Spilornis cheela*、普通翠鸟 *Alcedo atthis*、蓝喉拟啄木鸟 *Psilopogon asiatica*、红隼 *Falco tinnunculus*、暗灰鹃鵙 *Lalage melaschistos*、红尾伯劳、大山雀 *Parus cinereus*、家燕、黄臀鹎 *Pycnonotus xanthorrhous*、黄眉柳莺 *Phylloscopus inornatus*、暗绿绣眼鸟、褐胁雀鹛 *Schoeniparus dubius*、紫啸鸫 *Myophonus caeruleus*、红胸啄花鸟 *Dicaeum ignipectus*、树鹨、灰眉岩鹀 *Emberiza godlewskii* 等。分布于河谷稀树灌草丛的鸟类一般也能适应其他生境，因此该生境内无仅分布于河谷稀树灌草丛的狭性物种。

表 5-18　高黎贡山地区各类型生境鸟类区系统计

生境类型	繁殖鸟种数	东洋界		古北界		广布种	
		种数	比例（%）	种数	比例（%）	种数	比例（%）
河谷稀树灌草丛	120	79	65.8	11	9.2	30	25.0
雨林季雨林	287	260	90.6	6	2.1	21	7.3
常绿阔叶林	405	345	85.2	15	3.7	45	11.1
针阔混交林	207	152	73.4	18	8.7	37	17.9
暗针叶林	120	79	65.8	11	9.2	30	25.0
高山灌丛草甸	65	35	53.8	20	30.8	10	15.4
村镇林园耕作旱地	177	118	66.7	18	10.2	41	23.2
河湖田沼湿地	81	56	69.1	6	7.4	19	23.5

2）雨林季雨林

雨林季雨林主要分布于海拔低于 1100 m 的区域，为东南亚季雨林的北缘类型，各县、市或区均有少量分布。共记录鸟类 310 种，占记录鸟类物种总数的 41.2%；其中留鸟或夏候鸟 283 种，占记录鸟类物种的绝大多数（91.3%），且主要为东洋种，共 260 种，占该生境繁殖鸟种数的 90.6%（表 5-17，表 5-18）。仅分布于雨林季雨林的鸟类共 38 种，包括白颊山鹧鸪、绿孔雀 *Pavo muticus*、灰林鸽、斑尾鹃鸠 *Macropygia unchall*、毛腿夜鹰、凤头鹰 *Accipiter trivirgatus*、鹩哥、蓝喉歌鸲 *Luscinia svecica*、黄臀啄花鸟 *Dicaeum chrysorrheum* 等。季雨林生境所处地带由于人为开发强度较大，这类生境面积不断缩小，仅适应于其中的鸟类也多为濒危等级较高的种类，如绿孔雀，由于适宜栖息地的退化和减少，盈江、龙陵、泸水等绿孔雀历史分布地区现已没有确切记录（Kong et al., 2018）。

3）常绿阔叶林

常绿阔叶生境在高黎贡山地区较为常见，从 800～3000 m 均有分布，可具体分为季风常绿阔叶林、半湿润常绿阔叶林、中山湿性常绿阔叶林、山顶苔藓矮曲林等。共记录 450 种鸟类，占记录物种总数的 59.8%，居留类型以留鸟或夏候鸟为主，共 395 种，占 87.8%，亦以东洋种占绝大多数，共 345 种，占 85.2%

（表5-17，表5-18）。仅分布于常绿阔叶林生境的种类共47种，包括黑鹇、黑顶蛙口夜鹰、红腹咬鹃 *Harpactes erythrocephalus*、黄腰响蜜䴕、纹喉绿啄木鸟、棕腹鵙鹛 *Pteruthius rufiventer*、鳞胸鹪鹛 *Pnoepyga albiventer*、宽嘴鹟莺 *Tickellia hodgsoni*、黄喉雀鹛、灰头薮鹛 *Liocichla phoenicea*、锈腹短翅鸫、蓝喉仙鹟等。

4）针阔混交林

针阔混交林分为暖性针叶-常绿阔叶混交林和暗针叶-常绿阔叶混交林，前者分布于1000～2000 m海拔地带，其下与河谷稀树灌草丛、雨林季雨林等相接，其上与常绿阔叶林相连；后者见于2400～3200 m海拔区域，其下是常绿阔叶林生境，其上则为暗针叶林或高山灌丛。因此，适应于针阔混交林生境的种类绝大多数也适应于常绿阔叶林、暗针叶林等多种生境，仅适应于针阔混交林生境的包括巨䴓 *Sitta magna* 等物种，巨䴓又仅适应于云南松-常绿阔叶混交林，而不见于华山松-常绿阔叶混交林或暗针叶-常绿阔叶混交林。经统计分析，针阔混交林生境共记录鸟类238种，占记录物种总数的31.6%，居留型以留鸟或夏候鸟占绝大多数（82.8%），区系成分以东洋种为主（73.4%）（表5-17，表5-18）。

5）暗针叶林

暗针叶林一般分布于海拔2400 m以上，最高可至4500 m，属亚热带或温带亚高山植被类型，通常以云杉、冷杉等形成优势林，主要分布于泸水、福贡和贡山段。共记录106种鸟类，以留鸟和夏候鸟种数最多，共84种，占79.2%，而以东洋种成分占大多数（65.8%）（表5-17，表5-18）。暗针叶林带分布的鸟类包含多种垂直迁徙种类，如白尾梢虹雉从更高海拔下迁至该类生境中越冬，而蓝眉林鸲 *Tarsiger rufilatus*、蓝额红尾鸲 *Phoenicuropsis frontalis*、红翅旋壁雀 *Tichodroma muraria*、鹪鹩 *Troglodytes troglodytes* 等又从低海拔向上迁移完成繁殖。仅分布于暗针叶林生境的鸟类包括三趾啄木鸟、棕顶树莺 *Cettia brunnifrons* 和红交嘴雀 *Loxia curvirostra*。

6）高山灌丛草甸

高山灌丛草甸带主要分布于高海拔亚高山和高山地带，非地带性分布。共记录77种鸟类，占记录物种总数的10.2%，其中留鸟或夏候鸟61种，占79.2%；繁殖鸟或夏候鸟以东洋界种类最多，共35种，占53.8%，同时，古北种所占比例高于其他所有生境，达30.8%（表5-17，表5-18），说明古北界种类在高海拔地带的适应及其分布区由北部向南部的延伸。仅分布于高山灌丛草甸的鸟类共7种，分别为黄喉雉鹑、藏雪鸡、高山兀鹫 *Gyps himalayensis*、大短趾百灵、领岩鹨 *Prunella collaris*、苍头燕雀和林岭雀，这些种类除苍头燕雀为偶见鸟外，均为留鸟或夏候鸟。

7）村镇林园耕作旱地

村镇林园耕作旱地类生境与人类活动高度联系，多属非自然性生境类型，在高黎贡山地区主要分布于中低海拔区域，栖息于该生境的种类多为伴人、偏开阔性、中高度适应人类活动的种类，共记录239种鸟类，占总记录物种数的31.7%，分析居留类型表明，该生境类型以留鸟或夏候鸟为主，占72.0%，而区系仍以东洋界为主（66.7%）（表5-17，表5-18）。分布于村镇林园耕作旱地的种类大多数也适应于在其他类型生境中栖息，如河谷稀树灌草丛及河流、湖泊、水田、沼泽等湿地生境等，主要分布于村镇林园耕作旱地的鸟类共39种。

8）河湖田沼湿地

河流、湖泊、水田及沼泽等湿地（河湖田沼湿地）类型生境共记录173种鸟类，占记录总种数的23.0%，以留鸟和夏候鸟记录种数最多，共81种，占46.8%，其次为冬候鸟或旅鸟，共69种，占比高达39.9%（表5-17），由此可见，湿地类生境记录的冬候鸟或旅鸟的比例高于其他各类型生境，这些冬候鸟或旅鸟主要为雁鸭类、鸻鹬类以及鹰科和鹡鸰科 Motacillidae 等鸟种。仅分布于湿地类生境的鸟类共104种，主要为游禽、涉禽等水鸟，以及翠鸟、沙燕等伴水栖息种类。

5.4.3 珍稀濒危鸟类

按《国家重点保护野生动物名录》（国家林业和草原局和农业农村部，2021）、《中国脊椎动物红色名录》（蒋志刚等，2016）、《云南省生物物种红色名录（2017 版）》（高正文和孙航，2021）、《世界自然保护联盟濒危物种红色名录》（IUCN Red List of Threatened Species，IUCN 红色名录）（IUCN，2022）以及《濒危野生动植物国际贸易公约》（CITES）附录等级（中华人民共和国濒危物种进出口管理办公室，2019）5 个保护名录或红色名录梳理高黎贡山地区的重要鸟类物种资源，将国家重点保护及各名录易危（VU）、濒危（EN）、极危（CR）、区域灭绝（RE）等级以及列入 CITES 附录 Ⅰ 和附录 Ⅱ 的鸟类列为珍稀濒危物种。

　　经统计分析，高黎贡山地区记录的 753 种鸟类中，共 179 种为珍稀濒危物种，占记录物种数的 23.8%（表 5-19，图 5-14）。按不同县、市或区统计，盈江 157 种，占盈江记录鸟类总物种数的 23.8%；龙陵 63 种，占 15.9%；隆阳 73 种，占 16.0%；腾冲 82 种，占该市记录总种数的 16.7%；泸水 77 种，占 17.6%；福贡 40 种，占 12.2%；贡山 62 种，占 15.4%。以下分别按参考的保护名录或红色名录呈现高黎贡山地区及各县（市/区）分布的珍稀濒危鸟类资源。

表 5-19　高黎贡山地区及各县（市/区）珍稀濒危鸟类物种分布

保护名录或红色名录	高黎贡山地区		盈江		龙陵		隆阳		腾冲		泸水		福贡		贡山	
	种数	比例(%)	种数	比例(%)	种数	比例(%)	种数	比例(%)	种数	比例(%)	种数	比例(%)	种数	比例(%)	种数	比例(%)
国家重点保护野生动物名录（一级、二级）	173	23.0	152	23.1	61	15.4	71	15.6	81	16.5	76	17.4	39	11.9	61	15.1
中国脊椎动物红色名录（区域灭绝、极危、濒危、易危）	47	6.2	41	6.2	9	2.3	12	2.6	16	3.3	16	3.7	5	1.5	11	2.7
云南省生物物种红色名录（区域灭绝、极危、濒危、易危）	46	6.1	41	6.2	8	2.0	9	2.0	17	3.5	15	3.4	6	1.8	14	3.5
IUCN 红色名录（极危、濒危、易危）	25	3.3	20	3.0	3	0.8	7	1.5	6	1.2	10	2.3	3	0.9	7	1.7
CITES 附录 Ⅰ、附录 Ⅱ	84	11.2	78	11.8	35	8.9	35	7.7	44	8.9	39	8.9	20	6.1	30	7.4
总计濒危	179	23.8	157	23.8	63	15.9	73	16.0	82	16.7	77	17.6	40	12.2	62	15.4

　　高黎贡山地区国家重点保护野生动物共 173 种，占记录物种数的 23.0%，其中一级 27 种，二级 146 种。国家一级重点保护鸟类包括黄喉雉鹑、灰腹角雉、棕尾虹雉、白尾梢虹雉、黑颈长尾雉 Syrmaticus humiae、灰孔雀雉、绿孔雀、青头潜鸭、赤颈鹤、黑颈鹤、河燕鸥、黑鹳 Ciconia nigra、彩鹮 Plegadis falcinellus、白腹鹭、黑兀鹫、秃鹫、乌雕 Clanga clanga、草原雕、白肩雕 Aquila heliaca、金雕 Aquila chrysaetos、玉带海雕、白尾海雕 Haliaeetus albicilla、冠斑犀鸟、双角犀鸟、棕颈犀鸟、花冠皱盔犀鸟、黄胸鹀 Emberiza aureola。国家二级重点保护鸟类详见附录 5-4。

　　按不同县（市、区）统计，盈江共 152 种国家一级或二级重点保护鸟类，占该县记录鸟类物种数的 23.1%，其中一级 22 种，二级 130 种；龙陵 61 种，含一级 5 种，二级 56 种；隆阳 71 种，占 15.6%，含一级 6 种，二级 65 种；腾冲 81 种，占 16.5%，一级 9 种，二级 72 种；泸水共 76 种，占 17.4%，含一级 12 种，二级 64 种；福贡共 39 种，占 11.9%，其中一级 3 种，二级 36 种；贡山共 61 种，占 15.1%，一级 8 种，二级 53 种（表 5-19）。

　　按《中国脊椎动物红色名录》，共 47 种受胁鸟类，占记录总种数的 6.2%（表 5-19，图 5-14），含赤颈鹤 1 种区域灭绝，绿孔雀、青头潜鸭、黑兀鹫、冠斑犀鸟、双角犀鸟、棕颈犀鸟 6 种极危，白尾梢虹雉、灰孔雀雉、棉凫 Nettapus coromandelianus、长尾鸭、黑腹燕鸥、乌雕、白肩雕、玉带海雕、褐渔鸮 Ketupa zeylonensis、黄腿渔鸮、花冠皱盔犀鸟、大黄冠啄木鸟 Chrysophlegma flavinucha、巨鹛、丽䴓 Sitta formosa、黄胸鹀 15 种濒危，黄喉雉鹑、栗树鸭 Dendrocygna javanica、金雕、绯胸鹦鹉 Psittacula alexandri、大盘尾 Dicrurus paradiseus、金胸歌鸲等 25 种易危。按不同县、市或区统计，盈江 41 种，龙陵 9 种，隆阳 12 种，腾冲和泸水各 16 种，福贡 5 种，贡山 11 种（表 5-19）。

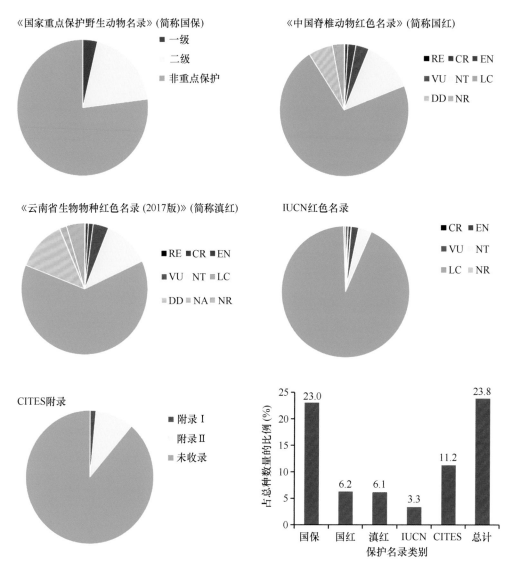

图 5-14　高黎贡山地区及各县（市/区）珍稀濒危鸟类统计

按《云南省生物物种红色名录（2017 版）》，受胁鸟类为 46 种，占记录总种数的 6.1%（表 5-19，图 5-14），包括黑兀鹫 1 种区域灭绝，绿孔雀、青头潜鸭、赤颈鹤、双角犀鸟、棕颈犀鸟、大灰啄木鸟 6 种极危，白尾梢虹雉、棉凫、乌雕、白肩雕、褐渔鸮、冠斑犀鸟、花冠皱盔犀鸟、红腿小隼、丽䴓9 种濒危、藏雪鸡、黄脚绿鸠、雀鹰、画眉 *Garrulax canorus*、紫宽嘴鸫 *Cochoa purpurea* 等 30 种易危。按不同县、市或区统计，盈江 41 种、龙陵 8 种、隆阳 9 种、腾冲 17 种、泸水 15 种、福贡 6 种、贡山 14 种。

按 IUCN 红色名录濒危等级，共 25 种受胁鸟类，占记录总种数的 3.3%（表 5-19，图 5-14），包括青头潜鸭、白腹鹭、黑兀鹫、黄胸鹀 4 种极危，绿孔雀、白翅栖鸭、黑腹燕鸥、草原雕、玉带海雕和巨鸭6 种濒危，以及灰腹角雉、白尾梢虹雉、红头潜鸭 *Aythya ferina*、长尾鸭、暗背雨燕、赤颈鹤、黑颈鹤、秃鹳、乌雕、白肩雕、双角犀鸟、棕颈犀鸟、花冠皱盔犀鸟、大灰啄木鸟、丽䴓15 种易危物种。在不同区段上，各县、市或区包含的 IUCN 红色名录受胁鸟类分别为盈江 20 种、龙陵 3 种、隆阳 7 种、腾冲 6 种、泸水 10 种、福贡 3 种、贡山 7 种。

按 CITES 附录等级统计，高黎贡山地区记录的鸟类共 84 种被其附录 I 和附录 II 收录，占 11.2%（表 5-19，图 5-14），其中 11 个附录 I 物种，包括藏雪鸡、灰腹角雉、棕尾虹雉、白尾梢虹雉、黑颈长尾雉、黑颈鹤、白肩雕、白尾海雕、双角犀鸟、棕颈犀鸟、游隼 *Falco peregrinus*；73 个附录 II 物种（附录 5-4）。

5.4.4 保护地位和价值

高黎贡山地区是我国西南生物生态安全的第一道屏障，全力筑牢祖国西南生态安全屏障，全面、准确摸清高黎贡山地区动植物底数，在筑牢高黎贡山生物生态安全防线、建成自然生态系统和生物多样性保护示范区中将起到最基础和最根本的作用。以下基于研究区域的鸟类物种多样性，分别从 7 个方面论述高黎贡山地区的保护地位和价值。

5.4.4.1 西南生物生态安全的第一道屏障

高黎贡山地区是南亚地区鸟类进出中国的主要屏障。据王紫江等通过卫星跟踪获得的鸟类迁徙研究结果，在我国东北、华北和西北地区繁殖或迁徙的中小型候鸟，在往西南方向迁徙时，由于受到平均海拔超过 4000 m 的青藏高原以及喜马拉雅山脉的阻挡，鸟类选择从青藏高原东南缘海拔相对较低的横断山区翻越，而后中缅边境的高黎贡山成为候鸟继续向西南方向迁飞的最大阻碍，继而选择再向南迁飞，直至高黎贡山南部趋于平缓的地区后再转向西部地区（王紫江等，2019）。例如，从南涧凤凰山放飞的 3 只灰头麦鸡和 1 只夜鹭 *Nycticorax nycticorax* 的卫星跟踪轨迹均途经高黎贡山南段的德宏、瑞丽等地，最终到达印度与孟加拉国交界的伊斯兰布尔、缅甸东部八莫及西部吉灵庙、孟加拉国达卡等南亚地区（王紫江等，2019）。"中美高黎贡山联合考察"期间，本节作者之一杨晓君在泸水片马风雪垭口曾观察到大量燕类由西向东迁徙（未发表资料）。此外，杨岚等于 1973 年在贡山海拔 3250 m 的东哨房发现过赤颈鹤残骸（杨岚等，1995a）。以上资料充分说明，高黎贡山地区海拔较低的垭口和盆地是候鸟迁徙的重要通道。

高黎贡山地区又是东喜马拉雅鸟类的南缘和东南缘的延续，某些鸟类主要或仅分布于高黎贡山西坡或西部地区，如白颈凤鹛仅见于贡山独龙江河谷区域，灰腹角雉仅发现于高黎贡山西坡或山体南部支系向盈江延伸的铜壁关省级自然保护区，而白尾梢虹雉仅分布于高黎贡山高海拔区域以及贡山独龙江担当力卡山区域，又如雪鹑、黄喉雉鹑、棕尾虹雉、黑鹇、喜山鵟、雪鸽、黄嘴蓝鹊、火尾绿鹛、白颈鸫、棕背黑头鸫、棕腹林鸲等，在高黎贡山区域主要为边缘分布物种。

可能由于气候变化等原因，高黎贡山以西，尤其是南部地区近年来多种鸟类新记录不断被发现，如白翅栖鸭（张利祥等，2019）、黑腹蛇鹈 *Anhinga melanogaster*（张仁韬和朱边勇，2021）、白腹鹭（吴飞等，2021）、褐背针尾雨燕（吴飞等，2021）、暗背雨燕（吴飞等，2021）、大长嘴地鸫（罗平钊等，2007；孙军，2021）、短尾钩嘴鹛（刘阳等，2013）等；某些已消失多年，而在近几年又被重新发现，如黑腹燕鸥（彭燕章等，1980；朱边勇和张仁韬，2021）、棕颈犀鸟（杨岚，2006；翟巧红，2021）、黑白林鵖 *Saxicola jerdoni*（彭燕章等，1980；马楠等，2021）等；但也有几十年以来再无发现而成绝迹种类，如赤颈鹤，据 Rothschild 记载，1968 年和 1985 年他在中缅交界地带采集过其标本，并在蚌西（Poonsee）观察到 600 余只的大群（Rothschild，1926；杨岚等，1995a），此后赤颈鹤在德宏或云南其他地区还零星有分布记录，如 20 世纪 80 年代在瑞丽江边（杨岚，1987），但自此以后，赤颈鹤在高黎贡山地区及周边区域再无野外发现记录。以上所列举鸟类主要分布区基本位于南亚、东南亚区域，而在高黎贡山及周边地区的发现地点主要位于山体以西尤其是南部的德宏地区，而在山体以东却鲜有这些种类的记录。

5.4.4.2 鸟类物种多样性极其丰富

高黎贡山地区共记录鸟类 753 种，隶属 20 目 92 科，种数约占云南鸟类总种数（949 种）的 79.3%（杨晓君等，2021），而占中国鸟类记录总种数（1445 种）的 52.1%、总目数（26 目）的 76.9%、总科数（109 科）的 84.4%（郑光美，2017），分布着除红鹳目 Phoenicopteriformes、沙鸡目 Pterocliformes、鸨形目 Otidiformes、鹲形目 Phaethontiformes、潜鸟目 Gaviiformes 和鹱形目 Procellariiformes 以外国内分布的所有鸟类目，记录的物种数超过了全国物种数的一半，并接近云南省的 80%。由此可见，高黎贡山地区可能是全国同等面积区域鸟类物种多样性最高的地区。

5.4.4.3 珍稀濒危物种较多

通过整理分析发现,高黎贡山地区记录的 753 种鸟类有 179 种为珍稀濒危鸟类,占记录物种数的 23.8%。其中包括 173 种国家一、二级重点保护野生动物,47 种《中国脊椎动物红色名录》受威胁鸟类,46 种《云南省生物物种红色名录(2017 版)》受威胁种类,25 种 IUCN 红色名录受威胁鸟类以及 84 种被列入 CITES 附录 I 或附录 II 的鸟类。

除以上受威胁和国家保护种类外,还有 33 种鸟类需要进一步关注,这些物种既不属于国家重点保护野生动物,又未被 CITES 附录收录,在 IUCN 红色名录中濒危等级属于无危(LC)或未认可(NR),但在《中国脊椎动物红色名录》和《云南省生物物种红色名录(2017 版)》中,均被评估为数据缺乏(DD)、不宜评估(NA)或未认可(NR),这些物种的濒危等级和受胁状况需要进一步关注和评估,这 33 种鸟类分别为印度斑嘴鸭 *Anas poecilorhyncha*、毛腿夜鹰、长尾夜鹰、褐背针尾雨燕、小滨鹬 *Calidris minuta*、印度池鹭、赤翡翠 *Halcyon coromanda*、三趾翠鸟、绿拟啄木鸟、蓝耳拟啄木鸟、赤胸拟啄木鸟、纹喉绿啄木鸟、金背啄木鸟、细嘴黄鹂 *Oriolus tenuirostris*、棕腹鹃鵙、印度寿带 *Terpsiphone paradisi*、东方寿带 *Terpsiphone affinis*、寿带 *Terpsiphone incei*、线尾燕、华西柳莺、西南冠纹柳莺 *Phylloscopus reguloides*、灰头薮鹛、金冠树八哥、淡背地鸫 *Zoothera mollissima*、四川淡背地鸫、喜山淡背地鸫、虎斑地鸫 *Zoothera aurea*、小虎斑地鸫、大长嘴地鸫、蓝眉林鸲、中华仙鹟、长尾鹦雀、白眉朱雀。分析发现,这些物种多为野外种群数量较少,缺乏可供评估的数据,或分类地位变化或混乱导致的不易评估甚至未得到认可的物种。

5.4.4.4 空间异质性极高

通过纬度分布、垂直分布和生境利用分析表明,高黎贡山地区记录的鸟类具有极高的空间异质性。纬度方面,自南向北鸟类多样性具有明显差异性和过渡性,具体表现为:①自南向北物种多样性逐级降低;②各个区段鸟类的分布型以东洋型和喜马拉雅-横断山区型占绝大多数,自南段至北段,东洋型占比逐渐降低,而喜马拉雅-横断山区型的则逐渐增加;③区系特征方面,自南向北东洋界成分占比逐渐降低,而古北界成分占比有所增加,华南区成分所占比例逐渐减小,而西南区成分占比则逐渐增加,滇南山地亚区成分占比有所减少,而西南山地和喜马拉雅亚区成分占比逐渐增加。

垂直分布方面,随着海拔的升高,高黎贡山地区各海拔带分布的鸟类物种数逐渐增加,在601~1200 m 的河谷-山前带、1201~1800 m 的中低山带和1801~2400 m 的中山带记录了较多的鸟类物种数,而中低山带拥有最高的鸟类物种多样性,然后,随着海拔的升高,鸟类物种数快速减少,以至3601~4200 m 次高山带和4200 m 以上的高山带分别仅记录了 85 种与 19 种鸟类(图5-13)。

生境利用方面,8 类生境类型中,常绿阔叶林记录了最多的鸟类物种(图5-15),这可能与该类生境面积最大,以及常绿阔叶林主要分布于1200~2400 m 的中海拔带有关,在垂直分布分析中,该海拔带记录的物种数也最多;河谷稀树灌草丛和雨林季雨林两类生境主要分布在低海拔区域,受人类活动影响较大,而这两类生境中分布着许多南中国型和东洋型种类,这些种类又主要为边缘分布区物种,应尤其注意保护这两类生境;针阔混交林在连接河谷稀树灌草丛与常绿阔叶林、季雨林与常绿阔叶林以及常绿阔叶林与暗针叶林中具有纽带作用,能同时为该类型以上及以下多种生境的鸟类提供栖息和越冬场所;暗针叶林带和高山灌丛草甸带记录的鸟类物种数较少,但这两类生境为多种古北界种类提供向南部延伸的栖息场所;村镇林园耕作旱地生境也记录到较多的鸟类物种,说明很多鸟类对人类活动的适应;河流、湖泊、水田、沼泽等湿地类型的生境为众多游禽和涉禽提供了独一无二的栖息地,如果湿地类型栖息地面积减小或消失,这些游禽和涉禽可能也将减少或消失。

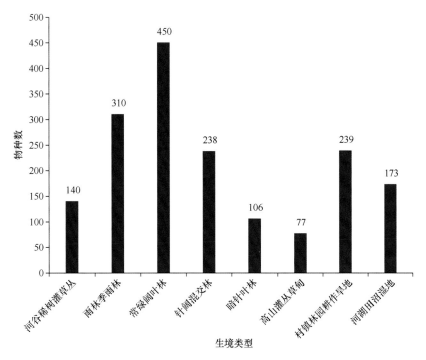

图 5-15 高黎贡山地区各生境类型鸟类物种数

　　绝大多数鸟类因具有较强的适应能力而能在多种类型生境中栖息，统计分析鸟类对不同生境类型利用的数量表明，仅能利用 1 类生境的共 240 种，占 31.9%，能利用 2 类生境的共 251 种，占 33.3%，若仅能利用 1 类或 2 类生境的物种为狭性生境物种，共 491 种为狭性生境物种，占 65.2%；能利用 3～5 类生境的共 243 种，占记录总种数的 32.3%；而能利用 6～8 类生境的共 19 种，仅占 2.5%（图 5-16）。由此可见，高黎贡山地区虽然分布着复杂多样的栖息生境，但鸟类在对各类型生境利用中表现为较明显的生境狭适性。

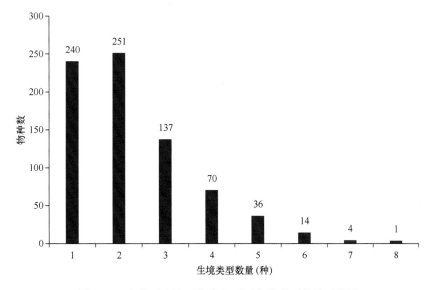

图 5-16 高黎贡山地区鸟类与不同生境类型数量对比图

5.4.4.5 南北交融过渡、区系成分复杂

　　鸟类分布型分析表明，分布型为全北型、古北型、东北型、中亚型、高地型、喜马拉雅-横断山区型

等位于高黎贡山地区以北的鸟类共 309 种，占物种总数的 41.0%；其中，喜马拉雅-横断山区型鸟类达到 145 种，占 19.3%，仅次于东洋型种类，这一分布型种类在高黎贡山地区有较多的延伸和适应；而南中国型和东洋型两类南部分布型鸟类共 393 种，占 52.2%。由此可见，该区域的鸟类南北分布型交融、交汇和过渡，其中北方分布种类主要为冬候鸟或旅鸟，而南部和东部种类主要为留鸟。

亚区级区系分析表明，滇南山地亚区为主要亚区成分（69.9%），但西南区的西南山地亚区和喜马拉雅亚区也占有较大比例，为次要成分，其中喜马拉雅成分占 41.9%，西南山地成分占 41.7%，突出了该区域鸟类是喜马拉雅、西南山地和滇南山地 3 个亚区的交汇区和边缘区的特点；除此之外，其他亚区成分均不足 35%，但也有一定比例，说明了该区域鸟类区系成分的复杂性。

特有分布分析中，高黎贡山地区在行政区划上含有 19 个国内仅见于这一地区的种类；其次，虽然没有发育或演化出仅分布于高黎贡山地区的特有鸟类，但这一区域是多个东喜马拉雅、横断山以及东南亚地区特有种类的边缘分布区。边缘分布物种因对边缘分布区的环境变化较敏感而较脆弱，环境一旦改变就有可能造成边缘分布物种在这一地区消失或濒危程度加剧（王应祥等，1995）。

高黎贡山南北走向，从南至北和自河谷至山脊均具有较大的海拔高差，高海拔区域连绵山脊部的气候环境接近横断山区，与之对应，河谷低海拔地带气候环境更加接近滇南山地，其北部横断山区腹地和东喜马拉雅的鸟类沿着连续的山脊向南部延伸，而南面东南亚和滇南山地的热带鸟类成分又沿着独龙江（缅甸境内称恩梅开江）、大盈江、瑞丽江等河谷向北扩张。特殊的地理位置、多样的气候条件、连续的山体地貌、较大的海拔和纬度跨度造就了多样的鸟类栖息生境，使得南、北方特有的鸟类在高黎贡山区域共存，促成了丰富的鸟类多样性和南北交融、交汇的特点。

5.4.4.6 区域内南北迁徙、上下迁移

鸟类居留情况分析表明，区域内记录的鸟类以留鸟为主，占记录物种数的 69.2%；其余 212 种在区域内为留鸟或夏候鸟、夏候鸟或旅鸟、夏候鸟或冬候鸟、冬候鸟、冬候鸟或旅鸟，以及旅鸟等多种居留或迁徙类型，占 28.2%。较大比例的鸟类在高黎贡山地区越冬、繁殖或停歇，是候鸟长距离迁徙途中的重要能量补给地。

由于纬度跨度大、地形地貌复杂、海拔高差较大，多种鸟类在高黎贡山地区不同区段或不同海拔段具有复杂的居留情况。某些种类具有垂直迁徙习性，一般越冬季向低海拔区域迁移过冬，而在繁殖期又迁移至高海拔地区筑巢繁殖；而某些种类在高黎贡山地区的南段，如潞江坝、腾冲、盈江等地越冬，但在北段地区繁殖，也能适应较宽的海拔跨度。总之，高黎贡山地区能为鸟类提供越冬、繁殖、停歇等多种类型的栖息环境，区域内具有完整的鸟类栖息地类型。

5.4.4.7 三大生物多样性热点交汇区和国际重要鸟区

高黎贡山地区是中国西南山地、喜马拉雅山地和印缅地区三个全球生物多样性热点地区交汇区（Myers et al.，2000；Marches，2015），区域内的鸟类同时具有这三个生物多样性热点地区的鸟类组成和区系特征。同时，高黎贡山地区还包含 4 个国际鸟盟重要鸟区（Important Bird Area），分别是 CN232 号独龙江河谷、CN244 号高黎贡山自然保护区（南段）、CN245 号铜壁关和 CN246 号江中山（Birdlife International，2022）。

综上所述，高黎贡山地区独特的地理位置、多样的自然环境、极高的鸟类多样性和复杂的区系特征，在鸟类多样性及其栖息地保护中具有重要意义，是鸟类种群生态学、群落生态学、动物地理学、生物多样性以及保护生物学研究的理想场所。区域内以国家公园保护体系建立保护地将极大促进其中的鸟类等野生动物生物多样性及其栖息地的保护，并在筑牢高黎贡山生态生物安全屏障、提升高黎贡山区域生态环境以及发挥生态效益中发挥重大作用。

5.5　哺　乳　类

5.5.1　调查方法

5.5.1.1　资料收集与馆藏标本查对

查阅高黎贡山地区有关哺乳动物的考察资料，收集区域内及其邻近地区的相关文献，查看、整理中国科学院昆明动物研究所动物博物馆馆藏高黎贡山地区哺乳动物标本，初步拟出哺乳动物名录。

5.5.1.2　访问调查

在实地调查中，通过走访，依据受访者所描述物种的主要特征，了解当地大中型及特征显著的哺乳动物种类（特别是珍稀濒危物种）及其分布。

5.5.1.3　实地调查

哺乳动物就陆栖类群而言，其体型大小、食性、生活习性、栖息地因物种不同而有差异，在实地调查中，依据物种体型（大中型哺乳类、小型哺乳类）及其生活习性，而采用不同的调查方法。

1. 大中型哺乳动物调查

1）样线法

大中型哺乳动物通常行动隐秘、胆怯机警、种群小，在实际调查过程中，难以直接观察到动物实体，但是该地区只要还有分布，多少会留下活动痕迹。因此，考察期间，通过设置一定数量的调查样线或听点，聘请熟悉地形的村民为向导，进行调查，记录动物出现或痕迹发现点信息，包括：海拔、经纬度、栖息地类型、足迹（形状、大小）、粪便（形状、大小）、卧迹、擦痕或抓痕、鸣声等。

2）红外相机陷阱法

现阶段大中型哺乳动物多样性与分布及其资源调查与监测常采用红外相机陷阱法，可实现全天候、实时观测，对一些种群数量特别稀少的物种更为有效。目前，在高黎贡山地区设置有 12 个调查监测样区，布设红外相机 312 台，累计照相日数计 154 866 d，获取野生动物独立有效照片 12 927 张、人类活动独立有效照片 2318 张，识别出野生动物 51 种。同时，记录每一相机位的全球定位系统（global positioning system, GPS）位点、植被、环境因子及人为干扰因子等。

2. 小型哺乳动物调查

1）标本采集与制作

标本采集与制作所需用品主要有鼠笼、鼠夹、小桶（陷阱）、饵料、雾网、竖琴网、采集袋、GPS、笔记本和笔（中性笔、记号笔）、采集记录表、纸（布）标签、硫酸纸、电子秤、直尺、解剖工具（不同型号剪刀与镊子、解剖刀柄与刀片）、棉花、竹签、冻存管、无水乙醇等。

2）夹日法

夹日法主要适用于非飞行小型哺乳动物（食虫类、啮齿类等）。此类动物体型小，一些近缘物种在外形上有一定的相似性，活动有一定的隐蔽性，通常又是在夜间活动。在小型哺乳动物识别过程中，头骨和牙齿等特征常常是重要的鉴定指标，因此标本采集是做到物种准确鉴定的重要途径。小型哺乳动物调查通常是在某一地点（样带）设置数条采集样线，在每一样线安放鼠夹、鼠笼各 30 个，并埋设小桶（陷阱）5~8 只，保证每一地点的夹日数要达到 500 个左右。记录每一样线的生境、起止点位置（经纬度与海拔）、采集种类及数量，同时记录特殊物种标本采集点微生境。

3）网捕与手抄网捕捉法

网捕与手抄网捕捉法主要适用于翼手类动物。因其特殊的生活习性——适于飞行，在标本采集过程中，通常采用网捕与手抄网捕捉法，即在采集地的林中或林缘支雾网，次日清晨检查；访问当地群众，了解有翼手类动物出入的洞穴，聘请当地向导，在洞口安置雾网，在翼手类动物撞上雾网时将其捕获；或利用手抄网直接在洞中捕捉。同时记录捕网和山洞的经纬度、海拔及生境特征。

5.5.1.4　物种名录确定

通过实地调查，包括实地样线、夹日及红外相机陷阱法调查，辅以访问调查，对获取的标本、照片或痕迹进行形态学物种识别和鉴定；难以通过形态鉴定的标本，则利用 DNA 条形码技术进行分子鉴定。对初拟物种名录进行修订和增补，确定高黎贡山地区哺乳动物名录。

5.5.2　结果

5.5.2.1　物种多样性

本研究团队在完成高黎贡山地区哺乳动物科考报告过程中，对前人调查资料和文献进行了分析，先后查看中国科学院昆明动物研究所馆藏哺乳动物标本 11 358 号，识别、鉴定了 312 个红外相机拍摄的12 927 张野生动物独立有效照片。结果表明：高黎贡山地区记录到哺乳动物 204 种，隶属于 9 目、35 科、119 属，物种数占全国哺乳动物（686 种；魏辅文等，2021）的 29.74%及云南哺乳动物（315 种；蒋学龙等，2017）的 64.76%，接近四川省（含重庆市）的物种数（219 种）（王酉之和胡锦矗，1999）。通过与云南省物种多样性较为丰富的自然保护区进行比较，高黎贡山地区哺乳动物物种多样性远高于其他一些保护区，较第二位的西双版纳国家级自然保护区（130 种；杨德华等，2006）多出 74 种，更是远高出其他国家级自然保护区，如云南大围山国家级自然保护区（104 种；蒋学龙等，2018）、云南黄连山国家级自然保护区（100 种；王应祥等，2003）、云南南滚河国家级自然保护区（98 种；王应祥等，2004）、云南白马雪山国家级自然保护区（96 种；王应祥等，2003）、云南金平分水岭国家级自然保护区（92 种；王应祥等，2002）、云南文山国家级自然保护区（86 种；王应祥等，2008）和云南轿子山国家级自然保护区（79 种；蒋学龙等，2015）（表 5-20）。尽管一些自然保护区的综合考察时间较早，数据有不够完善之处，但仍显示出高黎贡山地区是云南省乃至全国哺乳动物较为丰富的保护地之一。

表 5-20　高黎贡山地区哺乳动物与云南其他一些国家级自然保护地的比较

地区/自然保护地	级别	目	科	属	种	占全省哺乳动物种数（%）[*]	占全国哺乳动物种数（%）[*]	资料来源
高黎贡山地区		9	35	119	204	64.76	29.74	本研究
哀牢山国家级自然保护区	国家级	8	27	63	86	27.30	12.54	赵体恭等，1988
无量山国家级自然保护区	国家级	9	30	78	123	39.05	17.93	蒋学龙等，2004
西双版纳国家级自然保护区	国家级	10	35	91	130	41.27	18.95	杨德华等，2006
大围山国家级自然保护区	国家级	9	28	73	104	33.02	15.16	蒋学龙等，2018
黄连山国家级自然保护区	国家级	9	29	68	100	31.75	14.58	王应祥等，2003
[#]南滚河国家级自然保护区	国家级	10	30	75	98	31.11	14.29	王应祥等，2004
白马雪山国家级自然保护区	国家级	9	23	68	96	30.48	13.99	王应祥等，2003
金平分水岭国家级自然保护区	国家级	9	29	63	92	29.21	13.41	王应祥等，2002
文山国家级自然保护区	国家级	9	29	60	86	27.30	12.54	王应祥等，2008
轿子山国家级自然保护区	国家级	8	25	59	79	25.08	11.52	蒋学龙等，2015

*全国哺乳动物物种数（686 种）依据魏辅文等（2021），云南哺乳动物物种数（315 种）依据蒋学龙等（2017）
#南滚河国家级自然保护区为扩建前区域

5.5.2.2　物种组成

1. 目的组成

高黎贡山地区 204 种哺乳动物隶属于 9 个目，其中以啮齿目 Rodentia 的物种数量最多，达 58 种，占该地区哺乳动物总数的 28.43%；其次是翼手目 Chiroptera（49 种，占 24.02%）、食肉目 Carnivora（33 种，占 16.18%）和劳亚食虫目 Eulipotyphla（30 种，占 14.71%），这 4 个目合计 170 种，占了高黎贡山地区哺乳动物总数的 83.33%，显示这些类群在高黎贡山地区哺乳动物区系组成中起着决定性作用。

另外 5 个目物种数量较少，仅 34 种，其中鲸偶蹄目 Cetartiodactyla 15 种、灵长目 Primates 10 种、兔形目 Lagomorpha 6 种，鳞甲目 Pholidota 2 种，而攀鼩目 Scandentia 只有 1 种，但灵长目动物却占到全国的 35.71%，显示高黎贡山地区有较高的灵长类动物多样性。

2. 科的组成

高黎贡山地区记录的 204 种哺乳动物，隶属于 35 科，总体而言没有占绝对优势的较大科，其中最大的科——鼠科 Muridae 也只有 11 属 28 种，仅占区域物种数的 13.73%；其次，分别为蝙蝠科 Vespertilionidae（13 属，21 种）、松鼠科 Sciuridae（13 属，20 种）和鼩鼱科 Soricidae（10 属，20 种），这 4 个科计 89 种，占到高黎贡山地区哺乳动物物种数的 43.63%，为该地区哺乳动物区系的重要组成。其余各科的物种数均在 11 种及以下，包括鼬科 Mustelidae（7 属，11 种）、菊头蝠科 Rhinolophidae（1 属，10 种）、猴科 Cercopithecidae（3 属，8 种）、鼹科 Talpidae（4 属，7 种）、猫科 Felidae（7 属，7 种）、狐蝠科 Pteropodidae（5 属，7 种）、牛科 Bovidae（4 属，6 种）、蹄蝠科 Hipposideridae（2 属，6 种）、仓鼠科 Cricetidae（2 属，5 种）、灵猫科 Viverridae（5 属，5 种）、鹿科 Cervidae（3 属，5 种）、鼹形鼠科 Spalacidae（2 属，3 种）、猬科 Erinaceidae（3 属，3 种）、麝科 Moschidae（1 属，3 种）、犬科 Canidae（4 属，4 种）、鼠兔科 Ochotonidae（1 属，4 种）、兔科 Leporidae（1 属，2 种）、豪猪科 Hystricidae（2 属，2 种）、熊科 Ursidae（2 属，2 种）、獴科 Herpestidae（1 属，2 种）、长翼蝠科 Miniopteridae（1 属，2 种）、鲮鲤科 Manidae（1 属，2 种），而树鼩科 Tupaiidae、懒猴科 Lorisidae、长臂猿科 Hylobatidae、猪科 Suidae、鞘尾蝠科 Emballonuridae、犬吻蝠科 Molossidae、假吸血蝠科 Megadermatidae、林狸科 Prionodontidae、小熊猫科 Ailuridae 9 个科在高黎贡山地区以单属、种出现，它们在科级水平上占 25.71%，但物种水平仅占 4.41%，显示出这些物种在高黎贡山地区哺乳动物区系组成中的特别意义，如热带起源的懒猴科、长臂猿科。

3. 属的组成

高黎贡山地区 204 种哺乳动物隶属于 119 属，除菊头蝠属 *Rhinolophus* 10 种，白腹鼠属 *Niviventer* 9 种，鼠耳蝠属 *Myotis* 6 种，猕猴属 *Macaca* 和蹄蝠属 *Hipposideros* 各有 5 种，鼠兔属 *Ochotona*、小家鼠属 *Mus*、家鼠属 *Rattus*、须弥长尾鼩鼱属 *Episoriculus* 和麝鼩属 *Crocidura* 各 4 种外，其余属均为 3 种及以下。其中含 3 种的属有麝属 *Moschus*、东方鼹属 *Euroscaptor*、丽松鼠属 *Callosciurus*、缺齿鼩属 *Chodsigoa*、绒鼠属 *Eothenomys*、麂属 *Muntiacus* 等 10 属，含 2 种的属有乌叶猴属 *Trachypithecus*、长翼蝠属 *Miniopterus*、鼬獾属 *Melogale*、獴属 *Herpestes*、斑羚属 *Naemorhedus*、鬣羚属 *Capricornis* 等 20 属，而更多属（79 属）在高黎贡山地区仅有 1 种，如白眉长臂猿属 *Hoolock*、仰鼻猴属 *Rhinopithecus*、蜂猴属 *Nycticebus*、白尾鼹属 *Parascaptor*、长尾鼹属 *Scaptonyx*、树鼩属 *Tupaia*、黄蝠属 *Scotophilus*、三叶蹄蝠属 *Aselliscus*、狐属 *Vulpes*、豺属 *Cuon*、熊属 *Ursus*、马来熊属 *Helarctos*、江獭属 *Lutrogale*、大灵猫属 *Viverra*、小熊猫属 *Ailurus*、金猫属 *Catopuma*、云豹属 *Neofelis*、云猫属 *Pardofelis*、猞猁属 *Lynx*、猪属 *Sus*、毛冠鹿属 *Elaphodus*、水鹿属 *Rusa*、野牛属 *Bos*、扭角羚属 *Budorcas*、毛猬属 *Hylomys*、林猬属 *Mesechinus*、巨松鼠属 *Ratufa*、比氏鼯鼠属 *Biswamoyopterus*、绒毛鼯鼠属 *Eupetaurus*、复齿鼯鼠属 *Trogopterus*、旱獭属 *Marmota*、帚尾豪猪属 *Atherurus*、豪猪属 *Hystrix* 等，占到高黎贡山地区哺乳动物总数的 38.73%，其中有 20 属为单型属，

包括齣猬属 *Neotetracus*、长尾齣鼱属 *Soriculus*、长尾鼹属 *Scaptonyx*、白尾鼹属 *Parascaptor*、南蝠属 *Ia*、斑蝠属 *Scotomanes*、球果蝠属 *Sphaerias*、花面狸属 *Paguma*、小灵猫属 *Viverricula*、熊狸属 *Arctictis*、江獭属 *Lutrogale*、马来熊属 *Helarctos*、豺属 *Cuon*、毛冠鹿属 *Elaphodus*、滇攀鼠属 *Vernaya*、大齿鼠属 *Dacnomys*、小竹鼠属 *Cannomys*、毛耳飞鼠属 *Belomys*、复齿鼯鼠属 *Trogopterus* 和喜山大耳飞鼠属 *Priapomys*。

5.5.2.3 哺乳动物分布型

高黎贡山地区现记录有 204 种哺乳动物，根据其地理分布特征，可分为以下分布型。

1. 世界广布型

世界广布型指在世界各大洲（除南极洲）有分布，高黎贡山地区仅小家鼠 *Mus musculus* 1 种。一般认为小家鼠系欧亚大陆的土著种，多栖于居民区的室内或室外，为人类的伴栖性鼠类，可随人的活动和货物运输而扩散，现在世界上大部分地区有发现，成为世界广布种。

2. 全北界分布型

广泛分布于欧亚大陆和北美洲，高黎贡山地区属此分布型的有狼 *Canis lupus* 和赤狐 *Vulpes vulpes*。狼适应力很强，能适应各种各样的气候和植被类型，在整个全北界大部分地区都有分布，赤狐向南延伸分布至北非。

3. 旧大陆热带至温带分布型

广泛分布于欧洲、亚洲和北非，这一分布型系指分布区可从非洲北部到地中海沿岸、欧洲及整个亚洲（包括热带在内）的种，是埃塞俄比亚界（北部）、古北界和东洋界三大动物地理界的广布种，属于这一分布型的有广泛分布的野猪 *Sus scrofa*、马铁菊头蝠 *Rhinolophus ferrumequinum*、豹 *Panthera pardus*（分布区延伸到撒哈拉以南非洲）、欧亚水獭 *Lutra lutra* 和褐家鼠 *Rattus norvegicus*。

4. 古北界分布型

广泛分布于欧亚大陆的温带、寒带地区，并通过高山向南延伸。高黎贡山地区仅猞猁 *Lynx lynx* 和褐山蝠 *Nyctalus noctula* 2 种。

5. 亚洲热带至温带分布型

这一分布型为从东南亚南洋群岛或/和印度南部热带地区一直分布到俄罗斯西伯利亚的古北-东洋泛布，向西达阿富汗，向东通过中国华北地区可达朝鲜或日本，可分为 4 个亚型。

1）中亚、蒙古至印度半岛、中南半岛分布

丛林猫 *Felis chaus* 和华南水鼠耳蝠 *Myotis laniger*（主要分布于中国南方、华北和西北）。

2）日本、朝鲜半岛、俄罗斯远东地区、中国、中南半岛至阿富汗分布

黄鼬 *Mustela sibirica*（南部界线至中南半岛）、亚洲黑熊 *Ursus thibetanus*、亚洲狗獾 *Meles leucurus*、豺 *Cuon alpinus* 和貉 *Nyctereutes procyonoides*。

3）朝鲜半岛、中国、中南半岛至阿富汗分布

亚洲长翼蝠 *Miniopterus fuliginosus*、猕猴 *Macaca mulatta*（向北分布至中国河南、河北，未及朝鲜半岛）、黄喉貂 *Martes flavigula*、豹猫 *Prionailurus bengalensis*、黄胸鼠 *Rattus tanezumi*（未至阿富汗）。

4）中南半岛北部至中国东北分布

仅北社鼠 *Niviventer confucianus*、复齿鼯鼠 *Trogopterus xanthipes* 和东方棕蝠 *Eptesicus pachyomus*（在

伊朗、阿富汗南部、巴基斯坦和印度西北部还有一隔离种群）。

6. 亚洲热带至亚热带（印度-马来亚）分布型

这一分布型主要指热带亚洲起源的物种，它们大多分布在亚洲南部的热带和南亚热带，分布区范围包括印度、巴基斯坦、斯里兰卡、尼泊尔、缅甸、泰国、中国南部、中南半岛、马来半岛、苏门答腊、爪哇、加里曼丹岛、菲律宾等，在中国可向北延伸至秦岭-淮河一线，可分为 4 亚型。

1）东洋界广布种

这一分布型可以从南洋群岛、印度南部向北分布到喜马拉雅山南坡和横断山区南部，向东分布到长江流域以南，包括犬蝠 *Cynopterus sphinx*、棕果蝠 *Rousettus leschenaultii*、大长舌果蝠 *Eonycteris spelaea*、大菊头蝠 *Rhinolophus luctus*、大耳菊头蝠 *Rhinolophus macrotis*、中菊头蝠 *Rhinolophus affinis*、小菊头蝠 *Rhinolophus pusillus*、灰小蹄蝠 *Hipposideros cineraceus*（不分布到中国南部和印度南部）、黑髯墓蝠 *Taphozous melanopogon*、小犬吻蝠 *Chaerephon plicatus*、彩蝠 *Kerivoula picta*、喜山鼠耳蝠 *Myotis muricola*、高颅鼠耳蝠 *Myotis siligorensis*、爪哇伏翼 *Pipistrellus javanicus*、小灵猫 *Viverricula indica*、花面狸 *Paguma larvata*、椰子狸 *Paradoxurus hermaphroditus*、小爪水獭 *Aonyx cinerea*、江獭 *Lutrogale perspicillata*、水鹿 *Rusa unicolor*、大臭鼩 *Suncus murinus*（向西可达阿富汗、向东至琉球群岛）。

2）热带南亚、马来半岛至中国南部分布

这一分布型往南越过了克拉地峡分布到马来半岛，但未跨越马六甲海峡分布到南洋群岛，包括印度假吸血蝠 *Megaderma lyra*、圆耳管鼻蝠 *Murina cyclotis*（分布延伸到菲律宾）、大灵猫 *Viverra zibetha*、食蟹獴 *Herpestes urva*、印度野牛（大额牛）*Bos gaurus*（在中国仅分布到云南西部）。

3）南亚、喜马拉雅、中国南部至中南半岛分布

该分布型向南至克拉地峡。主要包括赤麂 *Muntiacus vaginalis*、小蹄蝠 *Hipposideros pomona*、大黄蝠 *Scotophilus heathii*、皮氏菊头蝠 *Rhinolophus pearsonii*、茶褐伏翼 *Hypsugo affinis*、棒茎伏翼 *Pipistrellus paterculus*、板齿鼠 *Bandicota indica* 和黄腹鼬 *Mustela kathiah*。

4）南亚、喜马拉雅、中国南部至中南半岛北部分布

喜马拉雅水鼩 *Chimarrogale himalayica*、大耳小蹄蝠 *Hipposideros fulvus*、球果蝠 *Sphaerias blanfordi*、中华菊头蝠 *Rhinolophus sinicus*、小印度獴 *Herpestes auropunctatus*（往中亚方向延伸）和大足鼠 *Rattus nitidus*。

7. 东南亚热带至亚热带分布型

1）南洋群岛、马来半岛至中国南部、东喜马拉雅分布

毛猬 *Hylomys suillus*、南长翼蝠 *Miniopterus pusillus*、大黑伏翼 *Arielulus circumdatus*、抱尾果蝠 *Rousettus amplexicaudatus*（主要分布于东南亚）、无尾果蝠 *Megaerops ecaudatus*（主要分布于克拉地峡以南）、金猫 *Catopuma temminckii*、云猫 *Pardofelis marmorata*、熊狸 *Arctictis binturong*、马来熊 *Helarctos malayanus*、斑点鼯鼠 *Petaurista marica*、巨松鼠 *Ratufa bicolor*、青毛巨鼠 *Berylmys bowersi*、笔尾树鼠 *Chiropodomys gliroides*、卡氏小鼠 *Mus caroli*（主要分布于东南亚和中国热带地区，不分布到东喜马拉雅）、马来穿山甲 *Manis javanica*（主要分布于东南亚，在中国云南省西部和南部边缘分布）。

2）马来半岛至中国南部、东喜马拉雅分布

灰麝鼩 *Crocidura attenuata*、大蹄蝠 *Hipposideros armiger*、三叶小蹄蝠 *Aselliscus stoliczkanus*、莱氏蹄蝠 *Hipposideros lylei*（主要分布于马来半岛、中南半岛和横断山南部）、托氏菊头蝠 *Rhinolophus thomasi*（主要分布于马来半岛、中南半岛、横断山南部和云贵高原）、华南扁颅蝠 *Tylonycteris fulvida*、北树鼩 *Tupaia belangeri*、红面猴 *Macaca arctoides*、云豹 *Neofelis nebulosa*、猪獾 *Arctonyx collaris*、赤腹松鼠 *Callosciurus erythraeus*、明纹花鼠 *Tamiops mcclellandii*、红颊长吻松鼠 *Dremomys rufigenis*、银星竹鼠 *Rhizomys pruinosus*、

帚尾豪猪 *Atherurus macrourus*、菲氏麂 *Muntiacus feae*（不向中国南部延伸）。

3）中南半岛北部至中国南部、横断山、东喜马拉雅分布

白尾鼹 *Parascaptor leucura*、长尾鼹 *Scaptonyx fusicaudus*、四川短尾鼩 *Anourosorex squamipes*、小长尾鼩鼱 *Episoriculus macrurus*、云南缺齿鼩 *Chodsigoa parca*、印支小麝鼩 *Crocidura indochinensis*、南蝠 *Ia io*、斑蝠 *Scotomanes ornatus*、中华鼠耳蝠 *Myotis chinensis*（不分布到横断山和东喜马拉雅）、熊猴 *Macaca assamensis*、中华穿山甲 *Manis pentadactyla*、鼬獾 *Melogale moschata*、斑林狸 *Prionodon pardicolor*、纹鼬 *Mustela strigidorsa*、中华鬣羚 *Capricornis milneedwardsii*、缅甸斑羚 *Naemorhedus evansi*、黑白飞鼠 *Hylopetes alboniger*、毛耳飞鼠 *Belomys pearsonii*、灰头小鼯鼠 *Petaurista caniceps*、珀氏长吻松鼠 *Dremomys pernyi*、隐纹花鼠 *Tamiops swinhoei*、红耳巢鼠 *Micromys erythrotis*、黑缘齿鼠 *Rattus andamanensis*、锡金小鼠 *Mus pahari*、马来豪猪 *Hystrix brachyura*。

4）东喜马拉雅至横断山分布

褐腹长尾鼩鼱 *Episoriculus caudatus*、蹼足鼩 *Nectogale elegans*、小纹背鼩鼱 *Sorex bedfordiae*、马麝 *Moschus chrysogaster*、橙腹长吻松鼠 *Dremomys lokriah*、灰腹鼠 *Niviventer eha*、克氏松田鼠 *Neodon clarkei*。

5）东喜马拉雅、横断山南部至中南半岛北部分布

小竹鼠 *Cannomys badius*、大齿鼠 *Dacnomys millardi*、丛林小鼠 *Mus cookii*、短尾鼹 *Euroscaptor micrura*（延伸到马来半岛）、大长尾鼩鼱 *Episoriculus leucops*、白尾梢大麝鼩 *Crocidura dracula*、华南中麝鼩 *Crocidura rapax*、金管鼻蝠 *Murina aurata*、泰国无尾果蝠 *Megaerops niphanae*、云南菊头蝠 *Rhinolophus yunanensis*、缺齿鼠耳蝠 *Myotis annectans*、山地鼠耳蝠 *Myotis montivagus*、杰氏伏翼 *Mirostrellus joffrei*、缅甸鼬獾 *Melogale personata*、蜂猴 *Nycticebus bengalensis*、北豚尾猴 *Macaca leonina*、针毛鼠 *Niviventer fulvescens*、耐氏大鼠 *Leopoldamys neilli*（向南可分布到泰国中南部）。

6）滇西-缅北分布

怒江金丝猴 *Rhinopithecus strykeri*、肖氏乌叶猴 *Trachypithecus shortridgei*、中缅灰叶猴 *Trachypithecus melamera*、高黎贡白眉长臂猿 *Hoolock tianxing*、狭颅黑齿鼩鼱 *Blarinella wardi*、纹腹松鼠 *Callosciurus quinquestriatus*、黄足松鼠 *Callosciurus phayrei*、小泡灰鼠 *Berylmys manipulus*、克钦绒鼠 *Eothenomys cachinus*、李氏小飞鼠 *Priapomys leonardi*、梵鼠 *Niviventer brahma*、红鬣羚 *Capricornis rubidus*、烟黑缺齿鼩 *Chodsigoa furva*。

8. 特有分布型

1）青藏高原特有分布

分布于青藏高原面及其周边极高海拔山区，仅灰尾兔 *Lepus oiostolus* 和喜马拉雅旱獭 *Marmota himalayana*。

2）横断山-中国南部特有分布

川西缺齿鼩 *Chodsigoa hypsibia*（华北有一孤立种群）、林麝 *Moschus berezovskii*、毛冠鹿 *Elaphodus cephalophus*、滇绒鼠 *Eothenomys eleusis*、高山姬鼠 *Apodemus chevrieri* 和中华竹鼠 *Rhizomys sinensis*。

3）中国南部特有分布

长吻鼹 *Euroscaptor longirostris*、华南针毛鼠 *Niviventer huang*、托京褐扁颅蝠 *Tylonycteris tonkinensis*（延伸到中南半岛北部）。

4）横断山南部至云贵高原特有分布

鼩猬 *Neotetracus sinensis*、侧纹岩松鼠 *Sciurotamias forresti*、澜沧江姬鼠 *Apodemus ilex*、云南兔 *Lepus comus* 和丽江菊头蝠 *Rhinolophus osgoodi*（向东延伸到湖南）。

5）横断山区特有分布

藏鼠兔 *Ochotona thibetana*、雪山鼩鼹 *Uropsilus nivatus*、宽齿鼹 *Euroscaptor grandis*、纹背鼩鼱 *Sorex cylindricauda*、灰腹长尾鼩鼱 *Episoriculus sacratus*、灰腹水鼩 *Chimarrogale styani*、云南绒毛鼯鼠 *Eupetaurus nivamons*、云南大鼯鼠 *Petaurista yunanensis*、滇攀鼠 *Vernaya fulva*、安氏白腹鼠 *Niviventer andersoni*、川西白腹鼠 *Niviventer excelsior*、片马社鼠 *Niviventer pianmaensis*、大耳姬鼠 *Apodemus latronum*、大绒鼠 *Eothenomys miletus*、高原松田鼠 *Neodon irene*、中华小熊猫 *Ailurus styani*。

6）东喜马拉雅特有分布

白颊猕猴 *Macaca leucogenys*、灰颈鼠兔 *Ochotona forresti*、大爪长尾鼩鼱 *Soriculus nigrescens*、贡山麂 *Muntiacus gongshanensis*、喜马拉雅扭角羚 *Budorcas taxicolor*、赤斑羚 *Naemorhedus baileyi*、黑麝 *Moschus fuscus*、喜马拉雅社鼠 *Niviventer niviventer*。

7）高黎贡山特有分布

高黎贡鼠兔 *Ochotona gaoligongensis*、黑鼠兔 *Ochotona nigritia*、高黎贡比氏鼯鼠 *Biswamoyopterus gaoligongensis*、贡山鼩鼹 *Uropsilus investigator*、高黎贡林猬 *Mesechinus wangi*。

5.5.2.4　区系概貌与特点

关于高黎贡山地区动物地理区划，张荣祖（1999）在《中国动物地理》一书中认为，高黎贡山地区最南端（腾冲以南）属于华南区滇南山地亚区的滇南边地省，中南部（腾冲至福贡）属于华南区滇南山地亚区滇西南山地省，中北部（福贡至贡山南部）属于西南区西南山地亚区云南高原省，北部（贡山北部）被归入西南区西南山地亚区三江横断省，最北端（察隅）被划入西南区喜马拉雅亚区察隅-贡山省。其中，华南区与西南区的界线在怒江福贡一带。

从哺乳动物分布型、区系从属（表 5-21）可以看出：高黎贡山地区中有 8 种哺乳动物为广布种，包括与人类伴生而扩散至世界各地广泛分布的小家鼠 *Mus musculus*，全北区分布的狼 *Canis lupus* 和赤狐 *Vulpes vulpes* 及旧大陆热带至温带分布的马铁菊头蝠 *Rhinolophus ferrumequinum*、豹 *Panthera pardus*（分布区延伸到撒哈拉以南非洲）、野猪 *Sus scrofa*、欧亚水獭 *Lutra lutra* 和褐家鼠 *Rattus norvegicus*；有 4 种属于典型的古北界物种，包括猞猁 *Lynx lynx*、褐山蝠 *Nyctalus noctula*，以及青藏高原面及周边极高海拔山区分布的灰尾兔 *Lepus oiostolus* 和喜马拉雅旱獭 *Marmota himalayana*；古北界与东洋界共有物种 15 种，包括亚洲热带至温带分布的亚洲长翼蝠 *Miniopterus fuliginosus*、华南水鼠耳蝠 *Myotis laniger*、东方棕蝠 *Eptesicus pachyomus*、猕猴 *Macaca mulatta*、亚洲黑熊 *Ursus thibetanus*、黄鼬 *Mustela sibirica*、黄喉貂 *Martes flavigula*、亚洲狗獾 *Meles leucurus*、豺 *Cuon alpinus*、貉 *Nyctereutes procyonoides*、丛林猫 *Felis chaus*、豹猫 *Prionailurus bengalensis*、北社鼠 *Niviventer confucianus*、黄胸鼠 *Rattus tanezumi*、复齿鼯鼠 *Trogopterus xanthipes*。其余 177 种为东洋界物种（占 86.76%），显示高黎贡山地区哺乳动物主要由东洋界物种构成。

表 5-21　高黎贡山地区哺乳动物的分布型和区系分析

分布区类型	大类物种数	亚类物种数	区系从属
（1）世界广布型	1		广布种
（2）全北界分布型	2		古北界与新北界共有种
（3）旧大陆热带至温带分布型	5		古北界与东洋界共有种
（4）古北界分布型	2		古北界种
（5）亚洲热带至温带分布型	15		古北界与东洋界共有种
1）中亚至、蒙古至印度半岛、中南半岛分布		2	
2）日本、朝鲜半岛、俄罗斯远东地区、中国、中南半岛至阿富汗分布		5	
3）朝鲜半岛、中国、中南半岛至阿富汗分布		5	
4）中南半岛北部至中国东北分布		3	

续表

分布区类型	大类物种数	亚类物种数	区系从属
（6）亚洲热带至亚热带（印度-马来亚）分布型	40		东洋界广布种
1）东洋界广布种		21	
2）热带南亚、马来半岛至中国南部分布		5	
3）南亚、喜马拉雅、中国南部至中南半岛分布		8	
4）南亚、喜马拉雅、中国南部至中南半岛北部分布		6	
（7）东南亚热带至亚热带分布型	94		
1）南洋群岛、马来半岛至中国南部、东喜马拉雅分布		15	西南区、华南区、华中区分布
2）马来半岛至中国南部、东喜马拉雅分布		16	西南区、华南区、华中区分布
3）中南半岛北部至中国南部、横断山、东喜马拉雅分布		25	西南区、华南区、华中区分布
4）东喜马拉雅至横断山分布		7	西南区分布
5）东喜马拉雅、横断山南部至中南半岛北部分布		18	西南区、华南区分布
6）滇西-缅北分布		13	西南区分布
（8）特有分布型	45		
1）青藏高原特有分布		2	青藏区分布
2）横断山-中国南部特有分布		6	西南区、华南区、华中区分布
3）中国南部特有分布		3	华南区、华中区分布
4）横断山南部至云贵高原特有分布		5	西南区、华中区分布
5）横断山区特有分布		16	西南区分布
6）东喜马拉雅特有分布		8	西南区分布
7）高黎贡特有分布		5	西南区分布
总计	204		

进一步分析表明：在东洋界物种中，分布于亚洲热带至亚热带的东洋界广布种有 40 种，分布于南亚、东南亚及中国南部的广大地区。从物种的分布型可以看出，高黎贡山地区哺乳动物以东南亚热带至亚热带性质的物种最多（94 种），占区域东洋界物种数的 53.11%，其中分布于南洋群岛、马来半岛至中国南部、东喜马拉雅的西南区、华南区、华中区共有物种 15 种；分布于马来半岛至中国南部、东喜马拉雅的西南区、华南区、华中区共有物种 16 种；分布于中南半岛北部至中国南部、横断山、东喜马拉雅的西南区、华南区、华中区共有物种 25 种；分布于东喜马拉雅至横断山的西南区物种 7 种；分布于东喜马拉雅、横断山南部至中南半岛的西南区、华南区物种 18 种；分布于滇西-缅甸北部的西南区物种 13 种。因高黎贡山地区所处地理位置，该区域哺乳动物有较高比例的特有性，且分布区域可分为不同的特有分布类型，包括高黎贡特有分布（5 种）、横断山区特有分布（16 种）、横断山-中国南部特有分布（6 种）、中国南部特有分布（3 种）、横断山南部至云贵高原特有分布（5 种）和东喜马拉雅特有分布（8 种）。

基于上述分析可以看出，高黎贡山地区哺乳动物除 27 种世界广布、旧大陆热带至温带分布古北界与东洋界共有及 40 种亚洲热带至亚热带（印度-马来亚）的东洋界广布种外，有 62 种为西南区、华南区、华中区共有分布，18 种为西南区、华南区共有分布，5 种为西南区、华中区共有分布，华南区与华中区共有 3 种，49 种为西南区分布（表 5-21）。由此可以看出，高黎贡山地区哺乳动物在动物地理区系上主要由东洋界物种组成，并具有明显的共有分布性质，其中典型西南成分（49 种）多于华南区成分，并有明显区域分布特点，因此，在动物地理区域上，就哺乳动物而言，高黎贡山地区隶属于东洋界，南段属华南区，中、北段为西南区。

5.5.2.5 地理分布及其特点

高黎贡山地区位于云南西部，地处横断山南延部位，东以怒江、西以独龙江为界，是喜马拉雅、印缅和中国西南山地接合部，为上述三个生物多样性热点区域之间地质地貌、气候、生物地理的交汇地带。在地理分布上，哺乳动物也显示出一些重要特点。

1. 特有分布

特有分布是显示区域或地区物种特点的重要指标，基于对高黎贡山地区哺乳动物分布特点的分析，结果表明，该地区哺乳动物显示出多个不同的特有分布型。

1）高黎贡特有

目前仅知分布于高黎贡山地区，包括贡山鼩鼹 *Uropsilus investigator*、高黎贡林猬 *Mesechinus wangi*、高黎贡鼠兔 *Ochotona gaoligongensis*、黑鼠兔 *Ochotona nigritia* 和高黎贡比氏鼯鼠 *Biswamoyopterus gaoligongensis*。

2）横断山区特有

主要见于横断山地区，包括藏鼠兔 *Ochotona thibetana*、雪山鼩鼹 *Uropsilus nivatus*、宽齿鼹 *Euroscaptor grandis*、纹背鼩鼱 *Sorex cylindricauda*、灰腹长尾鼩鼱 *Episoriculus sacratus*、灰腹水鼩 *Chimarrogale styani*、云南绒毛鼯鼠 *Eupetaurus nivamons*、云南大鼯鼠 *Petaurista yunanensis*、滇攀鼠 *Vernaya fulva*、安氏白腹鼠 *Niviventer andersoni*、川西白腹鼠 *Niviventer excelsior*、片马社鼠 *Niviventer pianmaensis*、大耳姬鼠 *Apodemus latronum*、大绒鼠 *Eothenomys miletus*、高原松田鼠 *Neodon irene* 和中华小熊猫 *Ailurus styani*。

3）横断山南部至云贵高原特有

主要分布于云贵高原及横断山南部，包括鼩猬 *Neotetracus sinensis*、侧纹岩松鼠 *Sciurotamias forresti*、澜沧江姬鼠 *Apodemus ilex*、云南兔 *Lepus comus* 和丽江菊头蝠 *Rhinolophus osgoodi*。

4）横断山-中国南部特有

主要分布于横断山区及长江以南地区，包括川西缺齿鼩 *Chodsigoa hypsibia*（华北有一孤立种群）、林麝 *Moschus berezovskii*、毛冠鹿 *Elaphodus cephalophus*、滇绒鼠 *Eothenomys eleusis*、高山姬鼠 *Apodemus chevrieri* 和中华竹鼠 *Rhizomys sinensis*。

5）中国南部特有

主要分布于长江以南地区，包括长吻鼹 *Euroscaptor longirostris* 和华南针毛鼠 *Niviventer huang*。

6）东喜马拉雅特有

相关物种目前仅知分布于东喜马拉雅地区，经西藏东南部向南分布至高黎贡山及邻近地区，包括白颊猕猴 *Macaca leucogenys*、灰颈鼠兔 *Ochotona forresti*、大爪长尾鼩鼱 *Soriculus nigrescens*、贡山麂 *Muntiacus gongshanensis*、喜马拉雅扭角羚 *Budorcas taxicolor*、赤斑羚 *Naemorhedus baileyi*、黑麝 *Moschus fuscus* 和喜马拉雅社鼠 *Niviventer niviventer*。

7）滇西-缅北特有

仅知分布于缅甸中北部和中国云南西部，包括怒江金丝猴 *Rhinopithecus strykeri*、肖氏乌叶猴 *Trachypithecus shortridgei*、中缅灰叶猴 *Trachypithecus melamera*、高黎贡白眉长臂猿 *Hoolock tianxing*、狭颅黑齿鼩鼱 *Blarinella wardi*、纹腹松鼠 *Callosciurus quinquestriatus*、黄足松鼠 *Callosciurus phayrei*、小泡灰鼠 *Berylmys manipulus*、克钦绒鼠 *Eothenomys cachinus*、红鬣羚 *Capricornis rubidus*、李氏小飞鼠 *Priapomys leonardi*、梵鼠 *Niviventer brahma* 和烟黑缺齿鼩 *Chodsigoa furva*。

8）青藏高原特有

分布于青藏高原面及周边极高海拔山区，仅灰尾兔 *Lepus oiostolus*、喜马拉雅旱獭 *Marmota himalayana*。

在这些特有分布中，白颊猕猴 *Macaca leucogenys*、高黎贡鼠兔 *Ochotona gaoligongensis*、黑鼠兔 *Ochotona nigritia*、高山姬鼠 *Apodemus chevrieri*、澜沧江姬鼠 *Apodemus ilex*、安氏白腹鼠 *Niviventer andersoni*、川西白腹鼠 *Niviventer excelsior*、华南针毛鼠 *Niviventer huang*、片马社鼠 *Niviventer pianmaensis*、

高原松田鼠 *Neodon irene*、滇绒鼠 *Eothenomys eleusis*、大绒鼠 *Eothenomys miletus*、高黎贡比氏鼯鼠 *Biswamoyopterus gaoligongensis*、云南绒毛鼯鼠 *Eupetaurus nivamons*、侧纹岩松鼠 *Sciurotamias forresti*、贡山鼩鼹 *Uropsilus investigator*、雪山鼩鼹 *Uropsilus nivatus*、高黎贡林猬 *Mesechinus wangi*、川西缺齿鼩 *Chodsigoa hypsibia*、灰腹长尾鼩鼱 *Episoriculus sacratus*、纹背鼩鼱 *Sorex cylindricauda* 等 31 种为中国特有种，占区域哺乳类物种数的 15.20%。

2. 边缘分布

所处南北过渡和东西接合部的特殊地理位置，使得高黎贡山成为一些物种的分布极限，并从不同方向呈现出边缘分布的特点。高黎贡山地区现记录有 204 种哺乳动物，其边缘分布主要有以下 4 个方面。

1）热带物种分布的北缘

高黎贡山呈南北走向，具有明显的温度等气候梯度变化，一些热带性的物种在高黎贡山地区中南部或低海拔地区向北分布，并在部分区段成为其分布的北限，其中最典型的有东南亚热带动物——毛猬 *Hylomys suillus*，主要见于盈江铜壁关地区；分布于印度东北、孟加拉至中国云南西南与广西南部及其以南热带地区的蜂猴 *Nycticebus bengalensis*，仅见于高黎贡山地区南部，类似的物种还有笔尾树鼠 *Chiropodomys gliroides*；而分布于缅甸中南部的中缅灰叶猴 *Trachypithecus melamera* 亦仅见于怒江以西、泸水以南地区，高黎贡白眉长臂猿 *Hoolock tianxing*、小泡灰鼠 *Berylmys manipulus*、黄足松鼠 *Callosciurus phayrei* 也具有类似的分布型。

2）横断山区动物分布的南缘

同理，一些西南区温凉性的物种则在高海拔地区由北向南分布，在部分区段成为其分布的南限，其中，典型的东洋界西南区高海拔地区分布的克氏松田鼠 *Neodon clarkei*、高原松田鼠 *Neodon irene*，目前在高黎贡山地区中部泸水片马有记录，在隆阳与腾冲及以南地区尚未采集到标本，灰腹长尾鼩鼱 *Episoriculus sacratus*、大耳姬鼠 *Apodemus latronum* 也是如此，而马麝 *Moschus chrysogaster* 在高黎贡山地区目前仅在贡山以北地区有记录；而总体分布海拔偏高的小纹背鼩鼱 *Sorex bedfordiae*、川西白腹鼠 *Niviventer excelsior* 可在高黎贡山主脉南段及其支脉（大娘山）的中上部有发现，但向南在低海拔地区则没有记录。

3）中国南部动物分布的西缘

高黎贡山是云南西部与缅甸东部最显著的自然地理分隔线，为怒江与独龙江的分水岭，一些分布于中国南部的物种在此形成其西部的分布界线，目前仅知其分布在高黎贡山地区西缘的有雪山鼩鼹 *Uropsilus nivatus*、长吻鼹 *Euroscaptor longirostris*、狭颅黑齿鼩鼱 *Blarinella wardi*、毛冠鹿 *Elaphodus cephalophus*、林麝 *Moschus berezovskii*、高山姬鼠 *Apodemus chevrieri* 和中华竹鼠 *Rhizomys sinensis*。

4）印缅动物分布的东缘

东喜马拉雅向南分布至中南半岛或缅甸中北部地区的一些哺乳动物，目前仅知分布于高黎贡山地区，且以该地区（怒江为界）作为其分布的东部界线，除了人们所熟知的怒江金丝猴 *Rhinopithecus strykeri*、中缅灰叶猴 *Trachypithecus melamera*、肖氏乌叶猴 *Trachypithecus shortridgei*、高黎贡白眉长臂猿 *Hoolock tianxing*、红鬣羚 *Capricornis rubidus* 外，其他还有短尾鼹 *Euroscaptor micrura*、小泡灰鼠 *Berylmys manipulus*、梵鼠 *Niviventer brahma*、纹腹松鼠 *Callosciurus quinquestriatus*、黄足松鼠 *Callosciurus phayrei*，其中，除中缅灰叶猴在高黎贡山南段怒江以西的地区均有分布外，其余物种仅见于高黎贡山地区。

3. 小型兽类分布

高黎贡山地区有较为明显的纬度地带性，且山体高差较大，森林下限基本在海拔 1400～1600 m，山顶海拔南段多在 3000 m 左右，北段可达 3500 m 以上，巨大的海拔落差使高黎贡山地区野生动物分布呈现出明显的垂直带谱。

为探究高黎贡山地区小型兽类多样性的分布规律，基于前期（2013～2015 年）利用夹日法在高黎贡山地区南（隆阳-腾冲）、中（泸水-片马）、北（贡山-巴坡）段东西坡按海拔梯度（200 m 为间隔）布设的采集样带，每条样带的采集强度不低于 800 夹日，其间共布设 50 700 夹日，捕获非飞行小型哺乳动物 3991只，平均捕获率 7.87%。经形态和分子鉴定，计有 59 种，隶属于 4 目 8 科 35 属。

1）纬向分布

经过对高黎贡山地区南、中、北段捕获的小型哺乳类物种数的分析，可以看出南段样带（4 目 8 科23 属 40 种）（图 5-17）、中段样带（4 目 8 科 27 属 43 种）（图 5-18）、北段样带（4 目 7 科 28 属 41 种）（图 5-19）的差异不大，其目级数量和组成一致，包括劳亚食虫目 Eulipotyphla、攀鼩目 Scandentia、啮齿目 Rodentia 和兔形目 Lagomorpha 4 目。科级稍有不同，其中在南段、中段均有分布的科包括树鼩科Tupaiidae、兔科 Leporidae、鼠科 Muridae、仓鼠科 Cricetidae、松鼠科 Sciuridae、鼹科 Talpidae、猬科 Erinaceidae和鼩鼱科 Soricidae 8 个科，而北段缺少猬科。属级和种级水平上，南、中、北段差异较为明显。在属级，

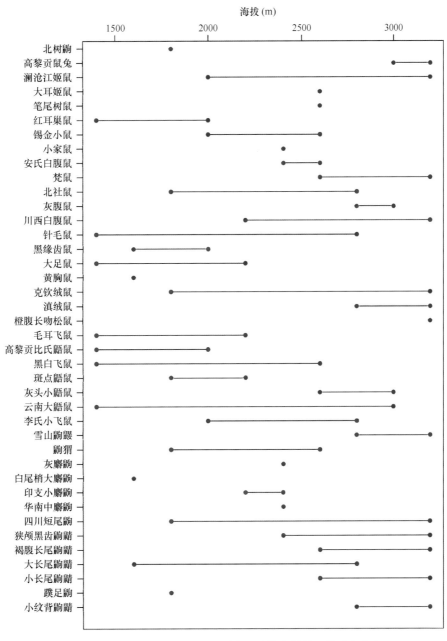

图 5-17 高黎贡山地区南段小型哺乳动物多样性及其垂直分布

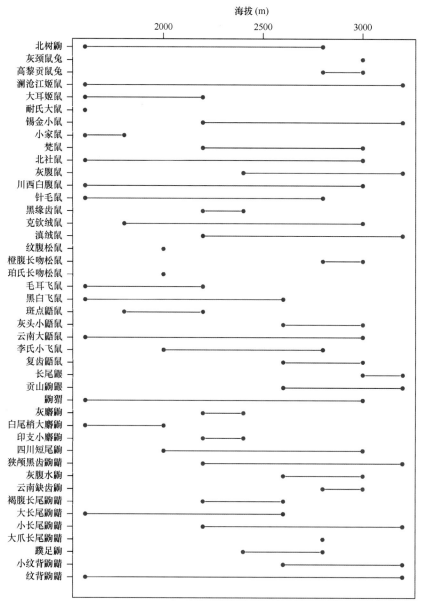

图 5-18　高黎贡山地区中段小型哺乳动物多样性及其垂直分布

除了广泛分布的鼩鼹属 *Uropsilus*、短尾鼩属 *Anourosorex*、黑齿鼩鼱属 *Blarinella*、须弥长尾鼩鼱属 *Episoriculus*、鼩鼱属 *Sorex*、麝鼩属 *Crocidura*、箭尾飞鼠属 *Hylopetes*、鼯鼠属 *Petaurista*、喜山大耳飞鼠属 *Priapomys*、长吻松鼠属 *Dremomys*、姬鼠属 *Apodemus*、白腹鼠属 *Niviventer*、家鼠属 *Rattus*、绒鼠属 *Eothenomys*、鼠兔属 *Ochotona* 外，笔尾树鼠属 *Chiropodomys*、比氏鼯鼠属 *Biswamoyopterus* 仅分布在南段，松田鼠属 *Neodon*、大齿鼠属 *Dacnomys* 只分布在北段，而绒毛鼯鼠属 *Eupetaurus* 仅见于中段和北段，鼩猬属 *Neotetracus* 只分布在南段和中段。

2）垂直分布

从物种丰富度角度，高黎贡山地区南、中、北段物种数均呈现出先随海拔的升高而增加后又下降的趋势（图 5-20）。在海拔 1800 m 以下和 3200 m 以上各区段采集到的物种数大多在 15 种以下，其中北段（贡山-巴坡）在海拔 3400 m 还有一个小高峰。南段物种数最低的样带是海拔 1400 m，仅 7 种；中段物种数最低的样带在海拔 3200 m 处，记录到 10 种；而北段在海拔 1400 m 和 3800 m 的样带，物种数均很低，分别为 7 种、6 种。中段和北段在海拔 1800～3000 m 的物种数显著高于高海拔和低海拔样带，而在南

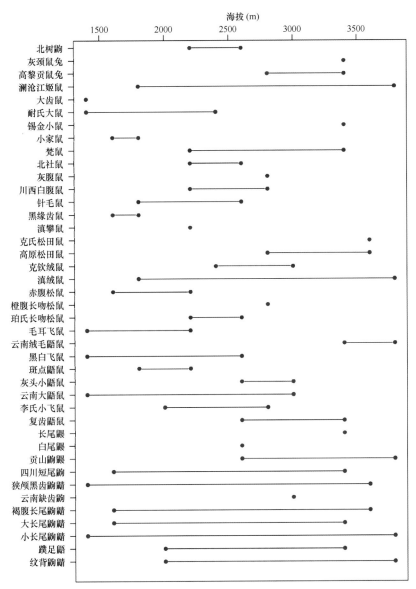

图 5-19　高黎贡山地区北段小型哺乳动物多样性及其垂直分布

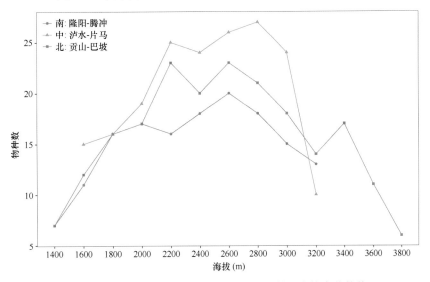

图 5-20　高黎贡山地区南、中、北段物种数随海拔变化趋势

段只是略高。中段在海拔 2800 m 的样带，物种数达到峰值（27 种），北段在海拔 2200 m 和 2600 m 的两个样带均记录到 23 种，而南段在海拔 2600 m 样带，物种数最多（20 种）。

对不同物种的海拔分布进行比较，发现不同类群栖息的海拔有很大差异。麝鼩 *Crocidura* spp.、家鼠 *Rattus* spp.和云南兔 *Lepus comus* 多出现在低海拔干热的河谷生境中，大齿鼠 *Dacnomys millardi*、耐氏大鼠 *Leopoldamys neilli*、斑点鼯鼠 *Petaurista marica*、高黎贡比氏鼯鼠 *Biswamoyopterus gaoligongensis* 和毛耳飞鼠 *Belomys pearsonii* 则仅分布在低海拔的亚热带湿润森林中，鼠兔 *Ochotona* spp.、橙腹长吻松鼠 *Dremomys lokriah*、云南绒毛鼯鼠 *Eupetaurus nivamons*、松田鼠 *Neodon* spp.和鼩鼹 *Uropsilus* spp.仅在高海拔地区发现，而云南大鼯鼠 *Petaurista yunanensis*、四川短尾鼩 *Anourosorex squamipes*、白腹鼠 *Niviventer* spp.和姬鼠 *Apodemus* spp.等类群则具有较广的海拔分布空间，几乎分布在高黎贡山地区所有森林生境中。

4. 大中型兽类分布

自 2016 年开始在高黎贡山百花岭（隆阳）-林家铺（腾冲）首次布设红外相机进行大中型哺乳动物调查与监测以来，目前红外相机布设样区和位点已基本覆盖高黎贡山地区各片区，现已布设有效相机位点 312 台（图 5-21），累计照相日数 154 866 d，获取野生动物独立有效照片数计 12 927 张，人类活动独立有效照片 2318 张，记录哺乳动物 53 种（表 5-22）。

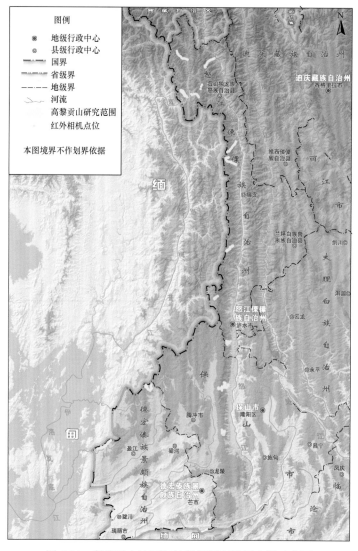

图 5-21　高黎贡山地区红外相机调查样区布设示意图

表 5-22　高黎贡山地区红外相机调查与监测记录到的哺乳动物物种信息

物种	独立照片数	记录位点数
赤麂　*Muntiacus vaginalis*	2435	95
毛冠鹿　*Elaphodus cephalophus*	1956	74
帚尾豪猪　*Atherurus macrourus*	835	49
椰子狸　*Paradoxurus hermaphroditus*	781	40
野猪　*Sus scrofa*	781	40
中华小熊猫　*Ailurus styani*	749	122
花面狸　*Paguma larvata*	669	87
马来豪猪　*Hystrix brachyura*	638	76
黄喉貂　*Martes flavigula*	566	112
熊猴　*Macaca assamensis*	444	78
豹猫　*Prionailurus bengalensis*	377	139
贡山麂　*Muntiacus gongshanensis*	360	33
红面猴　*Macaca arctoides*	354	46
缅甸斑羚　*Naemorhedus evansi*	287	23
北树鼩　*Tupaia belangeri*	265	20
中华鬣羚　*Capricornis milneedwardsii*	176	59
鼬獾　*Melogale moschata*	172	29
黄鼬　*Mustela sibirica*	170	67
亚洲黑熊　*Ursus thibetanus*	148	84
斑点鼯鼠　*Petaurista marica*	99	39
白颊猕猴　*Macaca leucogenys*	90	17
云猫　*Pardofelis marmorata*	75	29
云南大鼯鼠　*Petaurista yunanensis*	74	31
斑林狸　*Prionodon pardicolor*	47	17
灰颈鼠兔　*Ochotona forresti*	43	6
巨松鼠　*Ratufa bicolor*	43	11
高黎贡林猬　*Mesechinus wangi*	41	13
食蟹獴　*Herpestes urva*	36	14
黄腹鼬　*Mustela kathiah*	32	17
隐纹花鼠　*Tamiops swinhoei*	23	6
猪獾　*Arctonyx collaris*	18	9
纹鼬　*Mustela strigidorsa*	17	11
赤斑羚　*Naemorhedus baileyi*	17	4
云豹　*Neofelis nebulosa*	15	7
红鬣羚　*Capricornis rubidus*	13	8
豺　*Cuon alpinus*	12	6
喜马拉雅扭角羚　*Budorcas taxicolor*	12	8
灰头小鼯鼠　*Petaurista caniceps*	11	3
中华竹鼠　*Rhizomys sinensis*	10	8
赤狐　*Vulpes vulpes*	5	3

续表

物种	独立照片数	记录位点数
马来熊 *Helarctos malayanus*	5	3
金猫 *Catopuma temminckii*	4	4
林麝 *Moschus berezovskii*	4	3
中缅灰叶猴 *Trachypithecus melamera*	4	3
水鹿 *Rusa unicolor*	3	3
银星竹鼠 *Rhizomys pruinosus*	3	3
云南兔 *Lepus comus*	2	2
北豚尾猴 *Macaca leonina*	1	1
赤腹松鼠 *Callosciurus erythraeus*	1	1
蜂猴 *Nycticebus bengalensis*	1	1
怒江金丝猴 *Rhinopithecus strykeri*	1	1
肖氏乌叶猴 *Trachypithecus shortridgei*	1	1
马来穿山甲 *Manis javanica*	1	1

经过物种多样性与环境因子相关性分析，结果表明：在相机位点尺度，物种丰富度随海拔升高显著降低（$R=-0.549$，$P<0.001$；图 5-22），但随森林覆盖率的增加显著增加（$R=0.57$，$P<0.001$；图 5-23）。

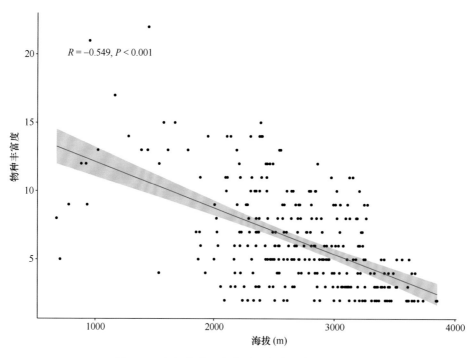

图 5-22　相机位点尺度物种丰富度与海拔关系图

考虑到高黎贡山地区纬度跨越较大，经过对纬度梯度物种多样性格局分析，结果表明：相机位点尺度物种多样性随纬度的升高而显著降低（$R=-0.63$，$P<0.001$；图 5-24）。但是相机位点尺度物种多样性与人类活动无显著相关性（$R=0.02$，$P=0.71$）；在样区尺度，物种多样性随相机位点平均海拔的升高而显著下降（$R=-0.74$，$P=0.004$；图 5-25）。

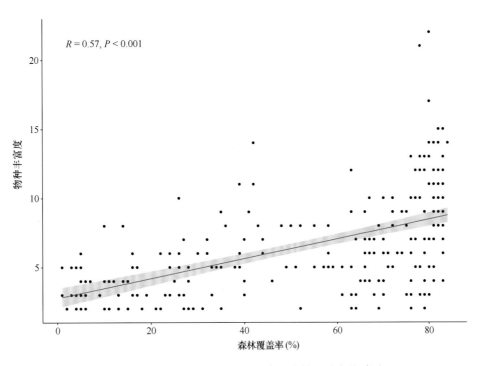

图 5-23　相机位点尺度物种丰富度与森林覆盖率关系图

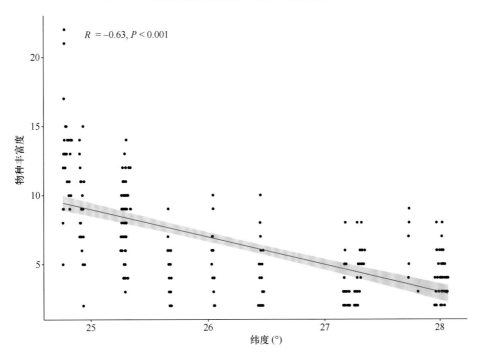

图 5-24　相机位点尺度纬度梯度物种多样性格局

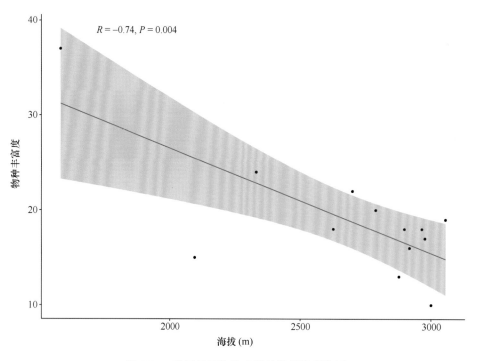

图 5-25　样区尺度物种多样性海拔梯度格局

　　样区尺度物种多样性与样区海拔跨度（$R=-0.06$，$P=0.85$）和人类活动（$R=-0.04$，$P=0.90$）无显著相关性；同样地，样区尺度物种多样性随森林覆盖率的增加而显著增加（$R=0.674$，$P=0.012$；图 5-26）。样区尺度物种多样性纬度梯度格局与相机位点尺度相似，物种多样性随纬度的升高而显著降低（$R=-0.671$，$P=0.01$；图 5-27）。

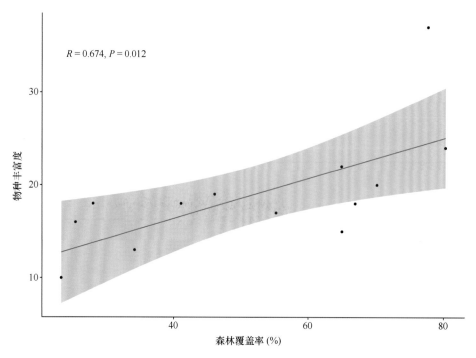

图 5-26　样区尺度物种丰富度与森林覆盖率关系图

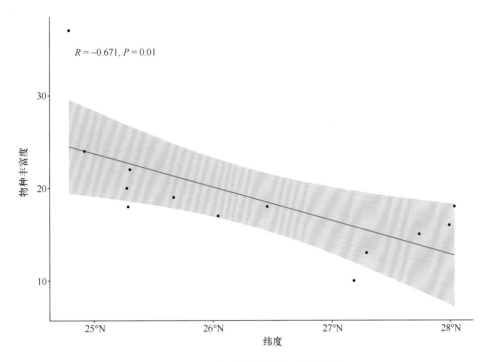

图 5-27　样区尺度纬度梯度物种多样性格局

5.5.3　珍稀濒危哺乳动物

高黎贡山地区先前曾记述有虎 *Panthera tigris* 等大型猫科动物的存在（王应祥，1998；王应祥等，1995，屈文正等，2006），但近年来通过覆盖高黎贡山地区多个典型地区的红外相机调查和监测，均未有记录，考虑到虎为大型猫科动物，为顶级捕食者，活动范围大、敏感性高，故在本次调查中未予收录。豹 *Panthera pardus* 在高黎贡山相关科考报告中都有记录，由于目前红外相机监测尚未涉及高黎贡山地区的高海拔地带，而在一些邻近高海拔地区（如白马雪山）近年来曾有记录，故在本名录中暂时予以保留。

根据 2021 年 2 月由国家林业和草原局与农业农村部联合发布的《国家重点保护野生动物名录》，在现记录的 204 种哺乳动物中，高黎贡山地区有国家重点保护野生动物 48 种，占区域物种数的 23.53%。其中国家一级重点保护野生动物 23 种，包括蜂猴 *Nycticebus bengalensis*、北豚尾猴 *Macaca leonina*、怒江金丝猴 *Rhinopithecus strykeri*、中缅灰叶猴 *Trachypithecus melamera*、肖氏乌叶猴 *Trachypithecus shortridgei*、高黎贡白眉长臂猿 *Hoolock tianxing*、中华穿山甲 *Manis pentadactyla*、马来穿山甲 *Manis javanica*、豺 *Cuon alpinus*、马来熊 *Helarctos malayanus*、熊狸 *Arctictis binturong*、大灵猫 *Viverra zibetha*、小灵猫 *Viverricula indica*、金猫 *Catopuma temminckii*、丛林猫 *Felis chaus*、云豹 *Neofelis nebulosa*、豹 *Panthera pardus*、林麝 *Moschus berezovskii*、马麝 *Moschus chrysogaster*、黑麝 *Moschus fuscus*、印度野牛（大额牛）*Bos gaurus*、喜马拉雅扭角羚 *Budorcas taxicolor*、赤斑羚 *Naemorhedus baileyi*；国家二级重点保护野生动物 25 种，如猕猴 *Macaca mulatta*、红面猴 *Macaca arctoides*、白颊猕猴 *Macaca leucogenys*、亚洲黑熊 *Ursus thibetanus*、中华小熊猫 *Ailurus styani*、斑林狸 *Prionodon pardicolor*、猞猁 *Lynx lynx*、云猫 *Pardofelis marmorata*、红鬣羚 *Capricornis rubidus*、中华鬣羚 *Capricornis milneedwardsii*、缅甸斑羚 *Naemorhedus evansi* 和巨松鼠 *Ratufa bicolor* 等（表 5-23）。

表 5-23　高黎贡山地区珍稀濒危哺乳动物

物种	国家重点保护		CITES 附录		IUCN 红色名录	中国生物多样性红色名录
	一级	二级	I	II		
蜂猴 *Nycticebus bengalensis*	▲		●		EN	EN
北豚尾猴 *Macaca leonina*	▲			●	VU	CR
怒江金丝猴 *Rhinopithecus strykeri*	▲		●		CR	CR
中缅灰叶猴 *Trachypithecus melamera*	▲				NA	NA
肖氏乌叶猴 *Trachypithecus shortridgei*	▲		●		EN	EN
高黎贡白眉长臂猿 *Hoolock tianxing*	▲		●		EN	CR
中华穿山甲 *Manis pentadactyla*	▲		●		CR	CR
马来穿山甲 *Manis javanica*	▲		●		CR	CR
豺 *Cuon alpinus*	▲			●	EN	EN
马来熊 *Helarctos malayanus*	▲		●		VU	CR
大灵猫 *Viverra zibetha*	▲				LC	CR
熊狸 *Arctictis binturong*	▲				VU	CR
小灵猫 *Viverricula indica*	▲				LC	NT
金猫 *Catopuma temminckii*	▲		●		NT	EN
丛林猫 *Felis chaus*	▲			●	LC	CR
云豹 *Neofelis nebulosa*	▲		●		VU	CR
豹 *Panthera pardus*	▲		●		VU	EN
林麝 *Moschus berezovskii*	▲			●	EN	CR
马麝 *Moschus chrysogaster*	▲			●	EN	CR
黑麝 *Moschus fuscus*	▲			●	EN	CR
印度野牛（大额牛）*Bos gaurus*	▲		●		VU	CR
喜马拉雅扭角羚 *Budorcas taxicolor*	▲			●	VU	CR
赤斑羚 *Naemorhedus baileyi*	▲		●		VU	EN
红面猴 *Macaca arctoides*		▲		●	VU	VU
猕猴 *Macaca mulatta*		▲		●	LC	LC
熊猴 *Macaca assamensis*		▲		●	NT	VU
白颊猕猴 *Macaca leucogenys*		▲			EN	CR
狼 *Canis lupus*		▲		●	LC	NT
狐 *Vulpes vulpes*		▲			LC	NT
貉 *Nyctereutes procyonoides*		▲			LC	NT
亚洲黑熊 *Ursus thibetanus*		▲	●		VU	VU
中华小熊猫 *Ailurus styani*		▲	●		EN	VU
小爪水獭 *Aonyx cinerea*		▲	●		VU	CR
欧亚水獭 *Lutra lutra*		▲	●		NT	EN
江獭 *Lutrogale perspicillata*		▲	●		VU	CR
黄喉貂 *Martes flavigula*		▲			LC	VU
斑林狸 *Prionodon pardicolor*		▲	●		LC	VU
椰子狸 *Paradoxurus hermaphroditus*		▲			LC	EN
猞猁 *Lynx lynx*		▲		●	LC	EN
云猫 *Pardofelis marmorata*		▲	●		NT	EN
豹猫 *Prionailurus bengalensis*		▲		●	LC	VU
水鹿 *Rusa unicolor*		▲			VU	NT
毛冠鹿 *Elaphodus cephalophus*		▲			NT	NT

续表

物种	国家重点保护		CITES 附录		IUCN 红色名录	中国生物 多样性红色名录
	一级	二级	I	II		
贡山麂 *Muntiacus gongshanensis*		▲			DD	EN
中华鬣羚 *Capricornis milneedwardsii*		▲	●		VU	VU
红鬣羚 *Capricornis rubidus*		▲	●		VU	DD
缅甸斑羚 *Naemorhedus evansi*		▲	●		NA	DD
巨松鼠 *Ratufa bicolor*		▲		●	NT	VU
北树鼩 *Tupaia belangeri*				●	LC	LC
小蹄蝠 *Hipposideros pomona*					EN	LC
莱氏蹄蝠 *Hipposideros lylei*					LC	VU
猪獾 *Arctonyx collaris*					VU	NT
彩蝠 *Kerivoula picta*					NT	EN
复齿鼯鼠 *Trogopterus xanthipes*					NT	VU
缅甸鼬獾 *Melogale personata*					LC	EN
纹鼬 *Mustela strigidorsa*					LC	EN
滇攀鼠 *Vernaya fulva*					LC	EN
耐氏大鼠 *Leopoldamys neilli*					LC	EN
宽齿鼹 *Euroscaptor grandis*					LC	VU
短尾鼹 *Euroscaptor micrura*					LC	VU
白尾鼹 *Parascaptor leucura*					LC	VU
喜马拉雅水鼩 *Chimarrogale himalayica*					LC	VU
灰腹水鼩 *Chimarrogale styani*					LC	VU
大长舌果蝠 *Eonycteris spelaea*					LC	VU
抱尾果蝠 *Rousettus amplexicaudatus*					LC	VU
球果蝠 *Sphaerias blanfordi*					LC	VU
云南菊头蝠 *Rhinolophus yunanensis*					LC	VU
印度假吸血蝠 *Megaderma lyra*					LC	VU
大黑伏翼 *Arielulus circumdatus*					LC	VU
黑鼠兔 *Ochotona nigritia*					NA	VU

　　按《濒危野生动植物种国际贸易公约》（CITES）（2022），高黎贡山地区有 37 种哺乳动物被列入其附录 I、附录 II（表 5-23），占区域物种数的 18.14%。其中附录 I 有 22 种，包括蜂猴 *Nycticebus bengalensis*、怒江金丝猴 *Rhinopithecus strykeri*、肖氏乌叶猴 *Trachypithecus shortridgei*、高黎贡白眉长臂猿 *Hoolock tianxing*、中华穿山甲 *Manis pentadactyla*、马来穿山甲 *Manis javanica*、马来熊 *Helarctos malayanus*、金猫 *Catopuma temminckii*、云豹 *Neofelis nebulosa*、豹 *Panthera pardus*、印度野牛（大额牛）*Bos gaurus*、赤斑羚 *Naemorhedus baileyi*、缅甸斑羚 *Naemorhedus evansi*、亚洲黑熊 *Ursus thibetanus*、中华小熊猫 *Ailurus styani*、小爪水獭 *Aonyx cinerea*、欧亚水獭 *Lutra lutra*、江獭 *Lutrogale perspicillata*、斑林狸 *Prionodon pardicolor*、云猫 *Pardofelis marmorata*、中华鬣羚 *Capricornis milneedwardsii*、红鬣羚 *Capricornis rubidus*；附录 II 有 15 种，如豺 *Cuon alpinus*、丛林猫 *Felis chaus*、林麝 *Moschus berezovskii*、喜马拉雅扭角羚 *Budorcas taxicolor* 等。

　　根据 IUCN 红色名录（2021），高黎贡山地区内有 29 种哺乳动物被评估为受威胁物种（表 5-23），占区域物种数的 14.22%，其中极危（CR）物种 3 种：怒江金丝猴 *Rhinopithecus strykeri*、中华穿山甲 *Manis pentadactyla* 和马来穿山甲 *Manis javanica*；濒危（EN）物种 10 种，包括蜂猴 *Nycticebus bengalensis*、白颊猕猴 *Macaca leucogenys*、肖氏乌叶猴 *Trachypithecus shortridgei*、高黎贡白眉长臂猿 *Hoolock tianxing*、

豺 *Cuon alpinus*、中华小熊猫 *Ailurus styani*、林麝 *Moschus berezovskii*、黑麝 *Moschus fuscus*、马麝 *Moschus chrysogaster*、小蹄蝠 *Hipposideros pomona*；易危（VU）物种 16 种：北豚尾猴 *Macaca leonina*、马来熊 *Helarctos malayanus*、熊狸 *Arctictis binturong*、云豹 *Neofelis nebulosa*、豹 *Panthera pardus*、印度野牛（大额牛）*Bos gaurus*、喜马拉雅扭角羚 *Budorcas taxicolor*、红鬣羚 *Capricornis rubidus*、赤斑羚 *Naemorhedus baileyi*、红面猴 *Macaca arctoides*、亚洲黑熊 *Ursus thibetanus*、小爪水獭 *Aonyx cinerea*、江獭 *Lutrogale perspicillata*、水鹿 *Rusa unicolor*、中华鬣羚 *Capricornis milneedwardsii*、猪獾 *Arctonyx collaris*。此外，还有如金猫 *Catopuma temminckii*、云猫 *Pardofelis marmorata* 等 10 种为近危（NT）物种。

根据 IUCN 受威胁物种评估标准（Ver. 3.1），按区域性受威胁物种评估方法，在《中国生物多样性红色名录 脊椎动物 第 1 卷 哺乳动物》（蒋志刚等，2021）中，高黎贡山地区内有 56 种哺乳动物被评估为受威胁物种（表 5-23），占区域物种数的 27.45%，远高于 IUCN 红色名录受威胁物种数。其中极危（CR）物种有 18 种，包括北豚尾猴 *Macaca leonina*、白颊猕猴 *Macaca leucogenys*、怒江金丝猴 *Rhinopithecus strykeri*、高黎贡白眉长臂猿 *Hoolock tianxing*、喜马拉雅扭角羚 *Budorcas taxicolor*、印度野牛（大额牛）*Bos gaurus*、林麝 *Moschus berezovskii*、马麝 *Moschus chrysogaster*、黑麝 *Moschus fuscus*、中华穿山甲 *Manis pentadactyla*、马来穿山甲 *Manis javanica*、云豹 *Neofelis nebulosa*、丛林猫 *Felis chaus*、大灵猫 *Viverra zibetha*、熊狸 *Arctictis binturong*、马来熊 *Helarctos malayanus*、小爪水獭 *Aonyx cinerea* 和江獭 *Lutrogale perspicillata*；濒危（EN）物种 16 种，如肖氏乌叶猴 *Trachypithecus shortridgei*、金猫 *Catopuma temminckii*、云猫 *Pardofelis marmorata*、豺 *Cuon alpinus*、贡山麂 *Muntiacus gongshanensis* 等；易危（VU）物种 22 种，如红面猴 *Macaca arctoides*、中华小熊猫 *Ailurus styani*、黑鼠兔 *Ochotona nigritia*、灰腹水鼩 *Chimarrogale styani* 等。此外，有 45 种被评估为近危（NT）物种，如狼 *Canis lupus*、赤狐 *Vulpes vulpes* 等。其中，濒危等级被提升的物种主要是由于在国内遇见率低、种群小及受到威胁的因子还存在。

5.5.4 保护地位和价值

5.5.4.1 丰富的哺乳动物多样性和分布类型多样性[0]

高黎贡山地区现记录有哺乳动物 204 种，其物种多样性在云南省乃至全国森林型和野生动物型自然保护区中位居前列，远远超出国内现有大多数自然保护地，如西双版纳国家级自然保护区（130 种；杨德华等，2006），且也是在全国单一自然地理单元中物种较多、多样性较为丰富的地区，其哺乳动物物种数已接近居全国第二位的四川省（含重庆市）（219 种；王酉之和胡锦矗，1999）。并且高黎贡山地区哺乳动物有多样的分布型，除全北区、旧大陆热带种类、热带-亚热带山地动物及热带-亚热带-温带广泛分布的物种外，还具有众多区域特有分布型，如东喜马拉雅、横断山区、中国南部特有等，高黎贡山地区哺乳动物是一个多样性丰富而且复杂的动物综合体，在我国南亚热带森林生态系统自然保护地体系中具有独特的地位。

5.5.4.2 珍稀濒危动物及重点物种保护的关键地区[0]

高黎贡山地区 204 种哺乳动物中，有 48 种被列入国家重点保护野生动物，占区域物种数的 23.53%，包括国家一级重点保护野生动物 23 种、二级重点保护野生动物 25 种；37 种哺乳动物被列入 CITES 附录 I（22 种）、附录 II（15 种），占区域物种数的 18.14%；29 种被 IUCN 评估为极危（3 种）、濒危（10 种）、易危（16 种）物种，占区域物种数的 14.22%；更是有 56 种被《中国生物多样性红色名录 脊椎动物 第 1 卷 哺乳动物》（蒋志刚等，2021）评估为极危（18 种）、濒危（16 种）、易危（22 种）物种，占区域物种数的 27.45%，显示出高黎贡山地区在国家重点保护野生动物、珍稀濒危动物保护中的地位。

据调查，国家一级重点保护野生动物——高黎贡白眉长臂猿 *Hoolock tianxing*（约 150 只）、怒江金丝猴 *Rhinopithecus strykeri*（约 250 只）、肖氏乌叶猴 *Trachypithecus shortridgei*（约 400 余只）在国内仅分布

于高黎贡山地区，且有明显的区域性分布特点，如高黎贡白眉长臂猿分布于南段（隆阳、腾冲、盈江），怒江金丝猴见于中段（泸水），肖氏乌叶猴分布于北段（贡山独龙江）。马来熊 *Helarctos malayanus* 一度曾有人怀疑在中国是否分布，直至最近中国科学院昆明动物研究所团队在云南铜壁关省级自然保护区利用红外相机记录到马来熊的影像，证实马来熊在高黎贡山地区有种群生存。此外，高黎贡山地区是喜马拉雅扭角羚 *Budorcas taxicolor* 和黑麝 *Moschus fuscus* 的重要分布区。

5.5.4.3　保护特有哺乳动物及丰富的跨境动物多样性

据统计，高黎贡山地区 204 种哺乳动物中有 31 种为中国特有，占区域哺乳类物种数的 15.20%，其中贡山鼩鼹 *Uropsilus investigator*、高黎贡林猬 *Mesechinus wangi*、高黎贡鼠兔 *Ochotona gaoligongensis*、黑鼠兔 *Ochotona nigritia*、高黎贡比氏鼯鼠 *Biswamoyopterus gaoligongensis* 5 种为高黎贡特有，雪山鼩鼹 *Uropsilus nivatus*、纹背鼩鼱 *Sorex cylindricauda*、灰腹长尾鼩鼱 *Episoriculus sacratus*、云南绒毛鼯鼠 *Eupetaurus nivamons*、滇攀鼠 *Vernaya fulva*、安氏白腹鼠 *Niviventer andersoni*、川西白腹鼠 *Niviventer excelsior*、大耳姬鼠 *Apodemus latronum*、高原松田鼠 *Neodon irene*、中华小熊猫 *Ailurus styani* 等 16 种为横断山区特有，侧纹岩松鼠 *Sciurotamias forresti*、澜沧江姬鼠 *Apodemus ilex*、云南兔 *Lepus comus* 等 5 种为横断山南部至云贵高原特有，滇绒鼠 *Eothenomys eleusis*、高山姬鼠 *Apodemus chevrieri*、中华竹鼠 *Rhizomys sinensis* 等 6 种为横断山区与中国南部特有，长吻鼹 *Euroscaptor longirostris*、华南针毛鼠 *Niviventer huang*、托京褐扁颅蝠 *Tylonycteris tonkinensis* 3 种为中国南部特有。

此外，怒江金丝猴 *Rhinopithecus strykeri*、肖氏乌叶猴 *Trachypithecus shortridgei*、中缅灰叶猴 *Trachypithecus melamera*、高黎贡白眉长臂猿 *Hoolock tianxing*、狭颅黑齿鼩鼱 *Blarinella wardi*、云南缺齿鼩 *Chodsigoa parca*、纹腹松鼠 *Callosciurus quinquestriatus*、黄足松鼠 *Callosciurus phayrei*、小泡灰鼠 *Berylmys manipulus*、克钦绒鼠 *Eothenomys cachinus* 为滇西-缅北特有，更重要的是高黎贡白眉长臂猿、怒江金丝猴、肖氏乌叶猴在国内仅见于高黎贡山地区，且分别分布于南段、中段和北段，地带性与代表性特别明显。

5.5.4.4　丰富的灵长类动物

近年来，通过野外红外相机调查监测和直接观察，在高黎贡山地区多个区域记录到灵长类动物的影像资料，其中于 2021 年在福贡发现灵长类动物区域新记录种——白颊猕猴 *Macaca leucogenys*，使高黎贡山地区非人灵长类动物种数增至 10 种，占全国非人灵长类动物（28 种）的 35.71%，是全国灵长类动物多样性最为丰富的地区。且各物种在高黎贡山地区有着明显不同的分布特点，除了熊猴 *Macaca assamensis*、红面猴 *Macaca arctoides*、猕猴 *Macaca mulatta* 全域分布外，蜂猴 *Nycticebus bengalensis*、北豚尾猴 *Macaca leonina*、中缅灰叶猴 *Trachypithecus melamera*、高黎贡白眉长臂猿 *Hoolock tianxing* 仅分布于高黎贡山地区南段，怒江金丝猴 *Rhinopithecus strykeri* 分布于中段，肖氏乌叶猴 *Trachypithecus shortridgei*、白颊猕猴 *Macaca leucogenys* 分布于北段。事实上，北豚尾猴 *Macaca leonina* 也是近年来发现的区域新记录种，该物种原仅知分布于云南西南部。

5.5.4.5　保护丰富的食肉类动物

目前在高黎贡山地区记录食肉类动物 33 种，占区域物种数的 16.18%，更是占到全国食肉动物（63 种）的 52.38%。显示出高黎贡山地区是国内食肉类动物较为丰富的地区之一，其中不乏国内食肉类动物的重要分布区，如云猫 *Pardofelis marmorata* 目前主要见于高黎贡山地区，又如云南铜壁关省级自然保护区是目前国内唯一有马来熊 *Helarctos malayanus* 确凿影像资料证据的地区。

参 考 文 献

艾怀森. 2006. 高黎贡山地区雉类多样性及其保护. 动物学研究, 27(4): 427-432.

车静. 2020. "中国两栖类"信息系统. http://www.amphibiachina.org/site/amplist/2020.xlsx[2020-03-14].

陈辈乐, 黄湘元, 杨申品, 等. 2021. 云南高黎贡山发现黑顶蟆口鸱. 动物学杂志, 56(4): 640-641.

陈宜瑜. 1998. 横断山区鱼类. 北京: 科学出版社.

陈奕欣, 肖治术, 李明, 等. 2016. 利用红外相机对高黎贡山中段西坡兽类和鸟类多样性初步调查. 兽类学报, 36(3): 302-312.

崔士明. 2017. 灰腹角雉 中国首次野外拍摄到活体影像. 森林与人类, (3): 72-73.

褚新洛, 陈银瑞. 1989. 云南鱼类志(上册). 北京: 科学出版社.

褚新洛, 陈银瑞. 1990. 云南鱼类志(下册). 北京: 科学出版社.

东英梅. 2021. 红外相机野外影像记录|蓝绿鹊. https://mp.weixin.qq.com/s/Gdh_x6YLqcEhKnw5aualgA[2022-03-30].

高歌, 王斌, 何臣相, 等. 2017. 云南泸水高黎贡山高山生境的鸟兽多样性. 生物多样性, 25(3): 332-339.

高正文, 孙航. 2021. 云南省生物物种红色名录(2017 版). 昆明: 云南科技出版社: 641-676.

龚正达, 解宝琦. 1989. 高黎贡山的小型兽类调查. 动物学杂志, 24(1): 31-35.

国家林业和草原局, 农业农村部. 2021. 国家林业和草原局 农业农村部公告(2021 年第 3 号)(国家重点保护野生动物名录).

韩联宪, 黄石林, 罗旭, 等. 2004. 云南白尾梢虹雉的分布与保护. 生物多样性, 12(5): 523.

韩联宪, 薛兆阳. 2021. 秃鹳: 稍现即逝. 森林与人类, (2): 66-71.

胡箭, 韩联宪. 2007. 铜壁关自然保护区鸟类区系研究. 林业调查规划, (2): 54-57.

黄祝坚. 1959. 云南省蛇类的新记录和新名录. 动物学杂志, 7: 301-305.

江耀明. 1983. 蛙科湍蛙属一新种——绿点湍蛙. 两栖爬行动物学报, 2(3): 71.

蒋学龙, 李权, 陈中正, 等. 2017. 哺乳类//孙航, 高正文. 云南省生物物种名录(2016 版). 昆明: 云南人民出版社: 581-588.

蒋学龙, 李学友, 邓可, 等. 2018. 哺乳动物//税玉民, 武素功, 王应祥, 等. 云南大围山国家级自然保护区综合科学研究. 昆明: 云南科技出版社: 316-336.

蒋学龙, 王应祥, 陈鹏, 等. 2015. 哺乳动物//彭华, 刘恩德. 云南轿子山国家级自然保护区. 北京: 中国林业出版社: 213-227.

蒋学龙, 王应祥, 陈上华. 2004. 兽类//喻庆国. 无量山国家级自然保护区. 昆明: 云南科技出版社: 172-203.

蒋志刚, 江建平, 王跃招, 等. 2016. 中国脊椎动物红色名录. 生物多样性, 24(5): 501-551, 615.

蒋志刚, 吴毅, 刘少英, 等. 2021. 中国生物多样性红色名录 脊椎动物 第 1 卷 哺乳动物. 北京: 科学出版社.

匡邦郁, 杨德华. 1980. 中国鸟类新纪录. 动物分类学报, 5(2): 219-220.

雷进宇, 刘阳. 2007. 中国观鸟年报 2006. 北京: 中国鸟类学会: 384.

李春妹. 2021. 丙中洛监测到国家二级保护动物——三趾啄木鸟. https://mp.weixin.qq.com/s/o7BqMpM49gPK3vzYDtZeUA[2022-03-30].

李仕忠. 2021. 丛林探秘(六)跟随红外相机镜头共赴一场与珍稀鸟儿的约会. https://mp.weixin.qq.com/s/wKtR3tuq2Puk-h1FEuOPRg[2022-03-30].

李迎春. 2019. 新发现|你有见过黄腰响蜜䴕吗. https://mp.weixin.qq.com/s/RKanj1WxJbvWtJJiyWpOJg[2022-03-30].

李迎春. 2020. 贡山观察到雪鸽、高山兀鹫和栗头八色鸫 (未公开发表).

李泽君, 曹光宏, 周峰, 等. 2005. 西双版纳纳板河国家级自然保护区两栖爬行动物考察报告. 中国动物学会两栖爬行动物学分会 2005 年学术研讨会暨会员代表大会论文集: 76-83.

李致祥. 1981. 中国麂一新种的记述. 动物学研究, 2(2): 157-161.

梁丹, 高歌, 王斌, 等. 2015. 云南高黎贡山中段鸟类多样性和垂直分布特征. 四川动物, 34(6): 930-940.

刘阳, 陈水华. 2021. 中国鸟类观察手册. 长沙: 湖南科学技术出版社: 1-643.

刘阳, 危骞, 董路, 等. 2013. 近年来中国鸟类野外新纪录的解析. 动物学杂志, 48(5): 750-758.

罗丽. 2021. 可爱! 呆萌赤嘴潜鸭现身泸水. https://mp.weixin.qq.com/s/1SUsOJ-lQqwOBc94fj371Q[2022-03-30].

罗平钊, 王吉衣, 韩联宪, 等. 2007. 中国鸟类一新记录——大长嘴地鸫. 四川动物, (3): 480, 489.

马楠, 尹以祐, 李思琪. 2021. 云南盈江记录到黑白林鵙影像资料. https://new.qq.com/omn/20210405/20210405A01UN100.html[2022-03-30].

马世来, 王应祥, 施立明. 1990. 麂属(Muntiacus)一新种. 动物学研究, 11(1): 47-53.

彭鸿绶, 王应祥. 1981. 高黎贡山的兽类新种和新亚种(一). 兽类学报, 1(2): 57-66.

彭燕章, 魏天昊, 杨岚, 等. 1980. 高黎贡山脊椎动物考察报告(第二册·鸟类). 北京: 科学出版社: 1-304.

屈文正, 张国君, 屈春霞, 等. 2006. 兽类//杨宇明, 杜凡. 云南铜壁关自然保护区科学考察研究. 昆明: 云南科技出版社.

史海涛. 2008. 中国贸易龟类检索图鉴. 北京: 中国大百科全书出版社.

宋文宇, 李学友, 王洪娇, 等. 2021. 三江并流区树线生境小型兽类多样性多维度评价及其保护启示. 生物多样性, 29(9): 1215-1228.

苏晓庆. 2018. 高黎贡山自然保护区兽类多样性现状研究. 环境影响评价, 40(2): 94-96.

孙军. 2018. 嗨了, 各路野鸭门派云集贡山. https://mp.weixin.qq.com/s/rKdxoRYFSktSKmQvPLepTA[2022-03-30].

孙军. 2021. 鸟语花香的美丽贡山(三). https://mp.weixin.qq.com/s/VDZ70p1nRSGu1qtb8CTXBA[2022-03-30].

孙晓光. 2020. 猛禽|空中的森林霸主现身丙中洛. https://mp.weixin.qq.com/s/n-cIA1MuZKa75Aijr19goA[2022-03-30].

汤家生, 徐志辉, 杨宇明, 等. 1995. 植被分布规律及植物区系组成//薛纪如. 高黎贡山国家自然保护区. 北京: 中国林业出版社: 59-127.

唐蟾珠, 徐延恭, 杨岚, 等. 1996. 横断山区鸟类. 北京: 科学出版社: 43-544.

王云, 关磊, 陈学平, 等. 2012. 云南三江并流区六库-片马公路车辆运营对路域鸟类行为的影响. 四川动物, 31(1): 158-164.

王剀, 吕植桐, 王健, 等. 2022. 云南省爬行动物名录和地理区划更新. 生物多样性, 30(4): 123-153.

王剀, 任金龙, 陈宏满, 等. 2020. 中国两栖、爬行动物更新名录. 生物多样性, 28(2): 189-218.

王应祥, 冯庆, 蒋学龙, 等. 2002. 分水岭哺乳动物//许建初. 云南金平分水岭自然保护区综合科学考察报告集. 昆明: 云南科技出版社: 63-90.

王应祥, 冯庆, 蒋学龙, 等. 2003a. 哺乳动物//许建初. 云南绿春黄连山自然保护区. 昆明: 云南科技出版社: 103-131.

王应祥, 刘思慧, 蒋学龙, 等. 2008. 哺乳类//杨宇明, 田昆, 和世钧. 中国文山国家级自然保护区科学考察研究. 北京: 科学出版社: 317-333.

王应祥, 龙勇诚, 肖林, 等. 2003b. 哺乳动物//李宏伟. 白马雪山国家级自然保护区. 昆明: 云南民族出版社: 231-265.

王应祥, 王为民, 旃勇, 等. 1995. 兽类//薛纪如. 高黎贡山自然保护区. 北京: 中国林业出版社: 277-299.

王应祥, 杨宇明, 刘宁, 等. 2004. 哺乳动物//杨宇明, 杜凡. 中国南滚河国家级自然保护区. 昆明: 云南科技出版社: 173-205.

王应祥. 1998. 哺乳类//徐志辉. 怒江自然保护区. 昆明: 云南美术出版社: 329-354.

王勇胜. 2020. 国家"三有"保护动物"大麻鸭"被贡山警民救助. https://mp.weixin.qq.com/s/4-3logAA_64F8--zPM1ZSg?source&ADUIN=243914421&ADSESSION=1621818213&ADTAG=CLIENT.QQ.5621_.0&ADPUBNO=27024[2021-05-24].

王酉之, 胡锦矗. 1999. 四川兽类原色图鉴. 北京: 中国林业出版社.

王紫江, 赵雪冰, 杨梅, 等. 2019. 云南夜间迁徙鸟类研究. 昆明: 云南科技出版社: 98-170.

魏辅文, 杨奇森, 吴毅, 等. 2021. 中国兽类名录(2021 版). 兽类学报, 41(5): 487-501.

魏辅文, 杨奇森, 吴毅, 等. 2022. 中国兽类分类与分布. 北京: 科学出版社.

吴飞, 岩道, 高建云, 等. 2021. 高黎贡山区域鸟类资源图鉴. 昆明: 云南科技出版社: 20-301.

吴飞. 2009. 云南哀牢山鸟类多样性及其保护. 昆明: 中国科学院昆明动物研究所博士学位论文.

吴飞. 2022. 高黎贡山区域鸟类资源图鉴. 昆明: 云南科技出版社.

吴介云. 1992. 高黎贡山自然保护区北段两栖爬行动物区系分析. 云南师范大学学报(自然科学版), 12(1): 62-68.

西南林学院, 云南省林业调查规划设计院, 云南省林业厅. 1995. 高黎贡山国家自然保护区. 北京: 中国林业出版社.

肖志术, 李欣海, 王学志, 等. 2014. 探讨我国森林野生动物红外相机监测规范. 生物多样性, 22(6): 704-711.

徐凯. 2019. 云南文山国家级自然保护区小桥沟片区两栖动物多样性综合调查研究. 昆明: 中国科学院昆明动物研究所硕士学位论文.

薛纪如. 1995. 高黎贡山国家自然保护区. 北京: 中国林业出版社: 1-394.

杨岚, 陈鸿芝, 王为民, 等. 1995b. 鸟类//薛纪如. 高黎贡山国家自然保护区. 北京: 中国林业出版社: 300-325.

杨岚, 屈文政, 李强. 2006. 第十五章 鸟类//杨宇明, 杜凡. 云南铜壁关自然保护区科学考察研究. 昆明: 云南科技出版社: 237-257.

杨岚, 文贤继, 韩联宪. 1995a. 云南鸟类志: 上卷, 非雀形目. 昆明: 云南科技出版社.

杨岚, 杨晓君. 2004. 云南鸟类志: 下卷, 雀形目. 昆明: 云南科技出版社.

杨岚. 1987. 赤颈鹤在云南分布的现状. 动物学研究, (3): 338.

杨大同, 刘万兆, 饶定齐. 1996. 中国蟾蜍类一个新类群及其生物学. 动物学研究, 17(4): 353-359.

杨大同, 饶定齐. 2008. 云南两栖爬行动物. 昆明: 云南科技出版社.

杨大同, 苏承业, 利思敏. 1979. 高黎贡山两栖爬行动物新种和新亚种. 动物分类学报, 4(2): 185-188, 195-196.

杨大同, 苏承业. 1984. 横断山树蛙一新种——贡山树蛙. 两栖爬行动物学报, 3(3): 51-53.

杨大同. 1991. 云南两栖类志. 北京: 中国林业出版社.

杨德华, 董永华, 王巧燕. 2006. 哺乳类动物//王战强, 熊云翔. 西双版纳国家级自然保护区. 昆明: 云南教育出版社: 395-412.

杨晓君, 常云艳, 吴飞, 等. 2021. 鸟类//高正文, 孙航. 云南省生物物种红色名录(2017 版). 昆明: 云南科技出版社: 641-676.

杨晓君. 2009. 云南鸟类物种多样性现状//王紫江, 黄海魁, 杨晓君. 保护鸟类 人鸟和谐. 北京: 中国林业出版社: 1-45.

杨宇明, 杜凡. 2006. 云南铜壁关自然保护区科学考察研究. 昆明: 云南科技出版社.

叶新龙. 2022. 生态环境好, 灰鹤又来贡山度假了. https://mp.weixin.qq.com/s/9RajKnhNEAkHRyXwYjiiLA[2022-03-30].

影像生物调查所(IBE), 云南高黎贡山国家级自然保护区怒江管护局. 2016. 怒江高黎贡山自然观察手册. 北京: 中国大百科全书出版社: 376-377, 382-383.

余建德. 2022. 红嘴鸥初访丙中洛. https://mp.weixin.qq.com/s/36gwUBlF4eAXxWdCe04fMA[2022-03-30].

余向前. 2021. 点赞! 夜鹭在独龙江重回大自然! https://mp.weixin.qq.com/s/sIpgEAkc6XVP_IhvKnt0og[2022-03-30].

郁云江. 2020a. 200 余只灰鹤迁徙首次途经云陵县. https://mp.weixin.qq.com/s/MJR2Jlfc4Yr1B8NX9SEYrg[2022-03-30].

郁云江. 2020b. 世界濒危鸟类钳嘴鹳首现龙陵劢糯湿地. https://mp.weixin.qq.com/s/k4V2QOEZlog656ImUcQrVg [2022-03-30].

郁云江. 2021a. 鸳鸯戏水! 云南龙陵鸟类家族又添新成员. https://mp.weixin.qq.com/s/gGxi2Up0TMq7LHWm2c8t4Q [2022-03-30].

郁云江. 2021b. 龙陵发现鸻科鸟类新纪录——凤头麦鸡. https://mp.weixin.qq.com/s/e8QWfW2VkypilM-q1zTHRA[2022-03-30].

郁云江. 2021c. 罕见! 云南龙陵首次拍到冠斑犀鸟享用美食珍贵影像. https://mp.weixin.qq.com/s/5d4dn4vfEIi2gNj2sQV65w [2022-3-30].

郁云江. 2021d. 龙陵生物多样性之美(112)花花公子——斑鱼狗. https://mp.weixin.qq.com/s/eCfnMIsAK-jKLViW3nqtKQ [2022-03-30].

郁云江. 2021e. 龙陵生物多样性之美(八十九)龙陵发现山雀科鸟类新纪录——冕(miǎn)雀. https://mp.weixin.qq.com/s/SjHZA1mquZkTgOueYtQhog[2022-03-30].

郁云江. 2022a. 头顶小红帽! 易危物种紫水鸡现身保山龙陵. https://mp.weixin.qq.com/s/iwazC-8axPVfxNKoyUth6Q [2022-03-30].

郁云江. 2022b. 世界近危物种高山兀鹫现身云南龙陵. https://www.baoshandaily.com/html/20220214/content164482903195688.html[2022-03-30].

喻庆国, 钱德仁. 2006. 小黑山自然保护区. 昆明: 云南科技出版社.

约翰·马敬能, 卡伦·菲利普斯, 何芬奇. 2000. 中国鸟类野外手册. 长沙: 湖南教育出版社.

约翰·马敬能. 2022. 中国鸟类野外手册·马敬能新编版[上、下册]. 北京: 商务印书馆.

云南省林业厅, 云南省林业调查规划设计院, 怒江傈僳族自治州人民政府, 等. 1998. 怒江自然保护区. 昆明: 云南美术出版社.

翟巧红. 2021. 罕见! 30 年未见的棕颈犀鸟现身. https://mp.weixin.qq.com/s/1lfhEjDwB2XCOLAGukjn9A[2022-03-30].

张琦, 赵泽恒, 曾祥乐, 等. 2021. 云南盈江和大理发现斑翅凤头鹃. 动物学杂志, 56(1):159-160.

张蓓, 和兆南. 2021. 泸水境内首次拍摄到这种世界濒危的俊俏大鸟. https://mp.weixin.qq.com/s/uPXlh_OWSLb0hYOKQo8mtw [2022-03-30].

张蓓, 罗金合. 2021. 漂亮大鸟又来泸水过冬啦! 它叫鹮(huán)嘴鹬(yù). https://mp.weixin.qq.com/s/vofh6MNjm9BU4jsbT4b4zA [2022-03-30].

张浩辉. 2020. 庭草(网名)在保山市腾冲火山公园附近观察并拍摄到一只白喉林莺(未公开发表).

张浩辉. 2021a. 张炜在保山市潞江坝怒江边芒旦观察并拍摄到一只长尾鸭 (未公开发表).

张浩辉. 2021b. 周文仪在德宏州盈江铜壁关观察并拍摄到一只黄腿渔鸮 (未公开发表).

张浩辉. 2021c. 钢铁侠(网名)在腾冲和顺乡观察并拍摄到一只牛头伯劳 (未公开发表).

张利祥, 曾祥乐, 杜银磊, 等. 2019. 云南盈江发现白翅栖鸭. 动物学杂志, 54(6): 902.

张仁韬, 朱边勇. 2021. "黑腹蛇鹈"现身瑞丽! 上一次出现在中国是解放前! https://mp.weixin.qq.com/s/A3zzq8MUrvIwn-bdXWmVZg[2022-03-30].

张荣祖. 1999. 中国动物地理. 北京: 科学出版社.

张荣祖. 2011. 中国动物地理. 北京: 科学出版社.

赵尔宓, 杨大同. 1997. 横断山区两栖爬行动物. 北京: 科学出版社.

赵尔宓. 2006. 中国蛇类. 合肥: 安徽科学技术出版社.

赵体恭, 吴德林, 邓向福. 1988. 哀牢山自然保护区兽类//徐永椿, 姜汉桥. 哀牢山自然保护区综合考察报告集. 昆明: 云南民族出版社: 194-205.

郑玺, 李绍明, 黄湘元, 等. 2017. 云南腾冲发现苍头燕雀. 动物学杂志, 52(3): 496.

郑光美. 2017. 中国鸟类分类与分布名录. 3 版. 北京: 科学出版社.

郑天水. 2021a. 云南南滚河国家级自然保护区生物多样性评价. 内蒙古林业调查设计, (4): 48-52, 29.

郑天水. 2021b. 云南南滚河国家级自然保护区整合优化设计研究. 林业调查规划, 46(3): 49-57.

中国科学院昆明动物研究所鸟类组. 1980. 高黎贡山地区脊椎动物考察报告(第二册 鸟类). 北京: 科学出版社.

中国科学院青藏高原综合科学考察队. 1992. 横断山区昆虫(第一册). 北京: 科学出版社.

中国科学院青藏高原综合科学考察队. 1993. 横断山区昆虫(第二册). 北京: 科学出版社.

中华人民共和国濒危物种进出口管理办公室, 中华人民共和国濒危物种科学委员会. 2019. 2019 年 CITES 附录中文版. http: //www.cites.org.cn/citesgy/fl/201911/t20191111_524091.html[2022-03-29].

周应再, 余新林, 彭明统, 等. 2020. 红外相机技术在高黎贡山国家级自然保护区南段西坡野生动物监测中的应用. 安徽农业科学, 48(4): 108-111.

朱边勇, 张仁韬. 2021. 61 年! 重现云南盈江! https: //mp.weixin.qq.com/s/f7jIGS6Il80-2_KPGA2QRw[2021-04-08].

Ai H S, He K, Chen Z Z, et al. 2018. Taxonomic revision of the genus *Mesechinus* (Mammalia: Erinaceidae) with description of a new species from Yunnan, China. Zoological Research, 39(5): 1-13.

Allen G M. 1923. New Chinese insectivores. American Museum Novitates, 100: 1-11.

Allen G M. 1926. Rats (genus *Rattus*) from the Asiatic Expeditions. American Museum Novitates, No. 217. New York: American Museum of Natural History.

Allen G M. 1938. The mammals of China and Mongolia Pt.1. New York: American Museum of Natural History.

Allen G M. 1940. The mammals of China and Mongolia Pt.2. New York: American Museum of Natural History.

Alström P, Rasmussen P C, Zhao C, et al. 2016. Integrative taxonomy of the Plain-backed Thrush (*Zoothera mollissima*) complex (Aves, Turdidae) reveals cry avian researchptic species, including a new species. Avian Research, 7: 1.

Anderson J. 1871a. A report on the expedition to western Yunan viâ Bhamô. Calcutta: Office of the Superintendent of Government Printing.

Anderson J. 1871b. Letter, describe a new species of Macaque. Proceedings of the Scientific Meetings of the Zoological Society of London: 628-629.

Anderson J. 1871c. On eight new species of birds from western Yunnan, China. Proceedings of the Zoological Society of London, 1871: 211-215.

Anderson J. 1875. Description of some new Asiatic mammals. The Annals and Magazine of Natural History(Ser. 4), 16(94): 282.

Anderson J. 1876. Mandalay to Momien: a narrative of the two expeditions to western China of 1868 and 1875. London: Macmillan and Company.

Anderson J. 1878a. Anatomical and zoological researches: comprising an account of the zoological results of the two expeditions to western Yunnan in 1868 and 1875；and a monograph of the two cetacean genera, Platanista and Orcella [plates]. London: B. Quaritch.

Anderson J. 1878b. Anatomical and zoological researches: comprising an account of the zoological results of the two expeditions to western Yunnan in 1868 and 1875；and a monograph of the two cetacean genera, Platanista and Orcella [text]. London: B. Quaritch.

Andrews R C, Andrews Y B. 1918. Camps and trails in China: a narrative of exploration, adventure, and sport in little-known China. New York: D. Appleton and Company.

Andrews R C. 1918. Traveling in China's Southland. Geographical Review, 6(2): 133-146.

Anthony A E. 1941. Mammals collected by the Vernay-Cutting Burma expedition. Chicago: Field Museum of Natural History.

Baker E C S. 1923. Descriptions of new races of Warblers. Bulletin of the British Ornithologists' Club, 44(285): 61-63.

Baker E C S. 1925. Descriptions of new races of Sun-birds. Bulletin of the British Ornithologists' Club, 46(299): 12-14.

Bangs O, Andrews R C, Heller E, et al. 1921. The birds of the American Museum of Natural History's Asiatic zoological expedition of 1916-1917. New York: American Museum of Natural History.

Billerman S M, Keeney B K, Rodewald P G, et al. 2022. Birds of the World. Cornell Laboratory of Ornithology, Ithaca, NY, USA. https: //birdsoftheworld.org/bow/home[2022-03-30].

BirdLife International. 2022. IBAs. http: //datazone.birdlife.org[2022-03-30].

Chen Z N, Shi S C, Vogel G, et al. 2021. Multiple lines of evidence reveal a new species of Krait (Squamata, Elapidae, *Bungarus*) from Southwestern China and Northern Myanmar. Zookeys, 1025: 35-71.

Chen Z N, Yu J P, Vogel G, et al. 2020. A new pit viper of the genus *Trimeresurus* (Lacépède, 1804)(Squamata: Viperidae) from Southwest China. Zootaxa, 4768(1): 112-128.

Chen Z N, Zhang L, Shi J S, et al. 2019. A new species of the genus *Trimeresurus* from Southwest China (Squamata: Viperidae). Asian Herpetological Research, 10(1): 13-23.

d'Orléans H. 1898. From Tonkin to India by the sources of the Irawadi, January'95-January'96. New York: Dodd, Mead, &

Company.

David P, Agarwal I, Athreya R, et al. 2015. Revalidation of *Natrix clerki* Wall, 1925, an overlooked species in the genus *Amphiesma* Duméril, Bibron & Duméril, 1854 (Squamata: Natricidae). Zootaxa, 3919(2): 375-395.

David P, Vogel G, Nguyen T Q, et al. 2021. A revision of the dark-bellied, stream-dwelling snakes of the genus *Hebius* (Reptilia: Squamata: Natricidae) with the description of a new species from China, Vietnam and Thailand. Zootaxa, 4911(1): 1-61.

Delacour J. 1948. The subspecies of *Lophura nycthemera*. American Museum Novitates, 1377: 1-12.

Du L N, Liu S, Hou M, et al. 2020. First record of *Theloderma pyaukkya* Dever, 2017 (Anura: Rhacophoridae) in China, with range extension of *Theloderma moloch* (Annandale, 1912) to Yunnan. Zoological Research, 41(5): 576.

Dumbacher J P, Miller J, Flannery M E, et al. 2011. Avifauna of the Gaoligong Shan Mountains of western China: a hotspot of avian species diversity. Ornithological Monographs, 70: 30-63.

Fan P F, He K, Chen X, et al. 2017. Description of a new species of *Hoolock* gibbon (Primates: Hylobatidae) based on integrative taxonomy. American Journal of Primatology, 79(5): e22631.

Forrest G. 1910. The land of the crossbow. The National Geographic Magazine, 21(1-6): 132-156.

Gill W J. 1877. Travels in western China and on the eastern borders of Tibet. Proceedings of the Royal Geographical Society of London, 22(4): 255.

Grismer L L, Wood J P L, Anuar S, et al. 2013. Integrative taxonomy uncovers high levels of cryptic species diversity in *Hemiphyllodactylus* Bleeker, 1860 (Squamata: Gekkonidae) and the description of a new species from Peninsular Malaysia. Zoological Journal of the Linnean Society, 169(4): 849-880.

Guo K J, Deng X J. 2009. A new species of *Pareas* (Serpentes: Colubridae: Pareatinae) from the Gaoligong Mountains, southwestern China. Zootaxa, 2008(1): 53-60.

Han L X. 1994. Distribution and conservation status of Galliformes in the Gaoligongshan region. Annual Review of the World Pheasant Association, 95: 23-34.

Harington M H H. 1913. Exhibition and description of new subspecies of Indian birds (*Suya crinigera cooki*, *S. c. yunnanensis*, *Prinia inornata burmanica*, and *P. i. formosa*). Bulletin of the British Ornithologists' Club, 31(189): 109-111.

Hinton MAC. 1923. On the voles collected by Mr. G. Forrest in Yunnan, with remarks upon the genera *Eothenomys* and *Neodon* and upon their allies. The Annals and Magazine of Natural History(Ser. 9), 11: 145-162.

Hui H, Yu G, Yang J, et al. 2019. First record of *Minervarya chiangmaiensis* (Anura: Dicroglossidae) from China and Myanmar. Russian Journal of Herpetology, 26 (5): 261.

IUCN. 2021. The IUCN Red List of Threatened Species. Version 2021-3.

IUCN. 2022. The IUCN Red List of Threatened Species. Version 2022-3.

Jackson S M, Li Q, Wan T, et al. 2021. Across the great divide: revision of the genus *Eupetaurus* (Sciuridae: Pteromyini), the woolly flying squirrels of the Himalayan region, with the description of two new species. Zoological Journal of the Linnean Society, 194(2): 502-526.

Kingdon-Ward F. 1913. The Land of the Blue Poppy: Travels of a Naturalist in Eastern Tibet. Cambridge: Cambridge University Press.

Kingdon-Ward F. 1921. In Farthest Burma: the Record of an Arduous Journey of Exploration and Research through the Unknown Frontier Territory of Burma and Tibet. London: Seeley, Service.

Kingdon-Ward F. 1924. From China to Khamti Long. London: Edward Arnold & Company.

Kong D J, Wu F, Shan P F, et al. 2018. Status and distribution changes of the endangered Green Peafowl (*Pavo muticus*) in China over the past three decades (1990s—2017). Avian Research, 9(2): 102-110.

Lan D Y, Dunbar R. 2000. Bird and mammal conservation in Gaoligongshan Region and Jingdong County, Yunnan, China: patterns of species richness and nature reserves. Oryx, 34(4): 275-286.

Li Q, Cheng F, Jackson S M, et al. 2021. Phylogenetic and morphological significance of an overlooked flying squirrel (Pteromyini, Rodentia) from the eastern Himalayas with the description of a new genus. Zoological Research, 42(4): 389-400.

Li Q, Li X Y, Jackson S M, et al. 2019. Discovery and description of a mysterious Asian flying squirrel (Rodentia, Sciuridae, *Biswamoyopterus*) from Mount Gaoligong, southwest China. Zookeys, 864(33678): 147-160.

Li S, Yang J X. 2009. Geographic variation of the Anderson's niviventer (*Niviventer andersoni*) (Thomas, 1911) (Rodentia: Muridae) of two new subspecies in China verified with cranial morphometric variables and pelage characteristics. Zootaxa, 2196: 48-58.

Liang D, Pan X, Luo X, et al. 2021. Seasonal variation in community composition and distributional ranges of birds along a subtropical elevation gradient in China. Diversity and Distributions, 27(12): 2527-2541.

Liu S, Rao D Q. 2019. A new species of the genus *Acanthosaura* from Yunnan, China (Squamata, Agamidae). Zookeys, 888: 105-132.

Liu W Z, Yang D T, Ferraris C, et al. 2000. *Amolops bellulus*: a New Species of Stream-Breeding Frog from Western Yunnan, China (Anura: Ranidae). Copeia, 2000(2): 536-541.

Liu X, He Y, Wang Y, et al. 2021. A new frog species of the genus *Odorrana* (Anura: Ranidae) from Yunnan, China. Zootaxa, 4908(2): 263-275.

Long Y C, Momberg F, Ma J, et al. 2012. *Rhinopithecus strykeri* found in China! American Journal of Primatology, 74(10): 871-873.

Lyu Z T, Chen Y, Yang J H, et al. 2020. A new species of *Nidirana* from the *N. pleuraden* group (Anura, Ranidae) from western Yunnan, China. Zootaxa, 4861(1): 43-62.

McCarthy J. 1879. Across China from Chin-Kiang to Bhamo, 1877. Proceedings of the Royal Geographical Society and Monthly Record of Geography, 1(8): 489-509.

Menegaux A, Didier R. 1913. Etude d'une collection d'oiseaux recueillie par MA Pichon au Yunnan Occidental. Revue Française d'Ornithologie, 51: 97-103.

Myers N, Mittermeier R A, Mittermeier C G, et al. 2000. Biodiversity hotspots for conservation priorities. Nature, 403: 853-858.

Ogilvie-Grant W R. 1900. On the birds collected by Capt. A. W. S. Wingate in South China. Ibis series 7, 14: 573-606.

Pan X Y, Liang D, Zeng W, et al. 2019. Climate, human disturbance and geometric constraints drive the elevational richness pattern of birds in a biodiversity hotspot in southwest China. Global Ecology and Conservation, 18: e00630.

Parkes K C. 1958. Taxonomy and Nomenclature of Three Species of *Lonchura* (Aves: Estrildinae). Proceedings of the United States National Museum, 108(3402): 279-293.

Rao D, Vindum J V, Ma X H, et al. 2017. A new species of *Japalura* (Squamata, Agamidae) from the Nu River Valley in Southern Hengduan Mountains, Yunnan, China. Asian Herpetological Research, 8(2): 86-95.

Riley J H. 1926. A collection of birds from the provinces of Yunnan and Szechwan, China, made for the National Geographic Society by Dr. Joseph F. Rock. Proceedings of the United States National Museum, 70: 1-70.

Riley J H. 1930. Birds Collected in Inner Mongolia, Kansu, and Chihli by the National Geographic Society's Central-China expedition under the direction of FR Wulsin. Proceedings of the United States National Museum, 77: 1-39.

Riley J H. 1931. A second collection of birds from the provinces of Yunnan and Szechwan, China, made for the National Geographic Society by Dr. Joseph F. Rock. Proceedings of the United States National Museum, 80: 1-82.

Rippon C G. 1899. On four new species of birds, *Babax yunnanensis*, *B. victoriae*, *Ixops poliotis*, and *Garrulus haringtoni*. Bulletin of the British Ornithologists' Club, 15(117): 96-97.

Rothschild L W. 1921. On a collection of birds from West-Central and North-Western Yunnan. Novitates Zoologicae, 28: 14-67.

Rothschild L W. 1923a. Description of new species and subspecies of Yunnan birds. Bulletin of the British Ornithologists' Club, 43(271): 9-12.

Rothschild L W. 1923b. On a second collection sent by Mr. George Forrest from NW Yunnan. Novitates Zoologicae, 30: 33-58.

Rothschild L W. 1923c. On a third collection of birds made by Mr. George Forrest from north west Yunnan. Novitates Zoologicae, 30: 247-267.

Rothschild L W. 1925. On a fourth collection of birds made by Mr. George Forrest in North-western Yunnan. Novitates Zoologicae, 32: 292-313.

Rothschild L W. 1926a. Exhibition and description of a new subspecies of *Fulvetta* (*Fulvetta chrysotis forresti*) from Yunnan. Bulletin of the British Ornithologists' Club, 46(303): 64

Rothschild L W. 1926b. On the avifauna of Yunnan, with critical notes. Novitates Zoologicae, 33: 189-343.

Rothschild L W. 1927a. Corrections and criticisms to the article on the avifauna of Yunnan. Novitates Zoologicae, 33: 398-400.

Rothschild L W. 1927b. Supplement to the avifauna of Yunnan. Novitates Zoologicae, 34: 39-45.

Rothschild L W. 1927c. Supplemental notes on the avifauna of Yunnan. Novitates Zoologicae, 33: 395-400.

Schmidt K P. 1925. New reptiles and a new salamander from China. American Museum Novitates, (157): 1-5.

Shi S C, Li D H, Zhu W B, et al. 2021. Description of a new toad of *Megophrys* Kuhl & Van Hasselt, 1822 (Amphibia: Anura: Megophryidae) from western Yunnan Province, China. Zootaxa, 4942(3): 351-381.

Smith M A. 1935. The fauna of British India, including Ceylon and Burma. Reptiles and Amphibia, Vol. II. Sauria. London: Taylor and Francis.

Song W Y, Li X Y, Chen Z Z, et al. 2020. Isolated alpine habitats reveal disparate ecological drivers of taxonomic and functional beta-diversity of small mammal assemblages. Zoological Research, 41(6): 670-683.

Sowerby A D C. 1924. A new cat from West China. The China Journal of Science and Arts, 2(2): 352.

Stanford J K, Mayr E. 1940. The Vernay‐Cutting Expedition to Northern Burma. Part Ⅰ. Ibis Series 14, 82(4): 679-711.

Stanford J K, Mayr E. 1941a. The Vernay‐Cutting Expedition to Northern Burma. Part Ⅱ. Ibis Series 14, 83(1): 56-105.

Stanford J K, Mayr E. 1941b. The Vernay‐Cutting Expedition to Northern Burma. Part Ⅲ. Ibis Series 14, 83(2): 213-245.

Stanford J K, Mayr E. 1941c. The Vernay‐Cutting Expedition to Northern Burma. Part Ⅴ. Ibis Series 14, 83(4): 479-518.

Stanford J K, Mayr E. 1941d. The Vernay-Cutting Expedition to Northern Burma. Part Ⅳ. Ibis Series 14, 83(5): 353-378.

Stanford J K. 1946. Far Ridges: A Record of Travel in North-Eastern Burma. London: C & J Temple.

Stone W. 1933. Zoological results of the Dolan West China expedition of 1931: Part 1. Birds. Proceedings of the Academy of

Natural Sciences of Philadelphia, 85: 165-222.

Suwannapoom C, Yuan Z Y, Poyarkov N A, et al. 2016. A new species of genus *Fejervarya* (Anura: Dicroglossidae) from northern Thailand. Zoological Research, 37(6): 1-11.

Thomas O. 1912a. The duke of Bedford's Zoological Exploration of Eastern Asia.- ⅩⅤ. On Mammals from the provinces of Szechwan and Yunnan, Western China. Proceedings of the Zoological Society of London, 82(1): 127-141.

Thomas O. 1912b. On Insectivores and Rodents collected by Mr. F. Kingdon Ward in N.W. Yunnan. Annals and Magazine of Natural History, 9(53): 513-519.

Thomas O. 1914. Second list of small mammals from Western Yunnan collected by Mr. F. Kingdon Ward. Annals and Magazine of Natural History, 14(84): 472-475.

Thomas O. 1920. Four new squirrels of the genus *Tamiops*. Annals and Magazine of Natural History, 5(27): 304-308.

Thomas O. 1921. On small mammals from the Kachin Province, Northern Burma. The Journal of the Bombay Natural History Society, 27: 499-505.

Thomas O. 1922. On mammals from the Yunnan highlands collected by Mr. George Forrest and presented to the British Museum by Col. Stephenson R. Clarke, D. S. O. Annals and Magazine of Natural History, 10: 391-406.

Thomas O. 1926. Two new subspecies of *Callosciurus quinquestriatus*. The Annals and Magazine of Natural History(Ser. 9), 17: 639-641.

Ticehurst C B. 1937. Forwarded a description of a new race *Pteruthius erythropterus yunnanensis*, from N.W. Yunnan. Bulletin of the British Ornithologists' Club, 57(406): 147.

Vogel G, Chen Z, Deepak V, et al. 2020a. A new species of the genus *Smithophis* (Squamata: Serpentes: Natricidae) from southwestern China and northeastern Myanmar. Zootaxa, 4803(1): 51-74.

Vogel G, Luo J. 2011. A new species of the genus *Lycodon* (Boie, 1826) from the southwestern mountains of China (Squamata: Colubridae). Zootaxa, 2807: 29-40.

Vogel G, Nguyen T, Lalremsanga H T, et al. 2020b. Taxonomic reassessment of the *Pareas* margaritophorus-macularius species complex (Squamata, Pareidae). Vertebrate Zoology, 70(4): 547-569.

Wagner J. 1992. The botanical legacy of Joseph Rock. Arnoldia, 52(2): 29-35.

Wu Y H, Liu X L, Gao W, et al. 2021. Description of a new species of Bush Frog (Anura: Rhacophoridae: *Raorchestes*) from northwestern Yunnan, China. Zootaxa, 4941(2): 239-258.

Wu Y H, Yan F, Stuart B L, et al. 2020. A combined approach of mitochondrial DNA and anchored nuclear phylogenomics sheds light on unrecognized diversity, phylogeny, and historical biogeography of the torrent frogs, genus *Amolops* (Anura: Ranidae). Molecular Phylogenetics and Evolution, 148: 106789.

Yan F, Nneji L M, Jin J Q, et al. 2021. Multi-locus genetic analyses of *Quasipaa* from throughout its distribution. Molecular Phylogenetics and Evolution, 163: 107218.

Yang J H, Chan B P L. 2018. A new phytotelm-breeding treefrog of the genus *Nasutixalus* (Rhacophoridae) from western Yunnan of China. Zootaxa, 4388(2): 191-206.

Yang J H, Huang X Y, Ye J F, et al. 2019a. A report on the herpetofauna of Tengchong section of Gaoligongshan National Nature Reserve, China. Journal of Threatened Taxa, 11(11): 14434-14451.

Yang J H, Huang X Y. 2019b. A New Species of *Scutiger* (Anura: Megophryidae) from the Gaoligongshan Mountain Range, China. Copeia, 107(1): 10-21, 12.

Yang J H, Wang J, Wang Y Y. 2018a. A new species of the genus *Megophrys* (Anura: Megophryidae) from Yunnan Province, China. Zootaxa, 4413(2): 325-338.

Yang J H, Wang Y Y, Chan B P L. 2016a. A new species of the genus *Leptobrachium* (Anura: Megophryidae) from the Gaoligongshan Mountain Range, China. Zootaxa, 4150(2): 133-148.

Yang J H, Wang Y Y, Chen G L, et al. 2016b. A new species of the genus *Leptolalax* (Anura: Megophryidae) from Mt. Gaoligongshan of western Yunnan Province, China. Zootaxa, 4088(3): 379-394.

Yang J H, Zeng Z C, Wang Y Y. 2018b. Description of two new sympatric species of the genus *Leptolalax* (Anura: Megophryidae) from western Yunnan of China. PeerJ, 6: e4586.

Yang J H, Zheng X. 2018c. A new species of the genus *Calamaria* (Squamata: Colubridae) from Yunnan Province, China. Copeia, 106(3): 485-491.

Yang Y, Ren G P, Li W J, et al. 2019. Identifying transboundary conservation priorities in a biodiversity hotspot of China and Myanmar: implications for data poor mountainous regions. Global Ecology and Conservation, 20: e00732.

Yu G H, Hui H, Rao D Q, et al. 2018. A new species of *Kurixalus* from western Yunnan, China (Anura, Rhacophoridae). Zookeys, 770: 211-226.

Yuan Z Y, Suwannapoom C, Yan F, et al. 2016. Red River barrier and Pleistocene climatic fluctuations shaped the genetic structure of *Microhyla fissipes* complex (Anura: Microhylidae) in southern China and Indochina. Current Zoology, 62(6): 531-543.

附录 5-1　高黎贡山地区两栖动物及其区系从属与保护等级

中文名	种、亚种（同物异名）	模式产地	命名人	原始文献
两栖类 Amphibian				
贡山齿突蟾	*Scutiger gongshanensis*	贡山 12 号桥	Yang et Su	杨大同等，1979
绿点湍蛙	*Staurois viridimaculatus*（*Amolops viridimaculatus*）	腾冲大高坪	Jiang	江耀明，1983
贡山树蛙	*Rhacophorus gongshanensis*（*Zhangixalus burmanus*）	保山	Yang et Su	杨大同和苏承业，1984
疣棘溪蟾	*Torrentophryne tuberospinia*（*Bufo tuberospinius*）	腾冲大高坪	Yang	杨大同等，1996
片马湍蛙	*Amolops bellulus*	泸水片马	Liu, Yang, Ferraris, and Matsui	Liu et al., 2000
腾冲掌突蟾	*Leptolalax tengchongensis*（*Leptobrachella tengchongensis*）	腾冲高黎贡山	Yang, Wang, Chen, and Rao	Yang et al., 2016b
腾冲拟髭蟾	*Leptobrachium tengchongense*	腾冲高黎贡山	Yang, Wang, and Chan	Yang et al., 2016a
腾冲齿突蟾	*Scutiger tengchongensis*	腾冲高黎贡山	Yang et Huang	Yang and Huang, 2019
滇西琴蛙	*Nidrana occidentalis*	高黎贡山大高坪	Lyu, Yang, and Wang	Lyu et al., 2020
泸水角蟾	*Megophrys lushuiensis*	泸水鲁掌	Shi, Li, Zhu, Jiang, and Wang	Shi et al., 2021
独龙江臭蛙	*Odorrana dulongensis*	贡山独龙江	Liu, Che, and Yuan	Liu et al. 2021
独龙江灌树蛙	*Raorchestes dulongensis*	贡山独龙江	Wu, Liu, Gao, Wang, Li, Zhou, Yuan, and Che	Wu et al., 2021
爬行类 Reptilia				
云南龙蜥	*Japalura yunmanensis*（*Diploderma yunmanense*）	腾冲	Anderson	Anderson, 1878b
云南竹叶青蛇	*Trimeresurus yunmanensis*	腾冲	Schmidt	Schmidt, 1925
西藏拟树蜥	*Calotes kingdonwardi*（*Pseudocalotes kingdonwardi*）	贡山巴坡	Smith	Smith, 1935
巴坡拟树蜥	*Pseudocalotes bapoensis*（*P. kingdonwardi*）	贡山巴坡	Yang et Su	杨大同等，1979
黑顶钝头蛇	*Pareas ngriceps*	小黑山	Guo et Deng	Guo and Deng, 2009
贡山白环蛇	*Lycodon gongshan*	贡山独龙江	Vogel et Luo	Vogel and Luo, 2011
贡山龙蜥	*Diploderma slowinskii*（*Japalura slowinskii*）	福贡	Rao, Vindum, Ma, Fu, and Wilkinson	Rao et al., 2017
鸟类 Aves				
棕胸竹鸡	*Bambusicola fytchii*	盈江蚌西	Anderson	Anderson, 1871c
环颈雉	*Phasianus sladeni*（*P. colchicus elegans*）	腾冲	Elliot, ex Anderson	Anderson, 1871c
黑喉山鹪莺	*Prinia atrogularis superciliaris*	腾冲	Anderson	Anderson, 1871c
黑短脚鹎	*Hypsipetes yunmanensis*（*H. leucocephalus concolor*）	盈江蚌西	Anderson	Anderson, 1871c

续表

中文名	种、亚种（同物异名）	模式产地	命名人	原始产地（原始文献）
褐翅鸦雀	*Suthora brunnea* (*Sinosuthora brunnea brunnea*)	腾冲	Anderson	Anderson, 1871c
绿喉蜂虎	*Merops ferrugeiceps* (*M. orientalis ferrugeiceps*)	云南及缅甸北部	Anderson	Anderson, 1878b
矛纹草鹛	*Babax yunmanensis* (*B. lanceolatus lanceolatus*)	腾越·腾冲	Rippon	Rippon, 1899
褐山鹪莺	*Suya cringera yunmanensis* (*Prinia polychroa bangsi*)	腾冲	Harington	Harington, 1913
褐鸦雀	*Paradoxornis unicolor saturatior* (*Cholornis unicolor*)	怒江和龙川江江间山脉	Rothschild	Rothschild, 1921
纯色噪鹛	*Ianthocincla subunicolor griseata* (*Trochalopteron subunicolor griseatum*)	腾冲、怒江-龙川江江间山脉	Rothschild	Rothschild, 1921
眼纹噪鹛	*Ianthocincla ocellata similis* (*Garrulax ocellatus maculipectus*)	怒江和龙川江江间山脉	Rothschild	Rothschild, 1921
红头噪鹛	*Ianthocincla forresti* (*Trochalopteron erythrocephalum woodi*)	怒江和龙川江江间山脉	Rothschild	Rothschild, 1921
红嘴相思鸟	*Leiothrix lutea yunmanensis*	怒江和龙川江江间山脉	Rothschild	Rothschild, 1921
纹胸斑翅鹛	*Ixops poliotis saturatior* (*Sibia waldeni saturatior*)	怒江和龙川江江间山脉	Rothschild	Rothschild, 1921
丽色奇鹛	*Leioptila pulchella coeruleotincta* (*Heterophasia pulchella*)	怒江和龙川江江间山脉	Rothschild	Rothschild, 1921
纹喉凤鹛	*Yuhina gularis griseotincta* (*Y. g. gularis*)	怒江和龙川江江间山脉	Rothschild	Rothschild, 1921
绿翅短脚鹎	*Iole mcclellandi similis* (*Ixos mcclellandii similis*)	怒江和龙川江江间山脉	Rothschild	Rothschild, 1921
黄腰太阳鸟	*Aethopyga seheriae viridicauda* (*A. siparaja labecula*)	腾冲	Rothschild	Rothschild, 1921
赤朱雀	*Procarduelis rubescens saturator* (*Agraphospiza rubescens*)	怒江和龙川江江间山脉	Rothschild	Rothschild, 1923a
火冠雀	*Cephalopyrus flammiceps olivaceus*	腾冲	Rothschild	Rothschild, 1923c
棕顶树莺	*Horeites brunnifrons umbraticus* (*Cettia brunnifrons*)	怒江与龙川江江间山脉	Baker	Baker, 1923
珠颈斑鸠	*Streptopelia chinensis forresti* (*S. c. tigrina*)	腾冲	Rothschild	Rothschild, 1925
鳞胸鹪鹛	*Pnoepyga squamata magnirostris* (*P. albiventer albiventer*)	龙川江	Rothschild	Rothschild, 1925
火尾太阳鸟	*Aethopyga ignicauda exultans* (*A. i. ignicauda*)	怒江和龙川江江间山脉	Baker	Baker, 1925
噪鹃	*Eudynamis scolopaceus enigmaticus* (sic) (*Eudynamys. s. chinensis*)	腾冲西北山地	Rothschild	Rothschild, 1926b
赤胸啄木鸟	*Dryobates cathpharius tenebrosus* (*Psilopogon haemacephalus indicus*)	怒江与龙川江江间山脉	Rothschild	Rothschild, 1926b
金胸雀鹛	*Fulvetta chrysotis forresti* (*Lioparus chrysotis forresti*)	怒江和龙川江江间山脉	Rothschild	Rothschild, 1926a
棕颈钩嘴鹛	*Pomatorhinus ruficollis similis*	腾冲	Rothschild	Rothschild, 1926b
细嘴钩嘴鹛	*Xiphirhynchus superciliaris forresti* (*Pomatorhinus superciliaris forresti*)	怒江和龙川江江间山脉	Rothschild	Rothschild, 1926b
灰胁噪鹛	*Ianthocincla caerulata latifrons* (*Garrulax caerulatus latifrons*)	怒江和龙川江江间山脉	Rothschild	Rothschild, 1926b
红翅鸡鹛	*Pteruthius erythropterus yunmanensis* (*P. aeralatus yunmanensis*)	怒江和龙川江江间山脉	Ticehurst	Ticehurst, 1937
血雉	*Ithaginis cruentus marionae*	中缅交界 Nyetmaw 山口	Mayr	Stanford and Mayr, 1941c

续表

中文名	种、亚种（同物异名）	模式产地	命名人	原始文献
大拟啄木鸟	Megalaima virens clamator（Psilopogon virens virens）	怒江与龙川江间山脉	Mayr	Stanford and Mayr, 1941c
白眉雀鹛	Fulvetta vinipectus perstriata	中缅交界处 Chawngmawhka	Mayr	Stanford and Mayr, 1941a
白鹇	Lophura nycthemera occidentalis	腾冲	Delacour	Delacour, 1948
斑文鸟	Lonchura punctulata yunnanensis	腾冲	Parkes	Parkes, 1958
哺乳类 Mammalia				
短尾猴	Macaca brunneus（Macaca arctoides）	中缅交界 Kakyen 山	Anderson	Anderson, 1871a
云南大鼯鼠	Pteromys yunnanensis（Petaurista yunanensis）	腾冲	Anderson	Anderson, 1875
黄胸鼠	Mus yunnanensis（Rattus tanezumi）	蚌西、户撒和腾冲	Anderson	Anderson, 1878b
李氏小飞鼠	Pteromys（Hylopetes）leonardi（Priapomys leonardi）	缅甸克钦邦	Thomas	Thomas, 1921
暗褐竹鼠	Rhizomys wardi	缅甸克钦邦	Thomas	Thomas, 1921
灰腹鼠	Rattus eha ninus（Niviventer eha ninus）	怒江-独龙江分水岭（高黎贡山），贡山北部	Thomas	Thomas, 1922
克钦绒鼠	Eothenomys miletus confinii（Eothenomys cachinus）	怒江-独龙江分水岭（高黎贡山），贡山北部	Hinton	Hinton, 1923
克氏松田鼠	Neodon clarkei（Microtus clarkei）	怒江-独龙江分水岭（高黎贡山），贡山北部	Hinton	Hinton, 1923
微尾鼩	Anourosorex assamensis capito（Anourosorex squamipes）	镇康木厂	Allen	Allen, 1923
褐腹长尾鼩鼱	Soriculus caudatus umbrinus（Episoriculus caudatus umbrinus）	镇康木厂	Allen	Allen, 1923
小纹背鼩鼱	Sorex bedfordiae gompus	镇康木厂	Allen	Allen, 1923
栗背鼩鼹	Rhynchonax andersoni atronates（Uropsilus atronates）	镇康木厂	Allen	Allen, 1923
金猫	Felis temmincki bainsei（Catopuma temminckii）	腾冲	Sowerby	Sowerby, 1924
针毛鼠	Rattus huang vulpicolor（Niviventer huang）	中缅边境南丁河	Allen	Allen, 1926
纹腹松鼠	Callosciurus quinquestriatus sylvester	龙川江-怒江分水岭	Thomas	Thomas, 1926
灰颈鼠兔	Ochotona osgoodi（Ochotona forresti）	缅甸东北 Nyetmawr	Anthony	Anthony, 1941
黑麝	Moschus fuscus	贡山巴坡	Li	李致祥, 1981
赤腹松鼠	Callosciurus erythraeus gongshanensis	贡山九里达	Wang	彭鸿绶和王应祥, 1981
云南大鼯鼠	Petaurista petaurista nigra（Petaurista albiventer）	贡山其期（原"七箐"）	Wang	彭鸿绶和王应祥, 1981
贡山麂	Muntiacus gongshanensis	贡山普拉底	Ma	马世来等, 1990
安氏白腹鼠	Niviventer andersoni lushuiensis（Niviventer andersoni）	泸水	Wang	王应祥, 2003（未发表）
长尾鼩	Scaptonyx fusicaudus gaoligongensis（Scaptonyx fusicaudus）	泸水片马，贡山东哨房	Wang	王应祥, 2003（未发表）
片马社鼠	Niviventer andersoni pianmaensis（Niviventer pianmaensis）	泸水片马	Li et Yang	Li and Yang, 2009
高黎贡比氏鼯鼠	Mesechinus wangi	高黎贡山（隆阳）	He, Jiang, and Ai	Ai et al., 2018
高黎贡比氏鼯鼠	Biswamoyopterus gaoligongensis	高黎贡山（百花岭）	Li, Li, Jackson, Li, Jiang, Zhao, Song, and Jiang	Li et al., 2019

附录 5-2　高黎贡山地区两栖动物及其区系从属与保护等级

中文名 学名	腾冲	隆阳	泸水	福贡	贡山	古北界东洋界共有	广布种	东洋界 华南区	东洋界 西南区	高黎贡山地区特有	云南特有	中国特有	国家重点保护野生动物保护等级	CITES附录	中国脊椎动物红色名录濒危等级	IUCN红色名录濒危等级
无尾目 ANURA																
铃蟾科 Bombinatoridae																
大蹼铃蟾 *Bombina maxima*	+								+			+			LC	LC
蟾蜍科 Bufonidae																
中华蟾蜍 *Bufo gargarizans*	+	+	+	+	+	+									LC	LC
缅甸溪蟾 *Bufo pageoti*	+	+	+	+	+				+						DD	NT
疣棘溪蟾 *Bufo tuberospinius*			+						+		+					CR
隆枕蟾蜍 *Duttaphrynus cyphosus*			+	+	+				+			+			LC	LC
司徒蟾蜍 *Duttaphrynus stuarti*					+				+							DD
黑眶蟾蜍 *Duttaphrynus melanostictus*	+	+	+	+			+								LC	LC
叉舌蛙科 Dicroglossidae																
泽陆蛙 *Fejervarya multistriata*	+	+	+	+	+		+								LC	DD
虎纹蛙 *Hoplobatrachus chinensis*	+	+	+	+	+		+						II		EN	LC
清迈陆蛙 *Minervarya chiangmaiensis*	+								+							
察隅棘蛙 *Nanorana chayuensis*			+	+	+				+			+			VU	EN
云南棘蛙 *Nanorana yunmanensis*	+	+	+						+						EN	EN
圆舌浮蛙 *Occidozyga martensii*	+							+							NT	LC
雨蛙科 Hylidae																
华西雨蛙 *Hyla annectans*	+	+	+	+	+		+								LC	LC
角蟾科 Megophryidae																
费氏短腿蟾 *Brachytarsophrys feae*	+								+						NT	LC
蟹掌突蟾 *Leptobrachella pelodytoides*			+					+							VU	LC
腾冲掌突蟾 *Leptobrachella tengchongensis*	+								+	+	+					EN
腹斑掌突蟾 *Leptobrachella ventripunctata*	+							+			+				CR	DD
沙巴拟髭蟾 *Leptobrachium chapaense*	+	+	+					+							NT	LC

续表

物种	腾冲	隆阳	泸水	福贡	贡山	古北界东洋界共有	东洋界 广布种	东洋界 华南区	东洋界 西南区	高黎贡山地区特有	云南特有	中国特有	国家重点保护野生动物保护等级	CITES 附录	中国脊椎动物红色名录濒危等级	IUCN 红色名录濒危等级
华深拟髭蟾 *Leptobrachium huashen*	+								+		+	+			NT	LC
腾冲拟髭蟾 *Leptobrachium tengchongense*	+	+							+	+	+	+				EN
小角蟾 *Megophrys minor*	+	+	+	+			+					+			LC	LC
腺角蟾 *Megophrys glandulosa*	+	+	+	+	+										LC	LC
大角蟾 *Megophrys major*	+	+	+	+				+	+						NT	LC
泸水角蟾 *Megophrys lushuiensis*			+						+	+	+	+			NT	
疣刺齿蟾 *Oreolalax rugosus*			+						+			+				LC
贡山齿突蟾 *Scutiger gongshanensis*			+	+	+				+	+	+	+			VU	LC
腾冲齿突蟾 *Scutiger tengchongensis*	+								+	+	+	+				DD
姬蛙科 Microhylidae																
云南小狭口蛙 *Glyphoglossus yunnanensis*	+								+						LC	LC
小弧斑姬蛙 *Microhyla heymonsi*	+	+					+	+	+						LC	LC
穆氏姬蛙 *Microhyla mukhlesuri*	+	+						+	+						LC	LC
蛙科 Ranidae																
片马湍蛙 *Amolops bellulus*	+	+							+	+	+	+			VU	DD
金江湍蛙 *Amolops jinjiangensis*	+								+			+				LC
绿点湍蛙 *Amolops viridimaculatus*	+	+		+	+				+			+			NT	NT
滇西琴蛙 *Nidirana occidentalis*	+								+		+				LC	
云南臭蛙 *Odorrana andersonii*	+	+						+	+						VU	LC
独龙江臭蛙 *Odorrana dulongensis*	+				+				+	+	+	+				
无指盘臭蛙 *Odorrana grahami*							+	+	+			+			NT	NT
大绿臭蛙 *Odorrana graminea*			+				+	+	+						LC	DD
大耳臭蛙 *Odorrana macrotympana*	+	+						+	+		+				DD	DD
黑斑侧褶蛙 *Pelophylax nigromaculatus*		+				+		+							NT	NT
昭觉林蛙 *Rana chaochiaoensis*	+	+	+						+			+			LC	LC
胫腺蛙 *Rana shuchinae*					+				+			+			NT	LC

续表

种名	腾冲	隆阳	泸水	福贡	贡山	古北界东洋界共有	广布种	东洋界 华南区	东洋界 西南区	高黎贡山地区特有	云南特有	中国特有	国家重点保护野生动物保护等级	CITES附录	中国脊椎动物红色名录濒危等级	IUCN红色名录濒危等级
树蛙科 Rhacophoridae																
布氏泛树蛙 Polypedates braueri	+						+	+	+						LC	
斑腿泛树蛙 Polypedates megacephalus	+	+	+	+			+	+	+						LC	LC
无声囊泛树蛙 Polypedates mutus	+						+	+	+						LC	LC
独龙江灌树蛙 Raorchestes dulongensis					+				+	+	+	+				
红蹼树蛙 Rhacophorus rhodopus	+	+	+					+	+						LC	LC
缅甸树蛙 Zhangixalus burmanus	+	+			+				+							NT
普洱树蛙 Zhangixalus puerensis	+								+	+	+	+				DD
有尾目 CAUDATA																
蝾螈科 Salamandridae																
红瘰疣螈 Tylototriton shanjing	+	+	+	+					+				II	II	NT	VU
棕黑疣螈 Tylototriton verrucosus	+	+							+		+	+	II	II	NT	LC

注：在野外考察过程中发现 2 个棘腹蛙个体，但是参考 Yan 等（2021）明显不在其分布范围内，考虑到考察地点存在寺庙，推测可能是放生在此地的外来物种，未来需要进一步调查研究

附录 5-3 高黎贡山地区爬行动物及其区系从属与保护等级

	腾冲	隆阳	泸水	福贡	贡山	广布种	东洋界 华南区	东洋界 西南区	高黎贡山地区特有	云南特有	中国特有	国家重点保护野生动物保护等级	CITES附录	中国脊椎动物红色名录濒危等级	IUCN红色名录濒危等级
龟鳖目 TESTUDINES															
平胸龟科 Platysternidae															
平胸龟 *Platysternon megacephalum*			+					+				II		CR	EN
有鳞目 SQUAMATA 蛇亚目 SERPENTES															
游蛇科 Colubridae															
绿瘦蛇 *Ahaetulla prasina*	+	+	+	+			+							LC	LC
方花蛇 *Archelaphe bella*	+		+	+			+							VU	LC
繁花林蛇 *Boiga multomaculata*		+	+	+		+	+							LC	LC
三索锦蛇 *Coelognathus radiatus*	+					+	+	+				II		EN	LC
王锦蛇 *Elaphe carinata*	+	+	+	+	+	+	+	+						EN	LC
黑眉锦蛇 *Elaphe taeniura*	+	+	+	+	+	+	+	+						EN	VU
玉斑锦蛇 *Euprepiophis mandarinus*					+	+	+	+						VU	LC
绿锦蛇 *Gonyosoma prasinum*		+				+		+						VU	LC
双全白环蛇 *Lycodon fasciatus*	+	+	+	+	+			+						LC	LC
贡山白环蛇 *Lycodon gongshan*					+		+	+	+	+	+			NT	LC
崇山小头蛇 *Oligodon albocinctus*	+		+		+		+	+						NT	LC
紫灰锦蛇 *Oreocryptophis porphyraceus*	+	+	+	+	+	+	+	+						LC	LC
灰鼠蛇 *Ptyas korros*	+	+				+	+	+						VU	NT
翠青蛇 *Cyclophiops major*		+	+			+	+	+						LC	LC
黑线乌梢蛇 *Ptyas nigromarginata*	+	+			+		+	+						VU	LC
水游蛇科 Natricidae															
草腹链蛇 *Amphiesma stolatum*		+	+			+	+	+						LC	LC
滇西蛇 *Atretium yunnanensis*	+							+						LC	LC
黑带腹链蛇 *Hebius bitaeniatus*				+				+						NT	LC
白眉腹链蛇 *Hebius boulengeri*				+	+		+							LC	LC
克氏腹链蛇 *Hebius clerki*			+					+							LC
卡西腹链蛇 *Hebius khasiense*	+	+						+						LC	LC

续表

物种	腾冲	隆阳	泸水	福贡	贡山	广布种	东洋界 华南区	东洋界 西南区	高黎贡山地区特有	云南特有	中国特有	国家重点保护野生动物保护等级	CITES附录	中国脊椎动物红色名录濒危等级	IUCN红色名录濒危等级
黑腹腹链蛇 Hebius nigriventer	+				+		+	+							
腾冲腹链蛇 Hebius septemlineatus	+	+								+	+				LC
喜山颈槽蛇 Rhabdophis himalayanus	+			+	+		+	+						VU	LC
缅甸颈槽蛇 Rhabdophis leonardi	+	+					+	+						LC	LC
颈槽蛇 Rhabdophis nuchalis	+			+	+	+	+	+						LC	LC
红脖颈槽蛇 Rhabdophis subminiatus	+			+	+	+	+	+						LC	LC
斜鳞蛇科 Pseudoxenodontidae															
颈斑蛇 Plagiopholis blakewayi	+	+					+	+						LC	LC
大眼斜鳞蛇 Pseudoxenodon macrops	+	+	+	+	+	+	+	+						LC	LC
两头蛇科 Calamariidae															
尖尾两头蛇 Calamaria pavimentata			+	+		+	+	+						LC	LC
剑蛇科 Sibynophiidae															
黑领剑蛇 Sibynophis collaris	+	+	+	+	+	+	+	+						LC	LC
眼镜蛇科 Elapidae															
银环蛇 Bungarus multicinctus	+					+	+	+			+			EN	LC
孟加拉眼镜蛇 Naja kaouthia			+				+	+					II	EN	LC
眼镜王蛇 Ophiophagus hannah	+		+			+	+	+				II	II	EN	VU
中华珊瑚蛇 Sinomicrurus macclellandi	+					+	+	+						VU	LC
屋蛇科 Lamprophiidae															
紫沙蛇 Psammodynastes pulverulentus	+					+	+	+						LC	LC
钝头蛇科 Pareidae															
喜山钝头蛇 Pareas monticola			+				+	+						NT	LC
黑顶钝头蛇 Pareas nigriceps	+				+			+	+	+				DD	DD
盲蛇科 Typhlopidae															
大盲蛇 Argyrophis diardii		+					+	+						DD	LC
蝰科 Viperidae															
山烙铁头蛇 Ovophis monticola	+			+	+		+	+						NT	LC
察隅烙铁头蛇 Ovophis zayuensis			+		+			+			+			DD	LC
菜花原矛头蝮 Protobothrops jerdonii	+	+	+	+	+	+	+	+						LC	LC

续表

	腾冲	隆阳	泸水	福贡	贡山	广布种	东洋界 华南区	东洋界 西南区	高黎贡山地区特有	云南特有	中国特有	国家重点保护野生动物保护等级	CITES 附录	中国脊椎动物红色名录濒危等级	IUCN 红色名录濒危等级
云南竹叶青蛇 *Trimeresurus yumanensis*	+	+	+	+	+			+		+	+			LC	LC
有鳞目 SQUAMATA 蜥蜴亚目 LACERTILIA															
鬣蜥科 Agamidae															
棕背树蜥 *Calotes emma*	+	+	+				+	+						LC	LC
白唇树蜥 *Calotes mystaceus*	+	+					+	+						LC	LC
贡山龙蜥 *Diploderma slowinskii*		+	+	+				+	+	+	+				DD
云南龙蜥 *Diploderma yumanense*	+							+							
西藏拟树蜥 *Pseudocalotes kingdonwardi*					+			+	+	+	+			NT	
蚌西拟树蜥 *Pseudocalotes kakhienensis*	+		+					+						LC	LC
蛇蜥科 Anguidae															
细脆蛇蜥 *Dopasia gracilis*	+						+	+				II		EN	LC
壁虎科 Gekkonidae															
缅北蜥虎 *Hemidactylus aquilonius*	+		+					+						DD	LC
石龙子科 Scincidae															
长肢滑蜥 *Scincella doriae*	+	+				+	+	+						LC	LC
股鳞蜒蜥 *Sphenomorphus incognitus*	+	+		+		+	+	+						NT	LC
铜蜒蜥 *Sphenomorphus indicus*	+	+	+	+	+	+	+	+						LC	LC
斑蜒蜥 *Sphenomorphus maculatus*	+						+	+						LC	LC

附录 5-4　高黎贡山地区鸟类及其区系从属、生境类型与保护等级

编号	目名、科名和种名	保护和濒危等级	居留类型	区系从属	分布类型	海拔范围	生境类型	特有性&边缘分布	分布记录资料来源						
									盈江	龙陵	隆阳	腾冲	泸水	福贡	贡山
一	鸡形目 GALLIFORMES														
1)	雉科 Phasianidae														
1	环颈山鹧鸪 *Arborophila torqueola*	二, LC, NT, LC, -	R	东	Wc	3~5	3		5	1; 2; 7	1	1; 2; 3; 4	1; 2; 3; 4	1	1; 2; 4
2	红喉山鹧鸪 *Arborophila rufogularis*	二, LC, NT, LC, -	R	东	Wa	1~4	2, 3		2; 5	1; 7	1	1			
3	白颊山鹧鸪 *Arborophila arrogularis*	二, NT, NT, NT, -	R	东	Wa	2~3	2	1, 2; AM	2; 5						
4	褐胸山鹧鸪 *Arborophila brunneopectus*	二, NT, NT, LC, -	R	东	Wa	2~3	2, 3		8						
5	雪鹑 *Lerwa lerwa*	-, NT, DD, LC, -	R	古	Hm	6~8	5, 6	HH							8
6	黄喉雉鹑 *Tetraophasis szechenyii*	一, NT, VU, LC, -	R	古	Hc	6~8	6	3; HH						8	8
7	藏雪鸡 *Tetraogallus tibetanus*	二, NT, VU, LC, I	R	古	Pa	7~8	6	HH							8
8	中华鹧鸪 *Francolinus pintadeanus*	-, NT, LC, LC, -	R	东	Wc	1~3	1, 3		2; 5	1; 7	1; 2; 3	1	1; 3; 4	1	8
9	鹌鹑 *Coturnix japonica*	-, LC, DD, NT, -	W		Ol	1~5	7		5; 6	8	8	8	8	8	8
10	棕胸竹鸡 *Bambusicola fytchii*	-, LC, LC, LC, -	R	东	Wc	2~4	1, 3, 4		1; 2; 5	1; 7	1; 3	1; 2; 3; 4	1; 2; 3; 4	1	1; 2; 4
11	血雉 *Ithaginis cruentus*	二, NT, NT, LC, II	R	东	Hm	5~8	5, 6	Hi	崔士明, 2017						2; 4
12	灰腹角雉 *Tragopan blythii*	一, DD, DD, VU, I	R	东	He	4~5	3	Hi	8			8	8		2; 4
13	红腹角雉 *Tragopan temminckii*	二, NT, NT, LC, -	R	东	Hm	4~7	3, 4, 5		8	7	3	3; 4	1; 2; 3; 4	4	1; 2; 4
14	勺鸡 *Pucrasia macrolopha*	二, LC, VU, LC, -	R	广	Si	6~7	3, 4						1	1; 6	1
15	棕尾虹雉 *Lophophorus impejanus*	一, NT, DD, LC, I	R	东	Ha	6~7	4, 5, 6	Hi							8
16	白尾梢虹雉 *Lophophorus sclateri*	一, EN, EN, VU, I	R	东	He	5~7	5, 6	Hi	8		1; 8	2; 3; 4	1; 3; 4	1; 4	1; 2; 4
17	红原鸡 *Gallus gallus*	二, NT, LC, LC, -	R	东	Wa	2~4	1, 2, 3		2; 5	7		8	8		
18	黑鹇 *Lophura leucomelanos*	二, NT, VU, LC, -	R	东	Wa	2~4	3	Hi	2; 5						2; 4
19	白鹇 *Lophura nycthemera*	二, LC, LC, LC, -	R	东	Wc	2~4	2, 3		5; 6	1; 7	1; 3	1; 2; 3; 4	1; 2; 3; 4		
20	黑颈长尾雉 *Syrmaticus humiae*	一, VU, VU, NT, I	R	东	Wa	2~5	3, 4		5; 6	7	1; 3	2; 3; 4	3		
21	环颈雉 *Phasianus colchicus*	-, LC, LC, LC, -	R	广	O	1~6	3, 4, 7		8	1; 7	3	1; 2; 3; 4	1; 2; 3; 4		
22	白腹锦鸡 *Chrysolophus amherstiae*	二, NT, NT, LC, -	R	东	Hc	3~6	3, 4		5; 6	1; 7	1; 3	1; 3	1; 2; 3; 4	1	1; 2; 4
23	灰孔雀雉 *Polyplectron bicalcaratum*	一, EN, VU, LC, II	R	东	Wa	1~3	2	2; P	1; 2; 5						
24	绿孔雀 *Pavo muticus*	一, CR, CR, EN, II	R	东	Wa	1~3	2, 3, 4	2	5; 6	7			2; 3; 4		

二　雁形目 ANSERIFORMES

2）鸭科 Anatidae

编号	目名、科名和种名	保护和濒危等级	居留类型	区系从属	分布类型	海拔范围	生境类型	特有性&边缘分布	分布记录资料来源						
									盈江	龙陵	隆阳	腾冲	泸水	福贡	贡山
25	栗树鸭 Dendrocygna javanica	二, VU, VU, LC, -	R	东	Wd	1~4	8		1; 2; 5						
26	灰雁 Anser anser	-, LC, LC, LC, -	W		Uc	2~7	8		8						
27	白额雁 Anser albifrons	二, LC, NA, LC, -	W		Ca	2~3	8		1		8				
28	斑头雁 Anser indicus	-, LC, LC, LC, -	W		P	2~6	8		8						
29	小天鹅 Cygnus columbianus	二, NT, DD, LC, -	W		Ca	2~3	8		8						
30	白翅栖鸭 Asarcornis scutulata	二, NR, NR, EN, -	O		Wa	1~3	8	1, 2; P 张利祥等, 2019					1		
31	翘鼻麻鸭 Tadorna tadorna	-, LC, LC, LC, -	W		Uf	3~5	8		1						
32	赤麻鸭 Tadorna ferruginea	-, LC, LC, LC, -	W		Uf	2~6	8		1; 5	8	3	1; 8	8	8	1
33	鸳鸯 Aix galericulata	二, NT, NT, LC, -	W		Eh	2~5	8		8	郁云江, 2021a					
34	棉凫 Nettapus coromandelianus	二, EN, EN, LC, -	S	东	Wc	1~5	8		8						
35	赤膀鸭 Mareca strepera	-, LC, LC, LC, -	W		Uf	3~5	8		8	8	8	8	8	8	孙军, 2018
36	赤颈鸭 Mareca penelope	-, LC, LC, LC, -	W		Ce	3~5	8		8	8	8	8	8	8	8
37	绿头鸭 Anas platyrhynchos	-, LC, LC, LC, -	W		Cf	3~7	8		8	8		8	8	8	2; 4
38	印度斑嘴鸭 Anas poecilorhyncha	-, NR, NR, LC, -	R	东	Wa	1~5	8		1; 2; 5	1		2; 3; 4			
39	斑嘴鸭 Anas zonorhyncha	-, LC, LC, LC, -	W		We	1~6	8		8	7	8	8	8	8	8
40	针尾鸭 Anas acuta	-, LC, LC, LC, -	W		Ce	3~5	8		8		8				
41	绿翅鸭 Anas crecca	-, LC, LC, LC, -	W		Ce	1~5	8		5	8	8	3	梁丹等, 2015	8	8
42	琵嘴鸭 Spatula clypeata	-, LC, LC, LC, -	W		Cf	1~5	8		8	8	3	8			
43	白眉鸭 Spatula querquedula	-, LC, NT, LC, -	W		Uf	3~5	8					4			
44	赤嘴潜鸭 Netta rufina	-, LC, LC, LC, -	W		O3	3~5	8						罗丽, 2021		
45	红头潜鸭 Aythya ferina	-, LC, LC, VU, -	W		Cf	3~5	8		8	8	8	8	8	8	孙军, 2018
46	青头潜鸭 Aythya baeri	-, CR, CR, CR, -	W		Ma	4	8				3	8			
47	白眼潜鸭 Aythya nyroca	-, NT, LC, NT, -	W		O3	3~8	8		8	8	8	8	8	8	孙军, 2018
48	凤头潜鸭 Aythya fuligula	-, LC, LC, LC, -	W		Uf	2~7	8		8		8	8		8	
49	长尾鸭 Clangula hyemalis	-, EN, NR, VU, -	O		Ca	2	8				张浩辉, 2021a				
50	普通秋沙鸭 Mergus merganser	-, LC, LC, LC, -	W		Cb	1~5	8		1	1; 7	1	8	8	8	8

续表

编号	目名、科名种名	保护和濒危等级	居留类型	区系从属	分布类型	海拔范围	生境类型	特有性&边缘分布	分布记录资料来源							
									盈江	龙陵	隆阳	腾冲	泸水	福贡	贡山
三	䴙䴘目 **PODICIPEDIFORMES**														
3)	**䴙䴘科 Podicipedidae**														
51	小䴙䴘 *Tachybaptus ruficollis*	-, LC, LC, -	R	广	We	1~5	8		6	6; 7	6; 8	1; 3; 4	8	8	8
52	凤头䴙䴘 *Podiceps cristatus*	-, LC, LC, -	W	广	Ud	2~5	8		6	7	3	6		8	1
四	鸽形目 **COLUMBIFORMES**														
4)	**鸠鸽科 Columbidae**														
53	雪鸽 *Columba leuconota*	-, LC, LC, -	R	古	Hm	5~7	6, 7	HH							李迎春, 2020
54	斑林鸽 *Columba hodgsoni*	-, LC, LC, -	R	东	Hm	2~6	3, 4		5; 6	7	1; 6	1; 2; 3; 4	1; 3	8	1
55	灰林鸽 *Columba pulchricollis*	-, LC, DD, -	R	东	Wa	3	2		1; 2; 5						
56	山斑鸠 *Streptopelia orientalis*	-, LC, LC, -	R	广	O	1~6	1, 3, 4, 7		1; 2; 5	1; 2; 6; 7	1	1; 2; 3; 4	1; 3; 4	1	2; 4
57	火斑鸠 *Streptopelia tranquebarica*	-, LC, LC, -	R	广	We	1~4	1, 4, 7		5; 6	1; 7	1; 2; 3	2; 3; 4	3	8	2; 4
58	珠颈斑鸠 *Streptopelia chinensis*	-, LC, LC, -	R	东	We	1~5	1, 7		1; 5	1; 2; 6; 7	1; 2; 3; 4	1; 2; 3; 4	2; 3; 4		8
59	斑尾鹃鸠 *Macropygia unchall*	二, NT, NT, LC, -	R	东	Wa	2~3	2		1; 2; 5	7	8	1			
60	绿翅金鸠 *Chalcophaps indica*	二, NT, NT, LC, -	R	东	Wb	1~2	2, 3		1; 5		8		8		8
61	橙胸绿鸠 *Treron bicinctus*	二, NT, NR, LC, -	R	东	Wa	1	2	IP	8						
62	厚嘴绿鸠 *Treron curvirostra*	二, NT, NT, LC, -	R	东	Wa	1~2	2, 3	IP	8	6					
63	黄脚绿鸠 *Treron phoenicopterus*	二, NT, VU, LC, -	R	东	Wa	1~3	3	2	8						
64	针尾绿鸠 *Treron apicauda*	二, NT, NT, LC, -	R	东	Wb	2~3	2, 3		1; 2; 5						
65	楔尾绿鸠 *Treron sphenurus*	二, NT, NT, LC, -	R	东	Wb	1~5	3, 4		1; 5	1; 2; 5	1; 8	1	1; 3; 4	1	1; 2; 4
66	山皇鸠 *Ducula badia*	二, NT, NT, LC, -	R	东	Wa	2~3	2, 3	P	1; 5						
五	夜鹰目 **CAPRIMULGIFORMES**														
5)	**蟆口鸱科 Podargidae**														
67	黑顶蛙口夜鹰 *Batrachostomus hodgsoni*	二, DD, DD, LC, -	R	东	Wa	3	3	2; P	1			陈挚乐等, 2021			
6)	**夜鹰科 Caprimulgidae**														
68	毛腿夜鹰 *Lyncornis macrotis*	二, DD, DD, LC, -	R	东	Wa	2~3	2	2; P	1						
69	普通夜鹰 *Caprimulgus indicus*	-, LC, LC, -	R	广	We	1~6	1, 3, 7		5; 6	1; 7	1; 8	1; 3	2; 3; 4	4	1; 2; 4
70	长尾夜鹰 *Caprimulgus macrurus*	-, DD, DD, LC, -	R	东	Wa	1~4	3, 7	P	2; 5		3				
7)	**凤头雨燕科 Hemiprocnidae**														

续表

编号	目名、科名种名	保护和濒危等级	居留类型	区系从属	分布类型	海拔范围	生境类型	特有性&边缘分布	分布记录资料来源						
									盈江	龙陵	隆阳	腾冲	泸水	福贡	贡山
71	凤头雨燕 *Hemiprocne coronata*	三, LC, LC, -	R	东	Wa	2~3	3	2; IP	1	7					1; 2; 4
	雨燕科 Apodidae														
72	短嘴金丝燕 *Aerodramus brevirostris*	-, NT, NT, LC, -	RS	东	Wd	2~4	3, 4		5	7	8	3	1	8	1; 2; 4
73	白喉针尾雨燕 *Hirundapus caudacutus*	-, LC, LC, -	R	广	We	3	3, 4, 7		8	8	8	4	3; 4		2; 4
74	灰喉针尾雨燕 *Hirundapus cochinchinensis*	三, NT, DD, LC, -	S	东	Wa	3	3, 7		8						
75	褐背针尾雨燕 *Hirundapus giganteus*	-, NR, NA, LC, -	O		Wa	1~3	7, 8	1, 2; P	8						
76	棕雨燕 *Cypsiurus balasiensis*	-, LC, LC, -	R	东	OI	2~5	3		2; 5	7	8	8		8	6; 8
77	白腰雨燕 *Apus pacificus*	-, LC, LC, -	S	广	M	2~3	7, 8		5	7			梁丹等, 2015	8	1; 2; 4
78	暗背雨燕 *Apus acuticauda*	-, DD, DD, VU, -	O		Wa	1~4	2, 3, 7	1, 2	8						
79	小白腰雨燕 *Apus nipalensis*	-, LC, LC, -	R	东	OI	1~4	1, 7		1; 5	1; 7	1; 2; 3; 4	1; 8	1; 3	1	1
六	**鹃形目 CUCULIFORMES**														
9)	**杜鹃科 Cuculidae**														
80	褐翅鸦鹃 *Centropus sinensis*	三, LC, LC, -	R	东	Wb	1~2	1, 2, 3		1; 5; 6	1; 7	1; 8	1	1	1	
81	小鸦鹃 *Centropus bengalensis*	三, LC, NT, LC, -	R	东	We	1~3	1, 2, 3		1; 5	1	1	3; 4	1		
82	绿嘴地鹃 *Phaenicophaeus tristis*	-, LC, LC, -	R	东	Wb	1~2	2, 3		1; 2; 5; 6	1; 7	1; 3	1		1	8
83	红翅凤头鹃 *Clamator coromandus*	-, LC, LC, -	S	东	We	1~3	1, 2, 3, 7		5	8	8	8	梁丹等, 2015		
84	斑翅凤头鹃 *Clamator jacobinus*	-, LC, NR, LC, -	O		Wa	1~4	2, 3		张浩等, 2021						
85	噪鹃 *Eudynamys scolopaceus*	-, LC, LC, -	S	东	We	1~4	1, 2, 3, 7		1; 2; 5; 6	1; 7	1; 2; 3; 4	1; 2; 3; 4	1; 3; 4	1	1
86	翠金鹃 *Chrysococcyx maculatus*	-, NT, NT, LC, -	RS	东	We	1~4	3, 4		2	1; 2; 6	2; 3; 4	1; 4	3	8	8
87	紫金鹃 *Chrysococcyx xanthorhynchus*	-, NT, DD, LC, -	R	东	Wa	2~5	3, 4	2	8	1					
88	栗斑杜鹃 *Cacomantis sonneratii*	-, LC, LC, -	RS	东	Wc	1~2	1, 2, 3		1; 5; 6	1	1; 8	1	1		
89	八声杜鹃 *Cacomantis merulinus*	-, LC, LC, -	S	东	Wc	1~4	1, 2, 3, 7		1; 2; 5	1; 7	1; 4; 6	1; 4	3	4	2; 4
90	乌鹃 *Surniculus lugubris*	-, LC, LC, -	S	东	Wd	1~3	3, 4		2; 5	1; 7	1; 8	1; 2; 3; 4	3		
91	大鹰鹃 *Hierococcyx sparverioides*	-, LC, LC, -	S	东	We	1~5	1, 2, 3, 7		1; 2; 5	1; 7	1; 3	1; 2; 3; 4	1; 2; 3	4	1
92	棕腹鹰鹃 *Hierococcyx nisicolor*	-, LC, LC, -	S	广	Wd	1~2	2, 3, 4		8	1	1; 8	1	1	1	1
93	小杜鹃 *Cuculus poliocephalus*	-, LC, LC, -	S	广	We	1~7	1, 3		1	1; 7	1	1; 2; 3; 4	3	8	2; 4
94	四声杜鹃 *Cuculus micropterus*	-, LC, LC, -	S	广	We	2~4	2, 3		1	1; 7	1; 6	1	梁丹等, 2015	8	1
95	中杜鹃 *Cuculus saturatus*	-, LC, LC, -	S	广	M	1~4	1, 2, 3		8	1; 7	1; 8	1; 2; 3; 4	1; 3	1	1

续表

编号	目名、科名和种名	保护和濒危等级	居留类型	区系从属	分布类型	海拔范围	生境类型	特有性&边缘分布	盈江	龙陵	隆阳	腾冲	泸水	福贡	贡山
96	大杜鹃 *Cuculus canorus*	-, LC, LC, -	S	广	O1	1~5	1, 2, 3, 4, 7		1; 5; 6	1; 2; 6; 7	1; 6	1; 2; 3; 4	1; 3; 4	1; 6	2; 4
七	**鹤形目 GRUIFORMES**														
10)	**秧鸡科 Rallidae**														
97	白喉斑秧鸡 *Rallina eurizonoides*	-, VU, DD, LC, -	R	东	Wa	1~2	8		8						
98	灰胸秧鸡 *Lewinia striata*	-, LC, LC, -	R	东	We	1~5	8		1		3	2; 3; 4			
99	普通秧鸡 *Rallus indicus*	-, LC, LC, -	W	东	Uf	1~2	8		8						
100	棕背田鸡 *Zapornia bicolor*	二, LC, NT, LC, -	R	东	Wc	1~5	8		1	7	8	6; 8	梁丹等, 2015		
101	红胸田鸡 *Zapornia fusca*	-, NT, NT, LC, -	R	东	We	1~4	8		8	6	8	2; 3; 4	3		
102	白胸苦恶鸟 *Amaurornis phoenicurus*	-, LC, LC, LC, -	RS	东	Wc	1~5	8		1; 5	7	3	1; 2; 3; 4	1; 3; 4	8	8
103	董鸡 *Gallicrex cinerea*	-, LC, DD, LC, -	S	广	We	1~4	8		5		3				
104	紫水鸡 *Porphyrio porphyrio*	二, VU, LC, LC, -	R	东	O1	1~4	8			郁云江, 2022a	3	1; 4			
105	黑水鸡 *Gallinula chloropus*	-, LC, LC, LC, -	R	广	O2	1~5	8		1; 2; 5		8	1; 6	8		6; 8
106	白骨顶 *Fulica atra*	-, LC, LC, LC, -	W		O5	2~5	8		8	8	8	8	8	8	8
11)	**鹤科 Gruidae**														
107	赤颈鹤 *Grus antigone*	一, RE, CR, VU, II	R	东	Wa	2~6	7, 8	2; IP	5						2; 4; 6
108	蓑羽鹤 *Grus virgo*	二, LC, DD, LC, II	W		D	2~4	8		8						
109	灰鹤 *Grus grus*	二, NT, NT, LC, II	W		Ub	1~6	7, 8		5	郁云江, 2020a	3		1		叶新龙, 2022
110	黑颈鹤 *Grus nigricollis*	一, VU, VU, VU, I	W		Pc	3~6	8		8			8			8
八	**鸻形目 CHARADRIIFORMES**														
12)	**石鸻科 Burhinidae**														
111	大石鸻 *Esacus recurvirostris*	二, LC, DD, NT, -	W		O	2~3	7, 8	IP	8			6			
13)	**鹮嘴鹬科 Ibidorhynchidae**														
112	鹮嘴鹬 *Ibidorhyncha struthersii*	二, NT, VU, LC, -	R	古	Pf	3	8		8			8		8	2; 4
14)	**反嘴鹬科 Recurvirostridae**														
113	黑翅长脚鹬 *Himantopus himantopus*	-, LC, LC, LC, -	W		O2	1~4	8		8		8		张嵘和罗旭金, 2021		
114	反嘴鹬 *Recurvirostra avosetta*	-, LC, DD, LC, -	W		O3	1~5	8		8		8	4			
15)	**鸻科 Charadriidae**														

续表

编号	目名、科名和种名	保护和濒危等级	居留类型	区系从属	分布类型	海拔范围	生境类型	特有性&边缘分布	盈江	龙陵	隆阳	腾冲	泸水	福贡	贡山
115	凤头麦鸡 *Vanellus vanellus*	-, LC, LC, NT, -	W		Ud	2~6	7, 8		8	郁云江, 2021b	1				
116	距翅麦鸡 *Vanellus duvaucelii*	-, NT, NT, NT, -	R	东	Wa	1~2	7, 8		1; 2; 5	7	8		8	8	8
117	灰头麦鸡 *Vanellus cinereus*	-, LC, LC, LC, -	W	东	Mb	1~4	7, 8		1; 5	7	8	1; 3; 4	3	8	8
118	肉垂麦鸡 *Vanellus indicus*	-, DD, NT, LC, -	R	东	Wa	1~3	7, 8	2	1; 2; 5	6	2; 3; 4	8			
119	金鸻 *Pluvialis fulva*	-, LC, LC, LC, -	W		Ca	1~4	8		8			3; 4			
120	灰鸻 *Pluvialis squatarola*	-, LC, LC, LC, -	M		Ca	2~3	8				1				
121	长嘴剑鸻 *Charadrius placidus*	-, NT, LC, LC, -	W		Ca	2~5	8		5		1	3; 4			
122	金眶鸻 *Charadrius dubius*	-, LC, LC, LC, -	R	广	Ol	1~4	8		1; 2; 5	7	8	8	8	8	8
123	环颈鸻 *Charadrius alexandrinus*	-, LC, LC, LC, -	W		O2	3~4	8		8						
	16) 彩鹬科 Rostratulidae														
124	彩鹬 *Rostratula benghalensis*	-, LC, NT, LC, -	R	广	We	1~2	8		1			3; 4			
	17) 水雉科 Jacanidae														
125	水雉 *Hydrophasianus chirurgus*	三, NT, NT, LC, -	R	东	We	1~3	8		8		8				
126	铜翅水雉 *Metopidius indicus*	三, DD, DD, LC, -	R	东	Wa	2	8	IP	8						
	18) 鹬科 Scoiopacidae														
127	丘鹬 *Scolopax rusticola*	-, LC, LC, LC, -	W		Ud	1~5	3, 8		5; 6	7	8	3; 4	2; 3; 4	8	2; 4
128	孤沙锥 *Gallinago solitaria*	-, LC, DD, LC, -	W		U	2~3	8					4	梁丹等, 2015		
129	针尾沙锥 *Gallinago stenura*	-, LC, LC, LC, -	WM		Uc	2~5	8		5; 6		8	8	8		8
130	扇尾沙锥 *Gallinago gallinago*	-, LC, LC, LC, -	W		Ub	2~3	8		8						
131	黑尾塍鹬 *Limosa limosa*	-, LC, DD, NT, -	M		Uc	1~3	8					3; 4			
132	中杓鹬 *Numenius phaeopus*	-, LC, LC, LC, -	M		Ua	1~3	8		8						
133	红脚鹬 *Tringa totanus*	-, LC, LC, LC, -	M		Uf	1~4	8								
134	泽鹬 *Tringa stagnatilis*	-, LC, LC, LC, -	WM		U	2~4	8		8						
135	青脚鹬 *Tringa nebularia*	-, LC, NT, LC, -	W		Uc	2~4	8		5; 6		1				
136	白腰草鹬 *Tringa ochropus*	-, LC, LC, LC, -	WM		Uc	1~5	8		1; 6	7	3	3; 4	2; 3; 4	8	6; 8
137	林鹬 *Tringa glareola*	-, LC, LC, LC, -	WM		Ua	2~3	8		5	7		4			
138	矶鹬 *Actitis hypoleucos*	-, LC, LC, LC, -	WM		Cf	1~5	1, 8		1; 5	1; 7	1; 6	1; 4	8		
139	小滨鹬 *Calidris minuta*	-, DD, DD, LC, -	M		Ua	1~4	8		8						

续表

编号	目名、科名和种名	保护和濒危等级	居留类型	区系从属	分布类型	海拔范围	生境类型	特有性&边缘分布	分布记录资料来源						
									盈江	龙陵	隆阳	腾冲	泸水	福贡	贡山
140	青脚滨鹬 *Calidris temminckii*	-、LC、LC、-	W		Ua	1~4	8		6						
	19) 三趾鹑科 Turnicidae														
141	黄脚三趾鹑 *Turnix tanki*	-、LC、LC、-	W		We	2~3	3, 4, 7		5	7			1		
142	棕三趾鹑 *Turnix suscitator*	-、LC、LC、-	R	东	Wb	2~3	3, 4, 7		5; 6	1; 7	1; 8	2; 3; 4			
	20) 燕鸻科 Glareolidae														
143	普通燕鸻 *Glareola maldivarum*	-、LC、LC、-	M		We	1~4	8		8						
144	灰燕鸻 *Glareola lactea*	三、LC、NT、LC、-	R	东	Wa	1~3	8	IP	8						
	21) 鸥科 Laridae														
145	棕头鸥 *Chroicocephalus brunnicephalus*	-、LC、LC、-	W		Pa	1~5	8		8	7					6; 8
146	红嘴鸥 *Chroicocephalus ridibundus*	-、LC、LC、-	W		Uc	1~3	8		8						余建德, 2022
147	渔鸥 *Ichthyaetus ichthyaetus*	-、LC、LC、-	WM		D	2~3	8		8						
148	河燕鸥 *Sterna aurantia*	-、NT、VU、NT、-	R	东	Wa	1~3	8	1, 2; IP	1; 2; 5						
149	黑腹燕鸥 *Sterna acuticauda*	三、EN、DD、EN、-	R	东	Wa	1~2	8	1, 2; In	2; 4; 5						
150	灰翅浮鸥 *Chlidonias hybrida*	-、LC、LC、-	M		Uh	1~3	8		8						
	九 鹳形目 CICONIIFORMES														
	22) 鹳科 Ciconiidae														
151	钳嘴鹳 *Anastomus oscitans*	-、LC、LC、-	O		Wb	1~4	7, 8	IP	8	郁云江, 2020b					
152	黑鹳 *Ciconia nigra*	一、VU、VU、LC、II	W		Uf	2~6	7, 8		5	7	8	2; 3; 4	8		8
153	秃鹳 *Leptoptilos javanicus*	三、DD、DD、VU、-	O		Wc	2	7, 8	IP			韩联宪和解兆阳, 2021	1			
	十 鲣鸟目 SULIFORMES														
	23) 鸬鹚科 Phalacrocoracidae														
154	黑颈鸬鹚 *Microcarbo niger*	三、LC、NT、LC、-	R	东	Wa	1~2	8	2; IP	2; 5			2; 3; 4			2
155	普通鸬鹚 *Phalacrocorax carbo*	-、LC、LC、-	W		O3	2~5	8		1; 5	1; 6; 7	1; 3	1	2; 3; 4	1; 2	1; 2; 4
	十一 鹈形目 PELECANIFORMES														
	24) 鹮科 Threskiornithidae														
156	彩鹮 *Plegadis falcinellus*	一、DD、VU、LC、-	M		Cg	1~4	8		8						
	25) 鹭科 Ardeidae														

续表

编号	目名、科名和种名	保护和濒危等级	居留类型	区系从属	分布类型	海拔范围	生境类型	特有性&边缘分布	分布记录资料来源						
									盈江	龙陵	隆阳	腾冲	泸水	福贡	贡山
157	大麻鸦 Botaurus stellaris	-, LC, LC, -	WM		Uc	3	8								正勇胜, 2020
158	黄斑苇鸦 Ixobrychus sinensis	-, LC, LC, -	S	东	We	2~3	8					8		8	
159	紫背苇鸦 Ixobrychus eurhythmus	-, LC, LC, -	S	广	Eh	3	8					6; 8			2; 4
160	栗苇鸦 Ixobrychus cinnamomeus	-, LC, LC, -	S	东	We	1~4	8		1; 2; 5; 6	6	3	3; 4	梁丹等, 2015	8	8
161	黑冠鸦 Gorsachius melanolophus	二, NT, DD, LC, -	S	东	Wa	1~2	8	P	8						
162	夜鹭 Nycticorax nycticorax	-, LC, LC, -	S	广	O2	2~4	8		5; 6	6; 7	3	3; 4			余向前, 2021
163	绿鹭 Butorides striata	-, LC, LC, -	R	东	O2	2~4	8		2; 5	6; 7	6; 8	3; 4		8	8
164	印度池鹭 Ardeola grayii	-, NR, NA, LC, -	O		Wa	2~4	8	In	8						
165	池鹭 Ardeola bacchus	-, LC, LC, -	R	东	We	1~4	8		1; 2; 5	6; 7	6; 8	3; 4	梁丹等, 2015	1	1
166	牛背鹭 Bubulcus ibis	-, LC, LC, -	R	东	Wd	1~4	8		1; 2; 5; 6	6; 7	4; 6	1; 2; 3; 4	1	1	8
167	苍鹭 Ardea cinerea	-, LC, LC, -	W	东	Uh	2~5	8		6	6; 7	4; 6	8	8	8	8
168	白腹鹭 Ardea insignis	一, DD, NA, CR, -	O	广	He	3	8	2; AM					1; 8		
169	草鹭 Ardea purpurea	-, LC, LC, -	R	广	Uh	1~3	8		8				8		
170	大白鹭 Ardea alba	-, LC, LC, -	S	广	O2	2~4	8		8						
171	中白鹭 Ardea intermedia	-, LC, LC, -	R	东	Wc	2~4	8		2; 5	7		1	1	1	
172	白鹭 Egretta garzetta	-, LC, LC, -	RS	东	Wd	2~5	8		1; 5	1; 6; 7	1; 6	1; 4	1; 8	8	8
十三　鹰形目 ACCIPITRIFORMES															
26) 鹗科 Pandionidae															
173	鹗 Pandion haliaetus	二, NT, NT, LC, II	WM		Cd	2~4	8		8						
27) 鹰科 Accipitridae															
174	黑翅鸢 Elanus caeruleus	二, NT, NT, LC, II	R	东	Wc	2~4	7, 8		1; 6	7	6; 8	3; 4	8	8	8
175	凤头蜂鹰 Pernis ptilorhynchus	二, NT, NT, LC, II	RS	广	We	2~4	3, 4		1	7	8	4	1	1	1
176	褐冠鹃隼 Aviceda jerdoni	二, NT, VU, LC, II	R	东	Wa	1~3	2, 3		1; 5			1			
177	高山兀鹫 Gyps himalayensis	二, NT, NT, II	W		O3	5~7	6		8	郁云江, 2022b	3	3	3; 4		李迎春, 2020
178	黑兀鹫 Sarcogyps calvus	一, CR, RE, CR, II	R	东	Wb	1~3	2, 7	1, 2; In	5; 6		3	3; 4	2	2	
179	秃鹫 Aegypius monachus	-, NT, DD, NT, II	M		O3	3~7	7				8		8		
180	蛇雕 Spilornis cheela	二, NT, NT, LC, II	R	东	Wc	1~3			1; 5	1; 7		3; 4	梁丹等, 2015	2	
181	短趾雕 Circaetus gallicus	三, NT, DD, LC, II	M	东	O3	1~4	1, 7, 8		1			1			

续表

编号	目名、科名和种名	保护和濒危等级	居留类型	区系从属	分布类型	海拔范围	生境类型	特有性&边缘分布	盈江	龙陵	隆阳	腾冲	泸水	福贡	贡山
												分布记录资料类源			
182	鹰雕 *Nisaetus nipalensis*	二, NT, DD, LC, II	R	东	Wc	4~8	3, 4		8				梁丹等, 2015		孙晓光, 2020
183	棕腹隼雕 *Lophotriorchis kienerii*	二, NT, DD, NT, II	R	东	Wa	1	3		5; 6						
184	林雕 *Ictinaetus malaiensis*	二, VU, NT, LC, II	R	东	Wb	2~4	2, 3	胡箭和韩联宪, 2007		1; 7	1; 8	1	1	1	
185	乌雕 *Clanga clanga*	一, EN, EN, VU, II	W	东	Ud	2~4	8		8	8	8	8			
186	靴隼雕 *Hieraaetus pennatus*	二, VU, DD, LC, II	M	东	O3	1~5	3, 4, 7		8						
187	草原雕 *Aquila nipalensis*	一, VU, VU, EN, II	WM	东	Da	1~5	7		8						
188	白肩雕 *Aquila heliaca*	一, EN, EN, VU, I	WM	东	O3	1~6	3, 4		5; 6						
189	金雕 *Aquila chrysaetos*	一, VU, VU, LC, II	R	广	Ce	2~7	3, 6		8			3; 4	3		8
190	白腹隼雕 *Aquila fasciata*	二, VU, DD, LC, II	R	广	We	1~4	3, 4, 7		8	7					
191	凤头鹰 *Accipiter trivirgatus*	二, NT, LC, LC, II	R	东	Wc	2~4	2		1; 2; 5	1; 7	3	1; 3	1; 3	1	8
192	褐耳鹰 *Accipiter badius*	二, NT, DD, LC, II	R	东	Wb	2~3	3, 7		1			6; 8		1	
193	赤腹鹰 *Accipiter soloensis*	二, LC, DD, LC, II	W	东	Wc	4	3, 4		8						
194	松雀鹰 *Accipiter virgatus*	二, LC, NT, LC, II	R	广	We	2~5	1, 2, 3, 4, 5		5	1; 6	1; 3	2; 3; 4	1; 3	8	1; 2; 4
195	雀鹰 *Accipiter nisus*	二, LC, VU, LC, II	RS	古	Ue	2~4	7		1	1; 7	1; 3	1; 3; 4	1; 3	8	2; 4
196	苍鹰 *Accipiter gentilis*	二, NT, NT, LC, II	WM		Cc	2~4	3, 7		8				梁丹等, 2015		
197	白腹鹞 *Circus spilonotus*	二, NT, NT, LC, II	W	东	Ma	2~3	7, 8		1						
198	白尾鹞 *Circus cyaneus*	二, NT, NT, LC, II	WM	东	Cd	1~5	7, 8		1	1	3	4			
199	鹊鹞 *Circus melanoleucos*	二, NT, DD, LC, II	WM	东	Mb	1~4	7		5		6; 8	2; 3; 4			8
200	黑鸢 *Milvus migrans*	二, LC, LC, LC, II	R	广	Uh	1~7	7		1; 2; 5	7	1; 3	4	梁丹等, 2015		6; 8
201	栗鸢 *Haliastur indus*	二, VU, VU, LC, II	R	东	Wc	2~4	7		5; 6		8	3; 4			
202	玉带海雕 *Haliaeetus leucoryphus*	一, EN, DD, EN, II	O	广	Db	2~7	8		8						
203	白尾海雕 *Haliaeetus albicilla*	一, VU, NT, LC, I	W	东	Ue	2~6	4, 6, 7, 8		8				6		
204	大鵟 *Buteo hemilasius*	二, VU, DD, LC, II	W	东	Df	3	7		8						
205	普通鵟 *Buteo japonicus*	二, LC, LC, LC, II	W	广	Ud	1~5	1, 2, 3, 4, 5, 6, 7, 8		1; 5; 6	1; 6	1; 3	1; 2; 3; 4	1; 3	1; 2	1; 2; 4
206	喜山鵟 *Buteo refectus*	二, NR, NR, LC, II	R	东	Hm	2~7	3, 4, 5, 7	Hi	8	1	1		4		1

十三 鸮形目 STRIGIFORMES

28) 鸮科 Strigidae

编号	目名、科名和种名	保护和濒危等级	居留类型	区系从属	分布类型	海拔范围	生境类型	特有性&边缘分布	盈江	龙陵	隆阳	腾冲	泸水	福贡	贡山
											分布记录资料来源				
207	黄嘴角鸮 *Otus spilocephalus*	二, NT, NT, LC, II	R	东	Wb	3	3		8	8	8	8	1	1	1
208	领角鸮 *Otus lettia*	二, LC, LC, LC, II	R	广	We	1~3	2, 3		2; 5; 6	7	8	3; 4	3		
209	红角鸮 *Otus sunia*	二, LC, LC, LC, II	R	广	O1	3~5	3, 4			8	8	8	3; 4		
210	雕鸮 *Bubo bubo*	二, NT, NT, LC, II	R	广	Uh	1~4	7			7	8	3	3 张倩和和兆南, 2021	8	2; 4
211	林雕鸮 *Bubo nipalensis*	二, NT, NT, LC, II	R	东	Wc	1	2		8						
212	褐渔鸮 *Ketupa zeylonensis*	二, EN, EN, LC, II	R	东	Wb	2~4	3, 8		8			2; 3; 4			
213	黄腿渔鸮 *Ketupa flavipes*	二, EN, DD, LC, II	R	东	Wd	2	2, 8		张浩辉, 2021b						
214	褐林鸮 *Strix leptogrammica*	二, NT, NT, LC, II	R	东	Wc	2~3	2, 3		2; 5; 6	8	8	2; 3; 4		8	8
215	灰林鸮 *Strix aluco*	二, NT, LC, LC, II	R	广	O1	3~7	3, 7		8			2; 3; 4	4		6; 8
216	领鸺鹠 *Glaucidium brodiei*	二, LC, LC, LC, II	R	东	We	2~5	2, 3		1; 2; 5	1; 7	1; 3	1; 3	1; 3	1	1; 2; 4
217	斑头鸺鹠 *Glaucidium cuculoides*	二, LC, LC, LC, II	R	东	Wd	1~5	1, 2, 3, 7		1; 5; 6	1; 7	1; 2; 3	1	1; 3		1; 2; 4
218	横斑腹小鸮 *Athene brama*	二, NT, NA, LC, II	R	东	Wb	1~3	1, 7	IP	8						
219	鹰鸮 *Ninox scutulata*	二, NT, NT, LC, II	R	东	We	1~3	3, 7		8			3; 4			
220	短耳鸮 *Asio flammeus*	二, NT, NT, LC, II	W	广	Cc	2~4	7		8			4; 6			
29) 草鸮科 **Tytonidae**															
221	仓鸮 *Tyto alba*	二, NT, DD, LC, II	R	东	O3	2~4	7		8		8				
222	草鸮 *Tyto longimembris*	二, DD, DD, LC, II	R	东	O1	1~4	3, 7		5	7	8	8			
223	栗鸮 *Phodilus badius*	二, NT, NT, LC, II	R	东	Wa	2	2	P	5						
十四 **咬鹃目 TROGONIFORMES**															
30) 咬鹃科 **Trogonidae**															
224	红头咬鹃 *Harpactes erythrocephalus*	二, NT, NT, LC, -	R	东	Wc	1~4	2, 3		1; 5; 6	1; 2; 6; 7	1; 3	1; 2; 3; 4	1; 2; 3; 4	1	8
225	红腹咬鹃 *Harpactes wardi*	二, NT, NT, NT, -	R	东	Wa	3~6	3	2	5	5	1; 3	8			2; 4
十五 **犀鸟目 BUCEROTIFORMES**															
31) 犀鸟科 **Bucerotidae**															
226	冠斑犀鸟 *Anthracoceros albirostris*	一, CR, EN, LC, II	R	东	Wa	2~3	2, 3	P	5	郁云江, 2021c					
227	双角犀鸟 *Buceros bicornis*	一, CR, CR, VU, I	R	东	Wa	1~2	2	P	2; 5						
228	棕颈犀鸟 *Aceros nipalensis*	一, CR, CR, VU, I	R	东	Wa	2	2	P	5						

续表

编号	目名、科名种名	保护和濒危等级	居留类型	区系从属	分布类型	海拔范围	生境类型	特有性&边缘分布	盈江	龙陵	隆阳	腾冲	泸水	福贡	贡山
												分布记录资料来源			
229	花冠皱盔犀鸟 *Rhyticeros undulatus*	一, EN, EN, VU, II	R	东	Wa	1~2	2, 3	1, 2; P	5; 6				8		1; 2; 4
32)	**戴胜科 Upupidae**														
230	戴胜 *Upupa epops*	-, LC, LC, LC	R	广	O1	1~5	7		1; 5	1; 7	1; 3; 4	2; 3; 4	1; 3	1	1; 2; 4
十六	**佛法僧目 CORACIIFORMES**														
33)	**蜂虎科 Meropidae**														
231	蓝须蜂虎 *Nyctyornis athertoni*	二, VU, LC, LC	R	东	Wa	1~2	2		1; 2; 5						
232	绿喉蜂虎 *Merops orientalis*	二, LC, NT, LC	R	东	Wb	1~2	1, 7		2; 5		2; 3; 4		3		
233	栗喉蜂虎 *Merops philippinus*	二, LC, LC, LC	S	东	O1	2~3	7		5	1; 7	1; 2; 3; 4	8	3		
234	栗头蜂虎 *Merops leschenaultia*	二, LC, LC, LC	S	东	Wa	1~2	1, 7	2	2; 5		3	3	3		
34)	**佛法僧科 Coraciidae**														
235	棕胸佛法僧 *Coracias benghalensis*	-, NT, NT, LC	R	东	Wc	1~3	1, 2, 7		2; 5	7	3	2; 3; 4	3		
236	三宝鸟 *Eurystomus orientalis*	-, LC, NT, LC	R	东	We	1~3	1, 7		8			6; 8			
35)	**翠鸟科 Alcedinidae**														
237	鹳嘴翡翠 *Pelargopsis capensis*	二, DD, DD, LC	R	东	Wa	1	8	2; IP	1						
238	赤翡翠 *Halcyon coromanda*	-, DD, DD, LC	R	东	We	1~2	8		8						
239	白胸翡翠 *Halcyon smyrnensis*	二, LC, LC, LC	R	东	O1	1~4	1, 7, 8		1; 2; 5	1; 6; 7	1; 2; 3; 4	3; 4	3		
240	蓝翡翠 *Halcyon pileata*	-, LC, LC, LC	S	广	We	1~3	7, 8		2	7		2; 3; 4	3	8	2; 4
241	普通翠鸟 *Alcedo atthis*	-, LC, LC, LC	R	广	O1	1~5	1, 7, 8		1; 5	6; 7	3	1; 2; 3; 4	3	8	8
242	斑头大翠鸟 *Alcedo hercules*	二, VU, DD, NT	R	东	Wa	2	8		5						
243	三趾翠鸟 *Ceyx erithaca*	-, DD, DD, LC	R	东	Wa	1~3	8	P	1; 5			2; 3; 4	3		
244	冠鱼狗 *Megaceryle lugubris*	-, LC, DD, LC	R	东	O1	2~3	8		5; 6			6; 8	2; 3; 4	8	8
245	斑鱼狗 *Ceryle rudis*	-, LC, LC, LC	R	东	O1	1~3	8	2	1; 5; 6	郁云江, 2021d		3; 4	3		
十七	**啄木鸟目 PICIFORMES**														
36)	**拟啄木鸟科 Capitonidae**														
246	大拟啄木鸟 *Psilopogon virens*	-, LC, LC, LC	R	东	Wc	1~4	2, 3		1; 2; 5	1; 2; 6; 7	1; 3	1; 3	1; 2; 3; 4	1	1; 4
247	绿拟啄木鸟 *Psilopogon lineatus*	-, DD, DD, LC	R	东	Wa	1~2	2, 7	2; P	5; 6	7	3	1; 3			
248	金喉拟啄木鸟 *Psilopogon franklinii*	-, DD, LC, LC	R	东	Wa	1~4	1, 2, 3		1; 2; 5	1; 2; 6; 7	1; 2; 3	1; 2; 3; 4	1; 2; 3; 4	1	1; 2; 4
249	蓝喉拟啄木鸟 *Psilopogon asiatica*	-, DD, LC, LC	R	东	Wb	1~3	1, 2, 3	2	1; 2; 5	1; 6; 7	1; 2; 3	3; 4	1; 2; 3; 4	1	1

编号	目名、科名和种名	保护和濒危等级	居留类型	区系从属	分布类型	海拔范围	生境类型	特有性&边缘分布	盈江	龙陵	隆阳	腾冲	泸水	福贡	贡山
250	蓝耳拟啄木鸟 *Psilopogon australis*	-, DD, DD, LC, -	R	东	Wa	1~2	2	2; P	1						
251	赤胸拟啄木鸟 *Psilopogon haemacephalus*	-, DD, DD, LC, -	R	东	Wa	1~3	1, 2	2; IP	1; 2; 5			1	3		
37)	响蜜䴕科 **Indicatoridae**														
252	黄腰响蜜䴕 *Indicator xanthonotus*	-, NT, NT, NT, -	R	东	Wc	3~5	3	Hi	8		1	1	梁丹等, 2015	1	李迎春, 2019
38)	啄木鸟科 **Picidae**														
253	蚁䴕 *Jynx torquilla*	-, LC, LC, LC, -	WM	广	Ub	1~6	1, 3, 4		2; 5	6	3; 4	8	3	8	1; 2; 4
254	斑姬啄木鸟 *Picumnus innominatus*	-, LC, LC, LC, -	R	东	Wd	1~6	1, 3, 4, 5		1; 2; 5	1	1; 3	8	1		
255	白眉棕啄木鸟 *Sasia ochracea*	-, LC, LC, LC, -	R	东	Wa	1~3	3		1; 2; 5						1
256	棕腹啄木鸟 *Dendrocopos hyperythrus*	-, LC, LC, LC, -	R	广	Hm	2~6	1, 3, 4		5	6	8	8	1	8	
257	星头啄木鸟 *Dendrocopos canicapillus*	-, LC, LC, LC, -	R	广	We	1~6	2, 3, 4		1; 2; 5	1; 7	1; 3	1; 2; 3; 4	1; 2; 3	1	1; 2; 4
258	纹胸啄木鸟 *Dendrocopos atratus*	-, DD, LC, LC, -	R	东	Wa	2~4	3, 4	2	1; 2; 5	1	1	1		1	1; 2; 4
259	赤胸啄木鸟 *Dendrocopos cathpharius*	-, LC, LC, LC, -	R	东	Hm	1~5	1, 3, 4, 5		5	2; 6	1	1; 2; 3; 4	1; 2; 3; 4	1	1; 2; 4
260	黄颈啄木鸟 *Dendrocopos darjellensis*	-, LC, LC, LC, -	R	东	Hm	3~5	3, 4, 5		5; 6	1	1	1; 3; 4	1; 2; 3; 4	1	1; 2; 4
261	大斑啄木鸟 *Dendrocopos major*	-, LC, LC, LC, -	R	广	Uc	1~7	3, 4, 5		1; 2; 5	1; 8	1; 3	1; 2; 3; 4	1; 3		1
262	三趾啄木鸟 *Picoides tridactylus*	二, LC, DD, LC, -	R	古	Cc	7	5	HH						8	李春晓, 2021
263	白腹黑啄木鸟 *Dryocopus javensis*	二, NT, NT, LC, -	R	东	Wc	4~5	3, 4, 5						2	8	2
264	黑啄木鸟 *Dryocopus martius*	二, LC, NT, LC, -	R	广	Uc	6	4, 5						8	8	8
265	大黄冠啄木鸟 *Chrysophlegma flavinucha*	二, EN, NT, LC, -	R	东	Wc	1~4	2, 3		1; 6	1; 2; 6	1; 3	1	1		
266	黄冠啄木鸟 *Picus chlorolophus*	二, NT, NT, LC, -	R	东	Wb	1~3	2, 3		5; 6			8			6; 8
267	纹喉绿啄木鸟 *Picus xanthopygaeus*	二, DD, DD, LC, -	R	东	Uh	4	3	1, 2; IP	2; 5			6; 8			
268	灰头绿啄木鸟 *Picus canus*	-, LC, LC, LC, -	R	广	Wa	1~6	1, 3, 4, 5		1; 5; 6	1; 7	1	1; 2; 3; 4	1; 2; 3; 4	8	1; 2; 4
269	金背啄木鸟 *Dinopium javanense*	-, DD, DD, LC, -	R	东	Wa	2	2	P	8						
270	大金背啄木鸟 *Chrysocolaptes lucidus*	-, DD, VU, LC, -	R	东	Wa	1~3	2, 3	P	5; 6	6					
271	竹啄木鸟 *Gecinulus grantia*	-, LC, LC, LC, -	R	东	Wb	1~2	2, 3		2; 5		8				
272	黄嘴栗啄木鸟 *Blythipicus pyrrhotis*	-, LC, LC, LC, -	R	东	Wd	1~4	1, 3, 4		1; 2; 5	1; 2; 6; 7	1; 3	1; 2; 3; 4	1; 2; 3; 4	1	1; 2; 4
273	栗啄木鸟 *Micropternus brachyurus*	-, LC, LC, LC, -	R	东	Wb	1~2	2, 3		1; 2; 5		3				
274	大灰啄木鸟 *Mulleripicus pulverulentus*	二, DD, CR, VU, -	R	东	Wa	2	2	2; P	5						1; 4

续表

编号	目名、科名和种名	保护和濒危等级	居留类型	区系从属	分布类型	海拔范围	生境类型	特有性&边缘分布	盈江	龙陵	隆阳	腾冲	泸水	福贡	贡山
									分布记录资料来源						
十八 隼形目 FALCONIFORMES															
39) 隼科 Falconidae															
275	红腿小隼 *Microhierax caerulescens*	二, NT, EN, LC, II	R	东	Wa	1	2	1, 2; P	1; 5; 6	1; 6; 7	1; 3	1; 3; 4	1; 2; 4	1; 4	1; 2; 4
276	红隼 *Falco tinnunculus*	二, LC, LC, LC, II	R	广	Ol	1~6	1, 7		1; 5						
277	红胸隼 *Falco amurensis*	二, NT, NT, LC, II	M	广	Ud	2	3		8						
278	灰背隼 *Falco columbarius*	二, NT, DD, LC, II	W	广	Cd	2	7		8						
279	燕隼 *Falco subbuteo*	二, LC, DD, LC, II	S	广	Ug	1~3	7		2; 5; 6	7	8	3; 4			
280	猛隼 *Falco severus*	二, DD, DD, LC, II	R	东	Wb	3~4	7		8	1		1	1		
281	游隼 *Falco peregrinus*	二, NT, NT, LC, I	R	广	Cd	1~3	7		8	1	1				
十九 鹦鹉目 PSITTACIFORMES															
40) 鹦鹉科 Psittacidae															
282	亚历山大鹦鹉 *Psittacula euparria*	二, DD, DD, NT, II	R	东	Wa	1~2	2, 3, 4	1, 2; IP	8						
283	红领绿鹦鹉 *Psittacula krameri*	二, DD, DD, LC, II	R	东	Wa	1~3	2, 3, 4, 6	1, 2; In	8						
284	灰头鹦鹉 *Psittacula finschii*	二, DD, NT, NT, II	R	东	Hm	1~5	1, 2, 3		5	1; 7	1; 2; 3; 4	1; 3	1; 3	8	2; 4
285	花头鹦鹉 *Psittacula roseata*	二, DD, DD, NT, II	R	东	Wa	1~2	2, 3, 4	1, 2; P	8			8			
286	绯胸鹦鹉 *Psittacula alexandri*	二, VU, VU, NT, II	R	东	Wa	1~3	1, 2, 3, 7		5			6; 8	梁丹等, 2015		
二十 雀形目 PASSERIFORMES															
41) 八色鸫科 Pittidae															
287	蓝枕八色鸫 *Pitta nipalensis*	二, VU, VU, LC, -	R	东	Wa	1~2	2		1						
288	栗头八色鸫 *Pitta oatesi*	二, VU, VU, LC, -	R	东	Wa	1~3	2, 3	2; P	5				梁丹等, 2015		李迎春, 2020
289	蓝八色鸫 *Pitta cyanea*	二, DD, VU, LC, -	R	东	Wa	2	2	2; P	8						
290	绿胸八色鸫 *Pitta sordida*	二, VU, VU, LC, -	S	东	Wa	1~3	2		1						
42) 阔嘴鸟科 Eurylaimidae															
291	长尾阔嘴鸟 *Psarisomus dalhousiae*	二, NT, NT, LC, -	R	东	Wc	1~4	2, 3		1; 2; 5	7	1	3	3		
292	银胸丝冠鸟 *Serilophus lunatus*	二, NT, NT, LC, -	R	东	Wa	1~3	2		5	7					
43) 黄鹂科 Oriolidae															
293	细嘴黄鹂 *Oriolus tenuirostris*	-, DD, NR, LC, -	R	东	Wb	1~5	1, 2, 3, 4		2; 5	1	1; 3; 4	4	3	8	
294	黑枕黄鹂 *Oriolus chinensis*	-, LC, LC, LC, -	S	广	We	1~5	1, 2, 3, 4		1	1; 7	1; 8	8	1	8	8

续表

编号	目名、科名和种名	保护和濒危等级	居留类型	区系从属	分布类型	海拔范围	生境类型	特有性&边缘分布	分布记录资料来源						
									盈江	龙陵	隆阳	腾冲	泸水	福贡	贡山
295	黑头黄鹂 *Oriolus xanthornus*	-, DD, NT, LC, -	R	东	Wa	1	2	2; IP	5; 6						
296	朱鹂 *Oriolus traillii*	-, NT, LC, LC, -	R	东	Wb	1~3	2, 3		1; 2; 5	1; 6; 7	1; 8	1; 2; 3; 4	1	8	1; 2; 4
44) 莺雀科 Vireonidae															
297	白腹凤鹛 *Erpornis zantholeuca*	-, LC, LC, LC, -	R	东	Wb	2~4	2, 3		1; 2; 5	1; 7	1; 8	1; 2; 3; 4	1; 2; 3; 4	1	1; 2; 4
298	棕腹鵙鹛 *Pteruthius rufiventer*	-, DD, DD, LC, -	R	东	Hm	3~5	3	2	8	1	1	1	1; 2; 3; 4	1	1; 2; 4
299	红翅鵙鹛 *Pteruthius aeralatus*	-, LC, LC, LC, -	R	东	Wc	1~5	2, 3		1; 2; 5	1; 2; 7	1; 3	1; 2; 3; 4	1; 3	1	1; 2; 4
300	淡绿鵙鹛 *Pteruthius xanthochlorus*	-, NT, LC, LC, -	R	东	Hm	2~5	3, 4		5	1	1	1	1	1	1
301	栗喉鵙鹛 *Pteruthius melanotis*	-, DD, LC, LC, -	R	东	Wa	2~5	2, 3		1; 5	8	1; 8	1	1; 2; 3; 4	1	1; 2; 4
302	栗额鵙鹛 *Pteruthius intermedius*	-, DD, NR, -	R	东	Wb	1~5	2, 3			7	1	1	梁丹等, 2015		2
45) 山椒鸟科 Campephagidae															
303	大鹃鵙 *Coracina macei*	-, LC, LC, -	R	东	Wb	1~3	2, 3, 4		1; 2; 5	1; 7	1; 8	1; 2; 3; 4	2; 3; 4		
304	暗灰鹃鵙 *Lalage melaschistos*	-, LC, LC, -	R	东	We	1~4	1, 2, 3, 4, 7		1; 2; 5	7	1; 2; 3; 4	3; 4	3	1	1
305	粉红山椒鸟 *Pericrocotus roseus*	-, LC, LC, -	S	东	Wc	1~4	2, 3, 4		1; 2; 5	1; 6	1; 2; 3; 4	2; 3; 4	1; 3; 4	1	1
306	灰喉山椒鸟 *Pericrocotus solaris*	-, LC, LC, -	R	东	Wc	2~4	3, 4, 7		2; 5	1; 8	1; 3	1; 2; 3; 4	1; 2; 3; 4	1	
307	长尾山椒鸟 *Pericrocotus ethologus*	-, LC, LC, -	R	东	Hm	1~7	1, 2, 3, 4		2; 5	1; 7	1; 3	1; 2; 3; 4	1; 2; 3; 4	1; 6	1; 2
308	短嘴山椒鸟 *Pericrocotus brevirostris*	-, LC, LC, -	R	东	Hm	1~4	2, 3, 4		1; 6	1; 2; 6; 7	1; 3	1; 2; 3; 4	1; 3	1	
309	赤红山椒鸟 *Pericrocotus flammeus*	-, LC, LC, -	R	东	Wc	1~3	2, 3, 4		1; 2; 5	1; 7	1; 2; 3; 4	1; 4	1; 2; 3; 4	1	1; 2; 4
46) 燕鵙科 Artamidae															
310	灰燕鵙 *Artamus fuscus*	-, LC, LC, -	R	东	Wb	1~3	2, 3, 4		1; 5	1; 7	1; 5	3; 4			
47) 钩嘴鵙科 Tephrodornithidae															
311	褐背鹟鵙 *Hemipus picatus*	-, DD, LC, LC, -	R	东	Wc	1~4	2, 3, 4		1; 2; 5	1; 7	1; 2; 3; 4	1; 3	1; 2; 3; 4	1	1
312	钩嘴林鵙 *Tephrodornis virgatus*	-, LC, LC, -	R	东	Wb	1~3	2, 3, 4		1; 2; 5	1; 7	1	1; 3			
48) 雀鹎科 Aegithinidae															
313	黑翅雀鹎 *Aegithina tiphia*	-, LC, LC, LC, -	R	东	Wa	1~3	2, 3, 7	2; IP	1; 5; 6	1	1; 2; 3; 4			1; 6	
314	大绿雀鹎 *Aegithina lafresnayei*	-, LC, DD, LC, -	R	东	Wa	2	2	2; P	5						
49) 扇尾鹟科 Rhipiduridae															
315	白喉扇尾鹟 *Rhipidura albicollis*	-, LC, LC, LC, -	R	东	Wc	1~5	1, 2, 3, 4, 7		1; 2; 5	1; 7	1; 2; 3	1; 2; 4	1; 2; 3; 4	1; 6	1; 2; 4
316	白眉扇尾鹟 *Rhipidura aureola*	-, LC, DD, LC, -	R	东	Wb	1~2	2, 3, 7	1, 2; IP	6				2		

续表

编号	目名，科名和种名	保护和濒危等级	居留类型	区系从属	分布类型	海拔范围	生境类型	特有性&边缘分布	盈江	龙陵	隆阳	腾冲	泸水	福贡	贡山
50)	**卷尾科 Dicruridae**														
317	黑卷尾 *Dicrurus macrocercus*	-, LC, LC, -	RS	东	We	1~4	1, 2, 3, 7		1; 2; 5	1; 7	1; 3; 4	1; 2; 3; 4	1; 2; 3; 4	1; 6	1; 2; 4
318	灰卷尾 *Dicrurus leucophaeus*	-, LC, LC, -	RS	广	We	1~5	1, 2, 3, 4		1; 2; 5	1; 6; 7	1; 3	1; 2; 3; 4	1; 2; 3; 4	1; 6	1; 2; 4
319	鸦嘴卷尾 *Dicrurus annectans*	-, LC, LC, -	R	东	Wa	1~3	2, 3		5; 6			4			1
320	古铜色卷尾 *Dicrurus aeneus*	-, LC, LC, -	R	东	Wa	1~3	2, 3		1; 2; 5	1; 8	1; 2; 3; 4	1; 4			
321	发冠卷尾 *Dicrurus hottentottus*	-, LC, LC, -	RS	东	Wd	1~4	1, 2, 3		1; 5	1	1	3; 4			
322	小盘尾 *Dicrurus remifer*	三, NT, LC, -	S	东	Wa	1~3	2, 3		1; 2; 5		1; 2; 3; 4	4			
323	大盘尾 *Dicrurus paradiseus*	三, VU, LC, -	R	东	Wa	1~2	2		1; 5; 6		8				
51)	**王鹟科 Monarchidae**														
324	黑枕王鹟 *Hypothymis azurea*	-, LC, LC, -	R	东	Wc	1~3	1, 2, 3		1; 2; 5	1	1	4			
325	印度寿带 *Terpsiphone paradisi*	-, NR, NR, LC, -	S	广	Wd	1~3	2, 3, 7		5; 6		8	6; 8	2		
326	东方寿带 *Terpsiphone affinis*	-, NR, NR, LC, -	R	东	Wb	1~3	2, 3, 7		2; 6		8				
327	寿带 *Terpsiphone incei*	-, NR, NR, LC, -	S	广	We	1~3	2, 3, 7		8		8	4			
52)	**伯劳科 Laniidae**														
328	牛头伯劳 *Lanius bucephalus*	-, LC, NR, LC, -	O		X	3	2, 3, 7					张浩辉，2021c			
329	红尾伯劳 *Lanius cristatus*	-, LC, LC, -	SW	广	X	1~5	1, 7		2; 5	7	1; 2; 3; 4	2; 3; 4	2; 3; 4	1	2; 4
330	栗背伯劳 *Lanius collurioides*	-, NT, NT, LC, -	R	东	Wa	1~3	7		2; 5	6; 7	2; 3; 4	4	1; 3; 4		
331	棕背伯劳 *Lanius schach*	-, LC, LC, -	R	东	Wd	1~5	1, 7		1; 2; 5	1; 7	1; 2; 3; 4	1; 3; 4	1; 3	1	1
332	灰背伯劳 *Lanius tephronotus*	-, LC, LC, -	R	东	Hm	1~6	1, 2, 3, 4, 5, 7		1; 5; 6	1; 7	1; 4	1; 3; 4	1; 2; 3; 4	1	1; 2
53)	**鸦科 Corvidae**														
333	松鸦 *Garrulus glandarius*	-, LC, LC, -	R	广	Uh	1~7	2, 3, 4, 5, 7		6	7		1			
334	黄嘴蓝鹊 *Urocissa flavirostris*	-, LC, LC, -	R	东	Ha	3~6	3	Hi	1; 5		8	1; 3; 4	1; 2; 4	4	1; 2; 4
335	红嘴蓝鹊 *Urocissa erythroryncha*	-, LC, LC, -	R	广	We	1~5	1, 2, 3, 4, 7		1; 2; 5	1; 6; 7	1; 3	1; 2; 3; 4	1; 2; 3; 4	1	1; 2
336	蓝绿鹊 *Cissa chinensis*	二, NT, DD, LC, -	R	东	Wa	1~3	2, 3		1; 5; 6	7	1; 4	1; 3; 4	1; 3	1	东英梅, 2021
337	棕腹树鹊 *Dendrocitta vagabunda*	-, LC, DD, LC, -	R	东	Wa	1	2	2; IP	5; 6						
338	灰树鹊 *Dendrocitta formosae*	-, LC, LC, -	R	东	Wa	1~3	2, 3, 4		1; 2; 5	1; 7	1; 3; 4	1; 2; 4	1; 3	1	1; 2; 4
339	黑额树鹊 *Dendrocitta frontalis*	-, LC, VU, LC, -	R	东	Wa	1~4	2, 3		1						1; 2
340	喜鹊 *Pica pica*	-, LC, LC, -	R	广	Ch	2~5	1, 7		5; 6	6	1	2; 3; 4	1; 2; 3; 4	1	8

编号	目名，科名和种名	保护和濒危等级	居留类型	区系从属	分布类型	海拔范围	生境类型	特有性&边缘分布	盈江	龙陵	隆阳	腾冲	泸水	福贡	贡山
												分布记录资料来源			
341	星鸦 *Nucifraga caryocatactes*	-、LC、LC、LC、-	R	古	Ue	4~7	4, 5			2; 6		1; 4	1; 2; 3; 4	1; 6	1; 2; 4
342	家鸦 *Corvus splendens*	-、LC、DD、LC、-	R	东	Wa	1~2	7		5; 6	6		2; 4			
343	小嘴乌鸦 *Corvus corone*	-、LC、LC、LC、-	R	古	Cf	1~6	2, 3, 4, 5, 6, 7		1; 5	7	1		1	1	1
344	大嘴乌鸦 *Corvus macrorhynchos*	-、LC、LC、LC、-	R	广	Eh	1~6	1, 2, 3, 4, 5, 6, 7		1; 5; 6	7	1	1; 3; 4	1; 2; 3; 4	1	1; 2
54)	玉鹟科 **Stenostiridae**														
345	黄腹扇尾鹟 *Chelidorhynx hypoxanthus*	-、LC、LC、LC、-	R	东	Hm	2~7	2, 3, 4		1; 5; 6	1; 7	1; 3	1; 2; 3; 4	1; 2; 3; 4	1; 6	1; 2; 4
346	方尾鹟 *Culicicapa ceylonensis*	-、LC、LC、LC、-	R	东	Wd	1~5	1, 2, 3		1; 2; 5	1; 2; 6; 7	1; 6	1; 2; 3; 4	1; 3	1	1; 2; 4
55)	山雀科 **Paridae**														
347	火冠雀 *Cephalopyrus flammiceps*	-、LC、LC、LC、-	R	东	Hm	4~5	4, 5		1		8	3; 4	1		
348	黄眉林雀 *Sylviparus modestus*	-、LC、LC、LC、-	R	东	Wd	3~5	3, 4		1	1; 8	1; 8	1; 4	1; 2; 3; 4	1	1; 2; 4
349	冕雀 *Melanochlora sultanea*	-、DD、NT、LC、-	R	东	Wb	1~3	2, 3		1; 5; 6	郁云江，2021e					
350	黑冠山雀 *Periparus rubidiventris*	-、LC、LC、LC、-	R	东	Hm	5~7	3, 4, 5, 6	HH			8	8	高歌等，2017	1	1; 2; 4
351	煤山雀 *Periparus ater*	-、LC、LC、LC、-	R	广	Uf	5-8	3, 4, 5, 6		1			1	1		1; 2; 4
352	黄腹山雀 *Pardaliparus venustulus*	-、LC、LC、LC、-	R	东	Sh	2~3	2, 3	3		1	1	1	1		
353	褐冠山雀 *Lophophanes dichrous*	-、LC、LC、LC、-	R	广	Hm	5~7	3, 4, 5, 6	HH				1	1	1	1; 2; 4
354	沼泽山雀 *Poecile palustris*	-、LC、LC、LC、-	R	古	U	5~6	3, 4, 5, 6, 7					4	4		4
355	大山雀 *Parus cinereus*	-、LC、LC、LC、-	R	广	Uh	1~6	1, 2, 3, 4, 5, 7		1; 2; 5	1; 2; 6; 7	1; 4; 6	1; 2; 3; 4	1; 2; 3; 4	1	1; 2; 4
356	绿背山雀 *Parus monticolus*	-、LC、LC、LC、-	R	东	Wd	1~5	1, 2, 3, 4, 5, 7		1; 5; 6	1; 2; 6; 7	1; 3	1; 2; 3; 4	1; 2; 3; 4	1; 6	1; 2; 4
357	黄颊山雀 *Machlolophus spilonotus*	-、LC、LC、LC、-	R	东	Wc	2~5	3, 4, 7		1; 2; 5	1; 7	1; 3	1; 2; 3; 4	1; 2; 3; 4	1	1; 2; 4
56)	攀雀科 **Remizidae**														
358	中华攀雀 *Remiz consobrinus*	-、LC、DD、LC、-	M		Ud	3	1, 8								8
57)	百灵科 **Alaudidae**														
359	大短趾百灵 *Calandrella brachydactyla*	-、LC、DD、LC、-	S	古	D	4~5	6					3		8	2; 4
360	小云雀 *Alauda gulgula*	-、LC、LC、LC、-	R	东	We	2~6	6, 7		8	1; 2; 6	1; 8	1; 2; 3; 4	3; 4	8	8
58)	扇尾莺科 **Cisticolidae**														
361	棕扇尾莺 *Cisticola juncidis*	-、LC、LC、LC、-	R	广	Os	1~4	2, 3, 7, 8		5; 6			2; 3; 4			
362	金头扇尾莺 *Cisticola exilis*	-、LC、LC、LC、-	R	广	Wc	1~2	1, 7, 8		5						

续表

编号	目名、科名种名	保护和濒危等级	居留类型	区系从属	分布类型	海拔范围	生境类型	特有性&边缘分布	分布记录资料来源						
									盈江	龙陵	隆阳	腾冲	泸水	福贡	贡山
363	山鹩莺 *Prinia cringera*	-, LC, LC, LC, -	R	东	Wa	2~4	2, 3, 7			1	1; 8		1	1	6; 8
364	褐山鹩莺 *Prinia polychroa*	-, LC, LC, LC, -	R	东	Wb	1~4	3, 7	2	8	8	8	2; 3; 4	3		2; 4
365	黑喉山鹩莺 *Prinia atrogularis*	-, LC, LC, LC, -	R	东	Wb	1~4	2, 3		1; 2; 5	1; 2; 6; 7	1; 8	1; 2; 3; 4	1; 3; 4	1	1; 2; 4
366	暗冕山鹩莺 *Prinia rufescens*	-, LC, LC, LC, -	R	东	Wb	1~3	2, 3, 7					8	1		
367	灰胸山鹩莺 *Prinia hodgsonii*	-, LC, LC, LC, -	R	东	Wc	1~4	2, 3, 7, 8		1; 2; 5	1; 7	1; 2; 3; 4	2; 3; 4	1; 2; 3; 4	1	8
368	黄腹山鹩莺 *Prinia flaviventris*	-, LC, LC, LC, -	R	东	Wb	1~2	2, 3, 7		1; 5; 6		8	6; 8			
369	纯色山鹩莺 *Prinia inornata*	-, LC, LC, LC, -	R	东	Wd	1~4	1, 2, 3, 7		1; 5; 6	1; 7	1; 2; 3; 4	2; 3; 4	1; 2; 3		2; 4
370	长尾缝叶莺 *Orthotomus sutorius*	-, LC, LC, LC, -	R	东	Wb	1~3	2, 3, 7		1; 2; 5	1; 7	1; 2; 3; 4	1	1		
371	黑喉缝叶莺 *Orthotomus atrogularis*	-, LC, LC, LC, -	R	东	Wb	1~3	2	2; P	8						
59) 苇莺科 Acrocephalidae															
372	钝翅苇莺 *Acrocephalus concinens*	-, LC, NA, LC, -	WM		Sm	3	7, 8					2; 3			
373	稻田苇莺 *Acrocephalus agricola*	-, LC, NA, LC, -	M		Ud	2	8		8						
374	布氏苇莺 *Acrocephalus dumetorum*	-, LC, NR, LC, -	O		Ud	2	8		8						
375	厚嘴苇莺 *Arundinax aedon*	-, LC, LC, LC, -	WM		Mc	1~4	7, 8		2; 5		3	3	2		
60) 鳞胸鹪鹛科 Pnoepygidae															
376	鳞胸鹪鹛 *Pnoepyga albiventer*	-, LC, LC, LC, -	R	东	Hm	3~5	3		5	1	1	1	1	1	1; 2; 4
377	小鳞胸鹪鹛 *Pnoepyga pusilla*	-, LC, LC, LC, -	R	东	Wd	1~5	2, 3		5; 6	1; 7	1	1; 2; 3; 4	1; 3	1; 6	1
61) 蝗莺科 Locustellidae															
378	高山短翅蝗莺 *Locustella mandelli*	-, LC, LC, LC, -	R	东	Wc	3~5	3, 4		1					1	
379	斑胸短翅蝗莺 *Locustella thoracica*	-, LC, LC, LC, -	S	广	Hm	3~4	3		8				梁丹等, 2015		
380	棕褐短翅蝗莺 *Locustella luteoventris*	-, LC, LC, LC, -	R	东	Sd	3~5	3, 4		1	2; 6		3		1	2; 4
381	矛斑蝗莺 *Locustella lanceolata*	-, NT, DD, LC, -	M	广	M	1~3	7		8						
382	小蝗莺 *Locustella certhiola*	-, LC, NA, LC, -	M	广	M	1~3	7, 8		2; 5; 6						
383	沼泽大尾莺 *Megalurus palustris*	-, LC, LC, LC, -	R	东	Wb	1~3	7, 8		1; 2; 5	6	2; 4	4			
62) 燕科 Hirundinidae															
384	褐喉沙燕 *Riparia paludicola*	-, LC, LC, LC, -	R	东	Ol	1~2	8		1	1; 7	1; 3; 4	8	3		8
385	淡色崖沙燕 *Riparia diluta*	-, LC, NR, LC, -	O	广	Cg	2	8		8						
386	家燕 *Hirundo rustica*	-, LC, LC, LC, -	RS	广	Ch	1~5	1, 7, 8		1; 5	1; 6; 7	1; 2; 3; 4	1; 2; 3; 4	3	1	2; 4

编号	目名、科名种名	保护和濒危等级	居留类型	区系从属	分布类型	海拔范围	生境类型	特有性&边缘分布	分布记录资料来源						
									盈江	龙陵	隆阳	腾冲	泸水	福贡	贡山
387	线尾燕 *Hirundo smithii*	-, DD, DD, LC, -	R	东	Wb	1	8	1, 2; IP	1					1	1
388	岩燕 *Ptyonoprogne rupestris*	-, LC, LC, -	S	古	O3	1~5	1, 3, 4, 8			1	1; 8	1	1	1	
389	毛脚燕 *Delichon urbicum*	-, LC, LC, -	WM	古	Uh	1~5	1, 3, 4, 7, 8		5						
390	烟腹毛脚燕 *Delichon dasypus*	-, LC, LC, -	S	东	Uh	2~7	3, 4, 8		1	1	1		1	1; 6	
391	黑喉毛脚燕 *Delichon nipalense*	-, LC, LC, -	R	东	He	1~5	3, 4, 8		1	7	8	8	4	8	2; 4
392	金腰燕 *Cecropis daurica*	-, LC, LC, -	RS	广	U	1~5	1, 7, 8		1	7	2; 3; 4	1	3	8	8
393	斑腰燕 *Cecropis striolata*	-, LC, LC, NR, -	R	东	Wa	1~3	1, 7		2; 5; 6	1	1; 2; 3; 4	2; 3; 4	3	8	8
63)	**鹎科 Pycnonotidae**														
394	凤头雀嘴鹎 *Spizixos canifrons*	-, LC, LC, -	R	东	Wc	1~5	2, 3, 4, 7		1; 2; 5	1; 2; 6; 7	1; 3	1; 2; 3	1; 2; 3; 4	1; 6	1
395	黑头鹎 *Brachypodius atriceps*	-, LC, NT, -	R	东	Wa	1~2	2, 7	2; P	8						
396	纵纹绿鹎 *Pycnonotus striatus*	-, LC, LC, -	R	东	Wc	1~5	2, 3		1; 2; 5	1; 2; 6; 7	1; 3	1; 4	1; 3		1; 2
397	黑冠黄鹎 *Pycnonotus melanicterus*	-, LC, LC, -	R	东	Wa	1~3	2, 3, 7		1; 5; 6	1; 7	1	1	1		
398	红耳鹎 *Pycnonotus jocosus*	-, LC, LC, -	R	东	Wc	1~4	2, 3, 7		1; 2; 5	1; 7	1; 2; 3; 4	4	1; 3; 4		
399	黄臀鹎 *Pycnonotus xanthorrhous*	-, LC, LC, -	R	东	We	1~5	1, 2, 3, 4, 7		1; 2; 5	1; 2; 6; 7	1; 3; 4	1; 2; 3; 4	1; 2; 3; 4	1; 6	1; 2
400	黑喉红臀鹎 *Pycnonotus cafer*	-, LC, LC, -	R	东	Wa	2~3	2, 3, 7	IP	1; 2; 5	1; 6; 7	1; 2; 3; 4	1; 2; 3; 4	1; 2; 3; 4	1	1
401	白喉红臀鹎 *Pycnonotus aurigaster*	-, LC, LC, -	R	东	Wb	1~4	2, 3, 7						1		
402	纹喉鹎 *Pycnonotus finlaysoni*	-, LC, DD, LC, -	R	东	Wa	1~3	2, 3	2; P	8						
403	黄绿鹎 *Pycnonotus flavescens*	-, LC, NT, LC, -	R	东	Wa	2~4	2, 3	2	1; 2; 5	1; 7	1; 3	1	1		
404	黄腹冠鹎 *Alophoixus flaveolus*	-, LC, LC, -	R	东	Wa	1~3	2, 3		1; 2; 5		3	3			
405	白喉冠鹎 *Alophoixus pallidus*	-, LC, LC, -	R	东	Wc	2~3	2, 3		1; 5		4; 6	3			
406	灰眼短脚鹎 *Iole propinqua*	-, LC, LC, -	R	东	Wa	1~2	2, 3		1; 6						
407	绿翅短脚鹎 *Ixos mcclellandii*	-, LC, LC, -	R	东	Wc	1~5	1, 2, 3, 4		1; 2; 5	1; 2; 6; 7	1; 3	1; 2; 3; 4	1; 2; 3; 4	1; 6	1; 2; 4
408	灰短脚鹎 *Hemixos flavala*	-, LC, LC, -	R	东	Wb	1~3	2, 3, 4		1; 2; 4; 5	1	1; 4	1; 4			
409	黑短脚鹎 *Hypsipetes leucocephalus*	-, LC, LC, -	R	东	Wd	1~5	1, 2, 3, 4		1; 2; 5	1; 6; 7	1; 3; 4	1; 3; 4	1; 2; 3; 4	1; 6	1; 2; 4
64)	**柳莺科 Phylloscopidae**														
410	褐柳莺 *Phylloscopus fuscatus*	-, LC, LC, -	SW	古	M	1~6	1, 2, 3, 4, 5, 7		1; 2; 5; 6	1; 6; 7	1	1; 2; 3; 4	1; 2; 3; 4	1	1
411	烟柳莺 *Phylloscopus fuligiventer*	-, LC, DD, LC, -	M	东	Hb	2~7	1, 2, 3, 4, 5, 7					4			
412	华西柳莺 *Phylloscopus occisinensis*	-, NR, NR, NR, -	SW	古	Hc	2~6	1, 3, 4, 5, 6		1; 2; 5; 6	1; 2; 6	1; 6	3; 4	1; 4	1	1

续表

编号	目名、科名和种名	保护和濒危等级	居留类型	区系从属	分布类型	海拔范围	生境类型	特有性&边缘分布	分布记录资料来源						
									盈江	龙陵	隆阳	腾冲	泸水	福贡	贡山
413	棕腹柳莺 Phylloscopus subaffinis	-, LC, LC, -	SW	东	Sv	2~6	1, 2, 3, 4, 5		1; 5	1; 6	1; 6	1; 4	1	1	1
414	棕眉柳莺 Phylloscopus armandii	-, LC, LC, -	S	古	Hm	2~7	1, 2, 3, 4, 7		2; 5	1; 2; 6; 7	1; 8	1; 2; 3; 4	1		
415	橙斑翅柳莺 Phylloscopus pulcher	-, LC, LC, -	R	东	Hm	3~7	3, 4, 5, 6		1; 2; 5	1; 7	1	1; 2	1	1	1; 2; 4
416	灰喉柳莺 Phylloscopus maculipennis	-, LC, LC, -	R	东	Hm	3~5	3, 4		1; 6	1; 8	1; 8	1; 4	1; 2; 3; 4		1; 2
417	云南柳莺 Phylloscopus yunnanensis	-, LC, NR, -	W		Sm	1~5	2, 3, 4, 5				8				
418	黄腰柳莺 Phylloscopus proregulus	-, LC, LC, -	W		U	1~7	3, 4, 5		1; 5	1; 7	1	1; 8	1	1	1
419	淡黄腰柳莺 Phylloscopus chloronotus	-, LC, LC, -	SW	东	Hm	2~6	3, 4, 5		1; 6	1; 2; 6; 7	1; 4	1; 2; 3; 4	1; 8		1; 2; 4
420	四川柳莺 Phylloscopus forresti	-, LC, NR, -	SW	广	Hc	3~7	3, 4, 5		8		1	8	1	1	1
421	黄眉柳莺 Phylloscopus inornatus	-, LC, LC, -	W		U	1~7	1, 2, 3, 4, 5, 6, 7		1; 2; 5	1; 7	1; 6	1; 3	1; 2; 3; 4	1	
422	淡眉柳莺 Phylloscopus humei	-, LC, LC, -	SW	古	Pw	2~6	4, 5, 6		8		8		6		
423	极北柳莺 Phylloscopus borealis	-, LC, LC, -	M		Uc	1~2	3, 4, 5, 6, 7		1			8	1		1
424	暗绿柳莺 Phylloscopus trochiloides	-, LC, LC, -	SW	古	U	1~7	1, 2, 3, 4, 5, 6, 7		8	7	6; 8	6; 8	1; 8	6; 8	6; 8
425	双斑绿柳莺 Phylloscopus plumbeitarsus	-, LC, LC, -	WM		U	1~4	1, 3			1	1				
426	乌嘴柳莺 Phylloscopus magnirostris	-, LC, LC, -	R	东	Hm	2~6	2, 3, 4, 5				1	3	4		1; 2; 4
427	冕柳莺 Phylloscopus coronatus	-, LC, LC, -	M		M	3~5	3					1			
428	西南冠纹柳莺 Phylloscopus reguloides	-, NR, NR, LC, -	R	广	Wa	1~6	1, 2, 3, 4, 5		8	8	1	1	4		2
429	冠纹柳莺 Phylloscopus claudiae	-, LC, LC, -	W	东	Sm	1~6	1, 2, 3, 4, 5		1	1; 2; 6; 7	1	1; 6	1; 8		1
430	云南白斑尾柳莺 Phylloscopus davisoni	-, LC, LC, -	R	东	Wa	2~5	3, 4, 5		1; 2; 5; 6	1; 2; 6; 7	4; 6	1; 2; 3; 4	1; 3		1; 2; 4
431	黄胸柳莺 Phylloscopus cantator	-, LC, LC, -	R	东	Wd	1~5	3		1				梁丹等, 2015		
432	黑眉柳莺 Phylloscopus ricketti	-, LC, LC, -	WM		Wd	1~3	2, 3		1	1	1	1			
433	白眶鹟莺 Seicercus affinis	-, LC, LC, -	R	东	Wb	3	2, 3		1	1	1	1	1	1	1
434	灰冠鹟莺 Seicercus tephrocephalus	-, LC, NR, -	R	广	He	3~4	3, 4		1; 5	1; 2; 6; 7	1; 8	1; 2; 3; 4	1; 3	1; 6	1; 2; 4
435	比氏鹟莺 Seicercus valentini	-, LC, NR, -	R	广	He	3~6	4, 5, 6		1	1		1	梁丹等, 2015	1	
436	灰脸鹟莺 Seicercus poliogenys	-, LC, LC, -	R	东	S	3~4	3		1	1; 7	1	1; 4	1	1	1; 2; 4
437	栗头鹟莺 Seicercus castaniceps	-, LC, LC, -	R	东	Wd	3~5	3		1; 5	1; 2; 6; 7	1; 8	1; 2; 3; 4	1; 2; 3; 4	1	1; 2; 4
65）树莺科 Cettiidae															
438	黄腹鹟莺 Abroscopus superciliaris	-, LC, LC, -	R	东	Wa	1~2	2		1; 2; 5						

续表

编号	目名、科名和种名	保护和濒危等级	居留类型	区系从属	分布类型	海拔范围	生境类型	特有性&边缘分布	盈江	龙陵	隆阳	腾冲	泸水	福贡	贡山
											分布记录资料来源				
439	棕脸鹟莺 Abroscopus albogularis	-, LC, LC, -	R	东	Sd	2	2, 3								1
440	黑脸鹟莺 Abroscopus schisticeps	-, LC, LC, -	R	东	Wa	3~5	3, 7		1; 5; 6	1; 7	1; 8	1; 2; 3	1; 2; 3; 4	1	1; 2; 4
441	栗头织叶莺 Phyllergates cucullatus	-, LC, LC, -	R	东	Wb	1~3	2, 3		1; 5; 6	1; 2; 6	1	1; 2; 3	1; 3	1	1
442	宽嘴鹟莺 Tickellia hodgsoni	-, LC, DD, LC	R	东	Hm	2~5	3		8	1; 7	1	1	1		
443	强脚树莺 Horornis fortipes	-, LC, LC, -	R	东	Wb	3	3, 7		1; 2; 5	1; 7	1; 3	1; 2; 3; 4	1; 3	1	1; 2; 4
444	黄腹树莺 Horornis acanthizoides	-, LC, LC, -	R	东	Sd	3~4	3, 7		8	8	8	1; 4		1	
445	异色树莺 Horornis flavolivaceus	-, LC, LC, -	R	东	Hm	4~5	3		8		6; 8	3	4		1
446	灰腹地莺 Tesia cyaniventer	-, LC, LC, -	R	东	Wb	2~4	3		1; 5	1; 7	1; 8	1; 2; 3; 4	1	1	1; 2
447	金冠地莺 Tesia olivea	-, LC, LC, -	R	东	Wc	3~4	3		1; 5	1; 7	1	1; 2; 3; 4	3	1	1; 4
448	大树莺 Cettia major	-, LC, LC, -	R	东	Hm	1~7	1, 6, 7		8		1	3; 4	梁丹等, 2015	8	1
449	棕顶树莺 Cettia brunnifrons	-, LC, LC, -	R	东	Hm	5~6	5		8	1	1		1	8	1; 2; 4
450	栗头树莺 Cettia castaneocoronata	-, LC, LC, -	R	东	Hm	4~5	3, 4		8	1; 8	1; 8	1	1; 2; 3; 4	1; 6	1; 2; 4
451	淡脚树莺 Hemitesia pallidipes	-, LC, LC, -	R	东	Wa	2~3	2, 3		2; 5; 6			1	1		
(66)	长尾山雀科 Aegithalidae														
452	红头长尾山雀 Aegithalos concinnus	-, LC, LC, -	R	东	Wd	2~5	1, 3, 4		1; 5; 6	1; 2; 6; 7	1; 3	1; 2; 3; 4	1; 2; 3; 4	1	1; 2; 4
453	黑眉长尾山雀 Aegithalos bonvaloti	-, LC, LC, -	R	东	Hc	5~6	4, 5, 6		1; 5; 6		8	1	1; 2; 3; 4	1; 6	1; 2; 4
(67)	莺鹛科 Sylviidae														
454	火尾绿鹛 Myzornis pyrrhoura	-, NT, NT, LC	R	东	Hm	4~6	3, 4, 5, 6	Hi	张浩辉, 2020		1; 8	1	1; 2; 3; 4	1	1; 2; 4
455	白喉林莺 Sylvia curruca	二, LC, NR, LC	O	东	O3	1~4	2, 3, 7					张浩辉, 2020			
456	金胸雀鹛 Lioparus chrysotis	-, LC, LC, -	R	东	Hm	2~5	2, 3, 4		8	1	1	2	1; 2; 3; 4	8	1; 2; 4
457	白眉雀鹛 Fulvetta vinipectus	-, LC, LC, -	R	东	Hm	2~8	2, 3, 4, 5, 6		1; 5	7	1; 8	1; 4	1; 2; 3; 4	1; 6	1; 2; 4
458	中华雀鹛 Fulvetta striaticollis	二, LC, LC, -	R	东	Hc	7	5, 6	3; H	1						8
459	棕头雀鹛 Fulvetta ruficapilla	-, LC, LC, -	R	东	Hc	3~5	3, 4			1	1	3; 4	1; 3; 4	1	
460	褐头雀鹛 Fulvetta cinereiceps	-, LC, LC, -	R	东	Sd	2~5	2, 3, 4		1; 5; 6	1	1	8	1	1	1; 2; 4
461	金眼鹛雀 Chrysomma sinense	-, LC, LC, -	R	东	Wb	1~3	7, 8		1; 2; 5	1; 8	1; 2; 3; 4	8	1; 2; 3; 4		
462	红嘴鸦雀 Conostoma aemodium	-, LC, LC, -	R	东	Hm	5~6	4, 5, 6	HH	1; 5		3		1	1; 6	1
463	褐鸦雀 Cholornis unicolor	-, LC, LC, -	R	东	Hm	3~6	3, 4, 5, 6		1; 5	1		1	1; 2; 3; 4	1; 6	1; 2; 4
464	褐翅鸦雀 Sinosuthora brunnea	-, LC, NR, LC	R	东	Hc	3~4	1, 3, 4, 7		1; 5; 6	1; 7	1; 3	1; 2; 3; 4	1; 2; 3; 4	1	1; 2; 4

续表

编号	目名、科名和种名	保护和濒危等级	居留类型	区系从属	分布类型	海拔范围	生境类型	特有性&边缘分布	分布记录资料来源						
									盈江	龙陵	隆阳	腾冲	泸水	福贡	贡山
465	黄额鸦雀 Suhora fulvifrons	-, LC, LC, -	R	东	Hm	3~7	3, 4, 5, 6		5					1	1; 2; 4
466	黑喉鸦雀 Suhora nipalensis	-, DD, LC, -	R	东	Sd	3~5	3		1	1; 7	8	1; 4	1; 2; 3; 4	1	1; 2; 4
467	黑眉鸦雀 Chleuasicus atrosuperciliaris	-, LC, LC, -	R	东	He	1~3	1, 3	2	5						
468	红头鸦雀 Psittiparus ruficeps	-, LC, LC, -	R	东	Hm	2~3	2, 3		2; 5						1; 2; 4
469	灰头鸦雀 Psittiparus gularis	-, LC, LC, -	R	东	Wc	2	2, 3		5; 6		1		1		4
470	点胸鸦雀 Paradoxornis guttaticollis	-, LC, LC, -	R	东	Sd	2~5	2, 3		1; 2; 5; 6	1; 7	1; 2; 3	1; 2	1; 2; 3; 4	1; 6	2; 4
	68）绣眼鸟科 Zosteropidae														
471	栗耳凤鹛 Yuhina castaniceps	-, LC, LC, -	R	东	Wc	2~3	2, 3		1; 2; 5	1; 8	1; 8	1	1; 2; 4	1	1; 2; 4
472	白颈凤鹛 Yuhina bakeri	-, LC, LC, -	R	东	Ha	4~5	3	AM							1; 2; 4
473	黄颈凤鹛 Yuhina flavicollis	-, LC, LC, -	R	东	Hm	1~5	3		1; 5; 6	1; 2; 6; 7	1; 3	1; 2; 3; 4	1; 2; 3; 4	1	1; 2; 4
474	纹喉凤鹛 Yuhina gularis	-, LC, LC, -	R	东	Hm	1~6	2, 3, 4		1; 5; 6	1; 8	1; 3	1; 4	1; 2; 3; 4	1; 6	1; 2; 4
475	白领凤鹛 Yuhina diademata	-, LC, LC, -	R	东	Hc	2~6	2, 3, 4, 5		1; 6	1; 6; 7	1; 3	1; 4	1; 2; 3; 4	1; 6	1; 2; 4
476	棕臀凤鹛 Yuhina occipitalis	-, LC, LC, -	R	东	Hm	2~6	2, 3, 4, 5		1; 5; 6	1; 6; 7	1; 8	1; 4	1; 2; 3; 4	1; 6	1; 2; 4
477	黑颏凤鹛 Yuhina nigrimenta	-, LC, LC, -	R	东	Wc	2~5	2, 3		8	1; 7	1; 3	1; 2; 3; 4	1; 2; 3; 4	1	1; 2; 4
478	红胁绣眼鸟 Zosterops erythropleurus	二, LC, LC, -	WM		Mb	2~4	1, 2, 3, 4, 7		5; 6	1; 7	1; 8	1; 3	3		
479	暗绿绣眼鸟 Zosterops japonicus	-, LC, LC, -	RS	东	S	1~5	1, 2, 3, 4, 7		5; 6	1; 7	1; 8	1; 4	1	1	1; 2; 4
480	灰腹绣眼鸟 Zosterops palpebrosus	-, LC, LC, -	R	东	Wc	1~5	2, 3, 4, 7		1; 2; 5	1; 7	1; 3	1; 2; 3; 4	1; 2; 3; 4	1	1
	69）林鹛科 Timaliidae														
481	长嘴钩嘴鹛 Erythrogenys hypoleucos	-, LC, NT, LC, -	R	东	Wb	2	2		5						
482	斑胸钩嘴鹛 Erythrogenys gravivox	-, LC, LC, -	R	东	Sd	1~6	1, 2, 3, 4, 7		1; 2; 5	1; 7	1; 3; 4	1; 2; 3; 4	1; 2; 3; 4	1	1
483	棕颈钩嘴鹛 Pomatorhinus ruficollis	-, LC, LC, -	R	东	Wa	1~5	1, 2, 3		1; 2; 5	1; 2; 6; 7	1; 3	1; 2; 3; 4	1; 2; 3; 4	1	1; 2; 4
484	棕头钩嘴鹛 Pomatorhinus ochraceiceps	-, LC, LC, -	R	东	Wa	2~3	2, 3	2	1; 5; 6						1
485	红嘴钩嘴鹛 Pomatorhinus ferruginosus	-, DD, NT, LC, -	R	东	Wa	2~3	2, 3		1; 2; 5			8			
486	细嘴钩嘴鹛 Pomatorhinus superciliaris	-, NT, NT, LC, -	R	东	Wa	4	3		8	1	1	1; 3	1	1	6; 8
487	短尾钩嘴鹛 Jabouilleia danjoui	-, NR, NA, NT, -	R	东	Wa	1	2, 3	1, 2	刘阳等, 2013						
488	斑翅鹪鹛 Spelaeornis troglodytoides	-, LC, LC, -	R	东	Hm	2~5	3, 4		5	8	8	2; 3; 4	1; 3		1
489	长尾鹩鹛 Spelaeornis chocolatinus	-, NT, DD, LC, -	R	东	Wb	3~5	3		8	1; 2; 6; 7	1	1; 4		1	1
490	楔嘴穗鹛 Stachyris roberti	-, NT, NT, NT, -	R	东	Wb	4	3	1, 2	8		6; 8				6; 8

续表

编号	目名、科名和种名	保护和濒危等级	居留类型	区系从属	分布类型	海拔范围	生境类型	特有性&边缘分布	分布记录资料来源						
									盈江	龙陵	隆阳	腾冲	泸水	福贡	贡山
491	黑头穗鹛 *Stachyris nigriceps*	-, LC, LC, -	R	东	Wa	1~3	2, 3		1; 2; 5						1
492	黄喉穗鹛 *Cyanoderma ambiguum*	-, LC, NA. LC, -	R	东	Hm	2~5	2, 3								2; 4
493	红头穗鹛 *Cyanoderma ruficeps*	-, LC, LC, -	R	东	Sd	1~5	1, 2, 3, 4, 7		1; 2; 5	1; 2; 6; 7	1; 3	1; 2; 3; 4	1; 2; 3	1	1; 2; 4
494	金头穗鹛 *Cyanoderma chrysaeum*	-, LC, LC, -	R	东	Wa	1~5	2, 3, 7		1; 2; 5				梁丹等, 2015		1; 2; 4
495	纹胸鹛 *Mixornis gularis*	-, LC, LC, -	R	东	Wa	1~3	1, 2, 3, 7		1	1	1			1	8
496	红顶鹛 *Timalia pileata*	-, LC, LC, -	R	东	Wb	1~3	7		1	1	8		2; 4		
70)	**幽鹛科 Pellorneidae**														
497	黄喉雀鹛 *Schoeniparus cinereus*	-, LC, LC, -	R	东	Hm	3~5	3	AM			8	8			1; 2; 4
498	栗头雀鹛 *Schoeniparus castaneceps*	-, LC, LC, -	R	东	Wa	2~5	2, 3		1; 5; 6	1; 2; 6; 7	1; 8	1; 3; 4	1; 3	1; 6	1; 2; 4
499	褐胁雀鹛 *Schoeniparus dubius*	-, LC, LC, -	R	东	Wc	1~5	1, 2, 3, 4, 7		1; 2	1; 7	1; 3	1; 2; 3; 4	1; 2; 3; 4	1	1; 2
500	褐脸雀鹛 *Alcippe poioicephala*	-, LC, LC, -	R	东	Wa	1~3	2, 3	2	1; 6						
501	灰眶雀鹛 *Alcippe morrisonia*	-, LC, LC, -	R	东	Wd	2~5	1, 2, 3, 4		1; 2; 5	1; 2; 6; 7	1; 3	1; 2; 3; 4	1; 2; 3; 4	1	1; 2; 4
502	白眶雀鹛 *Alcippe nipalensis*	-, LC, LC, -	R	东	He	1~2	2, 3	AM	1; 8						
503	短尾鹪鹛 *Turdinus brevicaudatus*	-, LC, LC, -	R	东	Wa	2~3	2, 3		1; 2; 5		1				
504	纹胸鹪鹛 *Napothera epilepidota*	-, LC, LC, -	R	东	Wa	3	3		8						
505	白头鵙鹛 *Gampsorhynchus rufulus*	-, LC, LC, -	R	东	Wa	1~3	2, 3	2; AM	1; 2; 5						1; 6
506	长嘴鹩鹛 *Rimator malacoptilus*	-, LC, DD, LC, -	R	东	Wa	3	2, 3; AM	2	1; 2; 5						
507	白腹幽鹛 *Pellorneum albiventre*	-, LC, LC, -	R	东	Wa	1~2	2, 3		1; 2; 5		1	1	1		
508	棕头幽鹛 *Pellorneum ruficeps*	-, LC, LC, -	R	东	Wa	1~3	2, 3	2	1; 2; 5	1; 7	1; 2; 3		3		
509	棕胸雅鹛 *Trichastoma tickelli*	-, NT, LC, LC, -	R	东	Wa	1~2	2, 3	2	1; 5			8			
71)	**噪鹛科 Leiothrichidae**														
510	矛纹草鹛 *Babax lanceolatus*	-, LC, LC, -	R	东	Sd	2~6	1, 3, 4		1; 5	1; 7	1; 3; 4	1; 2; 3; 4	1; 2; 3; 4	1; 6	1
511	画眉 *Garrulax canorus*	三, NT, VU, LC, II	R	东	Sd	1~4	1, 2, 3, 4		5; 6	7	6; 8	6; 8	2; 3; 4		
512	白冠噪鹛 *Garrulax leucolophus*	-, LC, LC, -	R	东	Wa	1~3	2, 3		1; 2; 5; 6						
513	灰翅噪鹛 *Garrulax cineraceus*	-, LC, LC, -	R	东	Sv	2~5	1, 3, 4		1	1	1; 3	1; 2; 3; 4	1; 2; 3	8	
514	棕颏噪鹛 *Garrulax rufogularis*	-, LC, DD, LC, -	R	东	Wa	2~3	2, 3	Hi	1						
515	眼纹噪鹛 *Garrulax ocellatus*	三, NT, LC, LC, -	R	东	Hm	4~6	3, 4				8	1	1; 2; 3; 4		
516	白喉噪鹛 *Garrulax albogularis*	-, LC, LC, -	R	东	Hm	2~5	2, 3, 4		1; 8	7	1; 8	1; 3	1; 3		2; 4

续表

编号	目名、科名和种名	保护和濒危等级	居留类型	区系从属	分布类型	海拔范围	生境类型	特有性&边缘分布	盈江	龙陵	隆阳	腾冲	泸水	福贡	贡山
									分布记录资料来源						
517	小黑领噪鹛 Garrulax monileger	-, LC, LC, LC	R	东	Wb	2~3	2, 3		2; 5; 6			1			
518	黑领噪鹛 Garrulax pectoralis	-, LC, LC, LC	R	东	Wd	1~3	2, 3		1; 5; 6	1; 7	1	1			
519	黑喉噪鹛 Garrulax chinensis	二, LC, LC, LC, -	R	东	Wa	1~3	1, 2, 3		2; 5; 6						
520	栗颈噪鹛 Garrulax ruficollis	-, LC, NT, LC, -	R	东	Hm	1~2	2	2	1; 2; 5; 6						
521	灰胁噪鹛 Garrulax caerulatus	-, LC, LC, LC	R	东	Hm	3~4	3		6		3	2; 3; 4	2; 3; 4		8
522	白颊噪鹛 Garrulax sannio	-, LC, LC, LC	R	东	Sd	1~5	1, 2, 3, 7, 8		1; 5; 6	1; 2; 6; 7	1; 2; 3; 4	1; 2; 3; 4	1; 2; 3; 4	1; 6	1; 2; 4
523	斑胸噪鹛 Garrulax merulinus	-, LC, DD, LC, -	R	东	Wd	2	2, 3	2	1			3	3		
524	条纹噪鹛 Grammatoptila striata	-, LC, LC, LC	R	东	Hm	3~5	2, 3		8			1; 3	1; 2; 3; 4	1; 6	1; 2; 4
525	蓝翅噪鹛 Trochalopteron squamatum	-, LC, LC, LC	R	东	Hm	1~5	3, 8	2	1; 5; 6		1	8		1; 6	1; 2; 4
526	纯色噪鹛 Trochalopteron subunicolor	-, LC, LC, LC	R	东	Hm	2~6	3, 4		5; 6	6; 7	1; 3	1; 2; 3; 4	1; 2; 3; 4	1; 6	1; 2; 4
527	橙翅噪鹛 Trochalopteron elliotii	二, LC, LC, LC, -	R	东	Hc	5~8	3, 4, 5	3; H	1		1	8		8	8
528	黑顶噪鹛 Trochalopteron affine	-, LC, LC, LC	R	东	Hm	3~7	3, 4		1		1; 8	1; 3	1; 2; 3; 4	1; 6	1; 2; 4
529	红头噪鹛 Trochalopteron erythrocephalum	-, LC, LC, LC	R	东	Hm	2~5	3		1; 5	1; 7		1; 2; 3; 4	1; 2; 3; 4	1; 6	1; 2; 4
530	红尾噪鹛 Trochalopteron milnei	二, LC, LC, LC, -	R	东	Wc	3~4	3, 4		2; 5	1; 7	1; 3	1; 2; 3; 4	2; 3; 4		8
531	斑胁姬鹛 Cutia nipalensis	-, LC, NT, LC, -	R	东	Hm	3~5	3		8	1	1	1; 2; 3; 4	1; 2; 3; 4	1	2; 4
532	蓝翅希鹛 Siva cyanouroptera	-, LC, LC, LC	R	东	Wc	1~5	2, 3, 4, 7	2	1; 2; 5; 6	1; 6; 7	1; 3	1; 2; 3; 4	1; 2; 3; 4	1; 6	1
533	斑喉希鹛 Chrysominla strigula	-, LC, LC, LC	R	东	Hm	3~5	3, 4		1; 5	1; 2; 6; 7	1; 3	1; 3; 4	1; 2; 3; 4	1; 6	1; 2; 4
534	红尾希鹛 Minla ignotincta	-, LC, LC, LC	R	东	Sc	2~5	1, 2, 3		1; 5; 6	1; 2; 6; 7	1; 3	1; 2; 3; 4	1; 3	1; 6	1; 2
535	灰头薮鹛 Liocichla phoenicea	-, NR, NR, LC, -	R	东	Wa	2~4	3				1; 3		1; 2; 3; 4		2; 4
536	红翅薮鹛 Liocichla ripponi	-, NT, NT, LC, -	R	东	Wa	2~4	3	2	1; 5	1; 2; 7	1; 3	1; 8			
537	栗额斑翅鹛 Actinodura egertoni	-, LC, LC, LC	R	东	Wa	3~4	3		1; 2; 5	1; 2; 6; 7	1; 3	1; 2; 3	1; 2; 3	1; 6	1; 2; 4
538	纹胸斑翅鹛 Sibia waldeni	-, LC, LC, LC	R	东	He	3~5	3		5; 6	8	8	1; 3; 4	2; 3; 4	1; 6	1; 2; 4
539	银耳相思鸟 Leiothrix argentauris	二, NT, LC, LC, II	R	东	Wc	1~4	2, 3		1; 2; 5	1; 7	1; 3	1	1; 3	1; 6	1; 2; 4
540	红嘴相思鸟 Leiothrix lutea	二, LC, LC, LC, II	R	东	Wd	1~4	1, 3		1; 2; 5	1; 7	1; 3	1; 2; 3; 4	1; 2; 3; 4	1	1; 2; 4
541	栗背奇鹛 Leioptila annectens	-, LC, LC, LC	R	东	Hm	2~5	2, 3		1; 5		1; 3	8			1
542	灰奇鹛 Heterophasia gracilis	-, LC, LC, LC	R	东	He	2~3	2, 3, 4		1; 2; 5			4			
543	黑头奇鹛 Heterophasia desgodinsi	-, LC, LC, LC	R	东	Wc	1~6	2, 3, 4	1, 2	1; 6	1; 2; 6; 7	1; 4	1; 2; 3; 4	1; 3	8	1
544	丽色奇鹛 Heterophasia pulchella	-, LC, LC, LC	R	东	He	3~5	3, 4, 5, 6		1; 5	1; 2; 6; 7	1; 3	1; 2; 3; 4	1; 2; 3; 4	1; 6	1; 2; 4

续表

编号	目名、科名和种名	保护和濒危等级	居留类型	区系从属	分布类型	海拔范围	生境类型	特有性&边缘分布	分布记录资料来源						
									盈江	龙陵	隆阳	腾冲	泸水	福贡	贡山
545	长尾奇鹛 *Heterophasia picaoides*	-, LC, LC, LC	R	东	Wa	2~4	2, 3	2	1; 2; 5	1	1; 3				
	72） 旋木雀科 Certhiidae														
546	霍氏旋木雀 *Certhia hodgsoni*	-, LC, LC, LC	R	东	Hm	4~8	4, 5	HH	1	8	8	1; 8	1; 3	8	1
547	高山旋木雀 *Certhia himalayana*	-, LC, LC, LC	R	东	Hm	3~7	3, 4, 5, 6		8	7	8	1	1; 2; 3; 4	1	4
548	红腹旋木雀 *Certhia nipalensis*	-, LC, DD, LC	R	东	Ha	4~5	4, 5	HH	8			1	1; 2	1	1; 2
549	休氏旋木雀 *Certhia manipurensis*	-, LC, LC, LC	R	东	Wa	3~5	3, 4	2	1; 2; 5; 6	1; 7	1	1; 2; 3; 4	1; 2; 3; 4	8	8
	73） 䴓科 Sittidae														
550	栗臀䴓 *Sitta nagaensis*	-, LC, LC, LC	R	广	Wc	2~6	3, 4, 5		1; 5	1; 2; 6; 7	1; 3	1; 2; 3; 4	1; 2; 3; 4	1	1; 2; 4
551	栗腹䴓 *Sitta castanea*	-, LC, LC, LC	R	东	Wa	1~3	2, 3, 7		5; 6						
552	白尾䴓 *Sitta himalayensis*	-, NT, LC, LC	R	东	Hm	4~5	4, 5			1	1; 3	1; 3; 4	1; 2; 3; 4	1	1
553	滇䴓 *Sitta yunnanensis*	二, VU, LC, NT	R	东	Hc	3~6	3, 4	3	胡箭和韩联宪, 2007	7	8	4	2; 3; 4	8	1
554	绒额䴓 *Sitta frontalis*	-, DD, LC, LC	R	东	Wc	1~3	2, 3, 7		1; 2; 5		1	1			
555	巨䴓 *Sitta magna*	二, EN, VU, EN	R	东	Wb	2~4	4				4; 6		梁丹等, 2015		4
556	丽䴓 *Sitta formosa*	二, EN, EN, VU	R	东	Hm	3~4	2, 3		8		1				1
557	红翅旋壁雀 *Tichodroma muraria*	-, LC, LC, LC	R	古	O3	3~7	1, 3, 4, 5, 7, 8		8	7		4	1; 2; 3; 4		1; 2; 4
	74） 鹪鹩科 Troglodytidae														
558	鹪鹩 *Troglodytes troglodytes*	-, LC, LC, LC	R	广	Ch	3~8	4, 5, 6, 7		8	1	1	1	1	1	1; 2; 4
	75） 河乌科 Cinclidae														
559	河乌 *Cinclus cinclus*	-, LC, NT, LC	R	古	Ol	5~6	4, 5, 6, 8	2; IP							2; 4
560	褐河乌 *Cinclus pallasii*	-, LC, LC, LC	R	广	Ea	2~5	1, 2, 3, 4, 8	P	1; 5	7	3; 4	8	1; 2; 3; 4	1	1; 2; 4
	76） 椋鸟科 Sturnidae														
561	斑翅椋鸟 *Saroglossa spiloptera*	-, LC, DD, LC	R	东	Wa	2~3	1, 7	P	8						
562	金冠树八哥 *Ampeliceps coronatus*	-, DD, DD, LC	R	东	Wa	2	2	P	8			1			
563	鹩哥 *Gracula religiosa*	二, VU, VU, LC, II	R	东	Wa	1~2	2	P	2; 5; 6			1			
564	林八哥 *Acridotheres grandis*	-, LC, DD, LC	R	东	Wa	2	2, 3, 7		2; 5; 6			2; 3; 4	3		
565	八哥 *Acridotheres cristatellus*	-, LC, LC, LC	R	东	Wd	1~4	2, 3, 7		1; 2; 5; 6	7	1	2; 3; 4	3; 4	8	8
566	白领八哥 *Acridotheres albocinctus*	-, LC, NT, LC	R	东	Wa	1~5	2, 3, 7	2	1; 5; 6			4			
567	家八哥 *Acridotheres tristis*	-, LC, NT, LC	R	东	Wb	1~3	7		2; 5; 6			2; 3; 4			

续表

编号	目名、科名和种名	保护和濒危等级	居留类型	区系从属	分布类型	海拔范围	生境类型	特有性&边缘分布	分布记录资料来源						
									盈江	龙陵	隆阳	腾冲	泸水	福贡	贡山
568	红嘴椋鸟 *Acridotheres burmannicus*	-, LC, DD, LC, -	R	东	Wa	1	7	1, 2; P	5; 6						
569	丝光椋鸟 *Spodiopsar sericeus*	-, LC, LC, LC, -	R	东	Sd	1~3	2, 3, 4, 7					1			
570	灰椋鸟 *Spodiopsar cineraceus*	-, LC, LC, LC, -	W		X	2~4	7		8						
571	黑领椋鸟 *Gracupica nigricollis*	-, LC, LC, LC, -	R	东	Ma	1~3	2, 3, 7		2; 5; 6			2; 3; 4	3		
572	斑椋鸟 *Gracupica contra*	-, LC, DD, LC, -	R	东	Wa	1~2	7	2	2; 5; 6						
573	北椋鸟 *Agropsar sturninus*	-, LC, LC, LC, -	M	东	X	1~2	7		8						
574	紫背椋鸟 *Agropsar philippensis*	-, LC, DD, LC, -	W		U	1~2	7		8						
575	灰头椋鸟 *Sturnia malabarica*	-, LC, LC, LC, -	R	东	Wc	1~3	2, 3, 7		1; 2; 5; 6	1; 8	1; 2; 3; 4	6; 8	3; 4	8	8
576	紫翅椋鸟 *Sturnus vulgaris*	-, LC, LC, LC, -	M		O3	1~2	7		8						
77) 鸫科 Turdidae															
577	橙头地鸫 *Geokichla citrina*	-, LC, LC, LC, -	R	东	Wc	2~3	2, 3		1; 5; 6						
578	白眉地鸫 *Geokichla sibirica*	-, LC, LC, LC, -	WM		Ma	1~4	3, 7		8	1	1	1			
579	淡背地鸫 *Zoothera mollissima*	-, NR, NR, LC, -	R	东	Hm	3~7	3, 4, 5, 6		1; 6	1; 8	1; 2; 3; 4	1; 3	1; 2; 3; 4	4	1; 2; 4
580	四川淡背地鸫 *Zoothera griseiceps*	-, NR, NR, LC, -	M	东	Hc	3~6	3, 4, 5, 6		5						孙军, 2021
581	喜山淡背地鸫 *Zoothera salimalii*	-, NR, NR, LC, -	W	东	He	2~7	3, 4, 5, 6	HH	8		8				Alström et al., 2016
582	长尾地鸫 *Zoothera dixoni*	-, LC, LC, LC, -	R	东	Hm	3~7	3, 4, 5, 6		8		1	1	梁丹等, 2015	1	8
583	虎斑地鸫 *Zoothera aurea*	-, NR, NR, LC, -	WM		Ma	1~5	2, 3, 4		8	1	1	1	2; 4		
584	小虎斑地鸫 *Zoothera dauma*	-, NR, NR, LC, -	RS	东	Hm	2~5	2, 3, 4		5; 6	7			3	8	2; 4
585	大长嘴地鸫 *Zoothera monticola*	-, DD, DD, LC, -	R	东	Wa	2~3	2, 3	Hi-AM	8						
586	长嘴地鸫 *Zoothera marginata*	-, LC, DD, LC, -	R	东	Wa	2~3	2, 3		8						
587	黑胸鸫 *Turdus dissimilis*	-, NT, LC, LC, -	R	东	Hm	1~5	2, 3, 4		1; 5; 6	1; 7	1; 6	1; 2; 3; 4	1; 3	1	
588	白颈鸫 *Turdus albocinctus*	-, LC, DD, LC, -	R	东	Ha	3~7	3, 4, 5	HH	1		1	1			李仕忠, 2021
589	灰翅鸫 *Turdus boulboul*	-, LC, LC, LC, -	R	东	Hm	2~5	3, 4					8			
590	乌鸫 *Turdus mandarinus*	-, LC, LC, LC, -	R	广	Sd	2~4	2, 3, 7	3			4; 6				
591	灰头鸫 *Turdus rubrocanus*	-, LC, LC, LC, -	R	东	Hm	4~8	2, 3, 4, 7		5; 6	1; 8	1; 8	1; 3	1; 2; 3; 4	1	1; 2; 4
592	棕背黑头鸫 *Turdus kessleri*	-, LC, NT, LC, -	R	东	Hm	6~7	5, 6		6				梁丹等, 2015		
593	白眉鸫 *Turdus obscurus*	-, LC, LC, LC, -	WM	东	Mg	1~6	2, 3, 4, 5, 7, 8			1	1	1	1		1
594	白腹鸫 *Turdus pallidus*	-, LC, DD, LC, -	W		Mf	2~4	3, 4, 7		2; 5		3	3; 4	2; 3; 4		8

续表

编号	目名、科名和种名	保护和濒危等级	居留类型	区系从属	分布类型	海拔范围	生境类型	特有性&边缘分布	分布记录资料来源						
									盈江	龙陵	隆阳	腾冲	泸水	福贡	贡山
595	赤颈鸫 *Turdus ruficollis*	-, LC, LC, -	W		O	3~7	3, 4, 7		6	6	8	4	2; 4		8
596	红尾斑鸫 *Turdus naumanni*	-, LC, NR, LC, -	WM	广	Mg	3~4	3, 4, 7		5	6	3	2; 3; 4	2; 3; 4	8	
597	斑鸫 *Turdus eunomus*	-, LC, NR, LC, -	W		Ub	1~5	1, 7		6	1	8	1; 2; 4	2; 4		2; 4
598	宝兴歌鸫 *Turdus mupinensis*	-, LC, LC, -	R	广	Hc	3~6	3, 4						梁丹等, 2015		
599	紫宽嘴鸫 *Cochoa purpurea*	二, LC, VU, LC, -	R	东	Sc	3~5	3, 4		8			3	梁丹等, 2015		
600	绿宽嘴鸫 *Cochoa viridis*	二, LC, DD, LC, -	R	东	Wa	2	2		8						
78)	鹟科 Muscicapidae														
601	红尾歌鸲 *Larvivora sibilans*	-, LC, DD, LC, -	W		Mg	1~3	2, 8		8						
602	栗腹歌鸲 *Larvivora brunnea*	-, LC, LC, LC, -	S	东	Hm	3~6	3, 4	HH	8		1	3; 4	3		4
603	蓝歌鸲 *Larvivora cyane*	-, LC, LC, LC, -	WM		Mb	1~3	2, 3		6	1		4			
604	红喉歌鸲 *Calliope calliope*	二, LC, LC, LC, -	WM		U	1~4	1, 2, 3		1; 5; 6	1; 6; 7	1; 6	1; 2; 3	1; 3	1	8
605	白须黑胸歌鸲 *Calliope tschebaiewi*	-, NT, NT, LC, -	S	古	Hm	2~7	2, 3, 4, 5, 6	HH	6				高歌等, 2017	8	
606	金胸歌鸲 *Calliope pectardens*	二, VU, DD, NT, -	S	东	Hm	6~7	4, 5, 6	HH							1
607	白腹短翅鸲 *Luscinia phoenicuroides*	-, LC, LC, LC, -	R	东	Hm	3~6	1, 3, 4						1; 4	1	
608	蓝喉歌鸲 *Luscinia svecica*	二, LC, LC, LC, -	W		Ua	2	2		1		6; 8	6; 8			
609	红胁蓝尾鸲 *Tarsiger cyanurus*	-, LC, LC, LC, -	W		M	1~6	1, 2, 3, 4, 5, 6		1; 6	1; 7	1	1	1; 2	1	1; 2
610	蓝眉林鸲 *Tarsiger rufilatus*	-, NR, NR, LC, -	R	广	Hm	3~7	3, 4, 5, 6		5	1	1	1; 3	1; 2; 3; 4	1	1; 2; 4
611	白眉林鸲 *Tarsiger indicus*	-, LC, LC, LC, -	R	东	Hm	4~7	3, 4				1	1	4	1	
612	棕腹林鸲 *Tarsiger hyperythrus*	二, DD, DD, LC, -	R	东	He	3~6	3, 4	HH	8		8		2; 3; 4	1	1; 2; 3; 4
613	金色林鸲 *Tarsiger chrysaeus*	-, LC, LC, LC, -	S	东	Hm	2~7	2, 3, 4, 5, 6		6	1; 8	1; 8	1; 4	1; 2; 3; 4	1; 6	1; 2; 4
614	栗背短翅鸫 *Heteroxenicus stellatus*	-, LC, LC, LC, -	R	东	Hm	2~7	2, 3			1			梁丹等, 2015	1	
615	锈腹短翅鸫 *Brachypteryx hyperythra*	-, NT, DD, NT, -	R	东	Hm	4	3; AM		1; 2; 5; 6				梁丹等, 2015	1	2; 4
616	白喉短翅鸫 *Brachypteryx leucophris*	-, LC, LC, LC, -	R	东	Wc	2~4	2, 3		5		1	1; 4	1; 3	1	1
617	蓝短翅鸫 *Brachypteryx montana*	-, LC, LC, LC, -	R	东	Wd	1~5	2, 8			1; 7		1; 3; 4	1; 3	6	1; 2; 4
618	鹊鸲 *Copsychus saularis*	-, LC, LC, LC, -	R	东	Wd	1~4	1, 2, 3, 7, 8		1; 2; 5; 6	1; 6; 7	1; 3; 4	1; 2; 3; 4	1; 2; 3; 4		1; 2; 3; 4
619	白腰鹊鸲 *Kittacincla malabarica*	-, LC, LC, LC, -	R	东	Wa	1~3	2	IP	1						
620	白尾蓝地鸲 *Phoenicuropsis schisticeps*	-, LC, LC, LC, -	R	东	Hm	6~7	4, 5, 6	HH	5		3; 4	3; 4	3	1	
621	蓝额红尾鸲 *Phoenicuropsis frontalis*	-, LC, LC, LC, -	R	东	Hm	1~8	1, 3, 4, 7	HH	1; 6	1; 7	1; 3	1; 2; 3; 4	1; 2; 3; 4	1; 6	1; 2; 4

续表

编号	目名、科名和种名	保护和濒危等级	居留类型	区系从属	分布类型	海拔范围	生境类型	特有性&边缘分布	分布记录资料来源						
									盈江	龙陵	隆阳	腾冲	泸水	福贡	贡山
622	赭红尾鸲 *Phoenicurus ochruros*	-、LC、LC、-	SW	古	O3	2~7	3, 4, 5, 6, 7					2; 3; 4	3		2; 4
623	黑喉红尾鸲 *Phoenicurus hodgsoni*	-、LC、LC、-	SW	东	Hm	3~5	3, 4, 7					4	2; 3; 4		2; 4
624	北红尾鸲 *Phoenicurus auroreus*	-、LC、LC、-	SW	古	M	2~6	1, 3, 4, 7		1	1; 7	1; 3	1; 2; 3; 4	1; 2; 3; 4	1	1; 2; 4
625	红腹红尾鸲 *Phoenicurus erythrogastrus*	-、LC、DD、LC、-	W	广	P	6~8	4, 5, 6, 8								8
626	红尾水鸲 *Rhyacornis fuliginosa*	-、LC、LC、-	R	广	We	1~6	1, 2, 3, 4, 7, 8		1; 5; 6	1; 6; 7	1; 3	1; 2; 3; 4	1; 3; 4	1	1; 2; 4
627	白顶溪鸲 *Chaimarrornis leucocephalus*	-、LC、LC、-	R	东	Hm	1~6	1, 2, 3, 4, 5, 8		1; 2; 5; 6	1; 7	1; 4	1; 3; 4	1; 2; 3; 4	1	1; 2; 4
628	白尾蓝地鸲 *Myiomela leucurum*	-、LC、LC、-	R	东	Hm	2~4	2, 3		1; 2; 5; 6	1; 7	1; 3; 4	1; 2; 3; 4	1; 3		1
629	紫啸鸫 *Myophonus caeruleus*	-、LC、LC、-	R	东	We	1~6	1, 2, 3, 4, 7, 8		5	1; 7	1; 2; 3; 4	1; 2; 3; 4	1; 2; 3; 4	1; 6	1; 2; 4
630	蓝大翅鸲 *Grandala coelicolor*	-、LC、LC、-	R	东	Hm	5~8	3	HH							8
631	小燕尾 *Enicurus scouleri*	-、LC、LC、-	R	东	Sd	2~5	1, 2, 3, 4, 8		5	8	8	1	1; 2; 3; 4		1; 2; 4
632	黑背燕尾 *Enicurus immaculatus*	-、LC、DD、LC、-	R	东	Wd	4	3, 8		1			6; 8			
633	灰背燕尾 *Enicurus schistaceus*	-、LC、LC、-	R	东	Wd	1~4	2, 3, 8		1; 5; 6	1; 7	2; 3; 4	1; 2; 3; 4	1; 3	1	2; 4
634	白额燕尾 *Enicurus leschenaulti*	-、NR、LC、-	R	东	Wd	1~4	1, 2, 3, 4, 8		1; 5	1; 7	1	1	1	1	2; 4
635	斑背燕尾 *Enicurus maculatus*	-、LC、LC、-	R	东	Wc	2~4	2, 3, 4, 8		1; 2; 5; 6	1; 6	1; 8	1; 2; 3; 4	1; 2; 3; 4	1	1; 2; 4
636	黑喉石䳭 *Saxicola maurus*	-、LC、NR、-	R	广	O1	1~6	1, 7		1; 5	1; 6; 7	4; 6	1; 2; 3; 4	1; 2; 3	8	1; 2
637	白斑黑石䳭 *Saxicola caprata*	-、LC、LC、-	R	东	Wc	1~4	7		1; 2; 5	1; 7	4	2; 3; 4	1; 3		
638	黑白林䳭 *Saxicola jerdoni*	-、LC、NA、LC、-	R	东	Wc	1~2	2, 7	2	2; 马楠等, 2021						
639	灰林䳭 *Saxicola ferreus*	-、LC、LC、-	R	东	Wd	1~5	1, 2, 3, 4, 7		1; 5; 6	1; 6; 7	1; 3	1; 2; 3	1; 2; 3; 4	1; 6	1; 2
640	蓝矶鸫 *Monticola solitarius*	-、LC、LC、-	R	广	O3	3~7	6, 7		1; 5	1; 7	1	4	2; 3; 4	8	1; 2; 3; 4
641	栗腹矶鸫 *Monticola rufiventris*	-、LC、LC、-	R	东	Sd	3~7	3, 4		1; 2; 5	1; 2; 6; 7	1; 2; 3	1; 3; 4	1; 3	1; 6	1
642	乌鹟 *Muscicapa sibirica*	-、LC、LC、-	S	古	M	1~6	1, 2, 3, 4, 5, 6, 7		5	2; 6; 7	3	3; 4	3	1	1
643	北灰鹟 *Muscicapa dauurica*	-、LC、LC、-	WM		Ma	1~6	1, 3, 4, 5, 6		5; 6	8	8	8			1
644	褐胸鹟 *Muscicapa muttui*	-、LC、LC、-	S	东	Hc	2~4	2, 3, 4		8	8	8				8
645	棕尾褐鹟 *Muscicapa ferruginea*	-、LC、LC、-	S	东	Hc	1~4	3, 4		8	7	8	2; 3	3; 4		
646	侏蓝姬鹟 *Ficedula hodgsoni*	-、LC、LC、-	R	东	Wa	3	3		8	8	8	3	梁丹等, 2015		
647	锈胸蓝姬鹟 *Ficedula sordida*	-、LC、LC、-	S	东	Hm	2~6	3, 4, 5, 6		5	2; 6	8	1; 3; 4	2; 3	1	1
648	橙胸姬鹟 *Ficedula strophiata*	-、LC、LC、-	S	东	Wa	3~6	3, 4, 5, 6		1; 5; 6	1; 7	1; 8	1; 4	1; 2; 3; 4	1; 6	1; 2; 4

续表

编号	目名、科名和种名	保护和濒危等级	居留类型	区系从属	分布类型	海拔范围	生境类型	特有性&边缘分布	分布记录资料来源						
									盈江	龙陵	隆阳	腾冲	泸水	福贡	贡山
649	红喉姬鹟 *Ficedula albicilla*	-, LC, LC, LC, -	WM		Uc	1~6	3, 4, 5, 7		2; 5; 6	6	1	1; 4	1; 2; 4	1	1; 2; 4
650	棕胸蓝姬鹟 *Ficedula hyperythra*	-, LC, LC, LC, -	R	东	Wd	2~5	2, 3		8	1; 8	1; 8	1; 2; 3; 4	3		1
651	小斑姬鹟 *Ficedula westermanni*	-, LC, LC, LC, -	R	东	Wb	1~4	2, 3, 7		1; 2; 5	1; 2; 6; 7	1; 3	1; 2; 3; 4	1; 3		1
652	白眉蓝姬鹟 *Ficedula superciliaris*	-, LC, LC, LC, -	SW	东	Wc	2~5	2, 3		8	8	8	8	梁丹等, 2015		1
653	灰蓝姬鹟 *Ficedula tricolor*	-, LC, LC, LC, -	SW	东	Hm	3~5	3, 4		1; 2; 5	8	8	1	1	1	1
654	玉头姬鹟 *Ficedula sapphira*	-, LC, LC, LC, -	S	东	Hm	2~5	2, 3		2; 5		8	3	梁丹等, 2015		
655	铜蓝鹟 *Eumyias thalassinus*	-, LC, LC, LC, -	R	东	Wd	1~5	1, 2, 3, 4		1; 2; 5	1; 2; 6; 7	1; 2; 3	1; 2; 3	1; 3; 4	1; 6	1; 2
656	纯蓝仙鹟 *Cyornis unicolor*	-, LC, LC, LC, -	RS	东	Wb	2~5	2, 3		5; 6			4			
657	灰颊仙鹟 *Cyornis poliogenys*	-, LC, DD, LC, -	R	东	Wa	2~3	2, 3		8		8	8			1
658	山蓝仙鹟 *Cyornis banyumas*	-, LC, LC, LC, -	RS	东	Wb	1~4	2, 3		1; 2; 5	1; 2; 7	1; 2; 4	1; 2; 3; 4	1; 3	1	
659	蓝喉仙鹟 *Cyornis rubeculoides*	-, LC, LC, LC, -	RS	东	Wa	3~4	3		8			8	8		
660	中华仙鹟 *Cyornis glaucicomans*	-, NR, NR, LC, -	M		Sh	3~4	3		6			4			
661	白尾蓝仙鹟 *Cyornis concretus*	-, LC, DD, LC, -	R	东	Wa	1~2	2	2	1		8				
662	白颊姬鹟 *Anthipes monileger*	-, LC, LC, LC, -	R	东	Wa	2	2, 3		8	7	8	8			
663	棕腹大仙鹟 *Niltava davidi*	二, LC, DD, LC, -	R	东	Wa	2~4	2, 3		8				梁丹等, 2015		
664	棕腹仙鹟 *Niltava sundara*	-, LC, LC, LC, -	R	东	Hm	1~5	2, 3		1; 5	1; 2; 6; 7	1; 3	1; 2; 3; 4	1; 3; 4	6	1; 2
665	棕腹蓝仙鹟 *Niltava vivida*	-, LC, DD, LC, -	R	东	Hm	1~4	2, 3, 7		8		1	1	8	8	
666	大仙鹟 *Niltava grandis*	二, LC, LC, LC, -	R	东	Wa	1~4	2, 3		1; 2; 5; 6	1; 7	1	1; 2; 3; 4	1; 3		1
667	小仙鹟 *Niltava macgrigoriae*	-, LC, LC, LC, -	R	东	Hm	2~4	2, 3		1	1	1	1	1	1; 2	1; 2; 4
79)	戴菊科 Regulidae														
668	戴菊 *Regulus regulus*	-, LC, LC, LC, -	R	广	Cf	4	3		8		8			1	1; 2; 4
80)	太平鸟科 Bombycillidae														
669	小太平鸟 *Bombycilla japonica*	-, LC, LC, NT, -	O		Mg	4	3, 4, 7				8				
81)	丽星鹩鹛科 Elachuridae														
670	丽星鹩鹛 *Elachura formosa*	-, NT, LC, LC, -	R	东	Sb	2~4	2, 3		1	1		1	1	1	1
82)	和平鸟科 Irenidae														
671	和平鸟 *Irena puella*	-, NT, NT, LC, -	R	东	Wa	1~2	2, 3	P	5						
83)	叶鹎科 Chloropseidae														

续表

编号	目名、科名和种名	保护和濒危等级	居留类型	区系从属	分布类型	海拔范围	生境类型	特有性&边缘分布	分布记录资料来源						
									盈江	龙陵	隆阳	腾冲	泸水	福贡	贡山
672	蓝翅叶鹎 *Chloropsis cochinchinensis*	-, LC, LC, LC, -	R	东	Wa	1~3	2, 3	2; P	1; 6	7					1
673	金额叶鹎 *Chloropsis aurifrons*	-, NT, NT, LC, -	R	东	Wa	1~2	2, 3	IP	1; 5; 6	7					
674	橙腹叶鹎 *Chloropsis hardwickii*	-, LC, LC, LC, -	R	东	Wc	1~4	2, 3, 4		1; 2; 5	1; 7	1; 3; 4	1; 2; 4	1; 2; 3; 4	1	1; 4
84) 啄花鸟科 Dicaeidae															
675	厚嘴啄花鸟 *Dicaeum agile*	-, LC, DD, LC, -	R	东	Wa	2	2	2; IP	8						
676	黄臀啄花鸟 *Dicaeum chrysorrheum*	-, LC, LC, LC, -	R	东	Wa	1~3	2		5; 6			2; 3			
677	黄腹啄花鸟 *Dicaeum melanozanthum*	-, LC, LC, LC, -	R	东	Hm	1~6	2, 3		1; 5	7	1; 3	1; 2; 3; 4	1; 3; 4		1
678	纯色啄花鸟 *Dicaeum concolor*	-, LC, LC, LC, -	R	东	Wd	1~4	2, 3		5; 6	1; 7	1; 8	1; 3; 4	1; 3	1	8
679	红胸啄花鸟 *Dicaeum ignipectus*	-, LC, LC, LC, -	R	东	Wd	1~4	1, 2, 3		1; 2; 5	1; 2; 6; 7	1	1; 2; 3; 4	1; 3; 4	1	1; 2; 4
85) 花蜜鸟科 Nectariniidae															
680	紫颊太阳鸟 *Chalcoparia singalensis*	-, LC, LC, LC, -	R	东	Wa	1~3	2, 7	2; P	5	8	8	8			
681	褐喉食蜜鸟 *Anthreptes malacensis*	-, LC, NA, LC, -	R	东	Wa	1~3	2, 7	2; P	8						
682	蓝枕花蜜鸟 *Hypogramma hypogrammicum*	-, LC, NT, LC, -	R	东	Wa	1~2	2, 7	2; P	8						
683	紫花蜜鸟 *Cinnyris asiaticus*	-, LC, LC, LC, -	R	东	Wa	1~2	2, 7	2; IP	1	1; 7	1; 8	8			
684	蓝喉太阳鸟 *Aethopyga gouldiae*	-, LC, LC, LC, -	R	东	Sd	2~6	1, 2, 3, 4, 5		1; 5; 6	1; 6; 7	1	1; 2; 3; 4	1; 2; 3; 4	1; 6	1; 2
685	绿喉太阳鸟 *Aethopyga nipalensis*	-, LC, LC, LC, -	R	东	Hm	2~5	3, 7		1; 5; 6	1; 6; 7	1; 3	1; 2; 3; 4	1; 2; 3; 4	1; 6	1; 2; 4
686	黑胸太阳鸟 *Aethopyga saturata*	-, LC, LC, LC, -	R	东	Wa	1~4	2, 3, 7		2; 5; 6	1; 7	1; 4	1; 3; 4	1; 3	1	1; 2; 4
687	黄腰太阳鸟 *Aethopyga siparaja*	-, LC, LC, LC, -	R	东	Wa	1~3	2, 7		5	1; 7	1; 2; 3	3	3		
688	火尾太阳鸟 *Aethopyga ignicauda*	-, LC, LC, LC, -	R	东	Ha	3~7	3, 4		1; 5; 6	1; 7	8	1; 4	1	1; 6	1; 2; 4
689	长嘴捕蛛鸟 *Arachnothera longirostra*	-, LC, LC, LC, -	R	东	Wa	1~2	2	2; P	1; 5; 6						
690	纹背捕蛛鸟 *Arachnothera magna*	-, LC, LC, LC, -	R	东	Wa	1~4	2, 3		1; 5; 6	1; 7	1; 2; 3; 4	1; 4	1		1
86) 岩鹨科 Prunellidae															
691	领岩鹨 *Prunella collaris*	-, LC, LC, LC, -	R	古	Ud	5~8	6				8	8	梁丹等, 2015	1; 2; 4	1; 2; 4
692	棕胸岩鹨 *Prunella strophiata*	-, LC, LC, LC, -	R	东	Hm	4~7	1, 6		8	1; 7	8	8	1	1	1; 2; 4
693	栗背岩鹨 *Prunella immaculata*	-, LC, LC, LC, -	R	东	Hc	4~7	3, 4, 5, 6		1	7	3	1; 4	1; 2; 3; 4	1	1; 2
87) 织雀科 Ploceidae															
694	纹胸织雀 *Ploceus manyar*	-, LC, NT, LC, -	R	东	Wa	1~2	7, 8	2; IP	1						
695	黄胸织雀 *Ploceus philippinus*	-, LC, NT, LC, -	R	东	Wa	1~2	7	2; IP	1; 2	7	3	8			1; 2

续表

编号	目名、科名和种名	保护和濒危等级	居留类型	区系从属	分布类型	海拔范围	生境类型	特有性&边缘分布	盈江	龙陵	隆阳	腾冲	泸水	福贡	贡山
88)	梅花雀科 Estrildidae														
696	红梅花雀 Amandava amandava	-, DD, NT, LC, -	R	东	Wa	1~3	7	IP	2; 5; 6	7	3	2; 3	3		
697	长尾鹦雀 Erythrura prasina	-, NR, NA, LC, -	O	东	Wa	1	2	2; P	8						
698	白腰文鸟 Lonchura striata	-, LC, LC, LC, -	R	东	Wd	1~4	7		1; 2; 5	1; 7	1; 8	1			
699	斑文鸟 Lonchura punctulata	-, LC, LC, LC, -	R	东	Wc	1~4	7		1; 2; 5	1; 2; 6; 7	1	1; 3; 4	1; 2; 3; 4	1; 6	2; 4
700	栗腹文鸟 Lonchura atricapilla	-, LC, NT, LC, -	R	东	Wa	1~2	7		1; 5; 6	7	3	3; 4	3		
89)	雀科 Passeridae														
701	家麻雀 Passer domesticus	-, LC, LC, LC, -	O		OI	2	7		8						IBE, 2016
702	山麻雀 Passer cinnamomeus	-, LC, LC, LC, -	R	广	Sh	2~5	1, 3, 4, 5, 7		1; 5; 6	1; 2; 6; 7	1; 3; 4	1; 2; 3; 4	1; 2; 3; 4	1	1; 2; 4
703	麻雀 Passer montanus	-, LC, LC, LC, -	R	广	Uh	1~6	1, 7		1; 5; 6	1; 6; 7	1; 4	1; 3; 4	1; 2; 3; 4	1	2; 4
90)	鹡鸰科 Motacillidae														
704	山鹡鸰 Dendronanthus indicus	-, LC, NT, LC, -	S	古	Mc	1~4	7		2; 5; 6	2; 6		4			
705	黄鹡鸰 Motacilla tschutschensis	-, LC, LC, LC, -	WM		Ub	1~4	7, 8		1	1	1	1; 2; 4		1	1; 2; 4
706	黄头鹡鸰 Motacilla citreola	-, LC, LC, LC, -	RS	古	U	1~4	7, 8		1; 6	6	8	1; 2; 3; 4	3	8	2; 4
707	灰鹡鸰 Motacilla cinerea	-, LC, LC, LC, -	W		OI	1~5	1, 8		1; 5; 6	1; 6; 7	1; 4	1; 3; 4	1; 3	1	1; 2
708	白鹡鸰 Motacilla alba	-, LC, LC, LC, -	R	古	U	1~6	1, 7, 8		1; 2; 5	1; 6; 7	1; 2; 3; 4	1; 2; 3; 4	1; 2; 3; 4	1	1; 2; 4
709	田鹨 Anthus richardi	-, LC, LC, LC, -	W		Mf	1~5	7, 8		2; 6	1; 6; 7	1	2; 3; 4	3	8	
710	东方田鹨 Anthus rufulus	-, LC, NR, LC, -	R	东	Wa	1~2	1, 7, 8		2; 5; 6		2; 4	2; 4			2; 4
711	布氏鹨 Anthus godlewskii	-, LC, LC, LC, -	M		D	2~5	1, 7		8						
712	树鹨 Anthus hodgsoni	-, LC, LC, LC, -	RS	广	M	1~7	1, 2, 3, 4, 5, 7		1; 2; 5; 6	1; 6; 7	1; 3	1; 3	1; 2; 3; 4	1	1; 2; 4
713	粉红胸鹨 Anthus roseatus	-, LC, LC, LC, -	R	广	Hm	1~7	6, 7, 8		5; 6		1	1; 3; 4	3	1; 6	1
714	黄腹鹨 Anthus rubescens	-, LC, LC, LC, -	W		C	1~4	1, 7, 8		1						6; 8
715	水鹨 Anthus spinoletta	-, LC, LC, LC, -	W		Uf	3~6	7, 8				8		1	8	2; 4
716	山鹨 Anthus sylvanus	-, LC, LC, LC, -	R	东	Sc	3~4	1, 7						1; 4		
91)	燕雀科 Fringillidae														
717	苍头燕雀 Fringilla coelebs	-, LC, NR, LC, -	O		O	6	6					郑璇等, 2017			
718	燕雀 Fringilla montifringilla	-, LC, LC, LC, -	W		Uc	3~4	7		8	7	1	1	2; 3; 4		1
719	黄颈拟蜡嘴雀 Mycerobas affinis	-, LC, LC, LC, -	R	东	Hm	6~7	4, 5	HH			3		高歌等, 2017		1; 2; 4

续表

编号	目名、科名和种名	保护和濒危等级	居留类型	区系从属	分布类型	海拔范围	生境类型	特有性&边缘分布	分布记录资料来源						
									盈江	龙陵	隆阳	腾冲	泸水	福贡	贡山
720	白点翅拟蜡嘴雀 Mycerobas melanozanthos	-, LC, LC, -	R	东	Hm	1~5	2, 3		8		3	2; 3; 4			2; 4
721	白斑翅拟蜡嘴雀 Mycerobas carnipes	-, LC, LC, -	R	古	Pw	5~7	3, 4, 5, 6				6; 8	6; 8		1	
722	黑尾蜡嘴雀 Eophona migratoria	-, LC, LC, -	WM		Ka	1~5	2, 3, 4, 7		8				4		
723	褐灰雀 Pyrrhula nipalensis	-, LC, LC, -	R	东	Wb	2~6	3, 4, 5, 6		8		1	1; 2; 4			2; 4
724	灰头灰雀 Pyrrhula erythaca	-, LC, LC, -	R	广	Hm	3~6	4, 5, 6, 7		5			3	1; 3	1; 6	1
725	赤朱雀 Agraphospiza rubescens	-, LC, LC, -	R	东	Hm	3~7	3, 4, 5, 6	HH			1	1	8	8	8
726	金枕黑雀 Pyrrhoplectes epauletta	-, LC, LC, -	R	东	Hm	3~5	3, 4, 7	HH	5		3	1	1; 2; 3; 4	8	1; 2; 4
727	暗胸朱雀 Procarduelis nipalensis	-, LC, LC, -	R	古	Hm	4~7	4, 5, 6		8		1	1	1; 2; 3; 4	1	1; 2; 4
728	林岭雀 Leucosticte nemoricola	-, LC, LC, -	R	古	Pw	3~5	6								2; 4
729	普通朱雀 Carpodacus erythrinus	-, LC, LC, -	S	古	U	2~6	3, 4, 6		5; 6	7	3; 4	1		1	1; 2; 4
730	血雀 Carpodacus sipahi	-, LC, LC, -	R	东	Hm	3~5	4		5; 6	7	1; 3	2; 3; 4	梁丹等, 2015	8	8
731	红眉朱雀 Carpodacus pulcherrimus	-, LC, LC, -	R	古	Hm	4~7	3, 4, 5, 6, 7		5; 6		4; 6		1; 2; 3; 4		1
732	棕朱雀 Carpodacus edwardsii	-, LC, LC, -	R	东	Hm	2~8	4, 5, 6					6; 8		1	
733	淡腹点翅朱雀 Carpodacus verreauxii	-, LC, LC, -	R	东	Hc	5~8	4, 5, 6	H			8		4		
734	酒红朱雀 Carpodacus vinaceus	-, LC, LC, -	R	东	Hc	3~5	3, 7		5	2; 6	1; 4; 6	8	2; 3; 4	8	8
735	长尾雀 Carpodacus sibiricus	-, LC, LC, -	R	古	M	3~5	6, 7								4
736	斑翅朱雀 Carpodacus trifasciatus	-, NR, LC, -	R	东	He	6	4, 5, 6	HH			4			4	4
737	白眉朱雀 Carpodacus dubius	-, LC, LC, -	R	东	Hm	5~8	4, 5, 6, 7	H							1
738	红眉松雀 Carpodacus subhimachala	-, LC, LC, -	R	东	Hm	4~7	3, 4, 5, 6		1	1; 8	1; 3	1; 3	2; 3; 4	8	1
739	金翅雀 Chloris sinica	-, LC, LC, -	W		Me	1~3	3, 4, 7		5		4; 6				
740	黑头金翅雀 Chloris ambigua	-, LC, LC, -	R	东	Hm	1~6	1, 2, 3, 4, 5, 7		1; 5; 6	1; 2; 6; 7	1; 3; 4	1; 3; 4	1; 2; 3; 4	1	1; 2; 4
741	红交嘴雀 Loxia curvirostra	二, LC, LC, -	R	古	Ch	6~8	5						1	1	1
742	藏黄雀 Spinus thibetanus	-, NT, LC, -	R	东	Hm	2~5	3, 4, 5		1; 5; 6	8	8	1	1; 2; 3; 4		1; 2; 4
92) 鹀科 Emberizidae															
743	凤头鹀 Melophus lathami	-, LC, LC, -	R	东	Wc	1~4	1, 2, 3, 7		2; 5; 6	1; 6; 7	1	1; 3; 4	1; 2; 3; 4	1	2
744	蓝鹀 Emberiza siemsseni	二, LC, LC, -	O		Hc	3	3, 4	3				雷进宇和刘阳, 2007			
745	灰眉岩鹀 Emberiza godlewskii	-, LC, LC, -	R	古	O3	2~6	1, 7		5	1; 2; 6; 7	1	1; 8		1	1; 2; 4
746	白眉鹀 Emberiza tristrami	-, NT, DD, -	W		Ma	1	2, 3, 7		8						1; 2; 4

续表

编号	目名、科名和种名	保护和濒危等级	居留类型	区系从属	分布类型	海拔范围	特有性&边缘分布	生境类型	盈江	龙陵	隆阳	腾冲	泸水	福贡	贡山
												分布记录资料来源			
747	栗耳鹀 *Emberiza fucata*	-, LC, LC, -	R	古	M	1~5		1, 7	5; 6			1; 4	梁丹等, 2015		2; 4
748	小鹀 *Emberiza pusilla*	-, LC, LC, -	W	古	Ua	1~6		1, 2, 3, 4, 7	1; 5; 6	1; 6; 7	1; 4; 6	1; 2; 3; 4	1; 2; 3; 4	1; 6	1; 2
749	黄喉鹀 *Emberiza elegans*	-, LC, LC, -	R	广	M	3~5		1, 7		1; 8	1; 8	1; 2; 3; 4	2; 3; 4	1	1; 2; 4
750	黄胸鹀 *Emberiza aureola*	一, EN, DD, CR, -	WM	东洋界	Ub	1~4		7	8			3	3		
751	栗鹀 *Emberiza rutila*	-, LC, LC, -	W	喜马拉雅-横断山型	Ma	1~5		2, 3, 7	8	1	1	6; 8			1
752	黑头鹀 *Emberiza melanocephala*	-, LC, NA, -	O	中亚型	Ud	1~2	杨晓君, 2009	7					IBE, 2016		
753	灰头鹀 *Emberiza spodocephala*	-, LC, LC, -	R	广	M	1~5		1, 7	5; 6	6	1	3	1	1	2

各列注释：

保护和濒危等级： 国家重点保护野生动物保护等级（一，一级；二，二级；-，非国家重点保护）；《云南省生物物种红色名录（2017 版）》濒危等级（RE，区域灭绝；CR，极危；EN，濒危；VU，易危；NT，近危；LC，无危；DD，数据缺乏；NR，未认可）；IUCN 红色名录濒危等级（CR，极危；EN，濒危；VU，易危；NT，近危；LC，无危；DD，数据缺乏；NA，不宜评估；NR，未认可）；《中国脊椎动物红色名录》濒危等级（RE，区域灭绝；CR，极危；EN，濒危；VU，易危；NT，近危；LC，无危；DD，数据缺乏；NA，不宜评估；NR，未认可）；CITES 附录（I，附录I；II，附录II；-，非附录I或II收录）。

居留类型： R，留鸟；S，夏候鸟；M，旅鸟；W，冬候鸟；O，偶见鸟。

区系从属： 东，东洋界；古，古北界；广，广布型。

分布类型： 详见张荣祖（2011），P259-262。W，东洋型；U，古北型；C，全北型；M/K/X/E，东北型；D，中亚型；P，高地型；S，南中国型；O，广泛分布不易归类型。

海拔范围： 1，600 m 海拔以下河谷带；2，601~1200 m 河谷-山前山带；3，1201~1800 m 中低山带；4，1801~2400 m 中山带；5，2401~3000 m 中高山带；6，3001~3600 m 亚高山带；7，3601~4200 m 次高山带；8，4200 m 以上高山带。

生境类型： 1，河谷稀树灌丛；2，雨林季雨林；3，常绿阔叶林；4，针阔混交林；5，暗针叶林；6，高山灌丛草甸；7，村镇林园耕作旱地；8，河流湖泊水田沼泽湿地。

特有性&边缘分布： 1，中国仅见于高黎贡山；2，中国仅见于云南；3，中国特有。Hi，喜马拉雅主体山脉；HH，喜马拉雅山脉至横断山；H，横断山为主体；AM，印度阿萨姆地区至缅甸北部；In，印度次大陆主体；IP，印度次大陆至中南半岛等东南亚的广大地区；P，中南半岛或中南半岛至马来半岛等东南亚地区。

分布记录资料来源： 1，中国科学院昆明动物研究所调查数据。
2，《高黎贡山脊椎动物考察报告（第二册·鸟类）》（彭燕章等，1980）；
3，《高黎贡山国家自然保护区》（薛纪如，1995）；
4，《横断山区鸟类》（唐蟾珠等，1996）；
5，《云南铜壁关自然保护区科学考察研究》（杨宇明和杜凡，2006）；
6，《云南鸟类志（上卷·非雀形目）》（杨岚等，1995a），《云南鸟类志（下卷·雀形目）》（杨岚和杨晓君，2004）；
7，《小黑山自然保护区》（喻庆国和杜德忠，2006）；
8，《高黎贡山区域鸟类资源图鉴》（吴飞等，2021）。
"著者，年代"标注者，见参考文献。

附录 5-5 高黎贡山地区哺乳动物及其区系从属与保护等级

广布种	广泛分布 旧大陆	古北界、东洋界 共有	东洋界 华南区 滇桂越北亚区	滇南泰缅亚区	闽广沿海亚区	西南区 喜马拉雅亚区	高黎贡山亚区	横断山亚区	云贵高原亚区	华中区 西部山地高原亚区	东部丘陵平原亚区	国家重点保护野生动物保护等级	CITES 附录	IUCN 红色名录	中国生物多样性红色名录
I. 攀鼩目 SCANDENTIA															
1. 树鼩科 Tupaiidae															
北树鼩 *Tupaia belangeri*			+	+	+	+	+						II	LC	LC
II. 灵长目 PRIMATES															
2. 懒猴科 Lorisidae															
蜂猴 *Nycticebus bengalensis*			+	+			+					I	I	EN	EN
3. 猴科 Cercopithecidae															
红面猴 *Macaca arctoides*			+	+	+	+	+					II	II	VU	VU
猕猴 *Macaca mulatta*		◆	+	+	+	+	+		+	+		II	II	LC	LC
北豚尾猴 *Macaca leonina*				+	+		+					I	II	VU	CR
熊猴 *Macaca assamensis*			+	+		+	+	+				II	II	NT	VU
白颊猕猴 *Macaca leucogenys*						+	+					II		EN	CR
怒江金丝猴 *Rhinopithecus strykeri*							+					I	I	CR	CR
中缅灰叶猴 *Trachypithecus melamera*				+			+					I		未评估	未评估
肖氏乌叶猴 *Trachypithecus shortridgei*				+			+					I	I	EN	EN
4. 长臂猿科 Hylobatidae															
高黎贡白眉长臂猿 *Hoolock tianxing*							+					I	I	EN	CR
III. 兔形目 LAGOMORPHA															
5. 兔科 Leporidae				+	+		+	+	+					LC	NT
云南兔 *Lepus comus*															
灰尾兔 *Lepus oiostolus*				+			+	+						LC	LC
6. 鼠兔科 Ochotonidae															
灰颈鼠兔 *Ochotona forresti*					+		+	+						LC	NT
高黎贡鼠兔 *Ochotona gaoligongensis*							+							未评估	未评估
黑鼠兔 *Ochotona nigritia*							+							未评估	VU
藏鼠兔 *Ochotona thibetana*								+						LC	LC

续表

物种	广布种（广泛分布）	旧大陆古北界、东洋界共有（旧大陆分布）	滇桂越北亚区	滇南泰缅亚区	闽广沿海亚区	喜马拉雅亚区	高黎贡山亚区	横断山亚区	云贵高原亚区	西部山地高原亚区	东部丘陵平原亚区	国家重点保护野生动物保护等级	CITES附录	IUCN红色名录	中国生物多样性红色名录
IV. 啮齿目 RODENTIA															
7. 鼹形鼠科 Spalacidae															
小竹鼠 *Cannomys badius*						+	+							LC	DD
银星竹鼠 *Rhizomys pruinosus*			+	+	+			+	+					LC	LC
中华竹鼠 *Rhizomys sinensis*			+		+		+	+	+	+				LC	LC
8. 鼠科 Muridae															
高山姬鼠 *Apodemus chevrieri*							+	+	+	+				LC	LC
澜沧江姬鼠 *Apodemus ilex*			+					+	+					未评估	LC
大耳姬鼠 *Apodemus latronum*						+	+	+	+					LC	LC
板齿鼠 *Bandicota indica*	●		+	+	+	+	+	+	+					LC	LC
青毛巨鼠 *Berylmys bowersi*			+	+	+	+	+	+	+	+	+			LC	LC
小泡灰鼠 *Berylmys manipulus*			+				+							DD	DD
笔尾树鼠 *Chiropodomys gliroides*			+	+		+	+	+	+					LC	LC
大齿鼠 *Dacnomys millardi*			+			+								DD	NT
耐氏大鼠 *Leopoldamys neilli*			+	+			+							LC	EN
红耳巢鼠 *Micromys erythrotis*			+		+		+	+		+	+			未评估	LC
卡氏小鼠 *Mus caroli*			+	+	+	+	+	+	+					LC	LC
锡金小鼠 *Mus pahari*			+	+	+	+	+	+	+					LC	LC
丛林小鼠 *Mus cookii*			+	+	+	+	+	+						LC	LC
小家鼠 *Mus musculus*	★		+	+	+	+	+	+	+	+	+			LC	LC
安氏白腹鼠 *Niviventer andersoni*			+	+			+	+	+	+				LC	LC
梵鼠 *Niviventer brahma*						+	+	+		+				LC	NT
北社鼠 *Niviventer confucianus*		◆	+	+	+	+	+	+	+	+	+			LC	LC
灰腹鼠 *Niviventer eha*			+			+	+	+	+					LC	LC
川西白腹鼠 *Niviventer excelsior*								+		+				LC	LC
针毛鼠 *Niviventer fulvescens*			+	+	+	+	+	+	+	+	+			LC	LC
华南针毛鼠 *Niviventer huang*			+	+	+					+	+			未评估	LC
喜马拉雅社鼠 *Niviventer niviventer*			+	+	+	+	+	+	+		+			LC	DD

续表

种	广布种 广泛分布	广布种 旧大陆分布	广布种 古北界、东洋界共有	东洋界 华南区 滇桂越北亚区	东洋界 华南区 滇南泰缅亚区	东洋界 华南区 滇西掸邦亚区	东洋界 华南区 闽广沿海亚区	东洋界 西南区 喜马拉雅亚区	东洋界 西南区 高黎贡山亚区	东洋界 西南区 横断山亚区	东洋界 西南区 云贵高原亚区	东洋界 华中区 西部山地高原亚区	东洋界 华中区 东部丘陵平原亚区	国家重点保护野生动物保护等级	CITES附录	IUCN红色名录	中国生物多样性红色名录
片马社鼠 *Niviventer pianmaensis*								+	+							未评估	未评估
黑缘齿鼠 *Rattus andamanensis*				+	+	+	+	+	+							LC	LC
大足鼠 *Rattus nitidus*				+	+	+	+	+		+	+	+				LC	LC
褐家鼠 *Rattus norvegicus*	★	▲	●	+	+	+	+	+	+	+	+	+	+			LC	LC
黄胸鼠 *Rattus tanezumi*			◆	+	+	+	+	+	+	+	+	+	+			LC	LC
滇攀鼠 *Vernaya fulva*			◆	+	+	+		+	+	+	+		+			LC	EN
9. 仓鼠科 Cricetidae																	
克氏松田鼠 *Neodon clarkei*				+				+	+							LC	DD
高原松田鼠 *Neodon irene*										+						LC	LC
克钦绒鼠 *Eothenomys cachinus*									+	+	+					LC	NT
滇绒鼠 *Eothenomys eleusis*				+	+				+	+	+	+				未评估	LC
大绒鼠 *Eothenomys miletus*									+	+	+					LC	LC
10. 豪猪科 Hystricidae																	
帚尾豪猪 *Atherurus macrourus*				+	+	+		+	+	+	+					LC	LC
马来豪猪 *Hystrix brachyura*				+	+	+	+	+	+	+	+		+			LC	LC
11. 松鼠科 Sciuridae																	
赤腹松鼠 *Callosciurus erythraeus*				+	+	+	+	+	+	+	+	+	+			LC	LC
黄足松鼠 *Callosciurus phayrei*						+			+	+						LC	LC
纹腹松鼠 *Callosciurus quinquestriatus*						+		+	+							LC	NT
橙腹长吻松鼠 *Dremomys lokriah*								+	+							LC	NT
珀氏长吻松鼠 *Dremomys perryi*				+		+	+		+	+		+				LC	LC
红颊长吻松鼠 *Dremomys rufigenis*				+	+	+	+		+	+	+					LC	LC
喜马拉雅旱獭 *Marmota himalayana*								+	+	+	+					LC	LC
巨松鼠 *Ratufa bicolor*				+	+	+		+	+	+				II	II	NT	VU
侧纹岩松鼠 *Sciurotamias forresti*				+	+	+			+	+	+					LC	LC
毛耳飞鼠 *Belomys pearsonii*				+	+	+	+		+	+						DD	LC
高黎贡比氏鼯鼠 *Biswamoyopterus gaoligongensis*									+							未评估	未评估
云南绒毛鼯鼠 *Eupetaurus nivamons*										+						未评估	未评估

续表

物种	广泛分布	旧大陆分布 古北界、东洋界	东洋界共有	广布种	东洋界 华南区 滇桂越北亚区	东洋界 华南区 滇南缅邦亚区	东洋界 华南区 滇西掸泰亚区	东洋界 华南区 闽广沿海亚区	喜马拉雅亚区	西南区 高黎贡山亚区	西南区 横断山亚区	西南区 云贵高原亚区	华中区 西部山地高原亚区	华中区 东部丘陵平原亚区	国家重点保护野生动物保护等级	CITES 附录	IUCN 红色名录	中国生物多样性红色名录
黑白飞鼠 *Hylopetes alboniger*					+	+			+			+		+			LC	NT
灰头小鼯鼠 *Petaurista caniceps*					+	+				+							LC	LC
斑点鼯鼠 *Petaurista marica*					+	+	+		+		+						LC	LC
云南大鼯鼠 *Petaurista yunanensis*							+			+	+						未评估	DD
李氏小飞鼠 *Priapomys leonardi*									+	+	+						未评估	未评估
复齿鼯鼠 *Trogopterus xanthipes*				◆					+		+		+				NT	VU
明纹花鼠 *Tamiops macclellandii*					+	+				+							LC	LC
隐纹花鼠 *Tamiops swinhoei*					+	+	+			+	+	+		+			LC	LC
V.劳亚食虫目 EULIPOTYPHLA																		
12. 鼹科 Talpidae																		
长尾鼹 *Scaptonyx fusicaudus*									+	+	+	+					LC	LC
宽齿鼹 *Euroscaptor grandis*										+	+		+				LC	VU
长吻鼹 *Euroscaptor longirostris*						+				+	+	+					LC	LC
短尾鼹 *Euroscaptor micrura*								+		+							LC	VU
白尾鼹 *Parascaptor leucura*					+		+			+	+						LC	NT
贡山鼩鼹 *Uropsilus investigator*										+							DD	NT
雪山鼩鼹 *Uropsilus nivatus*									+		+						LC	未评估
13. 猬科 Erinaceidae																		
高黎贡林猬 *Mesechinus wangi*										+							未评估	DD
毛猬 *Hylomys suillus*						+				+							LC	LC
鼩猬 *Neotetracus sinensis*					+		+			+	+	+					LC	LC
14. 鼩鼱科 Soricidae																		
灰麝鼩 *Crocidura attenuata*					+	+	+	+		+	+	+	+	+			LC	LC
白尾梢大麝鼩 *Crocidura dracula*					+	+	+	+		+	+	+	+	+			未评估	未评估
印支小麝鼩 *Crocidura indochinensis*					+	+	+			+			+				LC	NT
华南中麝鼩 *Crocidura rapax*							+			+	+	+	+				DD	NT
大臭鼩 *Suncus murinus*				●	+	+	+	+		+				+			LC	LC
四川短尾鼩 *Anourosorex squamipes*					+	+	+	+		+	+			+			LC	LC

续表

种 物种	广泛分布 旧大陆分布	古北界、东洋界共有	广布种	东洋界 华南区 滇桂越北亚区	滇南山地亚区	滇西缅北亚区	闽广沿海亚区	西南区 喜马拉雅亚区	高黎贡山山地亚区	横断山亚区	云贵高原亚区	华中区 西部山地高原亚区	东部丘陵平原亚区	国家重点保护野生动物保护等级	CITES附录	IUCN红色名录	中国生物多样性红色名录
狭颅黑齿鼩 *Blarinella wardi*									+	+						LC	NT
喜马拉雅水鼩 *Chimarrogale himalayica*	●			+	+	+		+	+	+	+	+	+			LC	NT
灰腹水鼩 *Chimarrogale styani*									+	+	+	+	+			LC	VU
烟黑缺齿鼩 *Chodsigoa furva*									+	+	+					未评估	DD
川西缺齿鼩 *Chodsigoa hypsibia*	◆								+		+	+	+			LC	LC
云南缺齿鼩 *Chodsigoa parca*						+			+	+						LC	LC
褐腹长尾鼩鼱 *Episoriculus caudatus*								+	+	+	+					LC	LC
大长尾鼩鼱 *Episoriculus leucops*				+				+	+	+	+					LC	LC
小长尾鼩鼱 *Episoriculus macrurus*				+				+	+	+	+					LC	LC
灰爪长尾鼩鼱 *Episoriculus sacratus*								+	+	+						未评估	DD
大爪长尾鼩鼱 *Soriculus nigrescens*								+	+	+						LC	NT
蹼足鼩 *Nectogale elegans*								+	+	+						LC	LC
小纹背鼩鼱 *Sorex bedfordiae*									+	+	+					LC	LC
纹背鼩鼱 *Sorex cylindricauda*									+	+		+				LC	NT
VI. 翼手目 CHIROPTERA																	
15. 狐蝠科 Pteropodidae																	
犬蝠 *Cynopterus sphinx*	●			+	+	+	+		+	+	+					LC	NT
大长舌果蝠 *Eonycteris spelaea*				+	+	+	+		+	+						LC	VU
无尾果蝠 *Megaerops ecaudatus*					+		+		+							LC	DD
泰国无尾果蝠 *Megaerops niphanae*					+	+			+							LC	DD
抱尾果蝠 *Rousettus amplexicaudatus*					+	+			+							LC	VU
棕果蝠 *Rousettus leschenaultii*	●			+	+	+			+	+	+					NT	NT
球果蝠 *Sphaerias blanfordi*					+				+	+	+					LC	VU
16. 蹄蝠科 Hipposideridae																	
三叶小蹄蝠 *Aselliscus stoliczkanus*				+	+				+	+						LC	NT
大蹄蝠 *Hipposideros armiger*				+	+	+	+		+	+	+					LC	LC
灰小蹄蝠 *Hipposideros cineraceus*				+	+				+	+						LC	NT
大耳小蹄蝠 *Hipposideros fulvus*				+	+				+	+						LC	DD

种	广泛分布	旧大陆分布	古北界、东洋界共有	广布种	东洋界 华南区 滇桂越北亚区	滇南缅亚区	滇西泰缅邦亚区	闽广沿海亚区	喜马拉雅亚区	西南区 高黎贡山亚区	横断山亚区	云贵高原亚区	华中区 西部山地高原亚区	东部丘陵平原亚区	国家重点保护野生动物保护等级	CITES附录	IUCN红色名录	中国生物多样性红色名录
莱氏蹄蝠 *Hipposideros lylei*						+				+							LC	VU
小蹄蝠 *Hipposideros pomona*					+	+	+		+	+	+	+	+				EN	LC
17. 菊头蝠科 Rhinolophidae																		
马铁菊头蝠 *Rhinolophus ferrumequinum*		▲							+		+	+	+	+			LC	LC
中菊头蝠 *Rhinolophus affinis*					+	+	+	+	+	+	+	+	+	+			LC	LC
皮氏菊头蝠 *Rhinolophus pearsonii*					+	+	+	+	+	+	+	+	+	+			LC	LC
云南菊头蝠 *Rhinolophus yunanensis*						+	+			+	+	+					LC	VU
大耳菊头蝠 *Rhinolophus macrotis*					+	+		+	+	+	+	+	+	+			LC	LC
丽江菊头蝠 *Rhinolophus osgoodi*						+					+	+	+				LC	DD
小菊头蝠 *Rhinolophus pusillus*				●	+	+	+	+	+	+	+	+	+	+			LC	LC
中华菊头蝠 *Rhinolophus sinicus*					+	+		+	+	+	+	+	+	+			LC	LC
托氏菊头蝠 *Rhinolophus thomasi*						+	+			+	+	+					LC	NT
大菊头蝠 *Rhinolophus luctus*				●	+	+	+	+	+	+	+	+	+	+			LC	NT
18. 假吸血蝠科 Megadermatidae																		
印度假吸血蝠 *Megaderma lyra*				●	+	+	+	+	+	+	+	+	+				LC	VU
19. 鞘尾蝠科 Emballonuridae																		
黑髯墓蝠 *Taphozous melanopogon*				●	+	+	+	+	+	+	+	+					LC	LC
20. 犬吻蝠科 Molossidae																		
小犬吻蝠 *Chaerephon plicatus*				●		+	+			+		+					LC	LC
21. 长翼蝠科 Miniopteridae																		
亚洲长翼蝠 *Miniopterus fuliginosus*					+	+	+	+	+	+	+	+	+	+			未评估	NT
南长翼蝠 *Miniopterus pusillus*					+	+	+			+	+	+					LC	NT
22. 蝙蝠科 Vespertilionidae																		
彩蝠 *Kerivoula picta*				●	+	+	+	+	+								NT	EN
金管鼻蝠 *Murina aurata*						+	+		+	+							DD	NT
圆耳管鼻蝠 *Murina cyclotis*				●	+	+	+	+	+		+		+				LC	NT
缺齿鼠耳蝠 *Myotis annectans*						+	+			+							LC	NT
中华鼠耳蝠 *Myotis chinensis*				●	+			+		+		+		+			LC	NT

续表

种	广泛分布			东洋界										国家重点保护野生动物保护等级	CITES附录	IUCN红色名录	中国生物多样性红色名录
				华南区				西南区				华中区					
	旧大陆分布	古北界、东洋界共有	广布种	滇桂越北亚区	滇南缅亚区	滇西南邦亚区	闽广沿海亚区	喜马拉雅亚区	高黎贡山亚区	横断山亚区	云贵高原亚区	西部山地高原亚区	东部丘陵平原亚区				
华南水鼠耳蝠 *Myotis laniger*		◆		+	+		+	+	+	+		+	+			LC	LC
山地鼠耳蝠 *Myotis montivagus*					+				+							DD	LC
喜山鼠耳蝠 *Myotis muricola*				+	+		+	+	+	+	+	+	+			LC	NT
高颅鼠耳蝠 *Myotis siligorensis*				+	+		+	+	+	+	+	+				LC	NT
大黑伏翼 *Arielulus circumdatus*					+			+	+							LC	VU
东方棕蝠 *Eptesicus pachyomus*		◆		+	+		+	+	+	+	+	+	+			LC	未评估
茶褐伏翼 *Hypsugo affinis*					+			+	+		+					LC	LC
南蝠 *Ia io*				+	+		+	+	+	+	+	+	+			NT	NT
杰氏伏翼 *Mirostrellus joffrei*				+				+	+							DD	未评估
褐山蝠 *Nyctalus noctula*		◆			+			+	+							LC	NT
爪哇伏翼 *Pipistrellus javanicus*	●			+	+		+	+	+	+						LC	NT
棒茎伏翼 *Pipistrellus paterculus*				+	+		+	+	+	+	+					LC	LC
斑蝠 *Scotomanes ornatus*				+	+		+	+	+	+	+	+	+			LC	LC
大黄蝠 *Scotophilus heathii*	●			+	+		+	+	+	+	+	+				LC	LC
华南扁颅蝠 *Tylonycteris fulvida*				+	+		+	+	+	+	+					未评估	LC
托京褐扁颅蝠 *Tylonycteris tonkinensis*				+	+		+	+	+	+	+					未评估	未评估
VII. 鲸偶蹄目 CETARTIODACTYLA																	
23. 猪科 Suidae																	
野猪 *Sus scrofa*		▲	●	+	+		+	+	+	+	+	+	+			LC	LC
24. 鹿科 Cervidae																	
水鹿 *Rusa unicolor*			●	+	+		+	+	+	+	+	+	+	II		VU	NT
毛冠鹿 *Elaphodus cephalophus*			●		+		+	+	+	+	+	+	+	II		NT	NT
菲氏麂 *Muntiacus feae*					+			+	+	+						DD	DD
贡山麂 *Muntiacus gongshanensis*								+	+	+				II		DD	EN
赤麂 *Muntiacus vaginalis*			●	+	+		+	+	+	+	+	+	+			LC	NT
25. 牛科 Bovidae																	
印度野牛（大额牛）*Bos gaurus*			●		+		+	+	+	+		+	+	I	I	VU	CR
喜马拉雅扭角羚 *Budorcas taxicolor*								+	+	+				I	II	VU	CR

续表

	广泛分布	旧大陆分布（古北界东洋界共有）	广布种	东洋界 华南区 滇桂越北亚区	滇南泰缅亚区	滇西掸邦亚区	闽广沿海亚区	喜马拉雅亚区	高黎贡山亚区	西南区 横断山亚区	云贵高原亚区	西部山地高原亚区	华中区 东部丘陵平原亚区	国家重点保护野生动物保护等级	CITES附录	IUCN红色名录	中国生物多样性红色名录
中华鬣羚 *Capricornis milneedwardsii*				+		+	+	+	+	+	+	+	+	II	I	VU	VU
红鬣羚 *Capricornis rubidus*					+			+	+	+	+	+		II	I	VU	DD
赤斑羚 *Naemorhedus baileyi*						+		+		+				I	I	VU	EN
缅甸斑羚 *Naemorhedus evansi*				+	+		+	+	+	+	+	+	+	II	I	未评估	DD
26. 麝科 Moschidae																	
林麝 *Moschus berezovskii*				+	+				+	+	+	+	+	I	II	EN	CR
马麝 *Moschus chrysogaster*							+	+	+	+	+			I	II	EN	CR
黑麝 *Moschus fuscus*							+	+	+	+			+	I	II	EN	CR
VIII. 鳞甲目 PHOLIDOTA																	
27. 鲮鲤科 Manidae																	
马来穿山甲 *Manis javanica*					+	+		+						I	I	CR	CR
中华穿山甲 *Manis pentadactyla*				+	+	+	+	+	+	+	+	+	+	I	I	CR	CR
IX. 食肉目 CARNIVORA																	
28. 猫科 Felidae																	
金猫 *Catopuma temminckii*				+	+	+	+	+	+	+	+	+	+	I	I	NT	EN
丛林猫 *Felis chaus*		◆		+	+			+	+	+	+	+		I	II	LC	CR
猞猁 *Lynx lynx*								+	+	+				II	II	LC	EN
云猫 *Pardofelis marmorata*					+		+	+	+	+				II	I	NT	EN
豹猫 *Prionailurus bengalensis*	●	◆		+	+	+	+	+	+	+	+	+	+	II	II	LC	VU
云豹 *Neofelis nebulosa*	●			+	+	+	+	+	+	+	+	+	+	I	I	VU	CR
豹 *Panthera pardus*	●	◆	▲	+	+	+	+	+	+	+	+	+	+	I	I	VU	EN
29. 林狸科 Prionodontidae																	
斑林狸 *Prionodon pardicolor*				+	+	+	+	+	+	+	+	+	+	II	I	LC	VU
30. 灵猫科 Viverridae																	
熊狸 *Arctictis binturong*				+	+	+		+	+	+				I		VU	CR
花面狸 *Paguma larvata*	●			+	+	+	+	+	+	+	+	+	+			LC	NT
椰子狸 *Paradoxurus hermaphroditus*	●			+	+	+	+		+	+				II		LC	EN
大灵猫 *Viverra zibetha*	●			+	+	+	+	+	+	+	+	+	+	I		LC	CR

续表

物种	广泛分布	旧大陆分布	古北界、东洋界共有	广布种	东洋界 华南区 滇桂越北亚区	华南区 滇南泰缅亚区	华南区 滇西缅北亚区	华南区 闽广沿海亚区	西南区 喜马拉雅亚区	西南区 高黎贡山亚区	西南区 横断山亚区	西南区 云贵高原亚区	华中区 西部山地高原亚区	华中区 东部丘陵平原亚区	国家重点保护野生动物保护等级	CITES附录	IUCN红色名录	中国生物多样性红色名录
小灵猫 *Viverricula indica*	★			●	+	+	+	+	+	+	+	+	+	+	II		LC	NT
31. 獴科 Herpestidae																		
小印度獴 *Herpestes auropunctatus*					+	+	+		+	+							LC	未评估
食蟹獴 *Herpestes urva*					+	+	+	+		+	+	+		+			LC	VU
32. 犬科 Canidae																		
狼 *Canis lupus*	★						+		+	+	+	+	+	+		II	LC	NT
豺 *Cuon alpinus*			◆			+	+	+	+	+	+	+	+	+	I	II	EN	EN
赤狐 *Vulpes vulpes*		▲			+			+		+	+	+	+	+	II		LC	NT
貉 *Nyctereutes procyonoides*			◆		+	+	+	+	+	+	+	+	+	+	II		LC	NT
33. 熊科 Ursidae																		
马来熊 *Helarctos malayanus*						+	+		+	+	+				I	I	VU	CR
亚洲黑熊 *Ursus thibetanus*			◆		+		+	+	+	+	+	+	+	+	II	I	VU	VU
34. 小熊猫科 Ailuridae																		
中华小熊猫 *Ailurus styani*									+	+	+		+		II	I	EN	VU
35. 鼬科 Mustelidae																		
小爪水獭 *Aonyx cinerea*	●				+	+	+	+	+	+		+			II	I	VU	CR
欧亚水獭 *Lutra lutra*		▲			+	+	+	+	+	+	+	+		+	II	I	NT	EN
江獭 *Lutrogale perspicillata*						+	+	+		+		+			II		VU	CR
猪獾 *Arctonyx collaris*					+	+	+	+	+	+	+	+	+	+			VU	NT
亚洲狗獾 *Meles leucurus*			◆			+	+	+		+	+	+	+	+			LC	NT
鼬獾 *Melogale moschata*								+				+	+	+			LC	NT
缅甸鼬獾 *Melogale personata*							+		+	+							LC	EN
黄喉貂 *Martes flavigula*			◆		+	+	+	+	+	+	+	+	+	+	II		LC	VU
黄腹鼬 *Mustela kathiah*					+	+	+	+	+	+	+	+		+			LC	NT
黄鼬 *Mustela sibirica*			◆		+	+	+	+	+	+	+	+	+	+			LC	LC
纹鼬 *Mustela strigidorsa*			◆		+	+	+		+	+		+					LC	EN

第6章 生态系统

高黎贡山北起青藏高原、南系中南半岛，覆盖从亚高山到亚热带、热带北缘的气候类型。独特的地理位置和气候特征，孕育了丰富的生物多样性，发育出了多样化的生态系统类型（高黎贡山国家级自然保护区怒江管护局，2020）。从该区最高峰嘎娃嘎普峰（海拔 5128 m，山顶终年积雪，为山岳冰川）到盈江羯羊河谷（海拔 210 m，热带雨林分布区），有着云南最为完整的生态系统纬度梯度系列和海拔垂直系列（李恒等，2000）。

高黎贡山的生态系统是指特定生境中所有物种的组合集群，它们对当地的环境因子具有高度的适应性，并且在长期的进化过程中建立了相对稳定的物质循环、能量流动的交互过程，在功能上是一个完整的有机单元。这些单元在结构上具有独特性、功能上具有系统性、空间分布上具有可重复性。

6.1 生态系统本底

根据全国生态系统分类体系（欧阳志云等，2015），高黎贡山拥有一级分类单元 8 个，占全国生态系统一级分类单元总数的 88.9%，主要的自然生态系统类型有森林、灌丛、草地、湿地、冰川（永久积雪）、裸地，形成了类型丰富的生态系统（表 6-1）。

表 6-1　高黎贡山生态系统的一级分类单元

全国生态系统一级分类单元	高黎贡山
1. 森林生态系统	√
2. 灌丛生态系统	√
3. 草地生态系统	√
4. 湿地生态系统	√
5. 农田生态系统	√
6. 城镇生态系统	√
7. 荒漠生态系统	
8. 冰川/永久积雪	√
9. 裸地	√

根据本书计划的总体方案，本章主要集中于描述高黎贡山的自然生态系统类型。因此，在整合历史资料和数据、开展实地考察的基础上（云南省林业厅，1998；李恒等，2000；杨宇明和杜凡，2006；云南省林业厅等，2006；王崇云等，2013；田昆等，2009；温庆忠，2015），我们形成了高黎贡山的自然生态系统分类体系（其中，位于嘎娃嘎普峰的冰川和裸地，由于缺乏准确的科学数据，暂未纳入生态系统的类型描述和生态系统服务功能评估）。本分类体系包括 6 个一级单位、17 个二级单位、41 个三级单位（表 6-2）。这三级单位基本上与植被分类系统的植被型组、植被型、植被亚型分别对应，而第四级和第五级分类单位分别与群系和群丛重叠，在本章不再赘述（云南植被编写组，1987）。

表 6-2　高黎贡山自然生态系统分类体系

一级单位	二级单位	三级单位
1 森林生态系统	11 雨林	111 季节雨林
		112 山地雨林

一级单位	二级单位	三级单位
1 森林生态系统	12 季雨林	121 半常绿季雨林
		122 落叶季雨林
	13 常绿阔叶林	131 季风常绿阔叶林
		132 半湿润常绿阔叶林
		133 中山湿性常绿阔叶林
		134 山顶苔藓矮林
	14 硬叶常绿阔叶林	141 低山棕榈林
		142 干热河谷硬叶常绿栎林
		143 寒温性山地硬叶常绿栎林
	15 落叶阔叶林	151 暖性落叶阔叶林
		152 温性落叶阔叶林
	16 暖性针叶林	161 暖热性针叶林
		162 暖温性针叶林
		163 暖温性针阔叶混交林
	17 温性针叶林	171 温凉性针叶林
		172 温凉性针阔叶混交林
		173 寒温性针叶林
	18 竹林	181 热性竹林
		182 暖热性竹林
		183 暖温性竹林
		184 温凉性竹林
		185 寒温性竹林
2 灌丛生态系统	21 阔叶灌丛	211 热性灌丛
		212 干热灌丛
		213 暖温性灌丛
		214 寒温性阔叶灌丛
	22 针叶灌丛	221 寒温性针叶灌丛
3 草地生态系统	31 草丛	311 热性草丛
		312 暖热性草丛
		313 暖温性草丛
	32 草甸	321 亚高山草甸
		322 高山草甸
		323 高山流石滩疏生草甸
4 湿地生态系统	41 河流湿地	411 怒江湿地
		412 独龙江湿地
	42 湖泊湿地	421 坑塘湿地
	43 沼泽湿地	431 亚高山沼泽草甸
5 冰川/永久积雪	51 山岳冰川	511 悬冰川
6 裸地	61 高山裸地	611 裸岩、裸土

6.2 自然生态系统主要类型与分布规律

高黎贡山的一级自然生态系统类型共有 6 类，但因冰川/永久积雪和裸地缺乏数据，暂不描述，其余

4 类自然生态系统按面积从大到小依次为森林生态系统、灌丛生态系统、湿地生态系统和草地生态系统。根据自然生态系统的类型丰富性排序，二级系统类型最丰富的是森林生态系统，湿地生态系统次之，草地生态系统和灌丛生态系统排第三，冰川/永久积雪和裸地的丰富程度最低。

6.2.1　森林生态系统

森林是指以乔木树种为优势种构建起来的生态系统，其垂直结构一般分为乔木层、灌木层、草本层。但在条件优越的热带地区，雨林还有由藤本和附生植物构成的层间层。森林作为高黎贡山最为核心和优势的生态系统，从水热条件良好的雨林，到适中的常绿阔叶林，再到山地上的温性针叶林，环境异质性较大，生态系统类型极为丰富。究其原因，是纬度和海拔双重梯度导致的气候与土壤的生境分化。

6.2.1.1　雨林

雨林（rain forest）生态系统是高黎贡山物种组成最丰富、系统结构最为复杂的生态系统类型。主要分布在高黎贡山南部海拔 1000 m 以下的盈江羁羊河、红崩河、勐来河及其支流的箐沟两侧。该区纬度已达北纬 24°30′左右，是地球上分布较为偏北的热带雨林。气候温暖湿润，年均温 20℃，年均降水量 1500 mm；土壤类型为砖红壤。

雨林主要由季节雨林和山地雨林组成。季节雨林的主要优势种是云南娑罗双 *Shorea assamica*、东京龙脑香 *Dipterocarpus retusus*、纤细龙脑香 *D. gracilis*。此类生态系统是高黎贡山结构最为复杂、物种最为丰富、生物量最大的类型。主要分布于铜壁关羈羊河流域、阿江梁子下部、勐来河、卡房、小浪速、下石梯、红崩河、南奔河、盈江县老象坪、昔马枫茅地脚、那邦坝扎拉河谷等地。

山地雨林是季节雨林之上的山地垂直带类型之一，主要分布在海拔 800～1400 m 的山地上。主要优势种为肋果茶 *Sladenia celastrifolia*、细青皮 *Altingia excelsa*、糖胶树 *Alstonia scholaris*、网脉肉托果 *Semecarpus reticulatus* 等。在瑞丽户音、盈江杨梅坡、盈江芒允等地有分布。

6.2.1.2　季雨林

季雨林（monsoon forest）生态系统与雨林生态系统不同，其主要特征是在旱季有一个明显的集中落叶期。主要分布在高黎贡山南部海拔 1000 m 以下的开阔河谷盆地中。季雨林生态系统分布区的区域性气候类似于季节雨林，但局部生境干旱，旱季土壤缺水，导致其上层乔木由落叶树种占优势，季相变化明显，森林结构也相对简化。部分季雨林具有强烈的次生性，是热带雨林破坏后形成的次生群落。

高黎贡山季雨林的分布区与季节雨林相同，只是在局部生境上错开。由半常绿季雨林和落叶季雨林组成。半常绿季雨林的优势种是高山榕 *Ficus altissima*、麻楝 *Chukrasia tabularis*、四数木 *Tetrameles nudiflora*、心叶木 *Haldina cordifolia* 等。主要分布于大盈江下游的河岸冲积沙壤上。落叶季雨林主要是山槐 *Albizia kalkora*、钝叶黄檀 *Dalbergia obtusifolia*、马蹄果 *Protium serratum*、洋紫荆 *Bauhinia variegata*、楹树 *Albizia chinensis* 等占优势。主要分布于盈江那邦、大盈江、瑞丽南畹町河、怒江沿岸、江中山江尾江边、胭脂地小水井等地。

6.2.1.3　常绿阔叶林

常绿阔叶林（evergreen broad-leaved forest）是我国亚热带气候条件下发育出来的地带性生态系统。上层乔木由壳斗科、樟科、山茶科、木兰科等的常绿阔叶树种组成。在高黎贡山地区，常绿阔叶林分布范围广泛，从南到北纵贯高黎贡山的东西坡。垂直方向上，从海拔 800 m 到 3100 m 的山地上均有分布。年均温 15～20℃，年降水量 900～1700 mm；土壤类型为山地红壤。

常绿阔叶林生态系统受纬度、海拔、坡向等环境因子差异的影响，在优势树种水平上有一些差异，形成了不同的亚类型。

季风常绿阔叶林生态系统是南亚热带的地带性生态系统,在高黎贡山主要出现在南段和中段的山地上,海拔 800～1400 m 的地区,它的下限与季节雨林或季雨林连接,其优势种为刺锥 *Castanopsis hystrix*、截果柯 *Lithocarpus truncatus*、小果锥 *Castanopsis fleuryi*、思茅锥 *C. ferox*、红木荷 *Schima wallichii*、普文楠 *Phoebe puwenensis*、长梗润楠 *Machilus duthiei*、怒江藤黄 *Garcinia nujiangensis* 等。

半湿润常绿阔叶林是滇中地区的地带性生态系统,但是在高黎贡山地区该类型分布于海拔 1800～2000 m 以下的山地上,在怒江、独龙江河谷两侧山地、保山、龙陵、腾冲等地均有分布,其分布区与季风常绿阔叶林有一定程度的镶嵌和重叠,但其上限更高。优势种常见毛果栲 *Castanopsis orthacantha*、高山栲 *C. delavayi*、滇青冈 *Cyclobalanopsis glaucoides* 等。

中山湿性常绿阔叶林出现于云南省的中山山地上。在高黎贡山地区,该类生态系统分布于海拔 1900～2700 m(但在独龙江两岸,俅江青冈 *Cyclobalanopsis kiukiangensis* 林甚至可下沉到 1300 m),是常绿阔叶林中面积最大、分布最广的生态系统。常见优势种为多变柯 *Lithocarpus variolosus*、薄片青冈 *Cyclobalanopsis lamellosa*、曼青冈 *C. oxyodon*、木果柯 *Lithocarpus xylocarpus*、硬斗柯 *L. hancei*、印度木荷 *Schima khasiana*、银木荷 *Schima argentea*、龙陵锥 *Castanopsis rockii*、光叶柯 *Lithocarpus mairei*、瑞丽山龙眼 *Helicia shweliensis*、巴东栎 *Quercus engleriana* 等。此外,我国东部地区湿润常绿阔叶林的优势种之一——青冈 *Cyclobalanopsis glauca* 也在本区的中山湿性常绿阔叶林中占据一定的优势地位。需要强调的是,该类生态系统以及寒温性针叶林还是怒江金丝猴的主要栖息地,保护价值很高。

山顶苔藓矮林是常绿阔叶林中分布海拔最高的类型,由于接近山顶,分布的空间范围受到限制,该生态系统类型的总面积并不大。海拔范围在 2500～3000 m,森林林冠明显矮化,一般都在 10 m 以下。优势树种为杜鹃属 *Rhododendron* spp.、越橘属 *Vaccinium* spp.、柯属 *Lithocarpus* spp.的植物组成。

6.2.1.4 硬叶常绿阔叶林

硬叶常绿阔叶林(sclerophyllous evergreen broad-leaved forest)是由壳斗科硬叶栎类树种占优势的生态系统类型,在高黎贡山分布面积较小,而且是零星分布。它有三个亚型,低山棕榈林是以高黎贡山特有种——贡山棕榈 *Trachycarpus princeps* 为代表的硬叶常绿阔叶林,分布在贡山丙中洛石门关怒江河岸附近的石灰岩峭壁上,海拔 1500～1700 m,为非地带性植被。干热河谷硬叶常绿栎林分布在低海拔河谷地区,海拔 2500 m 以下,与干热灌丛的分布范围重叠。年均温 15～18℃,年降水量 700～900 mm。优势种为铁橡栎 *Quercus cocciferoides*、锈鳞木樨榄 *Olea europaea* subsp. *cuspidata* 等。寒温性山地硬叶常绿栎林主要分布在 2600～3300 m 的山地上,与寒温性针叶林的分布范围重合,高山栎 *Quercus semecarpifolia* 占优势。年均温 10℃ 以下,年降水量 700～900 mm。

6.2.1.5 落叶阔叶林

落叶阔叶林(deciduous broad-leaved forest)是以落叶阔叶树种为优势组成的森林生态系统,在云南省并不形成一个稳定的水平带或垂直带,多数为常绿阔叶林被砍伐之后形成的次生性植被。在高黎贡山地区,落叶阔叶林呈斑块状分布于海拔 1000～3000 m 的河岸两侧及坡地上。其最显著的特征就是乔木树种在旱季集中落叶,季相变化十分明显,与季节性的干旱气候相对应。并且多数为单优森林,常见为胡桃 *Juglans regia* 林、桦木 *Betula* spp.林、栎类 *Quercus* spp.林、泡花树 *Meliosma cuneifolia* 林、尼泊尔桤木 *Alnus nepalensis* 林、杨树 *Populus* spp.林等。

6.2.1.6 暖性针叶林

暖性针叶林(warm coniferous forest)是指亚热带地区分布的以针叶树为主的生态系统。在高黎贡山地区,该类型主要分布在海拔 800～2800 m 的山地上,纵贯高黎贡山的东西坡,与常绿阔叶林的分布区有较大重复。年均温 10～20℃，年降水量一般为 700～1200 mm；土壤类型为山地红壤。该类生态系统中分布面积较大的有云南松 *Pinus yunnanensis* 林、华山松 *P. armandii* 林、思茅松 *P. kesiya* var. *langbianensis* 林等。

6.2.1.7　温性针叶林

温性针叶林（temperate coniferous forest）是指亚热带中山上部和亚高山中上部的针叶林生态系统，位于暖性针叶林的上部，海拔上限相对较高（约 4100 m），即为森林的林线。在高黎贡山地区，这个类型主要分布在海拔 2400～4000 m。有三个亚类型，温凉性针叶林分布相对偏低，面积较小。优势树种常见云南铁杉 *Tsuga dumosa* 等。温凉性针阔叶混交林是指由云南铁杉分别与多变柯 *Lithocarpus variolosus*、厚叶柯 *L. pachyphyllus*、杜鹃 *Rhododendron* spp.、槭 *Acer* spp.、糙皮桦 *Betula utilis* 等阔叶树混交形成的各类森林，其分布范围与温凉性针叶林相同，面积很小。

寒温性针叶林（又叫亚高山针叶林）是该区面积最大、分布范围最广的生态系统类型。它出现于高黎贡山中北段的怒江、独龙江两侧山地的上半部分，海拔 2700～4100 m。气候寒冷，年均温 4.6～5.3℃，年降水量<1000 mm。土壤为山地棕色森林土及森林潜育土。优势种为苍山冷杉 *Abies delavayi*、急尖长苞冷杉 *Abies georgei* var. *smithii*、油麦吊云杉 *Picea brachytyla* var. *complanata*、怒江冷杉 *Abies nukiangensis* 等。

6.2.1.8　竹林

竹林（bamboo forest）是以禾本科竹亚科的种类占优势形成的一类特殊的生态系统类型。在高黎贡山地区，竹林不能形成一个稳定的水平带或垂直带，由于多数竹林具有次生性，它们的分布与人类活动密切相关，在铜壁关、小黑山、怒江、独龙江、高黎贡山保护区均有零星分布，但总面积不大。分布海拔最高可达 3800 m。根据其出现地点的气候条件，可分为热性竹林、暖热性竹林、暖温性竹林、温凉性竹林、寒温性竹林等亚类型。从优势种来看，常见黄竹 *Dendrocalamus membranaceus*、龙竹 *D. giganteus*、缅甸竹 *Bambusa burmanica*、宁南方竹 *Chimonobambusa ningnanica*、缅甸方竹 *C. armata*、毛金竹 *Phyllostachys nigra* var. *henonis*、玉山竹 *Yushania* spp. 及各种箭竹 *Fargesia* spp. 等。

6.2.2　灌丛生态系统

典型的灌丛（shrubland）是指以灌木植物为优势构成的生态系统。但在该系统中，也将次生性的河谷稀树灌木草丛归并到干热灌丛中。群落高度通常在 5 m 以下。高黎贡山地区的灌丛生态系统面积约为森林生态系统的 1/4，主要由阔叶灌丛和针叶灌丛两个亚类组成。

6.2.2.1　阔叶灌丛

阔叶灌丛（broad-leaved shrubland）包括热性灌丛、干热灌丛、暖温性灌丛、寒温性阔叶灌丛，亚类主要取决于它们出现的生境条件。

热性灌丛是指海拔 800 m 以下的热带低海拔湿热地区的灌丛，包括热带河漫滩上分布的水柳 *Homonoia riparia* 灌丛，以及热带低地由水锦树 *Wendlandia* spp.、银柴 *Aporosa* spp.、黄牛木 *Cratoxylum cochinchinense*、白肉榕 *Ficus vasculosa* 等占优势的灌丛等，多与热带雨林和季雨林镶嵌分布（如盈江的昔马、那邦、铜壁关等地），具有较强的次生性。

干热灌丛是指在热带和亚热带局部干旱生境中形成的灌丛群落，同时也包含类似河谷型 Savanna 的稀树灌木草丛，是非地带性生态系统。从分布范围来讲，热性灌丛仅限于热带地区，而干热灌丛分布范围更广，从热带干旱区到亚热带干旱区都有，海拔上限更高。该类型常见于高黎贡山南部东坡海拔 900～2000 m 的怒江河谷中，以及保山的坝湾、芒宽一带。优势种为浆果楝 *Cipadessa baccifera*、虾子花 *Woodfordia fruticosa*、白毛算盘子 *Glochidion arborescens* 等耐干旱的种类。草本层密集，有少量灌木和乔木种类稀疏点缀之上，形似 Savanna 景观。

暖温性灌丛分布于高黎贡山南段及中段海拔 1400～2100 m 的中山或亚高山山地上，分别由白珠属 *Gaultheria* spp.、滇结香 *Edgeworthia gardneri*、珍珠花 *Lyonia ovalifolia* 等灌木种类形成单优的生态系统。

寒温性阔叶灌丛分布于亚高山和高山生境中，位于寒温性针叶林生态系统之上，也即林线之上（或在过渡带上与后者镶嵌分布，有一定的交叉），介于山地垂直带上森林生态系统与草甸生态系统之间，常见于海拔 3200～4300 m，但海拔偏低的类型是次生性的，原生性的多在 3800 m 以上。分别由杜鹃属 *Rhododendron* spp.及栒子属 *Cotoneaster* spp.的种类形成单优。

6.2.2.2 针叶灌丛

针叶灌丛（coniferous shrubland）与阔叶灌丛中的寒温性阔叶灌丛分布区重叠，但生态系统由裸子植物刺柏属的针叶灌木小果垂枝柏 *Juniperus recurva* var. *coxii* 占优势，零星分布于独龙江和怒江的高山灌丛中。

6.2.3 草地生态系统

草地（grassland）是指由草本植物组成的生态系统类型，高度通常低于 3 m。在高黎贡山地区，该生态系统的总面积最小，而且分布零散，呈斑块状格局，镶嵌分布于森林生态系统、灌丛生态系统中。仅在 3700 m 以上（寒温性灌丛之上）的区域，形成一个狭窄的高山草甸垂直带，具有原生性质，在此海拔之下出现的草甸和草丛，均为次生性的生态系统。

6.2.3.1 草丛

草丛（secondary grassland）生态系统均有次生性，多数为各类森林生态系统被破坏之后形成的，从海拔 700 m 左右的热带区域到 3000 m 左右的暖温性区域均有零星分布。其优势成分为草本植物，处于演替阶段的前期，部分生态系统已经被外来种入侵，演替进程已经受到抑制。由于处于演替过程中，此类生态系统并不是稳定的，种类组成也处于动态过程中。根据温度条件，可分为热性草丛（如飞机草 *Chromolaena odorata* 草丛、蔓生莠竹 *Microstegium fasciculatum* 草丛、野蕉 *Musa balbisiana* 草丛等）、暖热性草丛（如野古草 *Arundinella* spp.草丛、紫茎泽兰 *Ageratina adenophora* 草丛等）和暖温性草丛（如类芦 *Neyraudia reynaudiana* 草丛、毛轴蕨 *Pteridium revolutum* 草丛等）。飞机草草丛和紫茎泽兰草丛均为外来种占优势的生态系统。

6.2.3.2 草甸

草甸（meadow）是结构相对简单的生态系统类型。主要分布在海拔 2700～4300 m，海拔偏高，年均温 0～8℃，年降水量 1000 mm 左右；土壤为草甸土。草甸生态系统主要由亚高山草甸、高山草甸和高山流石滩疏生草甸组成。亚高山草甸（如贡山独活 *Heracleum kingdonii*、天南星 *Arisaema* spp.草甸）与寒温性针叶林的分布范围重叠，它们呈斑块状点缀在寒温性针叶林中，是寒温性针叶林被破坏之后形成的次生性生态系统，通常有明显的放牧痕迹。但是，高山草甸（如银莲花 *Anemone* spp.、委陵菜 *Potentilla* spp.草甸等）和高山流石滩疏生草甸（如长梗拳参 *Polygonum griffithii*、贡山金腰 *Chrysosplenium forrestii* 草甸）是原生性的生态系统，它们是山地植被分布的最高极限，再往上已无明显的植物分布。

6.2.4 湿地生态系统

湿地（wetland）是以水体为主，或者在较高的土壤水分含量条件下发育出来的生态系统类型。包括各种沼泽、湿原、泥炭地、流水水体、静水水体、河口和河岸及其周边的湿生区域。

高黎贡山地区的湿地生态系统涵盖了常见的自然湿地类型,即河流湿地、湖泊湿地和沼泽湿地。

6.2.4.1　河流湿地

该区域的河流湿地(riverine wetland)主要由流经高黎贡山的怒江和独龙江及其支流组成,干流呈南北向纵向切割山体,北高南低、地势险峻、水流湍急。河流湿地是高黎贡山湿地生态系统的主要类型,面积最大。

6.2.4.2　湖泊湿地

湖泊湿地(lake wetland)是水生植物主要分布的生境,多数集中分布在水深 6 m 以内的区域,并随着水深的减小,逐步过渡到湖岸浅水区。从漂浮植物、沉水植物到挺水植物形成一个以水为主导因子的生态系列。然而,高黎贡山地区并无大型湖泊湿地,仅有自然形成的坑潭,面积较小并且零星分布。

6.2.4.3　沼泽湿地

高黎贡山的沼泽湿地(swamp wetland)主要出现于亚高山上部,海拔 2800～4000 m 的区域,且面积较小,与亚高山草甸镶嵌分布。由于地形低凹、局部积水,土壤水分含量高,生境终年湿润,以湿生和中生性草本植物(如灯心草 *Juncus effusus*、牛毛毡 *Eleocharis yokoscensis* 等)占优势。

6.2.5　结论

云南高黎贡山拥有除荒漠外的所有陆地自然生态系统,类型丰富而完整,核心价值典型而突出,具有鲜明的国家代表性。

中国是全球常绿阔叶林的核心分布区,该区在我国东西横跨 30 个经度,南北纵贯 10 个纬度,面积最大、范围最广。雄踞于印度板块与欧亚板块缝合线上的高黎贡山,是我国常绿阔叶林分布的最西部边界,西南季风东进与喜马拉雅抬升双重效应孕育出的常绿阔叶林生态系统在这个区域得到了最为完美的展示和诠释,其地学过程与群落装配的交互作用刻画的这一独特的生态地理区,具有不可替代性。

6.3　生态系统服务功能

6.3.1　评估的目的和意义

生态系统服务功能是建立在生态系统功能基础上,人类能够从中获益的功能。因此,揭示生态系统服务的重要性和价值、把生态系统服务价值观念融入决策体系,对于科学制订区域发展规划、协调好保护与发展的关系至关重要。高黎贡山地处关键生态功能区,客观地评估该区的生态服务功能价值具有十分重要的意义,具体体现在以下三个方面。

第一,高黎贡山区域是全球生物多样性保护十分关键的区域,涉及大量的生态系统类型和建设项目。评估结果有助于促进人们对高黎贡山区域生态服务功能的认识,提高公众对高黎贡山区域的重视程度及保护意识,从而增强社会对生态系统保护事业的支持。

第二,通过比较分析,进一步认识高黎贡山区域生态系统服务功能的现状,为高黎贡山的建设管理和持续发展提供科学依据,充分发挥和提升其在西南生态安全屏障建设中的重要作用。

第三,通过系统收集、整理和分析高黎贡山区域科考资料,建立系统、全面和准确的高黎贡山区域森林、灌丛、草原和湿地生态系统的数据库,有助于实现高黎贡山区域的科学化、规范化管理。

6.3.2 评估方法

为了保持与前期相关研究的协调性和可比性，对高黎贡山生态系统服务功能的评估，主要参照《云南省自然保护区森林生态系统服务功能价值评估报告》（云南省林业调查规划院，2018）中的方法进行。

6.3.3 评估结果与分析

6.3.3.1 总物质量和总价值评估

1. 总物质量

高黎贡山区域生态系统涵养水源量为 78.62 亿 m^3/a；固土量为 1.45 亿 t/a，减少土壤中 N 损失 54.93 万 t/a，减少土壤中 P 损失 17.82 万 t/a，减少土壤中 K 损失 184.85 万 t/a，减少土壤中有机质损失 1347.79 万 t/a；固碳 306.10 万 t/a，释氧 792.08 万 t/a；积累 N 4.57 万 t/a，积累 P 0.24 万 t/a，积累 K 3.34 万 t/a；提供负离子 1.98×10^{25} 个/a，吸收二氧化硫 15.93 万 t/a，吸收氟化物 0.52 万 t/a，吸收氮氧化物 0.95 万 t/a，滞尘 2402.35 万 t/a（表 6-3）。

2. 总价值和单位面积价值

高黎贡山区域生态系统服务年总价值为 1721.86 亿元（表 6-4）。其中，涵养水源价值为 572.36 亿元/a；保育土壤价值为 294.06 亿元/a；固碳释氧价值为 184.05 亿元/a；积累营养物质价值为 0.57 亿元/a；净化大气环境价值为 65.15 亿元/a；生物多样性保护价值为 605.67 亿元/a。单位面积生态服务价值平均为 9.92 万元/($hm^2 \cdot a$)。高黎贡山区域生态系统服务总价值构成见图 6-1。

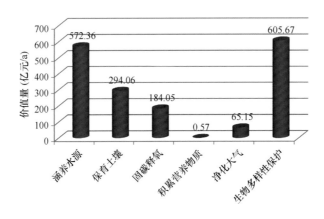

图 6-1　各项生态系统服务的价值量

如图 6-2 所示，高黎贡山区域六大生态系统服务价值量由高到低依次为生物多样性保护（占总价值量的 35.18%）、涵养水源（33.24%）、保育土壤（17.08%）、固碳释氧（10.69%）、净化大气（3.78%）和积累营养物质（0.03%）。

森林生态系统服务总价值量（表 6-4，图 6-3）为 1515.20 亿元/a（占总价值量 88.00%）。灌丛为 177.10 亿元/a（占 10.29%），草地为 0.57 亿元/a（占 0.03%），而湿地为 28.98 亿元/a（占 1.68%）。

湿地生态系统单位面积提供的生态系统服务价值量最高（图 6-4），为 14.49 万元/($hm^2 \cdot a$)。森林为 11.31 万元/($hm^2 \cdot a$)，灌丛为 4.74 万元/($hm^2 \cdot a$)，草地为 3.72 万元/($hm^2 \cdot a$)。

森林生态系统中，各服务功能提供的价值量（图 6-5）由高到低依次为生物多样性保护（占总价值量的 38.61%）、涵养水源（占 30.88%）、保育土壤（占 17.14%）、固碳释氧（占 9.84%）、净化大气（占 3.50%）和积累营养物质（占 0.03%）。

表 6-3　各生态系统类型下生态系统服务功能物质量评估表

生态系统类型	面积（万hm²）	涵养水源（万m³/a）	保育土壤					固碳释氧		积累营养物质			净化大气环境				
			固土（万t/a）	N（t/a）	P（t/a）	K（t/a）	有机质（t/a）	固碳（t/a）	释氧（t/a）	N（t/a）	P（t/a）	K（t/a）	负离子（个/a）	吸收SO₂（t/a）	吸收氟化物（t/a）	吸收氮氧化物（t/a）	滞尘量（t/a）
森林	134.01	642 731.68	12 641.83	504 875.91	173 728.65	1 772 111.62	12 125 921.97	2 444 147.15	6 543 371.31	40 387.36	2 252.18	29 521.03	$1.91×10^{25}$	138 760.48	2 879.23	5 895.57	19 328 877.50
灌丛	37.36	129 951.58	1 762.66	35 974.93	2 734.59	64 673.18	1 097 023.79	384 792.61	780 792.78	4 931.32	37.36	3 287.55	$6.16×10^{23}$	19 599.35	1 270.19	2 174.27	4 258 869.71
草地	0.15	537.02	3.67	156.90	11.03	127.58	4 900.23	530.91	1 442.10	1.99	0.01	1.33	—	36.82	—	—	15 606.55
湿地	2.00	12 989.37	96.41	8 289.18	1 680.76	11 574.29	250 050.60	231 540.06	595 161.27	394.34	72.25	611.09	$1.71×10^{22}$	882.89	1 088.98	1 404.59	420 188.91
总计	173.52	786 209.65	14 504.57	549 296.92	178 155.03	1 848 486.67	13 477 896.59	3 061 010.73	7 920 767.46	45 715.01	2 361.80	33 421.00	$1.98×10^{25}$	159 279.54	5 238.40	9 474.43	24 023 542.67

注："—"表示缺失值，下同

表 6-4　各生态系统类型下生态系统服务功能价值量评估表

（单位：万元）

生态系统类型	涵养水源	保育土壤					固碳释氧		积累营养物质			净化大气环境					生物多样性保护	合计
		固土	N	P	K	有机质	固碳	释氧	N	P	K	负离子	吸收SO₂	吸收氟化物	吸收氮氧化物	滞尘量		
森林	4 679 086.60	1 930 439.61	19 084.31	7 040.70	203 792.84	436 533.19	837 120.40	654 337.13	1 526.64	91.27	3 394.92	29 061.00	16 651.26	331.11	707.47	483 221.94	5 849 591.17	15 152 011.55
灌丛	946 047.53	269 162.34	1 359.85	110.82	7 437.42	39 492.86	131 791.47	78 079.28	186.40	1.51	378.07	936.95	2 351.92	146.07	260.91	106 471.74	186 792.53	1 771 007.68
草地	3 909.50	560.97	5.93	0.45	14.67	176.41	181.84	144.21	0.08	0.00	0.15	—	4.42	—	—	390.16	346.89	5 735.68
湿地	94 562.60	14 722.40	313.33	68.12	1 331.04	9 001.82	79 302.47	59 516.13	14.91	2.93	70.28	25.97	105.95	125.23	168.55	10 504.72	19 996.79	289 833.23
总计	5 723 606.23	2 214 885.32	20 763.42	7 220.09	212 575.97	485 204.28	1 048 396.18	792 076.75	1 728.03	95.72	3 843.42	30 023.92	19 113.54	602.42	1 136.93	600 588.56	6 056 727.38	17 218 588.14

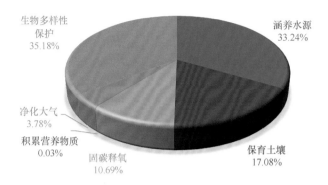

图 6-2　各项生态系统服务价值量占比

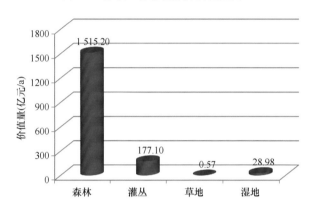

图 6-3　各生态系统下生态系统服务价值量

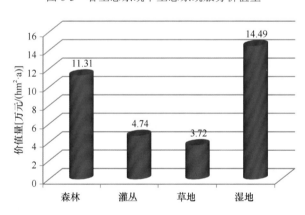

图 6-4　各生态系统单位面积生态系统服务价值量

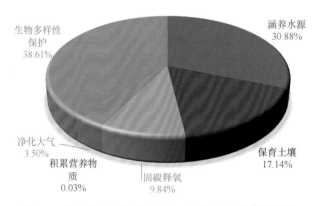

图 6-5　森林生态系统中六大生态系统服务价值量比较

灌丛生态系统中，各服务功能提供的价值量（图 6-6）由高到低依次为涵养水源（占总价值量的53.42%）、保育土壤（占 17.93%）、固碳释氧（占 11.85%）、生物多样性保护（占 10.55%）、净化大气（占6.22%）和积累营养物质（占 0.03%）。

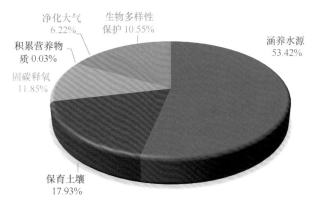

图 6-6　灌丛生态系统中六大生态系统服务价值量比较

草地生态系统中，各服务功能提供的价值量（图 6-7）由高到低依次为涵养水源（占总价值量的68.16%）、保育土壤（占 13.22%）、净化大气（占 6.88%）、生物多样性保护（占 6.05%）、固碳释氧（占5.68%）和积累营养物质（占 0.004%）。

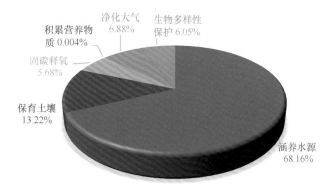

图 6-7　草地生态系统中六大生态系统服务价值量比较

因数据修约，和不为 100%，下同

湿地生态系统中，各服务功能提供的价值量（图 6-8）由高到低依次为固碳释氧（占总价值量的47.90%）、涵养水源（占 32.63%）、保育土壤（占 8.78%）、生物多样性保护（占 6.90%）、净化大气（占3.77%）和积累营养物质（占 0.03%）。

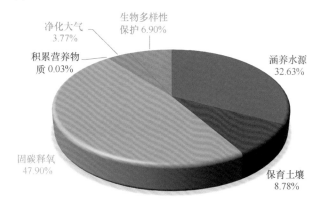

图 6-8　湿地生态系统中六大生态系统服务价值量比较

6.3.3.2 物质量和价值量分布格局

1. 物质量分布格局

高黎贡山区域生态系统服务物质量（表6-3）和单位面积物质量（表6-5）评估结果如下述。

1）涵养水源功能

涵养水源总量位于537.02～642 731.68万 m³/a。涵养水源总量除主要与生态系统面积有关外，还与生态系统类型相关。在不同的生态系统类型中，森林生态系统的涵养水源功能最强，其次为灌丛。森林生态系统面积最大，达134.01万 hm²，占到评估总面积的77.23%，因而其水源涵养量最大。灌丛面积也较大，达37.36万 hm²，因而其水源涵养量居第二位，为129 951.58万 m³/a。湿地生态系统的涵养水源量为12 989.37万 m³/a，排在第三位。草地生态系统的涵养水源量最小。

各生态系统单位面积涵养水源量由多到少依次为湿地生态系统[0.6496万 m³/(hm²·a)]、森林生态系统[0.4796万 m³/(hm²·a)]、草地生态系统[0.3479万 m³/(hm²·a)]和灌丛生态系统[0.3479万 m³/(hm²·a)]。

2）保育土壤功能

（1）固土功能位于3.67～12 641.83万 t/a。森林生态系统面积最大，因而其固土量最大；灌丛和湿地分居第二和第三，分别为1762.66万 t/a、96.41万 t/a，草地最小。各生态系统单位面积固土量由多到少依次为森林生态系统[0.0094万 t/(hm²·a)]、湿地生态系统[0.0048万 t/(hm²·a)]、灌丛生态系统[0.0047万 t/(hm²·a)]和草地生态系统[0.0024万 t/(hm²·a)]。

（2）保肥功能

减少土壤中N损失量位于156.90～504 875.91 t/a，减少土壤中P损失量位于11.03～173 728.65 t/a，减少土壤中K损失量位于127.58～1 772 111.62 t/a，减少土壤中有机质损失量位于4900.23～12 125 921.97 t/a。保肥功能与固土量及所固土壤中的N、P、K和有机质含量相关，固土量大，并且土壤中N、P、K和有机质含量高的森林生态系统，其保肥量较大。各生态系统中单位面积减少土壤P和K损失量由多到少和固土量的顺序一致，由多到少依次为森林生态系统、湿地生态系统、灌丛生态系统、草地生态系统。但减少N和有机质的损失量由多到少依次为湿地生态系统、森林生态系统、草地生态系统和灌丛生态系统。

3）固碳释氧功能

固碳量位于530.91～2 444 147.15 t/a，释氧量位于1442.10～6 543 371.31 t/a。固碳释氧量与植被的净生长量相关，净生长量大的生态系统其固碳释氧量较大。森林生态系统的固碳释氧量最大，其次为灌丛生态系统（固碳量384 792.61 t/a，释氧量780 792.78 t/a），湿地生态系统排在第三（固碳量231 540.06 t/a，释氧量595 161.27 t/a），草地生态系统最少。

各生态系统单位面积固碳释氧量由多到少依次为湿地生态系统[固碳量11.5789 t/(hm²·a)，释氧量29.7628 t/(hm²·a)]、森林生态系统[固碳量1.8239 t/(hm²·a)，释氧量4.8828 t/(hm²·a)]、灌丛生态系统[固碳量1.0300 t/(hm²·a)，释氧量2.0900 t/(hm²·a)]、草地生态系统[固碳量0.3439 t/(hm²·a)，释氧量0.9342 t/(hm²·a)]。

4）积累营养物质功能

积累N量位于1.99～40 387.36 t/a，积累P量位于0.01～2252.18 t/a，积累K量位于1.33～29 521.03 t/a。营养积累与植物净生长量以及积累N、P、K的能力相关。净生长量较大，并且积累N、P、K能力较强的生态系统，其营养积累量较大。不同生态系统类型积累N、P、K的能力不同，森林生态系统积累N、P、K能力最强，灌丛生态系统次之，湿地生态系统排在第三，草地生态系统营养积累量最少。

各生态系统单位面积N积累量由多到少依次为森林生态系统、湿地生态系统、灌丛生态系统和草地生态系统；单位面积P和K积累量由多到少依次为湿地生态系统、森林生态系统、灌丛生态系统和草地生态系统。

5）净化大气环境功能

（1）提供负离子量位于1.71×10^{22}～1.91×10^{25}个/a。提供负离子量与生态系统面积及生态系统类型相关，森林生态系统提供负离子能力较强。且森林生态系统的面积远大于其他生态系统类型，因而其提供负离子量最大；灌丛面积也较大，提供负离子量位居第二位。未收集到草地生态系统提供负离子量的相关数据。各生态系统单位面积提供负离子量由多到少依次为森林生态系统[$1.43×10^{19}$ 个/(hm²·a)]、灌丛生态系统[$1.65×10^{18}$ 个/(hm²·a)]和湿地生态系统[$8.54×10^{17}$ 个/(hm²·a)]。

（2）吸收污染物功能中，吸收二氧化硫量位于 36.82～138 760.48 t/a，吸收氟化物量位于 1088.98～2879.23 t/a，吸收氮氧化物量位于 1404.59～5895.57 t/a。吸收污染物功能与生态系统面积及其吸收能力相关。森林生态系统面积远大于其他生态系统类型，因而其吸收各类污染物的量最大；灌丛生态系统吸收二氧化硫量次之；湿地生态系统吸收二氧化硫量排第三；草地生态系统因其面积最小，吸收二氧化硫能力最弱，未收集到草地生态系统吸收氟化物及氮氧化物的数据。就单位面积而言，各生态系统吸收二氧化硫量由大到小依次为森林生态系统[0.1035 t/(hm²·a)]、灌丛生态系统[0.0525 t/(hm²·a)]、湿地生态系统[0.0442 t/(hm²·a)]和草地生态系统[0.0239 t/(hm²·a)]，各生态系统单位面积吸收氟化物和氮氧化物的量由大到小依次为湿地生态系统、灌丛生态系统和森林生态系统。

（3）滞尘量位于 15 606.55～19 328 877.50 t/a。滞尘功能与生态系统面积及其滞尘能力相关，森林生态系统的滞尘能力强于灌丛生态系统。森林生态系统面积最大，因而其滞尘量最大；灌丛生态系统面积虽居第三，但其滞尘量排第二，为 4 258 869.71 t/a；湿地生态系统为第三，其滞尘量为 420 188.91 t/a；草地生态系统滞尘量最小。各生态系统单位面积的滞尘量由大到小依次为湿地生态系统[21.01 t/(hm²·a)]、森林生态系统[14.42 t/(hm²·a)]、灌丛生态系统[11.40 t/(hm²·a)]和草地生态系统[10.11 t/(hm²·a)]。

2. 价值量分布格局

高黎贡山区域各生态系统服务总价值量（表 6-4）和单位面积价值量（表 6-6）评估结果如下。

（1）涵养水源价值量：各生态系统涵养水源总价值量（图 6-9）由多到少依次为森林生态系统（467.91 亿元/a）、灌丛生态系统（94.60 亿元/a）、湿地生态系统（9.46 亿元/a）和草地生态系统（0.39 亿元/a）。单位面积而言（图 6-10），各生态系统涵养水源价值量由多到少依次为湿地生态系统[4.73 万元/(hm²·a)]、森林生态系统[3.49 万元/(hm²·a)]、草地生态系统[2.53 万元/(hm²·a)]和灌丛生态系统[2.53 万元/(hm²·a)]。

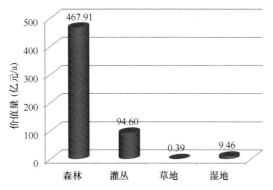

图 6-9　高黎贡山各生态系统涵养水源价值量

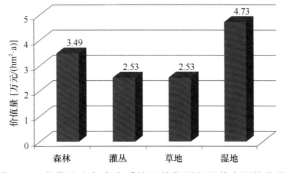

图 6-10　高黎贡山各生态系统下单位面积涵养水源价值量

660 | 云南高黎贡山综合科学研究

表 6-5　各生态系统类型下每公顷生态系统服务功能物质量评估表

生态系统类型	涵养水源（万 m³/a）	保育土壤				固碳释氧			积累营养物质			净化大气环境				
		固土（万 t/a）	N（t/a）	P（t/a）	K（t/a）	有机质（t/a）	固碳（t/a）	释氧（t/a）	N（t/a）	P（t/a）	K（t/a）	负离子（个/a）	吸收 SO_2（t/a）	吸收氟化物（t/a）	吸收氮氧化物（t/a）	滞尘量（t/a）
森林	0.479 6	0.009 4	0.376 7	0.129 6	1.322 4	9.048 6	1.823 9	4.882 8	0.030 1	0.001 7	0.022 0	1.43×10^{19}	0.103 5	0.002 1	0.004 4	14.423 6
灌丛	0.347 9	0.004 7	0.096 3	0.007 3	0.173 1	2.936 5	1.030 0	2.090 0	0.013 2	0.000 1	0.008 8	1.65×10^{18}	0.052 5	0.003 4	0.005 8	11.400 0
草地	0.347 9	0.002 4	0.101 6	0.007 1	0.082 6	3.174 4	0.343 9	0.934 2	0.001 3	0.000 0	0.000 9	—	0.023 9	—	—	10.110 0
湿地	0.649 6	0.004 8	0.414 5	0.084 1	0.578 8	12.504 5	11.578 9	29.762 8	0.019 7	0.003 6	0.030 6	8.54×10^{17}	0.044 2	0.054 5	0.070 2	21.012 8

表 6-6　各生态系统类型下每公顷生态系统服务功能价值量评估表

（单位：元）

生态系统类型	涵养水源	保育土壤				固碳释氧			积累营养物质			净化大气环境					生物多样性保护	合计
		固土	N	P	K	有机质	固碳	释氧	N	P	K	负离子	吸收 SO_2	吸收氟化物	吸收氮氧化物	滞尘量		
森林	34 916.19	14 405.29	142.41	52.54	1 520.74	3 257.49	6 246.74	4 882.78	11.39	0.68	25.33	216.86	124.25	2.47	5.28	3 605.89	43 650.70	113 067.04
灌丛	25 323.48	7 204.85	36.40	2.97	199.08	1 057.13	3 527.75	2 090.00	4.99	0.04	10.12	25.08	62.96	3.91	6.98	2 850.00	5 000.00	47 405.74
草地	25 325.92	3 634.01	38.42	2.90	95.05	1 142.78	1 177.96	934.20	0.49	0.00	0.99	—	28.62	—	—	2 527.50	2 247.17	37 156.01
湿地	47 288.89	7 362.38	156.69	34.06	665.63	4 501.63	39 657.60	29 762.84	7.45	1.46	35.14	12.99	52.98	62.63	84.29	5 253.20	10 000.00	144 939.88

（2）保育土壤价值量：各生态系统保育土壤总价值量（图 6-11）由多到少依次为森林生态系统（259.69 亿元/a）、灌丛生态系统（31.76 亿元/a）、湿地生态系统（2.54 亿元/a）和草地生态系统（0.08 亿元/a）。单位面积而言（图 6-12），各生态系统保育土壤价值量由多到少依次为：森林生态系统[1.94 万元/(hm²·a)]、湿地生态系统[1.27 万元/(hm²·a)]、灌丛生态系统[0.85 万元/(hm²·a)]和草地生态系统[0.49 万元/(hm²·a)]。

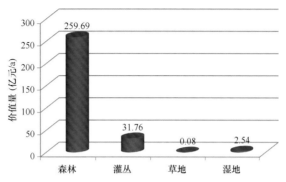

图 6-11　高黎贡山各生态系统保育土壤价值量

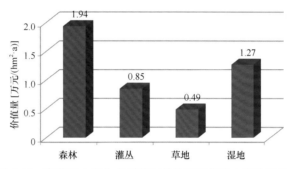

图 6-12　高黎贡山各生态系统下单位面积保育土壤价值量

（3）固碳释氧价值量：各生态系统固碳释氧总价值量（图 6-13）由多到少依次为：森林生态系统（149.15 亿元/a）、灌丛生态系统（20.99 亿元/a）、湿地生态系统（13.88 亿元/a）和草地生态系统（0.03 亿元/a）。单位面积而言（图 6-14），各生态系统固碳释氧价值量由多到少依次为：湿地生态系统[6.94 万元/(hm²·a)]、森林生态系统[1.11 万元/(hm²·a)]、灌丛生态系统[0.56 万元/(hm²·a)]和草地生态系统[0.21 万元/(hm²·a)]。

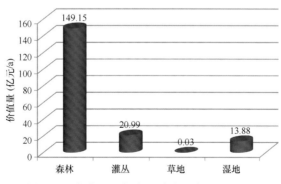

图 6-13　高黎贡山各生态系统固碳释氧价值量

（4）积累营养物质价值量：各生态系统积累营养物质总价值量（图 6-15）由多到少依次为森林生态系统（0.50 亿元/a）、灌丛生态系统（565.98 万元/a）、湿地生态系统（88.12 万元/a）和草地生态系统（0.23 万元/a）。单位面积而言（图 6-16），各生态系统积累营养物质价值量由多到少依次为：湿地生态系统[0.0044 万元/(hm²·a)]、森林生态系统[0.0037 万元/(hm²·a)]、灌丛生态系统[0.0015 万元/(hm²·a)]和草地生态系统[0.0001 万元/(hm²·a)]。

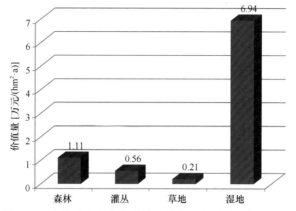

图 6-14　高黎贡山各生态系统下单位面积固碳释氧价值量

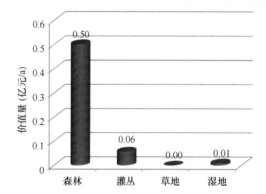

图 6-15　高黎贡山各生态系统积累营养物质价值量

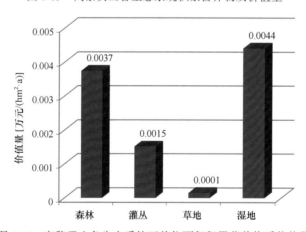

图 6-16　高黎贡山各生态系统下单位面积积累营养物质价值量

（5）净化大气环境价值量：各生态系统净化大气环境总价值量（图 6-17）由多到少依次为森林生态系统（53.00 亿元/a）、灌丛生态系统（11.02 亿元/a）、湿地生态系统（1.09 亿元/a）和草地生态系统（0.04 亿元/a）。单位面积而言（图 6-18），各生态系统净化大气环境价值量由多到少依次为：湿地生态系统[0.55 万元/(hm²·a)]、森林生态系统[0.40 万元/(hm²·a)]、灌丛生态系统[0.29 万元/(hm²·a)]和草地生态系统[0.26 万元/(hm²·a)]。

（6）生物多样性保护价值量：各生态系统生物多样性保护总价值量（图 6-19）由多到少依次为森林生态系统（584.96 亿元/a）、灌丛生态系统（18.68 亿元/a）、湿地生态系统（2.00 亿元/a）和草地生态系统（0.03 亿元/a）。单位面积而言（图 6-20），各生态系统生物多样性保护价值量由多到少依次为：森林生态系统[4.37 万元/(hm²·a)]、湿地生态系统[1.00 万元/(hm²·a)]、灌丛生态系统[0.50 万元/(hm²·a)]和草地生态系统[0.22 万元/(hm²·a)]。

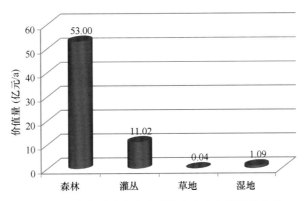

图 6-17 高黎贡山各生态系统净化大气环境价值量

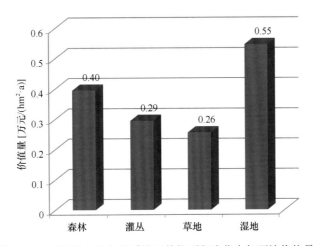

图 6-18 高黎贡山各生态系统下单位面积净化大气环境价值量

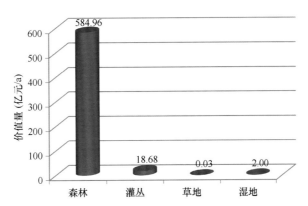

图 6-19 高黎贡山各生态系统生物多样性保护价值量

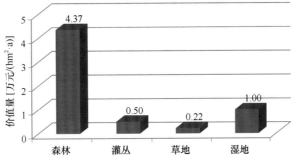

图 6-20 高黎贡山各生态系统下单位面积生物多样性保护价值量

6.3.3.3 森林生态系统不同植被类型价值量

森林生态系统不同植被类型生态服务价值量位于 0.55～580.19 亿元/a，单位面积价值位于 8.38～16.46 万元/(hm²·a)（表 6-7，图 6-21，图 6-22）。

表 6-7 森林生态系统不同植被类型生态系统服务价值量

植被类型	面积（万 hm²）	面积占比（%）	单位面积价值[万元/(hm²·a)]	总价值（亿元/a）
雨林	0.49	0.36	16.46	8.03
季雨林	1.54	1.15	13.46	20.66
常绿阔叶林	40.42	30.16	14.27	576.71
硬叶常绿阔叶林	0.05	0.04	10.64	0.55
落叶阔叶林	0.83	0.62	10.58	8.77
暖性针叶林	66.43	49.57	8.73	580.19
温性针叶林	23.99	17.90	13.26	318.04
竹林	0.27	0.20	8.38	2.24
总计	134.01	100.00	—	1515.20

注：因数据修约，表中总计略有偏差。

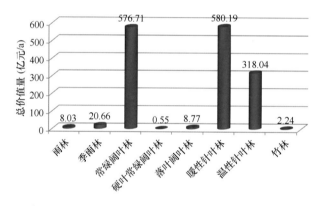

图 6-21 高黎贡山森林生态系统不同植被类型的生态系统服务总价值量

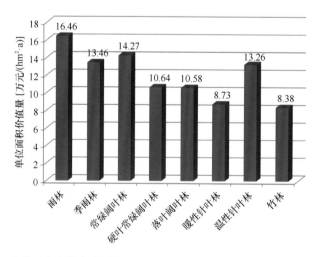

图 6-22 高黎贡山森林生态系统不同植被类型的生态系统服务单位面积价值量

从表 6-7 和图 6-23 中可以看出，森林生态系统中暖性针叶林、常绿阔叶林和温性针叶林 3 种植被类型的生态服务功能价值量较高，分别达到 580.19 亿元/a、576.71 亿元/a 和 318.04 亿元/a，三者之和占森林生态系统服务总价值的 97.34%。以上三种植被类型总价值量较高与其分布面积较大有关，其分布面积占森林生态系统总面积百分比依次为 49.57%、30.16% 和 17.90%。

从单位面积价值来看，雨林与竹林的单位面积价值差约达 2 倍，以雨林单位面积价值最高，均在 16.46 万元/(hm² · a) 以上，常绿阔叶林次之。热带雨林主要分布在云南铜壁关省级自然保护区，该区域降水量大，保水保土成效显著，林下资源、物种多样性丰富，林木生长旺盛、净生长量高，因此，其单位面积生态系统服务价值最高。常绿阔叶林中分布于山地的山顶苔藓矮林、中山湿性常绿阔叶林和山地苔藓常绿阔叶林单位面积价值处于较高水平。暖性针叶林、竹林等植被，其物种较为单一，在保水保土功能和生物多样性保护等方面价值都较低，因此其单位面积生态系统服务价值较低。

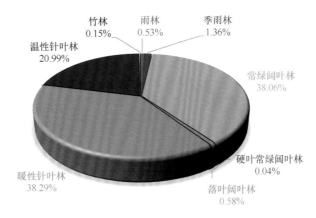

图 6-23 高黎贡山森林生态系统不同植被类型的生态系统服务总价值量占比

6.3.4 结论

（1）高黎贡山区域提供的生态系统服务总价值达 1721.86 亿元，占云南省国家级、省级自然保护区 2016 年提供的森林生态服务总价值（2129.35 亿元）的 80.86%，相当于云南省当年地区生产总值（GDP）（14 869.95 亿元）的 11.58%；单位面积价值达 9.92 万元/(hm² · a)。根据 2010 年《中国森林生态服务功能评估》报告，云南省森林单位面积生态服务功能价值为 4.26 万元/hm²；根据《云南省森林生态系统服务功能价值评估》，2010 年云南省森林单位面积生态服务功能价值为 7.41 万元/hm²。从单位面积来看，高黎贡山区域生态服务功能价值远高于云南省森林生态服务功能价值，充分体现了这一特殊区域的生态系统服务价值和重要地位。另外，本研究只选取了 6 类 11 项指标进行评估，其他功能的生态系统服务价值尚未考虑，因此，高黎贡山区域生态系统所能提供的生态服务价值远高于本次评估的价值。

（2）高黎贡山区域生物多样性保护年价值达 605.67 亿元，在 6 项评估指标类别中位居第一，占总价值的 35.18%，彰显了高黎贡山区域典型生态系统、珍稀濒危特有物种的潜在价值，奠定了云南省"动物王国"、"植物王国"及林业产业和生物产业发展的牢固基石。随着高黎贡山区域生物多样性调查、监测的进一步深入，越来越多新物种将被发现，如高黎贡山发现了国家一级重点保护野生动物——怒江金丝猴。这些新物种的发现，反映了保护区对生物多样性保护的重要成效。应注意到，目前云南省自然保护区生物多样性调查、研究工作还较为薄弱，生物多样性的"家底"尚未完全摸清，很多新的物种及分布尚待发现，许多物种的种群数量仍有待查清，受此影响，此次评估的高黎贡山区域生物多样性保护价值是偏低的。

（3）高黎贡山区域具极强的涵养水源和保育土壤功能，每年这两类生态系统的生态服务价值分别为 572.36 亿元和 294.06 亿元，分别占总价值的 33.24% 和 17.08%。高黎贡山区域每年涵养水源量为 78.62 亿 m³，其约相当于 786 个中型水库（库容量为 0.1 亿 m³）和 36 个昆明松华坝水库（库容量为 2.19 亿 m³）；高黎贡山区域每年固土 14504.58 万 t，减少土壤中 N、P、K 损失量 257.59 万 t。充分反映了高黎贡山区域在保持水土、提高土壤肥力等方面极其重要的作用，具体体现了以"绿水青山就是金山银山"理念为先导的重要保护思想，发挥该地区生态服务功能收益最大的是农业生产、水利建设和水电产业。

（4）高黎贡山区域固碳释氧和净化大气环境价值合计达 249.19 亿元/a，占总价值的 14.47%，体现了高黎贡山区域在应对全球气候变化、净化空气，为人类提供良好的生存环境等方面具有特殊的作用。

（5）经评估，从生态系统服务功能角度，高黎贡山区域不同生态系统提供的生态系统服务功能侧重不同，为主管部门制定保护政策，确定管理措施，有效保护生态系统、减少人为干扰，提高各类生态系统服务功能等提供了决策依据和理论支持。

参 考 文 献

高黎贡山国家级自然保护区怒江管护局. 2020. 自然中国志·怒江高黎贡山. 长沙: 湖南科学技术出版社: 408.

高雪玲. 2004. 秦岭山地植被生态系统服务功能及其空间特征研究. 西安: 西北大学硕士学位论文.

国家统计局. 2001. 中国统计年鉴 2000. 北京: 中国统计出版社: 888.

金辛. 2015. 黑龙江红星湿地国家级自然保护区生态系统服务功能价值评估. 哈尔滨: 东北林业大学博士学位论文.

孔令桥, 郑华, 欧阳志云. 2019. 基于生态系统服务视角的山水林田湖草生态保护与修复——以洞庭湖流域为例. 生态学报, 39(23): 8903-8910.

李恒, 郭辉军, 刀志灵. 2000. 高黎贡山植物. 北京: 科学出版社: 1344.

李恒, 李嵘, 马文章, 等. 2020. 高黎贡山植物资源与区系地理. 武汉: 湖北科学技术出版社.

刘勇, 王玉杰, 王云琦, 等. 2013. 重庆缙云山森林生态系统服务功能价值评估. 北京林业大学学报, 35(3): 46-55.

马琼芳, 燕红, 李伟, 等. 2019. 吉林省湿地生态系统服务价值评估. 水利经济, 37(3): 67-71, 77, 84, 88.

欧阳志云, 王效科, 苗鸿. 1999. 中国陆地生态系统服务功能及其生态经济价值的初步研究. 生态学报, 19(5): 607-613.

欧阳志云, 张路, 吴炳方, 等. 2015. 基于遥感技术的全国生态系统分类体系. 生态学报, 35(2): 219-226.

宋成程, 常顺利, 张毓涛, 等. 2017. 天山灌木林生态系统服务功能评估. 安徽农业科学, 45(21): 70-74, 79.

孙谦. 2015. 大通湖湿地生态系统服务功能评价研究. 长沙: 中南林业科技大学硕士学位论文.

田昆, 郭辉军, 杨宇明, 等. 2009. 高原湿地保护区生态结构特征及功能分区研究与实践. 北京: 科学出版社: 230.

王斌, 杨校生, 张彪, 等. 2012. 浙江省滨海湿地生态系统服务及其价值研究. 湿地科学, 10(1): 15-22.

王兵, 魏江生, 胡文. 2011. 中国灌木林-经济林-竹林的生态系统服务功能评估. 生态学报, 31(7): 1936-1945.

王崇云, 和兆荣, 彭明春. 2013. 独龙江流域及邻近区域植被与植物研究. 北京: 科学出版社: 360.

王亚慧. 2015. 荒漠生态系统服务及其对土地覆被变化的响应. 兰州: 兰州大学硕士学位论文.

温庆忠. 2015. 中国湿地资源·云南卷. 北京: 中国林业出版社: 348.

杨宇明, 杜凡. 2006. 云南铜壁关自然保护区科学考察研究. 昆明: 云南科技出版社: 467.

云南省林业调查规划院. 2018. 云南省自然保护区森林生态系统服务功能价值评估报告. 昆明: 云南省林业调查规划院.

云南省林业厅. 1998. 怒江自然保护区. 昆明: 云南美术出版社: 451.

云南省林业厅, 中荷合作云南省 FCCDP 办公室, 云南省林业调查规划院. 2006. 小黑山自然保护区. 昆明: 云南科技出版社: 410.

云南植被编写组. 1987. 云南植被. 北京: 科学出版社: 1024.

赵萌莉, 韩冰, 红梅, 等. 2009. 内蒙古草地生态系统服务功能与生态补偿. 中国草地学报, 31(2): 10-13.

附录表 6-1 各生态系统类型下每公顷生态系统服务功能物质量评估表数据来源

生态系统类型	涵养水源 (万 m³/a)	保育土壤					固碳释氧		积累营养物质			净化大气环境					生物多样性保护[1]
		固土 (万 t/a)	N (t/a)	P (t/a)	K (t/a)	有机质 (t/a)	固碳 (t/a)	释氧 (t/a)	N (t/a)	P (t/a)	K (t/a)	负离子 (个)	吸收 SO₂ (t/a)	吸收氟化物 (t/a)	吸收氮氧化物 (t/a)	滞尘量 (t/a)	
森林	0.4796	0.0094	0.3767	0.1296	1.3224	9.0486	1.8239	4.8828	0.0301	0.0017	0.0220	$1.43×10^{19}$	0.1035	0.0021	0.0044	14.4236	53150.73
文献来源	林规院,2018	林规院,2018	林规院,2018	林规院,2018	林规院,2018	林规院,2018	林规院,2018	林规院,2018	林规院,2018	林规院,2018	林规院,2018	林规院,2018	林规院,2018	林规院,2018	林规院,2018	林规院,2018	林规院,2018
灌丛	0.3479	0.0047	0.0963	0.0073	0.1731	2.9365	1.0300	2.0900	0.0132	0.0001	0.0088	$1.65×10^{18}$	0.0525	0.0034	0.0058	11.4000	5000.00
文献来源	高雪玲,2004	高雪玲,2004	高雪玲,2004	高雪玲,2004	高雪玲,2004	高雪玲,2004	王兵等,2011	王兵等,2011	王亚慧,2015	王亚慧,2015	王亚慧,2015	王兵等,2011	刘勇,2013	王兵等,2011	王兵等,2011	王兵等,2011	宋成程等,2017
草地	0.3479	0.0024	0.1016	0.0071	0.0826	3.1744	0.3439	0.9342	0.0013	0.0000	0.0009	—	0.0239	—	—	10.1100	2247.17
文献来源	高雪玲,2004	高雪玲,2004	高雪玲,2004	高雪玲,2004	高雪玲,2004	高雪玲,2004	赵萌莉等,2008	赵萌莉等,2008	欧阳志云等,1999	欧阳志云等,1999	欧阳志云等,1999	—	高雪玲,2004	—	—	高雪玲,2004	国家统计局,2001
湿地	0.6496	0.0048	0.4145	0.0841	0.5788	12.5045	11.5789	29.7628	0.0197	0.0036	0.0306	$8.54×10^{17}$	0.0442	0.0545	0.0702	21.0128	10000.00
文献来源	孔令桥等,2019	孔令桥等,2019	金辛,2015	金辛,2015	金辛,2015	金辛,2015	王斌等,2012	王斌等,2012	金辛,2015	金辛,2015	金辛,2015	金辛,2015	金辛,2015	孙谦,2015	孙谦,2015	金辛,2015	马琼芳等,2019

注：表中林规院为云南省林业调查规划院

第 7 章 生态环境脆弱性评价

7.1 生态环境脆弱性评价方法

高黎贡山国家公园潜在建设区生态环境脆弱性评价的指标体系是根据区域生态环境脆弱性评价的概念模型并依据一定的原则构建的。

7.1.1 生态环境脆弱性评价的概念模型

近年来,研究者在系统的敏感性、适应能力、生态系统变化和潜在影响等方面开展了大量的生态脆弱性研究,许多研究者从生态脆弱性的要素、系统结构和功能、系统脆弱性形成机制等方面提出了生态脆弱性研究框架和概念模型。20 世纪 80 年代,联合国环境规划署和经济合作与发展组织共同提出了压力-状态-响应（pressure-state-response, PSR）模型（左伟等, 2003）, 这一模型的主要思想是区域的压力直接或者间接地对生态系统产生影响, 导致生态系统状态的改变, 同时, 生态系统又会对这种改变做出响应以抵抗这种改变（徐君等, 2016）。这一思想得到了研究者普遍的认可, 之后这一概念模型得到了广泛应用（吴春生等, 2018; Hu and Xu, 2019）。Polsky 在根据联合国政府间气候变化专门委员会（Intergovernmental Panel on Climate Change, IPCC）第四次评估报告提出的 ESA（exposure-sensitivity-adaptive capacity）模型的基础上发展了 VSD（vulnerability scoping diagram）评价综合模型, 从生态系统的暴露程度、敏感性和适应能力三个维度进行生态脆弱性评估（Polsky et al., 2007）。暴露度是指环境和人类活动对生态系统的干扰程度, 敏感性是指生态系统受到干扰, 是否发生改变或者退化的容易程度, 适应能力是系统自我调节能力和受到干扰发生改变后系统恢复原来状态的能力（Metcalf et al., 2016）, 该模型具有很好的适用性,研究者基于 VSD 模型在多种生态系统中开展了大量的研究(李平星与樊杰, 2014; 吴孔森等, 2016)。一些学者在 VSD 模型的框架基础上, 提出了显式空间敏感脆弱性模型（spatially explicit resilience vulnerability, SERV）（Frazier et al., 2014; 杨飞等, 2019）和生态敏感性-恢复力-压力度模型（sensitivity-resilience-pressure, SRP）（乔青等, 2008）。这些模型都包含敏感性、暴露程度与适应能力, 强调生态系统受到人类和自然环境变化的干扰, 以及系统应对干扰的敏感性, 系统本身和人类对这种改变的适应和恢复能力（杨飞等, 2019）。PSR 模型是基于生态系统稳定性的内涵而构建的, 其模型结构体现了对生态环境脆弱性的综合评估, 已在川西滇北农林牧交错带、自然灾害多发区、沂蒙山区等地区的生态环境脆弱性评价中有所应用, 并取得了良好效果。因此, 本研究以 PSR 模型为基本框架构建评价指标体系。

7.1.2 评价指标体系的构建

评价指标体系的选择和构建是评价研究内容的基础与关键, 直接影响到评价的精度和结果。指标体系应能够反映研究区域生态脆弱性的主要特征和基本状况。指标选择过少, 难以全面、客观反映系统的状况; 指标选择过多, 不仅会增加评价的复杂程度和难度, 而且容易掩盖关键因子。因此, 在评价时需要在遵循综合性、客观性、数据易获取性、可表征和可度量性的原则上选取合适数量的指标。本研究遵循"脆弱性因素识别-指标构建-单因子评估-综合评估"的基本思路进行生态脆弱性评估, 在结合文献调研及前期科学考察的基础上, 识别高黎贡山国家公园潜在建设区生态环境脆弱性因素, 以 PSR 模型为基本框架构建生态环境脆弱性评价指标体系。

生态环境脆弱性因素的识别是开展生态环境脆弱性评估的关键和基础。根据已有研究和实地野外考察，目前高黎贡山国家公园潜在建设区主要存在两个主要问题。第一，高黎贡山潜在建设区内地势崎岖、山高谷深，容易发生水土流失、滑坡等地质灾害事件，特别是其中分布有大量的陡坡溪流生态系统，具有敏感而活跃的特点，一旦发生破坏很难恢复。第二，该区域属于南亚热带季风常绿阔叶林和中亚热带常绿阔叶林带的交错地区，表现为明显的过渡特征，植被具有明显的水平地带性和垂直地带性。形成了热带季雨林、亚热带常绿阔叶林、落叶阔叶林、针叶林、灌丛、草丛、草甸等多个山地垂直植被类型，其中，亚热带常绿阔叶林是其地带性植被类型，并以中山湿性常绿阔叶林面积最大（刘经伦，2014）。丰富的植被类型，孕育了极高的生物多样性，该区域是高黎贡白眉长臂猿、菲氏叶猴、云豹、高黎贡羚牛等珍稀濒危动物的栖息地，但随着人口增长及工程建设、农业开发等人为活动的加剧，正在逐步蚕食这些生物原有的栖息地，并导致栖息地的破碎化，对这些珍贵动物带来了毁灭性的影响

高黎贡山国家公园潜在建设区生态环境脆弱性评估，包括干旱、水土流失、地质灾害、生境 4 个方面的敏感性评估。在生态环境脆弱性单因子评估的基础上，通过空间叠加，并结合限定因子，实现对生态环境的脆弱性综合评估。将生态环境脆弱度分为极度、高度、中度、低度、微度 5 个等级。

7.1.2.1　干旱敏感性评价

许多研究证实极端干旱对生态系统功能的影响主要表现在生产力、养分含量、凋落物分解等方面，这种影响作用可以反映在个体、群落及生态系统等尺度上。极端干旱可显著降低亚热带森林生态系统微生物和凋落物的生物量，同时导致微生物优势群落从细菌向真菌转移，进而降低土壤有机碳的分解速率。陆地生态系统功能对干旱响应的敏感性差异主要受到植物生长潜力、物种组成及资源可利用性等因素的共同影响。干旱可以通过降低土壤水分，增加含水量较高区域土壤的通透性，进而刺激土壤呼吸与温室气体排放。干旱可能还会引起群落结构的改变，如 C3 和 C4 优势物种相对丰度的变化。极端干旱可能通过改变不同大小树木的密度，或是改变物种间的相互作用来影响森林生态系统的群落结构与生物多样性。

高黎贡山国家公园潜在建设区不仅是元江等重要河流的水源补充地，同时是我国重要的生物多样性分布中心，极端干旱不仅致使干旱核心区域农业生产受到严重影响，居民饮水困难，而且可能严重威胁该区域的生物多样性与生态系统安全。受特殊地质地貌和气候条件的影响，高黎贡山国家公园潜在建设区生态环境十分脆弱，切割破碎的地貌容易造成水土流失或诱发泥石流、滑坡等地质灾害，在干扰下很容易造成生态系统退化。张万诚等（2013）对 1961～2012 年的气象数据研究表明，云南具有明显的干湿季节特征，降水主要集中在 5～10 月，降水量为 79.8～195.4 mm，约占年降水量的 85%；而 11 月至次年 4 月降水较少，降水量为 12.2～38.0 mm，仅占年降水量的 15%左右。全年蒸发最强的时间为 3～5 月，月蒸发量在 200 mm 以上，这主要是春季气温回升快，空气干燥、风大，导致蒸发量大。受降水和蒸发的共同影响，11 月至次年 5 月是云南最易出现极端干旱的时期。许多研究证实受极端干旱的影响，生态系统的生产力会显著降低。通过对生态系统初级生产力变化的监测，可以判定生态系统受极端干旱影响的敏感性。本研究通过计算总初级生产力在极端干旱时期与多年旱季均值的变化率来反映生态系统对极端干旱的敏感性。具体计算公式如式（7-1）。

$$S = \frac{\mathrm{GPP_{min}} - \mathrm{GPP_{aver}}}{\mathrm{GPP_{aver}}} \tag{7-1}$$

式中，S 为干旱敏感性指数，$\mathrm{GPP_{min}}$ 为三个极端干旱时期生态系统的总初级生产力均值，$\mathrm{GPP_{aver}}$ 为生态系统初级生产力的多年均值。

7.1.2.2　水土流失敏感性评价

横断山脉区域高山纵横、河谷深切的地貌类型影响了自然生态环境的特征，从宏观上控制了区域地

表径流与冲刷的基本驱动力，具有水土易流失的重要特征。水土的流失导致土壤耕作层被侵蚀，产生了区域土地退化、生产力降低等问题，导致干旱及洪涝发生，降低了水利工程效益。从自然环境的角度来讲，土壤水分供应、浅层土壤水分、土壤保水能力、土壤需水量均和地形因子息息相关，地形起伏度是影响潜在水土流失的地形因子的重要指标。根据通用水土流失方程的基本原理，选择降雨侵蚀力、土壤可蚀性、坡度、地形起伏度及植被覆盖类型因子，对高黎贡山国家公园潜在建设区由降水导致的水土流失敏感性进行评价。具体评价指标、分区及权重系数见表7-1。

表7-1 水土流失敏感性评价体系

类型	不敏感	轻度敏感	中度敏感	高度敏感	极度敏感	权重
坡度（°）	0～5	5～10	10～25	25～35	>35	0.15
地形起伏度（m）	70	200	400	650	>650	0.15
降雨侵蚀力（R）[MJ·mm/(hm²·h·a)]	<140	140～160	160～180	180～200	>200	0.25
土壤可蚀性（K）[t·hm²·h/(MJ·mm·hm²)]	<0.026	0.026～0.027	0.027～0.028	0.028～0.030	>0.030	0.25
植被覆盖类型	水体、人工表面、冰川及永久积雪、裸岩	林地、高覆盖草地	中低覆盖草地	农田	裸土、沙地、盐碱地	0.20

降雨侵蚀力是土壤侵蚀的主要推动因素，体现了降雨对土壤产生的潜在侵蚀能力的大小。本研究采用 Wischmeier 的月尺度计算降雨侵蚀力（R）（Wischmeier and Smith，1958），其计算公式如式（7-2）。

$$R = \sum_{i=1}^{12} 1.735 \times 10^{\left[\left(1.5 \times \lg \frac{P_i^2}{P}\right) - 0.8188\right]} \tag{7-2}$$

式中，P_i 为第 i 月的平均降水量，P 为年平均降水量。

土壤可蚀性反映了土壤对侵蚀的敏感性，或土壤被降雨侵蚀力分离、流水冲刷和搬运的难易程度。目前我国确定大多数土壤类型的可侵蚀性因子，仍需借助于土壤可蚀性与土壤质地参数建立的模型。

本研究采用土壤可蚀性与土壤机械组成和有机碳含量的计算公式，如式（7-3）。

$$K = 0.1317 \times \left\{0.2 + 0.3\exp\left[-0.0256 \times \text{SAN} \times (1 - \text{SIL}/100)\right]\right\}$$
$$\times \left(\frac{\text{SIL}}{\text{CLA} + \text{SIL}}\right)^{0.3} \times \left[1.0 - \frac{0.25C}{C + \exp(3.72 - 2.95C)}\right] \tag{7-3}$$
$$\times \left\{1.0 - \frac{0.7 \times (1 - \text{SAN}/100)}{(1 - \text{SAN}/100) + \exp\left[-5.51 + 22.9 \times (1 - \text{SAN}/100)\right]}\right\}$$

式中，K 为土壤可蚀性因子[t·hm²·h/(MJ·mm·hm²)]；SAN、SIL、CLA 和 C 分别是沙砾（0.05～2 mm）、粉粒（0.002～0.05 mm）、黏粒（<0.002 mm）和有机碳含量（%）；0.1317 为美制单位转换为国际单位的系数。

7.1.2.3 地质灾害敏感性评价

根据高黎贡山国家公园潜在建设区地质灾害发生的特点，该区域属于横断山脉，广布纵向岭谷，山高谷深、地形破碎。且该区域降水不均，全年降水量的85%集中在5～10月，一旦植被被破坏，在暴雨的影响下极易发生泥石流、滑坡等地质灾害。泥石流主要受坡度、碎屑体、降水等因子的影响，基岩深度较好地反映了土壤、碎屑体的厚度，滑坡主要受坡度、坡长、降水、工程建设、植被、河流等因素的综合影响。滑坡点的历史分布也反映了该区域发生滑坡灾害的可能性。因此选用地质灾害点核密度指数、城乡居民道路网密度指数、距主要道路（高速公路、国道、省道、县道）距离、距水系距离、归一化植被指数、坡度进行地质灾害敏感性评价，各指标分级规则及权重见表7-2。

表 7-2　地质灾害敏感性评价体系

类型	不敏感	轻度敏感	中度敏感	高度敏感	极度敏感	权重
归一化植被指数	>0.81	0.63~0.81	0.42~0.63	0.19~0.42	<0.19	0.16
城乡居民道路网密度指数	11.94	37.01	69.26	121.80	304.50	0.16
距主要道路距离（m）	>9600	2400~9600	600~2400	150~600	<150	0.16
地质灾害点核密度指数	0	0~23 285	23 285~46 571	46 571~104 785	>104 785	0.16
距水系距离（m）	>5760	1440~5760	360~1440	90~360	<90	0.16
坡度（°）	0~5	5~10	10~25	25~35	>35	0.2

7.1.2.4　生境敏感性评价

生境敏感性主要是指生物多样性对人类活动的敏感程度，高黎贡山国家公园潜在建设区作为我国重要的生物多样性热点区域，为高黎贡白眉长臂猿、菲氏叶猴、高黎贡羚牛等珍贵野生动植物的栖息地，是人类共同的财富。但是随着人口的增长，经济的发展，人类不断蚕食野生动植物的栖息地，给野生动植物的生存带来巨大挑战。

因此，本研究主要从受人类干扰的角度，对国家公园潜在建设区进行生境敏感性评估。利用国际野生生物保护学会网站（https://wcshumanfootprint.org）可获得全球人类活动压力图，即人类足迹（human footprint，HFP）基于建筑环境、农业用地、牧场、人口密度、夜间灯光、铁路、道路和通航水道的数据，衡量人类活动对环境的直接压力的累积影响，它是关于人类对环境累积压力的最完整和最好的地面数据集之一。以该数据集 2009 年的评估结果，将其进行线性变化，将数据转化成 1~9，代表生境的敏感性。

7.1.2.5　生态脆弱性评价

生态脆弱性综合评价采用 PSR 概念模型，在生态环境敏感性分级因子评价的基础上，进一步根据限制性因子界定生态环境脆弱性分区。针对高黎贡山国家公园潜在建设区生态环境现状，本研究基于干旱敏感性、水土流失敏感性、地质灾害敏感性、生境敏感性评估结果，以等权重的方法计算生态环境脆弱性指数（ecological environment vulnerability index，EEVI），对高黎贡山国家公园潜在建设区生态环境脆弱性进行定量分析与评价。

7.2　环境变化与资源敏感性评估

生态环境脆弱性是指在特定区域条件下，生态环境受外力干扰所表现出的敏感反应和自我恢复能力，是生态系统的固有属性，具有区域性和客观性，是系统内部演替、自然因素和人类活动共同作用的结果。对高黎贡山国家公园潜在建设区进行生态环境脆弱性评估，不仅对保护国家公园潜在建设区生态环境具有重要意义，对未来国家公园空间范围的界定、功能分区，从而实现资源合理利用及区域可持续发展也具有重要的理论和现实意义。

高黎贡山国家公园潜在建设区地处横断山和青藏高原的交汇区，区内自然景观和生物多样性极为丰富，特别是其中的亚热带中山湿性常绿阔叶林具有极高的景观和生物多样性保护价值，但该区域也受到人为活动干扰强烈、自然环境脆弱等方面的影响。首先，通过计算 2002~2019 年逐年的旱季初级生产力，初级生产力均值最低的三个旱季为极端干旱时期。结果表明，2002~2019 年的旱季，生态系统总初级生产力呈现波动上升的趋势，其中 2004 年、2007 年与 2009 年，生态系统的总初级生产力减少较多，相对于多年均值分别减少了 11.70%、10.36%和 6.06%，因此，可认为这几个时期为极端干旱发生的时期。其次，计算极端干旱时期总初级生产力均值与旱季多年初级生产力均值的变化量，以变化量占多年均值的比例作为生态系统对于干旱的敏感性表现。高黎贡山国家公园潜在建设区对于干旱的敏感性表现出明显的空间分异（图 7-1）。总体上，潜在建设区的盈江、龙陵、腾冲具有较低的气候敏感性，北部察隅具有更高的敏感性，特别是位于察隅北部的高山区，是敏感性最高的区域。该区域海拔很高，易受全球变暖和极端气候事件增加的影响，植被生产力表现出较高的波动性。水土流失敏感性整体上呈现南北低，中间高的分布趋势，高敏感性主要分布在怒江河谷区，呈线状分布格局，在贡山、察隅、泸水的怒江河谷水土流失敏感性较高（图 7-2）。这主要是因为该区域的河谷具有一定的干热性质，植被主要是稀树灌丛，同时河谷区也是主要的农业生产区，植被盖度较低。再叠加怒江水系的冲刷，水土流失的敏感性较高。

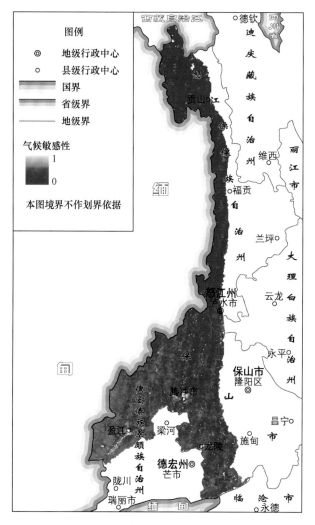

图 7-1　高黎贡山气候敏感性

　　高黎贡山地质灾害主要表现为滑坡和泥石流。高地质灾害敏感性分布区与河流分布基本重合，怒江沿岸具有很高的地质灾害敏感性，表现出河流与地质灾害的高度相关性，其中，贡山、福贡、泸水因属于川河河谷深切地貌，地形破碎、坡度大，降水充足使得该区域具有很高的地质灾害敏感性（图 7-3）。地貌条件为地质灾害的发生孕育了条件，而人类工程则进一步促进了地质灾害的发生。工程建设特别是道路工程往往随河而建，建设过程中形成了大量点状或线状的裸露面，将森林、草地等植被破坏，对部分山体坡面基岩和土壤产生扰动，特别是坡度大的区域，造成大量的临空陡峭的基岩掌子面边坡，构造裂隙与爆破裂隙交切形成的不稳定结构面，在震动及降雨的作用下，极易失稳，造成滑坡和泥石流。因此，应避免在该区域建设大型工程，道路修建时应多关注可能发生的滑坡和泥石流，同时加强边坡治理。

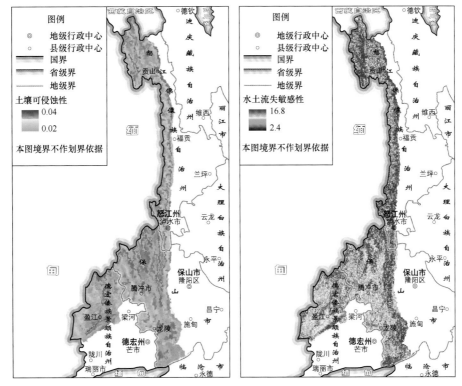

图 7-2　高黎贡山土壤可侵蚀性（左）与水土流失敏感性（右）

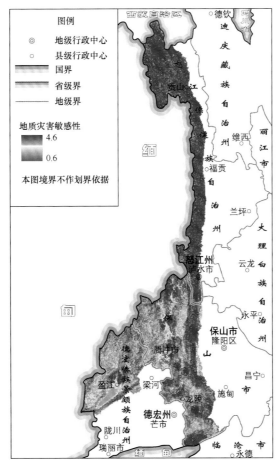

图 7-3　高黎贡山地质灾害敏感性

　　高黎贡山地区生境敏感性表现出由南至北递减的趋势（图 7-4），南部的保山隆阳、腾冲、龙陵由于相对较平缓，是该区域主要的人口聚集区，生产生活活动强度高，生态系统受到较高的人类活动影响。生境高敏感性区域主要伴随道路呈线状分布在怒江河谷，将大块的优质生境切割成小块。这种分布格局不仅与道路对生境的切割有关，还与人类居住和活动沿道路分布有关，越靠近道路人类活动越为强烈。根据生境敏感性分布情况，对于部分高敏感区域切割的低敏感区域，可通过工程或者生态措施恢复低敏感区域之间的连通性，如建立怒江两岸的生态廊道，沟通优质生境是十分有意义的。生态环境脆弱性大致呈现南北低，中间高的趋势，泸水、福贡、贡山具有较高的生态环境脆弱性，盈江、察隅南部具有较低的生态环境脆弱性。沿着怒江河谷，分布有纵向的生态环境高脆弱性带。纵向峡谷的干热性质，以及河流的天然侵蚀为生态环境脆弱性自然成因的基础，叠加高强度的人为活动，包括道路工程建设、农业发展、对自然环境的扰动，使得怒江河谷地带成为生态环境高脆弱性区域。国家公园建设时，应充分考虑河谷在整个国家公园的生态、社会服务中的地位，加强道路边坡治理，加强泥石流、滑坡等地质灾害的监测，协调好保护与发展的矛盾。

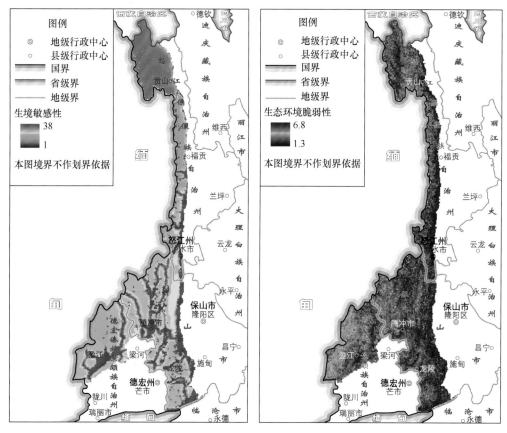

图 7-4　高黎贡山生境敏感性与生态环境脆弱性

　　高黎贡山国家公园潜在建设区作为我国重要的生物多样性分布热点区域，为高黎贡白眉长臂猿、菲氏叶猴、高黎贡羚牛等珍贵野生动植物的栖息地。但是随着人口的增长，经济的发展，人类不断蚕食野生动植物的栖息地，给野生动植物的生存带来巨大挑战。

参 考 文 献

李平星, 樊杰. 2014. 基于 VSD 模型的区域生态系统脆弱性评价: 以广西西江经济带为例. 自然资源学报, (5): 10.
乔青, 高吉喜, 王维, 等. 2008. 生态脆弱性综合评价方法与应用. 环境科学研究, (5): 117-123.
吴春生, 黄翀, 刘高焕, 等. 2018. 基于模糊层次分析法的黄河三角洲生态脆弱性评价. 生态学报, 38(13): 12.

吴孔森, 尹莎, 杨新军, 等. 2016. 基于 VSD 框架的半干旱地区社会-生态系统脆弱性演化与模拟. 地理学报, 71(7): 17.

徐君, 李贵芳, 王育红. 2016. 生态脆弱性国内外研究综述与展望. 华东经济管理, 30(4): 149-162.

杨飞, 马超, 方华军. 2019. 脆弱性研究进展: 从理论研究到综合实践. 生态学报, 39(2): 441-453.

张万诚, 郑建萌, 任菊章. 2013. 云南极端气候干旱的特征分析. 灾害学, 28(1): 6.

左伟, 周慧珍, 王桥. 2003. 区域生态安全评价指标体系选取的概念框架研究. 土壤, 35(1): 2-7.

Frazier T G, Thompson C M, Dezzani R J. 2014. A framework for the development of the SERV model: a Spatially Explicit Resilience-Vulnerability model. Applied Geography, 51: 158-172.

Hu X, Xu H. 2019. A new remote sensing index based on the pressure-state-response framework to assess regional ecological change. Environmental Science and Pollution Research International, 26(6): 5381-5393.

Metcalf S, Marshall N, Caputi N. 2016. Measuring the vulnerability of marine socio- ecological systems to climate impacts a prerequisite for the identification of climate change adaptations in coastal communities. DOI: 10.5751/es-07509-200235.

Polsky C, Neff R, Yarnal B. 2007. Building comparable global change vulnerability assessments: The vulnerability scoping diagram. Global Environmental Change, 17(3-4): 472-485.

Williams J R, Arnold J G. 1997. A system of erosion-sediment yield models. Soil Technology, 11(1): 43-55.

Wischmeier W H, Smith D D. 1958. Rainfall energy and its relationship to soil loss. Trans Am Geophys Union, 39: 285-291.

第8章 历史与民族文化

　　高黎贡山地区人类祖先的活动历史，可以追溯至新近纪的保山古猿。从旧石器时代晚期开始，人类活动的遗存绵延不断，延续至今。有文字记录以来，最早的行政建制是西汉王朝设立的益州郡不韦县，位于今保山市隆阳区。整体而言，近代以前，该区行政建制一直较为薄弱。1912年，李根源奉命率领"殖边队"进驻该区，成立菖蒲桶、上帕、知子罗三个殖边公署，后演变为贡山独龙族怒族自治县、福贡县和原碧江县（1986年撤销）。1913年，在今泸水市境内的5个土司辖地的基础上，设立泸水行政委员区，后演变为泸水市。高黎贡山地区建置沿革的一个重要方面是：1900年，英国入侵片马地区，造成今泸水市片马地区长期被英缅当局非法占据，直到1961年回归祖国。

　　高黎贡山地区代表性文化遗存包括：南方丝绸之路滇缅古道遗址群、怒江-龙川江古桥群、片马人民抗英斗争遗址、抗日战争遗址群、近代通商口岸——腾冲、腾冲火山群、药箭弓弩文化。其中滇缅古道遗址群和怒江-龙川江古桥群，散布在高黎贡山国家公园规划范围内，都是古代和近代昆明、大理经高黎贡山通往缅甸的滇缅国际大通道的代表性遗存。滇缅国际大通道联通云南和东南亚、南亚地区，是南方丝绸之路的主干，源远流长，延续至今。片马人民抗英斗争遗址、抗日战争遗址群都是该区重要的爱国主义教育资源。片马地区曾经被英国长期侵占，有英国军营遗址等，是近现代英国侵华遗存。松山战役遗址、腾冲国殇墓园等都是著名的抗战遗存。腾冲火山群的火山、温泉，不仅具有地质和旅游价值，还是中国火山学发展史的一个缩影。古代中国科学家、近代欧洲殖民者和现代中国地质学者都对此进行了考察研究。

　　高黎贡山地区地处云南和西藏、四川的连接处，是历史上著名的多民族迁徙与融合的横断山民族走廊（藏彝走廊）。在现今的高黎贡山地区，分布着傈僳族、怒族、独龙族、景颇族、白族、傣族、阿昌族、回族、普米族、苗族、彝族、藏族、德昂族等少数民族，其分布格局为"大杂居，小聚居"，其中人口数量相对较多的世居少数民族有傈僳族、怒族、独龙族、白族、景颇族等。怒族和独龙族主要分布在贡山和福贡两县，是该区特有民族。傈僳族主要分布在怒江全境和腾冲部分地区，是该区分布最广泛的少数民族。怒族总人口接近4万，独龙族总人口不到1万，都是人口较少的民族。主要分布在泸水境内的白族支系勒墨人和主要分布在泸水片马的景颇族支系茶山人，都是该区特有族群。历史上因为战争、饥荒等造成民族迁徙，加上近代国界变迁等因素，该区很多民族都在缅甸、印度、老挝等国也有分布，成为跨境民族，如傈僳族、怒族、独龙族和景颇族支系茶山人等在缅甸都有较多人口。

8.1　历　史　沿　革

　　保山市隆阳区羊邑煤矿清水沟煤田出土有保山古猿化石，年代为距今800万～400万年的新近纪。著名的旧石器时代晚期遗址有保山市隆阳区蒲缥镇塘子沟遗址、保山市隆阳区板桥镇龙王塘遗址等。新石器时代，高黎贡山地区遗存分布十分广泛，且持续时间很长，在怒江傈僳族自治州部分地区甚至持续到明清时期。比较著名的有怒江傈僳族自治州贡山独龙族怒族自治县丙中洛镇扎那桶石棺墓和保山市腾冲市响水湾遗址、小龙井坡等新石器遗址（云南省文物考古研究所等，2017）。

　　从西汉时期开始，中央政府和地方政权开始在高黎贡山南部地区设置郡县。西汉元封二年（公元前109年），西汉王朝在云南设益州郡，辖24县。其中不韦县位于今保山市隆阳区，怒江傈僳族自治州南部一带则属巂唐县、比苏县境。隋代，该区北部属南宁州总管府，南部属濮部。唐代初期保山一带属姚州永昌县，龙陵一带属金齿部，怒江傈僳族自治州一带属吐蕃。唐代后期至宋代，该区属南诏、大理。元代该区北部贡山独龙族怒族自治县、福贡县一带属丽江路宣慰司，泸水市属云龙州，保山市隆阳区一带为永昌府，腾冲市为腾冲府，龙陵县为柔远路。明代贡山独龙族怒族自治县、福贡县一带属丽江府，泸水市、保山市隆阳区、腾冲市和龙陵县一带属永昌府。清代中前期贡山独龙族怒族自治县、福贡县一带属丽江府，泸水市东部属大理府，泸水市西部、保山市隆阳区和龙陵县属永昌府，腾冲市属腾越厅。

清代高黎贡山地区虽然隶属于各府、厅，但基层行政建制薄弱，很多地区都委任土司管辖。高黎贡山地区明清土司建筑遗存较多，因为近代英国蚕食中国领土，部分已在境外。境内的土司建筑遗存主要分布在泸水市，包括：泸水市六库土司衙署三衙门、老窝土司衙门、大兴地土司衙署遗址、登埂土司衙署遗址、练地土司巡捕衙署遗址、鲁掌土司衙署遗址、卯照土司衙署遗址等，这些土司建筑遗存大都位于国家公园规划范围的外围。

清代高黎贡山地区行政建制的薄弱，给英国侵略者以可乘之机，边疆危机日益严重。1912 年中华民国成立，即着手加强高黎贡山地区的管辖和行政建置，巩固边防，应对英国殖民者的渗透和侵略，维护领土完整。云南军都督府都督蔡锷委派云南陆军第二师师长李根源率领"殖边队"进驻怒江。1912 年 4 月，"殖边队"兵分三路，进驻怒江，9 月，剿平部分奴隶主的叛乱，全面控制怒江地区。同年，"殖边队"成立菖蒲桶、上帕、知子罗三个殖边公署，建立公署衙门、营房、学校、市场等。三个殖边公署的设立，将怒江地区纳入统一的政权机构管辖，打破了英国殖民者蚕食云南边疆的阴谋，巩固了边防，大大加强了怒江地区与内地的联系，在高黎贡山地区历史上具有里程碑意义。

1912 年，今贡山独龙族怒族自治县境内设菖蒲桶殖边公署，后几经变迁。1933 年，贡山设治局成立，1950 年改设贡山县，1956 年改设贡山独龙族怒族自治县。1912 年，今福贡县境内设上帕殖边公署，1916 年改称上帕行政公署，1928 年改称康乐设治局，1935 年改称福贡设治局，1949 年改为福贡县，属丽江专区，1952 年改设福贡傈僳族自治区，1954 年改称福贡县。

1913 年，在今泸水市境内 5 个土司辖地的基础上，设立泸水行政委员区，1932 年改设泸水设治局，1951 年改为泸水县，2016 年改为县级泸水市。1954 年怒江傈僳族自治区成立，1957 年改为怒江傈僳族自治州，下辖贡山、福贡、泸水、兰坪和碧江等县市。

怒江傈僳族自治州福贡县匹河怒族乡知子罗村，位于怒江东岸碧罗雪山山腰，现有居民近千人。知子罗是传统的怒族村寨，以怒族怒苏人为主，少部分为傈僳族。1912 年，"殖边队"进驻知子罗，在原碧江县境内设知子罗殖边公署，行使军事行政职能，1916 年改为知子罗行政委员公署，1928 年改为接近于县治的知子罗设治局，1932 年改设碧江设治局，1949 年成立碧江县临时政务委员会，1950 年改为碧江县。1954 年，怒江傈僳族自治区（1957 年改称自治州）成立，知子罗是区（州）政府驻地。1973 年州府迁至泸水县六库镇，1986 年碧江县撤销，辖区分别并入福贡县和泸水县。知子罗因而废弃。知子罗废弃的主要原因有二，一是知子罗位于山腰，远离公路干线，交通不便，且土地不足。为此在知子罗坡脚的匹河冲积扇，建设了匹河乡，位于瓦碧公路上，交通便利。二是地质灾害频发，该区地质条件复杂，不合理人类活动导致植被破坏。1979 年，因为连续十几天大雨，知子罗一带发生了严重的滑坡和泥石流，成为当地 20 世纪最大的一次自然灾害。经过评估论证，1986 年云南省报请国务院批复同意，撤销碧江县。1912 年"知子罗殖边公署"设立，开启了知子罗作为边疆城镇的历史。怒江州府搬迁和碧江县撤销，使得知子罗城镇快速建设发展的进程戛然而止，新落成的城镇设施被迫废弃（孙诚，1983；何叔涛，1995）。

泸水市片马地区（包括古浪、岗房等地），曾经长期遭受英国殖民统治。1900 年英国入侵片马茨竹、派赖等村寨，1910 年入侵片马，并在片马设置伪县，1927 年英军又入侵古浪、岗房等村寨。1943 年，日军占领片马，1944 年中国军队克复片马，设"茶里边区军政特派员公署"和"片马区公所"，实施管辖。1946 年，英军武装袭击片马，杀害中国军政官员，重新强占片马。1948 年缅甸脱离英国独立，继续非法占据片马地区。直到 1960 年，中国政府与缅甸联邦政府本着互谅互让的精神，签订《中华人民共和国和缅甸联邦政府边界条约》，缅甸同意将片马地区归还中国。1961 年，片马地区，包括古浪、岗房等在内，共 153 km² 国土回归中国，成立片马古浪岗房地区行政委员会，后改为片马镇（中共云南省委政策研究室和云南省志编纂委员会办公室，1988）。

民国时期，今地级保山市的治所徘徊于保山和腾冲之间，1949 年后定于保山。1912 年设腾冲府，1913 年改设腾冲县，2015 年改为县级腾冲市。1913 年，永昌府被裁撤，原永昌府直辖地设保山县，原永昌府辖龙陵厅改设龙陵县。此后数十年，保山和龙陵两县辖境略有变迁。1983 年，保山县改为县级保山市。2000 年地级保山市成立，下辖腾冲县、龙陵县等，原县级保山市改为保山市隆阳区。

高黎贡山地区建置沿革的主要特点：一是近代以来该区泸水、福贡和贡山等县市设置经历了殖边公署、行政委员会、设治局、县的演变历程，其中福贡县知子罗经历了殖边公署、县、州、县、村的变迁；二是泸水市片马地区（包括古浪、岗房等地）曾经长期被英国、缅甸非法占据，1961 年回归，成立片马古浪岗房地区行政委员会，后改为片马镇。

8.2 文化遗存的特色

高黎贡山地区历史悠久，留下了众多文化遗存，据笔者初步统计，高黎贡山地区怒江傈僳族自治州泸水市、福贡县和贡山独龙族怒族自治县，保山市隆阳区、腾冲市和龙陵县，共有全国重点文物保护单位 9 处，其中高黎贡山国家公园规划范围可能涉及的有 3 处；云南省文物保护单位 27 处，其中高黎贡山国家公园规划范围可能涉及的有 10 处；市（州）级文物保护单位 29 处，其中高黎贡山国家公园规划范围可能涉及的有 9 处；县级文物保护单位 147 处，其中高黎贡山国家公园规划范围可能涉及的有 61 处。

高黎贡山地区文化遗存特点体现在从古生物遗址到近现代革命遗址，包罗万象，因而主题比较散。按照国家公园的申报要求，需要体现国家代表性，本章对该区的文化遗存进行了归纳，分为南方丝绸之路和近代爱国主义革命历史遗存两大类，计 6 个方面，凝练国家代表性，包括南方丝绸之路——滇缅古道遗址群、怒江-龙川江古桥群、近代通商口岸——腾冲、腾冲火山群、近代爱国主义革命历史遗存——片马人民抗英斗争遗址、抗日战争遗址群。

8.2.1 滇缅古道遗址群

该区古道遗存非常多，散布各地。这些古道有的是国际交通大动脉，有的是省际交通干线，也有省内交通线和各种交通支线。很多古道的走向在历史时期屡有变迁。由于考古学资料和历史文献记载不足，现在很多古道的定年定性比较困难。滇缅古道是从大理、昆明经保山、腾冲等地通往缅甸的国际大通道，也就是著名的南方丝绸之路的一部分。滇缅古道由大理、保山自东向西横跨怒江、高黎贡山，西行横跨龙川江（与怒江平行），经腾冲通往缅甸。另外，滇缅古道与贡象古道基本重合，现存贡象古道遗址位于保山市潞江镇。该区还是滇藏通道的一部分，拥有滇藏古道遗存。

本着去芜存菁的思路，课题组凝练出滇缅古道这个具有国家代表性的该区特有的古道遗存。滇缅古道遗址群主要包括高黎贡山内部关隘、驿站和古道遗址群，高黎贡山东麓怒江古桥群、高黎贡山西麓腾冲龙川江古桥群和贡象古道遗址。

滇缅古道遗存大致自北向南分为 4 条线路：一是泸水栗柴坝、勐古渡口-北斋公房-腾冲古道——大理、保山经栗柴坝、勐古渡口过怒江，经马面关、北斋公房翻越高黎贡山，经腾冲至缅甸；二是保山市隆阳区双虹桥-南斋公房-腾冲古道——保山经双虹桥或潞江渡过怒江，经南斋公房翻越高黎贡山，经腾冲至缅甸；三是保山市隆阳区惠人桥-腾冲古道——保山经惠人桥或道街老渡口过怒江，经分水关或黄竹园铺或大风口翻越高黎贡山，经腾冲至缅甸；四是保山市隆阳区惠通桥-松山-瑞丽古道——保山经惠通桥或腊勐渡过怒江，经松山翻越高黎贡山，经芒市、瑞丽至缅甸。

翻越高黎贡山后，前三条古道经由龙川江古桥群抵达腾冲，再向西行进入缅甸，经由惠通桥-松山的古道则经芒市、瑞丽进入缅甸。滇缅古道的各个分支，在历史时期多有变迁。特别是怒江上，随着双虹桥、惠人桥和惠通桥的建成，附近的渡口往往弃用，道路随之微调。例如，惠人桥建成后，南侧约 5 km 处的道街老渡口即废弃，道路随之北移。

8.2.1.1　泸水栗柴坝、勐古渡口-北斋公房-腾冲古道

这条古道由大理、保山分别经栗柴坝、勐古两个渡口过怒江，经马面关、北斋公房翻越高黎贡山，经腾冲至缅甸。

主要遗存有两处。

1. 腾冲马面关遗址

马面关是泸水栗柴坝、勐古渡口-北斋公房-腾冲古道至保山的要冲。马面关也称马面隘、马回关，位于保山市潞江镇芒宽乡西亚村西 14 km，高黎贡山东坡马面关山崖上（腾冲市文物管理所，2018）。清代《腾越厅志》卷十一记载："（马面关）山极高险""曾立栅防范"。清代屠述濂著《腾越州志》卷二记载："（马面关）乃前明古关也，其地远接云龙五井，近接十五喧，昔为盐枭出没之所。近以土弁废弛。"也就是说，马面关是明代为打击私盐贩运而设，清代后期废弃。

马面关遗址尚存，但房屋已经荡然无存，仅可见到一个长约 8 m、宽约 3 m 的房基土台。

2. 北斋公房遗址

北斋公房遗址位于泸水栗柴坝、勐古渡口-北斋公房-腾冲古道上。北斋公房又称腾云寺，位于界头镇黄泥坎村东 19 km 的北斋公房垭口西侧台地上，主要功能是为过往旅客提供食宿。始建年代不详，明代曾大规模整修。北斋公房位于马面关南侧 5 km，位于大理、保山经栗柴坝渡口和勐古渡口至腾冲的古道上。

北斋公房也是重要的抗战遗址。1942 年，腾冲沦陷，北斋公房一度成为中国远征军在腾北开展游击战的重要据点。1943 年初，日军"扫荡"腾冲北部，进占高黎贡山，斋公逃散，房舍成为日军驻守高黎贡山的主要据点之一。1944 年 6 月，中国远征军攻占冷水沟和北斋公房垭口后，与退守此地的日军激战，最终将日军歼灭（腾冲市文物管理所，2018）。

8.2.1.2　保山市隆阳区双虹桥-南斋公房-腾冲古道

该古道早期由保山经潞江渡过怒江，兴建双虹桥后，由双虹桥过怒江。经南斋公房翻越高黎贡山，经腾冲至缅甸。

主要遗存有三处。

1）南斋公房遗址

南斋公房遗址位于保山市隆阳区双虹桥-南斋公房-腾冲古道上。南斋公房处于高黎贡山山巅南斋公房垭口东侧台地，东接双虹桥，是滇缅古道翻越高黎贡山的交通要隘。南斋公房遗址历史可追溯至唐代中期南诏王阁罗凤"西开寻传"时，曾在这里设站控制交通。明代初年，江苴明善堂僧人在此建庙救助古道过往行人，与古道北线的北斋公房相对，取名"南斋公房"。1943 年，日军占领高黎贡山后被用作兵房。1944 年，中国远征军大反攻，克复南斋公房（腾冲市文物管理所，2018）。

2）南斋公房西坡古道

南斋公房西坡古道是保山市隆阳区双虹桥-南斋公房-腾冲古道的一部分，位于曲石乡江苴村东北约 20 km 的南斋公房西坡雪冲洼山谷中。古道开辟于汉晋时期，唐宋时扩修铺筑为石板路，长期成为南诏大理国统治者经略腾冲及以西地区官营驿道主线路。随着南线城门洞驿道的开设而改为民用。路径东起高黎贡山南斋公房垭口，向下延伸至山谷末端的西坡岗房止，全长约 8 km。道路多以人工开凿铺筑而成，一般宽 2 m 左右（腾冲市文物管理所，2018）。

3）太平铺烽火台

太平铺烽火台是保山市隆阳区双虹桥-南斋公房-腾冲古道的一部分，位于上营大蒿坪村东南约 5 km 的太平铺台地上，台基面积 50 km²，台上设烽燧 3 个，为原太平铺驿站附设的一处军情报警设施。2012 年 6 月公布为市级文物保护单位。驿铺始设于明代，清代以后曾多次维修，为驿道自腾冲翻越高黎贡山的一个重要歇脚站。民国初年，驿道改走大蒿坪、小平河后，驿铺被废，房屋坍塌，仅剩烽火台（腾冲市文物管理所，2018）。

8.2.1.3　保山市隆阳区惠人桥-腾冲古道

该古道由保山经惠人桥过怒江，翻越高黎贡山，经腾冲至缅甸。翻越高黎贡山的地点在历史上变迁较多，最初在城门洞分水关，1724 年以后，改道黄竹园铺，1922 年后改道大风口。此外，该古道过怒江的地点，最初为道街老渡口，1839 年，上游约 5 km 处惠人桥建成后，古道由此北移。因此，该古道变迁较多，支线较多。

主要遗存有 5 处。

1）城门洞分水关遗址

位于太平铺至隆阳蒲蛮哨、高黎贡山分水岭，为保腾古道南线早期段翻越高黎贡山的主要关隘设施。清雍正二年（1724 年），驿道改走大风口后才被最终废弃（腾冲市文物管理所，2018）。

2）大风口西坡古道

大风口西坡古道位于上营大蒿坪村的高黎贡山西坡山梁上。大风口西坡古道最早形成于清初，系由民间商旅为抄黄竹园古道近路而开辟。1922 年被腾冲县政府正式确定为官营驿道，由商会出资扩建石板路，并约请驻腾英国工程师协助测量，沿路建立里程碑。之后，沿用到 1952 年保腾公路通车后才被废弃（腾冲市文物管理所，2018）。

3）黄竹园铺遗址

黄竹园铺遗址位于上营大蒿坪村以东 12 km 高黎贡山黄竹园垭口西侧。2013 年 3 月公布为全国重点文物保护单位。这里地居高黎贡山极顶，山高水险，丛林密布，为保腾古道南线晚期段翻越高黎贡山的主要关隘。铺塘于清雍正二年（1724 年）古道改由大风口后修建，时派铺兵 10 余人驻守控制。民国十一年（1922 年），驿道改从黄竹园以北大风口转西北经石门坎、小平河、大蒿坪通行，黄竹园铺由此荒废（腾冲市文物管理所，2018）。

4）黄竹园铺古道石板路

黄竹园铺古道石板路位于上营大蒿坪村东约 12 km 的高黎贡山西坡黄竹园一带山坡上。2013 年 3 月公布为全国重点文物保护单位。该段古道始建于清雍正二年（1724 年），1922 年古道改走大蒿坪-小平河后废弃（腾冲市文物管理所，2018）。

5）大风口东坡古道石板路

大风口东坡古道石板路位于潞江镇香树村以西至高黎贡山大风口以东一带山梁上，为保腾古道南线晚期段翻越高黎贡山的关键路段之一。古道最初形成于明代末期，系民间商旅为抄南线城门洞近路而开辟。清道光十九年（1839 年），潞江惠人桥建成后，古道逐步扩修铺设为石板路，至 1952 年保腾公路通车后被废弃（腾冲市文物管理所，2018）。

8.2.1.4　保山市隆阳区惠通桥-松山-瑞丽古道

这条古道从保山出发，19 世纪前经腊勐渡过怒江，20 世纪后经惠通桥过怒江，经由松山翻越高黎贡山，经芒市、瑞丽至缅甸。

龙陵松山处于高黎贡山南段，山形复杂、地势险要，自古即为我国西南地区通往东南亚、南亚的关隘要塞。20 世纪 30 年代滇缅公路和惠通桥通车，松山东距惠通桥 22 km，西距龙陵城 39 km，成为扼守滇缅公路和惠通桥的要塞。1944 年，中国远征军反攻龙陵，在松山与日军激战。该古道遗存主要有松山和惠通桥。

8.2.1.5　贡象古道遗存

贡象古道是明清时期缅甸和云南边境地区部族向明、清政府进贡大象的通道。其中缅甸经滇西地区入境至北京的称为贡象上路，区别于滇越滇老边境地区经滇南入境的贡象下路。《明史》记载："宋宁宗时，缅甸、波斯等国进白象"。元代以后，贡象制度化，贡象古道逐渐形成。

贡象上路与保山-腾冲-盈江-缅甸通道大致重合。现存的遗存不多，代表性的有保山市隆阳区潞江坝石刻象槽群。石刻象槽群凿于 13 世纪末，分布在潞江镇旧城附近各村丘陵地带，是古代用来喂养大象的石槽。现存象槽五六十个，风化严重，其中三个被转移到保山市隆阳区太保公园存放。象槽一般高 2 m、长 1 m（张文芹，2014）。1997 年公布为保山市文物保护单位。贡象古道代表了云南特有的贡象文化，具有很好的独特性和代表性。

8.2.1.6　历史时期云南至西藏交通线（滇藏古道）的道路及相关遗址群

滇藏古道是历史上云南和西藏间的交通大动脉，是本区重要性仅次于滇缅国际通道的交通大动脉，因为以茶为大宗物资，运输方式是马帮，近年来也习称茶马古道。滇藏古道的大动脉是沿澜沧江河谷的古道。本区的滇藏古道，是一条支线，大致沿怒江河谷延伸，可以称为滇藏古道怒江通道（李亚锋，2018）。

滇藏古道遗存较多，包括：六库攀枝花渡口遗址，目前为州级文物保护单位；六库至保山古驿道、六库至腾冲古驿道，目前均为县级文物保护单位。此外，本区还有滇藏盐马古道的遗存：该古道以怒江傈僳族自治州兰坪白族普米族自治县为中心，途经本区，通往西藏。不过因为兰坪白族普米族自治县不在国家公园范围内，本区的盐马古道遗存完整性略显不足（《怒江傈僳族自治州文物志》编委会，2007）。

8.2.2　怒江-龙川江古桥群

高黎贡山地区山高谷深，不容易建桥，古代和近代桥梁较少。文物价值较高的是怒江古桥群和龙川江古桥群，这些古桥，都是南方丝绸之路的重要节点。

8.2.2.1　怒江古桥群

保山经滇西通往缅甸的滇缅古道是历史上的滇缅国际交通大动脉。其中，怒江是控制滇缅古道的咽喉。清代以前，怒江上没有桥梁，两岸交通只能依赖怒江上的渡口。清代中后期，陆续建成双虹桥、惠人桥和惠通桥。

双虹桥，原名飞梁桥、飞桥，位于保山市隆阳区芒宽乡怒江上，是保山至腾冲驿道上的重要枢纽。汉代至明代为潞江渡。元明时设官厅管理，长期以木船、竹筏渡人。因怒江水流湍急，时有翻筏事故发生。乾隆五十四年（1789 年）建双虹桥，1839 年下游惠人桥建成后，双虹桥交通地位下降。19 世纪中叶双虹桥毁于战火，1923 年重建。1942 年 5 月滇西沦陷，该桥被中方守军拆除以阻止日军东侵。1944 年 5 月，中国远征军反攻滇西，桥被修复，成为第五十三军过怒江攻打高黎贡山的主要通道。桥为三墩两孔铁索桥，总长 162.5 m。1993 年双虹桥公布为云南省文物保护单位（张文芹，2014）。

惠人桥，位于保山市隆阳区潞江镇道街村。始建于 1839 年，修桥者利用江中礁石修成三墩两孔吊桥。建成后，1839～1925 年，惠人桥 6 次折断。1925 年，采用英法技术重修，1926 年建成。1952 年保腾公路通车，改于下游东风桥过江，惠人桥从此废弃。现仅存桥墩、南关楼和桥北崖壁"惠人桥"题刻等遗迹。2012 年公布为保山市级文物保护单位（张文芹，2014）。

惠通桥，位于云南省西部，保山市施甸县与龙陵县交界处的怒江上（图 8-1）。惠通桥是滇西抗战的重要象征，知名度很高。惠通桥建成以前，所在地一直是怒江腊勐渡，渡江方式是渡筏，由当地村民以劳役方式提供渡江服务。

图 8-1　惠通桥（费杰摄）

惠通桥的修建，开始于道光年间（1821～1850 年），但仅建了桥墩。1888 年（光绪十四年）再度修建，至 1892 年建成土链吊桥。但几个月后，桥就被大风毁坏，修缮后又再度毁坏。直到 1899 年（光绪二十五年），重建惠通桥。1901 年（光绪二十七年）7 月，光绪皇帝御批，赐名"惠通"。1932 年，龙陵县将桥改建成洋链钢缆吊桥，1935 年完工，并立碑纪念。1942 年 5 月因日寇逼近怒江，中国军队被迫炸毁惠通桥。直到 1944 年滇西大反攻开始，中国军民修复惠通桥。此后，惠通桥作为滇缅公路上的重要桥梁，被不断维修。1974 年，在惠通桥下游 400 m 处，建成了一座现代化的钢筋混凝土箱型拱桥——红旗桥，惠通桥至此功成身退。2019 年惠通桥入选第八批全国重点文物保护单位名单，2020 年入选第三批国家级抗战纪念设施、遗址名录。

惠通桥的建成，使保山至龙陵不必以渡筏渡过怒江，或向北绕行惠人桥。保山至龙陵古道的通行能力大大提升。

1789 年怒江双虹桥建成，大大方便了保山至腾冲间的交通，大理、保山经双虹桥过怒江，经南斋公房过高黎贡山，再经腾冲至缅甸的滇缅主通道通过能力大大提升。1839 年下游惠人桥建成，保山至腾冲段的通道因而南移。1899 年，位于惠人桥下游的惠通桥建成，保山-惠通桥-龙陵-芒市-缅甸的古道通过能力大大提升，逐渐取代了保山-惠人桥-腾冲-缅甸古道，成为滇缅间的主通道，沿线城镇因而兴起。1935 年惠通桥完成改建，1938 年昆明经保山、惠通桥、龙陵、芒市至缅甸的滇缅公路通车，成为滇缅交通主干线。

综上，自 18 世纪以来，随着双虹桥、惠人桥和惠通桥的相继建成，滇缅古道的主干线逐渐变迁，经历了保山-双虹桥-腾冲-缅甸、保山-惠人桥-腾冲-缅甸、保山-惠通桥-龙陵-芒市-缅甸三条路线。

上述桥梁都位于保山市隆阳区和龙陵县境内。另外，在怒江傈僳族自治州境内的怒江上，在 1949 年以前渡江主要靠摆渡和溜索，没有永久性桥梁（王焱等，2021）。仅 1939 年，泸水设治局在六库老窝河口附近怒江上，建造了一座用竹排连接的浮桥，但仅几个月就被上涨的江水冲毁（怒江傈僳族自治州交通局，2000）。

此外，怒江上的栗柴坝渡口也曾是大理至腾冲道路通过怒江的重要节点。渡口东接保山栗柴坝，西通怒江蛮云街，江面宽度约 150 m，两端滩岸设有简易码头，长期有固定船工在此接送往来行人。该渡口位于双虹桥上游，最早由民间商旅开辟于汉晋时期。双虹桥、惠人桥和惠通桥建成后，栗柴坝渡口的交通地位和重要性降低。

勐古渡口位于潞江镇芒宽乡勐古村与西亚村交界的怒江上，栗柴坝渡口下游约 5 km 处，是保腾古道北线过怒江的主要渡口之一。古渡开辟于战国时期，汉晋时纳入官方经营，成为当时保山通往腾冲的主要过江通道。双虹桥建成后，勐古渡口的交通地位和重要性降低。

怒江古桥群是滇缅古道的重要节点，是滇缅古道最具代表性和显示度的遗存之一，更是历史时期滇缅国际大通道变迁的见证。

8.2.2.2　龙川江古桥群

龙川江古桥群包括：龙川江铁索桥、曲石向阳桥、野猪箐木悬臂桥和永安老吊桥等。龙川江古桥群，是大理、保山至腾冲的古道的重要节点。这些古道，从大理、保山出发，过怒江，经北斋公房和南斋公房等高黎贡山垭口，经过龙川江古桥群通向腾冲。

龙川江铁索桥位于上营桥街龙川江上，为高黎贡山南线保腾古驿道过龙川江的主要桥梁，原在现铁索桥下游 5 km 处之老桥头，桥为藤篾桥，后因江西山体滑坡，于明弘治年间改至今桥上游 500 m 处新建铁索吊桥。明末桥毁，腾越知州李之仁于万历四十一年（1613 年）在现址新建桥梁。清代以后，先后五次重修。民国十五年（1926 年），改建为铁链与钢缆混装吊桥，沿用至今。

曲石向阳桥位于曲石镇向阳村西侧龙川江支流灰窑河上，为古道上现存规模较大、保存较好的古桥之一。古桥所在的向阳村一带，素为腾北古道由界头经曲石前往腾冲城的主要过江通道。早在汉晋古道形成之际，就有人在这里搭建木桥以供通行。明代初年大军开边，即在此修建铁索吊桥。清初桥毁，里人于清乾隆三十五年（1770 年）捐资重修，并于南岸山头建龙神祠以为护佑，至清末战乱时被烧毁。清光绪五年（1879）重建铁索桥，历七年而成，时以永镇江河之意更名"镇龙桥"。1950 年，当地政府将其改建为钢缆吊桥，并恢复旧名"向阳桥"。

野猪箐木悬臂桥旧名成德桥，位于曲石镇箐桥村东南约 300 m 处的龙川江上，为古道从永安龙江东岸直下千双转西前往曲石的主要过江通道。桥以当地所产楸木为原料，利用杠杆原理，将巨大的圆木并排相叠，逐层延伸，形成桥拱，并于其上架梁柱、铺木板建盖雨棚。两端各设一亭，形成两亭一拱的彩虹之势。整桥用料优良、结构严密、样式美观，是目前滇西地区不可多见的桥梁形式。据清乾隆十年（1745 年）《重修成德桥碑记》和晚清《成德桥建桥碑记》记载：此地旧时曾设小舟于渡口，为解渡河之难，僧人李成德于清康熙三十二年（1693 年）出资在此地建桥。清康熙四十四年（1705 年），桥梁被水冲决，乡民杨上宾重建。清乾隆七年（1742 年），因山水泛滥，桥倒塌。清乾隆八年（1743 年），代理知州朱汝璇集资修建，仅用数月时间建成。清道光二十年（1840 年）新建，不料当年江水泛涨，桥毁。清道光二十七年（1847 年）重建。1942 年滇西抗战爆发后，中国军队为阻止日军进攻腾北抗日根据地而将其炸毁。抗战胜利后，1948 年改建为悬臂式木拱桥，使用至今。

永安老吊桥位于界头镇永安村西 1000 m 龙川江上，为古道从界头经永安前往腾冲过龙川江的主要桥梁之一。该桥创建于清代以前，初为藤桥，毁修不一。清光绪十三年（1887 年），腾越厅同知陈宗海倡建木桥。民国八年（1919 年）改建铁索吊桥。民国二十六年（1937），由李根源授意里人吉运春筹资再度改建为新式钢缆吊桥。2007 年被暴涨的江水冲塌西墩，有一半支架和缆索坠入江中（腾冲市文物管理所，2018）。2019 年腾冲龙川江古桥群被公布为云南省第八批省级文物保护单位。

8.2.3　近代通商口岸——腾冲

腾冲古称腾越，历来是滇西边关重镇，中缅商贸、交通中心（图 8-2，图 8-3）。1897 年，依据中英《续议缅甸条约附款》开埠通商，是近代中国重要的内陆通商口岸之一。明代腾冲是永昌府（今保山市）腾越州，清代是腾越厅，中华民国成立后改腾冲县，2015 年改县级腾冲市。

图 8-2　清代腾冲全貌

图 8-3　腾冲远景（Rock 摄于 1924 年）

　　腾越地区长期处于内陆开放前沿，设有海关、英国领事馆等，较早受到近代新思想熏陶。在抗英斗争中，腾越人民对英国侵略行径和清政府腐朽昏庸有切肤之痛。1911 年武昌首义成功，腾越率先响应，10 月 27 日，同盟会成员张文光、刀安仁等发动腾越起义，成立滇西军都督府。1942 年，中国远征军入缅作战失利，日军侵占腾冲，1944 年 9 月 14 日，远征军克复腾冲。

　　1894 年中英《续议滇缅界务商务条款》规定："凡货由缅甸入中国，或由中国赴缅甸国边界之处，准其由蛮允、盏西两路行走"，中国在缅甸仰光可派驻领事官一员，英国则可在蛮允派领事官一员驻扎。

　　1897 年，英国和清政府签订《续议缅甸条约附款》，允许英国"将驻蛮允之领事馆，改驻或腾越或顺宁府，一任英国之便，择定一处"。其中，顺宁府是今临沧市凤庆县，区位条件远逊于腾冲。1899 年，当英国政府派八莫海关税务司好博逊（Hobson）调查设立开埠地点时，便择定腾越为通商口岸，并派领事官驻扎（图 8-4）。但后因中国北方爆发义和团运动，至 1901 年 12 月 13 日英国驻腾越领事烈敦与腾越海

关税务司孟家美自缅甸抵达腾越。经与腾越厅同知兼腾越海关监督叶如同会商确定办公地点后，腾越于
1902 年 5 月 8 日正式设关开埠，腾越海关开关，在腾越城南城外五保街租用三楚会馆作为腾越关正关临
时办公地点，东门外设立分卡，并在蛮允设立分关，蚌西设立分卡，二台坡设立查卡，又在太平江南岸
弄璋街设立分关，蛮线设立分卡（赵维玺，2017）。1902 年底添设遮放分关，龙陵分卡，不久移遮放分关
于龙陵（刘高秀，2013）。1908 年，腾越关从三楚会馆临时办公地搬出，"正关搬迁六保街官厅巷，由总
税务处出资，购买官厅巷地基，建盖关房，验货厅，还在东门外购买地基两块，建税务司、帮办公馆"（刘
高秀，2013）。

腾冲英国领事馆最初设于东门外一保街，1921 年在西门外大盈江畔建设新馆，1931 年落成迁入。1942
年 5 月，因为日军入寇，英国领事馆由此撤离，未再返回。1944 年，中国远征军克复腾冲作战中，该馆
建筑饱受战火洗礼，墙面至今弹痕累累，为滇西抗战的历史见证。

图 8-4　云南腾冲英国领事馆旧址

腾冲城区西郊和顺古镇，是腾冲通往缅甸的驿站，长期的滇缅文化交流，使这里成为西南最大的侨
乡。和顺民居建筑群，包括建于清代的张氏、寸氏、尹氏宗祠，建于民国时期的刘氏、李氏、钏氏、贾
氏、杨氏宗祠与弯楼子等，2012 年入选省级文物保护单位。和顺图书馆前身为汉景殿，建于明代隆庆年
间。1905 年，乡贤在内设咸新社，学习宣传新思想、新文化，并集资购买（或社员捐赠）新书报。1924
年，和顺阅书报社在和顺十字路小街子成立，为图书馆的雏形。1928 年，该书报社迁入咸新社，更名为
和顺图书馆，成为"在中国乡村文化界堪称第一"的图书馆。和顺文昌宫毗邻图书馆，始建年代无考，
现存建筑为清咸丰三年（1853 年）重建。2006 年和顺图书馆旧址（含和顺文昌宫）公布为全国重点文物
保护单位。

近代，腾冲（腾越）与蒙自、思茅是云南三大通商口岸，其海关也是云南省三大海关。其中腾冲的
贸易量仅次于蒙自，位居第二。进口商品方面，三大口岸都以棉花和棉纺织品为大宗。出口方面，蒙自
以茶叶为大宗，思茅以茶叶为大宗，腾冲则以丝绸为大宗。就贸易对象而言，蒙自和思茅主要面向越南、
老挝，腾冲则是中缅贸易中心。此外，腾冲还以民间的宝玉石贸易为特色。

1938 年滇缅公路通车，滇缅公路成为滇缅交通主通道，芒市、畹町兴起，腾冲的商业地位逐渐衰落。

8.2.4　腾冲火山群

腾冲火山群，包括 90 多座火山（图 8-5）。

腾冲火山群从 500 多万年前就开始喷发，历经多个活动期和休眠期。火山喷发的熔岩流层层堆积，
形成熔岩台地，腾冲市区就坐落在熔岩台地之上。熔岩流还堵塞了大盈江的河道，造就了落差达 30 多米
的腾冲叠水河瀑布（图 8-6）。1639 年，明代杰出的地理学家徐霞客（1586～1641 年）在著名的《徐霞客
游记》中就有详细记载。

图 8-5　腾冲火山群

图 8-6　腾冲叠水河瀑布

　　腾冲民谚说:"好个腾越州,十山九无头"。腾越即腾冲,这里的山多数是火山,山顶是火山口,所以看起来"无头"。关于腾冲火山群的历史文献记载,可以追溯到 15 世纪。景泰刻本《云南图经志书》记载:"干峨山,有二,而同其名,去城皆不甚远,土人以上下别之。其在上者,顶有龙池,周围五百余丈,池内不容一物。"16 世纪初的《正德云南志》记载:"土山在司城北一十五里,上有龙池,周五十余丈。"这两条历史文献记载的"龙池",很可能是火山口。

　　1639 年,徐霞客考察了云南腾冲打鹰山(图 8-7)。地质证据证明,腾冲火山群有 20 多座火山在全新世(第四纪最新的一个世,约 1 万年前至今)有过小规模的喷发,其中包括打鹰山。腾冲中小规模地震频繁,地热资源丰富,温泉众多(图 8-8)。

图 8-7　腾冲打鹰山

图 8-8 腾冲著名的温泉——热海

中国古代的历史文献，记载了腾冲火山的一些特征，但是和科学意义上的火山学研究还有距离。1868～1875 年，英国柏郎探险队从缅甸进入云南探险。探险队成员——英国人安德森（Anderson）首次提出腾冲市和顺镇马鞍山是死火山，这是关于腾冲火山群最早的近代科学考察和研究（图 8-9）。但是，柏郎探险队的目的，并非纯粹的科学考察，而是非法测绘，搜集情报，为侵略云南探路。中国近代史上影响重大的马嘉理事件，就是因这支探险队的非法活动而起。

图 8-9 1868 年的腾冲马鞍山（John Anderson 绘）

此后，匈牙利人洛克齐（Loczy）于 1879 年到此进行了简短的考察，指出马鞍山和打鹰山等都是火山。1901～1907 年，英国人布朗（Brown）则对腾冲进行了比较广泛的考察，首次指出腾冲附近是一处比较年轻的火山群。近代欧洲殖民者来到中国游历、考察、搜集情报，虽包藏祸心，但客观上把先进的地球科学知识传入中国，促进了中国地球科学的发展。

20 世纪 20 年代，中国学者开始对腾冲火山群进行研究。1929 年，地质学家章鸿钊撰《火山》一书，对前人关于腾冲火山的研究进行了总结。1937 年尹赞勋首次对腾冲火山群进行了比较系统的考察和研究，并绘制了地质图。其后，张忠胤和穆桂春分别于 1948 年与 1962 年对此进行了详细的考察，进一步改进了火山分类和火山活动分期。

新中国成立后,腾冲火山群的观测、保护和科学研究都得到了越来越多的保障和重视。1970 年,腾冲地震台建成,开始进行火山观测,2000 年,正式建成腾冲火山观测中心。2002 年腾冲火山地热国家地质公园建成,使火山地质景观和遗迹保护有了平台。

腾冲火山群的研究,经历了古代(徐霞客等学者)、近代(欧洲殖民者)和现代(新中国地质学者)三个时期,也是中国火山学乃至整个地球科学曲折发展历程的一个缩影。

高黎贡山南麓腾冲、梁河、芒市和龙陵等地,火山、地热资源丰富,是我国少数几个活火山群和温泉群之一。过去数百年,众多旅行家、名人、中外科学家在该区打鹰山等火山、热海和温泉游历考察,留下了独特的火山、温泉文化。

8.2.5 片马人民抗英斗争遗址

高黎贡山地区是近代英国殖民者向云南渗透、侵略的前沿,特别是泸水片马地区,曾经长期被英国非法占据。据民国时期《征集菖蒲桶沿边志》卷一记载,1905 年以后,"俅江(独龙江)方面英人节节进逼,侵略不已,边防吃紧。迄于民国七八年(1918~1919 年),竟被英人占去十分之九,现仅余上游一小段,不过四百余里之岩疆。"《纂修云南上帕沿边志》卷一记载,"(俅江流域)被英人占据,私立界桩于贡山(高黎贡山)之顶。"

英国侵略行径,激起高黎贡山地区各族人民英勇抵抗,因而该区留下了很多英国侵略和中国人民抗英斗争的遗存。但是,该区地处偏远,很少受到关注,很多史迹鲜为人知,亟待发掘、宣传。近代英国侵略中国和中国人民抗英斗争的遗存较少,该区的相关遗存非常有代表性,可以为青少年特别是香港青少年的爱国主义教育提供生动的教材。

片马,位于高黎贡山西坡,中缅界河——小江(恩梅开江支流)以东,即云南省怒江傈僳族自治州泸水市片马镇,下辖古浪、岗房等村,片马元代属云龙甸军民府,明代属茶山长官司,清代属永昌府登埂土司。

19 世纪后半叶,英国吞并缅甸,觊觎云南,不断蚕食中国领土。19 世纪末,英国不断向片马地区渗透,刺探情报,进行非法测绘、勘查。登埂土司为加强片马地区防务,任命勒墨夺扒为片马总管事。勒墨夺扒临危受命,加强边境管理,严防渗透,并扩充土练民团武装。同时向云贵总督报告边境严重事态,但未引起清政府重视。

1900 年初,英军入侵片马附近的滚马、茨竹和派赖等村寨,杀害大量无辜村民,烧毁村庄,史称"滚马事件"(怒江傈僳族自治州文化局,1989)。土把总左孝臣、千总杨体荣和片马总管事勒墨夺扒率领傈僳族、景颇族等各族边民,同仇敌忾,奋起反击。

1905 年,英国派遣驻腾跃领事烈敦到片马进行勘界谈判。清政府代表腾越道尹石鸿韶昏庸无知,任人摆布。勒墨夺扒率领各寨头人,拿出清政府颁发的文件,与烈敦据理力争,驳回了英方以高黎贡山分水岭为界,妄图占有片马的无理要求。谈判破裂后,英国领事烈敦带着厚礼,许以高官,企图收买勒墨夺扒,被严词拒绝。

1909 年,登埂土司原片马团首徐麟祥因与土司产生矛盾冲突,竟然与头人伍嘉源等投奔英国,充当汉奸。1910 年,英军再度入侵,勒墨夺扒和泸水所属各土司武装奋起抵抗。土司武装又称"蓑衣兵",武器是大刀、长矛、弓弩等(欧光明,1988),以此抵抗近代化的英军,终究不敌英军,片马地区被英国侵略者占据(怒江傈僳族自治州文化局,1989)。

英军侵占片马,云南官民群情激愤,上奏朝廷"片马界务,关系大局"。清政府软弱无能,一心妥协,强调"不值以一隅而妨全局,未便竞小利而堕诡谋",决意放弃片马"一隅"换取国家局势的安定。一时舆论哗然,《申报》《大公报》《民立报》等报刊纷纷报道,举国群情激愤(曾黎梅,2017)。1910 年冬,李根源受命带队秘密深入片马和小江流域勘察达半年多,搜集情报,筹设边防,制成了《滇西兵要界务图注》（怒江傈僳族自治州文化局，1989）。

1911 年 2 月，怒江土司民团武装支援片马，与勒墨夺扒并肩战斗，克复片马大部分地区。1911 年初，泸水县傈僳族褚来四（1857~1943）带领一百多名各族民众与英军战斗，号称"神箭手"的褚来四用毒矢击毙英军军官，随后万箭齐发，一度击退英军进攻，在抗英斗争中立下不朽功勋（怒江傈僳族自治州文化局，1989）。1911 年 4 月，英国政府向中国发出照会，承认片马是中国领土。但不久，英国背信弃义，再度出兵侵占片马。英国侵占片马，烧毁学校和中国政府颁发的信符、执照，修筑军营、炮台，私立界桩（泸水县文体广电局，2013）。

1939 年第二次世界大战爆发，1942 年英军撤离缅甸，日军随即侵占片马。1944 年春谢晋生部奉命克复片马，在片马设"茶里边区军政特派员公署"，实施管辖。1946 年，英军武装袭击片马中国守军和"军政特派员公署"及"片马区公所"。片马区长吴若龙等军政官员被杀害，英军重新侵占片马。1948 年，缅甸脱离英国独立，片马被缅甸实际占领。

新中国成立后，中缅两国本着友好互谅的精神，一揽子解决中缅边界纠纷。1960 年，中缅两国签订《中华人民共和国和缅甸联邦政府边界条约》，片马、古浪、岗房地区回归中国。1961 年 6 月，中缅双方在片马举行仪式，中国政府首席代表、泸水县长沈锡荣率队接收片马，雷春国担任片马地区行政管理委员会主任委员，沈锡荣等担任委员（泸水县文体广电局，2013）。为纪念片马抗英斗争历史，1989 年建成片马人民抗英胜利纪念碑和片马人民抗英胜利纪念馆。

此外，片马地区于 1942 年 5 月至 1944 年春被日军侵占，留下很多日军侵华遗迹，包括位于高黎贡山片马风雪丫口东侧的风雪丫口侵华日军碉堡；在侵华英军营地基础上扩建的片马日军营地遗址；片马侵华日军屠杀遗址，位于片马镇交警中队旁，是日寇屠杀中国人的刑场，现存两棵麻栗树；片四河村二道丫口抗日遗址。

抗战期间，片马地区处于美国援助中国的驼峰航线上。驼峰航线充满艰险，共有 600 多架飞机坠毁，其中很多坠毁在高黎贡山地区。1996 年在片马境内发现一架当年驼峰航线飞机残骸，该飞机是一架由美国飞行员 James R. Fox Jr.和中国飞行员谭宣、王国梁驾驶的 C-53 型运输机，坠毁于 1943 年 3 月。这是迄今留存的最完整的驼峰航线坠机残骸。以此为基础，在片马镇建立了怒江驼峰航线纪念馆（泸水县文体广电局，2013）。

除片马外，高黎贡山地区还有一些近代英国侵略的遗迹，代表性的有腾冲滇滩关淡酒沟英国人非法越境开采银矿遗址。腾冲滇滩关采矿和冶炼历史悠久，明清时期曾非常繁盛。19 世纪末，英国殖民者非法越境探矿、采矿。非法在洋人街东南面的长槽大山开采铅矿和伴生的银矿，留下长槽探矿遗址和铜厂山采矿遗址等。英国驻腾冲领事馆曾组织一批技术工人来此修建炼炉，采用当时非常先进的水力鼓风方式从矿中提炼白银。抗日战争爆发后，英国人撤走，转由地方经营，至 20 世纪 70 年代废弃。英国人凭借先进的采矿技术，大肆掠夺腾冲矿产资源，完成掠夺后，彻底捣毁了他们建起的新式炼炉。英国人越境盗采银矿遗址是英国侵略云南的重要证据（腾冲市文物管理所，2018）。

8.2.6 滇西抗日战争遗址群

滇西抗日战争是全国抗日战争的重要组成部分。滇西抗日战争遗存主要分布在高黎贡山地区，是该区代表性的历史文化遗存，遗存主要分布在龙陵、隆阳、腾冲和泸水，大致可以分为日军暴行遗址、抗日战场遗址和烈士墓园等几类，主要包括以下几处。

龙陵松山战役旧址，其东距惠通桥 22 km，西距龙陵城 39 km。为扼守滇缅公路的要塞。1942 年 5 月，日军占领龙陵后，以松山顶峰为主阵地，构筑坚固据点。

龙陵日军侵华罪证遗迹群。1942~1944 年，日军侵占龙陵，在此重兵把守。至今在龙陵县城及周围地区仍保留了许多日军侵略活动的各种遗迹，包括驻龙陵日军司令部、龙陵日军军政班本部、龙陵董家沟日军慰安所、伪县政府、东卡日军碉堡、老东坡日军阵地等。

保山抗日江防遗迹群，位于潞江镇和杨柳乡的怒江沿岸。1942 年 5 月，滇西沦陷，中国军队除少部在怒江西岸游击外，主力撤至怒江东岸固守，构筑坚固江防工事。该遗址群主要为远征军碉堡，包括潞江镇张贡山小辣子树地、张贡大坡、机枪洞老船口、蚂蝗塘、三达地小黑龙井和江东村白崖渡远征军碉堡，以及杨柳乡癞子塘远征军碉堡（张文芹，2014）。

泸水境内抗战遗址群，包括：上江乡蛮云村北风坡抗日遗址，位于北风坡制高点，1944 年 5 月滇西大反攻，远征军 198 师克复此处日军据点，现存抗日将士墓、战壕和炮台等遗址；小黄沟侵华日军罪证遗址，日军侵占后在此构筑防御工事，现存有战壕、炮台等；鲁掌镇坝山村坝山丫口抗日遗址，1943 年 12 月，中国军队在此伏击日军，歼敌 40 余人。片马地区还有风雪丫口侵华日军碉堡、片四河村二道丫门抗日遗址、日军营地遗址、片马侵华日军屠杀遗址和怒江驼峰航线纪念馆等。

8.2.6.1　松山战役旧址

松山山形复杂、地势险要，自古即为我国西南地区通往东南亚、南亚的关隘要塞。松山战役旧址东距惠通桥 22 km，西距龙陵城 39 km，为扼守滇缅公路的要塞。遗址位于松山顶峰高于怒江江面 950 m，地势险要。1942 年 5 月，日军占领龙陵后，据守松山，构筑工事，以松山顶峰为主阵地，构筑坚固据点，修筑堡垒群，配备工事。1944 年 6 月至 9 月，远征军第十一集团军及第八军攻击松山守敌，经过 3 个月零 3 天的奋战，全歼松山日军 3000 余人。现该遗址内到处可见当年激烈战斗的痕迹，地堡、坑道、弹坑密布，战壕纵横交错，足证当年争夺之惨烈。这是滇西抗日战争史的可靠物证，也是进行爱国主义教育的实物教材。

其中较为重要的遗址遗迹有：松山主峰战场遗址、官坟坡-马鞍山战场遗址、黄土坡战场遗址、黄家水井-杞木寨战场遗址，具体包括松山战区内修筑的地堡、掩体、战壕、练兵场、简易车道、蓄水池、松山主峰日军防御工事，中国远征军炮击及爆破松山主峰的弹坑、松山主峰远征军坑道作业遗迹和爆破落坑（为炸毁松山日军主堡挖掘），以及攻打松山的第 8 军 103 师阵亡将士公墓碑等。

2006 年，松山战役旧址（含龙陵日军侵华罪证遗迹群），被核定为第六批全国重点文物保护单位（图 8-10）。

图 8-10　松山战役旧址（松山主峰）

8.2.6.2　国殇墓园

国殇墓园位于腾冲城西南叠水河瀑布旁之小团坡，主体为中国远征军第二十集团军腾冲收复战阵亡将士的纪念陵园，是中国规模最大的抗战纪念设施之一。墓园包括：远征军第二十集团军克复腾冲阵亡将士墓、纪念塔、忠烈祠、盟军阵亡官兵纪念碑和烈士墓、中国远征军阵亡将士墓等。此外还有寸性奇墓、王树荣、李生芬英烈碑，以及很多近代著名人士为忠烈祠题写的碑刻（图 8-11～图 8-14）。"文化大革命"中，国殇墓园被严重破坏，大量墓碑、碑刻被毁坏，20 世纪 80 年代得以重修。

1942 年，滇西抗战失利，腾冲被日军侵占。1944 年 9 月，中国远征军经过 4 个多月攻坚战，以阵亡9000 余人的代价，全歼腾冲日军，克复腾冲。1945 年初，为纪念抗战烈士，李根源主持兴建腾冲国殇墓园，安葬远征军克复腾冲时牺牲的将士。1945 年 7 月 7 日，国殇墓园在腾冲叠水河畔小团坡落成。

国殇墓园最核心的组成部分是远征军第二十集团军克复腾冲阵亡将士墓，位于小团坡。小团坡为圆形山包，状如覆钟，均分为 8 个墓区，寄寓烈士来自全国四面八方，每区置烈士墓 8 行。在北面中轴线上砌石台阶 89 级至纪念塔，在第一级台阶两侧，左立"远征军第二十集团军第五十四军军直抗日阵亡将士墓"碑，右立"远征军第二十集团军第五十三军军直抗日阵亡将士墓"碑。烈士墓碑砂石质，长方形，圆首，无座，宽 20 cm，一般出土高为 28 cm。原烈士墓碑毁于"文化大革命"，现墓碑为 1988 年按原尺寸重立。墓碑上镌刻烈士军衔和姓名。每块烈士墓碑下有一骨灰罐，内装阵亡烈士忠骨。罐内所装之骨灰并非该烈士的骨灰，因在决定修建烈士陵园后，军队和腾冲民众即在各地收集烈士遗骸，进行火化，统一存放墓园，装罐安葬。

图 8-11　国殇墓园

图 8-12　国殇墓园——远征军第二十集团军克复腾冲阵亡将士墓

图 8-13 国殇墓园——远征军第二十集团军克复腾冲阵亡将士纪念塔

图 8-14 国殇墓园——忠烈祠

阵亡将士纪念塔，位于小团坡山顶正中，高 9.9 m，原塔毁于"文化大革命"，1985 年 9 月按原设计图重建。塔身镌刻"远征军第二十集团军克复腾冲阵亡将士纪念塔""中华民国三十四年岁在乙酉季夏月立·一九八五年九月十四日重建"。

忠烈祠，位于小团坡烈士墓前，祠前有月台，正中嵌有蒋中正题、李根源书"碧血千秋"石刻。忠烈祠为重檐歇山顶抬梁式木结构建筑，明间上檐悬于右任书"忠烈祠"匾，下檐悬蒋中正书"河岳英灵"匾；明间及两次间为享堂，正中嵌石刻孙中山像，上嵌石刻"天下为公"，两侧为"革命尚未成功，同志仍须努力"。享堂三面墙壁嵌阵亡将士名录"第二十集团军克复腾冲阵亡将士碑"96 块。

中国远征军抗日阵亡将士墓，墓丘下面建有 1.6 m×1.6 m 的地宫，甬道与地面相通。地宫用于安放从原中国远征军在缅甸密支那、西保、八莫、南坎、芒友、腊戍等墓地迁来的将士遗骸。

盟军阵亡官兵纪念碑和烈士墓，安葬腾冲反攻作战中牺牲的援华美军官兵 14 人，以及美国第十四航空队在中缅战场上阵亡的官兵 5 人。1945 年建设国殇墓园时，在墓园内为他们专立纪念碑。20 世纪 80

年代恢复国殇墓园时，将盟军阵亡官兵纪念碑重新制作竖立。在盟军纪念碑和墓碑的前面，还立有一通特殊的碑刻，刻有 2004 年 9 月 28 日，美国前总统乔治·布什寄给中国保山市长的感谢信。

1996 年国殇墓园入选第五批全国重点文物保护单位，2014 年入选第一批国家级抗战纪念设施、遗址名录（腾冲市文物管理所，2018）。

8.2.6.3 栗柴坝渡口和栗柴坝抗日遇难同胞纪念碑

栗柴坝渡口和栗柴坝抗日遇难同胞纪念碑位于保山市隆阳区瓦马乡与泸水市上江镇交界的怒江江岸。栗柴坝渡口最早由民间商旅开辟于汉晋时期，为古代大理云龙至腾冲道路通过怒江的主要渡口之一。1938 年滇缅公路通车后，渡口降为两岸民间通道。渡口东接保山栗柴坝，西通怒江蛮云街，江面宽度约 150 m，两端滩岸设有简易码头，长期有固定船工在此接送往来行人。1942 年 5 月，日军占领滇西，曾在西岸制造了"栗柴坝惨案"。当时西岸待渡江的难民三百余人，多数是从缅甸逃回祖国的华侨，一部分是腾冲、龙陵逃向内地的难民，其中有 290 多名难民惨遭杀害。

栗柴坝渡口西岸台地为 1942 年"栗柴坝惨案"发生地，为纪念在惨案中遇难的 290 余名同胞，1995 年怒江傈僳族自治州在此建立纪念碑一座，上刻"栗柴坝抗日遇难同胞纪念碑"（泸水县文体广电局，2013）。

1944 年 5 月，中国远征军反攻滇西，曾以此作为右翼北线第五十四军 198 师强渡怒江的主要通道和后勤供应基地，为渡过怒江反攻高黎贡山和腾冲发挥了重要作用。

8.2.6.4 一九八师纪念塔

一九八师纪念塔位于腾冲城南来凤山东麓小长坡，坐东南向西北，2013 年公布为省级文物保护单位。纪念塔呈方锥形，火山石砌筑，通高 7.18 m。正面镌刻蒋中正行书"民族之光"，西面为原第一九八师师长叶佩高题书"还我河山"。南面为继升第一九八师师长刘金奎撰、政治部副主任罗履仁书"建塔纪略"，北面为"本师攻克高黎贡山及腾冲城阵亡将士芳名"。

1944 年 5 月，中国远征军第一九八师担任高黎贡山北斋公房一线攻击任务，在第二十集团军总部的指挥调度和友军配合下，于 5 月 11 日从保山芒宽、勐夏、栗柴坝、水井渡江发起攻击，6 月下旬扫除日军设置的重重障碍，攻克高黎贡山北斋公房古道天险。7 月中旬作为集团军主力将侵腾日军 148 联队合围在腾冲城内。经 1 个多月的血腥拼杀，于 9 月 14 日将侵腾日军 3000 余人全部歼灭，克复腾冲城。第一九八师在反攻高黎贡山作战中伤亡 2000 余人，克复腾冲之战阵亡团长以下官佐 156 人、士兵 1335 人。1945 年，为纪念为国捐躯的将士计划兴建纪念塔两座，另一座选址高黎贡山，因经费短缺放弃（腾冲市文物管理所，2016）。

8.2.6.5 腾冲界头战士冢

腾冲界头战士冢位于界头镇石墙村归化寺后山脊。战士冢坐东向西，封土堆圆形，毛石砌筑，高 1.3 m，直径 2.5 m。墓碑正中"战士冢"三大字为李根源书，两侧有铭文。

1942 年 5 月 10 日，日军入侵腾冲，边区行政监督龙绳武和腾冲县长邱天培弃职逃跑，护路营营长李从善率部退守界头。5 月 16 日，一队日军由县城经打苴向腾北进犯。李从善与瓦甸区区长孙成孝迎敌。5 月 18 日，李从善、孙成孝率部行至石墙归化寺，因见日军百余人由瓦甸街列队前来，乃于寺前山上紧急部署，实施狙击。战斗开始，中方部队利用有利地形先发制人，一举击毙敌指挥官牧野中尉及以下兵员 44 人。护路营原为民国政府腾龙边区监督署所属的地方交通治安部队，战斗经验不足，加之武器落后，激战中先后有护路营排长纳其中、李炳仁和瓦甸区区长孙成孝等 46 人壮烈牺牲。为了铭记这些烈士的功勋，当地群众于当年 5 月 24 日自发将其遗骨收葬，建墓冢于归化寺旁。

1988 年腾冲界头战士冢公布为县级文物保护单位（腾冲市文物管理所，2016）。

8.2.6.6 杨绍贵墓

杨绍贵墓位于腾冲勐连上寨榜岔坡，1990 年重修，坐北向南。杨绍贵（1903～1942），勐连上寨人，从小受到良好的教育，16 岁即赶马赴缅甸经商，1937 年被推举为勐连镇镇长。1942 年 5 月 25 日，探知一队日军将从龙陵经勐连往腾冲运送武器时，他即组织民众与中国远征军预备二师五团三营会合，于 5 月 27 日在下勐连香柏嘴设伏，聚歼日军 83 人，缴获弹药物资 100 余驮，还有敌人最重要的作战命令及计划等。战斗中杨绍贵不幸中弹，壮烈牺牲，年仅 39 岁。随他战死的民勇有朱开详、姚自详、董金容、董有贤、尹立海、韩从云、杨大开，均为勐连镇人（腾冲市文物管理所，2016）。

8.2.6.7 彭文德墓

彭文德（1921～1944 年），腾冲云华人。彭文德墓位于腾冲云华朝云村（今马站乡朝云村），为 1993 年重建。1942 年 5 月 10 日，腾冲被日本侵略军占领，彭文德不甘做亡国奴，追随民国元老李根源到保山组织抗战，偷越日军封锁线，翻越高黎贡山，渡怒江至保山，8 月再至大理，被介绍进入"滇西战时工作干部训练团"（简称"滇西干训团"）。"滇西干训团"是李根源及中国远征军第十一集团军总司令宋希濂专为沦陷区爱国青年学生开办的军事训练学校，蒋介石任团长，副团长由云南省主席龙云和云贵监察使李根源兼任。

1943 年 8 月，彭文德毕业后被分配到中国远征军第二十集团军第五十四军第一九八师任少尉排长。1944 年 5 月 11 日，滇西反攻战拉开序幕，彭文德率部由栗柴坝渡口强渡怒江，苦战旬月，夺取灰坡，攻占北斋公房，越高黎贡山，奇袭桥头，追敌退守城郊，继而转战大佛寺、老草坡，攻宝峰山、来凤山，追敌龟缩于县城内。8 月 2 日，腾冲城攻坚战开始，中国远征军将士在盟军飞机的配合下，与据守腾冲城内的日军展开了惨烈的厮杀。9 月 11 日（距腾冲城收复仅 3 天），彭文德率部挺进至秀峰山前不幸中弹身亡，为国捐躯（腾冲市文物管理所，2016）。

8.3 主要少数民族及其风俗文化

高黎贡山地区地处滇西，因其独特的地理位置及某些历史原因，成为了历史上著名的多民族迁徙与融合的横断山民族走廊（藏彝走廊）。在现今广袤的高黎贡山地区，分布着傈僳族、怒族、独龙族、景颇族、白族、傣族、阿昌族、回族、普米族、苗族、彝族、藏族、德昂族等世居少数民族，其分布格局为"大杂居，小聚居"，其中人口数量相对较多的有傈僳族、怒族、独龙族、景颇族等（熊清华和施晓春，2006）。其中多数民族是跨境民族，怒族、独龙族是特有民族，白族勒墨人和景颇族茶山人是特有族群。

民族走廊的概念自费孝通首次提出后，被人类学家不断发展完善。现在的西南横断山系民族走廊大致从甘肃、青海、四川西部、西藏东部到云南，延伸至缅甸北部、印度东北部，呈现出一个山高谷深、纵列分布的狭长通道地带。高黎贡山作为横断山系的一部分，在民族迁徙的历史上也发挥着重要的作用。从新石器时期开始，就有西北的氐羌、东南的百越等族群进入到高黎贡山地区，而后的历史时期，在氐羌南下、百越西进和秦汉王朝致力开发边疆的特定历史条件下，包括少数汉族在内的诸多民族群体，纷纷向西南边疆汇聚，逐渐形成了今日各民族"大杂居，小聚居"的民族分布状况（尹未仙和太丽琼，2010）。

8.3.1 傈僳族

傈僳族主要分布在云南和四川两省。傈僳族主要聚居于云南西北部的怒江傈僳族自治州，包括泸水县、福贡县、贡山独龙族怒族自治县和兰坪白族普米族自治县，大多居住于海拔 2000 m 的山腰地带（李德洙和杨聪，2015）。此外，在云南省的其他地区也有小片傈僳族聚居区。

8.3.1.1 族源及历史迁徙

据《傈僳族简史》和《中国民族百科全书》（李德洙和杨聪，2015），关于傈僳族的记载最早见于唐代樊绰所著《蛮书》："栗粟两姓蛮……皆乌蛮、白蛮之种族。"《新唐书·南蛮传》中提到"栗蛮二姓"。明代以后，关于傈僳族的文献记载逐渐增多，见于《景泰云南图志》（卷 4）、《南诏野史》等志书之中。但当时傈僳族先民还处于"衣麻披毡，岩居穴处，利刀毒矢，刻不离身……尤善弩"的原始狩猎采集社会阶段（图 8-15，图 8-16）。

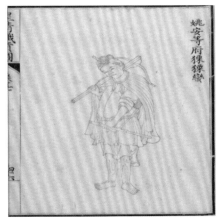

图 8-15 《皇清职贡图》卷七所载"傈僳蛮"图

图 8-16 《滇省夷人图说》所载"栗粟人"图

傈僳族先民最早居于四川省雅砻江和金沙江两岸。16 世纪，大批傈僳族人民因不堪纳西族木氏土司的奴役与压迫，整个部落渡过澜沧江，越过碧罗雪山进抵怒江两岸。17～19 世纪，傈僳族人民在封建制度压迫下遭受了更为严苛的压迫与剥削，同时因狩猎采集生活居无定所，因而在此 200 年间傈僳族民众进行了多次大规模民族迁徙。19 世纪以来，傈僳族又有几次大的民族迁徙：1801 年恒乍绷起义后民族迁徙、1821 年永北傈僳族唐贵起义后民族迁徙、1894 年永北傈僳族丁洪贵和谷老四起义后民族迁徙。这种自东向西的迁徙，使傈僳族中大多氏族先后到达怒江流域，甚至越过高黎贡山进入缅甸境内；另有一些族民沿着澜沧江、怒江一路向南，经镇康、耿马进入沧源、勐连，最终抵达老挝、泰国等东南亚国家，成为跨境民族之一。在新中国成立之前，傈僳族已以农业生产为主，采集和狩猎作为生产补充手段。新中国成立后，其农业、工业都有了极大的发展。

8.3.1.2 节日与风俗

阔时节是傈僳族节日中最为隆重的一个节日，"阔时"在傈僳语中是岁首的意思。传统过节的时间各地有异，大体上是在农历十二月初五日到次年正月初十日，也就是樱花开放的时候，延续时间大约一个月，傈僳人把这段时间称为"过年月"。阔时节还有一项重要的活动，就是"上刀山""下火海"，即傈僳族传统的"刀杆"节，传统过节时间是在二月初八，但怒江地区是阔时节里举行，现在保山、德宏一些地方也改在阔时节里举行（马雪峰，2006）。

傈僳族民歌也是国家级非物质文化遗产，包括木刮、摆时和优叶等歌种。木刮的代表性曲目有《创世纪》《生产调》《牧羊歌》《逃婚调》等。摆时的代表曲目有《竹弦歌》《忆苦歌》《孤儿泪》等。优叶的常见曲目有《打猎歌》《悄悄话》《砍柴歌》等。

8.3.2 怒族

怒族主要分布在云南省西北部的怒江傈僳族自治州境内的福贡、贡山、兰坪、泸水，且大多居于怒江两岸1500～2000 m较为平坦的山腰台地（李德洙和杨聪，2015）。怒族总人口3.7万，是人口较少的民族，也是高黎贡山地区特有民族。

8.3.2.1 族源及历史迁徙

怒族的族源主要来自两部分，一部分是唐代"庐鹿蛮"的一支"诺苏"，今怒江傈僳族自治州碧江县怒族即来源于此；另外一支则来源于怒江北部、贡山一带自称"阿怒""怒"的古老族群，今贡山怒族即来源于此（《怒族简史》编写组，2008）。在漫长历史时期，在同样地理环境的影响下，两个族群逐渐接近，互相融合，形成了现今的怒族。

明初以前，关于怒族的历史文献记载十分稀少。明初钱古训、李思聪所著《百夷传》是目前已知文献中最早使用"怒人"这一族群名称的古文献，该书载"怒人颇类阿昌。蒲人、阿昌、哈喇、哈杜、怒人皆居山巅，种苦荞为食，余则居平地或水边，言语皆不相通""弩人目稍深，貌尤黑，额颅及口边刺十字十余"，反映了明初怒族人还处于刀耕火种的原始农业时代，采集和渔猎依旧占据着极其重要的地位。还有后期明代杨慎的《南诏野史》、乾隆《丽江府志略》上卷《官师略·附种人》、《皇清职贡图》都对怒族人有着记载，尤以《皇清职贡图》记载最为详细："怒人以怒江甸得名，永乐间改为潞江长官司，其部落在维西边外，过怒江十余日，环江而居。本朝雍正八年归附，流入丽江、鹤庆境内，随二府土流兼辖。性猛悍，能以弓矢射猎。男子编红藤勒首披发，麻布短衣，红帛为袴而跣足。妇亦如之，常负筐持囊采黄连亦知耕种。以虎皮、麻布、黄蜂等物，由维西通判充贡。"由此可知，迟至清末，整个怒族还处于以狩猎采集为主、耕种为辅的原始农业阶段（图8-17，图8-18）。而且怒江流域出土的文物表明，迟至14～16世纪，怒族人民才开始使用铁制农具。17～20世纪，清朝开始对西南地区进行"改土归流"，即中央政府派遣流官代替原本氏族部落的土司、土官。这一措施，一方面加强了中央对地方的统治，另一方面也改变了少数民族落后、闭塞的状态，商品经济从中原逐渐向边疆渗透，怒江流域一些土特产，如黄连等药材，已经成为一种专门产品用以和内地交换生产生活资料（《怒族简史》编写组，2008）。这一时期，怒族的经济、文化都在一定程度上得以发展。近代以来，怒族人民和全国其他爱国少数民族一同联合起来反抗外国侵略，并在新中国成立后迎来了新时代。

图 8-17　《皇清职贡图》卷七所载"怒人"图（清傅恒等撰，门庆安等绘）

图 8-18　《滇省夷人图说》所载"怒人"图

8.3.2.2　节日与风俗

怒族原生性节日主要有夸白节、如密期、乃仍节（鲜花节、仙女节）等。

"夸白"在福贡怒语中为"敲犁头"之意。夸白节于每年大年三十举行，是向雨神求雨保平安的祭祀活动。祭祀时，先由祭师敲犁头，然后大家跟着轮流去敲，吟诵求雨祭词（和光益，2007）。

"如密期"（又有"汝为""如密清""开春节"等称谓）是生活在怒江流域的怒族最为古老的民间传统祭祀习俗，"如密期"是怒语，"如"指村寨，"密"意为邪或邪气，"期"为洗或清洗，"如密期"就是清洗掉村寨中的邪气、污秽（张跃和李曦淼，2013）。如密期如今逐渐演变成"开春节"，举行带有祭祀性大型文化活动的时间一般为 3 月 6 日、7 日，这也是怒族的法定假日。

乃仍节又称鲜花节、仙女节，是贡山独龙族怒族自治县怒族为纪念怒族少女阿昝而举行的祭祀活动。每年农历三月十五日，当地怒族人民身着盛装，手持鲜花，背上酒面，在仙人洞前祭祀。现在的怒族仙女节已由传统的节日上升为法定的怒族节日，2006 年 5 月 25 日，国务院发布了我国第一批国家级非物质文化遗产名录，怒族的仙女节以其独特的文化被收录其中（李月英，2006；徐锐，2012）。

8.3.3 独龙族

独龙族自称"独龙"，主要分布在云南省贡山独龙族怒族自治县境内的独龙江流域（李德洙和杨聪，2015）。独龙族总人口 0.7 万，是人口较少民族，也是高黎贡山地区特有民族。

8.3.3.1 族源及历史迁徙

独龙族先民人口稀少，又处于不断迁徙融合的状态，因而对于其在元之前的族名难以考证。但是独龙族从语系说，属于汉藏语系藏缅语族，因而应该是古代氏羌族群的分支之一。独龙族的族称最早见于元代孛兰肹等所著《元一统志》中的丽江路风俗条："丽江路，蛮有八种，曰磨些、曰白、曰罗落、曰冬闷、曰峨昌、曰撬、曰吐蕃、曰卢，参错而居"。元代丽江路即包括今怒江傈僳族自治州。文中所载"撬""吐蕃""卢"，正是独龙族、藏族与怒族的先民。《皇清职贡图》载"俅人，居澜沧江大雪山外，系鹤庆、丽江西域外野夷。其居处结草为庐，或以树皮覆之。男子披发，着麻布短衣裤，跣足。妇女缀铜环，衣亦麻布……更有居山岩中者，衣木叶，茹毛饮血，宛然太古之民。俅人与怒人接壤，畏之不敢越界。"从这段描述可以看出直至清中期，独龙族社会的生产生活面貌还处于原始阶段，社会经济以刀耕火种的原始农业为主，采集狩猎也占极大比重，生产工具落后，生产力低下（图 8-19，图 8-20）。加之当时清朝将怒江与独龙江划归丽江木氏土知府下的康普土千总和叶枝千总管辖，两土千总每年征收大量苛捐杂税，掳掠独龙族人口充当奴隶，使独龙族人民生活更为困苦（《独龙族简史》编写组，2008）。

清朝光绪三十三年（1907 年），夏瑚受丽江知府委派巡视边疆，下令废除一切贡赋，并撰有《怒俅边隘详情》，详细记述了当时独龙族的社会状况。在整个历史时期，独龙族因受封建土司和政府的长期压迫，曾发动多次反抗斗争，在帝国主义大举入侵之际也英勇抗争，体现了独龙族人民勇于抗争的不屈精神。

图 8-19 《皇清职贡图》卷七所载"俅人"图

图 8-20　《滇省夷人图说》所载"俅人"图

8.3.3.2　历法、节日与风俗

在日常生活实践中，独龙族人民根据当地特殊的自然环境，创造了适合自身生产特点的"物候历法"。从大雪封山到次年大雪封山的时间为一年，称为"极友"，从月亮最圆的那天到下次月亮最圆的那天为一月，称为"数郎"。某些地区以"龙"为基数划分十二节令，指示生产活动，体现了独龙族人民的智慧（《独龙族简史》编写组，2008）。

"卡雀哇"节是独龙族文化最重要的载体，作为独龙族民族传统文化象征的"卡雀哇"节是独龙族的岁首年节，也是独龙族传统社会一年里唯一的节日，他们以农历的腊月二十九日为除夕，以腊月三十日为新年之首。该节日没有固定的日期，节日的长短视食物的多少而定。传统的"卡雀哇"节除了具备"剽牛祭天"的宗教色彩活动之外，人们之间相聚庆贺的成分格外重，社群的全体成员同时同餐并欢聚舞蹈是必不可少的内容。该节日折射出在珍视血浓于水、兄弟亲情之上的道德观念及对神灵、大自然的敬畏之情，成为独龙族精神文化不可或缺的一部分（明芸等，2017）。"剽牛祭天"仪式首先要在村中选出一头最健壮的牛作为祭物，猎手手握竹矛发动进攻，最终刺死该牛，村民平分牛肉，喝酒庆祝，祈祷人畜平安、五谷丰登。

纹面独龙语称之为"巴克图"，是独龙人民较为古老原始民俗的一种遗存。史书上也对此曾有过记载：如《新唐书》称"纹面濮"，唐代樊绰《蛮书》中称"绣面部落"等，都是指独龙族的先民（刘达成，1996）。对于纹面习俗，有学者认为，一方面缘于独龙族对死后灵魂化蝶的向往，对美好的追求，所以将蝴蝶纹在脸上（白瑞燕，2007）。

独龙族没有自己的文字，所以用刻木结绳的方法记录重大时间、传递重要信息。木刻多用于传递察瓦龙土司的命令和记录本民族交往之间的事，结绳则普遍用于记录时间（《独龙族简史》编写组，2008）。

8.3.4　景颇族

景颇族是个跨境而居的民族，在我国称为景颇族，在印度阿萨姆自称"新福"（sinphos），在缅甸称为"克钦"(kakhyens)。分布区域东起高黎贡山、怒江,西至缅甸更的宛河及印度阿萨姆边境,北起喜马拉雅山麓的坎底、岔角江,南至腊戍、摩哥克山区一带,这种四周高山河谷环绕的环境使景颇族长期处于较封闭的状态(《景颇族简史》编写组,2008)。

茶山人,一般认为是景颇族支系,主要聚居于高黎贡山西麓的片马地区,另外在缅甸北部也有分布。片马地区茶山人原有近千人,片马回归前夕,因为缅方的错误宣传,大多数都迁居缅甸,后陆续回归,目前我国境内有数百人。茶山人自称峨昌,语言和景颇语有较大差异,与阿昌族较为接近。

8.3.4.1 族源及历史迁徙

景颇族源于先秦时期的氐羌群体,至迟战国时期景颇族先民离开西北青藏高原,在秦汉时期首先进入金沙江中下游,在这里停留了很长的时间,中国史籍称之为"昆明诸种";到了魏晋南北朝时期绝大部分景颇族先民又向西迁徙,渡过澜沧江、怒江,翻越高黎贡山,在隋唐时期已经广泛分布在独龙江流域(缅甸境内称恩梅开江)一带,史籍称之为"寻传蛮""峨昌""遮些"(图 8-21)。这一时期的景颇族直接先民——"寻传蛮"逐渐适应了当地的自然环境,从事着简单的农业生产,创造出具有山地特色的农业文化,并伴有部分狩猎采集,处于相对稳定的发展状态。南诏国"西开寻传"后,景颇族先民成为其治下居民,社会财富的集聚规模迅速加大,社会动员能力、文明程度也得到了极大提升。此后,古老的景颇群体不断发展,最终形成了今天一族跨多国的分布态势(李艳峰和王文光,2019)。

图 8-21 《滇省夷人图说》所载"遮些"

1949 年以前,景颇族拥有自己独有的社会组织制度——山官制,山官制是一种世袭制度,把人划成官种、百姓和奴隶三大等级,山官之下有寨头、军事头和董萨,组成一个军政、神权相结合的管理体系(《景颇族简史》编写组,2008)。山官制在景颇族社会中的作用不仅是社会组织制度,而且还是法律制度,为景颇族社会提供了自我存在的制度保障，对景颇族社会的纠纷解决机制起到了决定性的作用（胡兴东，2008）。

8.3.4.2 宗教、节日与风俗

在长期的历史发展过程中，景颇族创造的原始宗教——董萨是景颇族社会中的原始宗教问卜者和宗教祭师，他们是集早期巫、艺、医、匠、教育、军事、科技（原始科技）等为一身的景颇族高级知识分子，是景颇族文化的主要继承者和传播者（祁德川，2004）。

景颇族最重大的节日是"目瑙纵歌"，即"目瑙节"，由景颇语音译而来，另有"木脑""目脑"等说法。原是景颇族人民的一种原始宗教集体祭祀活动，新中国成立后演变成集宗教、祭典、歌舞为一体的大型集体歌舞活动，在每年的正月十五、十六举办（《景颇族简史》编写组，2008）。"目瑙纵歌"集景颇族文化符号为一体，涉及社会生产生活的各个方面，集中展现了景颇族的传统文化。2006 年，"目瑙纵歌"被国务院纳入国家级非物质文化遗产名录（张晓萍和刘德鹏，2010）。

8.3.5 白族

白族自称"白子""民家"" 白尼""白伙""那马"等，其意均为"白人"，汉族称其"白家"等。各个时代的称呼亦不相同，秦汉称"滇僰"，魏晋称"叟""爨"，隋唐称"西爨白蛮""白蛮""河蛮"，宋元称"白人""僰人""爨僰"，明清称"白爨""白人""民家"等（图 8-22，图 8-23）（保山市民族宗教事务局，2006）。1956 年 11 月，经国务院批准，根据广大白族人的意愿，以"白族"作为统一族称。

白族人口主要分布在云南大理白族自治州的洱海附近，在云南省丽江、怒江、昆明等地也有部分分布。高黎贡山地区的白族主要分布在保山市隆阳区以及腾冲部分地区（怒江傈僳族自治州地方志编纂委员会，2006）。此外，世居高黎贡山地区的勒墨人，是白族的一支，主要分布在泸水市境内。

大量的考古资料表明，在 4000 多年前，就有白族先民在洱海附近居住。在历史时期，居于洱海附近的白族先民融合了不断南下的僰人、叟人和汉人，并在南诏大理政权的影响下，形成了具有高度民族认同感的民族共同体，即今日之白族（《白族简史》编写组，2008）。

图 8-22 《皇清职贡图》所载"白人"

图 8-23 《滇省夷人图说》所载 "白人"

据《吕氏春秋·恃君览》所载，僰人是氐羌的一支，约在西周与春秋时期从西北向西南地区迁移，主要分布在四川省西南部和云南省东北部。秦汉时期，蜀中统治者大量掳掠和贩卖僰僮为奴，迫使居于四川省西南部的僰人沿着 "五尺道" 不断南迁，与居于滇池的僰人会合，以后逐渐分流到滇南和滇西各地。叟也是氐羌的一支，也称 "氐僰"，原居西北，精于骑射。在西汉王朝的招募下，叟人与汉人军队在与 "西南夷" 的长期战争中，逐渐和云南当地的僰人融合，史称 "叟夷"。三国两晋南北朝时期，"叟夷" 发展成为南中大姓，至唐宋时期，建立了南诏国、大理国地方政权。正是在南诏国时期，阁逻凤控制了两爨地区，将 20 万户汉化程度较高的 "西爨白蛮" 迁入永昌城，保山就成了白族的主要聚居地。南诏大理国时期，白族共同体的概念进一步加强，永昌是白族主要聚居区。清末民国时期，又陆续有云南省他地的白族人口因经商、教书等各种活动迁入。至此，形成了今云南省保山市境内的白族群体（保山市民族宗教事务局，2006）。

8.3.6　普米族

普米族主要聚居于云南西北部，在横断山脉中部平原地带，集中于兰坪和宁蒗，在玉龙、维西、永胜等县也有分布。

8.3.6.1　族源及历史迁徙

普米族古称 "西番"，是古羌人中的一支，其先民原聚居于青藏高原，是青海、甘肃、四川北部的游牧部落，后来逐步南迁。约公元 7 世纪以前，他们已分布在今四川越西、汉源、冕宁、石棉、九龙一带，是邛崃、雅安地区的主要民族之一。13 世纪中叶，普米族随忽必烈南征大理的蒙古军队，进入云南丽江、维西、兰坪和宁蒗等地（图 8-24，图 8-25）（段红云和冯丁丁，2010）。

图 8-24　《皇清职贡图》卷七所载"西番人"

图 8-25　《滇省夷人图说》所载"西番人"

8.3.6.2　宗教、节日与风俗

韩规教是现今普米族仍然信奉的宗教，也是中国少数民族的一种传统宗教。韩规教起源于西藏苯教，流传于民间，后来与普米族原始宗教"释毕教"相结合，又融入了藏传佛教的因素（熊永翔和李鹏辉，2011）。

普米族的节日按照年历顺序，有"吾昔节"（普米年节）、绕岩洞、转山会、尝新节等，其中以"吾昔节"最为隆重。在每年农历腊月初六、初七、初八（与普米族的年期和当地特殊的二十八星宿历法有关），以初六为岁末，初七为岁首，为期三天至半个月，举家团聚欢度新年（殷海涛，1992）。

8.3.7　阿昌族

阿昌族主要分布在云南省西部地区，大约东起大理白族自治州，北抵怒江傈僳族自治州，西至德宏

傣族景颇族自治州与缅甸接壤。其中绝大多数分布在德宏傣族景颇族自治州的陇川县、梁河县、盈江县和芒市，少数分布在保山市的腾冲市、龙陵县和大理白族自治州的云龙县等地（《阿昌族简史》编写组，2008）。在缅甸，阿昌族被称为"迈达"族，人口约 4 万人，主要分布在克钦邦的密支那及掸邦的景栋等地。

8.3.7.1 族源及历史迁徙

阿昌又名"寻传蛮""峨昌""莪昌""萼昌""娥昌"等，起源于青藏高原北部，属氐羌后裔。大约在公元二世纪，阿昌族为了摆脱异族的剥削与压迫，以及躲避战乱等逐渐南迁，居住在金沙江、澜沧江、怒江流域，约公元五六世纪后，一部分向西南迁移（段家开，2003）。

阿昌族在唐代文献中以"寻传蛮"的名称出现，处于南诏政权的管辖之下。

唐代樊绰所著《蛮书》卷三记载："阁罗凤西开寻传，南通骠国。"据学者考证，骠国位于今缅甸曼德勒一带，说明其时"寻传蛮"应地处南诏西部，其他古籍也出现较多关于"寻传"的记载可为佐证。这一时期阿昌族进入滇西，成为世居民族，甚至深入缅甸，成为跨境民族。

在元代，阿昌族则以"峨昌"或"阿昌"的族称出现于各类古籍，如明宋濂所撰《元史·地理志》载："其地在大理西南，澜沧江界其东，与缅甸接。其西土蛮凡八种：曰金齿、曰白夷、曰樊、曰峨昌、曰骠、曰缥、曰渠罗、曰比苏。""南赕，在镇西路西北，其地有阿赛赕、舞真赕、白夷、峨昌所居。"由此可知，"峨昌"当时分布在金齿宣抚司境内，与其他少数民居杂居。

明朝时期的"阿昌"有三种称谓："峨昌""萼昌""娥昌"，包括近代阿昌族和景颇族中的载瓦支在内。清朝时期的阿昌有"峨昌""阿昌"两种称谓，新中国成立后正式定名为阿昌族，与近代景颇族中的"峨昌"即载瓦已经明确地区别开了（段家开，2003）。明代钱古训所撰《百夷传》载："百夷在云南西南数千里，其地方万里……俗有大百夷、小百夷、漂人、古剌、哈剌、缅人、结些、吟杜、弩人、蒲蛮、阿昌等名，故曰百夷。"明代谢肇淛所撰《滇略》卷七载："（至元）十四年遣信苴日伐永昌之西腾越蒲蛮、阿昌、金齿未降部族。"明游朴撰《诸夷考》载："阿昌乃在邦域之中，杂华而居。"

这些史籍表明，明代云南西部分布着大量阿昌族和景颇族载瓦支。清代对于阿昌族的记述则更为丰富，如顾炎武在《天下郡国利病书》所载："峨昌，一名阿昌，性畏暑湿，好居高山，刀耕火种，形貌紫黑，妇女以红藤为腰饰，祭以犬，占用竹三十三根，略如巫法，嗜酒……"《肇域志》、雍正《云南通志》等亦有相似记载。此时，阿昌族已从青藏高原南迁至云南西部直至缅甸，形成了与滇西北以氐羌族系为主的各民族大杂居、小聚居的分布格局（图 8-26，图 8-27）。

图 8-26 《皇清职贡图》所载"莪昌"

图 8-27 《滇省夷人图说》所载"莪昌"

8.3.7.2　节日与风俗

阿昌族的传统节日主要有窝罗节、火把节、浇花水节、会街节。1993 年德宏傣族景颇族自治州通过《关于统一阿昌族节日名称和时间的决定》后，会街节和窝罗节便合并为"阿露窝罗节"，并将时间定为每年农历九月初十，此后阿露窝罗节成为阿昌族最为盛大的民族节日（《阿昌族简史》编写组，2008）。

2009 年，阿露窝罗节被列入第二批云南省非物质文化遗产名录，而节日中演唱的阿昌族传统民谣《遮帕麻和遮咪麻》则早已名列第一批国家级非物质文化遗产名录。

阿昌族的阿露窝罗节由陇川县阿昌族的熬露节和梁河县阿昌族的登窝罗组成。熬露节即会街节，为农历九月十五迎接"个打马"灵魂回到人间，从初十起，阿昌族人民一天赶一个街子，一直赶到农历十四、十五日，再准备各种塔摆，扎白象、青龙。登窝罗是梁河县阿昌族的一种民间游艺活动，它是唱和跳的综合艺术。每逢红白喜事，盖房起屋，丰收迎新，热闹场合都要登窝罗（刘扬武，2016）。

阿昌族阿露窝罗节的核心是具有极高文化历史价值和民族精神信仰价值的神话史诗《遮帕麻和遮咪麻》，这部史诗 1400 余行，由创世、补天治水、妖魔乱世和降妖除魔等内容组成。它既是一部创世史诗，又是一部宗教诵词，是阿昌族目前最完整、篇幅最长的创世史诗，在阿昌族民间影响十分深远（石裕祖和石剑峰，2014）。

8.3.8　彝族

彝族在云南省内分布十分广泛。彝族在高黎贡山区域主要集中在保山市的隆阳区、龙陵县、腾冲市。保山彝族支系众多，自称有"腊罗拨""土族""香家"等，他称"土族""倮倮""香堂"等（保山市民族宗教事务局，2006）。

彝族是保山市的世居民族，也有部分人口是从楚雄、巍山、永平等地迁入的。关于彝族族源，历来说法众多，但是结合民族考古学，彝族作为复合型民族，是在不同族系的分化与融合中逐渐形成的。从西北南迁的羌人的后裔之一——"昆明"人在历史发展过程中不断融合其他民族成份，在魏晋时发展为爨，唐宋时为"乌蛮""白蛮"，元明时形成了今天彝族的前身——"罗罗"，此后又不断融合发展才形成今日之彝族（图 8-28，图 8-29）（周琼，2000）。

图 8-28 《皇清职贡图》所载"妙猡猡"

图 8-29 《滇省夷人图说》所载"妙猡猡"

8.3.9 傣族

从浙江省到云贵高原这一新月形地区，先秦时期分布着一个很大的南方族群——百越，史书中也称"百粤"，西南地区的壮族、布依族、傣族、水族等民族都属百越族系（宋蜀华和陈克进，2001）。

傣族主要分布在云南省西南部，多聚居于西双版纳、德宏、耿马和孟连 4 个地区，其余散居临沧、澜沧、新平、元江、金平、景东、景谷等地区。且居住地多与缅甸、老挝、越南等国接壤，形成了傣族跨国而居的特点（李德洙和胡绍华，2016）。

8.3.9.1 族源及历史迁徙

傣族历史悠久，自古以来就在中国西南部繁衍生息。考古工作者发现的大量考古证据表明，傣族先民生息在中国东南沿海一带和川南、黔西南、湘、桂、滇东至缅甸伊洛瓦底江（中国境内称独龙江）上游、印度曼尼坡广阔的弧形地区，后来有的被同化，有的逐渐向西南迁徙（张建云和张钟，2012）。高黎贡山的傣族主要分布在德宏傣族景颇族自治州境内，是傣族世代繁衍生息的"孔雀之乡"。

在公元前 1 世纪，汉文史籍中已有关于傣族的相关记载。《史记·大宛列传》《汉书·张骞传》称傣族先民为"滇越"；《后汉书·和帝本纪》称傣族先民为"掸"；唐代史籍称傣族为"黑齿""金齿""银齿""绣脚""茫蛮""白衣"；元明沿用"金齿"并扩大作为地名，"白衣"则写作"百夷""佰夷"，至李元阳修《万历云南通志》将"百夷"误作"僰夷"，世人便常将"僰夷"与白族先民的专称——"僰人"相混淆；清称"摆夷"（图 8-30，图 8-31）（《傣族简史》编写组，2009）。

图 8-30 《皇清职贡图》所载 "僰夷"

图 8-31 《滇省夷人图说》所载"僰夷"

8.3.9.2 节日与风俗

傣族主要节日有泼水节、关门节、开门节、玩年、彩蛋节、花街节等（李德洙和胡绍华，2016），其中，最为隆重的当属泼水节。

泼水节至今已有近千年的历史，它是在傣族稻作文明基础上融汇 11～13 世纪南传的上座部佛教而逐渐形成的，是南传佛教宗教仪式与德宏傣族传统礼仪相结合的产物，呈现着傣族传统文化的显著特点。泼水节的活动形式多姿多彩，具有丰富的人文内涵和广泛的群众基础，主要活动包括民众采花、信众赕佛、祭祀龙亭、浴佛仪式、洒水祝福、歌舞活动、武术表演、男女丢包（抛绣球）、燃放孔明灯、飘水灯及放高升等。

2008 年，泼水节被国家级非物质文化遗产代表性项目名录（第二批）收录。

8.3.10 德昂族

德昂族是云南各民族中历史最为悠久的民族。早在新石器时代，德昂族先民就已生活在滇西南地区。如今的德昂族主要散居于德宏傣族景颇族自治州芒市、陇川县、瑞丽市和梁河县等地（李德洙和胡绍华，2016）。

8.3.10.1 族源及历史迁徙

德昂族是滇西南的世居民族，史学界多认为他们是百濮族群的一部分。百濮也是西南古老族群之一。据考证，古代的百濮就是现今布朗族、德昂族及佤族，一般是南亚语系的族属（宋蜀华和陈克进，2001）。云南最早的一些名称，如濮水、濮竹都是以濮人来命名的。秦汉时期，德昂族逐渐从濮人中分化出来，西汉时期，《史记·司马相如列传》载，汉武帝开拓西南夷时，"定筰存邛，略斯榆，举苞满"。《史记·西南夷列传》称其为"昆明"，崩龙就是其中一支。东汉时期，常璩在《华阳国志》卷 4《南中志》将濮人部落称为"闽濮"。隋朝至宋朝时期，德昂族和布朗族先民从"闽濮"中分化出来，被称为"朴子蛮"，樊绰在《蛮书》卷 4《名类》中写道，"朴子蛮"在"开南、银生、永昌、寻传四处皆有，铁桥西北边延澜沧江亦有部落"。元明时期，崩龙族和布朗族等民族常统称"蒲人"。明代谢肇淛在《滇略》卷 9 载："蒲人，散居山谷，无定所。永昌凤溪、施甸二长官司及十五喧三十八寨皆其种也……"清代《东华录》、王昶《征缅纪闻》、光绪《永昌府志》等都有"崩龙"的记载。光绪《永昌府志》载："崩龙，类似摆夷，惟语言不同，男以背负，女以尖布套头，以藤篾缠腰，漆齿，纹身，多居山巅，土司地皆有。"新中国成立后沿用这一称谓，但是在个别民族语境中"崩龙"一词带有贬义，因而在 1985 年更名为"德昂族"（图 8-32，图 8-33）（王铁志，2007；《德昂族简史》编写组，2008；李德洙和胡绍华，2016）。

图 8-32 《皇清职贡图》所载"蒲人"

图 8-33　《滇省夷人图说》所载"蒲人"

8.3.10.2　节日与风俗

德昂族主要节日有泼水节、关门节、开门节、烧白柴、做摆等。传统泼水节一般在清明节后第七天进行，具体日期由村里的佛爷推算，不固定。节期也不固定，大年过 6 天，小年过 5 天。节日第一天的仪式活动有采花、请佛、浴佛、打水、守佛等；第二天、第三天除去采花、请佛的环节外，和第一天一样，不定时地打水、浴佛；第四天，村民互相泼水表示祝福；第五天，送佛、堆沙、祭寨心（王燕等，2013）。为将德昂族泼水节与傣族泼水节区分开，2008 年，德宏傣族景颇族自治州申报将浇花节作为德昂族民俗遗产列入国家级非物质文化遗产代表性项目名录并获得通过。浇花节从清明节后第七天开始，前后历时三天。节日的第一天，德昂族群众都会穿起节日盛装，背上从井里打来的清水，带着早已准备好的食物，手捧鲜花，汇集到本寨的奘房中。节日仪式由寨内的长老主持，仪式过程中，男青年敲响象脚鼓，女青年和着鼓点跳起"堆沙舞"，其他群众则身背精致的小花篮，手捧竹水筒，举过头顶，依次往雕龙画经的水槽里倒水，为佛像冲浴，以祈来年风调雨顺。仪式过后，人们将带来的食物摆到佛像前的供盘中，齐声朗诵祭词，然后尽情品尝各种食物。食毕排成长队，以象脚鼓队为前导，翻山越岭来到井旁或泉边取水。每次取水都很讲究，要举行取水供物仪式，男女青年还要进行传烟、对歌、赛舞等文艺表演。

8.3.11　苗族

先秦时期高黎贡山地区就有苗民、三苗，秦汉时称"盘瓠蛮""武陵蛮"，明清时陆续进入云南（宋蜀华和陈克进，2001）。高黎贡山地区的苗族主要聚居于保山市境内，他们大多是明清时期因战乱、人口增长、被征调等原因不断向西迁徙，从滇东文山一带几经波折至此（图 8-34，图 8-35）（保山市民族宗教事务局编，2006）。

高黎贡山因山河相间、较为封闭的地理环境，使得当地分化形成众多少数民族，且各少数民族能够长期保持一定的民族风貌。同时，高黎贡山因地处横断山民族走廊西侧，在漫长的民族迁徙和发展过程中，氐羌民族不断南下，百濮、百越、三苗族群及其他民族也因战乱兵燹、人口压力等不断西迁，和当地原有族群不断交融，最终使高黎贡山地区呈现出多种"直过民族"、跨境民族长期和谐相处的局面，民族多样性可谓十分丰富。高黎贡山与缅甸接壤，又有怒江及独龙江等跨境河流、跨境民族、跨境宗教的影响，因而高黎贡山从山川风物各个角度来说，都可称为印度洋地区与太平洋地区的交汇点，是东亚文明和东南亚文明的过渡区域。高黎贡山兼容并包，是当代民族文化的"活化石"。

图 8-34 《皇清职贡图》所载"苗人"

图 8-35 《滇省夷人图说》所载"苗子"

8.3.12 药箭弓弩的历史与文化

8.3.12.1 高黎贡山地区药箭弓弩简介

高黎贡山地区位于云南省西北部,主要有傈僳族、怒族和独龙族等世居少数民族。在严酷的生存斗争中,这些民族养成了骁勇、剽悍的特质,特别是以狩猎为生,擅长弓弩。本书所称的"药箭弓弩"是指箭头有毒药的机械弓弩,是高黎贡山地区傈僳族、怒族和独龙族等民族重要的传统狩猎工具,曾经在这些民族的生产生活中具有举足轻重的地位。随着狩猎活动逐渐淡出这些民族的日常生产生活,弓弩作为生产工具逐渐退出历史舞台,弓弩文化的传承也面临挑战。

高黎贡山地区最早的弓弩遗存是 1987 年在福贡县果科乡腊斯底村（原碧江果科村腊斯底社）发现的持弓射弩的岩画（胡小明，1988）。腊斯底岩画是新石器时代岩画，但具体时代不详。高黎贡山地区比较边远，历史文献较为稀少。元代及以前，高黎贡山地区傈僳族、怒族和独龙族等世居民族的历史文献记载很少。

高黎贡山地区弓弩和药箭的历史文化研究相当薄弱。现有研究对射弩作为一种体育活动给予较多关注（郭振华，2013；张雪峰，2015；陈宏星，2014）。现有研究和媒体对傈僳族的弓弩文化关注较多，对怒族和独龙族等民族的弓弩文化关注较少。其实，弓弩不仅属于傈僳族，高黎贡山地区的怒族和独龙族等民族也使用类似的弓弩。

草乌制成的药箭，因为有剧毒，民国以来一直受到政府管控，退出历史舞台的步伐很快。20 世纪 50年代对原碧江县傈僳族社会调查时，就发现已经不再使用药箭（《中国少数民族社会历史调查资料丛刊》修订编辑委员会，2009）。药箭所用毒药是草乌，但这方面研究很少。从挖掘高黎贡山地区历史文化遗产，保护非物质文化遗产的角度，应该加强药箭弓弩的历史文化研究。

本节拟以民族为序，调研高黎贡山地区药箭弓弩的历史与文化。

8.3.12.2　药箭弓弩与傈僳族

相对而言，历史文献记载较多的是傈僳族，药箭弓弩文化影响最大的也是傈僳族。

关于傈僳族的最早记载是唐代樊绰所著《云南志》："栗粟两姓蛮、雷蛮、梦蛮，皆在茫部台登城，东西散居，皆乌蛮、白蛮之种族。"笔者所见关于药箭弓弩的最早的历史文献记载来自成书于 1455 年的景泰《云南图经志书》（明陈文、王谷纂修），该书记载："有名栗些者，亦罗罗之别种也，居山林，无室屋，不事产业，常带药箭弓弩，猎取禽兽"。该文献也是关于傈僳族的较早的确切记载之一。本书所称药箭弓弩也来自于此处。

明清时期介绍傈僳族的历史文献中，毒弩是傈僳族的一大特征，几乎都会提到毒弩。例如，成书于1694 年的《大理府志》（清代傅天祥修，黄元治、张泰交纂）记载："栗粟，于诸彝中最悍。依山负谷，射猎为生，长刀毒弩，日不离身。"成书于 1763 年的《滇黔志略》（清代谢圣纶所著）记载："栗粟……善用弩，发无虚矢……栗粟依山负谷，射猎为生，长刀毒弩日不离身。"成书于 1770 年的《维西见闻纪》（清代余庆远所著）记载："栗粟……刈获则多酿为酒，昼夜酗酣，数日尽之。粒食罄，遂执劲弩药矢猎。"类似记载还见于许多地方志等历史文献。成书于 1805 年的《皇清职贡图》卷七记载"善用弩，发无虚矢"，并绘有傈僳族男子手持弓弩的画像。成书于 1818 年的《滇省夷人图说》则首次绘有傈僳族手持弓弩的彩绘图。

8.3.12.3　药箭弓弩与怒族

怒族的历史文献记载较少，确切的记载则迟至明代才出现。成书于 1600 年前后的《南诏野史》（明杨慎撰，清胡蔚增订）下卷记载："怒人……刚狠好杀猎"。清代中期《皇清职贡图》对怒族的记载："性猛悍，能以弓矢射猎"。这两条记载并未明确写明当时怒族是否使用弓弩。《滇省夷人图说》所绘怒族没有弓弩。人若是中了镀有草乌的毒箭，怒族人民会用一种称为"黑心解"的草药进行抢救。将中毒箭而变黑的部位用利刃割下，用熊胆或熊油涂在伤口处，用清洁的布包扎伤口，然后口服"黑心解"。只要抢救及时，这样处理的患者，一般都能得救（怒江州政协文史资料委员会，2007）。

弓弩在怒族早期社会生活中的重要性，也体现在怒族关于民族早期起源的神话传说中。内容大致为，远古时代洪水暴发，世人都淹死了，只有兄妹两人躲在一个大葫芦内随水漂浮，幸获生存。无可奈何中，兄向妹求婚。妹说，若能以弩矢射中"衣马"（一种贝壳）则乃天意所许，我兄妹俩始能成婚。结果，兄屡射皆中，兄妹遂成婚（《民族问题五种丛书》云南省编辑委员会，1981）。

怒族有在男子死后将其生前使用的弓弩作为随葬品的风俗。怒族人死后不建坟，把弓弩放在墓上（《民族问题五种丛书》云南省编辑委员会，1981）。

8.3.12.4 药箭弓弩与独龙族

独龙族的历史文献记载很少。《皇清职贡图》也记载了独龙族（俅人），但并未提到弓弩。《滇省夷人图说》所绘独龙族也没有弓弩。

根据 20 世纪 50 年代的独龙族民族调查资料，弓背、弓柄分别以岩桑和栗木制成，弓弦以四股麻反扭而成，箭包有猴皮、熊皮和竹筒三种材质。有效射程 100~200 m。一般的弓弩弓背长 90 cm，需要 80 磅的拉力才能满弦。最大的长 110 cm，需要 120 磅以上的拉力才能满弦（《独龙族简史》编写组，2008）。

根据 20 世纪 50 年代末对独龙族的社会调查，独龙族人制作毒箭镞，有两种方法，一种是涂毒汁，一种是煮箭镞于毒汁中。根据 20 世纪 50 年代对贡山独龙族怒族自治县独龙族的社会调查，毒箭的箭镞用铁或硬竹制成（《民族问题五种丛书》云南省编辑委员会，1981）。独龙族采集一种有毒的植物"巴拉"，涂在竹镞上。这个"巴拉"，也称不拉，就是草乌（蔡家麒和王庆玲，2016）。独龙族狩猎，会把自己的竹箭镞削成方尖或圆尖，以便识别猎物由谁击中（《民族问题五种丛书》云南省编辑委员会，1981）。

不过，独龙族还有一种较为复杂的涂抹毒药的方法。根据 20 世纪 80 年代初对独龙族的调查，药箭毒药的制作工艺是，挖出草乌根后，采用山林里的青苔和江河边的沙土包好，放在竹篓里，置于凉爽通风处，每隔一两天检查一遍，并翻动捏松，防止草乌的根干萎变硬或霉烂失去毒效。制作毒药时，先把根部的软皮剥去，放在石板或木板上，用刀切成薄片，细细地剁碎，再用刀背反复敲至绵软。为防毒药生霉，还需掺入少量锅烟灰或烟叶揉搓成的粉末，然后揉搓成细条，一圈圈缠缚在箭杆前端，用手捏抹平整。打大型动物的毒箭，要多缠一些毒药，从箭头后方到箭杆的 8~10 cm 以上。打小型动物，则少缠一些毒药，从箭头后方到箭杆的 5~6 cm。制作毒药时，制作者手上不能有伤破之处，以免中毒（云南省民族研究所，1983）。

独龙族也有在男子死后将其生前使用的弓弩作为随葬品的风俗。独龙族则是将弓弩和死者生前其他生产生活用品一同放入棺内埋葬（云南省民族研究所，1983）。由此可见，弓弩不仅是重要的生产工具，也是高黎贡山地区傈僳族、怒族和独龙族等民族丧葬文化的一部分。

独龙族历史文献资料很少。幸运的是，20 世纪 50 年代对高黎贡山地区独龙族的社会历史调查资料中，有很多关于药箭弓弩的介绍。

8.3.12.5 药箭弓弩与茶山人

茶山人主要聚居在泸水市片马地区，一般认为是景颇族支系，也有人认为属于阿昌族。茶山人也使用弓弩狩猎，形制与傈僳族弓弩类似（杨发顺，1998）。历史上，茶山男子弓弩不离身（杨浚和余新，1994）。新中国成立后，狩猎仍然是茶山人重要的生产活动之一，弓弩则是茶山人打猎的主要工具。

8.3.12.6 药箭弓弩与普米族

主要聚居在怒山东麓的普米族，与高黎贡山地区的傈僳族、怒族和独龙族隔怒山相望，也使用类似的弓弩。成书于 1600 年前后的《南诏野史》记载："西番，即土番，亦名巴苴，居金沙江边。性悍戾，善弩。"《皇清职贡图》关于西番的图文部分都没有提到弓弩。成书于 1818 年的《滇省夷人图说》（伯麟著）记载："西番尚力善射"，不过附图中西番持的是弓箭而非弓弩，在"野西番"的图幅中绘有弓弩（揣振宇，2009）。一般公认，西番是普米族，但是"野西番"是否也是普米族并不十分确定（朱映占等，2016）。

普米族在猎取大型野兽时，也采用毒箭，但是毒药的工艺略有不同。这种毒箭是用草乌和牛角蜂的毒液混合而成，称作乌头膏（严如娴和陈久金，1986）。

普米族人还用草乌治疗小儿蛔虫。方法是将草乌捣烂，加水服用。由于草乌有剧毒，剂量太大会造成小儿中毒死亡（严如娴和陈久金，1986）。在民俗文化方面，普米族受藏传佛教影响，实行火葬，没有用弓弩随葬的习俗（严如娴和陈久金，1986）。

不过，一则民国时期的调查报告显示，普米族和古宗人畏惧傈僳族的药箭与射弩技术，证明傈僳族在药箭弓弩方面的卓越技能。西番和古宗就是今天的普米族和藏族（朱映占等，2016）。

据《傈僳族社会历史调查》记载："傈僳社区之东北部，为康藏所属之古宗西番，然古宗、西番素号凶恶，而受制于傈僳。古宗虽勇猛，不敢南下而犯其境界。西番虽狡悍，亦不敢西进而凌其民人。该二族常畏惧傈僳，盖有其毒矢也，并畏其善射也。傈僳自卫之武器，唯有硬弩与毒矢，然其射击也，百发百中，触之者立毙。"

8.3.12.7 弓弩的制作技艺

关于弓弩的形制和尺寸，民国时期的《纂修云南上帕沿边志》记载："弩以木为之，大小不一。中有一直木横穿一木为弓形，如十字；弦则系诸弓上，箭架于中，以弦推广而射之。大者长四尺余，需百斤力；小者长尺余，需二三十斤力。"

根据 1956~1957 年对原碧江县傈僳族的调查资料，弓弩的弓臂选用硬度大、韧性强的木材，傈僳语称为"恰丝"和"杂布"的木材制成。弓身选用硬度大的"牙妞"和"客吃"木。制法是先将木头制成木板，置于火塘上的篾片上熏干。做弓臂时，先将木料放在煮酒用的酵母中煮软，将之折成弯形，放在火上熏烤，熏干后用刀子打磨光滑，然后用植物"恰沙必"叶摩擦至发亮为止。弓身则无须在酒酵母中煮。弓弦用麻绳捻成。弓弩的射程，一般为几十米，远者可达一两百米（《中国少数民族社会历史调查资料丛刊》修订编辑委员会，2009）。弓弩匠精于弓弩制作，也精于制作其他木器。一般不出卖，有人有需求时，才寻找木料制作。做一把弓弩，一般需两天，价格约一只鸡或 0.5~1 元（《中国少数民族社会历史调查资料丛刊》修订编辑委员会，2009）。

傈僳族民间故事《乌鸦为什么害怕弩弓》记载："涡撒问女婿，你会不会造弩弓？女婿回答说，会。便跑到森林里，挖了一棵桑木根，劈开两半，选用向阳面的一块做弩背。"这说明，傈僳族用桑木做弓弩。

8.3.12.8 药箭与草乌

弓弩所用的箭分为有毒和无毒。高黎贡山地区的弓弩所用药箭的毒药原料为草乌，即乌头。草乌根部含毒素最多，是制作毒药的原料。上药的方式有浸泡、涂抹，以及将毒药搓成细条缠绕在箭头等。

18 世纪余庆远的《维西闻见录》中有较为详细的记载："药矢，弩所用也，矢及镞皆削竹而成，扎篾为翎。镞沾水裹药，药采自乌头曝而研末者。猎中禽兽之皮肤，飞者昏而坠，走者麻木而僵。"近代历史文献记载更多。光绪《云龙州志》卷 5 记载："傈僳……削竹为矢，采毒熬膏作箭头之药"。民国《保山县志稿》卷 13《土族》记载"傈僳……男子出入佩刀外，兼负弓弩，百步内百发百中。箭头有药者，无论人畜被射中，出血即死。"傈僳族、怒族和独龙族弓弩的毒箭，其毒药常用来源都是雪山草乌，独龙族人称草乌为"不拉"（云南省民族研究所，1983）。

怒族和傈僳族的弓弩所用箭分为三种：有毒的药箭、无毒的铁头箭、无毒的竹箭。保维德所著《纂修云南上帕沿边志》卷 12《武器》记载"怒、傈所用武器，仅有刀弩两种……箭则以竹为之，内分三种：一曰药箭，以毒药裹箭头，射中者登时立祷；一曰铁头箭，以铁炼为三叉，或如矛，其锋利。一曰白头箭，以竹削尖而用之。怒、傈自幼练习，技术最精，百发百中，为他种人所不及也。"独龙族也类似，根据历史文献记载，民国时期独龙族的箭以雪山实心竹削制，质地坚硬。箭分两种，一种无毒，称为白箭，用来射杀鸟雀。一种有毒，用来射杀野兽（《独龙族简史》编写组，2008.）。

根据 1956~1957 年对原碧江县傈僳族的调查资料，箭用竹子削成，长短根据弓的大小而定，箭尾安有小翼。箭分普通箭和毒箭。毒箭用于猎取大动物，或械斗，今已不用。毒箭分为红、白、黑三种，白者毒性最烈，有效期一年，红、黑两种有效期可达三年（《中国少数民族社会历史调查资料丛刊》修订编辑委员会，2009）。毒箭的另外一种制作工艺是，将毒液涂于箭头尖端的小沟处，毒液采用黑草乌的根茎泡制而成，毒性极强，箭镞射入动物肌体，一旦接触到血液，动物即中毒身亡（《中国少数民族社会历史调查资料丛刊》修订编辑委员会，2009）。

傈僳族人传统上用锅煮食猎物，极大降低了草乌的毒性，降低了中毒的风险。傈僳族古歌《打猎调》记载，打猎得到的肉，是煮食的："铁锅递你手啦……背着的兽肉可以煮了（保山市傈僳族研究会，2014）"。实验表明，水煮或蒸煮对草乌减毒效果良好，草乌经长时间毒性可大大降低（李文廷等，2021）。这可能是傈僳族人食用有毒的兽肉却不中毒的原因。

为避免人类中毒，傈僳族积累了该类草药的使用及解毒常识，如避免将草乌和豆类同食，不喝凉开水、吹冷风等。一旦中毒，民间的解毒办法也多种多样，如喝浓茶、吃生大蒜等（程寒与黄先菊，2013）。

8.3.12.9 弓弩与战争

除狩猎外，药箭弓弩还在战争中使用。

在 20 世纪初的抗英斗争过程中，傈僳族显示了强悍的战斗力，弓弩发挥了巨大的威力，狠狠打击了英国侵略者。褚来四（1857~1943），泸水县人，傈僳族神箭手，在片马抗英斗争中立下不朽功勋（怒江傈僳族自治州文化局，1989）。1911 年初，褚来四带领一百多名各族民众与英军战斗，褚来四用毒矢击毙英军军官，随后万箭齐发，一度击退英军进攻。同时，不仅傈僳族，高黎贡山地区独龙族等各族人民都利用弓弩抗击英国侵略、保家卫国，立下不朽功勋。

8.3.12.10 弓弩与民俗、文学

弓弩不仅是高黎贡山地区傈僳族、怒族和独龙族等少数民族的狩猎工具，弓弩形象还广泛存在于神话传说、图腾、节日、丧葬习俗等中，已经成为民族文化的一部分，其中尤以傈僳族的弓弩文化最为闻名。药箭因其剧毒，被赋予惩恶的意涵。

傈僳族是跨境民族，主要居住在中国云南和缅甸，少数居住在泰国和印度等国。弓弩广泛存在于各地傈僳族民歌、神话传说之中。进入 21 世纪，弓弩又成为中国云南和缅甸傈僳族的族徽等文化象征符号，成为傈僳族的象征（高志英和邓悦，2020）。射弩活动也是傈僳族每年最重要的节日——阔时节的重要组成部分（高志英和沙丽娜，2013）。

傈僳族《人类来源传说》中就记述有天神命人制作弓弩的故事，体现了弓弩在傈僳族人心目中的重要地位。原文如下："洪水到来……此世界仅存之一人，名爷爷。唯天神（乌撒）欲测验此人之本能，故以各种难事令彼为之。第一次，天神令其作一狩猎用之弓箭，并遣乌鸦随时前往窥探制法，报告天神"（张征东，1945）。

傈僳族民间故事中也有不少关于弓弩的故事。例如，《喜鹊和布谷鸟》的故事记述道："波才很能干，背上弩弓，吆喝着猎狗上山打猎，每次都有收获。……这天，波才又去打猎。他走呀走，快到山脚下时，只见一只小兔迎面跑来，后面紧追着一只大灰狼。波才张弩搭箭，嗒一声脆响，大灰狼应声倒地"（祝发清等，1985）。

在《傈僳族阿考诗经》中多处提到弓弩和打猎，如："狗钻山丫口，弩弓支半腰，猎网挂山凹。白狗不出声，弩弓箭未发，此处无麒麟。"傈僳族古歌《打猎调》中唱到："我是扛弩弓的独儿"（保山市傈僳族研究会，2014）。

傈僳族、怒族和独龙族都有在男子死后将其生前使用的弓弩作为随葬品的风俗。傈僳族男子死后，生前使用的弓弩要挂在坟墓后侧（全国人民代表大会民族委员会办公室，1958）。

此外，依据对原碧江县的傈僳族社会历史调查，有人家生男孩的话，产后 21 天内，拒绝访客带弓弩和长刀（《中国少数民族社会历史调查资料丛刊》修订编辑委员会，2009）。

8.3.12.11 弓弩与傈僳族移民戍边

傈僳族骁勇善战，又善于使用弓弩，这成为历史上傈僳族向腾冲、盈江一带移民的重要原因。明清两

代，为加强边防，招募了大量傈僳族民众戍边，守备边疆关卡。这些傈僳族戍边民众，举家迁往这些关卡。

例如，《[道光]云南通志稿》记载了道光七年（1827 年）招募傈僳族戍守边疆关卡的详细情况："道光七年，署腾越厅广裕详请设立河西外围香柏岭十五卡，招募傈僳三百七十户分驻……内香柏岭立二卡，安设傈僳六十户；三级脊一卡，安设傈僳三十户；麦瓜林二卡，安设傈僳七十户；平野山一卡，安设傈僳二十户；三股疆一卡，安设傈僳十五户；三台山一卡，安设傈僳十五户；喂羊路二卡，安设傈僳四十户；春花地、大草坡两处分扎三卡，春花地安设傈僳四十户，大草坡安设傈僳四十户，莳竹脑安设傈僳四十户。以上共设傈僳三百七十户，随带眷口一千一百十七名，分扎十五卡。又马安山一卡，捐设傈僳二十户；象脑山一卡，捐设傈僳十五户。"

这些分批招募到滇西关卡的傈僳族移民，也是现在腾冲、盈江一带傈僳族的由来。这些傈僳族乡镇村寨居民，主要是傈僳族明清两代戍边移民后裔。例如，今盈江县勐弄乡龙门寨位于万仞关下；盈江县苏典傈僳族乡，位于神护关附近；腾冲市古永傈僳族乡（今猴桥镇）位于明清古勇隘和清代得胜碉[清代道光三年（1823 年）设，是腾冲至密支那古道茶花塘支线上的重要关隘]附近。

8.3.12.12　地弩

除了普通的弓弩外，高黎贡山地区还使用制作工艺类似的地弩。

清代《维西见闻纪》记载："地弩，穴地置数弩，张弦控矢，缚羊弩下，线系弩机，绊于羊身。虎豹至，下爪攫羊，线动机发矢，悉中虎豹胸，行不数武皆毙。"高黎贡山地区独龙族（《民族问题五种丛书》云南省编辑委员会，1981）和普米族等各民族，都广泛使用地弩。为区别于地弩，普通弓弩也称为手弩（严如娴和陈久金，1986）。

成书于 1931 年的《纂修云南上帕沿边志 卷 4 物产》记载了怒族和傈僳族用地弩猎熊取胆的方式："怒傈往猎者置弩于地上，箭涂以毒药，熊触之立毙。"

8.3.12.13　与其他地区弓弩的对比

就中国全国范围而言，现在发现的最早的古代弓弩的实物出土于湖南湖北一带的战国墓葬（高至喜，1964），秦代弓弩实物则大量发现于秦兵马俑坑（刘占成，1986；申茂盛，2017）。关于弓弩的最早的图像资料是汉代的画像石，绘有弓弩的画像石广泛出土于包括西南地区在内的中国大部分地区（刘朴，2008）。历史文献记载方面，春秋时期的《考工记》记载了弓箭，但未明确记载弓弩。东汉赵晔所著《吴越春秋》则对弩有详细记载"弩生于弓""军士皆能用弓弩之巧"，是关于弩的最早记载。在云南，沧源崖画绘有弓弩，时代不早于汉代（刘梦藻，1992）。

从历史文献资料来看，将草乌用作毒箭的毒药，在中国具有两千年以上的悠久历史。汉代的《神农本草经》记载："乌头，其汁煎之，名射罔，杀禽兽。一名奚毒，一名即子，一名乌喙。生山谷。"也就是说，早在汉代，草乌就已经用于制作毒箭。

《后汉书》卷十九《耿弇列传第九》记载，公元 75 年春，东汉将领耿恭在今新疆防御匈奴入侵，"（耿）恭乘城搏战，以毒药傅矢。传语匈奴曰：汉家箭神，其中疮者必有异。因发强弩射之。虏中矢者，视创皆沸，遂大惊。"这是使用药箭弓弩最早的确切记载[0]，但未明确记载用的是什么毒药。

北魏正史《魏书》记载，北魏时期辽东地区的匈奴已经使用草乌作为毒箭。"匈奴宇文莫槐，出于辽东塞外……秋收乌头为毒药，以射禽。"北宋时期《证类本草》记载："乌头……其汁煎之，名射罔，杀禽兽。""亦如杀走兽，傅箭簇射之，十步倒也。""猎人将作毒箭使用。"也就是说，以草乌做毒箭，并非高黎贡山地区特有，也广泛见于中国各地。

8.3.12.14　小结

经过查阅整理明清时期历史文献资料和近现代民族社会历史调查资料，本节对高黎贡山地区药箭弓弩的历史和文化进行了详细的调研。高黎贡山地区的药箭弓弩是箭头有毒药的机械弓弩，大小不一。傈僳族、怒族、独龙族和普米族等民族在狩猎、械斗和战争中都广泛使用。弓弩用桑木、栗木等制成，弓弦用麻绳捻成，箭为竹子制成，有的有铁箭头。药箭的毒药来源一般是草乌，不过普米族使用草乌和牛角蜂毒液的混合物。上药方式有浸泡、涂抹以及把毒药搓成细条缠绕等。

药箭弓弩文化广泛体现在傈僳族、怒族、独龙族的神话、民间故事和葬俗中，其中尤以傈僳族弓弩文化影响最大。傈僳族人民因为尤其擅长弓弩，被明清政府移民至云南西部中缅边境戍守边疆，为守卫边疆作出了贡献。在20世纪初片马抗英斗争中，傈僳族人民用药箭弓弩沉重打击了英国侵略者。

8.3.13 高黎贡山地区和谐共生的民族关系

高黎贡山地区各族人民在共同保卫、开发和建设祖国西南边疆的长期历史过程中，形成了各族人民团结一致共同奋斗的优良传统。

19世纪末至20世纪初，高黎贡山各民族在边疆和领土主权受到侵犯的局势下，同仇敌忾，携手反抗英帝国主义的侵略。1937年日本发动全面侵华战争，截断了中国海上国际交通线。为抢运国际援华抗战物资，高黎贡山地区各族群众，不畏艰险，用短短8个月的时间，修筑了滇缅公路。

近代以来，高黎贡山地区各民族在民族意识上也逐渐完成了对中华民族这一长期历史发展过程中形成的自在的民族实体向自觉的民族实体的转变，从而使中华民族多元一体的格局的历史发展，进入了一个新的更高的阶段。

高黎贡山地区各民族经济形态的互补性是其和谐民族关系形成的原因之一。历史上，该区民族由农耕、游牧和渔猎等经济形态组成，各有优势和不足。这注定了农耕、游牧与渔猎经济相互之间的依赖和互补关系，有利于该区各民族的和谐共生。

新中国成立以来，该区少数民族逐渐放弃了刀耕火种等生产方式，逐渐停止了对珍稀野生动物熊、麝等的狩猎，逐渐减少和停止了对野生贝母、云黄连等药材的采挖，改为人工种植。生产方式的进步，减少了对自然界的依赖和索取，也减少了民族之间因此产生的矛盾和冲突。

高黎贡山地区地理环境山河相间，较为封闭，少数民族众多，且各少数民族能够长期保持一定的民族风貌，各少数民族风俗文化具有较高的原真性，是当代民族文化的"活化石"。此外，各民族大杂居，小聚居，各民族往往你中有我，我中有你。

此外，高黎贡山地区因地处横断山民族走廊西侧，在漫长的民族迁徙和发展过程中，氐羌民族不断南下，百濮、百越、三苗族群及其他民族也因战乱兵燹、人口压力等原因不断西迁，和当地原有族群不断交融，最终使高黎贡山地区呈现出各民族长期和谐相处的局面，民族多样性可谓十分丰富。高黎贡山区域与缅甸接界，又有怒江、独龙江等跨境河流，跨境民族、跨境宗教相互影响。至迟公元前3世纪左右，中国便有了与东南亚地区的经济文化交流。高黎贡山区域作为横断山民族走廊的一部分，成为联结中国与东南亚、南亚各国的陆上桥梁，是南方丝绸之路的重要组成部分。高黎贡山可称为印度洋地区与太平洋地区的交汇点，东亚文明和东南亚文明的过渡区域。高黎贡山区域各民族在历史长河中，既相对独立，又兼容并包，形成了罕见的多民族、多语言、多文字、多宗教、多种生产生活方式和多种风俗习惯和谐并存的多元格局，是中华民族"和"文化的缩影。

参 考 文 献

《阿昌族简史》编写组. 2008. 阿昌族简史. 北京: 民族出版社.
白瑞燕. 2007. 独龙族妇女纹面考. 成都: 四川大学硕士学位论文.
《白族简史》编写组. 2008. 白族简史. 北京: 民族出版社.
保山市傈僳族研究会. 2014. 傈僳族保山史传经典古歌. 芒市: 德宏民族出版社.

保山市民族宗教事务局. 郭朝庭. 2006. 保山市少数民族志. 昆明: 云南民族出版社.

保维德. 2014. 民国《纂修云南上帕沿边志》卷 1, 4, 12//吴光范校注. 怒江地区历史上的九部地情书校注. 昆明: 云南人民出版社.

北京大学图书馆. 2008. 烟雨楼台——北京大学图书馆藏西籍中的清代建筑图像. 北京: 中国人民大学出版社.

孛兰肹, 等. 1966. 元一统志. 赵万里校辑. 北京: 中华书局: 533.

蔡家麒, 王庆玲. 2016. 神秘的河谷: 独龙族民族志文献图片集. 北京: 民族出版社.

常晓薰. 2020. 德宏景颇族传统饮食文化特色及其开发建议. 食品安全导刊, (6): 8-9.

陈海宏, 谭丽亚. 2015. 怒族传统饮食文化及其社会功能探析. 贵州民族大学学报(哲学社会科学版), (2): 43-46.

陈宏星. 2014. 云贵少数民族的射弩发展分析. 兰台世界, (2): 148-149.

陈瑞金. 1998. 谈普米族服饰的形成//中国近现代史史料学学会. 少数民族史及史料研究(三)——中国近现代史史料学学会学术会议论文集.

程寒, 黄先菊. 2013. 云南怒江地区傈僳族民族医药特色与现状研究. 时珍国医国药, 24 (10): 2512-2514.

揣振宇. 2009. 滇省夷人图说[(清)伯麟. 嘉庆二十三年(1818 年)手抄善本]. 北京: 中国社会科学出版社.

《傣族简史》编写组. 2009. 傣族简史. 北京: 民族出版社.

《德昂族简史》编写组. 2008. 德昂族简史. 北京: 民族出版社.

董斯璇. 2015. 龙陵松山战役遗址保护与开发利用研究. 昆明: 云南大学硕士学位论文.

《独龙族简史》编写组. 2008. 独龙族简史. 北京: 民族出版社.

段红云, 冯丁丁. 2010. 普米族族源研究. 四川民族学院学报, (1): 27-31.

段家开. 2003. 跨境民族阿昌族历史初探. 保山师专学报, (4): 53-59.

高至喜. 1964. 记长沙、常德出土弩机的战国墓. 文物, 6: 33-45.

高志英, 邓悦. 2020. 族群认同、区域认同与国家认同的跨境互构——以中、缅、泰傈僳族弩弓文化的位移与重构为视角. 云南师范大学学报(哲学社会科学版), 52(5): 96-106.

高志英, 沙丽娜. 2013. 密支那傈僳阔时节. 节日研究, 7: 75-117.

郭振华. 2013. 滇黔弓弩文化研究. 搏击·武术科学, 10(2): 17-19.

何叔涛. 1995. 知子罗镇七十四年与怒族社会的发展——少数民族自治地方都市集镇的设治问题. 云南民族学院学报(哲学社会科学版), (4): 1-6.

何树江, 乔孟珍. 2015. 独龙族部分民俗文化浅析及其保护对策研究. 科教导刊, (2): 177-180.

和光益. 2007. 怒族的精神文化生活//怒江州政协文史资料委员会. 怒江州民族文史资料丛书·怒族. 昆明: 云南民族出版社: 77.

胡小明. 1988. 怒江岩画与原始体育. 体育文化导刊, 4: 1.

胡兴东. 2008. 景颇族传统山官制度下民事纠纷的解决机制. 云南民族大学学报(哲学社会科学版), (1): 80-85.

《景颇族简史》编写组. 2008. 景颇族简史. 北京: 民族出版社.

李德洙, 胡绍华. 2016. 中国民族百科全书 15. 西安: 世界图书出版西安有限公司.

李德洙, 杨聪. 2015. 中国民族百科全书 13. 西安: 世界图书出版西安有限公司.

李卫才, 罗沙益. 2015. 怒族民间故事. 怒江: 怒江州文化局.

李文廷, 余俊娥, 申颖, 等. 2021. 常用炮制对滇产草乌 3 种乌头碱减毒情况分析. 现代预防医学, 48(11): 2051-2055.

李亚锋. 2018. 滇藏怒江通道之历史演变考察. 西南边疆民族研究, 25: 85-92.

李艳峰, 王文光. 2019. 景颇族族源与民族迁徙研究. 学术探索, (10): 71-75.

李月英. 2006. 怒族仙女节. 今日民族, (6): 44-45.

《傈僳族简史》编写组. 2008. 傈僳族简史. 北京: 民族出版社.

梁玉虹. 1990. 傈僳族食俗. 中国食品, (11): 42-43.

林徐巍, 潘曦, 丘容千. 2021. 滇西北怒族井干式民居建筑营造技艺调查. 中外建筑, (2): 28-33.

林依. 1998. 普米族的"琵琶肉". 中国经济信息, (22): 52.

刘达成. 1996. 峡谷往昔 独龙族纹面女. 中国民族, (9): 43-45.

刘刚, 项一挺. 2015. 独龙族服饰文化研究. 中国民族博览, (8): 197-206.

刘高秀. 2013. 腾冲海关的设立及海关职能. 价值工程, (6): 296-297.

刘梦藻. 1992. 沧源崖画与云南民族传统体育. 浙江体育科学, 14: 34-50.

刘朴. 2008. 对汉代画像石中射箭技艺的考察. 体育科学, 28: 72-83.

刘伟. 2010. 文化人类学视域中的阿昌族户撒刀. 昆明学院学报, 32(2): 88-90.

刘扬武.景颇族服饰. 中国医药报.2000-07-09. 004.

刘扬武. 2016. 阿昌族的阿露窝罗节. 云南档案, (1): 16-18.

刘玉鲜. 2010. 傣族与云南其它民族干栏民居比较研究. 昆明: 昆明理工大学硕士学位论文.

刘占成. 1986. 秦俑坑弓弩试探. 文博, (4): 66-70.

卢影, 查月文, 苏婉婷. 2021. 云南傈僳族木楞房传统营造技艺及价值研究. 中外建筑, (2): 220-224.

泸水县文体广电局. 2013. 泸水文物. 泸水: 泸水县文体广电局.

马雪峰. 2006. 傈僳族节日习俗的社会文化功能. 保山师专学报, (6): 71-75.

《民族问题五种丛书》云南省编辑委员会. 1981. 独龙族社会历史调查. 昆明: 云南民族出版社.

《民族问题五种丛书》云南省编辑委员会. 1981. 傈僳族社会历史调查. 昆明: 云南人民出版社.

《民族问题五种丛书》云南省编辑委员会. 1981. 怒族社会历史调查. 昆明: 云南人民出版社.

明芸, 田钧毓, 张重锐. 2017. 浅析新媒体时代独龙族“卡雀哇”节日口述传播发展策略研究//海归智库(武汉)战略投资管理有限公司. 荆楚学术, 7: 68-73.

怒江傈僳族自治州地方志编纂委员会. 2006. 怒江傈僳族自治州志(上册). 北京: 民族出版社.

怒江傈僳族自治州交通局. 2000. 怒江州交通志. 昆明: 云南人民出版社.

怒江傈僳族自治州文化局. 1989. 片马历史资料(第一集). 昆明: 云南人民出版社.

《怒江傈僳族自治州文物志》编委会. 2007. 怒江傈僳族自治州文物志. 昆明: 云南大学出版社.

怒江州政协文史资料委员会. 2007. 怒族. 昆明: 云南民族出版社.

《怒族简史》编写组. 2008. 怒族简史. 北京: 民族出版社.

《普米族简史》编写组. 2008. 普米族简史. 北京: 民族出版社.

祁德川. 2004. 景颇族董萨文化研究. 中南民族大学学报(人文社会科学版), (S1): 294-297.

全国人民代表大会民族委员会办公室. 1958. 云南省怒江傈僳族自治州社会概况: 傈僳族、独龙族、怒族调查材料之五——1958年3月至6月泸水县傈僳族社会经济情况调查报告.

申茂盛. 2017. 秦始皇陵一号兵马俑陪葬坑第三次发掘重要发现和新认识. 秦始皇帝陵博物院院刊, 7: 394-407.

石裕祖, 石剑峰. 2014. 西南少小民族的大智慧与信仰坚守——阿昌族“阿露窝罗节”及神话史诗《遮帕麻和遮咪麻》调查研究// 文化自觉与艺术人类学研究: 2014年中国艺术人类学国际学术研讨会论文集(上卷). 2014年中国艺术人类学国际学术研讨会（北京）: 16.

宋蜀华, 陈克进. 2001. 中国民族概论. 北京: 中央民族大学出版社: 649.

孙诚. 1983. 对滇西碧江滑坡和泥石流的初步认识. 云南地质, 2(3): 255-259.

腾冲市文物管理所. 2018. 腾冲文物志. 昆明: 云南民族出版社.

童绍玉. 2000. 浅议云南省德宏州傣族饮食文化特征. 楚雄师专学报, (3): 114-116.

王晶, 唐文. 2012. 普米族传统民居. 华中建筑, 30(12): 168-170.

王铁志. 2007. 德昂族经济发展与社会变迁. 北京: 民族出版社.

王焱, 施建雪, 周钰. 2021. 历史上的怒江航运考释. 文化集萃, (3): 55-56.

王燕, 李如海, 蒋天天. 2013. 德昂族浇花节仪式及功能流变的口述史研究. 四川民族学院学报, 22(1): 19-23.

谢润. 2017. 云南德昂族干栏建筑设计研究. 镇江: 江苏大学硕士学位论文.

辛克靖. 2002. 粗犷简朴的景颇族民居. 长江建设, (4): 36.

熊清华, 施晓春. 2006. 高黎贡山民族与生物多样性保护研究. 北京: 科学出版社.

熊永翔, 李鹏辉. 2011. 普米族韩规教“人地和谐”的自然观//中国少数民族哲学及社会思想史学会. 回顾与创新: 多元文化视野下的中国少数民族哲学——中国少数民族哲学及社会思想史学会成立30年纪念暨2011年年会论文集: 15.

徐锐. 2012. 怒族鲜花节. 今日民族, (12): 34.

严如娴, 陈久金. 1986. 普米族. 北京: 民族出版社.

杨发顺. 1998. 金色的片马. 北京: 中国旅游出版社.

杨发顺. 2007. 独龙族“剽牛祭天”. 风景名胜, (2): 42-43.

杨谨瑜. 2018. 怒江傈僳族的服饰文化变迁与发展研究. 旅游纵览(下半月), (16): 227-228.

杨浚, 余新. 1994. 片古岗茶山人社会历史调查//政协怒江州委员会文史资料委员会. 怒江文史资料选辑. 芒市: 德宏民族出版社.

杨齐福. 2003. 斜坡上的独龙族民居. 今日民族, (5): 47-48.

殷海涛. 1992. 普米族节日文化论略. 中南民族学院学报(哲学社会科学版), (6): 73-75.

尹未仙, 太丽琼. 2010. 高黎贡山地区民族源流和分布状况调查. 保山学院学报, (3): 34-40.

云南省民族研究所. 1983. 独龙族社会历史综合考察报告专刊(第一集). 昆明: 云南省民族研究所.

云南省文物考古研究所, 怒江傈僳族自治州文物管理所, 保山市文物管理所, 等. 2017. 云南西部边境地区考古调查报告. 上海: 上海古籍出版社.

曾黎梅. 2017. 边疆危机与清末社会动员——以"片马事件"的舆论参与为例. 新闻与传播研究, (10): 79-88.

张建云, 张钟. 2012. 德宏世居少数民族简史. 昆明: 云南大学出版社.

张金荷. 2020. 色彩斑斓的怒江服饰. 今日民族, (6): 35-36.

张文芹. 2014. 隆阳区文物志. 芒市: 德宏民族出版社.

张晓萍, 刘德鹏. 2010. 民族旅游仪式展演及其市场化运作的思考——以云南德宏景颇族"目瑙纵歌"节为例. 旅游研究, 2(2): 69-75.

张雪峰. 2015. 少数民族传统体育运动器材制作工艺的现状与困境研究——以怒江州傈僳族制弩工艺为例. 体育科技, 36(3): 71-73.

张永帅. 2011. 近代云南的开埠与口岸贸易研究. 上海: 复旦大学博士学位论文.

张跃, 李曦淼. 2013. 怒族"如密期"节: 历史记忆与活态存留. 节日研究, (1): 9-37.

张征东. 1945.《傈僳族社会历史调查报告》//西南民族学院图书馆. 云南傈僳族及贡山福贡社会调查报告.

赵维玺. 2017. 试论清末腾越开关及其影响. 保山学院学报, 36(4): 69-75.

中共云南省委政策研究室, 云南省志编纂委员会办公室. 1988. 云南地州市县概况: 怒江傈僳族自治州分册. 昆明: 云南人民出版社.

《中国少数民族社会历史调查资料丛刊》修订编辑委员会. 2009. 傈僳族社会历史调查. 北京: 民族出版社.

周琼. 2000. 彝族族源浅论. 楚雄师专学报, (2): 16-20.

朱映占, 等. 2016. 云南民族通史. 昆明: 云南大学出版社.

祝发清, 左玉堂, 尚仲豪. 1985. 傈僳族民间故事选. 上海: 上海文艺出版社.

庄郁葱. 2021. 德昂族浇花节. 中国摄影, (2): 96-97.

Davies H R. 1909. Yun-Nan, the Link Between India and the Yangtze. Cambridge: Cambridge University Press.

图 版

◈ 鸟瞰高黎贡山（杜小红 摄）

◈ 高黎贡山南部尾端（杜小红 摄）

◈ 高黎贡山主峰——嘎娃嘎普（杜小红 摄）

◈ 怒江大峡谷（杜小红 摄）

注：图版精选了 145 张拍摄于高黎贡山的照片。根据拍摄内容，按景观、植被、蕨类植物、裸子植物、被子植物的顺序排列。其中，蕨类植物先按 PPG I 系统排列，再按拉丁学名字母顺序排列；裸子植物先按郑万钧系统排列，再按拉丁学名字母顺序排列；被子植物先按哈钦松系统排列，再按拉丁学名字母顺序排列。

◈ 怒江第一湾（杜小红 摄）

◈ 腾冲火山群（杜小红 摄）

◈ 地质奇观——石月亮（杜小红 摄）

◈ 高山冰蚀湖——听命湖（李嵘 摄）

◈ 季风常绿阔叶林（王智友 摄）

◈ 中山湿性常绿阔叶林（杜小红 摄）

◈ 温凉性针阔叶混交林（杜小红 摄）

◈ 寒温性针叶林（杜小红 摄）

◎ 寒温性竹林（李嵘 摄）　　　　　　　　　　◎ 亚高山沼泽草甸（李嵘 摄）

◎ 高山草甸（李嵘 摄）　　　　　　　　　　　◎ 石松 *Lycopodium japonicum*（张良 摄）

◎ 松叶蕨 *Psilotum nudum*（张良 摄）　　　　◎ 中华双扇蕨 *Dipteris chinensis*（张良 摄）

◎ 三轴凤尾蕨 *Pteris longipes*（张良 摄）　　　◎ 乌木蕨 *Blechnidium melanopus*（张良 摄）

🔹 方秆蕨 *Glaphyropteridopsis erubescens*（张良 摄）

🔹 不丹松 *Pinus bhutanica*（李嵘 摄）

🔹 多雄拉鳞毛蕨 *Dryopteris alpestris*（张良 摄）

🔹 贡山三尖杉 *Cephalotaxus lanceolata*（刀志灵 摄）

🔹 长蕊木兰 *Alcimandra cathcartii*（刀志灵 摄）

🔹 红花木莲 *Manglietia insignis*（刀志灵 摄）

◈ 领春木 *Euptelea pleiosperma*（李嵘 摄）

◈ 云南黄连 *Coptis teeta*（李嵘 摄）

◈ 独龙乌头 *Aconitum taronense*（李嵘 摄）

◈ 野棉花 *Anemone vitifolia*（李嵘 摄）

◈ 小瓣翠雀花 *Delphinium micropetalum*（李嵘 摄）

◈ 云南金莲花 *Trollius yunnanensis*（李嵘 摄）

◈ 猫儿屎 *Decaisnea insignis*（李嵘 摄）

◈ 贡山绿绒蒿 *Meconopsis smithiana*（李嵘 摄）

◈ 无冠翅瓣黄堇 *Corydalis pterygopetala* var. *ecristata*（李嵘 摄）

◈ 少裂尼泊尔绿绒蒿 *Meconopsis wilsonii* subsp. *australis*（李嵘 摄）

◈ 三裂紫堇 *Corydalis trifoliata*（李嵘 摄）

◈ 单花荠 *Pegaeophyton scapiflorum*（李嵘 摄）

🔹 荷包山桂花 *Polygala arillata*（李嵘 摄）　　🔹 粗茎红景天 *Rhodiola wallichiana*（李嵘 摄）

🔹 岩白菜 *Bergenia purpurascens*（李嵘 摄）　　🔹 六铜钱叶神血宁 *Polygonum forrestii*（李嵘 摄）

🔹 抱茎拳蓼 *Polygonum amplexicaule*（李嵘 摄）　　🔹 羽叶蓼 *Polygonum runcinatum*（李嵘 摄）

埋鳞柳叶菜 *Epilobium williamsii*（李嵘 摄）

长梗拳参 *Polygonum griffithii*（李嵘 摄）

异叶赤爮 *Thladiantha hookeri*（李嵘 摄）

尼泊尔水东哥 *Saurauia napaulensis*（李嵘 摄）

云南土沉香 *Excoecaria acerifolia*（李嵘 摄）

镰尖蕈树 *Altingia siamensis*（李嵘 摄）

刺榛 *Corylus ferox*（李嵘 摄）

多变柯 *Lithocarpus variolosus*（李嵘 摄）

十齿花 *Dipentodon sinicus*（李嵘 摄）

雷公藤 *Tripterygium wilfordii*（李嵘 摄）

宽萼蛇菰 *Balanophora latisepala*（李嵘 摄）

无腺吴萸 *Tetradium fraxinifolium*（李嵘 摄）

车桑子 *Dodonaea viscosa*（李嵘 摄）

贡山九子母 *Dobinea vulgaris*（李嵘 摄）

云南枫杨 *Pterocarya macroptera* var. *delavayi*（李嵘 摄）

羽叶参 *Aralia leschenaultii*（李嵘 摄）

珙桐 *Davidia involucrata*（李嵘 摄）

萸叶五加 *Gamblea ciliata*（李嵘 摄）

长梗常春木 *Merrilliopanax membranifolius*（李嵘 摄）

西藏鹅掌柴 *Schefflera wardii*（李嵘 摄）

二管独活 *Heracleum bivittatum*（李嵘 摄）

肾叶天胡荽 *Hydrocotyle wilfordii*（李嵘 摄）

⬥ 毛叶吊钟花 *Enkianthus deflexus*（李嵘 摄）

⬥ 高尚大白杜鹃 *Rhododendron decorum* subsp. *diaprepes*（李嵘 摄）

⬥ 翘首杜鹃 *Rhododendron protistum*（李嵘 摄）

⬥ 鲜黄杜鹃 *Rhododendron xanthostephanum*（李嵘 摄）

岩匙 *Berneuxia thibetica*（李嵘 摄）

⬥ 松下兰 *Monotropa hypopitys*（李嵘 摄）　　　⬥ 红花岩梅 *Diapensia purpurea*（李嵘 摄）

滇川醉鱼草 *Buddleja forrestii*（李嵘 摄）

大序醉鱼草 *Buddleja macrostachya*（李嵘 摄）

西藏吊灯花 *Ceropegia pubescens*（李嵘 摄）

瑞丽茜树 *Fosbergia shweliensis*（李嵘 摄）

石丁香 *Neohymenopogon parasiticus*（李嵘 摄）

尼泊尔香青 *Anaphalis nepalensis*（李嵘 摄）

褐毛紫菀 *Aster fuscescens*（李嵘 摄）

◈ 贡山蓟 *Cirsium eriophoroides*（李嵘 摄）

◈ 怒江川木香 *Dolomiaea salwinensis*（李嵘 摄）

◈ 细裂垂头菊 *Cremanthodium dissectum*（李嵘 摄）

◈ 红花垂头菊 *Cremanthodium farreri*（李嵘 摄）

◈ 大花毛鳞菊 *Melanoseris atropurpurea*（李嵘 摄）

◈ 圆舌粘冠草 *Myriactis nepalensis*（李嵘 摄）

◈ 显鞘风毛菊 *Saussurea rockii*（李嵘 摄）

◈ 杯药草 *Cotylanthera paucisquama*（李嵘 摄）

◈ 耳柄蒲儿根 *Sinosenecio euosmus*（李嵘 摄）

◈ 大花龙胆 *Gentiana szechenyii*（李嵘 摄）

◈ 叶萼龙胆 *Gentiana phyllocalyx*（李嵘 摄）

◈ 金银莲花 *Nymphoides indica*（李嵘 摄）

多育星宿菜 *Lysimachia prolifera*（李嵘 摄）

钟花报春 *Primula sikkimensis*（李嵘 摄）

粗壮珍珠菜 *Lysimachia robusta*（李嵘 摄）

亭立钟报春 *Primula firmipes*（李嵘 摄）

暗红紫金报春 *Primula valentiniana*（李嵘 摄）

◈ 大萼蓝钟花 *Cyananthus macrocalyx*（李嵘 摄）

◈ 尼泊尔沟酸浆 *Mimulus tenellus* var. *nepalensis*（李嵘 摄）

◈ 哀氏马先蒿 *Pedicularis elwesii*（李嵘 摄）

◈ 矮马先蒿 *Pedicularis humilis*（李嵘 摄）

◈ 显盔马先蒿 *Pedicularis galeata*（李嵘 摄）

◈ 假野菰 *Christisonia hookeri*（李嵘 摄）

◈ 高山捕虫堇 *Pinguicula alpina*（李嵘 摄）

◈ 条叶芒毛苣苔 *Aeschynanthus linearifolius*（李嵘 摄）

◈ 西藏珊瑚苣苔 *Corallodiscus lanuginosus*（李嵘 摄）

◈ 阿希蕉 *Musa rubra*（李嵘 摄）

◈ 短蕊万寿竹 *Disporum bodinieri*（李嵘 摄）

◈ 紫斑百合 *Lilium nepalense*（李嵘 摄）

◈ 小百合 *Lilium nanum*（李嵘 摄）

◈ 紫花百合 *Lilium souliei*（李嵘 摄）

◈ 美丽豹子花 *Nomocharis basilissa*（李嵘 摄）

◈ 滇西豹子花 *Nomocharis farreri*（李嵘 摄）

◈ 贡山豹子花 *Nomocharis gongshanensis*（李嵘 摄）

豹子花 *Nomocharis pardanthina*（李嵘 摄）

多斑豹子花 *Nomocharis meleagrina*（李嵘 摄）

腋花扭柄花 *Streptopus simplex*（李嵘 摄）

云南豹子花 *Nomocharis saluenensis*（李嵘 摄）

钟花假百合 *Notholirion campanulatum*（李嵘 摄）

腾冲重楼 *Paris tengchongensis*（李嵘 摄）

高山丫蕊花 *Ypsilandra alpina*（李嵘 摄）　　蘚叶卷瓣兰 *Bulbophyllum retusiusculum*（李嵘 摄）

贝氏南星 *Arisaema brucei*（李嵘 摄）　　螃蟹七 *Arisaema fargesii*（李嵘 摄）

◈ 腾冲南星 *Arisaema tengtsungense*（李嵘 摄）

◈ 早花岩芋 *Remusatia hookeriana*（李嵘 摄）

◈ 贡山棕榈 *Trachycarpus princeps*（李嵘 摄）

◈ 蜂腰兰 *Bulleyia yunnanensis*（李嵘 摄）

◈ 镰萼虾脊兰 *Calanthe puberula*（李嵘 摄）

肾唇虾脊兰 *Calanthe brevicornu*（李嵘 摄） 　　　金兰 *Cephalanthera falcata*（李嵘 摄）

独龙贝母兰 *Coelogyne taronensis*（李嵘 摄） 　　　多花兰 *Cymbidium floribundum*（李嵘 摄）

金耳石斛 *Dendrobium hookerianum*（李嵘 摄） 　　　长距石斛 *Dendrobium longicornu*（李嵘 摄）

◈ 细茎石斛 *Dendrobium moniliforme*（李嵘 摄）

◈ 双叶厚唇兰 *Epigeneium rotundatum*（李嵘 摄）

◈ 毛萼山珊瑚 *Galeola lindleyana*（李嵘 摄）

◈ 云南朱兰 *Pogonia yunnanensis*（李嵘 摄）

◈ 二叶独蒜兰 *Pleione scopulorum*（李嵘 摄）

◈ 叉喙兰 *Uncifera acuminata*（李嵘 摄）

⌆ 缘毛鸟足兰 *Satyrium nepalense* var. *ciliatum*（李嵘 摄）

⌆ 苞舌兰 *Spathoglottis pubescens*（李嵘 摄）

⌆ 绶草 *Spiranthes sinensis*（李嵘 摄）

⌆ 贡山竹 *Gaoligongshania megalothyrsa*（李嵘 摄）